Das Messen mit elektrischen Geräten

Grundlagen und Anwendungen

Von

Dipl.-Ing. Hans Neumann

Oberbaurat
Dozent an der Ingenieurschule der Freien und Hansestadt Hamburg
Leiter des Elektrischen Prüfamtes 2, Hamburg

Mit 465 Abbildungen

Springer-Verlag

Berlin / Göttingen / Heidelberg

ISBN-13: 978-3-642-92787-4   e-ISBN-13: 978-3-642-92786-7
DOI: 10. 1007/978-3-642-92786-7

Meiner Mutter in Dankbarkeit

Vorwort

Es gibt in der heutigen, technischen Praxis keinen Bereich, in dem man ganz ohne Messen auskommt. Beim „Messen" in der Technik werden bewährte, wissenschaftliche Arbeitsmethoden angewendet, wobei Meßgeräte und Meßverfahren in ihrer Anwendung keine andere Rolle spielen als die der Erweiterung der natürlichen Sinnesorgane. Diesen und den Meßgeräten vertraut man aus Gewohnheit auch dort, wo an sich Kritik am Platze wäre. Man sollte jedoch in jedem Einzelfall prüfen, ob die mit der Messung gestellte Frage „richtig" beantwortet, und ob die Antwort richtig gedeutet wurde. Das setzt seitens des Messenden gutes Grundlagenwissen und Erfahrung voraus, sowie auch einige Kenntnis über den Ablauf des Meßvorganges an sich. Das „Messen" ist also eine Kunst, die über das Bedienen und Ablesen hochwertiger Meßeinrichtungen hinausgeht. In der Heranführung an die Kritik sieht der Verfasser das wichtigste Ziel des vorliegenden Buches. Eine stoffliche Vollständigkeit konnte angesichts der Fülle der am Markt befindlichen elektrischen Meßeinrichtungen nicht angestrebt werden. Ebenso mußten bestimmte Gebiete fortgelassen werden, welche ein zu spezielles Grundlagenwissen erfordern.

Um den Studierenden und den Praktiker an die kritische Beurteilung von Messungen heranzuführen, wurde ein Weg gewählt, der besonders geeignet erschien, den heterogenen Stoff in übersichtlicher Weise zusammenzufassen. Hierbei kam es nicht darauf an, z. B. Meßgeräte in der Reihenfolge der Meßwerktypen zu behandeln. Es erschien ratsamer, die Gliederung dem Wege anzupassen, auf dem der Studierende mit den Problemen der Technik vertraut gemacht wird. So werden zunächst dem Leser in den beiden ersten Kapiteln die notwendigen, rechnerischen Hilfsmittel nahegebracht (Maßeinheiten, Fehler- und Korrelationsrechnung, graphische Darstellung, Interpolation). Das Studium der Meßgeräte und Verfahren kann somit notfalls auch mit Kapitel III begonnen werden. Hier werden die für das Verhalten eines jeden Meßwerkes wichtigsten mechanischen Größen wie Massenträgheit, Dämpfung usw. am Beispiel des Drehspulgerätes besprochen, und aus diesen Eigenschaften die Theorie wichtiger Meßverfahren abgeleitet (Flußmesser, ballistisches Galvanometer, Oszillograph). In den folgenden Kapiteln bietet die Anwendung des Drehspulgerätes Gelegenheit, die Eigenschaften der in der Meßtechnik wichtigsten Nullverfahren zu besprechen. Hierbei wird der Leser von den einfachsten Anwendungen bis zu den Schwierigkeiten geführt, die sich meßtechnisch z. B. aus den Definitionen von Ausbreitungs- und Wechselstromwiderständen ergeben (Sondenmessungen). Es schließt sich dann ein Kapitel an, in welchem, ebenfalls ausgehend von den Grundlagen der Elektrizitätslehre, die Eigenschaften des Übertragers (Meßwandlers) gründlich untersucht werden. Es wird gezeigt, daß sich Strom- und Spannungswandler physikalisch in gleicher Weise behandeln, und die grundsätzlichen Fehlereigenschaften beider sich mit Hilfe konformer Abbildung in einem gemeinsamen Ortskurvendiagramm wiedergeben lassen. Die Darstellung wird ergänzt durch die Berücksichtigung der nicht linear verlaufenden Magnetisierungskennlinie beim Stromwandler, sowie selbstverständlich durch Aufzählung der wichtigsten Möglichkeiten zur Fehlerkompensation, der Prüfung und der Anwendung von Wandlern.

Von Kap. IX an wird die eigentliche Wechselstrommeßtechnik ausführlich behandelt. Die Besprechung des Leistungsmessers, des Gleichrichtergerätes und des Vektormessers bietet Gelegenheit, von den beim Drehspulgerät erarbeiteten, grundsätzlichen Erkenntnissen Gebrauch zu machen. Die wichtigen Begriffe der Wirkleistung, Verschiebungs- und Verzerrungsblindleistung werden mathematisch unter Zuhilfenahme von Oszillogrammen erklärt. Die Anwendung des Leistungsmessers in Drehstromschaltungen leitet dann zu dem Problem der Unsymmetrie über. Hier erschien ein kurzer Hinweis auf das Rechnen mit symmetrischen Komponenten erforderlich. Diese Stoffgruppe schließt mit der Besprechung der Meßwertschreiber, der Oszillographen und der oszillographischen Meßverfahren ab.

Erst von Kap. XII an werden Bauweise und Eigenschaften wichtiger Meßwerke untersucht. Der Leser kann nunmehr die Wirkungsweise dieser Meßwerke kritisch beurteilen und den Sinn gewisser Vorschriften bzw. bestimmter Konstruktionsmaßnahmen erkennen. Dem Induktionszähler wurde auf Grund seiner Bedeutung in der Praxis ein besonderes Kapitel zugewiesen. Der Teil A schließt mit einer kurzen, zusammenfassenden Behandlung wichtiger Differentialgleichungen, auf die der Leser in den vorhergehenden Kapiteln geführt wurde, und die besonders dem Studierenden willkommen sein dürfte.

Der im Teil A gebrachte Stoff wird nunmehr im Teil B an Hand bestimmter Meßaufgaben nochmals verarbeitet. Diese Aufgaben sind so ausgewählt worden, daß sich der Leser zur Erarbeitung des Stoffes von Teil A zunächst auch der einschlägigen Aufgaben bedienen kann, was eine gewisse, empirische Erfahrung voraussetzt. Dem von den Grundlagen her kommenden Leser werden die Aufgaben anschauliche Beispiele zur Theorie der Meßverfahren bieten.

Den einzelnen Kapiteln und Aufgaben ist in stichwortartiger Kürze
ein „Lehrziel" vorangestellt. Dieses soll den Leser darüber informieren,
worum es in dem betreffenden Kapitel geht.

Zum Schluß möchte der Verfasser allen denen danken, die ihm Anregungen zur Anwendung bekannter Meßverfahren auf alle möglichen,
auch am Rande liegende Meßprobleme gegeben haben. Dieser Dank
wendet sich auch an die Fachleute der Prüfamtspraxis, mit denen zu
sprechen der Verfasser Gelegenheit hatte. Besonderen Dank möchte
der Verfasser seinem Kollegen Herrn Dr. HAASE und Herrn Ing. BRINK
MANN sagen, die ihn bei der Durchsicht des Manuskriptes unterstützt
haben. Ferner sei den Firmen für die Bereitstellung von Bildmaterial
gedankt und dem Verlag für die sorgfältige Gestaltung des Buches.

Wentorf bei Hamburg, im August 1960

Hans Neumann

Inhaltsverzeichnis

A. Die Theorie elektrischer Meßgeräte und Verfahren

I. Maßeinheiten und Meßnormalien

Lehrziel: Das Maßsystem mit vier Grundeinheiten als Hilfsmittel zur wohlpassenden Benennung von Meßwerten elektrischer Größen.

1. Maßgleichungen

Messungen dienen der quantitativen Beschreibung von Gegenständen oder Vorgängen. Somit ist das wichtigste Ergebnis der Messung eine Zahl. Für die Art und Weise, wie sich diese *Maßzahl* ermitteln läßt, gibt es zwei grundsätzlich verschiedene Verfahren. In dem einen Fall bietet sich die Meßgröße selbst als Zahl an; Beispiele hierfür sind die Bestimmung einer Anzahl von Umdrehungen, die Registrierung diskret verlaufender Vorgänge wie z. B. der Aussendung von Alphateilchen eines radioaktiven Präparates usw. Es handelt sich in diesem Fall stets um Zählungen. Die Meßtechnik beschränkt sich dann auf die Feststellung, ob eine kleinste Quantität auftritt oder nicht auftritt. Die Messung läuft also auf eine Ja—Nein-Befragung hinaus. Das Ergebnis wird durch eine Information, z. B. eine Zahl im Dezimalsystem dargestellt, für deren Zustandekommen Vorgänge wie z. B. das Ansprechen von Relais benötigt werden, die mit dem Charakter des zu messenden Ereignisses überhaupt nichts zu tun haben. Man nennt diese Technik *digitales Messen* (engl. digit = Finger; Ziffer). Das digitale Messen läßt sich wegen der universellen Bedeutung der Zahl auf alle möglichen Gebiete menschlicher Betätigung anwenden. So macht z. B. auch der Kassenbeamte einer Bank eine *digitale Messung,* wenn er nach Geschäftsschluß die Anzahl der über seinen Schalter gegangenen Währungseinheiten ermittelt; er „mißt" dann den Umsatz seiner Bank.

Das digitale Messen ist eine neuartige Technik, die in vielem auf anderen Voraussetzungen beruht als die bisher hauptsächlich angewendete Art des *analogen Messens.* Bei näherem Studium wird man aber erkennen, daß an vielen Stellen in der klassischen Meßtechnik „digital" gemessen wird; so gleicht man z. B. eine Stöpselmeßbrücke, mit der ein unbekannter Widerstand zu bestimmen ist, durch geeignete Wahl der Stufenwiderstände bis auf ± 1 Einheit der letzten Dekade ab. Man mißt also digital, und die Ja—Nein-Entscheidung bei der letzten Einheit gibt ein Gerät, dessen Ausschlag nach rechts z. B. *etwas zu groß*, und dessen Ausschlag nach links *etwas zu klein* bedeutet.

Zur Beurteilung spezieller digitaler Meßanlagen benötigt man zusätzliche Kenntnisse über die Verarbeitung bzw. Verschlüsselung (*Codierung*) von Meßwerten, die von denen der herkömmlichen Meßtechnik abweichen; das vorliegende Buch wendet sich aus diesem Grunde in erster Linie den Besonderheiten des *analogen Messens* zu.

Beim analogen Messen wird ein physikalisches Gesetz verwendet, welches die Meßgröße *analog* in eine andere Erscheinung übersetzt, die sinnlich wahrnehmbar sein muß. Ein Beispiel möge das veranschaulichen: Um eine Stromänderung festzustellen, verwendet man einen Leiter, der sich in einem Magnetfeld befindet und dessen Ablenkungskraft sich mit dem Strom ändert. Spannt man mit der Ablenkungskraft eine Feder, so ändert sich auch die Lage des stromführenden Leiters im Magnetfeld. Diese Lageänderung wird über eine *Ablesevorrichtung* dem Auge wahrnehmbar.

Im Grunde verfolgt man sowohl beim digitalen wie beim analogen Messen das Ziel zu ermitteln, wie oft die Meßgröße in einer zweiten Größe derselben Art enthalten ist. Diese Vergleichsgröße gleicher Art heißt *Maßeinheit*. Beim analogen Messen ist nun. ein stetiger Übergang von einer Meßgröße zu einer anderen möglich, während sich beim digitalen Messen die Maßzahl nur quantenhaft ändern kann, nämlich in ganzen Vielfachen der kleinsten, verwendeten Maßeinheit.

Das Ergebnis einer Messung schreibt man wie folgt:

$$U = 37,47 \text{ V}$$

U steht als mathematisches Symbol für die Meßgröße, hier für eine Spannung. *37,47* ist die Maßzahl, V steht als Symbol für die Maßeinheit, nämlich einer ganz bestimmten Spannung, die man *1 Volt* nennt. Es ist klar, daß man sich vor allem über die Maßeinheit innerhalb eines möglichst umfassenden Kreises einigen muß. Es ist ebenfalls selbstverständlich, daß man vermeiden sollte, mit *1 Volt* die Maßeinheit einer ganz anders gearteten Meßgröße zu bezeichnen; das erscheint zwar selbstverständlich, doch hat man zu beachten, daß erstaunlicherweise gerade auf dem Gebiet der Maßeinheiten man mit althergebrachten Vorurteilen zu kämpfen hat; ein Verzicht auf alte Gewohnheiten fällt nicht leicht und wird manchmal mit unverständlicher Schärfe abgelehnt.

Man hat in der Meßtechnik zwischen den Begriffen der *Dimension* und der *Maßeinheit* zu unterscheiden. So hat die Änderung eines magnetischen Flusses die *Dimension* einer Spannung, läßt sich daher auch mit derselben Maßeinheit 1 Volt messen. Trotzdem ist physikalisch die Flußänderung keine Spannung im Sinne der Klemmenspannung eines Akkumulators.

Ein anderes Beispiel aus dem für physikalische Untersuchungen bevorzugten sog. *elektromagnetischen Maßsystem* ist der elektrische Widerstand. Er hat die *Dimension* Länge:Zeit, ohne daß man behaupten kann, daß Geschwindigkeiten und elektrische Widerstände gleichartige Meßgrößen sind. Man muß sich somit von der Vorstellung freimachen, daß sich aus den physikalischen Vorgängen bindende Vorschriften für Maßsysteme ableiten lassen. Einige Maßeinheiten lassen sich immer beliebig wählen; die Maßeinheiten anderer Größen folgen dann aus ihnen mit Hilfe physikalischer Gesetze. Man bezeichnet die ersten als *Grundeinheiten*, die letzten als *abgeleitete Einheiten*. Nur die Grundeinheiten bilden das Maßsystem; die Auswahl der Grundeinheiten sollte vor allem danach erfolgen, daß das Maßsystem in sich eindeutig und möglichst einfach wird.

Es gibt bei Diskussionen von Maßsystemsfragen, die sich immer wieder, genährt von historischen Reminiszenzen, erheben, kein *falsch* und kein *richtig*, sondern höchstens ein *zweckmäßig* und ein *unzweckmäßig*. Hier allerdings sollte man unnachgiebig sein. Denn die Arbeit des Meßtechnikers muß von möglichst vielen verstanden werden; dient sie doch u. a. als Beweismittel für die Erfüllung von Verträgen bzw. sie ermöglicht überhaupt erst deren juristisch einwandfreie Abwicklung. Es ist daher nicht zu verwundern, daß eines der wichtigsten staatlichen Reservate neben der Münzhoheit auch die Maßhoheit ist. Das *Eichwesen* umfaßt die Tätigkeit des Staates auf diesem Gebiet, z. B. bei der Richtigkeitsprüfung sog. *Verkehrsmaße*.

2. Die Maßsysteme der Mechanik

Die Mechanik behandelt diejenigen Gebiete der Physik, in denen Raum, Zeit und Masse miteinander verknüpft sind. Eine sehr wichtige Größe, die die drei genannten miteinander verbindet, ist die Kraft. So stellt man z. B. bei Versuchen immer wieder fest, daß die an Massen angreifenden Trägheits-Kräfte stets den Massen selbst und deren Beschleunigungen proportional sind. Schreibt man dieses Erfahrungsgesetz in der Form

$$P = m \cdot b \tag{1}$$

d. h. *ohne* Proportionalitätsfaktor, so gestattet diese als Maßgleichung interpretierte Beziehung nur die willkürliche Wahl von *zwei* Grund-Maßeinheiten. Die dritte folgt aus der Gleichung selbst.

In der obigen Beziehung wird man die Maßeinheit für die Beschleunigung unbedingt aus einer Längeneinheit und einer Zeiteinheit ab-

1*

leiten, denn Zeit und Raum sind für den Praktiker durchaus verschiedene, in seinen Messungen immer wiederkehrende Begriffe, die zweckmäßigerweise mit Grundmaßeinheiten zu versehen sind. Nach

$$b = \frac{d^2 l}{d t^2} \tag{2}$$

folgt für die Maßeinheit entweder m/s² oder eine andere gleichwertige Kombination, die man natürlich mit irgendeiner Bezeichnung versehen könnte. Es sollte aber davon nach Möglichkeit abgesehen werden. Allerdings ist gerade in der elektrischen Meßtechnik eine Fülle von Namen berühmter Gelehrter wie VOLTA, AMPÈRE, OHM, MAXWELL, GAUSS, OERSTEDT, WEBER, HERTZ usw. zur Benennung von Maßeinheiten verwendet worden, wofür sich weniger praktische, sondern meist nur Gründe der Pietät oder des Prestiges finden lassen.

Man hat nun die Wahl, neben Zeit- und Längeneinheit in der Mechanik entweder die Einheit der Masse oder die der Kraft als dritte Grundgröße willkürlich festzusetzen. Wählt man die Masse zur Definition einer Grundmaßeinheit, so besitzt die Kraft eine abgeleitete Einheit und umgekehrt. Es ist müßig darüber zu streiten, was *richtig* ist. Für den Gesetzgeber, zu dessen Hoheitsbefugnissen das Festlegen und Überwachen von Maßeinheiten gehört, ist es aus naheliegenden physikalischen Gründen sicher zweckmäßiger, als Grundmaßeinheit die der Masse zu wählen. Ein Normal (*Etalon*) der Masse läßt sich jederzeit einfach und sehr genau herstellen. Zur Darstellung eines Gewichtsnormals bedarf es dagegen vieler sehr schwierig festzulegender Meßbedingungen, die übrigens nicht einmal unveränderlich bleiben.

Der Techniker berücksichtigt dagegen bei seinen Konstruktionen nur sehr selten Massen, sondern fast immer Kräfte. Es gibt also zwei Maßsysteme der Mechanik, die in sich widerspruchsfrei sind, das *physikalische* und das *technische*. Leider benutzte man lange Zeit für die Einheit der Masse im physikalischen und für die Einheit der Kraft im technischen Maßsystem die gleiche Bezeichnung *Kilogramm*. Doch beginnt sich die Empfehlung der Physikalisch-Technischen Bundesanstalt (PTB) durchzusetzen, die Masseneinheit im physikalischen Maßsystem *Kilogramm*, die Kraft- bzw. Gewichtseinheit im technischen Maßsystem *Kilopond* zu nennen. Es ist also

a) im physikalischen Maßsystem:

$$P = m \cdot b$$

Man findet für die Einheit der Kraft

$$1 \text{ kg} \cdot \text{m} \cdot \text{s}^{-2}$$

Sie trägt in einigen Büchern die Benennung Dyn (sprich *Großdyn*) oder *Newton*. 1 Newton wäre also im physikalischen Maßsystem die Kraft, die der Masse 1 kg die Beschleunigung 1 m/s² erteilt. In der Technik der Meßgeräte kommen so große Kräfte kaum vor. Unter Verwendung des hundertsten Teils der Länge (Zentimeter = cm) und des tausendsten Teils der Masse (Gramm = g) erhält man die in den älteren Darstellungen übliche *CGS-Einheit*

$$1 \text{ cm g s}^{-2} = 1 \text{ dyn}$$

Es sind also 10^5 dyn = 1 Dyn = 1 Newton.

b) im technischen Maßsystem:

$$m = P : b$$

Für diese selten gebrauchte Einheit ist keine Kurzbezeichnung üblich. Wichtiger sind die Zusammenhänge zwischen den Krafteinheiten. Da die technische Krafteinheit über das *Gewicht* der Masseneinheit definiert ist, gilt

$$1 \text{ kp} = 1 \text{ kg} \cdot 9{,}80665 \text{ m} \cdot \text{s}^{-2}$$

also[1]

$$\boxed{\begin{aligned} 1 \text{ kp} &= 9{,}80665 \text{ Newton} \\ 1 \text{ Newton} &= 0{,}101972 \text{ kp} \end{aligned}} \tag{3}$$

Diese Umrechnung findet man in vielen Maßgleichungen wieder. So bildet man die abgeleitete Maßeinheit der Arbeit auf Grund der Beziehung

$$\text{Arbeit} = \text{Kraft} \cdot \text{Weg}$$
$$A = P \cdot s \tag{4}$$

Im historischen CGS-System der Mechanik besitzt die Einheit der Arbeit die Größe

$$1 \text{ cm g s}^{-2} \cdot 1 \text{ cm} = 1 \text{ dyn} \cdot \text{cm} = 1 \text{ erg}$$

Das *praktische* physikalische Maß ist[2]

$$1 \text{ m kg s}^{-2} \cdot 1 \text{ m} = 1 \text{ Newton} \cdot 1 \text{ m} = 1 \text{ Joule} = 10^7 \text{ erg}$$

Da man im Maschinenbau ein auf die Krafteinheit als Grundgröße aufgebautes Maßsystem benutzt, ist einfach

$$1 \text{ Arbeitseinheit} = 1 \text{ m} \cdot 1 \text{ kp} = 1 \text{ m kp}$$

Diese Größe hat weiter keinen Namen. Es sind offenbar wieder

$$1 \text{ m kp} = 9{,}81 \ldots \text{ Joule}$$
$$1 \text{ Joule} = 0{,}102 \ldots \text{ m kp} \tag{5}$$

---

[1] g = 9,80665 m/s² ist der international vereinbarte Wert der „Normal-Beschleunigung" (Wert von Zürich).

[2] Man nennt dieses Maßsystem nach den benutzten Grundeinheiten „MKS-System" (GIORGI).

Dasselbe gilt für die Leistung. Diese Größe hat im physikalischen Maßsystem nur als *praktische* Maßeinheit einen Namen bekommen; aus

$$\text{Leistung} = \text{Arbeit} : \text{Zeit} \tag{6}$$

folgt

$$1 \text{ Joule} \cdot \text{s}^{-1} = 1 \text{ Watt}[1] \tag{7}$$

Im Maschinenbau rechnet man noch mit einer anderen „praktischen" Einheit der Leistung. Man nennt

$$75 \text{ m kp s}^{-1} = 1 \text{ PS}$$

und findet daher die Umrechnung

$$1 \text{ PS} = 75 \text{ m kp s}^{-1} = 75 \cdot 9{,}80665 \text{ Joule s}^{-1}$$
$$1 \text{ PS} = 735{,}499 \text{ Watt} \approx 736 \text{ Watt} \tag{8}$$

In Tab. 1 sind die Umrechnungszahlen verschiedener Einheiten für die Arbeit zusammengestellt.

Tabelle 1. *Umrechnung von Arbeitseinheiten*

I / II	erg	Joule	kWh	cmp	mkp	PSh	int. WE
erg	1	10^7	$3{,}6 \cdot 10^{13}$	981	$9{,}81 \cdot 10^7$	$2{,}65 \cdot 10^{13}$	$4{,}18 \cdot 10^{10}$
Joule	10^{-7}	1	$3{,}6 \cdot 10^6$	$9{,}81 \cdot 10^{-5}$	9,81	$2{,}65 \cdot 10^6$	$4{,}18 \cdot 10^3$
kWh	$2{,}78 \cdot 10^{-14}$	$2{,}78 \cdot 10^{-7}$	1	$2{,}73 \cdot 10^{-11}$	$2{,}73 \cdot 10^{-6}$	0,736	$1{,}16 \cdot 10^{-3}$
cmp	$1{,}02 \cdot 10^{-3}$	$1{,}02 \cdot 10^4$	$3{,}67 \cdot 10^{10}$	1	10^5	$2{,}7 \cdot 10^{10}$	$4{,}28 \cdot 10^7$
mkp	$1{,}02 \cdot 10^{-8}$	0,102	$3{,}67 \cdot 10^5$	10^{-5}	1	$2{,}7 \cdot 10^5$	428
PSh	$3{,}77 \cdot 10^{-14}$	$3{,}77 \cdot 10^{-7}$	1,36	$3{,}70 \cdot 10^{-11}$	$3{,}70 \cdot 10^{-6}$	1	$1{,}58 \cdot 10^{-3}$
int. WE	$2{,}39 \cdot 10^{-11}$	$2{,}39 \cdot 10^{-4}$	860	$2{,}34 \cdot 10^{-8}$	$2{,}34 \cdot 10^{-3}$	633	1

1 Arbeitseinheit $I = p$ Arbeitseinheiten II
(häufiger vorkommende Umrechnungen sind stark umrahmt)

Als Beispiel, wie man mit Maßgleichungen rechnen kann, sei das NEWTONsche Massen-Anziehungsgesetz angeführt. Bekanntlich ist

$$P = K_g \cdot \frac{m_1 \, m_2}{r^2} \tag{9}$$

Hierin ist K_g die Gravitationskonstante. Sie gibt diejenige Kraft in dyn an, mit der sich zwei Massen von je 1 g im Abstand von $r = 1$ cm anziehen. Messungen ergeben, daß

$$K_g = 66{,}6 \cdot 10^{-9} \text{ cm}^3 \text{ g}^{-1} \text{ s}^{-2}$$

ist. Die „Maßeinheit" der Gravitationskonstanten ist also

$$1 \text{ cm}^3 \text{ g}^{-1} \text{ s}^{-2}$$

---

[1] Man beachte, daß hiermit 1 W als praktische Einheit der Leitung im CGS-System definiert wird und entgegen einer landläufigen Meinung nicht auf Grund des Produktes 1 Volt × 1 Ampere (vgl. S. 19).

Natürlich hat es nicht viel Sinn, in diesem Zusammenhang von einer Maßeinheit zu sprechen, da es ja nur *eine* Gravitationskonstante gibt. Deswegen spricht man besser von der *Dimension* des Faktors K_g. Indem man die im Gravitationsgesetz vorkommenden Größen durch ihre Dimensionen ersetzt, erhält man

$$[m][l][t^{-2}] = [K_g]\,\frac{[m][m]}{[l^2]}$$

oder

$$[K_g] = [l^3][m^{-1}][t^{-2}] \tag{10}$$

Hierin bedeuten: $[l]$ die Dimension der Länge, $[m]$ die der Masse, $[t]$ die der Zeit; ihre Maßeinheiten sind das Meter, das Kilogramm und die Sekunde bzw. Vielfache.dieser Maßeinheiten.

3. Die elektrische Ladung und das elektromagnetische Feld

Die Lehre von den elektrischen Erscheinungen beginnt man gewöhnlich mit der Beobachtung von Kraftwirkungen zwischen elektrisch geladenen Körpern und solchen mit magnetischen Polen. Es gibt Kräfte zwischen Ladungen untereinander und zwischen Polen untereinander; dagegen gibt es im ruhenden Zustand keine Kräfte zwischen elektrischen Ladungen und magnetischen Polen. Man spricht dann von ruhenden oder statischen elektrischen bzw. magnetischen *Feldern*.

Den Feld-Begriff benutzt man, um die beobachteten *Fernwirkungen* der elektrischen Ladungen und magnetischen Pole zu umschreiben. Mit diesem Begriff werden die

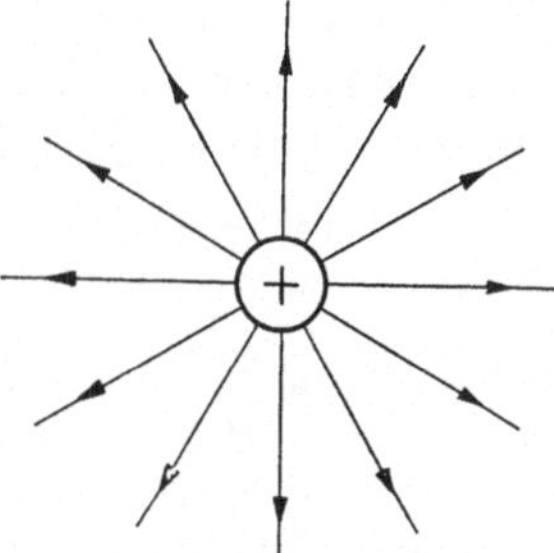

Abb. 1. Quellenfeld in der Umgebung einer geladenen Kugel

Ursachen für die Anziehungskräfte in den leeren Raum verlegt. Man kann sich die Gesamtheit des Feldes, den *Fluß*, als Fortsetzung der Flußquelle in den Raum hinein vorstellen. Felder dieser Art heißen *Quellenfelder* (Abb. 1). Auch das Schwerefeld ist in diesem Sinne ein Quellenfeld.

Die oben erwähnten Kraftwirkungen lassen sich in einer dem Gravitationsgesetz genau entsprechenden Weise beschreiben. Das Anziehungsgesetz zwischen elektrisch geladenen Körpern im Vakuum nach COULOMB lautet:

$$P = K_e\,\frac{Q_{e_1} Q_{e_2}}{r^2} \tag{11}$$

und das zwischen Magnetpolen

$$P = K_m \cdot \frac{Q_{m_1} Q_{m_2}}{r^2} \tag{12}$$

K_e bzw. K_m sind zwei der Gravitationskonstanten entsprechende Faktoren.

Als die ersten quantitativen Versuche am elektrostatischen Feld durchgeführt wurden, hatte man noch keine feste Vorstellung vom Wesen dessen, was man als *elektrische Ladung* Q_e einführte. Da Kräfte vom Massenanziehungsgesetz her gut bekannt waren, konnte man zu den Messungen die geläufigen Krafteinheiten benutzen. Infolgedessen entwickelte sich ein Maßsystem, in welchem die Einheiten elektrischer Größen aus den Grundeinheiten für Länge, Masse und Zeit abgeleitet wurden, und welches für die Behandlung elektrischer Probleme recht unpraktisch ist.

In diesem *elektrostatischen Maßsystem* wird der Faktor K_e willkürlich dimensionslos und gleich Eins gesetzt. Dann ist die Dimension der elektrischen Ladung bestimmt durch den Vergleich

$$[P] = [m][l][t^{-2}] = [Q_e]_e^2 [l^{-2}]$$

$$[Q_e]_e = \left[m^{\frac{1}{2}} \right] \left[l^{\frac{3}{2}} \right] [t^{-1}] \tag{13}$$

Der Index e an der Dimensionsklammer soll daran erinnern, daß das elektrostatische Maßsystem gemeint ist. Es findet noch weitgehende Anwendung im Bereich der theoretischen und experimentellen Physik.

Vom heutigen Standpunkt ist diese Maßnahme genau so unpraktisch, als wenn man im Massenanziehungsgesetz K_g dimensionslos und gleich Eins gewählt hätte. Es ist lehrreich, die Folgen einer solchen Maßnahme für die Meßtechnik zu untersuchen. Es sei also willkürlich angenommen, daß zwei Massen Eins sich im Abstand von einem Meter mit der Kraft *Eins* anziehen mögen. Dieselbe Kraft soll ferner nach dem Trägheitsgesetz bei der Beschleunigung der Masseneinheit um 1 m/s² auftreten. Dann ergibt ein Dimensionsvergleich

$$[m][l][t^{-2}] = \frac{[m^2]}{[l^2]}$$

Hieraus folgt die Dimension der Masse zu

$$[m] = [l^3][t^{-2}]$$

und die der Kraft

$$[P] = [l^4][t^{-4}]$$

Man wäre danach berechtigt, die fraglichen Einheiten wie folgt zu definieren:

$$1 \text{ Masseneinheit} = 1 \text{ m}^3 \text{ s}^{-2}$$

$$1 \text{ Krafteinheit} = 1 \text{ m}^4 \text{ s}^{-4}$$

Man benötigt dann in der Mechanik nur *zwei* Grundeinheiten, ohne daß man sagen könnte, das Maßsystem sei *falsch*. Natürlich wäre es unzweckmäßig, weil es mehrdeutig wäre. Die vierte Potenz einer Geschwindigkeit hat physikalisch nichts mit einer Kraft zu tun. Man könnte sich zwar eine Welt denken, in der es weder Kräfte noch Massen gäbe. Doch in der uns umgebenden realen Welt der Erfahrung gibt es Massen, die sich wenigstens zur Zeit für die Praxis nicht ohne weiteres auf die Begriffe Raum und Zeit zurückführen lassen. So muß also in der Mechanik das System dreier Grundgrößen als mit der Erfahrung in bester Übereinstimmung befindlich anerkannt werden.

Entsprechendes gilt aber auch für elektrische Ladungen. Heute weiß man, daß diese ebenfalls Erscheinungsformen der Natur sind, welche sich für den Praktiker nicht durch die drei Begriffe der Mechanik — Raum, Zeit und Masse — erklären lassen[1]. Elektrische Elementarladungen kann man als stofflich Reales ansehen, nämlich als Atome der Elektrizität, und die ersten Erklärungsversuche derselben als *unwägbarer Stoff* weichen von den heutigen Vorstellungen gar nicht so sehr ab, wenn man das Wort *unwägbar* von den damals gegebenen meßtechnischen Möglichkeiten her versteht.

Wenn sich nun dasselbe von den Magnetpolen sagen ließe, müßte aus dem gleichen Grund ein für praktische Belange befriedigendes Maßsystem 5 Grundeinheiten erhalten. Das setzt voraus, daß unter keinen Umständen Magnetpole auf Ladungen wirken, wie z. B. auch ungeladene Elementarteilchen (Neutronen) durch kein elektrostatisches Feld beeinflußt werden können. Das gilt nun zwischen Ladungen und magnetischen Polen keineswegs immer, sondern nur, wenn beide in einem Bezugssystem ruhen. Ein Fünfersystem an meßtechnischen Grundgrößen ist daher ebenso unpraktisch wie ein Dreiersystem.

Das Dreiersystem der CGS-Einheiten ist der heutigen Elektrizitätslehre als Erbe der Vergangenheit übergeben worden und spielt für manche Bereiche noch eine gewisse, wenn auch nur vom historischen Blickpunkt her begründete Rolle. Es führt in der um die Elektrizitätslehre erweiterten Physik ebenso, wie es ein Zweier-Maßsystem in der Mechanik tun würde, zu zweideutigen Maßbezeichnungen. Einige Beispiele mögen das zeigen:

Mit der willkürlichen Annahme, daß K_e dimensionslos sein soll, wurde auf Grund des COULOMBschen Gesetzes die Dimension der elektrischen Ladung im sog. *elektrostatischen* CGS-System bereits zu

$$[Q_e]_e = \left[m^{\frac{1}{2}} \right] \left[l^{\frac{3}{2}} \right] [t^{-1}]$$

bestimmt.

Verbindet man zwei elektrische Ladungen verschiedener Größen durch einen Draht, so findet ein Ladungsausgleich statt. In dem Draht fließt ein elektrischer Strom i, der gleich dem *Ladungsschwund* sein muß

$$i = -\frac{dQ_e}{dt} \tag{14}$$

Hieraus ergibt sich die Dimension des elektrischen Stromes

$$[i] = \left[m^{\frac{1}{2}} \right] \left[l^{\frac{3}{2}} \right] [t^{-2}]$$

Nun beobachtet man in der Nähe des stromführenden Drahtes ein magnetisches Feld, z. B. eine ablenkende Kraft auf einen Pol mit der „magnetischen Ladung" Q_m. Verfolgt man die Erscheinung quantitativ,

---

[1] Diese Bemerkung bezieht sich natürlich nur auf die sog. *klassische Physik* und umschließt nicht die letzten Erkenntnisse vom Wesen der Materie und der Felder im Bereich des Atomaren.

so findet man gemäß Abb. 2 Proportionalität zwischen Kraft und Strom einerseits, Kraft und Q_m andererseits (Gesetz von BIOT-SAVART). Es ist dann

$$dP \sim \frac{i}{\varrho^2} \cdot \sin \alpha \cdot Q_m \cdot dl \tag{15}$$

Hieraus folgt die Dimenison der magnetischen Ladung Q_m im elektrostatischen Maßsystem

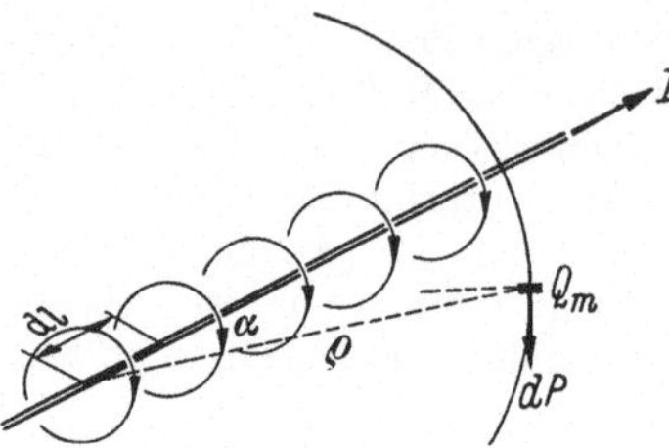

$$[Q_m]_e = \frac{[m]\,[l]\,[t^{-2}]\,[l^2]}{\left[m^{\frac{1}{2}}\right]\left[l^{\frac{3}{2}}\right][t^{-2}]\,[l]} = \left[m^{\frac{1}{2}}\right]\left[l^{\frac{1}{2}}\right]$$

Geht man nun vom Gesetz der Anziehung Gl. (12) zweier Magnetpole aus und setzt wie beim COULOMBschen Gesetz willkürlich $K_m = 1$ und ohne Dimension, so ergibt sich das *elektromagnetische Maßsystem*, welches zur Unterscheidung vom elektrostatischen mit dem Index m an den Dimenisonsklammern versehen werden soll. Diese Unterscheidung ist dringend notwendig. Denn man erhält

Abb. 2. Zur Erläuterung des Gesetzes von BIOT-SAVART

$$[Q_m]_m = \left[m^{\frac{1}{2}}\right]\left[l^{\frac{3}{2}}\right][t^{-1}] \tag{16}$$

und kann es der Bezeichnung $1\,\mathrm{g}^{\frac{1}{2}}\,\mathrm{cm}^{\frac{3}{2}}\,\mathrm{s}^{-1}$ offenbar nicht ansehen, ob damit die Einheit der *elektrischen Ladung* im *elektrostatischen Maßsystem*, oder die der *magnetischen Ladung* im *elektromagnetischen Maßsystem* gemeint ist. Zu diesem Nachteil tritt noch ein weiterer: Für ein und dieselbe physikalische Größe, im Beispiel für die Stärke eines permanenten Magneten, sind zwei völlig verschiedene CGS-Einheiten vorhanden, eine *elektrostatische* und eine *elektromagnetische*.

Abgesehen vom Unterschied der Dimension ist das Verhältnis beider Einheiten sehr groß. Es hat sich ergeben:

$$1\,(\text{el. stat. Einh. d. Polstärke}) \approx (1\,\text{el. magn. Einh. d. Polstärke}) \cdot 3 \cdot 10^{10} \cdot \frac{\mathrm{s}}{\mathrm{cm}}$$

Nun ist die Lichtgeschwindigkeit im Vakuum $c = 2{,}9978 \cdot 10^{10}$ cm s^{-1}. Es dürfte daher angezeigt sein, an dieser Stelle nach grundsätzlichen Zusammenhängen zu suchen (vgl. S. 16).

Ebenso, wie ein Schwund der elektrischen Ladung gleichbedeutend mit einem elektrischen Strom ist, so beobachtet man, daß in einer Drahtwindung ein „Schwund der magnetischen Ladung" bzw. eines magnetischen Flusses eine elektrische Spannung zur Folge hat. Am einfachsten erkennt man das aus einem Versuch nach Abb. 3. Hier findet ganz offensichtlich ein „Schwund magnetischer Ladung" statt, indem man den Magneten aus der Spule herauszieht. Solange die Bewegung in der Nähe der Spule andauert, kann man z. B. mit einem Elektrometer eine Spannung feststellen. Die Gesetzmäßigkeit

$$u = -\frac{dQ_m}{dt} \tag{17}$$

heißt *Induktionsgesetz*; u ist die *Umlaufspannung*. Die Dimension der elektrischen Spannung folgt daher aus

$$[u]_m = \frac{\left[m^{\frac{1}{2}}\right]\left[l^{\frac{3}{2}}\right][t^{-1}]}{t} = \left[m^{\frac{1}{2}}\right]\left[l^{\frac{3}{2}}\right][t^{-2}]$$

Eine elektrische Spannung u kann man aber auch mit Hilfe des Elektrometers zwischen zwei geladenen Körpern feststellen. Man findet,

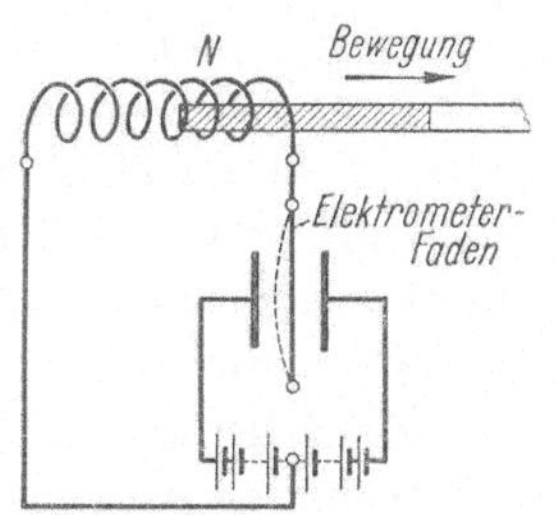

Abb. 3. Schwund „magnetischer Ladung"
(Induktion)

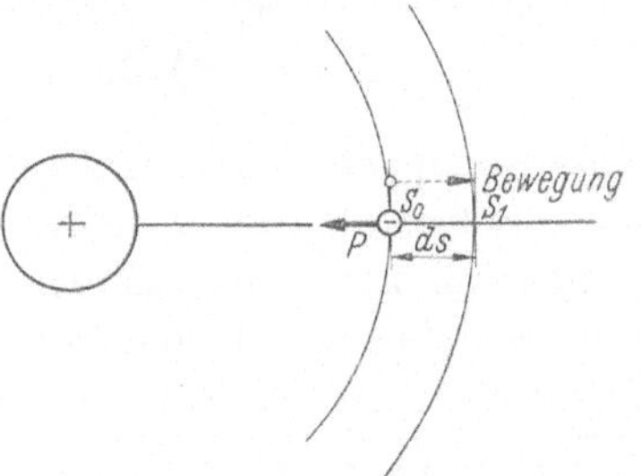

Abb. 4. Zur Definition des Potentiales:
Arbeit an einer elektrischen Ladung bei
der Bewegung in einem Feld

daß eine Probeladung Q_e, die gegenüber einer anderen Ladung bewegt wird und die von dieser mit der Kraft P angezogen bzw. abgestoßen wird (Abb. 4), die Arbeit

$$\Delta A = \int_{S_0}^{S_1} P\, ds = \int_{\varphi_0}^{\varphi_1} Q_e\, d\varphi = Q_e(\varphi_1 - \varphi_0) = Q_e \cdot \Delta u \tag{18}$$

verrichtet. Hieraus folgt die Dimension der elektrischen Ladung im elektromagnetischen System

$$[Q_e]_m = \frac{[m]\,[l]\,[t^{-2}]\cdot[l]}{\left[m^{\frac{1}{2}}\right]\left[l^{\frac{3}{2}}\right][t^{-2}]} = \left[m^{\frac{1}{2}}\right]\left[l^{\frac{1}{2}}\right]$$

Vergleicht man die Einheiten der elektrischen Ladung in beiden Maß-Systemen, so findet man wieder einen Dimensions- und einen Größen-unterschied:

1 (el. stat. Einh. d. elektr. Ladung)

$$\approx (1\ \text{el. magn. Einh. d. elektr- Ladung}) \cdot \frac{1}{3\cdot 10^{10}}\ \text{cm s}^{-1}$$

Den Schwund der elektrischen Ladung bzw. der Polstärke erhält man hieraus durch Division mit einer Zeit oder einem Zeitdifferential. Das ermöglicht, denselben Vergleich zwischen den Einheiten des elektrischen Stromes bzw. der elektrischen Spannung zu führen:

$$1 \text{ (el. stat. Spannungseinh.)}$$
$$= (1 \text{ el. magn. Spannungseinh.}) \cdot 3 \cdot 10^{10} \text{ cm}^{-1} \text{ s} \qquad (19\,\text{a, b})$$
$$1 \text{ (el. stat. Stromeinh.)}$$
$$= (1 \text{ el. magn. Stromeinh.}) \cdot \frac{1}{3 \cdot 10^{10}} \text{ cm s}^{-1}$$

Bildet man das Verhältnis der Ausdrücke rechts und links der Gleichheitszeichen, so bekommt man eine Aussage über die Einheiten des elektrischen Widerstandes in beiden Maßsystemen. Es ist

$$1 \text{ (el. stat. Widerstandseinh.)}$$
$$= (1 \text{ el. magn. Widerstandseinh.}) \cdot 9 \cdot 10^{20} \text{ cm}^{-2} \text{ s}^2 \qquad (20)$$

Die elektromagnetische Einheit des Widerstandes ist also viel kleiner als die elektrostatische. Von grundsätzlicher Bedeutung ist, daß der Umrechnungsfaktor dem Zahlenwert nach anscheinend gleich dem Quadrat der Lichtgeschwindigkeit ist. Würde er noch die Dimension des Quadrates einer Geschwindigkeit haben, so ergäbe sich der wünschenswerte Zustand, daß jede Größe in beiden Maßsystemen dieselbe Dimension hätte. Hierin liegen offenbar Mängel bei der willkürlichen Wahl $K_e = 1$ und $K_m = 1$ zum Zwecke der Dimensionierung von Q_e bzw. Q_m.

Die Ursache für diese Schwierigkeiten liegen darin, daß beim statischen Magnetfeld die Verhältnisse nur scheinbar so liegen, wie sie das Anziehungsgesetz Gl. (12) mit Hilfe magnetischer Ladungsquellen beschreibt. Schon bei den einfachsten Versuchen fällt auf, daß es Magnetpole nur paarweise gibt. Eine lange Magnetnadel hat an beiden Enden gleich starke, aber ungleichnamige Pole. Zerbricht man sie in viele Stücke, so stellt jedes Stück eine neue Magnetnadel dar, die ebenfalls zwei Pole hat.

Ferner gibt es statische Magnetfelder, für die eine Definition von Quellen unmöglich ist. So umschließt das in der Nähe eines von Gleichstrom durchflossenen Leiters herrschende Magnetfeld den Leiter wirbelförmig (Abb. 5). Auch die Herstellung permanenter Magnete durch Teilung läßt sich am besten so erklären, daß die magnetischen Kraftlinien sich wirbelförmig durch das Innere der Magnete schließen. Im Gegensatz zu dem elektrostatischen Feld, bei dem die Kraftlinien stets an einer positiven Ladung (Quelle) beginnen und an einer negativen Ladung

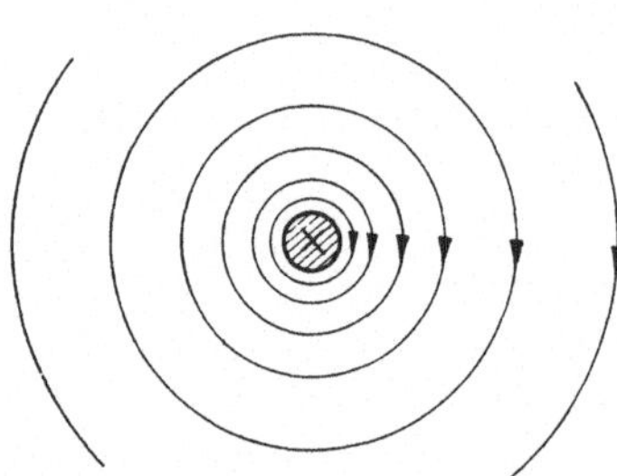

Abb. 5. Statisches magnetisches Wirbelfeld in der Nähe eines stromdurchflossenen Leiters

(Senke) enden, ist auch das Feld eines permanenten Magneten ein *Wirbelfeld*. In einem solchen nach *Quellen* zu suchen wäre sinnlos. Daher verliert das Anziehungsgesetz in der Form der Gl. (12) seine ursprüngliche Bedeutung.

Man legt daher heute nur den elektrischen Ladungen und nicht den magnetischen Polen körperhafte Vorstellungen zugrunde. Das „Atom der negativen Elektrizität", das allein in der Natur dauernd und selbständig vorkommen kann, besitzt eine gewisse, sehr kleine Ladung. Das elektrostatische Feld spannt sich zwischen solchen *Elektronen* und den Stellen aus, wo z. B. die Materie durch das Fehlen von Elektronen gestört, *positiv geladen* ist. Dagegen entstehen magnetische Felder durch bewegte elektrische Ladungen. Die Bewegung gilt hier relativ zum Bezugssystem des Beobachters. Einleuchtend für dieses Naturgesetz ist der berühmte Rowlandsche Versuch (Abb. 6). Ein auf einer Isolierscheibe angebrachter geschlitzter Ring bildet gegenüber einem metallischen, aber unmagnetischen Ge-

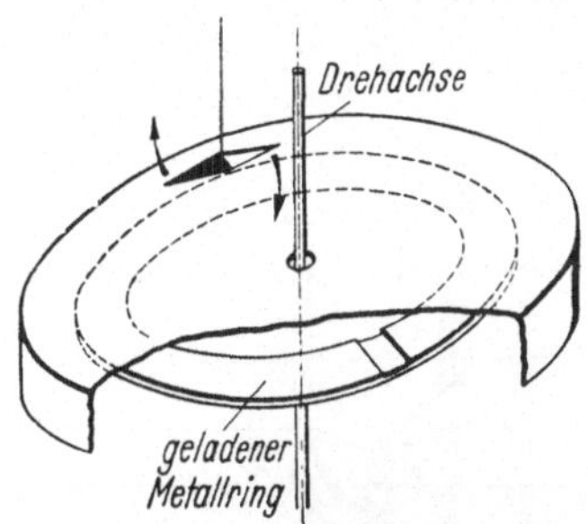

Abb. 6. Versuchsanordnung nach Rowland zum Nachweis eines magnetischen Feldes in der Nähe mechanisch bewegter elektrischer Ladungen

häuse einen Kondensator, der auf eine bestimmte Spannung aufgeladen wird. Dreht man die Isolierscheibe schnell, so werden die Ladungen bewegt. Eine über dem Ring aufgehängte empfindliche Magnetnadel wird abgelenkt, genau so, als wenn im Gegenversuch die Platte stillsteht und ein kleiner Gleichstrom durch den Ring geschickt wird.

4. Das Vierersystem der elektrischen Maßeinheiten

Nach den heutigen, auf Maxwell zurückgehenden Vorstellungen ist das elektrische Feld im allgemeinen untrennbar mit dem magnetischen Feld verknüpft. Die Änderung eines elektrischen Feldes verursacht genau so wie ein elektrischer Strom ein magnetisches Wirbelfeld. Ebenso ergibt die Änderung eines magnetischen Feldes ein elektrisches Wirbelfeld. Zusammen bilden sie das allgemeine elektromagnetische Feld, welches sich nach Maxwell im Vakuum mit Lichtgeschwindigkeit ausbreitet.

Magnetische Wirkungen lassen sich nach dem im vorigen Abschnitt Gesagten durch bewegte elektrische Ladungen erklären, dagegen können elektrische Ladungen nicht aus Massen hergeleitet werden. Mit Hilfe dieser Vorstellungen ist in der Frage der zweckmäßigen Wahl eines Maßsystemes für Mechanik und Elektrophysik die Entscheidung zugunsten eines Vierersystemes gefallen.

Zur Aufstellung eines für die Belange der Meßtechnik geeigneten Maßsystemes greift man auf die Gl. (11) und (12) zurück, indem man unerwünschte Dualitäten dadurch vermeidet, daß den Faktoren K_e und K_m Dimensionen und von Eins abweichende Beträge zugewiesen werden. Aus Gründen der Kugelsymmetrie schreibt man für die Anziehungskraft im Vakuum

$$P = \frac{1}{\varepsilon_0} \frac{Q_{e_1}}{4\pi r^2} \cdot Q_{e_2} \qquad (11\,\text{a})$$

Man kann

$$D_1 = \frac{Q_{e_1}}{4\pi r^2} \qquad (21)$$

als Dichte des elektrischen Flusses auf der Oberfläche einer Kugel auffassen, die der Ladung Q_{e_1} mit dem Radius r umschrieben wird. Die

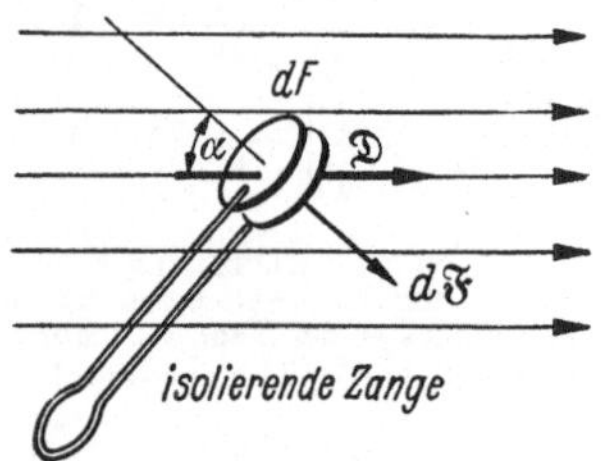

Abb. 7. Nachweis der Influenzladungen im elektrostatischen Feld

Flußdichte kann sehr anschaulich durch die Influenzwirkungen im elektrostatischen Feld nachgewiesen werden. Bringt man ein Doppelplättchen aus Metall in ein elektrostatisches Feld (Abb. 7), so werden von den im Leiterwerkstoff vorhandenen zahlreichen negativen Elementarladungen um so mehr auf die der positiven Ladung gegenüberliegende Seite gezogen, je stärker diese Ladung ist. Trennt man die influenzierten Ladungen des Doppelplättchens im Feld, so können sie sich nach Fortnahme desselben nicht mehr ausgleichen. Die beiden Hälften des Doppelplättchens erhalten gleich starke, aber entgegengesetzte Ladungen Q_e' und es ist

$$Q_e' = D \cdot F \cdot \cos\alpha \qquad (22)$$

worin D die Flußdichte im influenzierten Feld war.

Für das magnetische Feld ergibt sich gleicherweise

$$P = \frac{1}{\mu_0} \cdot \frac{Q_{m_1}}{4\pi r^2} \cdot Q_{m_2} \qquad (12\,\text{a})$$

Hierin ist

$$B_1 = \frac{Q_{m_1}}{4\pi r^2} \qquad (23)$$

die Dichte des magnetischen Flusses auf der Oberfläche einer Kugel, die man mit dem Radius r um die „magnetische Ladung" Q_{m_1} schlagen kann.

Die elektromagnetischen CGS-Einheiten haben nun besondere Namen bekommen, da man wegen der überragenden Rolle des magnetischen Feldes in der Apparate- und Maschinentechnik zu Anfang (1860) mehr an ein Rechnen im elektromagnetischen als im elektrostatischen

Maßsystem interessiert war. So heißen

$$1 \text{ (el. magn. Einh. d. magn. Ladung)}$$
$$= 4\pi \text{ (el. magn. Flußeinh.)} = 4\pi \text{ Maxwell}$$
$$1 \text{ (el. magn. Flußdichte-Einh.)}$$
$$= 1 \frac{\text{Maxwell}}{\text{cm}^2} = 1 \text{ Gauß}$$

$$(24\,\text{a, b})$$

Die bei der Änderung eines Flusses von 1 Maxwell in der Zeiteinheit induzierte Umlaufspannung ist sehr gering. Daher nennt man

$$10^8 \text{ (el. magn. Spannungseinh.)} = 10^8 \frac{\text{Maxwell}}{\text{s}}$$
$$= 1 \text{ Volt} = 1 \text{ V}$$

$$(25)$$

Mit der Wahl der Zehnerpotenz kommt man etwa in die Größenordnung der Spannungen von Primärelementen. Damit werden

$$\boxed{\begin{aligned} 1 \text{ Maxwell} &= 10^{-8} \text{ Vs} \\ 1 \text{ Gauß} &= 10^{-8} \text{ Vs cm}^{-2} \end{aligned}}$$

$$(26\,\text{a, b})$$

Setzt man in Gl. (12a) überall die praktischen Einheiten ein, so ergibt sich

$$10^{-5} \cdot P \text{ Newton} = \frac{1}{\mu_0} \cdot 10^{-4} \cdot B_1 \frac{\text{Vs}}{\text{m}^2} \cdot 4\pi \cdot 10^{-8} \Phi_2 \text{ Vs}$$

Nun soll μ_0 so gewählt werden, daß für den Fluß $\Phi_2 = 1$ und die Flußdichte $B_1 = 1$ die Kraft $P = 1$ herauskommt. Dann muß man

$$\mu_0 = 4\pi \cdot 10^{-7} \frac{\text{V}^2 \text{s}^2}{\text{Newton} \cdot \text{m}^2}$$

setzen. Diese eng mit den gewählten praktischen Einheiten zusammenhängende Größe heißt *Induktionskonstante*. Sie ist *keine* Naturkonstante, wie man manchmal hört, sondern eine von der völlig willkürlichen Wahl der Maßeinheit abhängende Größe. Man erkennt aber, daß sie bereits durch die Wahl *einer* elektrischen Maßeinheit notwendig und hinreichend bestimmt wird.

Auf Grund der Gleichung

$$\Delta A = Q_e \cdot \Delta u \qquad\qquad (27)$$

bestimmt die beliebig gewählte praktische Einheit der Spannung im elektromagnetischen Maßsystem ebenfalls die Einheit der elektrischen Ladung.

$$1 \text{ el. magn. Einh. d. elektr. Ladung} = \frac{10^{-7} \text{ Joule}}{10^{-8} \text{ Volt}} = 10 \frac{\text{W}}{\text{V}} \text{s}$$

Die Größe 1 Watt/Volt heißt 1 Ampere (1 A). Demnach ist die elektromagnetische Einheit des Stromes

$$1 \text{ el. magn. Stromeinh.} = 10 \text{ A} = 1 \text{ Weber} \tag{28}$$

Mit der praktischen Einheit des elektrischen Stromes 1 A wird die Induktionskonstante

$$\boxed{\mu_0 = 4\pi \cdot 10^{-7}\ \frac{\text{Vs}}{\text{Am}}} \tag{29}$$

Wie WEBER und KOHLRAUSCH zuerst erkannten, bestehen Zusammenhänge zwischen den beiden Konstanten μ_0 und ε_0. Auf Grund der Maxwellschen Theorie des elektromagnetischen Feldes ergibt sich als wesentliche Eigenschaft desselben die grundlegende Beziehung

$$\boxed{c^2 = \frac{1}{\mu_0\,\varepsilon_0}} \tag{30}$$

Da die Induktionskontante durch Wahl der Maßeinheiten bereits bestimmt und $c = 2{,}9978 \cdot 10^8\ \text{m} \cdot \text{s}^{-1}$ die Lichtgeschwindigkeit ist, ergibt sich die *Influenzkonstante*

$$\varepsilon_0 = \frac{1}{2{,}9978^2 \cdot 10^{16}\ \dfrac{\text{m}^2}{\text{s}^2} \cdot 4\pi \cdot 10^{-7}\ \dfrac{\text{Vs}}{\text{Am}}}$$

$$\boxed{\varepsilon_0 = 8{,}856 \cdot 10^{-12}\ \frac{\text{As}}{\text{Vm}}} \tag{31}$$

Dabei werden die elektrischen Ladungen und die Ladungsdichte in praktischen elektromagnetischen Einheiten gemessen.

Der in den Umrechnungen zwischen beiden Maßsystemen bei den Einheiten des Stromes und der Spannung auftretende Faktor vom ungefähren Betrage $3 \cdot 10^{10}$ ist also als Lichtgeschwindigkeit in $\text{cm} \cdot \text{s}^{-1}$ identifiziert. Somit ist

$$
\begin{aligned}
&1 \text{ (el. stat. Spannungseinh.)}\\
&\quad = 1 \text{ (el. magn. Spannungseinh.)} \cdot 2{,}9987 \cdot 10^{10}\\
&\quad = 299{,}78 \text{ V}\\[4pt]
&1 \text{ (el. stat. Stromeinh.)}\\
&\quad = 1 \text{ (el. magn. Stromeinh.)} \cdot \frac{1}{2{,}9987 \cdot 10^{10}}\\
&\quad = \frac{1}{2{,}9978} \cdot 10^{-9} \text{ A}
\end{aligned}
\tag{32a, b}
$$

5. Das Gesetz betr. der elektrischen Maßeinheiten und das Maß- und Gewichtsgesetz

Gegen Ende des vorigen Jahrhunderts wurde das Bedürfnis nach einem allgemein gültigen Maßsystem für elektrische Größen immer dringender. Nachdem in einer sog. *Meterkonvention* 1875 auf dem Gebiete der Längenmessung die bestehende Vielfalt von Maßen durch die Annahme eines *internationalen* Maßes beseitigt wurde, und nachdem sich der Ersatz des „natürlichen Maßes" (des zehnmillionten Teiles des Erdquadranten) durch ein Normal (Etalon) als zweckmäßig empfohlen hatte, lag der Gedanke nahe, ebenso bei den elektrischen Größen zu verfahren.

Bereits 1860 schlug SIEMENS zur Behebung der mit der Doppeldeutigkeit von elektrischen CGS-Einheiten verbundenen Schwierigkeiten vor, ein Normal des elektrischen Widerstandes willkürlich festzusetzen. Angesichts der damals erst wenige Jahre zurückliegenden theoretischen Untersuchungen WEBERS und KOHLRAUSCHS und unter Berücksichtigung des Umstandes, daß die klare Formulierung der Zusammenhänge in Form der Maxwellschen Gesetze noch nicht vorlag, darf man dem Scharfblick des Urhebers dieses Vorschlages jede Hochachtung aussprechen. SIEMENS schlug die Verwendung einer Quecksilbersäule von 1 m Länge und 1 mm² Querschnitt als *Etalon* des elektrischen Widerstandes vor. Man hätte dann aus dieser Definition und aus der mechanischen Einheit der Arbeit (1 Joule = 10^7 erg) die übrigen elektrischen Maßeinheiten in einem der beiden Dimensionierungssysteme ableiten können. Die Einheit der Spannung hätte sich dann als das 0,970fache dessen ergeben müssen, was man heute *1 Volt* nennt und die Maßeinheit des Stromes hätte das 1,032fache eines heutigen Ampere betragen müssen. Dazu hätte man 1860 wohl noch Gelegenheit gehabt.

Die damals begonnenen Verhandlungen wurden erst 1898 mit der Legalisierung sog. *praktischer* Einheiten zu einem vorläufigen Abschluß gebracht. In dem 1898 erlassenen *Gesetz über elektrische Maßeinheiten* (GeM) wurden folgende Bezugsgrößen definiert:

a) das Ohm als der Widerstand einer Quecksilbersäule von der Temperatur des schmelzenden Eises, deren Länge bei durchweg gleichem, 1 mm² gleichzuachtenden Querschnitt 106,3 cm und deren Masse 14,4521 g beträgt;

b) das Ampere als der unveränderliche elektrische Strom, welcher bei Durchgang durch eine wäßrige Lösung von Silbernitrat in einer Sekunde 0,001118 g Silber niederschlägt;

c) das Volt als der Spannungsabfall eines Ampere an dem Widerstand von einem Ohm.

Zur Definition der Spannungseinheit ist also das Ohmsche Gesetz verwendet worden.

Dem Gesetz von 1898, welches immer noch gilt, ist 1935 in Deutschland das Maß- und Gewichtsgesetz (MuGG) zur Seite getreten. Es regelt vor allem das staatliche Eichwesen und weist in den ersten Paragraphen auf die Maßsystemsfrage hin. Es heißt dort:

§ 1: *Die gesetzlichen Einheiten der Länge und der Masse sind das Meter und das Kilogramm.*

Das Meter ist der Abstand zwischen den Endstrichen des internationalen Meter-Urmaßes bei der Temperatur des schmelzenden Eises.

Das Kilogramm ist die Masse des internationalen Kilogramm-Urgewichtes.

§ 2: *Als Deutsches Urmaß gilt der mit dem internationalen Meter-Urmaß verglichene Maßstab aus Platin-Iridium, den die Internationale Generalkonferenz für Maß und Gewicht dem Deutschen Reich als nationales Urmaß überwiesen hat.*

Die unrunden Zahlenwerte in den empirischen Definitionen des GeM ergaben sich infolge des Wunsches, diese Einheiten den bis dahin gebräuchlichen Werten des elektromagnetischen Maßsystemes anzugleichen.

Es stellte sich bald heraus, daß die Zahlenwerte des GeM für die Länge der Quecksilbersäule und die Masse des abgeschiedenen Silbers nicht genau „stimmten". Man beschloß auf internationaler Ebene, trotzdem bei diesen Einheiten zu bleiben, was man u. a. dadurch betonen wollte, daß man den im GeM vorkommenden Maßzahlen für die Länge der Quecksilbersäule und die Masse des Silbers willkürlich zwei weitere Nullen anhängte. Man nennt diese Einheiten die *internationalen Maßeinheiten* und bringt das nötigenfalls durch den Index *int* am Symbol zum Ausdruck.

In den USA beging man den Fehler, die Spannungseinheit gesondert und unabhängig von Strom- und Widerstandseinheit durch die EMK eines bestimmten Elementes (CLARK-Element) zu bestimmen. Mit fortschreitender Vervollkommnung der Meßtechnik hätte sich somit auch bei praktischen Aufgaben im Ohmschen Gesetz ein dimensionsbehafteter Faktor nicht vermeiden lassen, dessen Betrag nahezu, aber nicht genau gleich Eins ist. Schriebe man jetzt das Ohmsche Gesetz wie üblich ohne diesen Faktor, so bliebe nach Beibehaltung der drei unabhängig definierten Maßeinheiten nichts anderes übrig, als zwei legale Maßsysteme nebeneinander zu dulden. In einem sog. *absoluten* Maßsystem, welches sich auf die alten physikalischen Definitionen abstützt, wäre diese Schwierigkeit natürlich nicht aufgetreten, weil dort die Einheiten des Stromes, der Spannung und des Widerstandes auf die CGS-Einheiten zurückgeführt werden.

Man bemühte sich daher besonders seitens der USA, diesem „Mangel" der internationalen Einheiten abzuhelfen, der wohlgemerkt bei einer wie im GeM durchgeführten Definition nicht zu befürchten ist. Aus diesen und anderen grundsätzlichen Erwägungen heraus beschloß man 1948, mit der Definition einer neuen Widerstandseinheit die sog. *absoluten* Maßeinheiten vorzuschlagen, welche man durch den Index *abs* zu kennzeichnen pflegt. Deutschland konnte an diesem Entschluß nicht mitwirken; so bedarf es bei uns zur Einführung der absoluten Einheiten noch eines Gesetzes[1]. Immerhin empfiehlt die oberste meßtechnische Behörde, die Physikalisch-Technische Bundesanstalt (PTB) in Braunschweig, seit 1951 die Anwendung der absoluten Maßeinheiten.

Zum Zwecke der Umrechnung merke man sich

$$\boxed{1\,\Omega_{int} = 1{,}00049\,\Omega_{abs}} \tag{33}$$

Zwar weichen die Zahlenwerte um weniger als $1^0/_{00}$ voneinander ab, was aber bei elektrischen Feinmessungen berücksichtigt werden muß. Daher muß bei Präzisionsmeßeinrichtungen angegeben werden, ob sich die Ablesungswerte auf *internationale* oder *absolute* Maßeinheiten beziehen. Gedanklich stellt das System der absoluten Maßeinheiten etwas ganz anderes dar als das der internationalen.

Die internationalen Maßeinheiten gelten nur für die Elektrizitätslehre und folgen nicht etwa zwangsläufig aus den übrigen Maßeinheiten. Man erkennt das am besten an Formulierungen wie die folgende, die Induktionskonstante betreffende: *Genaueste Messungen haben ergeben, daß die Induktionskonstante den Wert* $1{,}256 \cdot 10^{-8}$ *Vs/Acm hat.* Die *genauesten Messungen* des ungefähr, aber nicht genau $4\,\pi$ entsprechenden Zahlenwertes betreffen den Vergleich der willkürlich festgesetzten internationalen Widerstandseinheit mit der elektromagnetischen CGS-Einheit.

Dem System der internationalen elektrischen Einheiten haften folgende Mängel an:

a) Das System ist zwar bei allen Gesetzmäßigkeiten, in denen nur elektrische Größen vorkommen, in sich logisch und widerspruchsfrei. Es setzt aber neben die althergebrachten Maßsysteme der Mechanik ein völlig neues, wobei man außer acht lassen kann, daß es zwei Spielarten von Maßsystemen in der Mechanik gibt.

b) Die Einheit der Leistung im internationalen Maßsystem des GeM stimmt nicht genau mit der aus der Mechanik überein. Das wäre an sich nicht so schlimm, es ist aber vom heutigen Standpunkt zu bedauern, daß man sich große, bezüglich des Endzieles natürlich vergebliche Mühe gegeben hat, die Einheiten möglichst in Übereinstimmung zu bringen.

---

[1] Dieses Gesetz ist in Bearbeitung. Es ist zu erwarten, daß man sich den Vorschlägen der Generalkonferenz für Maß und Gewicht anschließen und als elektrische Einheit das „absolute" Ampere als diejenige Stromstärke definieren wird, die in zwei im Abstand von 1 m parallel laufenden, unendlich langen Leitern von verschwindendem Durchmesser fließt, wenn sie je Meter mit der Kraft 2 dyn aufeinander wirken.

Es besteht eine Differenz von $0{,}2 \cdot 10^{-3}$, die für genaue technische Messungen nicht unberücksichtigt bleiben darf, andererseits aber so klein ist, daß man sie leicht übersieht.

c) Die Messung des internationalen Ampere und die Herstellung eines Etalons für das internationale Ohm sind schwierig. Sowohl für das Arbeiten mit dem Silbervoltameter, als auch für die Herstellung des sog. *Quecksilbernormals* bestehen umständliche Vorschriften. Es ergibt sich, daß das Quecksilberetalon wegen der Alterungseigenschaften der benutzten Glasgefäße im Laufe der Zeit Veränderungen unterworfen ist. So benutzt die PTB für praktische Aufgaben Drahtwiderstände (sog. *Ohmbüchsen*), die regelmäßig gegeneinander vermessen werden und von Zeit zu Zeit an die definierte Quecksilbereinheit angeschlossen werden. Leider ist diese Arbeit durch die letzten Kriegsereignisse gestört worden.

d) Elektrische Messungen sind ohnehin bei weitem nicht so genau durchzuführen wie die Messung von Längen und Zeiten und wie Wägungen. Man muß damit rechnen, daß im Laufe der Zeit ein Fortschritt der Meßtechnik die Berichtigung der Definitionen erfordert. Dieser Gesichtspunkt sollte durch das bereits oben erwähnte Hinzufügen von zwei Nullen zu den im GeM genannten Zahlenwerten für eine Weile ausgeschaltet werden.

e) Schließlich sind Etalons zerstörbar, so daß der Wunsch nach sog. *Naturmaßen* verständlich ist. Das gilt auch bezüglich des Urmeters und des Urkilogramms. Zwar repräsentiert das Urmeter die Einheit der Länge genauer und einfacher, als es der zehnmillionte Teil des Erdquadranten je tun könnte; das liegt aber nur an der Schwierigkeit, eine Strecke wie den Erdumfang genau zu definieren und zu vermessen. Auch bleibt der Erdumfang sicher nicht genau konstant. Es ist inzwischen aber gelungen, das Urmeter an die Wellenlänge bestimmter Spektrallinien (z. B. rote Kadmiumlinie $\lambda = 0{,}643\,846\,96 \cdot 10^{-6}$ m bei 20° C) sehr genau anzuschließen, so daß auch beim Verlust aller Etalons das Urmeter zu reproduzieren ist.

6. Das absolute Ohm

Wie bereits im vorigen Abschnitt erwähnt wurde, würde sich bei einer genauen Messung der Wärmeleistung eines elektrischen Stromes ein Unterschied zwischen der aus 1 A und 1 Ω bestimmten internationalen Leistungseinheit (Watt$_{int}$) und der praktischen mechanischen Leistungseinheit ergeben:

$$1\,\mathrm{A}_{int}^{2} \cdot 1\,\Omega_{int} \neq 1\,\frac{\text{Joule}}{\mathrm{s}} = 10^7\,\mathrm{g} \cdot \mathrm{cm}^2 \cdot \mathrm{s}^{-3} = 1\,\text{Watt}_{abs} \qquad (34)$$

Das zeigt, daß die Festlegung der Zahlenwerte im GeM doch nicht ganz „praktisch" gewesen ist, denn die Maßeinheit der Leistung müßte in den verschiedenen Maßsystemen der Mechanik und der Elektrizitätslehre invariant sein. Hierin ist einer der wesentlichsten Gründe für die Abkehr von den internationalen Einheiten zu erblicken.

Welche Überlegungen zu der gewünschten Eindeutigkeit führen, wird sofort klar, wenn man das Prinzip, Maßgleichungen mit nicht zu wenig aber auch nicht zu viel Grundeinheiten zu benennen, auf die beiden wichtigsten Gleichungen der Elektrizitätslehre anwendet:

$$\left.\begin{aligned} N &= U \cdot J \quad \text{(Joulesches Gesetz)} \\ U &= J \cdot R \quad \text{(Ohmsches Gesetz)} \end{aligned}\right\} \quad (35\,\mathrm{a, b})$$

Diese Beziehungen enthalten 4 Größen; für den Bereich elektrischer Gesetzmäßigkeiten können zwei ausgewählt werden, um über sie Grundeinheiten zu definieren. Die Einheiten der beiden anderen Größen liegen dann fest.

Es wäre sehr unzweckmäßig, die aus dem Bereich der Mechanik bekannte Leistungseinheit *nicht* zu übernehmen. Man kann daher für ein wohlpassendes Maßsystem der Elektrizitätslehre nur noch eine Größe auswählen; die willkürliche Festlegung zweier elektrischer Grundeinheiten erscheint im Interesse möglichst umfassend anwendbarer Maßgleichungen ebenso unzweckmäßig wie der Verzicht auf die vierte elektrische Größe. In dem ersten Fall wären die Dimensionsgleichungen überbestimmt, im zweiten Fall unterbestimmt. Als vierte Grundeinheit bestimmt man z. B. die des elektrischen Widerstandes, des sog. *absoluten Ohms*.

Der Vergleich der Leistungseinheiten ergibt:

$$\boxed{1\,\mathrm{W}_{int} = 1{,}00019\,\mathrm{W}_{abs}} \qquad (36)$$

Hieraus und mit Hilfe des Vergleiches der Widerstandseinheiten folgen nach dem Schema

$$1 + \varepsilon_N = (1 + \varepsilon_J)^2\,(1 + \varepsilon_R) \approx 1 + 2\varepsilon_J + \varepsilon_R$$

$$\varepsilon_J \approx \frac{1}{2}\,(\varepsilon_N - \varepsilon_R)$$

bzw.

$$1 + \varepsilon_N = \frac{(1 + \varepsilon_U)^2}{1 + \varepsilon_R} \approx 1 + 2\varepsilon_U - \varepsilon_R$$

$$\varepsilon_U \approx \frac{1}{2}\,(\varepsilon_N + \varepsilon_U)$$

die Umrechnungen:

und

$$\left.\begin{aligned} 1\,\mathrm{V}_{int} &= 1{,}00035\,\mathrm{V}_{abs} \\ 1\,\mathrm{A}_{int} &= 0{,}99985\,\mathrm{A}_{abs} \end{aligned}\right\} \quad (37\,\mathrm{a, b})$$

Bei der Aufstellung eines *wohlpassenden* Maßsystemes für die Gesetze der Elektrizitätslehre berücksichtigt man die Tatsache, daß mit der elektrischen Ladung eine vollkommen neue Erscheinungsform der Natur in den Kreis der meßbaren Größen tritt, die die Mechanik nicht kennt. Seit der internationalen Konferenz über Maßeinheiten (Scheveningen 1932) wird für den Gebrauch in der Elektrotechnik ein Vierersystem empfohlen, welches mindestens eine elektrische Grundeinheit hat. Ein solches Maßsystem hat den Vorteil, weder in der Mechanik noch in der Elektrizitätslehre zu gebrochenen Exponenten der Grundeinheiten zu führen.

Es ist verhältnismäßig unwichtig, welche Größen zur Definition der Grundeinheiten im Vierersystem herangezogen werden. Die Leistungseinheit wird in der Elektrizitätslehre ebenso wie in der Mechanik nicht als Grundeinheit, sondern als abgeleitete Einheit angesehen. Sie folgt aus den gesetzlichen Einheiten für Masse und Länge sowie aus der Zeiteinheit zu

$$1 \text{ Watt} = 1 \frac{\text{Joule}}{\text{s}} = 10^7 \text{ g} \cdot \text{cm}^2 \text{ s}^{-3} \tag{38}$$

Diese Einheit wird in das *absolute* Maßsystem der Elektrotechnik übernommen.

Für gesetzgeberische Zwecke, d. h. für die Aufstellung eines sog. *legalen* Maßsystems, wird man die Brauchbarkeit der Größen hinsichtlich Meßbarkeit, Darstellbarkeit der Meßwerte durch Etalons usw. voranstellen, ferner nach Möglichkeit den Bestand bereits gesetzlich festgelegter Einheiten retten. Die Praxis braucht derartige Bedenken nicht zu haben. Für sie ist ausschlaggebend, daß der Gebrauch der Grundeinheiten zu möglichst einfachen Maßgleichungen führen soll. Nichts ist für den Praktiker unangenehmer, als wenn er sich eine große Zahl von Umrechnungskonstanten merken muß. Andererseits wird die Elektrotechnik wegen des Ohmschen Gesetzes fordern müssen, daß ein *wohlpassendes* Maßsystem *zwei* elektrische Grundeinheiten enthält.

Es sind daher zwei Gruppierungen gebräuchlich, die aufeinander mit Hilfe einfacher Faktoren bezogen werden können:

a) Das legale Vierersystem[1]:

Es besteht aus den gesetzlich festgelegten Einheiten für Länge und Masse, aus einer absoluten elektrischen Einheit, z. B. der des Stromes, sowie aus der Zeiteinheit:

1 Meter — 1 Kilogramm — 1 Ampere — 1 Sekunde

---

[1] Der Ausdruck *legal* soll hier lediglich andeuten, daß den Definitionen der nationalen Grundeinheiten die genannten Meßgrößen zugrunde liegen bzw. zugrunde gelegt werden sollen. Über die Grundeinheiten ist auf der 10. Generalkonferenz für Maß und Gewicht vorgeschlagen worden, zur Definition eines praktischen Einheitensystemes neben den mechanischen Grundeinheiten für Länge, Masse und Zeit die Grundeinheit für den elektrischen Strom (Ampere), sowie die thermodynamische Temperatur (Grad Kelvin) und die Lichtstärke (candela) zu verwenden (vgl. Fußnote S. 19).

Bezüglich der Zeiteinheit gilt die bisher unbestrittene Praxis, sich des 86400sten Teiles des mittleren Sonnentages zu bedienen. Implizit ist diese Zeiteinheit auch gesetzlich verankert, indem nämlich im GeM eigentlich nicht die Stromstärke, sondern die elektrische Ladung definiert worden ist[1].

b) Das Vierersystem der Praxis:

Es werden gewöhnlich die Einheiten

$$1 \text{ Volt} - 1 \text{ Ampere} - 1 \text{ Meter} - 1 \text{ Sekunde}$$

benutzt.

Die Einheiten von $[U]$ und $[J]$ werden wegen des Ohmschen Gesetzes gewählt; dann bleiben im Vierersystem nur noch *zwei* Grundeinheiten aus der Mechanik übrig. Das Studium des zeitlichen und räumlichen Verlaufes ist auch bei elektrischen Vorgängen zu wichtig, als daß man die Einheiten von $[l]$ und $[t]$ hinter einer anderen Einheit zurückstehen lassen kann. Es müssen also von den drei Einheiten der Mechanik die Krafteinheit $[P]$ und erst recht die Masseneinheit als abgeleitete Einheiten angesehen werden. Entgegen einer vorgefaßten Meinung ist das keineswegs unbequem. Die *wohlpassende* Krafteinheit ergibt sich nach S. 5 zu

$$1\,[P] = 1\,\frac{\text{Joule}}{\text{m}} = 1 \text{ Newton}^2 \tag{39}$$

7. Die Zusammenhänge mechanischer und elektrischer Größen im Vierersystem

Zum Anschluß an die im Maschinenbau übliche Krafteinheit dient, wie bereits erwähnt, die mit dem Normalwert der Erdbeschleunigung zusammenhängende Umrechnung

$$\boxed{\begin{aligned} 1 \text{ kp} &= 9{,}81 \text{ Newton} \\ 1 \text{ Newton} &= 0{,}102 \text{ kp} \end{aligned}} \tag{3}$$

Diese Zahl ist der einzige Umrechnungsfaktor, den sich der Praktiker merken muß, wenn er bei elektrotechnischen Problemen auf Kraftwirkungen stößt. Es empfiehlt sich also, immer nur *intern* mit dem Vierersystem V—A—m—s zu rechnen, wobei man Kräfte in der Maßeinheit 1 Newton, Energien in der Maßeinheit 1 Joule und Leistungen in der

---

[1] Die gesetzliche Definition ist in Vorbereitung (vgl. Fußnote S. 19). Sie wird die Sekunde an das Jahr 1900 anschließen. Die hohe Konstanz der Resonanzfrequenz bestimmter Atome und Moleküle („Atomuhr", z. B. NH_3) gestattet die Definition der Zeiteinheit mit einer Unsicherheit von nur $0{,}3 \cdot 10^{-10}$, d. s. etwa $^{1}/_{1000}$ s je Jahr. Das kann durch Verwendung der Rotationszeit der Erde nicht erreicht werden.

[2] Auch diese Einheit wird „legalisiert" werden.

Maßeinheit 1 Watt herausbekommt. Die Umrechnung aller dieser Werte in die traditionellen Einheiten der Mechanik und des Maschinenbaues ist mit dem obigen Umrechnungsfaktor leicht möglich.

Ein Beispiel für die Zweckmäßigkeit des Vierersystems ist die Berechnung der Kraftwirkung auf stromdurchflossene Leiter im Magnetfeld. Zur Erläuterung des Vorhergehenden soll daher eine Anordnung nach Abb. 8 nachgerechnet werden. Es handelt sich um das Meßwerk für ein sog. Drehspulgerät.

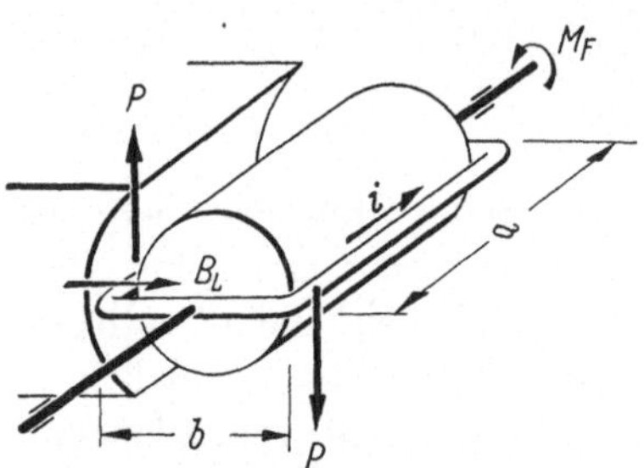

Abb. 8. Rechenbeispiel: Drehspule im Luftspalt eines permanenten Magneten (Drehspulmeßwerk)

Das Meßwerk besitzt eine drehbare Spule mit dem Durchmesser b und der Seitenlänge a. Die Seiten a können sich im zylindrischen Luftspalt zwischen den Polen eines permanenten Magneten und einem Eisenkern frei bewegen; im Luftspalt herrsche überall die gleiche Induktion B_L.

Wird die Spule gedreht, so spannt sich eine Spiralfeder, welche dabei das Rückstellmoment M_F ausübt. Fließt durch die Drehspule, welche w Windungen besitzen möge, der Meßstrom i, so wird ein Moment hergestellt, welches im Ruhezustand dem Rückstellmoment das Gleichgewicht halten muß.

Gegeben seien:

Federkonstante $D = 0{,}0738$ cm p bezogen auf den Einheitswinkel im Bogenmaß
                (1 r = 1 Radiant = $180/\pi$ °)

Luftspaltinduktion
$$B_L = 26{,}6 \cdot 10^{-6} \text{ Vs cm}^{-2} \; (= 2660 \text{ Gauß})$$

wirksame Spulenabmessungen:
$$a = 2{,}20 \text{ cm Länge}, \quad b = 1{,}78 \text{ cm Durchmesser}$$

Windungszahl $w = 450$

Vollausschlag entspr. 100 Skt bei $\alpha = 75°$

Es soll derjenige Strom berechnet werden, welcher einen Ausschlag von einem Skalenteil hervorruft.

Zunächst wird das Federmoment berechnet, welches bei 1 Skt Ausschlag die Drehspule zurückzustellen sucht. Es beträgt

$$M_{F_0} = 0{,}0738 \cdot 10^{-5} \cdot \frac{75}{180/\pi} \cdot \frac{1}{100} \frac{\text{mkp}}{\text{Skalenteile}}$$

$$= 0{,}965 \cdot 10^{-8} \text{ mkp} \cdot \text{Skt}^{-1}$$

Die Kraft auf die Spulenseiten a errechnet sich aus

$$P = w \cdot a \cdot i \cdot B_L$$

Setzt man die elektrischen Einheiten ein, so erhält man die Kraft in Newton. Es empfiehlt sich also, das Federmoment umzurechnen:

$$1 \text{ Joule} = 0{,}102 \text{ m kp}$$

Demnach ist

$$M_{F_0} = \frac{0{,}965}{0{,}102} \cdot 10^{-8} \text{ Joule} \cdot \text{Skt}^{-1}$$

$$= 0{,}0946 \cdot 10^{-6} \text{ Joule} \cdot \text{Skt}^{-1}$$

Es ist also

$$P_0 = M_{F_0} : b = \frac{0{,}0946 \cdot 10^{-6}}{1{,}78 \cdot 10^{-2}} \frac{\text{Joule}}{\text{m}} \cdot \text{Skt}^{-1}$$

$$= 0{,}0532 \cdot 10^{-4} \text{ Newton} \cdot \text{Skt}^{-1}$$

Hieraus errechnet sich der Strom

$$i_0 = \frac{0{,}0532 \cdot 10^{-4} \dfrac{\text{VAs}}{\text{m} \cdot \text{Skt}}}{450 \cdot 0{,}0220 \text{ m} \cdot 26{,}6 \cdot 10^{-2} \dfrac{\text{Vs}}{\text{m}^2}}$$

$$= 2{,}02 \cdot 10^{-6} \text{ A} \cdot \text{Skt}^{-1}$$

8. Die Darstellung der gesetzlichen Maßeinheiten

Das Etalon der Längeneinheit ist ein Strichmaß. Es besteht aus einem Stab aus einer Legierung von 90% Platin und 10% Iridium und

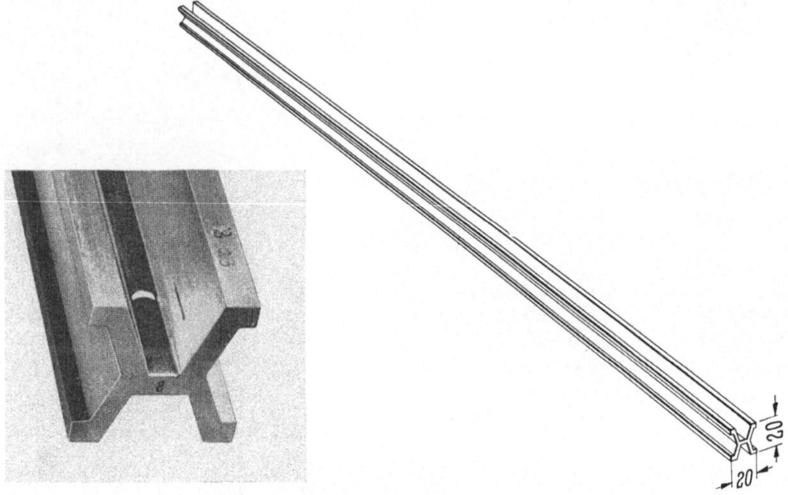

Abb. 9. Urmeter-Etalon (Physikalisch-Technische Bundesanstalt)

besitzt einen X förmigen Querschnitt (Abb. 9). Auf dem inneren Steg ist die Länge 1 Meter durch eingeritzte Striche abgeteilt. In der Praxis

werden Normalien der Längeneinheit bzw. Bruchteile derselben z. B.
als *Endmaße* verwendet, die beliebig aneinander gesetzt werden können.

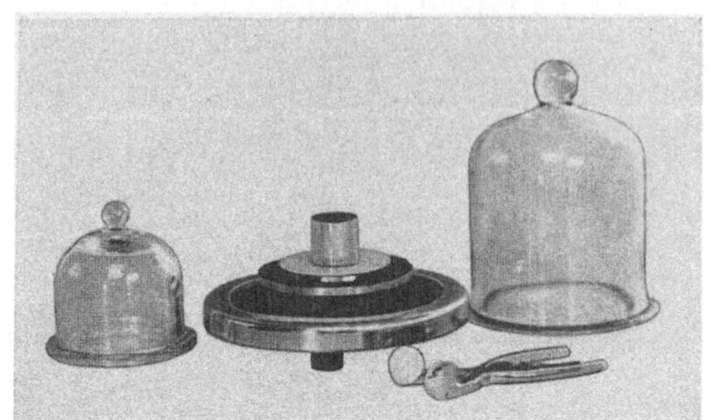

Abb. 10. Prototyp des Urkilogramm-Gewichtes aus Platin-Iridium

a

b

c

Abb. 11a—c. Zeitbestimmung (Sternwarte Bergedorf). a) Meridian-Instrument; b) Uhrenkeller:
links: Pendeluhr, *rechts:* Quarzuhr; c) Zeitmarken-Drucker mit quarzuhr-gesteuertem Antrieb

Das Etalon der Masseneinheit ist ein Zylinder aus Platin—Iridium
von 39 mm Höhe und 39 mm Durchmesser (Abb. 10). Gebrauchs-
normalien sind die bekannten Gewichtssätze, die es mit verschieden

hoher Präzision gibt. Längen- und Gewichtsmaße, die für den öffentlichen Verkehr bestimmt sind, müssen *geeicht* sein[1]. Das gleiche gilt für Hohlmaße.

Die Zeit kann ihrem Wesen nach nicht durch ein Etalon dargestellt werden, sondern es muß zur Bestimmung der Einheit derselben stets von neuem eine Messung gemacht werden. Messungen dieser Art sind Angelegenheit der Astronomie; man beobachtet die Kulmination bestimmter Sterne mit einem genau nach der Nord-Südrichtung ausgerichteten *Meridianinstrument*. Abb. 11 a—c zeigt die Geräte, mit denen in Sternwarten die Zeitbestimmung durchgeführt wird. Für den praktischen Gebrauch verwendet man Pendeluhren oder Chronometer. Den Fortschritten der Hochfrequenztechnik ist es zu verdanken, daß sich

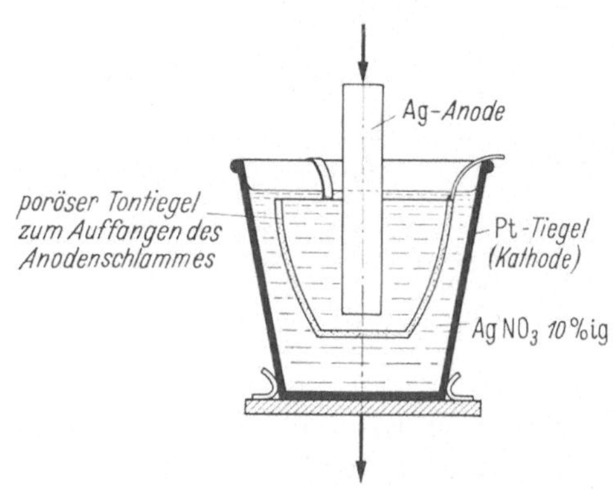

Abb. 12. Silbervoltameter nach KOHLRAUSCH (schematisch)

mit Hilfe einer Resonanzerregung von Quarzplättchen besonders genaue und konstante *Quarzuhren* herstellen lassen, mit denen sogar Unregelmäßigkeiten der astronomisch bestimmten Zeiteinheit festgestellt wurden[2].

Bei der Darstellung des internationalen Ampere hat man ebenfalls nur einen Versuch zur Verfügung. Man benutzt ein sog. Silbervoltameter (Abb. 12), für dessen Abmessungen bestimmte Vorschriften bestehen[3].

Die genaue Darstellung des internationalen Ohm als Quecksilbereinheit macht vor allem wegen der Bestimmung des Querschnittes und

---

[1] Der Gebrauch der Endmaße und Gewichte ist ein Beispiel für digitales Messen (vgl. S. 1).

[2] Vgl. Fußnote 1 S. 23.

[3] Die Flüssigkeit soll eine Lösung von 20 bis 40 Gewichtsteilen reinen $AgNO_3$ in 100 Teilen chlorfreien destillierten Wassers sein. Sie darf nur solange benutzt werden, bis im ganzen 3 g Ag auf 100 cm³ Lösung elektrolytisch ausgeschieden sind. Die Anode soll, soweit sie in Flüssigkeit eintaucht, aus reinem Ag bestehen, die Kathode aus Platin. Übersteigt die auf der Kathode abgeschiedene Silbermenge 0,1 g/cm², so ist das Silber zu entfernen. Ferner soll die Stromdichte an der Kathode $^1/_{10}$ A cm⁻², an der Anode $^1/_5$ A cm⁻² nicht überschreiten. Außerdem bestehen besondere Behandlungsvorschriften über das Ausspülen, Trocknen und Wiegen der Kathode nach dem Versuch.

Bei der Durchführung der Wägung muß man sehr vorsichtig sein. Meßfehler ergeben sich vor allem dadurch, daß beim unvorsichtigen Waschen des Platintiegels Silberflitterchen weggespült werden können.

der Länge Schwierigkeiten. Daher ist die Formulierung im Gesetz besonders vorsichtig (*. . . einem ein mm² gleichzuachtenden Querschnitt . . .*). Entscheidend ist die Längenmessung und die Wägung. Bei Widerstandsmessung ist der Übergangswiderstand zur eigentlichen Quecksilbersäule von 106,3 cm Länge zu berücksichtigen. Abb. 13 zeigt schematisch den Aufbau der Quecksilbereinheit.

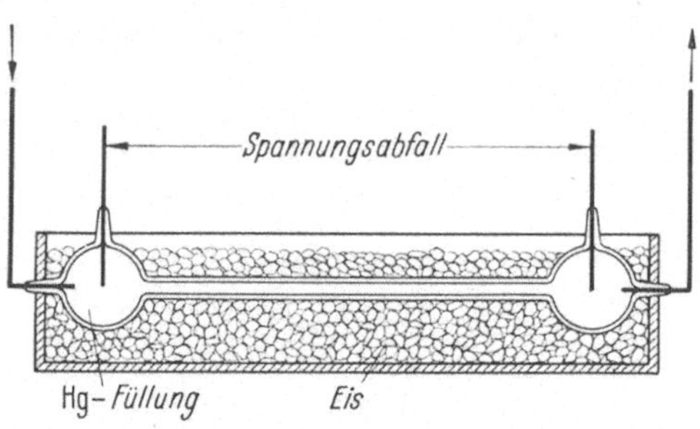

Abb. 13. Quecksilbernormal des internationalen Ohm (schematisch)

Bezüglich der Darstellung einer absoluten Einheit des Widerstandes ist man auf eine Zeit- und eine Längenmessung angewiesen. 1 Ohm_{abs} ist so definiert worden, daß $\mu_0 = 4\,\pi\,10^{-7}$ Vs/Am als irrationale Zahl herauskommt. Der Vorteil dieser Definition ist, daß im Prinzip die Genauigkeit der Darstellung wegen des irrationalen Charakters der zur Definition verwendeten Zahl $4\,\pi$ unbeschränkt ist; sie ist nur durch die Genauigkeit der Längen- und Zeitmessung begrenzt. Mit dem heute möglichen Aufwand gelingt es noch nicht, bis an die Toleranzen dieser Messungen vorzustoßen.

Abb. 14 zeigt schematisch einen schönen Versuch, der bereits 1914 im National Physical Laboratory (NPL) in England zur Bestimmung des absoluten Ohm verwendet wurde; die Versuchsanordnung geht auf LORENZ zurück. Zwei Bronzescheiben und zwei Paare gleicher Kreisspulen, die vom Strom J durchflossen werden, werden koaxial so angeordnet, daß die Ränder der Scheiben im feldschwachen Raum zwischen den Spulen liegen. Dann läßt sich die Gegeninduktivität zwischen Spulen und Scheibenrand mathematisch exakt aus den räumlichen Abmessungen berechnen, oder mit anderen Worten, man kennt den die Scheibe durchsetzenden Fluß genau, wenn man die räumlichen Abmessungen und die Stromstärke in der Doppelspule kennt.

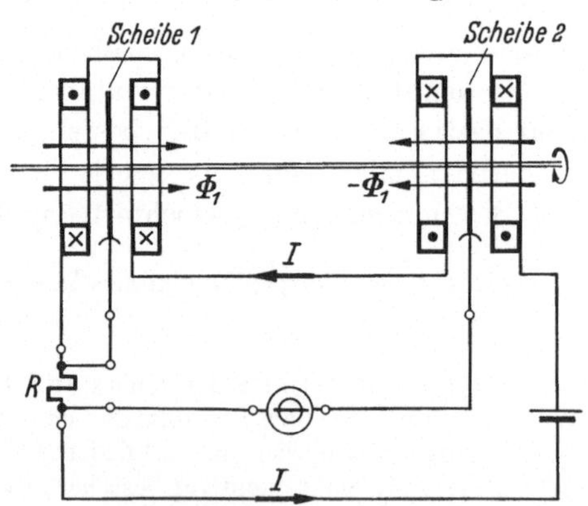

Abb. 14. Versuchsanordnung nach LORENZ zum Anschluß eines Widerstandes an das „absolute" Maßsystem

Rotieren die Scheiben, so wirken sie als Unipolarmaschinen: zwischen dem Zentrum und dem Scheibenrand entsteht eine nur vom Fluß und der Drehgeschwindigkeit abhängige EMK. Durch die Verwendung zweier gleicher Systeme, deren Stromspulen aber vom selben Strom J im entgegengesetzten Sinn durchflossen werden; entfällt die Induktionswirkung des Erdfeldes, dessen EMK in der zweiten Scheibe die umgekehrte Richtung hat. Zwischen zwei auf den Scheibenrändern schleifenden Bürsten muß die Summe der EMKe infolge der Felder der Stromspulen auftreten. Diese EMK schaltet man über ein empfindliches Galvanometer gegen den Spannungsabfall des Spulenstromes an dem zu prüfenden Widerstand R. Bei Stromlosigkeit des Galvanometers gilt $J \cdot R = 2 E$. Da ferner $E = \Phi \cdot n$ und $\Phi = M \cdot J$ ist, ergibt sich

$$J \cdot R = 2 \cdot n \cdot M \cdot J$$

oder

$$R = 2 \cdot M \cdot n \tag{40}$$

Hierin ist M in cm aus den Abmessungen zu bestimmen, n in s^{-1} zu messen.

Diese Methode ergab im NPL die Beziehung

$$1 \,\mathrm{Ohm}_{int} = 1{,}000\,52 \,\mathrm{Ohm}_{abs}$$

In anderen Instituten, z. B. der PTB, werden Induktionsspulen zur Darstellung des absoluten Ohm verwendet; man mißt also das Verhältnis der Induktionskoeffizienten

$$L_{int} : L_{abs}$$

das denselben Wert haben muß wie das Verhältnis $R_{int} : R_{abs}$. Diese mit sehr großer Sorgfalt durchgeführten Bestimmungen führten zu dem auf S. 19 angegebenen Mittelwert des Umrechnungsfaktors. Nach Kenntnis desselben kann man dann in der Praxis Widerstandsprototype an Stelle der recht umständlichen Versuchsaufbauten verwenden.

Für den Gebrauch in der Praxis sind die genannten Etalons und Versuchsanordnungen zur Darstellung der elektrischen Maßeinheiten zu umständlich zu handhaben. Vor allem eignet sich das Silbervoltameter wenig für die Praxis; aber auch die Quecksilbereinheit stellt kein ganz unveränderliches Normal dar.

Man verwendet daher für den praktischen Gebrauch Normalien der Spannung und des Widerstandes, die an die gesetzlichen Maßeinheiten angeschlossen werden. Die amtliche Beglaubigung dieser Normalien werden bei der PTB durchgeführt.

Die Widerstandsetalons bestehen stets aus Drähten oder Bändern. Zur Herstellung der Drahtwiderstände sind nur bestimmte Werkstoffe zugelassen. Vor allem muß innerhalb der praktisch vorkommenden Bereiche die Temperaturabhängigkeit des Widerstandes vernachlässigbar klein sein. Ferner muß der Werkstoff in der thermoelektrischen Reihe in unmittelbarer Nähe des Kupfers stehen, da sonst bei unterschiedlichen Temperaturen an den Klemmstellen Spannungen wirksam werden, die bei niederohmigen Meßkreisen die Ablesungen fälschen können.

Legierungen aus Kupfer, Mangan und Nickel in genau festgelegtem Mischungsverhältnis erfüllen diese Bedingungen besonders gut, wenn sie in bestimmter Weise vorbehandelt, *gealtert*, werden[1]. Sie sind auch recht

---

[1] Nach Vorschrift der PTB 10 Stunden bei 140 °C.

preiswert. Solche Legierungen (Manganin) werden daher vorwiegend zum Bau von Präzisionswiderständen verwendet. Daneben wird neuerdings auch eine Gold-Chrom-Legierung von der PTB zugelassen.

Die Alterung bezweckt die Beseitigung der durch die Bearbeitung hervorgerufenen inneren Spannungen und bewirkt außerdem, daß der Bereich mit dem kleinen Temperaturkoeffizienten bei normalen Arbeitstemperaturen liegt (ca. 30 °C). Abweichungen von der Alterungsvorschrift sowie Überlastungen, mechanische Kaltverformungen usw. führen zu einer Verlagerung der Nullstelle. Rauhe Behandlung der Normalwiderstände und Überlastungen sind daher zu vermeiden. So verarmt der Widerstand durch Verzunderung an der Oberfläche an Mangan, wodurch eine Verschlechterung des Temperaturbeiwertes hervorgerufen wird. Ist eine solche Verzunderung zu befürchten, z. B. beim Hartlöten von Widerstand und Anschlußschiene, so muß die kupferreiche Außenhaut abgebeizt werden[1].

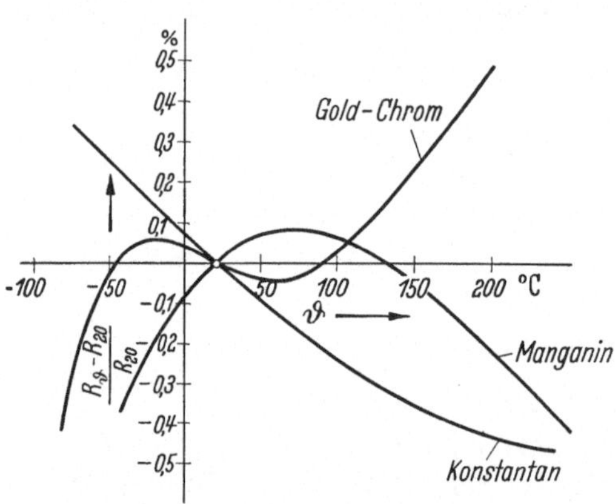

Abb. 15. Temperaturabhängigkeit des spezifischen Widerstandes verschiedener Baustoffe

Abb. 15 zeigt die Temperaturabhängigkeit einiger Widerstandsmaterialien, Tab. 2 die Thermospannungen einiger Werkstoffe gegen Kupfer.

Normalwiderstände werden für den Bereich von 10^5 Ohm bis zu 10^{-5} Ohm von den Firmen listenmäßig hergestellt. Bei den hochohmigen Widerständen ist besonders auf gute Isolation der Widerstandswickel und der Meßschaltung zu achten. Ein Isolationswiderstand von 10^9 Ohm, der bereits als recht gut anzusprechen ist, setzt, zu einem Normalwiderstand von 10^5 Ohm parallel geschaltet, dessen Nennwert um das bereits deutlich wahrnehmbare Maß von $10^{-2}\%$ herab!

Abb. 16 zeigt einen Normalwiderstand, wie er für Werte von 10^{-4} bis 10^5 Ω gebaut wird. Der Widerstand hat vier Klemmen; zwei dienen der Stromzuführung und zwei der Messung des Spannungsabfalles mit einer Schaltung, deren Innenwiderstand unendlich groß ist, also selbst keinen Strom zur Messung braucht. Die Anwendung des Normalwiderstandes in der Meßschaltung zeigt Abb. 17. Die Übergangs-

---

[1] Beizvorschrift des Herstellers: Chromschwefelsäure, bestehend aus 1 kp Natriumbichromat in 23 Liter Wasser mit 10 Liter Schwefelsäure von 60 Grad Baumé.

widerstände der Stromführungsklemmen liegen außerhalb der durch die Lötstellen A und B definierten Meßstrecke. Diese Übergangswiderstände sind bei den kleinen Nennwerten u. U. von derselben Größenordnung

Tabelle 2. *Thermospannungen verschiedener Metalle gegen Platin und Kupfer in mV bezogen auf* $\Delta \vartheta = 100\ °C$ *(kalte Kontaktstelle 0 °C)*

Material		Werte verschiedener Autoren gegen Pt [1]		mitt. Werte gegen Cu
		von	bis	mV
Antimon	Sb	4,70	4,86	4,0
Eisen	Fe	1,45	1,91	0,9
Molybdän	Mo	1,16	1,31	0,5
Wolfram	Wo	0,65	0,90	0,0
Cadmium	Cd	0,85	0,95	0,2
Gold	Au	0,56	0,80	−0,1
Silber	Ag	0,67	0,79	0,0
Kupfer	Cu	0,72	0,76	—
Zink	Zn	0,60	0,79	0,0
Manganin	—	0,57	0,82	0,0
Iridium	Ir	0,65	0,68	−0,1
Blei	Pb	0,41	0,46	−0,3
Aluminium	Al	0,38	0,41	−0,3
Quecksilber	Hg	−0,07	+0,04	−0,7
Platin	Pt	—	—	−0,7
Palladium	Pd	−0,56	−0,30	−1,2
Kobalt	Co	−1,52	−1,99	−2,5
Nickel	Ni	−1,20	−1,94	−2,3
Konstantan	—	−3,04	−3,47	−4,0
Wismut	Bi	−5,2	−7,7	−7,4

[1] Nach LANDOLT-BÖRNSTEIN, Phys. Tab.

wie der Nennwert selbst. Die an den Potentialklemmen vorhandenen Übergangswiderstände verursachen keinen Meßfehler, solange der Meßkreis keinen Strom führt.

Als Etalon der Spannung verwendet man Normalelemente. Man darf Normalelementen keinen Strom entnehmen. Der innere Widerstand der

Elemente ist ziemlich hoch (70 bis 100 Ohm). Daher ist mit merkbaren Unterschieden zwischen der elektrochemisch genau definierten EMK und der Klemmenspannung zu rechnen, selbst wenn der Meßstrom nur Bruchteile eines μA beträgt.

Abb. 16. Manganin-Normalwiderstand (H & B). *a* Stromzuführungen; *b* Potentialklemmen

Man verwendet allgemein das *gesättigte* internationale Normalelement nach WESTON, welches zwischen einer Anode aus Quecksilber mit einer Paste aus Merkurosulfat als Depolarisator und einer Kathode aus Kadmium—Amalgam mit einer gesättigten Lösung von Kadmiumsulfat als Elektrolyten bei 20 °C eine EMK von 1,018 65 V_{abs} (= 1,018 30 V_{int}) aufweist. Die Sättigung wird durch einen Überschuß an kristallinem Kadmiumsulfat über der Kathode aufrecht erhalten. Die EMK ist in außerordentlich hohem Maße konstant, leider in merkbarer, jedoch genau bekannter Weise von der Temperatur abhängig. Daher muß bei genauen Messungen stets die Temperatur des Normalelementes bestimmt werden, um den bei 20 °C gültigen Eichwert entsprechend der bekannten Korrekturtabelle berichtigen zu können.

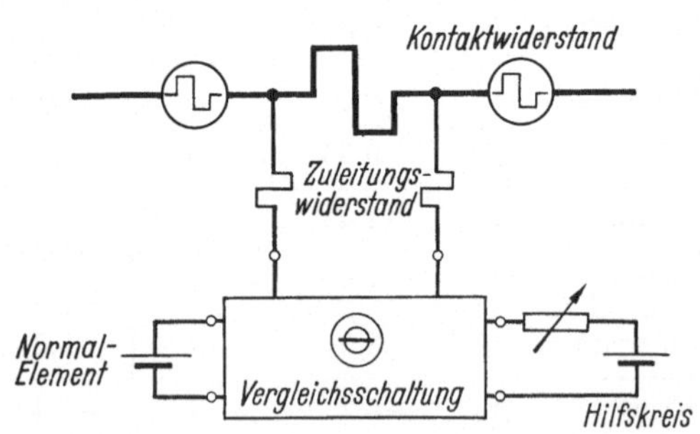

Abb. 17. Anwendung des Normalwiderstandes bei der Messung von Strömen

Den Aufbau eines Normalelementes zeigt schematisch Abb. 18. Aus Abb. 19 ist die hohe zeitliche Konstanz am Beispiel eines Prüfamts-Normales zu erkennen, während Abb. 20 die Temperaturabhängigkeit eines gesättigten Normalelementes wiedergibt.

Da Merkurosulfat sehr schwer löslich ist, ist die Ionenzahl an der Anode nicht groß. Die schwere Löslichkeit ist eine notwendige Voraussetzung für die hohe Konstanz der EMK, jedoch muß deswegen sorgfältig darauf geachtet werden, daß man dem Element nach Möglichkeit keinen Strom entnimmt. Bis herab zu etwa 10^{-5} A sind Stromentnahmen schädlich, auch wenn sie nur kürzere Zeit andauern. Erfolgt eine solche Behandlung öfter, so wird das Element für Eichzwecke unbrauchbar. Daher schalte man stets das Element mit einem empfindlichen Strommeßgerät (Galvanometer) in Reihe; an dessen Ausschlag wird auch sofort die Belastung des Normalelementes sichtbar. Normalelemente sind daher nur für Kompensationsschaltungen geeignet. Muß man zum ersten Abgleich das Galvanometer durch Reihen- und Nebenwiderstände *unempfindlich* schalten, so darf beim Gebrauch der Galvanometerkreis nur kurzzeitig geschlossen werden, wenn er das Normalelement enthält.

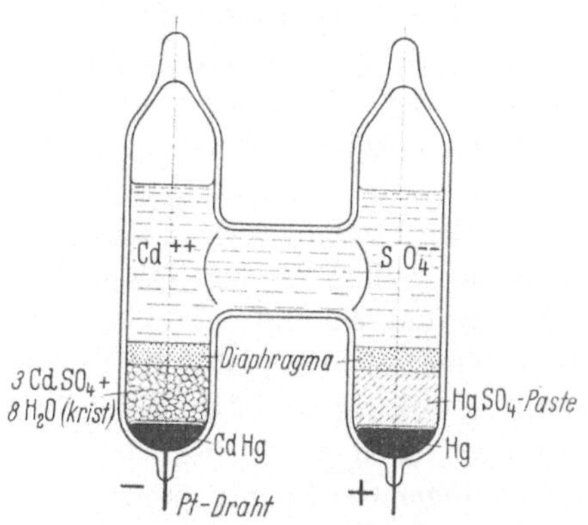

Abb. 18. Schematischer Aufbau eines internationalen Normalelementes nach WESTON

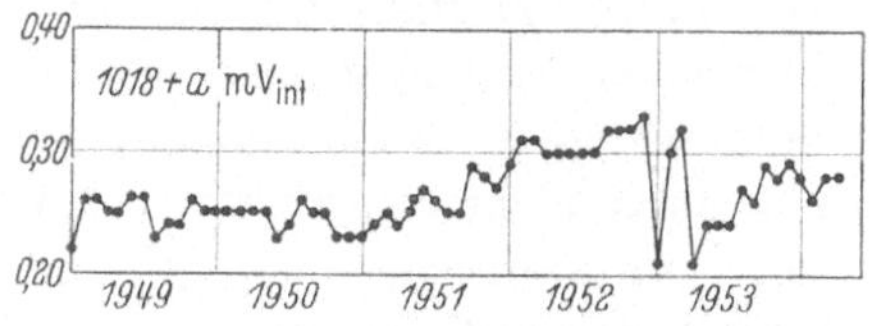

Abb. 19. Zeitliche Abhängigkeit der EMK eines Normalelementes

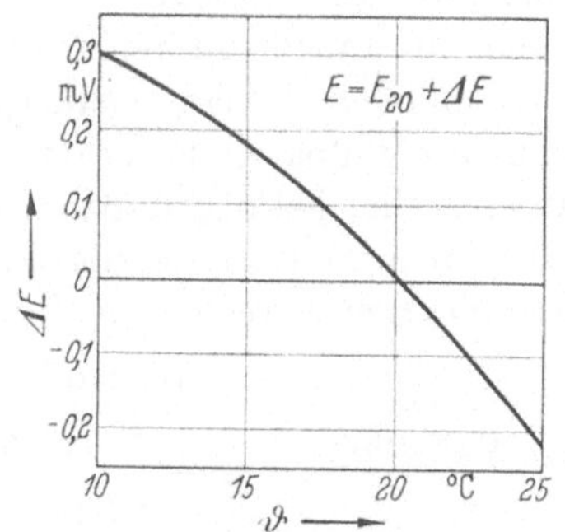

Abb. 20. Temperaturabhängigkeit eines internationalen Normalelementes nach WESTON mit gesättigtem Elektrolyten

Normalelemente sind in gewissen Zeitabständen zu kontrollieren. Dienen sie der Überwachung von anderen Geräten, welche im öffentlichen Verkehr eingesetzt werden (z. B. Elektrizitätszähler), so gelten besondere Anweisungen der Physikalisch-Technischen Bundesanstalt. Ein Beispiel für die Nachprüfung von Normalien mit Hilfe einer Kompensationseinrichtung enthält Aufgabe I−01 in Teil B.

Außer diesen Repräsentanten der gesetzlichen Maßeinheiten gebraucht man in der elektrischen Meßtechnik noch Normalkondensatoren, Normalinduktivitäten sowie Normalien für Übersetzungsverhältnisse (Normalwandler). Über diese Normalien soll im Zusammenhang mit den jeweiligen Anwendungen berichtet werden. Ebenfalls können Meßgeräte, z. B. Leistungsmesser oder Zähler als ,,Normalien'' zur Überprüfung anderer Meßeinrichtungen eingesetzt werden. Auch über diese Geräte wird an anderer Stelle berichtet.

II. Die rechnerische Behandlung von Meßergebnissen

Lehrziel: Die kritische Bewertung von Meßergebnissen als Voraussetzung für ihre weitere Verwendung. Fehler und Fehlerbewertung. Streuung von Meßreihen. Korrelation zwischen Meßwerten und Störungsgrößen.

1. Praktisches Rechnen mit Zahlen

Ein durch Meßergebnisse gewonnener Zahlenwert unterscheidet sich von einer festen, allein aus mathematischen Zusammenhängen gewonnenen Zahl wie z. B. π durch die begrenzte Genauigkeit. Leider wird beim Gebrauch von Maßzahlen in algebraischen Rechnungen diese Tatsache oftmals außer acht gelassen. So werden manchmal die Rechnungen durch mitgeschleppte Stellen unnötig erschwert, wobei die Rechenergebnisse eine durch nichts begründbare Genauigkeit vortäuschen. Auf der anderen Seite wird oftmals aus Bequemlichkeit die Ziffer Null nicht mitgeschrieben, selbst wenn sie als letzte Stelle meßtechnisch gesichert ist.

Man sollte Maßzahlen niemals anders darstellen, als mit Dezimalstellen von 10^{-3} bis 10^3, weil sich mit sehr großen und sehr kleinen Zahlen zu unbequem rechnen läßt. Zur Kennzeichnung des Stellenwertes verwende man Zehnerpotenzen; es ist zweckmäßig, nur die durch drei teilbaren Potenzen zu bevorzugen. Den Stellenwert deutet man entweder bei der Maßzahl durch Hinzufügen der Zehnerpotenz an, oder man nimmt Bruchteile oder Vielfache der Maßeinheit, was dann durch einen entsprechenden Buchstaben gekennzeichnet wird. Beispiel:

$$0{,}2346\,\mathrm{V} = 234{,}6\,\mathrm{mV} = 234{,}6 \cdot 10^{-3}\,\mathrm{V}$$

$$0{,}000\,0567\,\mathrm{Vs}\cdot\mathrm{cm}^{-2} = 56{,}7\,\mu\mathrm{Vs}\cdot\mathrm{cm}^{-2} = 56{,}7 \cdot 10^{-6}\,\mathrm{Vs}\cdot\mathrm{cm}^{-2}$$

$$27000\,\mathrm{m} = 27{,}0\,\mathrm{km} = 27{,}0 \cdot 10^3\,\mathrm{m}$$

Das letzte Beispiel zeigt, daß dann auch eine gemessene Null in der letzten Stelle besser von einer lediglich zur Kennzeichnung des dezimalen Wertes notwendigen Null zu unterscheiden ist.

Die in der Praxis angewendeten Abkürzungen sind in Tab. 3 enthalten.

Tabelle 3. *Bruchteile und Vielfache von Maßeinheiten*

Zehnerpotenz	10^{-12}	10^{-9}	10^{-6}	10^{-3}	1	10^3	10^6	10^9	10^{12}
Kurzzeichen	p	n	μ	m	—	k	M	G	T
Sprechweise	pico	nano	mikro	milli	—	kilo	Mega	Giga	Tera

In jedem Meßergebnis soll die letzte Stelle auf eine Interpolation bei der Ablesung zurückgehen; sie kann also etwas unsicher sein. So heißt z. B. 0,9732 A, daß die letzte *2*, 0,973 A, daß bereits die *3* unsicher ist.

Die erste Messung ist eine Zehnerpotenz *besser* als die zweite; man muß natürlich beim Messen hierfür einen höheren Aufwand treiben. Bei der ersten Messung muß man ein Kompensationsverfahren (vgl. Kap. IV) anwenden, während bei der zweiten Messung ein Präzisionszeigergerät der Klasse 0,1 (vgl. Kap. XII) genügt. Schwankt die Anzeige dauernd z. B. zwischen 0,958 A und 0,982 A, so ist im allgemeinen auch eine Angabe wie 0,973 A sinnlos. In diesem Falle sollte man sich überlegen, ob nicht ein billigeres Meßgerät eingesetzt werden kann, dessen Skale gröber geteilt ist, aber noch eine für diesen Zweck befriedigende Sicherheit der Ablesung gewährleistet[1].

Die begrenzte Genauigkeit von Maßzahlen läßt es geraten erscheinen, auch eine rationelle Rechentechnik anzuwenden. Bei landläufigen Messungen genügt stets der Rechenschieber. Selbst genaueste elektrische Präzisionsmessungen verlangen für die Rechnung noch keine umfangreicheren Hilfsmittel als eine fünfstellige Logarithmentafel, wenn man deren Genauigkeit ausschöpft, d. h. interpoliert.

Auf jeden Fall sind folgende Grundregeln zu beachten:

a) Bei Additionen und Subtraktionen sind nur diejenigen Stellen der Summanden zu berücksichtigen, die bei *allen* Zahlen meßtechnisch begründet sind, z. B.:

unzweckmäßig	richtig
173,53 V	173,53 V
43,872 V	43,87 V
0,2319 V	0,23 V
217,6339 V	217,63 V

Das linke Ergebnis ist unsinnig „genau" gerechnet, denn nur die zweite Stelle hinter dem Komma ist begründbar, weil der erste Summand nicht genauer bestimmt worden ist (bereits dessen *3* ist unsicher).

b) bei Multiplikationen und Divisionen sind stets gleichviel *geltende Stellen* zu berücksichtigen. Zum Beispiel ist

$$217,63 \text{ V} \cdot 0,23813 \text{ A}$$

meßtechnisch sinnvoll, nicht aber 217,63 V·0,238 A oder 217,6 V· 0,23813 A.

c) Während der Rechnung ist von den Ziffern hinter der letzten *geltenden Stelle* nur die erste zwecks Abrundung zu berücksichtigen. Ist sie kleiner als 5, so wird sie fortgelassen, ist sie größer als 5, so wird die

---

[1] Die Preise für die drei Meßeinrichtungen dürften sich etwa wie 50:5:1 verhalten, der zeitliche Aufwand ist für die höchstwertige Messung u. U. noch erheblich größer als das 50fache der Zeit, die nötig ist, um mit der einfachsten Einrichtung zu messen und das Meßergebnis niederzuschreiben. Im Interesse eines rationellen Messens ist es sehr wichtig, diese Zusammenhänge zu beachten.

letzte geltende Stelle um eine Einheit erhöht. Die 5 selbst wird zweckmäßigerweise auf die nächste gerade Zahl abgerundet, weil dann im
Laufe der Rechnung sich die dadurch bedingten Ungenauigkeiten teil-
weise aufheben. Beispiele:

$$17,83_2 \approx 17,83$$
$$17,83_7 \approx 17,84$$
$$17,83_5 \approx 17,84$$
$$17,84_5 \approx 17,84$$

Auf jeden Fall sollte man bei praktischen Rechnungen zuerst das
Ergebnis einschließlich der Kommastelle überschlagen und dann ohne
Berücksichtigung der Kommata rechnen; damit erhält man gleichzeitig
eine gewisse Sicherheit, daß grobe Rechenfehler nicht vorkommen.

Bei der Rechnung ergibt sich eine erhebliche Zeitersparnis, wenn
Multiplikationen, Divisionen usw. nach dem sog. *abgekürzten Verfahren*
durchgeführt werden. Diese in den Schulen nicht immer gelehrte Rech-
nungsart sollte man sich unbedingt zu eigen machen, da sie in den Fällen,
in denen man mit dem Rechenschieber nicht auskommt, die Logarithmentafel ersetzt. Den Rechenschieber wird man stets zur Hand haben; seine
Anwendung ergibt eine weitere Zeitersparnis, wie im folgenden an einigen
Beispielen erläutert werden soll, die bereits einer Präzisionsmessung
elektrischer Größen entsprechen.

a) Multiplikation: $N = 370,48 \text{ V} \cdot 2,6591 \text{ A} = ?$
Die Schätzung ergibt hier $N \approx 400 \cdot 2,5 = 1000 \text{ W}$.

Nach dem üblichen Verfahren ergibt sich die folgende Rechnung:

$$
\begin{array}{r}
37048 \cdot 26591 \\
\hline
74096 \\
222288 \\
185240 \\
333432 \\
37048 \\
\hline
985143368
\end{array}
$$

Das Ergebnis lautet $N = 985,143368 \text{ W}$; es ist unsinnig genau berechnet
und müßte auf $N = 985,1_4 \text{ W}$ zusammengestrichen werden, weil die
Ausgangszahlen auch keine höhere relative Genauigkeit haben.

Bei der Ausführung der Rechnung nach dem abgekürzten Verfahren
wird durch Abstreichen der Ziffern am Multiplikanden das *Herausrechnen
nach rechts* vermieden. Die zuletzt abgestrichene Ziffer wird nur zur Abrundung der letzten Stelle in der nachfolgenden Rechenstufe verwendet.
Sobald die Stellenzahl es erlaubt, wird der Rest mit dem Rechenschieber
gerechnet. Die Ausführung der Aufgabe sieht dann wie folgt aus:

Rechnung: Hinweise für den Leser:

$37048 \cdot 26591$

—————

74096

22229 $6 \cdot 0{,}8 = 4{,}8$ auf 5 erhöht

2190 $591 \cdot 3705 = 219_0$ mit Rechenschieber

—————

98515

Das Ergebnis $N = 985{,}1_5$ W differiert nur um eine Einheit der meßtechnisch unsicheren letzten Stelle vom genauer gerechneten (aber nicht genauer gemessenen!) Ergebnis.

b) Division: $R = 370{,}48 \text{ V} : 2{,}6591 \text{ A} = ?$

Die Abschätzung ergibt $R = 360 \text{ V} : 2{,}4 \text{ A} = 120\ \Omega$. Nachstehend die Rechnung nach dem üblichen Verfahren:

$$3704800000 \ldots : 26591 = 139325 \ldots$$

$$26591$$

—————

$$104570$$

$$79773$$

—————

$$247970$$

$$239319$$

—————

$$86510$$

$$79773$$

—————

$$67370$$

$$53182$$

—————

$$141880$$

usw.

Eine Fortsetzung der Rechnung wäre sinnlos; ebenso sind aber bereits alle Operationen überflüssig, die auf „heruntergeholte" Nullen zurückgehen, da diese keine meßtechnische Bedeutung haben.

Man kann sich zunächst etwas Schreibarbeit ersparen, indem man die Multiplikationen und Subtraktionen gedanklich zu einem Rechenschritt zusammenfaßt. Rechnet man ferner ohne „Herunterholen" der Nullen, was man durch sukzessives Abstreichen der letzten Stelle des Divisors ersetzt und verwendet so bald wie möglich den Rechenschieber, so sieht die Lösung der Aufgabe wie folgt aus

Rechnung: Hinweise für den Leser:

$37048 : 26591 = 13933$

—————

10457   rechne $10457 : 2659 = 3 \ldots$

2480   rechne $2480 : 266 = 933$ mit Rechen-

—————   schieber

0

Man vergleiche den Rechenaufwand mit dem Arbeitsaufwand während der üblichen Rechenmethode oder auch unter Zuhilfenahme einer fünfstelligen Logarithmentafel! Das Ergebnis $R = 139{,}3_3\,\Omega$ ist völlig ausreichend.

c) Radizieren: $\qquad\qquad \sqrt{88441} = \;?$

Das Radizieren ist eine wenig geübte Rechenkunst; jedoch kann sie bei rationeller Handhabung immer noch mit dem logarithmischen Rechnen konkurrieren. Zunächst sei das übliche, in den Rechenbüchern bereits als *vereinfacht* oder *abgekürzt* bezeichnete Verfahren ins Gedächtnis zurückgerufen. Bei ihm werden bereits Rechenschritte im Kopf zusammengefaßt, aber noch nicht auf das „Herunterholen" der Nullen hinter der letzten, meßtechnisch begründbaren Stelle verzichtet:

$$\sqrt{8\,|\,84\,41} = 297{,}392\ldots$$

$$
\begin{array}{rcl}
2^2 = & 4 & \\
 & \overline{484 : 40} = 9\ldots & \\
9 \cdot 49 = & 441 & \\
 & \overline{4341 : 580} = 7\ldots & \\
7 \cdot 587 = & 4109 & \\
 & \overline{23\,200 : 5940} = 3\ldots & \\
3 \cdot 5943 = & 17\,729 & \\
 & \overline{547\,100 : 59\,460} = 9\ldots & \\
9 \cdot 59\,469 = & 535\,221 & \\
 & \overline{1\,187\,900 : 594\,780} = 2\ldots & \\
 & \text{usw.} &
\end{array}
$$

Weiterzurechnen würde sich nicht lohnen; das Ergebnis wäre auf $297{,}39$ abzurunden. Auch hier sind alle Rechnungen überflüssig, die auf das *Herunterholen* von Nullen beruhen, die meßtechnisch keine Bedeutung haben.

Zur schnelleren Durchführung ist es günstig, wenn man die Quadratzahlen bis $31^2 = 961$ auswendig weiß; man kann dann die Aufgabe wie folgt durchrechnen:

$$
\begin{array}{rcl}
 & \sqrt{88\,441} = 297{,}39 & \\
29^2 = & 841 & \text{auswendig} \\
 & \overline{4341 : 580} = 7\ldots & \\
7 \cdot 587 = & 4109 & \text{schriftlich gerechnet} \\
 & \overline{232 : 59{,}4} = 3{,}9 & \text{mit dem Rechenschieber}
\end{array}
$$

Auch hierbei ergibt sich eine wesentliche Zeitersparnis.

In besonderen Fällen kann man noch andere Rechenhilfen anwenden. So ergeben sich bei Messungen oftmals Maßzahlen in der Nähe glatter Zahlenwerte. Zum Beispiel sei der Fehler eines Meßwiderstandes für 60 mV und 150 A auf Grund einer Messung bei Nennbetrieb zu beurteilen.

Diese ergab $U = 59{,}988$ mV bei 150,23 A. Dann ist

$$R = 59{,}988 \text{ mV} : 150{,}23 \text{ A}$$

Nach dem oben erläuterten Verfahren rechnet man:

$$59\,988 : 15\,023 = 39\,931$$
$$\underline{14\,919}$$
$$1398 : 150{,}_2 = 931 \qquad \text{(mit Rechenschieber)}$$

Das Ergebnis lautet $R = 0{,}3993_1 \cdot 10^{-3}\,\Omega$. Der Sollwert des Widerstandes läßt sich im Kopf ausrechnen:

$$R_{soll} = 60{,}000 \cdot 10^{-3} \cdot 150{,}00$$
$$= 0{,}40000 \cdot 10^{-3}\,\Omega$$

Hieraus ergibt sich der Fehler

$$\frac{0{,}3993_1 - 0{,}40000}{0{,}40000} = -0{,}0017$$

oder

$$F_R^{\%} = -0{,}17\,\%$$

Solche besonders bei der Fehlerermittlung häufiger vorkommenden Rechnungen lassen sich mit Näherungswerten besser durchführen. Bekanntlich gilt für

$$\boxed{\begin{aligned} (1 + \varepsilon_1)(1 + \varepsilon_2) &\approx 1 + \varepsilon_1 + \varepsilon_2 \\ \frac{1 + \varepsilon_1}{1 + \varepsilon_2} &\approx 1 + \varepsilon_1 - \varepsilon_2 \\ (1 + \varepsilon)^n &\approx 1 + n\,\varepsilon \end{aligned}} \qquad (41\,\mathrm{a-c})$$

Damit könnte die obige Rechnung im Kopf wie folgt durchgeführt werden:

$$F_U^{\%} = 100\left(-\frac{0{,}012}{60}\right) = -0{,}02\,\%$$

$$F_J^{\%} = 100\left(\frac{0{,}23}{150}\right) = +0{,}15\,\%$$

Hieraus ergibt sich sofort wegen $R = U : J$

$$F_R^{\%} = F_U^{\%} - F_J^{\%} = -0{,}17\,\%$$

und damit

$$R = (0{,}40000 - 0{,}00068) \cdot 10^{-3}$$
$$= 0{,}3993_2 \cdot 10^{-3}\,\Omega$$

2. Meßreihen und zusammengesetzte Messungen

Jede Messung ist mit Fehlern behaftet. Man strebt daher eine Überbestimmung der meßtechnischen Aufgabe an, um die Fehler *ausgleichen* zu können. Zu diesem Zweck kann man entweder den Versuch unter den gleichen Bedingungen mehrfach wiederholen, oder man kann eine Einflußgröße in systematischer Weise verändern. In beiden Fällen spricht man von einer *Meßreihe.* Die Auswertung mehrfach wiederholter Messungen unter gleichen Bedingungen führt auf eine Mittelwertbildung, während im zweiten Fall eine bestimmte Vorstellung von den Gesetzmäßigkeiten vorhanden sein muß, denen die Meßgröße bei Änderung der Einflußgrößen gehorcht. Die Messung ist dann schwieriger; dafür bietet sich dann oftmals die Möglichkeit, systematische Störungen zu eliminieren, während bei einfachen Wiederholungen Störeinflüsse u. U. in immer gleicher Weise wirken.

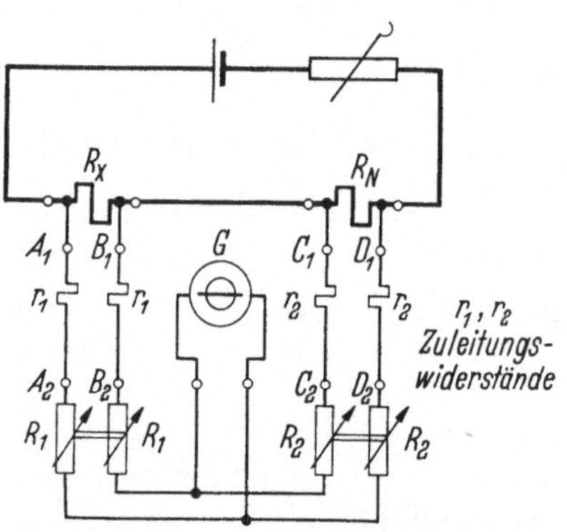

Abb. 21. Beispiel zur Beurteilung systematischer Fehler in Meßschaltungen (Zuleitungswiderstände in der Brückenschaltung nach THOMSON)

Diese Zusammenhänge sollen an einem einfachen Beispiel erläutert werden: Es soll ein Gleichstromwiderstand von etwa $5 \, \Omega$ nach verschiedenen Verfahren gemessen werden, wobei eine Genauigkeit von etwa 0,1% angestrebt wird. Gemäß Abb. 21 kann er in einer hierfür besonders geeigneten Schaltung unmittelbar bestimmt werden (über die Theorie der Schaltungen vgl. später Kap. V). Wenn das Meßgerät G stromlos ist, ergibt die Theorie der Schaltung

$$R_X = R_N \cdot \frac{R_1}{R_2} \tag{42}$$

Nun haben die Zuleitungen zwischen den Punkten $A_1\,B_1\,C_1\,D_1$ einerseits, $A_2\,B_2\,C_2\,D_2$ andererseits einen Widerstand. Es gilt daher streng genommen

$$R_N = R_X \cdot \frac{R_1 + 2\,r_1}{R_2 + 2\,r_2} \tag{42a}$$

Von den Zuleitungswiderständen soll dem Messenden nichts bekannt sein. Dann wird er mit der theoretischen Formel Gl. (42) rechnen, die die systematischen Einflüsse der Zuleitungen nicht berücksichtigt. Bei jeder Wiederholung der Messung wirken die Zuleitungswiderstände in derselben Weise. Trotzdem sich die Ablesungen gut reproduzieren lassen, ist das Meßergebnis falsch.

Es mögen z. B. je $2 \cdot 2{,}8$ m Zuleitungen von 10 mm² Querschnitt installiert worden sein; dann ist

$$2\,r_1 = 2\,r_2 = \frac{5{,}6}{56 \cdot 10} = 0{,}01\ \Omega$$

Ferner seien $R_N = 0{,}001000\ \Omega$ und $R_2 = 1{,}000\ \Omega$ als feste Werte der Schaltung gegeben. Gleicht man die Schaltung mit R_1 auf Stromlosigkeit des Meßgerätes G ab, so möge man häufig $R_1 = 4064\ \Omega$ finden, öfter auch eine *3* und eine *5* an der letzten Stelle, manchmal eine *2* und eine *6* und seltener eine *1* und eine *7*. Dann ist $4064\ \Omega$ ein brauchbarer Mittelwert.

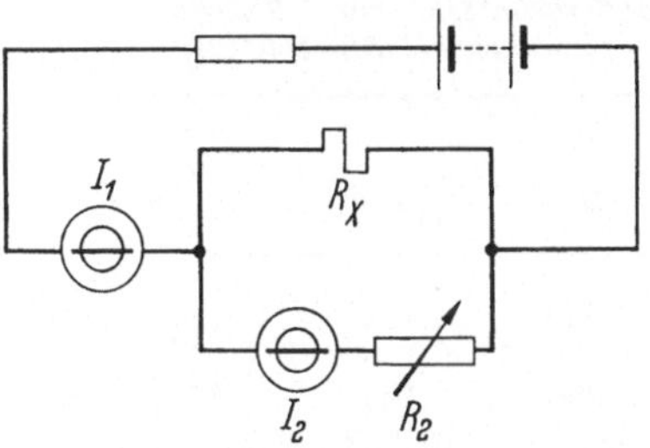

Abb. 22. Beispiel für die indirekte Bestimmung einer Meßgröße: Bestimmung eines Widerstandes aus Strom und Spannung

Während $2\,r_1 = 0{,}01\ \Omega$ gegenüber $R_1 \approx 4000\ \Omega$ nur einen Fehler von $^1/_{4000}\%$ bedeutet, also völlig belanglos ist, weil das Meßergebnis nur auf etwa 0,1% reproduziert werden kann, ist $2\,r_2 = 0{,}01\ \Omega$ bereits $^1/_{100}$ von R_2. R_X ist also systematisch um etwa 1% zu groß bestimmt worden!

Man kann auch R_X nach Abb. 22 in der Weise bestimmen, daß man bei gleichbleibendem Strom J_1 in einer Meßreihe den Widerstand R_2 in bekannter Weise ändert und an einem Strommesser den Strom J_2 abliest. Es möge sich die in Tab. 4 wiedergegebene Meßreihe ergeben haben.

Tabelle 4. *Beispiel einer Meßreihe mit der Schaltung nach Abb. 22*
$J_1 = 10{,}00$ mA

R_2 Ω	J_2 mA
0,000	8,868
1,000	7,246
2,000	6,134
3,000	5,316
4,000	4,688
5,000	4,194
6,000	3,793
7,000	3,464
8,000	3,187
9,000	2,952
10,000	2,747

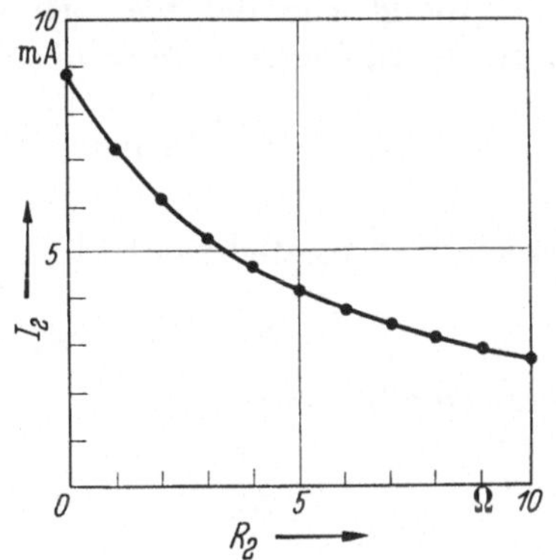

Abb. 23. Graphische Darstellung der Meßergebnisse mit Schaltung Abb. 22

Es liegt nahe, die Meßergebnisse graphisch aufzutragen; das ist in Abb. 23 geschehen. Diese Kurve läßt sich schwer auswerten. Verdächtig ist, daß sich für $R_2 = 0$ nicht etwa der eingestellte Strom $J_1 = 10$ mA, sondern weniger ergibt. Das legt die Vermutung nahe, daß der Meßkreis, in dem sich das Meßgerät für J_2 befindet, dann nicht widerstandslos ist. Man könnte jetzt gemäß dieser „Theorie" die Meßwerte einzeln überprüfen, obgleich zur Ermittlung des unbekannten Widerstandes R_X und des Zuleitungswiderstandes r nur *zwei* Messungen notwendig wären. Man verfährt aber zur Auswertung zweckmäßigerweise nach Tab. 5 wie folgt:

Tabelle 5. *Auswertung der Meßergebnisse von Tabelle 4 (Versuch gemäß Abb. 22)*

R_2	$\dfrac{1}{J_2}$	$\varDelta\left(\dfrac{1}{J_2}\right)$
Ω	$[\mathrm{mA}]^{-1}$	$[\mathrm{mA}]^{-1}$
0,000	0,1127	
1,000	0,1380	0,0253
2,000	0,1630	0,0250
3,000	0,1882	0,0252
4,000	0,2133	0,0251
5,000	0,2384	0,0251
6,000	0,2637	0,0253
7,000	0,2887	0,0250
8,000	0,3137	0,0250
9,000	0,3387	0,0250
10,000	0,3640	0,0253

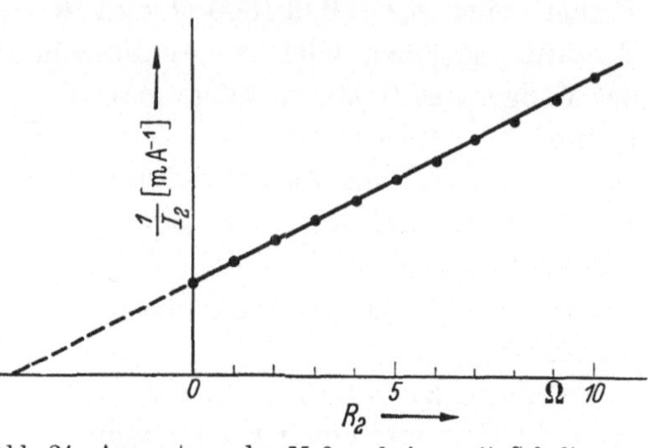

Abb. 24. Auswertung der Meßergebnisse mit Schaltung Abb. 22 durch Transformation der I_2 Koordinaten von Abb. 23

Gemäß der Theorie muß der gemessene Strom umgekehrt proportional der Einflußgröße sein. Man bildet daher die reziproken Werte $1/J_2$. Trägt man sie in Abhängigkeit von R_2 auf, so liegen die Punkte alle auf einer geraden Linie (Abb. 24). Es müssen sich aus den $1/J_2$-Werten daher konstante Tafeldifferenzen ergeben, da die Einflußgröße um gleiche Beträge fortschreitet. In der Tat ergibt die letzte Spalte der Tab. 5 einen brauchbaren Mittelwert:

$$\varDelta\,\frac{1}{J_2} = 0{,}025\,13\ [\mathrm{mA}]^{-1} = 25{,}13\ \mathrm{A}^{-1}$$

Nun ist das Stromteilerverhältnis

$$J_2 = J_1 \cdot \frac{R_X}{R_X + R_2 + r} \tag{43}$$

Hieraus ergibt sich

$$\frac{1}{J_2} = \frac{1}{J_1} \cdot \frac{1}{R_X} \cdot R_2 + \frac{1}{J_1}\left(1 + \frac{r}{R_X}\right) \tag{43a}$$

Das ist tatsächlich die Gleichung einer geraden Linie. Ihre Steigung

$$m = \frac{1}{J_1\,R_X}$$

ist gemäß Tab. 5 zu 25,13 $\mathrm{A}^{-1}\,\Omega^{-1}$ bekannt. Hieraus ergibt sich

$$R_X = \frac{1}{0{,}01\ \mathrm{A} \cdot 25{,}13\ \mathrm{A}^{-1}\,\Omega^{-1}} = 3{,}980\ \Omega$$

Man kann jetzt auch die Störungsgröße berechnen. Schreibt man Gl. (43a) wie folgt

$$\frac{1}{J_2} = \frac{1}{J_1\,R_X}\,(R_2 + r) + \frac{1}{J_1} \tag{43b}$$

so erkennt man sofort, daß sich hypothetisch der Wert $1/J_2 = 0$ ergibt, wenn $-R_2 = r$ ist. Das ist der Fall beim Schnittpunkt der Geraden durch die Meßpunkte mit der R_2-Achse bei $R_2 = -4{,}50\ \Omega$. In diesem Widerstand ist sicher neben dem Zuleitungswiderstand auch der Innenwiderstand des Meßgerätes J_2 enthalten.

Man erkennt aus diesem Beispiel, wie vorteilhaft die Auflegung einer Meßreihe sein kann.

Oftmals kann man die Meßgröße nicht unmittelbar bestimmen, sondern muß sie aus mehreren Einzelbeobachtungen durch Anwendung einer bekannten Gesetzmäßigkeit ableiten. Dabei können natürlich die Einzelbeobachtungen bereits Mittelwerte selbständiger Meßreihen sein. Man nennt solche Messungen *zusammengesetzt*. Zusammengesetzte Messungen sind z. B. die Bestimmung des spezifischen Widerstandes aus einer Widerstandsmessung, einer Längenmessung und einer Querschnittsbestimmung. Im allgemeinen sucht man zusammengesetzte Messungen zu vermeiden, weil sich die Fehler aller Einzelbestimmungen in das Endresultat fortpflanzen und sich dort häufen (vgl. Abschn. II 5).

Wird in einer Gesetzmäßigkeit die gesuchte Größe von einer hohen Potenz der unmittelbar bestimmten Einflußgröße bestimmt, so ist das Gesetz zur Bestimmung der gesuchten Größe ungeeignet. Man sieht sich dann besser nach einer anderen Meßmöglichkeit um. So kann man z. B. den Elastizitätsmodul eines Werkstoffes in einem Biegeversuch aus der Belastung, einer Querschnittsbestimmung und der Durchbiegung bestimmen nach

$$E = \frac{P \cdot l^3}{4\,b\,h^3} \cdot \frac{1}{f}$$

Sowohl die Höhe h des Balkens als auch die Stützlänge l stehen in der dritten Potenz. Es läßt sich daher erwarten, daß Meßunsicherheiten bei der Einzelbestimmung dieser Größen dreimal so schwer wiegen wie z. B. die Meßunsicherheit bei der Messung der belastenden Kraft und der Durchbiegung (vgl. Abschn. II 5).

3. Fehler, Korrektion und Toleranz

Der Begriff des Meßfehlers wird leider nicht einheitlich verwendet. Grundsätzlich darf man bei keiner Messung voraussetzen, daß das Ergebnis *richtig* sei. Ganz besonders der Meßtechniker sollte das kleine Gedicht aus Eugen Roths humorvollem Büchlein beherzigen:

> *Ein Mensch sieht ein — und das ist wichtig:*
> *Nichts ist ganz falsch und nichts ganz richtig.*

Bei allen Diskussionen über das Vorzeichen eines Fehlers empfiehlt es sich zunächst zu prüfen, ob man den Fehler auf eine unvermeidliche Mißweisung von Geräten zurückführen muß, die man als einwandfrei anzusehen gewöhnt ist, oder ob es sich um eine Kontrollmessung handelt, bei der ein solches Gerät geeicht, also selbst als Prüfling untersucht werden soll.

Die Normen DIN 1319/VII 42 legen das Vorzeichen des Fehlers nach dem Schema

$$\boxed{\text{Fehler} = \text{Falsch} - \text{Richtig}} \qquad (44)$$

fest. Das entspricht dem Sprachgebrauch; denn man hat den Fehler dem richtigen Wert hinzuzufügen, um den falschen zu bekommen. Ebenso muß man umgekehrt dem falschen Wert eine *Korrektion* hinzufügen, um den Fehler unwirksam zu machen:

$$\text{Richtig} + \text{Fehler} = \text{Falsch}$$

$$\text{Falsch} + \text{Korrektion} = \text{Richtig}$$

Es ist stets

$$\boxed{\text{Fehler} = - \text{Korrektion}} \qquad (45)$$

Trotzdem ist dringend zu empfehlen anzugeben, *worauf* man den Fehler bezieht. Welche Verwirrung entstehen kann, zeigt einleuchtend ein Beispiel aus der Praxis:

Ein Widerstand ist für 10 Ohm benannt; durch genaue Messungen findet man (z. B. unter Einschaltung der obersten meßtechnischen Behörde) 10,003 Ohm. Dann kann man diese Messung einfach als autoritativ hinnehmen. Die Messung besagt: *der Widerstand ist um 0,003 Ohm zu klein benannt*, denn die Angabe 10 Ohm stimmt nicht. Also ist der Fehler der Benennung $-0,03\%$. Denn es heißt:

$$\text{Richtige Benennung 10,003 Ohm} + \text{Fehler der Benennung von}$$
$$(-0,003 \text{ Ohm}) = \text{Falsche Benennung von 10 Ohm}$$

Nun ist aber nicht zu bezweifeln, daß der Hersteller die beste Absicht hatte, den Widerstand mit dem *richtigen* Wert herzustellen. Man darf damit einverstanden sein, daß er diesen beabsichtigten Wert als *Sollwert* auf dem Typenschild angibt. Dann besitzt das Meßergebnis der obersten Behörde den Charakter einer Korrektion. Drückt man das in der Formulierung

$$\text{Sollwert von 10 Ohm} + (\text{Fehler bei der Angabe des Sollwertes von}$$
$$+0,003 \text{ Ohm}) = \text{Istwert von 10,003 Ohm}$$

aus, so ist das durchaus zutreffend, wenn man $+0,003$ Ohm als den *Fehler des Sollwertes* definiert.

Der Sollwert einer Meßgröße wird oftmals der *wahre Wert* einer Messung genannt. Auf Grund dieser, im obigen Sinn nicht ganz einwandfreien Bezeichnung spricht man von der Abweichung des beobachteten Wertes als vom *wahren Fehler der Ablesung*; über das Vorzeichen herrscht leider keine Einmütigkeit; im Sinne von DIN 1319 müßte man schreiben

$$\varepsilon = A - S$$

worin A der Ablesewert und S der *wahre Wert* (Sollwert) der Meßgröße ist. ε ist dann der *wahre Fehler*, und zwar des Sollwertes und nicht der Ablesung. Man vermeidet besser den Ausdruck *Fehler* in diesem Zusammenhang und nennt ε die *Abweichung des Meßwertes vom Sollwert*.

Da grundsätzlich der Sollwert jeder Messung unzugänglich ist, kann auch die Abweichung vom Sollwert nicht angegeben werden, wenn nur *eine* Bestimmung vorliegt.

Macht man mehrere Bestimmungen, so *streuen* die Ablesungen. Es läßt sich dann unter gewissen Annahmen ein *wahrscheinlicher* Wert der Meßreihe angeben, der den unbekannten Sollwert auf irgendeine Weise, die allgemeine Anerkennung finden muß, repräsentiert. Dieser Wert wird in der Literatur oftmals *wahrscheinlicher Wert* genannt. Auch Ausdrücke wie *Bestwert, Meridianwert* usw. kommen vor. DIN 1319 definiert einen solchen wahrscheinlichen Wert unter Zugrundelegung einer *Normalverteilung* der Abweichungen als *Durchschnitt D*. Er ergibt sich als das arithmetische Mittel aller Ablesungen. Das, was DIN 1319 *Abweichung vom Durchschnitt*

$$\delta = A - D$$

nennt, wird in der Literatur oftmals als *wahrscheinlicher Fehler der Einzelmessung* angegeben. Dieser Ausdruck soll hier vermieden werden.

In der Literatur gibt es aber noch einen weiteren Fehlerbegriff: den *wahrscheinlichen (mittleren usw.) Fehler* der gesamten Meßreihe. Dieser geht auf die Vorstellung zurück, daß z. B. angegeben werden soll, welche Abweichungen vom *wahrscheinlichen Wert* bei einer Erhöhung der Anzahl der Einzelbeobachtungen diese so aufteilt, daß 50% innerhalb und 50% außerhalb dieses Bereiches fallen. Auch andere Definitionen sind geläufig. Im folgenden soll hierfür nach DIN 1319 die Bezeichnung *Streuung* σ der Meßwerte gewählt werden. Sie ergibt mit der Zahl n der Einzelbeobachtungen die *Unsicherheit des Durchschnitts* σ_D.

Weichen die Beobachtungen vom Sollwert ab, so kann man die Unvollkommenheiten bei der Meßapparatur oder beim Messenden suchen. Man pflegt daher *subjektive* und *objektive* Fehler zu unterscheiden.

Manche Unvollkommenheiten liegen auf der Grenze zwischen subjektiven und objektiven Fehlern. So kommt es z. B. vor, daß beim Abgleich von Hochfrequenzschaltungen die Kapazität der bedienenden Hand gegenüber Schaltungsbestandteilen Fehler verursacht, die sich sogar nicht immer reproduzieren lassen; hier liegt eindeutig ein Mangel des Versuchsaufbaus vor und kein *subjektiver Fehler*. Andererseits erfordern gewisse Meßschaltungen den Abgleich mittels eines Kopfhörers. Es wird ein Tonminimum angestrebt. Infolge gewisser physikalisch begründeter Unvollkommenheiten der Schaltung findet beim Durchgang durch das Tonminimum ein Wechsel der Klangfarbe des Resttones statt. Menschen, die den Wechsel der Klangfarbe empfinden, können solche Meßanordnungen besser, d. h. genauer abgleichen. Die hierauf zurückgehenden Abweichungen kann man *subjektive* Fehler nennen.

Die Abweichungen können nun noch systematisch oder zufällig sein. Die Beurteilung der zufälligen Fehler ist meist viel leichter, obgleich man sie aus naheliegenden Gründen im Einzelfall nicht beeinflussen kann. Systematische Fehler können dagegen durch einfache Wiederholung der Messung nicht ohne weiteres erkannt werden. Sie sind daher besonders zu fürchten. Die *Kunst des Messens* besteht zum großen Teil darin, systematische Fehlermöglichkeiten aufzudecken und durch geeignete Maßnahmen in der Schaltung oder am Prüfling unwirksam zu machen (Fehlerkompensation).

Von den vier möglichen Kombinationen muß man die der systematischen, subjektiven Fehler ausschließen. Schließt man eine Betrugsabsicht des Messenden aus, so wäre ein Fall wie der gegeben, daß ein farbenblinder Beobachter eine Farbmessung machen soll. Anzuerkennen sind bei subjektiven Fehlern nur solche zufälliger Natur; so bietet die Theorie der Fehlerrechnung geradezu ein Musterbeispiel dafür, wie man die persönliche Verläßlichkeit eines Menschen überprüfen kann, ohne daß er gegebenenfalls Mittel besitzt, eine Täuschungsabsicht zu verschleiern[1].

Schließlich ist noch der Begriff der *Toleranz* festzulegen. Er entstammt der Technik und beinhaltet ein gewisses Maß an zulässigen Abweichungen, die man z. B. aus wirtschaftlichen Gründen in Kauf nehmen muß. Die geforderte Toleranz bestimmt weitestgehend den Meßaufwand. Dieser erhöht sich nach zwei verschiedenen Gesichtspunkten: Zunächst ist das Ausmaß systematischer objektiver Fehler durch aufwendigere Kompensationsmaßnahmen usw. einzuschränken. Hierzu gehören neben Maßnahmen an den Geräten selbst z. B. Klimatisierung der Prüfräume, Schaffung feldfreier Räume, Schaffung eindeutiger Bezugspotentiale durch Erdungen usw. Die hierfür bereitzustellenden Geldmittel wachsen viel stärker als proportional mit dem Kehrwert der geforderten Toleranz. Zum anderen muß bei kleinen Toleranzen auch die Unsicherheit des Durchschnittes infolge zufälliger Fehler herabgedrückt werden. Das

---

[1] „Zufälligkeiten" lassen sich nicht „absichtlich" herbeiführen!

gelingt nur durch eine Häufung von Einzelbeobachtungen, so daß auch von dieser Seite her der Aufwand für die Messung steigt. Es läßt sich folgern, daß bei rein zufälligen Abweichungen eine Vermehrung der Einzelbestimmungen um den Faktor n^2 die Unsicherheit des Durchschnittes auf das $1/n$fache herabdrückt. Der zeitliche Aufwand steigt daher etwa im umgekehrten quadratischen Verhältnis zur geforderten Toleranz.

Beide Maßnahmen, Erhöhung der Zahl der Einzelablesungen und Herabsetzung der systematischen Fehler, sind gleichzeitig durchzuführen. Daß sich in der elektrischen Meßtechnik gegenüber den mechanischen Messungen keine so hohen Genauigkeiten erzielen lassen, ist darauf zurückzuführen, daß elektrische Messungen viel mehr Einflußgrößen unterliegen, geringe Toleranzen daher einen höheren Aufwand verlangen.

4. Die Gaußsche Normalverteilung zufälliger Fehler

Zur Ermittlung einer Meßgröße seien nicht nur eine oder wenige Ablesungen, sondern eine große Anzahl Einzelmessungen gleicher Genauigkeit durchgeführt worden. Alle Ablesungen sind natürlich in erster Linie durch die zu ermittelnde Meßgröße bestimmt. Darüber hinaus unterliegen sie Störungen; sind diese zufälliger Art, so wird durch sie eine Streuung der Ablesungen um einen *wahrscheinlichsten Wert* herum verursacht. Mit der Frage, wie sich die zufälligen Fehler der Einzelmessungen verteilen, hat sich zum ersten Male GAUSS in grundlegender Weise beschäftigt. Die von ihm gefundene Gesetzmäßigkeit heißt nach ihm das *Gaußsche Fehlerverteilungsgesetz.*

Der wahrscheinlichste Wert der Messung bestimmt durch seine Lage innerhalb der Einzelablesungen der Meßreihe deren Fehler so, daß

1. positive und negative Fehler gleicher Größe gleich wahrscheinlich,
2. kleinere Fehler wahrscheinlicher als große,
3. der Fehler Null am wahrscheinlichsten

ist. Diese Bedingungen erfüllt nach einer fast selbstverständlichen aber nicht streng beweisbaren Annahme von GAUSS der arithmetische Mittelwert D der Ablesungen. Er heißt der Durchschnitt der Meßreihe. In einer mehr als hundertjährigen Erfahrung ist diese Hypothese auf den Gebieten der Landvermessung, der Astronomie, Statistik usw. angewendet worden und hat zu Ergebnissen geführt, die mit der Praxis übereinstimmen; Voraussetzung ist allerdings, daß es sich um eine große Anzahl von Einzelbeobachtungen handelt, und daß die Störungen zufällig sind.

Für die Überprüfung des zufälligen Charakters der Abweichungen stehen bestimmte Kriterien zur Verfügung. Sehr einleuchtend ist z. B., daß bei sehr vielen Einzelbeobachtungen der arithmetische Durchschnitt der Fehler δ sehr klein werden muß gegenüber dem Durchschnittswert der Absolutwerte

$$\frac{\delta_1 + \delta_2 + \cdots + \delta_n}{n} \ll \frac{|\delta_1| + |\delta_2| + \cdots + |\delta_n|}{n}$$

Mit der in der Fehlerrechnung üblichen Schreibweise für die Summe (man setzt nach dem Vorbild von GAUSS an Stelle des unbequem zu schreibenden Summenzeichens eckige Klammern) lautet dieses Fehlerkriterium

$$\sum \delta = [\delta] \ll [|\delta|] \tag{46}$$

Heißt D der Durchschnitt und sind $A_1 A_2 \ldots A_n$ die n Einzelbestimmungen der Meßgröße, so ist nach Abschn. II, 3

$$\left.\begin{aligned}
\delta_1 &= A_1 - D \\
\delta_2 &= A_2 - D \\
&\cdots\cdots\cdots \\
\delta_n &= A_n - D
\end{aligned}\right\} \tag{47}$$

Nach der ersten Fehlerregel sollen gleichgroße Fehler verschiedenen Vorzeichens gleich häufig sein; auf das Vorzeichen braucht man keine Rücksicht mehr zu nehmen, wenn man die Quadrate der Abweichungen bildet:

$$\begin{aligned}
\delta_1^2 &= (A_1 - D)^2 \\
\delta_1^2 &= (A_2 - D)^2 \\
&\cdots\cdots\cdots \\
\delta_n^2 &= (A_n - D)^2
\end{aligned}$$

Die zweite Fehlerregel besagt, daß kleinere Fehler wahrscheinlicher sind als größere. Dann muß der Ausdruck

$$\sum \delta^2 = \delta_1^2 + \delta_2^2 + \cdots + \delta_n^2 = [\delta\,\delta]$$

ein Minimum werden. Nach den Regeln der Differentialrechnung ist dann

$$\frac{d}{dD}[\delta\,\delta] = 0 \tag{48}$$

Bildet man die Ableitungen der Summanden einzeln nach D, so findet man

$$\begin{aligned}
\frac{d\delta_1^2}{dD} &= -2(A_1 - D) \\
\frac{d\delta_1^2}{dD} &= -2(A_2 - D) \\
&\cdots\cdots\cdots\cdots \\
\frac{d\delta_n^2}{dD} &= -2(A_n - D)
\end{aligned}$$

Es ist also

$$\frac{d}{dD}[\delta\,\delta] = -2 \sum_{k=1}^{n} (A_k - D) = 0$$

Diese Bedingung kann nur für

$$\sum_{k=1}^{n} A_k = n\,D$$

erfüllt werden. Hieraus folgt, daß D der arithmetische Mittelwert ist. Bezieht man auf ihn die Abweichungen der Einzelablesungen, so läßt sich ein wichtiges Gesetz wie folgt in Worte kleiden:

Die Summe der Fehlerquadrate ist ein Minimum, wenn als Fehler der Einzelmessungen die Abweichungen derselben vom arithmetischen Mittelwert verstanden werden.

Das Verfahren, den wahrscheinlichsten Wert einer Meßreihe nach diesen Gesichtspunkten zu bestimmen, nennt man etwas unzutreffend häufig *die Methode der kleinsten Quadrate.*

In Formeln lauten diese Vorschriften:

Für

$$D = \frac{1}{n} \sum_{k=1}^{n} A_k \qquad (49\,\mathrm{a})$$

ist

$$[\delta\,\delta] = \mathrm{Minimum} \qquad (49\,\mathrm{b})$$

Bei einer sehr großen Anzahl von Einzelmessungen kann kein großer Unterschied zwischen dem Durchschnitt als wahrscheinlichstem Wert der Ablesungen und dem Sollwert der Meßgröße bestehen. Die Meßgröße ist ja der einzige systematische Einfluß, der nicht den Zufälligkeiten unterworfen ist. Es muß daher im Grenzfall für den Sollwert S der Meßgröße gelten

$$S = \lim_{n \to \infty} \frac{1}{n} \sum_{k=1}^{n} A_k \qquad (49\,\mathrm{c})$$

Untersucht man eine Meßreihe daraufhin, wie oft Einzelablesungen innerhalb eines Fehlerintervalles $d\,\delta$ vorkommen, so kommt man z. B. zu Darstellungen wie in Tab. 6. Es lagen 175 Einzelbeobachtungen gleicher Genauigkeit vor, die sich zwischen den Extremwerten 24,89 und 25,09 verteilen. Man sieht bereits aus der Aufstellung, daß sich die Ablesungen in der Mitte häufen.

Zeichnet man nach den Gepflogenheiten der Statistik ein Stufendiagramm (Abb. 25a u. b), so erkennt man die Gültigkeit der oben ausgesprochenen Regeln noch deutlicher: Die Ablesungen verteilen sich symmetrisch um einen Durchschnittswert, größere Abweichungen sind seltener als kleinere. Der gesamte Flächeninhalt des Diagramms muß offenbar mit der Anzahl der Ablesungen zusammenhängen.

Natürlich hätte man die Ablesungen auch in anderer Weise ordnen können, z. B. indem man nicht Intervalle der Meßgröße von 0,01, sondern z. B. von 0,02 zugrunde legt.

Tabelle 6. *Strichliste einer Meßreihe von 175 Einzelbeobachtungen*

| Merkmalbereich | | Strichliste | Zahl der |
größer als	bis		Ablesungen
24,89	24,90	I	1
24,90	24,91	I	1
24,91	24,92	I I I	3
24,92	24,93	I I I I	4
24,93	24,94	₶ I I	7
24,94	24,95	₶ ₶ I	11
24,95	24,96	₶ ₶ I I I I	14
24,96	24,97	₶ ₶ ₶ I I	17
24,97	24,98	₶ ₶ ₶ I I I I	19
24,98	24,99	₶ ₶ ₶ ₶	20
24,99	25,00	₶ ₶ ₶ I I I I	19
25,00	25,01	₶ ₶ ₶ I I	17
25,01	25,02	₶ ₶ I I I I	14
25,02	25,03	₶ ₶	10
25,03	25,04	₶ I I	7
25,04	25,05	₶	5
25,05	25,06	I I I	3
25,06	25,07	I I	2
25,07	25,08	I	1

Dann ergibt sich ein Stufendiagramm nach Abb. 25b, dessen Flächeninhalt aber wiederum die Summe aller Meßwerte repräsentieren muß. Natürlich ist der Maßstab ein anderer; denn in einem doppelt so breiten Fehlerbereich wird man bei einer endlichen Anzahl von Messungen auch

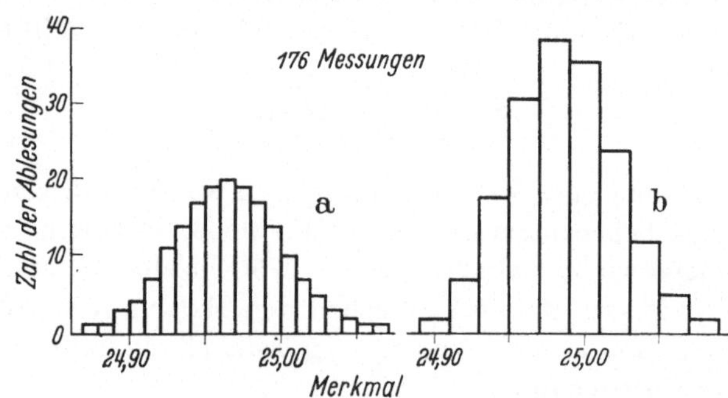

Abb. 25a u. b. Verteilung bestimmter Ablesewerte innerhalb einer Meßreihe
a) Klassenbreite = 0,01 Merkmal-Einheiten; b) Klassenbreite = 0,02 Merkmal-Einheiten

etwa doppelt so viel Ablesungswerte erwarten dürfen. Es bleibt aber bei der kennzeichnenden symmetrischen Verteilung der Fehler. Läßt man die Anzahl der Ablesungen über alle Grenzen wachsen und geht mit den Fehlerbereichen nach Null, so erhält man die sog. Gaußsche Glockenkurve (Abb. 26). Bezogen auf ihr Maximum stellt sie die Fehlerfunktion $\varphi(\delta)$ dar.

Die Wahrscheinlichkeit für das Auftreten einer Ablesung innerhalb eines Fehlerbereiches hängt einerseits von der Größe $d\delta$ des Intervalles ab, andererseits aber auch von der Lage des Intervalles, d. h. von der Größe des Fehlers. Die Wahrscheinlichkeit ist demnach proportional der Größe des Intervalles; der Proportionalitätsfaktor ist aber nicht überall derselbe, sondern in der Nähe des Durchschnittes ein Maximum, weit weg vom Durchschnitt sehr klein. Es ist einleuchtend, daß bei einer unendlich großen Zahl von Ablesungen der Proportionalitätsfaktor die Ordinate der Fehlerverteilungsfunktion sein muß:

$$dW = \varphi(\delta) \cdot d\delta \qquad (50)$$

Summiert man die Wahrscheinlichkeiten innerhalb eines größeren Bereiches zwischen den Fehlern $\delta = a$ und $\delta = b$, so ergibt sich die Wahrscheinlichkeit für das Auftreten eines Fehlers innerhalb dieses Bereiches zu

$$W_a^b = \int\limits_a^b \varphi(\delta) \cdot d\delta < 1$$

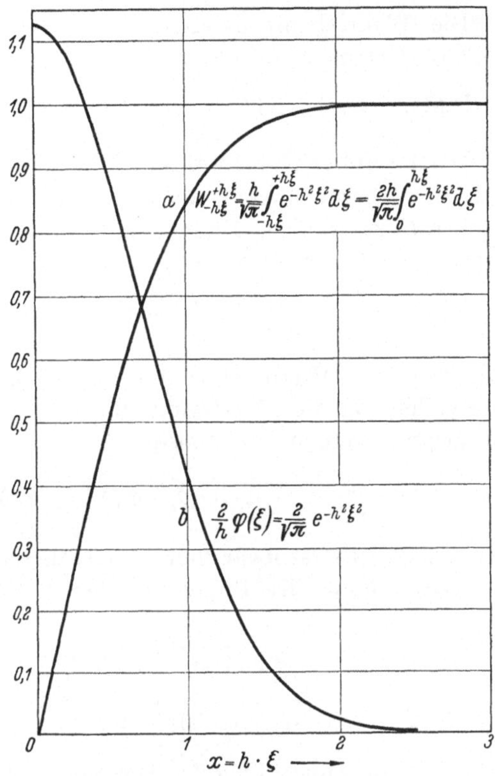

Abb. 26. Gaußsches Fehlerintegral (Kurve *a*) und Fehlerverteilungsfunktion (Glockenkurve *b*)

Dieser Wert muß stets kleiner als Eins sein; wenn nämlich eine Wahrscheinlichkeit den Wert Eins hat, heißt sie Gewißheit[1]. Die strenge Gewißheit, daß *jede* Ablesung in einen vorgegebenen Bereich fällt, hat man aber nur, wenn man die Grenzen dieses Bereiches über alle Maßen groß nimmt. Hieraus folgt

$$\int\limits_{-\infty}^{+\infty} \varphi(\delta)\, d\delta = 1 \qquad (51)$$

Für alle nur denkbaren Fehler soll nun die Wahrscheinlichkeit ihres *gleichzeitigen* Auftretens ein Maximum sein. Zur mathematischen

---

[1] Gewißheit ist das Eintreten eines Ereignisses in jedem Falle.

4*

Formulierung dieser Bedingung wendet man den Satz aus der Wahrscheinlichkeitslehre an, daß die Wahrscheinlichkeit für das gleichzeitige Auftreten zweier Ereignisse dem Produkt der Teilwahrscheinlichkeiten gleich ist:

$$W(a, b) = W(a) \cdot W(b)$$

Die Wahrscheinlichkeiten der Teilereignisse entnimmt man der Gl. (50). Demnach soll sein

$$\Pi(dW) = dW_1 \cdot dW_2 \ldots = \varphi(\delta_1) \cdot \varphi(\delta_2) \ldots \varphi(\delta_n) \cdot d\delta^n = \text{Maximum}$$

Das Produkt der Teilwahrscheinlichkeiten läßt sich mit dem Bezugswert der Abweichungen variieren; sinnvoll ist es, hierfür den Durchschnitt D zu wählen. Dann kommen die eingangs dieses Abschnittes dargelegten Forderungen in dem Ansatz

$$\frac{d}{dD} [\varphi(\delta_1) \cdot \varphi(\delta_2) \ldots \varphi(\delta_n) \cdot d\delta^n] = 0$$

zum Ausdruck. Hierin ist $d\delta$ die willkürlich wählbare Breite des Fehlerintervalles. Da die Überlegung für *jedes* $d\delta$ gelten muß, kann durch $d\delta^n$ gekürzt werden. Es ist also

$$\frac{d}{dD} [\varphi(\delta_1) \cdot \varphi(\delta_2) \ldots \varphi(\delta_n)] = 0 \tag{52}$$

Zweckmäßigerweise logarithmiert man diesen Ausdruck; dann muß auch der Logarithmus des Produktes aller $\varphi(\delta)$-Werte ein Maximum sein:

$$\frac{d}{dD} \ln [\varphi(\delta_1) \cdot \varphi(\delta_2) \ldots \varphi(\delta_n)] = 0$$

Da

$$\ln [\varphi(\delta_1) \cdot \varphi(\delta_2) \ldots \varphi(\delta_n)] = \ln \varphi(\delta_1) + \ln \varphi(\delta_2) + \cdots + \ln \varphi(\delta_n)$$

ist, ergibt die Anwendung der Summenregel

$$\sum_{k=1}^{n} \frac{d}{dD} \ln \varphi(\delta_k) = 0$$

Diesen Ausdruck kann man mit Hilfe der Kettenregel umformen:

$$\frac{d \ln \varphi(\delta_k)}{dD} = \frac{d \ln \varphi(\delta_k)}{d\delta_k} \cdot \frac{d\delta_k}{dD}$$

Hierin ergibt sich nach den Gl. (47) für alle δ_k

$$\frac{d\delta_k}{dD} = -1$$

Es ist also

$$\frac{d \ln \varphi(\delta_k)}{dD} = -\frac{d \ln \varphi(\delta_k)}{d\delta_k} \tag{53}$$

Andererseits ist der Durchschnitt dadurch definiert, daß die arithmetische Summe der rein zufälligen Fehler gleich Null ist

$$\delta_1 + \delta_2 + \cdots + \delta_n = \sum_{k=1}^{n} \delta_k = 0 \tag{54}$$

Erweitert man nun alle Ausdrücke Gl. (53) mit dem zugehörigen δ_k, so bedeutet

$$\frac{d \ln \varphi(\delta_1)}{\delta_1 \cdot d\delta_1} \cdot \delta_1 + \frac{d \ln \varphi(\delta_2)}{\delta_2 \cdot d\delta_2} \cdot \delta_2 + \cdots + \frac{d \ln \varphi(\delta_n)}{\delta_n \cdot d\delta_n} \cdot \delta_n = 0 \tag{55}$$

daß gleichzeitig $\sum \delta_k = 0$ nur dann gelten kann, wenn alle Faktoren der δ in Gl. (55) gleich groß sind; hieraus gewinnt man die neue Bedingung für den Verlauf der Fehlerfunktion:

$$\frac{d \ln \varphi(\delta_k)}{\delta_k \cdot d\delta_k} = \frac{d \ln \varphi(\delta)}{\delta \cdot d\delta} = \text{konst.} = C_1$$

Die Integration ergibt

$$\ln \varphi(\delta) = \frac{C_1}{2} \cdot \delta^2 + \text{konst.}$$

oder

$$\varphi(\delta) = C_2 \cdot e^{\frac{C_1}{2} \delta^2}$$

Da die Fehlerhäufigkeit mit wachsendem Fehler abnimmt, schreibt man zweckmäßigerweise

$$\frac{C_1}{2} = -h^2$$

Damit erhält man

$$\varphi(\delta) = C_2 \cdot e^{-h^2 \delta^2}$$

Das ist die Gaußsche Fehlerverteilungsfunktion. In ihrem Verlauf ist sie durch die Konstanten C_2 und h bestimmt. Um diese zu ermitteln, wendet man die bereits erwähnte Erkenntnis an, daß alle Ablesungen gewiß zwischen den Fehlergrenzen $-\infty$ und $+\infty$ liegen müssen:

$$\int_{-\infty}^{+\infty} \varphi(\delta) \, d\delta = C_2 \cdot \int_{-\infty}^{+\infty} e^{-h^2 \delta^2} \, d\delta = 1$$

Substituiert man

$$h \cdot \delta = x$$

$$d\delta = \frac{1}{h} \, dx$$

so ist

$$\frac{C_2}{h} \int_{-\infty}^{+\infty} e^{-x^2} \, dx = 1$$

Das uneigentliche Integral auf der linken Seite läßt sich berechnen[1].

---

[1] ROTHE, R.: Höhere Mathematik, Teil II, 6. Aufl., S. 77. Stuttgart: Teubner 1949.

Es ist

$$\int\limits_{-\infty}^{+\infty} e^{-x^2}\, dx = \sqrt{\pi} \tag{56}$$

Damit ergibt sich dann schließlich

$$\varphi(\delta) = \frac{h}{\sqrt{\pi}}\, e^{-h^2 \delta^2} \tag{57}$$

Die Wahrscheinlichkeit, daß eine Ablesung innerhalb des Fehlerbereiches $a < \delta < b$ liegt, ist dann

$$W_a^b = \frac{h}{\sqrt{\pi}} \int\limits_{a}^{b} e^{-h^2 \delta^2}\, d\delta \tag{58}$$

Es kommt nun darauf an, die Eigenschaften der Funktion Gl. (57) kennenzulernen. Zunächst ist für $\delta = 0$

$$\varphi(0) = \frac{h}{\sqrt{\pi}} = \varphi_{\max} \tag{59}$$

und

$$\left(\frac{d\varphi(\delta)}{d\delta}\right)_{\delta=0} = -\frac{2h^3}{\sqrt{\pi}} \cdot (\delta \cdot e^{-h^2 \delta^2})_{\delta=0} = 0$$

d. h. die Fehlerverteilungskurve hat beim Durchschnitt der Ablesungen ($\delta = 0$) ein Maximum von der Höhe $h/\sqrt{\pi}$. Das entspricht der eingangs genannten dritten Bedingung, da im übrigen aus dem Charakter der Funktion entnommen werden kann, daß sie rechts und links vom Maximum monoton fällt.

Ferner sind positive und negative Fehler gleichen Betrages gleich häufig; das entspricht der ersten Bedingung.

Die Kurve besitzt zwei symmetrisch zum Maximum gelegene Wendepunkte. Man berechnet sie auf Grund des Ansatzes:

$$\left(\frac{d^2 \varphi(\delta)}{d\delta^2}\right)_{\delta=\delta_0} = 0$$

Es ergibt sich

$$-\frac{2h^3}{\sqrt{\pi}} \cdot (1 - 2h^2 \cdot \delta_0^2) \cdot e^{-h^2 \cdot \delta_0^2} = 0$$

Daher muß

$$1 - 2h^2 \delta_0^2 = 0$$

oder

$$\delta_0 = \pm \frac{1}{\sqrt{2}} \cdot \frac{1}{h} \tag{60}$$

sein.

Setzt man aus Gl. (60) den Wert für δ_0 in die Fehlerfunktion ein, so erhält man

$$\varphi_0 = \frac{h}{\sqrt{\pi}}\, e^{-\frac{1}{2}}$$

Da nach Gl. (59) $h/\sqrt{\pi} = \varphi_{\max}$ ist, ergibt sich für den Wert der Fehlerfunktion beim Wendepunkt

$$\varphi_0 = \frac{1}{\sqrt{e}} \cdot \varphi_{\max} \qquad (61)$$

Die Ausrechnung ergibt $\varphi_0 = 0{,}607\,\varphi_{\max}$, d. h., die Fehlerverteilungsfunktion hat ihre Wendepunkte stets bei 60,7% des Höchstwertes.

Aus den Gl. (59) und (60) folgt, welche Bedeutung die Konstante h hat. Je größer h ist, um so höher liegt das Maximum und um so schlanker ist die Kurve. Unterscheiden sich also zwei Meßreihen mit gleicher Anzahl n der Einzelablesungen bezüglich ihres h-Wertes, so ist diejenige die bessere, für die sich das höhere h ergibt; denn innerhalb eines bestimmten Fehlerbereiches um den Durchschnitt herum liegen um so mehr Ablesungswerte, je größer h ist. Der Verlauf der Funktionen Gl. (57) und (58) ist tabelliert[1] (vgl. Abb. 26).

Die mathematische Formulierung der Verteilung zufälliger Fehler läßt auch eine Definition der Unsicherheit des gemittelten Durchschnittswertes zu. Hierfür gibt es verschiedene Gesichtspunkte. Man kann z. B. nach dem Fehler fragen, den die Hälfte der Einzelmessungen nicht überschreitet; dann hat die andere Hälfte größere Fehler. Dieser Wert des Fehlers heißt der *wahrscheinliche Fehler* der Meßreihe. Für ihn gilt nach Gl. (58)

$$W^{+\,\delta w}_{-\,\delta w} = \frac{h}{\sqrt{\pi}} \int\limits_{-\delta_w}^{+\delta_w} e^{-h^2 \delta^2}\, d\delta = 0{,}5$$

Hiernach sind die Grenzen des bestimmten Integrales zu ermitteln. Zunächst ist wegen der Symmetrie der Funktion

$$W^{+\,\delta_w}_{-\,\delta_w} = \frac{2h}{\sqrt{\pi}} \int\limits_{0}^{\delta_w} e^{-h^2 \delta^2}\, d\delta = \frac{1}{2}$$

Hieraus ergibt sich

$$\int\limits_{0}^{\delta_w} e^{-h^2 \delta^2}\, d\delta = \frac{\sqrt{\pi}}{4h}$$

---

[1] JAHNKE-EMDE: Funktionstafeln, 1933.

Das Fehlerintegral ist elementar nicht zu lösen. Man muß die Funktion in eine Reihe entwickeln und dann die Glieder der Reihe einzeln integrieren. Bekanntlich ist

$$e^x = 1 + \frac{x}{1!} + \frac{x^2}{2!} + \frac{x^3}{3!} + \cdots$$

Setzt man für x das Argument $-x^2$, so ist

$$e^{-x^2} = 1 - \frac{x^2}{1!} + \frac{x^4}{2!} - \frac{x^6}{3!} + \cdots$$

Dann ist

$$\int e^{-h^2 \delta^2} d\delta = \frac{1}{h} \int e^{-h^2 \delta^2} d(h\delta) = \frac{1}{h} \left[h\delta - \frac{(h\delta)^3}{1!\,3} + \frac{(h\delta)^5}{2!\,5} - \frac{(h\delta)^7}{3!\,7} + - \cdots \right]$$

Es soll also sein

$$\frac{\sqrt{\pi}}{4h} = \frac{1}{h} \left[h\delta_w - \frac{(h\delta_w)^3}{1!\,3} + \frac{(h\delta_w)^5}{2!\,5} - \frac{(h\delta_w)^7}{3!\,7} + - \cdots \right]$$

Diese Bestimmungsgleichung für $h\delta_w$ ist nur nach einem Annäherungsverfahren zu lösen. Indem zunächst nur die beiden ersten Summanden des Klammerausdrucks berücksichtigt werden, erhält man näherungsweise

$$\frac{1}{3} (h\delta_w)^3 \approx h\delta_w - \frac{\sqrt{\pi}}{4}$$

Die graphische Lösung dieser Näherungsgleichung liefert nach Abb. 27 $h \cdot \delta_w \approx 0{,}48$. Berücksichtigt man mehr Glieder, so erhält man den genaueren Wert

$$h\delta_w = 0{,}4769$$

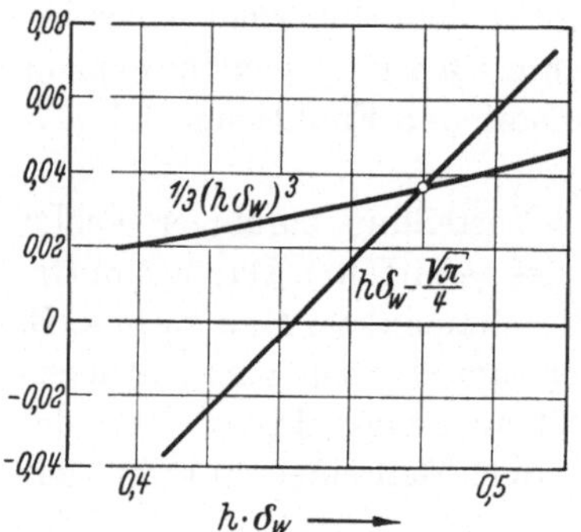

Abb. 27. Graphische Lösung der Gleichung

$$h\delta_w - \frac{1}{3}(h\delta_w)^3 = \frac{\sqrt{\pi}}{4}$$

Vergleicht man den hieraus folgenden Wert für δ_w mit dem in Gl. (60) berechneten Wert $\delta_0 = \frac{1}{\sqrt{2}}\,h$ für die Lage der Wendepunkte, so erkennt man, daß der „wahrscheinliche Fehler" innerhalb des Bereiches $\pm \delta_0$ liegt. Es ist $\delta_w \approx 0{,}7\,\delta_0$.

Nach DIN 1319 wird der quadratische Mittelwert der Einzelabweichungen vom Durchschnitt als *Streuung*

$$\sigma = \sqrt{\frac{\delta_1^2 + \delta_2^2 + \cdots + \delta_n^2}{n}} \tag{62}$$

der Meßreihe definiert. Da auch der h-Wert der Gaußschen Fehlerverteilungsfunktion die Streuung kennzeichnet, muß ein Zusammenhang zwischen beiden Definitionen bestehen.

Nach Gl. (50) ist die Wahrscheinlichkeit des Auftretens eines bestimmten Fehlers bei einer Ablesung

$$dW = \varphi(\delta) \cdot d\delta$$

Bei Vervielfachung der Beobachtungen steigt natürlich, wie Abb. 28 erläutert, auch die Anzahl der in diesen Fehlerbereich fallenden Beobachtungen proportional. Die Wahrscheinlichkeit, daß ein Fehlerquadrat bei n Einzelbestimmungen auftaucht, ist also

$$n\,dW = n \cdot \varphi(\delta) \cdot d\delta$$

Bei einer unendlich großen Anzahl von Ablesewerten muß man daher schreiben

$$\sigma^2 = \lim_{n \to \infty} \frac{1}{n} \int_{-\infty}^{+\infty} n \cdot \delta^2 \cdot \varphi(\delta) \cdot d\delta = \int_{-\infty}^{+\infty} \delta^2\, \varphi(\delta)\, d\delta$$

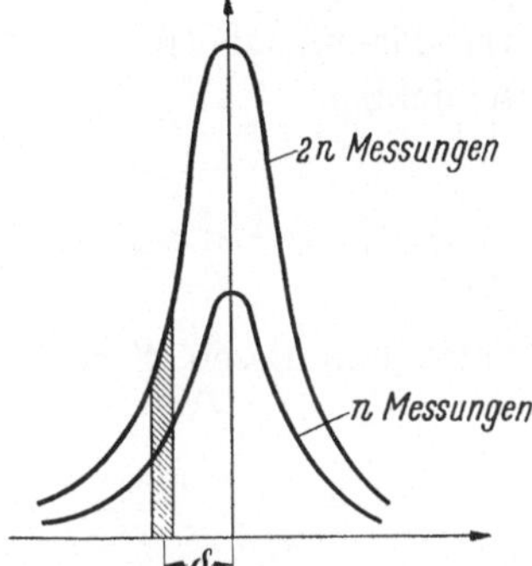

Abb. 28. Einfluß der Zahl der Ablesungen innerhalb einer Meßreihe

Setzt man für $\varphi(\delta)$ den Ausdruck aus Gl. (57) ein, so ergibt sich

$$\sigma^2 = \frac{h}{\sqrt{\pi}} \int_{-\infty}^{+\infty} \delta^2\, e^{-h^2 \delta^2}\, d\delta = \frac{1}{h^2 \sqrt{\pi}} \int_{-\infty}^{+\infty} x^2\, e^{-x^2}\, dx \tag{63}$$

Hierin ist wieder

$$h \cdot \delta = x$$

substituiert worden.

Man kann das Integral leicht auf das Gaußsche Fehlerintegral zurückführen

$$\int_{-\infty}^{+\infty} x^2 \cdot e^{-x^2}\, dx = \int_{-\infty}^{+\infty} \left(-\frac{x}{2}\right)(-2x)\, e^{-x^2}\, dx$$

$$= \int_{-\infty}^{+\infty} \left(-\frac{x}{2}\right) e^{-x^2}\, d(-x^2)$$

$$= \int_{-\infty}^{+\infty} \left(-\frac{x}{2}\right) d(e^{-x^2})$$

Integriert man partiell nach der Regel $\int u\, dv = u\,v - \int v\, du$ so ist

$$\int_{-\infty}^{+\infty} x^2\, e^{-x^2}\, dx = \left[\left(-\frac{x}{2}\right) e^{-x^2}\right]_{-\infty}^{+\infty} - \int_{-\infty}^{+\infty} e^{-x^2}\, d\left(-\frac{x}{2}\right)$$

Der Ausdruck in der eckigen Klammer verschwindet wegen $e^{-x^2} \to 0$ für $x \to \pm\infty$; also ist

$$\int\limits_{-\infty}^{+\infty} x^2\, e^{-x^2}\, dx = \frac{1}{2} \int\limits_{-\infty}^{+\infty} e^{-x^2}\, dx$$

Da das uneigentliche Integral nach Gl. (56) den Wert $\sqrt{\pi}$ hat, wird schließlich

$$\int\limits_{-\infty}^{+\infty} x^2\, e^{-x^2}\, dx = \frac{\sqrt{\pi}}{2}$$

Setzt man diesen Wert des Integrales in Gl. (63) ein, so erhält man

$$\sigma^2 = \frac{1}{h^2\,\sqrt{\pi}} \cdot \frac{\sqrt{\pi}}{2}$$

oder

$$\sigma = \frac{1}{h\,\sqrt{2}} \tag{64}$$

Dieser Wert wurde bereits bei der Diskussion der Fehlerverteilungskurve gefunden; er hatte dort die Bedeutung des Abstandes δ_0 der Wendepunkt vom Durchschnittswert D (vgl. Gl. (60)).

Mit Hilfe des Gaußschen Fehlerintegrales

$$W_a^b = \frac{h}{\sqrt{\pi}} \int\limits_a^b e^{-h^2\delta^2}\, d\delta \tag{65}$$

läßt sich auch abschätzen, welchen Maximalfehler in einer Meßreihe von n Einzelbestimmungen man vernünftigerweise erwarten darf.

Theoretisch muß zwar bei hinreichend vielen Beobachtungen jeder Fehler zwischen $-\infty$ und $+\infty$ auftreten können, da sich die Fehlerwahrscheinlichkeitskurve der Abszisse asymptotisch nähert. Für die Wahrscheinlichkeit, daß eine Ablesung zwischen den Fehlergrenzen $+a$ und $-a$ liegt, ergibt sich nach Gl. (65)

$$W_{-a}^{+a} = 2\,W_0^a = \frac{2h}{\sqrt{\pi}} \int\limits_0^a e^{-h^2\delta^2}\, d\delta$$

$$= \frac{2}{\sqrt{\pi}} \int\limits_0^{ha} e^{-h^2\delta^2}\, d(h\delta)$$

Setzt man nach Gl. (64)

$$a = p \cdot \sigma = p \cdot \frac{1}{h\,\sqrt{2}}$$

so wird

$$W^{+\,p\cdot\sigma}_{-\,p\cdot\sigma} = \frac{2}{\sqrt{\pi}} \int\limits_{0}^{\frac{p}{\sqrt{2}}} e^{-x^2}\, dx \tag{66}$$

Die Auswertung des Fehlerintegrals erfolgt wieder über die Reihenentwicklung. Für ganze Vielfache von σ ergeben sich die Werte aus Tab. 7. Aus ihr ist zu entnehmen, daß nur in 6 von 10 000 Einzelbestimmungen es sich erwarten läßt, daß der Fehler größer als $4\,\sigma$ wird! Praktisch herrscht schon *Gewißheit*, daß sich keine Einzelablesung vom Durchschnitt um mehr als $3\,\sigma$ entfernt.

Bisher war immer von den Abweichungen der Einzelbeobachtungen vom Durchschnitt die Rede. Diese Abweichungen werden auch oft *scheinbare Fehler* genannt, obwohl man sie als „Fehler" nur dann bezeichnen dürfte, wenn der Durchschnitt D genau mit dem Sollwert übereinstimmte. Das ist, wie bereits mehrfach erwähnt, bei einer endlichen Zahl von Ablesungen nicht zu erwarten.

Tabelle 7
Summenwerte der Gaußschen Fehlerverteilung zwischen den Grenzen $\pm p\,\sigma$

Bereich $\pm p\cdot\sigma$ $p=$	$W^{+\,p\sigma}_{-\,p\sigma} = \frac{2}{\pi}\int\limits_{0}^{\frac{p}{\sqrt{2}}} e^{-x^2}\,dx$	$\dfrac{W^{+\,\infty}_{-\,\infty}}{W^{+\,p\sigma}_{-\,p\sigma}} - 1$
1	0,68261	0,46499
2	0,95445	0,04772
3	0,99729	0,00273
4	0,99994	0,00006

Ebenso wie der Sollwert in Strenge nicht bestimmt werden kann, lassen sich auch die zu den Ablesungen gehörenden *wahren Fehler* ε nicht einzeln ermitteln. Doch läßt sich ein Ausdruck für die Streuung dieser Fehler herleiten, der mit der Streuung σ der Abweichungen vom Durchschnitt verglichen werden kann.

Sollwert S, Fehler δ_k und Ablesungen A_k hängen wie folgt zusammen:

$$\varepsilon_k = A_k - S$$

oder

$$S = A_k - \varepsilon_k$$

Summiert man die n Ausdrücke dieser Art, so ist

$$n\,S = \sum_1^n A_k - \sum_1^n \varepsilon_k$$

oder

$$S = \frac{1}{n}\sum_1^n A_k - \frac{1}{n}\sum_1^n \varepsilon_k$$

Mit Hilfe von Gl. (49 a) ergibt sich

$$S = D - \frac{1}{n}\,[\varepsilon]$$

Daher gilt

$$\varepsilon_k = A_k - D + \frac{1}{n}\,[\varepsilon]$$

Nun sind

$$A_k - D = \delta_k$$

die bereits bekannten Abweichungen der Einzelbeobachtungen vom Durchschnitt; sie lassen sich im Gegensatz zu den wahren Fehlern jederzeit ermitteln.

Es ist also

$$\varepsilon_k = \delta_k + \frac{1}{n}\,[\varepsilon]$$

bzw.

$$\delta_k = \varepsilon_k - \frac{1}{n}\,[\varepsilon]$$

Dann ist auch

$$\delta_k^2 = \varepsilon_k^2 - 2 \cdot \frac{1}{n} \cdot \varepsilon_k \cdot [\varepsilon] + \left(\frac{[\varepsilon]}{n}\right)^2$$

und es ergibt die Berechnung des quadratischen Mittelwertes:

$$\sigma^2 = \frac{1}{n}\,\Sigma\,\delta_k^2 = \frac{1}{n}\,[\delta\,\delta]$$

$$= \frac{1}{n}\left\{[\varepsilon\,\varepsilon] - \frac{2}{n}\,[\varepsilon]\cdot[\varepsilon] + n\left(\frac{[\varepsilon]}{n}\right)^2\right\}$$

weil nämlich

$$[\varepsilon] = \sum_1^n \varepsilon_k = \sum_1^n (A_k - S)$$

ein konstanter Wert ist, denn die Ablesewerte A_k und der Sollwert S sind feste Größen. Es ist also

$$\sigma^2 = \frac{[\varepsilon\,\varepsilon]}{n} + \left(\frac{[\varepsilon]}{n}\right)^2 - 2\,\frac{[\varepsilon]}{n}\,\frac{[\varepsilon]}{n}$$

$$= \frac{[\varepsilon\,\varepsilon]}{n} - \left(\frac{[\varepsilon]}{n}\right)^2$$

Eine Abschätzung des Ausdruckes

$$[\varepsilon]^2 = (\varepsilon_1 + \varepsilon_2 + \cdots + \varepsilon_n)^2 = \varepsilon_1^2 + \varepsilon_2^2 + \cdots + \varepsilon_n^2 + 2\,(\varepsilon_1\,\varepsilon_2 + \varepsilon_1\,\varepsilon_3 + \cdots + \varepsilon_{n-1}\,\varepsilon_n)$$

lehrt, daß die Klammer auf der rechten Seite nichts zum Quadrat der Summe beitragen kann. Die Fehler ε haben mit derselben Wahrscheinlichkeit positive und negative Vorzeichen. Es stehen also gleich viel positive wie negative Glieder in der Klammer, die wie der Ausdruck

Gl. (46) für das Zufälligkeitskriterium verschwinden wird. Daher ist um so besser

$$[\varepsilon]^2 \approx [\varepsilon\,\varepsilon]$$

je größer die Anzahl der Beobachtungen ist. Es ergibt sich also

$$\sigma^2 = \left(\frac{1}{n} - \frac{1}{n^2}\right)[\varepsilon\,\varepsilon]$$

oder

$$\sigma^2 = \frac{n-1}{n^2}\,[\varepsilon\,\varepsilon]$$

Es werde nun eine Streuung τ der wahren Fehler ebenso definiert wie die Streuung der Abweichungen vom Durchschnitt:

$$\tau = \sqrt{\frac{1}{n}\,[\varepsilon\,\varepsilon]} \tag{67}$$

τ heißt auch *wahrer mittlerer Fehler*; wegen der Vielzahl der in der Literatur mit *Fehler* bezeichneten Begriffe soll diese Bezeichnung aber vermieden werden. Es ergibt sich dann

$$\frac{n-1}{n}\,\tau^2 = \frac{[\delta\,\delta]}{n}$$

oder

$$\boxed{\;\tau = \sqrt{\frac{[\delta\,\delta]}{n-1}}\;} \tag{68}$$

Die Streuung der wahren Fehler der Einzelablesungen ist wie die Streuung σ der Abweichungen vom Durchschnitt eindeutig durch die Summe der Quadrate $[\delta\,\delta]$ dieser Abweichungen bestimmt. Diese Summe bezieht sich aber nicht auf die Gesamtzahl n der Ablesungen, sondern nur auf die Anzahl $n-1$ der *überschüssigen* Beobachtungen. In der Praxis ist der Unterschied meistens ohne Bedeutung.

Zur Beurteilung von Meßreihen nimmt man die Gültigkeit der Gaußschen Normalverteilung an, obgleich oftmals die Zahl der Einzelbeobachtungen so gering ist, daß die Wahrscheinlichkeitsrechnung fragwürdig erscheint. Es ist bei relativ wenigen Messungen stets damit zu rechnen, daß augenblickliche zufällige Einflüsse größere Abweichungen verursachen, so daß die Beurteilung der Verteilung schwierig wird. Es ist theoretisch möglich, daß z. B. von den bei 1000 Ablesungen zu erwartenden 3 „Ausreißern" schon einer innerhalb der ersten Beobachtungen vorkommt. Es läßt sich erst durch eine hinreichend große Zahl von Einzelablesungen feststellen, ob diese Abweichung trotzdem zur Normalverteilung hinzugerechnet werden kann, oder ob es sich tatsächlich um einen groben Irrtum oder „Anlaufeffekt" handelt, den auszuscheiden man berechtigt ist.

Ebenso kann man vom arithmetischen Mittelwert als vom *wahrscheinlichsten Wert* der Messung nur dann sprechen, wenn sich die Gaußsche Normalverteilung einigermaßen sicher herausgestellt hat. Grob gesprochen darf man vom Mittelwert bei nur zwei Ablesungen lediglich erwarten, daß er *besser* ist als jeder Ablesungswert; über seine Wahrscheinlichkeit innerhalb einer umfangreicheren Meßreihe läßt sich natürlich nichts aussagen.

Die Überlegungen gelten ferner nicht für den Fall, daß bei einer größeren Meßreihe die beobachteten Abweichungen sich deutlich von einer Normalverteilung entfernen. Hier bieten sie aber wesentliche Ansatzpunkte zur näheren Untersuchung des Meßvorganges.

Ordnet man die Ablesewerte beliebig gewählten, aber gleich großen Intervallen der Einflußgröße zu, so erhält man nur bei einer *Normalverteilung* die Gaußsche Glockenkurve. An ihr sind Abweichungen von dem normalen Verlauf nicht immer einfach festzustellen. Besser geeignet hierfür ist die Summenhäufigkeitskurve, d. h. die Integralkurve Gl. (58) Abb. 26, Kurve *a*. Zur leichteren Auswertung derselben gibt es Koordinatenpapier – sog. *Wahrscheinlichkeitspapier*[1] – welches in der Abszissenrichtung eine normale Teilung für die Einflußgröße besitzt und in der Ordinatenrichtung eine mit Prozentzahlen versehene Einteilung nach einer Funktion, durch die die Summenkurve begradigt wird.

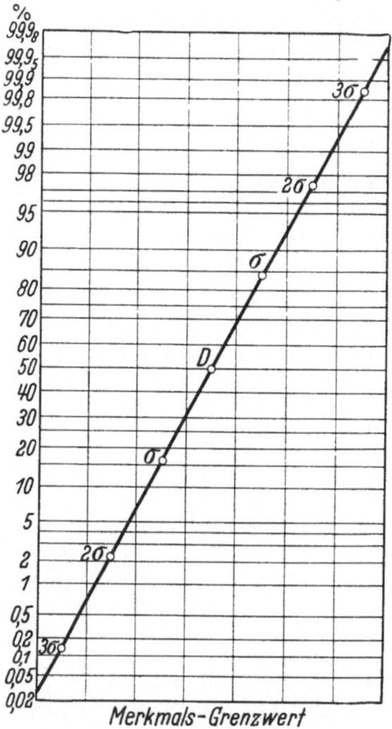

Abb. 29. Aufteilung streuender Ablesewerte in Merkmalsklassen und Eintragung in Koordinatenpapier mit Ordinateneinteilung gemäß dem Gaußschen Fehlerintegral (Wahrscheinlichkeitspapier)

In dieses Koordinatennetz hat man in Abhängigkeit von der Einflußgröße die Zahl der Ablesungen einzutragen, die man bis zu dem betreffenden Wert der Einflußgröße beobachtet hat. Dabei wird die Gesamtzahl der Meßwerte = 100% gesetzt (Abb. 29). Der Durchschnitt der Meßreihe ist durch den Schnitt der Geraden mit der 50%-Linie gegeben. Die Schnittpunkte[2] bei 16% bzw. 84% ergeben den Streubereich $\pm\sigma$, daher z. B. die Punkte bei 0,15% und 99,85% den Bereich $\pm 3\,\sigma$. Meßreihen mit geringer Streuung verlaufen steil, Meßreihen mit größerer Streuung flacher.

---

[1] Schleicher & Schüll Nr. 298 1/2.
[2] Nach Tab. 7 S. 59 50% $\pm$ $^1/_2 \cdot$ 68,26% $\approx$ 84% bzw. $\approx$ 16%.

Es gibt auch zur Auswertung von Häufigkeits-Verteilungen einfache Rechengeräte (Statifix der Fa. Faber, Nürnberg); ein solches besteht im

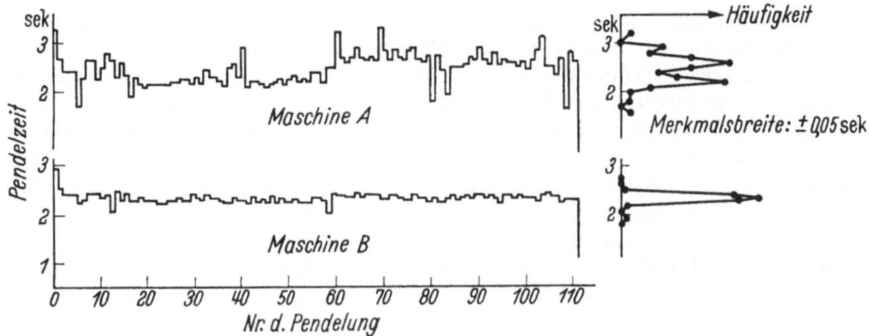

Abb. 30. Beispiel für die Anwendung statistischer Auswertverfahren: Kontrolle der Arbeitsweise von Stumpfschweißmaschinen

wesentlichen aus einem Wahrscheinlichkeitsnetz mit einer darüber beweglichen durchsichtigen Schablone, die ein drehbares Lineal trägt. Man stellt den auf dem Lineal eingravierten Strich so ein, daß er einen möglichst weiten Bereich der gemessenen Verteilung *ausgleicht*. Man kann dann an der unteren Marke den Durchschnittswert ablesen und an der Kreisskale die Streuung.

In Abb. 30 ist ein Beispiel für die Anwendung der Streuungsanalyse an zwei Stumpfschweißmaschinen älterer Bauart dargestellt, von denen eine angeblich unregelmäßig arbeitete. Der Schweißvorgang wird bei solchen Maschinen durch ein häufiges Zusammenfahren und Auseinanderziehen der

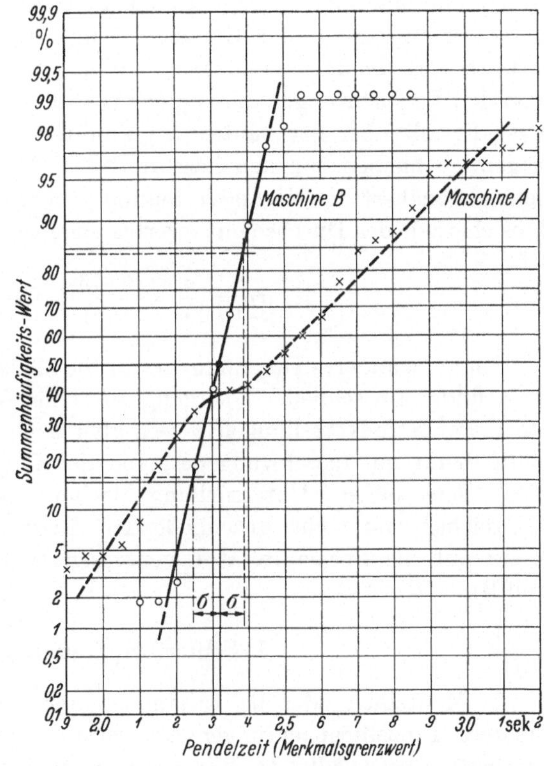

Abb. 31. Auswertung des Beispieles einer statistischen Messung nach Abb. 30 an Stumpfschweißmaschinen mit Hilfe von Wahrscheinlichkeitspapier (Schleicher & Schüll)

stumpf zu schweißenden Flächen unter Strom vorbereitet, wobei jedesmal ein starker Lichtbogen auftritt. Dieses *Pendeln* betrug bei den zwei zu vergleichenden Maschinen ca. 280 s, die Aus- und Einschaltzeiten zusammen etwas mehr als 2 s. Die Abb. 30

zeigt die Auswertung zweier Oszillogramme bezüglich der *Pendelzeiten*. Schon ohne besondere Analyse ist dem unteren Diagramm zu entnehmen, daß die Maschine *B* tatsächlich regelmäßiger arbeitete. Es wurden nunmehr rechts in Abhängigkeit von der *Pendelzeit* die Anzahl der dabei vorgefundenen Pendelungen aufgetragen. Als *Klassenbreite* – d. h. als Intervalle $d\delta$ im Sinne von Gl. (50) – wurde $\pm 0{,}025$ s gewählt. Die Betrachtung der unteren Darstellung zeigt eine recht befriedigende Gaußsche Normalverteilung. Einzelne stärkere Abweichungen muß man hier offenbar als echte *Ausreißer* anerkennen, da sie nur zu Beginn des ganzen Schweißvorganges zu finden sind, wo die Werkstücke durch besondere Zufälligkeiten (Schmutz, Grat an den Schnittflächen o. dgl.) in begründeter Weise eine Abweichung von der Normalverteilung verursachten. Dagegen stellt sich bei der anderen Maschine *A* heraus, daß offenbar zwei Maxima der Abweichungen vorkommen; weitere Nebenmaxima lassen sich erkennen. Auf Grund einer solchen Verteilung bestand begründeter Anlaß zu einer Überprüfung der untersuchten Maschine.

In Abb. 30 sind für beide Schweißmaschinen die Messungen mit Hilfe von Wahrscheinlichkeitspapier ausgewertet worden. Die einwandfrei arbeitende Maschine *B* zeigt in einem weiten Bereich tatsächlich einen geradlinigen Verlauf der Summenhäufigkeitskurve mit einem Durchschnittswert von $231{,}5$ s und einer Streuung von $\sigma = 0{,}075$ s. Scheidet man von den Beobachtungen die von der Geraden abweichenden Einzelwerte aus, die alle über bzw. unter den Punkten für $2\,\sigma$ ($2{,}3\%$ und $97{,}7\%$) liegen, so bleiben von den insgesamt 110 Ablesewerten 104 übrig, die sehr angenähert der Normalverteilung gehorchen. Man würde daher die Unsicherheit des Durchschnittswertes angeben mit

$$\sigma_D = \frac{\sigma}{\sqrt{n}} = \frac{0{,}075}{\sqrt{104}} = 0{,}007 \text{ s}$$

Ein ganz anderes Diagramm ergibt die Maschine *A*. Bei der Ordinate 40% findet ein schneller Übergang von einer Verteilung in eine andere statt. Beide Teilverteilungen weisen aber noch typische Merkmale einer Periodizität auf (geschwungener, von der Geraden abweichender Verlauf). Eine nähere Untersuchung erscheint angezeigt. Bezüglich der zahlreichen, nunmehr anschließenden Beurteilungsverfahren sei der Leser auf die Spezialliteratur verwiesen (vgl. auch Aufgabe II-01 in Teil B).

5. Fehlerfortpflanzung

In Meßreihen oder bei zusammengesetzten Messungen sind stets mehrere Einzelbeobachtungen zur Ermittlung des endgültigen Meßergebnisses notwendig. In diesem Zusammenhang taucht die Frage auf, wie sich die Streuungen oder die Fehler der Einzelmessungen in das berechnete Ergebnis fortpflanzen.

Gegeben sei eine Funktion

$$y = y(x_1, x_2 \ldots) \tag{69}$$

in der $x_1 \, x_2 \ldots x_p$ unmittelbar gemessene Größen sind. Dann stellt für jede Gruppe von Meßergebnissen Gl. (69) eine einfache Bestimmungsgleichung für die zu ermittelnde Größe y dar. Die Meßwerte x sind nun mit Unsicherheiten behaftet, die im allgemeinen klein sein werden gegenüber der Größe von x selber.

Die Berechnung der Änderung von y auf Grund hinreichend kleiner Änderungen der x-Ergebnisse führt auf das vollständige Differential:

$$d\,y = \frac{\partial\,y}{\partial\,x_1}\,d\,x_1 + \frac{\partial\,y}{\partial\,x_2}\,d\,x_2 + \cdots \tag{70}$$

In dieser allgemeinen Formel sind für

$$\frac{\partial\,y}{\partial\,x_1} = \alpha_1$$

die Zahlenwerte zu nehmen, welche die partiellen Ableitungen der Größe y nach der Meßgröße x an der betreffenden Stelle annehmen. Die Werte entsprechen also in einer kurvenmäßigen Darstellung der Steigung der Funktion y in Richtung von x (vgl. Abb. 32). Für den Fehler von y läßt sich daher schreiben

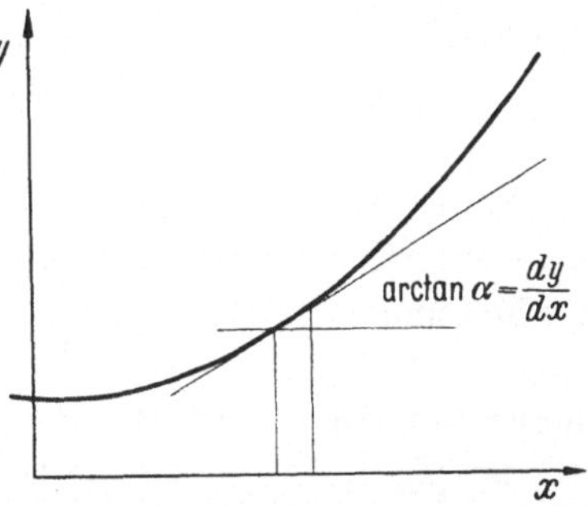

Abb. 32. Fortpflanzung des Fehlers bei der Bestimmung einer Meßgröße x in das Rechenergebnis $y = f(x)$

$$d\,y = \alpha_1 \cdot d\,x_1 + \alpha_2 \cdot d\,x_2 + \cdots \tag{71}$$

Die wahren Fehler können nur bei systematischen Störungseinflüssen durch Eichung ermittelt werden; dann allerdings läßt sich ihr Einfluß auf das Endresultat mit Hilfe des vollständigen Differentials exakt berechnen. In den meisten Fällen wird es sich um zufällige Fehler handeln. Dann sind die wahren Fehler unbekannt, an ihre Stelle treten gemäß Abschn. 4 die Streuungen der wahren Fehler oder der Abweichungen mehrerer Einzelbeobachtungen vom Durchschnitt. Für die Streuung ist stets die *Summe der Fehlerquadrate* maßgebend:

$$\sigma = \sqrt{\frac{[\delta\,\delta]}{n}}$$

bzw.

$$\tau = \sqrt{\frac{[\delta\,\delta]}{n-1}}$$

Stellt man sich vor, daß die Ausgangsgrößen x_1, $x_2 \ldots$ in Gl. (69) n-mal bestimmt worden sind, so kann für jede dieser Größen die Streuung σ oder τ ermittelt werden. Für die einzelnen Messungen aller Ausgangsgrößen gilt dann die Fehlerfortpflanzung

$$\delta_y = \alpha_1 \cdot \delta_1 + \alpha_2 \cdot \delta_2 + \cdots$$

Setzt man diesen Ausdruck ins Quadrat, so ergibt sich

$$\delta_y^2 = (\alpha_1\,\delta_1 + \alpha_2\,\delta_2 + \cdots + \alpha_n\,\delta_n)^2 = \sum_1^n \alpha_p^2\,\delta_p^2 + 2\sum_{p\,\neq\,q} \alpha_p\,\alpha_q\,\delta_p\,\delta_q$$

Es kommen hierin zwei verschiedene Arten von Summanden vor. Die Summanden $\alpha^2\,\delta^2$ haben stets ein positives Vorzeichen, während die Summanden $\alpha_p\,\alpha_q\,\delta_p\,\delta_q$ mit gleicher Wahrscheinlichkeit ein positives wie ein negatives Vorzeichen haben werden, weil in jeder Messung die Abweichung einer Komponente von ihrem Durchschnitt mit gleicher Wahrscheinlichkeit positiv wie negativ sein kann. Es läßt sich also sagen, daß

$$\sum_1^n \alpha_p^2\,\delta_p^2 \gg \sum_{p\,\neq\,q} \alpha_p\,\alpha_q\,\delta_p\,\delta_q$$

ist. Selbst bei nur wenigen Komponenten $x_1\,x_2\ldots$ wird man zu der gleichen Abschätzung berechtigt sein, da bei häufigerer Wiederholung der Messung

$$\alpha^2 \cdot [\delta\,\delta] \gg \alpha_p\,\alpha_q \cdot [\delta_p\,\delta_q]$$

immer gilt. Die Abschätzung ergibt demnach, daß man alle gemischten Glieder $\delta_p \cdot \delta_q$ fortlassen kann, ohne einen wesentlichen Rechnungsfehler zu begehen. Summiert man nun die δ_y^2 über die Anzahl der ausgeführten Messungen, so ist

$$[\delta_y\,\delta_y] = \alpha_1^2\,[\delta_1\,\delta_1] + \alpha_2^2\,[\delta_2\,\delta_2] + \cdots$$

Nach Division durch die Zahl der gesamten oder der überzähligen Messungen erhält man entweder einen Ausdruck für die Streuung der Abweichungen vom Durchschnitt oder den wahren Fehler:

$$\sigma_y^2 = \frac{[\delta_y\,\delta_y]}{n} = \alpha_1^2 \cdot \sigma_1^2 + \alpha_2^2 \cdot \sigma_2^2 + \cdots$$

$$\tau_y^2 = \frac{[\delta_y\,\delta_y]}{n-1} = \alpha_1^2 \cdot \tau_1^2 + \alpha_2^2 \cdot \tau_2^2 + \cdots$$

Führt man für die α wieder die partiellen Ableitungen ein, so erhält man unter Beschränkung auf die Streuungen der Abweichungen von den Durchschnitten

$$\sigma_y = \sqrt{\left(\frac{\partial y}{\partial x_1} \cdot \sigma_{x_1}\right)^2 + \left(\frac{\partial y}{\partial x_2} \cdot \sigma_{x_2}\right)^2 + \cdots} \qquad (72)$$

Das ist das Gaußsche Fehlerfortpflanzungsgesetz.

Ehe die Formen des Fehlerfortpflanzungsgesetzes für einige häufiger vorkommenden Funktionstypen besprochen werden, soll das Gesetz auf eine Meßreihe von insgesamt n Beobachtungen gleicher Genauigkeit angewendet werden. Aus den Beobachtungen kann dann der Durchschnitt D ermittelt werden, der die Sollgröße bei hinreichend vielen

Ablesungen um so besser repräsentiert, je größer n ist. Nach Abschn. 4 ist

$$D = \frac{A_1 + A_2 + \cdots + A_n}{n} \tag{73}$$

Man kann sich jede Ablesung als Durchschnitt aus einer *eingeschachtelten* Untermeßreihe vorstellen und demnach eine Streuung σ definieren, mit der die Ablesung behaftet ist. Dann lautet die mit der Anwendung der Fehlerfortpflanzung gestellte Aufgabe, die *Unsicherheit* σ_D des gesamten Durchschnittes zu bestimmen. Da alle Einzelbestimmungen gleich genau sind, gilt

$$\sigma_1 = \sigma_2 = \cdots = \sigma$$

und es ist die *Unsicherheit des Durchschnitts*

$$\sigma_D = \sigma \sqrt{\left(\frac{\partial D}{\partial A_1}\right)^2 + \left(\frac{\partial D}{\partial A_2}\right)^2 + \cdots}$$

Nun sind die partiellen Ableitungen von D nach den A-Werten in Gl. (73) gleich groß und

$$\frac{\partial D}{\partial A} = \frac{1}{n}$$

Es ergibt sich also

$$\sigma_D = \sigma \sqrt{n \cdot \frac{1}{n^2}}$$

oder

$$\sigma_D = \frac{\sigma}{\sqrt{n}} \tag{74}$$

Schreibt man diese Beziehung mit Hilfe der Summe der Fehlerquadrate, so wird

$$\boxed{\sigma_D = \frac{\sqrt{[\delta\,\delta]}}{n}} \tag{75}$$

Häufig findet man in der Literatur die Formel

$$\boxed{\tau_D = \sqrt{\frac{[\delta\,\delta]}{n\,(n-1)}}} \tag{76}$$

Dann wird τ_D *mittlerer wahrer Fehler* o. ä. genannt. Der Unterschied gegenüber der auch in DIN 1319 gewählten Fassung Gl. (75) ist geringfügig.

Aus Gl. (75) läßt sich ablesen, daß die Unsicherheit des Durchschnittes stets erheblich kleiner ist als die Streuung σ. Erweitert man σ auf das dreifache, so werden nach Abschn. 4 von 10000 Ablesungen nur 27, d. h. etwa 0,3% außerhalb des vorgegebenen Streubereiches liegen. Führt man nur 10 Einzelbestimmungen durch, so ist

$$f_{\max} \approx 3\,\sigma_D = \frac{3\sigma}{\sqrt{10}} \approx \sigma$$

und man kann bereits mit 99,7% Wahrscheinlichkeit feststellen, daß der Maximalfehler bei der Bestimmung von D nicht größer als die Streuung der Meßreihe ist.

Es soll jetzt der Einfluß der Fehlerfortpflanzung bei einigen speziellen zusammengesetzten Messungen untersucht werden. Folgende Gesetzmäßigkeiten kommen in der elektrischen Meßtechnik häufiger vor:

a) ganze lineare Funktion mehrerer Veränderlicher:

$$y = a\,x_1 + b\,x_2 + \cdots$$

Beispiel: Bestimmung der gesamten Wirkleistung in einem Drehstromsystem mit Hilfe dreier Leistungsmesser

b) gebrochene lineare Funktion mehrerer Veränderlicher

$$y = \frac{a_Z\,x_1 + b_Z\,x_2 + \cdots}{a_N\,x_1 + b_N\,x_2 + \cdots}$$

Beispiel: Widerstandsbestimmung mit der Schleifdrahtbrücke

c) Potenzprodukte
$$y = x_1^a \cdot x_2^b \cdot x_3^c \ldots$$

Beispiel: Ohmsches Gesetz, Joulesches Gesetz, Widerstandsformel

Die Liste der Funktionen ist damit natürlich noch nicht erschöpft. In jedem Falle sind die partiellen Ableitungen für die Fehlerfortpflanzung verantwortlich. In den folgenden Rechnungen sollen stets

y	die zu berechnende Größe
dy	ihr Fehler nach einer der oben erwähnten Definitionen
$x_1\,y_2$	die Einflußgrößen
$d\,x_1\,d\,x_2$	ihre Fehler
$a\,b\,c$	feste Zahlenwerte (Gerätekonstanten, Potenzzahlen u. dgl.)

bedeuten.

a) ganze lineare Funktion:

$$y = a\,x_1 + b\,x_2 + \cdots \tag{77}$$

Die partiellen Ableitungen lauten einfach

$$\frac{\partial y}{\partial x_1} = a; \quad \frac{\partial y}{\partial x_2} = b; \ \ldots$$

und es ist

$$dy = \sqrt{a^2 \cdot d\,x_1^2 + b^2 \cdot d\,x_2^2 + \cdots} \tag{78}$$

Bildet man die relativen Fehler, so erhält man

$$\frac{dy}{y} = \sqrt{\frac{a^2\,x_1^2}{y^2} \cdot \frac{(d\,x_1)^2}{x_1^2} + \frac{b^2\,x_2^2}{y^2} \cdot \frac{(d\,x_2)^2}{x_2^2} + \cdots}$$

oder

$$f_y = \sqrt{\left(\frac{a\,x_1}{a\,x_1 + b\,x_2 + \cdots}\right)^2 \cdot f_{x_1}^2 + \left(\frac{b\,x_2}{a\,x_1 + b\,x_2 + \cdots}\right)^2 \cdot f_{x_2}^2 + \cdots} \tag{79}$$

b) gebrochene lineare Funktion:

$$y = \frac{a_Z\, x_1 + b_Z\, x_2 + \cdots}{a_N\, x_1 + b_N\, x_2 + \cdots} \qquad (80)$$

Es wird

$$\frac{\partial y}{\partial x_1} \cdot d x_1 = \frac{a_Z \cdot (a_N \cdot x_1 + b_N \cdot x_2 + \cdots) - a_N \cdot (a_Z \cdot x_1 + b_Z \cdot x_2 + \cdots)}{(a_N \cdot x_1 + b_N \cdot x_2 + \cdots)^2} \cdot d x_1$$

$$= y \left[\frac{a_Z}{a_Z\, x_1 + b_Z\, x_2 + \cdots} - \frac{a_N}{a_N\, x_1 + b_N\, x_2 + \cdots} \right] \cdot d x_1$$

Der relative Fehler der Messung wird dann

$$f_y = \sqrt{\left(\frac{a_Z\, x_1}{a_Z\, x_1 + b_Z\, x_2 + \cdots} - \frac{a_N\, x_1}{a_N\, x_1 + b_N\, x_2 + \cdots} \right)^2 \cdot f_{x_1}^2 + \left(\frac{b_Z\, x_2}{a_Z\, x_1 + b_Z\, x_2 + \cdots} + \frac{b_N\, x_2}{a_N\, x_1 + b_N\, x_2 + \cdots} \right)^2 \cdot f_{x_2}^2 + \cdots}$$

$$(81)$$

Beispiel: Messung mit der Schleifdrahtbrücke (vgl. Kap. V)

$$R_x = \frac{R_n \cdot x}{L - x}$$

Man hat in Gl. (80) zu setzen:

$$x_1 = L \qquad a_Z = 0 \qquad a_N = 1$$
$$x_2 = x \qquad b_Z = R_n \qquad b_N = -1$$

und erhält

$$f_y = \sqrt{\left(\frac{L}{L-x} \right)^2 \cdot f_L^2 + \left(\frac{R_n \cdot x}{R_n \cdot x} + \frac{(-1) \cdot x}{L - x} \right)^2 \cdot f_x^2} = \frac{L}{L-x} \sqrt{f_x^2 + f_L^2}$$

c) Potenzprodukt:

$$y = x_1^a \cdot x_2^b \cdot x_3^c \cdots \qquad (82)$$

Für die partiellen Ableitungen ergeben sich

$$\frac{\partial y}{\partial x_1} = a\, x_1^{a-1} \cdot x_2^b \cdot x_3^c \cdots$$

$$\frac{\partial y}{\partial x_2} = x_1^a \cdot b\, x_2^{b-1} \cdot x_3^c \cdots$$

Es ist daher

$$\frac{\partial y}{\partial x_1} \cdot d x_1 = a \cdot y \cdot \frac{d x_1}{x_1} \; ; \quad \frac{\partial y}{\partial x_2} \cdot d x_2 = b \cdot y \cdot \frac{d x_2}{x_2} \quad \text{usw.}$$

und die Formel für die relativen Fehler erhält eine besonders einfache Form:

$$f_y = \sqrt{a^2 \cdot f_{x_1}^2 + b^2 \cdot f_{x_2}^2 + \cdots} \qquad (83)$$

Gesetze, bei denen die meßtechnisch unmittelbar zugänglichen Größen in einer höheren Potenz vorkommen, eignen sich daher schlecht zu indirekten Messungen.

6. Fehlerausgleich und Interpolation

Dienen zwei oder mehr Beobachtungsreihen, welche mit Streuungen behaftet sind, der Ermittlung einer Größe, so pflanzen sich die Streuungen der ursprünglichen Meßreihen in das Endergebnis fort. Der Fehlerausgleich hat dann zum Ziel, geeignete Korrektionen derart anzubringen, daß die Streuung des Endergebnisses möglichst gering wird. Nach GAUSS unterscheidet man im wesentlichen drei Verfahren, von denen das erste, die Ausgleichung direkter Beobachtungen, bereits besprochen wurde. Unter dem Ausgleich einer direkten Beobachtung kann man z. B. die Ermittlung des Durchschnittes als *Bestwert* einer endlichen Meßreihe verstehen. Bei zwei oder mehr Beobachtungsreihen ist der Ausgleich schwieriger. Man kann dann nach GAUSS unterscheiden zwischen Ausgleich *vermittelnder* Beobachtungen und Ausgleich *bedingter* Beobachtungen. Das letzte Verfahren ist vorteilhaft, wenn zwischen den Beobachtungsgrößen bestimmte Bedingungen bestehen, an deren Gültigkeit in keiner Weise zu zweifeln ist, wie z. B., daß die Winkelsumme im Dreieck zwei Rechte beträgt, oder daß in einem geschlossenen System keine Energieänderung stattfinden kann. Der Ausgleich *vermittelnder* Beobachtungen empfiehlt sich vor allem dort, wo die Tragfähigkeit einer Hypothese nicht so sicher ist oder gar erst eine *Arbeitshypothese* empirisch aufgestellt werden soll. Man prüft dann unter Zuhilfenahme der gewonnenen Hypothese, ob sich bei allen beteiligten Beobachtungsreihen ein Maximum an Wahrscheinlichkeit ergibt; man gleicht die Beobachtungen *vermittels* des Ergebnisses aus.

Das Wesen des Ausgleiches vermittelnder Beobachtungen kann am besten an einem Beispiel klargemacht werden, welches zu den einfachsten Anwendungen der KIRCHHOFFschen Gesetze gehört. Bekanntlich sinkt die Klemmenspannung eines geladenen Akkumulators mit dem Belastungsstrom. Die Ursache — der innere Widerstand R_i — ist zwar bekannt; es sei jedoch vorausgesetzt, daß man bei der Untersuchung eines solchen Prüflings zum ersten Mal auf diesen Zusammenhang stößt, für den man zunächst noch keine Erklärung hat.

Man kann auf diese Tatsache stoßen, indem man die Batterie systematisch untersucht und vorsichtshalber alle Umweltbedingungen genau

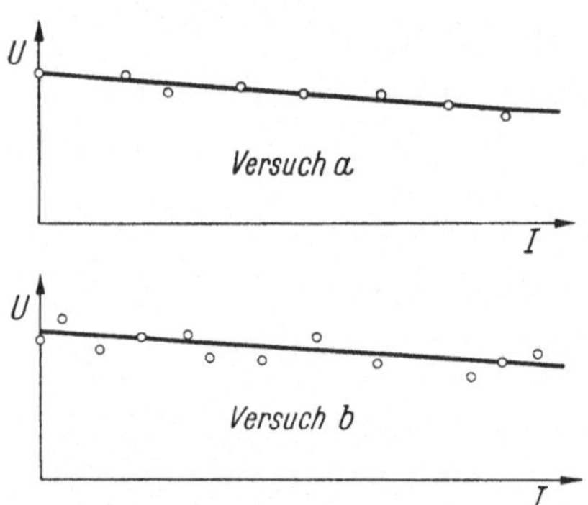

Abb. 33. Beispiel für den Ausgleich vermittels einer Hypothese: Messung der Klemmenspannung einer Akkumulatoren-Batterie in Abhängigkeit vom Belastungszustand

Versuch a: bei einer Laboruntersuchung,
Versuch b: unter Zuhilfenahme von Betriebsaufzeichnungen

konstant hält. Wendet man dann die verschiedensten Belastungswiderstände innerhalb eines vernünftigen, der Größe des Prüflings angepaßten Bereiches an und liest an einem Spannungsmesser die Klemmenspannung, an einem Strommesser den Belastungsstrom ab, so kann man beide gleichzeitig herrschenden Betriebsgrößen als Punkt in einer U, J-Ebene eintragen (Abb. 33, *Versuch a*). Man merkt, daß alle derartigen Punkte zwar nicht ganz genau, aber doch recht befriedigend auf einer Geraden liegen. Man interpoliert dann

$$U = m \cdot J + b = - R_i \cdot J + U_0$$

Diese Interpolation ist bereits ein — zeichnerisch durchgeführter — Ausgleich zwischen *vermittelnden* Beobachtungen, indem man nämlich geringfügige Abweichungen eher auf die natürlichen Zufallsfehler bei der Bestimmung von U bzw. J zurückführt als etwa einer Abweichung von der Arbeitshypothese $U = U_0 - J \cdot R_i$.

Derselbe Akkumulator diene jetzt der dauernden Versorgung eines Netzes. Sein Betriebszustand wird durch einen Spannungsschreiber und einen Stromschreiber überwacht. Dem Auswertenden stehen die Diagramme einer längeren Betriebsperiode zur Verfügung. Zugehörige Werte von Strom und Spannung werden wiederum in eine U, J-Ebene eingetragen und ergeben jetzt durchaus nicht das ideale Bild wie auf Grund des Präzisionsversuches (Abb. 33, *Versuch b*). Immerhin ist noch deutlich erkennbar, daß größere Belastungsströme und kleinere Spannungen zusammengehören. Man kann noch nach $U = - R_i \cdot J + U_0$ interpolieren. Hat man sich ein für alle Mal von der Tragfähigkeit der Arbeitshypothese — z. B. auf Grund des oben geschilderten exakten Versuches — überzeugt, so kann man daran gehen, die Abweichungen zu erklären, die sich auf Grund des Betriebsversuches ergaben. Man prüft die verschiedensten Nebenbedingungen, indem man sie gleichzeitig mit Strom und Spannung registriert. Man wird dann einen Zusammenhang finden z. B. zwischen der Säuredichte und der Größe der Abweichungen vom theoretischen Verlauf $U = U_0 - J \cdot R_i$. Man muß sich mit solchen Untersuchungen natürlich auf den Bereich zwischen den Extremwerten der wirklich durchgeführten Messungen beschränken. Extrapolationen sind sehr gefährlich und nur erlaubt, wenn aus der *Arbeitshypothese* eine *Theorie* geworden ist, für die man die Grenzen ihrer Gültigkeit genau kennt.

In einem anderen Beispiel ist versucht worden, aus einer Reihe von Abschaltoszillogrammen einen Zusammenhang zwischen der Löschzeit des Lichtbogens in der Schaltstrecke und der nach dem Löschen auftretenden Spannung an der Trennstelle zu finden. Trägt man die Auswertungsergebnisse, d. h. Zeiten und Spannungen verschiedener Löschvorgänge, in einer U, T_L-Ebene auf, so findet man erhebliche Streuungen sowohl in Richtung der T_L-Achse als der U-Achse (Abb. 34). Diese gestatten die Annahme, daß die Schaltspannung zwar nicht völlig unabhängig von der Lichtbogendauer ist, aber doch durch andere physikalische Vorgänge stark beeinflußt wird. Ähnliche Aufgaben kommen überall vor, z. B. in der Wirtschaft, der Werkstoffkunde, der Psychologie usw. Die hier geschilderten Zusammenhänge bezeichnet man als *Korrelation*. Die Auffindung derselben auf Grund von Meßergebnissen, statistischen Erhebungen usw. ist Aufgabe der Korrelationsrechnung.

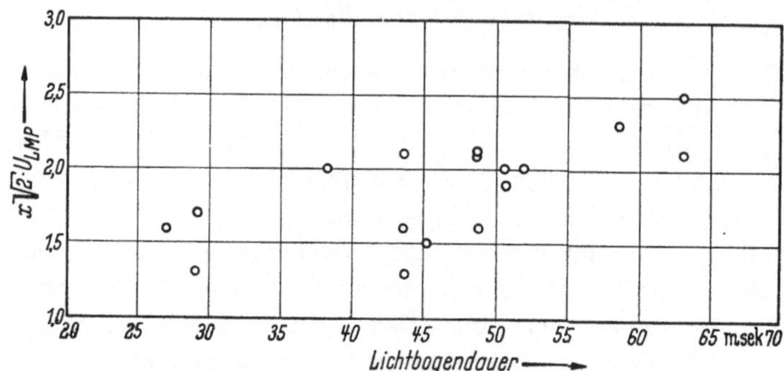

Abb. 34. Beispiel einer losen Korrelation: Lichtbogenzeit beim Unterbrechen von Strömen in Hochspannungsnetzen und Überspannungen am abgeschalteten Anlageteil

Die Interpolation durch andere als lineare Funktionen bedarf einer hinreichend engen Korrelation. Bei losen Zusammenhängen hat es meistens wenig Sinn, mit anderen als linearen Zusammenhängen zu rechnen, da die größeren Streuungen jeden feineren Ausbau der Arbeitshypothese unmöglich machen.

Die Interpolation durch lineare Funktionen bietet soviel Vorteile, daß man vor Inangriffnahme anderer Interpolationsverfahren zweckmäßigerweise versucht, ob sich nicht durch Umformung der vermuteten

Tabelle 8. *Zahlenbeispiel: Strom-Spannungsmessung an einem spannungsabhängigen Widerstand*

J mA	U V	$\log J$	$\log U$	$\log U - 1{,}910$	$\dfrac{\log U - 1{,}910}{\log J}$
1,05	81,7	0,021	1,912	0,002	—
3,00	99,6	0,477	1,998	0,098	—
6,20	114,3	0,793	2,058	0,148	0,187
12,08	129,7	1,082	2,113	0,203	0,188
29,4	154	1,468	2,186	0,276	0,188
45,6	167	1,659	2,223	0,313	0,188
59,9	176	1,774	2,245	0,335	0,189
90,2	190	1,955	2,279	0,369	0,189
120,3	201	2,080	2,303	0,393	0,189

Interpolationsformel: $\log U = 0{,}188 \log J + 1{,}910$

$$U = 81{,}3 \cdot J^{0{,}188} \text{ (V)} \quad (J \text{ in mA})$$

Funktionsgleichung eine lineare Gesetzmäßigkeit herleiten läßt. Das einfachste Beispiel stellt die Anwendung von logarithmisch geteiltem Koordinatenpapier dar. Zur Erläuterung diene folgendes Beispiel:

Die Untersuchung eines Halbleiterwiderstandes nach dem Strom-Spannungsverfahren habe die in Tab. 8 wiedergegebenen Zahlenwerte ergeben. Da die Ströme über einen sehr weiten Bereich gehen, ist ein direkter Ausgleich der Beobachtungsreihen für U bzw. J ziemlich hoffnungslos. Man würde zudem einen *Ersatz*-Widerstandswert erhalten, der recht fragwürdig ist und sich nicht mit der physikalischen Realität in Übereinstimmung bringen läßt.

Bildet man aber aus den Maßzahlen die Logarithmen, oder, was dasselbe ist, trägt man die Meßpunkte auf doppelt logarithmisch geteiltem Papier auf (Abb. 35), so erkennt man einen linearen Zusammenhang

$$\log J = m \cdot \log U + b$$

Diese Darstellung kann man *ausgleichen*. Das Ergebnis der Ausgleichsrechnung sind die Konstanten m und $b = \log K$. Mit ihrer Hilfe findet man dann das Betriebsverhalten des Halbleiterwiderstandes ausgezeichnet wiedergegeben durch

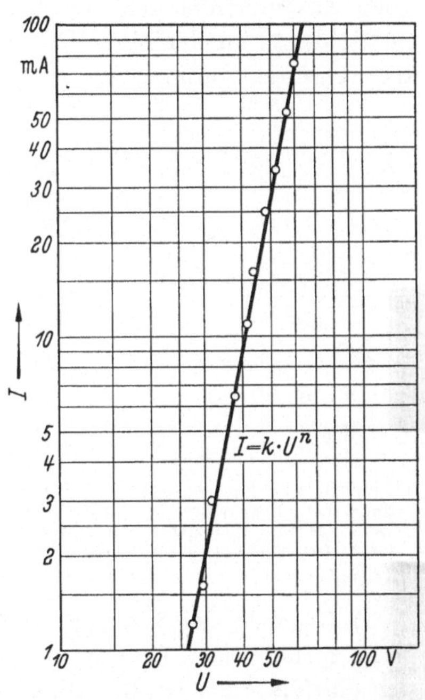

Abb. 35. Beispiel für die Linearisierung mit Hilfe von Koordinaten-Transformation: Kennlinie eines spannungsabhängigen Widerstandes in doppelt logarithmisch geteiltem Koordinatenpapier

$$J = K \cdot U^m$$

Ein anderes Beispiel stammt aus der Maschinenprüfung. Man mißt die Verluste einer elektrischen Maschine in Abhängigkeit von der Spannung und findet eine Korrelation, die sich linearisieren läßt, wenn man nicht die Verluste in Abhängigkeit von der Spannung selbst, sondern vom Quadrat der Spannung in einer N, U^2-Ebene aufträgt. Der Ausgleich der Meßergebnisse führt auf die Funktion (vgl. Abb. 36)

$$N = m \cdot U^2 + b$$

Hierin läßt sich ohne weiteres die Konstante b als ein spannungsunabhängiger Leerlaufverlust (= Reibungsverlust) und m als ein spannungsunabhängiger Verlustleitwert interpretieren. Aus der Streuung der Meßpunkte um die Kurve $m \cdot U^2 + b$ herum lassen sich sogar die Unsicherheiten von m und b ermitteln.

Es gibt verschiedene Verfahren zur linearen Interpolation einer Meßreihe. Von ihnen sollen nur zwei in der Praxis bedeutungsvolle näher besprochen werden, ein ganz allgemeines, welches sich besonders bei losen Zusammenhängen bewährt und ein anderes, welches sich dann empfiehlt, wenn der eine Meßwert in gleichbleibenden Intervallen geändert werden kann.

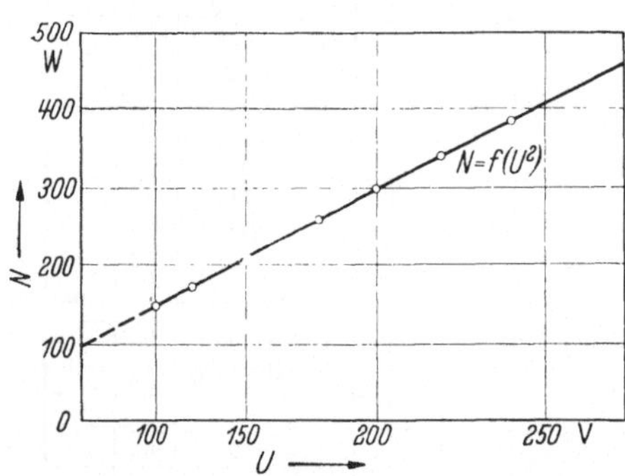

Abb. 36. Koordinatentransformation bei quadratischer Abhängigkeit der Meßgröße von der Einflußgröße (Abhängigkeit der Leerlaufverluste eines Drehstrommotors von der Spannung)

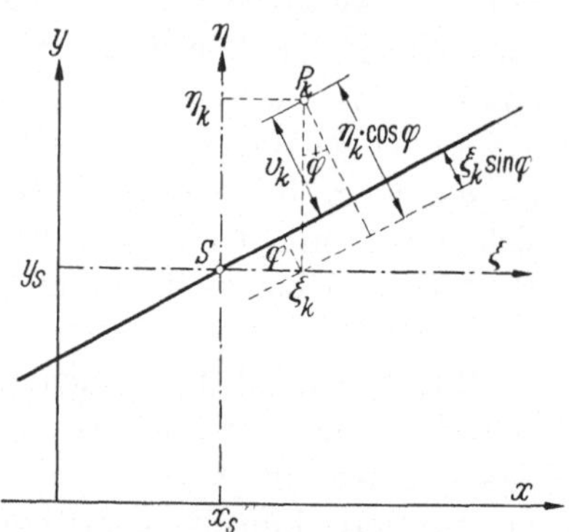

Abb. 37. Ermittlung der Fehlerausgleichsgeraden

a) Gegeben sind in einer y, x-Ebene n Punkte, die auf n Ablesungspaare zurückgehen. Eine ausgleichende Gerade ist so zu bestimmen, daß sich ein Minimum ergibt, wenn man die Abstände der Punkte von der Geraden quadriert und die Quadrate addiert.

Zunächst ist einleuchtend, daß die gesuchte Gerade durch den Schwerpunkt S des Punkthaufens gehen muß. Man bilde daher zunächst

$$y_s = \frac{1}{n} \varSigma\, y = \frac{[y]}{n} \quad \text{und} \quad x_s = \frac{1}{n} \varSigma\, x = \frac{[x]}{n}$$

und führe durch Verschiebung des Koordinatensystems neue Koordinaten $\eta = y - y_s$ und $\xi = x - x_s$ der Ausgleichsgeraden ein.

Es gibt unendlich viele Geraden, die diese Bedingungen alle erfüllen. Unter ihnen gilt es diejenige auszuwählen, welche der oben gestellten Bedingung für die *Fehlerquadrate* gehorcht. Aus Abb. 37 folgt

$$v_k = \eta_k \cos\varphi - \xi_k \sin\varphi \tag{84}$$

Dann ist

$$[v\,v] = \sum_{k=1}^{n} (\eta_k \cos\varphi - \xi_k \sin\varphi)^2$$

$$= [\xi\,\xi]\sin^2\varphi - 2\,[\xi\eta]\sin\varphi\cos\varphi + [\eta\,\eta]\cos^2\varphi \tag{85}$$

Der Winkel φ soll so bestimmt werden, daß die Summe der Quadrate ein Minimum wird:

$$\frac{d[vv]}{d\varphi} = 2[\xi\xi]\sin\varphi\cos\varphi - 2[\xi\eta]\cdot(\cos^2\varphi - \sin^2\varphi) - 2[\eta\eta]\cos\varphi\sin\varphi = 0$$

Das ergibt

$$([\xi\xi] - [\eta\eta])\cdot\sin 2\varphi = 2[\xi\eta]\cos 2\varphi$$

oder

$$\boxed{\tan 2\varphi = \frac{2[\xi\eta]}{[\xi\xi] - [\eta\eta]}} \qquad (86)$$

Nun ist die Neigung der gesuchten Ausgleichsgeraden

$$m = \tan\varphi$$

Wegen

$$\tan 2\varphi = \frac{2\tan\varphi}{1 - \tan^2\varphi} = \frac{2m}{1 - m^2}$$

ergibt sich die Bestimmungsgleichung für m aus:

$$m^2 + \frac{2}{\tan 2\varphi}\cdot m - 1 = 0$$

oder

$$m^2 + \frac{[\xi\xi] - [\eta\eta]}{[\xi\eta]}\,m - 1 = 0$$

$$\boxed{m = \frac{[\eta\eta] - [\xi\xi]}{2[\xi\eta]} \pm \sqrt{\frac{([\eta\eta] - [\xi\xi])^2}{4[\xi\eta]^2} + 1}} \qquad (87)$$

Das Ergebnis für m ist zweideutig. Es zeigt sich, daß die eine Lösung ein Minimum der Summe der Fehlerquadrate, die andere ein Maximum ergibt. Demnach müssen beide Geraden aufeinander senkrecht stehen. Die Gl. (87) erlaubt zu überprüfen, ob die beiden Beobachtungen y und x keine oder nur wenig systematische Beziehungen zueinander haben. Ist der Punkthaufen völlig regellos, so kann wohl noch der Schwerpunkt angegeben werden, es kann aber keine Gerade bestimmt werden, die eine Vorzugserstreckung des Punkthaufens kennzeichnet. Dann muß sich in Gl. (85) für $\tan 2\varphi$ ein unbestimmter Ausdruck ergeben, d. h., es muß gleichzeitig

$$[\xi\eta] = 0$$
$$[\xi\xi] = [\eta\eta]$$

sein.

Dann wird auch infolge Gl. (85)

$$[vv] = [\xi\xi]\cdot(\sin^2\varphi + \cos^2\varphi) = [\xi\xi] = [\eta\eta]$$

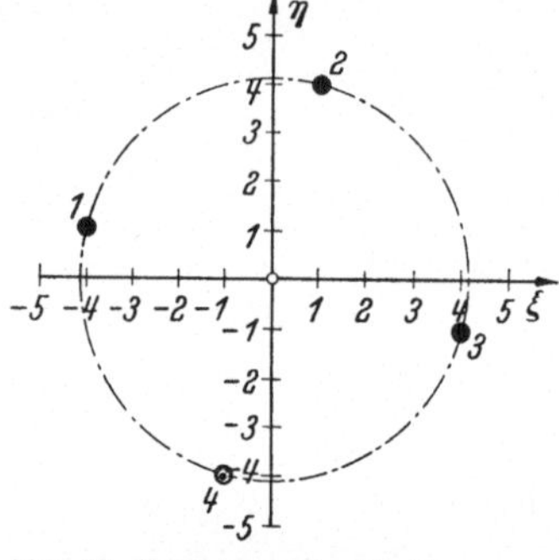

Abb. 38. Bedingung für die Abwesenheit einer Einflußgröße

$$\tan 2\varphi = \frac{2[\xi\,\eta]}{[\xi\xi] - [\eta\,\eta]} = \frac{0}{34 - 34}\ \left(= \frac{0}{0}\right)$$

d. h. die Streuung des Punkthaufens ist in Richtung der x-Achse und y-Achse gleich groß. Ein einfaches Beispiel hierfür zeigt Abb. 38.

Ein allgemein gültiges Maß für die Korrelation erhält man, wenn man die *Exzentrizität* des Punkthaufens nach der Beziehung

$$e = \frac{a^2 - b^2}{a^2 + b^2} \tag{88}$$

ermittelt. Hierin kennzeichnet $a^2 = [v\,v]_{\mathrm{max}}$ die größte, $b^2 = [v\,v]_{\mathrm{min}}$ die kleinste Streuung, die man mit Hilfe der Ausgleichsgeraden bzw. der Senkrechten hierzu findet. Ist φ_1 der Steigungswinkel der Ausgleichsgeraden, so ist $\varphi_2 = 90° + \varphi_1$ die Richtung, auf die bezogen der Punkthaufen am meisten streut. Dann ist nach Gl. (85)

$$b^2 = [v\,v]_{\mathrm{min}} = [\xi\,\xi]\sin^2\varphi_1 + [\eta\,\eta]\cos^2\varphi_1 - 2[\xi\,\eta]\sin\varphi_1\cos\varphi_1$$

$$a^2 = [v\,v]_{\mathrm{max}} = [\xi\,\xi]\sin^2\varphi_2 + [\eta\,\eta]\cos^2\varphi_2 - 2[\xi\,\eta]\sin\varphi_2\cos\varphi_2$$

$$= [\xi\,\xi]\cos^2\varphi_1 + [\eta\,\eta]\sin^2\varphi_1 + 2[\xi\,\eta]\sin\varphi_1\cos\varphi_1$$

denn es ist

$$\sin(90° + \varphi_1) = \cos\varphi_1$$
$$\cos(90° + \varphi_1) = -\sin\varphi_1$$

Man erhält

$$a^2 + b^2 = [\xi\,\xi] + [\eta\,\eta]$$

$$a^2 - b^2 = \{[\xi\,\xi] - [\eta\,\eta]\}\cos 2\varphi + 2[\xi\,\eta]\sin 2\varphi$$

$$= \{[\xi\,\xi] - [\eta\,\eta] + 2[\xi\,\eta]\tan 2\varphi\}\cos 2\varphi$$

Wendet man Gl. (86) an, so wird

$$a^2 - b^2 = ([\xi\,\xi] - [\eta\,\eta])(1 + \tan^2 2\varphi) \cdot \cos 2\varphi$$

$$= ([\xi\,\xi] - [\eta\,\eta])\sqrt{1 + \tan^2 2\varphi}$$

oder nach Ersetzen des Ausdrucks $\tan 2\varphi$ aus Gl. (86)

$$a^2 - b^2 = \sqrt{([\xi\,\xi] - [\eta\,\eta])^2 + 4[\xi\,\eta]^2}$$

Demnach wird das Korrelationsmaß

$$e = \frac{\sqrt{([\xi\,\xi] - [\eta\,\eta])^2 + 4[\xi\,\eta]^2}}{[\xi\,\xi] + [\eta\,\eta]} \tag{89}$$

Gibt es keine Korrelation ($[\xi\,\eta] = 0$ und $[\xi\,\xi] = [\eta\,\eta]$), so ist $e = 0$. Der andere Extremfall der Korrelation ist die strenge, mathematische Abhängigkeit. Liegen alle Punkte genau auf der *Ausgleichsgeraden*, so gewinnt diese den Charakter einer Gesetzmäßigkeit. Dann folgt aus Gl. (84)

$$\eta \cos\varphi = \xi \sin\varphi$$

und es sind

$$[\xi\,\eta] = \frac{1}{m}\,[\eta\,\eta]$$

$$[\eta\,\eta] = m^2\,[\xi\,\xi]$$

Hiermit ergibt sich

$$\tan 2\varphi = \frac{2\cdot\dfrac{1}{m}\,[\eta\,\eta]}{\dfrac{1}{m^2}\,[\eta\,\eta] - [\eta\,\eta]} = \frac{2m}{1-m^2} = \frac{2\tan\varphi}{1-\tan^2\varphi}$$

da $m = \tan\varphi$ ist. Mit der Auffindung des Additionstheorems für $\tan 2\varphi$ ist bewiesen, daß auch

$$[\xi\,\eta] = [\eta\,\eta]\cdot m \tag{90a}$$

ein Kennzeichen für eine exakte Korrelation über eine lineare Funktion ist. Die Steigung der Geraden ergibt sich dann einfach aus

$$m = \sqrt{\frac{[\eta\,\eta]}{[\xi\,\xi]}} \tag{90b}$$

Aus Gl. (89) folgt dann ferner

$$e = \frac{\sqrt{([\xi\,\xi] - m^2[\xi\,\xi])^2 + 4\,[\xi\,\xi]\,m^2}}{[\xi\,\xi]\,(1+m)^2} = \frac{\sqrt{(1-m^2)^2 + 4\,m^2}}{1+m^2} = 1$$

Diese Aussage ist gleichbedeutend mit einer linearen Gesetzmäßigkeit $\eta = m\,\xi$.

Natürlich darf man in konkreten Fällen aus den vorgefundenen mathematischen Zusammenhängen nur dann auf physikalische Realitäten schließen, wenn die Grundbedingung der Wahrscheinlichkeitsrechnung erfüllt ist, daß nämlich eine hinreichend große Anzahl von Beobachtungen vorliegt.

Man kann den Streubereich der Meßpunkte um die Ausgleichsgerade herum in einer der Fehlerrechnung entsprechenden Weise kennzeichnen. Beispielsweise kann man mit Hilfe der ausgeglichenen Werte v_k eine *Streuung* ebenso definieren, als wenn es sich um direkte Beobachtungen handelt. Man erhält dann

$$\tau = \sqrt{\frac{[v\,v]}{n-2}} \tag{91}$$

Hierbei ist zu beachten, daß die Summe der Quadrate der *wahren* Fehler wiederum auf die Zahl der überschüssigen Messungen zu beziehen ist.

Da zur Korrelation durch eine Gerade mindestens zwei Wertepaare notwendig sind, steht im Nenner von Gl. (91) anstelle von $n - 1$ der Wert $n - 2$.[1]

Weiterhin kann man, wenn die Ausgleichsgerade als *Durchschnitt* einer nicht auf bessere Weise zu definierenden Funktion betrachtet wird, mit Hilfe von Gl. (91) auch eine *Unsicherheit des Durchschnittes* bestimmen. Es ergibt sich

$$\sigma_D \approx \tau_D = \sqrt{\frac{[v\,v]}{n\,(n - 2)}} \qquad \text{(für großes } n\text{)} \qquad (92)$$

Legt man wiederum 3 σ zugrunde, so erhält man ein die Meßpunkte verbindendes Streuband, innerhalb dessen die Ausgleichsfunktion mit hoher Wahrscheinlichkeit verlaufen wird.

Das beschriebene Ausgleichsverfahren soll an einem Zahlenbeispiel erläutert werden: 10 Beobachtungen zweier Meßgrößen y und x haben die in Tab. 9 enthaltenen Werte ergeben. Der Punkthaufen ist in Abb. 39 dargestellt und läßt eine gewisse Korrelation der Werte y und x vermuten. Diese Korrelation soll durch eine möglichst günstige lineare Funktion ausgedrückt werden.

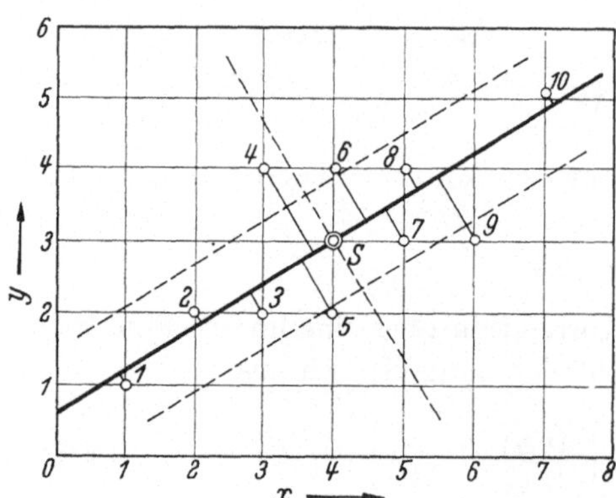

Abb. 39. Beispiel für die Anwendung des Ausgleichs mittels einer linearen Funktion

Tabelle 9

Rechenbeispiel für eine Korrelation zwischen zwei Beobachtungsgrößen $(x;\ y)$

x	y	ξ	η	ξ^2	η^2	$\xi \cdot \eta$
1	1	-3	-2	9	4	6
2	2	-2	-1	4	1	2
3	2	-1	-1	1	1	1
3	4	-1	1	1	1	-1
4	2	0	-1	0	1	0
4	4	0	1	0	1	0
5	3	1	0	1	0	0
5	4	1	1	1	1	1
6	3	2	0	4	0	0
7	5	3	2	9	4	6
40	30			30	14	15

Schwerpunkts-Koordinaten: $x_s = 4$ $y_s = 3$

[1] Vgl. GROSSMANN: Grundzüge der Ausgleichsrechnung.

Zunächst werden aus den Originalablesungen für x und y die Koordinaten des Schwerpunktes ermittelt; es ergeben sich

$$y_s = 30 : 10 = 3$$

$$x_s = 40 : 10 = 4$$

Hiernach ergeben sich die Werte für ξ und η (3. und 4. Spalte). Deren Quadrate und Produkte sind in den drei letzten Spalten berechnet worden.

Man findet

$$[\xi\,\xi] = 30$$

$$[\eta\,\eta] = 14$$

$$[\xi\,\eta] = 15$$

und demnach auf Grund von Gl. (86)

$$-\frac{1}{\tan 2\varphi} = \frac{14 - 30}{2 \cdot 15} = -\frac{8}{15}$$

Damit ergibt sich

$$m_1 = \frac{9}{15} = 0{,}60$$

$$m_2 = -\frac{25}{15} = -1{,}67$$

Die Gerade mit m_1 ist die Ausgleichsgerade. Ihre Gleichung lautet

$$y - y_S = m \cdot (x - x_S)$$

$$y - 3 = \frac{9}{15} \cdot x - \frac{36}{15}$$

$$y = 0{,}60 \cdot x + 0{,}60$$

Ferner ist $\varphi = \arctan 0{,}6 = 31{,}0°$, $\sin\varphi = 0{,}515$, $\cos\varphi = 0{,}857$. Damit ergibt sich nach Gl. (84)

$$[v\,v] = 30 \cdot 0{,}515^2 - 2 \cdot 15 \cdot 0{,}515 \cdot 0{,}857 + 14 \cdot 0{,}857^2 = 5{,}05$$

Die Unsicherheit des Durchschnitts beträgt also nach Gl. (92)

$$\sigma_D = \sqrt{\frac{5{,}05}{10 \cdot 8}} \approx 0{,}25$$

In Abb. 39 sind in einer Entfernung vom dreifachen dieses Wertes zwei Parallele zur Ausgleichsgeraden eingezeichnet worden, die man als den Bereich ansehen kann, innerhalb dessen der in den Streuungen verborgene *Sollwert* der Korrelationsfunktion verlaufen kann.

Zur Beurteilung der Korrelation bildet man nach Gl. (89)

$$e = \frac{\sqrt{(30 - 14)^2 + 4 \cdot (15)^2}}{30 + 14} = \frac{\sqrt{1156}}{44} = 0{,}77$$

d. h. y und x haben zwischen Beziehungslosigkeit ($e = 0$) und Gesetzmäßigkeit ($e = 1$) einen Zusammenhang von 77% der Gesetzmäßigkeit. Die Korrelation ist bereits recht eng.

Die Aufgabe II-03 des Teiles B enthält eine Anwendung dieses Ausgleichsverfahrens auf ein konkretes Beispiel aus der Praxis.

b) Das zweite Interpolationsverfahren empfiehlt sich, wenn eine der Größen x oder y fehlerfrei eingestellt werden kann. Dann ändert man die Einstellgröße x in gleichbleibenden Intervallen (vgl. Abb. 40).

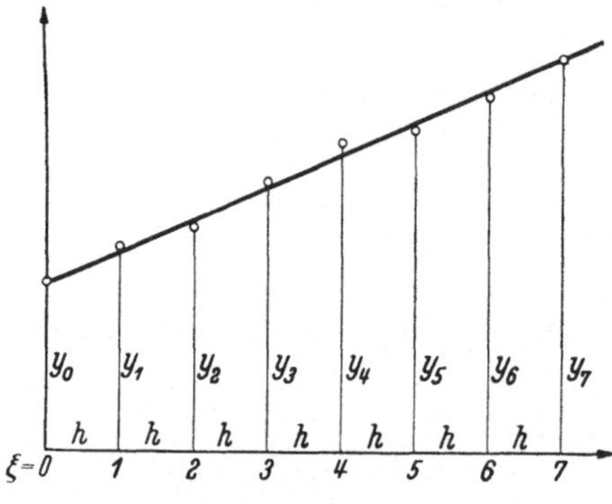

Abb. 40. Ausgleich bei gleichen Einstellintervallen der Einflußgröße

Hierfür ist ein Interpolationsverfahren geeignet, welches auf eine Mittelung der Differentialquotienten $\Delta y / \Delta x$ hinausläuft. Bei ungleichen Intervallen der Einstellgröße sind aber die Differenzenquotienten einander nicht gleichwertig; ein an einem kleinen Intervall ermittelter Quotient wird den Charakter der Ausgleichsgeraden weniger beeinflussen.

Diese Art der Mittelwertbildung läuft bei gleichen Einstellintervallen auf den Mittelwertsatz der Integralrechnung hinaus. Es ist nämlich der Mittelwert

$$M\left(\frac{\Delta y}{\Delta x}\right) = \frac{\Delta x_1 \dfrac{\Delta y_1}{\Delta x_1} + \Delta x_2 \dfrac{\Delta y_2}{\Delta x_2} + \cdots}{\Delta x_1 + \Delta x_2 + \cdots} \longrightarrow \frac{\displaystyle\int_a^b \frac{dy}{dx} \cdot dx}{x(b) - x(a)} = \frac{y(b) - y(a)}{x(b) - x(a)},$$

wenn $\Delta x \to 0$, d. h. die ganze Interpolation besteht darin, daß man grafisch die beiden Extremwerte durch eine Gerade verbindet. Man hätte dann auch die Messung vereinfachen können, indem man zur Bestimmung von m und b *nur* diese beiden Extremwerte $x(b)$ und $x(a)$ eingestellt und die zugehörigen Werte $y(b)$ und $y(a)$ abgelesen hätte. Die Differenzenquotienten der übrigen Zwischenwerte können dann höchstens dazu benutzt werden zu beurteilen, inwieweit diese rohe Interpolation sicher genug ist.

In Wirklichkeit wird man zwischen je zwei Meßpunkten Geraden ziehen können, deren Auswertung bezüglich *m und b* kleine Abweichungen voneinander ergeben. Dann wäre u. U. aus diesen Ergebnissen das *gewogene Mittel* zu bilden. Man kann aber die gestellte Aufgabe einfacher wie folgt behandeln:

Zur Abkürzung werde das Einstellintervall $\Delta x = h$ bezeichnet. Dann wird aus

$$y = m\,x + b$$

durch Einsetzen von

$$m = \frac{\mu}{h} \tag{93}$$

und

$$x = \xi \cdot h$$

der Ausdruck

$$y = \mu\,\xi + b$$

ξ nimmt nur ganze Zahlenwerte an; der erste Einstellwert liegt bei $\xi = 0$, der n^{te} bei $\xi = n - 1$ (Abb. 40).

Der Meßwert Nummer k hat dann einen Einstellwert $k - 1$ und sein Sollwert beträgt

$$y_{k_{soll}} = \mu\,(k - 1) + b$$

Gemessen wird aber ein Istwert y_k; es ergibt sich also der Fehler zu

$$F_{y_k} = y_k - y_{k_{soll}} = y_k - \mu\,(k - 1) - b \tag{94}$$

Die Zahlen μ und b müssen so bestimmt werden, daß die Summe der Fehlerquadrate ein Minimum wird. Hieraus ergeben sich zwei Bestimmungsgleichungen für μ und b:

$$\frac{\partial}{\partial b}\,[F_y\,F_y] = 0$$

$$\frac{\partial}{\partial \mu}\,[F_y\,F_y] = 0$$

Man findet für das Fehlerquadrat

$$[F_y\,F_y] = \sum_{1}^{n}\,[y_k - \mu\,(k - 1) - b]^2$$

Demnach lauten die Extrembedingungen

$$\frac{\partial}{\partial b}\,[F_y\,F_y] = -2\sum_{1}^{n}\,[y_k - \mu\,(k - 1) - b] = 0 \\[2mm] \left.\frac{\partial}{\partial \mu}\,[F_y\,F_y] = -2\sum_{1}^{n}\,[(k - 1)\,(y_k - \mu\,(k - 1) - b)] = 0\right\} \quad (95\mathrm{a,\ b})$$

Hierin kann die zweite mit Hilfe der ersten einfacher geschrieben werden. In

$$\sum_{1}^{n} k\,(y_k - \mu\,(k - 1) - b) - \sum_{1}^{n}\,(y_k - \mu\,(k - 1) - b) = 0$$

verschwindet nämlich die zweite Summe wegen Gl. (95a). Man erhält demnach

$$\sum_1^n (y_k - \mu\,(k-1) - b) = 0$$

$$\sum_1^n k\,(y_k - \mu\,(k-1) - b) = 0$$

Löst man die Summe auf, so erhalten die Bestimmungsgleichungen die Form

$$\left.\begin{aligned}
&\sum_1^n y_k - \mu \sum_1^n (k-1) - n \cdot b = 0 \\
&\sum_1^n k\,y_k - \mu \left(\sum_1^n k^2 - \sum_1^n k\right) - b \sum_1^n k = 0
\end{aligned}\right\} \quad (96\,\mathrm{a,\ b})$$

Die hier vorkommenden endlichen Reihen haben folgende Werte:

$$\left.\begin{aligned}
&\sum_1^n k = 1 + 2 + \cdots + n = \frac{n\,(n+1)}{2} \\
&\sum_1^n (k-1) = 0 + 1 + \cdots + (n-1) = \frac{n\,(n-1)}{2} \\
&\sum_1^n k^2 = 1^2 + 2^2 + \cdots + n^2 = \frac{n\,(n+1)}{2} \cdot \frac{2n+1}{3}
\end{aligned}\right\} \quad (97\,\mathrm{a-c})$$

Es wird also

$$\sum_1^n y_k = \frac{n\,(n-1)}{2}\,\mu + n\,b$$

$$\sum_1^n k\,y_k = \left[\frac{n\,(n+1)}{2} \cdot \frac{2n+1}{3} - \frac{n\,(n+1)}{2}\right]\mu + \frac{n\,(n+1)}{2}\,b$$

$$= \frac{n\,(n+1)\,(n-1)}{3}\,\mu + \frac{n\,(n+1)}{2}\,b$$

oder

$$\left.\begin{aligned}
&\frac{1}{n} \sum_1^n y_k = \frac{n-1}{2}\,\mu + b \\
&\frac{2}{n\,(n+1)} \sum_1^n k\,y_k = \frac{2}{3}\,(n-1)\,\mu + b
\end{aligned}\right\} \quad (98\,\mathrm{a,\ b})$$

Eliminiert man hieraus b durch Subtraktion der ersten Gleichung von der zweiten, so erhält man

$$\frac{1}{6}\,(n-1)\,\mu = \frac{2}{n\,(n+1)} \sum_1^n k\,y_k - \frac{1}{n} \sum_1^n y_k$$

$$= \frac{1}{n\,(n+1)} \left[2 \sum_1^n k\,y_k - (n+1) \sum_1^n y_k\right]$$

$$= \frac{1}{n\,(n+1)} \sum_1^n [(2k - n - 1)\,y_k]$$

Man erhält also endgültig

$$\mu = \frac{6}{n\,(n^2-1)} \sum_{1}^{n} \left[(2k-1-n)\,y_k\right] \qquad (99)$$

Setzt man diesen Ausdruck in Gl. (98a) ein, so ergibt sich

$$b = \frac{1}{n} \sum_{1}^{n} y_k - \frac{n-1}{2} \cdot \frac{6}{n\,(n^2-1)} \cdot \sum_{1}^{n} \left[(2k-1-n)\,y_k\right]$$

Durch Zusammenfassen der Summen und Ordnen der Glieder erhält man einen Ausdruck für b:

$$b = \frac{2}{n\,(n+1)} \sum_{1}^{n} \left[(2\,(n+1)-3k)\,y_k\right] \qquad (100)$$

Es ist noch zu berechnen, wie groß die Unsicherheiten bei der Bestimmung der Festwerte μ und b sind. Nach dem Fehlerfortpflanzungsgesetz ist

$$d\mu = \sqrt{\sum_{1}^{n} \left[\frac{\partial \mu}{\partial y_k} \cdot d\,y_k\right]^2}$$

Hierin bedeuten $\dfrac{\partial \mu}{\partial y_k}$ die partiellen Ableitungen von μ nach den einzelnen Meßwerten, wobei man sich vorzustellen hat, daß diese kleinen Schwankungen unterliegen. Die partielle Differentiation der Gl. (99) ergibt

$$\frac{\partial \mu}{\partial y_k} = \frac{6}{n\,(n^2-1)} \cdot (2k-(1+n))$$

Man erhält durch Einsetzen

$$d\mu = \frac{6}{n\,(n^2-1)} \sqrt{\sum_{1}^{n} \left[(2k-(1+n))\cdot d\,y_k\right]^2} \qquad (101)$$

Nach durchgeführtem Abgleich kann man hierin für die $d\,y_k$ die „Fehler" $F y_k$ aus Gl. (94) einsetzen, indem die der Ausgleichsgeraden entsprechenden Werte den Sollwerten gleichgesetzt werden. Man gelangt jedoch schneller zu einer Abschätzung, wenn man annimmt, daß die absoluten Fehler $d\,y_k$ alle gleich groß und gleich einem Durchschnittswert

$$d\,y = \sqrt{\frac{d\,y_1^2 + d\,y_2^2 + \cdots + d\,y_n^2}{n}}$$

sind. Es wird dann

$$d\mu \approx \frac{6}{n\,(n^2-1)} \sqrt{\sum_{1}^{n} \left[(2k-(1+n))^2 \cdot n \cdot (d\,y)^2\right]}$$

$$= \frac{6}{\sqrt{n}\,(n^2-1)} \cdot \sqrt{\sum_{1}^{n} [2k-(1+n)]^2 \cdot d\,y}$$

6*

Die Summe unter dem Wurzelzeichen stellt jetzt einen festen, nur von der Zahl der Einstellungen abhängigen Wert dar. Es wird wie folgt unter Zuhilfenahme der bereits bekannten Werte für die endlichen Reihen aus den Gl. (97) berechnet:

$$\sum_{1}^{n} [2k - (1+n)]^2 = 4 \sum_{1}^{n} k^2 - 4(1+n) \cdot \left[\sum_{1}^{n} k\right] + n(1+n)^2$$

$$= 4 \cdot \frac{n(n+1)}{2} \cdot \frac{2n+1}{3} - 4(1+n) \frac{n(1+n)}{2} + n(1+n)^2$$

$$= \frac{n(n+1)^2}{3} \left[2 \frac{2n+1}{n+1} - 6 + 3\right]$$

$$= \frac{n(n+1)^2}{3} \cdot \frac{n-1}{n+1}$$

Damit ergibt sich

$$d\mu = \sqrt{\frac{36}{n(n-1)^2(n+1)^2} \cdot \frac{n(n+1)^2}{3} \cdot \frac{n-1}{n+1}} \cdot dy$$

$$\boxed{d\mu = dy \sqrt{\frac{12}{n^2-1}}} \tag{102}$$

Für die Streuung bei der Bestimmung von b gilt natürlich

$$\boxed{db = dy = \sqrt{\frac{dy_1^2 + dy_2^2 + \cdots + dy_n^2}{n}} = \sqrt{\frac{[F_y F_y]}{n}}} \tag{103}$$

c) Wenn die Beobachtungsreihe erkennen läßt, daß eine lineare Abhängigkeit das physikalische Geschehen nicht wiedergeben kann, sollte man vor Anwendung umfassenderer Interpolationsverfahren zunächst versuchen, durch Kunstgriffe eine Linearisierung der Funktion anzustreben. Die übliche Methode besteht in der Anwendung von Koordinatenpapier (s. S. 73). Allgemein bekannt ist das doppelt logarithmisch geteilte Koordinatenpapier, welches man im Handel in verschiedenen Maßstäben und Bereichen kaufen kann. Es dient der Linearisierung der Funktion

$$y = k \cdot x^n$$

Durch Logarithmieren wird hieraus

$$\log y = n \cdot \log x + \log k$$

Substituiert man

$$\log y = \eta \qquad \log x = \xi$$

so kann man die Funktion

$$\eta = n \cdot \xi + \log k$$

nach einem der besprochenen Verfahren ausgleichen.

Koordinatenpapier mit einer gewöhnlichen und einer logarithmischen Teilung dient der Linearisierung von Funktion des Typs

$$y = m \cdot e^{a\,x}$$

Es ist

$$\log y = \log m + a \cdot x \cdot \log e$$
$$= \log m + 0{,}434 \cdot a \cdot x$$

Durch die Substitution

$$\log y = \eta$$

wird wieder der lineare Zusammenhang erreicht. Dieses Verfahren empfiehlt sich bei vielen Aufgaben aus der Wärmelehre.

Bei den häufiger vorkommenden ganzen rationalen Funktionen höherer Ordnung versagt das Anwenden doppelt-logarithmisch geteilten Papiers, wenn additive Glieder mit niedrigerer Potenz vorkommen, z. B.

$$y = a_0 + a_1 \cdot x + a_2 \cdot x^2$$

Wenn der Wert für $x = 0$ durch Beobachtung zugänglich ist, dann kann man eine Koordinatenverschiebung $y - a_0$ versuchen. Fehlt das lineare Glied, so läßt sich die in dieser Weise behandelte Funktion jetzt ohne weiteres auf doppelt-logarithmischem Papier darstellen und ergibt eine Gerade mit der Steigung 2.

Man kann aber auch in Abhängigkeit von x die Werte

$$\eta = \frac{y - a_0}{x}$$

auftragen. Durch diese Substitution wird aus der Funktion:

$$\eta = a_1 + a_2 \cdot x$$

Diese läßt sich ausgleichen. Das Ergebnis der Ausgleichsrechnung sind a_1 und a_2.

Entsprechend kann man verfahren, indem man

$$y\,(x + a) = \eta$$

substituiert. Man kann dann Funktionen des Typs

$$y = \frac{a_1 + a_2\,x}{a_3 + a_4\,x}$$

auf lineare Funktionen zurückführen.

Ist der Meßwert für $x = 0$ nicht erhältlich[1], so kann man die Anwendung anders geteilten Funktionspapiers versuchen, oder man trägt die Meßergebnisse z. B. in Abhängigkeit von x^2 od. dgl. auf.

---

[1] Ein Beispiel hierfür wurde bereits auf S. 74 erwähnt. Es betrifft die Messung der Leerlaufverluste eines Elektromotors in Abhängigkeit von der Spannung zwecks Trennung der Reibungs- und Eisenverluste. Hier ist der Betrieb bei $U = 0$ natürlich nicht möglich!

In diesem Fall gelingt die Linearisierung aller der Funktionen, die neben einem Potenzglied noch ein konstantes Glied haben, z. B.

$$y = a_0 + a_2 \cdot x^2$$

Man sollte sich nicht die Mühe verdrießen lassen, diese Maßnahmen bei neuartigen Messungen durchzuprobieren. Eine Begradigung der Funktion ist immer zweckmäßig. Oftmals läßt sich danach leichter beurteilen, ob eine weitere Analyse des Vorganges überhaupt noch sinnvoll ist. Es darf nicht vergessen werden, daß schließlich die Ermittlung des Koeffizienten von $a_k \cdot x^k$ nach der TAYLORschen Reihenentwicklung der Bildung der k^{ten} Ableitung der gemessenen Funktion gleichkommt, also um so ungenauer wird, je größer k ist. Auch ein angeblich „glatter" Verlauf der ursprünglichen Meßreihe darf nicht dazu verführen, höhere Ableitungen als die erste, allerhöchstens die zweite auf graphischem oder tabellarischem Wege zu bilden. Fast immer ist es möglich, gut liegende Meßpunkte durch irgendein Kurvenlineal *streuungslos* zu verbinden. Differenziert man dann diese Kurve, wozu man sich angesichts der guten Lage der Meßpunkte berechtigt glaubt, so findet man nicht etwa das Differential der physikalischen Größe, sondern das der Begrenzungskurve des Kurvenlineals![1]

Die angedeuteten Kunstgriffe haben aber ihre Berechtigung, wenn sich nach ihrer Anwendung der Beobachter ein Bild von der *Theorie* des Meßvorganges machen kann. Untersucht man dann die übrigbleibenden Abweichungen nach den Gesetzen der Fehlerrechnung oder mit Hilfe der Korrelationsrechnung, so gewinnt man durchaus brauchbare Erkenntnisse, ob eine *Verbesserung* der Theorie sinnvoll ist.

Es soll daher noch zum Schluß dieser Betrachtungen über Interpolationsverfahren gezeigt werden, daß das oben für die linearen Funktionen dargestellte Verfahren der Bestimmung einer ausgleichenden Geraden auch für höhere Funktionen brauchbar ist. Die Anwendung soll aber auf eine Funktion zweiten Grades

$$y = a_0 + a_1 \cdot x + a_2 \cdot x^2 \tag{104}$$

beschränkt werden. Der Vorteil dieses Verfahrens ist, daß die Meßergebnisse durchaus nicht „gut" liegende Meßpunkte zu sein brauchen. Die Aufgabe lautet, eine Ausgleichsparabel so zu finden, daß die Summe der Quadrate der Abweichungen zwischen Parabel und Meßpunkten ein Minimum wird.[2]

Zunächst wird eine Parallelverschiebung des Koordinatensystems durch Einführung der Koordinaten des Schwerpunktes vorgenommen:

---

[1] Vgl. a. S. 90, Schluß des Kap. II.
[2] Die Auswertung des Versuches I-02 in Teil B stellt eine Anwendung dar.

$$y_s = \frac{[y]}{n} \qquad x_s = \frac{[x]}{n}$$
$$\eta = y - y_s \qquad \xi = x - x_s \tag{105}$$

Die Ausgangsgleichung (104) erhält dann die Form

$$\eta = \alpha_0 + \alpha_1 \xi + \alpha_2 \xi^2$$

Die Aufgabe lautet jetzt, die Ausgleichsparabel $\eta(\xi)$ nach der Methode der kleinsten Quadrate durch Ermittlung der Beiwerte α_0, α_1, α_2 zu bestimmen. Diese ergeben dann die Beiwerte der Ausgangsgleichung mit

$$a_2 = \alpha_2$$
$$a_1 = \alpha_1 - 2\alpha_2 x_s \tag{106}$$
$$a_0 = y_s - \alpha_1 x_s + \alpha_2 x_s^2$$

wovon man sich leicht überzeugen kann, indem man für η und ξ die Ausdrücke aus den Gl. (105) einsetzt.

Kann man annehmen, daß die Fehler der Messung bei der Bestimmung der y- bzw. η-Werte gemacht werden und die x- bzw. ξ-Werte fehlerfrei sind, so kann man sich auf die einfachere Aufgabe beschränken, die Verbesserung in η-Richtung zu ermitteln. Es ergeben sich die Korrektionen

$$v = \alpha_0 + \alpha_1 \xi + \alpha_2 \xi^2 - \eta \tag{107}$$

Man hat sie gemäß der Fehlertheorie zu quadrieren, die Quadrate zu summieren und die Beiwerte so zu bestimmen, daß die Summe ein Minimum wird. Führt man diese Operation aus, so soll werden:

$$[v\,v] = \Sigma \, (\eta_{soll} - \eta_{ist})^2$$
$$= \sum_1^n (\alpha_0 + \alpha_1 \xi_k + \alpha_2 \xi_k^2 - \eta_k)^2$$

oder

$$[v\,v] = n \cdot \alpha_0^2 + (\alpha_1^2 + 2\alpha_0\alpha_2) \cdot \Sigma \, \xi_k^2 + 2\alpha_1\alpha_2 \, \Sigma \, \xi_k^3$$
$$+ \alpha_2^2 \cdot \Sigma \, \xi_k^4 - 2\alpha_1 \, \Sigma \, \xi_k \eta_k - 2\alpha_2 \, \Sigma \, \xi_k^2 \eta_k + \Sigma \, \eta_k^2 = \text{Min.}^{[1]}$$

Die partiellen Ableitungen ergeben die Bestimmungsgleichungen:

$$\frac{\partial\,[v\,v]}{\partial\alpha_0} = 2n \cdot \alpha_0 + 2\alpha_2 \, \Sigma \, \xi_k^2 = 0$$

$$\frac{\partial\,[v\,v]}{\partial\alpha_1} = 2\alpha_1 \, \Sigma \, \xi_k^2 + 2\alpha_2 \, \Sigma \, \xi_k^3 - 2 \, \Sigma \, \xi_k \eta_k = 0$$

$$\frac{\partial\,[v\,v]}{\partial\alpha_2} = 2\alpha_0 \, \Sigma \, \xi_k^2 + 2\alpha_1 \, \Sigma \, \xi_k^3 + 2\alpha_2 \, \Sigma \, \xi_k^4 - 2 \, \Sigma \, \xi_k^2 \eta_k = 0$$

---

[1] Man beachte, daß $\sum_1^n \alpha_0 \alpha_1 \xi_k = 0$ und $\sum_1^n \alpha_0 \eta_k = 0$ ist (Schwerpunktsbedingung).

Aus den Meßergebnissen kann man die Summen, die hierin vorkommen, zweckmäßigerweise tabellarisch bilden. Die Auflösung des Gleichungssystems ergibt

$$\left.\begin{array}{l} \alpha_2 = \dfrac{(\Sigma\,\xi^2)\,(\Sigma\,\xi^2\,\eta) - (\Sigma\,\xi\,\eta)\,(\Sigma\,\xi^3)}{(\Sigma\,\xi^2)\,(\Sigma\,\xi^4) - (\Sigma\,\xi^3)^2 - \dfrac{1}{n}\,(\Sigma\,\xi^2)^3} \\[3ex] \alpha_1 = \dfrac{(\Sigma\,\xi\,\eta)}{(\Sigma\,\xi^2)} - \alpha_2 \cdot \dfrac{(\Sigma\,\xi^3)}{(\Sigma\,\xi^2)} \\[3ex] \alpha_0 = -\alpha_2 \cdot \dfrac{1}{n}\,(\Sigma\,\xi^2) \end{array}\right\} \quad (108\,\mathrm{a-c})$$

Zum Schluß bilde man dann noch mit Hilfe der nunmehr bekannten Ausgleichsparabel nach Gl. (107) die Werte v^2 für jede Ablesung. Wie sich zeigen läßt, ist dann die Streuung

$$\sigma = \sqrt{\dfrac{[v\,v]}{n-3}} \tag{109}$$

Wiederum gibt die Zahl $n-3$ im Nenner an, wieviel überzählige Messungen zur Ausgleichung gedient haben.

7. Behandlung der Meßergebnisse im Protokoll

Das Anfertigen eines vollständigen Meßprotokolls ist ebenso wichtig, wie die Messung selbst. Eine gewisse Pedanterie in dieser Hinsicht wird in einschlägigen Lehrbüchern nicht zu Unrecht immer wieder gefordert. Erfahrungsgemäß wird diese Forderung jedoch von den Meßtechnikern nicht immer ernst genommen. Zweifellos ist es schwer, schon vor Beginn der Untersuchung eine vollständige, aber rationelle Niederschrift der zu beobachtenden Ereignisse zu „planen". Schließlich nützt der beste Entwurf zu einem Protokoll nichts, wenn sich im Laufe der Messung herausstellt, daß man sich nicht an das entworfene Schema halten kann.

Es sind aber einige Empfehlungen beachtenswert, besonders, wenn man fortlaufend die verschiedensten Aufgaben zu bearbeiten hat:

a) Man schreibe grundsätzlich *während* der Messung und nicht aus dem Gedächtnis. Selbst ein Schmierzettel mit Maßzahlen ist wertvoller als ein nachträglich aus dem Gedächtnis angefertigtes „schönes" Protokoll.

b) Hat man beruflich dauernd mit Messungen zu tun, so schreibe man die Meßkladde in ein gebundenes Büchlein, welches nicht zu großformatig sein soll. (Ein stärkeres, dauerhaft gebundenes Oktavheft hat den Vorteil, daß man es in die Tasche des Labormantels od. dgl. stecken kann und so immer zur Hand hat.)

c) Man schreibe grundsätzlich alle Beobachtungen, entweder in Form von Maßzahlen oder in Textform nieder. Irrtümer mache man als solche kenntlich, in der Meßkladde soll nicht radiert werden!

d) Skizzen von Versuchsaufbauten und vor allem Meßschaltungen sollten stets möglichst ausführlich entworfen werden, um später die Ergebnisse bezüglich etwaiger systematischer Einflüsse beurteilen zu können. Diese so angefertigte Meßkladde ist die wertvollste Urkunde des Meßtechnikers. Man unterschätze nicht ihre Bedeutung, die sie u. U. als Beweismittel z. B. vor Gericht haben kann!

e) Sobald es die Zeit erlaubt, sollte die Meßkladde zu einem ausführlichen Meßprotokoll ausgearbeitet werden. Danach empfiehlt es sich, die ursprüngliche Aufzeichnung in der Meßkladde auf irgendeine Weise als erledigt zu kennzeichnen, z. B. durch Hinzufügen des Kurzzeichens und der Nummer des endgültigen Protokolls.

f) Die Protokolle sollen alle Zahlen der Kladde, die zur Auswertung verwendet werden, im Originalwert enthalten. Ausgleichsrechnungen sollen nicht zum „Frisieren" des Protokolls, sondern zur Kritik des Ergebnisses dienen! Das Protokoll soll außerdem eine Beschreibung des Prüflings, der Meßaufgabe, der Schaltung und des Versuchsaufbaus enthalten. Zum Schluß der Auswertung füge man, wenn angängig, eine graphische Darstellung bei, welche aber die Meßpunkte enthalten soll.

g) Im Protokoll sollte stets die Streuung nach der Methode der kleinsten Quadrate berechnet, bzw. alle Verfahren wie Korrelationsrechnung usw. angewendet werden, welche der Beurteilung des gemessenen Vorganges dienen können.

h) Für die Aufstellung des Protokolls stehen die Erfahrungen der Messung zur Verfügung. Man kann Meß- und Rechenwerte klar und systematisch anordnen. Unter Umständen muß das Meßergebnis noch nach vielen Jahren diskutiert werden. Dann wird eine Reproduktion der Messung an Hand der Kladde niemals möglich sein; ein sauberes Protokoll besitzt für den Meßtechniker dieselbe Bedeutung wie ein Geheimprotokoll für den Staatsmann und wird auch oftmals so behandelt.

Jede Veröffentlichung der Meßergebnisse oder jede kommerzielle Verwendung wird man unter Zugrundelegung des Protokolls vornehmen, wobei es natürlich geraten erscheinen kann, Einzelheiten zu übergehen.

Während die direkte Bestimmung einzelner Meßwerte selten umfangreichere Meßprotokolle erfordert, hat erfahrungsgemäß der Anfänger Schwierigkeiten bei der Anordnung der Maßzahlen und der Auswertungsarbeit im Meßprotokoll, wenn es sich um *Meßreihen* handelt. In den Tabellen des Protokolls soll alles enthalten sein, was zur Bildung von Summenwerten erforderlich ist, also z. B. auch die zum Ausgleich benötigten Werte. Dabei kann vorteilhaft sein, sich z. B. addierender Rechenmaschinen zu bedienen. Bei der Auswahl solcher Hilfsgeräte ist zu beachten, daß Multiplikationen und Divisionen mehrstelliger Zahlen meist nicht Angelegenheit des Protokolls sind. Vier-Spezies-Maschinen sind teuer; oft verfährt man wirtschaftlicher, sich eine möglichst vollkommene, wirtschaftlich arbeitende Addiermaschine zu beschaffen, die, wenn sie z. B. elektrischen Antrieb, ein Druckwerk und ein „Gedächtnis" (*Speicher*) zur Aufbewahrung von Zwischenwerten mit Rückhol-Mechanismus besitzt, für den Meßtechniker eine weit wertvollere Hilfe darstellt als eine Maschine, die ohne diese Einrichtungen mit einem Rechengang multiplizieren und dividieren kann. Für diesen Zweck hat der Meßtechniker Rechenschieber, Logarithmentafel oder eines der in Abschn. II·1 geschilderten Rechenverfahren zur Verfügung. Ein „Gedächtnis" erlaubt aber in Verbindung mit einem Rückholwerk sogar die Durchführung von Differentiationen nach Tabellenwerten, wobei das Druckwerk gleich das fertige Meßprotokoll schreibt. Die Vorteile solcher Rechenhilfen zeigen sich bei den Verfahren, welche aus tabellierten Zahlenwerten fortlaufend Differenzen, Differenzen der Differenzen usw. zu bilden haben.

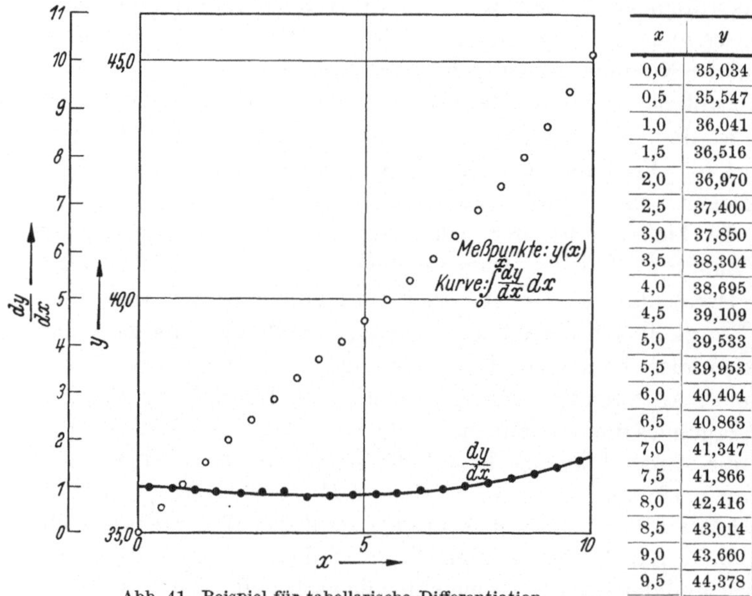

x	y	Δy	$\Delta y : \Delta x$
0,0	35,034		
		0,513	1,026
0,5	35,547		
		0,494	0,988
1,0	36,041		
		0,475	0,950
1,5	36,516		
		0,454	0,908
2,0	36,970		
		0,430	0,860
2,5	37,400		
		0,450	0,900
3,0	37,850		
		0,454	0,908
3,5	38,304		
		0,391	0,782
4,0	38,695		
		0,414	0,828
4,5	39,109		
		0,424	0,848
5,0	39,533		
		0,426	0,852
5,5	39,953		
		0,445	0,890
6,0	40,404		
		0,459	0,918
6,5	40,863		
		0,484	0,968
7,0	41,347		
		0,519	1,018
7,5	41,866		
		0,550	1,100
8,0	42,416		
		0,598	1,196
8,5	43,014		
		0,646	1,292
9,0	43,660		
		0,718	1,436
9,5	44,378		
		0,776	1,552
10,0	45,154		

Abb. 41. Beispiel für tabellarische Differentiation und Ausgleich der Integralkurve

Diese Verfahren dienen der Interpolation von Tabellen durch Parabelstücke bzw. zur Differentiation nach Tabellenwerten. Es wurde schon früher erwähnt,[1] daß insbesondere die graphische Differentiation die Gefahr in sich birgt, daß nach Ausgleich der Meßpunkte durch eine eingezeichnete Kurve mit der Differentiation dieser Kurve nicht das physikalische Gesetz, sondern die Randkurve des Kurvenlineals gewonnen wird. Um dem Leser die Möglichkeit zu zeigen, wie man die Originalwerte der Messung interpolieren und differenzieren kann, ohne eine Kurve zu zeichnen, soll als Beispiel die bekannte Interpolation über die Differenzquotienten auf eine Meßreihe angewendet werden.

In Abb. 41 sind die ursprünglichen Ergebnisse einer Messung mit kleinen Kreisen eingetragen; es ergibt sich eine Funktion, deren Differentialquotient positiv, aber nicht gleichbleibend ist. Man kann nun die genauen Maßzahlen gleich in die Rechenmaschine geben und fortlaufend die Tafeldifferenzen bilden, so wie es Abb. 41 in einem Ausschnitt der Tabelle zeigt. Die Differentialkurve ergibt sich in diesem Beispiel nach Division der Tafeldifferenzen durch 0,5, weil die Einstellgröße in Intervallen dieser Größe fortschreitet. In Abb. 41 sind die Er-

---

[1] Vgl. S. 86.

gebnisse der Rechnungen mit kleinen Punkten eingetragen. Man erkennt, daß der Kurvenverlauf zwar noch recht befriedigend, aber durchaus nicht mehr so glatt verläuft, wie der Verlauf der Meßgröße selbst. Es läßt sich nicht ohne weiteres entscheiden, ob zwischen $x = 2,5$ und $x = 4,0$ die Abweichungen der Differentialkurve vom glatten Verlauf auf Glieder höherer Ordnung mit physikalischer Bedeutung zurückgehen oder ob es sich nur um Ungenauigkeiten bei der Messung handelt. Dabei erfolgte die Messung der Originalwerte bereits auf 5 Stellen!

Da die Differentialkurve auf Ungleichförmigkeiten viel empfindlicher ist, kann auch der Ausgleich mit deren Hilfe viel genauer erfolgen. Überträgt man jetzt rückwärts die ausgeglichene Differentialkurve durch Integration z. B. mit einem mechanischen Integraphen auf die ursprüngliche y, x-Darstellung, so erhält man eine recht gute Interpolation. Man zeichnet sich diese Integralkurve zweckmäßig auf transparentes Papier und paßt sie so in die durch die Originalpunkte angedeutete Kurve ein, daß sie diese möglichst vollkommen ausgleicht.

III. Untersuchungen an Galvanometern und Messungen mit Drehspulgeräten

Lehrziel: Verständnis des statischen und dynamischen Verhaltens trägheitsbehafteter Meßwerke am Beispiel des Drehspulgerätes.

1. Aufbau des Drehspulmeßwerkes

Die wesentlichsten Teile eines Drehspulgerätes sind der Abb. 42 a u. b zu entnehmen, die zwei Meßwerke von Schalttafelgeräten in schematischer Darstellung zeigt. In der zylindrischen Polbohrung eines permanenten Magneten schwingt eine Drehspule, die entweder frei oder auf einen Metallrahmen gewickelt sein kann. Die Spule umschließt einen zylindrischen Kern aus Weicheisen, der von einem unmagnetischen Träger konzentrisch zur Polbohrung festgehalten wird und als Rückschluß für die Kraftlinien dient. Von der in Abb. 42 a dargestellten Bauart unterscheiden sich Drehspulgeräte mit Kernmagneten (Abb. 42 b). Bei diesen besteht der Kern aus einem quermagnetisierten Körper hoher Koerzitivkraft; der magnetische Rückschluß ist als Joch ausgebildet und nimmt den Platz des Magneten in Abb. 42 a ein. In Abb. 42 b besteht er einfach aus einem konzentrischen Weicheisen-Rohr.

Der Strom wird der Spule durch zwei Federn zugeführt, die gleichzeitig die wesentliche Aufgabe haben, der Meßkraft das Gleichgewicht zu halten. Um bei Stromlosigkeit die Ruhelage (Nullage) des Systemes unabhängig von der linearen Wärmedehnung des Federwerkstoffes infolge Temperaturschwankungen zu gewährleisten, sind die Federn gegensinnig gewickelt.

Weitere wesentliche Bauteile des Drehspulgerätes sind: Lager, Achse, Ausgleichgewichte zum Aequilibrieren, sowie Anzeigevorrichtung und Skale. Bezüglich der Lagerung unterscheidet man:

a) Zapfenlagerung, b) Spitzenlagerung, c) entlastete Spitzen- bzw. Zapfenlagerung, d) Spannbandlagerung, e) Bandaufhängung (Hängebandlagerung).

Die Lagerungen zu a) und b) sind reibungsbehaftet, bei c) wird angestrebt, den Kraftschluß, den das Gewicht des Systems verursacht,

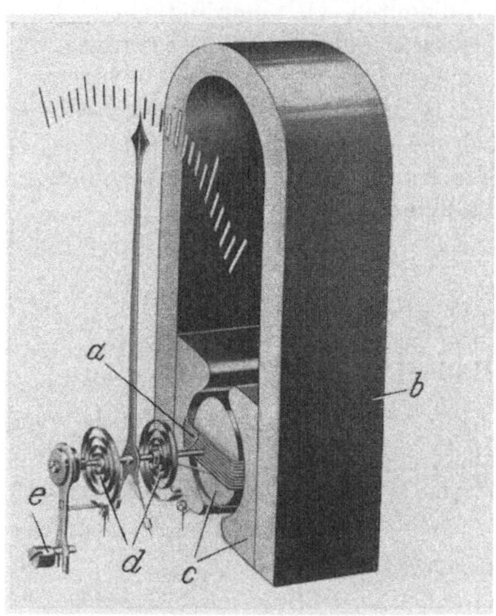

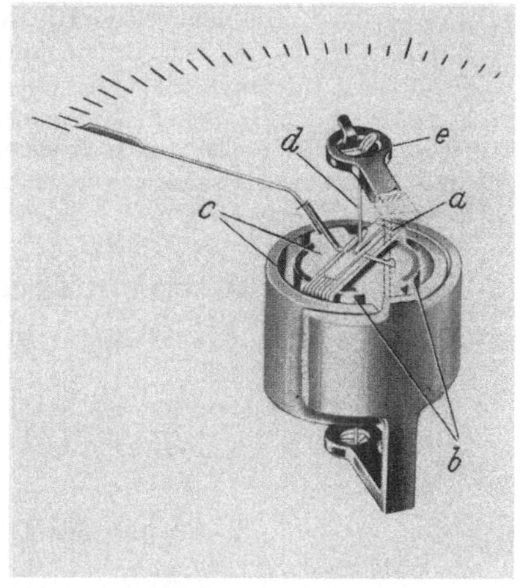

Abb. 42a. Außenmagnettype   Abb. 42b. Kernmagnettype
Abb. 42a u. b. Drehspulmeßwerke verschiedener Bauart (H & B)
a Drehspule; b Magnet; c Weicheisen-Rückschluß für den magnetischen Fluß; d Rückstellfedern
(rechts: Spannband); e Nullpunkt-Einstellung

nicht über die Lagerstelle gehen, sondern durch ein Torsionsband aufnehmen zu lassen. Bei den Ausführungen d) und e) ist überhaupt kein Lager vorhanden, sondern die richtige Lage der Spule im Luftspalt ist allein durch das Torsionsband gewährleistet.

Drehspul-Anzeigegeräte werden häufig mit Spitzenlagerung ausgeführt (vgl. Abb. 42a); man muß dann die Reibung in Kauf nehmen, weswegen solche Geräte entweder einen ziemlich hohen Verbrauch haben, da erhebliche Meßkräfte notwendig sind, um den Reibungseinfluß vernachlässigen zu können, oder aber die Geräte sind verhältnismäßig ungenau. Man geht daher bei modernen Ausführungen auch hier immer mehr zur Spannbandaufhängung über. Der große Vorteil der Spitzenlagerung, die verhältnismäßig weit reichende Unabhängigkeit gegen Lageänderungen, ist auch bei Spannbandlagerung gegeben (vgl. Abb. 42b); darüber hinaus ist die letztgenannte Konstruktion wesentlich empfindlicher in der Anzeige und wesentlich unempfindlicher gegenüber Erschütterungen.

Kleinste Rückstellkräfte, also höchste Empfindlichkeit, lassen sich nur mit der Hängebandanordnung erzielen. Solche Geräte müssen allerdings sehr genau ausgerichtet werden, damit das freihängende System nirgendwo anstößt. Abb. 43 zeigt einige Ausführungsformen. Der Strom muß beim Hängebandsystem der Spule über mindestens eine weitere,

Abb. 43. Hängeband-Galvanometer (S & H), links: Standardausführung; rechts: Supergalvanometer

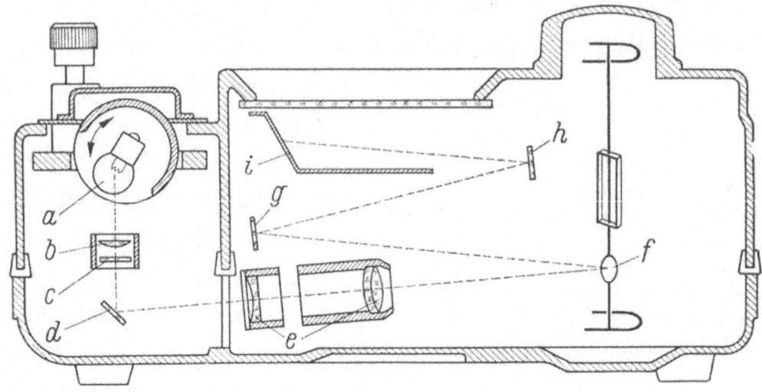

Abb. 44. Schnitt durch ein Lichtmarken-Drehspulgerät mit Spannbandlagerung (S & H)
a Beleuchtung; *b* Kondensor; *c* Faden; *d* Spiegel, feststehend; *e* Projektionsoptik; *f* Drehspiegel; *g*, *h* Umlenkspiegel; *i* Skale

richtkraftlose Verbindung zugeführt werden; gewöhnlich nimmt man hierfür sehr dünne Goldbändchen. Diese sind dann der gegen Überlastung empfindlichste Teil des Gerätes.

Wegen der empfindlichen Aufhängung wird bei Galvanometern das Systemgewicht so klein wie möglich gehalten. Daher wendet man heute fast ausschließlich optische Anzeigevorrichtungen an. Zu diesem Zweck trägt das bewegliche System einen Spiegel. Mit diesem wird eine feststehende Marke, die von einer Lichtquelle über eine Projektionseinrichtung beleuchtet wird, auf eine Skale reflektiert (Abb. 44 u. 45).

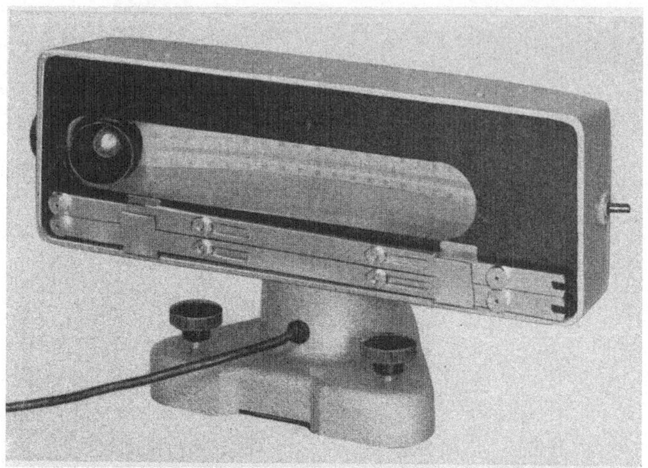

Abb. 45. Beleuchtungs- und Ablesevorrichtung für Galvanometer (S & H)

Sind Beleuchtungseinrichtung, Marke, Meßwerk und Ableseeinrichtung wie im Falle der Abb. 44 in einem Gerät vereinigt, so spricht man von *Lichtmarken-Galvanometern*. Sie lassen sich nicht ganz so empfindlich herstellen wie Galvanometer mit der älteren, sog. *objektiven* Spiegelablesung. Der Grund hierfür liegt nicht so sehr in der kürzeren Lichtzeigerlänge, die man beim Lichtmarkengalvanometer auch durch mehrfache Umlenkung steigern kann, als darin, daß diese Geräte ortsbeweglich ausgeführt werden, weswegen man ihnen eine weniger empfindliche Aufhängung des Meßwerkes geben muß.

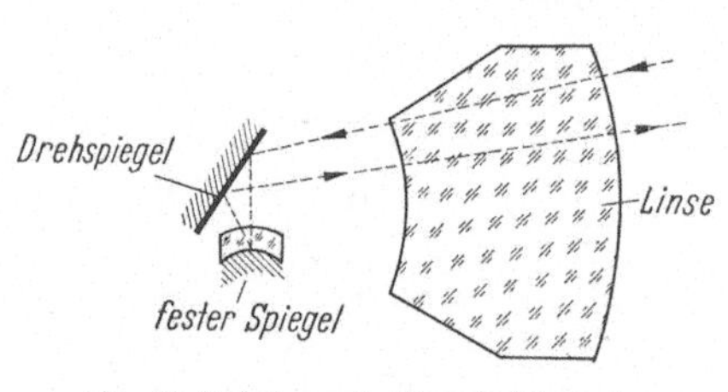

Abb. 46. Erhöhung der Empfindlichkeit durch mehrfache Reflexion am Systemspiegel (Sefram, Paris)

Die Marke legt auf der Skale eine dem doppelten Drehwinkel der Spule entsprechende Strecke zurück. Daher muß man skalenbezogene und winkelbezogene Empfindlichkeit des Meßwerkes unterscheiden. Bei einigen Ausführungen lenkt man den vom Meßwerkspiegel reflektierten Lichtstrahl nochmals über einen festen Spiegel auf den Meßwerkspiegel zurück (Abb. 46), so daß der Lichtzeiger den vierfachen Drehwinkel der Spule ausführt.

Bei den sog. Laufskalen-Galvanometern, die auch der Anzeige sehr kleiner Gleichströme dienen sollen, bildet man über eine Projektionsoptik eine Mikrometerteilung unter Zwischenschaltung des Galvanometerspiegels und einer Nachvergrößerung auf eine mit Markierungsstrich versehenen Mattscheibe ab. Der Strahlengang ist ähnlich wie in Abb. 43. Von einer Lichtquelle wird mittels Kondensor die Mikrometerskale hell ausgeleuchtet. Der mit dem System verbundene Spiegel bildet entsprechend dem Ausschlag einen Ausschnitt der Skale in der Gegenstandsebene eines eingebauten Mikroskopes ab. Das Bild wird nachvergrößert und auf die Mattscheibe mit der festen Ablesemarke geworfen.

2. Eigenschaften des Drehspulmeßwerkes

Das Drehspulmeßwerk ist auf Grund seiner Konstruktion ein Strommesser. Die auf das Meßwerk wirkenden Kräfte sind nach dem Gesetz von BIOT-SAVART proportional dem Produkt aus der Stromstärke i_{sp} in der Spule und der Induktion B_L im Luftspalt an der Stelle, wo sich die stromführenden Leiter befinden (Kap. I, S. 24). Gewöhnlich macht man den Luftspalt gleichmäßig; hieraus folgen — zumindest bei der Magnetanordnung der Abb. 42 — eine überall gleiche Induktion im Luftspalt und der das Drehspulgerät kennzeichnende lineare Skalenverlauf.

Ändert sich der Strom, so ändert sich auch die ablenkende Kraft. Da das Meßwerk träge ist, kann es schnellen Kraftänderungen nicht folgen. Infolge der elastischen Federkräfte stellt es ein schwingungsfähiges System dar. Es kann daher nur bei Vorgängen richtig messen, deren Änderungsgeschwindigkeit gegenüber der Eigenfrequenz des Meßwerkes genügend klein ist. Empfindliche Galvanometer haben bis zu 15 s Eigenschwingungsdauer, d. h. Eigenfrequenzen von weniger als 0,1 Hz. Daher werden Drehspulgeräte hauptsächlich nur zur Anzeige von Gleichströmen verwendet. Es gibt aber auch Meßwerke sehr hoher Eigenfrequenz (bis 20000 Hz) nach dem Drehspulprinzip. Mit solchen Geräten können schnellveränderliche Vorgänge angezeigt werden, die dann natürlich zwecks Auswertung registriert, d. h. selbsttätig aufgeschrieben werden müssen (Schleifen- oder Lichtstrahl-Oszillograph, vgl. Kap. XI). Solche Meßwerke (Schleifenschwinger, Abb. 47) sind Zubehörteile des Lichtstrahl-Oszillographen.

Geräte mit geringen Eigenfrequenzen reagieren auf schnelle periodische Vorgänge überhaupt nicht. Sie messen dann lediglich den Mittelwert der sich periodisch verändernden Größe. So kann man zwar Drehspulgeräte auch zur Messung von Wechselströmen verwenden, wenn man den Wechselstrom gleichrichtet, ehe er in die Drehspule geschickt wird; das Meßwerk zeigt dann aber den *Mittelwert* des Wellenstromes an, der im allgemeinen nicht mit dem Effektivwert des Wechselstromes übereinstimmt. Eicht man aus Gründen bequemer Handhabung das Gerät trotzdem in A_{eff}, so gilt die Eichung nur dann, wenn der zu messende

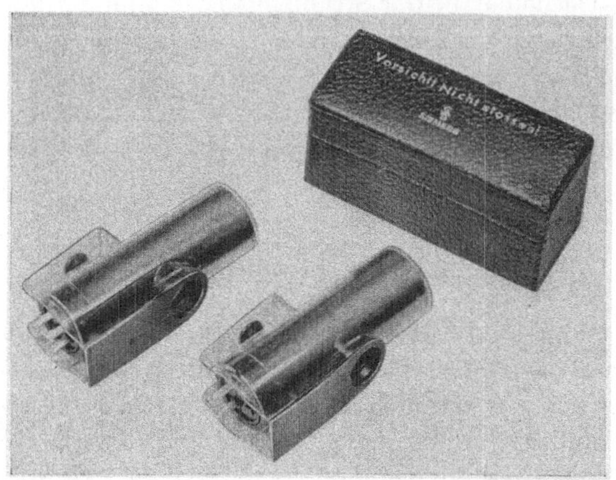

Abb. 47. Schleifenschwinger für Lichtstrahl-Oszillographen (S & H)
links: wattmetrischer Schwinger; *rechts:* Schleifenschwinger nach dem Drehspulprinzip

Strom denselben Formfaktor wie der Eichstrom hat. Da gewöhnlich mit sinusförmigem Strom geeicht wird, gilt die Anzeige nur für den Formfaktor

$$f_F = \frac{\pi}{2 \cdot \sqrt{2}} = 1{,}11$$

(Abb. 48, vgl. a. Kap. IX, 3).

Außer durch diese besonderen Eigenschaften wird das Drehspulmeßwerk noch durch die folgenden Größen gekennzeichnet, die es mit anderen Meßwerken gemeinsam hat:

a) Empfindlichkeit, b) Genauigkeit, c) Eigenverbrauch,
d) Dämpfung.

Die *Empfindlichkeit* wird bei Galvanometern in mm Skalenlänge je Einheit der Meßgröße angegeben. Fälschlicherweise wird häufig der Kehrwert dieser Zahl, die Instrumentenkonstante, als ,,Empfindlichkeit'' bezeichnet. Die Empfindlichkeit eines Gerätes ist um so größer, je höher die sie kennzeichnende Zahl ist. Unter der Voraussetzung stetiger Änderung des Ausschlages y mit der Meßgröße M ist die Empfindlichkeit der Differentialquotient der Funktion $y = f(M)$ (Abb. 49).

Die *Genauigkeit* wird durch die Abweichung des angezeigten Wertes vom Sollwert der Meßgröße gekennzeichnet (vgl. Kap. II, S. 44): Man bezieht den Fehler entweder auf den Skalenwert oder auf die Meßgröße und gibt ihn dann in Prozent der Bezugsgröße an. Der negative Wert ist die zur Ablesung hinzuzufügende Korrektion. Bei anzeigenden Meßgeräten ist die Klassenbezeichnung stets der zulässige Fehler in Prozenten des Skalenendwertes oder der Skalenlänge; das gilt an jeder Stelle der Skale, so daß Ablesungen bei geringen Skalenausschlägen sehr ungenau werden können.

Der *Verbrauch* entsteht beim Drehspulgerät lediglich durch den Widerstand des Meßpfades, da zur Aufrechterhaltung des permanenten

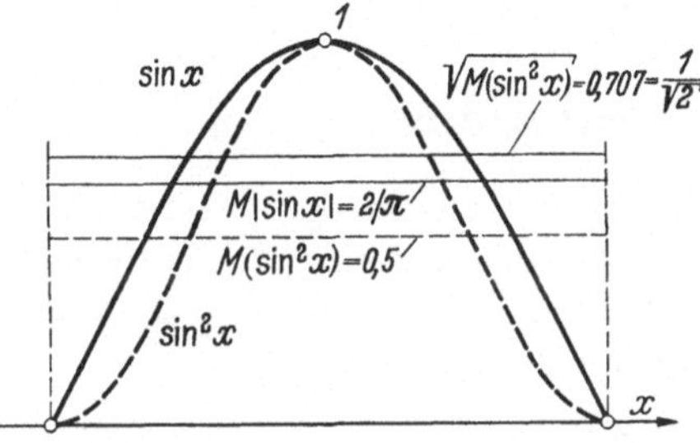

Abb. 48. Arithmetischer Halbwellen-Mittelwert und quadratischer Mittelwert (Effektivwert)

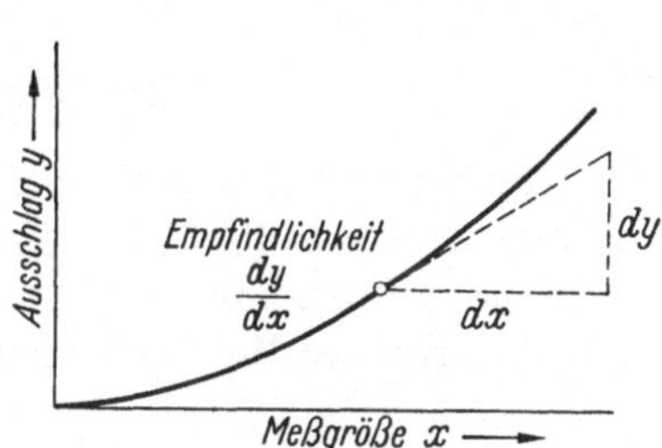

Abb. 49. Zur Definition der Empfindlichkeit

Magnetfeldes keine äußere Arbeit aufgewendet werden muß. Bei Galvanometern liegt nur die Meßspule selbst im Meßpfad, sie bestimmt also den Widerstand des Kreises. Da für die Spule außerordentlich feine Drähte verwendet werden, ist dieser sog. *Innenwiderstand* u. U. recht erheblich; er kann bis zu einigen 10^4 Ohm betragen. Trotzdem ist der Verbrauch eines Galvanometers beim Ausschlag sehr gering, da der durch die Spule fließende Strom äußerst klein ist.

Da der Eigenverbrauch auch die Meßschaltung belastet, ist bei Galvanometern die Angabe des Verbrauches ebenso wichtig wie die Angabe der Empfindlichkeit. Gewöhnlich wird neben dieser der Innenwiderstand genannt. Den Verbrauch kann man schlecht in W/Skt angeben, da er natürlich quadratisch mit dem Ausschlag wächst; ein Galvanometer wird aber meist im *Nullverfahren* gebraucht, so daß gegenüber der Angabe des Verbrauches bei Endausschlag die Angabe der Empfindlichkeit und des Innenwiderstandes sinnvoller erscheint. Allenfalls kann man zum Vergleich der Geräte untereinander den Verbrauch des Gerätes heranziehen, der bei einer Entfernung der Marke von 1 mm von der Ruhelage entsteht.

Die *Dämpfung* kennzeichnet das Verhalten des Gerätes nach vorübergehenden, plötzlichen Änderungen der Meßgröße. Bei den meisten Geräten ist das dämpfende Moment proportional der Winkelgeschwindigkeit des beweglichen Organes

$$M_d = \varrho\, \frac{d\alpha}{dt}$$

Der Faktor ϱ bestimmt die Stärke der Dämpfung und damit das Verhalten des Meßwerkes nach plötzlichen Änderungen der Meßgröße. Dabei unterscheidet man den *Schwingfall* und den *Kriechfall* der Bewegung. Bei verschwindend kleinem ϱ erhält man die *ungedämpfte* Schwingung als 'den einen Grenzzustand des Schwingfalles. Es gibt eine bestimmte, günstigste Dämpfung, die nach der Zeit beurteilt wird, innerhalb deren das Meßwerk nach Einschalten der Meßgröße zur Ruhe kommt (vgl. Kap. XII).

3. Das statische Gleichgewicht

Die am beweglichen System bei gleichbleibender Meßgröße wirkenden Kräfte sind in Abb. 50 dargestellt. Die Summe der einander entgegenwirkenden Momente muß gleich Null sein, weil sich das System bei gleichbleibender Meßgröße nicht bewegen soll

$$M_F - M_i = 0 \tag{110}$$

Das *Federmoment* M_F wird durch die Torsionskraft im Faden oder in der Spiralfeder bestimmt; es ist proportional dem Ausschlagwinkel der Drehspule

$$M_F = D \cdot \alpha \tag{111}$$

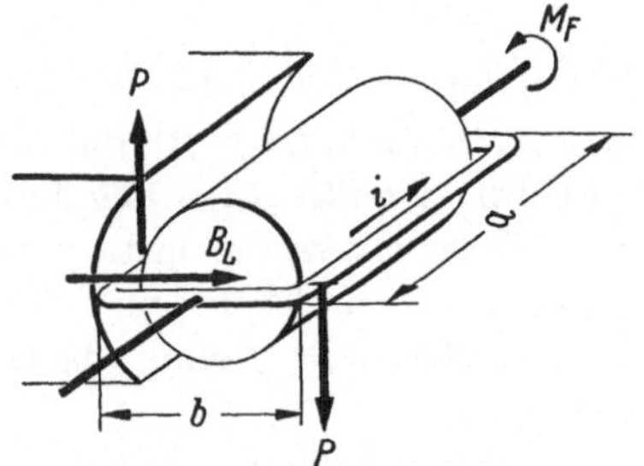

Abb. 50. Statisches Gleichgewicht der Momente am Drehspul-Meßwerk

D ist das spezifische Richtmoment der Feder; es ist allein von den Abmessungen der Feder oder des Aufhängefadens abhängig.

Bezeichnet a die Länge der im Luftspaltfeld liegenden Spulenseite, b den mittleren Spulendurchmesser, w die Windungszahl und B_L die Luftspaltinduktion, so beträgt das Meßmoment M_i bei gleichbleibendem Spulenstrom i_{sp}

$$M_i = P_i \cdot b = B_L \cdot a \cdot b \cdot w \cdot i_{sp}$$

Das Moment ergibt sich in Joule, da B_L in Vs/cm², i_{sp} in A, a und b in cm gemessen werden. Zur Umrechnung in die geläufigen Einheiten hat man sich nur der bekannten Definition

$$1 \text{ Joule} = 10^7 \text{ erg} = 10^7 \text{ dyn cm} = \frac{10^7}{981} \text{ cm p} = 10\,200 \text{ cm p}$$

zu erinnern (vgl. Kap. I). Die Größe

$$B_L \cdot a \cdot b = \Phi_L \tag{112}$$

ist der vom Dauermagneten herrührende nutzbare Luftspaltfluß, der im Höchstfalle von der Drehspule umfaßt werden könnte, wenn sie sich in der Symmetrieebene zwischen den Polen befände. Es ist dann

$$M_i = w \cdot \Phi_L \cdot i_{sp}$$

Aus der Gleichheit der Momente folgt

$$w \cdot \Phi_L \cdot i_{sp} = D \cdot \alpha$$

oder

$$\alpha = \frac{w\,\Phi_L}{D}\, i_{sp}$$

Die Konstante

$$E_{i_\alpha} = \frac{w\,\Phi_L}{D} \tag{113}$$

ist die auf den Drehwinkel 1 der Spule bezogene Empfindlichkeit. Bei Spiegelablesung und einer Lichtzeigerlänge von L_Z cm folgt aus E_{i_α} die skalenbezogene Empfindlichkeit des Gerätes:

$$E_i = 2 \cdot L_Z \cdot E_{i_\alpha}$$

E wird in mm/A angegeben (*Stromempfindlichkeit*), wobei man sich meistens auf eine Lichtzeigerlänge von 1000 mm bezieht.

Auf der Skale ergibt sich dann der Ausschlag

$$y = E_i \cdot i_{sp} \tag{114}$$

wobei y ebenfalls in mm anzugeben ist. y hängt mit dem Drehwinkel der Spule zusammen über die Beziehung

$$y = 2 \cdot L_Z \cdot \alpha \tag{114a}$$

Diese Beziehung stimmt allerdings nur bei kleinen Ausschlägen hinreichend genau. Die Skalen der Galvanometer sind meistens gestreckt, so daß bei größeren Auslenkungen der Lichtzeiger eine größere wirksame Länge hat. Oder, was dasselbe besagt, der mit der Formel angegebene Ausschlag ist längs des Bogens zu messen, während bei gestreckten Skalen der Tangens zur Anzeige kommt. Bei größeren Ausschlägen ist dann der Unterschied zwischen dem Bogen und dem Tangens zu berücksichtigen. Vom abgelesenen Ausschlag ist eine Korrektur

$$\boxed{\; \Delta y = y\left(1 - \frac{l}{y} \cdot \arctan \frac{y}{l}\right) \;} \tag{115}$$

in Abzug zu bringen, die in Abb. 51 wiedergegeben ist.

Unter Verwendung der Reihenentwicklung für

$$\arctan x = x - \frac{x^3}{3} + \frac{x^5}{5} - + \cdots$$

erhält man in befriedigender Näherung für Werte von $x = y/l = 0{,}25$

$$\frac{\Delta y}{y} \approx \frac{1}{3}\left(\frac{y}{l}\right)^2 - \frac{1}{5}\left(\frac{y}{l}\right)^4 \approx \frac{1}{3}\left(\frac{y}{l}\right)^2 \tag{115a}$$

Eine hohe Empfindlichkeit des Galvanometers kann somit durch Anwendung folgender Maßnahmen erreicht werden:

a) Erhöhung des Luftspaltflusses Φ_L durch Anwendung starker Magnete oder großflächiger Spulen,

b) Verringerung des spezifischen Richtmomentes D,

c) Vergrößerung der Windungszahl,

d) Vergrößerung der Lichtzeigerlänge.

Die Bedingungen widersprechen einander zum Teil. So kann man große und schwere Spulen nicht an schwachen Torsionsfäden aufhängen. Dagegen bieten die modernen Magnetstähle Vorteile durch Anwendung hoher Luftspaltinduktionen B_L. Die Lichtzeigerlänge kann aus optischen Gründen (Beugung) nicht beliebig verlängert werden. Sehr große Lichtzeigerlängen haben überdies den Nachteil, daß jede kleine Unruhe des Systems im selben Maße vergrößert wird, wie der gewollte Ausschlag. So hat man den Vorteil langer Lichtzeiger in tragbaren Geräten durch Anwendung mehrfacher Spiegelung erst in neuerer Zeit wahrnehmen können, als man für derartige Ausführungen von der Fadenaufhängung zur Spannbandaufhängung überging. Tab. 10 enthält Angaben über einige moderne Geräte, die im Handel erhältlich sind.

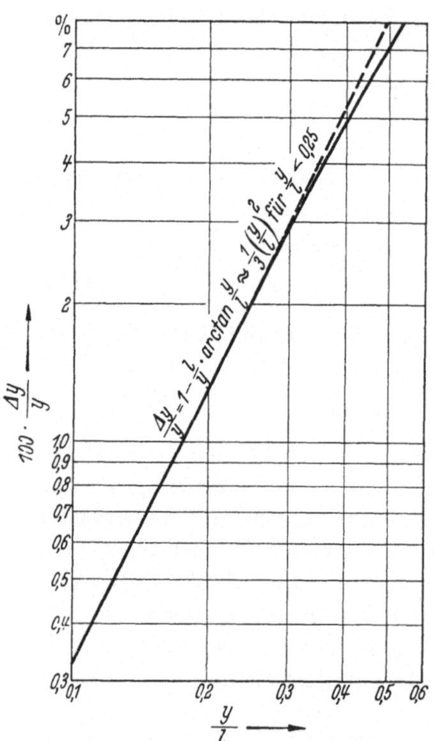

Abb. 51. Korrektion des Tangens auf den Bogen bei gestreckten Galvanometerskalen y abgelesener Skalenwert; $\varDelta y$ Korrektion; l Lichtzeigerlänge

Die Stromempfindlichkeit kann mit der Erhöhung der Windungszahl auf Kosten des Drahtdurchmessers sehr weit getrieben werden. Der Spulendraht ist durch die schwachen Meßströme thermisch überhaupt nicht ausgelastet. So beträgt die Stromdichte bei einem Drahtdurchmesser von 0,02 mm und 10^{-6} A Belastung

$$s = \frac{10^{-6}\,\text{A}}{\frac{\pi}{4} \cdot 0{,}02^2\,\text{mm}^2} = 0{,}003\ \text{A} \cdot \text{mm}^{-2}$$

Tabelle 10. *Kennwerte von Spiegelgalvanometern (deutsche Fabrikate) nach Listenangaben der Firmen*

Nr. 1–8: Hängeband-Galv.   Nr. 9: Spannband-Galv.

| Nr. | Konstante | | Widerstände Ω | | | Verbrauch in μW für 1 mm Ausschlag | | T_0 |
	C_i nA/mm/m	C_u * μV/mm/m	R_{ges}	R_{sp}	R_{ap}	$C_u\,C_i$ **	$C_i^2\,R_{sp}$ ***	s
1	0,08	40	$500 \cdot 10^3$	2800	$500 \cdot 10^3$	$3,2 \cdot 10^{-3}$	$0,018 \cdot 10^{-3}$	6
2	0,11	28	$250 \cdot 10^3$	2800	$250 \cdot 10^3$	$3,1 \cdot 10^{-3}$	$0,034 \cdot 10^{-3}$	6
3	0,1	3	$30 \cdot 10^3$	950	$29 \cdot 10^3$	$0,3 \cdot 10^{-3}$	$0,010 \cdot 10^{-3}$	10
4	0,5	80	$160 \cdot 10^3$	2800	$160 \cdot 10^3$	$40 \cdot 10^{-3}$	$0,700 \cdot 10^{-3}$	3
5	0,8	6,3	$7,9 \cdot 10^3$	675	$7,1 \cdot 10^3$	$5 \cdot 10^{-3}$	$0,430 \cdot 10^{-3}$	3,5
6	1,5	1	670	70	600	$1,5 \cdot 10^{-3}$	$0,158 \cdot 10^{-3}$	5
7	2	22	11000	400	10600	$44 \cdot 10^{-3}$	$1,60 \cdot 10^{-3}$	3
8	2,2	0,25	115	35	80	$0,55 \cdot 10^{-3}$	$0,169 \cdot 10^{-3}$	11
9	0,5	40	$80 \cdot 10^3$	5700	$74 \cdot 10^3$	$20 \cdot 10^{-3}$	$1,42 \cdot 10^{-3}$	4

* Konstante C_u in μV/mm/m gilt für optimal gedämpfte Galvanometer.
** $C_u \cdot C_i$ Brutto-Verbrauch in der aperiodisch gedämpften Schaltung.
*** $C_i^2\,R_{sp}$ Netto-Verbrauch der Drehspule.

Anm.: Zur Beurteilung des Gerätes vergleiche man die stark eingerahmten Zahlenangaben. Galv. Nr. 4 und 7 sind Schnellschwinger mit relativ hohem Verbrauch.

Mit abnehmendem Drahtdurchmesser steigt aber der Spulenwiderstand r_{sp}. Will man lediglich kleine *Ströme* zur Anzeige bringen, so ist oftmals der Spulenwiderstand belanglos; stromempfindliche Galvanometer haben daher einen hohen Innenwiderstand. Man muß bei Empfindlichkeiten von $10^9 \cdots 10^{10}$ mm/A mit Spulenwiderständen bis zu etwa 10^4 Ohm rechnen; doch gibt es auch Fabrikate mit erheblich kleineren Spulenwiderständen. Hierin unterscheiden sich die Fabrikate verschiedener Herstellerfirmen wesentlich, so daß zur Beurteilung eines Galvanometers außer der angegebenen Empfindlichkeit stets noch der Spulenwiderstand herangezogen werden sollte.

Sollen sehr kleine Spannungen gemessen werden, so stören hohe Spulenwiderstände. Die Spannungsempfindlichkeit hängt nämlich mit der Stromempfindlichkeit über den Spulenwiderstand zusammen:

$$E_u = 1/r_{sp} \cdot E_i \qquad (116)$$

Das Verhältnis beider Empfindlichkeiten wird bei kleinen Spulenwiderständen zugunsten der Spannungsempfindlichkeit besser, weil der zur

Verfügung stehende Wickelraum wegen des Isolationsauftrages der Drähte mit weniger Windungen eines dickeren Drahtes besser ausgenutzt werden kann.

Da Galvanometer als Nullgeräte Verwendung finden, wird auf *Anzeige*-Fehler mancherlei Art (wie z. B. die oben erwähnte Abweichung des Tangens vom Bogen) zugunsten anderer Eigenschaften weniger geachtet. Eine Strommessung auf Grund der Beziehung $y = E_i \cdot i_{sp}$ setzt daher eine Eichung des Gerätes voraus, weil in E_i Größen enthalten sind, die von Umwelteinflüssen und in geringem Maße auch vom Ausschlag selbst abhängen.

Mißt man die Ströme auf Grund der Beziehung

$$i_{sp} = \frac{M_F}{w\,\Phi_L} \tag{117}$$

derart, daß das elektromagnetische Drehmoment durch eine entsprechend große Torsion des Hängebandes ausgeglichen wird, die man an dem drehbaren Befestigungskopf einstellt, so können elektromagnetische Drehmomente angewendet werden, die bei den normalen Galvanometern zu viel zu großen Drehwinkeln der Spule führen würden. Solche Geräte wurden früher häufiger verwendet; ihre Handhabung war jedoch recht unbequem. Das Meßprinzip des Torsionskopfes wird neuerdings wieder bei besonders genauen Meßeinrichtungen (selbsttätige Kompensatoren, Meßwertumformern [vgl. Kap. IV, XI]) häufiger angewendet, weil es den großen Vorteil bietet, daß die Meßspule im Magnetfeld bei der Messung stets dieselbe Lage einnimmt und somit alle Fehler, die auf Ungleichmäßigkeit des Luftspaltes, Fremdfeldeinfluß od. dgl. zurückgehen, vollkommen eliminiert werden können.

Die Handhabung eines solchen Gerätes mit Drehmomentkompensation ist wie folgt: Man stellt den Torsionskopf bei unbelastetem Meßwerk so ein, daß die Lichtmarke des Galvanometers auf Null steht. Nach Einschalten des zu messenden Stromes ist durch Drehung des Torsionskopfes der Lichtzeiger wieder auf die Nullstellung zurückzuführen. Die Differenz der Winkelablesungen am Torsionskopf ist dann innerhalb der Gültigkeit des Elastizitätsgesetzes von HOOKE genau proportional dem Meßstrom; denn die Proportionalität zwischen Strom und elektromagnetischem Drehmoment (Gesetz von BIOT-SAVART) gilt immer, wenn Leiterlänge und Induktion gleich groß bleiben. Das darf aber vorausgesetzt werden, weil das Luftspaltfeld stets an der selben Stelle verwendet wird.

Die Strom- und Spannungsempfindlichkeit sowie der Spulenwiderstand können aus Messungen mit stationären Ausschlägen ermittelt werden. Die weiteren Kenngrößen lassen sich jedoch nur auf Grund des dynamischen Verhaltens bestimmen (vgl. Aufgabe III-01 in Teil B).

4. Die Bewegungsgleichung des dynamischen Verhaltens

Stößt man das Galvanometer durch das plötzliche Einschalten des Stromes an, so folgt es der Stromänderung verzögert; es ist, wie man sagt, *träge*. Die Folge ist, daß sich vorübergehend der Ausschlag vom statischen Ausschlag unterscheidet; dieser stellt sich erst nach einer mehr oder weniger langen Zeit ein, wenn die Dämpfung die Bewegung des Meßwerkes vernichtet hat. Das dynamische Verhalten wird also durch das Auftreten zweier neuer Eigenschaften mitbestimmt, der Massenträgheit J_m des Meßwerkes und der geschwindigkeitsproportionalen Dämpfung, die durch den Dämpfungskoeffizienten ϱ gekennzeichnet ist.

Bei einem trägen, sich in Drehung befindlichem System muß die Summe der Momente gleich dem Beschleunigungsmoment der Massen sein:

$$M_d + (M_i - M_F) = J_m \frac{d^2\alpha}{dt^2}$$

Hierin bedeuten:

$$M_d = -\varrho \cdot \frac{d\alpha}{dt} \qquad \text{das Dämpfungsmoment}$$

$$M_F = D \cdot \alpha \qquad \text{das Federmoment}$$

$$M_i = w \cdot \Phi_L \cdot i_{sp} \qquad \text{das elektromagnetische Drehmoment}$$

Ordnet man hiernach die obige Bewegungsgleichung, so ergibt sich

$$J_m \frac{d^2\alpha}{dt^2} + \varrho \frac{d\alpha}{dt} + D \cdot \alpha = w \cdot \Phi_L \cdot i_{sp} \tag{118}$$

Nach hinreichend langer Zeit ist das System erfahrungsgemäß zur Ruhe gekommen; es ist dann sowohl $d\alpha/dt = 0$ als auch $d^2\alpha/dt^2 = 0$, weil sich der Ruhezustand ja nicht ändern soll. Damit ergibt sich der statische Ausschlag auf Grund der schon bekannten Beziehung

$$D \cdot \alpha_\infty = w\,\Phi_L \cdot i_{sp} \tag{119}$$

Solange sich das System noch bewegt, unterscheidet sich der tatsächlich vorhandene, augenblickliche Ausschlag α vom statischen; die Größe

$$\alpha_f = \alpha - \alpha_\infty \tag{120}$$

wird als das *flüchtige* Glied des Ausschlages oder als *Ausgleichsvorgang* bezeichnet. α_f muß dann im Laufe der Zeit Null werden. Setzt man für α den Ausdruck aus Gl. (120) ein und berücksichtigt Gl. (119), so erhält man die Differentialgleichung des Ausgleichsvorganges

$$J_m \frac{d^2\alpha_f}{dt^2} + \varrho \frac{d\alpha_f}{dt} + D \cdot \alpha_f = 0 \tag{121}$$

Zur Lösung dieser Differentialgleichung betrachte man zunächst den Sonderfall verschwindend kleiner Dämpfung. Dann ist $\varrho \approx 0$ und

$$\frac{d^2\alpha_f}{dt^2} = -\frac{J_m}{D} \cdot \alpha_f \qquad (121\,\text{a})$$

Die Lösung dieser Differentialgleichung stellt bekanntlich eine ungedämpfte harmonische Schwingung dar:

$$\alpha_f = C_1 \sin \nu_0\, t + C_2 \cos \nu_0\, t \qquad (122)$$

Hierin ist

$$\boxed{\nu_0 = \sqrt{\frac{D}{J_m}}} \qquad (123)$$

die *Eigen-(Kreis-)Frequenz* des ungedämpften Systems; dieser Wert hängt nur vom Trägheitsmoment und vom spezifischen Richtmoment ab. Die Integrationskonstanten C_1 und C_2 müssen von Fall zu Fall auf Grund der gegebenen Bedingungen ermittelt werden.

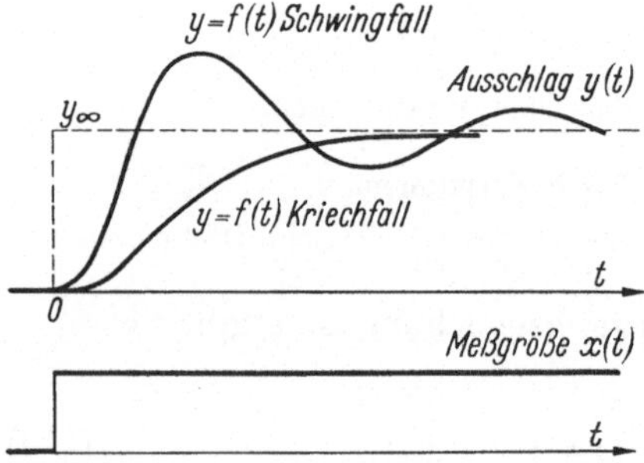

Abb. 52. Zur Theorie der Dämpfung des Ausschlages bei plötzlicher Änderung der Meßgröße

Besitzt das System Dämpfung, so lautet die Lösung der Differentialgleichung (121)

$$\alpha_f = C_1 \cdot e^{m_1 t} + C_2 \cdot e^{m_2 t} \qquad (124)$$

C_1 und C_2 sind wieder Integrationskonstanten. m ergibt sich als Lösung der quadratischen Gleichung, der sog. *charakteristischen Gleichung*

$$J_m \cdot m^2 + \varrho \cdot m + D = 0$$

zu

$$m_{1,2} = -\frac{\varrho}{2 \cdot J_m} \pm \sqrt{\left(\frac{\varrho}{2 \cdot J_m}\right)^2 - \frac{D}{J_m}} \qquad (125)$$

was man sofort findet, wenn man die Lösung Gl. (124) in die Differentialgleichung (121) einsetzt und durch e^{mt} kürzt; das ist zulässig, weil diese Funktion niemals den Wert Null haben kann.

Je nach Größe der Dämpfung erhält man für:

a) geringe Dämpfung: $\varrho < 2\sqrt{D \cdot J_m}$

b) große Dämpfung: $\varrho > 2\sqrt{D \cdot J_m}$

einen imaginären oder einen reellen Wert der Wurzel der Gl. (125)

Zur Abkürzung werde

$$\beta = \frac{\varrho}{2 J_m} \qquad (126)$$

gesetzt. Dann wird (vgl. Abb. 52)

a) für den Fall geringer Dämpfung
(Schwingfall):

$$m_{1,2} = -\beta \pm j \sqrt{v_0^2 - \beta^2} = -\beta \pm j\,v \qquad (127\,\text{a})$$

b) für den Fall großer Dämpfung
(Kriechfall):

$$m_{1,2} = -\beta \pm \sqrt{\beta^2 - v_0^2} = -\beta \pm \gamma \qquad (127\,\text{b})$$

Setzt man die Ausdrücke für m in die allgemeine Lösung nach (124) ein, so ergibt sich

$$\text{Schwingfall:}\ \alpha_f = (C_1 \cdot \sin v\,t + C_2 \cos v\,t) \cdot e^{-\beta t} \qquad (128)$$

$$\text{Kriechfall:}\quad \alpha_f = (C_1 \cdot e^{\gamma t} + C_2 \cdot e^{-\gamma t}) \cdot e^{-\beta t} \qquad (129)$$

Auch hier müssen die beiden Integrationskonstanten aus den Anfangsbedingungen ermittelt werden; lediglich dadurch unterscheiden sich die verschiedenen Betriebsarten des Galvanometers.

Die Ableitung der Lösung einer Differentialgleichung 2. Ordnung ist der allgemeinen Bedeutung wegen, die diese Gleichung in der Elektrotechnik besitzt, etwas ausführlicher in Kap. XIV, Abschn. 1 wiedergegeben. Es kann dort auch über den Grenzfall nachgelesen werden, für den die Wurzel in Gl. (127) verschwindet sowie über den Betriebsfall, daß die „Störungsgröße" i_{sp} selbst zeitabhängig ist, was besonders für den Fall eines harmonischen Vorganges $i = \hat{\imath} \cdot \sin \omega t$ von großer technischer Bedeutung ist (Resonanz-Meßwerk).

Die dynamischen Kenngrößen des Galvanometers werden am besten mit Hilfe eines Schwingungsversuches bestimmt, wozu sich dieses Gerät gut eignet, weil man die Dämpfungsverhältnisse durch die Schaltung des Meßkreises beeinflussen kann.

5. Die optimale Dämpfung

Beim Arbeiten mit ein und demselben Galvanometer macht man die Erfahrung, daß sich manchmal eine schnelle Einstellung der Anzeige herbeiführen läßt, manchmal auch das Instrument im extremen Kriechfall oder nahezu ungedämpft arbeitet. In den beiden letzten Fällen vergeht dann besonders bei langsam schwingenden Geräten unter Umständen sehr viel Zeit, bis man den Meßwert sicher ablesen kann. Das ist besonders unangenehm, wenn man sich der Konstanz der Meßgröße nicht recht sicher sein darf. Der Grund für dieses Verhalten ist darin zu suchen, daß man beim Galvanometer wegen der Gewichtsersparnis am beweglichen Organ auf jegliche Zusatzmaßnahme zwecks Dämpfung verzichtet. Daher ist die Dämpfung sehr stark vom Widerstand des Schließungskreises abhängig.

Öffnet man den Meßpfad, so beobachtet man fast in allen Fällen ein recht schwach gedämpftes *Ausschwingen* des Gerätes. Oftmals kann man, besonders bei empfindlichen Geräten, viele Nulldurchgänge beobachten, ehe das System zur Ruhe kommt. Da die Spulen von Galvanometern stets frei gewickelt werden, fehlt die dämpfende Wirkung der Wirbelströme in einem zwischen den Polen schwingenden Metallrähmchen; die Dämpfung ist dann allein durch die Luftreibung der schwingenden Spule gegeben. Dieser Zustand, bei dem also die Klemmen des Galvanometers offen sind, sei durch die Koeffizienten ϱ_L und β_L gekennzeichnet.

In der im Luftspaltfelde schwingenden Spule wird eine EMK erzeugt von der Größe

$$e_{sp} = B_L \cdot w \cdot 2\,a \cdot v$$

wobei

$$v = \frac{b}{2} \cdot \frac{d\alpha}{dt}$$

die Bewegungsgeschwindigkeit der im Luftspalt schwingenden Spulenseiten ist. Hieraus folgt

$$e_{sp} = w \cdot \Phi_L \cdot \frac{d\alpha}{dt}$$

Schließt man die Klemmen über einen äußeren Widerstand R_a, so treibt diese EMK einen Strom durch den Meßkreis, der außer R_a auch den Spulenwiderstand r_{sp} enthält:

$$i_d = \frac{e}{R_a + r_{sp}}$$

Dem Strom entspricht ein an der Spule angreifendes Moment

$$\begin{aligned}
M_{d_i} &= w \cdot \Phi_L \cdot i_d \\
&= w^2 \cdot \Phi_L^2 \cdot \frac{1}{R_a + r_{sp}} \cdot \frac{d\alpha}{dt}
\end{aligned} \qquad (130)$$

Man erkennt, daß auch dieses Moment geschwindigkeitsproportional ist. Diese Dämpfung wirkt ebenso wie die Wirbelströme im Metallrähmchen der Drehspule von Anzeigegeräten; man unterscheidet sie als *elektromagnetische* Dämpfung von den anderen Dämpfungsarten, z. B. der Luftdämpfung.

Der Koeffizient der gesamten Dämpfung wird damit

$$\varrho = \varrho_L + \frac{w^2 \cdot \Phi_L^2}{R_a + r_{sp}} \qquad (131)$$

oder nach Division durch das Massenträgheitsmoment J_m

$$\beta = \beta_L + \frac{1}{2} \cdot \frac{w^2 \, \Phi_L^2}{J_m(R_a + r_{sp})}$$

Unter Anwendung der bekannten Beziehungen und Abkürzungen aus (112) und (123) kann man diesen Ausdruck wie folgt schreiben:

$$\beta = \beta_L + \frac{1}{2} \cdot \frac{v_0^2 \, E_{i\alpha}^2}{R_a + r_{sp}} \cdot D \qquad (132)$$

Nach dem im vorigen Abschnitt Gesagten arbeitet das System solange im Schwingfall, wie $\beta < v_0$ ist; den Übergangszustand zum Kriechfall nennt man *aperiodischen Grenzzustand*. Er ist durch die Bedingung

$$v = \sqrt{v_0^2 - \beta^2} = 0$$

bzw. $v_0 = \beta$ gekennzeichnet. Der zu diesem Zustand gehörende Widerstand des Schließungskreises heißt der *aperiodische Grenzwiderstand R_{ap}*.[1] Er berechnet sich somit aus

$$\sqrt{\frac{D}{J_m}} = \beta_L + \frac{1}{2} \cdot \frac{v_0^2 \cdot E_\alpha^2}{R_{ap} + r_{sp}} \cdot D$$

oder

$$\frac{1}{\sqrt{D \cdot J_m}} - \frac{\beta_L}{D} = \frac{1}{2} \frac{v_0^2 \, E_\alpha^2}{R_{ap} + r_{sp}}$$

zu

$$R_{ap} = \frac{v_0^2 \, E_{i\alpha}^2}{2} \cdot \frac{1}{\dfrac{1}{\sqrt{D \cdot J_m}} - \dfrac{\beta_L}{D}} - r_{sp}$$

Nach einigen Umformungen erhält man

$$\boxed{R_{ap} = \frac{E_{i\alpha}^2}{2} \cdot \frac{v_0 \, D}{1 - \dfrac{\beta_L}{v_0}} - r_{sp}} \qquad (133)$$

Es könnte also auch möglich sein, daß $R_{ap} = 0$ oder sogar negativ ist. Das bedeutet dann, daß das Gerät stets im Schwingfall arbeitet, selbst wenn es an den Klemmen kurzgeschlossen wird.

6. Das ballistische Galvanometer

Wird ein im Schwingfall arbeitendes Galvanometer mit einem kurzzeitigen Stromstoß belastet, so wird es aus seiner Nullage herausgeworfen und nimmt diese erst nach einiger Zeit wieder ein; man sagt, das Galvanometer arbeitet *ballistisch*.

---

[1] Bei anzeigenden Geräten und bei Schwingern weicht man vom Wert $\beta = v_0$ ab und bevorzugt im allgemeinen noch das Arbeiten im Schwingfall in der Nähe von $\beta = v_0$ („halbaperiodische" Dämpfung, vgl. Kap. XI u. XII).

Jedes schwingende Galvanometer kann als ballistisches Galvanometer verwendet werden. Die Zeitdauer seiner Beanspruchung muß jedoch klein sein gegenüber der Eigenschwingungszeit des Gerätes, weswegen sich im allgemeinen nur langsam schwingende Geräte für ballistische Messungen eignen.

Bei der Theorie des ballistischen Galvanometers hat man zwischen zwei Zeitabschnitten zu unterscheiden:

a) die Periode der Beschleunigung,

b) die Periode des stromlosen Ausschwingens.

a) Theorie der Beschleunigung des ballistischen Galvanometers. Es fließe ein Stromstoß durch die Spule des Galvanometers, dessen zeitlicher Verlauf durch Abb. 53 angedeutet sein möge, im übrigen aber ganz beliebig sein kann. Es dürfen auch Nulldurchgänge vorkommen; die einzige Bedingung ist, daß die Zeitdauer begrenzt und so kurz ist, daß sich das Meßwerk unter Einwirkung des Strommomentes noch nicht merklich aus der Nullage entfernt hat.

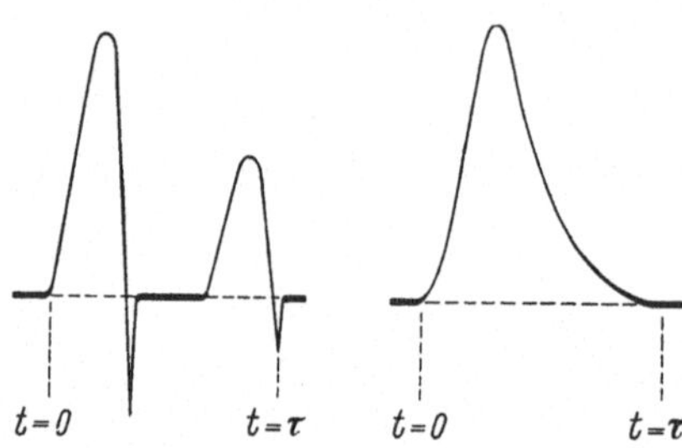

Abb. 53. Zur Theorie des ballistischen Galvanometers: Verschiedener Verlauf der Stromstöße

Nach sehr langer Zeit hat das Meßwerk bestimmt wieder seine Ruhelage eingenommen; es ist also $\alpha_\infty = 0$ und daher $\alpha = \alpha_f$. Während des Stromimpulses soll sich das Meßwerk nur wenig aus seiner Ruhelage entfernt haben; es kann demnach $\alpha_f \approx 0$ gesetzt werden. Dann vereinfacht sich die Differentialgleichung (121) zu

$$J_m \cdot \frac{d^2\alpha}{dt^2} + \varrho\,\frac{d\alpha}{dt} \approx w \cdot \Phi_L \cdot i_{sp}$$

Über den Verlauf des Stromes ist nichts gegeben. Man kann jedoch die Differentialgleichung einmal zwischen den Grenzen 0 und τ integrieren und erhält damit

$$J_m \int_0^\tau \frac{d^2\alpha}{dt^2} \cdot dt + \varrho \int_0^\tau \frac{d\alpha}{dt} \cdot dt \approx w\,\Phi_L \int_0^\tau i_{sp}\,dt$$

Die Betrachtung der Integrale ergibt:

$$\int_0^\tau \frac{d^2\alpha}{dt^2} \cdot dt = \dot\alpha_{t=\tau} - \dot\alpha_{t=0} = \dot\alpha_{t=\tau}$$

d. h., das erste Glied ist durch die Geschwindigkeit des Systemes *nach* Ablauf des Impulses bestimmt, da die Geschwindigkeit *vor* Beginn desselben gleich Null war. Das zweite Integral ist

$$\int_0^\tau \frac{d\alpha}{dt} \cdot dt = \alpha_{t=\tau} - \alpha_{t=0} = 0$$

denn voraussetzungsgemäß sollte sich das System nach Ablauf des Impulses noch nicht merklich aus der Nullage bewegt haben. Das Integral auf der rechten Seite

$$\int_0^\tau i_{sp}\, dt = q_{t=\tau} - q_{t=0} = Q$$

ergibt die gesamte Ladungsmenge, die während des Stromstoßes in *einer* Richtung durch die Spule geflossen ist. Hieraus folgt

$$\dot{\alpha}_{t=\tau} = \frac{w\,\Phi_L}{J_m} \cdot Q \tag{134}$$

d. h. die Geschwindigkeit des Systems nach Ablauf des Stoßvorganges ist proportional der durch die Spule geflossenen Ladungsmenge.

b) Theorie des Ausschwingvorganges. Hierfür gilt, daß zu Beginn des stromlosen Ausschwingens das System bereits eine endliche, von 0 verschiedene Geschwindigkeit hat:

$$\alpha_{t=0} = 0 \quad \text{und} \quad \dot{\alpha}_{t\approx 0} = \frac{w \cdot \Phi_L}{J_m} \cdot Q \quad \text{für } t = 0$$

Da, wie bereits erwähnt, $\alpha_\infty = 0$ ist, und sich das System im Schwingfall befindet, gilt nach Gl. (129) für $\alpha_f = \alpha$

$$\alpha = (C_1 \cdot \sin \nu t + C_2 \cdot \cos \nu t) \cdot e^{-\beta t}$$

Hierin sind die Integrationskonstanten mit Hilfe der Anfangsbedingungen zu bestimmen; so ist für $t = 0$

$$0 = (C_1 \cdot \sin 0^0 + C_2 \cos 0^0) \cdot e^0$$

d. h. $C_2 = 0$. Die Bewegungsgleichung vereinfacht sich also:

$$\alpha = C_1 \cdot e^{-\beta t} \cdot \sin \nu t$$

Hieraus folgt

$$\frac{d\alpha}{dt} = C_1 (\nu \cdot \cos \nu t - \beta \cdot \sin \nu t)\, e^{-\beta t}$$

Für den Zeitpunkt $t = 0$ ergibt sich somit unter Beachtung von Gl. (134)

$$\frac{w \cdot \Phi_L}{J_m} \cdot Q = C_1 \cdot \nu$$

Setzt man hieraus den Ausdruck für C_1 in die Schwingungsgleichung ein, so ergibt sich

$$\alpha = \frac{w\,\Phi_L}{J_m} \cdot \frac{1}{\nu} \cdot \sin \nu t \cdot e^{-\beta t} \cdot Q$$

Man beobachtet stets den ersten Ausschlag des schwach gedämpften Systemes; diesen erhält man für $t = \pi/2\nu$

$$\alpha_1 = \frac{w\,\Phi_L}{J_m} \cdot \frac{1}{\nu} \cdot e^{-\frac{\beta\pi}{2\nu}} \cdot Q$$

Die Konstante

$$E_{Q_\alpha} = \frac{w\,\Phi_L}{J_m} \cdot \frac{1}{\nu} \cdot e^{-\frac{\pi\beta}{2\nu}} \tag{135}$$

heißt die (auf den Winkel im Bogenmaß bezogene) ballistische Empfindlichkeit. Man kann diese Beziehung noch wie folgt umformen:

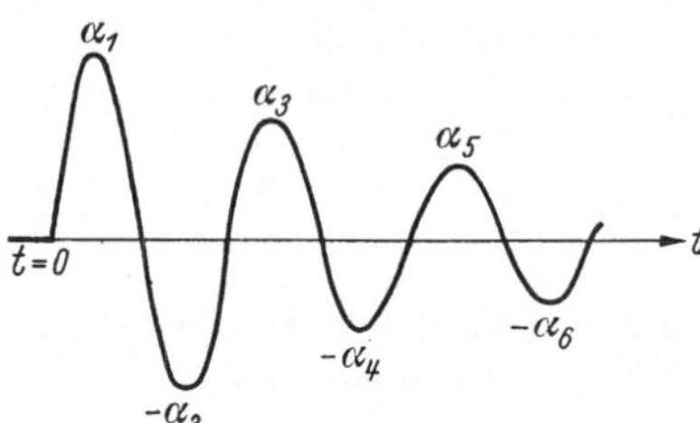

Abb. 54. Zur Theorie des ballistischen Galvanometers: Ausschwingen des Instrumentes nach Beendigung des Stromstoßes

$$E_{Q_\alpha} = \frac{w \cdot \Phi_L}{D} \cdot \frac{D}{J_m} \cdot \frac{1}{\nu} \cdot e^{-\frac{\pi\beta}{2\nu}}.$$

Dann stellt der erste Faktor nach Gl. (112) die auf den Winkel bezogene Stromempfindlichkeit dar; es ist also

$$\boxed{E_{Q_\alpha} = \nu_0 \cdot E_{i_\alpha} \cdot \frac{\nu_0}{\nu} \cdot e^{-\frac{\pi\beta}{2\nu}}} \tag{136}$$

Bei hinreichend kleiner Dämpfung gilt für die Umkehrpunkte der Ausschwingbewegung (Abb. 54)[1]:

$$\sin \nu t = \pm 1$$

Dann ist für

$$\nu \cdot t = \frac{\pi}{2}: \quad \alpha = \alpha_1$$

$$\nu \cdot t = \frac{3\pi}{2}: \quad \alpha = -\alpha_2$$

$$\nu \cdot t = \frac{5\pi}{2}: \quad \alpha = \alpha_3 \quad \text{usw.}$$

Da für alle diese Zeiten $\sin \nu t = 1$ ist, gilt

$$|\alpha_1| = C_1 \cdot e^{-\frac{\pi\beta}{2\nu}}$$

$$|\alpha_2| = C_1 \cdot e^{-\frac{3\pi\beta}{2\nu}}$$

$$|\alpha_3| = C_1 \cdot e^{-\frac{5\pi\beta}{2\nu}}$$

Bildet man das Verhältnis zweier aufeinanderfolgender Amplituden ohne Rücksicht auf das Vorzeichen, so ergibt sich das *Dämpfungdekrement*

$$\varDelta = \left|\frac{\alpha_{k+1}}{\alpha_k}\right| = e^{-\frac{\pi\beta}{2\nu}} \tag{137}$$

---

[1] Der genauere Wert ergibt sich bei $d\alpha/dt = 0$ aus $\tan \nu t = \nu/\beta$.

Man gewinnt diese neue, die Dämpfung kennzeichnende Größe aus der Beobachtung des Ausschwingvorganges. Unter Verwendung derselben ergibt sich für die ballistische Empfindlichkeit nach Gl. (136) ($v \approx v_0$):

$$E_{Q_\alpha} = v_0 \cdot E_{i_\alpha} \cdot \frac{v_0}{v} \cdot \Delta \qquad (138)$$

Hierin kann man bei allen Galvanometern, die für ballistische Messungen geeignet sind, ohne weiteres $v_0/v = 1$ setzen. Wenn die Dämpfung sehr klein ist, dann ist auch $\Delta \approx 1$ und man erhält

$$E_{Q_\alpha} = v_0 \cdot E_{i_\alpha} \qquad (138\,\mathrm{a})$$

Hierin kommt zum Ausdruck, daß bei gegebener Stromempfindlichkeit die ballistische Empfindlichkeit um so größer ist, je größer die Eigenfrequenz des Meßwerkes ist. Man erkennt, daß man daher die Eigenschwingungsdauer eines als ballistisches Galvanometer arbeitenden Gerätes nicht unnötig groß wählen sollte.

7. Das Kriechgalvanometer

Ein eigenartiges Verhalten zeigen Galvanometer mit extrem kleinen Rückstellmomenten und starker, elektromagnetischer Dämpfung. Hat die Drehspule eines solchen Gerätes einmal durch irgendeinen Umstand eine von Null abweichende Lage angenommen, so vermag das kleine Rückstellmoment das System gegen die starke Dämpfung nur sehr langsam zurückzuführen. Das Meßwerk strebt natürlich stets gegen die Nullage; da aber der Dämpfungsfaktor sehr groß ist, so genügen bereits sehr geringe Geschwindigkeiten, um dem außerordentlich kleinen Rückstellmoment das Gleichgewicht zu halten. Die Massenträgheitswirkung spielt bei diesem Vorgang überhaupt keine nennenswerte Rolle mehr. Man kann daher beobachten, daß das Meßwerk auf dem einmal erreichten Wert praktisch unverrückt stehenbleibt.

Die Theorie dieses Gerätes geht wieder auf die Differentialgleichung (118) zurück, die hier nochmals unter Trennung der Luft- und elektromagnetischen Dämpfung angeschrieben sei:

$$J_m \cdot \frac{d^2\alpha}{dt^2} + \varrho_L \cdot \frac{d\alpha}{dt} + \varrho_{el} \cdot \frac{d\alpha}{dt} + D \cdot \alpha = w\,\Phi_L \cdot i_{sp} \qquad (118\,\mathrm{a})$$

Nach Gl. (131) ist

$$\varrho_{el} = \frac{w^2 \cdot \Phi_L^2}{R_a + r_{sp}}$$

D soll sehr klein sein; ferner soll die Luftdämpfung gegen die elektromagnetische Dämpfung vernachlässigt werden können. Es vereinfacht sich dann die Differentialgleichung wie folgt:

$$J_m \cdot \frac{d^2\alpha}{dt^2} + \frac{w^2 \Phi_L}{R_a + r_{sp}} \cdot \frac{d\alpha}{dt} \approx w \Phi_L \cdot i_{sp} \tag{118b}$$

Man könnte auf Grund der Ähnlichkeit dieser Differentialgleichung mit der des ballistischen Galvanometers vermuten, dieses Gerät, welches wegen seines Verhaltens in stark gedämpftem Zustand *Kriechgalvanometer* heißt, eigne sich ebenfalls zur Messung elektrischer Ladungen. Das ist grundsätzlich richtig; es ist aber zu bedenken, daß die Theorie eine starke, elektromagnetische Dämpfung des Gerätes verlangt, also im allgemeinen einen Zustand, der nahezu einem Kurzschluß gleichkommt (R_a sehr klein), und der keinesfalls verwirklicht werden kann, wenn man z. B.

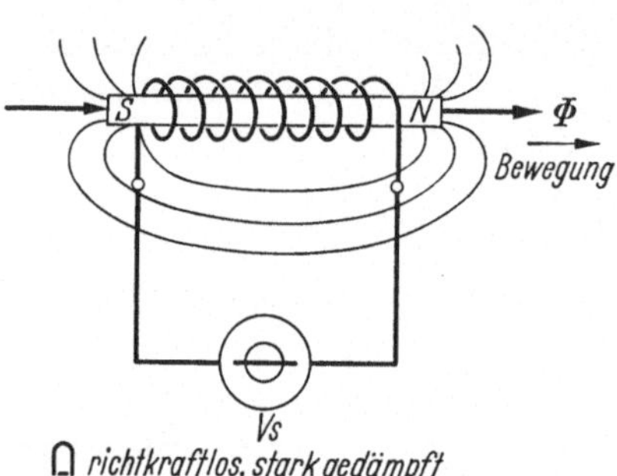

Abb. 55. [Zur Theorie des Flußmessers: Strom im stark gedämpften, richtkraftlosen Drehspulmeßwerk während der Flußänderung in der Prüfspule

die Ladung eines Kondensators messen will. Wohl aber reicht z. B. der Stromstoß infolge Induktion in einer Spule mit hinreichend kleinem Wirkwiderstand zum Betrieb des Kriechgalvanometers aus.

Wird die Spule eines Kriechgalvanometers an eine solche Induktionsspule angeschlossen (Abb. 55), so fließt bei der Änderung eines die Spule durchsetzenden Flusses Φ ein Strom von der Größe

$$i_{sp} = \frac{e}{R + r_{sp}} = n \cdot \frac{1}{R + r_{sp}} \cdot \frac{d\Phi}{dt}$$

Hierin ist n die Windungszahl der Induktionsspule, R ihr Ohmscher Widerstand, der hier gleich dem Außenwiderstand R_a nach Gl. (118b) ist, und r_{sp} der Widerstand der Galvanometerspule. Man kann den Ausdruck für den Spulenstrom in die vereinfachte Differentialgleichung einsetzen und integriert sie dann in derselben Weise wie beim ballistischen Galvanometer, nur daß man jetzt keine Vorschrift über die Zeitdauer τ des Induktionsvorganges zu machen braucht:

$$J_m \int_0^\tau \frac{d^2\alpha}{dt^2} \cdot dt + \frac{w^2 \Phi_L^2}{R + r_{sp}} \int_0^\tau \frac{d\alpha}{dt} \cdot dt = n \frac{w \Phi_L}{R + r_{sp}} \int_0^\tau \frac{d\Phi}{dt} \cdot dt$$

Dann gilt zunächst

$$\int_0^\tau \frac{d^2\alpha}{dt^2} \cdot dt = \dot{\alpha}_{t=\tau} - \dot{\alpha}_{t=0} = 0$$

Denn vor der Induktion war die Geschwindigkeit des Systemes Null und nachher hat sie auch denselben Wert, weil die starke Dämpfung wie oben bemerkt wurde, jegliche Bewegung praktisch verhindert.

Aus dem zweiten Integral ergibt sich

$$\int_0^\tau \frac{d\alpha}{dt} \cdot dt = \alpha_{t=\tau} - \alpha_{t=0} = \Delta\alpha$$

wenn vor Beginn der Induktion das System in der Nullage war. Das dritte Integral ergibt vollkommen unabhängig von der Art und Weise der Induktion die Differenz des Flusses, der vor Beginn und nach Beendigung des Ablaufes von der Spule umschlossen wurde. Es ist:

$$\int_0^\tau \frac{d\Phi_{sp}}{dt} \cdot dt = \Phi_\tau - \Phi_0 = \Delta\Phi$$

oder

$$\boxed{w \cdot \Phi_L \cdot \Delta\alpha = n\,\Delta\Phi} \tag{139}$$

Dieses bemerkenswerte Ergebnis besagt nichts anderes, als daß während

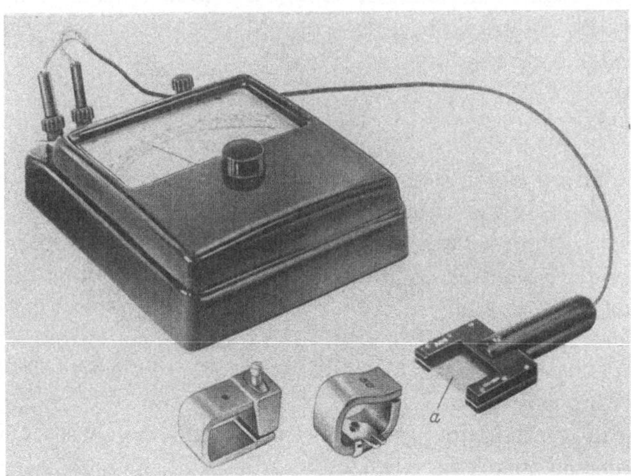

Abb. 56. Handhabung des Flußmessers bei der Ausmessung permanenter Magnete (AEG). *a* Prüfspule

des Induktionsvorganges der gesamte, von den Leitern der Spule und des Gerätes umfaßte Fluß sich nicht ändert.

Das Kriechgalvanometer dient vornehmlich zur Bestimmung des Flusses permanenter Magnete (Zählerbremsmagnete u. dgl.) und kann darüber hinaus für allgemeine magnetische Messungen verwendet werden. Eine besonders handliche Form ist der Flußmesser, ein Drehspulgerät mit richtkraftlosem, spitzengelagertem Meßwerk (vgl. Abb. 56).

8. Übungen am Drehspulgalvanometer

Bei guten Geräten sind wegen der sehr strengen Proportionalität zwischen Ausschlag und Spulenstrom die Aufgaben am Drehspulgalvanometer hervorragend geeignet, um Ausgleichsverfahren und Fehlerrechnung zu üben. Günstig ist die Verwendung eines langsam schwingenden Gerätes, welches dann im allgemeinen eine recht hohe Empfindlichkeit besitzt.

Beim Hantieren mit empfindlichen Galvanometern ist zu beachten, daß solche Geräte kurzzeitig erstaunlich hohe Überlastungen vertragen können, da eine mechanische Beschädigung nur unter sehr ungünstigen Umständen eintreten kann. Dagegen sind sie recht empfindlich gegen länger andauernde Überlastungen mit geringeren Stromwerten, da dann die Stromzuführungsbändchen durchbrennen. Es empfiehlt sich daher stets, in den Batteriestromkreis einen Taster zu legen, der, wenn die Lichtmarke aus dem Skalenbereich herausschießen sollte, sofort loszulassen ist. Bei Beachtung dieser Vorsichtsmaßregel und sonst sorgfältigem Meßaufbau kann man ein Galvanometer kaum beschädigen.

IV. Messungen mit dem Präzisionskompensator für Gleichstrom

Lehrziel: Erzielung höchster Meßgenauigkeit durch unmittelbaren Vergleich mit Prototypen gesetzlicher Normalien unter Anwendung empfindlicher Nullverfahren.

1. Anwendung

Gleichstrom-Präzisionskompensatoren dienen der genauen Bestimmung von Spannungen durch unmittelbaren Vergleich mit einem Spannungsnormal. Unter Verwendung von Normalwiderständen können auch Ströme mit derartigen Einrichtungen bei gleicher Genauigkeit gemessen werden. Die Anwendung als Meßeinrichtung höchster Präzision beschränkt sich aber auf Gleichstrom, da es für Wechselstrom noch keine hinreichend genauen Normalien gibt. Abb. 57 zeigt einen Meßtisch mit Präzisionskompensatoren.

Weiterhin werden Kompensationsschaltungen angewendet, wenn der Prüfling, dessen Spannung ermittelt werden soll, nicht belastet werden darf. Solche Aufgaben kommen z. B. in der Elektrochemie vor. Bekanntlich wird dort das saure oder basische Verhalten von Lösungen über den Gehalt an Wasserstoffionen definiert. 10^7 Liter reinen Wassers enthalten 1 g positive Wasserstoffionen und gleichviel negative OH-Ionen. In diesem Zustand reagiert das Wasser *neutral*. Bei einem Überschuß an H-Ionen entsteht ein Säureverhalten, bei einem Überschuß an OH-Ionen ein basisches Verhalten. Stets hat aber das Ionenprodukt denselben Wert wie in reinem Wasser, also 10^{-14} g je Liter. Der Anteil des negativen Exponenten, der der Wasserstoffionen-Konzentration entspricht, heißt pH-Wert. So kennzeichnet $p_H = 1$ eine starke Säure, denn in der Lösung sind 10^{-1} g H-Ionen und 10^{-13} g OH-Ionen je Liter enthalten. Der p_H-Wert eignet sich vor allem vorzüglich zur Charakterisierung schwacher Säuren. Zu einer Messung werden Elektrodenketten, die in die zu messende Flüssigkeit getaucht werden, in einer Kompensationsschaltung verwendet[1]. Abb. 58 zeigt eine solche Meßeinrichtung.

Abb. 57. Meßtisch mit Präzisions-Gleichstrom-Kompensator (Siemens & Halske)
links: Spannungs-Meßkompensator; *Mitte:* Präz.-Kaskaden-Kompensator und Präz.-Spannungsteiler; *rechts:* Kommutierungsschalter; *vorn:* Bedienungselemente zur Einstellung der Spannung (links) und des Stromes (rechts)

Eine weitere wichtige Anwendung von Kompensatoren zur leistungslosen Bestimmung von Spannungen ist die Temperaturmessung. Es wird dabei der thermoelektrische Effekt ausgenutzt. Dieser besagt, daß an der Berührungsstelle zweier verschiedener Metalle eine elektromotorische Kraft wirksam wird, welche allein von den gewählten Materialien und der Temperatur der Berührungsstelle abhängt. Dieser Effekt ist bei vielen Meßschaltungen sehr unerwünscht. Er kann aber auch mit eigens dafür hergerichteten *Thermoelementen* zur genauen Bestimmung von Temperaturen benutzt werden. Da aber nur die EMK an der Berührungsstelle und nicht etwa die Klemmenspannung eines mehr oder weniger langen Thermoelementes unmittelbar von der Temperatur abhängt, würden Spannungsabfälle auf den Zuleitungen zu einem Dreh-

---

[1] Die an den Elektroden auftretende EMK hängt vom p_H-Wert ab. Man verwendet Platin-Wasserstoffelektroden, Antimon-Elektroden u. a.

8*

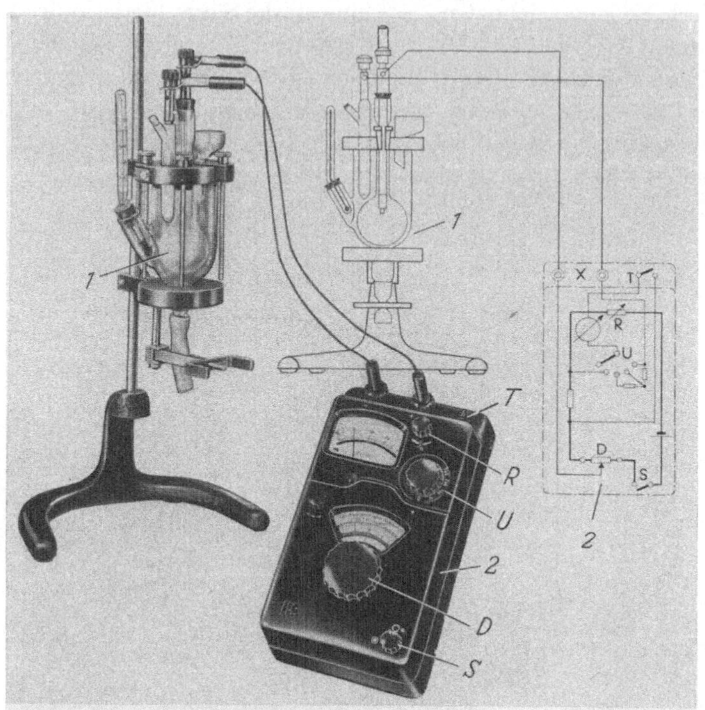

Abb. 58. Kompensator zur Messung des p_H-Wertes von Elektrolyten („Pehavi", H & B)
1 Platin-Wasserstoff-Elektrode; *2* Kompensationsgerät; *D* Kompensationswiderstand;
U Umschalter Hilfsstromkompensation — Messung; *R* Hilfsstromsteller

Abb. 59. Thermospannungs-Kompensator (AEG)

spul-Meßgerät zu Fehlern führen. Man kann zwar die Spannungsabfälle eines bestimmten Thermoelementes bei der Eichung des Anzeigegerätes berücksichtigen. Universell arbeitende Apparate müssen
aber die EMK ohne Spannungsabfall messen können. Dieser Meßaufgabe dienen sog. Thermokompensatoren (Abb. 59).

Sowohl bei Thermo- wie bei p_H-Wert-Kompensatoren beabsichtigt
man lediglich eine leistungslose Messung. Dieses Prinzip kann natürlich
auch bei Wechselstrom nützlich sein. Messungen höchster Präzision
durch unmittelbaren Vergleich mit Prototypen gesetzlicher Normalien
kann man bei Wechselstrom nicht ausführen, da es solche Prototype
nicht gibt. Damit ist die oft gestellte Frage beantwortet, warum man
in der Praxis sehr viel seltener Wechselstromkompensatoren als Gleich-
stromkompensatoren begegnet. Wechselstromkompensatoren bestimmter
Art werden in Kapitel VIII bei der Prüfung von Meßwandlern besprochen.

2. Kompensations-Grundschaltungen

Die einfachste Schaltung eines Gleichstrom-Kompensators zeigt
Abb. 60. Zwischen den Punkten C und D ist keine Spannung vorhanden,
wenn das Galvanometer stromlos ist. Dann gilt

$$U_x = E_N \cdot \frac{R_{AB}}{R_{AC}} = E_N \left(1 + \frac{R_{CB}}{R_{AC}} \right) \tag{140}$$

Die Schaltung kann nur für Spannungen angewendet werden, die größer
als etwa 1,019 Volt sind. Das Normalelement darf niemals die Stelle der
unbekannte Spannung U_x einnehmen, da
diese durch den Widerstand des Spannungsteilers belastet ist. Ein weiterer
Nachteil ist, daß die unbekannte Spannung U_x nicht ohne Entnahme von Meßstrom für den Spannungsteiler bestimmt
werden kann.

Um kleinere Spannungen ohne Lei-
stungsentnahme messen zu können,
wendet man Schaltungen nach Abb. 61

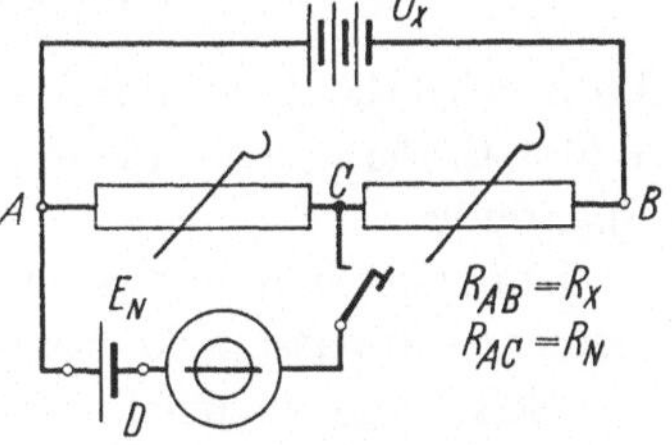

Abb. 60
Kompensations-Grundschaltung

und 62 an. Man findet diese Schaltungen bei modernen Präzisionskompensatoren. Es ist jetzt eine Hilfsbatterie U_h notwendig, die durch den
Meßkreis — den *Hauptkompensator* — einen Strom treibt.

Dieser *Hilfsstrom* verursacht zwischen dem Abgriff am Hauptkompensator und einem festen Punkt am Anfang desselben einen Spannungsabfall, gegen den die unbekannte Spannung U_x kompensiert wird. Es
ist also

$$U_x = I_h \cdot R_x \tag{141}$$

Zur Berechnung derselben ist es notwendig, außer dem Widerstandswert R_x noch den Hilfsstrom genau zu kennen. Der Bestimmung des Hilfsstromes dient nach der Schaltung Abb. 61 derselbe Hauptkompensator, nach der Schaltung Abb. 62 ein besonderer Hilfsstromkompensator.

Den Hilfsstrom mißt man ebenfalls über den Spannungsabfall an einem genau bekannten Widerstand, der gegen die EMK eines Normalelementes kompensiert wird. Macht man z. B. diesen Widerstand genau

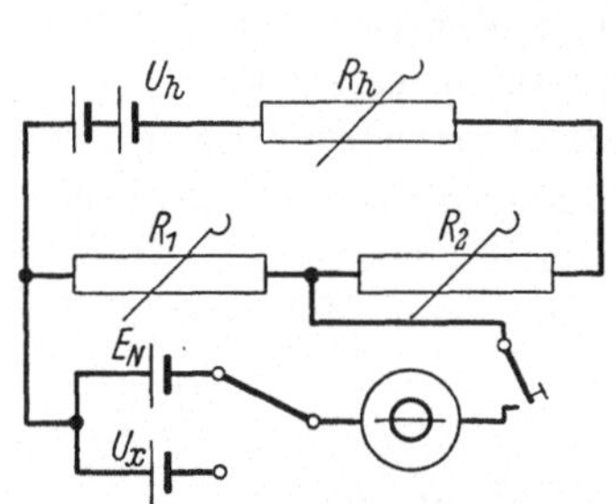

Abb. 61. Kompensationsschaltung
mit Hilfsstromkreis

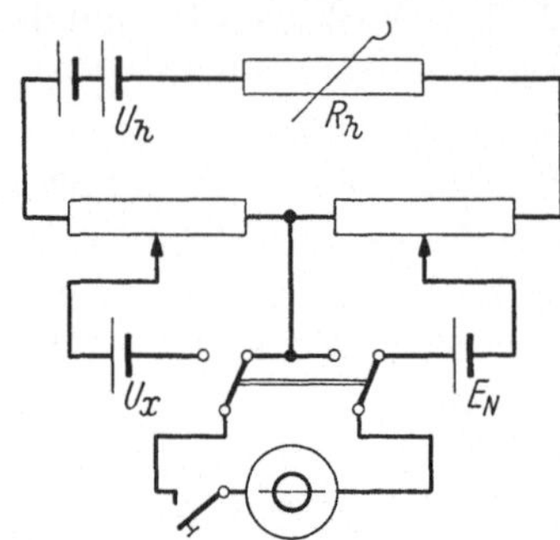

Abb. 62. Kompensationsschaltung nach RAPS
mit Hilfsstrombatterie und Hilfsstromkompensator

U_h Hilfsstrombatterie; E_N Normalelement; U_x zu messende Spannung; R_h Hilfsstrom-
Stellwiderstand

gleich $10^4 \cdot E_N$, normalerweise also 10186,5 Ohm (20 °C-Wert) bei Verwendung eines in $\mathbf{V}_{abs}$ geeichten Normalelementes, so beträgt der Hilfsstrom

$$\frac{1,018\,65 \text{ V}}{10\,186,5\,\Omega} = 0,000\,100\,000 \text{ A}$$

Dann wird die Ablesung des Hauptkompensators besonders bequem; die Widerstände geben gleich glatte Zehnerpotenzen der zu messenden Spannung.

Um sich den etwas unterschiedlichen EMK-Werten der Normalelemente anpassen zu können, besteht der Hilfsstromkompensator in der Schaltung nach Abb. 62 zum größten Teil aus einem festen Widerstand, zu dem weitere kleine Widerstände wahlweise hinzugeschaltet werden können. Die Einstellung des Hilfsstromkompensators ist auf Grund der Angaben des Eichscheines und unter Berücksichtigung der Temperatur des Normalelementes zu wählen.

Der Hilfsstrom wird mit Widerständen R_h eingestellt, die außerhalb des Kompensationskreises liegen; herrscht Gleichgewicht am Hilfsstromkompensator, so ist der Spannungsabfall des Hilfsstromes gleich der EMK des Normalelementes. Damit sich der Wert des Hilfsstromstellwiderstandes während der Messung nicht ändert, muß er aus Manganin hergestellt sein. Die Konstanz des einmal eingestellten Hilfsstromes ist die wichtigste Voraussetzung für die Messung. Da die Abgriffe des Hauptkompensators bei der Messung verstellt werden müssen, ist bei der Konstruktion desselben zu beachten, daß sich hierdurch sein innerer Widerstand nicht ändern darf. Außerdem muß die EMK der Hilfsstrombatterie während der Messung hinreichend konstant sein. Man verwendet hierfür Bleiakkumulatoren, die allerdings nicht frisch geladen sein dürfen. Es empfiehlt sich außerdem, den Hilfsstrom zumindest während einer Meßreihe nicht auszuschalten, da sich erst einige Zeit nach dem Einschalten stabile Verhältnisse im Hilfsstromkreis ergeben.

3. Die Ausführung der Grundschaltungen bei Präzisionskompensatoren

Die Ausführbarkeit genauer Kompensationsschaltungen findet ihre Grenze
    a) in den parallelgeschalteten Isolationswiderständen,
    b) in den in Reihe geschalteten Kontaktwiderständen.
Ferner sind zu beachten:
    c) Kriechströme,
    d) Thermospannungen.

Für viele Verwendungszwecke hat sich ein Schaltungswiderstand des Kompensators von 10000 Ohm als zweckmäßig erwiesen. Dieser Widerstand ist in der Zehnerpotenz nach beiden Seiten hin etwa gleich weit entfernt von den unkontrollierbaren Kontaktwiderständen einerseits und den Oberflächenwiderständen der Isolation andererseits (ca. 10^{-2} bzw. 10^{10} Ohm). Die relative Unsicherheit auf Grund dieser Einflüsse beträgt daher etwa 10^{-6}.

Kriechströme müssen mittels sehr sorgfältig durchdachter Abschirmungen abgefangen werden. In der Anwendung hierfür geeigneter Maßnahmen unterscheiden sich die verschiedenen Fabrikate. Aus Abb. 54 ist deutlich der sorgfältige durchdachte Aufbau solcher Apparate zu erkennen. Es ist darauf zu achten, daß diese Maßnahmen nicht unabsichtlich wirkungslos gemacht werden, indem z. B. nicht abgeschirmte Teile der Meßleitung die Tischplatte o. dgl. berühren, welche immer Kriechströme führen kann. Man hat zu beachten, daß eine starkstrommäßig gute Isolation von 10 Megohm einen glatten Kurzschluß des erforderlichen Isolationswiderstandes von mindestens $10^8 \cdots 10^9$ Ohm bedeutet! Aus diesem Grunde sind alle gefährdeten Leitungen frei durch Tischplatten usw. zu führen.

Thermospannungen vermeidet man weitestgehend durch Wahl geeigneter Werkstoffe. Da aber auch z. B. zwischen hart gezogenem und weich geglühtem Kupfer Thermospannungen entstehen, sollten unterschiedliche Temperaturen in der Meßschaltung — z. B. durch Sonneneinstrahlung — auf jeden Fall vermieden werden.

Damit durch die Handhabung des Hauptkompensators sich der Widerstand des Hilfsstromkreises nicht ändert, müssen Potentiometerschaltungen verwendet werden. Potentiometer normaler Bauart mit einem Mittelabgriff können nur beschränkt angewendet werden, da man nur zwei solcher Geräte in Reihe schalten kann, um an den Schleifern den eingestellten Spannungsabfall abzugreifen. Man hilft sich durch Doppelkurbeln (Abb. 63), d. h. zwei mechanisch gekuppelten, elektrisch

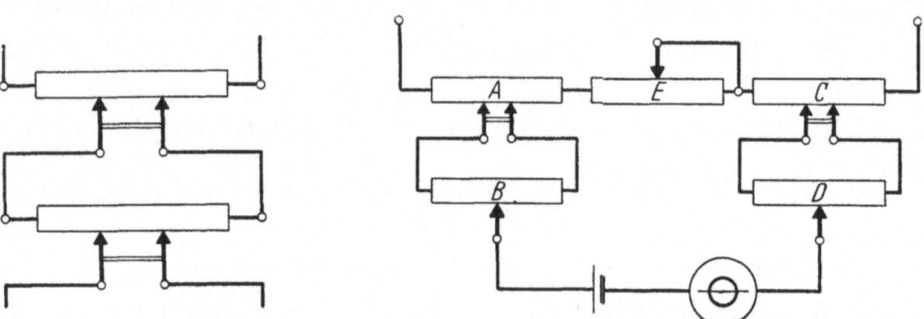

Abb. 63. Prinzip der Kaskadenschaltung mit Doppelkurbel-Dekaden-Widerständen

Abb. 64. Grundschaltung des Kaskadenkompensators nach Raps (ältere Ausführung)

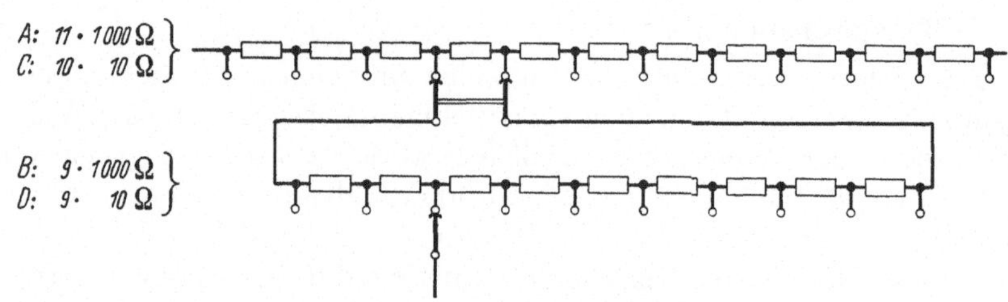

Abb. 65. Bemessung der Einzelwiderstände in der Kaskadenschaltung nach Raps (vgl. Abb. 64)

voneinander isolierten Schleifern, die nicht bloß einen Potentialpunkt am Widerstand abgreifen, sondern einen festen Teil der gesamten, am Potentiometer abfallenden Spannung. Man kann dann mehrere Potentiometer zwischen den Anschlüssen der Doppelkurbel *in Kaskade* schalten. Die nach diesem Konstruktionsprinzip gebauten Kompensatoren heißen Kaskadenkompensatoren.

In der Praxis bevorzugt man zwei Schaltungen. Bei der einen (Siemens-Kompensator nach Raps, ältere Ausführung) werden zwischen die Doppelkurbeln zweier Potentiometer A und C je ein weiteres Potentiometer B und D mit Einfachkurbeln gelegt, deren Gesamtwiderstand aus je 9 Einheiten gleicher Größe wie bei den vorgeschalteten Potentiometern A und C bestehen muß (Abb. 64 u. 65). Das Potentiometer A hat 11 Einheiten zu je 1000 Ohm, das Potentiometer C 10 Einheiten zu je 10 Ohm. Die Doppelkurbel greift also 1000 bzw. 10 Ohm ab und schaltet die nachfolgenden Potentiometer mit insgesamt 9000 Ohm (B) bzw. 90 Ohm (D) der ausgewählten Stufe parallel. Es liegt demnach zwischen der Doppelkurbel die Parallelschaltung dieser Widerstände von

$$\frac{9000 \cdot 1000}{9000 + 1000} = 900 \text{ Ohm bzw. } \frac{90 \cdot 10}{90 + 10} = 9 \text{ Ohm}$$

Daher herrscht zwischen der Doppelkurbel nur 9/10 des Spannungsabfalles an einer der Einheiten der Potentiometer A bzw. C. Dieser Spannungsabfall wird durch die nachgeschalteten Potentiometer in 9 gleiche Teile geteilt, so daß mit den Kurbeln der Potentiometer B und D $1/9 \cdot 9/10 = 1/10$ des Potentialgefälles an einem der vorgeschalteten, unbelasteten Widerstände eingestellt werden kann.

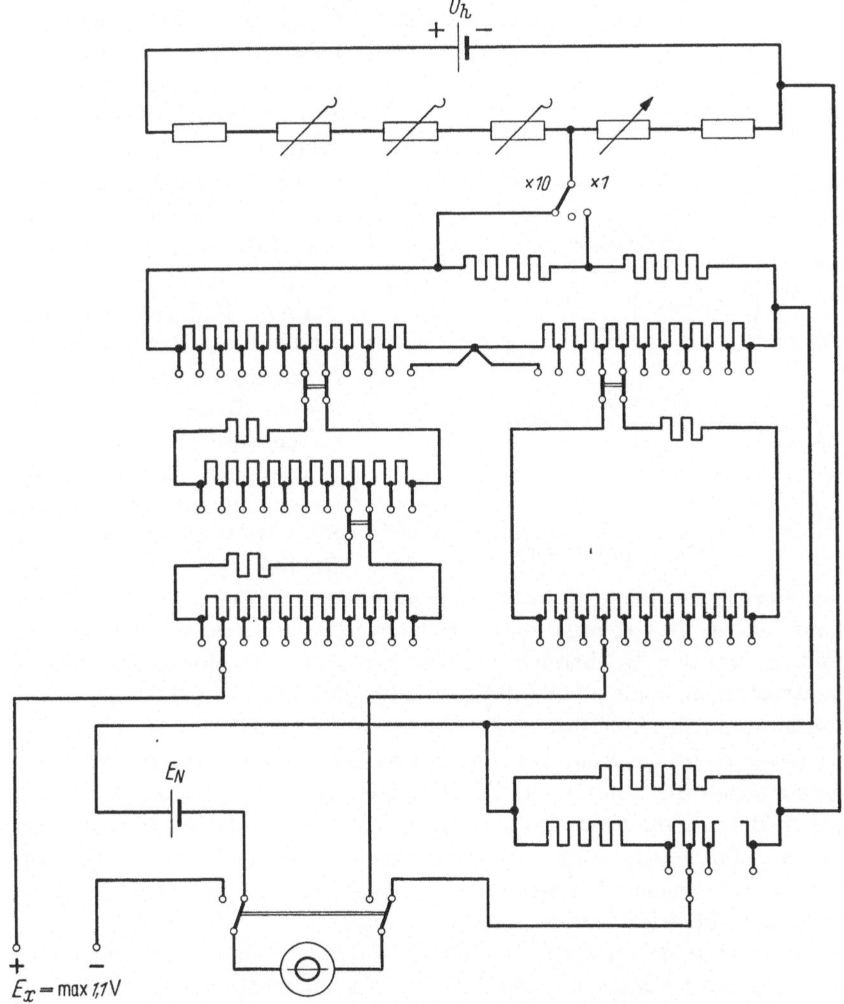

Abb. 66. Schaltung des Kaskaden-Hauptkompensators aus dem Prüftisch Abb. 57
Meßbereich 0,110000 V und 1,10000 V (ohne Spannungsteiler) (Siemens & Halske)

Da man für das Doppelkurbel-Potentiometer mindestens 10 Einheiten braucht und zwischen die Kurbeln nur 9 gleiche Einheiten des nachfolgenden Potentiometers schalten kann, ist es nicht ohne weiteres möglich, die Kaskade zu „verlängern". Die Einstellung der letzten Dezimale wird daher beim RAPS-Kompensator älterer Bauart durch einen Reihen-Stufenwiderstand vorgenommen. Damit wird der Widerstand des Hilfsstromkreises in geringem Maße von der Einstellung des Kompensators abhängig. Es müssen also hochohmige Kompensatorschaltungen verwendet werden. Der Gesamtwiderstand des Hilfsstromkreises beträgt beim RAPS-Kompensator älterer Bauart 40000 Ohm; durch die größtmögliche Änderung der 5. Dekade zwischen 0,0 und 1,0 Ohm kann demnach der Hilfsstrom um 1/40000 entspr. 0,0025% verstellt werden. Dadurch wird die Anwendung der EMK des Normalelementes in der letzten Stelle um $2^1/_2$ Einheiten unsicher.

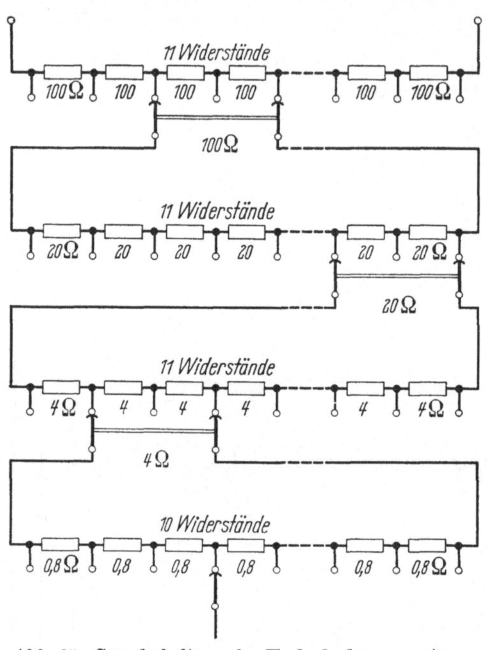

Abb. 67. Grundschaltung des Kaskadenkompensators von Hartmann & Braun

Bei den neueren Kaskadenkompensatoren von Siemens & Halske ist dieser Nachteil durch Verwendung von Vorwiderständen in den Stufen vermieden worden. Die Schaltung kann daher niederohmig sein; sie verwendet außerdem eine Stromteilung, um den Meßbereich des Kompensators um eine Zehnerpotenz herabsetzen zu können, so daß Spannungen bis 0,11 V auf 1 μV gemessen werden können (Abb. 66).

Nach einer anderen, von der Firma Hartmann & Braun angewendeten Schaltung kann man die Kaskaden beliebig „verlängern". Bei jedem Potentiometer werden zwei Einheiten von der Doppelkurbel überbrückt. Man gelangt dann zur Schaltung nach Abb. 67. Die mit Doppelkurbel versehenen Potentiometer müssen für 10 erforderliche Einstellungen 11 Widerstandseinheiten besitzen.

Die unterste Dekade E besitzt 10 Widerstände zu je 0,8 Ohm, also einen Gesamtwiderstand von 8 Ohm, der zwischen den Kurbeln der vorgeschalteten Kaskade liegt. Diese hat 11 Widerstände zu je 4 Ohm;

zwei derselben, also 8 Ohm, liegen zwischen den Abgriffen der Doppelkurbel. Da diese mit $10 \cdot 0{,}8$ Ohm der Dekade E belastet ist, hat der Meßstrom der Dekade D zwischen den Doppelkurbeln wieder 4 Ohm zu durchfließen. Der Eingangswiderstand der Kaskade D ist daher

$$(11 - 2) \cdot 4{,}0 + \frac{8 \cdot 8}{8 + 8} = 10 \cdot 4{,}0 = 40 \text{ Ohm}$$

Mit diesem Widerstand ist die Doppelkurbel des Potentiometers C belastet. Die Wiederholung des Prinzipes erfordert, daß C aus $11 \cdot 20$ Ohm und B aus $11 \cdot 100$ Ohm bestehen muß, damit die Eingangswiderstände dieser Kaskaden 200 bzw. 1000 Ohm betragen. Die Einfachkurbel am letzten Potentiometer E liegt also auf einem Potential, welches zwischen

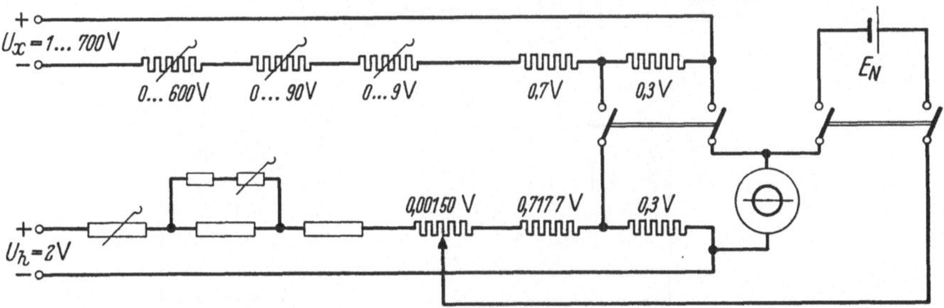

Abb. 68. Kompensator mit Präzisions-Dekadenwiderständen zur genauen Bestimmung ganzzahliger Spannungswerte (Spannungskompensator, S & H)

dem 0,10000 und dem 0,00001fachen des zum Spannungsabfall 1 V gehörenden Widerstandes eingestellt werden kann. In Reihe mit der gesamten Kaskade liegt ein Einfach-Potentiometer mit $1000 \cdot 10$ Ohm, an dessen Schleifer Potentiale vom 0,0 bis 1,0fachen der Einheit abgenommen werden. Der gesamte Meßbereich reicht wieder wie beim Raps-Kompensator bis 1,10000 Volt.

Oft kann man sich einfacherer Schaltungen bedienen, z. B. wenn lediglich die Spannung von Generatoren überwacht werden soll. Bei solchen *Spannungsmeßkompensatoren* verzichtet man auf die Möglichkeit, alle Werte vom 0,00001 bis 1,10000fachen feinstufig einstellen zu können. Da solche Spannungsquellen meistens auch belastet werden können, stellt man mittels Kurbel-Dekadenwiderstände Spannungsteiler im Verhältnis der zu bestimmenden Spannung zu einer festen, z. B. 0,30000 Volt her. Diese Spannung wird gegen einen Spannungsabfall gleicher Größe in einem Hilfsstromkreis kompensiert. Die Größe des Hilfsstromes wird wieder in bekannter Weise mit einem Normalelement gemessen. Die Abb. 68 zeigt eine Schaltung, wie sie als Spannungsmeßkompensator in der Meßeinrichtung von Siemens & Halske zur Bestimmung ganzzahliger Spannungswerte zwischen 1,00 und 700,00 V verwendet wird.

Ähnlich verfährt man beim Stufenkompensator nach SCHMIDT. Dieses Gerät dient vornehmlich zur Überprüfung von Leistungsmessern bei Gleichstrom. Dabei wird davon ausgegangen, daß die Anzeige eines Leistungsmessers bei Wechselstrom der Wirkleistung entspricht. Die Definition derselben ist bei Gleichstrom durch das Produkt eines Stromes und einer Spannung genau möglich.

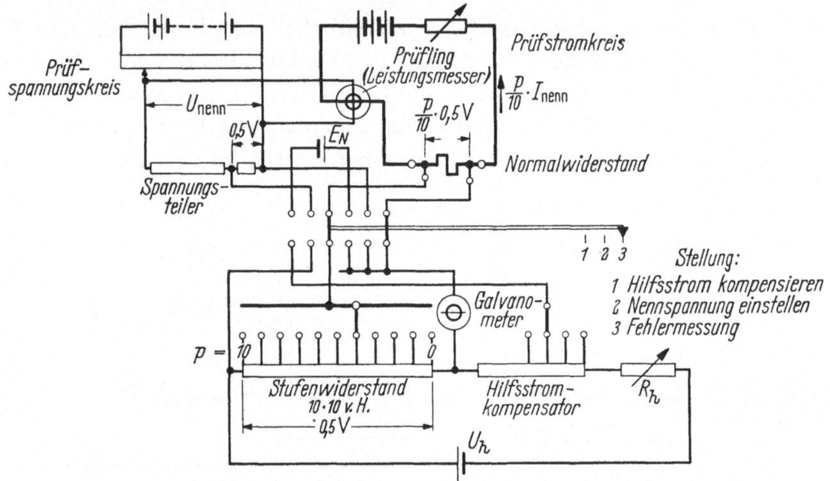

Abb. 69. Schaltung des Stufenkompensators nach SCHMIDT

Zur bequemen Anwendung erhält der Kompensator eine Reihe von Spezialeinrichtungen, wie z. B. den Stufenwiderstand, mit dem ein Spannungsabfall von genau 0,5 V in 10 Sprüngen von je 10% des Gesamtbetrages eingestellt werden kann. Die Schaltung des Kompensators zeigt Abb. 69. Auf der Stellung *1* des Umschalters wird der Hilfsstrom im Stufenwiderstand mittels eines Hilfsstromkompensators und eines Normalelementes eingestellt. Es herrschen dann die genannten 0,5 V Spannungsabfall am Stufenwiderstand. In der Stellung *2* des Umschalters kompensiert man diese 0,5 V gegen den Spannungsabfall an einen Spannungsteiler, der vorher auf die gewünschte Eingangsspannung eingestellt wurde, mit der der Spannungspfad des Prüflings betrieben wird. Den Abgleich führt man mit den Spannungsstellern des Prüfspannungskreises durch. Dann stellt man den Prüfling mit Hilfe der Stellwiderstände des Stromprüfkreises auf einen bestimmten Ausschlag — z. B. 70% Vollausschlag ein —. Steht dann der Abgriff des Stufenwiderstandes gleichfalls auf 70%, so fließt in der Stellung *3* des Umschalters über das Galvanometer ein Strom, der vom Fehler bei der Anzeige des Prüflings abhängt. Auf der Skale des Galvanometers kann dann der Fehler des Prüflings in Prozenten abgelesen werden. Es muß natürlich für eine entsprechende Anpassung des Galvanometers gesorgt werden, da dieses im Ausschlagsverfahren als Strommesser arbeitet und eigentlich die Differenz zweier Spannungsabfälle anzeigen soll. Streng genommen handelt es sich also bei der Anwendung des Stufenkompensators nicht mehr um ein Nullverfahren. Das Gerät ist aber viel billiger als eine entsprechende Prüfeinrichtung mit Kaskadenkompensatoren, da der teuerste Teil, der Kaskadenkompensator, durch den viel billigeren Stufenwiderstand ersetzt ist. Stufenkompensatoren werden hauptsächlich in Prüfamts-Außenstellen angewendet.

Bei den sog. technischen Kompensatoren verzichtet man auf ein besonderes Normalelement. Der Hilfsstrom wird mit einem Strommesser oder mit dem Galvanometer des Kompensators selbst eingestellt. Um die dabei auftretenden Fehler möglichst

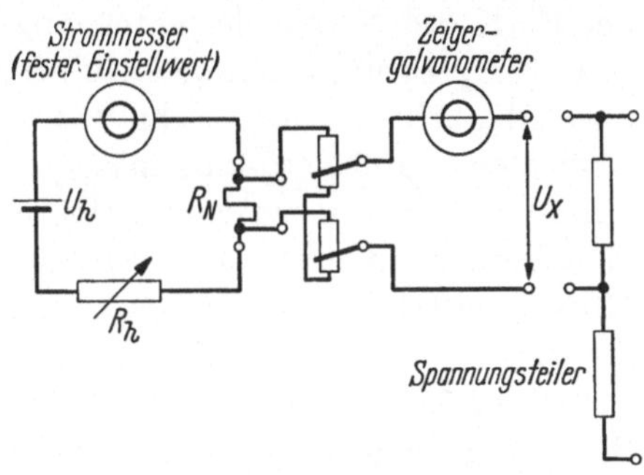

Abb. 70. Schaltung des technischen Kompensators nach LINDECK-ROTHE

klein zu halten, richtet man die Schaltung so ein, daß der Abgleich des Hilfsstromes bzw. des ihn repräsentierenden Spannungsabfalls an einem Widerstand stets auf denselben Skalenpunkt führt, für welchen man den Fehler des Gerätes eineichen kann. Die weitere Messung ist dann eine echte Kompensationsmessung, d. h. sie erfolgt leistungslos. Diese von LINDECK-ROTHE angegebene Schaltung (Abb. 70) wird z. B. bei den p_H-Wert-Kompensatoren angewendet.

Das Prinzip der Kompensation wird in der Meßtechnik sehr häufig gebraucht z. B. bei selbstabgleichenden Reglern, bei der Fernmessung aller möglicher Größen usw. Eine besondere Gruppe schreibender Geräte beruht ebenfalls auf diesem Meßprinzip (Kompensograph, vgl. Kap. IX). Es handelt sich dabei immer um Anwendungen der geschilderten Grundschaltungen; die Besonderheiten sind bei Meßeinrichtungen mit selbstabgleichenden Kompensatoren mehr regeltechnischer Art und müssen daher an dieser Stelle unberücksichtigt bleiben.

4. Durchführung der Kompensations-Messung

Da es sich bei Kompensatoren um sehr teure, hochwertige Meßeinrichtungen handelt, ist stets mit größter Sorgfalt und nach eingehender Überlegung an die Messung heranzugehen. Die besondere Bedienungsanweisung ist zu beachten.

Im folgenden sollen einige allgemeine Hinweise gegeben werden, die beachtet werden müssen, wenn man einwandfreie Meßergebnisse erzielen will.

Als oberste Regel gilt: *Das Normalelement niemals, auch nicht für kürzere Zeit, mit Strömen von mehr als etwa 10^{-6} A belasten!* Man gewöhne sich daran, bei den Voreinstellungen das mit Schutzwiderstand versehene Galvanometer nur kurz zu „tippen". Ehe man überhaupt mit der Kompensation beginnt, sollte man sich durch Rechnung oder mittels einer gröberen Messung über die Größenordnung der zu messenden Spannung Gewißheit verschaffen.

Zuerst muß der Hilfsstromkompensator auf Grund des Eichwertes der EMK des Normalelementes eingestellt werden, wobei die erforderliche Temperaturkorrektion anzubringen ist. Der Hilfsstromsteller sollte nach Möglichkeit nicht sehr verstellt werden, damit der Hilfsstrom wenigstens größenordnungsmäßig immer richtig vorhanden ist. Der Hilfsstrom wird genau eingestellt, indem man dem Galvanometer volle Empfindlichkeit gibt; dann dürfen natürlich die gröberen Stufen des Hilfsstromstellers nicht mehr berührt werden! Das Galvanometer darf man erst dann eingeschaltet lassen, wenn man bei der empfindlichsten Schaltung auf wenige Skalenteile Ausschlag angelangt ist. Ist die Spannung auch der Größenanordnung noch unbekannt, so muß man sich durch eine Vormessung mit einem hochohmigen Spannungsmesser von ihrer ungefähren Größe überzeugen. Der Hilfsstrom kann als eingestellt gelten, wenn sich einige Zeit nach erfolgtem Abgleich am Galvanometer kein Ausschlag mehr ergibt.

Dann wird auf die Messung der unbekannten Spannung umgeschaltet. Ist diese der Größenordnung nach bekannt, so wird der Wert auf dem Kompensator eingestellt und an Hand der Ausschlagsrichtung bei ganz kurzzeitigem Tippen des Galvanometers (Schutzwiderstand eingeschaltet lassen) die Richtung, nach der man zu kompensieren hat, festgestellt.

Nach beendigter Kompensation ist durch Umlegen des Schalters auf Hilfsstromkompensation nachzuprüfen, ob sich der Hilfsstrom geändert hat. Ist das der Fall, so beginnt man die Messung mit einer Nachstellung des Hilfsstromes von Neuem. Eine Kompensationsmessung gilt erst dann als zuverlässig, wenn vor und nach der Kompensation derselbe Hilfsstrom festgestellt worden ist.

Da mehrere Störeinflüsse im Meßkreis oder im Prüfling stromrichtungsabhängig sind (Erdfeld, Thermokräfte), so empfiehlt es sich, wenn angängig, die Messung bei umgekehrter Stromrichtung zu wiederholen. Zu diesem Zweck enthält die Kompensations-Meßeinrichtung gewöhnlich einen *Kommutator*, mit dem die Stromrichtung im Prüfling und im Kompensationskreis umgekehrt werden kann, so daß sich die Fehler einmal addieren, das zweite Mal subtrahieren. Das endgültige Ergebnis ist dann aus dem Mittelwert der beiden Kompensationsmessungen zu bilden.

Richtige Ergebnisse erhält man bei der Kommutierung nur bei gleichen Betriebsströmen im Prüfling. Die Gleichheit kann durch die Anzeige am Prüfling meist nicht mit der Meßgenauigkeit des Kompensators festgestellt werden. Außerdem ist u. U. die Anzeige des Prüflings selbst stromrichtungsabhängig. Es empfiehlt sich daher, im Meßkreis des Kompensators einen zweiten Normalwiderstand vorzusehen, der nicht mit kommutiert wird, wenn die Stromrichtung im Prüfling und im eigentlichen Meßwiderstand geändert wird. Durch die Betätigung des Kommutators können nämlich auch die Schaltungswiderstände des Betriebsstromkreises merkbar geändert werden. Liegen in der einen Stellung des Kommutators nur 10 mm Kupferleitung von 4 mm² Querschnitt mehr im Stromkreis als in der anderen Stellung, so ändert sich

der gesamte Widerstand der Schaltung um etwa $45 \cdot 10^{-6}$ Ohm. Wenn nun der Prüfstromkreis bei 10 A Nennstrom etwa 6 V benötigt, besitzt er einen Schaltungswiderstand von $600\,000 \cdot 10^{-6}$ Ohm. Dieser ändert sich durch die Kommutierung um $45 : 600\,000$ entspr. $75 \cdot 10^{-6}$, was fast der Änderung der *vorletzten* Kurbel um eine Einheit entspricht! Der zweite, nach Abb. 71 geschaltete Normalwiderstand dient als

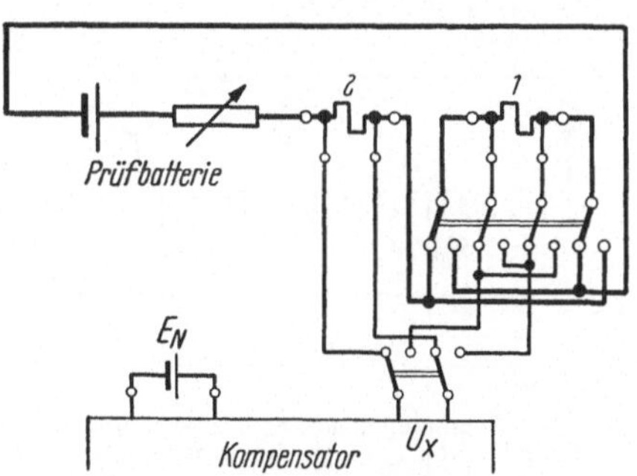

Abb. 71. Eliminierung der systematischen Fehler bei genauen Strommessungen mit dem Kaskadenkompensator

Strommesser von Kompensatorgenauigkeit, mit dem der alte Strom wieder eingestellt werden kann. An diesen zweiten Widerstand braucht man nur die Forderung einer hinreichenden Konstanz zu stellen. Natürlich ist die Messung an ihm nicht fehlerfrei; z. B. können Thermokräfte das Ergebnis fälschen. Zur fehlerfreien Messung verwendet man aber auch den ersten Normalwiderstand, der auf der Betriebsstrom- und Meßseite kommutiert wird.

Der den Prüfling speisende Hauptstromkreis besitzt Stellwiderstände zum feinen Einstellen der Betriebswerte. Diese Steller sind zur bequemen Handhabung gleich im Kompensationstisch selbst untergebracht. Gewöhnlich sind *zwei* Prüfstromkreise vorhanden, einer für geringe Spannung, aber hohe Stromstärke und ein zweiter für hohe Spannungen aber geringe Stromstärke. Man benötigt beide Stromkreise gleichzeitig z. B. bei der Prüfung von Leistungsmessern. In solchen Fällen wird die Spannung mit dem Spannungsmeßkompensator überwacht und mit dem Hauptkompensator die Stromstärke über einen Normalwiderstand gemessen.

Der Hauptkompensator kann nur Spannungen bis 1,1 V leistungslos messen. Dieser Meßbereich kann durch einen Spannungsteiler im wählbaren Verhältnis 10:1, 100:1 bzw. 1000:1 erweitert werden. Abb. 72 zeigt die Schaltung des Spannungsteilers, der auf allen Stufen mit gleichbleibendem Querstrom von 0,01 A arbeitet. Besonders bei Messungen bis 1100 V ist größte Vorsicht am Platze. Diese Spannungen sind sehr gefährlich, da sie ergiebigen Stromquellen entnommen werden. Außerdem muß der Versuchsaufbau sorgfältig auf Kriechströme überwacht werden. Spannungsquelle und Zuleitungen sind hoch zu isolieren, und Potentialgleichheit zwischen Spannungs- und Strom-Prüfkreis ist am Prüfling herzustellen.

Nach beendeter Messung lasse man den Spannungsteiler auf jeden Fall in der höchsten Stellung (1100 V) stehen, so, wie man sich vor Einschalten des Spannungsmeßkreises davon überzeugen muß, daß der Spannungsteiler auch richtig gestöpselt ist. Würde man z. B. eine Spannung von 400 V versehentlich an den auf 110 oder gar 11 Volt gestöpselten Spannungsteiler legen, so wäre eine Zerstörung dieses wertvollen und von der PTB beglaubigten Apparates nicht zu vermeiden[1].

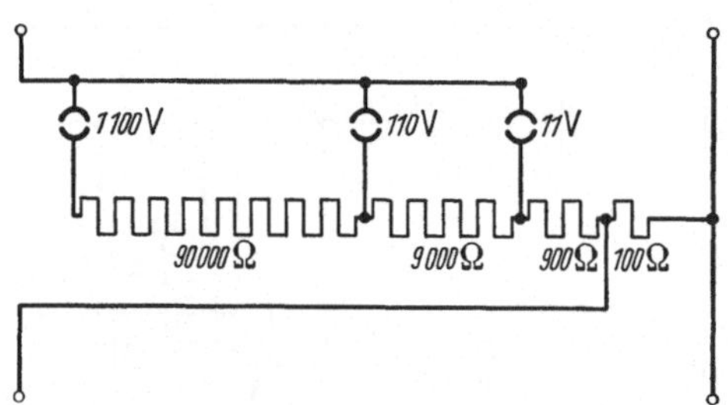

Abb. 72. Spannungsteiler zur Erweiterung des Meßbereiches von 1,1 V am Kaskadenkompensator

Schließlich achte man darauf, daß auf dem Kompensationstisch während der Messung keine Gegenstände, insbesondere nicht solche aus Eisen, herumliegen. Daß ein solches Gerät besonders sorgfältig zu pflegen ist, sollte selbstverständlich sein.

Moderne Kompensationsmeßeinrichtungen sind vom Hersteller bereits so gebaut, daß bei einigermaßen geschickter Aufstellung und Bedienung systematische Beeinflussungen durch Störeffekte kaum zu befürchten sind. Abgesehen von einigen kritischen Punkten, deren Beachtung der Benutzer schnell lernt, sind die Meßeinrichtungen auch ziemlich „narrensicher", so daß der Anfänger keine Scheu vor ihnen zu haben braucht. Die Ausbildung von Anfängern an mit billigen Hilfsmitteln improvisierten Aufbauten hat nur Wert, wenn z. B. die Frage der Störeinflüsse gründlich behandelt wird, weil sonst ein pädagogischer Zweck kaum verfolgt werden kann. Das Prinzip der Kompensation an sich ist nämlich leicht zu überblicken; Schwierigkeiten treten erst dann auf, wenn man einigermaßen gute Meßergebnisse anstrebt. Die damit zusammenhängenden Fragen sind selbst für den Geübten recht schwer, so daß es sinnvoll erscheint, die Ausbildung durch das Arbeiten an hochwertigen Anlagen zu ergänzen. Nur an solchen kann sich der Anfänger auf das eigentliche Problem des Kompensierens, nämlich der Erreichung einer hohen Meßgenauigkeit, konzentrieren. Nachdem er gelernt hat, die Genauigkeitsanforderungen der Praxis zu erfüllen, lernt er auch die Störeinflüsse zu beurteilen, die bei der Anwendung der Schaltung und in den geprüften Gegenständen zu systematischen Fehlern führen können. Die schwierigste Arbeit, näm-

---

[1] Bei neueren Ausführungen arbeitet der Spannungsteiler nicht mit konstantem Querstrom, sondern besitzt einen unveränderlichen Querwiderstand, der für max. 1100 V ausgelegt ist.

lich die Beseitigung systematischer Fehler der Meßschaltung selbst, wird man angesichts der mit modernen Geräten erzielbaren großen Genauigkeit dem Spezialisten überlassen müssen. Nach diesen Gesichtspunkten sind in Teil B die Übungsaufgaben ausgewählt worden.

V. Die Messung des Gleichstromwiderstandes gestreckter Leiter mittels Brückenschaltungen

Lehrziel: Die Brückenschaltung als universelles Hilfsmittel der elektrischen Meßtechnik.

1. Die Brücke als Meß- und Verstärkerschaltung; Substitutionsverfahren

Die Widerstandsmessung mittels Brückenschaltungen ist ein Vergleichsverfahren, ähnlich wie die Spannungsmessung am Kompensator. Beide Schaltungen sind daher verwandt; das Kennzeichnende ist, daß die Genauigkeit der Messung abhängt:

    a) von der Empfindlichkeit der Anzeige,

    b) von der Fehlerfreiheit der Schaltung (Abwesenheit von Störeffekten),

    c) von der Toleranz der als bekannt vorauszusetzenden Schaltungsbestandteile.

Die Steigerung der Empfindlichkeit des Anzeigegerätes könnte bei dem derzeitigen Stand der Meßtechnik das Brückenverfahren zu einer der genauesten Methoden machen, gleichrangig etwa mit dem Gewichtsvergleich auf der gleicharmigen Waage. Durch Verwendung von Verstärkern ließe sich die Empfindlichkeit fast beliebig steigern. Da diese Verstärker dann nicht *messen* sollen, sondern nur den Zustand der Stromlosigkeit im Brückenzweig zu melden haben, wäre gegen die Verwendung hoher Verstärkungsfaktoren an dieser Stelle der Meßtechnik nichts einzuwenden. Es ist jedoch zu beachten, daß zugleich mit der anzuzeigenden Größe auch Störeffekte verstärkt werden können. Welche Maßnahmen erforderlich sind, um dem zu begegnen, kann man am Preis hochwertiger Meßeinrichtungen erkennen; die Hochzüchtung der Empfindlichkeit allein erlaubt keineswegs die Möglichkeit, genau messen zu können. Durch die Toleranzen der Schaltungsgrößen wird die Meßgenauigkeit noch weiter eingeengt. So kann man z. Z. mit den höchstwertigen Einrichtungen, die im Handel erhältlich sind, kaum eine geringere Toleranz als etwa 0,01% erreichen, d. h. 10^{-4}. Dagegen ist es mit jeder guten Analysenwaage möglich, 100 g auf 0,1 mg zu messen, entsprechend einer Toleranz von 10^{-7}.

Ist nicht die absolute Größe eines Widerstandes zu bestimmen, sondern nur die Änderung gegenüber einem Ausgangszustand, so braucht man sich um geringe Toleranzen der Schaltungsbestandteile und Beseitigung der Störeinflüsse nicht so eingehend zu bemühen. Man mißt dann mit einem festen Brückenaufbau und sorgt lediglich dafür, daß die Einflußgröße, die den Widerstand des Prüflings ändert, nicht auch auf die Schaltung wirkt. In dieser Art wird die Brückenschaltung häufig zur Anzeige irgendwelcher physikalischer Größen verwendet, auf Grund derer sich der Widerstand des Meßempfängers — oftmals ein gespannter, glühender Draht — ändert. Man spricht dann von „Anzeigebrücken"; Beispiele sind Temperaturmeßbrücken, CO_2-Meßbrücken, Vakuummeter usw. In diesen Schaltungen soll die im Diagonalzweig fließende Stromstärke eine eindeutige Funktion der zu messenden Größe sein. Die Brücke hat dann die auch den Verstärker kennzeichnende Eigenschaft einer hohen Empfindlichkeit gegenüber der Meßgröße.

Um die Anzeige von den Fehlern der Schaltungsbestandteile und den Störeffekten frei zu machen, ersetzt man den zu messenden unbekannten Widerstand durch einen gleichgroßen bekannten; man nennt das *substituieren*. Es sind nunmehr zwei Messungen erforderlich: Eine Messung dient der Bestimmung des unbekannten Widerstandes (Ablesung A_1); auf Grund derselben ergibt sich

$$R_x = k \cdot A_1$$

mit einem Fehler ΔR_x, der von einer Abweichung $\Delta_1 k$ der Schaltungskonstanten k von ihrem Sollwert abhängt. Diesen Sollwert führt man nämlich nur auf Grund einer theoretischen Überlegung in die Rechnung ein, ohne systematische Einflüsse wie z. B. Temperaturabweichungen, Kriechströme od. dgl. in jedem Fall berücksichtigen zu können. Der Fehler beträgt nach dem Fehlerfortpflanzungsgesetz:

$$\Delta R_x = \frac{\partial R_x}{\partial k} \cdot \Delta_1 k = A_1 \cdot \Delta_1 k$$

Bei der zweiten Messung wird anstelle des Prüflings R_x der genau bekannte, einstellbare Normalwiderstand R_N eingeschaltet und die Brücke bei ungeänderter Einstellung $A_2 = A_1$ mit R_N erneut abgeglichen. Es gilt dann

$$R_N = k A_2 = k A_1$$

worin der „Fehler" ΔR_N nicht auf Unvollkommenheiten oder Fehlereinstellungen des Normals R_N zurückgehen soll, sondern lediglich auf den unerkannten systematischen Einfluß bei k. Es ergibt sich wieder

$$\Delta R_N = \frac{\partial R_N}{\partial k} \cdot \Delta_2 k = A_2 \cdot \Delta_2 k$$

Da $A_1 = A_2 = A$ ist, kann man schreiben:

$$\Delta R_x - \Delta R_N = A_1 \cdot \Delta_1 k - A_2 \cdot \Delta_2 k = A (\Delta_1 k - \Delta_2 k)$$

Man erkennt, daß sich die Fehler aufheben, wenn $\Delta_1 k = \Delta_2 k = \Delta k$ ist.

Es wird dann wegen $A_1 = A_2$

$$R_x - R_N = k \cdot (A_1 - A_2) - (A_1 \cdot \varDelta_1 k - A_2 \cdot \varDelta_2 k)$$
$$= (k - \varDelta k) \cdot (A_1 - A_2) = 0$$

d. h. $\qquad\qquad R_x = R_N$

Es braucht also nicht gefordert zu werden, daß $\varDelta k = 0$, sondern nur, daß der Fehler *konstant* sei. Hierin liegt die Überlegenheit des Substitutionsverfahrens gegenüber der direkten Messung, wenn über die Größe des Störeinflusses nichts weiter ausgesagt werden kann. Besitzt man kein einstellbares Normal R_N, mit dem der Betrag von R_x genau substituiert werden kann, so ist $A_1 \neq A_2$, und es gilt

$$R_x - R_N = k (A_1 - A_2) - \varDelta k \cdot (A_1 - A_2) \tag{142}$$

wenn der Störeinfluß $\varDelta k$ bei beiden Messungen derselbe geblieben ist. Der Fehler wird um so kleiner, je kleiner $A_1 - A_2$ wird; d. h. man sollte das feste Normal R_N so wählen, daß sein Betrag dem des Prüflings möglichst nahekommt.

2. Die Wirkungsweise der Brückenschaltungen

Die Brückenschaltung nach WHEATSTONE ist ein vollständiges Maschennetz zwischen vier Knotenpunkten (Abb. 73). In einem solchen kann man auf 6 verschiedenen Wegen Umläufe bilden.

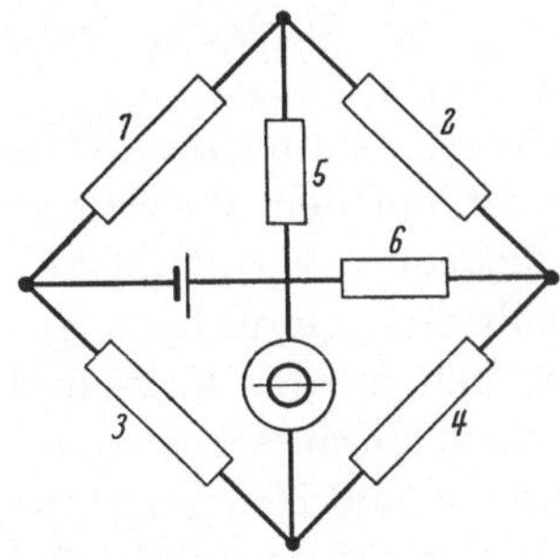

Abb. 73. Die Brückenschaltung nach WHEATSTONE als vollständig vermaschtes Netz zwischen 4 Knotenpunkten

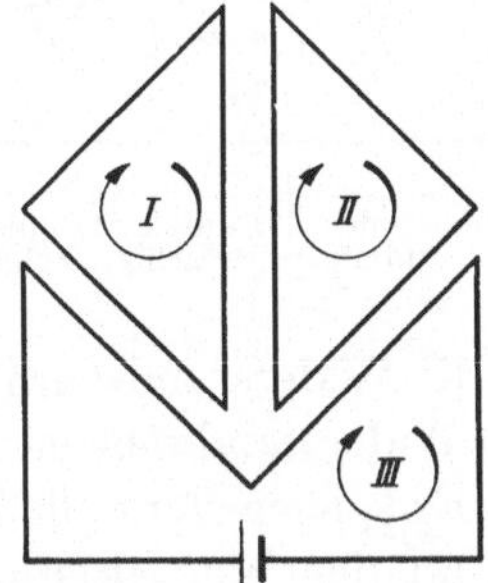

Abb. 74. Auflösung des Netzes nach Abb. 73 in drei voneinander unabhängige Maschen

In jedem Netz, welches mittels l Leitungen zwischen p Knotenpunkten ausgespannt ist, ist die Zahl der unabhängigen Maschen

$$m = l - p + 1$$

Demnach hat die WHEATSTONEsche Brückenschaltung drei voneinander unabhängige Maschen; Abb. 74 veranschaulicht, wie man sich die Schaltung aus drei einzelnen Maschen zusammengesetzt denken kann. Diese

9*

Darstellung läßt erkennen, daß man zur Berechnung aller Leitungsströme drei voneinander unabhängige Gleichungen benötigt, die man aus den drei Umläufen $\sum U = 0$ gewinnt.

Legt man in die eine Diagonale, z. B. den Zweig 6, eine Spannungsquelle, so fließt durch das Netz ein Strom; unter gewissen Bedingungen kann dann der andere Diagonalzweig stromlos sein. Für diesen Fall ist $i_5 = 0$; man kann dann die Stromverteilung leicht berechnen. Es muß dann $i_1 = i_2$ und $i_3 = i_4$ sein und es folgt auf Grund der Spannungsteilerverhältnisse

$$\frac{R_1}{R_1 + R_2} = \frac{R_3}{R_3 + R_4}$$

also auch

$$\boxed{R_1 : R_2 = R_3 : R_4} \tag{143}$$

Das ist die Bedingung der *abgeglichenen* Brücke. Sie kann zur unmittelbaren Messung des einen Widerstandes verwendet werden, wenn die drei anderen bekannt sind. Dabei braucht der Zustand der Stromlosigkeit im Zweig 5 nur durch ein empfindliches Gerät nachgewiesen zu werden. Selbstverständlich kann man die Zweige 5 und 6, also Galvanometer und Batterie, miteinander vertauschen.

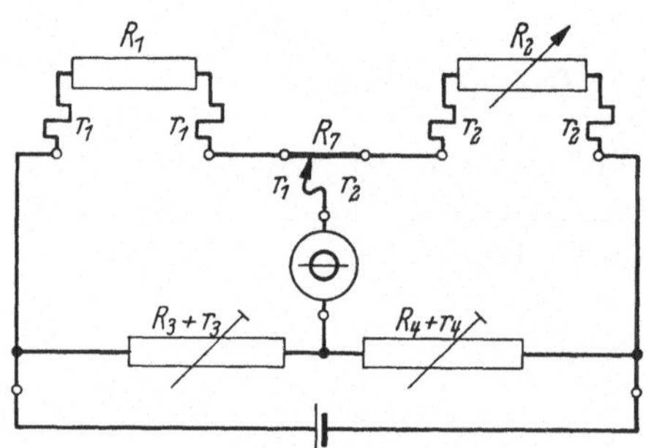

Abb. 75. Ausgleich der durch die Zuleitungswiderstände verursachten Fehler

Diese Ableitung setzt voraus, daß die mit dem Brückengerät verglichenen Spannungsteilerverhältnisse hinreichend genau durch die Widerstandsverhältnisse wiedergegeben werden können. Bei kleinen Widerstandswerten ist es schwierig, diese Voraussetzung zu erfüllen. Es spielen dann die Zuleitungswiderstände und Übergangswiderstände an den Kontaktstellen eine nicht zu vernachlässigende Rolle. Überwiegt im Zweig 1 noch der zu messende Widerstand R_1, so kann man die Zuleitungs- und Kontaktwiderstände mittels eines Hilfswiderstandes R_7 (Abb. 75) ausgleichen. Man stellt bei R_1 zuerst einen Kurzschluß her und stimmt die Brücke mit R_7 ab, wobei der eigentliche Meßwiderstand R_2 in einer dem Wert $R_1 = 0$ entsprechenden Stellung steht. Bei den weiteren Messungen muß dann R_7 unverändert bleiben.

Beim ersten Abgleichen, dem *Trimmen* der Brücke, ist $R_1 = 0$ und $R_2 = 0$. Demnach muß

$$\frac{r_1}{r_2} = \frac{R_3}{R_4}$$

sein. Mißt man den Prüfling R_1 durch entsprechendes Verstellen von R_2, so ist

$$\frac{R_1 + r_1}{R_2 + r_2} = \frac{R_3}{R_4}$$

Aus diesen beiden Gleichungen folgt

$$\frac{R_1}{R_2} = \frac{R_3}{R_4}$$

Diese Schaltung wendet man bei Präzisionsmeßbrücken an, wenn die zu messenden Widerstände in der Größenordnung von 1 bis 10 Ohm liegen.

Sind die zu messenden Widerstände noch erheblich kleiner, etwa bis herab zu 10^{-5} Ohm, so muß man andere Verfahren wählen, weil die Kontaktübergangswiderstände bedeutend größere Werte haben können als der zu ermittelnde Widerstand des Prüflings. Dieser muß dann als Spannungsabfall zwischen zwei Potentialklemmen definiert werden (vgl. Abb. 76 und Kap. I, Abb. 17). Man vergleicht dann den Spannungsabfall eines starken Meßstromes im Prüfling mit dem Spannungsabfall desselben Stromes in einem Normalwiderstand. Dieses Verfahren führt zu der Doppelbrücke nach THOMSON. Sie ist zur unmittelbaren Ausmessung von Widerständen bis herab zu etwa 10^{-5} bis 10^{-6} Ohm und mit einer Toleranz von etwa 10^{-4} geeignet. Die Übergangswiderstände der Stromklemmen liegen außerhalb der Meßstrecke, können daher den zu messenden Spannungsabfall nicht beeinflussen.

Die Schaltung ist in Abb. 77a wiedergegeben; sie läßt sich durch eine widerstandstreue Stern-Dreieck-Umwandlung in die gewöhnliche WHEATSTONE-Schaltung überführen (Abb. 77b). Der Widerstand zwischen den beiden inneren Potentialklemmen werde mit r bezeichnet. Er besteht aus dem Widerstand der eigentlichen

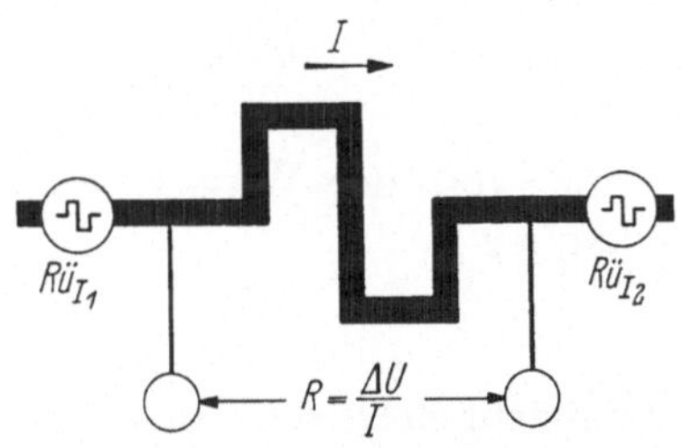

Abb. 76. Definition niederohmiger Widerstände mit Hilfe von Potentialklemmen

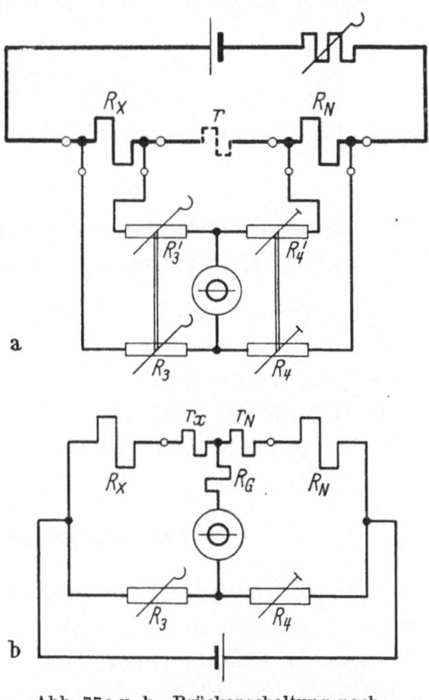

Abb. 77a u. b. Brückenschaltung nach THOMSON zur Bestimmung niederohmiger Widerstände

a) Meßschaltung; b) widerstandstreue Aufteilung des Leitungswiderstandes zwischen R_X und R_N

134 Die Messung des Gleichstromwiderstandes mittels Brückenschaltungen

Schaltverbindung und zwei Kontaktwiderständen und ist u. U. von derselben Größenordnung, wenn nicht größer als die Widerstände R_x und R_N.

Die Ersatzwiderstände r_x, r_N und r_G des leitwertgleichen Sternes in Abb. 77 b ergeben sich zu

$$r_x = \frac{r\,R'_3}{r + R'_3 + R'_4} \approx r \cdot \frac{R'_3}{R'_3 + R'_4}$$

$$r_N = \frac{r\,R'_4}{r + R'_3 + R'_4} \approx r \cdot \frac{R'_4}{R'_3 + R'_4}$$

$$r_G = \frac{R'_3\,R'_4}{r + R'_3 + R'_4} \approx \frac{R'_3 \cdot R'_4}{R'_3 + R'_4}$$

Gegenüber $R'_3 + R'_4$ kann der kleine Widerstand r vernachlässigt werden.

Die von der WHEATSTONE-Brücke her bekannte Gleichgewichtsbedingung

$$\frac{R_x + r_x}{R_3} = \frac{R_N + r_N}{R_4}$$

vereinfacht sich, wenn auch

$$r_x : R_3 = r_N : R_4$$

ist. Mit Hilfe der obigen Transfigurationsformel wird

$$\frac{r}{R'_3 + R'_4} \cdot \frac{R'_3}{R_3} = \frac{r}{R'_3 + R'_4} \cdot \frac{R'_4}{R_4}$$

d. h. die Brücke muß so aufgebaut sein, daß

$$R'_3 : R_3 = R'_4 : R_4 \tag{144}$$

ist. Dann gilt für die THOMSON-Brücke dieselbe Gleichgewichtsbedingung wie für die WHEATSTONEsche Brückenschaltung:

$$R_x = R_N \cdot \frac{R_3}{R_4} \tag{145}$$

Gewöhnlich konstruiert man die THOMSONsche Meßbrücke so, daß die Widerstände R_3 und R'_3 bzw. R_4 und R'_4 beim Abgleichen um gleiche Beträge geändert werden (Doppelkurbelbrücke).

3. Empfindlichkeit und Meßgenauigkeit

Die *Genauigkeit* der Messung ist eine Funktion der *Empfindlichkeit*, mit der die Stromlosigkeit im Diagonalzweig, festgestellt werden kann. Denkt man sich die theoretisch genau abgeglichene Brücke durch Hinzunahme eines kleinen Widerstandes zum Sollwert des zu messenden Widerstandes geändert, so werden um so kleinere Widerstandsänderungen bemerkbar, je kleinere Ströme das Nullgerät anzeigen kann. Dann wird nach Abb. 78 zwischen den Punkten C und D der Brücke

ein Spannungsunterschied herrschen, der aus den beiden Spannungs-
teilerverhältnissen der Zweige ACB und ADB bestimmt werden kann.
Durch Unterbrechung des Zweiges 5 sei zunächst der Brückenstrom
$i_5 = 0$.

Es ist dann

$$u_{CD_0} = u_{AC_0} - u_{AD_0}$$

$$u_{CD_0} = u_{AB} \cdot \left(\frac{R_1}{R_1 + R_2} - \frac{R_3}{R_3 + R_4} \right)$$

Ferner ist

$$u_{AB} = U_0 \cdot \frac{R_{AB}}{R_b + R_{AB}}$$

mit

$$R_{AB} = \frac{(R_1 + R_2) \cdot (R_3 + R_4)}{R_1 + R_2 + R_3 + R_4}$$

Hieraus folgt

$$u_{CD_0} = U_0 \cdot \frac{R_1 \cdot R_4 - R_2 \cdot R_3}{R_b \cdot (R_1 + R_3 + R_2 + R_4) + (R_1 + R_2) \cdot (R_3 + R_4)} \qquad (146)$$

Zur Abkürzung sollen alle Widerstände auf den Sollwert des zu
messenden Widerstandes im Brückenzweig 1 bezogen werden, der mit R
bezeichnet sei. Mit dem Schutz-
widerstand im Zweig 6 sei der
innere Widerstand der Stromquelle vereinigt, der Widerstand
im Meßzweig 5 wird durch das
Meßgerät selbst gebildet. Die
kleine Abweichung $\pm \xi \cdot R$ vom
Sollwert R des unbekannten
Widerstandes repräsentiere je
nach Bedarf entweder die Meßunsicherheit der Widerstandsbestimmung oder den Einfluß

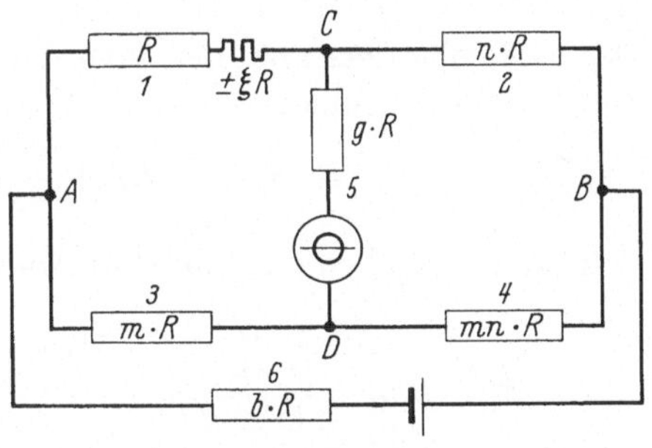

Abb. 78. Brückenschaltung nach WHEATSTONE

einer Meßgröße auf einen Widerstand in der Brückenschaltung, wenn
damit ein Ausschlag des Meßgerätes beabsichtigt wird. Es ist dann

$$R_1 = (1 \pm \xi) \cdot R$$
$$R_2 = n \cdot R$$
$$R_3 = m \cdot R$$
$$R_4 = m \cdot n \cdot R$$
$$R_5 = g \cdot R$$
$$R_6 = b \cdot R$$

Schreibt man die Gleichung für die Brückendiagonalspannung mit
Hilfe dieser Abkürzung, so wird für $\xi \ll 1$

$$u_{CD_0} \approx \pm \xi \cdot U_0 \cdot \frac{n}{1+n} \cdot \frac{m}{m(1+n) + b(1+m)} \qquad (147)$$

Nun denkt man sich diese Brückendiagonalspannung in einem Stromkreis wirkend, in dem die Batterie durch einen Kurzschluß ersetzt wird; der von der Diagonalspannung hervorgerufene Strom überlagert sich dem von der Batterie erzwungenen Betriebsstrom für die theoretisch genau abgeglichene Brücke (Diagonalspannung gleich Null). Diesen Brückenstromkreis veranschaulicht Abb. 79a. Nach Durchführung einer Stern - Dreiecks - Transfiguration erhält man die Schaltung Abb. 79b; die in ihr vorkommenden Widerstände sind

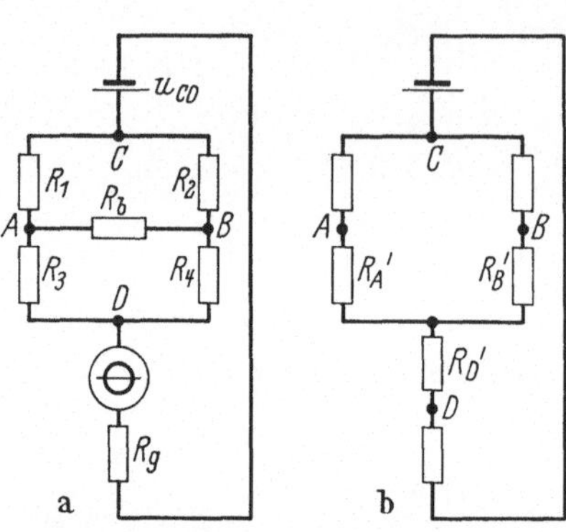

Abb. 79a u. b. Zur Ableitung der Schaltungsempfindlichkeit der WHEATSTONEschen Brücke a) Ausgangsschaltung für die unabgeglichene Brücken-Diagonalspannung; b) Widerstandstreue Umbildung des Dreiecks ABC in einen Stern

$$R'_D = \frac{R_1 \cdot R_2}{R_1 + R_2 + R_6} \approx R \cdot \frac{n}{1+n+b}$$

$$R'_A = \frac{R_1 \cdot R_6}{R_1 + R_2 + R_6} \approx R \cdot \frac{b}{1+n+b}$$

$$R'_b = \frac{R_2 \cdot R_6}{R_1 + R_2 + R_6} \approx R \cdot \frac{n \cdot b}{1+n+b}$$

Der Gesamtwiderstand der vom Diagonalstrom $i = i_5$ durchflossenen Schaltung ist demnach

$$R' = R_5 + R'_D + \frac{(R'_A + R_3) \cdot (R'_b + R_4)}{R'_A + R_3 + R'_b + R_4}$$

Setzt man die oben eingeführten Abkürzungen ein, so erhält man

$$R' = R \left\{ g + \frac{n}{1+n+b} + \frac{\left(m + \dfrac{b}{1+n+b}\right) \cdot \left(mn + \dfrac{nb}{1+n+b}\right)}{m + mn + \dfrac{b+nb}{1+n+b}} \right\} \tag{148}$$

Eine Umformung ergibt zunächst

$$\frac{\left(m + \dfrac{b}{1+n+b}\right)\left(mn + \dfrac{nb}{1+n+b}\right)}{m + mn + \dfrac{b+nb}{1+n+b}} = \frac{n}{1+n} \cdot \left(m + \frac{b}{1+n+b}\right)$$

Damit wird

$$i = \frac{U_{CD_0}}{R'}$$

$$= \pm \xi \frac{U_0}{R} \cdot \frac{n}{1+n} \cdot \frac{m}{m(1+n)+b(1+m)} \cdot \frac{1+n+b}{g(1+n+b)+n+\dfrac{n}{1+n}[b+m(1+n+b)]}$$

$$= \pm \xi \frac{U_0}{R} \cdot \frac{1}{(1+n)+\dfrac{b}{m}(1+m)} \cdot \frac{1}{g + \dfrac{n}{1+n+b} + \dfrac{n}{1+n}\left(m + \dfrac{b}{1+n+b}\right)} \cdot \frac{n}{1-n} \tag{149}$$

Der zweite und der dritte Bruch lassen sich zusammenfassen; man erhält

$$\frac{1}{\frac{g}{n}(1+n)+\dfrac{1+n}{1+n+b}+m+\dfrac{b}{1+n+b}}=\frac{1}{1+m+\dfrac{g}{n}(1+n)}$$

Somit ergibt sich schließlich folgender Ausdruck für den Brücken-Diagonalstrom

$$i=\pm\xi\cdot\frac{U_0}{R}\cdot\frac{1}{\left[(1+n)+\dfrac{b}{m}\cdot(1+m)\right]\cdot\left[(1+m)+\dfrac{g}{n}\cdot(1+n)\right]}\qquad(150)$$

Nun ist bekanntlich (vgl. Kap. III)

$$i=C_i\cdot y=\frac{1}{E_i}\cdot y$$

hierin war $E_i=1/C_i$ die Stromempfindlichkeit des Galvanometers und y der an der Skale gemessene Ausschlag. Zwischen der Stromkonstanten C_i, der Spannungskonstanten C_u und dem Galvanometerwiderstand $R_G=R_5$ besteht die Beziehung

$$C_u=R_G\cdot C_i$$

d. h.

$$i=\frac{C_u}{g\cdot R}\cdot y$$

Setzt man diesen Ausdruck für i mit dem aus Gl. (150) gleich, so ergibt sich der Ausschlag y auf der Skale des Galvanometers infolge der Abweichung ξ des Widerstandes R_1 vom Sollwert

$$y=\pm\xi\frac{U_0}{C_u}\cdot\frac{g}{\left[(1+n)+\dfrac{b}{m}(1+m)\right]\cdot\left[(1+m)+\dfrac{g}{n}(1+n)\right]}\qquad(151)$$

Diese Beziehung läßt folgende Deutung zu: Die Größe von

$$V=\frac{y}{\xi}\qquad(152)$$

wird durch zwei Faktoren bestimmt, erstens durch das Verhältnis $U_0:C_u$, welches im allgemeinen sehr hohe Werte haben wird, zum anderen durch die Größe

$$\boxed{E_{sch}=1/C_{sch}=\frac{g}{\left[(1+n)+\dfrac{b}{m}\cdot(1+m)\right]\cdot\left[(1+m)+\dfrac{g}{n}\cdot(1+n)\right]}}\qquad(153)$$

die man als *Schaltungsempfindlichkeit* bezeichnen kann. Man wird bestrebt sein, den Kehrwert C_{sch}, die Schaltungskonstante, zu einem Minimum zu machen; dann wird auch der zweite Faktor von V ein Maximum.

V kennzeichnet also gewissermaßen die Arbeitsweise der WHEAT-STONEschen Brückenschaltung als Verstärker im Ausschlagverfahren. Je größer V ist, desto kleinere Widerstandsänderungen können zur Anzeige gebracht werden.

4. Die optimale Schaltungsempfindlichkeit

Das Optimum der Schaltungsempfindlichkeit hängt davon ab, welche Schaltungsbestandteile verändert werden können. Der Weg zur Ermittlung der optimalen Brückenbedingungen werde hier am Beispiel einer Schaltung gezeigt, bei der Batteriewiderstand b und Galvanometerwiderstand g – beide bezogen auf den Wert des zu messenden Widerstandes – gegeben sind, und sowohl m als auch n variiert werden können.

Das Optimum der Schaltungsempfindlichkeit ergibt sich dann, wenn man den Nenner der Gl. (153) partiell sowohl nach m als auch n ableitet, die Ableitungen gleich Null setzt, und dann diese Gleichungen zur Bestimmung des optimalen Wertepaares $\{m; n\}$ heranzieht;

$$\frac{\partial C_{sch}}{\partial n} = (1 + m) + \frac{g}{n}(1 + n) - \left[(1 + n) + \frac{b}{m}(1 + m)\right] \cdot \frac{g}{n^2} = 0 \quad (154\,\mathrm{a})$$

$$\frac{\partial C_{sch}}{\partial m} = (1 + n) + \frac{b}{m}(1 + m) - \left[(1 + m) + \frac{g}{n}(1 + n)\right] \cdot \frac{b}{m^2} = 0 \quad (154\,\mathrm{b})$$

Aus diesen Beziehungen folgt:

$$n^2 = \frac{g}{m} \cdot \frac{m + b + m \cdot b}{1 + m + g} = g \cdot \frac{1 + b \cdot \left(1 + \dfrac{1}{m}\right)}{1 + m + g}$$

$$m^2 = \frac{b}{n} \cdot \frac{n + g + n \cdot g}{1 + n + b} = b \cdot \frac{1 + g \cdot \left(1 + \dfrac{1}{n}\right)}{1 + n + b}$$

Dividiert man beide Bestimmungsgleichungen durch $(1 + m) \cdot (1 + n)$, so wird

$$\left.\begin{aligned}
\frac{1}{1 + n} + \frac{g}{n} \cdot \frac{1}{1 + m} &= \left(\frac{1}{1 + m} + \frac{b}{m} \cdot \frac{1}{1 + n}\right) \cdot g/n^2 \\[2ex]
\frac{1}{1 + m} + \frac{b}{m} \cdot \frac{1}{1 + n} &= \left(\frac{1}{1 + n} + \frac{g}{n} \cdot \frac{1}{1 + m}\right) \cdot b/m^2
\end{aligned}\right\} \quad (155)$$

und

Hieraus folgt durch Einsetzen

$$\boxed{\;m \cdot n = \sqrt{b \cdot g}\;} \quad (156)$$

Mit Hilfe dieser Beziehungen kann man m bzw. n in den Gleichungen für n^2 bzw. m^2 eliminieren. Es ergibt sich

$$\left.\begin{aligned}
n^2 &= \frac{g + b\,g + b\,g\,\dfrac{n}{\sqrt{b\,g}}}{1 + g + \dfrac{\sqrt{b\,g}}{n}} \\[4ex]
m^2 &= \frac{b + b\,g + b\,g\,\dfrac{m}{\sqrt{b\,g}}}{1 + b + \dfrac{\sqrt{b\,g}}{m}}
\end{aligned}\right\} \quad (157)$$

Löst man diese Identität nach m bzw. n auf, so erhält man folgende Bestimmungsgleichungen für die optimale Brückenschaltung:

$$n = \sqrt{g \cdot \frac{1+b}{1+g}} \qquad\qquad m = \sqrt{b \cdot \frac{1+g}{1+b}} \tag{158}$$

Die Größe der optimalen Schaltungskonstanten folgt durch Einsetzen dieser Werte in Gl. (153). Nach dem Ausmultiplizieren erhält man

$$g \cdot C_{sch_{\min}} = (1 + \sqrt{b\,g})^2 + 2(b + g) + \left(1 + g + \sqrt{b\,g} + \sqrt{\frac{b}{g}}\right) \cdot \sqrt{g \cdot \frac{1+b}{1+g}} +$$

$$+ \left(1 + b + \sqrt{b\,g} + \sqrt{\frac{g}{b}}\right)\sqrt{b\,\frac{1+g}{1+b}}$$

Man kann leicht zeigen, daß die beiden letzten Summanden auf der rechten Seite identisch gleich sind:

$$\left(1 + g + \sqrt{b \cdot g} + \sqrt{\frac{b}{g}}\right) \cdot \sqrt{g \cdot \frac{1+b}{1+g}} = \left(1 + b + \sqrt{g \cdot b} + \sqrt{\frac{g}{b}}\right) \cdot \sqrt{b \cdot \frac{1+g}{1+b}}$$

$$\equiv (\sqrt{b} + \sqrt{g}) \cdot \sqrt{(1+b) \cdot (1+g)}$$

Durch Auflösen der beiden ersten Summanden und Einsetzen des Ausdruckes aus vorstehender Gleichung ergibt sich

$$g \cdot C_{sch_{\min}} = (1 + b) \cdot (1 + g) + (b + 2)\sqrt{b \cdot (g + g)} + 2 \cdot (\sqrt{b} + \sqrt{g}) \cdot \sqrt{(1+b) \cdot (1+g)}$$

$$= (\sqrt{b} + \sqrt{g})^2 + 2 \cdot (\sqrt{b} + \sqrt{g}) \cdot \sqrt{(1+b) \cdot (1+g)} + (1 + b) \cdot (1 + g)$$

oder schließlich

$$g \cdot C_{sch_{\min}} = (\sqrt{b} + \sqrt{(1+b) \cdot (1+g)} + \sqrt{g})^2 \tag{159}$$

Damit wird nach Gl. (151) die dem Ausschlag $y_0 = 1$ mm auf der Skale entsprechende Abweichung des Widerstandes vom Sollwert des Brückengleichgewichtes bei optimalen Schaltungsbedingungen gemäß Gl. (159):

$$\xi_{0_{\min}} = \frac{C_u}{g \cdot U_0} \cdot (\sqrt{b} + \sqrt{(1+b) \cdot (1+g)} + \sqrt{g})^2 \tag{160}$$

In Abb. 80 ist der Ausdruck für $g \cdot C_{sch_{\min}}$ aus Gl. (159) graphisch aufgetragen, wobei g als Parameter gewählt wurde. Infolge der Symmetrie dieses Ausdruckes in bezug auf g und b ergeben sich dieselben Kurven, wenn g als unabhängige Variable und b als Parameter dargestellt würden.

Man kann den Ausdruck für $\xi_{0_{\min}}$ aus Gl. (160) auch mit Hilfe der absoluten Widerstandswerte darstellen, indem man die rechte Seite mit $\dfrac{\sqrt{R^2}}{R}$ erweitert. Man erhält dann

$$\xi_{0_{\min}} = \frac{C_u}{U_0 \cdot R_G} \cdot \left(\sqrt{R_b} + \sqrt{\frac{(R + R_G) \cdot (R + R_b)}{R}} + \sqrt{R_G}\right)^2 \tag{161}$$

Ferner läßt sich dann aus Gl. (156) eine wichtige Bemessungsregel für die optimale

Empfindlichkeit der WHEATSTONEschen Brückenschaltung feststellen. Multipliziert man nämlich beide Seiten der Gl. (156) mit dem Wert des Bezugswiderstandes, so folgt, da $m\,n\cdot R = R_4$ ist,

$$R_4 = \sqrt{R_b \cdot R_G}$$

oder

$$R_b : R_4 = R_1 : R_G \tag{162}$$

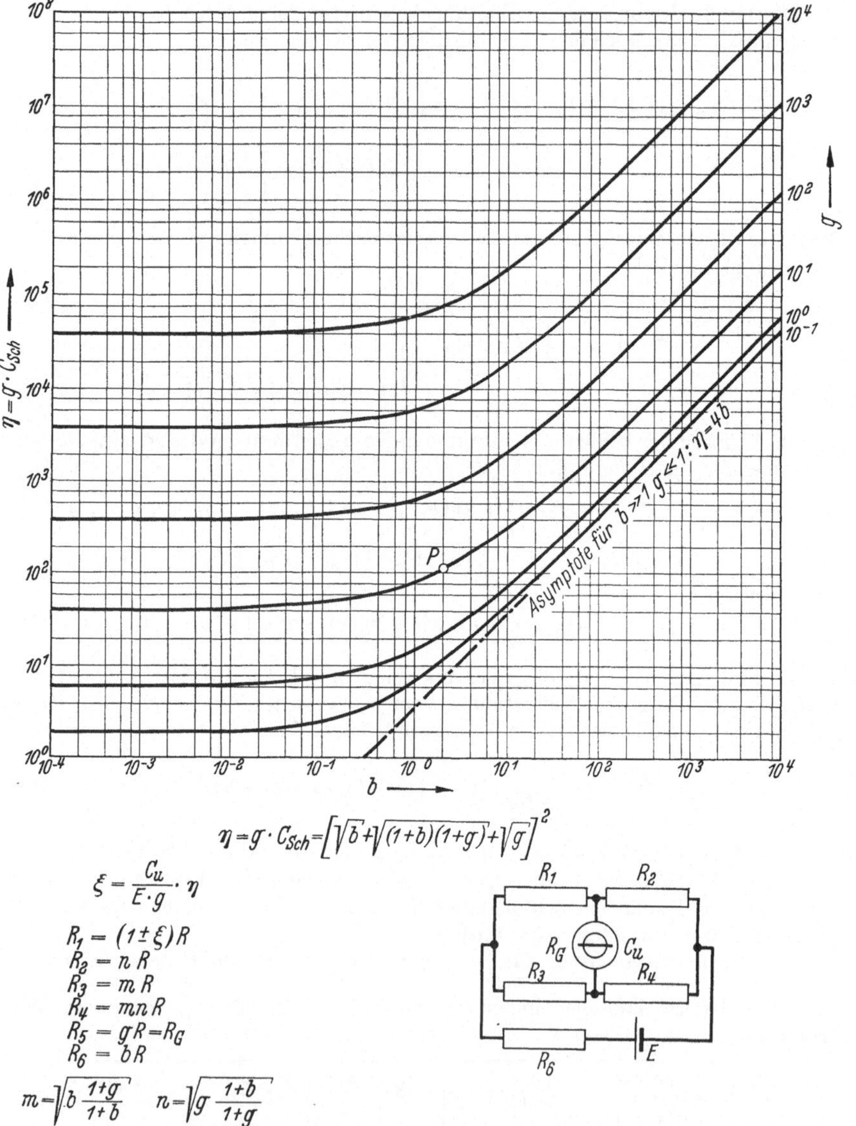

Abb. 80. Kurven optimaler Schaltungsempfindlichkeit einer Brückenschaltung nach WHEATSTONE bei verschiedenem Galvanometer- und Batterie-Innenwiderstand

Desgleichen gestatten die Gl. (158), die optimalen Werte für R_2 und R_3 auszurechnen. Multipliziert man mit R und formt um, so erhält man

$$R_2 = \sqrt{\frac{R + R_b}{1/R + 1/R_G}} \qquad R_3 = \sqrt{\frac{R + R_G}{1/R + 1/R_b}} \tag{163}$$

Das besagt, daß das Optimum vorliegt, wenn folgende Proportionen gelten:
   a) Der Reihenwiderstand der Zweige 1 und 6 muß sich zum Widerstand des Zweiges 2 verhalten, wie dieser zum Parallelwiderstand der Zweige 1 und 5. und
   b) Der Reihenwiderstand der Zweige 1 und 5 muß sich zum Widerstand des Zweiges 3 verhalten, wie dieser zum Parallelwiderstand der Zweige 1 und 6.

Entgegen einer weit verbreiteten Meinung erhält man für gegebene Werte R, R_G und R_b das Optimum der Empfindlichkeit durchaus nicht im allgemeinen für Gleichheit der Widerstände in den Zweigen 1, 2, 3 und 4. Der Fall vier gleicher Widerstände ist allerdings häufig gegeben, so z. B. dort, wo die Brücke als Schaltungsverstärker arbeiten soll. Dann soll mit der Anzeige des Galvanometers die Größe eines Einflusses gemessen werden, der die Brücke aus dem Gleichgewicht bringt. So kann die Brücke aus vier gleichen Glühfäden bestehen, die infolge der zu messenden physikalischen Größe verschiedenen Abkühlungsbedingungen unterliegen, demnach verschiedene Temperaturen annehmen und sich entsprechend im Widerstand ändern. Dann gilt vor allem die Anpassungsbedingung (Gl. 162)

$$R_b : R = R : R_G$$

was sich auch wie folgt ausdrücken läßt:

$$b = 1/g$$

Formt man hiermit die rechte Seite der Gl. (159) um, so erhält man nach einigen Zwischenrechnungen

$$g \cdot C_{sch_{min}} = 4 \cdot \left(\sqrt{g} + \sqrt{b} \right)^2 \tag{164}$$

Diese Beziehung gilt übrigens auch für den allgemeineren Fall, daß nur $R_4 = R$, d. h. $m \cdot n = 1$ ist, wobei dann $R_2 : R = R : R_3$ sein muß. Nach Einsetzen der absoluten Widerstandswerte erhält man damit für den vorliegenden Spezialfall die optimalen Anpassungsbedingungen für die mit 1 mm Ausschlag auf der Skale darstellbare Widerstandsänderung

$$\xi_{0_{min}} = \frac{C_u}{U_0 \cdot R_G} \cdot 4 \cdot \left(\sqrt{R_b} + \sqrt{R_G} \right)^2 \tag{165}$$

Interessant ist ferner der in der Praxis häufig vorkommende Fall, daß der Batteriezweig 6 nahezu widerstandslos ist. Dann ist für $R_b = 0$

$$R_2 = R \cdot \sqrt{\frac{1}{1 + R/R_G}}$$

Bei Verwendung eines hochohmigen Galvanometers ist dann für $R \ll R_G$

$$R_2 \approx R$$

Dagegen folgt aus Gl. (163) wegen $R_b = 0$ auch $R_3 = 0$; d. h. der Parallelzweig, der den Prüfling *nicht* enthält, müßte so niederohmig wie möglich sein. Das Optimum an Empfindlichkeit ergibt sich dann, wenn mit dem Meßzweig die zur Verfügung stehende Brückenspannung im Verhältnis 1:1 geteilt wird. Setzt man in Gl. (165) $R_b = 0$ und läßt $R_G \rightarrow \infty$ gehen, so wird

$$\xi_{0\mathrm{min}} = 4 \cdot C_u/U_0 \tag{166}$$

Ein anderer interessanter Spezialfall liegt bei sehr hohem Widerstand des Batteriekreises vor. Dann ist nicht die Spannung an den Speisepunkten der Brücke als gegeben anzusehen, sondern der Gesamtstrom, der in die Brücke hineinfließt. In der Praxis kommt dieser Fall bei Hochspannungsmeßbrücken vor. Die Überlegungen sind dem Fall $R_b = 0$ völlig analog. Man erhält jetzt für $R_b \rightarrow \infty$ aus Gl. (163)

$$R_2 \rightarrow \infty$$

$$R_3 = R \cdot \sqrt{1 + R_g/R}$$

Für den Fall, daß der Galvanometerwiderstand hinreichend klein gemacht wird, ergibt sich aus der letzten Gleichung

$$R_3 \approx R$$

Das Optimum der Empfindlichkeit ergibt sich jetzt, wenn die beiden Spannungsteiler die gleichen Ströme aufnehmen.

Der sich bei dieser Einspeisung ergebende Grenzfall soll gleichfalls mit Hilfe der Gl. (161) untersucht werden; unmittelbares Einsetzen führt jedoch nicht zum Ziel, vielmehr muß Gl. (161) erst für den Fall $R_b \gg R$ und $R \gg R_G$ vereinfacht werden. Unter Beachtung dieser Näherungen ergibt sich

$$\xi_{0\mathrm{min}} = \frac{C_u}{U_0} \cdot \frac{R_b}{R_G} \cdot 4$$

Mit $U_0 : R_b = J_k$ kann man die Kurzschlußstromstärke der Hochspannungsbatterie einführen. Ferner ist bekanntlich $C_u : R_G = C_i$ die Stromkonstante des Galvanometers. Man erhält hiernach mit

$$\xi_{0\mathrm{min}} = 4 \cdot C_i/J_k \tag{167}$$

ein der Gl. (166) vollkommen entsprechendes Resultat.

Aus alledem folgen für die verschiedenen Anwendungszwecke die nachstehenden Empfehlungen, die man zu beachten hat, wenn man eine optimale Empfindlichkeit erreichen will. Diese Bedingungen widersprechen sich z. T. Man muß bei Beachtung der nunmehr folgenden Regeln daher einen Kompromiß schließen:

a) Bei bekannten Innenwiderständen der Stromquelle und des Galvanometers (einschließlich etwaiger Schutzwiderstände) wird der dem Prüfling diagonal gegenüberliegende Widerstand angepaßt nach

$$R_b : R_4 = R_4 : R_G$$

b) Ist der Batteriezweig sehr niederohmig, so erhält man optimale Empfindlichkeit, wenn der den Prüfling *nicht* enthaltende Spannungsteiler gleichfalls so niederohmig wie möglich und der Vergleichswiderstand etwa gleich dem Widerstand des Prüflings ist. Ferner verwende man ein recht hochohmiges Galvanometer mit hoher Spannungsempfindlichkeit sowie eine möglichst große Batterie-Leerlaufspannung.

c) Ist der Batteriezweig sehr hochohmig wie im Falle einer Hochspannungsbrücke, so sollen beide Spannungsteiler der Brücke möglichst gleiche Stromaufnahme haben. Den Widerständen auf seiten des Prüflings sollen jenseits des Galvanometers möglichst hochohmige Widerstände gegenüberstehen. Ferner verwende man ein möglichst niederohmiges Galvanometer hoher Stromempfindlichkeit sowie eine Batterie, deren Klemmenkurzschlußstrom möglichst groß ist.[1]

5. Die Anwendung der Brückenschaltung zum Zwecke der Widerstandsmessung

Da in der Brückenschaltung zwei Widerstände frei gewählt werden dürfen, kann der Schaltungsaufwand in erträglichen Grenzen gehalten werden, wenn die Feineinstellung über die eine frei wählbare Komponente, und die grobe Anpassung an den Widerstand des Prüflings über eine andere Komponente erfolgen. Man kann dann z. B. der Feineinstellung einen beschränkten Umfang von etwas mehr als einer Zehnerpotenz geben und die Grobanpassung dekadisch abstufen. Damit erreicht man bei Präzisionsmeßbrücken einen Arbeitsbereich von etwa sieben Zehnerpotenzen.

Benutzt man das Brückenverhältnis n zur Grobanpassung, so wird der eine Spannungsteiler $R_3 + R_4$ als *Verzweigungswiderstand* ausgeführt

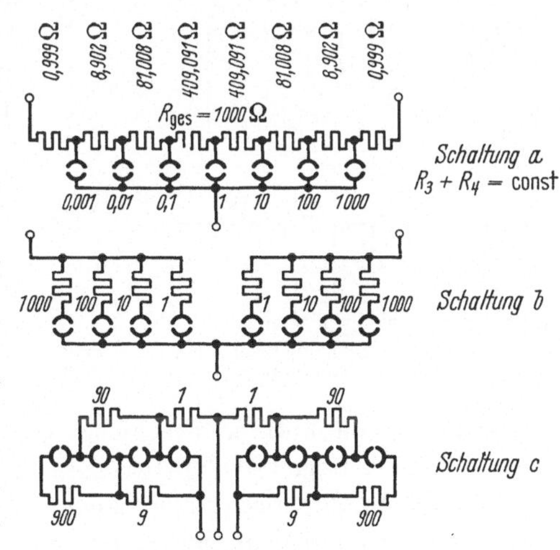

Abb. 81 a—c. Verschiedene Schaltungen des Verzweigungs-Widerstandes

[1] Da die Abhängigkeit der Schaltungsempfindlichkeit von den Brückenverhältnissen n und m in der Nähe des Optimums sehr flach verläuft, spielt die genaue Innehaltung der optimalen Brückenbedingungen im allgemeinen keine sehr entscheidende Rolle.

(Abb. 81). Gewöhnlich kann man $R_3 : R_4 = n$ zwischen 10^{-3} und 10^3 einstellen. Dabei kann $R_3 + R_4$ konstant sein (Abb. 81 a) und das Brückenverhältnis mittels Anzapfung über *einen* Schalter oder Stöpsel gewählt werden. Der untere Zweig erhält dann bei gleichbleibender Speisespannung stets denselben Querstrom. Bei freier Wahl der dekadisch gestuften Widerstände R_3 und R_4 gemäß Abb. 81 b und 81 c kann man sich dagegen den äußeren Bedingungen des Generator- und Galvanometerwiderstandes besser anpassen; allerdings benötigt man zum Einstellen *zwei* Stöpsel bzw. Schalter.

Abb. 82. Kontaktkurbel mit Silberplattierung für eine Präzisions-Kurbeldekade (Siemens & Halske)

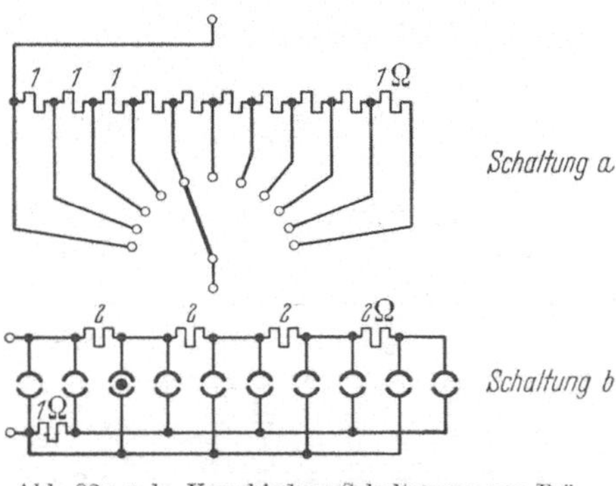

Abb. 83 a u. b. Verschiedene Schaltungen von Präzisions-Dekadenwiderständen

In diesen Fällen dient der Widerstand R_2 stets zum Feinabgleich. Je nach Genauigkeitsforderung umfaßt er 3 bis 5 dekadisch gestufte Widerstandsgruppen. Er kann entweder als *Kurbeldekade* oder als *Stöpseldekade* konstruiert sein. Kurbeldekaden haben den Vorteil, daß man sie „blind" bedienen kann; allerdings müssen die Kontaktkurbeln sehr sorgfältig konstruiert und gepflegt werden, da ja die Übergangswiderstände in die Messung eingehen. Oftmals bestehen daher die Kontaktstücke aus Edelmetall (Abb. 82). Stöpselwiderstände sind in der Handhabung unbequemer, da man beim Umschalten des Widerstandes den Blick natürlich vom Galvanometer abwenden muß, was recht lästig ist. Dagegen werden sie immer noch für zuverlässiger als Kurbelkontakte gehalten, weil der Übergangswiderstand infolge des hohen Lochlaibungsdruckes der konisch geschliffenen Stöpsel sehr gering ist. Abb. 83 a u. b zeigt gebräuchliche Schaltungen solcher Dekadenwiderstände.

Dient der Vergleichswiderstand der Grobanpassung, so muß der Feinabgleich durch Verstellung des Brückenverhältnisses im Zweig $R_3 + R_4$ erfolgen. Man gelangt dann zur Schaltung Abb. 84; sie wird als sog. *Schleifdrahtmeßbrücke* hauptsächlich für Zwecke schneller, orientierender Messung bei mäßiger Genauigkeit angewendet. Der Widerstand $R_3 + R_4$ besteht aus einer Wendel oder einem Draht mit überall gleichem Querschnitt, über den ein Schleifkontakt gleiten kann. Dieser teilt den Schleifdraht im Verhältnis $n = R_3 : R_4 = x/(l-x)$. Dieses Verhältnis wird abgelesen, und R_1 mit Hilfe des bekannten Vergleichswiderstandes bestimmt.

Schleifdrahtmeßbrücken haben den Vorteil, daß sie sehr handlich sind; allerdings nutzt sich der Schleifdraht ungleichmäßig ab, weswegen sich nach längerem Gebrauch systematische Fehler einstellen können.

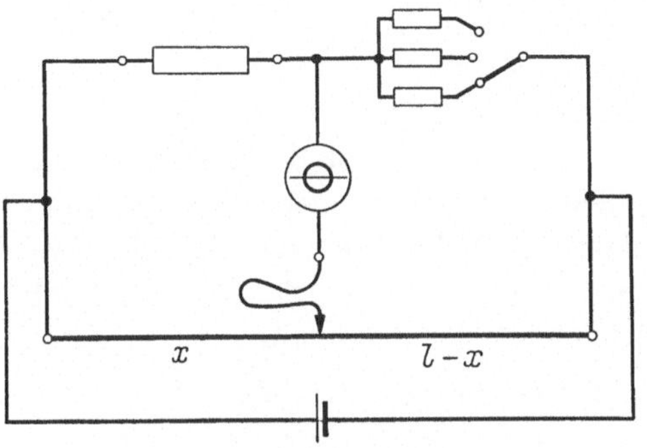

$$\frac{dR}{R} = \frac{1}{\lambda(1-\lambda)} dx; \quad \lambda = \frac{x}{l}$$

Abb. 84. Schaltung der Schleifdrahtmeßbrücke

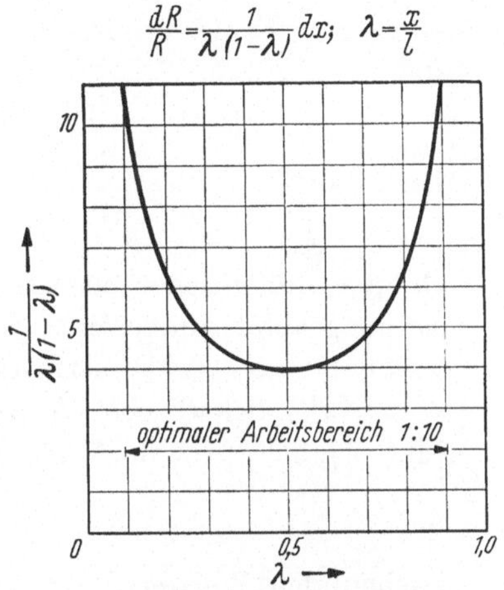

Abb. 85. Meßgenauigkeit bei der Schleifdrahtmeßbrücke

Ferner ist die Meßunsicherheit nicht mehr wie bei den Stöpsel- und Kurbelmeßbrücken lediglich eine Funktion der Toleranz der Widerstände, der Schaltungsempfindlichkeit und der Empfindlichkeit des Nullgerätes. Konstruktive Mängel des Schleifers einerseits, subjektive Einstellfehler andererseits bedingen weitere Meßunsicherheiten. Man wendet daher Schleifdrahtmeßbrücken für Präzisionsmessungen kaum noch an.[1]

Der Einfluß der Einstellunsicherheit läßt sich leicht abschätzen. Gleichgewicht werde bei der Einstellung x am Schleifdraht erzielt; dann ist nach Abb. 84

$$R_1 = R_2 \cdot \frac{x}{l-x} = R_2 \cdot \frac{\lambda}{1-\lambda} \tag{168}$$

Hierin ist

$$\lambda = x : l$$

---

[1] Neuerdings sind Präzisions-Schleifwendelpotentiometer im Handel (Helipot), welche die hohe Genauigkeit der alten Schleifdraht-Präzisions-Meßbrücken besitzen, aber viel handlicher sind. Sie werden z. B. in Analog-Rechenanlagen und überall dort verwendet, wo es auf genaue und stufenlose Einstellung von Spannungswerten ankommt.

Die Einstellunsicherheit ist

$$dx = l\,d\lambda$$

Dann ist

$$dR_1 = \frac{\partial R_1}{\partial \lambda} \cdot d\lambda = R_2 \frac{1}{(1-\lambda)^2} \cdot d\lambda = R_2 \frac{1}{(1-\lambda)^2} \frac{dx}{l}$$

Der relative Einstellfehler ist dann

$$\frac{dR_1}{R_1} = \frac{1}{\lambda(1-\lambda)} \cdot \frac{dx}{l}$$

Der kleinste Fehler ergibt sich, wenn die Fehlerfortpflanzung ein Minimum ist, d. h. für

$$\frac{d[\lambda(1-\lambda)]}{d\lambda} = 1 - 2\lambda = 0$$

Hieraus folgt

$$\lambda = 1/2$$

d. h. die Meßunsicherheit ist am geringsten, wenn der Schleifer den Spannungsabfall am gesamten Schleifdraht etwa zu gleichen Teilen teilt.

Abb. 85 zeigt die Fehlerfortpflanzung als Funktion des Verhältnisses $\lambda = x{:}l$. Bei dekadischer Anpassung durch den Vergleichswiderstand ergibt sich der optimale Arbeitsbereich aus der Bedingung

$$\lambda(1-\lambda) = 10\lambda(1-10\lambda)$$

zwischen den Werten $\lambda = 1/11$ und $10\,\lambda = 10/11$. Das Verhältnis der Fehlerfortpflanzungen an den Enden und in der Mitte des Bereiches ergibt sich zu

$$\frac{1}{1/11 \cdot (1-1/11)} : \frac{1}{1/2 \cdot (1-1/2)} = \frac{121}{40}$$

d. h. an den Enden ist die Unsicherheit infolge der Einstellfehler etwa dreimal so groß wie in der Mitte.

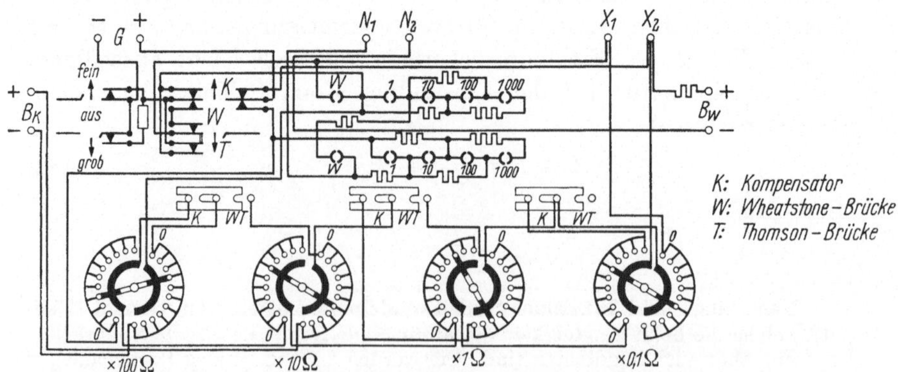

Abb. 86. Schaltung einer Präzisions-Doppelkurbel-Brücke für Widerstandsmessungen nach WHEATSTONE und THOMSON sowie für Kompensationsmessungen (Hartmann & Braun)

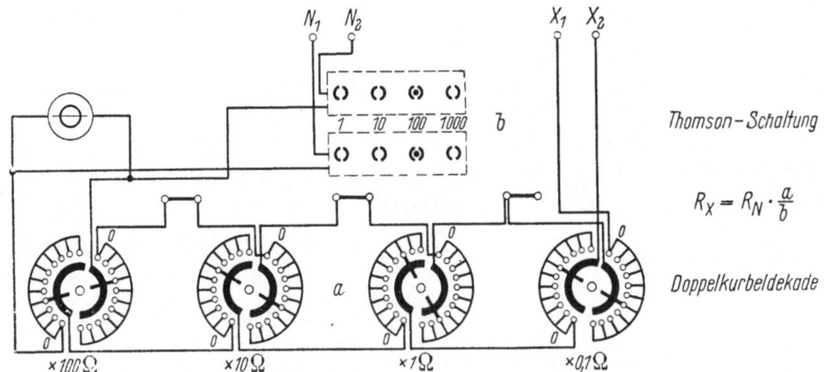

Abb. 87. Verwendung der Brücke Abb. 86 zur Widerstandsmessung in Thomson-Schaltung

Die gleichen Gesichtspunkte lassen sich auch auf die Doppelbrücke nach Thomson anwenden. In Abb. 86 ist die Schaltung einer industriell gefertigten Präzisions-Doppelkurbelbrücke dargestellt, die auf einfache Weise zum Gebrauch als Kompensator, Widerstandsbrücke nach Wheatstone und Doppelbrücke nach Thomson umgeschaltet werden kann.

Das vereinfachte Schaltbild in der Verwendung als Thomson-Brücke zeigt Abb. 87.

Zur Beurteilung der Thomson-Schaltung muß man sie mit Hilfe einer Dreieck-Stern-Transfiguration auf die Wheatstone-Schaltung zurückführen (vgl. Abb. 88a—c u. 77). Die Widerstände R_x und r_x sind sehr klein gegen R_3; das gleiche gilt für R_N und r_N im Vergleich zu R_4. Ferner ist R_b sehr niederohmig, da im allgemeinen mit starken Strömen in R_x und R_N gearbeitet wird. Daher ist es im allgemeinen zulässig anzunehmen, daß allein die paarweise vorhandenen Widerstände R_3 und R_4 zusammen mit dem Galvanometerwiderstand R_g den Brückendiagonalstrom bestimmen; die Widerstände $R_x + r_x$ und $R_N + r_N$ können diesen Strom nicht merkbar beeinflussen. Allerdings wirkt der in den Widerständen auftretende Spannungsabfall als widerstandslose EMK, die die Brücke speist. So

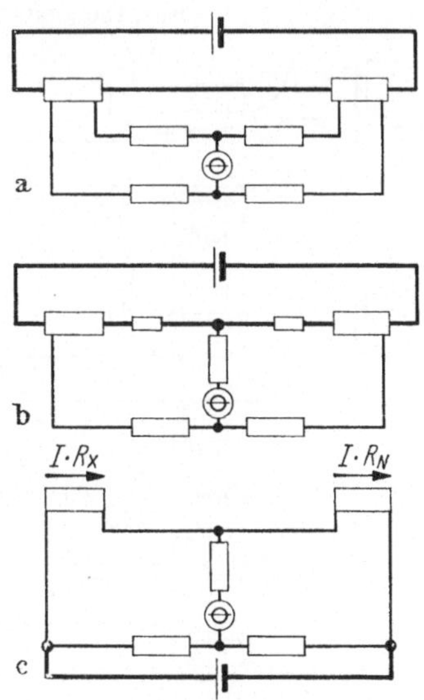

Abb. 88a—c. Zurückführung der Thomson-Schaltung (a) mittels Dreieck-Stern-Umwandlung (b) auf die Wheatstone-Schaltung (c) (vgl. auch Abb. 77)

gelangt man bei der Thomson-Schaltung zum Idealfall der Wheatstone-Brücke für den Fall, daß der Widerstand des Batteriekreises zu vernachlässigen ist (Abb. 88c). Nach S. 143 ergibt sich dann das

10*

Maximum der Empfindlichkeit für $R_x \approx R_N$. Die dort abgeleitete Beziehung

$$\xi_{0\min} = 4 \cdot C_u / U_0$$

gilt auch angenähert für die THOMSON-Schaltung, wenn das Brückenverhältnis etwa 1:1 ist. Unter U_0 ist hier die Summe der in den Widerständen R_x und R_N zwischen den Potentialklemmen abfallenden Spannungen zu verstehen. Die Meßunsicherheit wird also um so geringer, je spannungsempfindlicher das Brückengerät und je größer der Meßstrom sind.

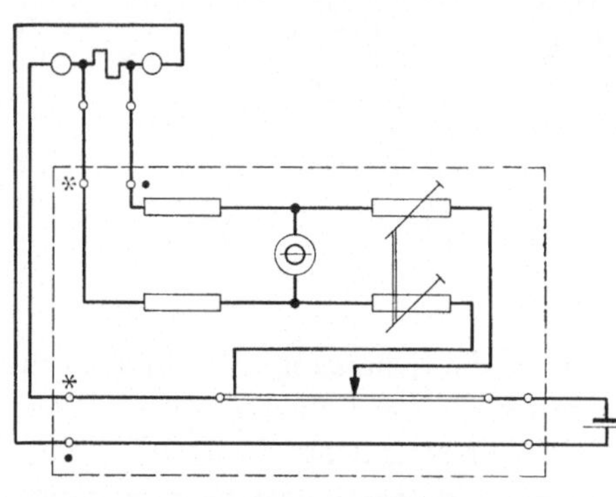

Abb. 89. Schaltung der Schleifdrahtmeßbrücke nach THOMSON

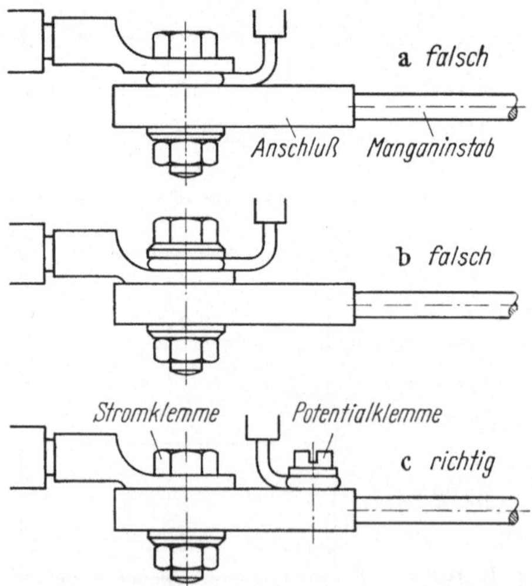

Abb. 90a—c. Falscher und richtiger Anschluß des Meßgerätes an einen Nebenwiderstand

Der Anwendungsbereich der Präzisions-Doppelkurbelbrücke ist nach unten nur durch die Größe des Normalwiderstandes begrenzt. Bei Verwendung von vier Kurbeln auf der Seite des Prüflings kann man z. B. zwischen $R_3 = 100{,}0$ Ohm und $R_3 = 1100{,}0$ Ohm mit voller Genauigkeit arbeiten. Zur Bestimmung kleiner Widerstände muß man daher auf der Seite des Normals den Vergleichswiderstand R_4 möglichst hochohmig machen. Im allgemeinen stehen hier $R_4 = 1000$ Ohm zur Verfügung. Daher muß das Vergleichsnormal R_N von derselben Größenordnung wie das zu messende Objekt sein.

Bei der Schaltung nach Abb. 87 können noch Widerstände vom 10^3fachen Betrag des Vergleichsnormales gemessen werden, wenn $R_4 = 1$ Ohm eingestellt wird. Hier machen sich allerdings schon die Nachteile der THOMSON-Schaltung bemerkbar: Da die Zuleitungswiderstände von den U-Klemmen des Normalwiderstandes bis zur Brücke mit R_4 in Reihe liegen, verursachen sie eine Abweichung vom Sollwert des

Brückenverhältnisses; man achte daher besonders auf der R_N-Seite auf ausreichend niederohmige Potentialverbindungen.

Da an den Widerständen R_x und R_N im allgemeinen nur wenige Millivolt wirksam werden, können z. B. Kriechströme im Galvanometer und Thermospannungen die Messung erheblich fälschen. Daher ist eine Wiederholung der Messung mit umgekehrter Stromrichtung (Kommutieren) und Mittelwertbildung unerläßlich.

Abb. 91. Präzisionsmeßbrücken (S & H)
a Präzisions-Kurbelmeßbrücke; *b* Präzisions-Stöpselmeßbrücke; *c* tragbare Präzisions-Brücke für Betriebsmessungen; *d* technische Meßbrücke (Handmeßbrücke mit Einknopf-Bedienung)

Widerstandsmeßbrücken in THOMSON-Schaltung können auch als Schleifdrahtbrücken gebaut werden (Abb. 89). In diesem Fall werden die Widerstände R_3 und R_4 fest eingestellt, wobei eines der Widerstandspaare oder auch beide dekadisch abgestuft sind. Die Feineinstellung wird mit dem Vergleichswiderstand R_N vorgenommen, der zu diesem Zweck als Schleifdraht ausgebildet ist. Da nicht das Brückenverhältnis $n = a : b$ sondern R_N selbst verstellt wird, ist eine lineare Teilung des Schleifdrahtes zum Zwecke der unmittelbaren Ablesung der gemessenen Widerstände möglich, während bei der WHEATSTONE-Brücke die Teilung nicht linear ist. Zum Anschluß des Prüflings sind vier Klemmen vorzusehen, die paarweise zueinander gehören. Man muß dabei beachten, zwischen welchen Punkten man das Potential messen darf. Gänzlich unzulässig ist es, die Stromzuführungsleitung und die zugehörige Potentialleitung mit *einer* Schraube anzuklemmen (Abb. 90a—c). In diesem Fall würde man den Meßstrom mit über den Übergangswiderstand der Potentialklemme schicken, so daß dieser mitgemessen werden würde; oder es wird, wenn die Stromzuführungsleitung *unter* die Potentialleitung geklemmt ist, der Übergangswiderstand der Stromklemme mitgemessen.

Die Abb. 91 zeigt Ausführungsbeispiele von Meßbrücken.

VI. Die Messung von Ausbreitungswiderständen

Lehrziel: Das stationäre Strömungsfeld als Beispiel für die theoretische und meßtechnische Behandlung räumlicher Potentialfelder.

1. Die Grundgesetze der räumlichen, stationären Strömung

Die Messung von Gleichstromwiderständen nach einem der in Kap. V geschilderten Verfahren macht Schwierigkeiten, wenn es sich nicht um gestreckte, zylindrische, sondern um solche Leiter handelt, in denen sich der Strom nach mehr als einer Richtung ausbreitet. Bei Ausbreitungswiderständen ist es unbedingt notwendig, die *Randbedingungen* festzulegen, die den Widerstand überhaupt erst definieren. Es ist nicht immer leicht, diese Randbedingungen sinnvoll zu wählen. Oftmals begnügt man sich mit an sich willkürlichen, aber durch genormte Prüfbedingungen festgelegten Werten. Man spricht dann von *technologischen Prüfungen*; die Ergebnisse derselben sind untereinander vergleichbar, solange die Prüfbedingungen etwa die gleichen bleiben; sie lassen aber nur in den seltensten Fällen allgemeine Schlüsse zu.

Bei den in der Technik üblichen Leitern folgt die stationäre elektrische Strömung im Leiter der Feldstärke. Abb. 92 zeigt einen Ausschnitt aus einem Strömungsfeld.

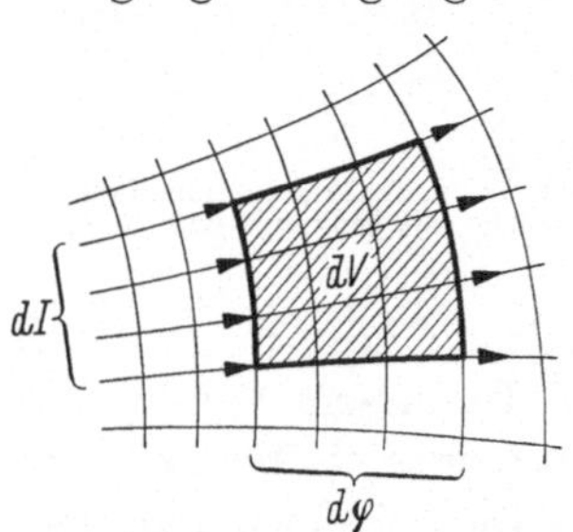

Abb. 92. Ausschnitt aus einem Strömungsfeld

Ein Volumenelement dV sei durch zwei Niveauflächen begrenzt, auf denen gleiche elektrische Potentiale herrschen. Die Mantellinien des Volumenelementes seien Strom- (Kraft-) Linien, die auf den Niveauflächen senkrecht stehen. Damit ein Strom in der angegebenen Richtung zustande kommt, muß das Potential der zweiten Niveaufläche um den Betrag $d\varphi$ kleiner angenommen werden als das der ersten. Betrachtet man ein hinreichend kleines Volumenelement, so wird

$$\varphi - (\varphi - d\varphi) = dU = dJ \cdot \frac{dx}{\varkappa \cdot dF}$$

oder

$$\frac{dU}{dx} = \frac{1}{\varkappa} \cdot \frac{dJ}{dF} \tag{169}$$

Hierin ist

$$\frac{dU}{dx} = E \text{ die elektrische Feldstärke}$$

$$\frac{dJ}{dF} = s \text{ die elektrische Stromdichte}$$

Beide Größen E und s sind im Raum gerichtete Größen (*Vektoren*). Man nennt

$$\mathfrak{E} = -\operatorname{grad} \varphi \tag{170}$$

(sprich: *Gradient von* φ), wobei grad φ die stärkste Änderung des Potentiales senkrecht zu den Niveauflächen definiert. In gleicher Weise ordnet man dem Flächenelement dF eine Richtung zu. Der „Richtungsvektor" $d\mathfrak{F}/dF$ hat den Betrag Eins und die Richtung der Flächennormalen (Abb. 93). Damit wird der Vektor der Stromdichte

$$\mathfrak{s} = \frac{dJ}{dF} \cdot \frac{d\mathfrak{F}}{dF} \tag{171}$$

Mit diesen der Vektorrechnung entnommenen Schreibweisen erhält man auf Grund von Gl. (169)

$$\boxed{\mathfrak{s} = \varkappa \cdot \mathfrak{E}.} \tag{172}$$

Das ist das für einen *isotropen* elektrischen Widerstand geltende Ohmsche Gesetz in allgemeiner Fassung. $\varkappa$ ist die spezifische Leitfähigkeit des Leiterwerkstoffes, der in einem solchen Körper überall gleich groß und richtungsunabhängig ist.

Für manche Fälle trifft diese Annahme nicht zu. Zum Beispiel hängt der Widerstand eines Plattengleichrichters von der Strom*richtung* ab. Ferner wird bei vielen Kristallen Anisotropie der elektrischen Leitfähigkeit beobachtet, obwohl der Kristall an sich *homogen* ist, d. h. die Eigenschaft der Anisotropie überall in gleicher Weise zeigt. Dann muß das Gesetz Gl. (172) in bezug auf $\varkappa$ verallgemeinert werden. Dieses für

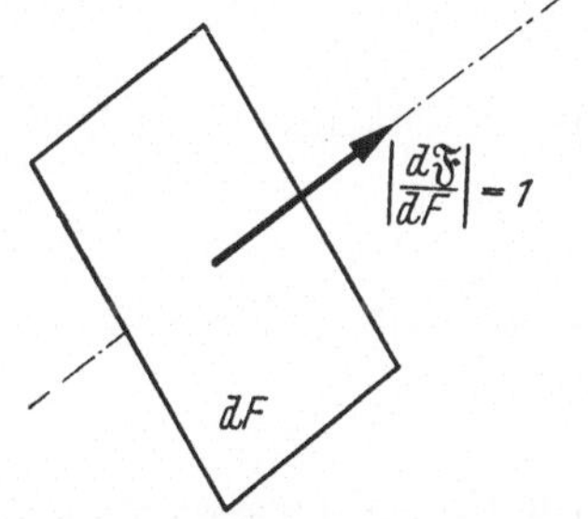

Abb. 93. Zur Definition des Vektors der Flächennormalen

landläufige Messungen recht schwierige Problem soll hier nicht behandelt werden.

Für mehrere, an einem Knotenpunkt zusammenkommende gestreckte Leiter gilt das erste Kirchhoffsche Gesetz, daß die Summe der zufließenden Ströme gleich der Summe der abfließenden ist:

$$\Sigma J_{\varkappa} = 0$$

Überträgt man dieses Gesetz auf ein beliebiges inhomogenes Strömungsfeld, so bedeutet es, daß durch die Hüllfläche eines abgeschlossenen Volumens ebensoviel Strom ein- wie austritt. Voraussetzung ist, daß keine *Stromquellen* oder *Stromsenken* von der Hülle umschlossen werden. Nach Abb. 94 zerlegt man die Hüllfläche in kleine Elemente, durch die die Komponenten

$$dJ = s \cdot dF \cdot \cos \alpha$$

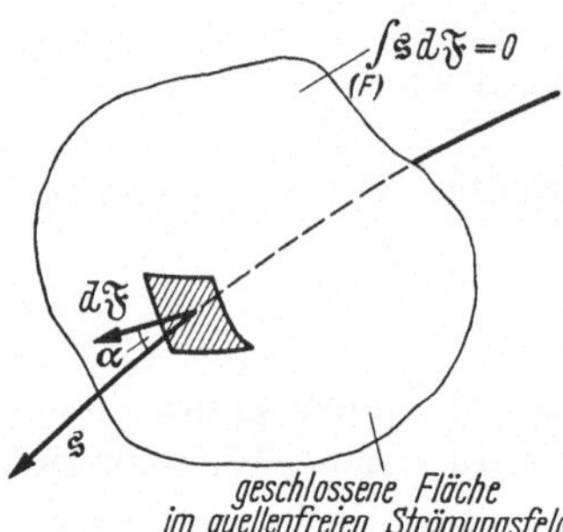

Abb. 94. Hüllenintegral
im Strömungsfeld

senkrecht hindurchtreten. Dann besagt der erste Kirchhoffsche Satz in allgemeiner Fassung, daß das Hüllenintegral über diese Komponenten Null sein muß:

$$\int_F s \cdot \cos \alpha \cdot dF = 0$$

Man bezeichnet

$$\mathfrak{s} \cdot d\mathfrak{F} = s \cdot dF \cdot \cos \alpha$$

als das *äußere* oder *skalare* Produkt der Vektoren $\mathfrak{s}$ und $d\mathfrak{F}$. In der Schreibweise der Vektorrechnung lautet der erste Kirchhoffsche Satz also[1]:

$$\int_F \mathfrak{s}\, d\mathfrak{F} = 0 \tag{173}$$

Nach dem zweiten Kirchhoffschen Gesetz ist die Summe der Spannungen in einem geschlossenen Leitungszug gleich Null. Im Strömungsfeld ergibt sich, daß längs einer geschlossenen Linie die auf ein Wegeelement entfallende Spannung

$$dU = E \cdot dx \cdot \cos \alpha$$

ist. Macht man einen Umlauf, so soll

$$\oint E \cdot \cos \alpha\, dx = 0$$

sein. In der Vektorschreibweise drückt man diese Tatsache wie folgt aus:

$$\oint \mathfrak{E}\, d\mathfrak{x} = 0 \tag{174}$$

Die Gl. (173) besagt, daß das äußere stationäre Strömungsfeld *quellenfrei*, Gl. (174) daß es *wirbelfrei* ist. Erst bei nichtstationären Feldern muß man wegen der Induktionswirkungen von der letzten Voraussetzung abgehen (vgl. Kap. VII u. VIII).

---

[1] Dieses Gesetz bringt zum Ausdruck, daß ein elektrischer Strom sich wie eine inkompressible Flüssigkeit verhält.

Auch das Joulesche Gesetz läßt sich mit Hilfe der Feldstärken- und Stromdichte-Vektoren in einer für beliebige stationäre Strömungsfelder geltenden Differentialform schreiben. Die elektrische Leistung in dem in Abb. 92 dargestellten Volumenelement beträgt

$$dN = dU \cdot dJ$$

Da

$$dU = E\,dx$$

$$dJ = s\,dF$$

und in isotropen Leitern $\mathfrak{s}$ und $\mathfrak{E}$ gleiche Richtung haben, gilt

$$dN = \mathfrak{E} \cdot \mathfrak{s} \cdot dV = \varkappa\,\mathfrak{E}^2\,dV$$

Die gesamte, in einem Volumen umgesetzte Leistung errechnet sich auf Grund der Integrationsvorschrift

$$N = \varkappa \cdot \int_V \mathfrak{E}^2\,dV \tag{175}$$

die natürlich für jedes Feld auf Grund der Randbedingungen zu entwickeln ist.

2. Die Randbedingungen

So einfach und anschaulich die für ein Strömungsfeld geltenden Fassungen der Grundgesetze sind, so schwierig ist meistens ihre zahlenmäßige Auswertung bei der Anwendung auf ein bestimmtes Problem. Oftmals sind die Randbedingungen mathematisch überhaupt nicht zu erfassen; dann muß man sich meßtechnischer Verfahren bedienen, bei denen z. B. die Felder modellmäßig nachgeahmt werden. Einige wichtige Grundregeln sind aber beim Studium von Potentialfeldern nützlich; der Leser soll daher mit ihnen nachfolgend ohne eingehende mathematische Begründung bekannt gemacht werden:

1. Regel: *Wird in einem Strömungsfeld von der Hüllfläche eine Quelle umschlossen, so ist das Hüllenintegral nicht gleich Null, sondern besitzt den Wert des Quellenflusses.*

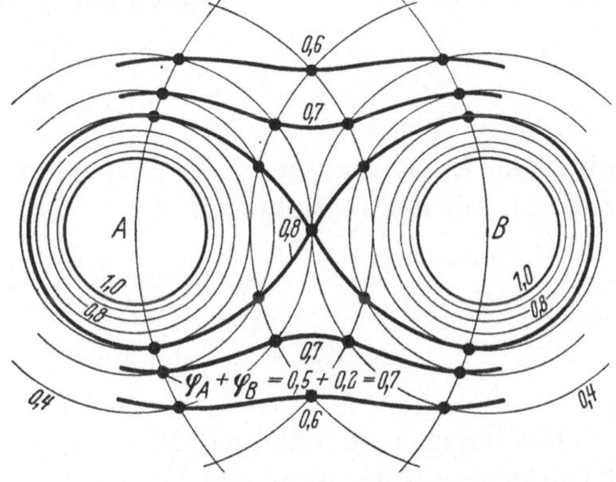

Abb. 95. Überlagerung von Potentialfeldern

Diese Regel ist ohne weiteres zu begreifen. Treten umgekehrt in eine Hüllfläche mehr Feldlinien ein als aus, so muß der Differenz eine Flußsenke innerhalb der Hülle entsprechen.

2. Regel: *In einem Potentialfeld überlagern sich die durch verschiedene Quellen bedingten Potentiale linear.*

Auch diese Regel ist anschaulich (vgl. Abb. 95), da sie das selbe Überlagerungsgesetz zum Ausdruck bringt, wie es von gestreckten Leitern her bekannt ist und bereits in Kap. V benutzt wurde.

3. Regel: *Liegt im Strömungsfeld eine Grenzfläche zwischen zwei verschiedenen Medien, so ist die durch die Grenzfläche senkrecht hindurchtretende Strömungskomponente stetig.*

Hierdurch wird zum Ausdruck gebracht, daß die in ein Flächenelement der Grenzschicht von einer Seite eindringende Strömung auf der anderen Seite austreten muß, wenn die Grenzschicht quellenfrei sein soll.

4. Regel: *Liegt im Strömungsfeld eine Grenzfläche zwischen zwei verschiedenen Medien, so ist die an der Grenzfläche herrschende Tangentialkomponente der Feldstärke stetig.*

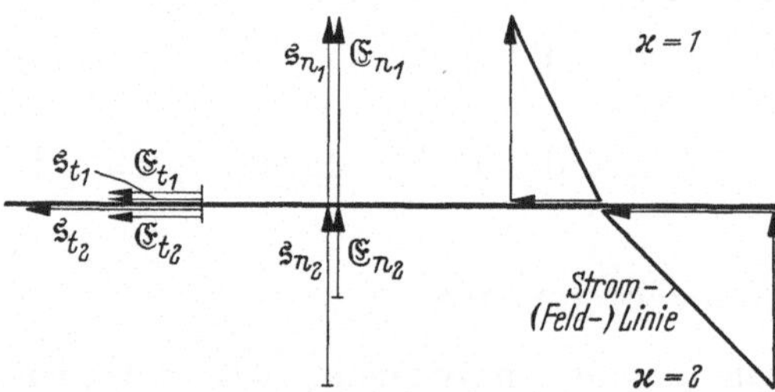

Abb. 96. Die Brechungsgesetze der Strom- und Feld- (Kraft-) Linien

Diese Regel folgt unmittelbar aus dem zweiten Kirchhoffschen Satz, welcher für das Potentialfeld Wirbelfreiheit verlangt. Geht man auf beiden Seiten der Grenzfläche ein Stück dx vor und zurück, so muß die Umlaufspannung Null, d. h. die Tangentialkomponente der Feldstärken gleich groß sein.

Auf Grund der 3. und 4. Regel ergibt sich das bekannte Brechungsgesetz der Strom- bzw. Feldlinien (Abb. 96). Wegen

$$\mathfrak{S}_1 = \varkappa_1 \mathfrak{E}_1$$
$$\mathfrak{S}_2 = \varkappa_2 \mathfrak{E}_2$$

gilt beim Übergang von einem Leiter mit der Leitfähigkeit $\varkappa_1$ zu einem anderen mit der Leitfähigkeit $\varkappa_2$

$$\left.\begin{array}{ll} \mathfrak{S}_{n_1} = \mathfrak{S}_{n_2} & \text{demnach} \quad \mathfrak{E}_{n_2} = \dfrac{\varkappa_1}{\varkappa_2} \mathfrak{E}_{n_1} \\[2em] \mathfrak{E}_{t_1} = \mathfrak{E}_{t_2} & \text{demnach} \quad \mathfrak{S}_{t_2} = \dfrac{\varkappa_2}{\varkappa_1} \mathfrak{S}_{t_1} \end{array}\right\} \tag{176}$$

Das besagt u. a., daß an der Grenze zwischen einem Leiter und einem Nichtleiter auf der Seite des Leiters die Äquipotentialflächen senkrecht zur Leiteroberfläche verlaufen (die Ströme können die Oberfläche nicht verlassen). Auf der Seite des Nichtleiters dagegen stehen die Feldlinien senkrecht auf der Leiteroberfläche; diese ist demnach eine Äquipotentialfläche für den isolierenden Nachbarraum.

3. Übergangs- und Ausbreitungswiderstände

In gewissen einfachen Fällen ist es möglich, den Strömungswiderstand mit Hilfe der Randbedingungen zu berechnen. An einigen der Praxis entnommenen idealisierten Beispielen soll gezeigt werden, wie man zu allgemeingültigen Aussagen über den Strömungswiderstand und das Strömungsfeld kommen kann.

Beispiel 1: *Oberflächenerder* (Abb. 97). Es sei eine in die Erdoberfläche eingegrabene Halbkugel vom Radius r gegeben, deren Durchmesserebene mit der Erdoberfläche abschließt. Die spezifische Leitfähigkeit $\varkappa$ des „Halbraumes" sei überall gleich groß. Dann ist der Ausbreitungswiderstand des Erders offenbar doppelt so groß, als wenn man den Erder zu einer

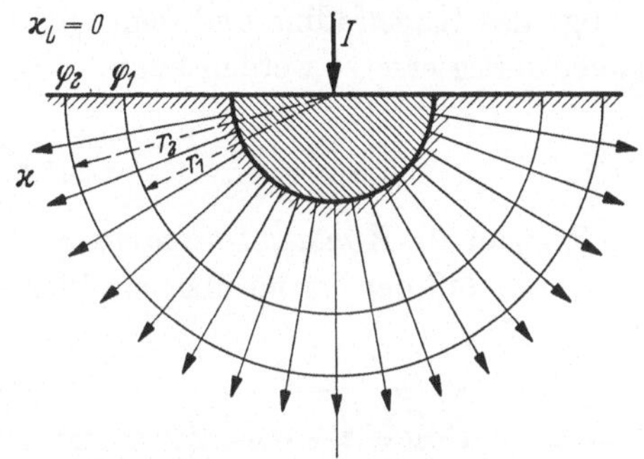

Abb. 97. Beispiel für ein räumliches Strömungsfeld: Halbkugel—Erder

Vollkugel ergänzt und die Ausbreitung des Stromes im ganzen Raum betrachtet.

Nach dem ersten Kirchhoffschen Satz ist

$$2J = \int_F \mathfrak{s} \, d\mathfrak{F}$$

Aus Symmetriegründen müssen die Niveauflächen konzentrische Kugeln sein. Beträgt der Strom des Erders (also der Halbkugel) J, so ist

$$2J = s \cdot 4\pi \, x^2$$

und damit

$$|\mathfrak{E}| = \frac{2J}{4\pi \varkappa \cdot x^2}$$

Zwischen zwei Kugelschalen mit den Radien r_1 und r_2 besteht ein Spannungsunterschied von

$$\Delta U = \varphi_1 - \varphi_2 = \int_{r_1}^{r_2} |\mathfrak{E}| \, dx = \frac{2J}{4\pi \varkappa} \cdot \left| -\frac{1}{x} \right|_{r_1}^{r_2}$$

oder

$$\Delta U = \frac{2J}{4\pi \varkappa} \left(\frac{1}{r_1} - \frac{1}{r_2} \right)$$

Damit ergibt sich ein Ausbreitungswiderstand im Halbraum zu

$$R = \frac{\Delta U}{J} = \frac{1}{2\pi \varkappa} \cdot \left(\frac{1}{r_1} - \frac{1}{r_2} \right)$$

Läßt man nun $r_2 \to \infty$ gehen, so erhält man den Widerstand des Erders

$$\boxed{R_E = \frac{1}{2\pi\,r\cdot\varkappa}}$$

(177)

Man erkennt, daß der Erder durch einen zylindrischen Leiter von der Länge des Kugelradius und dem Querschnitt der Halbkugel-Oberfläche gleichwertig ersetzt werden kann:

$$R' = \frac{r}{\varkappa\cdot 2\pi\,r^2} = R_E$$

Beispiel 2: *Kontakt-Übergangswiderstand* (Abb. 98). Es sei angenommen, daß der Strom über ein kleines kreisförmiges Stück der Oberfläche in den Leiterwerkstoff eintritt. Sicher wird diese Annahme bei sog. *Punktkontakten* einigermaßen zutreffen. Der Kontaktdruck im Verein mit der durch die hohe Stromdichte verminderten Dauerstandfestigkeit flacht die zuerst sich punktförmig berührenden Kuppen zu kleinen Flächen ab. Deren Radius sei a, während mit s die Stromdichte in der Kontaktstelle bezeichnet werden soll.

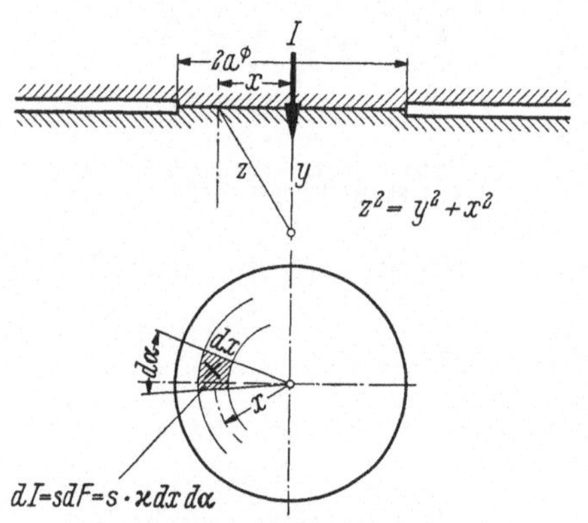

Abb. 98. Zur Bestimmung des Übergangswiderstandes von Kontakten

Man unterteilt die Berührungsfläche in Kreisringe gleicher Breite dx und diese wieder in gleichgroße Segmente. Jedes Flächenelement hat dann die Größe

$$dF = x\,d\alpha\cdot dx$$

Bei der Integration muß man x von 0 bis a, α von 0 bis 2π laufen lassen.

Zur Berechnung des Übergangswiderstandes genügt die Bestimmung der Potentiale auf der Mittelsenkrechten zur Kontaktfläche. Tritt in einem Flächenelement der Strom dJ über, so beteiligt er sich gemäß Gl. (177) am Strömungspotential nach

$$d\varphi = -\frac{dJ}{2\pi\cdot\varkappa}\cdot\frac{1}{z}$$

(vgl. Abb. 98). Nun ist

$$dJ = s\cdot dF = s\cdot x\cdot dx\cdot d\alpha$$

und

$$z = \sqrt{y^2 + x^2}$$

Daher ist das von der gesamten Kontaktfläche herrührende Potential auf der Mittelsenkrechten:

$$\varphi(y) = -\frac{s}{2\pi\varkappa}\int\limits_{x=0}^{a}\int\limits_{\alpha=0}^{2\pi}\frac{x\,d\alpha}{\sqrt{y^2+x^2}}\cdot dx$$

Zunächst wird über α integriert. Es ergibt sich

$$\varphi(y) = -\frac{s}{2\pi\varkappa}\int\limits_{0}^{a}2\pi\frac{x\,dx}{\sqrt{y^2+x^2}} = -\frac{s}{2\varkappa}\int\limits_{0}^{a}\frac{d(x)^2}{\sqrt{y^2+x^2}}$$

Da y zunächst konstant ist, kann man schreiben

$$\varphi(y) = -\frac{s}{2\varkappa}\int\limits_{0}^{a}\frac{d(y^2+x^2)}{\sqrt{y^2+x^2}}$$

Die Lösung lautet

$$\varphi(y) = -\frac{s}{2\varkappa}\cdot 2\left|\sqrt{y^2+x^2}\right|_{0}^{a} = -\frac{s}{\varkappa}\left(\sqrt{a^2+y^2}-y\right)$$

Es wird jetzt der Kontaktstrom eingeführt:

$$J = \pi\,a^2\cdot s$$

$$\varphi(y) = -J\frac{\sqrt{a^2-y^2}-y}{\varkappa\pi a^2}$$

Substituiert man

$$\eta = \frac{y}{a}$$

so wird

$$\varphi(\eta) = -J\frac{\sqrt{\eta^2+1}-\eta}{\varkappa\pi a}$$

Das Potential am Kontakt selbst folgt aus $\eta = 0$:

$$\varphi(0) = -J\frac{1}{\varkappa\cdot\pi\cdot a}$$

Für $\eta \to \infty$ ergibt sich der Grenzwert

$$\varphi(\infty) = 0$$

Der auf einen Leiter entfallende Übergangswiderstand ist aus

$$R_{\ddot{u}} = \frac{\varphi(\infty)-\varphi(0)}{J}$$

zu berechnen. Da stets zwei Kontaktkörper zusammentreffen, erhält man für den gesamten Kontakt-Übergangswiderstand — gleiche Werkstoffe vorausgesetzt —

$$\boxed{R_{\ddot{u}} = \frac{2}{\varkappa\pi a}} \tag{178}$$

Auch bei dem Punktkontakt ist der Übergangswiderstand vergleichbar mit dem Widerstand eines zylindrischen Leiters, dessen Länge gleich dem Durchmesser des Berührungskreises und dessen Querschnitt gleich der Fläche desselben ist:

$$R' = \frac{2a}{\varkappa \cdot \pi\, a^2} = R_{\ddot{u}}$$

Eine Vorstellung von den zu erwartenden Größenordnungen erhält man,

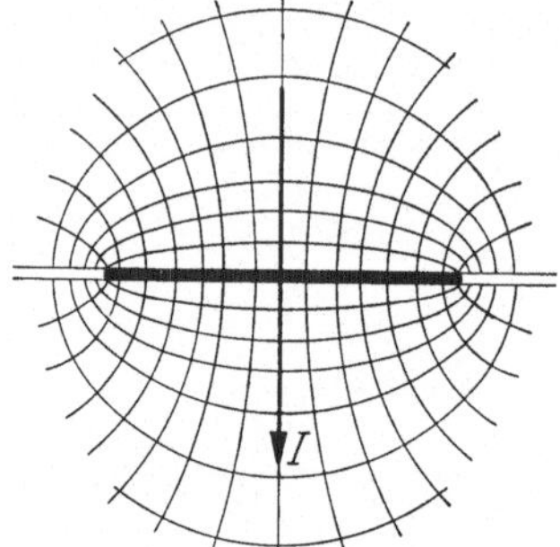

indem man z. B. einen „punktförmigen" Kontakt von 0,2 mm Durchmesser annimmt. Mit $\varkappa = 56 \cdot 10^4\ S \cdot \mathrm{cm}^{-1}$ ergibt sich dann:

$$R_{\ddot{u}} = \frac{2}{56 \cdot 10^4 \cdot \pi \cdot 0,01} = 0,114 \cdot 10^{-3}\ \Omega$$

Die Flächen gleichen Potentiales im Leiterwerkstoff sind Ellipsoide. Abb. 99 zeigt den Verlauf der Strömung in einem zylindrischen Kontaktstück, dessen Durchmesser groß gegenüber dem Durchmesser der Kontaktstelle ist.

Abb. 99. Potentialströmung in der Nähe eines Kontaktes

Auch bei scheinbar ebenen Kontaktflächen übertragen wegen der unvermeidlichen Rauhigkeit der Oberfläche immer nur einzelne Punkte den Strom. Es schalten sich dann um so mehr Übergangsstellen parallel,

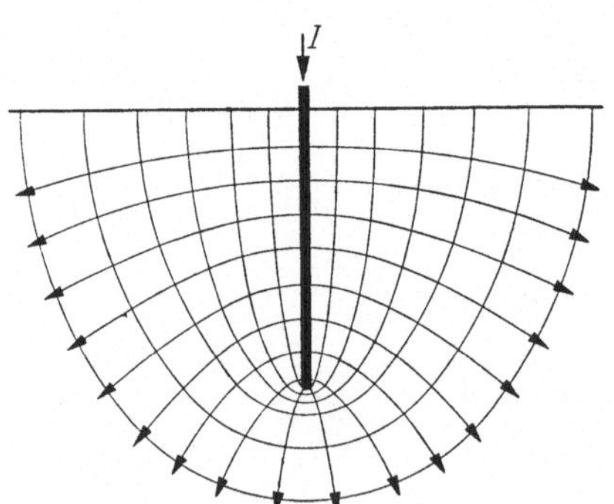

Abb. 100. Beispiel für ein Strömungsfeld: Rohrerder

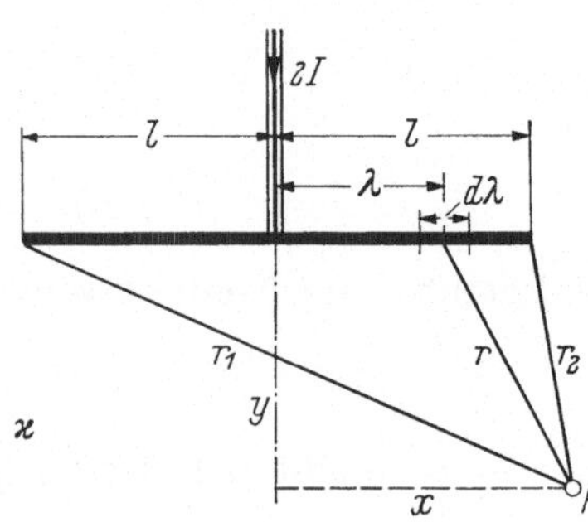

Abb. 101. Zur Ableitung des Übergangwiderstandes eines Rohrerders

je größer der Anpreßdruck wird. Diese Überlegung erklärt das Erfahrungsgesetz, daß der Übergangswiderstand umgekehrt proportional der Anpreßkraft und nicht etwa der sog. spezifischen Flächenpressung ist, die sich aus Kraft und gesamter, konstruktiver Fläche berechnen läßt.

Beispiel 3: *Rohrerder* (Abb. 100). Zunächst werde das Strömungsfeld eines gestreckten, unendlich dünnen Leiters der Länge $2\,l$ betrachtet, der allseitig von einem leitenden Medium mit der spezifischen Leitfähigkeit $\varkappa$ umgeben ist (Abb. 101). Ein solcher Leiter, dem der Strom natürlich über ein isoliertes Kabel zugeführt werden muß, ist eine *Linien-quelle*. Der Erder selbst soll gegenüber der Umgebung „unendlich gut" leiten; dann tritt aus jedem Element von der Länge $d\lambda$ der gleiche Stromanteil dJ in das Erdreich über und es ist

$$dJ = J \cdot \frac{d\lambda}{l}$$

Ein an der Stelle λ gelegenes Stück des Erders von der Länge $d\lambda$ trägt nach Abb. 101 zum Potential im Punkt P mit

$$d\varphi = -\frac{dJ}{4\pi r \cdot \varkappa} = -J \frac{d\lambda}{4\pi \varkappa l \sqrt{y^2 + (x-\lambda)^2}}$$

bei. Somit ist dort das gesamte Potential

$$\varphi = -\frac{J}{4\pi \varkappa \cdot l} \int\limits_{-l}^{+l} \frac{d\lambda}{\sqrt{y^2 + (x-\lambda)^2}}$$

oder mit $x - \lambda = \xi$

$$\varphi = -\frac{J}{4\pi \varkappa l} \int\limits_{x+l}^{x-l} \frac{d\xi}{\sqrt{y^2 + \xi^2}} \tag{179}$$

Die Lösung dieses Integrales lautet[1]:

$$\int \frac{d\xi}{\sqrt{y^2 + \xi^2}} = \ln\left(\xi + \sqrt{y^2 + \xi^2}\right) + C' \tag{180}$$

Demnach ist

$$\varphi = -\frac{J}{4\pi \varkappa \cdot l} \left| \ln\left(\xi + \sqrt{y^2 + \xi^2}\right) \right|_{x+l}^{x-l}$$

oder

$$\varphi = \frac{J}{4\pi \varkappa \cdot l} \ln \frac{x+l+\sqrt{y^2 + (x+l)^2}}{x-l+\sqrt{y^2 + (x-l)^2}} \tag{181}$$

Die Strecken $r_1 = \sqrt{y^2 + (x+l)^2}$ und $r_2 = \sqrt{y^2 + (x-l)^2}$ sind in Abb. 101 eingezeichnet; sie entsprechen den Entfernungen des Punktes P von den Enden der Linienquelle.

Um das Strömungsfeld beurteilen zu können, empfiehlt es sich zunächst, den Potentialverlauf in beiden Hauptrichtungen zu untersuchen:

a) Verlauf in Richtung der Linienquelle: $y = 0$, $x = a$

$$\varphi_a = \frac{J}{4\pi \varkappa \cdot l} \cdot \ln \frac{a+l}{a-l} \tag{182a}$$

---

[1] Rothe, R.: Höhere Mathematik, Teil II, 6. Aufl., S. 22. Stuttgart: Teubner 1949.

b) Verlauf in Richtung der Mittelsenkrechten: $x = 0$, $y = b$

$$\varphi_b = \frac{J}{4\pi \varkappa l} \ln \frac{\sqrt{b^2 + l^2} + l}{\sqrt{b^2 + l^2} - l} \qquad (182\,\mathrm{b})$$

Für den Fall, daß beide Potentiale derselben Niveaufläche angehören sollen, ist $\varphi_b = \varphi_a$ zu setzen. Dann muß

$$\frac{\sqrt{b^2 + l^2} + l}{\sqrt{b^2 + l^2} - l} = \frac{a + l}{a - l}$$

sein, d. h.

$$l^2 = a^2 - b^2 \qquad (183)$$

Auch hier ist jede Niveaufläche ein Ellipsoid, dessen Brennpunkte in den Enden der Linienquelle liegen. Um das zu beweisen, bildet man mit den Bezeichnungen von Abb. 101

$$r_1 + r_2 = \sqrt{y^2 + (x + l)^2} + \sqrt{y^2 + (x - l)^2}$$

Handelt es sich um eine Ellipse, so muß die Summe der Entfernungen von den Brennpunkten konstant und gleich $2\,a$ sein. Nach Quadrieren dieser Gleichung erhält man

$$4a^2 - 2(y^2 + x^2 + l^2) = 2\sqrt{[y^2 + (x + l)^2]\,[y^2 + (x - l)^2]}$$

oder

$$2a^2 - (y^2 + x^2 + l^2) = \sqrt{(y^2 + x^2 + l^2)^2 - 4\,x^2\,l^2}$$

Quadriert man nochmals, so wird

$$4a^4 + (y^2 + x^2 + l^2)^2 - 4a^2(y^2 + x^2 + l^2) = (y^2 + x^2 + l^2)^2 - 4\,x^2\,l^2$$

oder mit $l^2 = a^2 - b^2$

$$a^4 = a^2(y^2 + x^2 + a^2 - b^2) - x^2(a^2 - b^2)$$

Ordnet man diesen Ausdruck, so erhält man mit

$$a^2\,y^2 + b^2\,x^2 = a^2\,b^2 \qquad (184)$$

die Mittelpunktgleichung der Ellipse mit den Halbachsen a und b. Die Niveauflächen einer Linienquelle sind demnach Ellipsoide; dann müssen die Strom- (Feld-) Linien konfokale Hyperbeln sein, die auf den Ellipsoidflächen senkrecht stehen.

Aus diesem Bild erhält man das Strömungsfeld eines Rohrerders, wenn man von dem soeben berechneten Feld nur die eine Hälfte betrachtet und die Symmetrieebene mit der Erdoberfläche zusammenfallen läßt (Abb. 100). Es ist jedoch nicht möglich, das Potential auf die Linienquelle selbst zu beziehen, da sich nämlich für $x = 0$ und $y = 0$ kein endlicher Wert des Logarithmus ergibt. Man denkt sich daher den stabförmigen Erder durch ein dünnes Rotationsellipsoid ersetzt, dessen große Achse $2\,l$ und dessen Durchmesser in der Symmetrieebene d ist. Dieses Gebilde ersetzt schon in nächster Umgebung den zylindrischen Erder der Länge l und des Durchmessers d, wenn $d \ll l$ ist.

In sehr großer Entfernung vom Erder ist $\varphi\,(\infty) = 0$ wegen

$$\lim_{y \to \infty} \frac{x + l + \sqrt{y^2 + (x+l)^2}}{(x-l) + \sqrt{y^2 + (x-l)^2}} = 1$$

Das Potential des Erders ist also gleich der Spannung gegen den unendlich fernen Punkt. Setzt man jetzt für die Oberfläche des Erders

$$x_0 = 0 \qquad y_0 = \frac{d}{2}$$

so folgt aus Gl. (181)

$$U = \varphi\,(0) = \frac{J}{4\pi\varkappa l} \ln \frac{\sqrt{\left(\frac{d}{2}\right)^2 + l^2} + l}{\sqrt{\left(\frac{d}{2}\right)^2 + l^2} - l}$$

Hierin ist J nach Abb. 100 der Strom, mit der die *Hälfte* der Linienquelle $2\,l$, also der Erder selbst, belegt ist. Es ist nun für $d/2 \ll l$

$$\sqrt{\left(\frac{d}{2}\right)^2 + l^2} + l \approx 2l$$

bzw.

$$\sqrt{\left(\frac{d}{2}\right)^2 + l^2} - l \approx l\left[1 + \frac{1}{2}\cdot\left(\frac{d}{2l}\right)^2 - 1\right] = \frac{d^2}{8l}$$

Demnach gilt

$$U = \frac{J}{4\pi\varkappa l} \ln 16\, \frac{l^2}{d^2}$$

Der Widerstand des Erders ergibt sich damit zu

$$\boxed{R_E = \frac{1}{2\pi\varkappa l} \ln \frac{4l}{d}} \tag{185}$$

Zur Berechnung der Potentialverteilung auf der Erdoberfläche setzt man in Gl. (181) $x = 0$ und ersetzt J durch $2\,J$

$$[\varphi(y)]_{x=0} = \frac{J}{4\pi\varkappa l} \ln \frac{\sqrt{y^2 + l^2} + l}{\sqrt{y^2 + l^2} - l}$$

Hierin kann man den Erderstrom mittels Gl. (185) durch die Spannung am Erder ersetzen:

$$[\varphi(y)]_{x=0} = U \cdot \frac{\ln \dfrac{\sqrt{y^2 + l^2} + l}{\sqrt{y^2 + l^2} + l}}{2 \ln \dfrac{4l}{d}}$$

Substituiert man

$$\eta = \frac{y}{l} \qquad u = \frac{[\varphi(y)]_{x=0}}{U}$$

so erhält man die Spannung an der Erdoberfläche gegen den unendlich fernen Punkt in Bruchteilen der Erderspannung

$$u_0 = \frac{1}{2 \ln \dfrac{4l}{d}} \cdot \ln \frac{\sqrt{\eta^2 + 1} + 1}{\sqrt{\eta^2 + 1} - 1} \tag{186}$$

In Abb. 102 sind einige Potentialverteilungen an der Erdoberfläche in

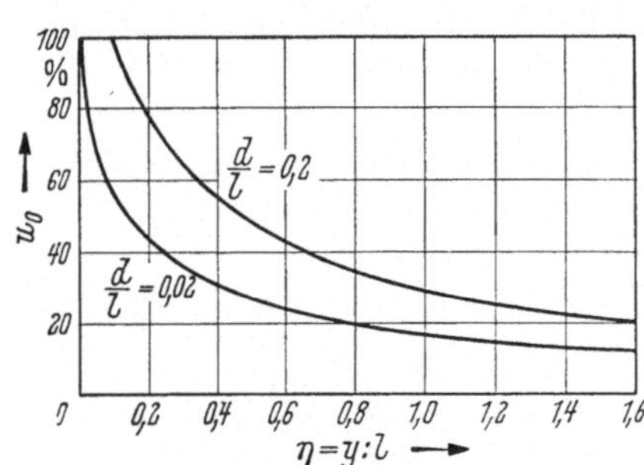

Abb. 102. Spannungstrichter in der Nähe eines stromführenden Rohrerders

Abhängigkeit von den Erder-Abmessungen d/l und der relativen Entfernung y/l aufgetragen. Man erkennt den typischen Verlauf (*Spannungstrichter*), der in der Nähe des Erders eine um so gefährlichere „Schrittspannung" zur Folge hat, je kleiner das Verhältnis d/l ist.

Man erhält die Feldstärke längs der Erdoberfläche, indem man Gl. (186) nach η differenziert:

$$\frac{du}{d\eta} = \frac{1}{2 \ln \dfrac{4l}{d}} \cdot \frac{\sqrt{\eta^2 + 1} - 1}{\sqrt{\eta^2 + 1} + 1} \cdot \frac{\dfrac{\eta}{\sqrt{\eta^2 + 1}} (\sqrt{\eta^2 + 1} - 1) - \dfrac{\eta}{\sqrt{\eta^2 + 1}} (\sqrt{\eta^2 + 1} + 1)}{(\sqrt{\eta^2 + 1} - 1)^2}$$

Ordnet man diesen Ausdruck, so bekommt man

$$\frac{du}{d\eta} = - \frac{1}{2 \ln \dfrac{4l}{d}} \frac{1}{\eta \sqrt{1 + \eta^2}}$$

Hieraus ergibt sich

$$[E(y)]_{x=0} = \frac{d}{dy} [\varphi(y)]_{x=0} = U \frac{du}{dy} = U \cdot \frac{du}{d\eta} \cdot \frac{d\eta}{dy}$$

zu

$$[E(y)]_{x=0} = \frac{U}{l} \cdot \frac{1}{2 \ln \dfrac{4l}{d}} \cdot \frac{1}{\eta \sqrt{1 + \eta^2}}$$

Die höchste Feldstärke herrscht unmittelbar am Erder. Dort ist

$$E_{\max} = \frac{U}{l} \frac{1}{2 \ln \dfrac{4l}{d}} \cdot \frac{1}{\dfrac{d}{2l} \cdot \sqrt{1 + \dfrac{d^2}{4l^2}}}$$

oder

$$E_{\max} = \frac{U}{d} \cdot \frac{1}{\ln \dfrac{4l}{d}} \cdot \frac{1}{\sqrt{1 + \left(\dfrac{d}{2l}\right)^2}} \tag{187}$$

Mit $U = J \cdot R_E$ kann man unter Benutzung von Gl. (185) den zu einer bestimmten, zulässigen Feldstärke gehörenden Erderstrom einführen:

$$E_{\max} = \frac{J}{2\pi \varkappa \cdot l \cdot d} \cdot \frac{1}{\sqrt{1 + \left(\frac{d}{2l}\right)^2} \cdot \ln \frac{4l}{d}} \cdot \ln \frac{4l}{d}$$

Hierin ist

$$s_E = \frac{J}{\pi \cdot l \cdot d} \tag{188}$$

die mittlere Belastung des Erders in $A \cdot cm^{-2}$. Es ergibt sich

$$E_{\max} = \frac{s_E}{2\varkappa} \cdot \frac{1}{\sqrt{1 + \left(\frac{d}{2l}\right)^2}} \tag{189}$$

Da im allgemeinen $d \ll l$ ist, wird

$$E_{\max} \approx \frac{s_E}{2\varkappa} \tag{190}$$

Für eine Belastung des Erders mit $0{,}01\ A \cdot cm^{-2}$ und eine Bodenleitfähigkeit von $10^{-3}\ S \cdot cm^{-1}$ ergibt sich eine Feldstärke von

$$E_{\max} = 5\,\frac{V}{cm}$$

Dieser Wert ist als Berührungsspannung bereits sehr hoch; fällt doch dann eine Spannung von 100 V an der Erdoberfläche bereits längs einer Entfernung von etwa 20 cm ab.

In dieser Weise lassen sich noch einige andere Erderformen berechnen. Alle so ermittelten Formeln setzen aber voraus, daß das Erdreich überall gleich gut leitet. Ist das nicht mehr der Fall, bzw. handelt es sich um kompliziertere Erdersysteme, so kann man den Erderwiderstand nur mittels einer Messung verläßlich bestimmen.

4. Sonden zum Ausmessen von Potentialfeldern

Im Potentialfeld muß besonders darauf geachtet werden, daß durch die Meßeinrichtung der Feldverlauf nicht geändert wird. Jede Belastung durch ein Meßgerät würde in dem zu untersuchenden Feld eine Senke verursachen, die ohne Meßeinrichtung nicht da wäre.

Handelt es sich um Strömungsfelder, so wendet man möglichst ein Kompensationsverfahren an. Nach Abgleich der Kompensationsschaltung wird der Meßstelle kein Strom entnommen, wodurch die Grundforderung erfüllt ist. Der Abgriff im Strömungsfeld erfolgt mittels einer Sonde. Dieses Verfahren läßt sich aber nur gebrauchen, wenn man die Sonde an die Stelle des Feldes bringen kann, die man untersuchen will. In Gasen und Flüssigkeiten ist das ohne weiteres möglich, dagegen in festen Körpern nur selten. Aus diesem Grund zieht man oftmals vor,

11*

Potentialfelder, in denen man nicht messen kann, durch Strömungsfelder in Flüssigkeiten abzubilden.

Bei galvanisch angekoppelten Sonden können Fehler in erster Linie durch Spannungen entstehen, die an der Sonde durch Polarisation und Thermowirkungen auftreten. Ferner muß man bei dreidimensionalen Potentialfeldern die „punktförmige" Sonde ohne Störung des Feldes mit der Meßeinrichtung über isolierte Leitungen verbinden. Diese Forderung kann nur selten in idealer Weise, wie z. B. bei den *Radiosonden* der Meteorologie, verwirklicht werden. Erheblich einfacher werden Sondenmessungen in allen zweidimensionalen Feldern, d. h. solchen, in denen die

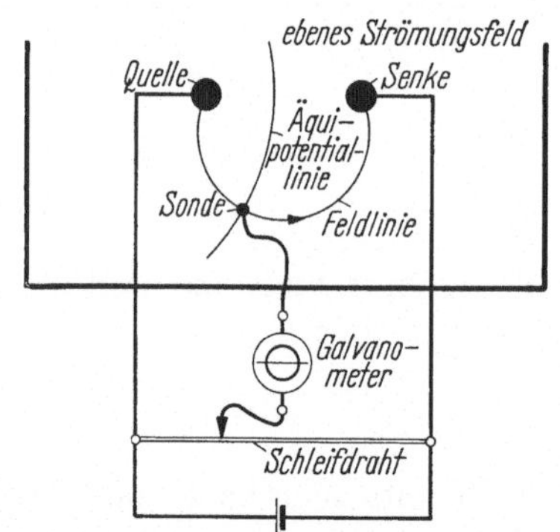

Abb. 103. Prinzipschaltung des elektrolytischen
Troges zur Nachbildung von Potentialfeldern

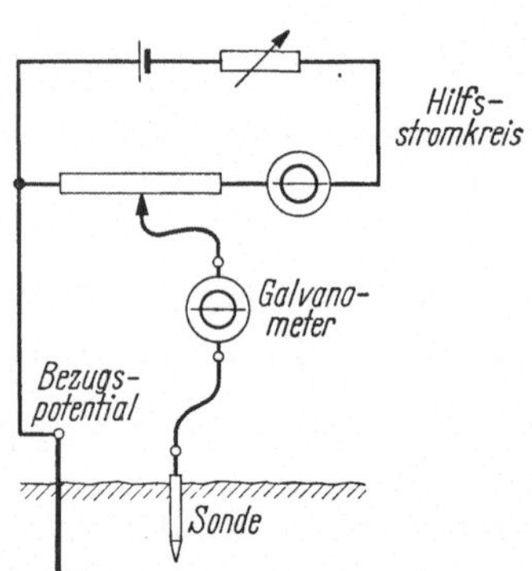

Abb. 104. Sondenmessungen
in Strömungsfeldern (Prinzipschaltbild)

Strömungs- (Feld-) Vektoren nach der 3. Raumachse (z-Achse) keine Komponenten haben. Man kann dann dünne Stäbe oder Drähte als Sonden verwenden, die in Richtung der z-Achse verlaufen und mit der Meßeinrichtung verbunden werden können, ohne das Feld zu stören.

Abb. 103 zeigt eine grundsätzliche Schaltung zur Ausmessung eines Strömungsfeldes mittels einer galvanisch gekoppelten Sonde. Das Verfahren läßt sich bei der Ausmessung von Oberflächenströmen, bei der Potentialbestimmung im Erdreich in der Nähe stromführender Erder, ferner bei Strömungsfeldern in Elektrolyten usw. anwenden. Die Schaltung besteht im wesentlichen aus einer Schleifdrahtmeßbrücke, deren einer Stromteilerzweig durch das Strömungsfeld, deren anderer Zweig durch den Schleifdraht gebildet wird. Im Diagonalzweig liegt ein Nullgerät, dessen eine Klemme mit dem Schleifer, dessen andere Klemme mit der Sonde verbunden ist. Ist der Brückenzweig stromlos, so hat die Sonde ein Potential gegen die Feldquelle, das dem am Spannungsteiler eingestellten Verhältnis entspricht. Das Verfahren eignet sich besonders für Relativmessungen, wenn im auszumessenden Feld nur eine Quelle und eine Senke vorhanden sind, deren Spannungsunterschied sich zum Betrieb des Schleifdrahtes eignet. Andernfalls kann man auch mit einer leichten Änderung der Schaltung absolut messen (Abb. 104). Es handelt sich dann im wesentlichen nicht um eine Brücken-, sondern um eine Kompensationsschaltung.

Kontaktpotentiale an der Sonde macht man am einfachsten dadurch wirkungslos, daß man die Meßschaltung mit niederfrequentem Wechselstrom betreibt und als Nullgerät entweder ein Vibrationsgalvanometer (vgl. Kap. VII) bzw. einen Telefonhörer, oder ein Drehspulgalvanometer mit Gleichrichter bzw. Meßkontakt verwendet. Da in diesem Fall der Abgleich durch Induktivitäten und Kapazitäten der Meßanordnung beeinflußt werden kann, empfiehlt es sich, diese für sich wie bei den Wechselstrombrücken (vgl. Kap. VII) wenigstens ungefähr abzugleichen.

Felder, die mehr als zwei Quellen und Senken besitzen, lassen sich in genau der gleichen Weise ausmessen. Die Meßeinrichtung ist dann zwischen *die* Quelle und *die* Senke des Feldes zu schalten, die die größte Spannung gegeneinander haben.

Erlaubt das Potentialfeld keine galvanische Ankopplung, so sind entsprechend konstruierte Sonden zu verwenden. Spezielle Sonden sind vor allem für folgende Potentialfelder entwickelt worden:

a) magnetostatische Felder; b) elektrostatische Felder; c) Temperaturfelder.

Im folgenden werden einige für die Ausmessung solcher Felder häufiger verwendete Sonden beschrieben:

a) Sonden für magnetische Felder. Magnetische Felder kann man mit einer kleinen, motorisch angetriebenen Prüfspule ausmessen, die so in das auszumessende Feld gebracht wird, daß an den über Schleifringe zugänglichen Enden eine sinusförmig verlaufende Wechselspannung auftritt. Man mißt stets die Feldkomponente senkrecht zur Drehachse. Bei konstanter Drehzahl ist dann der Effektivwert der induzierten Spannung ein Maß für die Feldstärke. Ist die Drehzahl hinreichend hoch, so kann man auch langsame Änderungen des zu untersuchenden Feldes mit einem Oszillographen als Modulation zur Anzeige bringen.

Eine Abart dieser Sonde wird bei Meßeinrichtungen zur Bestimmung der Eigenschaften magnetischer Werkstoffe verwendet. Bei diesen Untersuchungen kommt es sehr auf die Kenntnis der Feldstärke an der Oberfläche der Probe an. Man mißt mittels einer Schwingsonde (Abb. 105), auf deren in der Nähe der Probe befindlichen Spulenseite bei konstanter Schwingungsfrequenz und -amplitude eine der Feldstärke proportionale Spannung induziert wird. Abb. 106 zeigt die Anwendung dieser Sonde bei einem Eisenprüfgerät der AEG.

Eine sehr handliche Sonde zur Ausmessung magnetischer Felder beruht auf der Stromverdrängung der Leitungselektronen in Drähten unter Einwirkung eines senkrecht zur Stromrichtung verlaufenden Magnetfeldes (THOMSON-Effekt). Dadurch wird der Gleichstromwider-

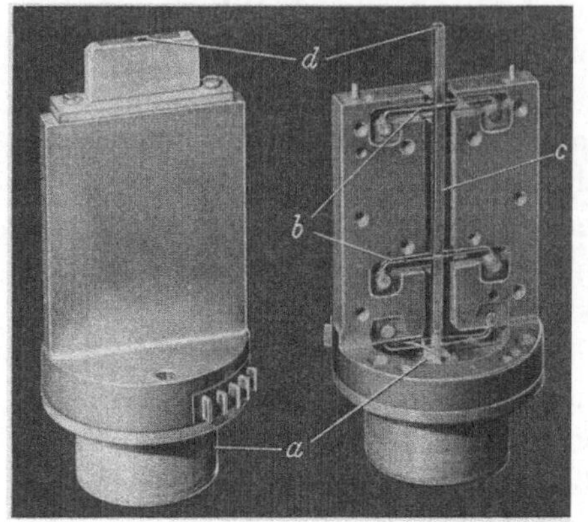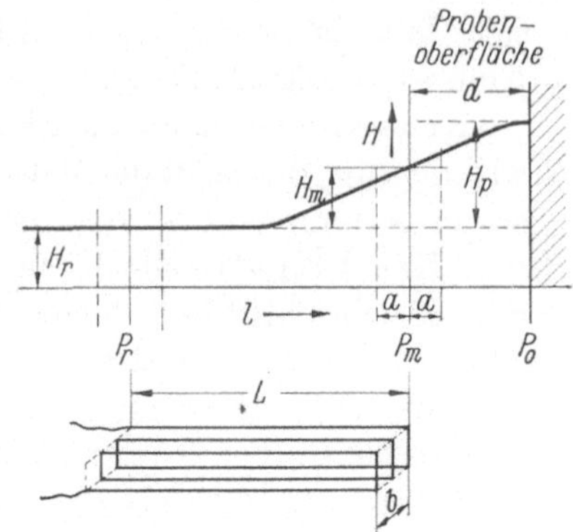

Abb. 105. Schwingsonde zur Ausmessung magnetischer Felder (AEG)
links: Ansicht von außen und im Schnitt. *a* Antrieb; *b* federnde Halter; *c* Schwingspule; *d* Meßfläche (Stirnseite der Schwingspule). rechts: zur Erklärung der Wirkungsweise. H_p Tangentialfeldstärke an der Probenoberfläche; H_m Tangentialfeldstärke an der Spulenseite; H_r Tangentialfeldstärke in großer Entfernung; *a* Schwingamplitude; *d* Meßabstand (möglichst klein); *b* Spulen-
breite; *L* Spulenlänge

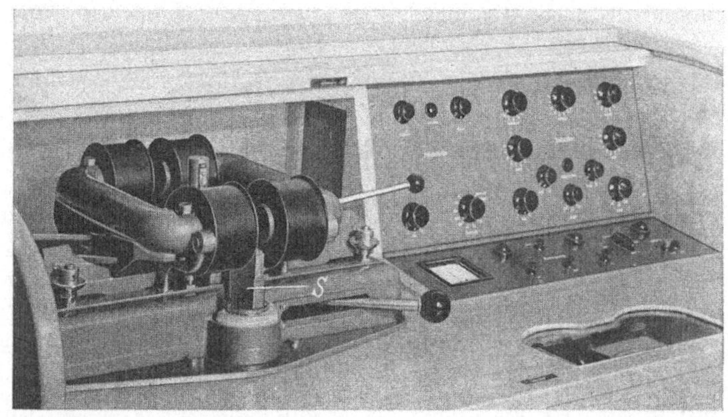

Abb. 106. Anwendung der Schwingsonde beim Doppeljoch-Magnetprüfer (AEG). *S* Schwingsonde

stand des Leiters erhöht. Der Effekt ist bei Wismut besonders groß. Zur
Ausmessung magnetischer Felder verwendet man daher bifilar gewickelte
Spiralen aus Wismutdraht. Die Ansicht einer industriell gefertigten
Sonde gibt Abb. 107 wieder, die Eichkurve einer solchen Wismutspirale
zeigt Abb. 108.

Eine andere aus der Physik bekannte Erscheinung ist der HALL-
Effekt, der neuerdings in der Meßtechnik eine zunehmende Anwendung
findet. Zwischen zwei Punkten eines stromdurchflossenen Leiters, die
ohne Magnetfeld auf einer Niveaufläche liegen, tritt im Magnetfeld ein
Potentialunterschied auf. Bei den sog. *Hall-Generatoren* wird dieser Effekt

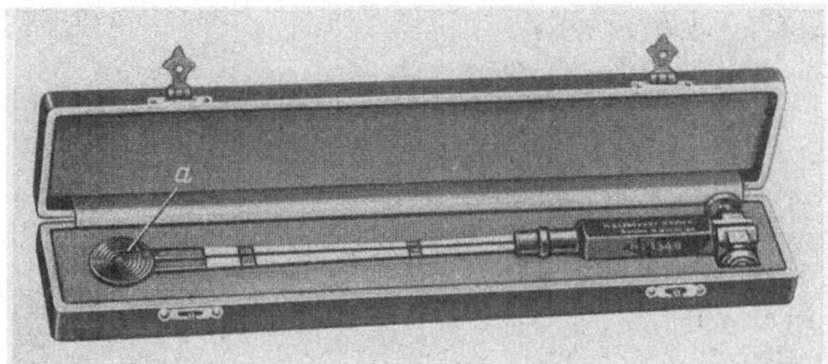

Abb. 107. Sonde zur Ausmessung magnetischer Felder (Wismutspirale, H & B)
a Meßfläche mit spiralförmig gewickeltem Wismutdraht

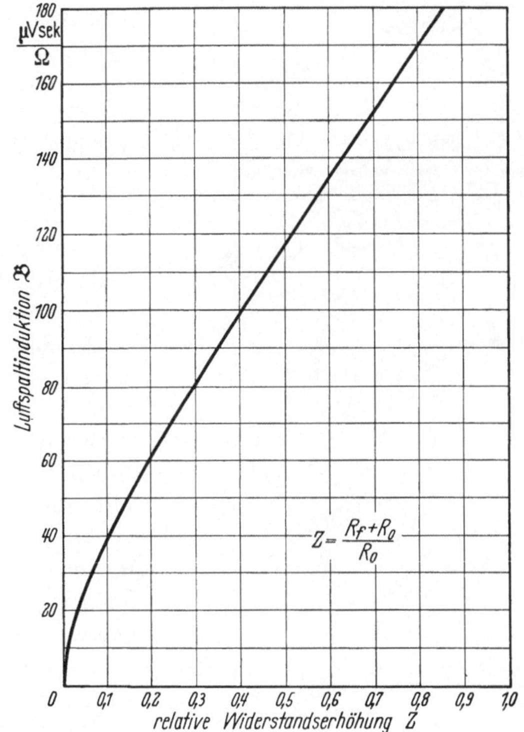

$$Z = \frac{R_f + R_0}{R_0}$$

Abb. 108. Eichkurve einer industriell hergestellten Wismutspirale (Hartmann & Braun)

zur Messung magnetischer Feldstärken bzw. der sie verursachenden
Ströme benutzt. Da das Potential proportional dem Produkt aus Feld-
stärke und Hilfsstrom ist, können die HALL-Generatoren in elektronischen
Rechenmaschinen auch zur Produktbildung verwendet werden. Der
HALL-Effekt ist bei Speziallegierungen wie Indiumarsenid bzw. Indium-
antimonid besonders deutlich. Die grundsätzliche Schaltung eines

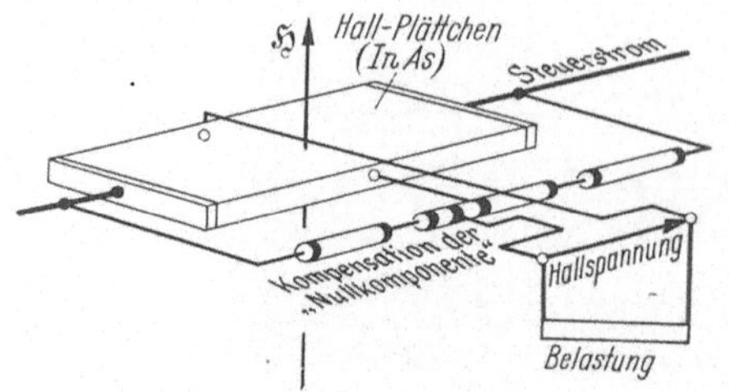

Abb. 109. Schaltung einer Feldmeßsonde mit HALL-Effekt (sog. HALL-Generator)

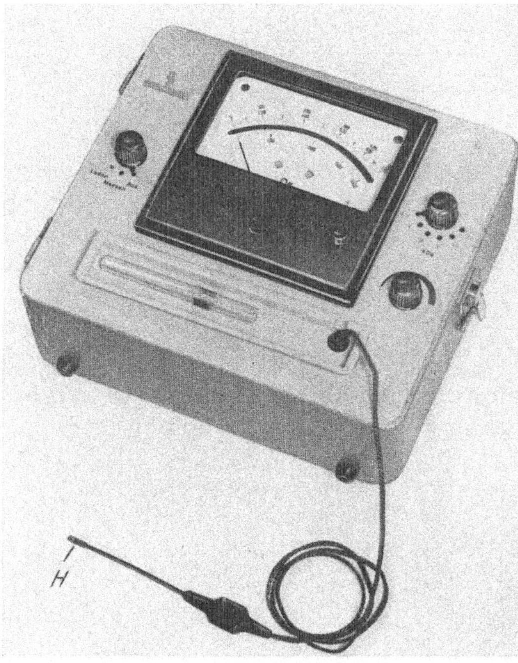

Abb. 110. Ausführung eines Meßgerätes für magnetische Feldstärken (S & H). *H* HALL-Sonde

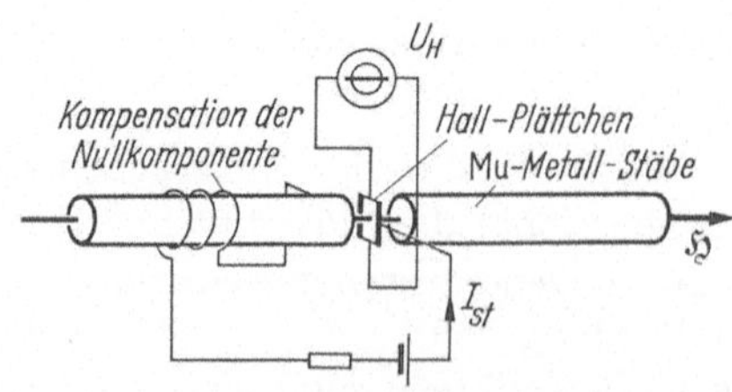

Abb. 111. Schematische Darstellung einer HALL-Sonde zur Ausmessung sehr schwacher Felder (S & H)

HALL-Generators stellt Abb. 109 dar, während Abb. 110 die Ausführung einer Feldmeßsonde mit HALL-Plättchen zeigt. Zur Erhöhung der Empfindlichkeit kann man beiderseits des HALL-Plättchens Stäbe aus einem Werkstoff mit hoher Permeabilität anbringen (sog. *Mu-Metall*). Dadurch wird das Ursprungsfeld im Bereiche des HALL-Plättchens vervielfacht. Man kann auf diese Weise Felder bis herab zu etwa 10^{-5} A/cm messen. Abb. 111 zeigt die Prinzipanordnung und Schaltung einer solchen Sonde.

b) Sonden für elektrostatische Felder. Man kann kapazitive Sonden verwenden, die ähnlich arbeiten wie die Sonde mit rotierender Probespule zur Ausmessung magnetischer Felder. Eine isolierte und über einen Meßwiderstand gegen Erde geschaltete Elektrode wird periodisch dem zu messenden Feld ausgesetzt und seiner Wirkung entzogen, indem sie von einem rotierenden Flügel in schnellem Wechsel abgedeckt und freigegeben wird. Die ganze Anordnung befindet sich in

einem abschirmenden Gehäuse. Da sich die Teilkapazität der Auffang-
elektrode gegen die Feldquelle ständig ändert, fließt ein Ladestrom,
dessen Mittelwert von der Drehzahl und der zur Meßfläche senkrechten
Komponente des Feldes abhängt.

Der Spannungsabfall des Ladestromes am Meßwiderstand wird
über einen Gleichrichter und
Verstärker einem Meßgerät zugeführt. Abb. 112 zeigt die Ausführung dieser Sonde.

Nach einem anderen, von
TOEPLER angegebenen Verfahren
wird zur Ausmessung von Hoch-
spannungsfeldern die Tatsache
ausgenutzt, daß auf einen stabförmigen Körper aus einem

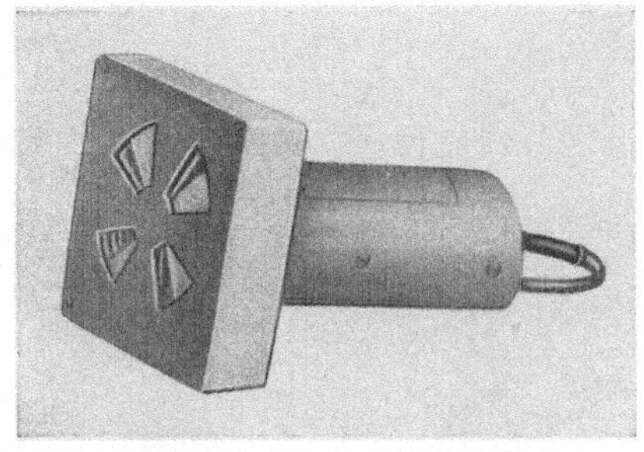

Abb. 112. Sonde zur Ausmessung elektrostatischer Felder nach SCHWENKHAGEN

Werkstoff mit hoher Dielektrizitätskonstante im elektrischen Feld ein
Drehmoment ausgeübt wird, welches den Stab in Richtung der Feldlinien zu drehen versucht. Es wird ein Strohhalm verwendet, der an
einem Seidenfaden leicht drehbar aufgehängt ist (Abb. 113) und mit
demselben an verschiedene Stellen des Feldes gebracht werden kann.
Mittels eines Scheinwerfers werden der Prüfling und der Strohhalm
auf eine Zeichenfläche als Schattenriß projiziert. Aus den eingezeichneten Lagen des Strohhalmes läßt sich leicht der Verlauf des Feldes
ermitteln.

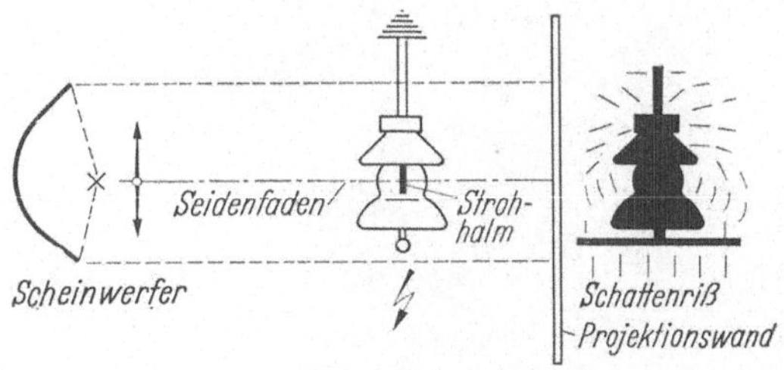

Abb. 113. Ausmessung von Hochspannungs-Potentialfeldern mit der Strohhalm-Methode
nach TOEPLER

c) Sonden für Temperaturfelder. Zur Ausmessung von Temperatur-
feldern werden in der Praxis häufig Thermoelemente verwendet. Solche
Sonden werden z. B. zur Messung der Temperatur im Feuerraum von
Kesseln gebraucht. Sie sind der harten Beanspruchung wegen dann recht
schwer (Abb. 114). Bei Thermoelementen ist auf die richtige Bezugstemperatur und die Belastung des Elementes durch den Meßstrom zu
achten. Zur Verlängerung bis zur Kaltlötstelle muß man *Ausgleichs-*

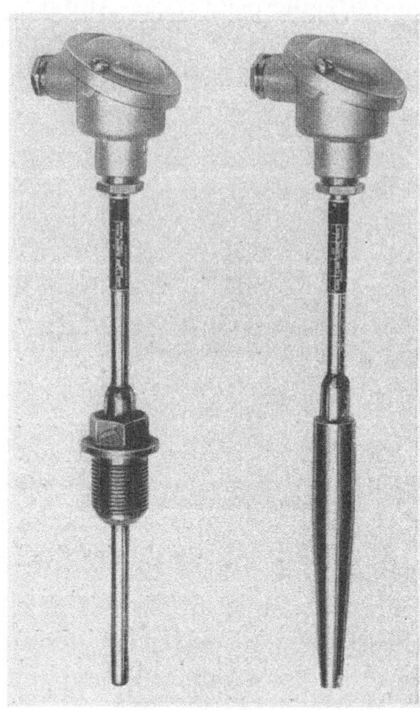

Abb. 114. Temperatur-Meßsonden für hohe Drücke (S & H)

leitungen verwenden, die aus demselben Material bestehen müssen, wie die Drähte des Elementes selbst.

Diese Sonden lassen sich ihrer Abmessungen und ihrer Wärmekapazität wegen nur schlecht zur Ausmessung kleiner Temperaturfelder verwenden. Für diesen Zweck sind Widerstände mit einem starken, negativen Temperaturkoeffizienten, sog. „Heißleiter", besser geeignet. Es gibt speziell für die Temperaturmessung preiswerte, industriell gefertigte Sonden (Abb. 115), die sich durch sehr kleine Wärmekapazität und hohe Empfindlichkeit auszeichnen. Die Abhängigkeit des Widerstandes einer solchen Sonde von der Temperatur verläuft ähnlich wie in der Eichkurve Abb. 417 in Teil B.

Abb. 115. Handhabung eines Temperatur-Meßfühlers *a* mit NTC-Widerstand. Widerstandsmessung des Heißleiters mit der Einknopf-Meßbrücke *b* (Philips, S & H)

5. Abbildung von Potentialfeldern auf das elektrische Strömungsfeld

Potentialfelder, die nicht unmittelbar mittels geeigneter Sonden ausgemessen werden können und sich auf Grund ihrer Randbedingungen

rechnerisch nur schwer behandeln lassen, werden häufig durch Modell-
felder nachgebildet. Von den Verfahren zur Veranschaulichung der
Potentialfelder sei hier die als meßtechnisches Hilfsmittel unter dem
Namen *elektrolytischer Trog* bekannte Einrichtung näher beschrieben.

Beim elektrolytischen Trog handelt es sich zumeist um die Nachbildung eines in zwei Dimensionen darstellbaren sog. *ebenen* Feldes.

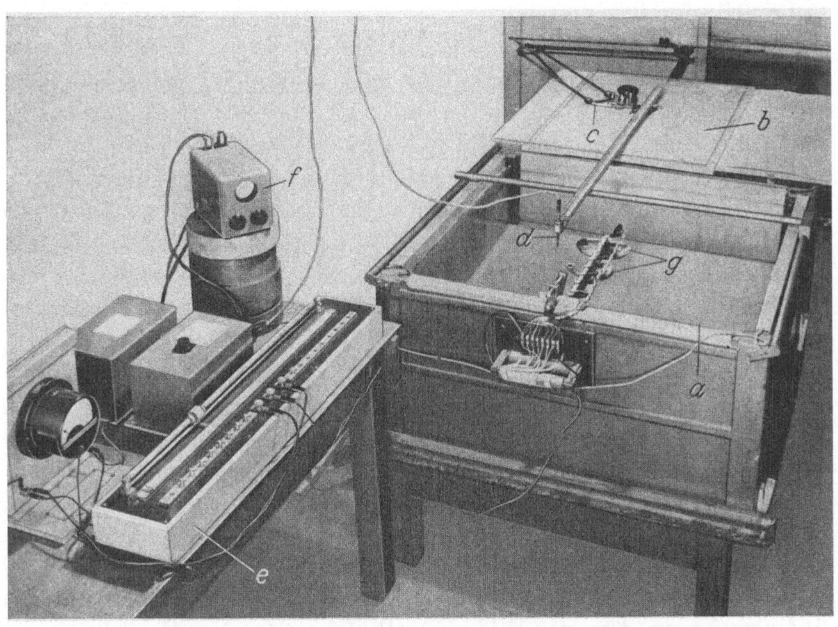

Abb. 116. Elektrolytischer Trog zur Abbildung von Potentialfeldern (C. H. F. Müller, Hamburg)
a Trog mit leitender Flüssigkeit; *b* Zeichenfläche; *c* Präzisions-Zeichenmaschine; *d* Sonde;
e Spannungsteiler (Halbbrücke) zur Einstellung bzw. Messung des Potentials; *f* Nullanzeige;
g Modell-Elektroden

Zur Abbildung dient eine flache Schale, in die eine leitende Flüssigkeit — z. B. Leitungswasser — als Elektrolyt gefüllt wird (Abb. 116).
In den Elektrolyten werden Metallelektroden eingesetzt, die in ihrer
Form und Anordnung den Elektroden des abzubildenden Feldes gleichen.
Legt man an diese Spannungen, die den Potentialen des Originalfeldes
entsprechen, so bildet sich im Elektrolyten eine Elektrizitätsströmung
aus, die denselben Gesetzen gehorcht, wie die „Strömung" des Feld-
vektors im Original.

Die Modellähnlichkeit beruht auf der formalen Übereinstimmung
der für alle Potentialfelder geltenden Gleichungen. Natürlich gelten
die Ähnlichkeitsgesetze auch für allgemeine, dreidimensionale Felder.
Dann muß aber die Elektrodenanordnung im elektrolytischen Trog
ebenfalls dreidimensional sein.

Die Ausmessung des Feldes im elektrolytischen Trog erfolgt mit Hilfe einer Brücken- oder Kompensationsschaltung (vgl. Abb. 103, S. 164). Natürlich muß sorgfältig darauf geachtet werden, daß die Elektrolyt-Flüssigkeit überall gleich hoch steht. Meßfehler treten ferner auf, wenn der Übergangswiderstand vom Metall der Abbildungselektrode zur Flüssigkeit nicht überall gleich groß ist. Letztes ist z. B. bei stellenweise fettigen Elektroden der Fall. Diese sind daher vor jedem Gebrauch sorgfältig zu reinigen.

Sauberer ist das Arbeiten mit leitfähigem Papier. Hier bildet man die zu untersuchenden Felder auf das Strömungsfeld in einer Oberfläche ab. Die Elektroden können z. B. mit Leitsilber auf das Papier aufgezeichnet werden. Die Meßfläche mit den eingetragenen Potentiallinien stellt ein Dokument dar, während beim Trog zu Dokumentationszwecken für eine mechanisch einwandfreie Kopplung zwischen der Sonde und einem Zeichenstift z. B. mittels eines Präzisions-Storchschnabels zu sorgen ist. Wichtig ist natürlich, daß die Oberflächenleitfähigkeit des Trägers homogen ist. Ferner darf nicht etwa senkrecht zur leitenden Schicht ein merklicher Strom durch das Papier fließen; man verhindert das einfach dadurch, daß man das Papier über eine hochisolierende Unterlage spannt. Schließlich ist darauf zu achten, daß die aufgemalte Elektrode eine hinreichend gute Leitfähigkeit gegenüber dem Papier selbst besitzt, weil sonst die Randbedingungen des abzubildenden Feldes nicht einwandfrei erfüllt werden können. Bei diesem Verfahren bietet sich die Möglichkeit, die Felder geschichteter Dielektrika zu untersuchen, indem man um so mehr Schichten des leitfähigen Papieres aufeinander legt, je höher die Dielektrizitätskonstante des Mediums ist, in dem das Feld verläuft. Eine derartige Einrichtung ist ein weit bequemeres Hilfsmittel zur Ausmessung ebener Potentialfelder, als sie der elektrolytische Trog darstellt.

Neben der Ermittlung der Stellen höchster Feldstärke interessiert vor allem die Bestimmung der Kapazität einer Elektrodenanordnung. Versagen hierbei die üblichen Methoden (vgl. Kap. VII), z. B. weil es sich um einen noch nicht realisierten Konstruktionsentwurf handelt, so kann man den allgemeingültigen Satz anwenden, daß

$$\int\limits_{(F)} \mathfrak{D} \cdot d\mathfrak{F} = C \cdot \int\limits_{a}^{b} \mathfrak{E} \cdot d\mathfrak{x} \tag{191}$$

d. h. der durch eine Äquipotentialfläche hindurchtretende Fluß proportional dem Potentialunterschied zu einer benachbarten Fläche ist. Die Verhältniszahl C heißt *Kapazität* des Volumenelementes. Im homogenen Feld sind sowohl $\mathfrak{D}$ als auch $\mathfrak{E}$ überall gleich groß und es ergibt sich

$$\mathfrak{D} \cdot \int\limits_{(F)} d\mathfrak{F} = C \cdot \mathfrak{E} \int\limits_{a}^{b} d\mathfrak{x}$$

Da nun für ein homogenes Feld

$$\int\limits_{(F)} d\mathfrak{F} = F$$

und

$$\int\limits_{a}^{b} d\mathfrak{x} = x$$

ist, und ferner

$$\mathfrak{D} = \varepsilon_0\, \varepsilon_r\, \mathfrak{E}$$

gilt, erhält man mit

$$\varepsilon_0\, \varepsilon_r\, F = C \cdot x$$

oder

$$C = \varepsilon_0\, \varepsilon_r \cdot \frac{F}{x} \tag{192}$$

die bekannte Formel für einen Plattenkondensator.

Im Strömungsfeld ist wegen

$$\mathfrak{s} = \varkappa\, \mathfrak{E}$$

die Proportionalitätskonstante G in

$$\int\limits_{(F)} \mathfrak{s}\, d\mathfrak{F} = G \int\limits_{a}^{b} \mathfrak{E}\, d\mathfrak{x}$$

identisch mit dem Leitwert des Volumenelementes im Elektrolyten. Kennt man dessen spezifische Leitfähigkeit $\varkappa$ sowie die Dielektrizitätskonstante vom Träger des elektrischen Feldes, so gilt die Modellbeziehung

$$\frac{F}{x} = \frac{G}{\varkappa} = \frac{C}{\varepsilon_0\, \varepsilon_r}$$

d. h.

$$\boxed{C = \frac{\varepsilon_0\, \varepsilon_r}{\varkappa} \cdot G} \tag{193}$$

Die Kapazität jeder Elektrodenanordnung läßt sich gleichfalls aus einem Modellversuch herleiten. Dabei braucht das Feld natürlich nicht homogen zu sein. Das Modellgesetz gilt sogar für beliebig in drei Dimensionen verlaufende Felder und auch dann, wenn mehr als zwei Elektroden vorhanden sind.

Konstruiert man in einem inhomogenen Feld sowohl Potentiallinien als auch Strömungslinien in einer den Randbedingungen des Feldes angepaßten, hinreichend großen Dichte, so kann man den ganzen Feldraum in annähernd parallelepipedische Teilräume zerlegen (vgl. Abb. 117). Jeder Teilraum stellt mit seinen zwei begrenzenden Ausschnitten aus Äquipotentialflächen einen Elementarkondensator dar:

$$\Delta C = \varepsilon_0\,\varepsilon_r \cdot \frac{\Delta F_{mittl}}{\Delta x_{mittl}}$$

Grenzt man die Kästchen so ab, daß etwa $(\Delta x_{mittl})^2 = \Delta F_{mittl} = a^2$ wird, so ergeben sich im ebenen Feld Flächenelemente, die bei hinreichend feiner Unterteilung in Quadrate übergehen; es ist dann

$$\Delta C = \varepsilon_0\,\varepsilon_r \cdot a$$

Liegen in Richtung des Feldes zwischen den Begrenzungselektroden m Kästchen dieser Art parallel und n in Reihe, so ist

$$C = \varepsilon_0\,\varepsilon_r \cdot \frac{m}{n} \cdot a \tag{194}$$

die Kapazität der Elektrodenanordnung. Man kann in dieser Weise zeichnerisch sogar ohne jede weitere Unterlage als die der gegebenen Elektrodenformen zu einer befriedigenden Konstruktion des Feldverlaufes kommen. In dieser Weise durch schrittweises Verbessern gefundene Felder sind z. B. für den Hochspannungstechniker wertvolle Hilfsmittel zur Beurteilung des Verhaltens einer geplanten Konstruktion. Auch im Elektromaschinenbau taucht dieses Problem auf bei der Beurteilung wirbelfreier magnetischer Felder,

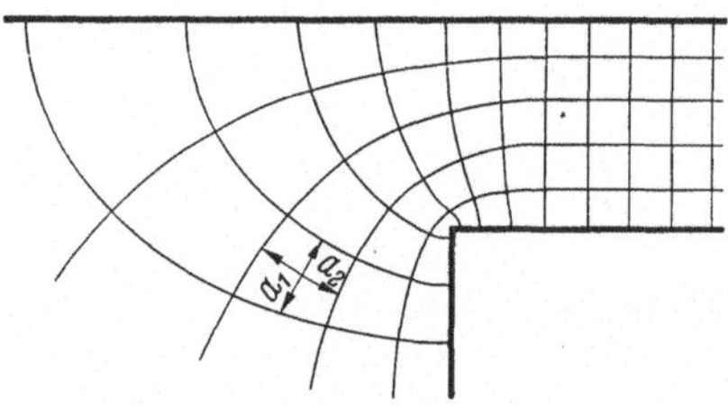

Abb. 117. Konstruktion von inhomogenen Potentialfeldern

d. h. solcher Anteile der gesamten Magnetfelder, in denen keine Durchflutungen vorkommen.

Das Zeichnen solcher Felder wird durch die Messung im Trog natürlich sehr erleichtert. Allerdings liefert das geschilderte Verfahren nur die Äquipotentiallinien. Die Feldlinien muß man weiterhin „nach Gefühl" konstruieren, weil lediglich die Bedingung, daß sie senkrecht zu den Äquipotentiallinien stehen, bekannt ist. Kleine Meßfehler im Verlauf der Äquipotentiallinien führen daher zur größeren Unsicherheit bei der Konstruktion der Feldlinien, da die Einzeichnung praktisch auf eine graphische Differentiation hinausläuft.

Man kann die Konstruktion der Feldlinien dadurch erleichtern, daß man die Randbedingungen des abzubildenden Feldes in systematischer Weise wie folgt ändert: Jeder Leiter, der ja im Originalfeld eine Äquipotentialfläche darstellt, auf der die Feldlinien senkrecht münden, wird durch einen Nichtleiter ersetzt. Eine der Flächen, innerhalb der im ursprünglichen Feld die Feldlinien verlaufen, wird durch eine Flächen-

Doppelquelle ersetzt. Dann entsteht ein neues, inverses Strömungsfeld, in welchem Feld- und Äquipotentiallinien zum Originalfeld in ihrer Rolle vertauscht sind. Mißt man jetzt im *inversen* Feld die Äquipotentiallinien aus, so stellen diese gleichzeitig die Feldlinien des Originalfeldes dar.

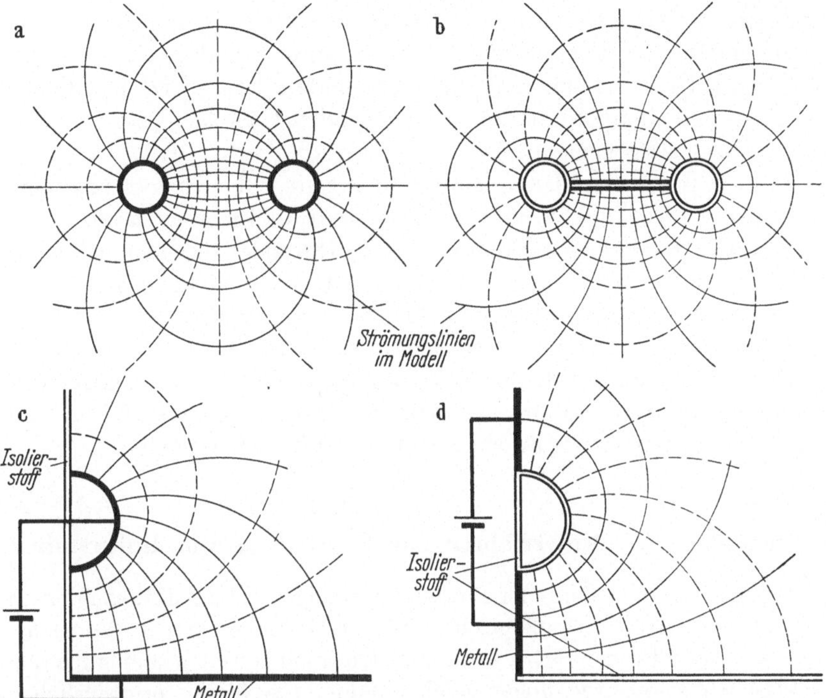

Abb. 118a—d. Inversion zwischen Feld- und Potentiallinien bei der Messung im elektrolytischen Trog nach MERZ. a) Aufnahme der Äquipotentiallinien; b) Aufnahme der Feldlinien; c) und d) Beschränkung auf den Viertel-Raum

Abb. 118 a—d veranschaulicht dieses zuerst von MERZ[1] zur Bestimmung des Energieflusses bei Verzweigungen von Hochfrequenz-Bandleitungen benutzte Verfahren. Es ist grundsätzlich gleichgültig, welche Feldlinie des Originalfeldes man durch eine Doppel-Linienquelle ersetzt. Zweckmäßigerweise sucht man sich die einfachste aus; sie wird sich fast immer aus einer Symmetrie des Ursprungsfeldes herleiten lassen.

Abb. 118a stellt den Potentialverlauf im elektrostatischen Feld einer Doppelleitung dar; diese Darstellung erhält man im elektrolytischen Trog als Meßergebnis, wenn man metallene Elektroden in einer dem Ursprungsfeld entsprechenden Weise in den Elektrolyten bringt. Eine Feldlinie ergibt sich zweifellos z. B. als Verbindungslinie der Elektroden-Mittelpunkte. In Abb. 118b wurden die leitenden Elektroden durch

---

[1] MERZ, P.: Energieverzweigung bei Band- und Hohlrohrleitungen. Diss. T. H. München 1954.

solche aus Isolierstoff ersetzt und zwischen ihnen eine Doppelplatte aus Leiterwerkstoff eingesetzt. Diese besteht aus zwei gegeneinander unter Spannung stehenden Flächen, die durch eine dünne Isolierschicht getrennt sind. Über diese Doppelplatte wird der Meßstrom der Feldnachbildung geleitet. Es läßt sich in diesem *inversen* Feld wieder der Verlauf der Äquipotentiallinien ausmessen, welcher identisch ist mit dem Verlauf der Feldlinien im Ursprungsfeld. Die gesamte Felddarstellung erhält man durch Übereinanderzeichnen; insbesondere ist es jetzt leicht, den aus Feld- und Äquipotentiallinien bestehenden Kästchen etwa quadratische Form zu geben.

In diesem wie in vielen anderen Fällen genügt die Ausmessung eines Teiles des Feldes. In Abb. 118c ist dargestellt, daß man auch mit einem Quadranten des Feldes auskommt. Abb. 118d zeigt das hierzu inverse Feld. Man beachte, daß überall dort, wo im Ursprungsfeld der Elektrolyt durch leitende und nichtleitende Flächen begrenzt ist, beim inversen Feld das genau umgekehrt zu erfolgen hat.

Der Vollständigkeit halber sei erwähnt, daß das zum elektrostatischen Feld der Abb. 118a inverse gleichzeitig das magnetostatische Feld des Außenraumes zweier stromdurchflossener Leiter darstellt.

6. Technologische Prüfverfahren zur Beurteilung von Isolierstoffen

Eigenschaften isolierender Bauteile in fertigen Konstruktionen lassen sich oft nur mittels technologischer Prüfverfahren bestimmen. Versuchsaufbauten und Probenvorbereitung werden dann soweit wie möglich den praktischen Beanspruchungen nachgebildet. Die hierzu erforderlichen Prüfverfahren sind in den *Leitsätzen für elektrische Prüfungen von Isolierstoffen* VDE 0303/10. 55 niedergelegt.

Man bewertet Isolierstoffe nach VDE 0303 auf Grund folgender Messungen:

Teil 1: Bestimmung der Kriechstromfestigkeit bei Betriebsspannungen unter 1 kV

Teil 2: Bestimmung der elektrischen Durchschlagsspannung und Durchschlagsfestigkeit bei technischen Frequenzen.

Teil 3: Bestimmung der elektrischen Widerstandswerte (spezifischer Durchgangswiderstand, Widerstand zwischen Stöpseln, Oberflächenwiderstand).

Teil 4: Bestimmung der relativen Dielektrizitätskonstanten und des dielektrischen Verlustfaktors

Teil 5: Bestimmung der Lichtbogenfestigkeit.

Die Prüfungen nach Teil 1 und Teil 5 sind ausgesprochen technologische Verfahren; sie dienen neben der Beurteilung des Werkstoffes vor allem der Beurteilung seiner Einsatzfähigkeit für bestimmter Konstruktionsaufgaben. Im Zusammenhang mit den hier erörterten Themen interessieren vor allem die Prüfverfahren nach Teil 1 bis Teil 3[1].

Nach VDE 0303 wird unter einem Kriechweg die lückenlose Aneinanderreihung von Kriechspuren verstanden, durch die eine leitende Verbindung zwischen den unter Spannung stehenden Teilen auf der Oberfläche des Isolierstoffes hergestellt wird. Die Kriechstromfestigkeit ist die Widerstandsfähigkeit des Isolierstoffes gegen Kriechspurbildung.

Kriechstromfestigkeit ist daher nicht nur von den Eigenschaften des Isolierstoffes an sich abhängig, die im trockenen Zustand sehr gut sein können, sondern auch noch vom Zustand der Oberfläche. Wird diese durch leitende Beläge verunreinigt, so kann es zum völligen Versagen der isolierenden Konstruktion kommen. Zunächst geschieht das aber nicht so sehr durch unmittelbare Herabsetzung des Isolationswiderstandes, der zwar unter Einwirkung des leitenden Belages gegenüber dem Widerstand des sauberen Isolators schlecht ist, aber doch noch oberhalb eines für die Anlage zulässigen Mindestwertes liegen kann. Tritt Feuchtigkeit hinzu, so rufen die Ableitströme in der leitenden Belegung Stromdichten hervor, die an einigen Stellen zur Zündung kleiner Lichtbögen ausreichen. Diese können den Isolierstoff thermisch schädigen. Es treten dann die oben erwähnten Kriechspuren auf, die, wenn sie sich zu einer Kette vereinigt haben, den Kriechweg darstellen.

Es sind folgende Grundformen der Kriechspuren bei den Isolierstoffen, die auf Kriechstrom überhaupt ansprechen können[2], bekannt geworden:

a) Zerstörungen infolge Verkohlungen, deren Bahnen im wesentlichen in Richtung des elektrischen Feldes, also zwischen den Elektroden, verlaufen.

b) Zerstörungen infolge Verkohlungen, die in Richtung der Äquipotentiallinien verlaufen.

Zu den Vertretern der ersten Gruppe zählen gewöhnliche Hartpapiere auf Phenolharzbasis, zu der letzten Gruppe solche auf Melaminharzbasis.

Die Kriechspuren der letzten vereinigen sich im allgemeinen nicht zu einem niederohmigen Kriechweg, obwohl die Oberfläche nach einer Prüfung manchmal sehr zerklüftet erscheint.

Man prüft auf Kriechstromfestigkeit mit Hilfe des in Abb. 119 dargestellten Apparates. Zwischen zwei auf dem Isolierstoff liegenden Schneiden aus Wolfram wird über einen hinreichend niederohmigen Schutzwiderstand nach der Schaltung Abb. 120 ein Kriechstrom erzeugt,

---

[1] Über die Bestimmung der dielektrischen Eigenschaften vgl. Kap. VII.

[2] Werkstoffe, wie z. B. Porzellan sind natürlich von Hause aus kriechstromfest.

der im Falle des Versagens zu einem kräftigen Lichtbogen führt. Die Isolierstoffoberfläche wird in genau dosierter Weise durch Tropfen

Abb. 119. Tropfapparat zur Kriechstromprüfung nach VDE 0303
a Vorratsgefäß mit Nekal-Lösung; *b* Elektroden mit Wolframschneide; *c* Probentisch mit Probe;
d Automatischer Tropfengeber; *e* Schaltuhr; *f* Auslöser; *g* Begrenzer-Widerstand (max. 3 A);
h Spannungsmesser; *i* Strommesser; *k* Tropfenzähler

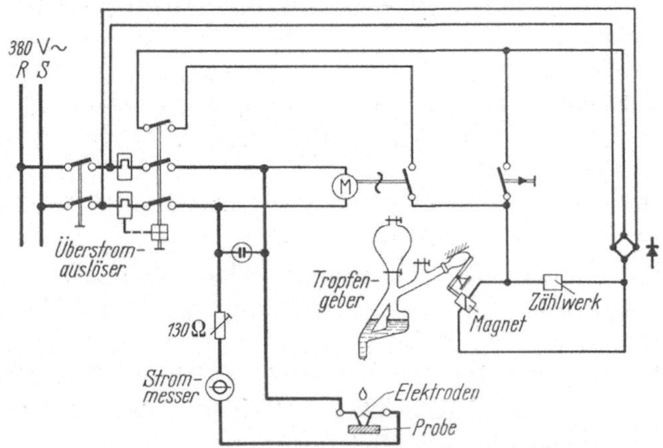

Abb. 120. Schaltung zur Kriechstromprüfung nach dem Nekal-Tropfverfahren VDE 0303

einer leitenden Flüssigkeit benetzt. Man verwendet *Nekallösung*, z. B. 0,5%ige Lösung des Natriumsalzes einer kernalkalierten Naphthalin-sulfosäure (Nekal BX trocken der Badischen Anilin- und Sodafabrik Ludwigshafen oder Erkanto BXD der Farbenfabriken Bayer, Lever-kusen) mit 0,1% NH_4Cl; die Lösung hat eine spezifische Leitfähigkeit von 4000 μS/cm. Um Tropfen von 0,03 ml Größe zu erzeugen, verwendet man die in Abb. 120 schematisch dargestellte Glasapparatur, bei der sich die Tropfengröße durch Verstellung des Widerlagers am Gummiball einregeln läßt. Die Kriechstromfestigkeit wird nach der Anzahl der Tropfen beurteilt, die eine bestimmte Aushöhlung oder einen leitenden Kriechweg verursachen. Abb. 121 zeigt sehr eindringlich das unterschiedliche Verhalten elektrisch scheinbar gleichwertiger Isolierstoffe. Man erkennt, daß es am allmählich zurückweichenden Tropfen auf der Oberfläche entweder zu einer Kriechspur in Richtung der Feldlinien, oder in Richtung der Äquipotentiallinien kommt.

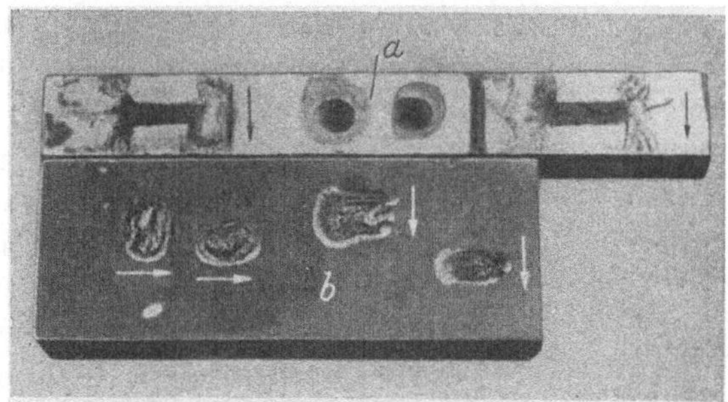

Abb. 121. Kriechstrom-Einwirkung bei der Prüfung nach dem Nekal-Tropfverfahren (VDE 0303) *a* Kriechstromfestes Material auf Melaminharz-Basis; *b* Nichtkriechstromfestes Material auf Phenolharz-Basis. Die Pfeile geben die Richtung des Stromflusses bei der Prüfung an

Die Bestimmung der elektrischen Durchschlagsspannung und der Durchschlagsfestigkeit erfolgt im elektrischen Feld einer Elektrodenanordnung. Die dazu verwendete Hochspannung muß bezüglich der Kurvenform den in VDE 0442 niedergelegten Anforderungen genügen. Maßgebend für den Durchschlag mit technischem Wechselstrom ist stets der Scheitelwert der Spannung. Deswegen ist u. U. eine Scheitelwertmessung erforderlich (vgl. Kap. IX).

Unter Durchschlagsspannung versteht man nach VDE 0303 den Effektivwert der sinusförmigen Wechselspannung, bei der der Durchschlag eintritt. Dagegen ist die Minuten-Stehspannung diejenige, die die Probe gerade noch ohne Durchschlag aushält; man unterscheidet sie nach der Zeitdauer der Beanspruchung (z. B. 5-Minuten-Stehspannung).

Die elektrische Durchschlagsfestigkeit ist die auf die Längeneinheit bezogene Durchschlagsspannung im homogenen Feld. Sie wird in kV/cm angegeben, ist aber keine Materialkonstante, sondern von der Schlagweite selbst abhängig. Im allgemeinen haben dünne Isolierschichten höhere Werte der Durchschlagsfestigkeit als dicke. Diese Erscheinung hängt in erster Linie mit der schlechteren Abfuhr der dielektrischen Verlustwärme durch dickere Schichten zusammen.

Bezüglich der Form des elektrischen Feldes unterscheidet man Elektroden für Kennwertmessungen und Elektroden für Vergleichsmessungen. Die ersten müssen angewendet werden, wenn bestimmte Materialwerte festzuhalten sind; bei ihnen achtet man streng darauf, daß der Durchschlag in einem homogenen Feld erfolgt. Verwendet man Plattenelektroden, so kann diese Bedingung meist nicht innegehalten werden. Infolge der unvermeidbaren Begrenzung der Platten entstehen am Rand größere Feldstärken als in der Mitte, wo das Feld natürlich sehr homogen ist. Der Durchschlag erfolgt daher bei solchen Elektroden stets am Rand. Plattenelektroden sind daher nur zu Vergleichsmessungen geeignet.

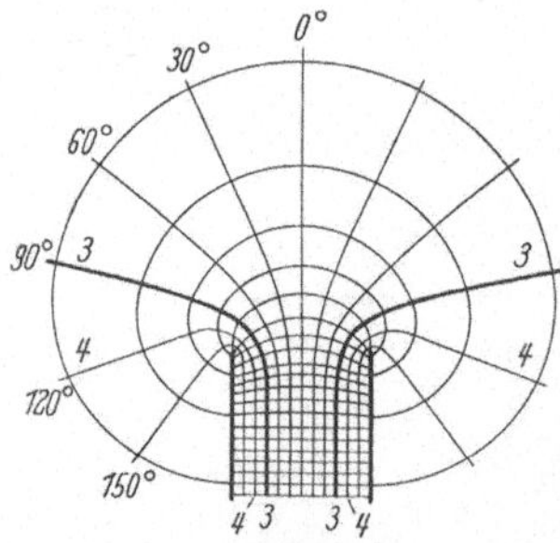

Abb. 122. Randfeld eines Plattenkondensators

Dagegen eignen sich Plattenelektroden nach ROGOWSKI mit aufgehobenem Randeffekt gut zur Bestimmung von Kennwerten. Solche Elektroden sind auf Grund der Überlegung konstruiert worden, daß im elektrischen Feld jede Äquipotentialfläche durch eine Metalloberfläche ersetzt werden kann, ohne daß sich die äußere Verteilung des Potentials ändert. In Abb. 122 ist das Randfeld eines Plattenkondensators aufgetragen; man gewinnt es z. B. durch Messungen im elektrolytischen Trog oder durch Berechnung. Bis zu den mit *3* gekennzeichneten Äquipotentiallinien findet man längs derselben keine größeren Dichten des dielektrischen Flusses als sie in der Mitte herrschen. Die Überschläge finden dann auf jeden Fall nicht am Rande, sondern in der Mitte statt. Natürlich muß man dafür sorgen, daß an der konstruktiv notwendigen Begrenzung trotzdem keine höheren Feldstärken entstehen, die dort zu Sprühentladungen führen können. Hierfür werden nach VDE 0303 die in Abb. 123a—d dargestellten Formen empfohlen. Die in Abb. 123b dargestellte Elektrode für einen zulässigen Abstand von 10 mm beansprucht ziemlich viel Platz bei verhältnismäßig kleiner Prüffläche. Nach REGNIER[1] ist es nicht erforderlich, die Feldstärke auf der Elektrodenoberfläche monoton von innen nach außen abnehmen zu lassen; bis zur 1,27fachen Feldstärke am Rande gegenüber der Mitte wandern die Durchschläge nicht zum Rand. Daher können in Abb. 122 auch die mit *4* gekennzeichneten Äquipotentialflächen zur Ableitung der Elektrodenform verwendet werden. Die Abmessungen werden dann bei der 50-mm-Elektrode kleiner; allerdings darf man auch nur kleinere Elektrodenabstände bis höchstens 5 mm anwenden (Abb. 123c). Bei gleichem räumlichen Bedarf der Elektrodenanordnung ist für 10 mm

---

[1] REGNIER, H.: Arch. f. Elektrotechn. Bd. 16 (1926) S. 76.

Abstand mit dieser zweiten Form (Abb. 123 d) eine größere Prüffläche zulässig.

Andere für Kennwertmessung geeignete Elektroden sind Kugel-elektroden. Bei ihnen ist das Feld in der Nähe der Achse sehr angenähert homogen, und überdies nimmt die Feldstärke nach außen zu monoton ab.

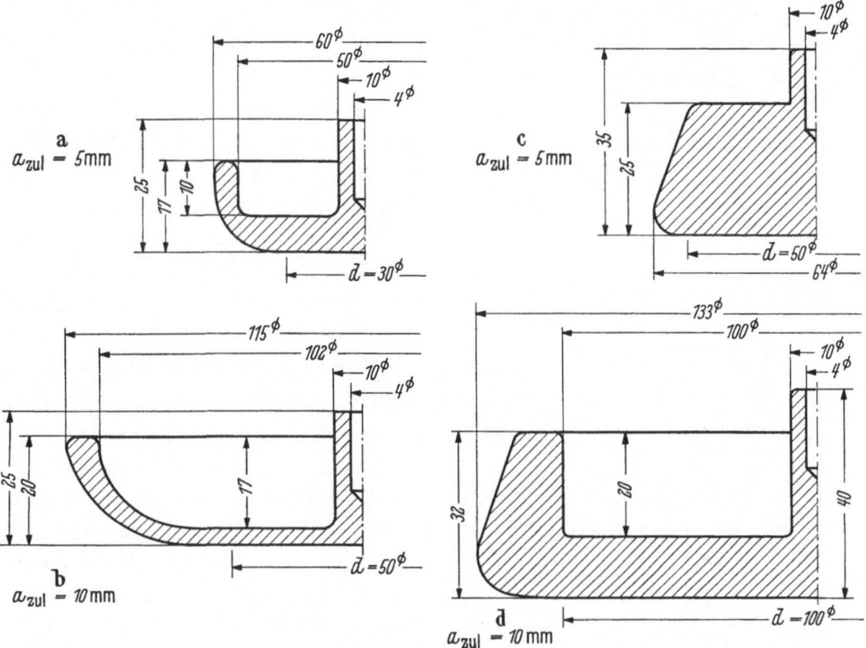

Abb. 123 a—d. Plattenelektroden mit aufgehobenem Randeffekt nach ROGOWSKI (VDE 0303)
a_{zul} = zulässige Probendicke

Die Durchschlagsfestigkeit berechnet sich aus der gemessenen Durch-schlagsspannung mit Hilfe der Beziehung

$$E_d = \beta \cdot U_d$$

Abb. 124 a u. b gibt den Umrechnungsfaktor β in Abhängigkeit vom Elektrodenabstand und dem Kugeldurchmesser wieder.

Diese Elektroden sind hauptsächlich zur Prüfung von flüssigen oder gießbaren Isolierstoffen konstruiert worden. Bei der Prüfung fester, plattenförmiger Isolierstoffe ist nicht zu vermeiden, daß in den Zwickeln zwischen den zurückweichenden Teilen der Elektrodenoberfläche und der Probe Glimmen auftritt, wenn man nicht für eine Herabsetzung des Feldes bzw. für eine Erhöhung der Festigkeit der sich dort befindlichen Stoffe sorgt. Zu diesem Zweck umgießt man Probe und Elektrode (vgl. Abb. 125). Der Einbettungsisolierstoff muß aber zwei Bedingungen erfüllen. Die Forderung nach Vermeidung einer erhöhten Randfeldstärke

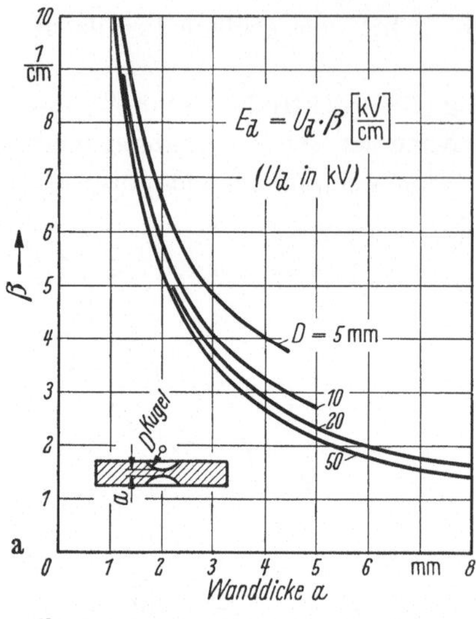

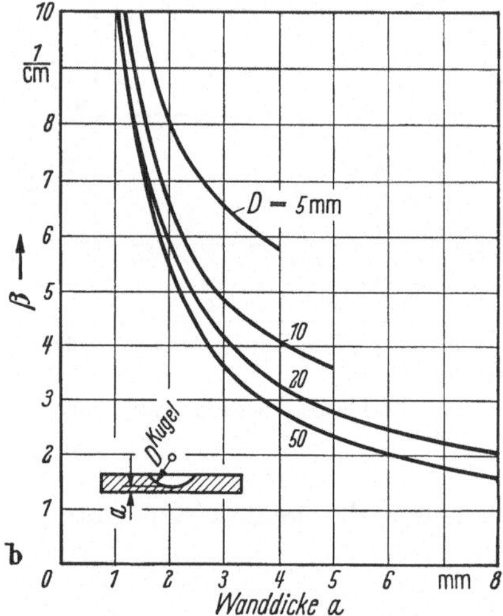

Abb. 124a u. b. Abhängigkeit der Durchschlagsfestigkeit von der Wanddicke bei Kugelelektroden
a) Kugel — Kugel;   b) Kugel — Platte

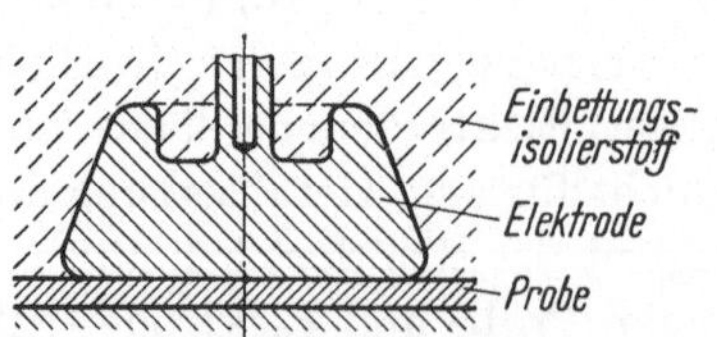

Abb. 125. Prüfung auf Durchschlagsfestigkeit mit der Rogowski-Elektrode

ist erfüllt, wenn die Dielektrizitätskonstante

$$\varepsilon_2 \geqq \varepsilon_1$$

gemacht wird. Außerdem muß die Durchschlagsfestigkeit der isolierenden Einbettmassen gemäß

$$E_{d_2} \geqq \frac{\varepsilon_1}{\varepsilon_2} \cdot E_{d_1}$$

gewählt werden; dann ist die Messung einwandfrei. VDE 0303 empfiehlt als Einbettstoffe neben Isolierölen auch schmelzbare Massen wie z. B. Paraffin, dessen Dielektrizitätskonstante durch Beimischung von Titandioxyd (TiO_2) leicht erhöht werden kann.

Zur Ermittlung der Durchgangswiderstände plattenförmiger Isolierstoffe wendet man häufig die Messung zwischen *Schutzringelektroden* an, (Abb. 126). Diese haben zwei Aufgaben zu erfüllen: einmal soll der Meßeinrichtung nur der Ableitstrom zugeführt werden, der aus einem homogenen Strömungsfeld innerhalb des Werkstoffes herkommt und sich daher leicht nachrechnen läßt. Zum anderen verhindert eine geerdete Schutzelektrode, daß Fremdströme über die empfindliche Meßeinrichtung fließen. Die Schaltung der Schutzelektrode in einer Anordnung mit Strom- und Spannungsmesser zeigt Abb. 127, innerhalb einer Brückenanordnung Abb. 128a u. b.

Zur Berechnung der Materialeigenschaft ϱ_D (spezifischer Durchgangswiderstand in Ω cm) ist bei der Plattenelektrode die bekannte Beziehung

$$\varrho_D = \frac{R_D \cdot F}{d} \; \Omega \text{ cm} \qquad (195)$$

anzuwenden. Hierin ist R_D der gemessene Durchgangswiderstand in Ohm, F die Meßfläche der geschützten Elektrode in cm² und a die Dicke der Probe in cm. Bei Rohrelektroden kann das Feld ähnlich wie im

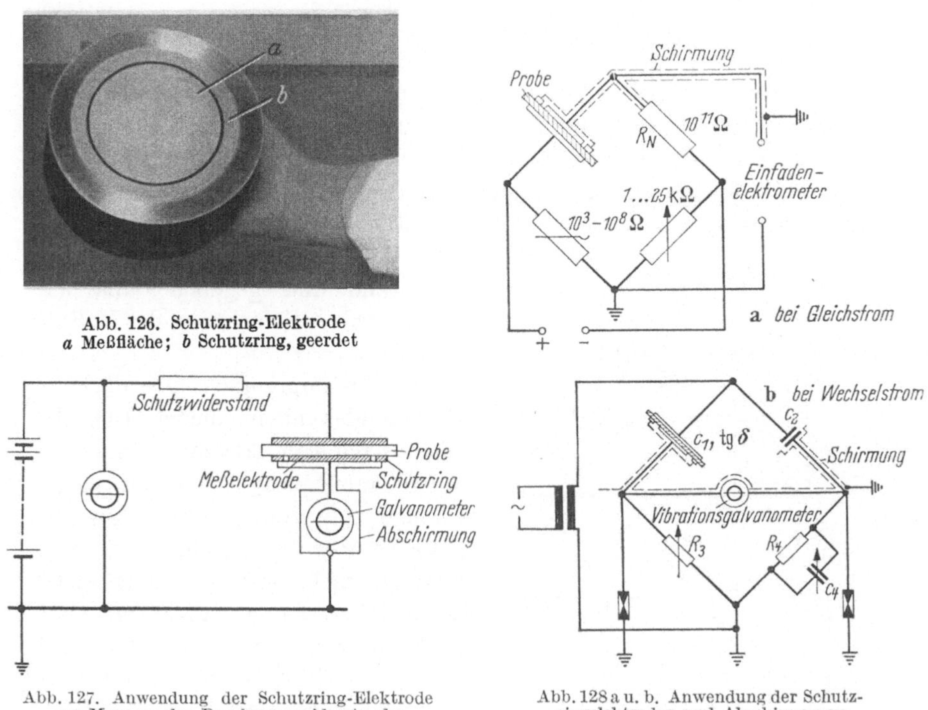

Abb. 126. Schutzring-Elektrode
a Meßfläche; *b* Schutzring, geerdet

Abb. 127. Anwendung der Schutzring-Elektrode zur Messung des Durchgangswiderstandes

Abb. 128 a u. b. Anwendung der Schutzringelektroden und Abschirmungen bei Brückenmessungen

Abschn. 3 an Beispielen gezeigt wurde, berechnet werden. Es ergibt sich dann

$$\varrho_D = 6{,}28\,\frac{R_D \cdot l_1}{\ln \dfrac{d_a}{d_i}} \qquad (196)$$

Hierin ist l_1 die Länge der geschützten zylindrischen Elektrode, d_a der Außendurchmesser, d_i der Innendurchmesser der rohrförmigen Probe. Diese Gleichung eignet sich aber nur zur Ermittlung von ϱ_D, wenn der Außendurchmesser d_a vom Innendurchmesser d_i stark verschieden ist. Bei sehr dünnen Zylindern wendet man lieber Gl. (195) an, was zulässig ist, da dann das Strömungsfeld sehr angenähert homogen ist.

Bei manchen Prüfelektroden ist die Ermittlung der Prüffläche nicht ganz einfach. Man wendet dann die aus Abschn. 5 bekannten Ähnlichkeitsgesetze an, indem man zunächst die Kapazität der leeren Prüfelektrode mißt; es gilt

$$\frac{C}{G} = \frac{\varepsilon_0\, \varepsilon}{\varkappa}$$

d. h.

$$\varrho_D = \frac{1}{\varepsilon_0}\, C \cdot R_D \tag{197}$$

Ein technologisches Prüfverfahren zur Beurteilung des elektrischen Isoliervermögens vollständiger Konstruktionen ist die Messung des Widerstandes zwischen Stöpseln. Als Elektroden verwendet man keglige Stöpsel 1:50 mit einem kleinsten Durchmesser von 5 mm. Bei dieser Prüfung werden eventuelle Inhomogenitäten des Materiales besser er-

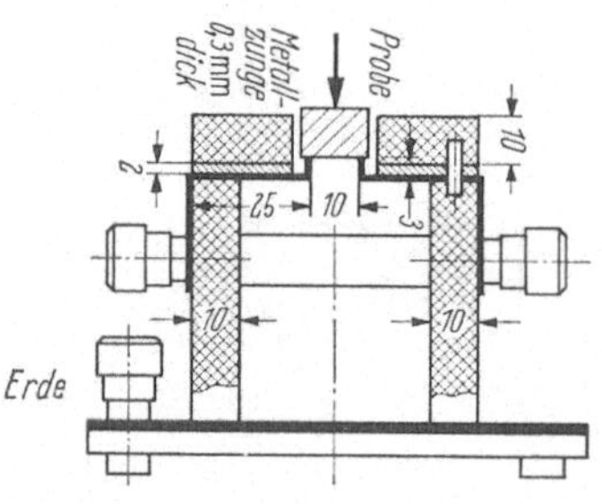

faßt. Auch gehen der Oberflächenwiderstand und gegebenenfalls die Wirkung einer Schichtung des Isolierstoffes ein.

Der Bestimmung des Oberflächenwiderstandes allein dienen Einrichtungen nach Abb. 129. Zwei Schneiden von 100 mm Länge und 10 mm gegenseitigem Abstand bestehen zweckmäßigerweise aus je einer stanniolumkleideten Gummileiste oder einer Reihe federnder Metallzungen. Bei der Prüfung ist darauf zu achten, daß die Schneiden in allen Punkten aufliegen. Ferner darf die Rückseite besonders bei dünnwandigen Proben nicht metallisch leitend sein, da sonst nicht allein der Oberflächenwiderstand, sondern auch die Ausbreitungswiderstände der Schneiden gegenüber der leitenden Rückseite gemessen werden. Vielfach findet man in der Praxis noch eine ältere Ausführung

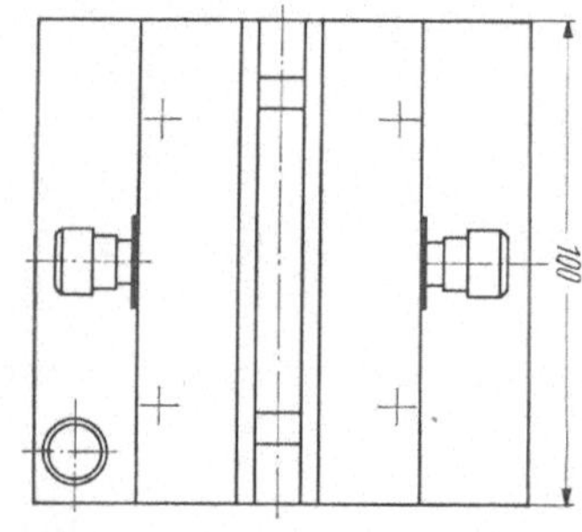

Abb. 129. VDE-Schneiden-Prüfgerät zur Messung des Oberflächenwiderstandes

des Schneidengerätes. Dessen Isolation bestand nach Empfehlungen der älteren Vorschriften VDE 0303 aus Hartgummi. Bei der Messung sehr hochohmiger Oberflächenwiderstände können mit diesem Gerät große Fehler gemacht werden wenn man vergißt, die Montageplatte der Prüfschneiden zu erden. Die eigene Isolation des Prüfgerätes schließt dann die Prüfstrecke kurz, weil fast der gesamte gemessene geringe Ableitstrom über die Geräteisolation und nicht über den Prüfling geht.

Dieser Gefahr kann wie bei der neueren Prüfvorrichtung durch Vergrößerung der Isolationswege begegnet werden. Man kann auch den

Oberflächenwiderstand zwischen zwei mit Leitsilber aufgemalten Strichen messen (Abb. 130), was den Vorteil hat, daß die zu prüfende Strecke gekrümmt sein darf. Bei der Verwendung der Leitsilberelektroden muß man dagegen bei manchen Untersuchungen darauf achten, daß die Widerstände der Striche hinreichend niederohmig gegenüber den Widerständen der Prüfstrecken sind. Fälle, bei denen man sich um die Innehaltung dieser *Randbedingung* kümmern muß, kommen z. B. bei Materialien vor, die man zwecks Ableitung elektrostatischer Ladungen künstlich oberflächenleitend macht.

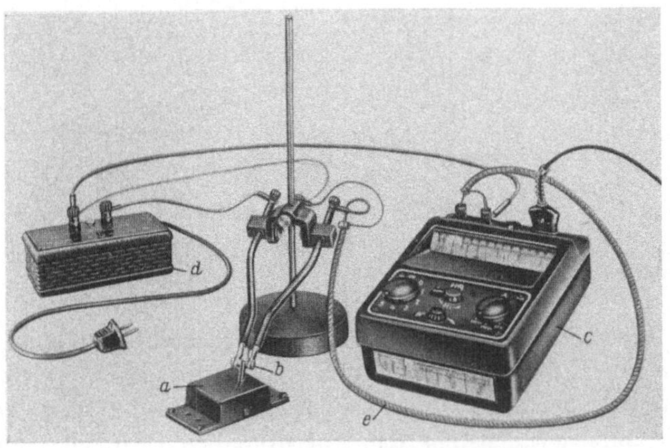

Abb. 130. Messung des Oberflächenwiderstandes mit Leitsilber-Elektroden (H & B)
a Probe mit aufgemalten Leitsilber-Elektroden; *b* Tastschneiden mit Bernstein-Isolierung;
c Mikro-Amperemeter; *d* Spannungserzeuger mit Schutzwiderstand; *e* abgeschirmtes Meßkabe

7. Messung von Erdungswiderständen

Unter den Messungen im elektrischen Strömungsfeld sind die der Erderwiderstände für den Betriebspraktiker besonders wichtig. Die theoretische Berechnung der Erder-Übergangs- bzw. Ausbreitungswiderstände, wie sie in Abschn. 3 an einigen Beispielen gezeigt wurde, ist angesichts der Unsicherheit, mit der die vielen, in der Praxis vorkommenden Einflußgrößen erfaßt werden können, nur in ganz besonders gelagerten Fällen durchführbar. Man greift dann lieber zu meßtechnischen Verfahren, muß sich aber dessen bewußt bleiben, daß Verständnis des Randbedingungsproblems von Ausbreitungswiderständen auch für eine empirische Bestimmung Voraussetzung ist.

Bei jeder Meßeinrichtung muß dem Erder, dessen Widerstand bestimmt werden soll, ein Wechselstrom zugeführt werden. Die Verwendung von Gleichströmen ist der Polarisationseffekte wegen nicht möglich. Daher erhalten Erdungsmesser meistens kleine Wechselstromgeneratoren

mit Handkurbelantrieb. Jede Erdungsmessung erfordert ferner eine
Hilfserde, über die der Stromkreis geschlossen werden kann. Diese muß
so weit entfernt sein, daß das Strömungsfeld in der Nähe des zu messenden
Erders nicht nennenswert durch die Lage und den Widerstand der Hilfserde beeinflußt wird. Es ist nicht möglich, aus dem Erdungswiderstand
des ganzen Kreises mit *einer* Messung auf den Widerstand des zu untersuchenden Erders zu schließen, denn im allgemeinen wird sich nicht

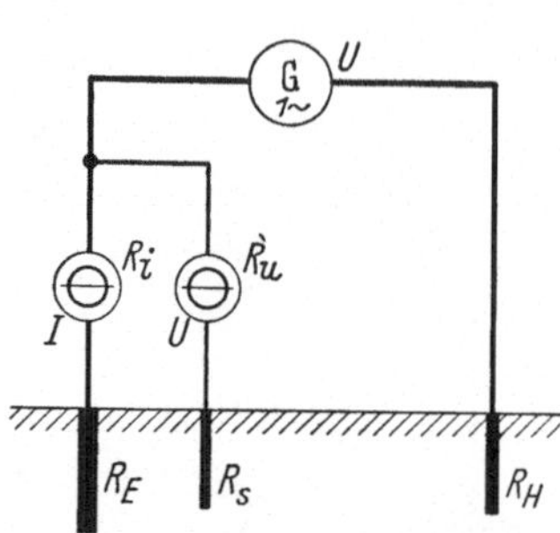

Abb. 131. Messung von Erd-Übergangswider-
ständen nach dem Strom-Spannungsverfahren

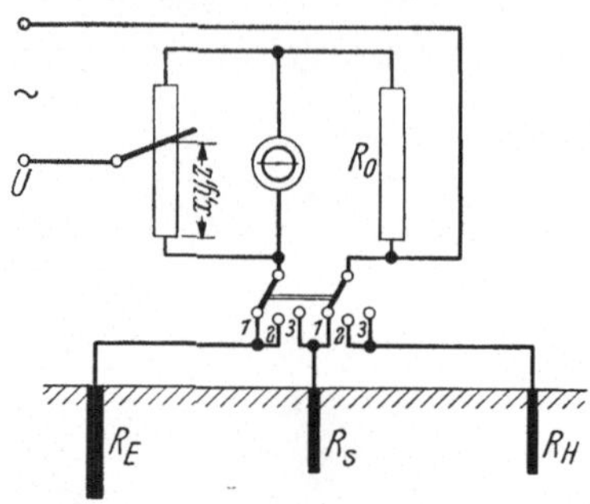

Abb. 132. Erdungs-Meßbrücke
nach NIPPOLD

erreichen lassen, daß der Hilfserder sehr niederohmig gegenüber dem
zu messenden Erder ist, sein Widerstandswert also vernachlässigt
werden kann. Daher benötigt man noch einen dritten Bezugspunkt, die
sog. *Sonde*, mit der meistens das Potential des Erdreiches an einem
Punkt abgenommen wird, der als „unendlich fern" angesehen werden
darf. Bei den folgenden Schaltungen sollen mit

R_E der Erdungswiderstand der zu prüfenden Erde E
R_R der Erdungswiderstand der Hilfserde H
R_S der Erdungswiderstand der Sonde S

bezeichnet werden.

Gedanklich am einfachsten ist eine Strom-Spannungsmessung,
deren Durchführung aber in der Praxis unbequem ist. Nach der in
Abb. 131 dargestellten Schaltung ist

$$I_E (R_E + R_J) = I_S (R_S + R_U)$$

Da
$$I_S \cdot R_U = U \qquad I_E = I$$

gleich den Anzeigen der Meßgeräte sind, ergibt sich

$$R_E = \frac{U}{I} + \frac{I_S}{I} \cdot R_S - R_J \tag{198}$$

Der Widerstand der Hilfserde geht nicht in die Messung ein, wohl aber
der Widerstand der Sonde. Dieser ist nur zu vernachlässigen, wenn der
Strom I_S über die Sonde klein ist gegenüber dem Erderstrom I. Das ist

nicht immer zu erreichen, da der Spannungsmesser bei dem erforderlichen kleinen Meßbereich einen hohen Meßstrom führen muß. Außerdem muß die Sonde hinreichend weit vom Erder entfernt sein, weil sonst mit ihrer Hilfe die Spannung nicht richtig gemessen wird.

Völlig unabhängig von der Größe der Widerstände R_H und R_S wird man mit Hilfe der Dreipunktmessung (Verfahren von NIPPOLD). Nach Abb. 132 schaltet man eine WHEATSTONEsche Brücke, in der im einen Meßzweig ein einstellbarer Spannungsteiler, im anderen Meßzweig jeweils zwei der drei Erderwiderstände liegen. Die drei Messungen ergeben mit den Einstellungen

$$a = \frac{x}{1-x} \qquad b = \frac{y}{1-y} \qquad c = \frac{z}{1-z}$$

am Spannungsteiler drei Gleichungen zur Bestimmung der drei unbekannten Widerstände. Es ist in den drei Stellungen des Schalters

$$\text{Stellung 1:} \quad \frac{R_E + R_S}{R_0} = \frac{x}{1-x} = a$$

$$\text{Stellung 2:} \quad \frac{R_E + R_H}{R_0} = \frac{y}{1-y} = b$$

$$\text{Stellung 3:} \quad \frac{R_S + R_H}{R_0} = \frac{z}{1-z} = c$$

Hieraus ergibt sich

$$R_E + R_S = a\,R_0$$
$$R_E + R_H = b\,R_0$$
$$R_S + R_H = c\,R_0$$

oder nach Zusammenfassung

$$R_E = \frac{a+b-c}{2} \cdot R_0 \tag{199}$$

Es handelt sich also um ein recht ungenaues Meßverfahren, da bei der Bildung der Differenz $a + b - c$ die Meßfehler verstärkt eingehen.

Dieser Nachteil wird bei den folgenden Schaltungen vermieden, die alle den Umstand gemeinsam haben, daß die Sonde S nicht durch einen Meßstrom belastet wird. Am einfachsten erreicht man das dadurch, daß man sie unmittelbar mit dem Brücken-Nullgerät verbindet. Eine solche Schaltung ist die des SIEMENS-Erdungsmessers. Es handelt sich um ein Kompensationsverfahren unter Zuhilfenahme eines Stromwandlers (vgl. Abb. 133). Der von der Wechselspannungsquelle erzeugte Erderstrom fließt über einen Wandler, der ihn auf einen genau proportionalen Abgleichstrom in einem Widerstand mit einstellbarem Abgriff übersetzt. Ist das über die Sonde geschaltete Nullgerät stromlos, so muß gelten

$$R_E = \ddot{u}\,R_0 \tag{200}$$

Hierin bedeutet $\ddot{u}$ das Übersetzungsverhältnis des Stromwandlers. Abb. 134 zeigt die Ansicht des Gerätes. Man kann es auch zur Untersuchung der spezifischen Leitwerte von Böden benutzen, indem man dem Erdboden über zwei Hilfserder den Strom zuführt und den Spannungsabfall über zwei Sonden kompensiert (gestrichelt gezeichnete Verbindungen in Abb. 133).

Eine von WICHERT angegebene und von ZIPP verbesserte Meßschaltung mit einer WHEATSTONEschen Brücke zeigt Abb. 135. Es sind nur eine Einstellung und eine Messung nötig. In der Stellung a) des Umschalters wirkt die

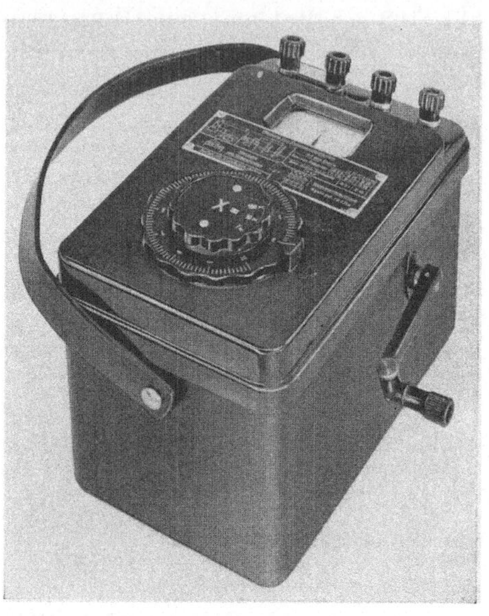

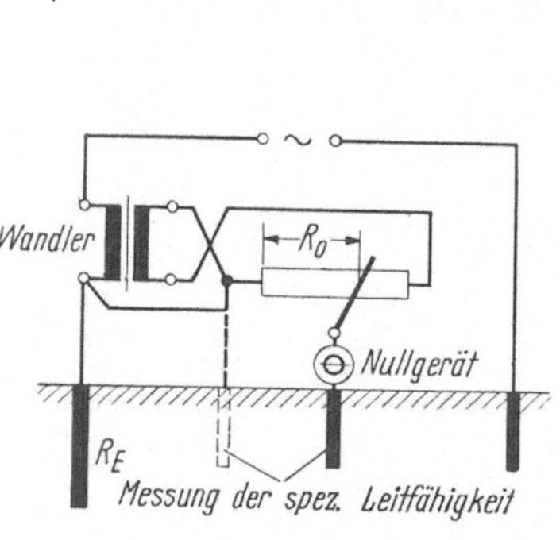

Abb. 133. Erdungsmessung nach dem Kompensationsverfahren (S & H)

Abb. 134. Erdungsmeßbrücke (S & H) nach Schaltung Abb. 133

Schaltung wie eine normale WHEATSTONEsche Brücke (Abb. 136a). Mit Hilfe des Einstellwiderstandes R_0 gleicht man die Brücke so ab, daß

$$\frac{R_1}{R_2} = \frac{R_0}{R_E + R_H}$$

gilt. Damit ist die Summe der Erdungswiderstände $R_E + R_H$ im Verhältnis der festen Brückenwiderstände durch den Widerstand R_0 des Stellwiderstandes abgebildet.

In der Stellung b) des Umschalters (Schaltung Abb. 136b) wird davon ausgegangen, daß der gesamte Widerstand $R_E + R_H$ durch den *unendlich fernen* Punkt in seine Summanden zerlegt wird. Das hierzu erforderliche Potential liefert eine hinreichend entfernte Sonde, die nach Schaltung Abb. 136b selbst aber stromlos ist. Der voreingestellte Widerstand R_0 wird durch einen weiteren einstellbaren Schleifer in dem Verhältnis $R_E : R_H$ geteilt. Es ist dann

$$\frac{R_1 + R_3}{R_2 + R_E} = \frac{R_0 - R_3}{R_H}$$

Aus beiden Gleichungen ergibt sich durch Umstellen

$$R_E = \frac{R_2\, R_0}{R_1} - R_H$$

bzw.

$$R_H = \frac{R_0 - R_3}{R_1 + R_3} \cdot (R_2 + R_E)$$

Setzt man aus der zweiten Gleichung den Ausdruck für R_H in die erste ein, so erhält man nach einigen Umformungen:

$$R_E = R_3 \cdot \frac{R_2}{R_1} \tag{201}$$

Diese Schaltung hat also den weiteren Vorteil, daß auch der Widerstand R_H der Hilfserde nicht eingeht. Die erste Einstellung R_0 braucht gar nicht abgelesen zu werden, vielmehr ergibt die zweite Einstellung R_3 unmittelbar den gewünschten Erdungswiderstand R_E.

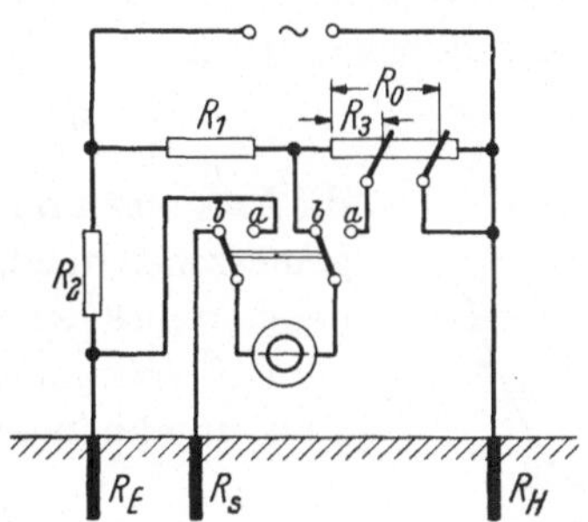

Abb. 135. Erdungsmeßbrücke nach WICHERT-ZIPP

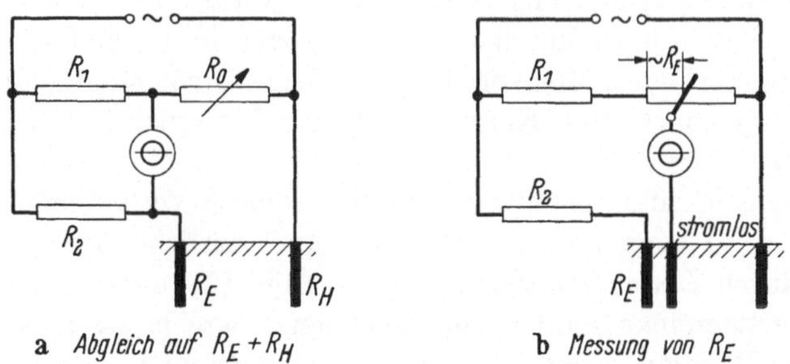

Abb. 136a u. b. Schaltungen bei der Messung mit der Brücke nach WICHERT-ZIPP

Erdungswiderstände hängen wie Isolationswiderstände in starkem Maße von betrieblichen oder herstellungsmäßigen Zufälligkeiten ab. Bei der Messung solcher Widerstände kann man nicht die Maßstäbe der Präzisions-Brückenmessung anlegen; im allgemeinen gibt man sich mit etwa 2 Stellen in der Maßzahl und Angabe der Größenordnung zufrieden.

VII. Messung des Wechselstromwiderstandes mit der Brückenschaltung nach Wheatstone

Lehrziel: Definition des Widerstandes bei harmonisch veränderlichen Betriebsgrößen mit Hilfe komplexer Zahlen. Ableitung spezieller Meßschaltungen aus der Brücken-Gleichgewichtsbedingung für komplexe Widerstände.

1. Darstellung von Wechselstromgrößen

Man pflegt mit *Wechselstrom* gemeinhin einen elektrischen Strom zu bezeichnen, der in ganz bestimmter Weise seine Größe ändert; er läßt sich durch eine periodische (*harmonische*) Funktion

$$i = \hat{\imath} \cdot \cos \omega\, t \tag{202}$$

darstellen (Abb. 137), die durch den *Scheitelwert* $\hat{\imath}$ und die *Kreisfrequenz* ω bestimmt ist. Man nennt bekanntlich

$$f = \frac{\omega}{2\pi} = \frac{1}{T} \tag{203}$$

die *Frequenz* und den über eine Periode gemessenen quadratischen Mittelwert J des Stromes den *Effektivwert.*

Bei harmonischen Vorgängen ist stets unabhängig von der Frequenz:

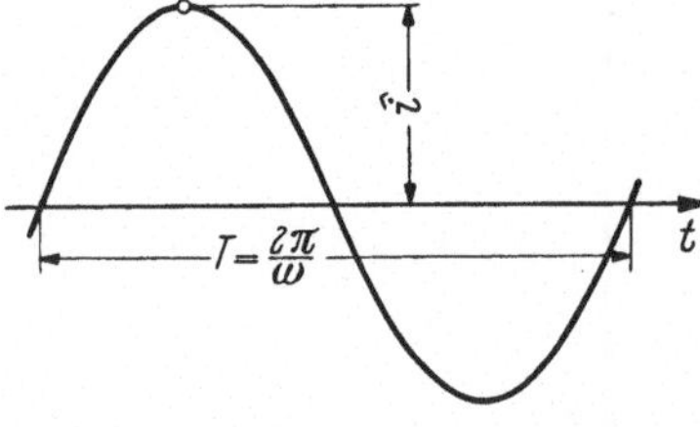

Abb. 137. „Harmonischer" Wechselstrom

$$J = \frac{\hat{\imath}}{\sqrt{2}} \tag{204}$$

Mit besonderem Nachdruck sei jedoch darauf hingewiesen, daß man den Idealfall rein harmonischer Betriebsgrößen in der Meßtechnik nicht allzu häufig vorfindet. Man spricht von Wechselströmen aber auch dann, wenn sie *nur* noch das Kennzeichen der Periodizität besitzen (vgl. Kap. IX).

Kommen in einer Schaltung nur harmonisch verlaufende Betriebsgrößen vor, so kann man ihre Beträge und zeitliche Aufeinanderfolge anstatt durch *Liniendiagramme* gemäß Abb. 138 auch durch zeitveränderliche komplexe Zahlen kennzeichnen. Diese besitzen bekanntlich zwei reelle Bestimmungsstücke, die zur Darstellung eines harmonischen Vorganges mit den Kenngrößen $\hat{\imath}$ und ω nach Gl. 202 notwendig, aber auch hinreichend sind. Da sich komplexe Zahlen in der GAUSS'schen Zahlenebene darstellen lassen, kann man entweder die Komponente in Richtung der *reellen* oder der *imaginären* Achse zur Kennzeichnung des harmonischen Verlaufes verwenden. Man spricht dann von *Zeigern,* bei gleichzeitiger Darstellung mehrerer in einer Zeichnung von einem *Zeigerdiagramm.*

Es soll auf die folgenden Regeln hingewiesen werden:

1. Regel: *Jede komplexe Zahl gleichbleibenden Betrages, deren Phasenwinkel linear mit der Zeit zunimmt, eignet sich zur Darstellung einer harmonischen Betriebsgröße (Abb. 138). Man schreibt*

$$\mathfrak{U} = \sqrt{2} \cdot U \cdot (\cos \omega t + j \cdot \sin \omega t) \qquad\qquad\quad\; \Big\} \qquad (205)$$
$$\phantom{\mathfrak{U}} = \sqrt{2} \cdot U \cdot e^{j\omega t} = \hat{u} \cdot e^{j\omega t}$$

und verwendet zur zahlenmäßigen Auswertung des Augenblickswertes nur den reellen Teil $Re(\mathfrak{U})$.

2. Regel: *Zeitliche Phasenverschiebung zweier Größen wird durch den Winkel zwischen den beiden Zeigern berücksichtigt. Voreilende Zeiger liegen im Sinne der Drehrichtung des Diagrammes, nacheilende Zeiger entgegen derselben.*

3. Regel: *In einem Diagramm können nur harmonische Größen ein und derselben Frequenz dargestellt werden.*

Vereinbarungsgemäß macht man die Länge des Zeigers mittels eines willkürlich gewählten Maßstabes gleich dem Effektivwert der darzustellenden Größe. Ein Zeigerdia

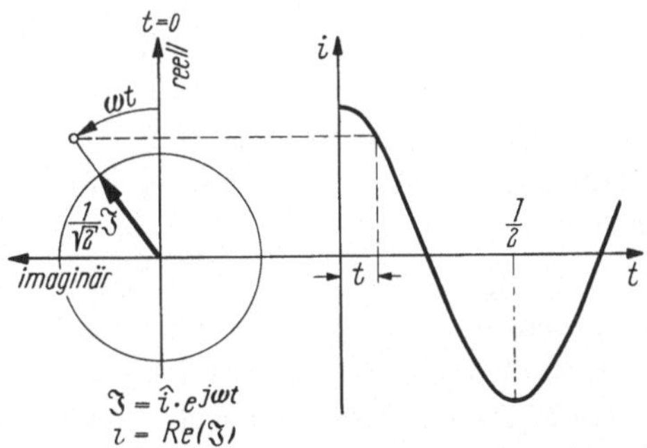

Abb. 138. Darstellung harmonischer Größen
in einem Zeigerdiagramm

gramm enthält meist viele solcher Zeiger und symbolisiert so den Verlauf aller dargestellten Betriebsgrößen, für die das Aufzeichnen von Sinuskurven zu unübersichtlich und unbequem wäre. In dieser Form ist das Zeigerdiagramm weiter nichts als eine Art Stenographie, die man allerdings nur auf *harmonisch* sich ändernde Größen anwenden kann.

Oftmals wird in diesem Zusammenhang vom *Vektordiagramm* gesprochen. Ein Vektor ist eine Größe, die durch eine Zahlenangabe (*Betrag*) und durch eine Richtung im Raum (oder in der Ebene) bestimmt ist. Beispiele solcher Größen sind: Kraft, Geschwindigkeit, Feldstärke usw. Der Betrag eines Vektors kann zeitabhängig oder konstant sein. Spricht man im Zusammenhang mit zeitabhängigen, harmonischen Vorgängen von „Vektoren“, so begibt sich zumindest der weniger Geübte in die Gefahr, zwei Dinge miteinander zu verwechseln, die nichts Gemeinsames haben. Eine Unaufmerksamkeit kann u. U. gerade in der Elektrotechnik gefährlich werden; denn es gibt Größen wie die elektrische und magnetische Feldstärke, die sowohl echte Vektoren, d. h. räumlich gerichtet sind, als auch die Eigenschaft von Zeigern haben können, wenn sich nämlich ihre Beträge zeitlich harmonisch ändern. Jedoch hat auch in diesem Fall die Vektoreigenschaft der Feldstärke nichts mit der Zeigereigenschaft derselben zu tun.

2. Der Wirkwiderstand bei Wechselstrom

Bei Gleichstrom ist der Widerstand eines Leiters durch das Verhältnis des Spannungsabfalles zum Betriebsstrom definiert (Ohmsches Gesetz):

$$U = \frac{l}{\varkappa \cdot q} \cdot I \tag{206}$$

Hierin bedeuten l die Länge und q den Querschnitt des Leiters, $\varkappa$ die spezifische Leitfähigkeit des Leiterwerkstoffes und

$$R_= = \frac{l}{\varkappa \cdot q} \tag{207}$$

den Gleichstromwiderstand des Leiters. Mit diesem Widerstand berechnet man auch die im Leiter in der Zeiteinheit umgesetzte Wärmemenge:

$$N = U \cdot I = R_= \cdot I^2 \tag{208}$$

Macht man einen entsprechenden Versuch bei Wechselstrom, so findet man zwar auch eine Proportionalität zwischen den Effektivwerten der Betriebsgrößen. Es ergibt sich aber ein anderer Proportionalitätsfaktor Z, den wir, ohne zunächst seine Bedeutung zu untersuchen, den *Wechselstromwiderstand* nennen wollen:

$$U = Z \cdot J \tag{209}$$

Mißt man jetzt die sekundlich im Leiter erzeugte Stromwärme, so erhält man im allgemeinen einen Betrag, der von $Z \cdot J^2$, aber auch von $R_= \cdot J^2$ verschieden ist. Man muß einen weiteren Widerstand mit Hilfe der Beziehung $N_w = R \cdot J^2$ einführen, indem man sich der auch für Gleichstrom geltenden Definition bedient. Wir wollen die Größe

$$R = N_w : J^2 \tag{210}$$

den *Echtwiderstand* oder *Wirkwiderstand* nennen. Es ergibt sich nun, daß R bei Wechselstrom stets größer als $R_=$ ist; allerdings ist bei den üblichen Frequenzen der Starkstromtechnik der Unterschied meistens nur gering.

Dieses Verhalten rührt davon her, daß bei Wechselstrom die Stromdichte nicht über den ganzen Querschnitt konstant ist. Infolge der veränderlichen magnetischen Felder innerhalb des Leiters treten im Gegensatz zum Gleichstrom Induktionsspannungen auf, die den Strom zur Oberfläche hin verdrängen (*Hauteffekt*). In der Widerstandsformel berücksichtigt man diese Stromverdrängung durch einen Faktor f_s, der von den Querschnittsabmessungen, der Frequenz und den Eigenschaften des Werkstoffes abhängt:

$$R = f_s \cdot \frac{l}{\varkappa \cdot q} \tag{211}$$

Bei höheren Frequenzen und im Falle der Niederfrequenztechnik dann, wenn starke magnetische Felder im Leiter herrschen (z. B. bei in Eisen eingebetteten Wicklungen elektrischer Maschinen) kann f_s erheblich vom Wert Eins abweichen.

Es ist in manchen Fällen erforderlich, sich darüber Rechenschaft zu geben, welchen meßtechnischen Einfluß die Stromverdrängung hat. Sie läßt sich in gewissen Fällen, so z. B. bei gestreckten zylindrischen Leitern, exakt berechnen. Bei der Ableitung allgemeingültiger Beziehungen stößt man dabei auf eine Differentialgleichung, die in der Technik überall dort vorkommt, wo die Axialsymmetrie die Anwendung von Zylinderkoordinaten nahelegt. Diese Differentialgleichung ist in geschlossener Form nicht lösbar, wohl aber durch Ansatz einer Potenzreihe. Diese von BESSEL zuerst untersuchten Reihen heißen *Zylinderfunktionen* oder *Besselsche Funktionen*. Mit Hilfe derselben können derartige Probleme ohne weiteres behandelt werden, da die BESSELschen Funktionen, genau so wie die trigonometrischen Funktionen und der Logarithmus, tabelliert sind[1].

Für den geraden, gestreckten Leiter ergibt sich danach ein *innerer* Wechselstromwiderstand, der unter Annahme harmonischer Betriebsgrößen aus einem reellen und einem imaginären Glied besteht. Es interessiert hier zunächst nur der reelle Anteil, da dieser allein Proportionalität zwischen den Augenblickswerten von Spannung und Strom zuläßt, also mit Wirkwiderstand bezeichnet werden kann. Das Verhältnis $R : R_=$ hängt vom Produkt $(\mu \cdot \varkappa \cdot q \cdot f)$ ab; hierin bedeuten:

$\mu = \mu_0 \cdot \mu_r$ mit $\mu_0 = 4\,\pi \cdot 10^{-9}\,\dfrac{\Omega\,s}{cm}$ und mit der relativen Permeabilität μ_r

$\varkappa\qquad$ die spezifische Leitfähigkeit des Werkstoffes in $\Omega^{-1}\,cm^{-1}$

$f\qquad$ die Frequenz in s^{-1}

$q\qquad$ den Leiterquerschnitt in cm^2

Im allgemeinen ist $\mu_r = 1$, also $\mu = 4\,\pi \cdot 10^{-9}$ Vs/A cm. Abb. 139 zeigt die Abhängigkeit des Wertes

$$f_s - 1 = \frac{R - R_=}{R_=} \tag{212}$$

von dem Produkt $(\varkappa \cdot q \cdot f)$, wobei $\mu_r = 1$ angenommen wurde. Für genügend kleine Werte kann diese Funktion sehr gut durch eine Parabel

---

[1] JAHNKE-EMDE: Funktionentafeln, 1933. HAYASHI: Fünfstellige Funktionentafeln, Berlin: Springer 1930.

ersetzt werden. Danach beträgt die Abweichung vom Gleichstromwiderstand bei einem 1 mm² starken Kupferdraht und 50 Hz ($\varkappa \cdot f \cdot q = 57 \cdot 0,05 \cdot 1,0 = 2,85$):

$$f_s - 1 = 3,29 \cdot 10^{-8} \cdot 2,85^2$$
$$= 0,269 \cdot 10^{-6}$$

Diese Abweichung ist belanglos, da im besten Fall nur Widerstandsänderungen von etwa $0,5 \cdot 10^{-6}$ gemessen werden können. Jedoch kann man bei Tonfrequenzen von etwa 5 kHz, wie sie für Meßschaltungen manchmal verwendet werden müssen, u. U. bereits einen Einfluß der Stromverdrängung merken. Es wird dann für einen Manganindraht von 1 mm² ($\varkappa = 2,3\ S \cdot m \cdot mm^{-2}$) $f_s - 1 = 4,35 \cdot 10^{-6}$, für Kupfer dagegen bereits $f_s - 1 = 0,00267$, d. i. fast 0,3 %!

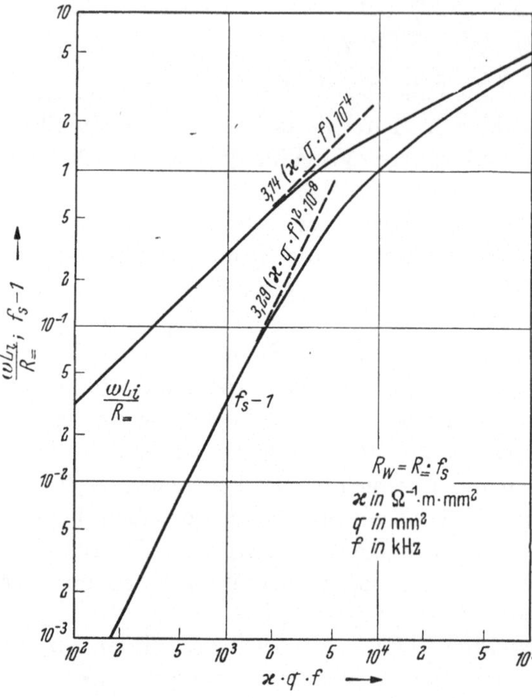

Abb. 139. Widerstandserhöhung $f_s - 1$ und Verhältnis des inneren induktiven Widerstandes zum Gleichstromwiderstand bei einem gestreckten Leiter mit kreisförmigen Querschnitt

Die Stromverdrängung in geraden zylindrischen Leitern eignet sich vorzüglich zur Einführung in die Rechnung mit BESSELschen Zylinderfunktionen. Da die anzuwendenden Rechenoperationen typisch für die Behandlung zylindersymmetrischer Probleme sind, sind sie im Hinblick auf ähnliche Anwendungen an Hand des vorliegenden Problemes in Kap. XIV durchgeführt worden.

3. Das Verhalten magnetischer und elektrischer Felder

Besitzt eine Schaltung nur Wirkwiderstände, so sind Strom und Spannung einander proportional und das Produkt $u \cdot i$ stets positiv (Abb. 140). Der Mittelwert des Produktes, die Wirkleistung, kennzeichnet dann die Energieumwandlung. Man kann daher in Schaltungen nur der Wirkenergie eine Flußrichtung zuordnen, wenn es sich nicht zufälligerweise um Gleichstrom handelt, bei dem auch Strom und Spannung stets dieselbe Richtung beibehalten.

Spannungen und Ströme sind in den elektrischen Schaltungen stets von elektrischen und magnetischen Feldern begleitet, die, wie im

Kap. XIV, Abschn. 2 näher ausgeführt ist, auch im Inneren der Leiter
wirksam sind. Die Felder ändern sich mit ihren Betriebsgrößen und
bewirken dann ihrerseits La-
dungsverschiebungen bzw. Induktionsspannungen. Hierdurch
erfahren die Betriebsgrößen eine
Rückwirkung durch ihre eigenen
Felder; bei Gleichstrom fehlt
diese Rückwirkung, denn es gibt
zwar dann auch elektrische und
magnetische Felder, aber sie
ändern sich ja nicht.

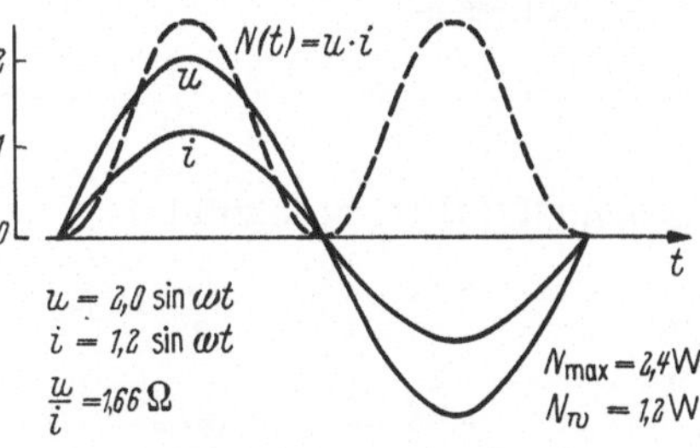

Abb. 140. Wirkleistung bei Wechselstrom

Für beliebige Änderungen von u und i gelten die Gesetze

$$i_C = C \cdot \frac{du}{dt} \quad \text{und} \quad e_L = -L \cdot \frac{di}{dt} \qquad (213\,\text{a, b})$$

Verlaufen die Betriebsgrößen harmonisch, ist also

$$u = \sqrt{2}\, U \cos \omega t$$

bzw.

$$i = \sqrt{2}\, I \cos \omega t$$

so wird

$$i_C = -\omega C \cdot \sqrt{2}\, U \sin \omega t$$

bzw.

$$e_L = \omega L \cdot \sqrt{2}\, I \sin \omega t$$

Demnach bestimmt bei Wechselstrom nur ein Teil der Betriebsgrößen
U bzw. J den Verbrauch in den Wirkwiderständen. Der Rest kennzeichnet
den Ladungsstrom J_c und die Induktionsspannung E_L. Die zum Aufbau
der Felder notwendige Energie wird in den Feldern nicht *verbraucht*,
sondern nur vorübergehend gespeichert, um gleich darauf wieder frei
zu werden. Es ist also sinnlos, in diesem Zusammenhang von einem
Verbrauch elektrischer Energie oder gar des Stromes zu reden. Es gibt
in jeder Schaltung außer der in Wirkwiderständen verbrauchten elektrischen Energie noch eine weitere, die dem wechselseitigen Aufbau der
Felder dient, und die die Schaltung nicht verläßt. Wird die Schaltung
mit Wechselstrom betrieben, so schwingt dieser Energieanteil ständig
zwischen den elektrischen und den magnetischen Feldern hin und her.

Bei harmonischen Vorgängen kann man dieses Verhalten wieder auf
zwei Arten veranschaulichen. Entweder greift man auf Gl. (202) zurück
und stellt i_C und u bzw. e_L und i durch Sinuskurven dar, oder man wählt
die Zeigerdarstellung mit Hilfe der Gl. (205). Dann ist nach Gl. (205)

$$\mathfrak{U} = \hat{u} \cdot e^{j\omega t}$$

und

$$\mathfrak{J} = \hat{i} \cdot e^{j\omega t}$$

13*

Jede Differentiation einer Zeigergröße ist gleichbedeutend mit einer Drehung um 90° im Drehsinn des Diagrammes und einer Streckung um ω, denn es ist

$$\frac{d}{dt}\,e^{j\omega t} = j\,\omega \cdot e^{j\omega t}$$

Aus den Gl. (312a, b) folgt also

$$\mathfrak{J}_C = j\,\omega\,C \cdot \hat{u} \cdot e^{j\omega t}$$

bzw.

$$\mathfrak{E}_L = -j\,\omega\,L \cdot \hat{i} \cdot e^{j\omega t}$$

oder

$$\mathfrak{J}_C = j\,\omega\,C \cdot \mathfrak{U}$$

bzw.

$$\mathfrak{E}_L = -j\,\omega\,L \cdot \mathfrak{J}$$

In Abb. 141a u. b sind diese Zusammenhänge sowohl im Liniendiagramm wie im Zeigerdiagramm dargestellt worden.

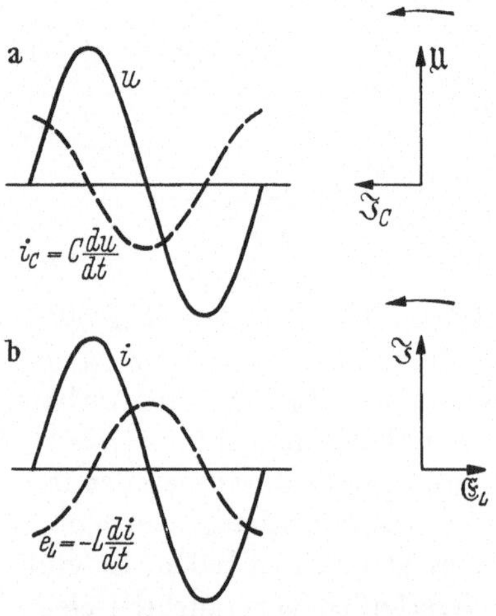

Man erkennt, daß das Verhältnis $u:i$ der Augenblickswerte von Spannung und Strom nicht geeignet ist, um den Stromkreis zu kennzeichnen, da es dauernd seinen Wert ändert. Es erweist sich aber als zweckmäßig, mit dem Verhältnis der Effektivwerte $U:I$ zu rechnen. So ergibt sich

$$U : I_C = \frac{1}{\omega\,C}$$

bzw.

$$-E_L : I = \omega\,L$$

Abb. 141a u. b. Linien- und Zeigerdiagramme
a) einer Kapazität;   b) einer Induktivität

Obwohl $1/\omega\,C$ und $\omega\,L$ die Dimension eines Widerstandes haben, bilden diese Größen keine Widerstände im Sinne der Elektrizitätsleitung; sie kennzeichnen nicht die Verluste der Schaltung, sondern die Felder der Betriebsgrößen. Man bezeichnet dieses Verhältnis darum mit *Blindwiderstand*. Den grundlegenden Unterschied gegenüber den Wirkwiderständen erkennt man auch daran, daß Blindwiderstände der Frequenz proportional sind, und die oben gegebene Definition ihren Sinn verliert, wenn sich die Betriebsgrößen nicht mehr harmonisch ändern.

Es wurde festgestellt, daß in einem Wechselstromkreis die Energie einerseits der Deckung der Verluste, andererseits dem Aufbau der Felder dient. Dieser Tatbestand kann auch so ausgedrückt werden, daß elektrische Schaltungen stets Wirk- und Blindwiderstände haben.

Danach ist in Abb. 142a das Diagramm eines Verbrauchers mit Magnetisierungsbedarf, in Abb. 142b eines solchen mit Ladungsbedarf gezeichnet. Bei dem ersten Diagramm ist vom Betriebsstrom ausgegangen worden. Auf den Wirkwiderstand entfällt ein Wirkspannungsabfall $\mathfrak{U}_w$, der mit $\mathfrak{J}$ in Phase ist. Die Induktionsspannung $\mathfrak{E}_L$ eilt dem Strom um 90° nach, denn $-j = e^{-j\frac{\pi}{2}}$ entspricht einer Drehung um 90° nach rückwärts. Zur Überwindung von $\mathfrak{E}_L$ ist ein Blindspannungsabfall $\mathfrak{U}_b = -\mathfrak{E}_L$ erforderlich, der demnach dem Betriebsstrom um 90° voreilt. Beide Spannungsabfälle müssen zusammen die Betriebsspannung ergeben:

$$\mathfrak{U} = \mathfrak{U}_w + \mathfrak{U}_b$$

Setzt man hierin die Ausdrücke für $\mathfrak{U}_w$ und $\mathfrak{U}_b$ ein, so ergibt sich

$$\mathfrak{U} = (R + j \cdot \omega L) \cdot \mathfrak{J}$$

Die Größe

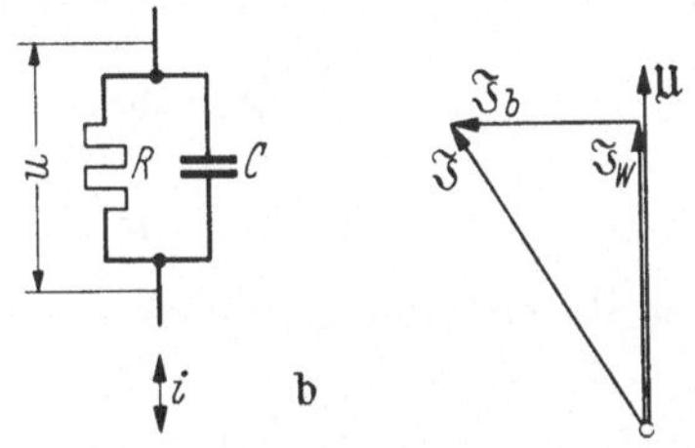

Abb. 142a u. b. Zeigerdiagramme von Verbrauchern
a) in strombezogener Darstellung;
b) in spannungsbezogener Darstellung

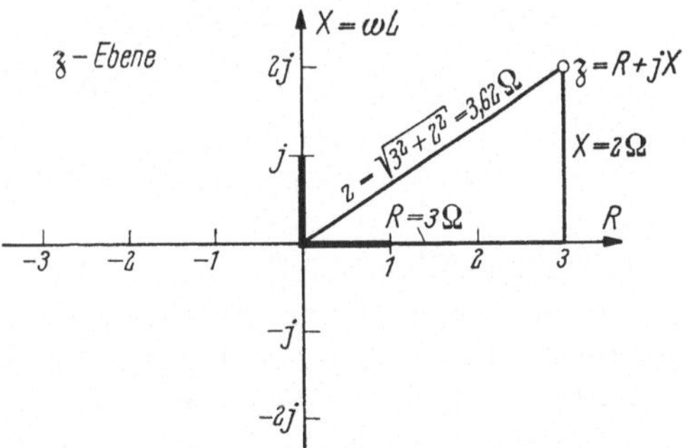

Abb. 143. Operator eines komplexen Widerstandes in der Zahlenebene nach Gauss

$$\boxed{\mathfrak{z} = R + j \cdot \omega L} \qquad (214)$$

ist kein Zeiger, sondern eine gewöhnliche, komplexe Zahl. $\mathfrak{z}$ heißt der *Wechselstromwiderstand*; er ist demnach durch zwei reelle Zahlenangaben bestimmt. $\mathfrak{z}$ kann natürlich nicht im Zeigerdiagramm, wohl aber nach Gauss in einer besonderen Ebene komplexer Zahlen untergebracht werden (Abb. 143).

Von dieser Darstellung kann auch bei der Besprechung der Stromverdrängung in Abschn. 4.2 und im Kap. XIV, Abschn. 2 Gebrauch gemacht werden; die Größe $\mathfrak{z}_i$ ergibt sich dann als komplexe Zahl, deren reeller Teil als Wirkwiderstand zu deuten ist; der imaginäre Teil bestimmt den Anteil des induktiven Blindwiderstandes, der auf das im Inneren des Leiters vorhandene magnetische Feld zurückgeht. Der Verlauf des „inneren" Blindwiderstandes in Abhängigkeit vom Argument $(\varkappa \cdot f \cdot q)$ ist gleichfalls in Abb. 139 dargestellt.

In gleicher Weise läßt sich das Verhalten von Verbrauchern mit Ladungsbedarf beschreiben. Man geht hier im allgemeinen von der Spannung als Bezugsgröße aus; mit ihr ist der Wirkstrom $\mathfrak{J}_w$ in Phase. Der Ladungsbedarf entspricht einem um 90° voreilenden Strom von der Größe $I_C = \omega\, C \cdot U$. Der Summenstrom eilt dann auch vor und es ist

$$\mathfrak{J} = \mathfrak{J}_w + \mathfrak{J}_b$$
$$= \frac{1}{R} \cdot \mathfrak{U} + j\,\omega\, C \cdot \mathfrak{U}$$

Hieraus ergibt sich der komplexe Leitwert des Verbrauchers

$$\mathfrak{y} = \frac{1}{R} + j\,\omega\, C \tag{215}$$

aus dem man den Widerstand ohne weiteres ausrechnen kann:

$$\mathfrak{z} = \frac{1}{\mathfrak{y}} = \frac{1}{\dfrac{1}{R} + j\,\omega\, C} \tag{216}$$

$$\mathfrak{z} = \frac{R}{1 + \omega^2\, C^2\, R^2} \cdot (1 - j\,\omega\, C \cdot R)$$

Induktive Widerstände liegen also im ersten, kapazitive Widerstände im vierten Quadranten der $\mathfrak{z}$-Ebene. Der zweite und der dritte Quadrant bleiben bei der Darstellung von Verbraucherwiderständen unbesetzt, da kein Verbraucher einen negativen Wirkwiderstand haben kann. Tritt ein solcher auf, so ist das gleichbedeutend mit der Kennzeichnung des Betriebsmittels als Generator.

Zur Definition der Wechselstromwiderstände müssen stets die Betriebsverhältnisse als bekannt vorausgesetzt werden. Demgegenüber ist der Wirkwiderstand — abgesehen von der Stromverdrängung — nur durch die Konstruktion bestimmt.

Oftmals empfiehlt es sich zur Vereinfachung der Rechnung, die Eigenschaften eines Verbrauchers so darzustellen, als ob er aus reinen Verlustwiderständen und reinen Blindwiderständen bestünde. Man gelangt dann zum sog. *Ersatzschaltbild*. Man darf aber gerade auf dem Gebiet der Präzisionsmeßtechnik die Grenzen der Zulässigkeit dieses Verfahrens niemals außer acht lassen. In Wirklichkeit gibt es keinen Schaltungsbestandteil, der bei Wechselstrom nicht einen Wirkwiderstand, einen induktiven Blindwiderstand und einen kapazitiven Blindwiderstand gleichzeitig darstellt. Vor einer Überbetonung der Ersatzschaltbilder kann nicht eindringlich genug gewarnt werden, da sie die Quelle mancher systematischer Fehler beim Messen sein kann.

4. Ersatzschaltungen

In vielen Schaltungen kommen Wirkwiderstände mit verschwindend kleiner Induktivität und Kapazität, Drosselspulen mit großer Induktivität, aber kleinem Wirkwiderstand und Kondensatoren mit kleinen Verlusten vor. Eine solche Schaltung ist z. B. der in Abb. 144 dargestellte Schwingungskreis. Sein Diagramm kann in vielen Fällen mit Hilfe der Annahme entworfen werden, daß der Wirkwiderstand induktivitäts- und kapazitätsfrei, die Blindwiderstände verlustfrei sind.

Man kann diese Darstellung auch noch gebrauchen, wenn man einen vorhandenen geringen, nicht zu vernachlässigenden Blindanteil des Widerstandes zur Drosselspule, die Verluste von L und C dagegen zum Wirkwiderstand schlägt. Dann stimmt zwar das Diagramm in

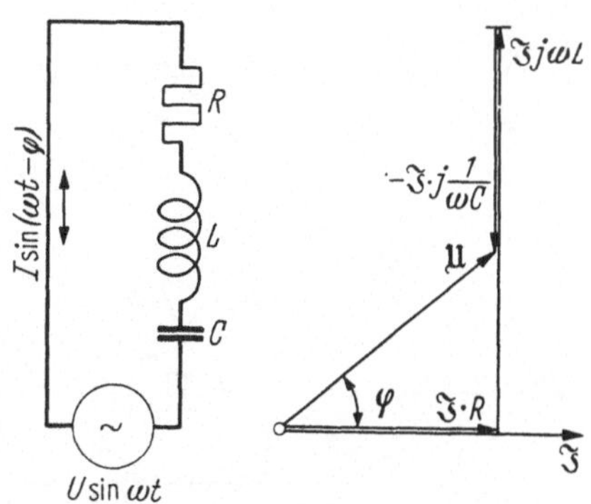

Abb. 144. Beispiel für eine Ersatzschaltung: Schwingungskreis

seinen Betriebsgrößen bezüglich der einzelnen Schaltelemente nicht mehr genau, wohl aber noch bezüglich der Gesamtheit der Schaltung. Man sagt, das Bild Abb. 144 ist ein *Ersatzschaltbild*.

Diese Vorstellung ist sehr fruchtbar, kann aber auch zu Irrtümern führen, was an Hand der Abb. 145 erläutert sei:

Abb. 145a zeigt das Diagramm irgendeines induktiven Verbrauchers, Abb. 145b das eines kapazitiven Verbrauchers, über deren Aufbau weiter nichts bekannt sein soll, als daß sie außer einer Induktivität bzw. Kapazität noch Verluste besitzen mögen. Bei der Aufteilung in Wirk- und Blindwiderstände kann man sich zweier Möglichkeiten bedienen, die beide durch entsprechende Diagramme erläutert sind: Entweder geht man von den Spannungen als Bezugsgrößen aus und zerlegt die Ströme in Komponenten (Wirk- und Blindstrom), oder man bezieht sich auf die Ströme und teilt die Spannungen in Wirk- und Blindspannungsabfälle auf. Jede der beiden möglichen Komponentendarstellungen führt zu einer unterschiedlichen Darstellung des Verbrauchers in einer *Ersatzschaltung*. Zur Aufteilung des Stromes in Komponenten gehört eine Parallelschaltung, zur Komponentendarstellung der Spannung eine

Reihenschaltung. Natürlich sind die Ersatzgrößen — nämlich der *reine*
Wirk- und der *reine* Blindwiderstand — in jeder der beiden Schaltungen
unterschiedlich. Es ist daher z. B. unmöglich, bei einem verlustbehafteten
Kondensator schlechthin von der „Kapazität" zu reden. Stellt man
nämlich einen solchen Kondensator als Reihenschaltung einer verlustfreien Kapazität mit einem — im allgemeinen niederohmigen — Wirkwiderstand dar, so ergibt sich ein anderer Kapazitätswert, als einer Parallelschaltung mit einem — im allgemeinen hochohmigen — Widerstand Das gleiche gilt für eine verlustbehaftete Drosselspule. Das Verständnis dieses Umstandes macht bei oberflächlicher Betrachtungsweise erfahrungsmäßig immer wieder Schwierigkeiten. Diese gehen darauf zurück, daß der weniger kritische Betrachter infolge des ständigen Gebrauches solcher Ersatzschaltungen dazu verleitet wird, auch an die physikalische Realität der eingezeichneten Widerstände und Kapazitäten zu

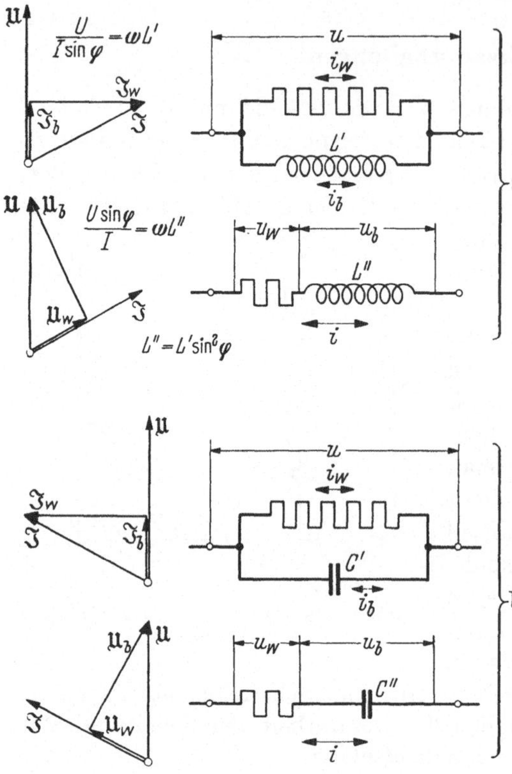

Abb. 145a u. b. Spannungs- und strombezogenes Ersatzschaltbild eines induktiven (a) und kapazitiven (b) Verbrauchers

glauben. Physikalisch gesehen steckt der Verlust eines Kondensators
z. T. im Dielektrikum, z. T. in den Widerständen der Zuleitungen.
Auch bei Drosselspulen spricht man von Kupfer- und Magnetisierungsverlusten, wenn die Spulen im magnetischen Feld Eisen enthalten.Wenn
sich auch zur Darstellung des dielektrischen Verlustes eines Kondensators ein Parallelwiderstand hoher Ohmzahl, zur Darstellung der Zuleitungsverluste ein Reihenwiderstand kleiner Ohmzahl eignen würde,
so können doch die Verluste durch eine einfache Messung des Stromes,
der Spannung und der Leistung *nicht* getrennt werden, sofern man nicht
Hinweise konstruktiver Art bekommt. Eine angenäherte Aufteilung der
Verluste ist manchmal durch das Studium ihres Verhaltens gegenüber
einer Einflußgröße, z. B. der Frequenz, zu gewinnen. Dabei ist aber der

Betriebszustand zu ändern, oder es sind Annahmen über die Konstruktion des Verbrauchers zu machen, die mit der Wirklichkeit nicht genau übereinzustimmen brauchen.

5. Die Wheatstonesche Brückenschaltung bei Betrieb mit Wechselstrom

Betreibt man die WHEATSTONEsche Brückenschaltung mit sinusförmigem Wechselstrom, so hängt der Abgleich nicht nur von den Wirkwiderständen in den Brückenzweigen, sondern auch von deren Blindwiderständen ab. Als abgeglichen bezeichnet man wiederum die Brücke dann, wenn das wechselstromempfindliche Nullgerät im Diagonalzweig nicht mehr ausschlägt. Verändert man in der zunächst noch nicht abgeglichenen Brücke einen Schaltungsbestandteil, z. B. einen Wirkwiderstand, so bemerkt man, daß man die Ruhelage des Gerätes im allgemeinen *nicht* erreichen kann, sondern nur ein mehr oder weniger deutliches Minimum. Erst wenn ein zweiter Schaltungsbestandteil in passender Weise unabhängig vom ersten verändert wird, kann man dieses Minimum auf Null zurückführen; meistens müssen beide Abgleich-

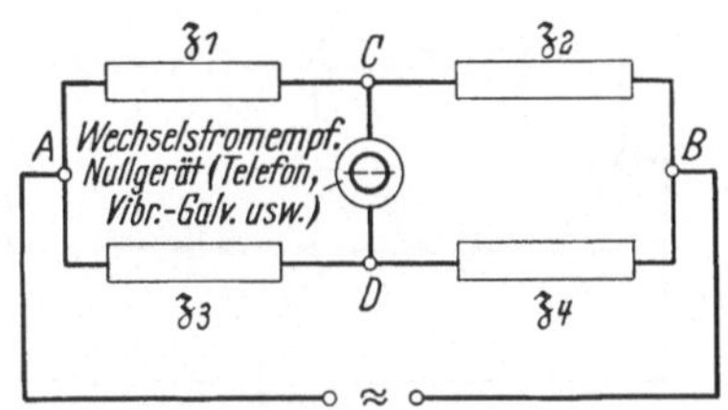

Abb. 146. Brückenschaltung nach WHEATSTONE für Wechselstrom

möglichkeiten abwechselnd nacheinander benutzt werden, wobei man die Empfindlichkeit des Nullgerätes allmählich steigert.

Alle mit Wechselstrom betriebene Brücken haben demnach folgende Merkmale:

a) Es müssen zwei voneinander unabhängige Abgleichmöglichkeiten vorhanden sein (Größen- und Phasenabgleich).

b) Zur Anzeige muß ein wechselstromempfindliches Gerät, also entweder ein Effektivwertmesser, oder ein Drehspulgalvanometer mit Gleichrichter oder ein Resonanzmeßwerk verwendet werden.

Die erste Bedingung ist ein Ausdruck dafür, daß jeder Wechselstromwiderstand durch *zwei* Angaben gekennzeichnet werden muß; man kann hierfür entweder die Wirk- und Blindkomponente, oder den Betrag (Gesamtwiderstand) und die Phase verwenden:

$$\mathfrak{z} = R + j\,X = Z \cdot e^{j\alpha} \tag{217}$$

Soll zwischen den Klemmen C und D in Abb. 146 kein Spannungsunterschied herrschen, so muß wie bei der WHEATSTONEschen Brücke für Gleichstrom sein

$$\mathfrak{z}_1 : \mathfrak{z}_2 = \mathfrak{z}_3 : \mathfrak{z}_4 \tag{218}$$

Diese komplexe Gleichung beinhaltet zwei Beziehungen zwischen reellen

Größen. Verwendet man die Polardarstellung der komplexen Zahlen, so folgt, daß bei Abgleich

$$Z_1 : Z_2 = Z_3 : Z_4 \qquad (219)$$

und gleichzeitig

$$\alpha_1 - \alpha_2 = \alpha_3 - \alpha_4 \qquad (220)$$

sein muß. Die Zweige ACB und ADB bilden zwei komplexe Spannungsteiler, deren Teilspannungen gleich groß sein müssen. Natürlich braucht nicht gefordert zu werden, daß der über den oberen Zweig fließende Strom mit dem im unteren Zweig in Phase ist; vielmehr können die vier

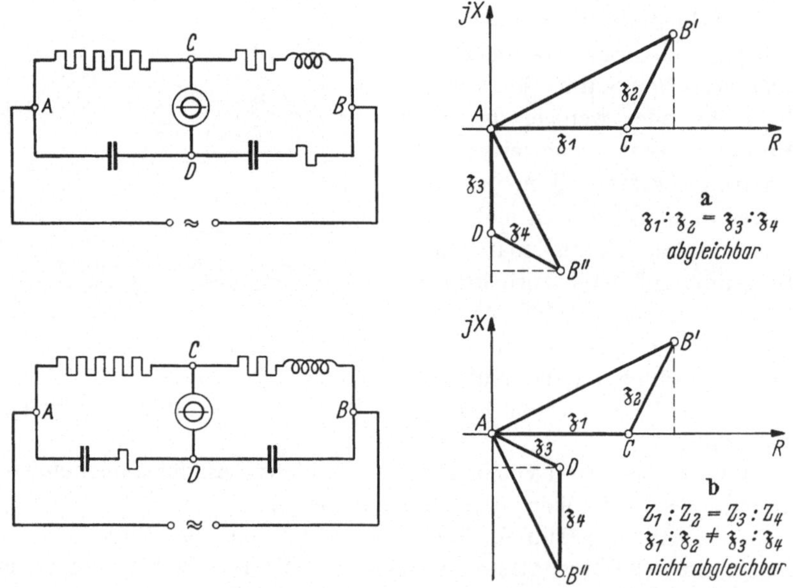

Abb. 147a u. b. Prüfung der Wechselstrom-Brückenschaltung auf Abgleichbarkeit

Widerstände durchaus verschiedenen Charakter haben. Ob sich eine Wechselstrombrücke abgleichen läßt, erfährt man am einfachsten aus einer Darstellung in der komplexen $\mathfrak{z}$-Ebene. Wenn die Widerstandsdreiecke des oberen und des unteren Brückenzweiges nach Veränderungen ihrer Seitenlängen und Winkel durch Drehstreckung zur Deckung gebracht werden können, läßt sich die Brücke abgleichen. Die Bedingung der Ähnlichkeit der Dreiecke genügt also nicht, sie dürfen darüber hinaus auch nicht seitenverkehrt liegen. So enthält die Schaltung, für die Abb. 147a gilt, im Zweig 1 einen reinen Wirkwiderstand, im Zweig 2 einen Wirk- und induktiven Blindwiderstand, im Zweig 3 eine reine

Kapazität und im Zweig 4 eine Kapazität mit Wirkwiderstand. Die Brücke ist abgleichbar, denn durch Veränderung einer Wirk- und einer Blindkomponente lassen sich die Dreiecke ähnlich machen; ferner liegen sie so, daß sie durch Drehstreckung zur Deckung kommen können. Man könnte mit einer solchen Brücke, z. B. die Induktivität messen, wenn man mit einem Widerstand und einem der in Zweig 3 oder 4 befindlichen Kondensatoren den Abgleich herbeiführt.

Dagegen ist eine Brücke gemäß Abb. 147b *nicht* abgleichbar, obgleich die Dreiecke natürlich ähnlich gemacht werden können. Erst die Vertauschung der Brückenzweige 3 und 4 (bzw. 1 und 2) erlaubt einen Abgleich.

Es empfiehlt sich stets, diese Überlegung anzustellen, wenn man bei einer bestimmten Brückenschaltung nicht zum Abgleich kommen kann.

Den Aufbau einer Wechselstrombrücke richtet man praktischerweise so ein, daß durch die Veränderung des einen Einstellorganes die andere

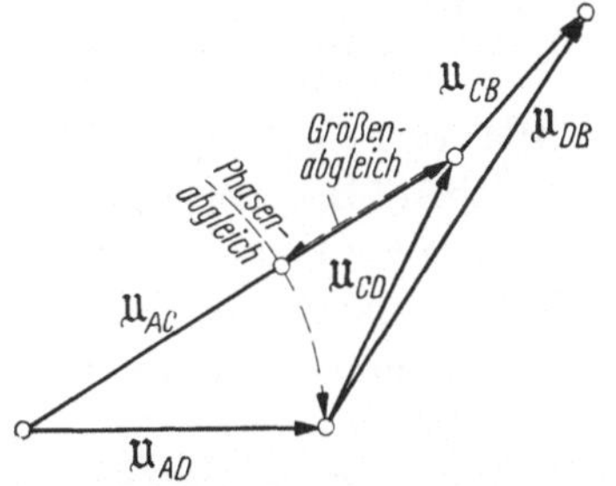

Abb. 148. Größenabgleich und Phasenabgleich bei Wechselstrombrücken

Komponente nach Möglichkeit nicht beeinflußt wird. In Abb. 148 ist dargestellt, wie die Teilspannung $\mathfrak{U}_{AC}$ zu beeinflussen ist, damit sie nach Größe und Phase mit der Teilspannung $\mathfrak{U}_{AD}$ übereinstimmt.

Wechselstrombrücken sind leider bedeutend mehr Störeinflüssen unterworfen als Gleichstrombrücken. Zum ersten liegt das daran, daß manche Brückenschaltungen frequenzempfindlich sind. Enthält die speisende Spannung Oberwellen, so befindet sich die Brücke nur für *eine* Harmonische im Gleichgewicht. Die anderen Harmonischen verursachen also Spannungsunterschiede zwischen den Punkten C und D, die von den meisten Nullgeräten angezeigt werden. Besonders unangenehm verhalten sich hierbei Gleichrichter-Drehspulgeräte, aus deren Ausschlag man nicht schließen kann, ob die Brücke nicht genau abgeglichen, oder bei genauem Abgleich in der Grundwelle noch ein Oberwellenrest übriggeblieben ist. Man kann dann die Brücke für die Meßfrequenz nicht mehr abgleichen, da die Grundwelle zum Mittelwert der Gesamtspannung U_{CD} infolge der Oberwellen um so weniger beiträgt, je „besser" der Abgleich wird. Das für mittlere Frequenzen häufig verwendete Telefon verhält sich hierin schon besser; im Falle oberwellenhaltiger Meßspannung kann man zwar auch kein Schweigen im Telefon herbeiführen, merkt aber am Umschlag der Klangfarbe, wenn die Grundwelle ihr Vorzeichen umkehrt. Dieses Verfahren setzt aber ein normales Gehör voraus. Am sichersten gelingt der Abgleich unabhängig von einem etwaigen Oberwellengehalt, wenn man Resonanzmeßwerke verwendet, die für die Grundfrequenz sehr viel empfindlicher sind als für die höheren Harmonischen (Vibrationsgalvanometer, Resonanzverstärker). Abb. 149

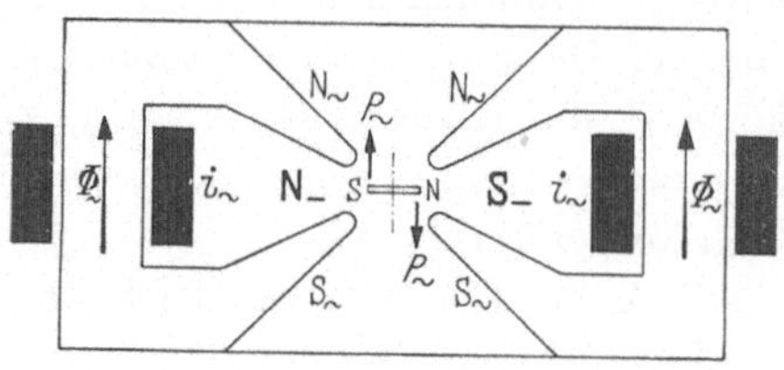

zeigt schematisch den Aufbau eines Vibrationsgalvanometers. Die Eigenfrequenz des schwingenden Eisenplättchens wird durch eine Gleichstromerregung geändert, mit der die Rückstellkraft beeinflußt wird.

Abb. 149. Aufbau des Vibrations-Galvanometers für Wechselstrom (schematisch)

Alle in Kap. V geschilderten Störungsmöglichkeiten der WHEATSTONEschen Brückenschaltung, soweit sie auf Wechselstromgrößen zurückzuführen sind, treten auch hier auf, noch vermehrt um den Einfluß magnetischer und elektrischer Felder, sowie kapazitiver Ableitungen und induktiver Widerstände in dem Schaltungsaufbau. Kapazitive Felder fremden Ursprunges können insbesondere bei Hochspannungsmeßbrücken zu zusätzlichen Strömen in den Brückenzweigen führen, die sich durch die Luft als Verschiebungsströme fortsetzen. Die Gefahr ist um so größer, je höher die Frequenz ist, z. B. ist oftmals an dem restlichen Ausschlag eines empfindlichen Meßverstärkers die von benachbarten Rundfunksendern herrührende Feldstärke am Ort der Messung schuld. Hiergegen hilft nur sehr sorgfältige Abschirmung. Notfalls müssen die ganze Schaltung und der Beobachter in einem

Abb. 150. FARADAYscher Käfig (S & H) für Höchstfrequenzmessungen. *a* Beobachtungsgitter; optisch undurchlässig für den Frequenzbereich der zu untersuchenden Vorgänge

FARADAYschen Käfig gesetzt werden, wobei jeder Spalt um so sorgfältiger zu vermeiden ist, je höher die Störfrequenz ist. Ein solcher Abschirmkäfig erfüllt nur dann seinen Zweck, wenn er gegenüber den Wellenlängen der Störfrequenz ebenso „dicht" ist wie eine Dunkelkammer gegenüber den Wellenlängen des optisch sichtbaren Lichtes. Eine solche

Meßkammer zeigt Abb. 150. Das Fenster dieser sonst allseitig mit Kupferblech ausgekleideten Kammer besteht aus wabenförmig verzahnten Blechstreifen und ist für elektromagnetische Wellen unterhalb einer bestimmten Grenzfrequenz undurchlässig.

Anstelle der bei Gleichstrombrücken wirksamen Thermospannungen muß bei Wechselstromschaltungen in den Leiterschleifen auf Induktionsspannungen geachtet werden, die von fremden Magnetfeldern herrühren. Meßleitungen können niemals ganz schleifenlos verlegt werden, wenn man auch durch Verdrillen, konzentrische Führung usw. die wirksame Fläche der Schleife, in die ein fremdes Magnetfeld induzieren kann, möglichst klein zu machen sucht. Hierbei ist besonders die Nachbarschaft Starkstrom führender Leitungen bedenklich, zumal dann, wenn auch die Messung bei Netzfrequenz durchgeführt werden soll. Gegenüber diesem Umwelteinfluß bietet selbst die Anwendung von Resonanzmeßwerken keine Abhilfe. Da sie selektiv auf die Grundfrequenz ansprechen, kann man zwar einen recht vollkommenen Nullabgleich durchführen; dann ist aber die Brücke gerade *nicht* abgeglichen, weil man eine aus der Schaltung folgende Restspannung U_{CD} nach Größe und Phase sorgfältig so eingestellt hat, daß der Einfluß der in die Meßleitung induzierten Spannung gerade aufgehoben wird! Eine Maßnahme hiergegen ist die Abschirmung der empfindlichen Stellen durch *Mumetall* (einer Legierung besonders hoher Permeabilität); diese Schirme sind leider recht teuer. Abschirmen einer einzelnen störenden Leitung selbst nutzt entgegen einer manchmal geäußerten Ansicht gar nichts, da dann wohl in dem Abschirmpanzer der Leitung ein großer Fluß herrscht, aber die erregende magnetische Feldstärke natürlich auch außerhalb der Panzerung vorhanden ist.

Ist eine Wechselstrombrücke sorgfältig aufgebaut und frei von allen fremden Störeinflüssen, so darf bei offenen und bei kurzgeschlossenen Anschlußklemmen für den Prüfling an dem auf höchste Empfindlichkeit gestellten Nullgerät kein Ausschlag auftreten. Es sind *beide* Proben zu machen; durch den Versuch mit den offenen Klemmen werden die elektrischen Felder, durch den Versuch mit den kurzgeschlossenen Klemmen die magnetischen Felder eher erfaßt. Fällt diese Probe zufriedenstellend aus, so darf gemäß dem auf S. 194 Gesagten aus dem erzielten Gleichgewicht immer noch nicht kritiklos auf das Widerstandsverhältnis geschlossen werden. Es sei an die dort ausführlich besprochene Tatsache erinnert, daß bei Wechselstrom jeder Wirkwiderstand in geringem Maße Blindwiderstände besitzt, so wie jeder Blindwiderstand Verluste hat. Das gilt auch für alle in der Schaltung verwendeten Meßwiderstände. Gibt man sich keine Rechenschaft über die Zuverlässigkeit der *Ersatzschaltbilder* der verwendeten Widerstände, Drosselspulen usw., so können mit der kritiklosen Anwendung der Brückengleichung Meßfehler begangen werden.

6. Maßnahmen zur Beseitigung der Störeinflüsse

a) Die Hilfsbrücke nach Wagner. Bei allen Wechselstrombrücken ist
es empfehlenswert, so zu schalten, daß der Galvanometer-Brückenzweig,
d. h. die Brückenpunkte C und D in Abb. 146, auf Erdpotential liegen.
Nur ausgesprochene Hochspannungsbrücken bilden eine Ausnahme,
weil man bei diesen aus Sicherheitsgründen einen Pol der Spannungsquelle galvanisch erden möchte. Deswegen muß die Meßdiagonale Potential gegen Erde führen.

Die Zweckmäßigkeit, Potentiale des Meßzweiges gegen Erde zu vermeiden, leuchtet ein, wenn man bedenkt, daß der Brückenzweig CD oftmals den größten Störungen -- z. B. durch die Körpernähe des Messenden

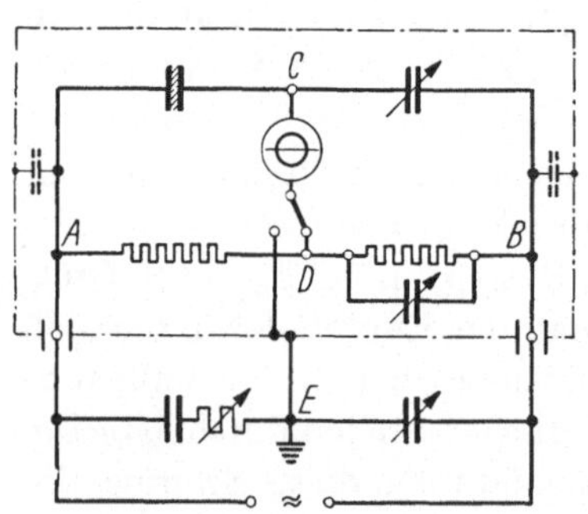

Abb. 151. Hilfszweig nach Wagner

bei Verwendung von Kopfhörern —
ausgesetzt ist. Diese Störkapazitäten
kann man wirkungslos machen, wenn
man einen der Punkte C oder D starr
erdet; bei erfolgtem Abgleich hat
dann auch der andere Punkt Erdpotential. Die starre Erdung der
Punkte C oder D kann aber Meßfehler
verursachen. Das ist in Abb. 151 am
Beispiel einer Kapazitätsmeßbrücke
zu erkennen. Zwar werden alle in der
Nachbarschaft der Punkte C und D
einfallenden Verschiebungsströme unmittelbar nach Erde abgeleitet;
dagegen sind jetzt die Erdkapazitäten der Punkte A und B, wozu auch
die Ausgangskapazität des Generators zu rechnen ist, dem Zweig 1 und
3 bzw. 2 und 4 parallel geschaltet und verursachen somit falsche Einstellungen. Das begrenzt die Anwendbarkeit der Brückenschaltung hinsichtlich kleiner Werte der zu messenden Kapazität. Eine Abschirmung
der Zweige 1 bis 4 und der Leitungen zum Generator hilft gar nichts,
solange die Punkte C und D galvanisch mit Erde verbunden sind.

Der Schutz gegen Fremdfelder verlangt also eine Erdung der Punkte
C und D, die Rücksichtnahme auf die Erdkapazitäten der Punkte A und
B den ungeerdeten Betrieb. Die Forderungen widersprechen einander,
und man muß von Fall zu Fall entscheiden, welcher der Vorrang ge-
bührt.

Für genaue Messungen ist von Wagner eine Maßnahme angegeben
worden, die unter Vermeidung direkter Erdung in C oder D in sehr ein-
leuchtender Weise die Beseitigung beider Störeinflüsse ermöglicht.
Man kann auf galvanische Erdung in C oder D verzichten, wenn man
nur dafür sorgt, daß diese Punkte Erdpotential haben. Bereits diese
Maßnahme genügt, um zu verhindern, daß über das Nullgerät Fremd-

ströme fließen können. Zu diesem Zweck wird nach Abb. 151 eine Hilfsbrücke $A-E-B$ verwendet; das Nullgerät wird mittels eines Umschalters abwechselnd zwischen C und E sowie C und D geschaltet. Dabei wird einmal in gewohnter Weise mit den Widerständen der eigentlichen Brücke, das andere Mal mit den Widerständen des Hilfszweiges $A-E-B$ abgeglichen. Bleibt in *beiden* Stellungen des Umschalters das Instrument in der Nullage, so bestehen keine Potentialunterschiede zwischen den Punkten C, D und E. Wird E starr geerdet, so haben auch C und D Erdpotential. Gegenüber der galvanischen Erdung in D ist aber jetzt ein wesentlicher Vorteil festzustellen: Die Verschiebungsströme der Erdkapazitäten in A und B fließen nach E; die Messung zwischen C und D ist jetzt vollkommen einwandfrei. Ergänzt man noch die Hauptmeßbrücke durch zweckmäßig angebrachte Abschirmungen, die mit dem Punkt D bzw. C verbunden sind und auch auf Erdpotential kommen, so ist die Meßanordnung weitestgehend fehlerfrei, wenn auch etwas umständlich zu handhaben. Man beachte, daß die Abschirmungen, sollen sie überhaupt einen Zweck haben, „dicht" gegenüber den Störfeldern, ferner gut leitend und gegenüber der Meßschaltung hochisoliert sein müssen.

Einen Schutz gegen Induktion durch magnetische Störfelder kann diese Maßnahme ebensowenig bieten, wie sie die Fehler beseitigen kann, die man durch unzulässige Anwendung eines Ersatzschemas auf die Schaltungsbestandteile begeht.

b) Das Substitutions-Verfahren. Man wird unabhängig von den Fehlwinkeln der Schaltungsbestandteile, wenn man den Prüfling durch ein nach Möglichkeit einstellbares Normal ersetzt, dessen Eigenschaften man genau kennt, z. B. im Falle einer Kapazitätsmessung durch einen absolut verlustlosen Drehkondensator. Das Prinzip dieses Substitutions-Verfahrens zeigt Abb. 152 am Beispiel der Präzisions-Kapazitätsmeßbrücke nach GIEBE-ZICKNER. Zuerst gleicht man bei dieser Brücke mit C_2 (Größenabgleich) und C_4 (Phasenabgleich) ab, wobei im Zweig 1 der Prüfling eingeschaltet ist. Dann ersetzt man C_x durch den verlustlosen, regelbaren

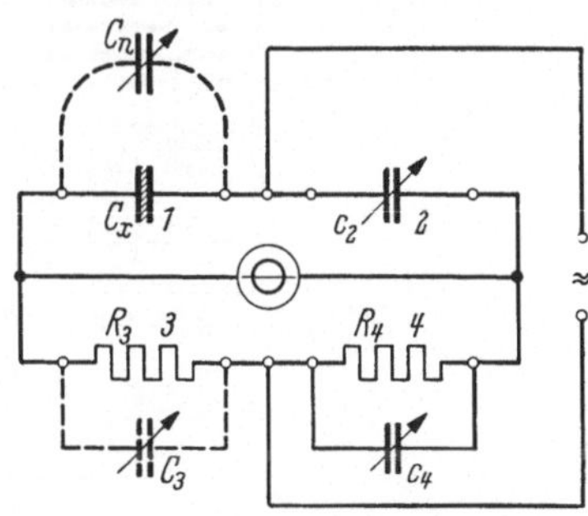

Abb. 152. Prinzip der Substitutionsmessung (Kapazitätsmeßbrücke nach GIEBE-ZICKNER)

Normalkondensator C_1 und gleicht jetzt mit C_1 als Größenabgleich und erneut mit C_4 als Phasenabgleich ab. Dabei darf an dem Aufbau der Brücke nichts geändert werden, auch C_2 muß den erstmalig eingestellten Wert behalten. Die Fehlwinkel der Zweige 2 und 3 fallen vollständig heraus; da bei der ersten Messung

$$\mathfrak{z}_1' : \mathfrak{z}_2 = \mathfrak{z}_3 : \mathfrak{z}_4'$$

bei der zweiten Messung

$$\mathfrak{z}_1'' : \mathfrak{z}_2 = \mathfrak{z}_3 : \mathfrak{z}_4''$$

ist, so ist auch

$$\mathfrak{z}_1'' : \mathfrak{z}_1' = \mathfrak{z}_4'' : \mathfrak{z}_4'$$

Man kann bei nicht allzu großen Verlusten im Prüfling die wirksame Größe von C_x sehr genau aus der Einstellung von C_1 erhalten, den Verlust von C_x aus der Differenz der Einstellungen an C_4.

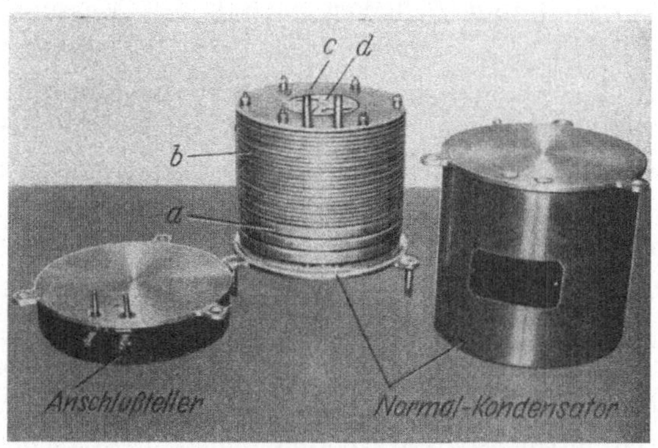

Abb. 153. Normal-Luftkondensator Bauart PTB (Spindler & Hoyer)
a Halteringe; *b* Plattenstapel; *c* Anschlüsse; *d* Trimmer

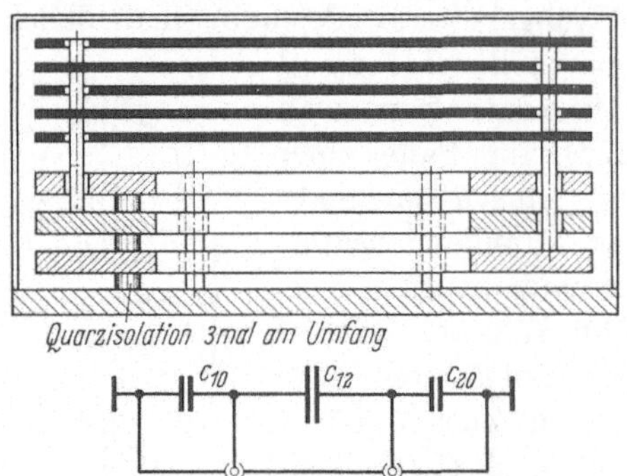

Abb. 154. Aufbau eines Normalkondensators (schematische Darstellung)

Der Kondensator C_3 hat den Zweck, die Schaltung so zu trimmen, daß auch bei kleinen Verlustwinkeln des Prüflings stets mit sicheren Einstellungen an C_4 gearbeitet werden kann. Dieses Verfahren eignet sich vorzüglich zur Bestimmung dielektrischer Eigenschaften von Werkstoffen in einem Meßkondensator, der dann mit einem bekannten Werkstoff oder z. B. im Vakuum, welches absolut verlustfrei ist, geeicht wird.

Um bei der Substitution den Versuchsaufbau vollkommen ungeändert zu lassen, werden besondere Bauformen bei Normalkondensatoren bevorzugt, die gewichtssatzmäßig zusammengesetzt werden können, ohne daß sich zusätzliche Störkapazitäten ergeben. Eine von der PTB empfohlene Bauform zeigt die Abb. 153. Den Aufbau dieser Kondensatoren kann man der schematischen Abb. 154 entnehmen; die Isolation besteht nur aus 9 kleinen Quarzstückchen, über welche die drei Ringe gegeneinander abgestützt sind, welche die beiden Plattenstapel tragen.

7. Beispiele ausgeführter Brückenschaltungen

Die zur Bestimmung von Wechselstromwiderständen geeigneten Schaltungen kann man einteilen in:

a) Brücken mit Blindwiderständen gleicher Art.

b) Brücken mit Blindwiderständen gleicher Art und Wirkwiderständen zum Größen- und Phasenabgleich.

c) Frequenzunabhängige Brücken mit Blindwiderständen verschiedener Art.

d) Frequenzabhängige Brücken.

Für jede Gruppe sollen nur Beispiele gegeben werden; im übrigen wird auf die sehr umfangreiche Spezialliteratur verwiesen.

a) Die Vierkapazitäten-Meßbrücke. Die Vierkapazitäten-Meßbrücke (Schaltung Abb. 155) ist ein Beispiel für eine Anordnung mit Blindwiderständen gleicher Art. Sie ist vornehmlich für die genaue Messung

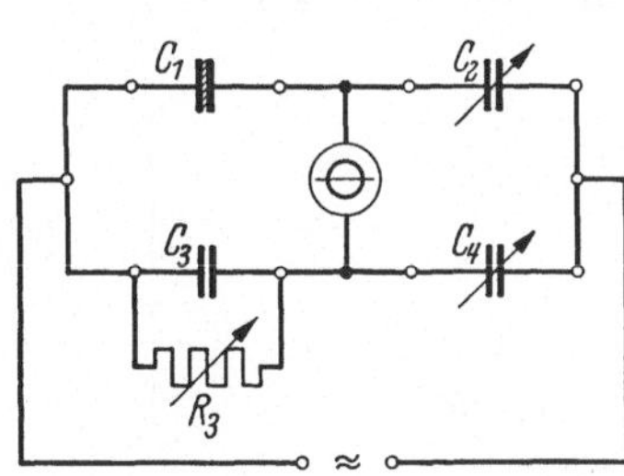

Abb. 155. Vierkapazitäten-Meßbrücke

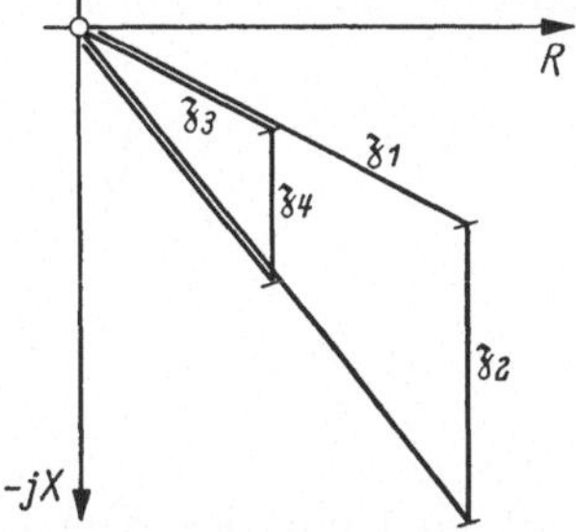

Abb. 156. Operatorendiagramm der Vierkapazitätenbrücke

kleiner Kapazitäten (Werkstoffproben) geeignet. Der Größenabgleich geschieht mit C_4 (regelbarer Glimmerkondensator bis etwa $1\ \mu F$) bzw. C_2 (verlustloser Normalkondensator). Wird anstelle des Drehkondensators C_2 ein geeichter Festkondensator gewählt, dann muß mit C_4 abgeglichen werden, wobei man nicht ganz sicher ist, ob sich der Verlust des Zweiges 4 in derselben Weise ändert wie seine Kapazität. Der Phasenabgleich wird mit R_3 vorgenommen; R_3 kann auch ein Reihen-

14   Neumann, Elektrische Geräte

widerstand sein. Wird Parallelschaltung gewählt, so darf C_3 nicht zu klein sein (ca. $1\,\mu\mathrm{F}$), damit man nicht Widerstände unbequem hohen Ohmwertes wählen muß. Dagegen stört bei Reihenschaltung von R_3 u. U. die Induktivität des Widerstandes.

Für genaue Messungen müssen die Zuleitungen in den Zweigen 3 und 4 induktionsfrei und niederohmig verlegt werden. Die Kapazitäten und Isolationsverluste der Zuleitungen von der Spannungsquelle zu C_1 und C_2 gehen in die Messung nicht ein.

Die Abgleichbedingung ergibt sich aus:

$$\mathfrak{z}_1 : \mathfrak{z}_2 = \mathfrak{z}_3 : \mathfrak{z}_4$$

Zunächst wird gemäß dem Diagramm Abb. 156 der Prüfling C_1 als verlustbehaftet angenommen. Man nennt das Verhältnis des Wirkstromes zum Blindstrom den *Verlustfaktor*; er läßt sich als der Tangens eines — im allgemeinen kleinen— Winkels, des *Verlustwinkels δ* darstellen. In der Praxis redet man kurzweg vom „$tan\,\delta$" als einer sehr wichtigen Materialeigenschaft.[1] Dann wird

$$\mathfrak{z}_1 = \frac{1}{j\,\omega\,C_1} \cdot \frac{1}{1 - j\cdot\tan\delta} \qquad (221\,\mathrm{a})$$

Ferner ist

$$\mathfrak{z}_2 = \frac{1}{j\,\omega\,C_2} \qquad (221\,\mathrm{b})$$

$$\mathfrak{z}_4 = \frac{1}{j\,\omega\,C_4} \qquad (221\,\mathrm{c})$$

und unter Annahme einer Parallelschaltung von R_3 und C_3:

$$\left.\begin{aligned}
\mathfrak{z}_3 &= \frac{R_3 \cdot \dfrac{1}{j\,\omega\,C_3}}{R_3 + \dfrac{1}{j\,\omega\,C_3}}\\[2ex]
&= \frac{1}{j\,\omega\,C_3} \cdot \frac{1}{1 - j\,\dfrac{1}{\omega\,C_3\,R_3}}
\end{aligned}\right\} \qquad (221\,\mathrm{d})$$

Setzt man mit den Werten der Gl. (221 a—d) die Brücken-Gleichgewichtsbedingungen an, so erhält man:

$$\frac{\dfrac{1}{j\,\omega\,C_1} \cdot \dfrac{1}{1 - j\tan\delta}}{\dfrac{1}{j\,\omega\,C_2}} = \frac{\dfrac{1}{j\,\omega\,C_3} \cdot \dfrac{1}{1 - j\,\dfrac{1}{\omega\,C_3\,R_3}}}{\dfrac{1}{j\,\omega\,C_4}}$$

---

[1] Es ist

$$\tan\delta = \tan(90° - \varphi) = \cot\varphi = \frac{N_w}{N_b} = \frac{U\,J\cos\varphi}{U\,J\sin\varphi}\,.$$

Durch Veränderung der Einstellung an R_3 macht man

$$\tan \delta = \frac{1}{\omega\, C_3\, R_3} \qquad\qquad (222\,\mathrm{a})$$

Dann ist auch:

$$C_1 : C_2 = C_3 : C_4 \qquad\qquad (222\,\mathrm{b})$$

Dieser zweite Abgleich ist somit unabhängig vom ersten durch Einstellen an C_2 oder C_4 zu erreichen. Überdies ist die Kapazitätsmessung frequenzunabhängig.

In gleicher Weise läßt sich eine Vierinduktivitäten-Meßbrücke schalten.

b) Wechselstrombrücken mit zwei Blindwiderständen und zwei Wirkwiderständen im Vergleichszweig. α) *Die Scheringbrücke.* Zur Messung von Kapazitäten bei hoher Spannung wird häufig die Schaltung nach Schering (Abb. 157) angewendet; sie hat den Vorteil, daß der Prüfling — z. B. eine Hochspannungsdurchführung oder ein Hochspannungskabel — unter normalen Betriebsbedingungen gemessen werden kann.

Die Ladeströme der Kapazitäten C_x und C_N fließen durch die Widerstände R_3 (Größenabgleich) und die

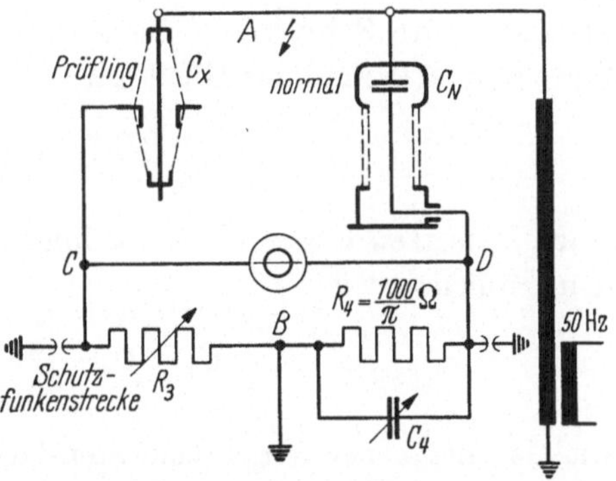

Abb. 157. Hochspannungs-Kapazitäts- und Verlustfaktor-Meßbrücke nach Schering (Prinzipschaltbild)

Schaltung des Zweiges 4, welche aus einem festen Widerstand und einem einstellbaren Präzisions-Glimmerkondensator zum Phasenabgleich besteht. Es ist:

$$\mathfrak{Z}_1 = \frac{1}{j\,\omega\,C_x} \cdot \frac{1}{1 - j \cdot \tan \delta} \qquad\qquad (223\,\mathrm{a})$$

$$\mathfrak{Z}_2 = \frac{1}{j\,\omega\,C_N} \qquad\qquad (223\,\mathrm{b})$$

$$\mathfrak{Z}_3 = R_3 \qquad\qquad (223\,\mathrm{c})$$

$$\mathfrak{Z}_4 = R_4 \cdot \frac{1}{1 + j\,\omega\,C_4\,R_4} \qquad\qquad (223\,\mathrm{d})$$

Der Zweig 4 besteht wie der Zweig 3 der Vierkapazitäten-Meßbrücke auch aus einer Parallelschaltung von Kapazität und Wirkwiderstand; bei der Scheringbrücke überwiegt aber das Verhalten des Wirkwiderstandes. Daher ist die Anwendung einer Reihenkapazität hier nicht

14*

durchführbar, weil man dann zu außerordentlich hohen Kapazitäts-Werten greifen müßte, um deren Blindwiderstand die erforderliche Kleinheit gegenüber R_3 zu geben.

Unter Verwendung der Gl. (223 a—d) und auf Grund der Brücken-Gleichgewichtsbedingung

$$\mathfrak{Z}_1 : \mathfrak{Z}_2 = \mathfrak{Z}_3 : \mathfrak{Z}_4$$

erhält man

$$\frac{\dfrac{1}{j\,\omega\,C_x} \cdot \dfrac{1}{1 - j\tan\delta}}{\dfrac{1}{j\,\omega\,C_N}} = \frac{R_3}{R_4 \cdot \dfrac{1}{1 + j\,\omega\,C_4\,R_4}}$$

Durch Multiplikation über Kreuz ergibt sich

$$\frac{R_4}{C_x} \cdot \frac{1}{1 + \omega\,C_4\,R_4\tan\delta + j\,(\omega\,C_4\,R_4 - \tan\delta)} = \frac{R_3}{C_N}$$

Da die rechte Seite dieser Beziehung reell ist, muß es auch die linke Seite sein, also muß das Glied mit j im Nenner verschwinden[1]:

$$\boxed{\tan\delta = \omega\,C_4\,R_4} \tag{224a}$$

Nach Einsetzen dieser Phasenbedingung erhält man die Bedingung für den Größenabgleich

$$\boxed{C_x = C_N \cdot \frac{R_4}{R_3} \cdot \frac{1}{1 + \tan^2\delta}} \tag{224b}$$

Im Gegensatz zur Vierkapazitäten-Meßbrücke ist der Größenabgleich nicht völlig unabhängig vom Phasenabgleich. Das ist ein grundsätzlicher Nachteil aller gemischten Schaltungen dieser Art. Der Einfluß über

$$\frac{1}{1 + \tan^2\delta} = \cos^2\delta$$

ist aber auch bei den höchsten, in der Praxis vorkommenden Verlustwinkeln noch gering.

Die Scheringbrücke besitzt in ihrer üblichen Ausführung bei R_4 einen Widerstand von $1000/\pi$ Ohm, so daß aus der Einstellung des Kondensators C_4 in μF bei 50 Hz der Verlustwinkel sofort ohne Rechnung abgelesen werden kann:

$$\tan\delta = 0{,}1 \cdot C_4^{[\mu F]} \tag{225}$$

Auch der Zweig R_3 ist mit Rücksicht auf große Prüflingskapazitäten (Kabel) etwas anders aufgebaut. Dann sind nämlich die Ladeströme

---

[1] Bei geringen Verlusten des Prüflings mißt man u. U. für $\tan\delta$ einen negativen Wert; das kann die Folge des $\tan\delta$ im Normalkondensator sein, der in obiger Rechnung als verlustlos angenommen wurde.

sehr groß, weswegen der Zweig 3 niederohmig sein muß. Man erreicht das durch Parallelschalten von induktionsarmen Nebenwiderständen. Schließlich ist wegen des gefährlichen Betriebes mit Hochspannung — die Brücke wird bis zu Betriebsspannungen von 800000 V geliefert — für ausreichende Schutzmaßnahmen im Falle eines Durchschlages am Prüfling zu sorgen. Dafür werden Grob- und Fein-Durchschlagssicherungen (Glimmstrecken) verwendet, die im Störungsfall die Brückeneckpunkte C und D erden.

Abb. 158. Preßgas-Normalkondensatoren für Hochspannungs-Kapazitäts-Meßbrücken (H & B)

Ein erheblicher Vorteil der Schaltung liegt darin, daß der Hochspannungs-Vergleichskondensator nicht verändert zu werden braucht. Man verwendet abgeschirmte Preßgaskondensatoren (Abb. 158), womit man trotz Anwendung hoher Feldstärken im gasförmigen Medium sehr kleine Verluste erhält; außerdem werden die Abmessungen klein.[1]

Die Scheringbrücke ist der hohen Betriebsspannungen wegen gegen Fremdfelder recht empfindlich. Es kommt hinzu, daß man ausschließlich mit Resonanzgeräten mißt, die dann natürlich auch gegen die Störfelder empfindlich sind, weil diese bei der Scheringbrücke dieselbe Frequenz wie die Meßspannung haben.

β) *Die Substitutionsbrücke nach* GIEBE-ZICKNER. Diese Schaltung

---

[1] Der tan δ des Normalkondensators liegt bei etwa 10^{-4}, so daß kleinere Verlustfaktoren am Prüfling nicht ohne weiteres mit der Scheringbrücke gemessen werden können (vgl. Anm. S. 212).

dient der genauesten Bestimmung kleiner Verlustwinkel und Kapazitäten bei mittleren Frequenzen (vgl. auch Abschn. 6).

Nach Abb. 152, die dieseBrückenschaltung wiedergibt, werden wiederum Kapazitäten im oberen Brückenzweig mit Widerständen im unteren Zweig verglichen. Jedoch besitzt diese Brücke für R_3 und R_4 nur je ein Paar Festwiderstände von 10000 bzw. 1000 Ohm, die nach dem Schema Abb. 159 geschaltet und an eine Stöpselplatte geführt sind. Durch entsprechendes Stöpseln lassen sich Brückenverhältnisse 1:40, 1:20, 1:10, 1:5, 1:2, 1:1 und ihre Kehrwerte herstellen, wobei man infolge Verwendung immer derselben Festwiderstände den Vorteil hat, daß sich der Fehlwinkel nicht ändern kann. Restliche Unterschiede, die durch Benutzung verschiedener Zuleitungen usw. entstehen, werden durch das Substitutionsverfahren ausgemerzt. In Abschn. 6 wurde bereits nachgewiesen, daß man sich um die Eigenschaften der Zweige 2 und 3 überhaupt nicht zu kümmern braucht; es soll nunmehr untersucht werden, welchen Einfluß die Abweichung des Kreises 4 von der idealen Ersatzschaltung hat.

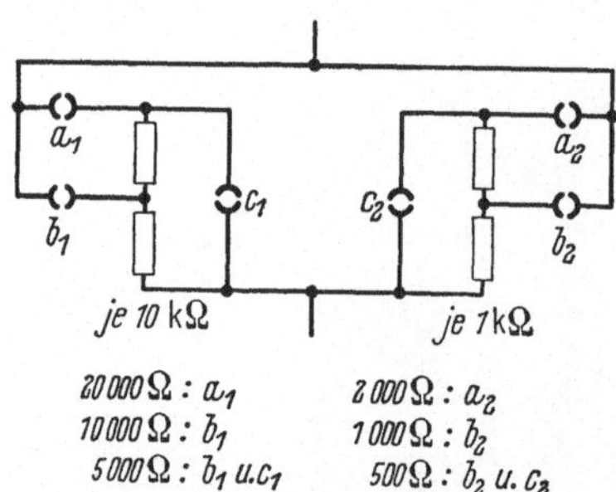

Abb. 159. Schaltung der Vergleichswiderstände bei der Substitutionsbrücke nach GIEBE-ZICKNER mit Widerständen gleicher Größe und gleicher Zeitkonstante

In Wirklichkeit ist der Brückenwiderstand R_4 kein reiner Verlustwiderstand, sondern besitzt eine Blindkomponente induktiven oder kapazitiven Charakters, je nachdem, ob die Selbstinduktion des Widerstandes oder Wicklungskapazität überwiegen. Diese Blindkomponente möge den Fehlwinkel δ_R verursachen. Es ist dann bei Annahme einer störenden Wicklungskapazität

$$\frac{1}{\mathfrak{z}_4} = \frac{1}{R_4(1 + j \cdot \tan \delta_R)} + j \omega C_4$$

oder

$$\mathfrak{z}_4 = \frac{R_4(1 + j \cdot \tan \delta_R)}{1 - \omega C_4 R_4 \cdot \tan \delta_R + j \omega C_4 R_4} \tag{226a}$$

Hierin sind für C_4 die bei den beiden Abgleichungen gefundenen Werte einzusetzen; ferner ist

$$\mathfrak{z}_x = \frac{1}{j \omega C_x} \cdot \frac{1}{1 - j \tan \delta_x} \tag{226b}$$

und

$$\mathfrak{z}_2 = \frac{1}{j \omega C_2} \tag{226c}$$

Hierbei ergibt der erste Abgleich mit dem Prüfling im Zweig 1 außer der Einstellung C_2, die für die weitere Rechnung nicht mehr interessiert,

die Einstellung C'_4 im Zweig 4, der zweite Abgleich mit dem Normalkondensator im Zweig 1 die Einstellung C_N an demselben und C''_4 im
Zweig 4. Führt man in den Ansatz Gl. (218) diese Werte ein, so erhält
man für die Messung 1 mit dem Prüfling:

$$\frac{\mathfrak{Z}_x}{\mathfrak{Z}_2} = \frac{\mathfrak{Z}_3}{\mathfrak{Z}_4}, \text{ d. h. } \frac{1}{j\,\omega\,C_x(1 - j\tan\delta_x)} \cdot \frac{1}{\mathfrak{Z}_2} = \mathfrak{Z}_3 \cdot \frac{1 - \omega\,C'_4\,R_4 \cdot \tan\delta_R + j\,\omega\,C'_4\,R_4}{R_4 \cdot (1 + j\cdot\tan\delta_R)}$$

und für die Messung 2 mit dem Substitutionsnormal:

$$\frac{\mathfrak{Z}_N}{\mathfrak{Z}_2} = \frac{\mathfrak{Z}_3}{\mathfrak{Z}''_4} \text{ d. h. } \frac{1}{j\,\omega\,C_N} \cdot \frac{1}{\mathfrak{Z}_2} = \mathfrak{Z}_3 \cdot \frac{1 - \omega\,C''_4\,R_4\tan\delta_R + j\,\omega\,C''_4\,R_4}{R_4 \cdot (1 + j\cdot\tan\delta_R)}$$

Dividiert man beide Gleichungen, so ergibt sich

$$\frac{C_x}{C_N} \cdot (1 - j\cdot\tan\delta_x) = \frac{1 - \omega\,C''_4\,R_4\tan\delta_R + j\,\omega\,C''_4\,R_4}{1 - \omega\,C'_4\,R_4\tan\delta_R + j\,\omega\,C'_4\,R_4} \tag{227}$$

Multipliziert man die Klammern aus und trennt Real- und Imaginärteile,
so folgen die Gleichungen

$$\frac{C_x}{C_N} \cdot (1 - \omega\,C'_4\,R_4\tan\delta_R + j\,\omega\,C'_4\,R_4\tan\delta_x) = 1 - \omega\,C''_4\,R_4\tan\delta_R$$

$$\frac{C_x}{C_N} \cdot (\omega\,C'_4\,R_4 - (1 - \omega\,C'_4\,R_4\tan\delta_R)\cdot\tan\delta_x) = \omega\,C''_4\,R_4$$

Man kann die erste Beziehung durch die zweite dividieren, wodurch der
Faktor $C_x : C_N$ fortfällt. Das Ergebnis

$$\frac{1 - \omega\,C'_4\,R_4\tan\delta_R + \omega\,C'_4\,R_4\tan\delta_x}{\omega\,C'_4\,R_4 - (1 - \omega\,C'_4\,R_4\tan\delta_R)\tan\delta_x} = \frac{1 - \omega\,C''_4\,R_4\tan\delta_R}{\omega\,C''_4\,R_4}$$

kann man nach $\tan\delta_x$ auflösen und erhält nach einigen Umformungen

$$\tan\delta_x = \frac{\omega\,(C'_4 - C''_4)\,R_4}{(1 - \omega\,C'_4\,R_4\tan\delta_R)(1 - \omega\,C''_4\,R_4\tan\delta_R) + \omega^2\,C'_4\,C''_4\,R_4^2} \tag{228}$$

Man entnimmt dieser Gleichung, daß selbst das Substitutionsverfahren
in der aus Kapazitäten und Widerständen gemischten Schaltung die
Fehlwinkel des Zweiges 4 nicht vollständig eliminieren kann; man kann
aber auch bei höchsten Genauigkeitsansprüchen den kleinen durch $\tan\delta_R$
hervorgerufenen Einfluß vernachlässigen. Dann wird mit $\tan\delta_R \approx 0$

$$\tan\delta_x = \frac{\omega\,(C'_4 - C''_4)\cdot R_4}{1 - \omega^2\,C'_4\,C''_4\,R_4^2}$$

Führt man

$$\omega\,C'_4\,R_4 = \tan\delta'_4$$

und

$$\omega\,C''_4\,R_4 = \tan\delta''_4$$

ein, so kann man den Ausdruck für $\tan\delta_x$ noch wie folgt schreiben:

$$\boxed{\tan\delta_x = \frac{\tan\delta'_4 - \tan\delta''_4}{1 - \tan\delta'_4 \cdot \tan\delta''_4} = \tan\,(\delta'_4 - \delta''_4)} \tag{229}$$

Streng genommen ergibt also das Substitutionsverfahren die Verluste des Prüflings mit der Differenz der Verlust*winkel* im Zweig 4 und nicht mit der Differenz der Verlust*faktoren*. Der zahlenmäßige Unterschied ist im allgemeinen so klein, daß man auch bei genauen Messungen angenähert schreiben kann

$$\tan \delta_x \approx \omega \, (C_4' - C_4'') \cdot R_4 \qquad (230)$$

Für $C_4'' = 0$ gilt diese Beziehung genau. Man sollte daher den Kondensator C_4 so bauen, daß er eine möglichst kleine Anfangskapazität hat.

Ferner folgt unter der Voraussetzung, daß $\tan \delta_R = 0$ gesetzt werden darf

$$C_x = C_N \, \frac{\omega \, C_4'' \, R_4}{\omega \, C_4' \, R_4 - \tan \delta_x} \qquad (231)$$

Der Ausdruck $C_x : C_N$ ist auch bei hohen Genauigkeitsansprüchen hinreichend genau gleich 1 zu setzen.

c) Frequenzunabhängige Brücken mit Blindwiderständen verschiedener Art. Diese Brückenschaltungen besitzen Kapazitäten und Induktivitäten in diagonal gegenüberliegenden Brückenzweigen. Abb. 160 zeigt als Beispiel eine solche Brücke, die sich in dieser Form gut zur Bestimmung von Induktivitäten eignet, weil sich Kondensatoren sehr genau und verlustfrei herstellen lassen; ferner empfiehlt sich die Schaltung zur Messung der Kapazität und des Verlustwinkels großer, technischer Kondensatoren, wobei die Induktivität als Vergleichsnormal dient. Ein weiterer Vorteil ist, daß die Brücke

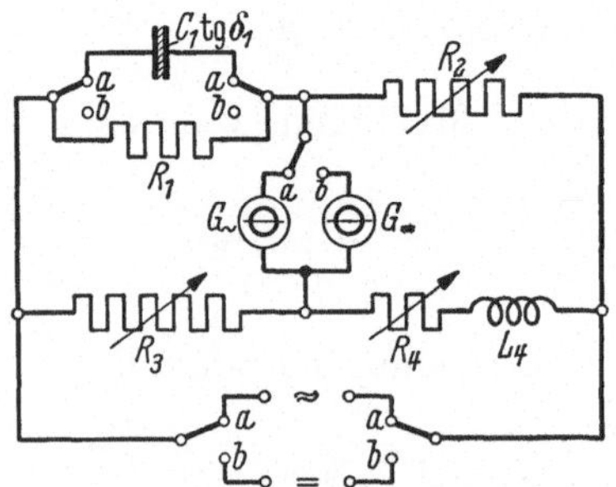

Abb. 160. Kapazitätsmeßbrücke mit Vorabgleichung der Verluste durch Gleichstrommessung

auch mit Gleichstrom betrieben werden kann, woraus sich für die $\tan \delta$-Messung Vorteile ergeben.

Der Zweig 1 enthält die Parallelschaltung eines meist verlustbehafteten Kondensators mit einem Wirkwiderstand:

$$\frac{1}{\mathfrak{z}_1} = \frac{1}{\dfrac{1}{j \, \omega \, C_x} \cdot \dfrac{1}{1 - j \cdot \tan \delta_x}} + \frac{1}{R_1}$$

oder

$$\mathfrak{z}_1 = \frac{1}{j \, \omega \, C_x} \cdot \frac{1}{1 - j \left(\tan \delta_x + \dfrac{1}{\omega \, C_x \, R_1} \right)} \qquad (232\,\mathrm{a})$$

Die Zweige 2 und 3 enthalten nur reine Wirkwiderstände

$$\mathfrak{z}_2 = R_2 \quad \text{und} \quad \mathfrak{z}_3 = R_3 \qquad (232\,\mathrm{b, \, c})$$

Im Zweig 4 liegt ein Widerstand und eine Drosselspule; der Kupferwiderstand der letzten sei in dem Wirkwiderstand des Zweiges R_4 enthalten. Dann ist

$$\mathfrak{z}_4 = R_4 + j\,\omega\,L_4 = j\,\omega\,L_4 \cdot \left(1 - j\,\frac{R_4}{\omega\,L_4}\right) \tag{232d}$$

Die Brückengleichgewichtsbedingung $\mathfrak{z}_1 \cdot \mathfrak{z}_4 = \mathfrak{z}_2 \cdot \mathfrak{z}_3$ ergibt:

$$\frac{L_4}{C_x} \cdot \frac{1 - j\,\dfrac{R_4}{\omega\,L_4}}{1 - j\left(\tan\delta_x + \dfrac{1}{\omega\,C_x\,R_1}\right)} = R_2 \cdot R_3 \tag{233}$$

Auf der rechten Seite steht eine reelle Zahl; demnach muß auch die
linke Seite reell sein. Sie ist von der Form

$$\frac{1 - j\,a}{1 - j\,b} = \frac{(1 - j\,a) \cdot (1 + j\,b)}{1 + b^2}$$

$$= \frac{1 + a\,b}{1 + b^2} - j \cdot \frac{a - b}{1 + b^2}$$

und kann daher nur für $a = b$ reell werden; dann ist aber auch

$$\frac{1 - j\,a}{1 - j\,b} = 1$$

Wendet man das auf die Brückengleichgewichtsbedingung an, so erhält
man

$$\frac{R_4}{\omega\,L_4} = \tan\delta_x + \frac{1}{\omega\,C_x \cdot R_1}$$

oder

$$\tan\delta_x = \frac{R_4}{\omega\,L_4} - \frac{1}{\omega\,C_x\,R_1}$$

ferner ist

$$\boxed{C_x = \frac{L_4}{R_2\,R_3}} \tag{234}$$

Setzt man den Wert für C_x in die Abgleichsformel für den $\tan\delta_x$ ein,
so erhält man

$$\tan\delta_x = \frac{1}{\omega\,L_4} \cdot \left(R_4 - \frac{R_2\,R_3}{R_1}\right) \tag{235}$$

Nun kann man, wie bereits oben erwähnt, die Brücke zunächst mit
Gleichstrom betreiben, wobei anstelle eines Wechselstrom-Nullgerätes
(Vibrationsgalvanometer) ein Drehspulgalvanometer einzusetzen ist.
Es besteht dann Gleichgewicht, wenn

$$R_4 = \frac{R_{2=}\,R_{3=}}{R_{1=}}$$

ist. Setzt man voraus, daß sich die Verlustwiderstände bei Anwendung niedriger Frequenzen gegenüber Gleichstrom nur unwesentlich ändern, so kann man setzen:

$$\frac{R_2\,R_3}{R_1} = \frac{R_{2=}\,R_{3=}}{R_{1=}} = R_{4=}$$

Dann ergibt sich für den Verlustwinkelabgleich der einfache Ausdruck

$$\tan\delta_x = \frac{1}{\omega\,L_4}\cdot(R_4 - R_{4=}) \tag{236}$$

Die Brücke wird zunächst mit eingeschaltetem Prüfling bei Wechselstrom abgeglichen, wobei der Größenabgleich mit R_2 oder R_3, der Phasenabgleich mit R_4 erfolgt. Den letzten Wert merkt man sich, nimmt den Prüfling fort und betreibt die Brücke nunmehr mit Gleichstrom; die Widerstände R_1, R_2 und R_3 bleiben ungeändert. Bei Gleichstrom fällt die Wirkung der Selbstinduktion fort, und es ergibt sich eine andere Einstellung an R_4. Die Differenz der Einstellungen geht dann gemäß Gl. (236) auf die Verluste des Kondensators zurück.

Eine überschlägliche Rechnung ergibt, daß die Brücke gut für große Kapazitätswerte geeignet ist: Macht man $L_4 = 0{,}1\,H$, $R_2 = R_3 = 100\,\text{Ohm}$ — Werte, die sich bequem und mit kleinen Winkelfehlern herstellen lassen — so muß $C_x = 10^{-5}\,\text{F} = 10\,\mu\text{F}$ sein. Die sich durch Widerstände der Zuleitungen und Fremdfeldeinflüsse ergebenden systematischen Fehler lassen sich hier leicht beherrschen, da die Schaltungswiderstände weder extrem hochohmig noch extrem niederohmig sind. Allerdings ist die Schaltung für Hochspannungsprüfungen ungeeignet.

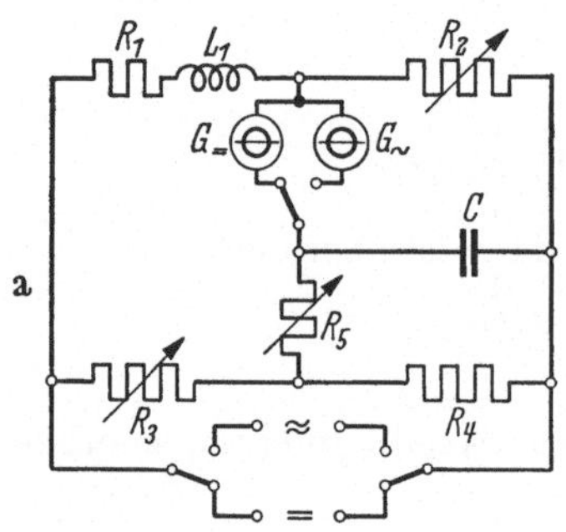

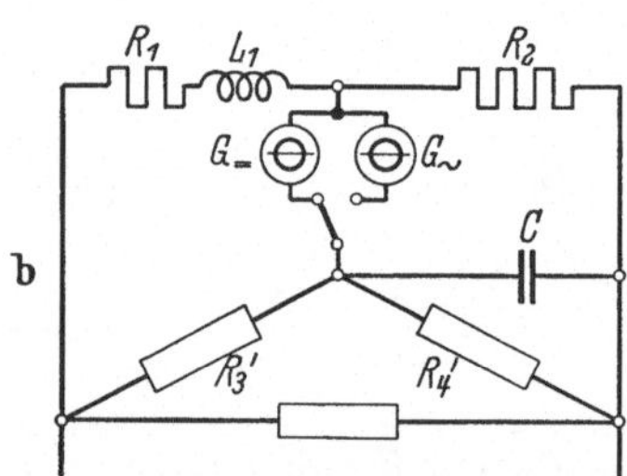

Abb. 161a u. b. Brückenschaltung nach Anderson mit Vorabgleich durch Gleichstrom
a) Meßschaltung;   b) Ersatzschaltbild nach Stern-Dreieck-Umwandlung

Eine Abart dieser Schaltung stellt die Brücke von Anderson dar (Abb. 161a u. b). Durch Transfiguration der in Stern geschalteten Widerstände R_3, R_4 und R_5 in ein leitwertgleiches Dreieck erhält man aus der Originalschaltung Abb. 161a die Ersatzschaltung Abb. 161b. Diese Schaltung ähnelt sehr stark der Brücke Abb. 160; der Phasenabgleich erfolgt jetzt durch Änderung des Widerstandes R_4, dessen Größe man mit R_5 beeinflussen kann. Man braucht also in der Originalschaltung

R_4 selbst gar nicht zu verstellen; andererseits ist R_5 beim Gleichstrom-abgleich ohne Belang, da dieser Widerstand im Galvanometerzweig liegt.

Die Theorie dieser Schaltung läßt sich nach Anwendung der Trans-figurationsformeln in derselben Weise wie bisher entwickeln, was der Leser zur Übung selbst durchführen möge. Bei Verwendung eines verlust-losen Kondensators C_N und von verlustbehafteten Induktivitäten wird

$$L_x = C_N (R_2 R_3 + R_5 (R_1 + R_2))$$

Die Brücke wird zuerst mit Gleichstrom abgeglichen, so daß

$$R_1 R_4 = R_2 R_3 \qquad (237)$$

gilt. Nach Umschaltung auf Wechselstrom wird nur noch mit R_5 ge-regelt; die Größenabgleichs-Bedingung läßt sich dann wie folgt schreiben:

$$\boxed{L_x = C_N R_2 \left(R_3 + R_5 \left(1 + \frac{R_3}{R_4} \right) \right)} \qquad (238)$$

Die Verluste der Drosselspule sind in R_1 enthalten.

d) Frequenzabhängige Brücken. Legt man Blindwiderstände ver-schiedener Art in benachbarte Zweige der Brückenschaltung oder ver-einigt man sie zu einem einzigen Zweig, so ergeben sich frequenzabhän-gige Schaltungen. Man kann sie zur Frequenzmessung verwenden, wenn alle Schaltungsbestandteile bekannt sind. Bei oberwellenhaltigen Speise-spannungen kann man mit diesen Schaltungen nach dem Ausschlag-verfahren arbeiten, indem dann die Brücke für eine Harmonische, z. B. die Grundwelle, im Gleich-gewicht ist. Die Brückenspan-nung U_{CD} enthält dann nur die Oberschwingungen.

α) *Resonanzbrücken.* Abb. 162 zeigt ein Beispiel für eine Reso-nanzbrücke; die Schaltung ist von GRÜNEISEN und GIEBE an-

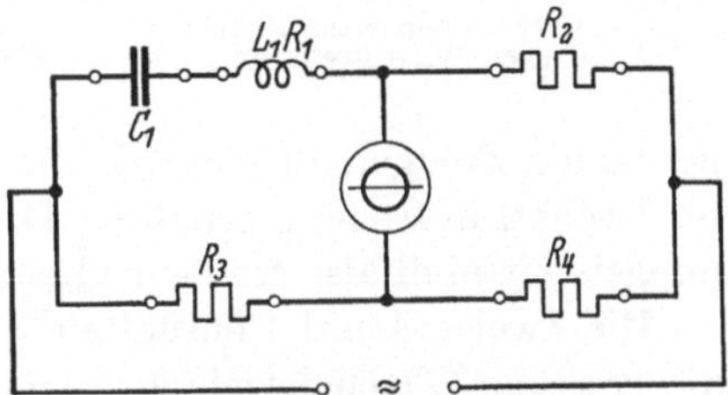
Abb. 162. Resonanzbrücke nach GRÜNEISEN-GIEBE

gegeben worden und dient z. B. zur Messung größerer Induktivitäten mittels bekannter Normalkondensatoren.

Verwendet man verlustfreie Kondensatoren, so lautet die Brücken-gleichgewichtsbedingung

$$\left(R_1 + j \omega L_1 + \frac{1}{j \omega C_1} \right) \cdot R_4 = R_2 R_3 \qquad (239)$$

d. h. es muß vor allem

$$R_1 \cdot R_4 = R_2 \cdot R_3 \qquad (240\,\text{a})$$

gemacht werden. Unter dieser Voraussetzung ist die Brücke abgeglichen, wenn ferner

$$j\,\omega\,L_1 + \frac{1}{j\,\omega\,C_1} = 0$$

oder

$$\boxed{\omega^2 \cdot L_1 \cdot C_1 = 1} \qquad (240\,\mathrm{b})$$

ist. Von diesen drei Größen müssen zwei bekannt sein. Man kann somit C oder L über die Frequenz messen oder bei bekanntem L mittels eines Drehkondensators die Frequenz bestimmen.

Natürlich ist die Brücke nur für eine Frequenz im Gleichgewicht. Erreicht man keinen genauen Nullabgleich, so ist im Minimum der restliche Ausschlag ein Maß für den Oberwellengehalt.

β) *Frequenzmeßbrücken nach* WIEN-ROBINSON. Um Frequenzabhängigkeit zu erreichen, braucht man nicht unbedingt Resonanzschaltungen anzuwenden; man muß der Brücke dann nur einen Freiheitsgrad nehmen, um zu erreichen, daß die Frequenz als eine den Blindwiderstand mitbestimmende Größe in die Abgleichbedingung eingeht.

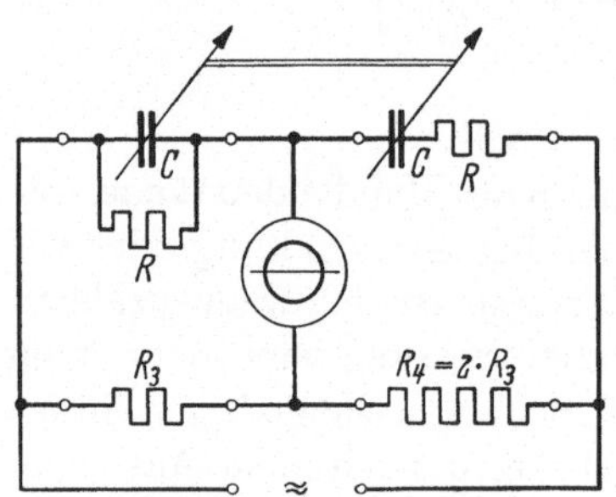

Abb. 163. Frequenzmeßbrücke nach WIEN-ROBINSON

In der in Abb. 163 dargestellten Schaltung nach ROBINSON, die eine Abwandlung der WIENschen Brücke ist, bestehen die Zweige 1 und 2 aus RC-Verlustschaltungen, wobei die Kapazität C und die Verlustwiderstände R in beiden Zweigen gleich groß sind. Im Zweig 1 sind C und R parallel-, im Zweig 2 in Reihe geschaltet. Der aus beiden Zweigen gebildete Spannungsteiler muß also frequenzabhängig sein.

Die Zweige 3 und 4 enthalten winkelfreie Widerstände; dann ergibt die Brücken-Gleichgewichtsbedingung $\mathfrak{z}_1 \cdot \mathfrak{z}_4 = \mathfrak{z}_2 \cdot \mathfrak{z}_3$ mit

$$\mathfrak{z}_1 = \frac{\dfrac{1}{j\,\omega\,C} \cdot R}{\dfrac{1}{j\,\omega\,C} + R} = R \cdot \frac{1}{1 + j\,\omega\,C \cdot R} \qquad (241\,\mathrm{a})$$

$$\mathfrak{z}_2 = R + \frac{1}{j\,\omega\,C} = R \cdot \left(1 + \frac{1}{j\,\omega\,C\,R}\right) \qquad (241\,\mathrm{b})$$

den Ausdruck

$$R \cdot R_4 \cdot \frac{1}{1 + j\,\omega\,C \cdot R} = R \cdot R_3 \left(1 + \frac{1}{j\,\omega\,C \cdot R}\right)$$

oder

$$\frac{R_4}{R_3} = (1 + j\,\omega\,C \cdot R) \cdot \left(1 + \frac{1}{j\,\omega\,C \cdot R}\right) \qquad (242)$$

Da links eine reelle Zahl steht, muß der imaginäre Teil der rechten Seite verschwinden; es ist daher

$$j\,\omega\,C\cdot R + \frac{1}{j\,\omega\,C\,R} = 0$$

oder

$$\omega\,C\cdot R = 1 \tag{243a}$$

zu machen, damit Abgleich möglich ist.

Der reelle Teil in der Brückengleichgewichtsbedingung ist unabhängig von der Frequenz und konstant:

$$Re\left[(1 + j\,\omega\,C\cdot R)\cdot\left(1 + \frac{1}{j\,\omega\,C\cdot R}\right)\right] = 1 + \frac{\omega\,C\cdot R}{\omega\,C\cdot R} = 2$$

Daraus folgt, daß man die Brücke so einzurichten hat, daß

$$R_4 : R_3 = 2$$

ist. Die Frequenzabhängigkeit ergibt sich dann aus Gl. (243a). Es ist

$$\boxed{f = \frac{1}{2\pi\,R\,C}} \tag{243b}$$

Das Gleichgewicht muß man mit C oder R einstellen; zu diesem Zweck verwendet man entweder Dekaden mit Doppelkurbeln für R oder Doppeldrehkondensatoren für C.

VIII. Untersuchungen an Übertragern für Meßzwecke (Meßwandler)

Lehrziel: Die grundlegenden Eigenschaften des Übertragers als universelles Hilfsmittel der Meßtechnik. Der komplexe Übersetzungsfehler als Ergebnis des Ortskurvendiagrammes des Übertragers. Grundsätzliche Eigenschaften von Strom- und Spannungswandlern. Beeinflussung des Übersetzungsfehlers. Meßschaltungen mit Wandlern. Der Wandler als Meßobjekt in Kompensationsschaltungen für Wechselstrom.

1. Grundlegende Begriffe für Meßwandler

Meßwandler dienen zur Anpassung von Geräten normaler Auslegung an Meßgrößen, deren unmittelbare Messung entweder zu gefährlich wäre oder zu unbequemen Konstruktionen bzw. Installationen führen würde. Man unterscheidet Spannungswandler (Abb. 164) und Stromwandler (Abb. 165). Spannungswandler pflegt man im allgemeinen für Spannungen über 1 kV zu verwenden, um nicht die Meßschaltungen den Gefahren auszusetzen, welche die Anwendung höherer Spannungen mit sich bringt. Aus gleichem Grund verwendet man in Hochspannungsnetzen auch Stromwandler, selbst wenn es sich um an sich bequem meßbare Werte handelt. Darüber hinaus finden sich Stromwandler auch in Niederspannungsnetzen (Abb. 166), wenn die Ströme zu unbequeme Werte haben, so daß man weder Meßgeräte noch Installationen für die unmittelbare Messung wirtschaftlich auslegen kann.

Meßwandler sind Transformatoren. Die Wandler werden nach den primären Meßgrößen benannt, für die sie ausgelegt sind. Die Sekundärgrößen sind bei Spannungswandlern im allgemeinen 100 V, bei Stromwandlern 5 A oder 1 A. Das Verhältnis der Nenngröße zur Sekundärgröße von 100 V bzw. 5 oder 1 A heißt *Nennübersetzungsverhältnis*. Infolge der Fehler des Wandlers wird im allgemeinen dieses ideale Verhältnis nicht innegehalten. Die Vorschriften VDE 0414 setzen Grenzen für die zulässigen Abweichungen vom Nennübersetzungsverhältnis fest und den Bereich, innerhalb dessen die Toleranzen innegehalten werden müssen. Außerdem bestehen

Abb. 164. Topfspannungswandler Reihe 110 (AEG)

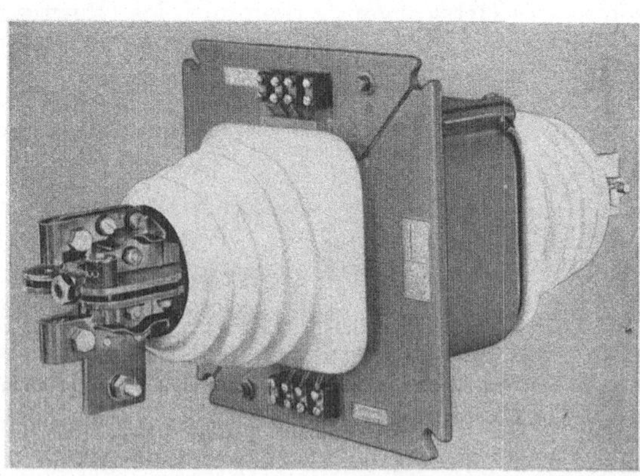

Abb. 165. Durchführungsstromwandler Reihe 20 (S & H), primärseitig umschaltbar

für Wandler, die der Energieverrechnung über elektrische Meßgeräte (Zähler) dienen, Eichordnungen und Eichanweisungen der Physikalisch-Technischen Bundesanstalt (PTB), welche auf Grund der einschlägigen Gesetze erlassen worden sind. Es ist Aufgabe der Wandlerprüfung, die Fehler zu bestimmen und die Innehaltung der Sicherheitsvorschriften zu beweisen.

Die Belastung der Meßwandler heißt *Bürde*; sie wird in VA angegeben, bei Stromwandlern auch manchmal in Ohm. Sie besteht bei Stromwandlern aus der Reihenschaltung niederohmiger Strompfade einschließlich der Verbindungsleitungen, bei Spannungswandlern aus der Parallelschaltung hochohmiger Spannungspfade. Bezüglich des Betriebes bestehen zwischen Strom- und Spannungswandlern wesentliche Unterschiede: Entsprechend

Abb. 166. Niederspannungs-Schienen-Stromwandler für 4000 A (Dr. Hans Ritz, Hamburg)

der Natur der in der Praxis vorherrschenden *Konstant-Spannungsnetze* ändert sich die Meßgröße bei Spannungswandlern verhältnismäßig wenig, bei Stromwandlern dagegen außerordentlich stark. Der Betrieb mit der Primär-Nenngröße und der Nennbürde heißt Nennbetrieb. Abweichungen vom Nennbetrieb gehen bei Spannungswandlern in erster Linie auf verschiedene Bürdenwiderstände zurück, bei Stromwandlern kann die Abweichung vom Nennbetrieb durch Bürdenwiderstand und durch Meßgröße gegeben sein.

Der Fehler eines Wandlers besteht aus einem Übersetzungsfehler und einer Phasendrehung der Sekundärgröße gegenüber der primären. Man spricht vom Größen- und Phasenfehler und bezieht sie nach dem Schema:

$$\text{Fehler} = \text{Falsch} - \text{Richtig}$$

auf die Primärgröße als Sollwert; dabei wird der Phasenfehler im Sinne der Drehrichtung des Diagrammes positiv gerechnet. Das führt zu folgenden Festsetzungen:

Regel 1: *Der Größenfehler ist positiv, wenn der Betrag der Sekundärgröße, multipliziert mit dem Nennübersetzungsverhältnis, den der Primärgröße übersteigt.*

Regel 2: *Der Winkelfehler ist positiv, wenn die Sekundärgröße der Primärgröße voreilt.*

Die auf $\ddot{u}_n = 1$ bezogenen primären und sekundären Meßgrößen
unterscheiden sich nur sehr wenig, die Fehler sind klein. Daher pflegt
man Wandlerdiagramme so zu zeichnen, daß der Fehlerbereich der Meßgrößen deutlich hervortritt. Dabei stellt sich heraus, daß bei dem Winkelfehler der Bogen ohne weiteres durch den Tangens ersetzt werden darf.
Das Fehlerdiagramm erscheint dann in rechtwinkligen Koordinaten. Um
die Winkelbeziehungen zu den anderen Betriebsgrößen nicht zu fälschen,
muß man darauf achten, daß auf beiden Achsen die Fehler im selben
Maßstab dargestellt werden. Dem Winkelfehler von $\delta = 1\%$ entspricht
dann ein Fehlwinkel von 34,4 Bogenminuten gemäß der Proportion:

$$1 : 100 = \delta_{1\%} : \frac{360°}{2\,\pi}$$

$$\delta_{1\%} = \frac{1,8}{\pi} \cdot 60 = 34,4'$$

Bezüglich der Darstellung des Wandlerdiagrammes findet man in der
Fachliteratur leider keine Einheitlichkeit. Oft wird der Anfänger durch
ältere Darstellungen (nach
MÖLLINGER u. a.) verwirrt,
die in der Literatur Ver-
breitung gefunden haben,
und bei denen sich das Diagramm rechtsherum dreht.
Häufig findet man auch
Diagramme, bei denen
die positiven Größenfehler

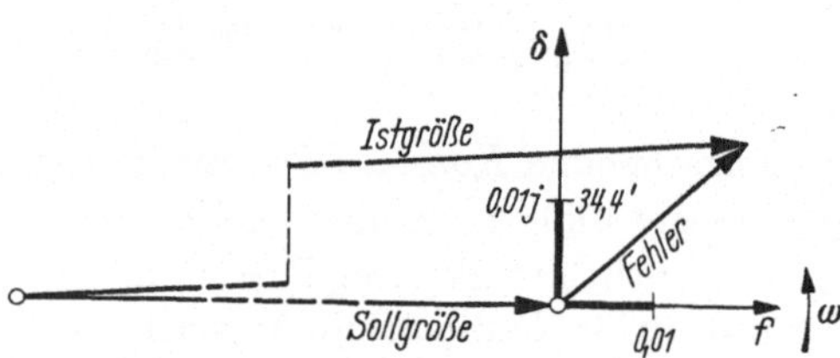

Abb. 167. Definition des Fehlers als komplexe Zahl

nach oben, die positiven Winkelfehler entgegen den Gewohnheiten der
analytischen Geometrie nach links aufgetragen sind. Am allgemeinsten
verständlich dürfte die Darstellung der Fehler in einer Gaußschen Ebene
komplexer Zahlen sein. Es soll daher $f + j \cdot \delta$ auf Grund der Vor-
zeichenregeln nach VDE 0414 so eingezeichnet werden, daß der positive
Größenfehler auf die Achse der reellen Zahlen nach rechts, der positive
Winkelfehler auf die Achse der imaginären Zahlen nach oben aufgetragen wird. Dem entspricht dann auch die gewohnte Linksdrehung des
Diagrammes. Die Meßgrößen sind dann von links kommend einzutragen
(vgl. Abb. 167). Der Nullpunkt der Gaußschen Zahlenebene liegt im
Endpunkt des Zeigers der Sollgröße, also der primären Meßgröße. Liest
man dann am Endpunkt des Zeigers der sekundären Istgröße die Koordinaten ab, so erhält man nach Betrag und Vorzeichen den Größen- bzw.
Winkelfehler. Beide Achsen müssen zu diesem Zweck gleichen Maßstab
haben ($1\% \triangleq 34,4'$, s. oben).

2. Die allgemeine Theorie des Transformators

Das Prinzip des Transformators wird auf fast allen Gebieten der Elektrotechnik angewendet. In der Starkstromtechnik dient er als Übertrager großer elektrischer Energien (bis zu $200 \cdot 10$ VA)[6] in einer Einheit!), in der Fernmeldetechnik als Übertrager von Signalen, mittel- und hochfrequenter Wechselstromgrößen usw., in der Meßtechnik als Meßwandler; ferner stößt man auf das Problem des Transformators bei vielen Einzelfragen, wie z. B. bei der Ermittlung von Wirbelströmen, bei den elektrodynamischen Meßwerken, bei der Induktion in Leiterschleifen usw.

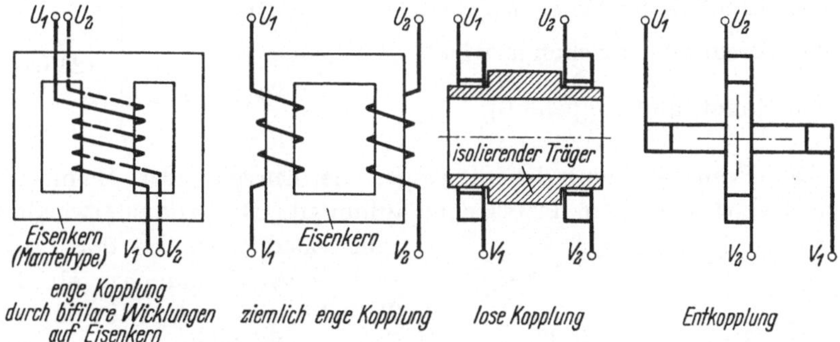

Abb. 168. Transformation mit unterschiedlicher Kopplung

Der Transformator besteht nach dem Schema der Abb. 168 aus mindestens zwei, manchmal auch drei oder mehr Wicklungen, die miteinander magnetisch *verkettet* sind. Dann hat im allgemeinen die Änderung der Betriebsgröße der einen Wicklung auch eine Änderung der Größen der anderen Wicklungen zur Folge. Diesen Vorgang bezeichnet man als *Transformation*.

Bei hinreichend kleinen Änderungsgeschwindigkeiten des magnetischen Feldes spielen die mit ihm verketteten Wirbel der elektrischen Feldstärke außerhalb der zur Stromleitung vorgesehenen Leiter eine zu vernachlässigende Rolle. Diese Voraussetzung vereinfacht die Theorie des Transformators erheblich; sie ist dann allerdings auch nur für *langsam* veränderliche Betriebsgrößen gültig.

Die Wirksamkeit eines Übertragers wird weitgehend durch die *Kopplung* bestimmt. Eine Kopplung heißt lose, wenn die gegenseitige Induktion der Spulen gering ist. Beispiele für lose und enge Kopplungen zeigt Abb. 168. Man spricht auch von *Entkopplung* als von einer Maßnahme, die die gegenseitige Induktion herabsetzen soll. Die *Streuung* kennzeichnet denjenigen Anteil des magnetischen Flusses, der nicht der Kopplung dient.

Bei räumlich ausgedehnten Spulen und inhomogenen Feldern wird man im allgemeinen den koppelnden Flußanteil vom sog. Streufluß nicht

einwandfrei trennen können. Beispielsweise kann ein Teil des Koppelflusses nur mit einigen Windungen der räumlich ausgedehnten Spulen
verkettet sein. Dann ist es zweckmäßig, auf Grund der am Transformator
wirklich auftretenden Verhältnisse einen Fluß zu definieren, den man
sich mit jeder Windung in gleicher Weise verkettet denkt, und der dieselben Wirkungen wie der tatsächliche Fluß hervorruft. Mit diesem
Windungsfluß Φ läßt sich dann leichter rechnen; er ergibt sich aus
dem gesamten *Spulenfluß* Ψ mit Hilfe der Definitionsgleichung

$$\Psi = w \cdot \Phi \tag{244}$$

Man unterscheidet

den Streufluß der Primärwicklnng $\quad \Psi_{s1} = w_1 \Phi_{s1}$

den Streufluß der Sekundärwicklung $\Psi_{s2} = w_2 \Phi_{s2}$

den Hauptfluß (Koppelfluß) $\qquad \Phi_h = \dfrac{\Psi_{h1}}{w_1} = \dfrac{\Psi_{h1}}{w_2}$

$$\tag{245a—c}$$

Die Primärwicklung ist diejenige, die Energie oder Magnetisierungsbedarf aus einem Primärnetz aufnimmt. Die Sekundärwicklung

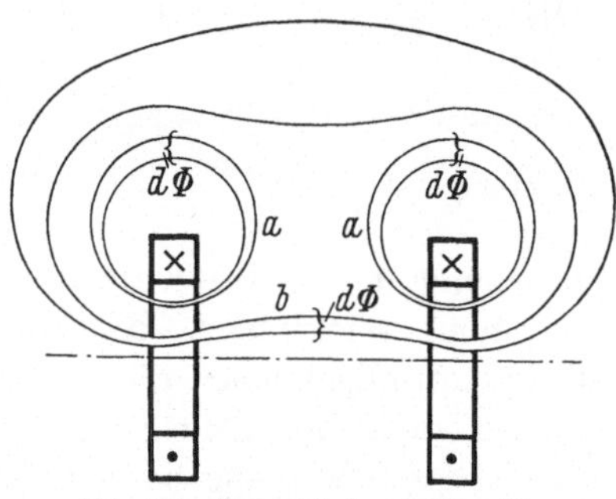

Abb. 169. Koppelfluß und Streuflüsse
beim Transformator

gibt Energie an die dort angeschlossenen Verbraucher ab. Der
Transformator entspricht daher in
seinem physikalischen Verhalten
primär einem Verbraucher, sekundär einem Generator. Da er aber
keine elektrische Energie *erzeugt*,
ist er ein passives Übertragungs-
mittel. Man pflegt daher den
Transformator etwa so wie das
Stück einer Übertragungsleitung
anzusehen, bei der man auch nicht
der Energie, die am Leitungsanfang eingespeist wird, ein anderes Vorzeichen zuweist wie der Energie, die am Leitungsende abgenommen wird.

Grenzt man gemäß Abb. 169 im magnetischen Feld beider Spulen
einen röhrenförmigen Teil derart ab, daß die Mantellinien dieser Röhre
mit den Kraftlinien zusammenfallen, so wird der Anteil $d\Phi$ dieses
Flusses von der Summe aller Ströme erregt, die durch die Feldröhre
hindurchtreten, sie *durchfluten*. Gehört die Feldröhre zum Streufluß
(Röhre a in Abb. 169), so wirkt nur die Durchflutung $\Theta_1 = w_1 i_1$ der
eigenen Wicklung. Eine Feldröhre des Hauptflusses steht dagegen
unter der magnetischen Spannung (= Durchflutung) beider Wicklungen
(Röhre b).

Addiert man alle gleichartigen Feldröhren zum Hauptfluß bzw. den
Streuflüssen, so gilt Proportionalität zwischen Durchflutung und Fluß,

wenn die *magnetische Leitfähigkeit* Λ der Räume, in denen sich die Felder ausbreiten, von der Durchflutung unabhängig ist:

$$\begin{aligned}
\Phi_h &= \Lambda_h\,(\Theta_1 + \Theta_2) \\
\Phi_{s1} &= \Lambda_{s1}\cdot\Theta_1 \\
\Phi_{s2} &= \Lambda_{s2}\cdot\Theta_2
\end{aligned} \right\} \qquad (246)$$

Bekanntlich gilt die Proportionalität für alle Träger des magnetischen Feldes mit Ausnahme der ferromagnetischen Werkstoffe, bei denen die Durchdringungsfähigkeit (Permeabilität) sehr viel größer, aber nicht gleichbleibend ist. In erster Annäherung soll zunächst auch bei Eisen unterhalb der Sättigung mit einer linearen Kennlinie, d. h. einer konstanten Permeabilität gerechnet werden.

Aus einer Betrachtung der Spulenflüsse folgt

$$\begin{aligned}
\Psi_{s1} &= w_1\,\Phi_{s1} = w_1\,\Lambda_{s1}\,\Theta_1 \\
&= w_1^2\cdot\Lambda_{s1}\cdot i_1 \\
\Psi_{s2} &= w_2^2\cdot\Lambda_{s2}\cdot i_2
\end{aligned} \right\} \qquad (247)$$

Die Proportionalitätsfaktoren $w^2\,\Lambda$ sind bei Stromänderungen di/dt für die induzierten Spannungen maßgebend. Die Größen

$$\left.\boxed{\begin{aligned}
L_{s1} &= w_1^2\,\Lambda_{s1} \\
L_{s2} &= w_2^2\,\Lambda_{s2}
\end{aligned}} \right\} \qquad (248)$$

heißen *Selbstinduktionskoeffizienten der Streuflüsse.* Ebenso gilt

$$\Phi_h = \frac{\Psi_{h1}}{w_1} = \frac{\Psi_{h2}}{w_2} = \Lambda_h\,(\Theta_1 + \Theta_2)$$

Hieraus folgen

$$\Psi_{h1} = w_1\,w_2\,\Lambda_h\left(\frac{w_1}{w_2}\,i_1 + i_2\right) \qquad (249)$$

$$\Psi_{h2} = w_1\,w_2\,\Lambda_h\left(i_1 + \frac{w_2}{w_1}\,i_2\right)$$

Hierin ist

$$\boxed{M = w_1\,w_2\,\Lambda_h} \qquad (250)$$

der *Koeffizient der Gegeninduktion.*

Die Gesamtflüsse beider Spulen ergeben sich aus der Addition der Teil-Spulenflüsse

$$\left.\begin{aligned}
\Psi_1 &= \Psi_{s1} + \Psi_{h1} \\
\Psi_2 &= \Psi_{s2} + \Psi_{h2}
\end{aligned} \right\} \qquad (251)$$

15*

Es ergibt sich unter Verwendung der Induktionskoeffizienten:

$$\left.\begin{aligned}
\Psi_1 &= \left(L_{s1} + \frac{w_1}{w_2} M\right) \cdot i_1 + M \cdot i_2 \\
\Psi_2 &= M \cdot i_1 + \left(L_{s2} + \frac{w_2}{w_1} M\right) \cdot i_2
\end{aligned}\right\} \qquad (252)$$

Die Proportionalitätsfaktoren zwischen den Strömen und den Gesamtflüssen der Spulen heißen Koeffizienten der primären bzw. sekundären Gesamt-Induktivität

$$\left.\begin{aligned}
L_1 &= L_{s1} + L_{h1} = L_{s1} + \frac{w_1}{w_2} M \\
L_2 &= L_{s2} + L_{h2} = L_{s2} + \frac{w_2}{w_1} M
\end{aligned}\right\} \qquad (253)$$

Mit ihrer Anwendung bekommen die Gl. (252) die Form

$$\left.\begin{aligned}
\Psi_1 &= L_1 i_1 + M \cdot i_2 \\
\Psi_2 &= M i_1 + L_2 i_2
\end{aligned}\right\} \qquad (254)$$

Für die Koeffizienten der primären bzw. sekundären Hauptinduktivität

$$\left.\begin{aligned}
L_{h1} &= \frac{w_1}{w_2} M \\
L_{h2} &= \frac{w_2}{w_1} M
\end{aligned}\right\} \qquad (255)$$

gilt schließlich

$$\frac{L_{h1}}{L_{h2}} = \frac{w_1^2}{w_2^2} \qquad (256\,\mathrm{a})$$

und es ist

$$M = \sqrt{L_{h1} \cdot L_{h2}} \qquad (256\,\mathrm{b})$$

Besäße der Transformator keine Streuung, so wären $L_{s1} = L_{s2} = 0$ und $M^2 = L_1 \cdot L_2$. Ist Streuung vorhanden, so wird wegen Gl. (253) $M^2 = L_{h1} \cdot L_{h2} < L_1 \cdot L_2$, also

$$\frac{M^2}{L_1 L_2} < 1$$

Dieser Ausdruck eignet sich zur Kennzeichnung des Ausmaßes der Streuung. Man nennt

$$k = \sqrt{\frac{M^2}{L_1 L_2}} \qquad (257)$$

den *Kopplungsfaktor* sowie

$$\sigma = 1 - \frac{M^2}{L_1 L_2} = 1 - k^2 \qquad (258)$$

den Faktor der Gesamtstreuung („totaler" Streufaktor).

Diese Definitionen befriedigen die Vorstellung, daß die Kopplung um so besser wird, je kleiner die Streuung ist und umgekehrt.

Durch formale Umstellung innerhalb der Gl. (253) erhält man

$$\left.\begin{aligned} \frac{w_1}{w_2} \cdot \frac{M}{L_1} &= 1 - \frac{L_{s1}}{L_1} = 1 - \sigma_1 = k_{12} \\ \frac{w_2}{w_1} \cdot \frac{M}{L_2} &= 1 - \frac{L_{s2}}{L_2} = 1 - \sigma_2 = k_{21} \end{aligned}\right\} \tag{259}$$

σ_1 und σ_2 heißen die *Faktoren der primären und sekundären Streuung*. Mit der Anwendung dieser Größen muß man vorsichtig sein. Man kann σ_1 bzw. σ_2 zahlenmäßig nur dann angeben, wenn die Konstruktion des Transformators bekannt ist, so daß man aus einer genauen Aufzeichnung des Feldbildes die beiden Streuanteile und den Hauptanteil des Flusses voneinander unterscheiden kann. Meßtechnisch sind σ_1 und σ_2 über die Bestimmung der Induktionskoeffizienten *nicht* zugänglich, wenn nicht gleichzeitig das Windungsverhältnis bekannt ist!

Danach ergibt sich

$$\left.\begin{aligned} \frac{M^2}{L_1 L_2} &= 1 - \sigma = (1 - \sigma_1) \cdot (1 - \sigma_2) \\ \sigma &= \sigma_1 + \sigma_2 - \sigma_1 \cdot \sigma_2 \end{aligned}\right\} \tag{260}$$

oder

Der Faktor der totalen Streuung ist also etwas kleiner als die Summe der Faktoren für die primäre und sekundäre Streuung. Dieses scheinbar widerspruchsvolle Ergebnis wird bei „loser" Kopplung ohne weiteres verständlich: Geht z. B. sowohl in der Primär- wie in der Sekundärwicklung je 60% des Flusses in die Streuwege, so kann doch die Gesamtstreuung niemals größer als 100% werden. Sie beträgt in dem genannten Beispiel nur $(0{,}6 + 0{,}6 - 0{,}36) \cdot 100 = 84\%$!

Auch bezüglich der k-Faktoren gilt ein entsprechender Zusammenhang

$$k^2 = k_{12} k_{21} \tag{261}$$

Es wird also auch

$$\sigma = 1 - k_{12} \cdot k_{21} \tag{260a}$$

Eine Induktionswirkung kommt nur bei *Flußänderungen* zustande. Man bezeichnet den negativen Wert der zeitlichen Änderung des Spulenflusses als *magnetischen Schwund*. Da er den Charakter einer Spannung hat, spricht man auch von der *Urspannung* oder *elektromotorischen Kraft*. Es ist allgemein

$$e = - \frac{d\Psi(t)}{dt} \tag{262}$$

Da der Übertrager als passives Betriebsmittel ähnlich wie ein Stück Leitung betrachtet werden soll, geht man von der Netzspannung aus und stellt sich vor, daß die Urspannung durch einen entsprechenden

Anteil der Spannung des Primärnetzes aufgehoben werden muß, ehe überhaupt ein Strom fließen kann:

$$u = -e$$

Damit gilt

$$u = \frac{d\,\Psi(t)}{dt} \tag{262a}$$

Diese Gleichung enthält keinerlei Voraussetzungen über den zeitlichen Verlauf von Ψ bzw. u. So induziert z. B. ein linear anwachsender Fluß eine Gleichspannung!

In der Technik sind besonders die Fälle eines quasistationären Verlaufes häufig. Das einfachste Betriebsverhalten zeigt dabei der Übertrager, wenn es sich um harmonische, d. h. rein sinusförmig verlaufende Vorgänge handelt. Es sei

$$\Phi(t) = \hat{\Phi} \sin \omega t$$

ein solcher Fluß. Dann ist

$$u = w \cdot \frac{d\Phi(t)}{dt} = w \cdot \omega\, \hat{\Phi} \cdot \cos \omega t$$

Die Betriebsspannung u eilt dem Fluß um $90°$ vor. Der Effektivwert derselben hängt mit dem Effektivwert des Flusses nach

$$U = \omega \cdot w \cdot \Phi \tag{263}$$

zusammen. Häufig gibt man den Scheitelwert $\hat{\Phi}$ an, weil dieser die höchste Beanspruchung der Träger des magnetischen Flusses bestimmt. Setzt man dann noch $\omega = 2\,\pi f$ und beachtet, daß $2\,\pi/\sqrt{2} = 4{,}44$ ist, so erhält man die bekannte Bemessungsformel

$$\boxed{U = 4{,}44 \cdot f \cdot w \cdot \hat{\Phi}} \tag{264}$$

Ändern sich die Ströme in den Spulen beliebig (Ausgleichsvorgänge), so gestattet die Gl. (254) nur die Ableitung der Differentialgleichungen:

$$\left. \begin{aligned} u_1 &= L_1 \frac{d\,i_1}{dt} + M \cdot \frac{d\,i_2}{dt} \\[2mm] u_2 &= M \cdot \frac{d\,i_1}{dt} + L_2 \frac{d\,i_2}{dt} \end{aligned} \right\} \tag{265}$$

Zur Lösung derselben muß man die Betriebsverhältnisse und die *Anfangsbedingungen* kennen.

3. Der ideale Übertrager als fehlerfreies Gerät zur Anpassung der Meßgröße

Der ideale Transformator hat bei der Verwendung als Wandler überhaupt keinen Fehler. Man kann sich dieses Gerät gemäß der schematischen Skizze Abb. 170 konstruiert denken. Ein ringförmiger Kern, dessen Werkstoff eine relative Permeabilität $\mu \to \infty$ haben soll, trägt zwei gleichsinnig und gleichmäßig gewickelte Spulen verschwindend geringer Dicke. Die Spulen sollen außerdem keinen elektrischen Widerstand besitzen. Dieser *ideale Übertrager* ist dann durch folgende Feststellungen gekennzeichnet:

   a) keine Verluste im Kern und in den Wicklungen

   b) kein Magnetisierungsbedarf des Kernes

   c) ideale Kopplung beider Wicklungen.

Das sich hieraus ergebende Betriebsverhalten soll diskutiert werden.

   a) Die erste Bedingung versteht sich als wesentliche Eigenschaft eines idealen Übertragers von selbst. Sie besagt nichts anderes, als daß in aller Strenge der Übertrager ein Betriebsmittel ist, in dem

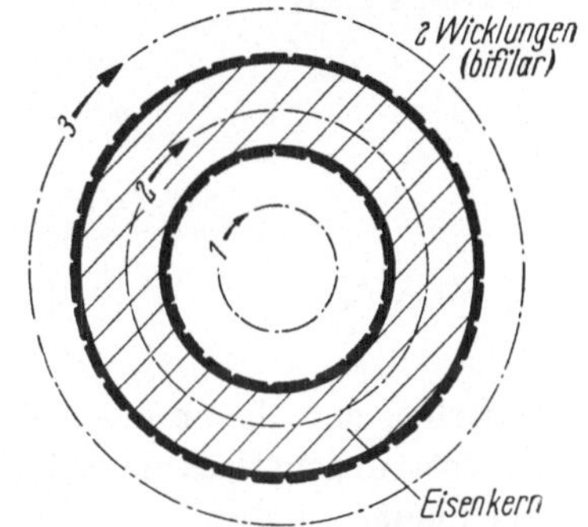

Abb. 170. Schema des idealen Übertragers mit Ringkern

elektrische Energie weder erzeugt noch verbraucht wird. Es gilt also Gl. (262a)

$$u = -e = \frac{d\,\Psi(t)}{d\,t}$$

mit der Maßgabe, daß u die an den Klemmen des Übertragers herrschende Netzbetriebsspannung ist.

   b) Wegen $\mu \to \infty$ benötigt man zur Aufrechterhaltung eines beliebigen Flusses im Kern gar keine Durchflutung. Es gilt also nach Gl. (246)

$$\Theta_1 + \Theta_2 = 0$$

$$w_1\,i_1 + w_2\,i_2 = 0$$

oder

$$\frac{i_1}{i_2} = -\frac{w_2}{w_1} \tag{266}$$

d. h. zwischen den Strömen der Primär- und Sekundärseite besteht das Übersetzungsverhältnis w_2/w_1 und bei harmonischen Vorgängen eine Phasenverschiebung von genau 180°.

   c) Wegen der lückenlos anliegenden Wicklungen kann außerhalb des Kernes gar kein Fluß vorhanden sein. Gemäß Abb. 170 sind nämlich aus Symmetriegründen nur 3 Umläufe denkbar, auf denen Kraftlinien vermutet werden könnten: Der Umlauf 1 umschließt überhaupt keine Durchflutung, der Umlauf 3 umfaßt nur geschlossene Windungen beider Spulen, so daß hin- und rückfließende Ströme sich unabhängig von allen anderen Betrachtungen aufheben. Das Fenster des Kernes und der

Außenraum sind daher auf jeden Fall feldfrei. Nur der Umlauf 2 wird von der Summe der Ströme in beiden Wicklungen durchflutet, bietet also allein eine Voraussetzung zur Magnetisierung.

Da jede zum Umlauf 2 gehörende Kraftlinie mit jeder Windung beider Spulen verkettet ist, hat der ideale Übertrager keine Streuung. Es gilt also der Faktor $k = 1$ der idealen Kopplung. Es ergibt sich

$$\frac{d\Phi}{dt} = \frac{1}{w_1} \cdot \frac{d\Psi_1}{dt} = \frac{1}{w_2}\frac{d\Psi_2}{dt}$$

d. h.

$$= \frac{u_1}{w_1} = \frac{u_2}{w_2}$$

$$\frac{u_1}{u_2} = \frac{w_1}{w_2} \tag{267}$$

Zwischen den Spannungen der Primär- und Sekundärseite besteht das Übersetzungsverhältnis w_1/w_2 und bei harmonischen Vorgängen Phasengleichheit.

Aus der Multiplikation der beiden Gl. (266) und (267) ergibt sich

$$u_1\, i_1 + u_2\, i_2 = 0 \tag{268}$$

d. h. die Summe der von dem Gerät bezogenen Leistungen ist in jedem Augenblick Null, der Übertrager ist in der Tat *passiv*. Bei harmonisch verlaufenden Strömen und Spannungen lautet diese Bedingung in der komplexen Schreibweise (vgl. Kap. IX)

$$[(\mathfrak{U}_1 \times \mathfrak{J}_1^*) \pm (\mathfrak{U}_1^* \times \mathfrak{J}_1)] + [(\mathfrak{U}_2 \times \mathfrak{J}_2^*) \pm (\mathfrak{U}_2^* \times \mathfrak{J}_2)] = 0 \tag{268a}$$

Um mit den Eigenschaften des Übertragers unabhängig vom Windungsverhältnis rechnen zu können, betrachtet man den in der Sekundärwicklung fließenden Strom als Laststrom der Primärseite und wendet auf ihn die aus Gl. (266) folgende Transformationsgleichung an

$$i_2' = -\frac{w_2}{w_1}\, i_2 \tag{269}$$

Entsprechendes gilt für die Spannungen; die Sekundärspannung wird als die transformierte Spannung des Primärnetzes angesehen:

$$u_2' = \frac{w_1}{w_2} \cdot u_2 \tag{270}$$

Die in diesen Beziehungen vorkommenden gestrichenen Größen u_2' und i_2' sind *auf die Primärseite bezogen*. Es ergibt sich dann

$$u_1 \cdot i_1 = u_2' \cdot i_2'$$

d. h. die auf die Primärseite bezogene sekundäre Leistung ist beim idealen Übertrager identisch mit der Netzlast. Es bietet erhebliche Vorteile, insbesondere bei der Aufstellung von Zeigerdiagrammen, mit den auf die Primärseite bezogenen Sekundärgrößen so rechnen zu können, als ob es Primärgrößen wären. Abb. 171 zeigt das am Beispiel des Diagrammes eines idealen Übertragers mit dem Windungsverhältnis $w_1/w_2 = 2$.

Aus diesen Überlegungen folgt, daß der ideale Übertrager als Meßwandler vollkommen fehlerfrei arbeitet. Sein Übersetzungsverhältnis ist gleich dem Windungsverhältnis.

Es ist jetzt das Verhalten des Übertragers im Betrieb zu diskutieren. Folgende Betriebsfälle sind als Grenzfälle des normalen Gebrauches besonders aufschlußreich:

a) Die sekundären Klemmen sind offen.

b) Die sekundären Klemmen sind widerstandslos kurzgeschlossen.

Man darf nicht den Fehler begehen, den Fall a) mit *Leerlauf* und den Fall b) mit dem Gegenteil des Leerlaufes zu identifi-

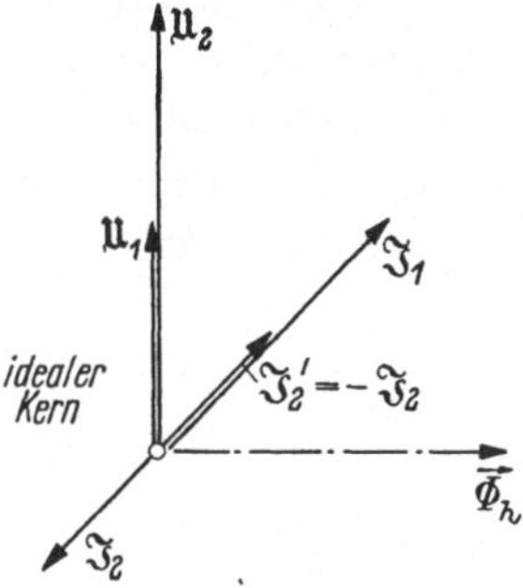

Abb. 171. **Diagramm** des idealen Übertragers

zieren. Vielmehr kommt es beim Übertrager noch darauf an, wie er vom Primärnetz her gespeist wird:

1. Die primäre Spannung ist als starre Netzspannung gegeben (Konstant-Spannungs-System),

2. Der primäre Strom ist als starrer Netzstrom gegeben (Konstant-Strom-System).

Der Fall 1 entspricht der Arbeitsweise eines Spannungswandlers, Fall 2 der eines Stromwandlers.

Der Übertrager arbeitet im Leerlauf, wenn er keine Leistung überträgt. Das ist der Fall, wenn entweder u_2 oder i_2 gleich Null ist. Es ergibt sich also, daß *Leerlauf* beim Spannungswandler mit dem Zustand einer offenen Sekundärwicklung identisch sein muß, beim Stromwandler dagegen mit dem Zustand kurzgeschlossener Sekundärklemmen. Im ersten Fall ist $i_2 = 0$ und an den Sekundärklemmen liegt die Spannung $u_2 = (w_2/w_1)\, u_1$. Im zweiten Fall ist $u_2 = 0$ und in der Kurzschlußverbindung fließt der Strom $i_2 = -(w_1/w_2)\, i_1$.

Dagegen darf man die Sekundärklemmen von Spannungswandlern nicht kurzschließen. Beim idealen Übertrager würde dann nämlich infolge der Spannung $u_2 = (w_2/w_1)\, u_1$ ein unendlich großer Strom fließen, der sich auf die Primärseite überträgt und den Wandler und das Primärnetz unendlich stark belastet.

Es ist lehrreich, diesen Gedankengang mit entsprechender Abwandlung auf den Stromwandler zu übertragen: Öffnet man die Sekundärklemmen des Wandlers *unter Last*, d. h. bei fließendem Primärstrom i_1, so fehlt die erforderliche Gegendurchflutung $i_2 = -(w_1/w_2)\, i_1$. Jeder noch so kleine Primärstrom muß wegen der unendlich guten magnetischen

Leitfähigkeit des idealen Kernes einen unendlich großen Koppelfluß erzeugen. Dieser hat jetzt sowohl an den Sekundärklemmen als auch an den Primärklemmen eine „unendlich hohe" Spannung zur Folge, die natürlich nur in einem echten Konstant-Strom-System zur Verfügung steht. Annähernd gilt das aber für jeden Stromwandler, der in Hochspannungsnetzen in Reihe mit Energieverbrauchern liegt. Es steht dann zwischen den geöffneten Klemmen der Sekundärentwicklung, welche ja viele Windungen besitzt, eine u. U. lebensgefährliche Hochspannung an!

Wird der ideale Transformator sekundärseitig mit einem Widerstand belastet, dann ist

$$R_2 = \frac{u_2}{i_2}$$

Wegen $u_2 = \frac{w_2}{w_1} \cdot u_2'$ und $i_2 = - \frac{w_1}{w_2} \cdot i_2'$ gilt

$$R_2 = \frac{w_2}{w_1} u_2' : \left(-\frac{w_1}{w_2}\right) i_2' = - \frac{w_2^2}{w_1^2} \cdot R_2 \tag{271}$$

$$|R_2'| = \frac{w_1^2}{w_2^2} \cdot R_2$$

Der sekundäre Belastungswiderstand übersetzt sich auf die Primärseite ohne Berücksichtigung des Vorzeichens wie das Quadrat der Windungszahlen. Auf das Vorzeichen kann man verzichten, denn der so transformierte Widerstand stellt für das primäre Netz auf jeden Fall eine Belastung dar[1].

Man stellt den idealen Übertrager in Schaltbildern unter Andeutung seiner zwei Wicklungen mit Angabe des Übersetzungsverhältnisses dar (vgl. a. Abb. 178).

4. Der Einfluß des Magnetisierungsbedarfes als erste Abweichung von der idealen Konstruktion

Es bestehe nunmehr der Träger des Flusses aus einem Material mit endlicher Permeabilität. Dieses sei noch insofern *ideal*, als μ konstant sein soll (geradlinige magnetische Kennlinie ohne Sättigung). Im übrigen soll der Übertrager immer noch verlustfrei sein und ideal gekoppelte Wicklungen besitzen.

Bei der Übertragung der Spannungen ändert sich nichts gegenüber dem idealen Transformator. Dagegen folgt jetzt aus dem Durchflutungssatz

$$\Theta_\mu = \Theta_1 + \Theta_2 = \frac{\Phi_h}{\Lambda_h} \tag{272}$$

---

[1] Das Vorzeichen bringt lediglich zum Ausdruck, daß die Sekundärwicklung des Übertragers kein Verbraucher wie die Primärwicklung, sondern ein Generator ist.

Die Magnetisierungsdurchflutung Θ_μ wird im allgemeinen vom energie-liefernden Primärnetz zur Verfügung gestellt. Ihr entspricht der primäre Magnetisierungsstrom

$$i_\mu = \frac{\Theta_\mu}{w_1}$$

Man kann nun das Durchflutungsgesetz wie folgt schreiben:

$$i_1 = i_\mu - \frac{w_2}{w_1} \cdot i_2 = i_\mu + i_2' \tag{273}$$

Der Primärstrom ist danach in zwei Teilströme zu zerlegen, von denen der eine für die Magnetisierung des Kernes sorgt, der andere dem auf die Primärseite bezogenen sekundären Laststrom entspricht.

Geht man auf harmonische Betriebsgrößen über, so kann Gl. (273) geschrieben werden

$$\mathfrak{J}_1 = \mathfrak{J}_\mu + \mathfrak{J}_2' \tag{273a}$$

Der komplexe Fehler errechnet sich jetzt aus

$$f_J + j\,\delta_J = \frac{\mathfrak{J}_2'}{\mathfrak{J}_1} - 1 \tag{274}$$

Damit ergibt sich

$$f_J + j\,\delta_J = -\frac{\mathfrak{J}_\mu}{\mathfrak{J}_1} \tag{274a}$$

Andererseits kann aus Gl. (272) abgelesen werden:

$$i_\mu = \frac{\Psi_{h1}}{w_1^2\,\Lambda_h} = \frac{\Psi_{h1}}{L_{h1}}$$

indem man in Gl. (272) die von S. 226 aus Gl. (245 c) bekannte Beziehung einsetzt. Hierin ist

$$\Lambda_h = \frac{\mu_0\,\mu\,F}{l} \tag{275}$$

die magnetische Leitfähigkeit des Kernes.

Ferner ist bei sinusförmigen Wechselstromgrößen

$$\mathfrak{J}_\mu = \frac{1}{L_{h1}} \cdot \vec{\Psi}_{h1}$$

Nach Differentiation dieser Beziehung erhält man

$$\frac{d\mathfrak{J}_\mu}{dt} = j\,\omega\,\mathfrak{J}_\mu = \frac{1}{L_{h1}} \cdot \frac{d\vec{\Psi}_{h1}}{dt}$$

$$= \frac{1}{L_{h1}} \cdot \mathfrak{U}_1$$

Es ist also

$$\mathfrak{J}_\mu = \frac{\mathfrak{U}_1}{j\,\omega\,L_{h1}} \tag{276}$$

Diesen Ausdruck kann man in die Fehlergleichung einsetzen und bekommt

$$f_J + j\,\delta_J = -\frac{1}{j\,\omega\,L_{h\,1}} \cdot \frac{\mathfrak{U}_1}{\mathfrak{J}_1}$$

$$= -\frac{1}{j\,\omega\,L_{h\,1}} \cdot \frac{\mathfrak{U}_2'}{\mathfrak{J}_2'} \cdot \frac{\mathfrak{J}_2'}{\mathfrak{J}_1}\,,$$

denn es ist wegen der idealen Kopplung $\mathfrak{U}_1 = \mathfrak{U}_2'$. Auf der rechten Seite erscheint nochmals das Stromverhältnis

$$\frac{\mathfrak{J}_2'}{\mathfrak{J}_1} = 1 + f_J + j\,\delta_J$$

und das Verhältnis von sekundärer Klemmenspannung zu sekundärem Strom, beides auf die Primärseite bezogen. Hierfür läßt sich nach Gl. (271)

$$\frac{\mathfrak{U}_2'}{\mathfrak{J}_2'} = \mathfrak{Z}_B' = \frac{w_1^2}{w_2^2} \cdot \mathfrak{Z}_B$$

schreiben. Hierin ist

$$\mathfrak{Z}_B = R_B + j \cdot X_B$$

der komplexe Bürdenwiderstand. Es ergibt sich dann

$$f_J + j\,\delta_J = -\frac{1}{j\,\omega\,L_{h\,1}} \cdot \frac{w_1^2}{w_2^2}\,\mathfrak{Z}_B \cdot [1 + (f_J + j\,\delta_J)]$$

oder

$$\boxed{f_J + j\,\delta_J = -\frac{\dfrac{w_1^2}{w_2^2} \cdot \mathfrak{Z}_B}{j\,\omega\,L_{h\,1} + \dfrac{w_1^2}{w_2^2} \cdot \mathfrak{Z}_B}} \tag{277}$$

$\omega\,L_{h\,1}$ ist der aus den Abmessungen des Kernes und der primären Windungszahl zu ermittelnde Magnetisierungs-Blindwiderstand. Er ist im allgemeinen sehr groß gegenüber dem Bürdenwiderstand, so daß man $w_1^2/w_2^2 \cdot \mathfrak{Z}_B$ additiv gegenüber $j\,\omega\,L_{h\,1}$ vernachlässigen kann. Es wird dann in guter Näherung:

$$f + j\,\delta_J = -\frac{\dfrac{w_1^2}{w_2^2} \cdot \mathfrak{Z}_B}{j \cdot \omega\,L_{h\,1}} \tag{277a}$$

Besteht $\mathfrak{Z}_B$ nur aus Wirkwiderständen, so ist bei einem Stromwandler ohne Streuung und Verluste der Größenfehler gleich Null, der Winkelfehler ist positiv. Bei rein induktiver Bürde wird der Winkelfehler Null und der Größenfehler negativ. Schließlich läßt sich ablesen, daß der Fehler ganz und gar verschwindet, wenn die Bürde Null wird ($\mathfrak{Z}_B = 0$, d. h. idealer Kurzschluß der Sekundärklemmen).

Abb. 172 zeigt das Diagramm des Transformators. Der durch den Bürdenwiderstand bestimmte Laststrom $\mathfrak{J}_2'$ addiert sich geometrisch zum Magnetisierungsstrom $\mathfrak{J}_\mu$. Der letzte ist in Phase mit dem Fluß $\overrightarrow{\varPhi_h}$, eilt daher der Spannung $\mathfrak{U}_1$ um 90° nach.

Es ist ersichtlich, daß man mit einer bestimmten kapazitiven Bürde den fehlerverursachenden Magnetisierungsstrom gerade kompensieren kann. Zusammen mit einer solchen zusätzlichen Bürde verhält sich der Wandler mit Magnetisierungsbedarf wie ein vollkommen idealer Übertrager (vgl. a. Abb. 173)!

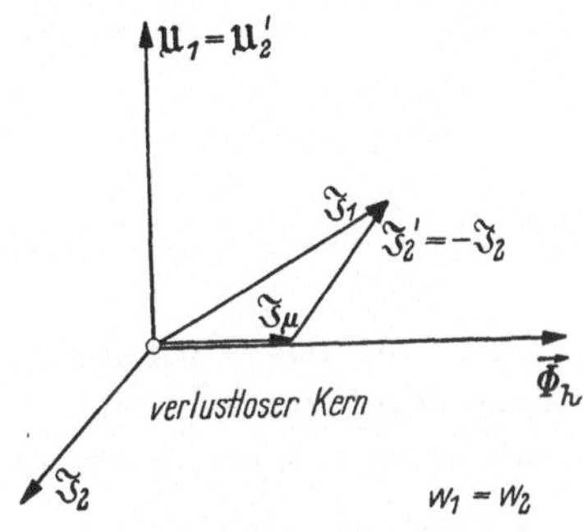

Abb. 172. Diagramm des Übertragers
mit Magnetisierungsbedarf

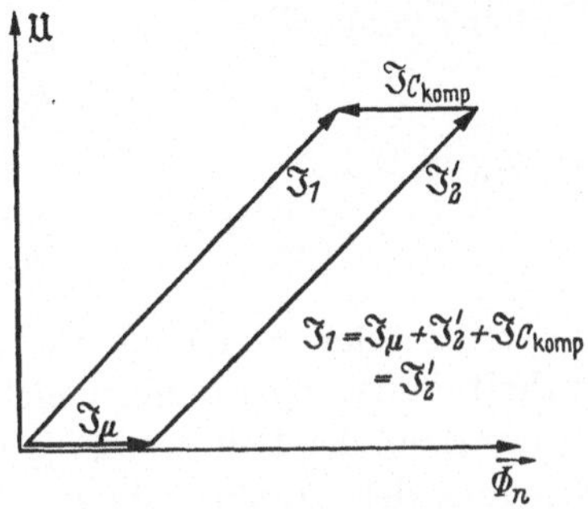

Abb. 173. Kompensation des Magnetisierungsbedarfes (Diagramm)

Wird der streuungslose Transformator mit Magnetisierungsbedarf als Spannungswandler betrieben, so arbeitet er im Gegensatz zu seinem Verhalten als Stromwandler stets fehlerfrei, denn es gilt

$$\mathfrak{U}_1 = \mathfrak{U}_2' = \frac{w_1}{w_2} \cdot \mathfrak{U}_2$$

5. Der Einfluß der Streuung als zweite Abweichung von der idealen Konstruktion

Die Wicklungen 1 und 2 sollen nunmehr Streukraftlinien umschließen. Diese werden nur von den Durchflutungen Θ_1 bzw. Θ_2 der Wicklungen selbst magnetisiert. Außerdem ist der beide Wicklungen durchsetzende Hauptfluß da, der die Magnetisierung Θ_μ erfordert.

Im allgemeinen werden die Anteile der Streuungen am Gesamtfluß verschieden groß sein. Dann gilt nach Gl. (259)

$$k_{12} = 1 - \frac{L_{s\,1}}{L_1} \neq k_{21} = 1 - \frac{L_{s\,2}}{L_1}$$

oder

$$\sigma_1 \neq \sigma_2$$

Legt man den Umspanner primärseitig an die Spannung u_1 und läßt die Sekundärklemmen offen, so gilt nach Gl. (254)

$$i_2 = 0 \qquad\qquad i_1 = i_{10}$$

$$\Psi_1 = L_1 i_{10} \qquad\qquad \Psi_{20} = M \cdot i_{10}$$

Daher ist

$$\frac{\Psi_{20}}{\Psi_1} = \frac{M}{L_1}$$

oder auch

$$\frac{u_{20}}{u_1} = \frac{M}{L_1}$$

Da nach Gl. (259)

$$k_{12} = \frac{w_1}{w_2} \cdot \frac{M}{L_1}$$

ist, ergibt sich

$$\frac{u_{20}}{u_1} = k_{12} \cdot \frac{w_2}{w_1} \tag{278}$$

Infolge der Streuung ist selbst bei Leerlauf das Übersetzungsverhältnis der Spannungen nicht gleich dem Windungsverhältnis. Das ist nur dann der Fall, wenn $k_{12} = 1$, oder mit anderen Worten, wenn die Streuung der *Primär*wicklung Null ist.

Geht man auf harmonische Betriebsgrößen über und differenziert die Gleichung

$$\vec{\Psi}_1 = L_1 \cdot \mathfrak{J}_{10}$$

so erhält man, da die Differentiation einer Drehstreckung des Zeigers um $j\,\omega$ entspricht

$$\mathfrak{U}_1 = j\,\omega\,L_1 \cdot \mathfrak{J}_{10}$$

$\omega\,L_1$ ist die *Leerlaufimpedanz* des Umspanners. Ferner ist

$$\mathfrak{U}_{20} = k_{12} \cdot \frac{w_2}{w_1}\,\mathfrak{U}_1$$

also

$$\mathfrak{U}'_{20} = k_{12} \cdot \mathfrak{U}_1$$

oder

$$\frac{\mathfrak{U}'_{20}}{\mathfrak{U}_1} = k_{12} = 1 - \sigma_1$$

Hieraus ergibt sich der Fehler bei Leerlauf des verlustlosen Spannungswandlers

$$f_{U_0} + j \cdot \delta_{U_0} = \frac{\mathfrak{U}'_{20}}{\mathfrak{U}_1} - 1 = -\sigma_1 \tag{279}$$

Diese Beziehung bestätigt nochmals die oben zum Ausdruck gebrachte Erkenntnis, daß der Leerlauffehler allein durch die primäre Streuung des Wandlers bedingt ist.

Bei Belastung ergeben sich größere Fehler. Man geht zur Ermittlung derselben am besten wieder auf Gl. (254) zurück

$$\psi_1 = L_1 \cdot i_1 + M \cdot i_2$$
$$\psi_2 = M \cdot i_2 + L_2 \cdot i_2$$

Es empfiehlt sich, gleich auf harmonische Wechselstromgrößen überzugehen. Differenziert man dann, so bekommt man

$$U_1 = j\,\omega\,L_1 \cdot \mathfrak{J}_1 + j\,\omega\,M \cdot \mathfrak{J}_2$$
$$U_2 = j\,\omega\,M \cdot \mathfrak{J}_2 + j\,\omega\,L_2 \cdot \mathfrak{J}_2$$

Hierin ist $\mathfrak{J}_2$ auf die Primärseite zu beziehen

$$\mathfrak{J}_2 = -\frac{w_1}{w_2} \cdot \mathfrak{J}_2'$$

und zu beachten, daß

$$\mathfrak{J}_1 = \mathfrak{J}_2' + \mathfrak{J}_\mu$$

ist. Es ergibt sich

$$\mathfrak{U}_1 = j\,\omega \left(L_1 - \frac{w_1}{w_2}\,M \right) \mathfrak{J}_2' + j\,\omega\,L_1 \cdot \mathfrak{J}_\mu$$

$$\mathfrak{U}_2 = j\,\omega \left(M - \frac{w_1}{w_2}\,L_2 \right) \mathfrak{J}_2' + j\,\omega\,M \cdot \mathfrak{J}_\mu$$

Bezieht man auch die Sekundärspannung auf die Primärseite

$$\mathfrak{U}_2' = \frac{w_1}{w_2} \cdot \mathfrak{U}_2$$

und beachtet, daß nach S. 228 Gl. (253)

$$L_1 - \frac{w_1}{w_2}\,M = L_{s\,1}$$

$$L_2 - \frac{w_2}{w_1}\,M = L_{s\,2}$$

ist, so wird

$$\mathfrak{U}_1 = j\,\omega\,L_{s\,1} \cdot \mathfrak{J}_2' + j\,\omega\,L_1 \cdot \mathfrak{J}_\mu$$

$$\mathfrak{U}_2' = -j\,\omega\,\frac{w_1^2}{w_2^2}\,L_{s\,2} \cdot \mathfrak{J}_2' + j\,\omega\,\frac{w_1}{w_2}\,M \cdot \mathfrak{J}_\mu$$

Auch die sekundäre Streuinduktivität wird auf die Primärseite bezogen:

$$\frac{w_1^2}{w_2^2} \cdot L_{s\,2} = L_{s\,2}'$$

Ferner gilt nach S. 228

$$L_1 = L_{s\,1} + L_{h\,1}$$

$$\frac{w_1}{w_2}\,M = L_{h\,1}$$

und

$$j\,\omega\,L_{1h} \cdot \mathfrak{J}_\mu = \mathfrak{U}_h$$

Hierin ist $\mathfrak{U}_h$ der Anteil der primären Netzspannung, der der Überwindung der EMK des Koppelflusses dient. Die Betriebsgleichungen des verlustlosen Übertragers lauten daher

$$\boxed{\begin{aligned}\mathfrak{U}_1 &= \mathfrak{U}_h + j\,\omega\,L_{s\,1}\cdot\mathfrak{J}_2' + j\,\omega\,L_{s\,1}\cdot\mathfrak{J}_\mu \\ \mathfrak{U}_2 &= \mathfrak{U}_h - j\,\omega\,L_{s\,2}'\cdot\mathfrak{J}_2'\end{aligned}} \qquad \Bigg\} \qquad (280)$$

Hiernach ist das Diagramm Abb. 174 gezeichnet worden.

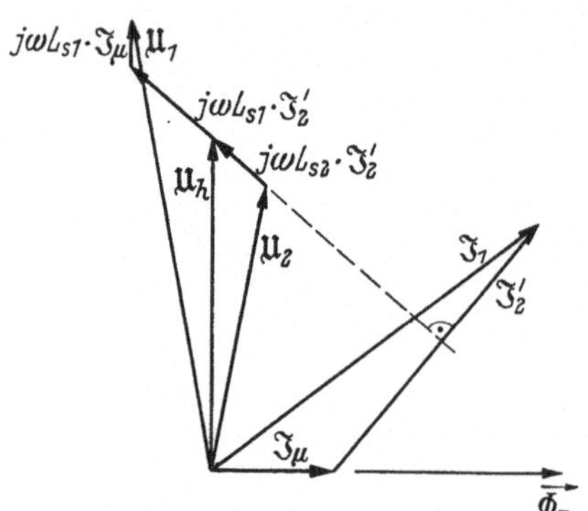

Abb. 174. Diagramm des verlustlosen Übertragers mit Streuung

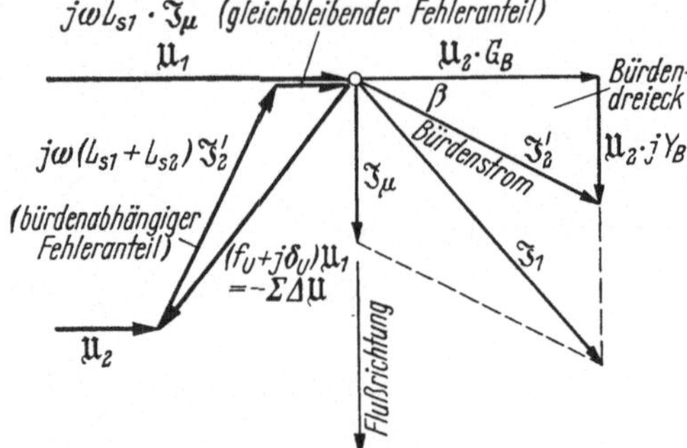

Abb. 175. Fehlerdiagramm des verlustlosen Spannungswandlers

Es ist klar ersichtlich, daß die Streublindwiderstände die Fehler des Spannungswandlers verursachen. Besäße der Übertrager keine Streuung, so wäre $\mathfrak{U}_1 = \mathfrak{U}_2$, d. h. das Nennübersetzungsverhältnis wäre gleich dem Windungsverhältnis zu machen. Beim streuungsbehafteten Spannungswandler ergeben sich zweierlei Fehler: Die durch $j\,\omega\,L_{s\,1}\cdot\mathfrak{J}_\mu$ gekenn-

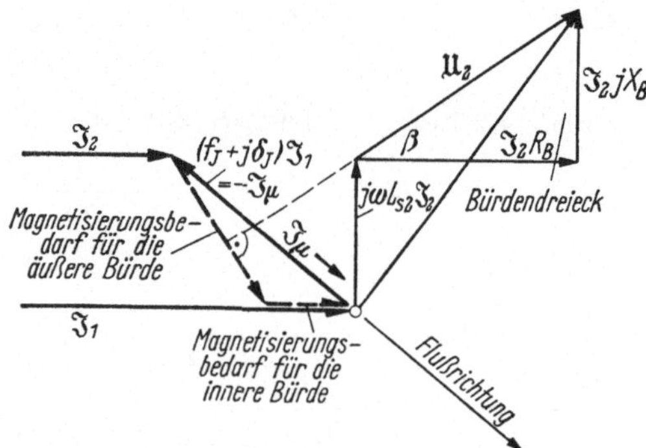

Abb. 176. Fehlerdiagramm des verlustlosen Stromwandlers

zeichnete Abweichung ist bereits bekannt, sie tritt auch bei Leerlauf des Spannungswandlers auf. Die Abweichungen $j\,\omega\,L_{s1}\cdot\mathfrak{J}_2'$ und $j\,\omega\,L_{s2}\cdot\mathfrak{J}_2'$ sind lastbedingt und ändern sich mit der sekundären Bürde. Das Fehlerdiagramm des Spannungswandlers ergibt sich demnach wie in der Darstellung der Abb. 175.

Verwendet man den Übertrager als Stromwandler, d. h. mit gegebenem Primärstrom $\mathfrak{J}_1$, so stellt bekanntlich $\mathfrak{J}_\mu$ den Fehler des Gerätes dar. Der Magnetisierungsbedarf hängt vom Fluß ab, den der Wandlerkern führen muß, um eine der sekundären Bürde entsprechende Spannung zu erzeugen. Im vorigen Abschnitt wurde bewiesen, daß der Fehler bei idealem Kurzschluß der Sekundärklemmen verschwindet, wenn der

Übertrager keine Streuung besitzt. Diese Behauptung ist jetzt zu modifizieren. Besitzt der Wandler sekundäre Streuung L_{s2}, so gilt bei idealem Kurzschluß ($U_2 = 0$)

$$\mathfrak{U}_{h0} = j\,\omega\,L'_{s2}\cdot\mathfrak{J}'_2$$

Um diesen inneren Spannungsabfall zu decken, ist jetzt bereits im Leerlauf des Stromwandlers (kurzgeschlossene Klemmen!) eine Urspannung $\mathfrak{U}_{h0}$ zu erzeugen, zu welchem Zweck der Kern natürlich magnetisiert werden muß. Auch der unbelastete Stromwandler besitzt einen Fehler, der auf die *innere Bürde* $j\,\omega\,L_{s2}$ zurückgeht. Abb. 176 zeigt das aus Abb. 174 abgeleitete Fehlerdiagramm des Stromwandlers.

Besonders interessant ist beim Stromwandler die Feststellung, daß die primäre Streuung völlig ohne Einfluß auf den Fehler sein muß. Der primäre Strom verursacht wohl einen Spannungsabfall an diesem inneren Widerstand; da aber hierdurch der Magnetisierungsbedarf des Kernes nicht beeinflußt wird — vorausgesetzt, daß es sich um einen einwandfreien *Stromwandler*betrieb handelt, bei dem für das Gerät eine fast unbegrenzte Spannungsreserve zur Verfügung steht — kann auch die Strommessung nicht durch den primären Streublindwiderstand beeinflußt werden.

Besonders einleuchtend wird diese Überlegung, wenn man bedenkt, daß das gleiche auch für die gesamte Induktivität der primären Netzleitungen gilt, die der Streuinduktivität des Primärleiters physikalisch völlig gleichwertig ist.

6. Der Einfluß der Verluste als dritte Abweichung von der idealen Konstruktion

Verluste treten als Stromwärmeverluste in den Wicklungen und als Hysterese- und Wirbelstromverluste im Eisen und in benachbarten metallischen Bauteilen auf. Man kann die gesamten Verluste einordnen in spannungsabhängige und stromabhängige Verluste.

Spannungsabhängige Verluste sind vor allem die Eisenverluste im Kern. Der Strom, der zur Magnetisierung notwendig ist, besteht jetzt nicht mehr allein aus einem reinen Blindstrom $\mathfrak{J}_\mu$, der mit dem Fluß $\vec{\varPsi}_h$ in Phase ist, sondern enthält noch einen *Verluststrom* $\mathfrak{J}_V$, der dann mit $\mathfrak{U}_h = d\vec{\varPsi}_h/dt$ in Phase sein, dem Strom $\mathfrak{J}_\mu$ also um 90° voreilen muß.

Ferner kommen zu den Streublindwiderständen $j\,\omega\,L_{s1}$ und $j\,\omega\,L_{s2}$ der Wicklungen noch die Wirkwiderstände hinzu. Diese sind wegen der Stromverdrängung etwas größer als die mit Gleichstrom zu messenden Kupferwiderstände. Man kann das gesamte Verhalten der Wicklungen wie üblich durch die komplexen Widerstände

$$\mathfrak{z}_1 = R_1 + j\,\omega\,L_{s\,1}$$
$$\mathfrak{z}_2 = R_2 + j\,\omega\,L_{s\,2}$$

beschreiben. Natürlich ist wieder

$$\mathfrak{z}_2' = \frac{w_1^2}{w_2^2}\cdot\mathfrak{z}_2$$

der auf die Primärseite bezogene Wechselstrom-Widerstand der Sekundärwicklung.

Das Verhalten des verlustbehafteten Übertragers folgt demnach aus einer sinngemäßen Erweiterung der Betriebsgleichungen (Gl. 280), die für den verlustlosen Übertrager galten. Sie lauteten:

$$\mathfrak{U}_1 = \mathfrak{U}_h + j\,\omega\,L_{s\,1}\cdot\mathfrak{J}_2' + j\,\omega\,L_{s\,1}\cdot\mathfrak{J}_\mu$$
$$\mathfrak{U}_2' = \mathfrak{U}_h - j\,\omega\,L_{s\,2}'\,\mathfrak{J}_2' = \mathfrak{J}_2'\cdot\mathfrak{z}_B'$$

Hierin ist $\mathfrak{z}_B$ der auf die Primärseite bezogene Bürdenwiderstand.

In diesem Gleichungssystem ist zu ersetzen:

a) $j\,\omega\,L_{s\,1}$ durch den komplexen Widerstand der Primärwicklung

$$\mathfrak{z}_1 = R_1 + j\,\omega\,L_{s\,1}$$

b) $j\,\omega\,L_{s\,2}'$ durch den komplexen Widerstand der Sekundärwicklung, bezogen auf die Primärseite

$$\mathfrak{z}_2' = R_2' + j\,\omega\,L_{s\,2}'$$

c) $\mathfrak{J}_\mu$ durch die Summe von Magnetisierungs- und Verluststrom

$$\mathfrak{J}_1 - \mathfrak{J}_2' = \mathfrak{J}_\mu + \mathfrak{J}_V = \mathfrak{J}_{Fe} \tag{281}$$

Es wird dann zunächst unter Berücksichtigung der Wicklungsverluste:

$$\left.\begin{aligned}\mathfrak{U}_1 &= \mathfrak{U}_h + \mathfrak{z}_1\cdot\mathfrak{J}_2' + \mathfrak{z}_1\cdot\mathfrak{J}_{Fe}\\ \mathfrak{U}_2' &= \mathfrak{U}_h - \mathfrak{z}_2'\cdot\mathfrak{J}_2'\end{aligned}\right\} \tag{282}$$

Die Eisenverluste bewirken, daß $\mathfrak{J}_{Fe}$ der Hauptspannung $\mathfrak{U}_h$ nicht mehr genau um 90° nacheilt. Anstelle $\mathfrak{J}_\mu = \mathfrak{U}_h/j\,\omega\,L_h$ wie für den verlustlosen Umspanner ist zu schreiben

$$\mathfrak{J}_{Fe} = \frac{\mathfrak{U}_h}{R_{Fe}} + \frac{\mathfrak{U}_h}{j\,\omega\,L_h} = \frac{\mathfrak{U}_h}{\mathfrak{z}_{Fe}} \tag{283}$$

Der Widerstand $\mathfrak{z}_{Fe}$ beschreibt jetzt die Eigenschaften des Kernes; es ist

$$\frac{1}{\mathfrak{z}_{Fe}} = \frac{1}{R_{Fe}} + \frac{1}{j\,\omega\,L_h} \tag{284}$$

Mit Hilfe dieser Beziehungen lassen sich Ausdrücke für den Fehler $f + j\,\delta$ bei Betrieb des Übertragers als Stromwandler und als Spannungswandler gewinnen.

Auf Grund der Gl. (281) bis (283) läßt sich das Betriebsdiagramm des Übertragers aufstellen (Abb. 177).

Der Koppelfluß $\vec{\Psi}_h$ ist nach wie vor mit dem Magnetisierungsstrom in Phase. Er erzeugt in beiden Wicklungen die Urspannung, die durch den Anteil $\mathfrak{U}_h$ der Primär-Netzspannung aufgehoben werden muß (Hauptspannung). Zur Deckung der Eisenverluste ist der Verluststrom $\mathfrak{J}_V$ in Phase mit $\mathfrak{U}_h$ zum Magnetisierungsstrom hinzuzufügen; es ergibt sich der gesamte Magnetisierungs- und Verlustbedarf des Kernes, der durch $\mathfrak{J}_{Fe}$ gekennzeichnet ist.

Dieser Strom $\mathfrak{J}_{Fe}$ verursacht in $\mathfrak{z}_1$ einen Spannungsabfall, der der Hauptspannung $\mathfrak{U}_h$ nach Gl. (282) hinzuzufügen ist. Ferner sei der Übertrager durch den Strom $\mathfrak{J}_2'$ belastet; $\mathfrak{J}_2'$ addiert sich dann zu $\mathfrak{J}_{Fe}$ zum gesamten Strom $\mathfrak{J}_1$ der Primärseite.

Der Laststrom $\mathfrak{J}_2'$ verursacht zwei Spannungsabfälle: der Abfall $\mathfrak{z}_1 \cdot \mathfrak{J}_2'$ am primären Widerstand ist zu $\mathfrak{U}_h$

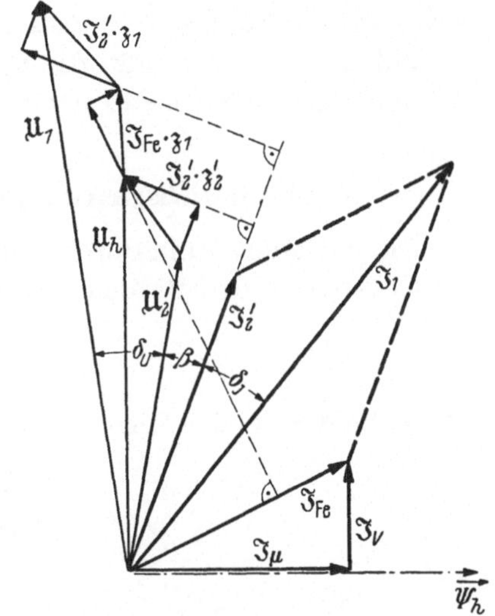

Abb. 177. Diagramm des Übertragers mit Streuung und Verlusten

und $\mathfrak{z}_1 \cdot \mathfrak{J}_{Fe}$ hinzuzufügen, um die primäre Klemmenspannung zu erhalten. Der Spannungsabfall $\mathfrak{z}_2' \cdot \mathfrak{J}_2'$ ist von der Hauptspannung $\mathfrak{U}_h$ abzuziehen; es ergibt sich dann die sekundäre Klemmenspannung $\mathfrak{U}_2'$, die mit $\mathfrak{J}_2'$ zusammen die Bürde bestimmt.

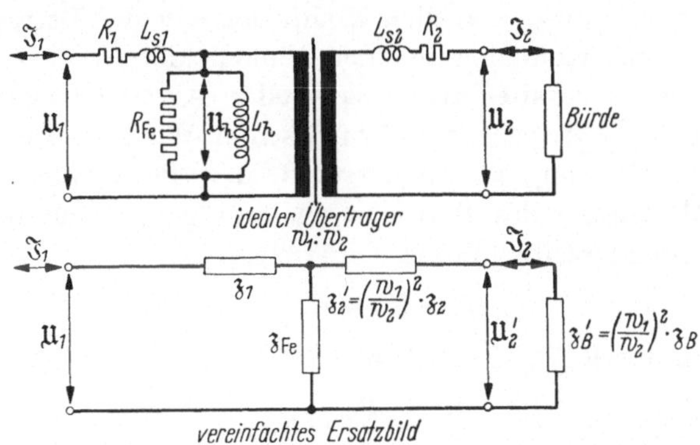

Abb. 178. Ersatzschaltbild des verlustbehafteten Übertragers

Man erkennt aus dem Diagramm, daß sich der Übertrager ähnlich wie eine Schaltung aus komplexen Widerständen gemäß Abb. 178

16*

verhält. In der Tat verwendet man häufig dieses *Ersatzschaltbild*, um das Betriebsverhalten eines Umspanners zu erklären. Es ist jedoch zu beachten, daß sich ohne eingehende Kenntnisse der Konstruktion die Widerstände des Ersatzschaltbildes nicht eindeutig bestimmen lassen. Das hängt mit dem in Abschn. 2 erläuterten Umstand zusammen, daß sich zwar der Faktor σ der Gesamtstreuung aus einer Messung von M, L_1 und L_2 bestimmen läßt, die Faktoren σ_1 und σ_2 aber ohne Kenntnis des Windungsverhältnisses sich aus keiner Messung folgern lassen.

7. Die Betriebsgleichungen des belasteten Übertragers

Die Belastung kann durch den Bürdenwiderstand $\mathfrak{z}'_B$ oder den Kehrwert desselben, den Bürdenleitwert gekennzeichnet werden:

$$\mathfrak{z}'_B = \frac{1}{\mathfrak{y}'_B} = \frac{\mathfrak{U}'_2}{\mathfrak{J}'_2} \tag{285}$$

Mit Hilfe der aus der Konstruktion bekannten Ersatzwiderstände

$$\begin{aligned}\mathfrak{z}_1 &= R_1 + j\,\omega\,L_{s\,1} \\ \mathfrak{z}'_2 &= R_2 + j\,\omega\,L'_{s\,2}\end{aligned} \right\} \tag{286a}$$

und

$$\mathfrak{y}_{Fe} = \frac{1}{\mathfrak{z}_{Fe}} = \frac{1}{R_{Fe}} + \frac{1}{j\,\omega\,L_h} \tag{286b}$$

sollen Beziehungen aufgestellt werden, aus denen hervorgeht, in welcher Weise sich der Fehler

$$\mathfrak{w} = u + j\,v \tag{287}$$

mit der Belastung ändert. Der Fehler erscheint hier zunächst in allgemeiner Komponentendarstellung als komplexe Zahl. Bei praktischen Ausführungen wird aus der reellen Komponente u der Betragsfehler f, aus der imaginären Komponente v der Winkelfehler δ.

a) Das Betriebsverhalten als Stromwandler. Als Stromwandler arbeitet der Übertrager mit gegebenem Primärstrom. Wie bereits in Abschn. 5 erläutert, spielt dann der Widerstand der Primärwicklung keine Rolle. Zur Herleitung des Betriebsverhaltens genügt die Behandlung der für die Sekundärseite gültigen Gl. (282)

$$\mathfrak{U}'_2 = \mathfrak{U}_h - \mathfrak{z}'_2 \cdot \mathfrak{J}'_2 \tag{282}$$

Dividiert man durch $\mathfrak{J}'_2$, so erhält man

$$\frac{\mathfrak{U}'_2}{\mathfrak{J}'_2} = \frac{\mathfrak{U}_h}{\mathfrak{J}'_2} - \mathfrak{z}'_2$$

oder

$$\frac{\mathfrak{U}_h}{\mathfrak{J}'_2} = \mathfrak{z}'_B + \mathfrak{z}'_2$$

Man bekommt einen Ausdruck für den Fehler, wenn anstelle von $\mathfrak{U}_h$

der Strom $\mathfrak{J}_{Fe}$ eingeführt wird, welcher durch den Bedarf des Eisenkernes an Magnetisierung und Verlusten hervorgerufen wird. Mit

$$\mathfrak{U}_h = \mathfrak{Z}_{Fe} \cdot \mathfrak{J}_{Fe}$$

wird

$$\frac{\mathfrak{J}_{Fe}}{\mathfrak{J}_2'} = \frac{\mathfrak{z}_B' + \mathfrak{z}_2'}{\mathfrak{z}_{Fe}} \tag{288}$$

Hierin ist der Fehlerstrom

$$\mathfrak{J}_{Fe} = -(\mathfrak{J}_2' - \mathfrak{J}_1) = -\mathfrak{J}_1 \cdot \mathfrak{w}_J$$

worin

$$\mathfrak{w}_J = \frac{\mathfrak{J}_2'}{\mathfrak{J}_1} - 1$$

den (komplexen) Fehler darstellt. Es ist also

$$\frac{\mathfrak{J}_{Fe}}{\mathfrak{J}_2'} = -\frac{\mathfrak{J}_1}{\mathfrak{J}'} \cdot \mathfrak{w}_J$$

Da

$$\frac{\mathfrak{J}_2'}{\mathfrak{J}_1} = \mathfrak{w}_J + 1$$

ist, ergibt sich

$$\frac{\mathfrak{J}_{Fe}}{\mathfrak{J}_2'} = -\frac{\mathfrak{w}_J}{1 + \mathfrak{w}_J}$$

Setzt man diesen Ausdruck in Gl. (288) ein, so erhält man

$$\frac{\mathfrak{z}_2' + \mathfrak{z}_B'}{\mathfrak{z}_{Fe}} = -\frac{\mathfrak{w}_J}{1 + \mathfrak{w}_J}$$

oder nach Umstellung

$$\mathfrak{w}_J = -\frac{\mathfrak{z}_2' + \mathfrak{z}_B'}{\mathfrak{z}_2' + \mathfrak{z}_{Fe} + \mathfrak{z}_B'}$$

Hierin kann man $\mathfrak{z}_2'$ als den Widerstand der *inneren Bürde* bezeichnen.
Schreibt man $\mathfrak{z}_2' = \mathfrak{z}_{B_0}'$, so wird

$$\boxed{\mathfrak{w}_J = -\frac{\mathfrak{z}_{B_0}' + \mathfrak{z}_B'}{\mathfrak{z}_{Fe} + \mathfrak{z}_{B_0}' + \mathfrak{z}_B'}} \tag{289}$$

Der Leerlauffall ergibt sich für idealen Kurzschluß der Sekundärklemmen
($\mathfrak{z}_B' = 0$). Es ist

$$\mathfrak{w}_{J_0} = -\frac{\mathfrak{z}_{B_0}'}{\mathfrak{z}_{B_0}' + \mathfrak{z}_{Fe}} \tag{289a}$$

Der Fehler ist durch das Stromteilerverhältnis der Widerstände $\mathfrak{z}_{Fe}$
und der inneren Bürde $\mathfrak{z}_{B0}'$ bestimmt. Werden die sekundären Klemmen
geöffnet, wird also $\mathfrak{z}_B' \to \infty$ gesetzt, so ergibt sich

$$\mathfrak{w}_{J_\infty} = -1 \tag{289b}$$

Dieses Ergebnis war zu erwarten, denn bei geöffneten Klemmen ist die sekundäre Istgröße $\mathfrak{J}_2' = 0$ und daher der Größenfehler -100%.

b) Das Betriebsverhalten als Spannungswandler. Der (komplexe) Fehler des Spannungswandlers ist

$$\mathfrak{w}_U = \frac{\mathfrak{U}_2'}{\mathfrak{U}_1} - 1$$

Man bilde zunächst mit Hilfe der Gl. (282)

$$\frac{\mathfrak{U}_2'}{\mathfrak{U}_1} = \frac{\mathfrak{U}_h - \mathfrak{z}_2' \cdot \mathfrak{J}_2'}{\mathfrak{U}_h + \mathfrak{z}_1 \mathfrak{J}_2' + \mathfrak{z}_1 \cdot \mathfrak{J}_{Fe}} \tag{290}$$

Hierin ist

$$\mathfrak{U}_h = \mathfrak{U}_2' + \mathfrak{J}_2' \cdot \mathfrak{z}_2'$$

also auch

$$\frac{\mathfrak{U}_h}{\mathfrak{J}_2'} = \mathfrak{z}_B' + \mathfrak{z}_2'$$

Dividiert man die Gl. (290) durch $\mathfrak{J}_2'$, so kommt noch der Ausdruck $\mathfrak{J}_{Fe}/\mathfrak{J}_2'$ vor, der sich wie folgt umformen läßt:

$$\frac{\mathfrak{J}_{Fe}}{\mathfrak{J}_2'} = \frac{\mathfrak{J}_{Fe}}{\mathfrak{U}_h} \cdot \frac{\mathfrak{U}_h}{\mathfrak{J}_2'}$$

$$= \frac{1}{\mathfrak{z}_{Fe}} \cdot (\mathfrak{z}_B' + \mathfrak{z}_2')$$

Es ergibt sich dann

$$\frac{\mathfrak{U}_2'}{\mathfrak{U}_1} = \frac{\mathfrak{z}_B'}{\mathfrak{z}_B' + \mathfrak{z}_2' + \mathfrak{z}_1 + \mathfrak{z}_1 \cdot \dfrac{\mathfrak{z}_B' + \mathfrak{z}_2'}{\mathfrak{z}_{Fe}}}$$

Bildet man $(\mathfrak{U}_2/\mathfrak{U}_1) - 1 = \mathfrak{w}_U$, so findet man für den Fehler den Ausdruck

$$\mathfrak{w}_U = - \frac{\mathfrak{z}_1 + \mathfrak{z}_2' + \mathfrak{z}_1 \cdot \dfrac{\mathfrak{z}_2' + \mathfrak{z}_B'}{\mathfrak{z}_{Fe}}}{\mathfrak{z}_1 + (\mathfrak{z}_1 + \mathfrak{z}_{Fe}) \cdot \dfrac{\mathfrak{z}_2' + \mathfrak{z}_B'}{\mathfrak{z}_{Fe}}}$$

Dieser soll noch so umgeformt werden, daß die darin vorkommenden Größen eine einleuchtende Interpretation erlauben. Zunächst findet man leicht durch Umordnen

$$\mathfrak{w}_U = - \frac{\mathfrak{z}_1\left(1 + \dfrac{\mathfrak{z}_{Fe}}{\mathfrak{z}_2'}\right) + \mathfrak{z}_2' + \dfrac{\mathfrak{z}_1}{\mathfrak{z}_{Fe}} \cdot \mathfrak{z}_B'}{\mathfrak{z}_1 \cdot \left(1 + \dfrac{\mathfrak{z}_{Fe}}{\mathfrak{z}_2'}\right) + \mathfrak{z}_2 + \left(1 + \dfrac{\mathfrak{z}_1}{\mathfrak{z}_{Fe}}\right) \cdot \mathfrak{z}_B'}$$

Dividiert man Zähler und Nenner durch $(1 + \mathfrak{z}_1/\mathfrak{z}_{Fe})$ und klammert aus den beiden ersten Summanden in Zähler und Nenner $(1 + \mathfrak{z}/\mathfrak{z}_{Fe})$ aus, so erhält man

$$\mathfrak{w}_U = -\;\frac{\dfrac{1+\dfrac{\mathfrak{z}_2'}{\mathfrak{z}_{Fe}}}{1+\dfrac{\mathfrak{z}_1}{\mathfrak{z}_{Fe}}}\left(\mathfrak{z}_1+\dfrac{\mathfrak{z}_2'}{1+\dfrac{\mathfrak{z}_2'}{\mathfrak{z}_{Fe}}}\right)+\dfrac{\dfrac{\mathfrak{z}_1}{\mathfrak{z}_{Fe}}}{1+\dfrac{\mathfrak{z}_1}{\mathfrak{z}_{Fe}}}\cdot\mathfrak{z}_B'}{\dfrac{1+\dfrac{\mathfrak{z}_2'}{\mathfrak{z}_{Fe}}}{1+\dfrac{\mathfrak{z}_1}{\mathfrak{z}_{Fe}}}\left(\mathfrak{z}_1+\dfrac{\mathfrak{z}_2'}{1+\dfrac{\mathfrak{z}_1'}{\mathfrak{z}_{Fe}}}\right)+\mathfrak{z}_B'} \tag{291}$$

Die in Gl. (291) vorkommenden Ausdrücke haben folgende Bedeutung:
Der Widerstand

$$\mathfrak{z}_1 + \frac{\mathfrak{z}_2'}{1+\dfrac{\mathfrak{z}_2'}{\mathfrak{z}_{Fe}}} = \mathfrak{z}_1 + \frac{\mathfrak{z}_2'\cdot\mathfrak{z}_{Fe}}{\mathfrak{z}_2'+\mathfrak{z}_{Fe}} = \mathfrak{z}_k \tag{292}$$

ist der Innenwiderstand des Übertragers bei Kurzschluß der Sekundärklemmen. Dann schaltet sich nämlich der Widerstand $\mathfrak{z}_{Fe}$ zu dem Widerstand $\mathfrak{z}_2'$ der Sekundärwicklung parallel, während die Parallelschaltung in Reihe zum Widerstand $\mathfrak{z}_1$ der Primärwicklung liegt (vgl. hierzu das Ersatzschaltbild Abb. 178).

Das Verhältnis

$$\frac{\mathfrak{z}_{Fe}}{\mathfrak{z}_1 + \mathfrak{z}_{Fe}} = \mathfrak{b} \tag{293}$$

kennzeichnet das Verhalten des Übertragers als Spannungswandler im Leerlauf. Es kann als das Übersetzungsverhältnis eines komplexen Spannungsteilers dargestellt werden.

Der eingangs des Zählers und Nenners von Gl. (291) stehende Doppelbruch ist ein Maß für die Unsymmetrie. Bezeichnet man

$$\mathfrak{a} = \frac{\mathfrak{z}_1 - \mathfrak{z}_2'}{\mathfrak{z}_{Fe}}, \tag{294}$$

so gilt für einen symmetrischen Übertrager, bei dem $\mathfrak{z}_1 = \mathfrak{z}_2'$ ist, $\mathfrak{a} = 0$. Zum gleichen Ergebnis kommt man, wenn der Träger des Hauptflusses ideales Verhalten zeigt (keinen Magnetisierungsbedarf und keine Verluste). Dann ist $\mathfrak{z}_{Fe} \to \infty$ und ist wieder $\mathfrak{a} = 0$. Ein etwaiger Unterschied der Wicklungen bzgl. Streuung oder Wicklungswiderstände hat in diesem Fall auf das Übersetzungsverhältnis keinen Einfluß mehr.

Mit diesen Bezeichnungen wird

$$\frac{\dfrac{\mathfrak{z}_1}{\mathfrak{z}_{Fe}}}{1+\dfrac{\mathfrak{z}_1}{\mathfrak{z}_{Fe}}} = \frac{\mathfrak{z}_1}{\mathfrak{z}_1 + \mathfrak{z}_{Fe}} = 1 - \frac{\mathfrak{z}_{Fe}}{\mathfrak{z}_1 + \mathfrak{z}_{Fe}} = 1 - \mathfrak{b}$$

und

$$\frac{1+\dfrac{\mathfrak{z}_2'}{\mathfrak{z}_{Fe}}}{1+\dfrac{\mathfrak{z}_1}{\mathfrak{z}_{Fe}}} = \frac{1+\dfrac{\mathfrak{z}_2'}{\mathfrak{z}_{Fe}}}{1+\dfrac{\mathfrak{z}_1}{\mathfrak{z}_{Fe}}} - \frac{1+\dfrac{\mathfrak{z}_1}{\mathfrak{z}_{Fe}}}{1+\dfrac{\mathfrak{z}_1}{\mathfrak{z}_{Fe}}} + 1$$

$$= \frac{\mathfrak{z}_2' - \mathfrak{z}_1}{\mathfrak{z}_{Fe}} \cdot \frac{\mathfrak{z}_{Fe}}{\mathfrak{z}_{Fe} + \mathfrak{z}_1} + 1 = 1 - \mathfrak{a} \cdot \mathfrak{b}$$

Man erhält schließlich Gl. (291) in übersichtlicherer Form:

$$\mathfrak{w}_U = - \frac{(1 - \mathfrak{a} \cdot \mathfrak{b}) \cdot \mathfrak{z}_k + (1 - \mathfrak{b}) \cdot \mathfrak{z}_B'}{(1 - \mathfrak{a} \cdot \mathfrak{b}) \cdot \mathfrak{z}_k + \mathfrak{z}_B'} \tag{295}$$

Für den symmetrischen Übertrager ($\mathfrak{a} = 0$) gilt

$$\mathfrak{w}_U = - \frac{\mathfrak{z}_k + (1 - \mathfrak{b}) \cdot \mathfrak{z}_B'}{\mathfrak{z}_k + \mathfrak{z}_B'} \tag{295a}$$

Aus der Darstellung Gl. (295) geht der Einfluß der Konstruktionsbesonderheiten auf den Fehler besonders deutlich hervor.

Man gewinnt über das Verhalten des Übertragers als Spannungs- und Stromwandler noch weitere grundsätzliche Erkenntnisse, wenn man in Gl. (295) anstelle des Bürdenwiderstandes den Bürdenleitwert einführt. Diese Betrachtungsweise ist für den Spannungswandler sehr zweckmäßig, da bei diesem der Leerlauf durch den Bürden*leitwert* Null genau so gekennzeichnet ist, wie der Leerlauf des Stromwandlers durch den Bürden*widerstand* Null. Aus Gl. (295) folgt zunächst nach Kürzung des Bruches mit $(1 - \mathfrak{a} \cdot \mathfrak{b}) \cdot \mathfrak{z}_k \cdot \mathfrak{z}_B'$

$$\mathfrak{w}_U = - \frac{\dfrac{1 - \mathfrak{b}}{(1 - \mathfrak{a}\,\mathfrak{b}) \cdot \mathfrak{z}_k} + \dfrac{1}{\mathfrak{z}_B'}}{\dfrac{1}{(1 - \mathfrak{a}\,\mathfrak{b}) \cdot \mathfrak{z}_k} + \dfrac{1}{\mathfrak{z}_B'}} \tag{295b}$$

Zweckmäßigerweise werden alle Größen im Zähler und Nenner als Leitwerte geschrieben; es ist

$$\frac{1}{\mathfrak{z}_B'} = \mathfrak{y}_B'$$

und ferner

$$\frac{1}{(1 - \mathfrak{a}\,\mathfrak{b}) \cdot \mathfrak{z}_k} = \frac{1 - \mathfrak{b}}{(1 - \mathfrak{a}\,\mathfrak{b}) \cdot \mathfrak{z}_k} + \frac{\mathfrak{b}}{(1 - \mathfrak{a}\,\mathfrak{b}) \cdot \mathfrak{z}_k}$$

Nun ist (vgl. die Definitionsgleichungen 293 und 294):

$$\frac{1 - \mathfrak{a}\,\mathfrak{b}}{1 - \mathfrak{b}} = \frac{1 - \dfrac{\mathfrak{z}_1 - \mathfrak{z}_2'}{\mathfrak{z}_{Fe}} \cdot \dfrac{\mathfrak{z}_{Fe}}{\mathfrak{z}_1 + \mathfrak{z}_{Fe}}}{\dfrac{\mathfrak{z}_1}{\mathfrak{z}_1 + \mathfrak{z}_{Fe}}} = \frac{\mathfrak{z}_{Fe} + \mathfrak{z}_2'}{\mathfrak{z}_1}$$

und

$$\frac{1 - \mathfrak{a}\,\mathfrak{b}}{\mathfrak{b}} = \frac{1 - \dfrac{\mathfrak{z}_1 - \mathfrak{z}_2'}{\mathfrak{z}_{Fe}} \cdot \dfrac{\mathfrak{z}_{Fe}}{\mathfrak{z}_1 + \mathfrak{z}_{Fe}}}{\dfrac{\mathfrak{z}_{Fe}}{\mathfrak{z}_1 + \mathfrak{z}_{Fe}}} = \frac{\mathfrak{z}_{Fe} + \mathfrak{z}_2'}{\mathfrak{z}_{Fe}}$$

Multipliziert man noch mit dem Ausdruck für $\mathfrak{Z}_k$ aus Gl. (292), so erhält man

$$\mathfrak{Z}'_{B_0} = \frac{1-a\,b}{1-b}\cdot\mathfrak{Z}_k = \frac{\mathfrak{Z}_{Fe}+\mathfrak{Z}'_2}{\mathfrak{Z}_1}\cdot\left(\mathfrak{Z}_1+\frac{\mathfrak{Z}'\cdot\mathfrak{Z}_{Fe}}{\mathfrak{Z}'_2+\mathfrak{Z}_{Fe}}\right)=\mathfrak{Z}_{Fe}+\mathfrak{Z}'_2+\frac{\mathfrak{Z}_{Fe}\cdot\mathfrak{Z}'_2}{\mathfrak{Z}_1} \qquad (296\,\text{a})$$

und

$$\mathfrak{Z}'_w = \frac{1-a\,b}{b}\cdot\mathfrak{Z}_k = \frac{\mathfrak{Z}_{Fe}+\mathfrak{Z}'_2}{\mathfrak{Z}_{Fe}}\cdot\left(\mathfrak{Z}_1+\frac{\mathfrak{Z}'_2\cdot\mathfrak{Z}_{Fe}}{\mathfrak{Z}'_2+\mathfrak{Z}_{Fe}}\right)=\mathfrak{Z}_1+\mathfrak{Z}'_2+\frac{\mathfrak{Z}_1\cdot\mathfrak{Z}'_2}{\mathfrak{Z}_{Fe}} \qquad (296\,\text{b})$$

Diese Widerstände haben folgende Bedeutung: Formt man den Widerstandsstern, den die gegebenen Ersatzwiderstände $\mathfrak{Z}_1$, $\mathfrak{Z}_2$ und $\mathfrak{Z}_{Fe}$ in Abb. 178 bilden, widerstandstreu in ein Dreieck um, so erhält man mit Abb. 179 ein anderes Ersatzschaltbild, in welchem die nach Gl. (296a) und (296b) ermittelten Widerstände als Längswiderstand $(\mathfrak{Z}_w)$ und als Querbelastung zwischen den Sekundärklemmen $(\mathfrak{Z}'_{B_0})$ vorkommen. Der dritte Widerstand liegt zwischen den Primärklemmen und kann daher beim Betrieb des Übertragers als Spannungswandler keinen Einfluß auf den Übersetzungsfehler haben.

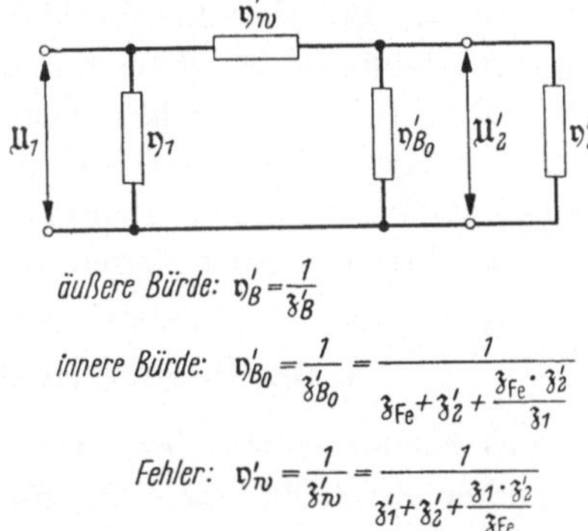

Abb. 179. Umwandlung des Ersatzschaltbildes von Abb. 178 in einen Π-Vierpol

Der Widerstand $\mathfrak{Z}'_{B_0}$ hat für den Spannungswandler die Bedeutung der *inneren Bürde*. Mit dem Wicklungs-Ersatzwiderstand $\mathfrak{Z}_w$ zusammen muß sich gemäß Abb. 179 das Leerlauf-Spannungsteilerverhältnis aus Gl. (293) ergeben. In der Tat ist

$$\frac{\mathfrak{Z}'_{B_0}}{\mathfrak{Z}_w+\mathfrak{Z}'_{B_0}}=\frac{\dfrac{1-a\,b}{b}\cdot\mathfrak{Z}_k}{\dfrac{1-a\,b}{b}\cdot\mathfrak{Z}_k+\dfrac{1-a\,b}{1-b}\cdot\mathfrak{Z}_k}=\frac{1}{\dfrac{1-b}{b}+1}=b \qquad (293\,\text{a})$$

Schreibt man nun in Gl. (295b) anstelle der Widerstände die Leitwerte, so lautet die Fehlergleichung des Übertragers in der Arbeitsweise als Spannungswandler:

$$\boxed{\;\mathfrak{w}_U=-\frac{\eta'_{B_0}+\eta_B}{\eta_w+\eta'_{B_0}+\eta'_B}\;} \qquad (297)$$

Man findet eine zunächst verblüffende Übereinstimmung mit der entsprechenden Beziehung für die Arbeitsweise als Stromwandler:

$$\boxed{\;\mathfrak{w}_J=-\frac{\mathfrak{Z}'_{B_0}+\mathfrak{Z}'_B}{\mathfrak{Z}_{Fe}+\mathfrak{Z}'_{B_0}+\mathfrak{Z}'_B}\;} \qquad (289)$$

Die hierin deutlich werdenden Zusammenhänge sind für die Elektrotechnik im allgemeinen und für die Meßtechnik im besonderen sehr weitreichend. Es kommt hierin zum Ausdruck, was man als den *Dualismus* der elektrophysikalischen Gesetzmäßigkeiten bezeichnen kann. Im vorliegenden Beispiel folgt die Arbeitsweise des Übertragers als Spannungswandler aus der des Stromwandlers, indem man folgerichtig in der Fehlergleichung Ströme durch Spannungen, Widerstände durch Leitwerte, eine Ersatzschaltung nach Abb. 178 (sog. *T-Vierpol*) widerstandstreu durch eine Ersatzschaltung nach Abb. 179 (sog. *II-Vierpol*) ersetzt usw. Diese Betrachtungsweise ist gerade für das Sachgebiet der Wandler sehr fruchtbar; Beispiele hierfür bieten folgende Überlegungen: Der Spannungswandler ist bei offenem Sekundärklemmen unbelastet, der Stromwandler bei kurzgeschlossenen Sekundärklemmen; die Bürde des Spannungswandlers ist $U^2 \cdot Y$, die des Stromwandlers $J^2 \cdot Z$; die Fehler des Spannungswandlers sind in erster Linie durch die Wicklung bedingt, die des Stromwandlers durch den Eisenkern usw.

8. Das Ortskurven-Diagramm des Übertragers

a) Konforme Abbildung. Die Fehlergleichungen (289) für den Stromwandler und (295) bzw. (297) für den Spannungswandler stellen Funktionen einer komplexen Veränderlichen $\mathfrak{w}$ in Abhängigkeit von einer unabhängigen, komplexen Variablen $\mathfrak{z}$ bzw. $\mathfrak{y}$ dar. Sie sind Spezialfälle der allgemeineren Gleichung

$$\mathfrak{w} = \frac{\mathfrak{A} + \mathfrak{B} \cdot \mathfrak{z}}{\mathfrak{C} + \mathfrak{D} \cdot \mathfrak{z}} \tag{298}$$

In dieser bedeuten:

$$\mathfrak{w} = u + j \cdot v \qquad \text{die abhängige Variable}$$
$$\mathfrak{z} = x + j \cdot y \qquad \text{die unabhängige Variable}$$
$$\mathfrak{A}, \ \mathfrak{B}, \ \mathfrak{C}, \ \mathfrak{D} \qquad \text{vier komplexe, konstante Beiwerte}$$

Man kann sowohl die unabhängige Größe $\mathfrak{z}$ als auch die abhängige Größe $\mathfrak{w}$ in je einer komplexen Zahlenebene darstellen. Darstellungen, bei denen bestimmte Beziehungen zwischen den reellen und imaginären Komponenten komplexer Betriebsgrößen bestehen, nennt man in der Elektrotechnik *Ortskurven*. Im vorliegenden Fall entspricht also einer in der $\mathfrak{z}$-Ebene gegebenen Ortskurve auch eine solche in der $\mathfrak{w}$-Ebene. Erfüllt die Funktion $\mathfrak{w}(\mathfrak{z})$ gewisse Bedingungen bezüglich Differenzierbarkeit, so spricht man von einer *konformen* (winkeltreuen) Abbildung der $\mathfrak{z}$-Ebene auf die $\mathfrak{w}$-Ebene. Die Abbildung mittels komplexer Funktionen hat bestimmte Eigenschaften, auf die hier nicht näher eingegangen werden kann[1]. Die wichtigste Eigenschaft ist, daß der Winkel,

---

[1] ROTHE, R.: Höhere Mathematik, Teil I, 14. Aufl. Stuttgart: Teubner 1957.

unter dem sich zwei Ortskurven in der $\mathfrak{z}$-Ebene schneiden, in der Abbildung erhalten bleibt. Im besonderen bildet die durch Gl. (298) gegebene Funktion Kreise und Geraden der $\mathfrak{z}$-Ebene auch als orthogonale Kreise und Geraden in der $\mathfrak{w}$-Ebene ab.

Da Kreise und Geraden in der Elektrotechnik als Ortskurven häufig vorkommen, spielt die Abbildungsfunktion Gl. (298) eine große Rolle.

Im vorliegenden Fall repräsentiert jeder Punkt der $\mathfrak{z}$-Ebene einen Bürdenwiderstand bzw. Bürdenleitwert. Die Ortskurven aller Bürden gleichen Betrages sind konzentrische Kreise um den Nullpunkt, die Ortskurven aller Bürden gleichen Bürdenwinkels sind Strahlen durch den Nullpunkt im 1. und 4. Quadranten. Besitzt eine Bürde einen gleichbleibenden reellen und einen veränderlichen imaginären Teil, so ist die Ortskurve eine Parallele zur Achse der imaginären Zahlen usw. Interessiert man sich nun für den Fehler des Übertragers bei Veränderung der Bürde über alle Punkte solcher Ortskurven, so kann man auf Grund der oben festgestellten Eigenschaften voraussagen, daß in allen diesen Fällen die Ortskurven in der Ebene der komplexen Fehler $\mathfrak{w}$ gleichfalls Gerade oder Kreise sind. Selbstverständlich ist nicht zu erwarten, daß Gerade in Gerade und Kreise in Kreise übergehen, denn die Gerade ist nur als der Spezialfall des Kreises für unendlich großen Radius anzusehen.

Wegen der Bedeutung dieses Darstellungsverfahrens soll im folgenden der nicht allzu schwierige Beweis für diese Eigenschaften der komplexen Funktion (Gl. 298) gebracht werden:

Es werde zunächst nach der Abbildung des Nullpunktes Z_0 und des „unendlich fernen" Punktes Z_∞ der $\mathfrak{z}$-Ebene in die $\mathfrak{w}$-Ebene gefragt. Diese beiden Punkte sind für die Praxis besonders wichtig. Beim Betrieb des Übertragers mit vorgegebener Spannung (Spannungswandler) stellen diese Punkte den *Leerlaufpunkt* und den *Kurzschlußpunkt* dar, wenn man in der $\mathfrak{z}$-Ebene nicht die Widerstände, sondern die Leitwerte aufträgt. Beim Betrieb mit vorgegebenem Strom (Stromwandler) enthält die $\mathfrak{z}$-Ebene die Bürden*widerstände*. Hierbei bedeutet nach wie vor $\mathfrak{z} = 0$ (Punkt Z_0) Leerlauf und $\mathfrak{z} \to \infty$ (Punkt P_∞) den Zustand höchstmöglicher Überlastung, den man nun aber beim Stromwandlerbetrieb nicht mehr als „Kurzschluß" bezeichnen darf[1].

Setzt man nun in

$$\mathfrak{w} = \frac{\mathfrak{A} + \mathfrak{B} \cdot \mathfrak{z}}{\mathfrak{C} + \mathfrak{D} \cdot \mathfrak{z}} \tag{298}$$

$\mathfrak{z} = 0$ ein, so ergibt sich das Bild des Leerlaufpunktes in der $\mathfrak{w}$-Ebene (W_0) als komplexe Zahl

$$\mathfrak{w}_0 = \frac{\mathfrak{A}}{\mathfrak{C}} \tag{298a}$$

Ebenso findet man aus $|\mathfrak{z}| \to \infty$ das Bild des Punktes Z_∞ (Punkt W_∞ der $\mathfrak{w}$-Ebene, *Kurzschlußpunkt* bei Betrieb mit vorgegebener Spannung)

$$\mathfrak{w}_\infty = \frac{\mathfrak{B}}{\mathfrak{D}} \tag{298b}$$

---

[1] Es sei auch für das Folgende nachdrücklich daran erinnert, daß für den Stromwandler ein widerstandsloser Kurzschluß den Leerlauffall bedeutet!

Diese beiden Punkte der $\mathfrak{w}$-Ebene sind für ein Zahlenbeispiel in Abb. 180 eingezeichnet.

Nun haben in der $\mathfrak{w}$-Ebene alle Kreise ein besonderes Interesse, die durch W_0 und W_∞ gehen. In der $\mathfrak{z}$-Ebene müssen dann die zugehörigen Ortskurven durch den Nullpunkt Z_0 und Z_∞, den „unendlich fernen" Punkt gehen; das sind aber Strahlen durch den Nullpunkt. Dieser Bedingung entsprechen Bürden konstanten Winkels.

In Abb. 180 ist ein Kreis durch W_0 und W_∞ eingezeichnet. Auf ihm möge ein beliebiger Betriebspunkt W gegeben sein. Für W gilt dann

$$\mathfrak{w} - \mathfrak{w}_\infty = \frac{\mathfrak{A} + \mathfrak{B} \cdot \mathfrak{z}}{\mathfrak{C} + \mathfrak{D} \cdot \mathfrak{z}} - \frac{\mathfrak{B}}{\mathfrak{D}} = \frac{\mathfrak{A}\mathfrak{D} - \mathfrak{B} \cdot \mathfrak{C}}{\mathfrak{D} \cdot (\mathfrak{C} + \mathfrak{D} \cdot \mathfrak{z})} \tag{299a}$$

und

$$\mathfrak{w} - \mathfrak{w}_0 = \frac{\mathfrak{A} + \mathfrak{B} \cdot \mathfrak{z}}{\mathfrak{C} + \mathfrak{D} \cdot \mathfrak{z}} - \frac{\mathfrak{A}}{\mathfrak{C}} = \frac{(\mathfrak{B}\mathfrak{C} - \mathfrak{A}\mathfrak{D})\mathfrak{z}}{\mathfrak{C}(\mathfrak{C} + \mathfrak{D} \cdot \mathfrak{z})} \tag{299b}$$

Das Verhältnis

$$\mathfrak{k} = \frac{\mathfrak{w} - \mathfrak{w}_0}{\mathfrak{w} - \mathfrak{w}_\infty} = -\mathfrak{z} \cdot \frac{\mathfrak{D}}{\mathfrak{C}} = k \, e^{j\varkappa} \tag{300}$$

stellt eine konstante komplexe Zahl dar. Ihr Phasenwinkel $\varkappa$ gibt an, um welches Maß die Richtung von $\mathfrak{w} - \mathfrak{w}_\infty$ im positiven Sinn zu drehen ist, damit man die Richtung von $\mathfrak{w} - \mathfrak{w}_0$ erhält. Dieser Winkel ist in Abb. 180 gleichfalls eingezeichnet. Er ist der Peripheriewinkel des Ortskurvenkreises über die Sehne $\overline{W_0 \, W_\infty} = |\, \mathfrak{w}_0 - \mathfrak{w}_\infty \,|$

Die Ausführung der Rechnung ergibt mit

$$\mathfrak{z} = z \cdot e^{j\zeta}$$

durch Vergleich folgende Werte:

$$k = z \, \frac{D}{C} \tag{301a}$$

und

$$\varkappa = 180° + \zeta + \delta - \gamma \tag{301b}$$

Diese Ergebnisse besagen, daß für jeden Kreis durch W_0 und W_∞, für den der Peripheriewinkel $\varkappa$ konstant ist, die zugehörige Ortskurve der $\mathfrak{z}$-Ebene die Eigenschaft $\zeta = $ konst. haben muß. Damit ist die oben aufgestellte Behauptung bewiesen, daß Geraden der $\mathfrak{z}$-Ebene durch den Nullpunkt sich als Kreise der $\mathfrak{w}$-Ebene durch die Punkte W_0 und W_∞ abbilden. Die Mittelpunkte dieser Kreise liegen auf der Mittelsenkrechten zu $\overline{W_0 \, W_\infty}$.

Das Abbild der imaginären Achse der $\mathfrak{z}$-Ebene ist ein Kreis, für den

$$\zeta = \pm 90°$$

gilt. Es ist also

$$\varkappa_{\zeta \, = \, + \, 90°} = (180° + \delta - \gamma) + 90°$$

und

$$\varkappa_{\zeta \, = \, - \, 90°} = (180° + \delta - \gamma) - 90°$$

Das sind Kreisbögen mit den Peripheriewinkeln $\varkappa_{\zeta \, = \, + \, 90°}$ und $\varkappa_{\zeta \, = \, - \, 90°}$, die sich gegenseitig zu einem vollen Kreis ergänzen.

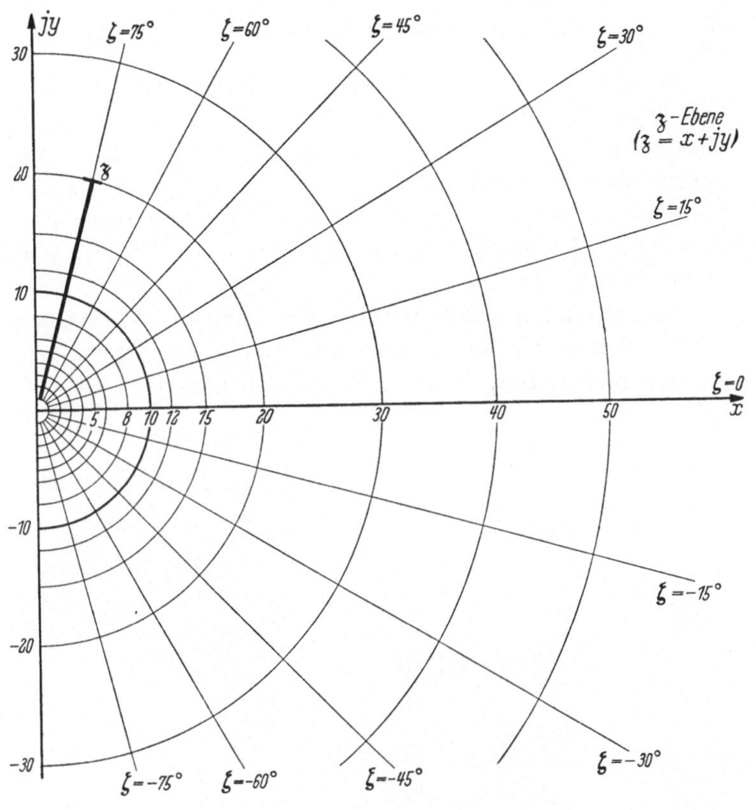

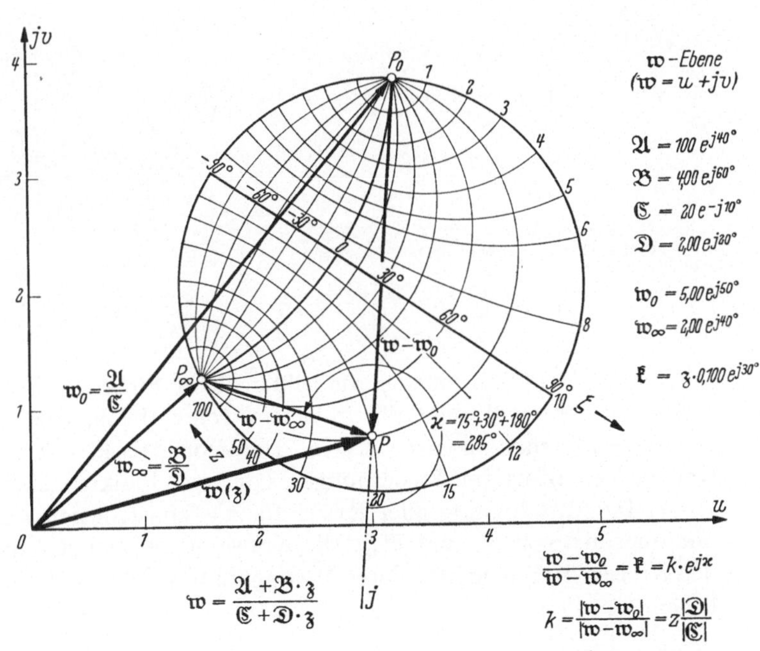

Abb. 180.
Konforme
Abbildung
mittels eines
Zahlenbeispieles
der Funktion

$$w = \frac{\mathfrak{A} + \mathfrak{B} \cdot \mathfrak{z}}{\mathfrak{C} + \mathfrak{D} \cdot \mathfrak{z}}$$

Es ergibt sich hieraus, daß sich die beiden Hälften der $\mathfrak{z}$-Ebene, rechts und links der y-Achse, in der $\mathfrak{w}$-Ebene innerhalb bzw. außerhalb des Kreises für $\zeta = \pm\,90°$ abbilden müssen. Für die Halbebene mit positiven, reellen Werten von $\mathfrak{z}$ gilt $\zeta = -90° \cdots 0° \cdots +90°$. Diese Halbebene bildet sich in der $\mathfrak{w}$-Ebene in das Innere des Kreises für $\zeta = \pm\,90°$ ab, wenn $|\gamma - \delta| < 90°$ ist, dagegen außerhalb des Kreises, wenn $|\gamma - \delta| > 90°$ ist (Abb. 181).

Eine zweite, wichtige Betriebsbedingung des Übertragers ist konstanter Betrag der Bürde; sie wird durch konzentrische Kreise in der $\mathfrak{z}$-Ebene beschrieben.

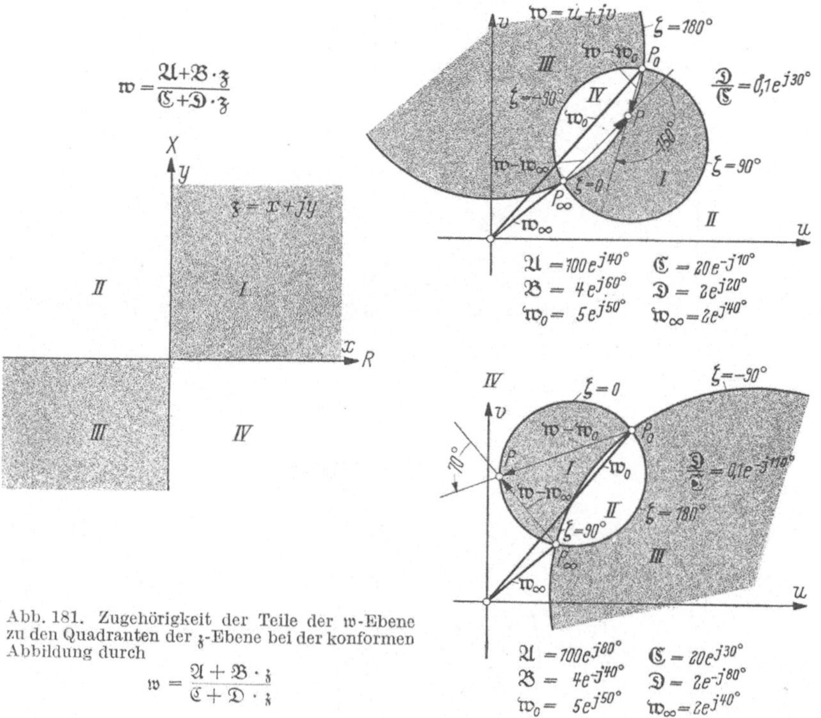

Abb. 181. Zugehörigkeit der Teile der $\mathfrak{w}$-Ebene zu den Quadranten der $\mathfrak{z}$-Ebene bei der konformen Abbildung durch

$$\mathfrak{w} = \frac{\mathfrak{A} + \mathfrak{B}\cdot\mathfrak{z}}{\mathfrak{C} + \mathfrak{D}\cdot\mathfrak{z}}$$

Gemäß Gl. (301a) müssen die Bilder dieser Punkte in der $\mathfrak{w}$-Ebene von den Punkten W_0 und W_∞ in einem von z abhängigen, im übrigen konstanten Verhältnis entfernt sein. Der geometrische Ort für ein konstantes Verhältnis der Entfernungen von zwei Punkten ist wieder ein Kreis. Die Mittelpunkte aller Kreise für $z = $ konst. liegen auf der Verbindungslinie von W_0 und W_∞. Die Kreise stehen somit senkrecht auf den Kreisen für $\zeta = $ konst., deren Mittelpunkte auf der Mittelsenkrechten liegen.

In Abb. 180 ist zur Erläuterung des Vorstehenden die Abbildung aller Zahlen $\mathfrak{z}$ mit positivem Realteil auf die $\mathfrak{w}$-Ebene mittels der Funktion

$$\mathfrak{w} = \frac{100\, e^{j\,40°} + 400 \cdot e^{j\,60°} \cdot \mathfrak{z}}{200\, e^{-j\,10°} + 200 \cdot e^{j\,20°} \cdot \mathfrak{z}}$$

dargestellt worden. Ein Punkt $\mathfrak{z} = 20 \cdot e^{j\,75°}$ und sein Bild in der $\mathfrak{w}$-Ebene ist besonders hervorgehoben. Für ihn gilt

$$\varkappa = 180° + [75° - (-10° - 20°)] = 285° = -75°$$

Man sieht ferner, daß die Ortskurve für $\zeta = -30°$ sich in die Gerade durch die Punkte W_0 und W_∞ abbildet.

Die Anwendung der Ortskurventheorie zur Ermittlung der Fehler des Übertragers bei Verwendung als Spannungs- und Stromwandler ergibt sich an Hand der Gl. (289) und (297). Hierbei ist stets $\mathfrak{w}_\infty = -1$. Das entspricht dem Betriebsverhalten, denn im Falle höchster Belastung ist die sekundäre Betriebsgröße Null und demnach der Fehler -100%. Der Leerlaufpunkt liegt dagegen stets in der Nähe des Nullpunktes der komplexen $\mathfrak{w}$-Ebene. Für einen Übertrager mit bestimmten Eigenschaften ist das Ortskurvenfeld für die Fehler in Abb. 182 wiedergegeben.

Eine besonders einfache Handhabung des Diagrammes ist möglich, wenn man für beide Betriebsarten in den Gl. (289) und (296) die unabhängige Variable durch

$$\mathfrak{y}'_B = \mathfrak{m}_U \cdot \mathfrak{y}'_w - \mathfrak{y}'_{B_0} \qquad \text{für den Spannungswandler} \qquad (302\,\mathrm{a})$$

$$\mathfrak{z}'_B = \mathfrak{m}_J \cdot \mathfrak{z}_{\mathrm{Fe}} - \mathfrak{z}'_{B_0} \qquad \text{für den Stromwandler} \qquad (302\,\mathrm{b})$$

substituiert. Dann gilt für beide Geräte ein und dieselbe Funktion

$$\mathfrak{w} = -\frac{\mathfrak{m}_U}{1 + \mathfrak{m}_U} = -\frac{\mathfrak{m}_J}{1 + \mathfrak{m}_J} \qquad (303)$$

Hierin ist

$$\mathfrak{w} = u + j \cdot v$$

$$\mathfrak{m} = p + j\,q = m \cdot e^{j\mu}$$

Man sagt, daß die Funktion durch die Einführung der Zwischenvariablen $\mathfrak{m}$ *normiert* worden ist. Es gilt dann in Gl. (298)

$$\mathfrak{A} = 0 \qquad \mathfrak{B} = -1 \qquad \mathfrak{C} = 1 \qquad \mathfrak{D} = 1$$

so daß

$$\mathfrak{w}_0 = 0 \qquad \mathfrak{w}_\infty = -1 \qquad \mathfrak{k} = -\mathfrak{m}$$

wird. Will man z. B. bei einem gegebenem Übertrager den Fehler für eine bestimmte Bürde ermitteln, so hat man zunächst

$$\mathfrak{m}_U = \frac{\mathfrak{y}'_B + \mathfrak{y}'_{B_0}}{\mathfrak{y}'_w} \qquad \text{für den Spannungswandler} \qquad (304\,\mathrm{a})$$

bzw.

$$m_J = \frac{\mathfrak{z}'_B + \mathfrak{z}'_{B_0}}{\mathfrak{z}_{Fe}}$$ für den Stromwandler (304b)

zu berechnen. Man kann dann das für jeden Übertrager und jede

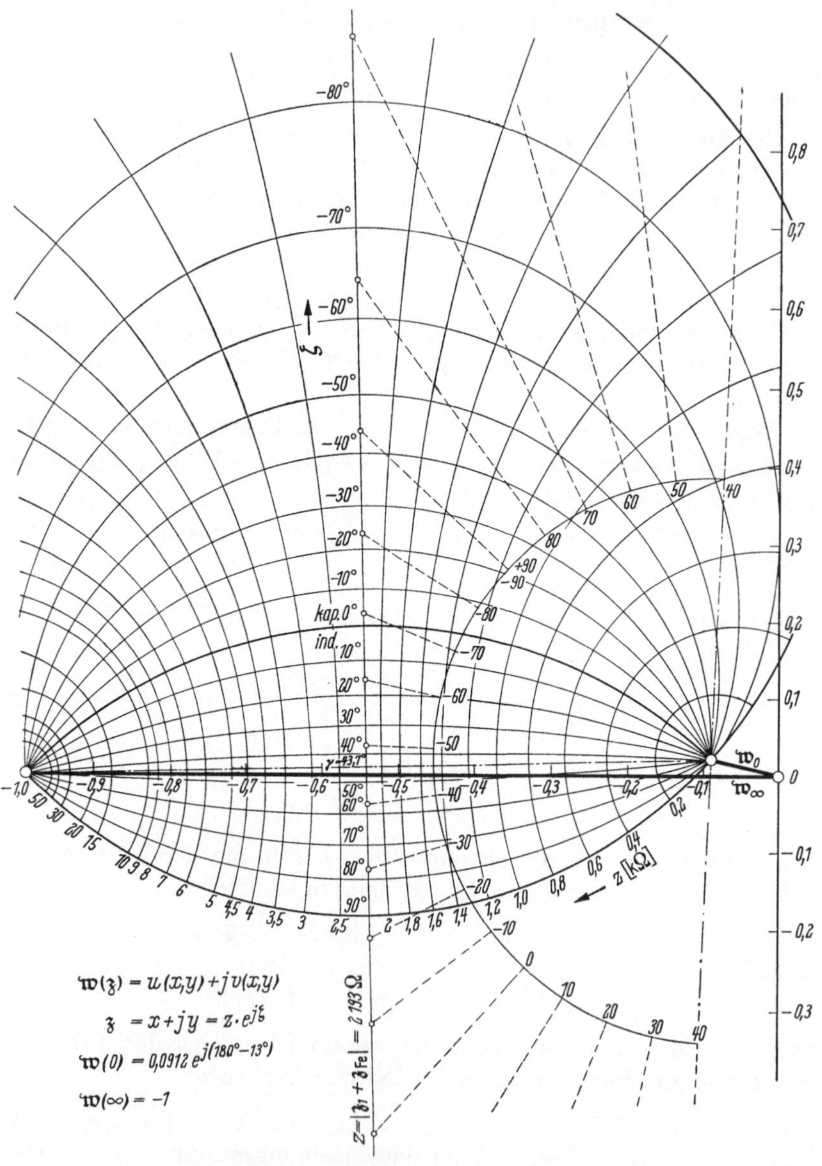

Abb. 182. Kreisdiagramm der komplexen Fehler $\mathfrak{w} = u + jv$ eines Übertragers in Abhängigkeit von der Bürde $\mathfrak{z} = x + jy$ (Zahlenbeispiel)

Belastung geltende Kennlinienfeld $\mathfrak{w}\,(\mathfrak{m})$ anwenden und den Fehler sowie seine Änderung bei Verändern der Bürde beurteilen.

Zur Erleichterung der Anwendung auf bestimmte Aufgaben ist es zweckmäßig, die Eigenschaften der Abbildung

$$\mathfrak{w} = -\frac{\mathfrak{m}}{1+\mathfrak{m}} \tag{303a}$$

näher kennenzulernen.

Zunächst folgt aus dieser Gleichung auch

$$\mathfrak{m} = -\frac{\mathfrak{w}}{1+\mathfrak{w}} \tag{303b}$$

d. h. die Funktion $\mathfrak{w}\,(\mathfrak{m})$ und ihre Umkehrung $\mathfrak{m}\,(\mathfrak{w})$ werden durch ein und dasselbe Kennlinienfeld dargestellt. Auf Grund des bereits Gesagten überblickt man sofort, daß in der $\mathfrak{w}$-Ebene der Mittelpunkt des Kreises für $\mu = \pm\,90°$ auf der u-Achse bei $-\,{}^{1}/_{2}$ liegt. In der Tat ist für alle Punkte $p = 0$ in der $\mathfrak{m}$-Ebene

$$\mathfrak{w} = u + j\,v = -\frac{j\,q}{1+j\,q}$$

Hieraus ergibt sich

$$u = -\frac{q^2}{1+q^2} \tag{305a}$$

und

$$v = -\frac{q}{1+q^2} \tag{305b}$$

Es ist also

$$u = v \cdot q$$

Setzt man diesen Ausdruck in Gl. (305b) ein, so erhält man

$$v = -\frac{\dfrac{u}{v}}{1+\dfrac{u^2}{v^2}}$$

oder

$$v^2 + u^2 + u = 0$$

Die quadratische Ergänzung liefert

$$\left(u + \frac{1}{2}\right)^2 + v^2 = \frac{1}{4} \tag{305c}$$

Das ist die Gleichung eines durch den Nullpunkt gehenden Kreises mit dem Radius $^{1}/_{2}$, dessen Mittelpunkt die Koordinaten $u_M = -\,{}^{1}/_{2}$ und $v_M = 0$ hat.

Die reelle Achse der $\mathfrak{m}$-Ebene bildet sich in sich selber ab, denn es ist für $q = 0$

$$\mathfrak{w} = u + j\,v = -\frac{p}{1+p}$$

17   Neumann, Elektrische Geräte

ebenfalls stets reell ($v = 0$). Wegen

$$u = -\frac{p}{1+p} \tag{306}$$

gilt, daß der positive Teil der p-Achse sich auf alle Punkte der u-Achse zwischen $u = 0$ und $u = -1$ abbildet. Der Mittelpunkt des Kreises für $\mu = \pm 90^\circ$ ($u = -\frac{1}{2}$) entspricht dem Punkt $p = 1$. Außerhalb des Kreises liegen die Punkte, für welche $p < 0$ ist; im besonderen ist

$$-1 > u > -\infty \quad \text{für} \quad p = -1 \ldots -\infty$$

$$+\infty > u > 0 \quad \text{für} \quad p = 0 \ \ldots -1$$

Abb. 183 zeigt die Abbildung der p- und q-Achse der $\mathfrak{m}$-Ebene.

Zur Ermittlung der Bestimmungsstücke weiterer Ortskurven werden zunächst die Komponenten der abhängigen Variablen ausgerechnet;

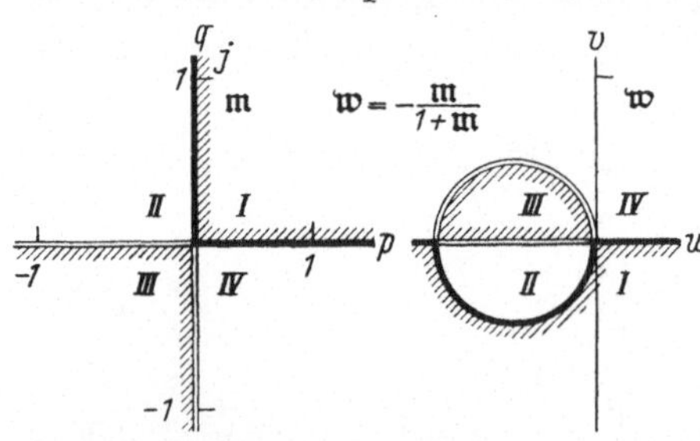

Abb. 183. Abbildung der Koordinatenachse und der Quadranten einer Ebene komplexer Zahlen $\mathfrak{m} = p + jq$ durch die Funktion $\mathfrak{w} = -\dfrac{\mathfrak{m}}{1+\mathfrak{m}}$

aus

$$u + jv = -\frac{p+jq}{(1+p)+jq}$$

folgen

$$u = -\frac{p(1+p)+q^2}{(1+p)^2+q^2} \tag{307a}$$

und

$$v = -\frac{q}{(1+p)^2+q^2} \tag{307b}$$

Es sind nun folgende Ortskurven wichtig:

b) Abbildung der Parallelen zur q-Achse (konstante reelle Komponente der unabhängigen Variablen, $p = $ konst). Da für $p = 0$ sich nach Gl. (305c) in der $\mathfrak{w}$-Ebene ein Kreis

$$\left(u + \frac{1}{2}\right)^2 + v^2 = \frac{1}{4}$$

ergibt, dessen Mittelpunkt auf der u-Achse liegt, lassen sich auch für die übrigen Ortskurven $p = $ konst. Kreise erwarten, deren Mittelpunkte derselben Bedingung gehorchen. Da nämlich alle Ordinaten $p = $ konst. auf der p-Achse senkrecht stehen, müssen die Abbildungen dieser Ordinaten auch die Abbildung der p-Achse schneiden. Das Abbild der p-Achse ist nach dem oben Gesagten die u-Achse selber. Demnach liegen die Mittelpunkte aller Kreise, die den Abbildungen $p = $ konst. entsprechen, auf der u-Achse. Es genügt daher zu prüfen, unter welchen Bedingungen in dem Ansatz

$$(u - u_M)^2 + v^2 = r^2$$

die Werte u_M und r so gewählt werden können, daß sie unabhängig von der laufenden Komponente q sind.

Es ergibt sich durch Einsetzen der Werte aus Gl. (307a, b)

$$(u - u_M)^2 + v^2 = \frac{[p \cdot (1 + p) + q^2 + u_M(1 + p)^2 + u_M q^2]^2 + q^2}{[(1 + p)^2 + q^2]^2}$$

$$= \frac{[(1 + u_M) \cdot [(1 + p)^2 + q^2] + p \cdot (1 + p) - (1 + p)^2] + q^2}{[(1 + p)^2 + q^2]^2}$$

Nun ist

$$p(1 + p) - (1 + p)^2 = -(1 + p) \qquad (308)$$

Damit wird

$$(u - u_M)^2 + v^2 = \frac{(1 + u_M)^2 [(1 + p)^2 + q^2] + (1 + p)^2 + q^2 - 2(1 + p)(1 + u_M)[(1 + p)^2 + q^2]}{[(1 + p)^2 + q^2]^2}$$

oder nach Umordnung

$$(u - u_M) + v^2 = (1 + u_M)^2 + \frac{1 - 2(1 + p)(1 + u_M)}{(1 + p)^2 + q^2} \qquad (309)$$

Der Ausdruck auf der rechten Seite dieser Gleichung ist nur dann unabhängig von q, wenn im zweiten Summanden der Zähler verschwindet. Das ergibt die Bedingung für die Lage des Mittelpunktes

$$(u_M)_{p\,=\,\text{konst}} = -\frac{1 + 2p}{2(1 + p)} \qquad (310\,\text{a})$$

Für den Radius des Abbildungskreises gilt

$$(r)_{p\,=\,\text{konst}} = 1 + (u_M)_{p\,=\,\text{konst}} \qquad (310\,\text{b})$$

Die Gleichung der Kreise für $p = $ konst. lautet demnach

$$\left(u + \frac{1 + 2p}{2(1 + p)}\right)^2 + v^2 = \left(\frac{1}{2(1 + p)}\right)^2 \qquad (311)$$

Sie gehen alle durch den Punkt W_∞ mit den Koordinaten $u = -1$, $v = 0$ (Abb. 184).

c) Abbildung der Parallelen zur p-Achse (konstante imaginäre Komponente der unabhängigen Variablen: $q = $ konst). Nach den Gesetzmäßigkeiten der winkeltreuen Abbildung müssen die Ortskurven für $q = $ konst. Kreise in der $\mathfrak{w}$-Ebene sein, deren Mittelpunkte auf einer Senkrechten zur u-Achse liegen. Denn sonst könnten sich diese Kreise nicht mit

17*

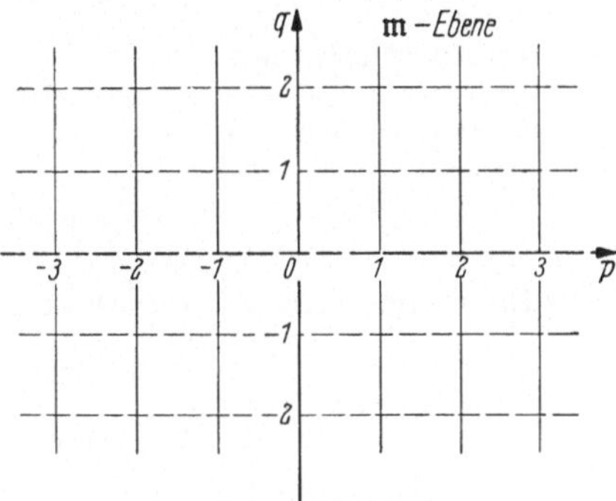

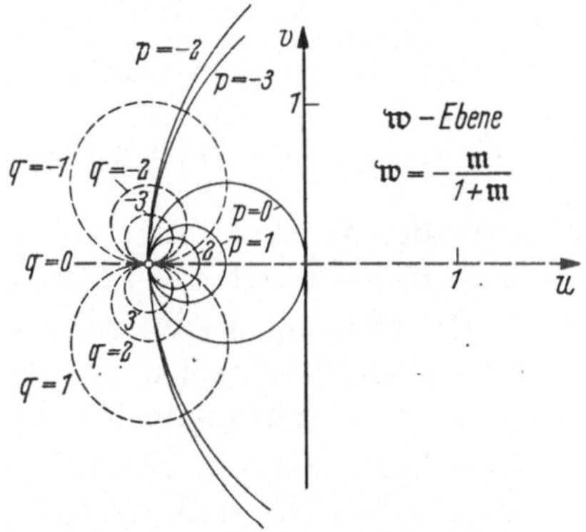

Abb. 184. Abbildung der Ortskurven konstanter reeller und imaginärer Anteile von $\mathfrak{m} = p + j\,q$ durch die Funktion $\mathfrak{w} = -\dfrac{\mathfrak{m}}{1 + \mathfrak{m}}$

den Kreisen für $p =$ konst. senkrecht schneiden, deren Mittelpunkte auf der u-Achse selbst liegen.

Es wird wiederum untersucht, unter welchen Bedingungen in

$$(u - u_M)^2 + (v - v_M)^2 = r^2$$

die Beiwerte u_M, v_M und r unabhängig von der laufenden Koordinate p werden. Der Ansatz hierzu lautet mit Hilfe der Gl. (307 a, b)

$$(u - u_M)^2 = \frac{[p(1+p) + q^2 + u_M(1+p)^2 + u_M q^2]^2}{[(1+p)^2 + q^2]^2}$$

$$(v - v_M)^2 = \frac{[q + v_M((1+p)^2 + q^2)]^2}{[(1+p)^2 + q^2]^2}$$

Setzt man $u_m = -1$, so wird

$$(u + 1)^2 = \frac{[p(1+p) - (1+p)^2]^2}{[(1+p)^2 + q^2]^2}$$

oder unter Verwendung von Gl. (308)

$$(u + 1)^2 = \frac{(1+p)^2}{[(1+p)^2 + q^2]^2}$$

Damit erhält man

$$(u + 1)^2 + (v - v_M)^2 = \frac{[(1+p)^2 + q^2] + v_M^2[(1+p)^2 + q^2]^2 + 2 q v_M[(1+p)^2 + q^2]}{[(1+p)^2 + q^2]^2}$$

$$= v_M^2 + \frac{1 + 2 q v_M}{(1+p)^2 + q^2}$$

Die rechte Seite wird unabhängig von der laufenden Koordinate p, wenn

$$\left.\begin{aligned} (u_M)_{q = \text{konst}} &= -1 \\ (v_M)_{q = \text{konst}} &= -\frac{1}{2q} \end{aligned}\right\} \qquad (312\,\text{a, b})$$

ist. Dann ist auch

$$(r)_{q = \text{konst}} = (v_M)_{q = \text{konst}} \qquad (312\,\text{c})$$

und die Gleichung der Kreise für $q =$ konst. lauten

$$(u + 1)^2 + \left(v + \frac{1}{2q}\right)^2 = \left(\frac{1}{2q}\right)^2 \qquad (313)$$

Auch diese Ortskurven gehen alle durch den Punkt W_∞ mit den Koordinaten $u = -1$ und $v = 0$ (Abb. 184).

d) Abbildung der Kreise um den Nullpunkt (konstante Beträge der unabhängigen Variablen: $m^2 = p^2 + q^2 =$ konst). Aus dem allgemeineren Fall (vgl. S. 258) folgt, daß die Mittelpunkte dieser Kreise auf der u-Achse liegen müssen, die die Verbindungslinie zwischen W_0 ($u = 0$) und W_∞ ($u = -1$) darstellt.

Es muß demnach Gl. (309) gelten:

$$(u - u_M)^2 + v^2 = (1 + u_M)^2 + \frac{1 - 2(1+p)(1+u_M)}{(1+p)^2 + q^2} \qquad (309)$$

Berücksichtigt man, daß

$$m^2 = p^2 + q^2 \tag{314}$$

ist, so gewinnt man nach einigen Umstellungen den Ausdruck

$$(u - u_M)^2 + v^2 = \frac{m^2 + 2\,m^2 \cdot u_M + m^2 \cdot u_M^2 + 2\,p \cdot u_M + u_M^2 + 2\,p \cdot u_M^2}{1 + 2\,p + m^2}$$

Hierfür kann man schreiben

$$(u - u_M)^2 + v^2 = \frac{(u_M + u_M^2)\,(1 + 2\,p + m^2) + m^2 \cdot u_M - u_M + m^2}{1 + 2\,p + m^2}$$

Die rechte Seite dieses Ausdruckes wird unabhängig von den Einzel-Werten p bzw. q, sondern nur abhängig von $\sqrt{p^2 + q^2} = m$, wenn

$$m^2\,u_M - u_M + m^2 = 0$$

oder

$$(u_M)_{m\,=\,\mathrm{konst}} = \frac{m^2}{1 - m^2} \tag{315a}$$

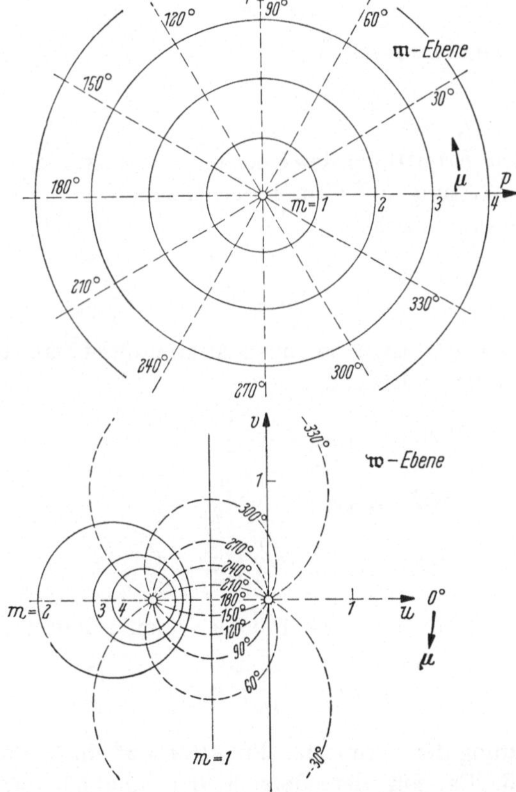

Abb. 185. Abbildung der Linien konstanten Betrages und konstanten Phasenwinkels durch die normierte Fehlerfunktion $w = -\dfrac{m}{1 + m}$

wird. Dann ergibt sich auch

$$(r)_m^2 = \text{konst} = u_m + u_m^2 = u_m\,(1 + u_m)$$

oder

$$(r)_{m\,=\,\text{konst}} = \frac{m}{1 - m^2} \tag{315b}$$

Die Gleichung der Ortskurven für $m = \text{konst}$ lautet daher

$$\left(u + \frac{m^2}{1 - m^2}\right)^2 + v^2 = \left(\frac{m}{1 - m^2}\right)^2 \tag{316}$$

Abb. 185 stellt das Kennlinienfeld dar.

e) Abbildung der Geraden durch den Nullpunkt (konstante Phase der unabhängigen Variablen: $q/p = \text{konst}$). Die Ortskurven gehen alle durch den Punkt W_0 mit den Koordinaten $u = 0$, $v = 0$ und durch den Punkt W_∞ mit den Koordinaten $u = -1$, $v = 0$. Die Mittelpunkte der Kreise liegen auf der Mittelsenkrechten, d. h. für alle Kreise gilt

$$u_M = -\frac{1}{2}$$

Der Lösungsansatz lautet daher

$$\left(u + \frac{1}{2}\right)^2 + (v - v_M)^2 = r^2$$

Die rechnerische Ermittlung der Koordinate v_M ist recht umständlich; es ist hier die Lösung auf Grund der Geometrie des Kreises vorzuziehen. Danach ergibt sich

$$\tan \alpha = \frac{\frac{1}{2}}{v_m}$$

Da ferner $\tan \alpha = q : p$ ist, sind die Bestimmungsstücke der Kreise für $q : p = \text{konst}$. in der $\mathfrak{m}$-Ebene:

$$(u_M)_{p\,:\,q\,=\,\text{konst}} = -\frac{1}{2}$$

$$(v_M)_{p\,:\,q\,=\,\text{konst}} = -\frac{p}{2q} \tag{317}$$

$$(r)_{p\,:\,q\,=\,\text{konst}} = \frac{1}{2}\sqrt{1 + \frac{p^2}{q^2}}$$

Die Kreisgleichung für die Ortskurve $q/p = \text{konst}$. lautet daher:

$$\left(u + \frac{1}{2}\right)^2 + \left(v - \frac{p}{2q}\right)^2 = \frac{1}{4}\left(1 + \frac{p^2}{q^2}\right) \tag{318}$$

Die Anwendung der normierten Funktion auf ein konkretes Beispiel zeigt Abb. 186. Es soll der Bereich der unabhängigen Variablen $\mathfrak{m} = p + j \cdot q$ festgestellt werden, für den die reelle und imaginäre Komponente des Fehlers kleiner oder gleich 10% sind.

In Abb. 186 ist das Fehlerfeld durch das Rechteck A_w, B_w, E_w, D_w gegeben. Den 4 Rechteckseiten entsprechen 4 Ortskurven in der $\mathfrak{m}$-Ebene, das gesuchte Feld ist von dem Linienzug A_m, B_m, E_m, D_m eingeschlossen.

Um die Bestimmungsstücke der Begrenzungskurve zu ermitteln, ist zunächst zu berücksichtigen, daß die Abbildung $\mathfrak{w} = \mathfrak{w}\,(\mathfrak{m})$ genau der Abbildung $\mathfrak{m} = \mathfrak{m}\,(\mathfrak{w})$ entspricht [Gl. (303a, b) S. 257]. Ferner entspricht das Stück $D_w\,E_w$ der Ordinatenachse dem Stück $D_m\,E_m$ des Halbkreises mit $r = 0{,}5$ um den Punkt $u_m = -0{,}5$, $v_M = 0$.

Die übrigen Abbildungen ergeben sich aus $p = \mathrm{konst}$ bzw. $q = \mathrm{konst}$.

Für das Kurvenstück $A_w\,C_w\,B_w$ hat man $p = \mathrm{konst} = -0{,}1$ zu setzen. Nach Gl. (310a) liegt der Mittelpunkt des Ortskreises dann bei

$$u_M = -\frac{1-0{,}2}{2\,(1-0{,}1)} = -0{,}4444 \qquad v_M = 0$$

und der Radius ist

$$r = 1 + (-0{,}4444) = 0{,}5556$$

Dieses Kurvenstück ist in Abb. 186 mit $A_m\,C_m\,B_m$ bezeichnet, wobei die Punkte A, B und C in der $\mathfrak{w}$-Ebene und $\mathfrak{m}$-Ebene einander entsprechen.

Ebenso findet man die Abbildung für $A_w\,D_w$ und $B_w\,E_w$ aus $q = \mathrm{konst.} = \pm\,0{,}1$ mit Hilfe der Gl. (312). Es ergeben sich Kreise mit den Bestimmungsstücken

$$u_M = -1{,}000 \qquad M = \mp\,\frac{1}{0{,}2} = \mp\,5{,}000 \qquad r = 5{,}000$$

Sie sind in Abb. 186 mit $A_m\,D_m$ bzw. $B_m\,R_m$ bezeichnet.

Für einen Übertrager mit bekannten Widerstandswerten kann das Ortskurvenfeld dann leicht mit Hilfe der Gl. (304) in die komplexe Ebene der zulässigen Bürdenwiderstände bzw. -leitwerte übertragen werden. Es sei beispielsweise ein Ringkernübertrager mit symmetrischer Wicklung gegeben, für den

$$\mathfrak{z}_1 = \mathfrak{z}_2' = 21{,}8 + j\,31{,}4 = 38{,}2\,e^{j\,55°\,15'}\,\Omega$$

$$\mathfrak{z}_{\mathrm{Fe}} = 1150 + j\,2810 = 3030\,e^{j\,67°\,45'}\,\Omega$$

bekannt sein möge. Gesucht sei der zulässige Bereich der Bürde für den in Abb. 186 gekennzeichneten Fehlerbereich bei Verwendung als Strom- und als Spannungswandler.

Zunächst sei das Verhalten des Übertragers als Stromwandler untersucht. Dann können die gegebenen Werte sofort in Gl. (302b) eingesetzt werden:

$$\mathfrak{z}_B' = 3030\,e^{j\,67°\,45'}\cdot\mathfrak{m}_J - 38{,}2\,e^{j\,55°\,15'}$$

$$\mathfrak{z}_B' = 3030\,e^{j\,67°\,45'}\,(\mathfrak{m}_J - 0{,}0126\cdot e^{-j\,12°\,30'})$$

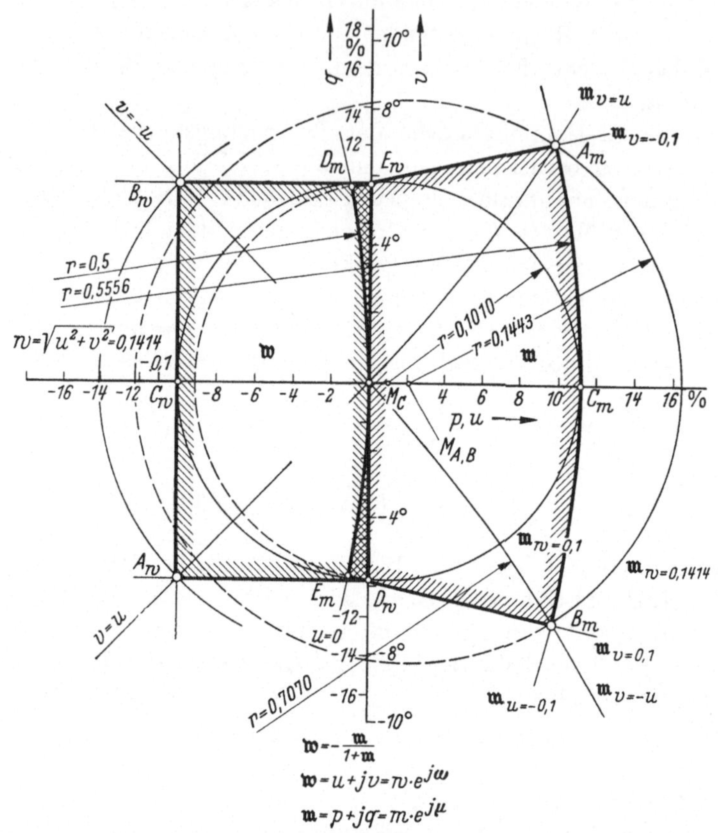

$$\mathfrak{w}=-\frac{\mathfrak{m}}{1+\mathfrak{m}}$$

$$\mathfrak{w}=u+jv=w\cdot e^{j\omega}$$

$$\mathfrak{m}=p+jq=m\cdot e^{j\mu}$$

Abb. 186. Abbildung des Fehlerbereiches − 0,1 ± j 0,1 durch die komplexe Funktion

$$\mathfrak{m} = -\frac{\mathfrak{w}}{1+\mathfrak{w}} \quad \text{auf die } \mathfrak{w}\text{-Ebene}$$

Hiermit ergibt sich nach Abb. 187 folgende Konstruktion:

a) Man zeichne auf transparentem Papier das Achsenkreuz einer $\mathfrak{z}_B$-Ebene und bestimme den Maßstab der Achsen mit Hilfe des für die $\mathfrak{m}$-Ebene geltenden Maßstabes einerseits, des Betrages von $\mathfrak{z}_{Fe}$ andererseits. Im Beispiel ist 2,5 mm der $\mathfrak{m}$-Ebene gleichbedeutend mit dem Betrag $m = 0,01$ und ferner $\mathfrak{z}_{Fe} = 3030$ Ohm. Hiernach ergibt sich der Maßstab der $\mathfrak{z}_B$-Ebene zu

$$2,5 \text{ mm} \sim 0,01 \cdot 3030 = 30,3 \text{ Ohm}$$

bzw.

$$8,25 \text{ mm} \sim 100 \text{ Ohm}$$

b) Man suche in der auf dem transparenten Aufleger gezeichneten $\mathfrak{z}_B$-Ebene den Punkt $-\mathfrak{z}'_{B_0}/\mathfrak{z}_{Fe}$ und bringe ihn mit dem Nullpunkt des Koordinatensystemes der $\mathfrak{m}$-Ebene zur Deckung (Punkt 0_1 in Abb. 187).

c) Man drehe die aufgelegte $\mathfrak{z}_B$-Ebene um ihren Nullpunkt, und zwar um den Phasenwinkel von $\mathfrak{z}_{Fe}$ (in Abb. 187 also um 67° 45').

d) Es kann jetzt der Bereich der $\mathfrak{m}$-Ebene, der zu dem gegebenen Fehlerbereich gehört, auf die $\mathfrak{z}_B$-Ebene durchgepaust werden, wo er die zulässigen Bürden für die Verwendung des Übertragers als Stromwandler kennzeichnet.

Man erkennt aus Abb. 187, daß der Hauptanwendungsbereich des Übertragers bei ohmschen und induktiven Bürden liegt. Die links der x_B-Achse liegenden Werte können nicht realisiert werden, da sie negative Wirkkomponenten besitzen.

Eine ähnliche Konstruktion gilt für die Ermittlung des zulässigen Bürdenbereiches bei Verwendung als Spannungswandler; man vergleiche die Darstellung der Abb. 188, die für den gleichen Übertrager gilt.

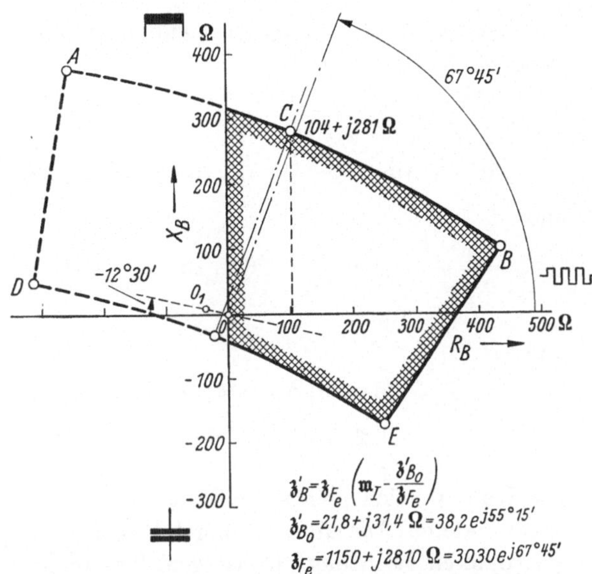

$$\mathfrak{z}_B' = \mathfrak{z}_{Fe}\left(\mathfrak{m}_I - \frac{\mathfrak{z}_{B_0}'}{\mathfrak{z}_{Fe}}\right)$$

$$\mathfrak{z}_{B_0}' = 21{,}8 + j\,31{,}4\ \Omega = 38{,}2\,e^{j55°15'}$$

$$\mathfrak{z}_{Fe} = 1150 + j\,2810\ \Omega = 3030\,e^{j67°45'}$$

Abb. 187. Übertragung des zugelassenen Fehlerbereiches von Abb. 186 auf die Ebene komplexer Bürden bei Betrieb als Stromwandler. (Darstellung der Bürden als komplexe Widerstände). Eigenschaften des Stromwandlers, gegeben durch $\mathfrak{z}_{B_0}'$ und $\mathfrak{z}_{Fe}$

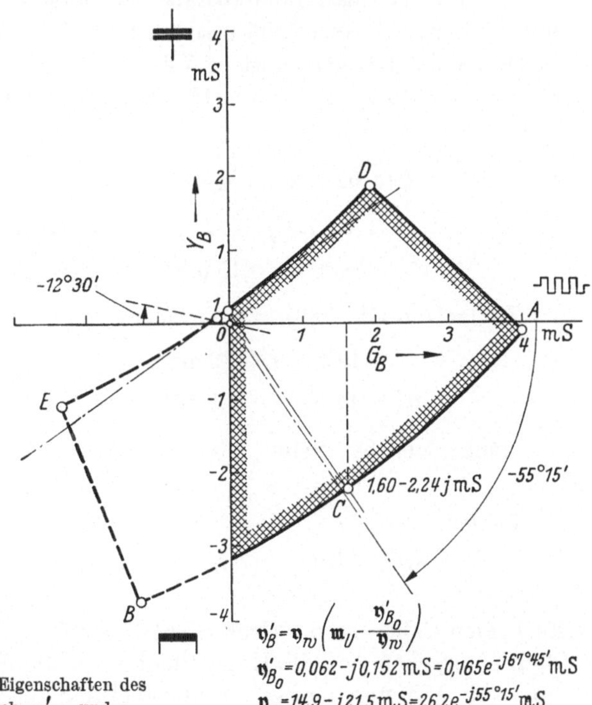

Abb. 188. Übertragung des zugelassenen Fehlerbereiches von Abb. 186 auf die Ebene komplexer Bürden bei Betrieb als Spannungswandler (Darstellung der Bürden als komplexe Leitwerte). Eigenschaften des Spannungswandlers, gegeben durch $\mathfrak{v}_{B_0}'$ und $\mathfrak{v}_w$

$$\mathfrak{v}_B' = \mathfrak{v}_w\left(\mathfrak{m}_U - \frac{\mathfrak{v}_{B_0}'}{\mathfrak{v}_w}\right)$$

$$\mathfrak{v}_{B_0}' = 0{,}062 - j\,0{,}152\ \text{mS} = 0{,}165\,e^{-j67°45'}\ \text{mS}$$

$$\mathfrak{v}_w = 14{,}9 - j\,21{,}5\ \text{mS} = 26{,}2\,e^{-j55°15'}\ \text{mS}$$

Zunächst sind die in Gl. (296) vorkommenden Leitwerte zu berechnen. Es ist

$$\mathfrak{y}'_{B_0} = \frac{1}{2\,\mathfrak{z}_{Fe} + \mathfrak{z}_1} \approx \frac{1}{2\,\mathfrak{z}_{Fe}}$$
$$= 0{,}165 \cdot 10^{-3} \cdot e^{-j\,67^\circ\,45'} = (0{,}065 - j\,0{,}1523) \cdot 10^{-3}\ \text{S}$$

und

$$\mathfrak{y}'_w = \frac{1}{2\,\mathfrak{z}_1 + \dfrac{\mathfrak{z}_1^2}{\mathfrak{z}_{Fe}}} \approx \frac{1}{2\,\mathfrak{z}_1} = 26{,}2 \cdot 10^{-3}\, e^{-j\,55^\circ\,15'} = (14{,}9 - j\,21{,}5) \cdot 10^{-3}\ \text{S}$$

und somit

$$\mathfrak{y}'_B = 26{,}2 \cdot 10^{-3}\, e^{-j\,55^\circ\,15'} \cdot \mathfrak{m}_U - 0{,}165\ 10^{-3} \cdot e^{-j\,67^\circ\,45'}$$
$$= 26{,}2 \cdot 10^{-3}\, e^{-j\,55^\circ\,15'} \left(\mathfrak{m}_U - 0{,}63 \cdot 10^{-2}\, e^{-j\,12^\circ\,30'}\right)$$

Die Konstruktion gleicht völlig der bereits beim Stromwandlerbetrieb angewendeten. Die unter c) angeführte Drehung der $\mathfrak{y}$-Ebene hat nach der anderen Richtung zu erfolgen. Trotzdem ergeben sich auch beim Spannungswandlerbetrieb vorzugsweise induktive und Ohmsche Bürden, da induktive *Leitwerte* in Richtung der negativen B-Achse aufzutragen sind.

Multipliziert man die Maßstäbe der Darstellungen Abb. 187 und 188 mit J^2 bzw. U^2, so erhält man anstelle der Bürdenwiderstände bzw. -leitwerte die Bürden selbst in VA.

Zur Kontrolle sei in Abb. 187 und 188 der Punkt C nachgerechnet. Für ihn ergibt sich:

aus Abb. 214 bzw. 215 gegeben:

$$\mathfrak{y}'_B = 1{,}60 - j \cdot 2{,}24\ \text{mS} \qquad \mathfrak{z}'_{B_0} = 105 + j \cdot 281\ \Omega$$
$$\mathfrak{y}'_{B_0} = 0{,}06 - j\,0{,}15\ \text{mS} \qquad \mathfrak{z}'_B = 22 + j \cdot 31\ \Omega$$

Zähler von Gl. (289), (296) gegeben:

$$1{,}66 - j \cdot 2{,}39\ \text{mS} \qquad\qquad = 127 + j \cdot 312$$
$$\mathfrak{y}'_w = 14{,}9 - j \cdot 21{,}5\ \text{mS} \qquad \mathfrak{z}_{Fe} = 1150 + j \cdot 2810$$

Nenner von Gl. (289), (296):

$$16{,}6 - j \cdot 23{,}9\ \text{mS} \qquad\qquad 1277 + j\,3122$$

Fehler:

$$\mathfrak{w}_U = 0{,}1 \pm j \cdot 0{,}0 \qquad\qquad \mathfrak{w}_J = 0{,}1 \pm j \cdot 0{,}0$$

In beiden Fällen ist der Größenfehler -10% und der Phasenfehler Null, d. h. es ergeben sich die Komponenten des Punktes C_w in der $\mathfrak{w}$-Ebene von Abb. 186, von der bei der Konstruktion ausgegangen wurde.

9. Die Krümmung der Magnetisierungs-Kennlinie als vierte Abweichung von der idealen Konstruktion

Die bisherigen Überlegungen galten unter der Voraussetzung, daß alle Bestimmungsstücke des Übertragers, wie sie in den Betriebsgleichungen als Ersatzwiderstände der Vierpoldarstellung Abb. 178 und 179 vorkommen, betriebsunabhängig sind. Das gilt in hohem Maße für die Streufaktoren und Wicklungswiderstände. Die magnetische Leitfähigkeit Λ_h des Hauptkraftlinienweges ist dagegen oftmals stark spannungsabhängig, da sich mit der Spannung auch der Hauptfluß, demnach der Sättigungszustand des Eisens ändert.

Es gibt zwar in der Meßtechnik auch Übertrager, die ohne Eisen im Hauptkraftlinienweg arbeiten. Solche Geräte finden zumeist als Normalien der Gegeninduktion Anwendung. Ihr Betriebsverhalten gleicht in Strenge dem des in Absatz 6 beschriebenen Übertragers mit Streuung und Wicklungsverlusten, nur daß der dort in Gl. (284) eingeführte Ersatzleitwert $1/R_{\mathrm{Fe}}$, der die Verluste im Hauptkraftlinienpfad kennzeichnet, verschwindet. Auch ist der Anteil des Magnetisierungsstromes am Gesamtstrom der Primärseite viel größer als bei Übertragern mit Eisen, weil sich eben Luft bei weitem nicht so gut magnetisieren läßt.

Der letzterwähnte Umstand läßt es ausgeschlossen erscheinen, einen solchen *Lufttransformator* z. B. als Stromwandler einzusetzen; er würde bei dieser Anwendung einen sehr hohen Fehler haben. Dagegen ist eine gleichbleibende, von der Belastung durch den Fluß unabhängige, magnetische Leitfähigkeit des Hauptkraftlinienweges durchaus erwünscht.

Im homogenen magnetischen Feld, wie es annähernd in einem Ringbandkern herrscht, gilt für die magnetische Leitfähigkeit

$$\Lambda_h = \frac{\mu_0 \cdot \mu \cdot F}{l} \tag{319}$$

Hierin ist l die mittlere Länge der Kraftlinien in cm, F der Querschnitt in cm^2, $\mu_0 = 4\,\pi \cdot 10^{-9}\,\Omega\,\mathrm{s}\cdot\mathrm{cm}^{-1}$ die Induktionskonstante und μ eine Materialeigenschaft, die relative Permeabilität. Diese ist bei Eisen und den verwandten Stoffen in starkem Maße vom Fluß, dann auch in gewissem Sinne von der Vorgeschichte der Magnetisierung und anderen Umständen abhängig.

Fluß und Durchflutung hängen mit der magnetischen Leitfähigkeit nach

$$\Phi = \Lambda_h \cdot \Theta \tag{320}$$

zusammen. Man hat dieses Gesetz wegen seiner Ähnlichkeit mit der entsprechenden Formel für den elektrischen Stromkreis das *Ohmsche*

Gesetz für den magnetischen Kreis genannt. Der Quotient

$$B = \frac{\Phi}{F} \qquad (321)$$

ist die magnetische Induktion, der Quotient

$$H = \frac{\Theta}{l} \qquad (322)$$

die magnetische Feldstärke. Die Induktion mißt man in $V\,s \cdot cm^{-2}$, die magnetische Feldstärke in $A \cdot cm^{-1}$. Beide kennzeichnen ein und dieselbe Tatsache, nämlich das Vorhandensein eines magnetischen Feldes. Der Begriff der Induktion wird angewendet, wenn es sich um die Berechnung der Wirkung auf eine den Fluß umschließende Wicklung handelt (Induktionsgesetz!), die Feldstärke, wenn man das Feld aus den erregenden Strömen ermitteln muß. B und H stehen im Vakuum im festen Verhältnis $\mu_0 = 4\,\pi \cdot 10^{-9}\,\Omega\,s \cdot cm^{-1}$ zueinander, dessen Größe bekanntlich willkürlich ist und das elektrische Maßsystem bestimmt (vgl. Kap. I)[1].

Man kann demnach Gl. (319) auch wie folgt schreiben:

$$B = \mu_0 \cdot \mu \cdot H \qquad (323)$$

Es läge nahe, μ als Differentialkoeffizienten

$$\mu = \frac{1}{\mu_0} \frac{d\,B}{d\,H} \qquad (323\,a)$$

---

[1] Im Schrifttum wird noch häufig als Maßeinheit der magnetischen Induktion *1 Gauß* verwendet. Es ist

$$1\ \text{Gauß} = 10^{-8}\,Vs \cdot cm^{-2}$$

Man merke sich: einer in der Praxis normalen Belastung von 10000 Gauß entsprechen $100\,\mu\,Vs \cdot cm^{-2}$ oder $1\,Vs \cdot m^{-1}$.

Im Schrifttum über magnetische Werkstoffe wird ferner als Einheit der Feldstärke häufig *1 Oersted* angewendet. Es ist

$$1\ \text{Oersted} = \frac{10}{4\,\pi}\,A \cdot cm^{-1}$$

Die Induktionskonstante läßt sich daher wie folgt schreiben:

$$\mu_0 = 4\,\pi \cdot 10^{-9}\,\frac{\Omega\,s}{cm} = \frac{10^{-8}\,\dfrac{Vs}{cm^2}}{\dfrac{10}{4\,\pi} \cdot \dfrac{A}{cm}} = \frac{1\ \text{Gauß}}{1\ \text{Oersted}}$$

Man erkennt aus dieser Gegenüberstellung deutlich den Zusammenhang zwischen der Wahl der Induktionskonstanten und dem Maßsystem!

zu definieren. Diese Festsetzung besitzt aber für die bei der Magnetisierung des Eisens anfallenden Probleme wenig Wert.[1] In der Praxis
unterscheidet man vorwiegend unter dem Sammel-Begriff *Wechselfeld-
Permeabilität* nach DIN 40130 folgende Definitionen:

a) Scheinpermeabilität

$$\mu_s = \frac{1}{\mu_0} \cdot \frac{\hat{B}}{\hat{H}_1} \tag{323 b}$$

b) Wirkpermeabilität

$$\mu_w = \mu_s \cdot \cos \delta \tag{323 c}$$

c) Blindpermeabilität

$$\mu_b = \mu_s \cdot \sin \delta \tag{323 d}$$

Hierin bedeuten:

$\hat{B}$ der Scheitelwert der sinusförmig sich ändernden Induktion

$\hat{H}_1$ der Scheitelwert der Grundwelle der Feldstärke

δ der Phasenwinkel zwischen $\hat{B}$ und $\hat{H}_1$

Diese Definitionen eignen sich besonders gut für mäßige Induktions-
werte, bei denen die Magnetisierungsströme noch nicht sehr von der

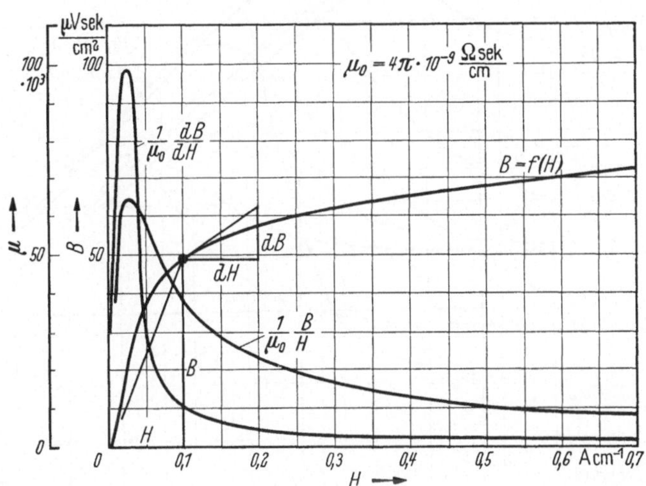

Abb. 189. Möglichkeiten der Definition des Verhältnisses zweier Betriebsgrößen am Beispiel einer
Magnetisierungs-Neukurve[1]

---

[1] In der Literatur findet man manchmal für $\dfrac{1}{\mu_0}\dfrac{dB}{dH}$ die Bezeichnung „differentielle Permeabilität". Diese in Anlehnung an die mathematische Definition
eines Differentials gewählte Bezeichnung ist für die Praxis ohne Bedeutung, da
die Magnetisierungskurve eine Schleife bildet, die Funktion $B(H)$ also zweideutig
ist. Auch das Verhalten eines mit Gleichstrom vormagnetisierten Kernes gegenüber kleinen, zusätzlichen Wechselfeldern wird keineswegs durch die sog. „differentielle Permeabilität" gekennzeichnet.

Sinusform abweichen. Für hohe Induktionen eignen sich besser die Festsetzungen

$$\mu = \frac{1}{\mu_0} \cdot \frac{B_{max}}{H_{max}} \tag{323e}$$

bzw.

$$\mu = \frac{1}{\mu_0} \frac{B_{eff}}{H_{eff}} \tag{323f}$$

je nachdem, ob man mit den wirklich vorhandenen Spitzenwerten B_{max}, H_{max} oder den Effektivwerten B_{eff}, H_{eff} rechnen will.

Schließlich kann man auch noch mit Hilfe der Neukurve bzw. Kommutierungskurve die *Gleichfeld-Permeabilität*

$$\mu = \frac{1}{\mu_0} \frac{B}{H} \tag{323g}$$

definieren. Abb. 189 zeigt den Verlauf einer Magnetisierungs-Neukurve mit den nach Gl. (323a) und (323g) definierten Permeabilitäten. Sie unterscheiden sich vor allem stark im Sättigungsbereich.

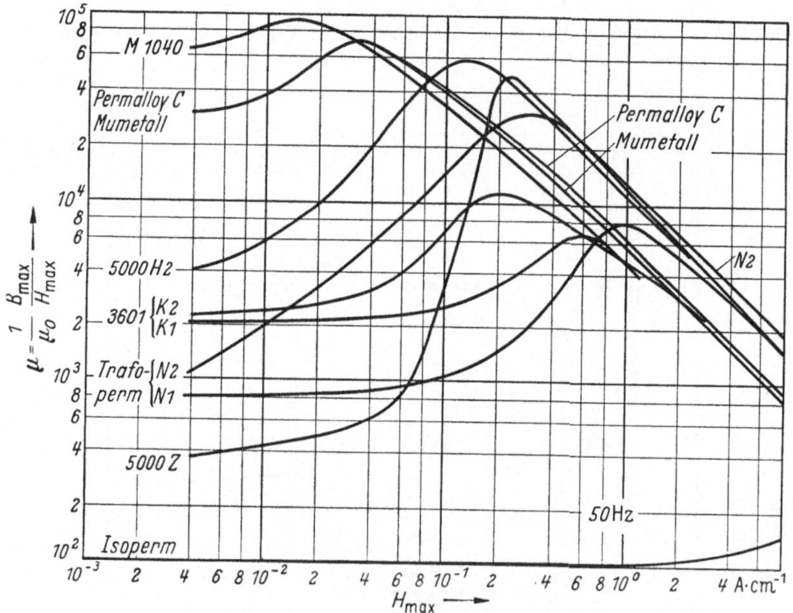

Abb. 190. Permeabilitätskurve von Wandler-Baustoffen (Heraeus, Hanau)

In Abb. 190 sind die Permeabilitätskurven einiger typischer Kernbaustoffe wiedergegeben. Als Meßobjekte wurden Ringbandkerne verwendet, deren Magnetisierungswicklung an eine sinusförmige Spannung von 50 Hz gelegt wurde; der Effektivwert dieser Spannung wurde langsam gesteigert. Aufgetragen wurde das Verhältnis der maximalen

Induktion zum Scheitelwert der erregenden Feldstärke in Abhängigkeit vom Scheitelwert der Feldstärke.

Da die Permeabilität von der Feldstärke abhängt, können bei Erregung mit Wechselstrom niemals in Strenge die Induktion *und* die Feldstärke zugleich sinusförmig verlaufen. Für die Praxis besagt das, daß bei sinusförmiger Spannung der Magnetisierungsstrom vom sinusförmigen Verlauf abweicht oder umgekehrt. Das geht deutlich

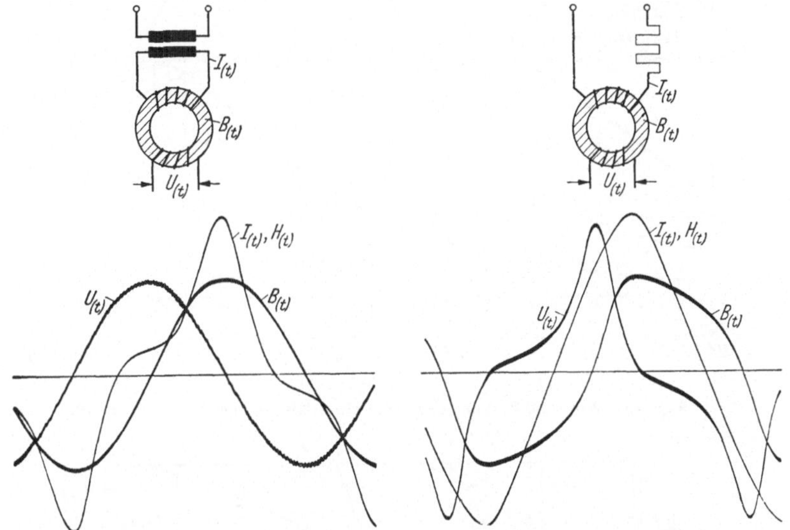

Abb. 191. Verlauf von Strom, Spannung, Feldstärke und Induktion bei der Magnetisierung eines Eisenkernes (nach KOPPELMANN)
links: sinusförmiger Verlauf der Spannung   rechts: sinusförmiger Verlauf des Stromes

aus Abb. 191 hervor, die den oszillographisch aufgenommenen Verlauf von Strom und Spannung an einem Bandringkern zeigt. Man muß daher bei der Anwendung solcher Kurven streng darauf achten, wie das dargestellte Verhältnis μ definiert ist, und nach welchen Meßverfahren gearbeitet wurde. Ohne entsprechende Angaben können solche Kurven zu schweren Irrtümern Veranlassung geben.

In Abb. 190 fällt auf, daß die Permeabilitätskurven ihre Maxima bei verschiedenen Feldstärken haben. Es liegt nahe, bei der Konstruktion des Kernes durch *Mischung* aus verschiedenen Blechsorten eine Annäherung an das Ideal konstanter Permeabilität anzustreben. In Abb. 192 ist dargestellt, in welchem Maße das gelingen kann. Stark eingetragen ist die μ-Kurve eines *Mischkernes* aus 35% Mumetall, 20% Material 5000 H 2 und 45% Trafoperm N 2. In einem Bereich 1:10 von etwa 0,025 bis 0,25 A·cm^{-1}, weicht die Permeabilität dieses Mischkernes um nicht mehr als etwa $\pm 5\%$ von dem recht beträchtlichen Mittelwert 27000 ab, während die μ-Kurven der einzelnen Komponenten

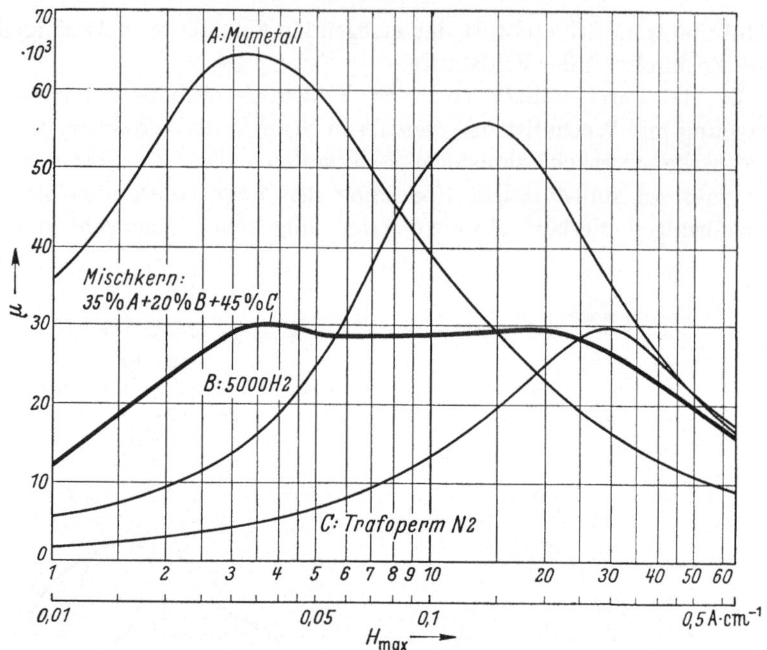

Abb. 192. Konstruktion der Kennlinie eines Mischkernes für Stromwandler

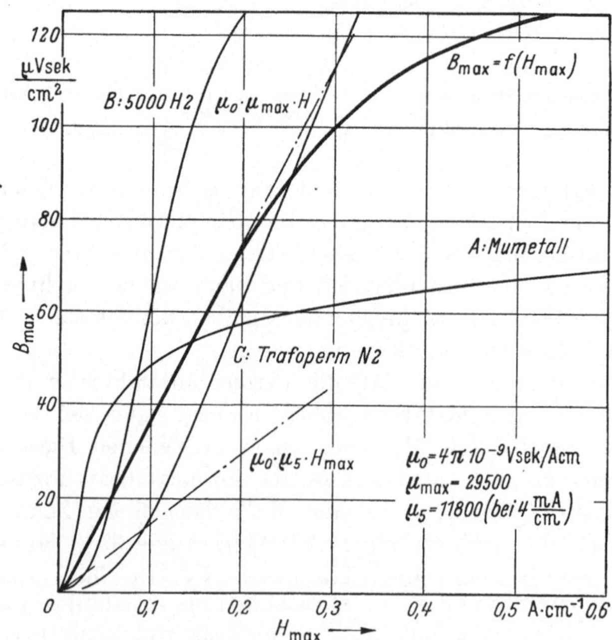

Abb. 193. Magnetisierungs-Neukurve des Mischkernes nach Abb. 192

eine starke Abhängigkeit zeigen. Die Auswirkung dieser Maßnahme erkennt man an Abb. 193. Während die $B_{max} - H_{max}$-Kurven der Komponenten zwischen 0 und etwa 0,2 A·cm^{1-} sehr stark vom geradlinigen Verlauf abweichen, besitzt der Mischkern im ganzen Bereich eine nahezu geradlinige Kennlinie. Nur der allererste Anfang zwischen 0 und etwa 0,02 A·cm^{-1} weicht etwas ab. Ursache hierfür ist der Permeabilitätsabfall des Mumetalles, das 35% des Kernmateriales ausmacht.

Es sind auch andere Zusammensetzungen bei Mischkernen denkbar. Der *Kleinlastbereich* kann noch etwas begradigt werden durch Anwendung sehr hochpermeabler Werkstoffe (Ultraperm, M 1040). Für diese liegt das Maximum der Permeabilität bei etwa der halben Feldstärke gegenüber Mumetall. Nach oben läßt sich der geradlinige Bereich durch Anwendung normaler Transformatorenbleche erweitern. Allerdings ist damit eine Einbuße bezüglich der erreichbaren mittleren Permeabilität verbunden, so daß der Übertrager bei Verwendung als Stromwandler entweder größere Fehler bekommt oder mehr Kerngewicht erfordert.

Die Abweichung von der konstanten Permeabilität ist unwichtig, wenn sich die Flußbelastung des Kernes nur wenig ändert. Bei den in der Praxis fast ausschließlich vorkommenden Konstantspannungsnetzen ist das beim Spannungswandler der Fall. Dagegen ändert sich die Magnetisierung beim Stromwandler in weiten Grenzen, da der Fluß durch den Spannungsabfall des Betriebsstromes an den Bürden des Sekundärkreises bestimmt wird. Daher wendet man hochwertiges Material und Mischkerne nur bei Stromwandlern an.

Von Stromwandlern wird nach den neuesten Vorschriften ein Meßbereich zwischen 10% und 200% des Nennstromes verlangt, in welchem der Wandler seine Fehlergrenzen nicht überschreiten darf. Dieser große Meßbereich zwingt zur Anwendung der besprochenen Maßnahmen.

Andererseits ist das als *Sättigung* bezeichnete unvermeidliche Abkippen der Kennlinie im Bereich höherer Feldstärken u. U. erwünscht. In Konstantspannungsnetzen kann der Strom in Störungsfällen sehr hohe Werte annehmen, wenn nämlich die Leiter durch einen Kurzschluß niederohmig verbunden sind. Dann schützt die eintretende Sättigung des Eisenkernes die angeschlossenen Meßgeräte vor Überlastung, indem der Stromwandler hohe negative Fehler bekommt. Manchmal müssen aber gerade die Kurzschlußströme hinreichend genau bestimmt werden, um z. B. messende Schutzeinrichtungen zu betreiben, die den normalen Belastungszustand vom Störungszustand unterscheiden sollen. Beide Aufgaben lassen sich nicht vereinen. Man unterscheidet daher sog. *Meßkerne* und *Schutzkerne*; oftmals werden beide Kerne von einer gemeinsamen Primärwicklung erregt, besitzen aber natürlich getrennte Sekundärwicklungen. Die Wirkungsweise der Kerne im Überstrombereich wird durch die sog. *Überstrom-Kennziffer n* angegeben; man versteht hierunter dasjenige Vielfache des Nennstromes, bei dem der Stromwandler bei einer Belastung entsprechend der Nennbürde einen Größenfehler von -10% bekommt. Für einen Schutzkern besagt dann z. B. die Angabe $n > 5$, daß *frühestens* beim 5fachen Nennstrom der Wandler -10% Fehler haben *darf*. Ein Meßkern ist z. B. durch die Angabe $n < 5$ gekennzeichnet, d. h. *spätestens* beim 5fachen Nennstrom *muß* der Wandler -10% Fehler besitzen.

In der Praxis hat man zu beachten, daß diese Werte nur für die Nennbürde gelten. Für einen 30 VA-Wandler beträgt diese z. B. $30:5^2 = 1,2$ Ohm. Bürdet man den Wandler nur mit 0,6 Ohm, d. h. zu 50% aus, so benötigt er zur Übertragung des Nennstromes von 5 A auch nur etwa den halben Fluß. Bei dieser Ausbürdung tritt der Sättigungseffekt erst bei dem doppelten Wert des durch n gekennzeichneten Vielfachen ein!

10. Das Frequenzverhalten des Eisenkernes. — Die komplexe Permeabilität

Die beim Betrieb des Kernes mit Wechselströmen niedriger Frequenz (50 Hz) gemessenen Magnetisierungskurven nach Art der Abb. 193 geben nicht genau das Verhalten des Eisens während einer Periode wieder.

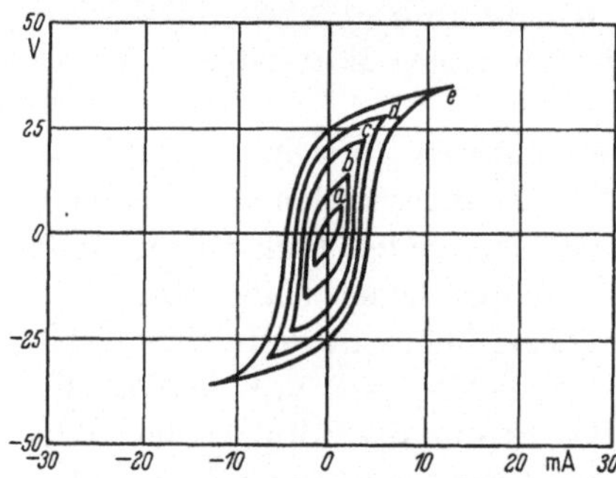

Abb. 194. Hysterese eines Bandringkernes aus Mu-Metall bei 50 Hz und verschiedener Induktion (nach oszillographischen Aufnahmen)

Oszillographiert man die Kennlinien z. B. nach einem der in Kap. XI beschriebenem Verfahren mittels eines Kathodenstrahl-Oszillographen, so erhält man schleifenartige Kurven (Hysteresis-Schleifen, Abb. 194), die die B- und H-Achsen bei von Null verschiedenen Werten schneiden. Das sind die bereits von Kap. III vom Flußmesser her bekannten Werte B_r (Remanenz) und H_c (Koerzitivkraft). Während bei *magnetisch harten* Werkstoffen, die zur Herstellung permanenter Magnete dienen, B_r und H_c bekanntlich groß sein sollen, um eine große potentielle Energie des magnetischen Feldes zu erreichen, stört bei den Baustoffen für Übertragerkerne dieser Effekt. Die hier verwendeten *magnetisch weichen* Baustoffe haben durchweg sehr kleine Koerzitivkräfte.

Die mit Wechselstrom aufgenommene $B_{\mathrm{max}} - H_{\mathrm{max}}$-Kurve stellt die Verbindungslinie der Spitzen aller Hysteresisschleifen dar. Die innerhalb jeder Schleife liegende Fläche ist ein Maß für die Ummagnetisierungsarbeit bei der betreffenden Beanspruchung; man nennt diese Arbeit den

Hystereseverlust und bezieht ihn gewöhnlich auf den Höchstwert der Induktion. Der Hystereseverlust entspricht einem Anteil des bereits in Abschn. 6 erwähnten Verluststromes.

Da die magnetischen Werkstoffe gleichzeitig elektrische Leiter sind, werden durch das eigene Wechselfeld auch Wirbelströme im Eisenkern induziert. Diese geben zu weiteren Verlusten, den Wirbelstromverlusten, Veranlassung. Man bekämpft die Wirbelstromverluste durch eine feine Unterteilung des Eisenkernes und durch Beimengung von Legierungsbestandteilen, die die elektrische Leitfähigkeit herabsetzen sollen (z. B. Silizium). Bei sehr hohen Frequenzen verwendet man auch sog. Massekerne, bei denen der magnetische Baustoff in Form von gesinterten oder andersartig verbundenen Körnchen mit schlecht leitenden Grenzschichten vorliegt.

Die gesamten Verluste des Eisenkernes sind von der Frequenz, der Induktion und der Blechdicke abhängig. Einen Anhalt für den Einfluß dieser Größen findet man in der bekannten empirischen Formel von STEINMETZ für Siliziumeisen, die für die im Transformatorenbau üblichen Frequenzen und Blechdicken gilt (f in Hz, B in μVs $\cdot$ cm^{-2}):

$$V_{\mathrm{Fe}} = \eta\, \frac{f}{100} \cdot \left(\frac{B}{10}\right)^{1,6} + \xi \cdot \left(\mathrm{d} \cdot \frac{f}{100} \cdot \frac{B}{10}\right)^2 \tag{324}$$

Sie bringt deutlich zum Ausdruck, daß der Hystereseverlust proportional der Frequenz, der Wirbelstromverlust dagegen proportional dem Quadrat der Frequenz ist.

Für die neuartigen magnetischen Baustoffe verwendet man besser unmittelbar gemessene Kurven, die vom Hersteller angegeben und garantiert werden. Beispiele solcher *Wattverlustkurven* zeigt Abb. 195 nach einer Firmenschrift der Vakuumschmelze Hanau.

Eine rechnerisch besonders bequeme Darstellung des Gesamtverhaltens ergibt sich durch Einführen der *komplexen Permeabilität*.[1]

Nach einem Vorschlag von FELDKELLER betrachtet man die Grundwellenanteile der Induktion und der magnetischen Feldstärke bei Erregung mit Wechselstrom. Besäße der Kern keine Verluste, so müßte zwischen den Wechselstromgrößen Phasengleichheit bestehen; die Permeabilität μ wäre dann reell. Nach dem in Abb. 196 dargestellten Diagramm ist eine Phasenverschiebung zwischen der gesamten Durchflutung Θ_{res} des Kernes und dem Fluß Φ vorhanden, wenn Eisenverluste berücksichtigt werden müssen.

Man kann bekanntlich das Verhalten des Kernes durch Schaltungen darstellen, bei denen die Verluste durch Wirkwiderstände, der Magnetisierungsbedarf durch verlustlose Drosseln ersetzt werden. Es ist dann

---

[1] Vgl. a. DIN 40 130.

18*

entweder Parallelschaltung oder Reihenschaltung möglich. Beim Übertrager bevorzugt man gewöhnlich die Parallelschaltung, weil Magnetisierung und Eisenverluste meistens in Abhängigkeit von der Spannung betrachtet werden. Dagegen empfiehlt sich z. B. bei Drosselspulen oftmals die Anwendung der Reihen-Ersatzschaltung, weil diese meistens als Blindwiderstände in Schaltungen mit vorgegebenen Strömen verwendet werden und sich dann die Eisenverluste gleichwertig den Kupferverlusten in der Wicklung in einem strombezogenen Diagramm betrachten lassen.

Wie von S. 200 bekannt ist, müssen die Werte für

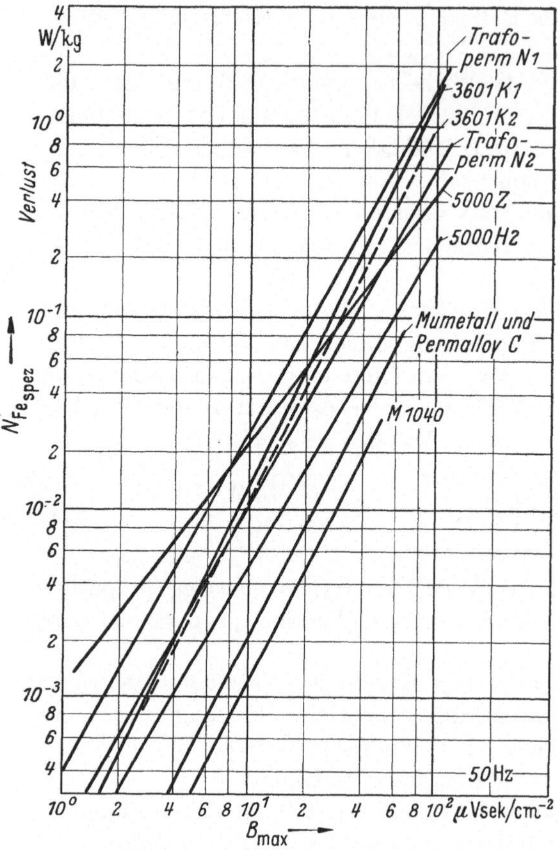

Abb. 195. Wattverlust-Kurven von Eisensorten
(Heraeus, Hanau)

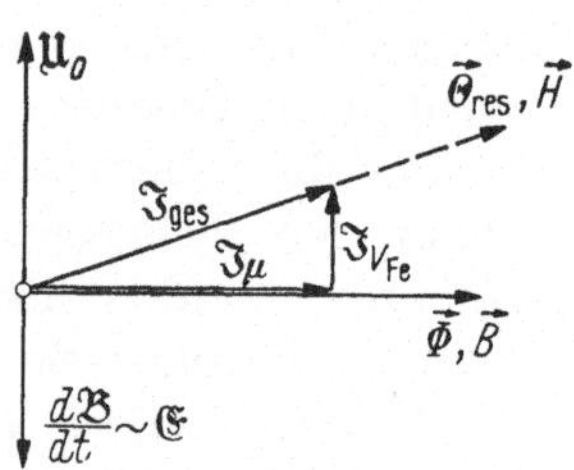

Abb. 196. Zur Definition der
komplexen Permeabilität

die komplexen Permeabilitäten von der Wahl des Ersatzschaltbildes abhängen. Es ist beim verlustlosen Eisenkern

$$\mathfrak{U}_h = j\,\omega\,L_h \cdot \mathfrak{I}_\mu$$

Nun ist die magnetische Leitfähigkeit eines Ringkernes

$$\Lambda_m = \mu_0\,\mu \cdot \frac{F}{l}$$

und demnach

$$L_h = w^2\,\Lambda_m = w^2\,\mu_0\,\mu\,\frac{F}{l}$$

Beim Kern mit Verlusten ist

$$\mathfrak{U}_h = j\,\omega\,L_h \cdot \mathfrak{J}_\mu = j\,\omega\,L_h\,(\mathfrak{J}_{ges} - \mathfrak{J}v_{Fe})$$

Setzt man unter Voraussetzung einer Parallel-Ersatzschaltung

$$\mathfrak{J}v_{Fe} = G_{Fe} \cdot \mathfrak{U}_h$$

worin $G_{Fe} = 1/R_{Fe}$ den Leitwert des Parallel-Verlustwiderstandes bedeutet, so ist

$$\mathfrak{U}_h = j\,\omega\,L_h\,(\mathfrak{J}_{ges} - \mathfrak{U}_h \cdot G_{Fe})$$

$$= j\,\omega\,L_h\,\frac{\mathfrak{J}_{ges}}{1 + j\,\omega\,L_h \cdot G_{Fe}}$$

$$= j\,\frac{1}{\dfrac{1}{\omega\,L_h} + j\,\dfrac{1}{R_{Fe}}} \cdot \mathfrak{J}_{ges}$$

Anstelle $1/j\,\omega\,L_h$ wie beim verlustlosen Kern steht jetzt der Ausdruck

$$j\,\mathfrak{y}_{Fe} = \frac{1}{\omega\,L_h} + j\,\frac{1}{R_{Fe}}$$

im Nenner. Man findet

$$j\,\mathfrak{y}_{Fe} = \frac{1}{\omega\,w^2\,\mu_0\,\dfrac{F}{l}}\left(\frac{1}{\mu_{LP}} + j\,\frac{1}{\mu_{RP}}\right)$$

Hierin ist nach FELDKELLER

$$\frac{1}{\bar{\mu}_P} = \frac{1}{\mu_{LP}} + j\,\frac{1}{\mu_{RP}} \tag{325}$$

mit

$$\left.\begin{aligned}\frac{1}{\mu_{LP}} &= \frac{1}{\mu_P}\cos\delta \\[2mm] \frac{1}{\mu_{RP}} &= \frac{1}{\mu_P}\sin\delta\end{aligned}\right\} \tag{325 a, b}$$

der Kehrwert der *komplexen Permeabilität* $\bar{\mu}_P$. Die reelle Komponente ist der bisher allein verwendete Kehrwert der relativen Permeabilität. Er ist beim verlustbehafteten Kern durch den Imaginärteil zu ergänzen. Dieser ergibt sich durch formelles Gleichsetzen zu

$$\frac{1}{R_{Fe}} = \frac{N_{v\,Fe}}{U_h^2} = \frac{1}{\mu_0\,\mu_{RP}} \cdot \frac{1}{\omega\,w^2\,\dfrac{F}{l}}$$

oder

$$\frac{1}{\mu_0} \cdot \frac{1}{\mu_{RP}} = \frac{N_{v\,Fe}}{U_h^2} \cdot \omega \cdot w^2\,\frac{F}{l}$$

$$= \frac{1}{\omega} \cdot \frac{\omega^2\,w^2\,F^2}{U_h^2} \cdot \frac{N_{v\,Fe}}{F \cdot l}$$

In dieser Beziehung haben die einzelnen Faktoren folgende Bedeutung:

$$N_{v\,\mathrm{Fe}_{spez}} = \frac{N_{v\,\mathrm{Fe}}}{F \cdot l} \qquad (326)$$

sind die spezifischen Eisenverluste in $\mathrm{W \cdot cm^{-3}}$. Da ferner

$$U_h = \omega \cdot w \cdot \Phi = \omega \cdot w \cdot B \cdot F$$

ist, ergibt der zweite Faktor den Kehrwert des Quadrates der Flußdichte im Kern. Es ist demnach

$$\frac{1}{\mu_0} \cdot \frac{1}{\mu_{RP}} = \frac{1}{\omega} \cdot \frac{N_{v\,\mathrm{Fe}_{spez}}}{B^2}$$

Bezeichnet man nun noch mit

$$A_{v\,\mathrm{Fe}_{spez}} = \frac{N_{v\,\mathrm{Fe}_{spez}}}{f} \qquad (327)$$

die spezifische Verlustarbeit je Volumeneinheit und Periode, so ergibt sich für den neuen Begriff $1/\mu_{RP}$ nach FELDKELLER eine einprägsame Beziehung

$$\frac{1}{\mu_{RP}} = \frac{\mu_0}{2\pi} \frac{A_{v\,\mathrm{Fe}_{spez}}}{B^2} \qquad (328)$$

oder

$$\frac{1}{\mu_{RP}} = 2 \cdot 10^{-9} \frac{A_{v\,\mathrm{Fe}_{spez}}}{B^2} \qquad (328\,\mathrm{a})$$

In dieser Gleichung ist die Induktion B in $\mathrm{Vs \cdot cm^{-2}}$ und die spezifische Verlustarbeit in $\mathrm{Ws \cdot cm^{-3}}$ einzusetzen. Mit der Dimension des Zahlenfaktors $2 \cdot 10^{-9}$ entsprechend der Einheit $\Omega\,\mathrm{s \cdot cm^{-1}}$ ergibt sich dann $1/\mu_{RP}$ als eine zur Kennzeichnung des Werkstoffes geeignete, dimensionslose Zahl.

Eine Beziehung für die komplexe Reihenpermeabilität nach FELDKELLER erhält man, wenn man von der Feldstärke ausgeht. Es empfiehlt sich dann auch, die Belastung des Kernes ebenfalls durch die Feldstärke zu kennzeichnen. Man erhält mit der Definition

$$\overline{\mu}_R = \mu_{LR} - j\,\mu_{RR} \qquad (329)$$

und

$$\left. \begin{aligned} \mu_{LR} &= \mu_R \cos \delta \\ \mu_{RR} &= \mu_R \sin \delta \end{aligned} \right\} \qquad (329\,\mathrm{a,\,b})$$

auf Grund einer ähnlichen Rechnung

$$\mu_{RR} = \frac{10^9}{8\,\pi^2} \cdot \frac{A_{v\,\mathrm{Fe}_{spez}}}{H^2} \qquad (330)$$

was leicht nachgewiesen werden kann. Hierin ist

$$H = \frac{w \cdot J}{l}$$

die Feldstärke in $A \cdot cm^{-1}$. Da der Zahlenfaktor $10^9/8\,\pi^2$ die Dimension der Einheit $cm/\Omega\,s$ hat, ergibt sich wieder μ_{RR} als dimensionslose Materialkonstante.

In Abb. 197a u. b sind nach einer Firmenzeitschrift der Vakuumschmelze Hanau Kennlinienfelder für einen Mumetall-Bandkern aus 0,10 mm starkem Blech dargestellt worden. Es zeigt sich, daß sich das Verhältnis

$$\tan \delta = \frac{\mu_{RR}}{\mu_{LR}} = \frac{\mu_{LP}}{\mu_{RP}} \tag{331}$$

mit der Frequenz ändert. In beiden Fällen ergibt es sich nach den oben abgeleiteten Beziehungen zu

$$\tan \delta = \frac{1}{2\,\pi} \cdot \frac{1}{\mu_0\,\mu_{LR}} \cdot \frac{A_{v\,Fe_{spez}}}{H^2} = \frac{1}{2\,\pi} \cdot \mu_0\,\mu_{LP}\,\frac{A_{v\,Fe_{spez}}}{B^2} \tag{332}$$

Zunächst wäre zu erwarten, daß im Parallel-Ersatzbild sich zwar der Verlustwiderstand in schwer vorherzusehender Weise nach einem der STEINMETZschen Formel Gl. (324) entsprechendem Gesetz ändert, bezüglich der Frequenzabhängigkeit des Blindwiderstandes sich aber Proportionalität vorhersagen ließe. Denn die bisherigen Erkenntnisse weisen zwar auf eine Flußabhängigkeit der Permeabilität hin, aber nicht auf eine Frequenzabhängigkeit.

Daß diese Annahme irrig ist, zeigt die Darstellung Abb. 197a u. b nach FELDKELLER. Die Ursache für die Frequenzabhängigkeit der Permeabilität ist darin zu suchen, daß die Wirbelströme in den Blechen des Eisenkernes eine ungleichmäßige Flußverteilung hervorrufen, wodurch die Permeabilität im Innern höher, in den Randpartien geringer ist als die mittlere Permeabilität. Man kann auch sagen, daß bei Zugrundelegung der maximalen Permeabilität die wirksame Blechdicke geringer ist als die wirkliche Dicke (Abb. 198). Dieser Effekt wird mit

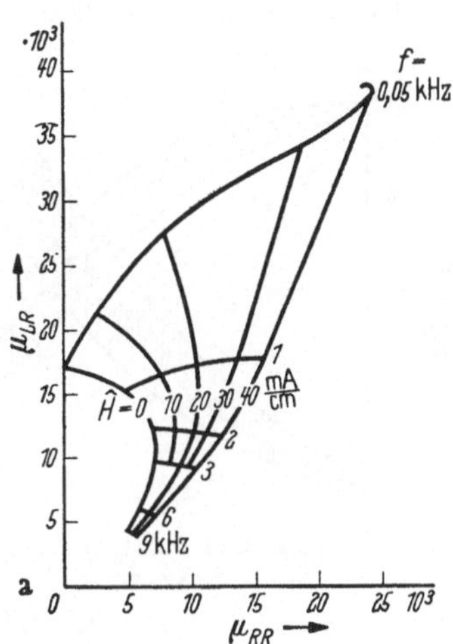

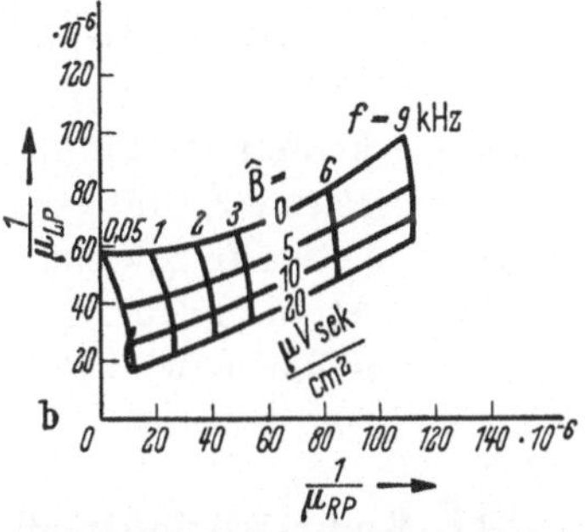

Abb. 197a u. b. Komplexe Permeabilität nach FELDKELLER von Bandringkernen aus Mu-Metall 0,1 mm (Heraeus-Vakuumschmelze, Hanau). a) Reihen-Ersatzschaltung; b) Parallel-Ersatzschaltung

steigender Frequenz immer deutlicher, so daß die wirksame Permeabilität gegenüber der für kleine Frequenzen geltenden immer geringer

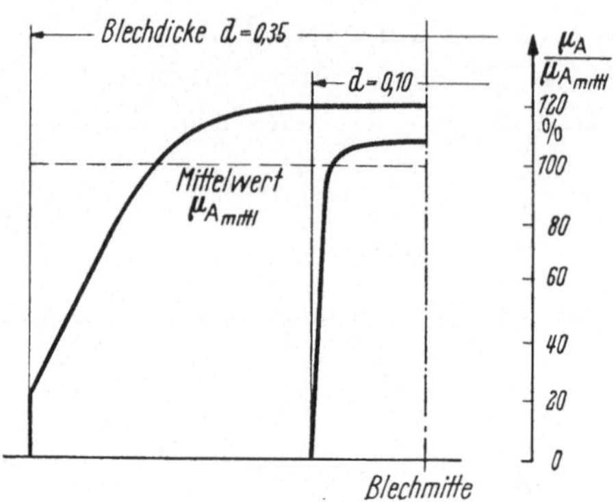

Abb. 198. Tiefenverlauf der Permeabilität in Blechen

wird. In den Kennlinien der komplexen Permeabilität macht sich das dadurch bemerkbar, daß $1/\mu_{LP}$ mit zunehmender Frequenz größer wird.

Abb. 199 zeigt die Abnahme der Anfangspermeabilität mit der Frequenz. Die Betriebsfrequenz f ist in dieser Darstellung auf eine *Grenzfrequenz* f_G bezogen, bei der die Anfangspermeabilität auf den $1/\sqrt{2}$fachen Wert zurückgegangen ist. Für die Grenzfrequenz wird die Beziehung

$$f_G = \frac{4 \cdot \varrho}{\pi\,\mu_0 \cdot \mu \cdot d^2} \qquad (333)$$

angegeben. Hierin bedeuten: ϱ den spezifischen elektrischen Widerstand in Ω cm, μ die relative Permeabilität, d die Blechdicke in cm und $\mu_0 = 4\,\pi\,10^{-9}\,\Omega\,\text{s} \cdot \text{cm}^{-1}$ die Induktionskonstante.

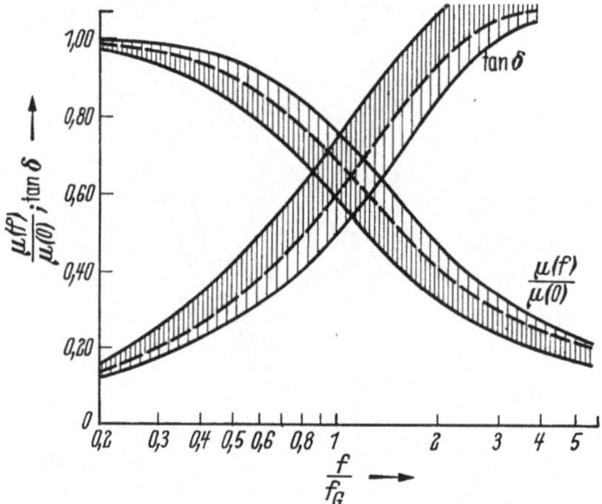

Abb. 199. Anfangspermeabilität und Verlustfaktor in Abhängigkeit von der Frequenz (Heraeus Vakuumschmelze, Hanau)

Man erkennt aus Abb. 199, daß bei etwa der halben Grenzfrequenz die wirksame Permeabilität gegenüber der bei langsamen Änderungen des Flusses um etwa 10% kleiner ist. In der Praxis weisen die Kurven eine erhebliche Streuung auf; das gleiche gilt für die ebenfalls eingezeichneten Kurven des Verlustwinkels $\delta = 90° - \varphi_{\text{Fe}}$.

11. Kompensationsmaßnahmen zur Verbesserung des Fehlers

Macht man das Windungsverhältnis des Wandlers gleich dem Nennübersetzungsverhältnis, so haben sowohl Strom- wie Spannungswandler

infolge der inneren Bürde bereits bei Leerlauf einen negativen Betragsfehler. Man erkennt das ohne weiteres an Hand der Abb. 187 und 188. Dort
liegt der Nullpunkt der $\mathfrak{z}_B$- bzw. $\mathfrak{y}_B$-Ebene innerhalb des Feldes $ACBED$,
welches negative Betragsfehler und Winkelfehler von 10% kennzeichnet.

Zu diesen Leerlauffehlern kommt noch der durch die Bürde verursachte Fehler. Man erkennt aus den Bürdenbereichen des angeführten
Beispiels, daß z. B. kapazitive Bürden mit geringen Wirkanteilen Fehler
verursachen, die außerhalb des gegebenen Bereiches fallen. Sie würden
jenseits der Ortskurve ED liegen,
was mit positiven Fehlern in der
$\mathfrak{w}$-Ebene Abb. 186 gleichbedeutend
wäre. Kapazitive Bürden verursachen also auf der Sekundärseite
im Stromwandlerbetrieb eine Stromerhöhung, im Spannungswandlerbetrieb eine Spannungserhöhung.
Dieses Verhalten läßt sich auch an
Hand der vereinfachten Ersatzschaltbilder Abb. 178 und 179 erklären: der kapazitiv belastete
Stromwandler stellt eine Parallelschaltung von Kapazität und Magnetisierungs-Haupt-Induktivität dar.

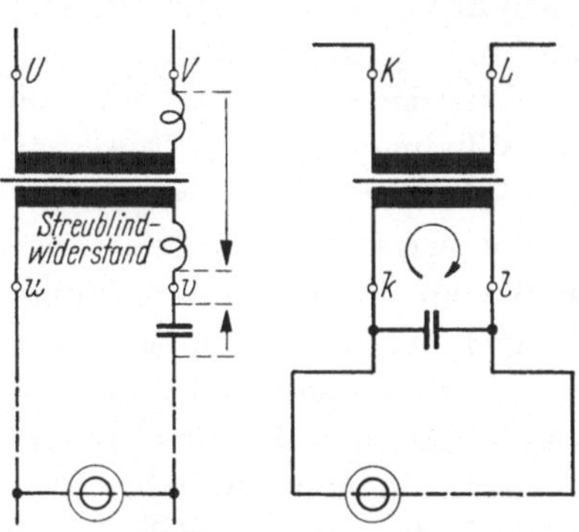

Abb. 200. Kompensation der Streuung beim
Spannungswandler (links) und des Magnetisierungsbedarfes beim Stromwandler (rechts)
zwecks Beeinflussung der Fehler

Der kapazitiv belastete Spannungswandler ist eine Reihenschaltung
von Kapazität und Wicklungsinduktivität.

Im Prinzip kann man dieses an die Wirkung von Schwingungskreisen
erinnernde Verhalten benutzen, um den Fehler zu beeinflussen. Die
hierzu grundsätzlich erforderlichen Maßnahmen sind in Abb. 200 dargestellt. Beim Spannungswandler hebt ein Reihenkondensator die fehlerverursachende Wirkung der Wicklungs-Längsinduktivität auf, beim
Stromwandler kann man einen Parallel-Resonanzkreis durch Zuschalten
eines Kondensators erreichen. Beim Spannungswandler verursacht dann
jeder Bürdenstrom in der Wicklungsinduktivität und im Abgleichkondensator Spannungsabfälle, die einander gleich und um 180° in der
Phase verschoben sind. Beim Stromwandler benötigt das Eisen keine
Magnetisierung durch den Primärstrom, sondern der abgestimmte Kondensator bildet mit der Hauptinduktivität einen Sperrkreis, so daß dem
Primärstrom nur der sekundäre Bürdenstrom das Gleichgewicht hält.

Diese Maßnahmen sind aber in der Praxis nicht ganz einfach durchzuführen. Vorerst bleiben sie wirkungslos bezüglich der Wicklungsverluste beim Spannungswandler, der Eisenverluste beim Stromwandler.
Dann erfordert die Kompensation beim Spannungswandler die Reihenschaltung eines Kondensators mit kleinem Blindwiderstand, also sehr

hoher Kapazität, was praktisch undurchführbar ist. Beim Stromwandler liegen die Verhältnisse günstiger: dort muß der parallelzuschaltende Kondensator einen kleinen Leitwert haben, was man mit Kondensatoren normaler Kapazität erreicht. Die Kompensation des Magnetisierungsstromes mittels Kondensatoren ist auch schon seit langem bekannt. Schwierigkeiten ergeben sich dadurch, daß die zu kompensierende Induktivität wegen der Veränderlichkeit von μ keinen konstanten Betrag hat, sondern vom Fluß, also von der Bürde abhängt. Dem ist in einigen Ausführungen durch Anwendung von Drosseln mit Sättigungskennlinie Rechnung getragen worden.

Eine der einfachsten Maßnahmen zur Beeinflussung des Fehlers ist der Windungsabgleich. Durch eine bewußt herbeigeführte Abweichung des Windungsverhältnisses vom Nennübersetzungsverhältnis wird der Fehler bei schwachen Belastungen positiv gemacht. Zu diesem Zweck muß man die Sekundärwicklung des Stromwandlers mit weniger Windungen ausstatten, als sie dem Nennverhältnis entsprechen würden. Beim Spannungswandler gilt das umgekehrte: entweder wickelt man sekundärseitig mehr, oder primärseitig weniger Windungen.

Beim Spannungswandler ist ein feinstufiger Abgleich ohne weiteres möglich, da dort stets viele Windungen vorhanden sind. Anders dagegen beim Stromwandler: ist z. B. ein solches Gerät mit einer Nenndurchflutung von 200 A bei 5 A Nenn-Sekundärstrom ausgelegt, so besitzt es sekundärseitig nur 40 Windungen. Die Fortnahme einer Windung würde dann bereits einem positiven Zusatzfehler von 2,5% entsprechen, was zu viel ist. Man hilft sich dann z. B. dadurch, daß alle Windungen bis auf eine um den gesamten Kernquerschnitt gewickelt werden, dagegen die letzte durch das Eisenpaket „gefädelt" wird, so daß sie nur einen Teil des Flusses umfaßt. Auf diese Weise kann man noch Bruchteile einer Amperewindung abgleichen. Nachteilig ist, daß die beiden Teile des Kernes unterschiedlich magnetisiert werden, so daß sie sich unterschiedlich sättigen können.

In dem Ortskurvendiagramm Abb. 186 kann man den Windungsabgleich durch Verschiebung der Bezifferung auf der u-Achse berücksichtigen. Läßt man in dem dieser Darstellung zugrunde gelegten Beispiel Größenfehler von $+10\%$ zu, so erhält der Koordinaten-Nullpunkt die Bezifferung $+10\%$, der Punkt C_w die Bezifferung 0% und der noch zulässige Wert von -10% würde in der $\mathfrak{w}$-Ebene nach links verschoben bei -20% zu liegen kommen. Der Fehlerbereich wäre also in Richtung der u-Achse verdoppelt, die Grenzkurve $A_w\,B_w$ schnitte die u-Achse bei -20%. Dementsprechend würde in der $\mathfrak{m}$-Ebene der Punkt C_m nach rechts wandern, und es ergäbe sich aus

$$\mathfrak{m} = -\frac{\mathfrak{w}}{1+\mathfrak{w}}$$

für $\mathfrak{w} = -0,2 + j\,0,0$ der Wert $\mathfrak{m} = 0,25 + j \cdot 0,0$. Nach Übertragung auf die Ebenen der Bürdenwiderstände bzw. Leitwerte erkennt man, daß der zulässige Bereich um etwas mehr als das doppelte größer geworden ist. Nach wie vor liegt der Leerlaufpunkt 0 (vgl. Abb. 187 u. 188) in der Nähe der Begrenzungskurve DE, die aber jetzt einen Fehler von $+10\%$ repräsentiert.

Es wurde bereits in Abschn. 9 erwähnt, daß bei Stromwandlern im Gegensatz zu Spannungswandlern die stark veränderliche Belastung des Kernes zur Anwendung von Mischkernen zwingt, wenn man eine

für größere Meßbereiche geradlinige Fehlerkurve anstrebt. Der Schwachlastbereich läßt sich meist schlecht begradigen, weil jedes bekannte weichmagnetische Material eine Anfangspermeabilität besitzt, die u. U. erheblich niedriger als die maximale Permeabilität ist. Hierdurch wird ein Abkippen der Fehlerkurve ins Negative im Bereich schwacher Belastungen verursacht. In Abb. 193 kommt dieses Verhalten deutlich in der geringfügigen Krümmung der Magnetisierungs-Kennlinie in der Nähe des Nullpunktes zum Ausdruck.

Man kann nun den horizontal verlaufenden Teil der Permeabilitätskurve eines Mischkernes dadurch in den Schwachlastbereich bringen, daß man den Kern vormagnetisiert. Dieser Maßnahme dient eine Reihe von Schaltungen,

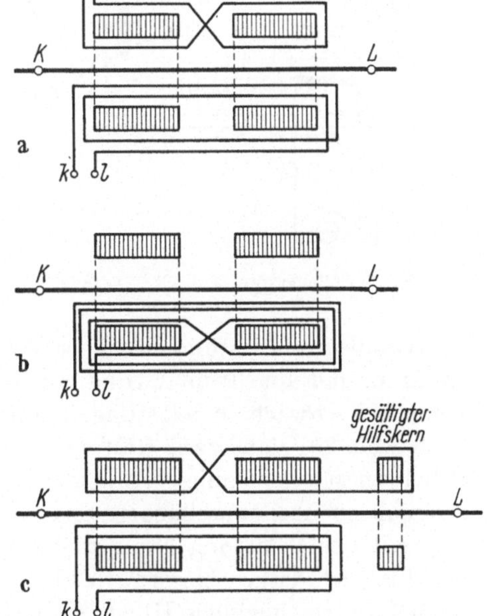

Abb. 201a—c. Fehlerkompensation beim Stromwandler im Schwachlastbereich durch $\pm$ Vormagnetisierung. a) fremdvormagnetisierter Kern; b) Zusatzmagnetisierung durch den Meßstrom; c) lastunabhängige Vormagnetisierung

die nicht alle erwähnt werden können. Allen Schaltungen ist gemeinsam, daß die der Vormagnetisierung dienende Wicklung nicht auf die Sekundärwicklung einkoppeln darf, weil sonst der Wandler bereits beim Sollstrom Null einen sekundären Iststrom führen würde. Man erreicht das durch Maßnahmen nach Abb. 201a—c.

Die Verlagerung des Betriebsstromes durch Zusatzmagnetisierung erfordert einen Hilfsstrom. Diesen kann man entweder von einer Fremdstromquelle beziehen (Abb. 201a), was sich aber nicht empfiehlt, weil bei Ausfall derselben dann der Wandler unabgeglichen arbeiten würde. Man kann auch den Meßstrom selbst zur Zusatzerregung heranziehen;

diese Maßnahme ist z. B. in Abb. 201 b angedeutet. Der Nachteil ist, daß sich bei großen Belastungen dann erhebliche Zusatzmagnetisierungen bemerkbar machen, die den Kern über den geradlinig verlaufenden Teil der Magnetisierungskurve hinweg beanspruchen. Dann wird die Permeabilität wieder kleiner und der Wandler bekommt bei hohen Belastungen einen zunehmenden negativen Fehler. Allerdings kann diese Maßnahme auch erwünscht sein, wenn man Wandler mit kleiner Überstromkennziffer haben will.

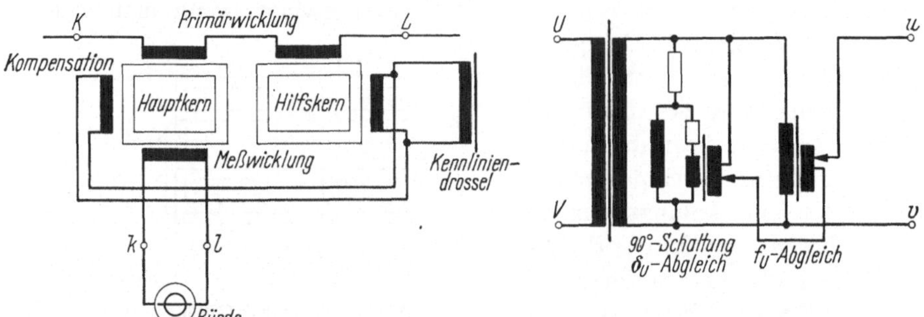

Abb. 202. Fehlerkompensation beim Stromwandler   Abb. 203. Fehlerkompensation beim Spannungswandler

Wandler mit lastunabhängiger Vormagnetisierung erhält man z. B. dadurch, daß vom Primärstrom ein Hilfskern erregt wird, dessen Eisen schon bei schwachen Belastungen gesättigt ist. Der Hauptkern besteht nach Abb. 201 c aus zwei Hälften, die von einer Sekundärwicklung des Hilfskernes gegensinnig vormagnetisiert werden. Der Hilfskern liefert eine nahezu stromunabhängige Spannung, so daß die Vormagnetisierung sich mit der Belastung kaum ändert. Eine Einkopplung auf die Meßwicklung ist ausgeschlossen, da diese zwei gleich große, aber im Vorzeichen unterschiedliche Hilfsflüsse umfaßt.

Eine grundsätzlich andere Art der Fehlerbeeinflussung besteht darin, daß von der Meßgröße zwei nach Betrag und Phase einstellbare Korrektionsgrößen abgeleitet werden, die der sekundären Istgröße der Hauptwicklung hinzugefügt werden. Abb. 202 zeigt eine solche Anwendung beim Stromwandler, Abb. 203 beim Spannungswandler. Mit Hilfe dieser Maßnahmen ist es möglich, für einen bestimmten Lastpunkt den Fehler restlos zu beseitigen.

12. Summenschaltungen mit Wandlern

Für die Summenbildung von Wechselstromgrößen sind Strom- und Spannungswandler unentbehrlich. Entsprechend den Kirchhoffschen Gesetzen müssen die Sekundärwicklungen von Spannungswandlern zur Summenbildung nach Abb. 204 a in Reihe, die Sekundärwicklungen von

Stromwandlern nach Abb. 204 b parallelgeschaltet werden. Da elektrische Netze meist mit nahezu konstanter Spannung betrieben werden, besteht zur Summenbildung mit Spannungswandlern ein geringeres Bedürfnis. Man verwendet sie z. B. in Drehstrom-Hochspannungsnetzen zur Bildung der Nullspannung, d. h. der Spannung zwischen dem Schwerpunkt des Spannungsdreieckes und Erde (Abb. 205, vgl. Kap. X).

Von größerer Bedeutung ist die Summenbildung bei Stromwandlern. Nach Abb. 204 b müssen alle Wandler mit ihren

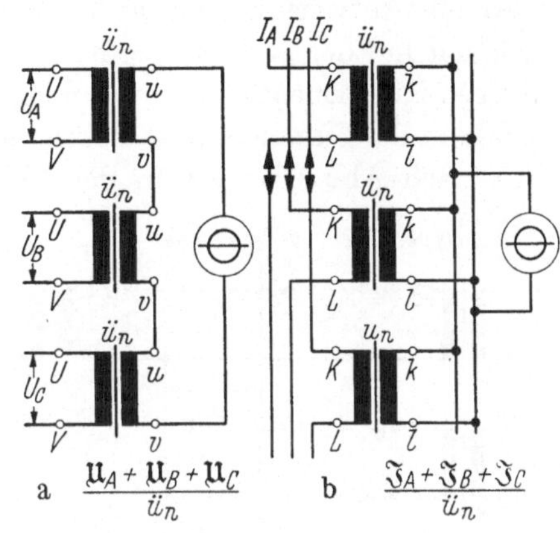

Abb. 204 a u. b. Summenschaltungen bei Spannungswandlern a) und Stromwandlern b)

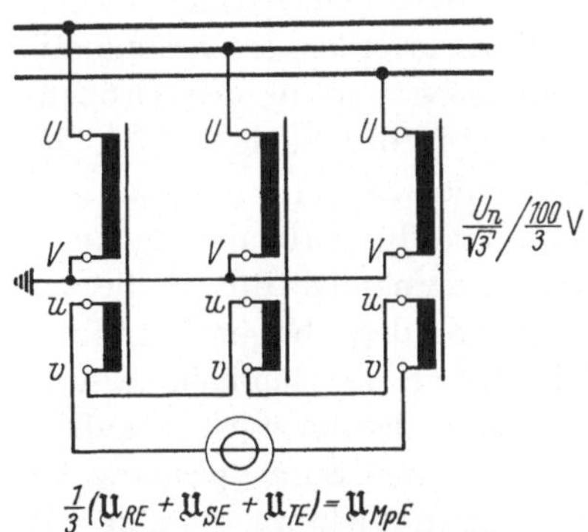

Abb. 205. Nullspannungsmessung im Drehstromsystem (Erdschlußanzeige)

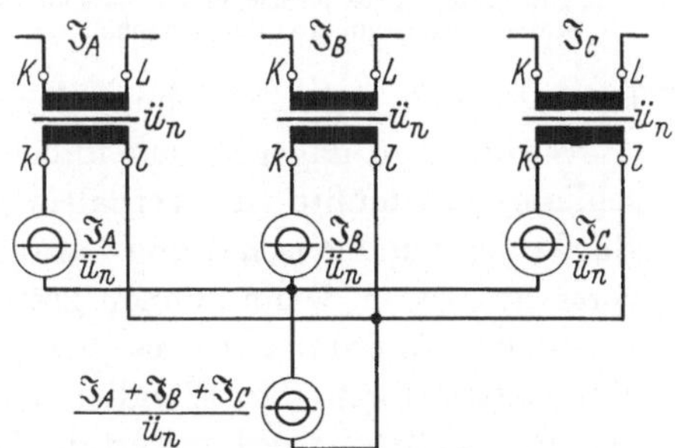

Abb. 206. Summenstrommessung mit Anzeige der Summanden und der Stromsumme

gleichnamigen Klemmen verbunden und mit der Bürde der Summenmeßeinrichtung belastet werden. Die Schaltung arbeitet auf jeden Fall richtig, denn in der Bürde muß nach dem ersten Kirchhoffschen Satz die Summe der Sekundärströme aller Wandler fließen. Es ist natürlich auch ohne weiteres möglich, gemäß Abb. 206 außer dem Summenstrom noch jede Komponente für sich zu messen. Innerhalb des Belastungsbereiches ist es auch gleichgültig, ob die einzelnen Meßeinrichtungen gleichen Innenwiderstand haben oder nicht. Denn in jedem Wandler ist der Sekundärstrom durch den primären Meßstrom eindeutig bestimmt. Natürlich entstehen bei unterschiedlichen Bürden an den Klemmen $k{-}l$ der Wandler unterschiedliche Spannungen, d. h. die Wandler sind, wie nicht anders zu erwarten, unterschiedlich belastet. Trotzdem muß die Bedingung $\Sigma \mathfrak{J} = \mathfrak{J}_{ges}$ in der vom Summenstrom durchflossenen Bürde erhalten bleiben.

In diesem Zusammenhang hört man häufig Zweifel, ob die Schaltung auch dann richtig mißt, wenn einer der Wandler primärseitig abgeschaltet wird. Als Antwort ist darauf hinzuweisen, daß im Gegenteil bei Stromlosigkeit nur der primärseitig offene Wandler die Summenmessung aller übrigen Komponenten hinreichend genau ermöglicht. Da der Spannungsabfall an der Summenbürde durch den Betrieb gegeben ist, magnetisiert sich nach Abb. 207 der an der Schaltung verbleibende, primärseitig stromlose Wandler über seine Sekundärwicklung, weil die Möglichkeit der Magnetisierung von der Primärseite her beim abgeschalteten Wandler nicht mehr gegeben ist. Die Spannungen sind nur gering, somit entspricht die Magnetisierung höchstens dem normalen Fluß. Dieser erfordert einen Magnetisierungsstrom in der Größenordnung der Fehlerströme. Es tritt also eine kleine Fälschung der Summenmessung auf.

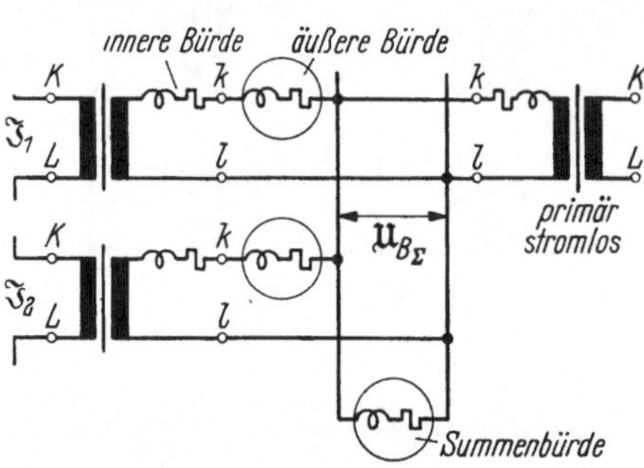

Abb. 207. Einfluß eines primärseitig abgeschalteten Stromwandlers auf eine Summenschaltung

Würde man dagegen den unbenutzten Wandler primärseitig kurzschließen, so müßte eine verhältnismäßig niederohmige Bürde, die zur Bürde der Summenschaltung parallel liegt, von den übrigen Wandlern versorgt werden. Dann können größere Fehler bei der Summenmessung entstehen. Allerdings ist es bei größeren Nennstromstärken außerordentlich schwer, den Wandler in dem erwähnten Sinn „primärseitig kurzzuschließen". Der Leitwert der Netzleitungen reicht dazu auf keinen Fall aus. Man erkennt das aus folgender Überschlagsrechnung: Bei einem Stromwandler 1000/5 A entspricht einer Nennbürde von 60 VA primärseitig — abgesehen von dem Widerstand der Primärwicklung — eine Spannung von 60 mV. Der Nennbürde entspräche also ein Widerstand der Kurzschlußverbindung von nur $60\,\mu\Omega$, das sind etwa 3 m einer Kupferschiene von 1000 mm² Querschnitt. Wird z. B. verlangt, daß der Summenschaltung kein Pfad von mehr als 1% dieses Leitwertes parallelgeschaltet werden darf, so dürfte der primäre Schließungswiderstand des einen Wandlers nicht kleiner als $100 \cdot 60\,\mu\Omega = 6\,\mathrm{m}\,\Omega$ sein, einen Wert, den z. B. auch ein geschlossenes, hochspannungsseitig abgeschaltetes Niederspannungsnetz nicht erreichen kann.

Die Summenschaltung nach Abb. 206 setzt voraus, daß die Wandler alle das gleiche Nennübersetzungsverhältnis haben. Bei einer Summenbildung über n Komponenten muß die Summenmeßeinrichtung für den $n$fachen Wert des sekundären Nennstromes — 5 bzw. 1 A — ausgelegt werden. Da das unbequem ist, wendet man oftmals einen besonderen Summenwandler an (Abb. 208a).

Wandler verschiedener Nennleistung darf man ohne weiteres parallelschalten. Es ist nur darauf zu achten, daß die an der Summenbürde unter Einwirkung des Summenstromes auftretende Spannung nicht größer ist als die aus Nennstrom und Nennleistung abgeleitete Nennspannung des schwächsten Wandlers.

Wandler mit verschiedenen Nennübersetzungsverhältnissen dürfen dagegen nicht ohne weiteres parallelgeschaltet werden. Würde man beispielsweise einen Wandler 100/5 A und einen 50/5 A, die beide mit Nennstrom betrieben werden, zusammenschalten, so erhielte man bei Phasengleichheit der Stromkomponenten in der Summenmeßeinrichtung 10 A. Diesen Summenstrom erhielte man auch, wenn einer der beiden Wandler mit 200% des Nennstromes belastet, der andere abgeschaltet wäre. Der Summenstrom von 10 A ist in den drei möglichen Lastzuständen dann das Abbild von 150 A, 200 A oder 100 A, die Messung ist vieldeutig.

Summenschaltungen mit verschiedenen Nennstromstärken

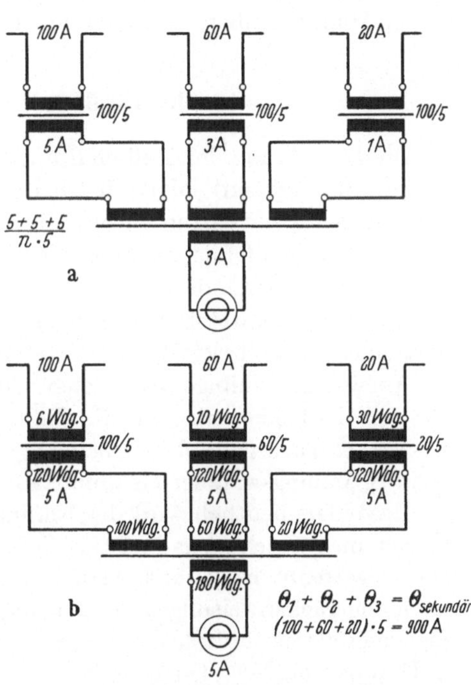

Abb. 208a u. b. Indirekte Anzeige der Stromsumme mittels Summenstromwandler a) bei gleichen Nennübersetzungsverhältnissen, b) bei ungleichen Nennübersetzungsverhältnissen

benötigen unbedingt einen Zwischenwandler, der die Sekundärströme entsprechend dem „Gewicht" der Übersetzungsverhältnisse berücksichtigt. In Abb. 208b ist dargestellt, wie der Zwischenwandler auszulegen ist, damit der auf seiner Sekundärseite gemessene Strom die Stromsumme im Primärnetz richtig wiedergeben kann.

Bei der Abschätzung des Fehlers der Gesamtmessung gehe man wieder vom Spannungsbedarf der Summenbürde aus. An den Primärwicklungen des Summenwandlers wird diese Spannung im Verhältnis der Windungszahlen übersetzt. Es tritt nach Abb. 208b an *der* Wicklung die höchste Spannung auf, die mit der Sekundärwicklung des Wandlers höchsten Nennübersetzungsverhältnisses verbunden ist. Ferner wird jeder einzelne Hauptwandler mit dem Innenwiderstand derjenigen

Primärwicklung auf dem Summenwandler belastet, die zu ihm gehört. Die Streuung der Primärwicklung spielt bei dieser *Kaskadenschaltung* im Gegensatz zur normalen Anwendung des Stromwandlers daher eine gewisse Rolle.

Man sollte aus diesen Gründen die Summenbürde so klein wie möglich machen und die Nennleistung des Summenwandlers nicht mit zu großer Reserve auswählen, um auf jeden Fall die Sekundärspannungen an den Hauptwandlern klein halten zu können.

13. Der Einfluß der Meßschaltung

Die Installation der Meßschaltungen bei Wandlern kann zu Fehlern führen. Man erkennt sofort, daß bei Stromwandlern parallelgeschaltete Ableitungen, beim Spannungswandler in Reihe geschaltete Widerstände unmittelbar Meßfehler verursachen. Dagegen wirken die in Reihe geschalteten Widerstände auf der Sekundärseite des Stromwandlers und die parallelgeschalteten Ableitungen bei Spannungswandlern auf den Meßfehler nur indirekt über die Erhöhung der Betriebsbürde.

Ableitungen infolge Isolationsverluste sind fast stets zu vernachlässigen. Es bleiben also nur die Einflüsse der Reihenwiderstände übrig. Sie wirken nach dem obigen beim Stromwandler als zusätzliche Bürde, beim Spannungswandler als unmittelbare Fehlerursache.

Besonders deutlich wird der Einfluß beim Spannungswandler, wenn es sich um Verrechnungs-Meßsätze handelt, bei denen Wandler und Meßgeräte getrennt beglaubigt werden. Die Verbindungsleitung darf dann nach den Eichanweisungen der Physikalisch-Technischen Bundesanstalt keinen größeren zusätzlichen Fehler als 0,05% verursachen. Das erfordert u. U. ungewöhnliche Querschnitte für Spannungs-Meßleitungen.

Gegeben sei ein Verrechnungssatz mit Wandlern $220\,000/\sqrt{3} : 100/\sqrt{3}$ V, an welche die Spannungsspulen eines aus 6 Zählern bestehenden Verrechnungssatzes angeschlossen sind. Einschließlich der Hilfseinrichtungen (Hemmrelais usw.) möge auf jeden Strang eine Meßbürde von 30 VA entfallen; dem entspricht dann ein Belastungsstrom von

$$J_2 = \frac{30 \cdot \sqrt{3}}{100} = 0{,}52 \text{ A}$$

Der zulässige Spannungsabfall beträgt nach Vorschrift der PTB

$$\Delta U = \frac{0{,}05}{100} \cdot \frac{100}{\sqrt{3}} = 0{,}0289 \text{ V}$$

Hiernach sind die Meßleitungen mit $0{,}0289/0{,}52 = 0{,}0555\ \Omega$ je Strang zu verlegen. Befindet sich der Wandlersatz in 100 m Entfernung von der Meßeinrichtung, so wären die Spannungsleitungen in Kupfer ($\varkappa = 56$) mit

$$q = \frac{2 \cdot 100}{56 \cdot 0,0555} = 64,4 \approx 70 \text{ mm}^2$$

zu installieren. Dieser Querschnitt ist für Spannungsleitungen recht ungewöhnlich!

Will man diesen Aufwand vermeiden, so muß entweder die gesamte Einrichtung — Wandler, Meßgeräte und Zuleitungen — als Ganzes geprüft und beglaubigt werden, oder man verwendet Kontaktgeber-Zähler, also eine Fernmessung. In diesem Fall ist darauf zu achten, daß Fernmeßeinrichtungen im allgemeinen nicht beglaubigungsfähig sind, die eigentliche, rechtsverbindliche Messung also mit einer in der Nähe der Wandler untergebrachten Meßeinrichtungen erfolgen muß.

Liegen bei Stromwandlern große Entfernungen zwischen Einbauort der Wandler und den Meßeinrichtungen, so kann u. U. bei der Ausbürdung der Anteil der Zuleitungen den der Meßeinrichtungen bedeutend übersteigen. Bei 100 m Entfernung stellt eine Kupfer-Doppelleitung von 16 mm² Querschnitt bei einem Meßstrom von 5 A eine Bürde von

$$N = 5^2 \cdot \frac{2 \cdot 100}{56 \cdot 16} = 55,8 \text{ VA}$$

dar. Aus diesem Grunde verwendet man in solchen Fällen lieber eine sekundäre Nennstromstärke von 1 A, die entsprechend schwächere Querschnitte zuläßt.

Wird der Sekundärkreis des Stromwandlers geöffnet, so fehlen dem Primärstrom die entmagnetisierenden Amperewindungen. Da sich das Primärnetz nicht von dem Betriebszustand des leistungsschwachen Meßwandlers beeinflussen läßt, ist eine außerordentlich weitgehende Übersättigung des Stromwandlereisens nicht zu vermeiden. Dabei können die Verluste so groß werden, daß die Isolation der Kernbleche gefährdet wird; man nennt die dann sich ergebende Schädigung *Eisenbrand*. Zumindest ist eine Verschlechterung der magnetischen Eigenschaften des Eisens zu befürchten. Schließlich tritt bei Wandlern größerer Nennleistung an den Klemmen der geöffneten Sekundärseite eine lebensgefährliche Hochspannung auf. Ihr Zustandekommen erläutert Abb. 209. Rechts oben ist die Wechselstrom-Magnetisierungskurve aufgetragen, welche mit einer für das vorliegende Problem ausreichenden Näherung auch die Kennlinie der augenblicklich herrschenden Magnetisierung wiedergibt, wenn man von den Hystereseverlusten absieht. Über die nach unten gerichtete Zeitachse ist das Oszillogramm des sinusförmigen Netzstromes aufgetragen, der nunmehr den Wandler magnetisiert. Es sei die Überstromkennziffer 5 angenommen, ferner habe der Wandler im Nennbetrieb 0,2% Fehler. Dann wird die Sättigung bei etwa $5 \cdot 0,002 \cdot \sqrt{2}\, J_n$ eintreten. Diesen Augenblickswert erreicht der Wechselstrom zu einer Zeit, für die $\sin\omega\,t \approx \omega\,t = 0{,}01$ ist; das sind bei 50 Hz

$$t = \frac{0{,}01}{314} = 0{,}032 \cdot 10^{-3}\ \text{s}$$

Der steile Anstieg der Magnetisierungskurve von der Sättigung im Negativen bis zur Sättigung im Positiven wird also in etwa $2 \cdot 0{,}03 = 0{,}06$ ms durchlaufen. Vorher und nachher ist das Eisen gesättigt, wobei sich der mit den Wicklungen verkettete Fluß kaum ändert. Eine Spannung tritt an den offenen Klemmen nur in der Nähe der Strom-Nulldurchgänge auf. Man kann sie wie folgt abschätzen: Beträgt z. B. die Nennbürde 150 VA, so kann der Wandler bei einem sekundären Nennstrom von 5 A eine Bürdenspannung von 30 V abgeben. Diese ist annähernd gleich der Urspannung in der Sekundärwicklung, so daß im Nennbetrieb eine Spannung von $\sqrt{2} \cdot 30\ \text{V} = 42{,}4\ \text{V}$ Scheitelwert induziert wird. Verliefe bei offenen Klemmen die Magnetisierung geradlinig, so würde sich der $1/5 \cdot 0{,}02 = 100$

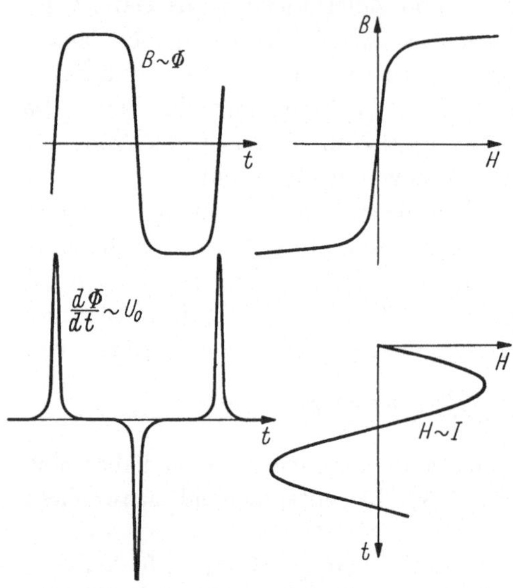

Abb. 209. Zustandekommen hoher Spannungen an den geöffneten Sekundärklemmen von Stromwandlern

fache Fluß ergeben, also auch die 100fache Urspannung. Das sind in dem Beispiel etwa 4200 V, welche in der Nähe der Stromnulldurchgänge etwa 0,06 ms lang auftreten.

Es bestehen besondere Vorschriften zur Kennzeichnung lebensgefährlicher Spannung an den Sekundärklemmen solcher Wandler (*Vorsicht, Hochspannung bei geöffneten Sekundärklemmen!*). Hat man z. B. zwecks Einschaltung von Kontrollmeßgeräten den Meßpfad von Stromwandlern bei ununterbrochen fließendem Primärstrom zu öffnen, so ist unbedingt erforderlich, vorher die Sekundärklemmen gesondert kurzzuschließen. Meistens werden in den Klemmleisten hierfür besondere *Prüfklemmen* vorgesehen.

14. Die Prüfung der Wandler

Die Prüfungen werden in Richtigkeitsprüfungen und in Prüfungen auf Sicherheit unterteilt. Maßgebend sind die Eichanweisungen der PTB einerseits, die Vorschriften VDE 0414 über Wandler andererseits.

An dieser Stelle werden nur die Richtigkeitsprüfungen eingehender behandelt, da sie meßtechnisch von größerem Interesse sind.

Für Strom- und Spannungswandler bestehen wie für Meßgeräte Klassenbezeichnungen. Die für beglaubigungsfähige[1] Geräte zugelassenen Toleranzen sind in Tab. 11 und Abb. 210a u. b wiedergegeben. Zum Nachweis der Fehler dienen Wechselstrom-Nullverfahren, die nach ähnlichen Prinzipien arbeiten wie die beiden wichtigsten Gleichstrom-Nullverfahren, die Brückenschaltung nach WHEATSTONE zur Widerstandsbestimmung und die Kompensationsschaltung zur Bestimmung von Spannungen (vgl. Kap. IV u. V bzw. VII). Die Schaltung nach WHEATSTONE ist den in Kap. VII ausführlich besprochenen Wechselstrombrücken verwandt; man kann sie z. B. dann anwenden, wenn beurteilt werden soll, inwieweit die Übertragung eines Widerstandes vom theoretischen Wert $\mathfrak{z}_2' = \ddot{u}^2 \cdot \mathfrak{z}_2$ abweicht. Die Kompensationsschaltungen sind für die Wandlerprüfung wichtiger. Leider ist in der Praxis der Wandlerprüfung die Bezeichnung der Schaltungen als *Brückenverfahren, Differentialverfahren, Kompensationsverfahren* nicht ganz klar.

Tabelle 11. *Fehlergrenzen für Meßwandler*

Klasse	Strom- bzw. Spannungsfehler $\pm F$ in %					Fehlwinkel $\pm \delta$ in Minuten				
	0,1	0,2	0,5	1	3	0,1	0,2	0,5	1	3
$J:J_n$	normale Stromwandler									
0,1	0,25	0,5	1,0	2,0	—	10	20	60	120	—
0,2	0,2	0,35	0,75	1,5	—	8	15	40	80	—
0,5	—	—	—	—	3,0	—	—	—	—	—
1,0	0,1	0,2	0,5	1,0	3,0	5	10	30	60	—
1,2	0,1	0,2	0,5	1,0	—	5	10	30	60	—
$J:J_n$	Großbereich-Stromwandler									
0,05	0,4	0,75	1,5	—	—	15	30	90	—	—
0,1	0,25	0,5	1,0	2,0	—	10	20	60	120	—
0,2	0,2	0,35	0,75	1,5	—	8	15	40	80	—
0,5	—	—	—	—	3,0	—	—	—	—	—
1,0	0,1	0,2	0,5	1,0	3,0	5	10	30	60	—
2,0	0,1	0,2	0,5	1,0	—	5	10	30	60	—
$U:U_n$	Spannungswandler									
0,8...1,2	0,1	0,2	0,5	1,0	—	5	10	20	40	—
1,0	—	—	—	—	3,0	—	—	—	—	—

nach VDE 0414/7.56   §§ 14/15

[1]) Meßgeräte, die der Energieverrechnung im öffentlichen Verkehr dienen, müssen entweder geeicht oder „beglaubigt" sein. Die in letzter Instanz von der PTB überwachte Beglaubigung setzt die Innehaltung bestimmter Bauvorschriften voraus, denen „beglaubigungsfähige" Geräte genügen müssen (PTB, Eichanweisung, Besondere Vorschriften XV, Meßgeräte für Elektrizität).

19*

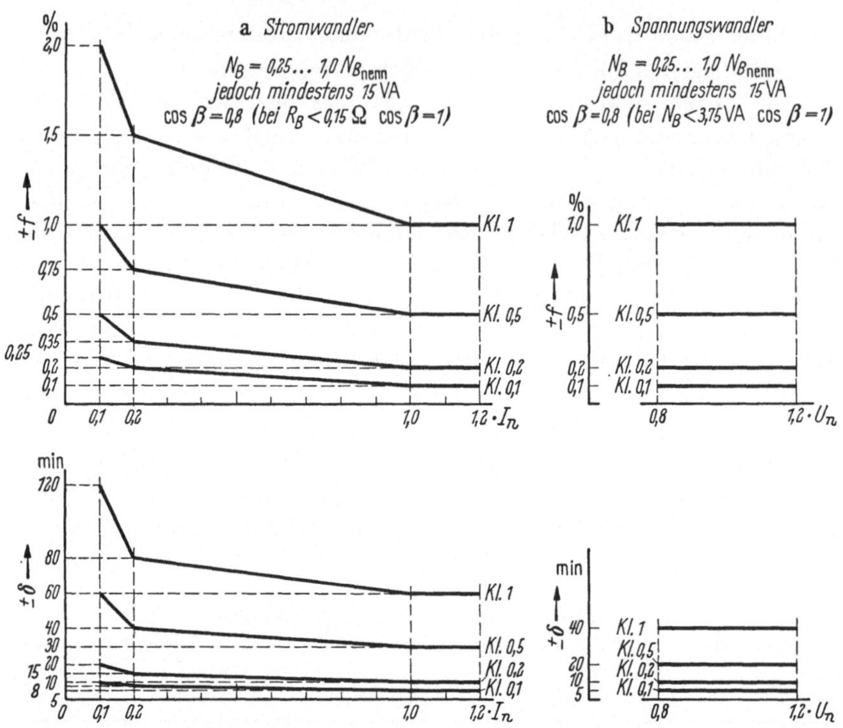

Abb. 210a u. b. Beglaubigungsfehlergrenzen von Wandlern

Im Grunde handelt es sich immer um Kompensationsverfahren, indem man den *falsch*-Wert mit einem *richtig*-Wert vergleicht. Einer der Werte wird um einen nach Größe und Phase einstellbaren Wert geändert, welcher unmittelbar den Fehler und den Fehlerwinkel ergibt.

Bei einem Nullverfahren für Wechselstrom muß

a) das Nullgerät wechselstromempfindlich sein,

b) die Meßschaltung nach zwei Komponenten bzw. nach Größe und Phase verändert werden können,

c) vermieden werden, daß systematische Störeinflüsse zu Fehlabgleichungen führen.

Man verwendet als Nullgerät meistens Vibrationsgalvanometer (vgl. Kap. VII), da die Prüfungen im allgemeinen nur bei 50 Hz erfolgen. Störend wirken nicht nur wie bei Gleichspannung Kriechströme über isolierende Oberflächen, sondern vor allem Ladeströme elektrischer und Induktionswirkungen magnetischer Störfelder. Die Steigerung der Empfindlichkeit, also auch der Meßgenauigkeit, ist meistens durch diese Störeffekte begrenzt. So ist es z. B. theoretisch leicht möglich, die Empfindlichkeit von Vibrationsgalvanometern durch Anwendung von Vorverstärkern fast beliebig zu steigern. Dann müssen aber sämtliche

Schaltungsteile, insbesondere die Eingangsübertrager des Vorverstärkers, sehr sorgfältig gegen elektrische und magnetische Felder gleicher Frequenz geschützt werden.

Da die Fehler eines Wandlers in starkem Maße von der Belastung abhängen, ist bei der Wandlerprüfung als Zubehör eine Bürdenmeßeinrichtung bzw. die Anwendung sog. *Normbürden* unbedingt notwendig. Meistens besitzen Wandlerprüfeinrichtungen beides.

Zur Richtigkeitsprüfung kann in gewissem Sinne noch die Bestimmung der Überstromkennziffer bei Stromwandlern gerechnet werden. Diese Messung ist nicht einfach, da ein direktes Verfahren eine länger andauernde, erhebliche Überbeanspruchung des Prüflings und der Meßeinrichtung verlangt. In VDE 0414 sind die zulässigen Verfahren zur Bestimmung der Überstromkennziffer benannt.

Als Sicherheitsprüfungen sind die Wicklungsprüfung und die Windungsprobe vorgeschrieben. Bei Spannungswandlern ist zur Windungsprüfung die Anwendung einer Prüfspannung höherer Frequenz (150 oder 300 Hz) erforderlich, da die höhere Windungsspannung nicht durch Erhöhen des Flusses hergestellt werden darf, sondern hierzu gemäß der Beziehung

$$\frac{U}{w} = 4{,}44 \cdot f \cdot \Phi_{\text{max}}$$

nur die Erhöhung der Frequenz zulässig ist.

Wesentliche Aufschlüsse über das Verhalten der Isolation gewinnt man auch aus einer Kapazitäts- und Verlustwinkelmessung, welche nach einem der in Kap. VII unter *Kapazitätsmeßbrücken* erläuterten Verfahren ausgeführt werden kann. Da Hochspannungsmessungen notwendig sind, wird allgemein die Brückenschaltung nach Schering angewendet[1].

Typenprüfungen an Stromwandlern sind ferner die Prüfung auf dynamischen und thermischen Grenzstrom. Als normal gelten nach DIN 42 601 eine dynamische Kurzschlußfestigkeit vom 300fachen, eine thermische vom 120fachen des Nennstromes.

15. Die Einrichtungen zur Richtigkeitsprüfung

Das Wesentliche aller Wandlerprüfeinrichtungen ist, daß die primäre Meßgröße sowohl den Prüfling wie auch das Vergleichsnormal beaufschlagt. Man vergleicht das Übersetzungsverhältnis des Prüflings mit einem Sollwert, den man z. B. durch ein gleichartiges Normal — dem

---

[1] Neuerdings werden zur Erfassung des Glimmeinsatzes bei der Spannungsprüfung Geräte verwendet, welche die beim Glimmen entstehenden Hochfrequenzstörungen wie ein Radiogerät empfangen und auf einem Meßgerät zur Anzeige bringen (Koske).

Normalwandler — herstellen kann, dessen Eigenschaften von der PTB beglaubigt werden. Man kann auch eine Widerstands-Spannungs- bzw. Stromteilung benutzen. Gegenüber dem Gleichstromkompensator besitzen aber alle Wechselstromkompensatoren den Nachteil, daß Prototype der gesetzlich definierten Maßeinheiten nicht zur Verfügung stehen.

a) Der Vergleich mit Widerständen (Wandlerprüfeinrichtung nach SCHERING-ALBERTI): Die Abb. 211a u. b zeigt die Schaltung in der Anwendung zur Prüfung von Spannungs- bzw. Stromwandlern.

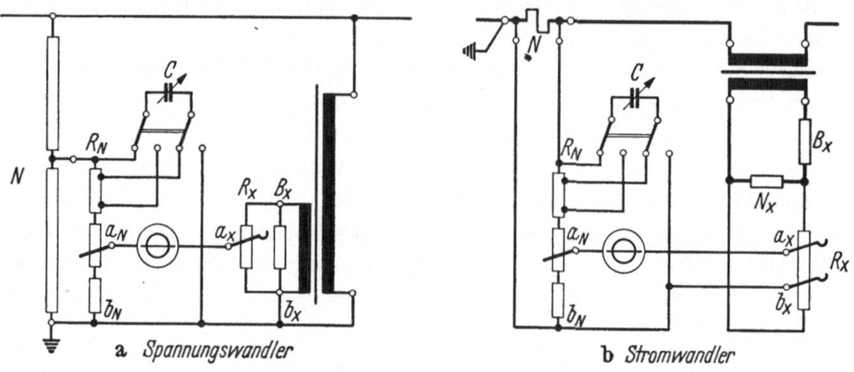

Abb. 211a u. b. Schaltung der Wandlerprüfeinrichtung nach SCHERING-ALBERTI

Als Normal dient bei der Spannungswandlerprüfung ein Normal-Hochspannungs-Teilerwiderstand, bei der Stromwandlerprüfung ein Normal-Nebenwiderstand N. In Reihe bzw. parallel zu diesem liegt der *Meßzweig* R_N, der aus einem Spannungsteiler vom Gesamtwiderstand 200 Ω mit einem Schleifdraht von etwa 4 Ω besteht, dessen Mitte den Meßzweig im Verhältnis 50:200 teilt. Ein Drehkondensator C kann zu einer der beiden Hälften dieses Meßzweiges parallelgeschaltet werden. Zwischen den Punkten a_N und b_N entsteht ein Spannungsabfall, der mittels des Schleifers b_N und des Drehkondensators C nach Größe und Phase geändert werden kann. Dieser Spannungsabfall wird mit einem zweiten Spannungsabfall zwischen den Punkten a_x und b_x verglichen, der an dem stufenweise einstellbaren zweiten Spannungsteiler R_x abgenommen wird. Dieser liegt im Sekundärkreis des Prüflings, und zwar beim Stromwandler parallel zu einer niederohmigen Meßbürde N_x, die in Reihe mit der Betriebsbürde B_x geschaltet wird. Beim Spannungswandler liegt der Widerstand parallel zur Betriebsbürde.

Der Abgleich erfolgt mit dem Schleifer a_n und dem Kondensator C, deren Einstellskalen gleich in Fehlerprozenten bzw. Fehlwinkeln beziffert sind. Der Vorteil dieser Methode ist, daß ein Vergleich mit Normalien durchgeführt werden kann, die bei sorgfältiger Beachtung aller Nebenerscheinungen mittels Gleichstrommessungen an die Prototype der gesetzlichen Maßeinheiten angeschlossen werden können. Es ist allerdings schwer, fehlwinkelfreie Normal-Teilerwiderstände und Normal-Nebenwiderstände für höhere Spannungen bzw. Ströme zu bauen. Die PTB schränkt daher die Anwendbarkeit dieses Verfahrens auf Nennströme bis 30 A und Nennspannungen bis 5000 V ein. Eine Erweiterung auf höhere Nennspannungen bzw. -ströme ist durch Anwendung von Normalwandlern möglich (Abb. 212a u. b) wobei allerdings die Eigenschaften des Normalwandlers eingehen.

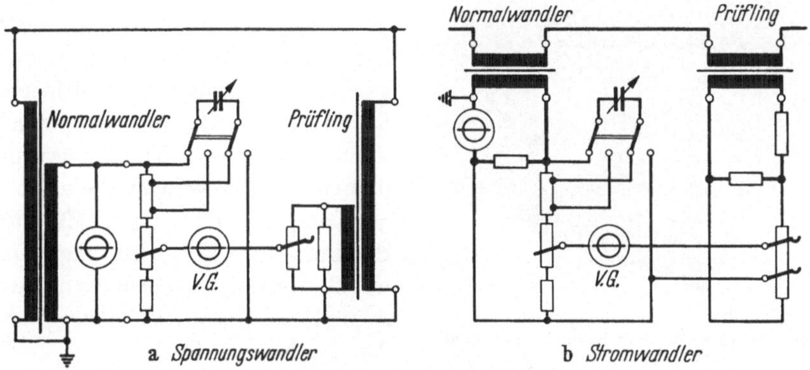

Abb. 212 a u. b. Erweiterung der Wandler-Prüfschaltung nach SCHERING-ALBERTI mit Hilfe von Normalwandlern

Die Anpassung der Meßeinrichtung an Prüflinge mit unterschiedlichen Übersetzungsverhältnissen ist mittels des Stufenwiderstandes möglich. Auch im Falle der Anwendung von Normalwandlern brauchen diese mit ihrem Übersetzungsverhältnis nicht mit dem Nennübersetzungsverhältnis des Prüflings übereinzustimmen.

b) Der Vergleich mit Normalwandlern (Wandlerprüfeinrichtung nach HOHLE). Bei dem sog. *Differentialverfahren* wird ein Normalwandler verwendet, dessen Übersetzungsverhältnis dem Nennübersetzungsverhältnis des Prüflings entspricht. Diese Geräte dienen also nicht lediglich der groben Anpassung wie bei der SCHERING-ALBERTI-Meßeinrichtung, sondern müssen entsprechend den in der Praxis vorkommenden Übersetzungsverhältnissen mit vielen Anzapfungen bzw. Umschaltmöglichkeiten ausgerüstet sein. Abb. 213 zeigt einen Normalstromwandler mit primärseitigen Anzapfungen für 1000···5 A und 5 und 1 A sekundärseitig, Abb. 214 einen Normalspannungswandler für max. 35000 V, dessen Umschaltung primärseitig mittels einer Steckplatte erfolgt.

Abb. 215a u. b zeigt das Prinzipschaltbild des Differentialverfahrens. Primär- und Sekundärwicklungen werden bei Stromwandlern in Reihe, bei Spannungswandlern parallelgeschaltet. Diese Anordnung könnte nur dann ohne gegenseitige Belastung der Wandler arbeiten, wenn die komplexen Übersetzungsverhältnisse von Prüfling und Normal genau gleich wären. Bei der Stromwandlerschaltung verlangt nämlich die für beide Geräte gleiche Primärdurchflutung eine bestimmte entmagnetisierende Sekundärdurchflutung, also einen bestimmten Sekundärstrom. Dieser ist aber bei beiden Geräten wegen der Reihenschaltung derselbe. Weichen die Übersetzungsverhältnisse ab, so bleibt bei beiden Geräten eine unausgeglichene primäre Restdurchflutung übrig, die magnetisierend wirken muß; die Wandler wären dann mehr oder weniger „belastet".

Entsprechendes gilt für die Spannungswandler-Schaltung. Hier würde wegen der primären und sekundären Parallelschaltung ein Ausgleichstrom fließen, was auch

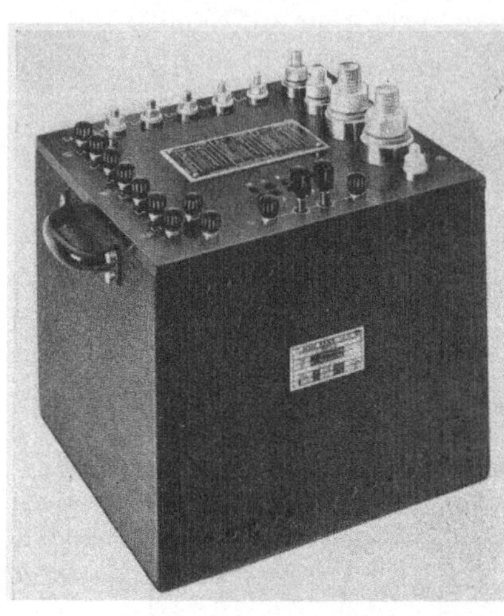

Abb. 213. Umschaltbarer Normal-Stromwandler 1···1000 A primärs. (AEG)

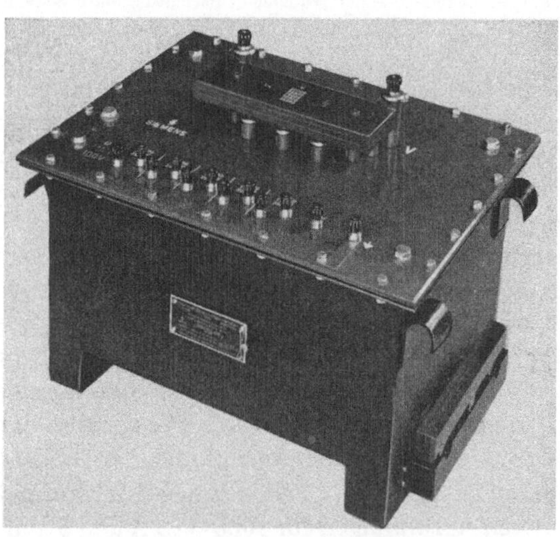

Abb. 214. Primärseitig umschaltbarer Normal-Spannungswandler (S & H)
Die Umschaltung erfolgt mit Hilfe aufsteckbarer Kontaktplatten

von der Netzbetriebspraxis her bei Leistungstransformatoren mit ungleichen Kurzschlußspannungen bekannt ist. Dieser Ausgleichstrom würde die Wandler belasten.

Es ist einleuchtend, daß die *Ausgleichsbelastung* ein Maß für den Unterschied der Übersetzungsverhältnisse von Prüfling und Normal ist.

Um diese Ausgleichsbelastung meßtechnisch zu erfassen, schaltet man bei der Stromwandlerprüfung einen Querableitungs-, bei der Spannungswandlerschaltung einen Längswiderstand R_D ein. Mit diesen Widerständen in Reihe wird ein Strommesser geschaltet, der einen groben Unterschied der Übersetzungsverhältnisse, sowie falsche Polung der Wandler anzeigt. Der Querstrom, d. h. der Spannungsabfall in R_D ist ein Maß für den Unterschied der Übersetzungen. Der Spannungsabfall wird mit einem Wechselstromkompensator genau ausgemessen. Es ist also eine definierte, in Phase mit der Sollgröße und senkrecht dazu veränderliche Spannung zu erzeugen, die mit dem an R_D auftretenden Spannungsabfall über ein Vibrationsgalvanometer verglichen wird.

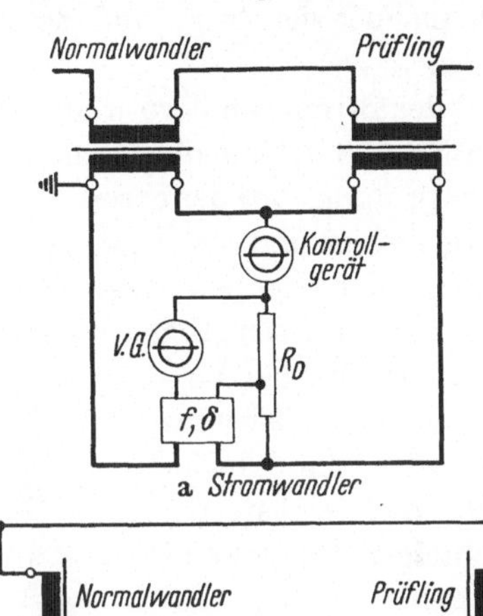

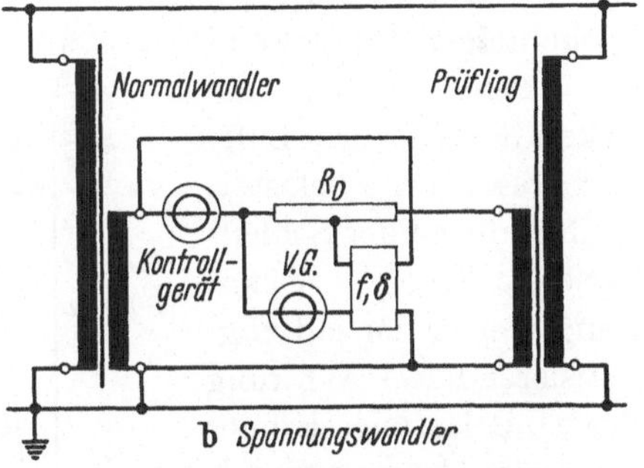

Abb. 215a u. b. Differentialverfahren nach HOHLE zur Prüfung von Stromwandlern a) und Spannungswandlern b)

Eine der Sollgröße proportionale Abgleichgröße von der Phasenverschiebung Null ist einfach durch Einschalten eines Schleifdrahtes oder einer Schleifwendel in den sekundären Meßkreis des Normalwandlers zu erreichen. Oftmals zieht man aber die Anwendung eines kleinen Hilfswandlers vor, der eine galvanische Trennung erlaubt. Dieser Hilfswandler darf dann keinen Winkelfehler besitzen. Man zapft die Schleifwendel in der Mitte an (Abb. 216), so daß zwischen dieser Anzapfung und dem Schleifer eine einstellbare Spannung auftritt,

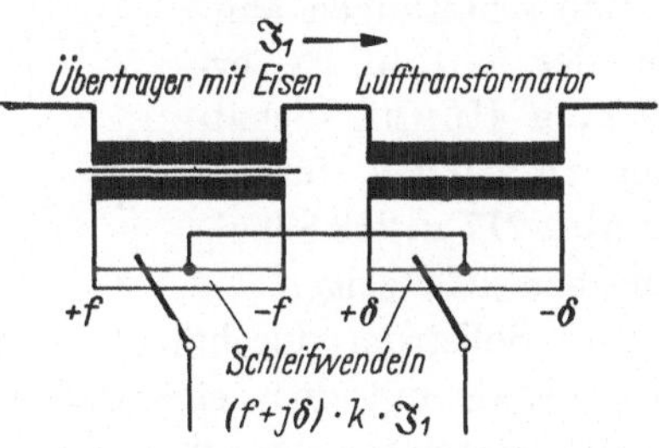

Abb. 216. f, δ-Kompensator für Wechselstrom

welche mit der Meßgröße in Phase ist. Diese Spannung schaltet man mit einer entsprechenden Spannung am δ-Abgleich in Reihe. In der Schleifwendel dieses Abgleichorganes muß aber ein Strom fließen, der gegenüber der Meßgröße um genau 90° in der Phase verschoben ist. Diese

Forderung erfüllt genau ein unbelasteter Lufttransformator (Gegen-induktion), der primärseitig durch einen der Meßgröße proportionalen Strom magnetisiert wird und dessen Urspannung dem Strom um 90° nacheilt.

Bei der Stromwandlerprüfung ist die sekundäre Meßgröße unmittelbar als Sekundärstrom des Normalwandlers gegeben. Bei der Spannungswandlerprüfung wird der Strom in einer hochohmigen, phasenfehlerfreien Bürde gemessen und über einen gleichfalls winkelfehlerfreien Anpassungsübertrager der Kompensationsschaltung zugeführt.

Bei allen Phasen-Abgleichs-Schaltungen für Wechselstromkompensatoren besteht bei Verwendung von Gegeninduktivitäten die Schwierigkeit, daß selbst ein hochohmiger Widerstand der Schleifwendel die Sekundärseite des Lufttransformators belastet, so daß die an der Schleifwendel liegende Spannung wegen der entmagnetisierenden Wirkung des Belastungsstromes einerseits, der unvermeidlichen sekundären Streuung andererseits niemals die 90°-Bedingung genau erfüllen kann. Man ist also zur Anwendung von Korrektionsschaltungen ähnlich der in Kap. IX erwähnten HUMMEL-Schaltung gezwungen, für die die Abb. 217 u. 218 Schaltungsbeispiele zeigen.

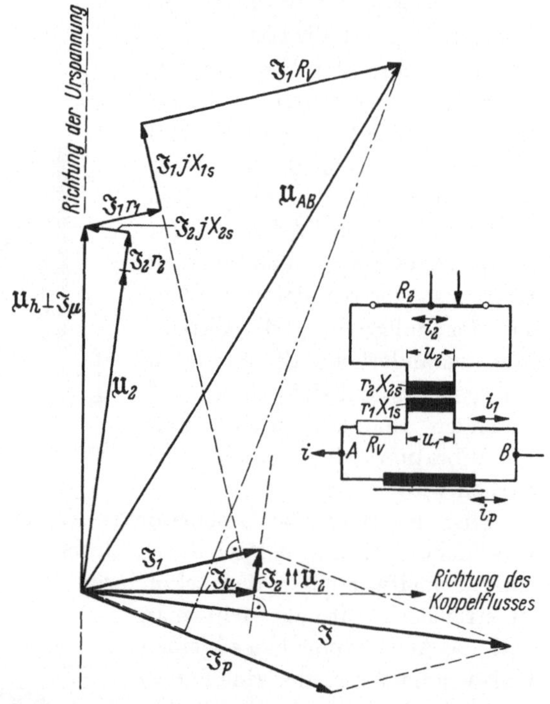

Abb. 217. 90°-Abgleich des belasteten Lufttransformators im Wechselstrom-Kompensator mittels Parallelinduktivität

Der Sollstrom durchfließt in Abb. 217 die Parallelschaltung einer Drosselspule mit dem eigentlichen Meßzweig; in diesem ist vor den Lufttransformator ein Ohmscher Widerstand geschaltet. Der Anteil i_1 des Sollstromes fließt durch den Meßzweig, der Anteil i_P durch die parallelgeschaltete Drossel.

i_1 magnetisiert die Gegeninduktivität des Lufttransformators und deckt die Belastung durch den sekundären Strom i_2, der durch die Schleifwendel fließt und dort den Spannungsabfall u_2 hervorruft; dieser ist gleich der sekundären Klemmenspannung. Die Urspannung der Sekundärwicklung eilt dem Magnetisierungsanteil i_μ genau um 90° nach. Ihr entspricht ein gleich großer, aber entgegengesetzt gerichteter Anteil u_h der primären Klemmenspannung. Die beiden Klemmenspannungen weichen dann infolge der Widerstände und der Streuungen der Wicklungen von der Urspannung ab. Diese Spannungsabfälle sind mit den Strömen i_1 und i_2 in Phase oder eilen ihnen um 90° vor.

Dem Meßzweig und dem Parallelzweig ist ein und dieselbe Spannung u_{AB} gemeinsam. In bezug auf den Strom i_P des Parallelzweiges muß sie eine Verlust- und eine Magnetisierungskomponente haben, da verlustlose Drosselspulen nicht hergestellt werden können. Um den Spannungsunterschied zwischen der Drosselspannung u_{AB} und der Primärspannung u_1 des Übertragers zu überbrücken, muß man dem Übertrager einen Widerstand vorschalten. Man kann z. B. wie in Abb. 217 hierzu einen Ohmschen Widerstand wählen. Eine andere Lösung ist in Abb. 218 dargestellt: hier wird vor die Gegeninduktivität ein Kondensator geschaltet und der Schaltung ein Widerstand parallelgelegt.[1]

Bei neueren Stromwandlermeßeinrichtungen (nach KELLER) verwendet man Kompensationsschaltungen mit einem gegenüber der ursprünglichen HOHLE-Meßeinrichtung erweiterten Bereich. Die Meßeinrichtung kann auch als Wechselstromkompensator verwendet werden. Abb. 219a u. b und

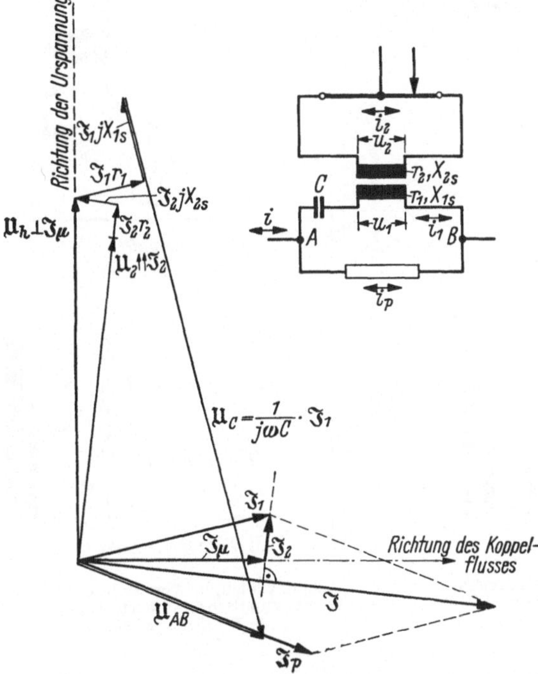

Abb. 218. 90°-Abgleich des belasteten Lufttransformators mittels Reihenkondensator

---

[1] Der Leser kann an diesem Beispiel wiederum die Tragfähigkeit „dualistischer" Betrachtung der in der Elektrophysik gültigen Gesetzmäßigkeiten erkennen. Man erreicht denselben Effekt durch Anwendung folgender Maßnahmen:

a) Reihenschaltung eines Widerstandes und Parallelschaltung einer Induktivität,

b) Parallelschaltung eines Widerstandes und Reihenschaltung eines Kondensators.

220a u. b zeigen die bei Verwendung als Wandlermeßeinrichtung und Bürdenmeßeinrichtung angewendeten Schaltungen. Als Bürdenmesser wird mit dem Wechselstromkompensator entweder der Spannungsabfall des Bürdenstromes an einem Meßwiderstand (Spannungswandler) oder die Bürdenspannung unmittelbar (Stromwandler) bestimmt. Der ganze Kompensationskreis ist gegen elektro-statische Beeinflussung durch Zwischenwandler mit Schutzwicklung abgeschirmt.

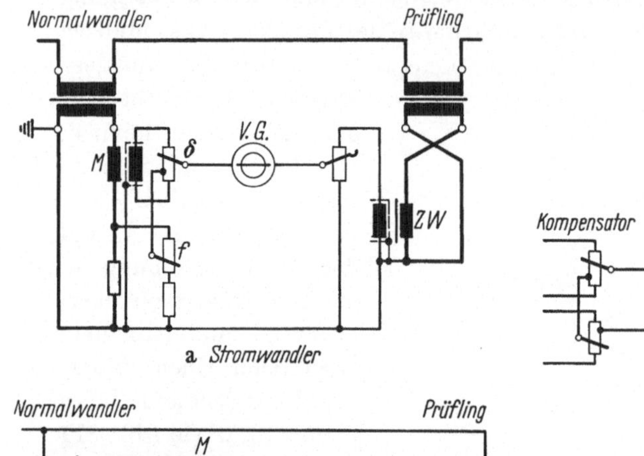

Abb. 219a u. b. Meßwandler-Prüfschaltungen nach KELLER (Hartmann & Braun)

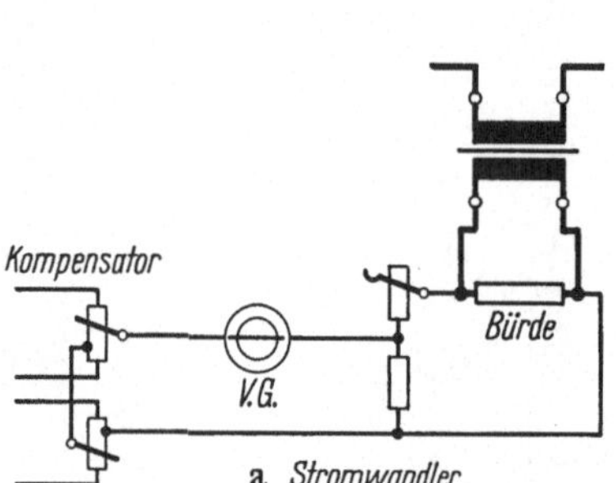

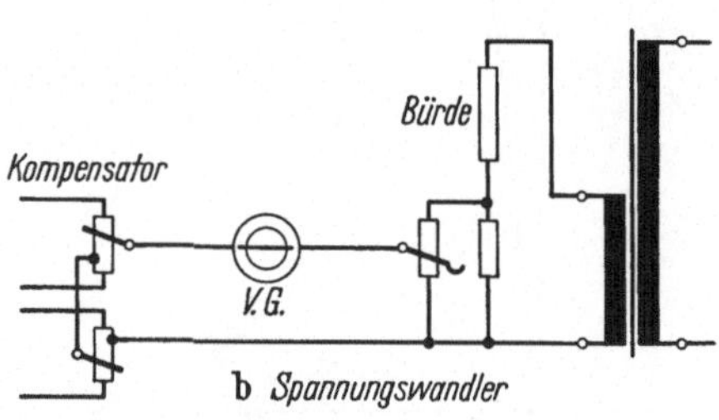

Abb. 220a u. b. Verwendung der Meßwandlerbrücke nach KELLER zur Bürdenmessung

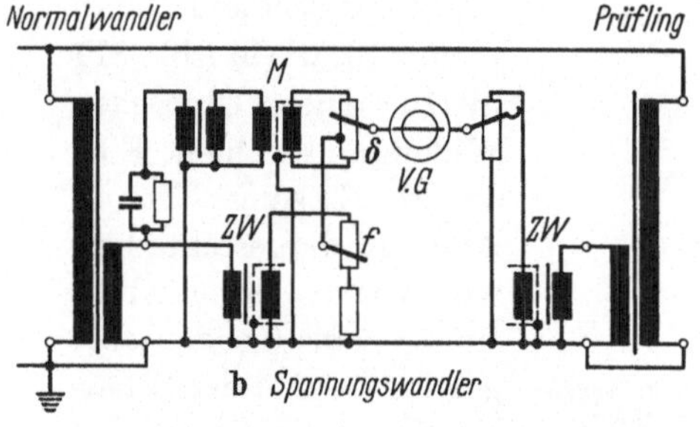

Zur Erzeugung der zur Richtigkeitsprüfung erforderlichen hohen Prüfströme bzw. Prüfspannungen benötigt man Hochstrom- bzw. Hochspannungs-Prüftransformatoren. Diese werden gewöhnlich zusammen mit besonderen Stelltransformatoren verwendet, da bei den Haupttransformatoren selbst nur wenige Umschaltmöglichkeiten unterzubringen sind, und andererseits die Prüfgrößen feinstufig eingestellt werden müssen. Es ist darauf zu achten, daß die Prüfgrößen hinreichend sinusförmig verlaufen; dem dienen Zusatzeinrichtungen (Drosselspulen) und Generatoren mit besonders guter Spannungskurve.

Die Abb. 221 und 222 zeigen Ansichten eines modernen Prüffeldes für Wandler einschließlich der Versorgungseinrichtungen zur Strom- und Spannungswandlerprüfung.

Abb. 221. Meßplatz zur Richtigkeitsprüfung von Strom- und Spannungswandlern (S & H)
a Tisch mit Meßwandler-Prüfeinrichtung;   b Meßplatz für die Betriebsgrößen;   c Normalbürden

Abb. 222
Wandlerprüffeld (Bayernwerk)

a Hochspannungs-Prüftransformatoren;
b Normal-Spannungswandler;
c Kondensator für Scheitelwert-
   Meßeinrichtung;
d Versorgungseinrichtung zur
   Stromwandlerprüfung;
e Normal-Stromwandler

IX. Die Messung von Wechselstrom-Betriebsgrößen bei Niederfrequenz

Lehrziel: Die Kennzeichnung quasistationärer Größen beliebiger Kurvenform. Begriff und Messung der Leistung bei Wechselstrom.

1. Quasistationäre Vorgänge

Bereits in Kap. V wurde dargelegt, daß Betriebsgrößen, die sich zeitlich nach einem Sinusgesetz ändern, sich durch Angabe weniger Zahlenwerte kennzeichnen lassen. So kann ein harmonischer Wechselstrom

$$i = \hat{\imath} \cdot \sin (2 \pi f \cdot t) \qquad (334)$$

bei bekannter Frequenz f hinreichend durch den Scheitelwert $\hat{\imath}$ beschrieben werden. An seiner Stelle wird in der Praxis meistens der Wert des Stromes angegeben, der in einer Periode dasselbe „bewirkt" wie ein Gleichstrom. Dieser Strom heißt *Effektivwert* und ergibt sich aus dem quadratischen Mittelwert von i über eine Periode zu:

$$\boxed{J = \frac{1}{\sqrt{2}} \cdot \hat{\imath}} \qquad (335)$$

Es liegt nahe, bei Abweichungen vom harmonischen Verlauf diese Definition beizubehalten. Man beachte jedoch, daß alle Überlegungen, wie sie z. B. in Kap. VII bei den Zeigerdiagrammen, bei der Definition der Wechselstromwiderstände usw. stattfanden, nicht mehr gelten, wenn die Betriebsgrößen von dem sinusförmigen Verlauf abweichen. Trotzdem lassen sich die Betriebsgrößen durch einen Zahlenwert kennzeichnen, indem man wieder ihre Wirkungen auf gleichartige einer zeitlich unveränderlichen zurückführt. Die nichtharmonischen Betriebsgrößen haben mit den harmonischen dann immer noch die Periodizität als kennzeichnende Eigenschaft gemeinsam. Da sie zwar nicht stationär, d. h. zeitunabhängig sind, sich aber durch Angabe eines unveränderlichen Zahlenwertes kennzeichnen lassen, nennt man sie *quasistationär*. Harmonische Größen sind Spezialfälle quasistationärer Vorgänge.

Nichtharmonische, periodische Vorgänge lassen sich eindeutig in eine Reihe harmonischer Teilvorgänge zerlegen, deren Frequenzen ganze Vielfache einer Grundfrequenz sind. So ist z. B.

$$i = i_0 + \hat{\imath}_1 \sin \omega t + \hat{\imath}_2 \sin (2 \omega t + \beta_2) + \hat{\imath}_3 \sin (3 \omega t + \beta_3) \ldots \qquad (336)$$

ein Strom, dessen Werte nach einer Periode

$$T = \frac{2\pi}{\omega} = \frac{1}{f} \qquad (337)$$

ständig wiederkehren. f ist die Frequenz, die mit der Frequenz der *Grundwelle* $i_1 = \hat{\imath}_1 \sin \omega t$ übereinstimmt. Die Glieder $\hat{\imath}_2 \sin (2\,\omega t + \beta_2)$, $\hat{\imath}_3 \sin (3\,\omega t + \beta_3)$ usw. heißen *Oberwellen*[1]. Der konstante Summand i_0 heißt *Gleichstromglied*. Durch die Wahl $\beta_1 = 0$ ist die Zeitzählung mit $t_0 = 0$ so festgelegt, daß die Grundwelle mit einem Nulldurchgang beginnt. Abb. 223 zeigt die Zusammensetzung eines nichtharmonischen Wechselstromes aus seinen harmonischen Komponenten. Der umgekehrte Rechenvorgang, also die Zerlegung einer beliebigen periodischen Funktion in seine Komponenten ist erheblich schwieriger. Man bezeichnet diese Rechnung als *harmonische Analyse* (FOURIER).

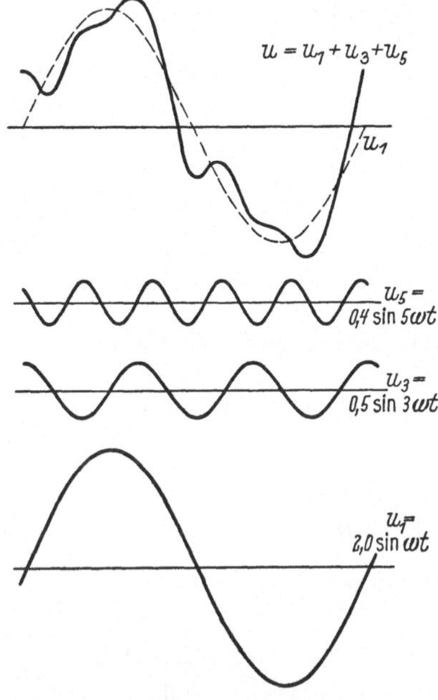

Abb. 223. Nichtharmonischer Wechselstrom

2. Der Effektivwert quasistationärer Größen

Für einen nach Gl. (336) verlaufenden Strom läßt sich ein Gleichstrom angeben, der in einer Periode dasselbe „bewirkt". Man definiert den Effektivwert eines quasistationären Stromes gemäß dem Vergleich

$$J^2\,T = \int_0^T i^2\,dt$$

als quadratischen Mittelwert über eine Periode

$$J = \sqrt{\frac{1}{T}\int_0^T i^2\,dt} \tag{338}$$

Bei harmonischen Vorgängen muß sich das bereits bekannte Verhältnis $1/\sqrt{2}$ ergeben. In der Tat ist

$$\frac{1}{T}\int_0^T \hat{\imath}^2 \sin^2 \omega t \cdot dt = \frac{\hat{\imath}^2}{\omega T}\int_0^T \sin^2 (\omega t)\,d(\omega t) = \frac{\hat{\imath}^2}{2\pi}\int_0^{2\pi} \sin^2 x\,dx$$

---

[1] Um mit der Zählung der Oberwellen keine Unklarheiten zu begehen, soll von Grund- und Oberwellen stets als von den *Harmonischen* gesprochen werden. So ist die 1. Harmonische die Grundwelle selbst, die 2. Harmonische die 1. Oberwelle usw.

Nun ist bekanntlich

$$\int \sin^2 x \, dx = -\int \sin x \, d(\cos x)$$

$$= -\sin x \cos x + \int \cos x \, d(\sin x)$$

$$= -\sin x \cos x + \int (1 - \sin^2 x) \, dx$$

d. h.

$$\int \sin^2 x \, dx = \frac{x}{2} - \frac{1}{2} \sin x \cos x + \text{konst}$$

Hiernach ergibt sich für jede harmonische Betriebsgröße

$$\frac{1}{T} \int_0^T i^2 \, dt = \frac{\hat{i}^2}{2\pi} \left| \frac{\omega t}{2} - \frac{\sin \omega t \cos \omega t}{2} \right|_{t=0}^{t=2\pi}$$

Es ist ferner

$$\sin x \cos x = \frac{1}{2} \sin 2x$$

Daher wird schließlich

$$\frac{1}{T} \int_0^T i^2 \, dt = \frac{\hat{i}^2}{4\pi} \left| \omega t - \frac{1}{2} \sin 2\omega t \right|_0^T$$

Die Analyse dieses Ausdruckes ergibt, daß der 2. Summand in der Klammer nichts zum Mittelwert beitragen kann, da er nach jeweils einer Periode seine Größe wiederholt und überdies für $t = 0$ und $t = T$ verschwindet. Es ist also

$$J^2 = \frac{1}{T} \int_0^T i^2 \, dt = \frac{\hat{i}^2}{2}$$

oder in Übereinstimmung mit Gl. (335)

$$J = \frac{1}{\sqrt{2}} \hat{i}$$

Diese Ableitung wird sinngemäß auf nicht harmonische, quasistationäre Größen nach Gl. (336) übertragen. Bildet man i^2, so erhält man Ausdrücke von der Form

a) $\hat{i}_0^2$

b) $\hat{i}_p^2 \sin^2 (p \omega t + \beta_p)$ $\qquad\qquad\qquad p = 1, 2, \ldots$

c) $i_0 \cdot \hat{i}_p \cdot \sin (p \omega t + \beta_p)$ $\qquad\qquad\qquad p = 1, 2, \ldots$

d) $\hat{i}_p \hat{i}_q \cdot \sin (p \omega t + \beta_p) \sin (q \omega t + \beta_q)$ $\quad p, q = 1, 2, \ldots \quad p \neq q$

Zunächst ist natürlich

$$\frac{1}{T} \int_0^T i_0^2 \, dt = i_0^2 = J_0^2$$

womit das Gleichstromglied berücksichtigt ist. Der Mittelwert des Ausdruckes Form b) ist bereits bekannt; man hat nur in Gl. (338) anstatt ωt den allgemeineren Ausdruck $p\,\omega\,t + \beta_p$ einzusetzen. Das Ergebnis ist

$$\frac{1}{T}\int_0^T \hat{i}_p^2\,dt = \frac{\hat{i}_p^2}{4\pi}\left|p\,\omega\,t + \beta_p - \frac{1}{2}\sin 2\,(p\,\omega\,t + \beta_p)\right|_0^T = \frac{\hat{i}_p^2}{2} \qquad (339\,\mathrm{a})$$

Für den Ausdruck Form c) ergibt

$$\frac{1}{T}\int_0^T i_0\,\hat{i}_p \sin\,(p\,\omega\,t + \beta_p)\cdot dt = 0 \qquad (339\,\mathrm{b})$$

denn eine Sinusfunktion hat über eine Periode keinen von Null verschiedenen Mittelwert. Es bleibt schließlich zu untersuchen, auf welchen Mittelwert der Ausdruck Form d) führt.

Die Anwendung der Additionstheoreme

$$\cos\,(x - y) = \cos x \cos y + \sin x \sin y$$

$$\cos\,(x + y) = \cos x \cos y - \sin x \sin y$$

ergibt:

$$\left.\begin{aligned}\sin\,(p\,\omega\,t + \beta_p)\sin\,(q\,\omega\,t + \beta_q) = \frac{1}{2}\cos\,[(p - q)\,\omega\,t + \\ + (\beta_p - \beta_q)] - \cos\,[(p + q)\,\omega\,t + (\beta_p + \beta_q)]\end{aligned}\right\} \qquad (340)$$

Wenn $p \neq q$ vorausgesetzt wird, wobei $p - q$ immer nur ganzzahlig und demnach niemals kleiner als Eins sein kann, so verschwindet das Integral über beide cos-Glieder von Gl. (340) zwischen den Grenzen 0 und T. Es ist also auch

$$\frac{1}{T}\int_0^T i_p\,i_q\,dt = 0$$

Hieraus ergibt sich, daß nur die Glieder mit i_p^2 zum quadratischen Mittelwert beitragen. Es ist

$$J^2 = \hat{i}_0^2 + \frac{\hat{i}_1^2}{2} + \frac{\hat{i}_2^2}{2} + \frac{\hat{i}_3^2}{2} + \cdots$$

Bedenkt man, daß beim Gleichstromglied $i_0 = J_0$ und bei den Harmonischen $J_p = \frac{1}{\sqrt{2}}\cdot\hat{i}_p$ ist, so wird

$$\boxed{J = \sqrt{J_0^2 + J_1^2 + J_2^2 + \cdots}} \qquad (341)$$

Hiermit ist der Effektivwert einer quasistationären Größe einwandfrei definiert. Die Sonderfälle des reinen Gleichstromes (alle Größen außer J_0 verschwinden) und des harmonischen Wechselstromes (alle Größen außer J_1 verschwinden) sind in der Definition enthalten.

In gleicher Weise ergibt sich der Effektivwert der Spannung zu

$$U = \sqrt{U_0^2 + U_1^2 + U_2^2 + \cdots} \qquad (342)$$

Die Effektivwerte lassen sich durch alle Meßwerke messen, welche auf Grund der Definition des Effektivwertes

a) eine mit der Meßgröße zeitveränderliche Meßkraft entwickeln, welche unabhängig von der Stellung des Zeigers auf der Skale dem Quadrat des Augenblickswertes der Meßgröße proportional ist,

b) deren bewegliche Organe hinreichend träge sind, um nur dem Mittelwert dieser periodisch veränderlichen Meßkraft zu folgen.

Solche Meßgeräte heißen *Effektivwertmesser*. Es gibt unter den Meßwerken nur wenige Ausnahmen, die der Bedingung a) nicht genügen; die wichtigste ist das Drehspulmeßwerk.

3. Der Mittelwert quasistationärer Größen

In den meisten praktischen Fällen hat es keinen Sinn, von dem arithmetischen Mittelwert einer quasistationären Größe über einer vollen Periode zu reden. Mit Hilfe der Gl. (328) ergibt der Mittelwert mit

$$J_m = \frac{1}{T} \int\limits_0^T i\, dt = i_0$$

lediglich das Gleichstromglied. Besitzt die quasistationäre Größe, was zumeist der Fall ist, den Charakter eines *reinen* Wechselstromes, so ist dieser Mittelwert Null. Alle Meßgeräte, die eine dem Strom selbst proportionale Meßkraft aufweisen (Drehspulmeßwerk) und deren beweglichen Organe hinreichend träge sind, können daher Wechselströme überhaupt nicht anzeigen. Ein Ausschlag kann dann nur zustande kommen, wenn der Vorgang ein Gleichstromglied

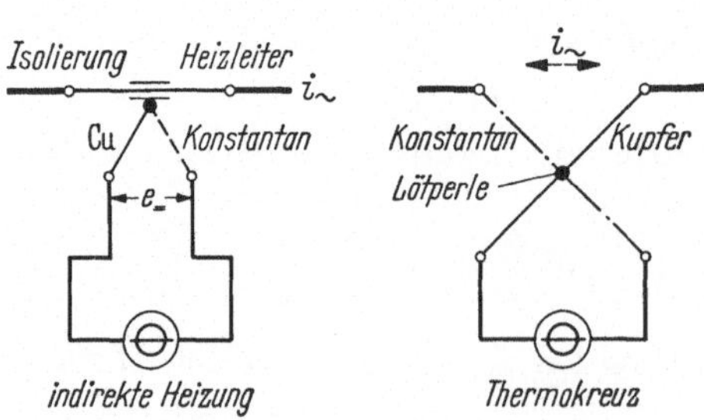

Abb. 224. Effektivwertmessung von Wechselströmen mit Thermoumformer und Drehpulmeßwerk

besitzt. Da solche Meßgeräte thermisch aber mit dem gesamten Strom belastet sind, können sie u. U. gefährdet sein, ohne daß man das an einem unzulässig großen Ausschlag merkt.

Es können jedoch auch Drehspulgeräte zur Anzeige reiner Wechselströme verwendet werden, wenn man durch Zusatzeinrichtungen dafür sorgt, daß der Drehspule ein von der Meßgröße abhängiger, von Null verschiedener Mittelwert zugeführt wird. Die hierfür geeigneten Hilfsmittel sind der Thermoumformer und der Gleichrichter.

Während über den Thermoumformer (Abb. 224) wenig mehr zu sagen ist, als daß er wegen seiner streng quadratischen Kennlinie ein idealer, sogar für Hochfrequenz gut geeigneter Effektivwert-Strommesser ist[1], muß das Gleichrichtergerät genauer besprochen werden.

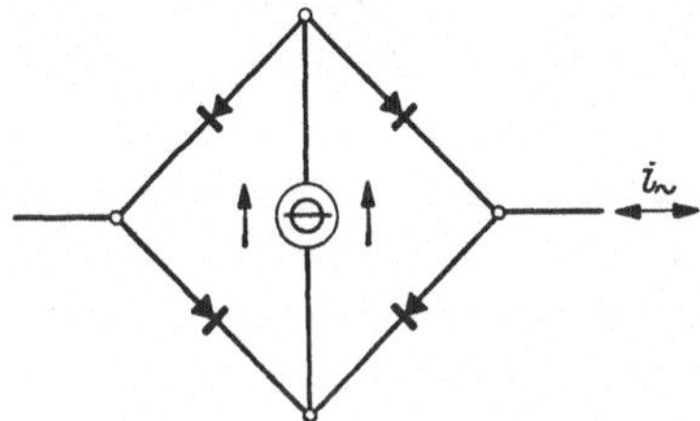

Abb. 225. Gleichrichter-Brückenschaltung nach GRAETZ

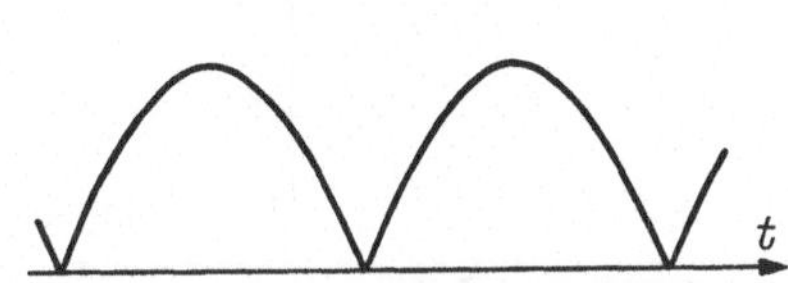

Abb. 226. Vollweggleichrichtung

Bei einem solchen wird z. B. nach Abb. 225 der Wechselstrom durch eine aus Sperrschicht-Gleichrichtern bestehende Brückenschaltung geschickt. Durch das im Diagonalpfad liegende Drehspulgerät fließt dann der Strom während jeder Halbwelle in der gleichen Richtung. Die Kennlinie des Gleichrichters soll möglichst ideal sein, d. h. in der Durchgangsrichtung sollte der Widerstand klein, in der Sperrichtung sehr groß sein. Dann bekommt die Drehspule nach Abb. 226 einen Wellenstrom, dessen Mittelwert von Null verschieden ist. Diese, die beiden Halbwellen des Wechselstromes ausnutzende Schaltung nach GRAETZ ist eine *Zweiweg-Brücken-Gleichrichtung*. Demgegenüber zeigen Abb. 227a u. b Möglichkeiten der *Einweg-Gleichrichtung*; im ersten Fall liegt der Gleichrichter mit der Drehspule in Reihe, und es fließt in der Sperrphase der Gleichrichters kein Strom über die Drehspule; im zweiten Fall schließt der

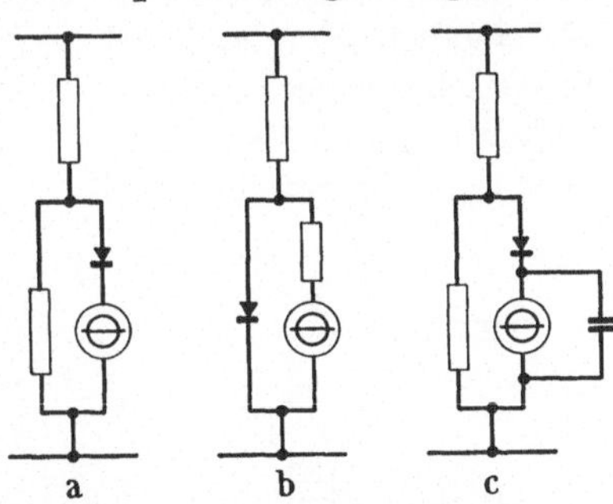

Abb. 227a—c) Schaltungen für Einweggleichrichtung. a) Meßwerk der Durchgangsphase stromführend; b) Meßwerk in der Sperrphase stromführend; c) Speicherung des Meßwertes („Spitzengleichrichtung")

Gleichrichter die Drehspule in der Durchlaßrichtung kurz, und in der Durchlaßphase fließt kein Strom über die Drehspule. Man kann außerdem zur Drehspule einen Kondensator parallelschalten, der dann über den in Reihe liegenden Gleichrichter beim Anstieg der Meßgröße aufgeladen wird, und während der dann folgenden Zeit seine Ladung so langsam

---

[1] Wegen der für den Thermoumformer typischen Fehlermöglichkeiten vgl. S. 438.

20*

über die Drehspule ausgleicht, daß das Meßgerät praktisch den Spitzenwert der Meßgröße anzeigt (Abb. 227c).

In Abb. 228 ist die Kennlinie eines Sperrschicht-Gleichrichters aufgetragen. Man erkennt, daß in Durchgangsrichtung ein Spannungsabfall am Gleichrichter auftritt, während in der Sperrichtung der Widerstand durchaus nicht unendlich ist. Ferner hat der Gleichrichter bei kleinen Strömen einen *Anlauf*, einen gekrümmten Teil der Kennlinie, der die Äste, die für die Sperrung und den Durchgang gelten, miteinander stetig verbindet. Im Bereich sehr kleiner Ströme ist daher mit den üblichen Meßgleichrichtern keine Gleichrichtung möglich.

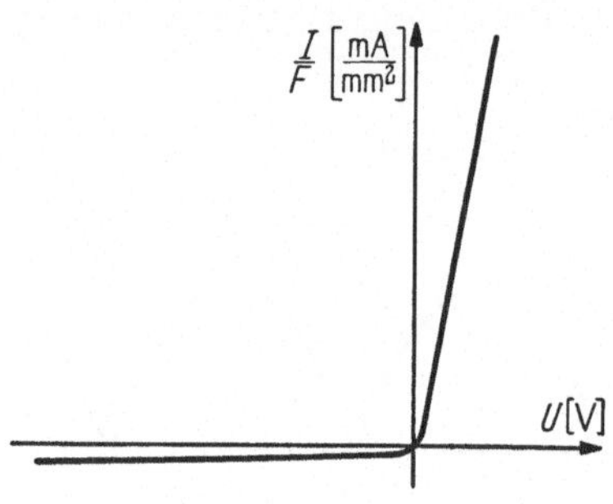

Abb. 228. Kennlinie eines Gleichrichters für Meßzwecke (schematisiert)

Von diesem Nachteil sind mechanische Gleichrichter frei, bei welchen ein gesteuerter Kontakt das Meßwerk in jeder Periode zu einem bestimmten Zeitpunkt ein- und zu einem anderen ausschaltet. Das Verhältnis von Sperr- zu Durchgangswiderstand ist bei ihnen sehr groß. Als Durchgangswiderstand tritt praktisch nur der Kontaktwiderstand auf (etwa 10^{-2} Ohm), als Sperrwiderstand

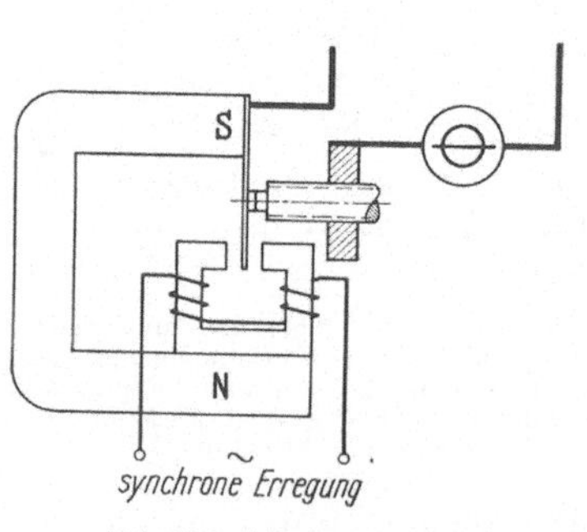

Abb. 229. Schwingkontakt (Wirkungsweise)

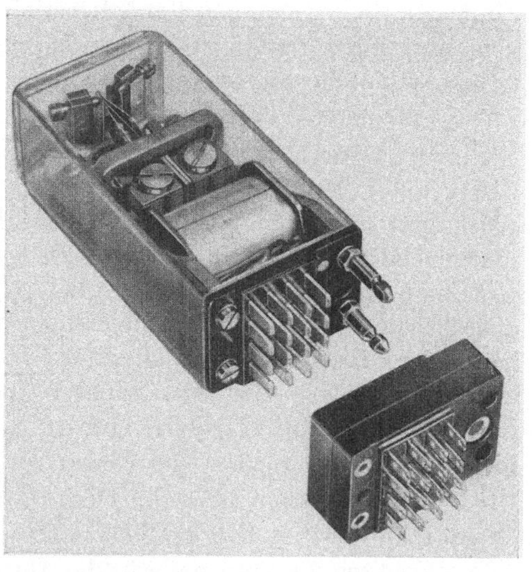

Abb. 230. Schwingkontakt (S & H)

der Isolationswiderstand der Kontaktträger (etwa 10^8 Ohm). Mit solchen Gleichrichtern kann man sehr kleine Wechselströme einwandfrei gleichrichten. Außerdem hat man den Vorteil, den Einsatz und die Zeitdauer der Schließungsperiode verändern zu können. Man nennt derartige mechanische Gleichrichter *Meßkontakte*; sie finden z. B. im Schwing-kontaktgleichrichter der Firma Siemens & Halske (S & H) und im Vektormesser der AEG Verwendung.

Der Schwingkontaktgleichrichter (Abb. 229 u. 230) besteht aus einer federnden Stahlzunge hoher Eigenfrequenz, die im Feld eines permanenten Magneten eine bestimmte Ruhelage einnimmt, wobei sich die Meß-kontakte gerade berühren.

Das in den Spalt eines Joches hineinragende Federende bildet den einen Pol des permanenten Feldes, das Joch den anderen. Wird das Joch

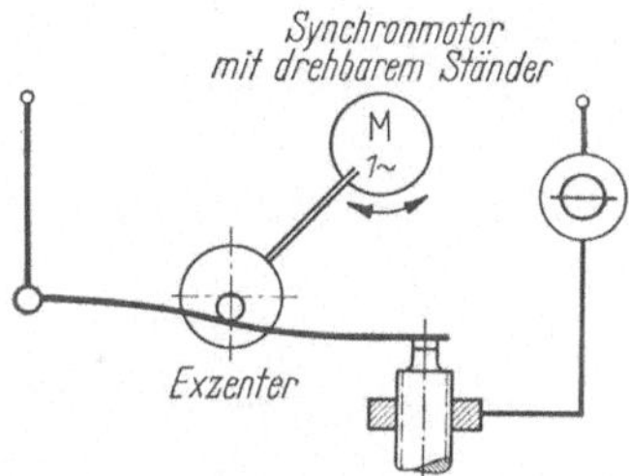

Abb. 231. Meßkontakt mit motorischem Antrieb

mit Wechselstrom erregt, so bildet sich ein Querfeld, wodurch die magnetisierte Stahlzunge zu Schwingungen angeregt wird. Während der einen Halbwelle unterbricht dabei der Meßkon-takt, während der anderen wird der Kraftschluß am Unter-brecherkontakt erhöht.

Beim Vektormesser (Abb. 231 u. 232) wird der Meßkontakt durch einen kleinen Synchron-motor über einen Exzenter be-wegt. Die Schließungszeit ist bis zu etwa 10° herunter beliebig zu etwa 10° herunter beliebig

Abb. 232. Vektormesser (AEG)
a Motorwelle mit Exzenter; *b* fester Kontakt-arm; *c* Kontaktfeder, beweglich; *d* Verdrehung des Meßkopfes zur Phasenwinkel-Bestimmung; *e* Nulleinstellung des Meßkopfes; *f* Kontaktzeit-Einstellung

einstellbar, ferner kann der Einsatz der Schließzeit innerhalb der Periode sehr einfach mittels Drehung des Ständers vom Synchronmotor eingestellt werden.

Abb. 233 a—c zeigt Oszillogramme eines mit dem Meßkontakt des Vektormessers unterbrochenen Wechselstromes; die Schaltzeit beträgt eine halbe Periode, dagegen ist die „Schaltphase" des mechanischen Gleichrichters unterschiedlich.

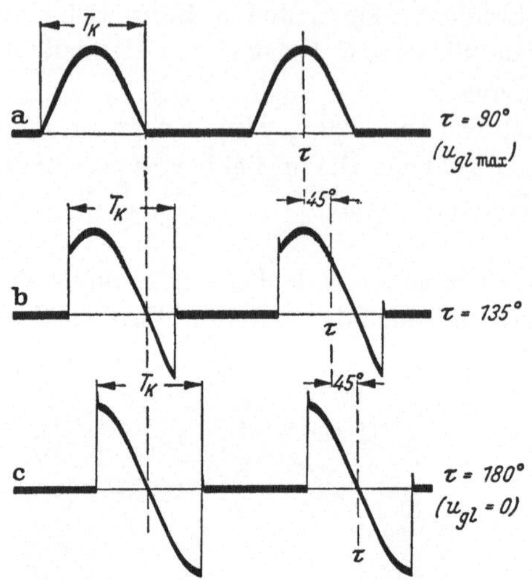

Abb. 233a—c. Strom in der Drehspule eines Vektormessers bei 180° Schaltdauer. a) Schaltphase 90°; b) Schaltphase 135°; c) Schaltphase 180° (nach KOPPELMANN)

Der Halbwellen-Mittelwert eines Kontaktgleichrichters mit 180° Schließungszeit ist

$$J_{m_{HW}} = \frac{1}{T/2} \int_{t_0}^{t_0 + \frac{T}{2}} i\, dt$$

Handelt es sich um einen harmonischen Wechselstrom, so ist

$$i = \hat{\imath} \sin \omega t$$

und für den Mittelwert ergibt sich

$$J_{m_{HW}} = \frac{2}{\omega T} \int_{\alpha_0}^{\alpha_0 + \pi} \sin \alpha\, d\alpha$$

Hierin ist wieder $\alpha = \omega t$ substituiert worden. Die Auswertung des Integrales ergibt

$$\int_{\alpha_0}^{\alpha_0 + \pi} \sin \alpha\, d\alpha = -\cos (\alpha_0 + \pi) + \cos \alpha_0$$

Nun ist

$$\cos \alpha_0 = -\cos (\alpha_0 + \pi),$$

d. h.

$$\boxed{J_{m_{HW}} = \frac{2}{\pi} \cdot \hat{\imath} \cdot \cos \alpha_0} \qquad (343)$$

Dieses Ergebnis wird durch die Oszillogramme Abb. 233a—c bestätigt; bei $\alpha_0 = 0$ ist $J_{m_{HW}} = \frac{2}{\pi} \hat{\imath}$, bei $\alpha_0 = 90°$ dagegen $J_{m_{HW}} = 0$.

Nun sei i kein harmonischer Wechselstrom mehr, sondern er möge nach Gl. (336) aus einer Grundwelle $\hat{\imath}_1 \sin \omega t$ und beliebig vielen Oberwellen bestehen, soll dagegen als *reiner* Wechselstrom kein Gleichstromglied besitzen. Dann ist

$$i = \hat{\imath}_1 \sin \omega t + \hat{\imath}_2 \sin (2\omega t + \beta_2) + \hat{\imath}_3 \sin (3\omega t + \beta_3) + \cdots \qquad (344)$$

Der Halbwellen-Mittelwert des Kontaktgleichrichters mit 180° Schließungszeit ist nach wie vor

$$J_{m_{HW}} = \frac{2}{T} \int_{t_0}^{t_0 + \frac{T}{2}} i\, dt$$

Für den Anteil der p-ten Harmonischen ergibt sich

$$\int\limits_{t_0}^{t_0+\frac{T}{2}} \hat{i}_p \sin(p\,\omega\,t+\beta_p)\,dt = \frac{\hat{i}_p}{p\,\omega}\left|-\cos(p\,\omega\,t+\beta_p)\right|_{\omega t=\alpha_0}^{\omega t=\alpha_0+\pi}$$

Ist p ungerade, so ist nach Abb. 234a

$$\cos(p\,\alpha_0+\beta_p) = -\cos[p\,(\alpha_0+\pi)+\beta_p]$$

d. h.

$$J_{m_{HWp}} = \frac{2}{\pi}\cdot\frac{1}{p}\cos(p\,\alpha_0+\beta_p)$$

Für geradzahlige Harmonische ergibt sich (Abb. 234b)

$$\cos(p\,\alpha_0+\beta_p) = \cos[p\,(\alpha_0+\pi)+\beta_p]$$

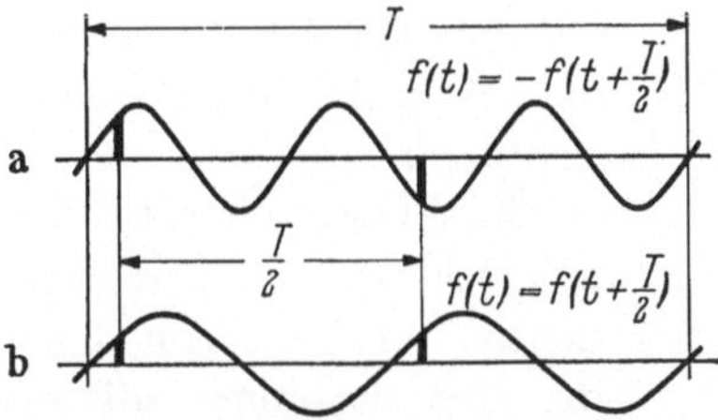

Abb. 234a u. b. Mathematische Kennzeichnung geradzahliger und ungeradzahliger Harmonischer bei oberwellenhaltigen Vorgängen a) ungeradzahlige Harmonische; b) geradzahlige Harmonische

und daher

$$J_{m_{HW\,p}} = 0$$

Dieses Ergebnis zeigt, daß nur die ungeradzahligen Harmonischen den Halbwellen-Mittelwert beeinflussen können.

Deren Einfluß hängt aber nicht nur von der Amplitude, sondern auch von der Phasenlage ab. Zur Erläuterung dessen sind in Abb. 235a—c drei Vorgänge dargestellt, die alle eine Grundwelle von 100% und eine 3. Harmonische von 30% besitzen. In Abb. 235a u. c ist angenommen, daß die 3. Harmonische zusammen mit der 1. durch Null geht, das eine Mal aber zu

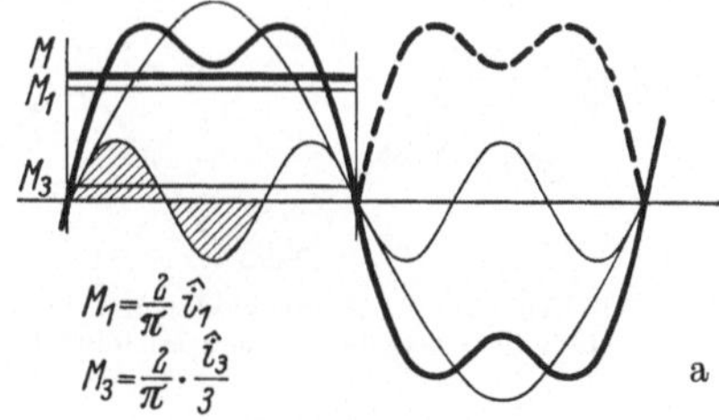

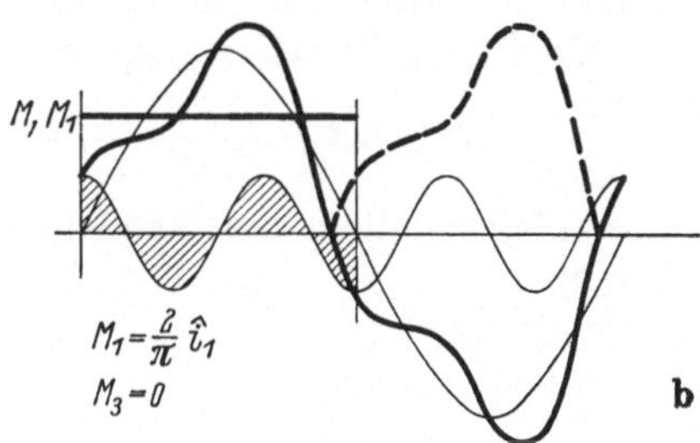

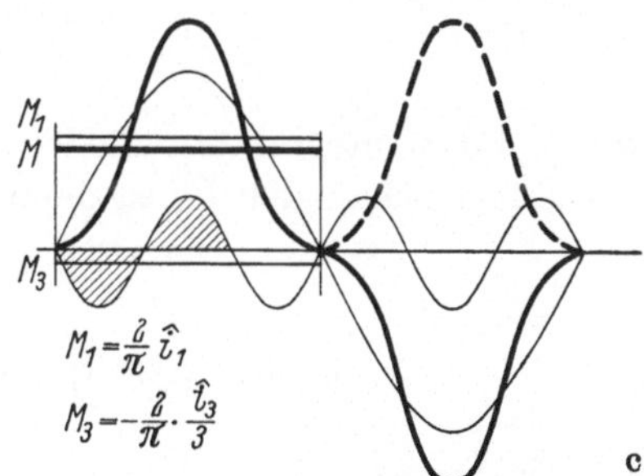

Abb. 235a—c. Mittelwert eines verzerrten Wechselstromes in Abhängigkeit von der Phasenlage der Oberwelle
a) $\beta_3=0$; b) $\beta_3=30°$; c) $\beta_3=60°$

Beginn positiv, das andere Mal negativ ist. Dagegen hat in Abb. 235b die 3. Harmonische beim Nulldurchgang der Grundwelle ihr Maximum. Diesen drei Fällen entsprechen $\beta_3 = 0°$, $30°$, $60°$, während $\beta_1 = 0$ angenommen ist.

Man erkennt, daß trotz gleichbleibenden Oberwellengehaltes sich die *Form* der Gesamtkurve entscheidend ändert. Im ersten und dritten Fall heben sich nur die schraffierten Flächen der Oberwelle auf; eine Halbwelle derselben bleibt übrig und trägt zur Mittelwertbildung bei. Im zweiten Fall ist auch die ungeradzahlige 3. Harmonische ohne Einfluß auf den Mittelwert und die Anzeige des Gleichrichtergerätes.

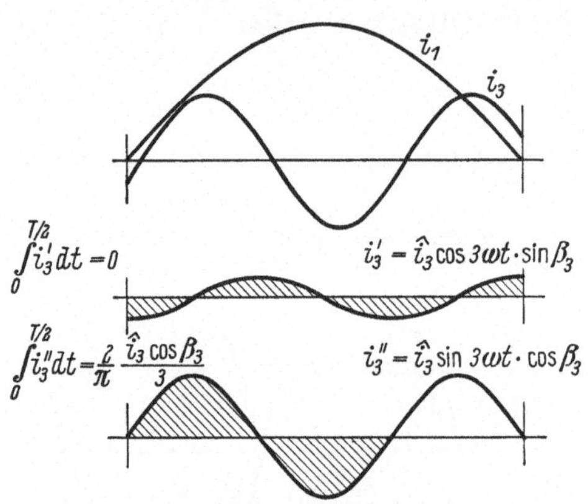

Abb. 236. Nur die sin-Komponenten ungeradzahliger Oberwellen beeinflussen den Mittelwert

Man kann die p-te Harmonische in zwei Komponenten zerlegen, von denen die eine zusammen mit der Grundwelle durch Null geht, während die andere dann ihr Maximum hat. Zu diesem Zweck zerlege man

$$\sin(p\,\omega\,t + \beta_p) = \cos\beta_p \cdot \sin p\,\omega\,t + \sin\beta_p \cdot \cos p\,\omega\,t$$

Dann können allein die Glieder $\sin p\,\omega\,t$ den Mittelwert beeinflussen (Abb. 236).

Für sie wird

$$\int_0^{\frac{T}{2}} \hat{i}_p \cos\beta_p \sin p\,\omega\,t\,dt = \frac{\hat{i}_p \cos\beta_p}{p\,\omega}\Big|-\cos p\,\omega\,t\Big|_{\omega t=0}^{\omega t=\pi} = 2\cdot\frac{\hat{i}_p \cos\beta_p}{p\cdot\dfrac{2\pi}{T}},$$

während das Integral des Gliedes mit $\cos p\,\omega\,t$ innerhalb der Grenzen 0 und $T/2$ verschwindet. Es ist demnach

$$J_{m_{HW\,p}} = \frac{2}{T}\int_0^{\frac{T}{2}} i_p\,dt = \frac{2}{\pi}\frac{\hat{i}_p \cos\beta_p}{p} \tag{345}$$

Für die Grundwelle ergibt sich ($p = 1$, $\beta_p = 0$)

$$J_{m_{HW_1}} = \frac{2}{\pi}\,\hat{i}_1 \tag{345a}$$

Dabei muß bei den Oberwellen der Winkel β_p über eine Periode $= 2\,\pi$ der betreffenden Oberwelle gemessen werden. So wird, wenn z. B. die 3. Harmonische um 20° entsprechend $^1/_{18}$ Periodendauer der *Grundwelle* vor derselben durch Null geht, $\beta_p = 3 \cdot 20° = 60°$ und $\cos\beta_p = 0{,}5$. Dann trägt diese Oberwelle nur zum $\dfrac{0{,}5}{3} = 0{,}167$fachen ihrer Amplitude zum Mittelwert bei.

Für den Mittelwert einer Halbwelle erhält man daher

$$J_{m_{HW}} = \frac{2}{\pi}\left(\hat{i}_1 + \frac{\cos\beta_3}{3}\cdot\hat{i}_3 + \frac{\cos\beta_5}{5}\cdot\hat{i}_5 + \cdots\right) \tag{346}$$

In den meisten Fällen haben Wechselströme eine verhältnismäßig geringfügige Abweichung vom harmonischen Verlauf. Oftmals ist die Kurvenform im Positiven und Negativen die gleiche; man spricht dann von *symmetrisch* verzerrten Kurven und es gilt

$$i\,(\alpha_0) = -\,i\,(\alpha_0 + \pi)$$

In diesem Fall besitzt der Wechselstrom nur ungeradzahlige Harmonische, da die geradzahligen gemäß Abb. 234b diese Bedingung nicht erfüllen können. Bei solchen Kurvenformen, kann man den Kurvenverlauf mittels eines einstellbaren Meßkontaktes wie folgt bestimmen (Abb. 237):

Die Schließungszeit sei $T/2$ entsprechend 180°. Dann bilde man mittels einer *Differenzierschaltung* die Ableitung der periodischen Meßgröße. Handelt es sich um eine Spannung, so wird man nach Abb. 237a einen Kondensator nehmen; denn es ist

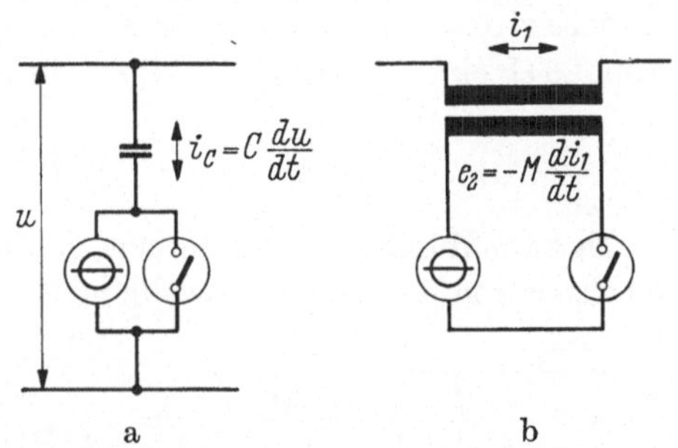

a   b

Abb. 237 a u. b. Augenblickswert-Messung von Wechselstromgrößen mit Hilfe des Vektormessers durch Differentiation der Meßgröße und Integration des Differentiales mittels des trägen Meßwerkes
a) Spannungsmessung; b) Strommessung

$$i_c = C \cdot \frac{d\,u}{d\,t}$$

und man mißt den Strom i_c über den Meßkontakt direkt. Es ist dann die Anzeige

$$J_{m_{HW}} = \frac{2}{T}\int\limits_{t_0}^{t_0+\frac{T}{2}} i_C\,d\,t$$

$$= \frac{2}{T}\cdot C\cdot\left. u\,\right|_{t=t_0}^{t=t_0+\frac{T}{2}}$$

Nun ist unter der Voraussetzung von Gl. (347)

$$u\left(t_0 + \frac{T}{2}\right) = -u\,(t_0)$$

d. h.

$$J_{m_{HW}} = \frac{4}{T} \cdot C \cdot u\,(t_0)$$

oder wegen $\omega = \dfrac{2\,\pi}{T}$

$$\boxed{J_{m_{HW}} = \frac{2}{\pi} \cdot \omega\,C \cdot u\,(t_0)} \tag{347}$$

Auf Grund dieser Zusammenhänge läßt sich die Kurvenform punktweise viel genauer bestimmen, als wenn man $u\,(t_0)$ unmittelbar durch einen sehr kurz eingestellten Kontakt mißt. Die Erklärung des Meßverfahrens ist einfach: Die verlustlose Differenzierschaltung differenziert die Meßgröße, das Differential wird dem Meßgerät über den Meßkontakt zugeführt, welches vermöge seiner Trägheit das Differential der Meßgröße wieder integriert.

In derselben Weise lassen sich die Kurvenformen symmetrischer Wechselströme aufnehmen; man verwendet hierfür am besten nach Abb. 237 b eine Gegeninduktivität; für diese gilt:

$$e_2 = -M \cdot \frac{d\,i_1}{d\,t}$$

Es kann durchaus vorkommen, daß der dem Gleichrichter zugeführte Wechselstrom in einer Halbwelle mehrere Nulldurchgänge besitzt. Dann verhalten sich die Gleichrichtergeräte je nach Bauart des Gleichrichters verschieden. Der Sperrschichtgleichrichter kümmert sich bezüglich des Vorzeichens nicht darum, ob die negativen Stromwerte der sog. „positiven" Halbwelle angehören, d. h. derjenigen, in der die Ströme vorwiegend positiv verlaufen, oder nicht. Gemäß Abb. 238a spricht das Meßwerk auf den Halbwellen-Mittelwert der gleichgerichteten Kurve an. Die Fläche F

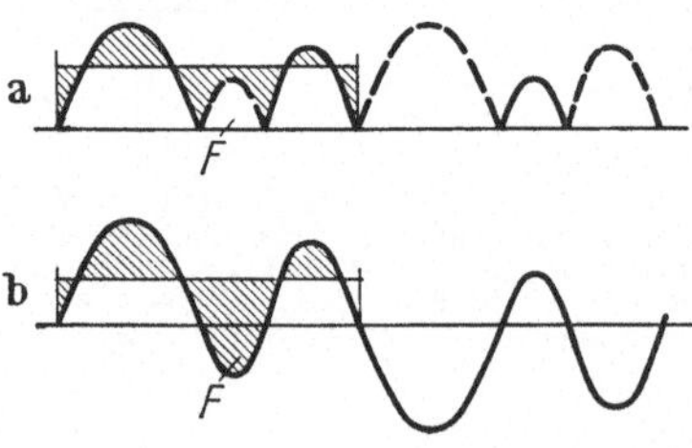

Abb. 238a u. b. Einfluß mehrerer Nulldurchgänge innerhalb einer halben Periode der Grundwelle auf die Anzeige des Mittelwertes durch ein Gleichrichtergerät. a) Drehspulgerät mit Kupferoxydul-Gleichrichter; b) Drehspulgerät mit Kontaktgleichrichter

wird also nicht gemäß ihrem Vorzeichen subtrahiert, sondern addiert und ergibt einen Meßfehler gegenüber dem arithmetischen Mittelwert entsprechend dem doppelten Betrag von F, bezogen auf die Zeitdauer einer Halbwelle. In Abb. 238b ist dagegen angenommen worden, daß die Gleichrichtung durch einen mechanischen Schalter erfolgte. Während der Schließzeit besitzt natürlich dieser keinerlei Ventilwirkung. Ist die Kontaktzeit auf $T/2$ eingestellt, so messen diese Geräte den echten arithmetischen Mittelwert einer halben Periode auch dann, wenn der zeitliche Verlauf der Meßgröße mehr als einen Nulldurchgang je Halbwelle aufweist. Dieser Umstand kann bei sog. Scheitelspannungsmessern mit Ventil- oder Sperrschichtgleichrichtern, die über Differenzierschaltungen als *Flächengleichrichter* arbeiten, zu Fehlern führen. Eine Spannungskurve besitze z. B. die in Abb. 239a dargestellte Form, in der Sättel vorkommen. Der dazugehörige Ladestrom i_c (Abb. 239b) weist dann innerhalb der positiven Halbwelle der Grundfrequenz auch negative Stromwerte auf, die dann zu einer Erhöhung des Mittelwertes beitragen. Praktisch mißt das Gerät mit Ventilgleichrichter nicht den Höchstwert von U, sondern die Summe der in Abb. 239a gekennzeichneten Sprünge.

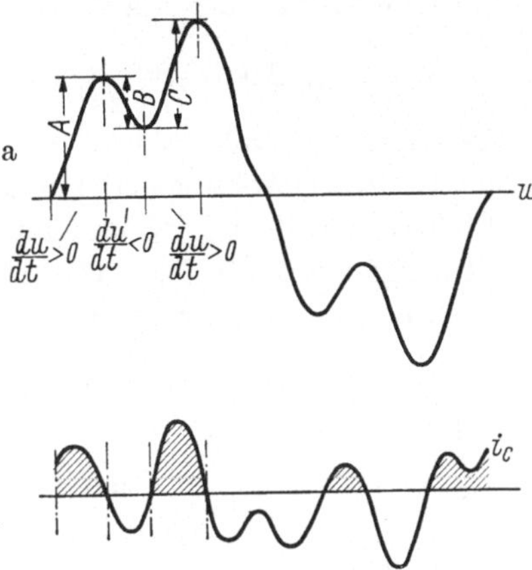

Abb. 239 a u. b. Fehler der Scheitelwertmessung bei eingesatteltem Kurvenverlauf; Messung durch Drehspulgerät mit Flächengleichrichter a) Verlauf der Meßgröße (Spannung); b) Verlauf der dem Meßwerk zugeführten Größe (Ladestrom eines Kondensators)

Ein Meßkontakt ist von diesem Nachteil völlig frei, da er Augenblickswerte — allerdings unter Voraussetzung symmetrischen Kurvenverlaufes — über Differenzierschaltungen richtig mißt. Will man den Scheitelwert messen, so hat man nur die Phase α_0 so einzustellen, daß vom Gerät der *höchste* Wert angezeigt wird.

4. Faktoren zur Kennzeichnung der Kurvenform von Wechselströmen

a) Scheitelfaktor. Der Scheitelfaktor ist das Verhältnis des Höchstwertes zum Effektivwert $f_s = \dfrac{J_{\max}}{J}$. Bei harmonischen Größen ist $J_{\max} = \hat{\imath}$ und $f_s = \sqrt{2}$. Die Messung des Scheitelwertes ist nicht immer einfach, weil Gleichrichterschaltungen nach dem im vorigen Abschnitt Gesagten Fehler haben können. Mit einem Gerät, daß den arithmetischen Mittelwert einer Halbwelle einwandfrei mißt, kann der Spitzenwert richtig ermittelt werden. Sperrschicht- oder Ventil-Flächengleichrichter in Differenzierschaltungen messen den Scheitelwert falsch, wenn der Verlauf der Meßgröße Sättel hat.

b) Formfaktor. Der Formfaktor ist das Verhältnis des Effektivwertes zum Mittelwert $f_F = \dfrac{J}{J_m}$. Man kann schreiben: $f_F = \dfrac{J}{J_{max}} \cdot \dfrac{J_{max}}{J_m}$.

Bei sinusförmigem Verlauf ist $J_m = \dfrac{2}{\pi} \hat{\imath} = \dfrac{2}{\pi} J_{max}$ und $J_{max} = \sqrt{2}\,J$, so daß sich für f_F der Wert $\dfrac{\pi}{2\sqrt{2}} = 1{,}1107$ ergibt.

Anzeigegeräte mit Gleichrichtern für den Gebrauch bei Wechselstrom erhalten gewöhnlich eine in Effektivwerten bezifferte Skale, wobei der Eichung sinusförmig verlaufende Meßgrößen zugrunde gelegt werden. Die Anzeige ist dann formfaktorabhängig und stimmt nur für einen Formfaktor von 1,1107. So ergibt z. B. ein Wechselstrom (vgl. Abb. 235a).

$$i = 100 \sin \omega\, t + 30 \sin 3\, \omega\, t$$

einen Effektivwert von

$$J = \sqrt{\left(\frac{100}{2}\right)^2 + \left(\frac{30}{2}\right)^2} = 74{,}82 \text{ A}$$

und einen Mittelwert von

$$J_{m_{HW}} = \frac{2}{\pi}\left(100 + \frac{1}{3} \cdot 30\right) = 70{,}04 \text{ A}$$

Geprüft wurde das Gerät mit sinusförmigem Wechselstrom; dabei entspricht einem angezeigten Mittelwert von $J_m = 70{,}04$ A ein Anzeigewert der Skale von $\dfrac{\pi}{2\sqrt{2}} \cdot 70{,}04 = 77{,}80$ A. Das Gerät bekommt im Falle des verzerrten Wechselstromes 74,82 A_{eff} zugeführt, zeigt aber 77,80 A_{ef} an. Es hat einen Plusfehler infolge der Formfaktorabhängigkeit von $\dfrac{77{,}80 - 74{,}82}{74{,}82} \cdot 100 = 3{,}93\%$! Einen Minusfehler der gleichen Größe hat das Gerät, wenn der Meßstrom dem Gesetz

$$i = 100 \sin \omega\, t - 30 \sin 3\, \omega\, t$$

gehorcht (Abb. 235c).

c) Klirrfaktor und Grundschwingungsgehalt (Verzerrungsfaktor). Der Klirrfaktor kennzeichnet den prozentualen Gehalt an Oberwellen ohne Rücksicht darauf, welche Phasenlage die Oberwellen zur Grundwelle haben. Es ist

$$k = \frac{\sqrt{J_2^2 + J_3^2 + J_4^2 + \cdots}}{J} \tag{348}$$

Der Klirrfaktor wird in der Nachrichtentechnik häufig gebraucht. Er kann z. B. mit Hilfe einer Wechselstrom-Brückenschaltung gemessen werden, die in bezug auf die Frequenz der Grundwelle im Gleichgewicht ist. Das Brückenmeßgerät wird dann nur von der Summe der Oberwellen beeinflußt.

Der Grundschwingungsgehalt ist das Komplement des Klirrfaktors; er ist definiert als Verhältnis der Effektivwerte vom Grundwellenanteil zum Gesamtstrom:

$$g = \frac{J_1}{J} \qquad (349\,\text{a})$$

Es ist demnach

$$\boxed{g = \sqrt{1 - k^2}} \qquad (349\,\text{b})$$

In der Starkstromtechnik ist eine andere Definition der Abweichung des Kurvenverlaufes einer Meßgröße von der Sinusform gebräuchlich. Nach VDE 0530 ist diese gekennzeichnet durch die größte Abweichung des Augenblickswertes vom Augenblickswert der Grundwelle, bezogen auf den Scheitelwert der Grundwelle. Die Festsetzung einer diesbezüglichen Toleranz stellt eine schärfere Forderung dar als die nach einem gleichgroßen Klirrfaktor. Denn in dem Ausdruck

$$i - i_1 = \hat{\imath}_2 \sin\left(2\,\omega\,t + \beta_2\right) + \hat{\imath}_3 \sin\left(3\,\omega\,t + \beta_3\right) + \cdots$$

werden an irgendeiner Stelle der Halbwelle die Amplituden der wichtigsten Oberwellen immer annähernd koinzidieren. Somit definiert die Forderung nach VDE 0530 annähernd das Verhältnis

$$k' \approx \frac{\hat{\imath}_2 + \hat{\imath}_3 + \hat{\imath}_4 + \cdots}{\hat{\imath}_1} = \frac{J_2 + J_3 + J_4 + \cdots}{J_1}$$

welches größer als der Klirrfaktor $k = \dfrac{\sqrt{J_2^2 + J_3^2 + \cdots}}{J}$ ist.

5. Leistung bei quasistationären Betriebsgrößen

Ein Meßwerk, welches von Hause aus zur Anzeige der Wirkleistung geeignet ist, ist schematisch in Abb. 241 dargestellt; es ähnelt durchaus dem Drehspul-Meßwerk, nur besteht der Eisenkörper nicht aus magnetisiertem Stahl, sondern aus dünnen Blechen eines magnetisch weichen Eisens, d. h. eines Werkstoffes, der nur geringe Remanenz und Koerzitivkraft aufweist. Dafür wird das Eisen durch eine feststehende Spule magnetisiert, durch welche der zu messende Betriebsstrom i fließt, während durch die Drehspule wie beim bekannten Drehspul-Spannungsmesser ein der Spannung u proportionaler Spulenstrom hindurchgeht.

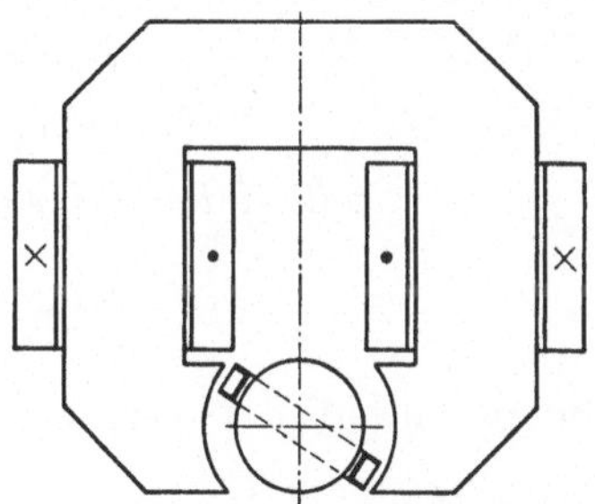

Abb. 240. Elektrodynamisches Meßwerk zur Leistungsmessung (schematisch)

Ein solches Meßwerk bezeichnet man als *elektrodynamisch*. Es läßt sich übrigens auch als Spannungs- bzw. Strommesser bauen, in welchem

Fall beide Spulen von derselben Betriebsgröße u bzw. i beaufschlagt werden müssen.

In der Schaltung als Leistungsmesser ist ähnlich wie beim Drehspulgerät

$$M_{meß}(t) = w \cdot \Phi_L(t) \cdot i_{sp}(t)$$

Hierin ist

$$\Phi_L(t) = a \cdot b \cdot B_L(t)$$

wie beim Drehspulgerät eine Größe, die den von der Drehspule umfaßten Luftspaltfluß kennzeichnet (vgl. Gl. (112), S. 98). Φ_L und i_{sp} sind aber zeitabhängig, weswegen auch $M_{meß}$ zeitabhängig ist. Es ist, wenn $i(t)$ und $u(t)$ die Meßgrößen sind

$$\Phi_L(t) = \text{konst} \cdot i(t)$$

$$i_{sp}(t) = \text{konst} \cdot u(t)$$

daher ist

$$M_{meß}(t) = \text{konst} \cdot i(t) \cdot u(t) = \text{konst} \cdot N(t)$$

Die Größe $N(t) = i(t) \cdot u(t)$ stellt den Augenblickswert der Leistung in der Schaltung dar.

Besitzt das Meßwerk eine hinreichende Trägheit, so kommt nur der Mittelwert von $N(t)$ zur Anzeige. Dieser Mittelwert muß dann die Feder um den Winkel α spannen, so daß für eine Federkonstante D sich ergibt

$$D \cdot \alpha = \text{Mittelwert von } M_{meß}(t)$$

$$= \text{konst} \cdot \text{Mittelwert von } N(t)$$

Es handelt sich jetzt darum, den Verlauf von $N(t) = u(t) \cdot i(t)$ und den Mittelwert über eine Periode zu bestimmen. Dieser stellt die Leistung dar, die im Mittel nach *einer* Richtung Energie transportiert, welche also beim Generator *erzeugt* und beim Verbraucher *verbraucht* werden muß. Sie wird *Wirkleistung N_w* genannt. Bei harmonischen Vorgängen berechnet sich diese wie folgt.

$$u = \hat{u} \sin \omega t$$

$$i = \hat{i} \sin(\omega t - \varphi)$$

$$u(t) \cdot i(t) = \hat{u}\,\hat{i}\,[\sin^2 \omega t \cdot \cos \varphi - \sin \omega t \cos \omega t \sin \varphi]$$

$$= \hat{u}\,\hat{i}\left[\sin^2 \omega t \cos \varphi - \frac{1}{2} \sin 2\omega t \cdot \sin \varphi\right]$$

Somit enthält der Wert von $\int\limits_0^T u\,i \cdot dt$ zwei Teilintegrale. Diese lauten:

$$\int\limits_0^T \sin^2 \omega t\,dt = \frac{1}{\omega}\left|\frac{\omega t}{2} - \sin 2\omega t\right|_0^{2\pi} = \frac{2\pi}{2\omega} = \frac{T}{2}$$

$$\int\limits_0^T \sin 2\omega t\,dt = \frac{1}{2\omega}\left|-\cos 2\omega t\right|_0^{2\pi} = 0$$

Man erhält

$$\int_0^T u\,i\,dt = \hat{u} \cdot \hat{i} \cdot \frac{T}{2} \cdot \cos\varphi$$

Damit wird

$$N_w = \frac{1}{T}\int_0^T u\,(t) \cdot i\,(t) \cdot dt = \frac{1}{2}\,\hat{u}\,\hat{i}\,\cos\varphi$$

oder

$$\boxed{N_w = U\,J\,\cos\varphi} \tag{350}$$

$U \cdot J$ ist die *Scheinleistung*. Sie ist nur bei Gleichstrom bzw. bei $\cos\varphi = 1$ mit der Wirkleistung identisch. Bei harmonischen Vorgängen ist also

$$\cos\varphi = \frac{N_w}{N} \tag{350a}$$

Diese Beziehung behält bei *verzerrten* Betriebsgrößen ihren Sinn, obwohl es dann unmöglich ist, vom $\cos\varphi$ zu sprechen; man führt daher besser

$$\lambda = \frac{N_w}{N} \tag{350b}$$

als Leistungsfaktor ein und definiert

$$\boxed{N_b = N\,\sqrt{1 - \lambda^2}} \tag{350c}$$

als Blindleistung. Für sie erhält man bei harmonischen Größen gemäß Gl. (350b)

$$N_b = U\,J\,\sqrt{1 - \cos^2\varphi} = U \cdot J \cdot \sin\varphi \tag{350d}$$

Es ist nunmehr zu untersuchen, welchen Anteil die Oberwellen an den Leistungsprodukten haben.

Es seien folgende Wechselstrombetriebsgrößen gegeben:

$$u = u_1 + u_2 + u_3 + \cdots$$
$$i = i_1 + i_2 + i_3 + \cdots$$

worin

$$u_p = \hat{u}_p \sin\,(p\,\omega\,t + \gamma_p) \qquad p = 1, 2, \ldots$$
$$i_q = \hat{i}_q \sin\,(q\,\omega\,t + \beta_q) \qquad q = 1, 2, \ldots$$

sind. Willkürlich soll der Beginn der Zeitzählung in den Nulldurchgang der Spannungsgrundwelle gelegt, d. h. $\gamma_1 = 0$ gewählt werden. Es sind dann zwei Hauptfälle zu unterscheiden:

1. $p = q$:

$$N_p\,(t) = u_p \cdot i_p = \hat{u}_p \cdot \hat{i}_p \cdot \sin\,(p\,\omega\,t + \gamma_p) \cdot \sin\,(p\,\omega\,t + \beta_p) \qquad p = 1, 2, \ldots$$

Es sei zur Abkürzung

$$p \, \omega \, t + \gamma_p = x_p$$
$$\beta_p - \gamma_p = \varphi_p$$

gesetzt; dann ist

$$N_p(t) = \hat{u}_p \, \hat{i}_p \sin x_p \cdot \sin(x_p - \varphi_p)$$
$$= \hat{u}_p \, \hat{i}_p [\sin^2 x_p \cos \varphi_p - \sin x_p \cos x_p \sin \varphi_p]$$
$$= u_p \, i_p \left[\sin^2 x_p \cos \varphi_p - \frac{1}{2} \sin 2 x_p \cdot \sin \varphi_p\right]$$

Wiederum ist bei der Mittelwertbildung über eine Periode nur der erste Summand von Null verschieden [vgl. Gl. (339 a)]

$$\int_0^T \sin^2(p \, \omega \, t + \gamma_p) \, dt = \frac{1}{2} \frac{1}{2\pi} \left| p \, \omega \, t + \beta_p - \sin 2(p \, \omega \, t + \beta_p) \right|_{t=0}^{t=T} = \frac{1}{2} p$$

Daher ist

$$N_{wp} = \frac{1}{T} \int_0^T N_p(t) \, dt = \frac{\hat{u}_p \, \hat{i}_p}{2} \cos \varphi_p = U_p \, J_p \cos \varphi_p$$

Das Glied mit $\frac{1}{2} \cdot \sin 2 x_p \cdot \sin \varphi_p$ kennzeichnet die Abweichung der zeitabhängigen Leistung $N_p(t)$ vom Mittelwert. Diese Leistung ändert ihr Vorzeichen und hat den zeitlichen Mittelwert Null, ist also *Blind*-Leistung.

2. $p \neq q$:

$$N_{pq}(t) = u_p \, i_q = \hat{u}_p \, \hat{i}_q \sin(p \, \omega \, t + \gamma_p) \sin(q \, \omega \, t + \beta_q) \quad p, q = 1, 2, \ldots$$

Es ist bekanntlich

$$\sin x \sin y = \frac{1}{2} [\cos(x - y) - \cos(x + y)]$$

also

$$N_{pq}(t) = \frac{\hat{u}_p \, \hat{i}_q}{2} \{\cos[(p - q) \, \omega \, t + \gamma_p - \beta_p] - \cos[(p + q) \, \omega \, t + \gamma_p + \beta_p]\}$$

Da es sich bei beiden Ausdrücken in der Klammer um harmonische Vorgänge handelt ($p \neq q$ und ganzzahlig), ist

$$\frac{1}{T} \int_0^T N_{pq}(t) \, dt = 0$$

Dieses Integral trägt nichts zur Wirkleistung, wohl aber zur Blindleistung bei.

Es läßt sich also zusammenfassend feststellen: Bei verzerrtem Kurvenverlauf bilden die Harmonischen von Strom und Spannung nur dann eine Wirkleistung miteinander, wenn sie

a) gleiche Ordnungszahl

b) eine Wirkkomponente miteinander haben ($\cos \varphi \neq 0$).

Die vom Mittelwert abweichende Größe kennzeichnet die gesamte Blindleistung; diese läßt sich zerlegen in

c) Verschiebungs-Blindleistung N_{b_φ},

welche die sin-Komponente der Grundwellenleistung darstellt und in die

d) Verzerrungs-Blindleistung N_{b_v},

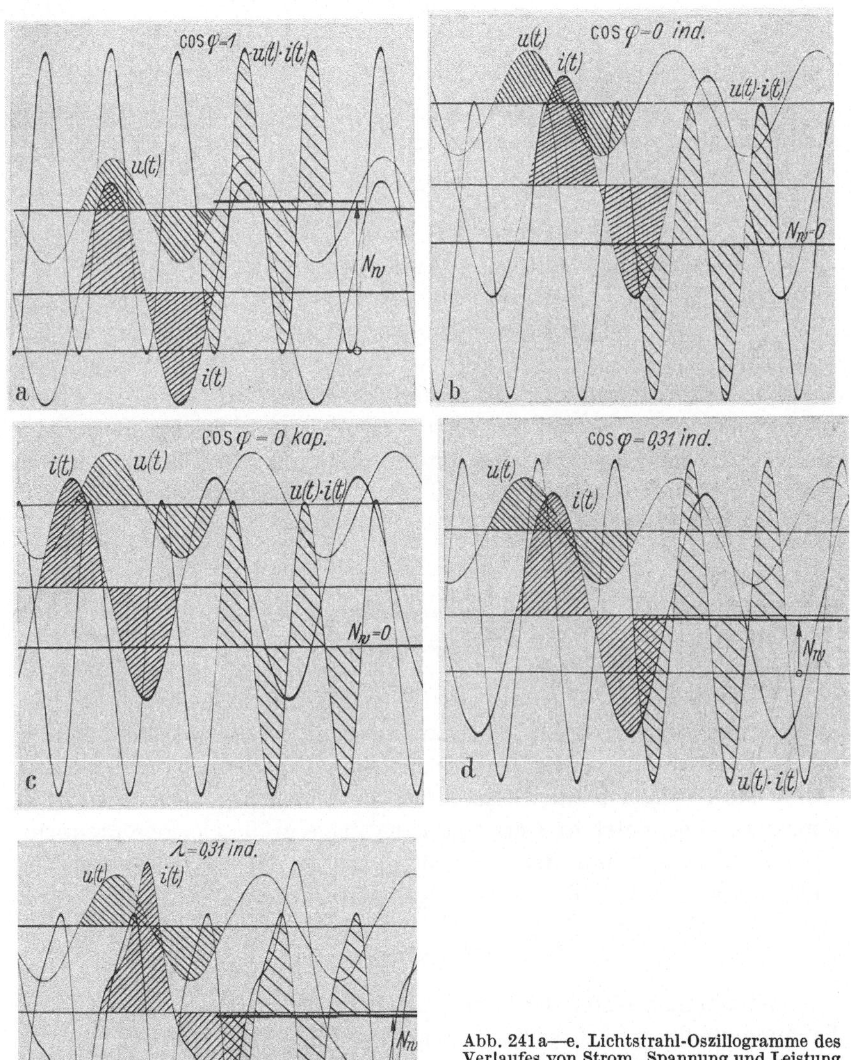

Abb. 241a—e. Lichtstrahl-Oszillogramme des Verlaufes von Strom, Spannung und Leistung

a—d) Betriebsgrößen harmonisch:
  a) $\cos \varphi = 1$; b) $\cos \varphi = 0$, induktiv;
  c) $\cos \varphi = 0$, kapazitiv; d) $\cos \varphi = 0,31$, induktiv;

e) Spannung harmonisch, Strom nicht harmonisch, $\lambda = 0,31$

welche die gemeinsame Wirkung von Oberwellenströmen und -spannungen verschiedener Frequenz bzw. Phasenlage berücksichtigt.

In der Praxis unterscheidet man gewöhnlich zwischen den nach c) und d) definierten Leistungen gar nicht, sondern bestimmt nach Gl. (350 c) die gesamte Blindleistung

$$N_b = \sqrt{(U \cdot J)^2 - N_w^2} \qquad (351)$$

aus den drei Messungen von U, J und N_w

Abb. 241 a—e zeigt einige Diagramme, die den mit einem Lichtstrahl-Oszillographen aufgenommenen Verlauf von $u(t)$, $i\,(t)$ und $N\,(t)$

1. bei rein harmonischen Betriebsgrößen

      a) bei $\cos\varphi = 1$
      b) bei $\cos\varphi = 0$ induktiv
      c) bei $\cos\varphi = 0$ kapazitiv
      d) bei $\cos\varphi = 0{,}31$

und ferner

2. bei stark verzerrtem Strom und $\lambda = 0{,}31$

wiedergeben. Man erkennt im Verlauf von $N\,(t)$, daß gleichgroße positive und negative Flächen um eine mittlere Leistung verteilt sind, die im Falle von b) und von c) gleich Null ist. Die Belastungsfälle 1 d) und e) haben *gleiche* Wirkleistung.

6. Darstellung der Leistung harmonischer Vorgänge mit Hilfe komplexer Zahlen

Bereits in Kap. VII wurde gezeigt, wie harmonische Wechselstromgrößen mit Hilfe von Zeigerdiagrammen dargestellt werden konnten, und daß man mit diesen Größen wie mit komplexen Zahlen rechnen kann. Durch Multiplikation einer Zeigergröße mit einem Operator (konstante, komplexe Zahl) entsteht stets eine neue Zeigergröße gleicher Frequenz, die sich demnach mit der Ausgangsgröße zu einem Diagramm vereinigen läßt. Ein Beispiel ist das *allgemeine Ohmsche Gesetz für Wechselstrom*

$$\mathfrak{U} = \mathfrak{J} \cdot \mathfrak{z} \, .$$

Auch die Operatoren der Differentiation und Integration waren durch Drehung um 90° und Streckung um ω bzw. $1/\omega$ erklärt worden:

$$\frac{d\mathfrak{J}}{dt} = j\,\omega\,\mathfrak{J}$$

$$\int \mathfrak{J}\,dt = -j \cdot \frac{1}{\omega} \cdot \mathfrak{J}$$

Dagegen ist es offenbar sinnlos, auf Grund der normalen Rechenregeln nach der Bedeutung des Produktes zweier Zeigergrößen zu fragen;
denn die formale Multiplikation ergibt, abgesehen von der Wirkleistung,
eine Größe doppelter Kreisfrequenz, die
nicht mit in das Zeigerdiagramm aufgenommen werden kann. Andererseits ist
die Wirkleistung physikalisch sinnvoll
über den Mittelwert des Produktes
zweier harmonischer Betriebsgrößen
definiert. Es soll daher in der symbolischen Schreibweise mit komplexen
Zahlen das Produkt zweier Zeigergrößen
so durchgeführt werden, daß die Wirkleistung herauskommt. Zu diesem
Zweck wird eine neue Regel benötigt.

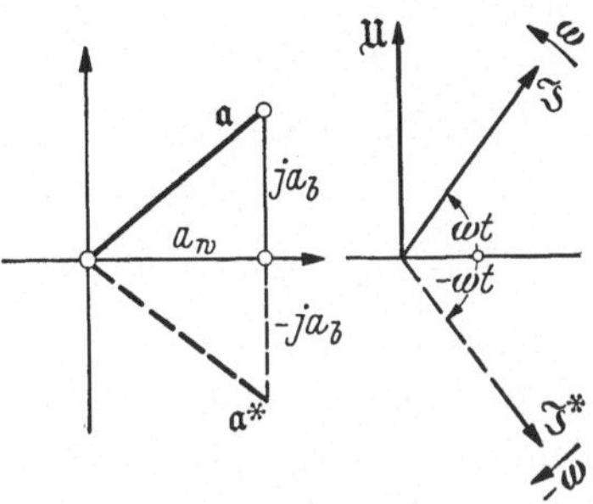

Abb. 242. Definition der Leistung als
komplexe Zahl mit Hilfe der konjugiert
komplexen Größe

Regel: *Das Leistungsprodukt zweier harmonischer Betriebsgrößen ist
bei Verwendung der Zeigerdiagramme oder der symbolischen Schreibweise
so zu bilden, daß für eine der beiden Größen die konjugiert komplexe
eingesetzt wird.*

Bedeutet $\mathfrak{a} = a_w + j\, a_b = a \cdot e^{j\alpha}$ eine beliebige komplexe Zahl, so ist
die konjungiert komplexe (Abb. 242)

$$\mathfrak{a}^* = a_w - j\, a_b = a \cdot e^{-j\alpha}$$

Setzt man

$$\mathfrak{U} = U \cdot e^{j\omega t}$$

und

$$\mathfrak{J} = J\, e^{j(\omega t - \varphi)}$$

(vgl. Abb. 242), so ist

$$\mathfrak{J}^* = J\, e^{-j(\omega t - \varphi)}$$

und

$$\begin{aligned}
\mathfrak{N}_1 = \mathfrak{U} \times \mathfrak{J}^* &= U\, J\, e^{j\omega t}\, e^{-j(\omega t - \varphi)} \\
&= U\, J\, e^{j\varphi} \\
&= U\, J\, (\cos\varphi + j\sin\varphi)
\end{aligned}$$

Ebenso erhält man

$$\begin{aligned}
\mathfrak{N}_2 = \mathfrak{U}^* \times \mathfrak{J} &= U\, J\, e^{-j\omega t}\, e^{j(\omega t - \varphi)} \\
&= U\, J\, e^{-j\varphi} \\
&= U\, J\, (\cos\varphi - j\sin\varphi)
\end{aligned}$$

Hieraus ergibt sich durch Addition bzw. Subtraktion

$$\frac{1}{2}\,(\mathfrak{N}_1 + \mathfrak{N}_2) = U\, J\, \cos\varphi$$

bzw.

$$\frac{1}{2}\,(\mathfrak{N}_1 - \mathfrak{N}_2) = j\, U\, J\, \sin\varphi$$

21*

Somit erhält man

$$N_w = \frac{(\mathfrak{U} \times \mathfrak{J}^*) + (\mathfrak{U}^* \times \mathfrak{J})}{2} \qquad (352\,\mathrm{a})$$

$$N_b = \frac{(\mathfrak{U} \times \mathfrak{J}^*) - (\mathfrak{U}^* \times \mathfrak{J})}{2j} \qquad (352\,\mathrm{b})$$

und für die „komplexe Leistung"

$$\boxed{\mathfrak{N} = N_w + j\,N_b = \frac{(\mathfrak{U} \times \mathfrak{J}^*) + (\mathfrak{U}^* \times \mathfrak{J})}{2} + \frac{(\mathfrak{U} \times \mathfrak{J}^*) - (\mathfrak{U}^* \times \mathfrak{J})}{2}} \qquad (352\,\mathrm{c})$$

In sehr sinnvoller Weise ergibt die Anwendung dieser Regel eine Zahl in einer komplexen $\mathfrak{N}$-Ebene, so wie in Abb. 143 die Bildung von $\mathfrak{U}/\mathfrak{J}$ eine Zahl in der komplexen $\mathfrak{z}$-Ebene oder in Abb. 182 der Ausdruck

$$\frac{\mathfrak{U}_{ist}}{\mathfrak{U}_{soll}} - 1 = f_U + j\,\delta_U$$

einen komplexen Fehler ergab.

Die üblichen Rechenregeln lassen sich hierauf ausnahmslos anwenden; so ist:

$$\left.\begin{aligned} \mathfrak{a} \times (\mathfrak{b}^* + \mathfrak{c}^*) &= (\mathfrak{a} \times \mathfrak{b}^*) + (\mathfrak{a} \times \mathfrak{c}^*) \\ (\mathfrak{a} + \mathfrak{b})^* &= \mathfrak{a}^* + \mathfrak{b}^* \\ \mathfrak{a}^* + (\mathfrak{b}^* + \mathfrak{c}^*) &= (\mathfrak{a}^* + \mathfrak{b}^*) + \mathfrak{c}^* \end{aligned}\right\} \qquad (353)$$

denn die Einführung der konjugiert komplexen Zahl bedeutet in der Zahlenebene nichts anderes als eine Spiegelung an der reellen Achse.

Es soll daher bei der Besprechung der Meßschaltungen von dieser Möglichkeit des Rechnens Gebrauch gemacht werden, da sich auf diese Weise das allgemeine Verhalten verwickelter Schaltungen leichter erklären läßt (vgl. Kap. X).

7. Direkt anzeigende Leistungsmeßgeräte als Mittelwertbildner des Leistungsproduktes

Anzeigende Leistungsmesser haben gewöhnlich einen feststehenden Strompfad und eine bewegliche Drehspule im Spannungspfad. Nach der Konstruktion unterscheidet man zwischen Geräten mit Eisen im Magnetfeld (eisengeschlossene Meßwerke wie in Abb. 240) und solchen, bei denen das Magnetfeld der feststehenden Spule in Luft verläuft. Zum Schutz gegen störende Fremdfelder von der Frequenz der Meßgrößen, gegen die die *eisenlosen* Meßwerke besonders empfindlich sind, verwendet man entweder eine Abschirmung (eisengeschirmte Meßwerke Abb. 243) oder eine als *Astasierung* bezeichnete Maßnahme (Abb. 244). Das astatische Meßwerk besteht aus zwei Spulenpaaren. Die Stromspulen beider

Systeme und die Spannungsspulen werden von den Meßströmen gegensinnig durchflossen. Die Meßkräfte haben dann in beiden Systemen gleiche Richtung, weil die zur Messung dienenden Felder der Stromspulen *und* die Ströme in den Spannungsspulen entgegengesetzte Richtungen haben. Dagegen heben sich die Störkräfte zwischen den Strömen in den Drehspulen und eventuellen fremden Feldern gegenseitig auf, weil in *beiden* Systemen das Störfeld gleiche Richtung hat.

Die Funktion des Meßgerätes beruht gemäß der Beziehung

$$D \cdot \alpha = k_1 \frac{1}{T} \int_0^T B_i \cdot i_u \, dt = k_2 \cdot \frac{1}{T} \int_0^T i \cdot u \cdot dt = k_2 \cdot N_w$$

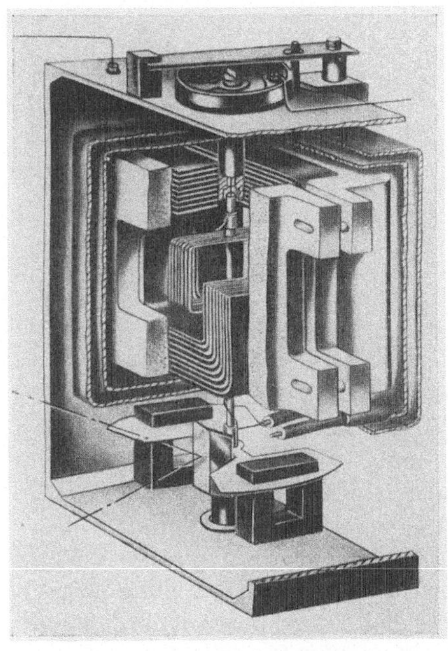

auf der Massenträgheit des beweglichen Organes, wodurch es zur Mittelwertanzeige befähigt wird. Meßfehler entstehen, wenn keine strenge Proportionalität zwischen $B_i(t)$ und $i(t)$ einerseits, $i_u(t)$

Abb. 243. Eisengeschirmtes elektrodynamisches Meßwerk für Präzisions-Leistungsmesser Kl. 0,1 (H & B)

Abb. 244. Astatisches Meßwerk für Präzisions-Leistungsmesser (S & H)

und $u(t)$ andererseits besteht. Abweichungen von der Proportionalität können größenbedingt oder phasenbedingt sein. Abb. 245 gibt ein Diagramm wieder, in welchem mögliche Phasenabweichungen dargestellt sind. Der Strom $\mathfrak{J}_u$ durch die Drehspule eile wegen der Induktivität derselben der Spannung $\mathfrak{U}$ um einen kleinen Winkel δ_u nach, der Meßstrom $\mathfrak{J}$, der den Fluß $\mathfrak{B}_J$ zu magnetisieren hat, besitze noch eine Verlustkomponente (Wirbelströme in benachbarten Metallteilen), so daß $\mathfrak{B}_J$

dem Strom $\mathfrak{J}$ um den kleinen Winkel δ_J nacheilen möge. Dann ist nach Abb. 245 die angezeigte Leistung proportional,

$$N_{w_{ist}} = U\,J \cdot \cos\varphi_{ist}$$

die Solleistung dagegen

$$N_{w_{soll}} = U\,J \cos\varphi_{soll}$$

Es ergibt sich ein Phasenfehler wegen des Unterschiedes zwischen φ_{ist} und φ_{soll}. Zur Korrektion dieses Fehlers genügt es, $\delta_U = \delta_J$ zu machen, wobei die Winkel nicht zu verschwinden brauchen.

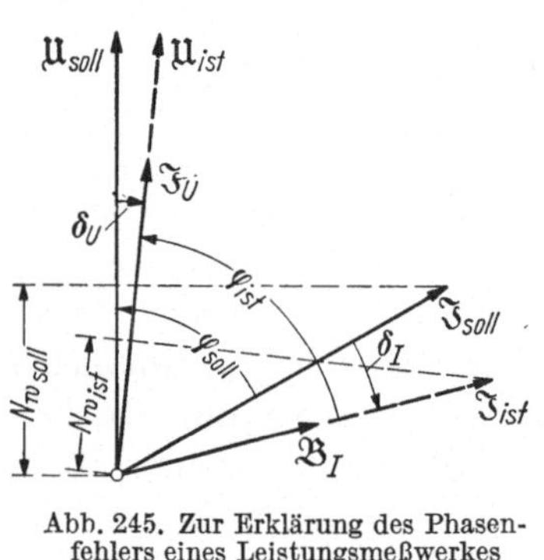

Abb. 245. Zur Erklärung des Phasenfehlers eines Leistungsmeßwerkes

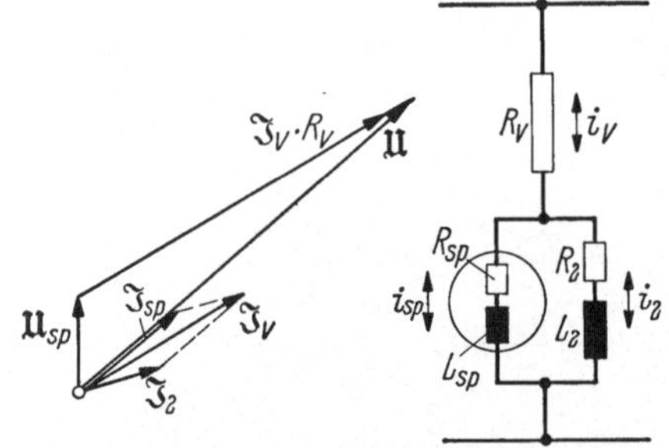

Abb. 246. Korrektion des Phasenfehlers
durch Parallelschalten einer Induktivität
zur Spannungsspule

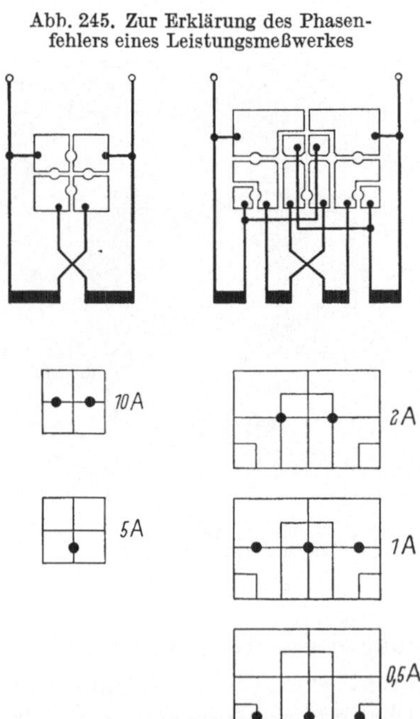

Abb. 247. Meßbereich-Umschaltung

In Abb. 245 ist eine Schaltung dargestellt, nach der man diesen Abgleich durch Maßnahmen im Spannungspfad durchführt, indem der Drehspule mit dem Widerstand R_{sp} und der Induktivität L_{sp} ein Pfad mit passenden Werten von R_2 und L_2 parallelgeschaltet wird[1].

Für die Anpassung eines Leistungsmessers an die Betriebsgrößen verwendet man im Spannungspfad bis etwa 1200 V noch Vorwiderstände, darüber hinaus Spannungswandler; in diesem Fall besitzt der Spannungspfad gewöhnlich eine Nennspannung von 100 V. Nebenwiderstände zur Anpassung des Strompfades sind nicht üblich, da sich die Phasenfehler nicht beherrschen lassen; auch müßte der

---

[1] Man erreicht dasselbe durch Parallelschalten eines Kondensators zum Vorwiderstand R_v.

Spannungsabfall an dem Nebenwiderstand und damit der Verbrauch des gesamten Meßpfades bedeutend höher als beim Drehspulgerät gewählt werden. Man verwendet daher umschaltbare Spulen, die durch Parallel- bzw. Hintereinanderschaltung eine Anpassung im Verhältnis 1:2 gestatten; manche Geräte haben auch Umschaltmöglichkeiten 1:2:4 (Abb. 247). Häufiger nimmt man die Anpassung des Strompfades über Stromwandler vor; in diesem Fall sind 5 A und 1 A übliche Nennwerte.

Die Blindleistung kann mit einem Wirkleistungsmesser durch einen Kunstgriff zur Anzeige gebracht werden, indem man dem Meßwerk

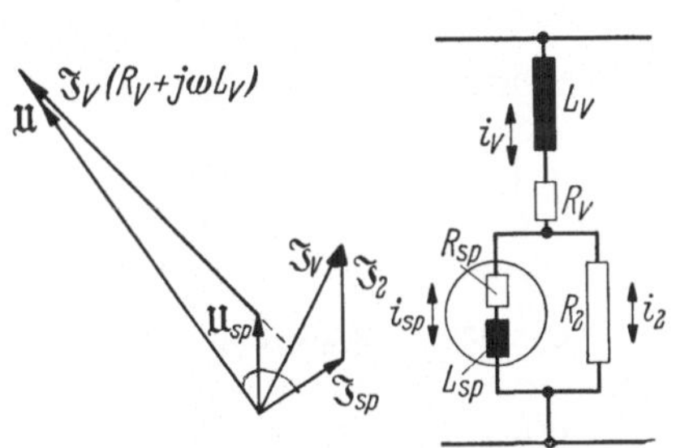

Abb. 248. Abgleich auf 90° Phasenverschiebung durch Parallelschalten eines Widerstandes zur Spannungsspule und Vorschalten einer Drossel (Kunstschaltung nach Hummel)

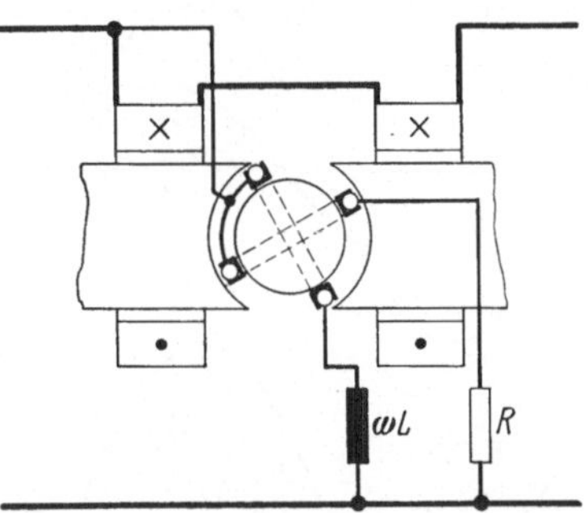

Abb. 249. Aufbau und Schaltung eines Leistungsfaktormessers in schematischer Darstellung

für $\sin\varphi = 1$, d. h. $\cos\varphi = 0$ volle Wirkleistung vortäuscht. Zu diesem Zweck kann man die Schaltung Abb. 248 nach Hummel verwenden. Die notwendige Phasenverschiebung von 90° zwischen $\mathfrak{U}$ und $\mathfrak{J}_{sp}$ wird durch eine Vordrossel einerseits, durch einen Parallelwiderstand zur Drehspule andererseits hervorgerufen.

Die Nachteile dieser Schaltung sind die Frequenzabhängigkeit und auch eine Oberwellenabhängigkeit; die Verzerrungsblindleistung wird nicht richtig wiedergegeben, weil das eigentlich als Wirkleistungsmesser arbeitende Meßwerk nur auf Strom- und Spannungsoberwellen gleicher Ordnungszahl reagieren kann.

Mit zwei Geräten für N_w und N_b läßt sich der Belastungszustand eines Wechselstromsystemes vollständig erfassen. Man schaltet die Geräte stets so, daß sie eine positive Anzeige haben, wenn ein angeschlossener Verbraucher Energiebedarf und Magnetisierungsbedarf hat.

Mit einem elektrodynamischen Quotientenmeßwerk ist auch die Anzeige $N_b/N_w = \tan\varphi$ möglich. Man benennt die Skale dann in $\cos\varphi$. Schaltung und schematischer Aufbau eines solchen Gerätes zeigt Abb. 249 Das Rähmchen des beweglichen Organes trägt zwei gekreuzte Wicklungen 1 und 2, von denen die erste von einem Strom $\mathfrak{J}_{v1} \sim \mathfrak{U}$, die zweite von $\mathfrak{J}_{v2} \sim -j\,\mathfrak{U}$ durchflossen wird. Die eine ist also Wirk-, die andere als Blindleistungsmesser geschaltet. Beide Spulen befinden sich an verschiedenen Stellen des Luftspaltes; das Feld in demselben ist zwar proportional dem Meßstrom, aber räumlich in bestimmter Weise inhomogen. Daher gilt für:

das Meßmoment der Spule 1: $M_1 = k \cdot k_J (\alpha) \cdot J \cdot k_U \cdot U \cdot \cos \varphi$

das Meßmoment der Spule 2: $M_2 = k \cdot k_J (\alpha + \chi) \cdot J \cdot k_U \cdot U \cdot \sin \varphi$

Hierin ist χ der Kreuzungswinkel zwischen beiden Spulen, α der Ausschlagswinkel der Spule 1. Das Gerät ist wie jeder Quotientenmesser richtkraftlos.

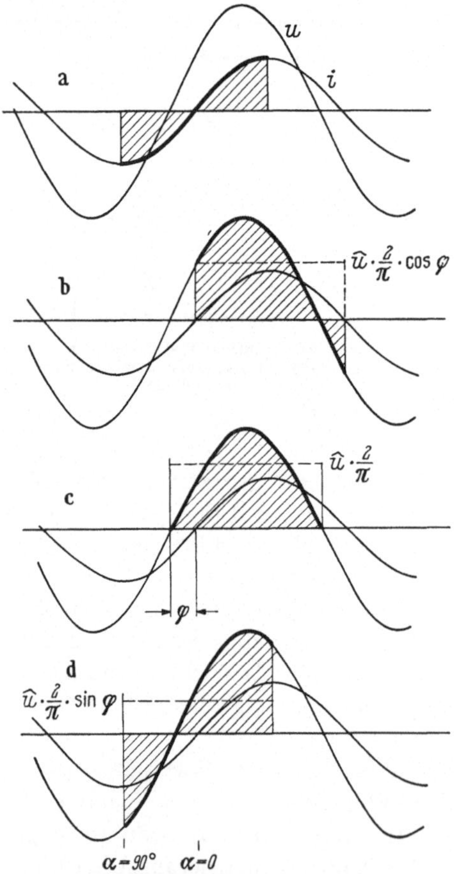

Dann herrscht Gleichgewicht, wenn

$$M_1 = M_2$$

d. h.

$$k_J (\alpha) \cdot \cos \varphi = k_J (\alpha + \chi) \sin \varphi$$

ist. Es ist demnach

$$\tan \varphi = \frac{k_J (\alpha + \chi)}{k_J (\alpha)} = f (\alpha)$$

d. h. der Ausschlagswinkel α ist eine eindeutige Funktion des $\tan \varphi$. Das Meßgerät kann daher auch Voreilung und Nacheilung unterscheiden, was auf Grund einer Messung von U, J und N_w nicht möglich ist.

Wirkleistung und Blindleistung lassen sich auch unter Verwendung eines einstellbaren Meßkontaktes mit Hilfe eines Drehspulgerätes messen (Vektormesser, s. S. 309). In diesem Fall hat man bei der Handhabung des Gerätes acht zu geben, ob die Leistungsmessung mit Hilfe eines strombezogenen oder spannungsbezogenen Diagrammes erfolgt. Man schließt

Abb. 250a—d. Leistungsmessung mit dem Vektormesser (Hinweise vgl. den Text)

z. B. das Gerät zuerst für Strommessung an und stellt den Kontaktkopf so, daß der Ausschlag des Gerätes auf Null zurückgeht; dann schaltet der Kontakt zwischen positivem und negativem Maximum der Stromwelle, der Mittelwert ist Null (Abb. 250a). Dreht man jetzt den Kontaktkopf um 90°, so muß man den positiven Höchstausschlag des Mittelwertmessers erhalten (Abb. 250 b); anderenfalls ist das Meßwerk umzupolen. Diese Stelle ist mit $\alpha = 0$ zu kennzeichnen.

Hat die Belastung induktiven Charakter, so eilt $\mathfrak{U}$ vor und man muß, um nach Umschalten auf Spannungsmessung Vollausschlag zu erhalten, den Kontaktkopf entgegen dem Uhrzeigersinn drehen. Läßt man ihn auf der Stelle $\alpha = 0$ stehen, so mißt man $U \cos\varphi$. Mit anderen Worten ist die Wirkleistung in einfachster Weise durch eine Umschaltung von Strom- und Spannungsmessung bei $\alpha = 0$ zu bestimmen. Dreht man den Kontaktkopf von $\alpha = 0$ weiter um 90° nach links, so wird $U \sin\varphi$ vorzeichenrichtig angezeigt. Damit hat man die Blindleistung.

Bei dieser Messung wurde ein strombezogenes Diagramm zugrunde gelegt. Geht man von der Spannung aus, so muß der Meßkopf nach *rechts* gedreht werden können, um positive Blindleistung mit positiven Ausschlägen zur Anzeige zu bringen (Abb. 250 c u. d).

8. Hinweise für den praktischen Gebrauch von Leistungsmessern

Leistungsmesser sind in der Hand unerfahrenen Personales in Meßschaltungen gefährdet. Die Geräte können bei schlechtem Leistungsfaktor sowohl im Strompfad als auch im Spannungspfad voll belastet sein, ohne einen großen Ausschlag zu haben. Durch unüberlegtes Erhöhen der Empfindlichkeit mit dem Ziel, den Ausschlag zu vergrößern, kann dann eine Zerstörung des Meßgerätes folgen. Es ist daher unbedingt zu empfehlen, Leistungsmesser zusammen mit Strom- und Spannungsmessern etwa gleichen Meßbereiches zu verwenden. Aus der Anzeige derselben erkennt man, ob die Meßpfade des Leistungsmessers überlastet sind.

Der kleine Ausschlag bedingt bei schlechtem Leistungsfaktor einen zusätzlichen Fehler infolge des Fehlwinkels. Ist nach Abb. 245 φ_{soll} der Sollwert der Phasenverschiebung, φ_{ist} ist der Wert, den das Meßwerk über $\mathfrak{J}_U$ und $\mathfrak{B}_J$ bildet, so ist der Fehlwinkel

$$\delta = \varphi_{soll} - \varphi_{ist} \tag{354a}$$

und der Winkelfehler

$$f_\delta^\% = \frac{\cos\varphi_{ist} - \cos\varphi_{soll}}{\cos\varphi_{soll}} \cdot 100\%$$

Setzt man hierin

$$\varphi_{ist} = \varphi_{soll} - \delta = \varphi - \delta$$

so ist

$$f_\delta^\% = \frac{\cos\varphi \cos\delta + \sin\varphi \sin\delta - \cos\varphi}{\cos\varphi} \cdot 100\%$$

Bei kleinen Fehlwinkeln ist

$$\cos\delta \approx 1$$
$$\sin\delta \approx \delta = \frac{2\pi}{360} \cdot \frac{\delta'}{60} = 0{,}291 \cdot 10^{-3} \cdot \delta' \tag{354b}$$

δ' bezeichnet hierin den Fehlwinkel in Minuten; somit ist

$$\boxed{f_\delta^\% = 29{,}1 \cdot 10^{-3} \cdot \delta' \cdot \tan\varphi} \qquad (354\,\mathrm{c})$$

Diese Beziehung gilt für alle Leistungsbestimmungen. Besitzt eine Meßeinrichtung den nicht allzu großen Fehlwinkel von 15', so wird der hierdurch verursachte Fehler bei $\cos\varphi = 0{,}05$ entsprechend $\tan\varphi = 20$ bereits

$$f_\delta^\% = 29{,}1 \cdot 10^{-3} \cdot 20 \cdot 15 = 8{,}73\,\%$$

Man bemüht sich daher, hoch überlastbare Leistungsmesser zu bauen, d. h. Geräte, die unter Beachtung der Klassentoleranzen bei doppelter Überlastbarkeit des Strom- und Spannungspfades arbeiten können, so daß bereits bei $\cos\varphi = 0{,}25$ der volle Ausschlag auftritt.

$$N_{w_{nenn}} = 2 \cdot U_{nenn} \cdot 2 \cdot J_{nenn} \cdot \cos\varphi$$
$$\cos\varphi = 0{,}25$$

Man hat Geräte gebaut, die im Strompfad kurzzeitig bis zum zehnfachen, im Spannungspfad bis zum doppelten Nennwert belastbar sind.

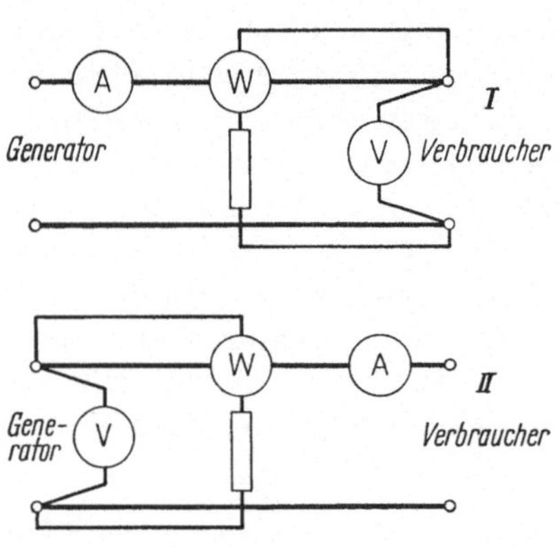

Abb. 251. Schaltungen von Strom-, Spannungs- und Leistungsmesser

Diese haben bei Zuführung der Nenngrößen bereits bei $\cos\varphi = 0{,}05$ Vollausschlag!

Bei kleinen Leistungen ergeben sich auch Meßfehler durch den Eigenverbrauch der Meßpfade. Grundsätzlich wird man die Strompfade von Leistungs- und Strommesser und die Spannungspfade von Leistungs- und Spannungsmesser zusammenschalten, wenn nicht besondere Gründe eine Abweichung von der Regel gerechtfertigt erscheinen lassen. Dann sind zwei Anordnungen möglich (Abb. 251):

Die Schaltung I mißt die Spannung am Verbraucher und den Strom im Generator richtig, bei der Schaltung II ist es umgekehrt. In der Schaltung I fälscht der Eigenverbrauch der Spannungspfade die Anzeige der Verbraucherleistung, und zwar zeigt der Leistungsmesser zu wenig an. Dafür zeigt das Gerät nach Schaltung I die Generatorleistung um den Eigenverbrauch der Strompfade zu gering an. Für Schaltung II gilt, daß die Verbraucherleistung um den Eigenverbrauch der Strompfade, die Generatorleistung um den Eigenverbrauch der Spannungspfade zu hoch gemessen wird. Die Korrektionen sind auf jeden Fall

a) für die Spannungspfade:

$$U^2 \cdot \left(G_{U_{Leistungsmesser}} + G_{U_{Spannungsmesser}}\right) = U^2 \cdot \Sigma G \qquad (355)$$

b) für die Strompfade:

$$J^2 \cdot \left(R_{J_{Leistungsmesser}} + R_{J_{Strommesser}}\right) = J^2 \cdot \Sigma R \qquad (356)$$

so daß man die in Tab. 12 enthaltenen Korrektionsformeln erhält.

Tabelle 12. *Berücksichtigung des Eigenverbrauches der Meßpfade bei der Bestimmung kleiner Leistungen*

| Messung | Schaltung nach Abb. 251 | | | | | |
| | I | | | II | | |
	U	J	Korrektionsformel	U	J	Korrektionsformel
N_{Gen}	falsch	richtig	$N_{Gen} = N_{Anz} + J^2 \cdot r_J$	richtig	falsch	$N_{Gen} = N_{Anz} + U^2 \cdot G_U$
N_{Verbr}	richtig	falsch	$N_{Verbr} = N_{Anz} - U^2 \cdot G_U$	falsch	richtig	$N_{Verbr} = N_{Anz} - J^2 \cdot r_J$

In jeder Schaltung ist natürlich

$$N_{w_{gen}} - N_{w_{verbr}} = U^2 \cdot \Sigma G + J^2 \cdot \Sigma R \qquad (357)$$

Da in der Praxis Konstantspannungsbetrieb vorherrscht, und überdies die Widerstände der Spannungspfade keine Blindkomponenten haben (bei den Strompfaden gibt man gewöhnlich den *Scheinverbrauch* $J^2 \cdot \sqrt{R^2 + X^2}$ in VA an), ist die Handhabung der Spannungskorrektion im allgemeinen bequemer. Daher wird man oftmals für die Messung der Verbraucherleistung die Schaltung I, der Generatorleistung die Schaltung II verwenden (sog. *spannungsrichtige* Schaltungen).

Man wird aber von dieser Regel abweichen, wenn der Verbrauch der Strompfade gering ist gegenüber dem der Spannungspfade. Dann kommt man bei *stromrichtigen* Schaltungen ohne Korrektionen aus.

Für sehr kleine Leistungen, insbesondere bei kleinen Betriebsströmen (50···500 mA) und normalen Netzspannungen empfiehlt sich die Anwendung sog. *selbstkorrigierender* Geräte. Diese besitzen zwei völlig gleichartige Strompfade; durch den zweiten Strompfad wird allein der Strom des Spannungspfades geschickt. In der *Verbraucherschaltung* (Abb. 252a) hebt der im zweiten Strompfad fließende Strom den im ersten Strompfad mitgemessenen Eigenverbrauch auf, in der *Generatorschaltung* (Abb. 252b) wird er zusätzlich zum Belastungsstrom berücksichtigt. Da diese Geräte den Konstruktionsraum für die eigentliche Strommessung nur zu Hälfte ausnutzen, haben sie in Selbstkorrektionsschaltung eine schlechtere Klassengenauigkeit, als wenn man die zweite Stromspule mit zur Messung verwendet.

Die Lage äußerer Vorwiderstände im Spannungsmeßkreis ist nicht beliebig. Diese Widerstände sind nach Abb. 253 stets so zu schalten, daß keine höhere Spannung als etwa 100 V zwischen den beiden Meßspulen auftritt. Abgesehen von der Gefährdung durch einen satten Kurzschluß

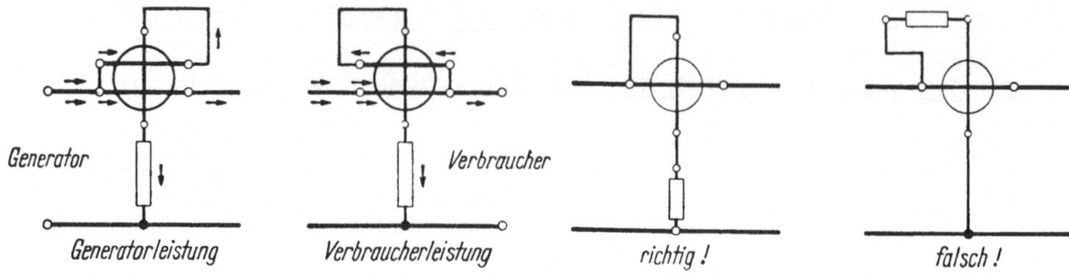

Abb. 252. Schaltungen des Leistungsmessers mit Selbstkorrektion (H & B)

Abb. 253. Richtige und falsche Schaltung außenliegender Vorwiderstände

innerhalb des Gerätes, ergeben sich auch Meßfehler durch elektrostatische Kräfte zwischen den Spulen, wenn die Potentialunterschiede zu groß werden.

Bei der Verwendung von Leistungsmessern wurde bisher angenommen, daß die Lagen von Generator und Verbraucher bekannt sind. Oftmals werden Leistungsmesser an Übergabestellen angesetzt, wo die Richtung der Wirkenergie wechseln kann, und auch der Betrieb der Teilnehmer abwechselnd Magnetisierungsbedarf oder Ladungsbedarf erfordert. Dann handelt es sich um eine sog. *Vierquadrantenmessung*, wofür Geräte mit einem Nullpunkt in Skalenmitte verwendet werden müssen. Es gilt die Grundregel (VDE 0410 § 17), daß ein Ausschlag nach rechts (bzw. nach oben) positiv sein soll. Positiv ist im allgemeinen *Bezug* von Wirkenergie und Magnetisierungsbedarf. Die Instrumente sind stets so gebaut, daß dann (bei angeschlossenem Stromwandler) die Energierichtung von Klemme K nach Klemme L positiv sein soll.

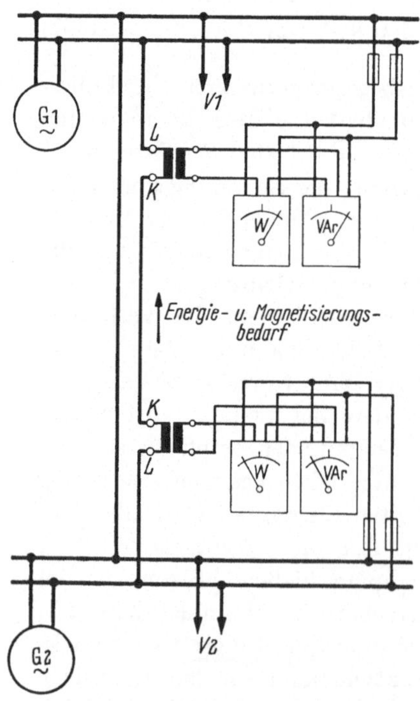

Abb. 254. Schematische Darstellung einer Vierquadrantenmessung (positive Anzeige des Fremdbezuges. Bei positiver Anzeige der Lieferung an den Partner liegt Klemme K an der Sammelschiene)

Abb. 254 zeigt ein Beispiel. Zwei Generatoren $G\,1$ und $G\,2$ speisen über zwei Sammelschienen 1 und 2 zwei Verbraucher $V1$ und $V2$. Außerdem soll Energieaustausch vorgesehen sein. Es soll verlangt werden, daß die Wirkleistungsmesser der Kuppelleitung in 1 und 2 positiv ausschlagen, wenn Energie auf die Sammelschienen zufließt. Dann sind also die Klemmen der Stromwandler an die Sammelschiene zu legen. Bei Energieaustausch schlägt dann der eine Wirkleistungsmesser nach links (negativ) aus, er zeigt *Lieferung* an. Das gleiche gilt für die Blindleistungsmesser, wenn einer der Generatoren zu wenig erregt ist; den Rest des Magnetisierungsbedarfes seiner Verbraucher muß dann der andere Generator „liefern". Sein Blindleistungsmesser schlägt negativ, d. h. nach links aus.

Abb. 255. Vierquadranten-Leistungsfaktor-messer (S & H)

Besonders einfach wird die Vierquadrantenmessung bei hierfür gerichteten Leistungsfaktormessern, wie sie in dieser Form allerdings nur bei Drehstrom üblich sind. Hier entspricht die Stellung des Zeigers genau der Lage des Stromzeigers in einem Verbraucherdiagramm, wenn man die Richtung der Spannung wie üblich nach oben aufträgt (Abb. 255, vgl. a. Kap. XII).

9. Verfahren zur Leistungsmessung ohne Anwendung elektrodynamischer Meßwerke

Zwei Möglichkeiten zur Bestimmung der Wirkleistung ohne elektrodynamische Leistungsmesser ergeben sich unter Anwendung Cosinussatzes und der binomischen Formeln:

In einem stumpfwinkligen Dreieck ist (Abb. 256 links)

$$c^2 = a^2 + b^2 + 2a\,b \cdot \cos\gamma$$

Deutet man das Dreieck aus a, b und c als ein Spannungsdiagramm, wobei a der Spannungsabfall des Verbraucherstromes J an einem Widerstand R sei, b die Verbraucherspannung selbst und c die

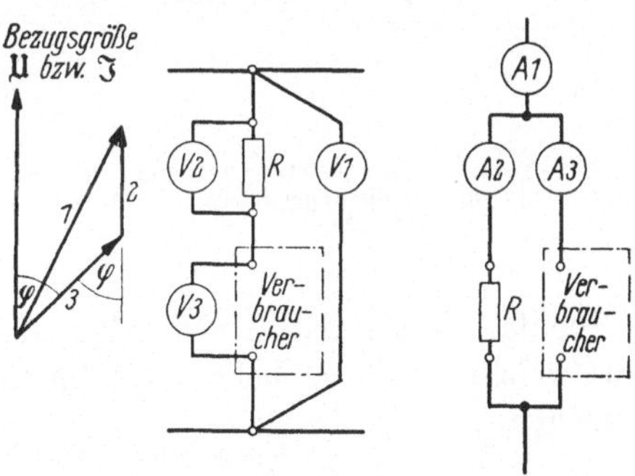

Abb. 256. Verfahren zur Bestimmung der Wirkleistung mit 3 Spannungsmessern (links) bzw. 3 Strommessern (rechts) und einem bekannten Widerstand R

Gesamtspannung, so bekommt man mittels dieser *Drei-Spannungsmesser-Methode* (Abb. 256 Mitte).

$$U^2 = (J\,R)^2 + U_v^2 + 2 \cdot J\,R \cdot U_v \cdot \cos\varphi$$

$$N_w = U_v\,J \cdot \cos\varphi = \frac{U^2 - U_R^2 - U_v^2}{2\,R} \tag{358}$$

In ähnlicher Weise kann man das Dreieck als ein Stromdiagramm auffassen; dann ist a der Strom J_R in einem an der Verbraucherspannung liegenden Widerstand R, b der Verbraucherstrom J_v und c der Gesamtstrom. So erhält man das *Drei-Strommesser-Verfahren* (Abb. 256 rechts).

$$J^2 = \left(\frac{U}{R}\right)^2 + J_v^2 + 2 \cdot \frac{U}{R} \cdot J_v \cdot \cos\varphi$$

$$N_w = U\,J\,\cos\varphi = \frac{R}{2}\,(J^2 - J_R^2 - J_v^2) \tag{359}$$

Die Messungen werden dann am genauesten, wenn $U_R \approx U_v$ bzw. $J_R \approx J_v$ ist. Natürlich müssen für höhere Ansprüche die Verbräuche der Meßpfade berücksichtigt werden. Da beide Verfahren auf die Bildung von Differenzen angewiesen sind, haben sie sowieso nur eine bescheidene Genauigkeit. Dagegen benötigt man für sie keine elektrodynamischen Meßwerke, deren Anwendungsgebiet bei etwa 500 Hz aufhört.

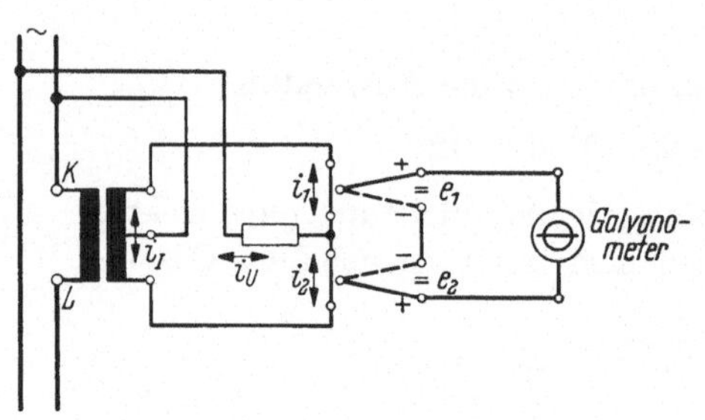

Abb. 257. Verfahren zur Leistungsmessung bei Hochfrequenz mit Hilfe abgeglichener Thermoumformer

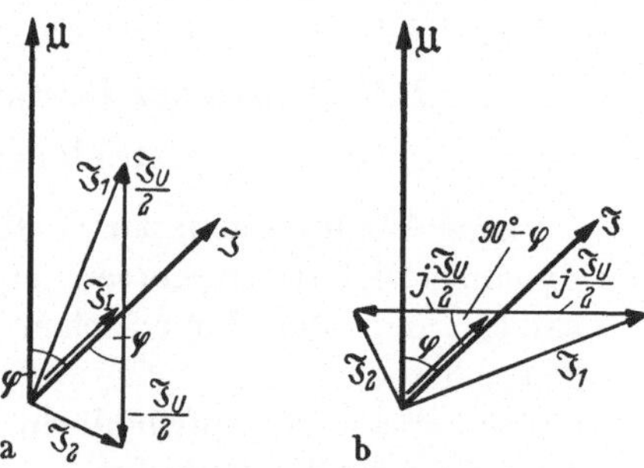

Abb. 258a u. b. Diagramm zur Schaltung Abb. 257 a) zur Messung der Wirkleistung; b) zur Messung der Blindleistung

Ebenfalls kann man die Wirkleistung nach einem Verfahren bestimmen, welches auf die bekannten binomischen Ausdrücke zurückgeht. Bildet man

$$(a + b)^2 - (a - b)^2 = 4\,a\,b$$

so muß eine diesen Ansatz benutzende Schaltung die Leistung ergeben, wenn z. B. a eine Spannung, b den Strom eines angeschlossenen Verbrauchers repräsentiert. Abb. 257 zeigt eine solche Schaltung unter Anwendung zweier möglichst gleicher genau aufeinander abgestimmter Thermo-Umformer. Der eine wird von einem Meßstrom $\mathfrak{J}_J$ beaufschlagt, der aus der Summe eines laststromabhängigen Anteiles $\mathfrak{J}_1$ und eines spannungsabhängigen Anteiles $\mathfrak{J}_U$ besteht. Der Strom $\mathfrak{J}_2$ des anderen Thermo-Umformers wird aus der Differenz von $\mathfrak{J}_J$ und $\mathfrak{J}_U$ gebildet.

$$\mathfrak{J}_1 = k_J \cdot \mathfrak{J}_J + k_U \cdot \mathfrak{J}_U$$

$$\mathfrak{J}_2 = k_J \cdot \mathfrak{J}_J - k_U \cdot \mathfrak{J}_U$$

An beiden Thermo-Umformern treten Thermospannungen e_1 und e_2 auf, die proportional der Wärmeleistung der Ströme $\mathfrak{J}_1$ und $\mathfrak{J}_2$ sind[1]:

$$e_1 = k_1 \left[(k_J \mathfrak{J}_J + k_U \mathfrak{J}_U) \times (k_J \mathfrak{J}_J + k_U \cdot \mathfrak{J}_U)^* \right]$$

$$e_2 = k_2 \left[(k_J \mathfrak{J}_J - k_U \mathfrak{J}_U) \times (k_J \cdot \mathfrak{J}_J - k_U \cdot \mathfrak{J}_U)^* \right]$$

Da die beiden Umformer ausgesucht sind, sei $k_1 = k_2$ angenommen. Schaltet man die beiden Thermospannungen e_1 und e_2 gegeneinander, so mißt man z. B. mit einem spannungsempfindlichen Galvanometer

$$\alpha = C_U \cdot (e_1 - e_2) = k \left[(k_J \mathfrak{J}_J + k_U \mathfrak{J}_U) \times (k_J \mathfrak{J}_J + k_U \mathfrak{J}_U)^* - \right.$$

$$\left. - (k_J \mathfrak{J}_J - k_U \mathfrak{J}_U) \times (k_J \mathfrak{J}_J - k_U \mathfrak{J}_U)^* \right]$$

Entwickelt man den Klammerausdruck, so wird

$$k_J^2 \mathfrak{J}_J \times \mathfrak{J}_J^* + k_U^2 \mathfrak{J}_U \times \mathfrak{J}_U^* + k_J k_U (\mathfrak{J}_J \times \mathfrak{J}_U^* + \mathfrak{J}_U \times \mathfrak{J}_J^*) -$$

$$- k_J^2 \mathfrak{J}_J \times \mathfrak{J}_J^* - k_U^2 \mathfrak{J}_U \times \mathfrak{J}_U^* + k_J k_U (\mathfrak{J}_J \times \mathfrak{J}_U^* + \mathfrak{J}_U \times \mathfrak{J}_J^*)$$

$$= 4 k_J k_U N_w$$

da nach Gl. (352a), S. 324 $\mathfrak{J}_U \times \mathfrak{J}_J^* + \mathfrak{J}_J \times \mathfrak{J}_U^* = 2 N_w$ ist.

Wendet man z. B. im Spannungspfad einen Vorwiderstand an, so zeigt das Galvanometer die Wirkleistung. Das Diagramm dieser Schaltung zeigt Abb. 258a; bei Anwendung einer 90°-Phasenverschiebung im Spannungspfad (Abb. 258b) oder Strompfad kann man die Blindleistung messen.

Infolge der guten Hochfrequenzeigenschaften von Thermo-Umformern ist diese interessante Schaltung geeignet, um Leistungen bei hohen Frequenzen zu messen. Andererseits ist auch bei bescheidenen Ansprüchen an Genauigkeit die Anwendung der sehr billigen und robusten

---

[1] vgl. Definition des Leistungsproduktes über konjugiert komplexe Zeiger S. 323. Es genügt hier die Berücksichtigung von $\mathfrak{J} \times \mathfrak{J}^*$ allein, denn es ist $\mathfrak{J}^* \times \mathfrak{J} = \mathfrak{J} \times \mathfrak{J}^* = J^2$.

Bimetall-Meßwerke für Zwecke der Leistungsmessung möglich (Abb. 259). Nach dem gleichen Prinzip können auch elektrostatische Hochspannungswattmeter gebaut werden (Abb. 260).

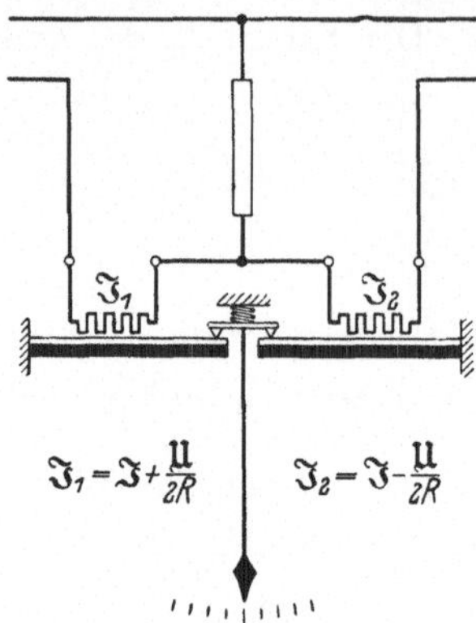

Abb. 259. Bimetall-Leistungsmeßwerk

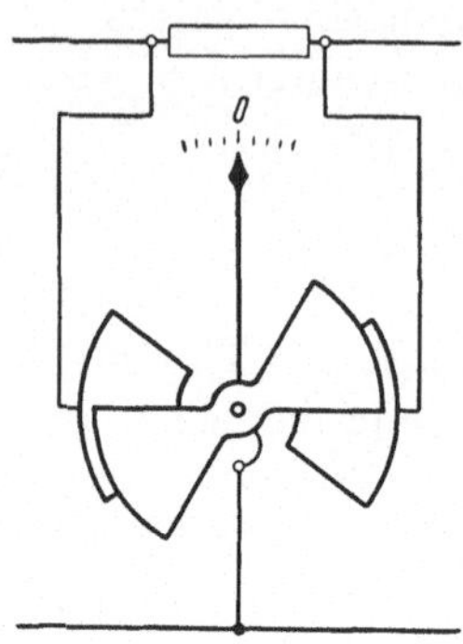

Abb. 260. Elektrostatischer Leistungsmesser

X. Messungen in Drehstromsystemen

Lehrziel: Meßtechnische und rechnerische Behandlung verketteter Wechselstromsysteme. Das Unsymmetrieproblem.

1. Das allgemeine Mehrphasensystem

Mehrphasige Systeme entstehen aus der Zusammenschaltung mehrerer Wechselstromsysteme. Dabei können die n einphasigen Systeme (*Stränge*) zwischen n oder $n+1$ Knotenpunkten liegen. Die Schaltung mit $n+1$ Knotenpunkten heißt *Sternschaltung*; zur Übertragung der Energie sind $n+1$ Leitungen möglich, jedoch, wie man sehen wird, nicht notwendig. Schaltet man die n Stränge zu einem Ring in Reihe (*Ringschaltung*), so braucht man auch n Leiter zur Energieübertragung.

Wenn man nämlich bei der Ringschaltung einen Leiter fortläßt, so hat man kein $n$phasiges Übertragungssystem mehr, sondern nur eines mit $(n-1)$ Strängen; zwei Stränge können dann zu einem einzigen zusammengefaßt werden, welcher denselben Belastungsstrom führt und dessen Spannung gleich der Summe der Spannungen beider ursprünglicher Stränge ist. Dieser Fall soll aber als ein *entartetes* n-Phasensystem ausdrücklich unbeachtet bleiben[1].

---

[1] Eine Ausnahme gilt für das dreiphasige Netz: Läßt man bei einem solchen einen Leiter weg, so spricht man von dem restlichen Zweileiter-Netz als von einem „Einphasennetz".

Abb. 261 zeigt Stern- und Ringschaltung am Beispiel eines Mehrphasensystemes; die Zeigergrößen beziehen sich auf das *Netz*. Es gelten die folgenden Regeln:

1. Regel: *Durch eine Sternschaltung ist auch der Ring der Netz-Leiterspannung eindeutig bestimmt.*

2. Regel: *Zu jedem Ring der Netz-Leiterspannungen lassen sich beliebig viele Sternschaltungen angeben.*

Bei n-phasigen, $(n+1)$-Leitersystemen müssen also je n Wechselstrom-Generatoren und -Verbraucher in Stern geschaltet sein. Die n Stränge liegen dann mit einem Wicklungsende auf einem gemeinsamen Potential. Ändert sich die Spannung eines Stranges, so ist das im Idealfall ohne Einfluß auf die Spannungen der übrigen;

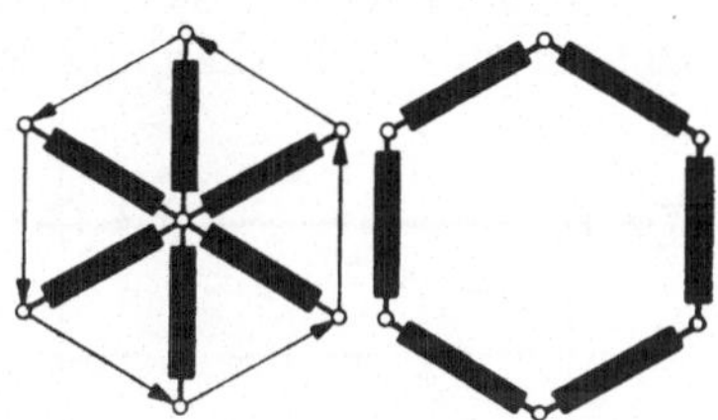

Abb. 261. Stern- und Ringschaltung bei Mehrphasensystemen

die Stränge sind voneinander *unabhängig*. Will man die gesamte übertragene Leistung messen, so hat man n Einzelmessungen zu machen, in jedem Strang eine, oder man muß einen Leistungsmesser mit n Meßwerken verwenden.

Bei der Ringschaltung sind die Stränge voneinander nicht unabhängig, da es nur n Leiter und Knotenpunkte gibt. So ist z. B. die Größe der n-ten Strangspannung durch die Spannungen der $n-1$ übrigen Stränge festgelegt. Für die Messung der Gesamtleistung braucht man nur $n-1$ Meßwerke. Vom Netz her ist es nämlich nicht zu entscheiden, ob die n Leiter von einem n-phasigen Generator in Ringschaltung oder einem $(n-1)$-phasigen Generator in Sternschaltung gespeist werden, wobei im letzten Fall einer der n Leiter der Sternpunktleiter sein müßte. Daher sind $(n-1)$ Einzelmessungen zur

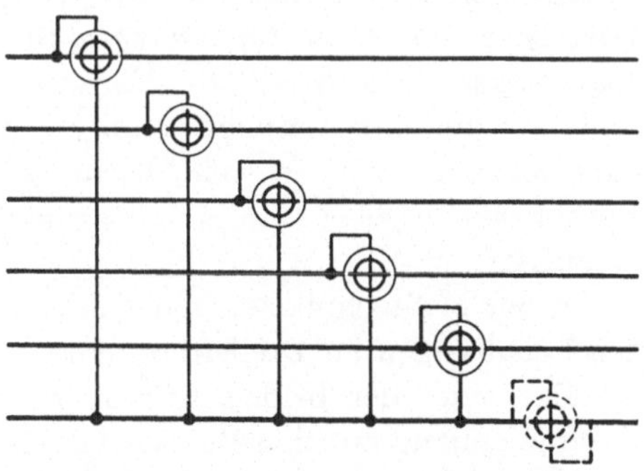

Abb. 262. Im n-Leitersystem sind $n-1$ Leistungsmessungen notwendig und hinreichend zur Bestimmung der Gesamtleistung

Bestimmung der Gesamtleistung notwendig, aber auch hinreichend. Abb. 262 zeigt die hierzu erforderliche Schaltung.

Dieses Ergebnis kommt in folgender Regel zum Ausdruck:

3. Regel: *Zur Messung der gesamten Übertragungsleistung benötigt man ein Meßwerk oder eine Messung weniger, als Leitungen zur Energieübertragung vorhanden sind.*

2. Das technische Drehstromsystem

In der Praxis kommt das System mit $n = 3$ Strängen am häufigsten vor. Man nennt es kurzweg *Drehstromsystem*, obgleich natürlich die Drehfelder elektrischer Maschinen sich mit beliebig vielen Strängen erzeugen lassen, sofern nur mehr als ein einphasiges System zur Verfügung stehen.

Im Drehstromsystem benötigt man 2 oder 3 Meßwerke bzw. Einzelmessungen zur Bestimmung der Gesamtleistung, je nachdem, ob es sich um Drei- oder Vierleiternetze handelt (Abb. 263). Gewöhnlich legt man die Stromspulen der Meßwerke in die Außenleiter. Die Spannungsspulen werden dann von dem betreffenden Außenleiter zum unbesetzten Leiter geschaltet; dieser ist im Falle des Vierleiternetzes

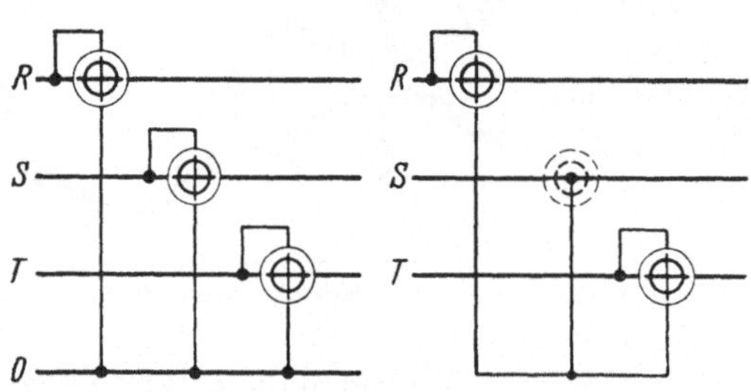

Abb. 263. Leistungsmessung in Drehstrom-Vier- und -Dreileiternetzen

im allgemeinen der *Mittelpunkts-* oder *Nulleiter*.

Vierleiternetze werden zum Zwecke der Energieübertragung ausschließlich bei Niederspannung angewendet. Man hat dann zwei Nennspannungen zur Verfügung, die kleinere zwischen den Außenleitern und dem Nulleiter zum Betrieb von Glühlampen und anderen Kleinverbrauchern, die *Dreieckspannungen* für größere Verbraucher. In Hochspannungsnetzen entfällt die Verwendungsmöglichkeit für die kleinere Leitersternpunktspannung; man verwendet dort ausschließlich Dreileiternetze. Es können sich allerdings den Vierleitersystemen ähnliche Verhältnisse ergeben, wenn in Störungsfällen die Erde als vierter Leiter hinzutritt.

In der Meßtechnik werden erfahrungsgemäß die meisten Fehler bei den Schaltungen im Dreileitersystem gemacht. Das liegt daran, daß die Anzeige jedes der beiden Leistungsmeßwerke in keinem erkennbaren Zusammenhang mit den Betriebsverhältnissen des Leiters steht, in dem die Stromspule liegt; erst die *Summe* der Anzeigen ergibt die Gesamtleistung. Anders dagegen bei Vierleiternetzen: Hier *muß* mit drei Leistungsmessern gearbeitet werden. Wenn die Stromspulen, wie üblich, in die Außenleiter gelegt werden, mißt jeder Leistungsmesser die Leistung seines Stranges; Schaltungsirrtümer können dann im allgemeinen leichter erkannt werden.

Wird dagegen bei der *Zweiwattmetermethode* falsch geschaltet, oder auch nur die Schaltung im Meßprotokoll falsch wiedergegeben, so ist nicht nur eine nachträgliche Korrektur sehr schwer möglich, sondern es kann bei gewissen Belastungsfällen auch unmöglich sein zu entscheiden, ob falsch gemessen worden ist oder nicht. Die falsche Darstellung im Protokoll ist dabei fast ebenso unangenehm wie die falsche Schaltung selbst; denn bei einer Diskussion der Meßwerte steht man angesichts einer falschen Darstellung im Protokoll stets vor der Frage, ob man auch falsch geschaltet oder „nur" falsch gezeichnet hatte. Erfahrungsgemäß führt der Zweifel immer dazu, daß der Meßwert nachträglich verworfen werden

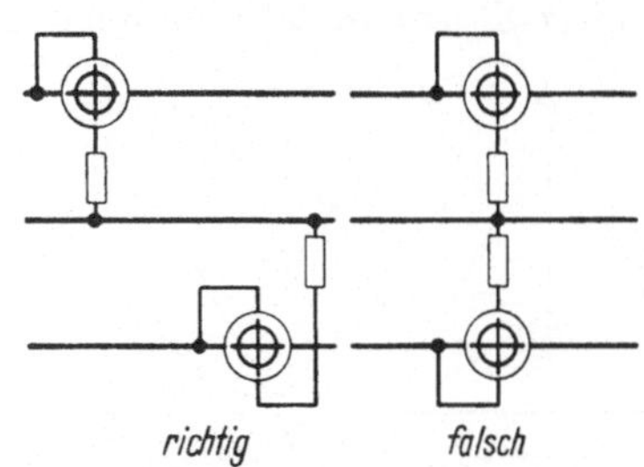

Abb. 264. Richtige und falsche Darstellung einer Zwei-Wattmeter-Schaltung. (Rechts sind Eingänge und Ausgänge der Spannungspfade in vertauschter Reihenfolge angeschlossen)

muß. Das kann sehr unangenehm sein, wenn es sich um Messungen handelt, die nicht wiederholt werden können.

Gegen solche Irrtümer hilft nur ein peinlich sorgfältiger Aufbau der Schaltung und eine genaue Darstellung im Protokoll. Man präge sich in diesem Zusammenhang die Darstellung der Abb. 264 ein; in der Schaltung und Darstellung müssen die Anfänge und die Enden der Meßspulen stets die gleiche Lage zueinander haben.

Abb. 265 gibt das Zeigerdiagramm der Spannungen in einem beliebigen Vierleiternetz wieder; die eingetragenen Bezeichnungen sind laut DIN 40108 genormt. Außer den drei *Hauptpunkten R, S* und *T*, die den Haupt- oder Außenleitern entsprechen, sind eingetragen: der Sternpunkt der Wicklungen *Mp*, der Erdpunkt *E* und der Schwerpunkt *P* des Spannungs-

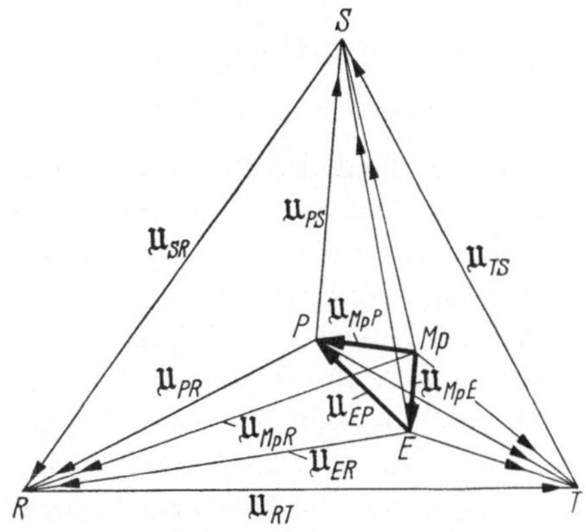

Abb. 265. Zeigerdiagramm der Spannungen im Drehstromsystem

U_{RT}, U_{SR}, U_{TS}: Dreieck-Spannungen;

$U_{MpR}, U_{MpS}, U_{MpT}$: Leiter-Mittelpunkt-Spannungen;

U_{ER}, U_{ES}, U_{ET}: Leiter-Erd-Spannungen;

U_{PR}, U_{PS}, U_{PT}: Leiter-Schwerpunkt-Spannungen

dreieckes; der letzte ist im Diagramm mit dem geometrischen Schwerpunkt des Dreiecks $(R—S—T)$ identisch. Fast immer fallen die Punkte *P* und *Mp* zusammen; dagegen hat der Erdpunkt *E* manchmal eine ganz andere Lage im Spannungsdreieck.

Trotzdem ist es bei der Beurteilung von Meßschaltungen in Drehstromnetzen unerläßlich sich zu erinnern, daß Schwerpunkt, Sternpunkt und

22*

Erdpunkt im allgemeinen durchaus nicht zusammenfallen müssen. Dagegen ist festzustellen, daß, wenn das Spannungsdreieck gleichseitig und die Leiter-Sternpunktspannungen gleich groß sind, diese auch um 120°

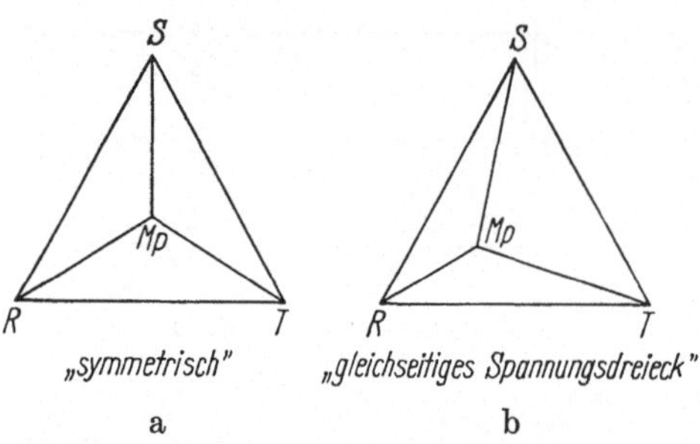

Abb. 266a u. b. Zur Definition der Spannungssymmetrie

in der Phase verschoben sein *müssen*, weil dann Mp und P zusammenfallen. Ein solches System heißt *symmetrisch* (Abb. 266a). Den Fall gleich großer Dreieckspannungen, aber ungleich großer Leiter-Sternpunktspannungen (Abb. 266b) sollte man nicht als symmetrisches Drehstromsystem, sondern besser durch die Angabe *gleichseitiges Spannungsdreieck* kennzeichnen.

Für die Ströme im Drehstromsystem gilt Entsprechendes. Nach den KIRCHHOFFschen Regeln muß die Summe der Ströme in jedem Augenblick Null ergeben, gleichgültig, ob es sich um ein Drei- oder Vierleiternetz handelt. Es gilt daher

im Drehstrom-Dreileiternetz: $\mathfrak{J}_R + \mathfrak{J}_S + \mathfrak{J}_T = 0$

im Drehstrom-Vierleiternetz: $\mathfrak{J}_R + \mathfrak{J}_S + \mathfrak{J}_T + \mathfrak{J}_{Mp} = 0$

Die drei Außenleiterströme bilden beim Dreileitersystem ein Dreieck, welches gleichseitig oder ungleichseitig sein kann. Sind die Ströme gleich groß, so sind sie auch um 120° in der Phase verschoben; man spricht dann von *symmetrischer Belastung*. Im Vierleitersystem bedeutet stromloser Nulleiter noch keine symmetrische Belastung; denn natürlich ergänzen sich die Ströme auf den Außenleitern in *jedem* Fall zu Null, wenn nur $\mathfrak{J}_{Mp} = 0$ ist. Der allgemeinere Fall der Belastung im Vierleiternetz mit stromlosem Nulleiter kann daher nicht als *symmetrische Last* angesehen werden; er ist durch einen entsprechenden Zusatz zu kennzeichnen.

3. Die Bedeutung des Schwerpunktes im Spannungsdreieck

Es sei ein Drehstrom-Dreileitersystem mit einem Spannungsdreieck beliebiger Form gegeben. Es möge von einem Generator gespeist werden, dessen drei Stränge in Stern geschaltet sind; das Potential des Sternpunktes kann eine beliebige, durch die Konstruktion der Wicklungsstränge des Generators bestimmte Lage im Spannungsdreieck haben.

Schaltet man drei gleich große Widerstände vom Leitwert G in Stern und legt diese Schaltung an das Netz, so fließen Ströme von den Hauptleitern zu diesem *künstlichen Sternpunkt* P (Abb. 267). An diesem muß natürlich die Summe der Ströme gleich Null sein, d. h. es ist

$$G \cdot (\mathfrak{U}_{Mp\,R} + \mathfrak{U}_{Mp\,S} + \mathfrak{U}_{Mp\,T}) = 0$$

und daher

$$\mathfrak{U}_{Mp\,R} + \mathfrak{U}_{Mp\,S} + \mathfrak{U}_{Mp\,T} = 0$$

Diese Bedingung bestimmt die Lage des Potentiales von P im Spannungsdreieck.

Nun ist in jedem Dreieck der Schwerpunkt als Schnittpunkt der drei Seitenhalbierenden definiert; er teilt dieselben im Verhältnis $1:2$. Verlängert man in Abb. 268 die Seitenhalbierenden $T-P-T'$ über T' hinaus bis T'' und macht $T''P = PT$, so entsteht in $S-P-R-T''$ ein Parallelogramm, denn die Diagonalen halbieren einander. Es ist also $T''R = SP$ und $ST'' = PR$. Ordnet man den Strecken wie in einem Zeigerdiagramm Richtungen zu, so können die Rechenregeln für komplexe Zahlen angewendet werden und man kann schreiben

$$\overrightarrow{PR} + \overrightarrow{RT''} + \overrightarrow{T''P} = 0$$

Demnach ist auch

$$\overrightarrow{PR} + \overrightarrow{PS} + \overrightarrow{PT} = 0$$

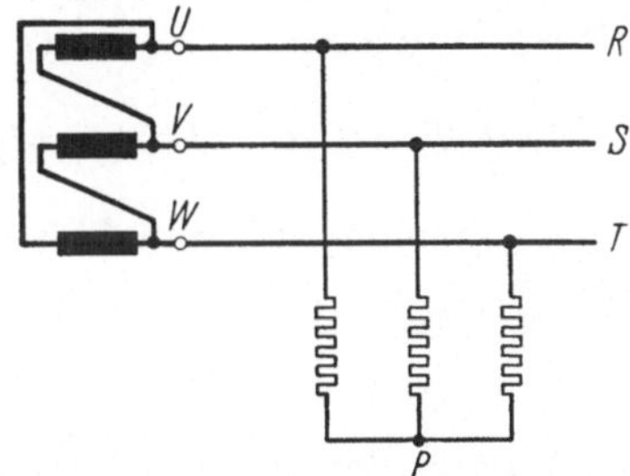

Abb. 267. „Künstlicher Sternpunkt"
(Sternpunkts-Teiler) in Dreileiternetzen

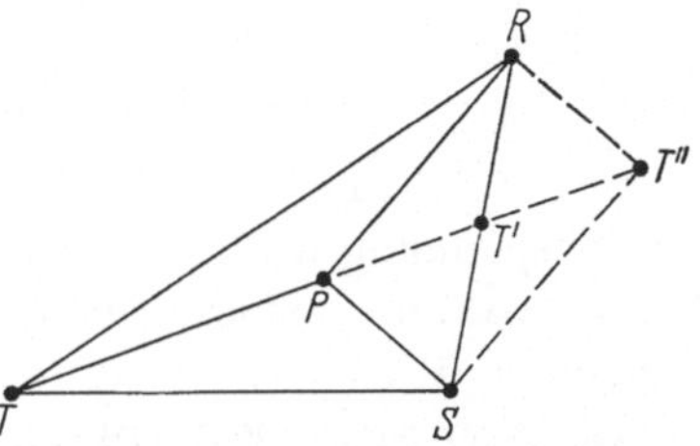

Abb. 268. Der Schwerpunkt des Spannungsdreiecks bestimmt das Potential des „künstlichen Sternpunktes"

In einem Spannungsdiagramm symbolisieren diese Strecken die Leiter-Schwerpunktsspannungen, so daß man aus dieser Beziehung ablesen kann:

$$\mathfrak{U}_{PR} + \mathfrak{U}_{PS} + \mathfrak{U}_{PT} = 0 \tag{360}$$

Hierin findet man die Bedingung für den künstlichen Sternpunkt wieder; mit einem solchen kann man also das Potential des Schwerpunktes im Spannungsdreieck bilden. Dabei kommt es nicht auf den Charakter der Ableitungen G an, sie können durch drei gleiche Kapazitäten, Drosseln oder Widerstände dargestellt werden.

Die soeben abgeleitete Bedingung erfüllt kein anderer Punkt im Spannungsdreieck oder außerhalb desselben. So ist in Abb. 269 angenommen worden, daß der Sternpunkt Mp des Generators *nicht* das Potential des Schwerpunktes P haben soll. Addiert man die Strangspannungen, was geometrisch einer Parallelverschiebung z. B. der Zeiger

$\mathfrak{U}_{MpR}$ und $\mathfrak{U}_{MpS}$ gleichkommt, so entsteht der Linienzug $Mp-T-R'-S'$. Man stellt fest, daß Mp, P und S auf einer Geraden liegen, und daß $MpP = {}^1/_3\, MpS$ ist. Denn ordnet man wiederum den Strecken Richtungen zu, so ist nach Abb. 269

$$\overrightarrow{Mp\,R} = \overrightarrow{Mp\,P} + \overrightarrow{P\,R}$$

$$\overrightarrow{Mp\,S} = \overrightarrow{Mp\,P} + \overrightarrow{P\,S}$$

$$\overrightarrow{Mp\,T} = \overrightarrow{Mp\,P} + \overrightarrow{P\,T}$$

Es ist dann auch

$$\overrightarrow{Mp\,T} + \overrightarrow{T\,R'} + \overrightarrow{R'\,S'} = \overrightarrow{Mp\,S'} = 3 \cdot \overrightarrow{Mp\,P} + (\overrightarrow{P\,T} + \overrightarrow{P\,S} + \overrightarrow{P\,R})$$

Da die Summe der drei Leiter-Schwerpunktspannungen Null ist, muß sein

$$\overrightarrow{Mp\,R'} = 3 \cdot \overrightarrow{Mp\,P}$$

Man kann danach die Spannung zwischen dem Generatorsternpunkt und dem Schwerpunkt bestimmen; sie ergibt sich aus den drei unsymmetrischen Strangspannungen

$$\boxed{\; \mathfrak{U}_{Mp\,P} = \frac{1}{3}\,(\mathfrak{U}_{Mp\,R} + \mathfrak{U}_{Mp\,S} + \mathfrak{U}_{Mp\,T}) \;} \tag{361}$$

Diese Spannung heißt *Nullspannung* und ist in Größe und Phase *jeder* Strangspannung zuzufügen, damit man die Leiter-Schwerpunktspannungen erhält.

Ein von vier Klemmen gespeistes Drehstromsystem läßt sich demnach im allgemeinsten Fall vollständig durch Überlagerung eines Systemes der drei Dreieckspannungen mit einem Wechselstromsystem beschreiben. Dieses ist durch die Nullspannung zwischen dem vierten Punkt und dem durch einen künstlichen Sternpunkt darstellbaren Schwerpunkt des Spannungsdreiecks bestimmt. Man nennt dieses Wechselstromsystem, welches sich den drei Hauptleitern gleichphasig überlagert, das *Nullsystem*.

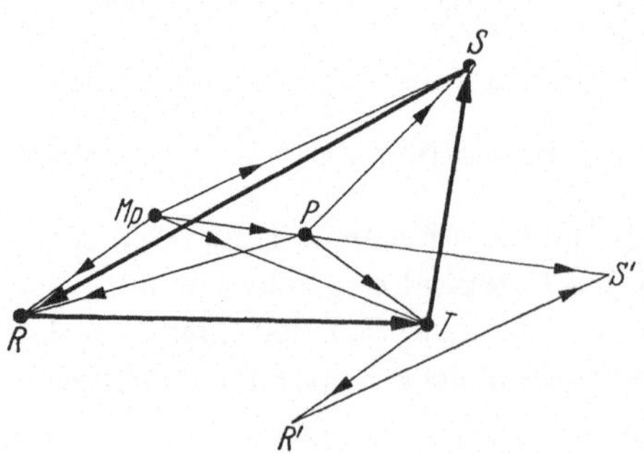

Abb. 269. Zur Definition der Nullspannung

Wenn die gerichteten Strecken in Abb. 268 und 269 *Ströme* bedeuten, gelten genau dieselben Überlegungen. Lassen sich nämlich die Zeiger der drei Leiterströme durch die vier Punkte R, S, T und P darstellen, so ist die Summe der Ströme gleich Null und es handelt sich um ein Dreileitersystem bzw. ein Vierleitersystem mit unbelastetem Nulleiter. Im allgemeinen ergänzen sich aber die Pfeile der drei Außenleiterströme im Vierleitersystem *nicht* zu Null. Dann fließt auf dem Nulleiter der durch die gerichtete Strecke $\overrightarrow{Mp\,P}$ in Abb. 269 gekennzeichnete Strom. Diesen Sternpunktleiterstrom finden wir zu je $^1/_3$ auf jedem der drei Hauptleiter als *Nullstrom* wieder.

Durch die Begriffe Nullspannung und Nullstrom ist somit das Nullsystem vollständig gekennzeichnet als eine Komponente des allgemeinen Vierleitersystemes. Entfernt man dieselbe, so bleibt ein eindeutig bestimmtes Dreileitersystem übrig. Wenn Nullspannungen und Nullströme gleichzeitig vorkommen, kann das Nullsystem natürlich auch Leistung führen. Dagegen ist z. B. in Vierleiternetzen das Auftreten von Sternpunktleiterströmen *allein* nicht gleichbedeutend mit der Übertragung von Leistung mittels des Nullsystemes, nämlich dann nicht, wenn der Sternpunktleiter das Potential des Schwerpunktes des Span-

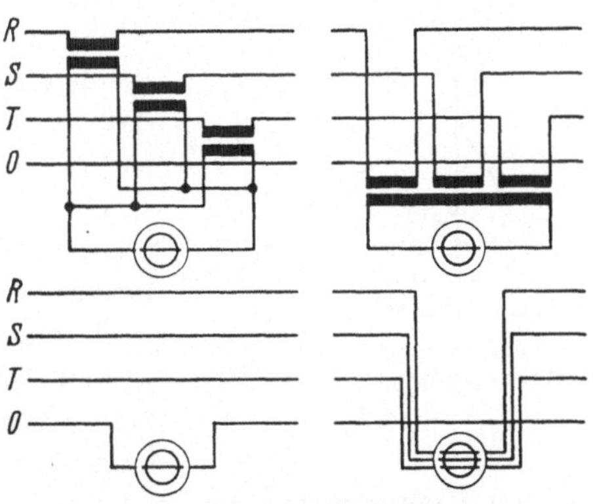

Abb. 270. Messung des Nullstromes
oben: indirekt über 3 Stromwandler (links) oder einen Summenwandler (rechts); *unten:* direkt im Nulleiter (links) oder mit einem dreisystemigen Strommesser in den Außenleitern (rechts)

nungsdreiecks besitzt. Diese Erkenntnis ist für manche Leistungsmesserschaltungen wichtig (vgl. S. 361, Abb. 288).

Die Größen des Nullsystemes lassen sich leicht messen. Die Nullspannung bestimmt man nach Abb. 267 mit einem künstlichen Sternpunkt. Natürlich ist der Gesamtwiderstand der Parallelschaltung bei der Eichung des Spannungsmessers zu berücksichtigen. Den Nullstrom mißt man entweder direkt im Sternpunktleiter (Abb. 270). Man kann auch über drei parallelgeschaltete Stromwandler die Außenleiterströme addieren, wobei es gleichgültig ist, ob drei Primärwicklungen auf eine gemeinsame Sekundärwicklung arbeiten (Summen-Stromwandler, vgl. Kap. VIII, 12) oder die Sekundärseiten dreier Wandler (Abb. 270 links oben) parallelgeschaltet werden. Ebenso kann man auch Strom- oder Leistungsmesser mit drei genau gleichen Spulen verwenden, die gemeinsam auf ein bewegliches Organ wirken.

4. Die symmetrischen Komponenten

Im vorigen Abschnitt wurde gezeigt, wie jedes Vierleitersystem in ein Dreileitersystem und ein überlagertes Nullsystem zerlegt werden kann. Für das Dreileitersystem wurde irgendeine weitergehende Symmetrie nicht verlangt; man braucht für dieses nur vorauszusetzen, daß die Summe der Leiterströme und die Summe der Leiter-Schwerpunktspannungen gleich Null sein müssen, d. h. die Nullspannung des Dreileitersystemes muß gegen den Schwerpunkt, und nicht etwa z. B. gegen Erde oder den Sternpunkt gemessen werden.

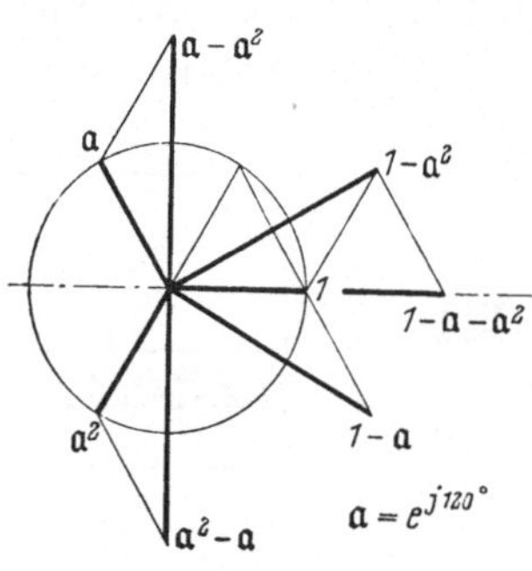

Abb. 271. Zur Definition der symmetrischen Komponenten: Die Zahl
$$a = -\frac{1}{2} + j\,\frac{1}{2}\sqrt{3}$$

Eine weitere Vereinfachung des noch unsymmetrischen Dreileitersystemes gewinnt man durch Einführung zweier gegenläufiger Systeme, wobei vorausgesetzt wird, daß keine Nullgrößen mehr vorhanden sein sollen. Man nennt diese Systeme dann die *symmetrischen Komponenten* des unsymmetrischen Systemes. Gewöhnlich nimmt man bei Anwendung dieser Bezeichnung aber noch das Nullsystem hinzu, obgleich dieses ja kein Drehstromsystem, sondern ein einfaches Wechselstromsystem darstellt. Dann kann man jedes beliebige Drehstromsystem in *drei* Komponenten zerlegen, und zwar in

a) das mitlaufende oder rechtläufige System (Index 1)
b) das gegenläufige oder inverse System　　(Index 2)
c) das Nullsystem　　　　　　　　　　　　　(Index 0)

Vereinbarungsgemäß bezieht man die kennzeichnenden Angaben über die Systeme auf die Spannung bzw. den Strom des Leiters R. Man setzt willkürlich

$$\mathfrak{U}_{Mp\,R} = \mathfrak{U}_1 + \mathfrak{U}_2 + \mathfrak{U}_0 \tag{362}$$

Das mitlaufende System enthält dann die drei gleich großen, um 120° in der Phase verschobenen Spannungen

$$\mathfrak{U}_{1_{Mp\,R}} = \mathfrak{U}_1; \quad \mathfrak{U}_{1_{Mp\,S}} = \mathfrak{U}_1 \cdot e^{-j\,120°}; \quad \mathfrak{U}_{1_{Mp\,T}} = \mathfrak{U}_1 \cdot e^{-j\,240°}$$

Das gegenläufige System besteht gleichfalls aus drei gleich großen, um 120° in der Phase verschobenen Spannungen, deren Aufeinanderfolge aber einem entgegengesetzten Drehsinn des Diagrammes entspricht:

$$\mathfrak{U}_{2_{Mp\,R}} = \mathfrak{U}_2; \quad \mathfrak{U}_{2_{Mp\,S}} = \mathfrak{U}_2 \cdot e^{j\,120°}; \quad \mathfrak{U}_{2_{Mp\,T}} = \mathfrak{U}_2 \cdot e^{j\,240°}$$

Schließlich enthält das Nullsystem für jeden Leiter die gleiche Spannung

$$\mathfrak{U}_{0_{Mp\,R}} = \mathfrak{U}_{0_{Mp\,S}} = \mathfrak{U}_{0_{Mp\,T}} = \mathfrak{U}_0$$

Bei der Bildung der symmetrischen Komponenten aus den Komponenten der Bezugsphase kommen nur die drei Operatoren vom Betrag Eins vor:

$$e^{j\,0°} = 1, \qquad e^{\pm j\,120°}, \qquad e^{\pm j\,240°}$$

Sie sind Wurzeln der kubischen Gleichung

$$y = \sqrt[3]{1}$$

Nennt man

$$\mathfrak{a} = e^{j\,120°} \tag{363a}$$

so ist (vgl. Abb. 271)

$$e^{j\,240°} = e^{-j\,120°} = \mathfrak{a}^2 \tag{363b}$$

und ferner

$$\mathfrak{a}^3 = 1 \tag{363c}$$

$$1 + \mathfrak{a} + \mathfrak{a}^2 = 0 \tag{363d}$$

$$\mathfrak{a}^2 = -\mathfrak{a} = \frac{1}{\mathfrak{a}} \tag{363e}$$

$$1 - \mathfrak{a}^2 = \frac{1}{2} + j \cdot \frac{\sqrt{3}}{2} \tag{363f}$$

$$1 - \mathfrak{a} = \frac{1}{2} - j \cdot \frac{\sqrt{3}}{2} \tag{363g}$$

$$1 - \mathfrak{a} - \mathfrak{a}^2 = 2 \tag{363h}$$

Verwendet man diese Zusammenhänge, so können die drei natürlichen Spannungen mit Hilfe der symmetrischen Komponenten wie folgt dargestellt werden:

$$\left.\begin{aligned}
\mathfrak{U}_{Mp\,R} &= \phantom{\mathfrak{a}^2}\mathfrak{U}_1 + \phantom{\mathfrak{a}}\mathfrak{U}_2 + \mathfrak{U}_0 \\
\mathfrak{U}_{Mp\,S} &= \mathfrak{a}^2\,\mathfrak{U}_1 + \mathfrak{a}\,\mathfrak{U}_2 + \mathfrak{U}_0 \\
\mathfrak{U}_{Mp\,T} &= \mathfrak{a}\,\mathfrak{U}_1 + \mathfrak{a}^2\,\mathfrak{U}_2 + \mathfrak{U}_0
\end{aligned}\right\} \tag{364a—c}$$

Sucht man auf Grund der drei gegebenen Größen des Systems die symmetrischen Komponenten, so hat man diese drei komplexen Gleichungen nach $\mathfrak{U}_0$, $\mathfrak{U}_1$ und $\mathfrak{U}_2$ aufzulösen. Das ist auf eindeutige Weise immer möglich.

Multipliziert man die Gl. (364b) mit $\mathfrak{a}$ und die Gl. (364c) mit $\mathfrak{a}^2$ und addiert dann alle drei Gleichungen, so ergibt sich aus

$$\mathfrak{U}_{Mp\,R} = \phantom{\mathfrak{a}^2}\mathfrak{U}_1 + \phantom{\mathfrak{a}^2}\mathfrak{U}_2 + \phantom{\mathfrak{a}^2}\mathfrak{U}_0 = \mathfrak{U}_1 + \phantom{\mathfrak{a}^2}\mathfrak{U}_2 + \phantom{\mathfrak{a}^2}\mathfrak{U}_0$$

$$\mathfrak{a}\,\mathfrak{U}_{Mp\,S} = \mathfrak{a}^3\,\mathfrak{U}_1 + \mathfrak{a}^2\,\mathfrak{U}_2 + \mathfrak{a}\,\mathfrak{U}_0 = \mathfrak{U}_1 + \mathfrak{a}^2\,\mathfrak{U}_2 + \mathfrak{a}\,\mathfrak{U}_0$$

$$\mathfrak{a}^2\,\mathfrak{U}_{Mp\,T} = \mathfrak{a}^3\,\mathfrak{U}_1 + \mathfrak{a}^4\,\mathfrak{U}_2 + \mathfrak{a}^2\,\mathfrak{U}_0 = \mathfrak{U}_1 + \mathfrak{a}\,\mathfrak{U}_2 + \mathfrak{a}^2\,\mathfrak{U}_0$$

die Bestimmungsgleichung

$$\mathfrak{U}_{Mp\,R} + \mathfrak{a}\,\mathfrak{U}_{Mp\,S} + \mathfrak{a}^2\,\mathfrak{U}_{Mp\,T} = 3\,\mathfrak{U}_1$$

oder

$$\mathfrak{U}_1 = \frac{1}{3}\left(\mathfrak{U}_{Mp\,R} + \mathfrak{a}\,\mathfrak{U}_{Mp\,S} + \mathfrak{a}^2\,\mathfrak{U}_{Mp\,T}\right) \qquad (365\,\text{a})$$

In gleicher Weise erhält man $\mathfrak{U}_2$, wenn man die Gl. (364b) mit $\mathfrak{a}^2$, Gl. (364c) mit $\mathfrak{a}$ multipliziert und dann alles addiert; das Ergebnis lautet:

$$\mathfrak{U}_2 = \frac{1}{3}\left(\mathfrak{U}_{Mp\,R} + \mathfrak{a}^2\,\mathfrak{U}_{Mp\,S} + \mathfrak{a}\,\mathfrak{U}_{Mp\,T}\right) \qquad (365\,\text{b})$$

Die Nullspannung erhält man, wie bereits bekannt, durch einfache Addition der Gl. (364a—c).

$$\mathfrak{U}_0 = \frac{1}{3}\left(\mathfrak{U}_{Mp\,R} + \mathfrak{U}_{Mp\,S} + \mathfrak{U}_{Mp\,T}\right) \qquad (365\,\text{c})$$

In Abb. 272 ist dargestellt, wie man die auf R bezogenen Komponenten eines gegebenen Spannungssternes erhält, in Abb. 273 wie man daraus wieder rückwärts die natürlichen Größen bekommt.

Es lohnt bei allen Unsymmetrieproblemen, das Rechnen mit symmetrischen Komponenten anzuwenden. Bei Verwendung der natürlichen, unsymmetrischen Größen sieht man sich oftmals gezwungen,

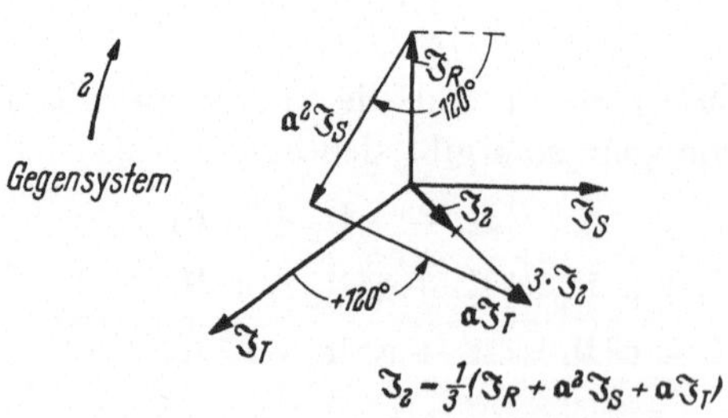

Abb. 272. Ermittlung der symmetrischen Komponenten aus den natürlichen Zeigergrößen

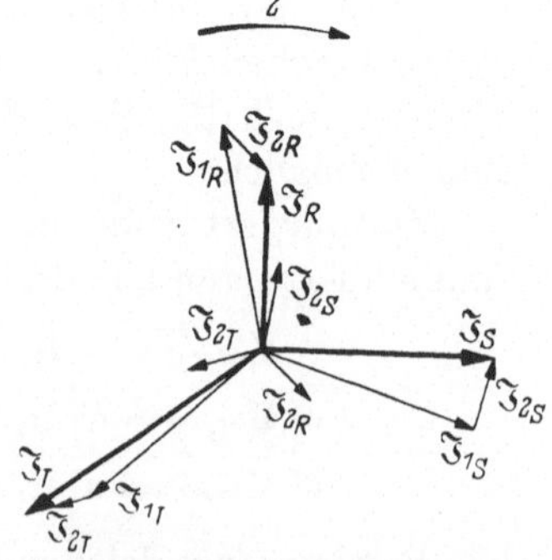

Abb. 273. Ermittlung der natürlichen Zeigergrößen aus den symmetrischen Komponenten

auf die bequemen Beziehungen zu verzichten, die für den *symmetrischen* Betrieb der elektrischen Maschinen und Anlagen gelten. Bei der Anwendung symmetrischer Komponenten braucht man das durchaus nicht. Die Systeme der symmetrischen Komponenten überlagern sich ohne gegenseitige Beeinflussung, wenn lineare Beziehungen zwischen Strom und Spannung angenommen werden dürfen. So vermögen nur Ströme und Spannungen derselben symmetrischen Komponente miteinander eine Leistung zu bilden. Davon überzeugt man sich leicht mit Hilfe der Definitionsgleichungen, wenn man die Darstellung des Leistungsmittelwertes als komplexe Zahl aus Kap. IX, 6) benutzt. Dort wurde gezeigt, daß man die Gesamtleistung als komplexe Zahl erhält, wenn das Produkt zweier Zeigergrößen mit Hilfe der konjugiert Komplexen ausgeführt wird:

$$
\begin{aligned}
U \cdot J \cdot e^{j\varphi} &= N_w + j\,N_b \\
&= \frac{1}{2}\left[\mathfrak{U} \times \mathfrak{J}^* + \mathfrak{U}^* \times \mathfrak{J}\right] + \frac{1}{2}\left[\mathfrak{U} \times \mathfrak{J}^* - \mathfrak{U}^* \times \mathfrak{J}\right]
\end{aligned}
\tag{352c}
$$

Mit Hilfe dieser Darstellung wird die Gesamtleistung des unsymmetrischen Drehstrom-Vierleitersystemes:

$$
\begin{aligned}
N_w + j\,N_b &= \frac{1}{2} \sum_{L=R,S,T} \left(\mathfrak{U}_{MpL} \times \mathfrak{J}_L^* + \mathfrak{U}_{MpL}^* \times \mathfrak{J}_L\right) + \\
&\quad + \frac{1}{2} \sum_{L=R,S,T} \left(\mathfrak{U}_{MpL} \times \mathfrak{J}_L^* - \mathfrak{U}_{MpL}^* \times \mathfrak{J}_L\right)
\end{aligned}
\tag{366}
$$

Bevor $\mathfrak{U}_{MpS}$, $\mathfrak{U}_{MpT}$, $\mathfrak{J}_S$ und $\mathfrak{J}_T$ mit Hilfe der symmetrischen Komponenten auf $\mathfrak{U}_{MpR}$ bzw. $\mathfrak{J}_R$ zurückgeführt werden, ist zu ermitteln, wie die konjugiert komplexen Werte mit Hilfe der symmetrischen Komponenten darzustellen sind. Da $(\mathfrak{a}^2)^* = \mathfrak{a}$ und $\mathfrak{a}^* = \mathfrak{a}^2$ sind (vgl. Abb. 271), erhält man

$$
\begin{aligned}
\mathfrak{J}_R^* &= \phantom{\mathfrak{a}^2}\mathfrak{J}_1^* + \phantom{\mathfrak{a}^2}\mathfrak{J}_2^* + \mathfrak{J}_0^* \\
\mathfrak{J}_S^* &= \mathfrak{a}\,\mathfrak{J}_1^* + \mathfrak{a}^2\,\mathfrak{J}_2^* + \mathfrak{J}_0^* \\
\mathfrak{J}_T^* &= \mathfrak{a}^2\,\mathfrak{J}_1^* + \mathfrak{a}\,\mathfrak{J}_2^* + \mathfrak{J}_0^*
\end{aligned}
$$

und entsprechende Gleichungen für die $\mathfrak{U}_{MpL}^*$. Setzt man diese Ausdrücke in Gl. (366) ein und führt die Multiplikations-Vorschriften durch, so erhält man sowohl für die Wirkleistung N_w als auch die Blindleistung N_b Produkte von der Form $\mathfrak{U}_1 \times \mathfrak{J}_1^*$, $\mathfrak{U}_1^* \times \mathfrak{J}_1$, $\mathfrak{U}_1 \times \mathfrak{J}_2^*$, $\mathfrak{U}_1^* \times \mathfrak{J}_2$ usw., deren Faktoren Potenzen von $\mathfrak{a}$ sind. Diese Faktoren sind in Tabelle 13 für die Wirk- und Blindleistung zusammengestellt.

Tabelle 13. *Leistungsprodukte der symmetrischen Komponenten unsymmetrisch belasteter Drehstromsysteme*

	R	S	T	$k(N_w + j\,N_b)$
$\mathfrak{U}_1 \times \mathfrak{J}_1^*$	1	$\mathfrak{a}^3$	$\mathfrak{a}^3$	
$\mathfrak{U}_1^* \times \mathfrak{J}_1$	1	$\mathfrak{a}^3$	$\mathfrak{a}^3$	$1 + \mathfrak{a}^3 + \mathfrak{a}^3 = 3$
$\mathfrak{U}_1 \times \mathfrak{J}_2^*$	1	$\mathfrak{a}^4$	$\mathfrak{a}^2$	
$\mathfrak{U}_1^* \times \mathfrak{J}_2$	1	$\mathfrak{a}^2$	$\mathfrak{a}^4$	$1 + \mathfrak{a} + \mathfrak{a}^2 = 0$
$\mathfrak{U}_1 \times \mathfrak{J}_0^*$	1	$\mathfrak{a}^2$	$\mathfrak{a}$	
$\mathfrak{U}_1^* \times \mathfrak{J}_0$	1	$\mathfrak{a}$	$\mathfrak{a}^2$	$1 + \mathfrak{a} + \mathfrak{a}^2 = 0$
$\mathfrak{U}_2 \times \mathfrak{J}_1^*$	1	$\mathfrak{a}^2$	$\mathfrak{a}^4$	
$\mathfrak{U}_2^* \times \mathfrak{J}_1$	1	$\mathfrak{a}^4$	$\mathfrak{a}^2$	$1 + \mathfrak{a} + \mathfrak{a}^2 = 0$
$\mathfrak{U}_2 \times \mathfrak{J}_2^*$	1	$\mathfrak{a}^3$	$\mathfrak{a}^3$	
$\mathfrak{U}_2^* \times \mathfrak{J}_2$	1	$\mathfrak{a}^3$	$\mathfrak{a}^3$	$1 + \mathfrak{a}^3 + \mathfrak{a}^3 = 3$
$\mathfrak{U}_2 \times \mathfrak{J}_0^*$	1	$\mathfrak{a}$	$\mathfrak{a}^2$	
$\mathfrak{U}_2^* \times \mathfrak{J}_0$	1	$\mathfrak{a}^2$	$\mathfrak{a}$	$1 + \mathfrak{a} + \mathfrak{a}^2 = 0$
$\mathfrak{U}_0 \times \mathfrak{J}_1^*$	1	$\mathfrak{a}$	$\mathfrak{a}^2$	
$\mathfrak{U}_0^* \times \mathfrak{J}_1$	1	$\mathfrak{a}^2$	$\mathfrak{a}$	$1 + \mathfrak{a} + \mathfrak{a}^2 = 0$
$\mathfrak{U}_0 \times \mathfrak{J}_2^*$	1	$\mathfrak{a}^2$	$\mathfrak{a}$	
$\mathfrak{U}_0^* \times \mathfrak{J}_2$	1	$\mathfrak{a}$	$\mathfrak{a}^2$	$1 + \mathfrak{a} + \mathfrak{a}^2 = 0$
$\mathfrak{U}_0 \times \mathfrak{J}_0^*$	1	1	1	
$\mathfrak{U}_0^* \times \mathfrak{J}_0$	1	1	1	$1 + 1 + 1 = 3$

Man erkennt, daß die Summe aller Glieder zu Null wird, in denen Ströme und Spannungen verschiedener Komponenten miteinander multipliziert sind. Es ist demnach

$$\mathfrak{N} = N_w + j\,N_b = \mathfrak{N}_1 + \mathfrak{N}_2 + \mathfrak{N}_0 \qquad\qquad (367\,\mathrm{a})$$

Hierin sind

$$\left.\begin{aligned}
\mathfrak{N}_k &= \frac{1}{2}\left[\mathfrak{U}_k \times \mathfrak{J}_k^* + \mathfrak{U}_k^* \times \mathfrak{J}_k\right] + \frac{1}{2}\left[\mathfrak{U}_k \times \mathfrak{J}_k^* - \mathfrak{U}_k^* \times \mathfrak{J}_k\right] \\
&= N_{w_k} + j\,N_{b_k} \qquad\qquad\qquad k = 1, 2, 0
\end{aligned}\right\} \qquad (367\,\mathrm{b})$$

die Teilleistungen der drei Komponenten. Diese Erkenntnis ist besonders im Hinblick auf die Wirkleistung wichtig, da im normalen Betrieb eines Drehstromnetzes keine Energieerzeuger vorkommen, die entgegen dem vorherrschenden System rotieren.

Wer sich im Rechnen mit diesem in der Praxis leider nicht hinreichend bekannten Verfahren üben will, sei auf die Spezialliteratur verwiesen[1].

---

[1] OBERDORFER: Das Rechnen mit symmetrischen Komponenten. HOCHRAINER, A.: Symmetrische Komponenten in Drehstromsystemen. Berlin/Göttingen/ Heidelberg: Springer 1957.

5. Meßverfahren zur unmittelbaren Bestimmung der symmetrischen Komponenten

a) Die Messung der Größen des Nullsystems. Das Nullsystem unterscheidet sich erheblich von den übrigen symmetrischen Komponenten. Die Schaltungen zur Bestimmung der Nullgrößen sind verhältnismäßig einfach; sie laufen gemäß Gl. (365 c) stets auf eine Summenmessung hinaus.

Das Prinzip der hierzu erforderlichen Schaltungen wurde bereits in Abschn. 3 besprochen. Ist der Wicklungssternpunkt nicht zugänglich, so muß die Summenbildung über Wandler erfolgen. Die Messung im Nullsystem hat in der Praxis bei der Erdschlußanzeige in Hochspannungsnetzen und bei Schutzschaltungen Bedeutung erlangt. Bezüglich der Spannungen handelt es sich meistens um die Überwachung des Isolationszustandes. Daher wird das Nullsystem oftmals nicht auf den Sternpunkt, sondern auf den Erdpunkt bezogen. Bei geerdetem Sternpunkt des Generators ändert sich dann nichts an der Betrachtungsweise, und im Falle des isolierten Betriebes interessiert weniger der Spannungsunterschied zwischen Schwerpunkt des Netzes und Sternpunkt als zwischen Schwerpunkt und Erde.

Je nach der zu messenden Größe — Nullspannung oder Nullstrom — unterscheidet man zwischen *Fehlerspannungsmessung* und *Fehlerstrommessung*. Im ersten Fall verwendet man einen künstlichen Sternpunkt aus Widerständen oder Spannungswandlern (vgl. Abb. 275), die zwischen Leiter und Erde gelegt werden. Die Isolation der drei Leiter des Netzes oder eines Gerätes gegen Erde bestimmt die Lage des Erdpunktes im Spannungsdreieck; daher kann jede gefährliche Abweichung des Körper- oder Erdpotentiales vom Schwerpunkt des Netzes durch eine solche Schaltung mit „künstlichem Sternpunkt" angezeigt bzw. eine Schutzeinrichtung betätigt werden (Fehlerspannungsauslösung Abb. 274). Ähnlich wirkt eine Schaltung über drei einpolig geerdete Spannungswandler (Abb. 275). Diese erhalten dann oftmals zwei Niederspannungswicklungen. Mit der einen wird in jeder Phase die Leiter-Erdspannung unmittelbar gemessen, um zu wissen, welcher der drei Leiter betroffen ist. Die Tertiärwicklungen der Wandler sind dagegen in Reihe geschaltet und wirken auf ein Überwachungsrelais, wenn eine Summenspannung auftritt; das ist der Fall, wenn der Schwerpunkt des Spannungsdreiecks

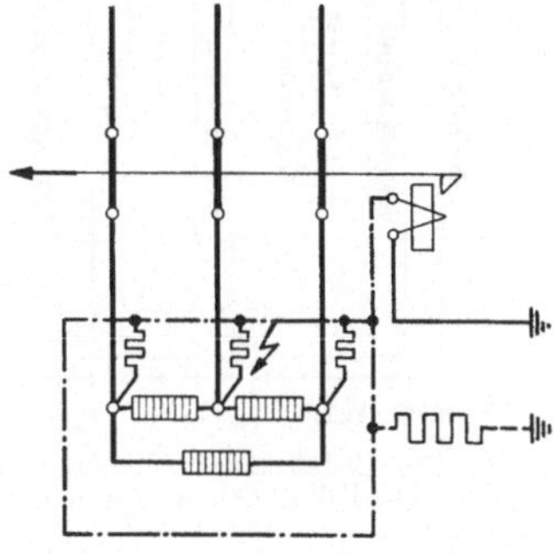

Abb. 274. Anwendung der Nullspannungsmessung: Fehlerspannungs-Auslösung nach HEINISCH-RIEDL

nicht mehr auf Erdpotential liegt (vgl. das auf S. 341 bzgl. der Nullspannung Gesagte).

In Mittelspannungsnetzen verwendet man oft anstelle von drei Einphasenwandlern mit dritter Wicklung einen dreiphasigen Spannungswandler in Fünfschenkelbauart (Abb. 276). Dessen Wirkungsweise entspricht vollkommen der des Einphasen-Wandlersatzes. Liegt zwischen Schwerpunkt und Erde eine Nullspannung, so muß dieser Spannung in den drei mittleren Schenkeln ein *Nullfluß* entsprechen, der sie im gleichen Sinn und in gleicher Phase magnetisiert. Der Nullfluß muß sich von Joch zu Joch schließen; hierzu steht ihm der durch die Außenschenkel gebildete magnetische Rückschluß zur Verfügung. Im Gegensatz zu einem Wandler mit drei Schenkeln ist der magnetische Widerstand für den Nullfluß gering, also auch sein Magnetisierungsbedarf. Der Fünfschenkelwandler arbeitet bezüglich des Nullsystemes wie ein einphasiger Transformator, dessen Primärerregung auf drei elektrisch

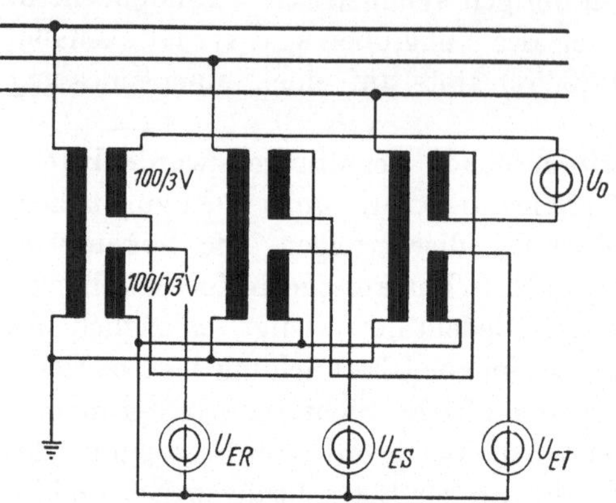

Abb. 275. Anwendung der Nullmessung im Spannungssystem: Erdschlußanzeige über Dreiwicklungs-Spannungswandler $U_n/\sqrt{3} : 100/\sqrt{3} : 100/3$

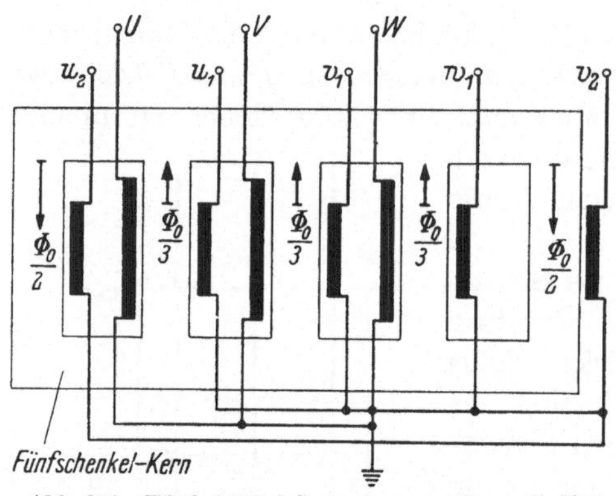

Abb. 276. Fünfschenkel-Spannungswandler mit Erdschluß-Hilfswicklung auf den Außenschenkeln

und magnetisch parallelgeschaltete Kerne verteilt ist. Die Tertiärwicklung legt man auf die Rückschlußschenkel. In ihr wird im ungestörten Betrieb gar keine Spannung induziert; denn wenn der Schwerpunkt des Spannungsdreiecks auf Erdpotential liegt, ist die Summe der drei Leiter-Erdspannungen in jedem Augenblick gleich Null, daher auch die Summe der drei Flüsse in den Innenschenkeln des Wandlers. Es kommt dann natürlich auch nicht zur Ausbildung eines Nullflusses zwischen den Jochen.

Derartige Wandler werden an den Sammelschienen der Umspannwerke angeschlossen und dienen dort der Erdschlußüberwachung des gesamten galvanisch verbundenen Netzes. Die Nullspannung kann an verschiedenen Stellen des Netzes durchaus verschieden sein; denn natürlich verursachen die im Gefolge der Nullspannung fließenden Ströme auf den Leitungen Spannungsabfälle.

Der Erdschlußwandler kann aber nur den *Spannungs*zustand der gesamten Station überwachen und nicht entscheiden, auf welcher der in der Station zusammenlaufenden Leitungen der Fehler liegt. Ähnlich liegt das Problem der Niederspannungs-Schutztechnik; sind z. B. mehrere Geräte auf *einer* Platte montiert, so kann mit der Fehlerspannungsüberwachung wohl ein unzulässig niedriger Isolationswert der *gesamten* Anlage festgestellt werden; man weiß aber nicht, welcher Verbraucher die Ursache ist.

Diese Aufgaben können nur durch Messung des Fehler- bzw. Erdschlußstromes gelöst werden. In der Niederspannungstechnik verwendet

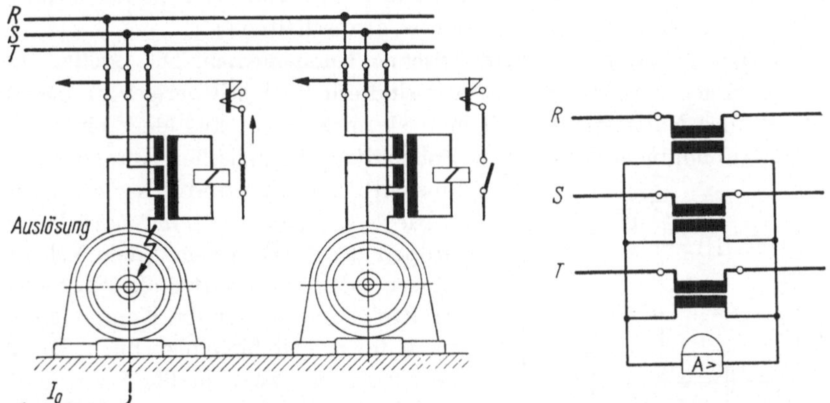

Abb. 277. Anwendung der Nullmessung im Stromsystem:
Nullstrom-Auslöser

Abb. 278. Erdschlußstromanzeige
durch Summenschaltung von
Wandlern

man hierzu den *Fehlerstromwandler* (Abb. 277). Er besitzt drei Primärwicklungen und bleibt solange unerregt, wie über das Drehstromsystem kein „Leckstrom" fließt. Denn im Dreileitersystem bedeutet eine Abweichung der Stromsumme von Null, daß eben noch ein vierter, nicht beachteter Leiter vorhanden sein muß. Für Hochspannungszwecke läßt sich wegen der erforderlichen Phasenabstände ein solcher Dreiwicklungswandler nicht bauen; hier kann man sich helfen, indem man die Sekundärseiten dreier Einphasenwandler parallelschaltet und über eine niederohmige Anzeige- oder Meldevorrichtung schließt (Abb. 278).

Mit den besprochenen Schaltungen kann auch die Wirkleistung des Nullsystemes gemessen werden. So enthält der Nullstromkreis des Erdschlußstromes den Leitungs- und Erdausbreitungswiderstand, ferner den

Widerstand des Erdschlußlichtbogens einschließlich des Übergangswiderstandes. Diese Widerstände verursachen Wirkspannungsabfälle für den Nullstrom, die natürlich ebenfalls im Nullsystem liegen. Die Größe der Nulleistung hängt von der Größe des Widerstandes ab, d. h. von der Entfernung der Meßstelle vom Erdschlußort (Abb. 279). Sie ist in unmittelbarer Nähe des Erdschlusses am geringsten. Man kann auf diese Weise selektive Erdschlußschutzeinrichtungen bauen, die in Abhängigkeit vom Produkt $U_0 \cdot I_0 \cdot \cos\varphi_0$ zeitverzögert

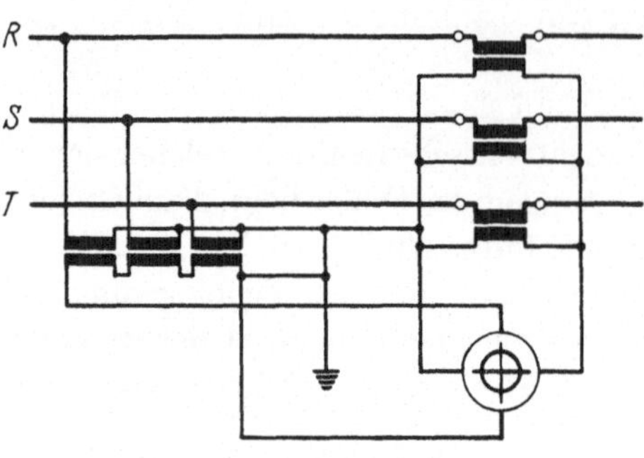

Abb. 279. Schaltung zur Messung der Leistung im Nullsystem

sind und gestatten, die Fehlerstelle mit einer von der Fehlerentfernung abhängigen Zeitverzögerung selektiv abzuschalten.

b) Die Messung der symmetrischen Komponenten. Die Größen des mit- und gegenlaufenden Systemes sind erheblich schwieriger zu messen als die des Nullsystems, weil man sie nicht mehr aus einer einfachen Summenbildung erhalten kann. Sollen die symmetrischen Komponenten hinsichtlich Betrag und Phase bestimmt werden, so kann man die natürlichen Größen des Systemes mit dem Vektormesser oder Wechselstromkompensator ermitteln und danach die Komponenten mit Hilfe von Gl. (365) berechnen. Dieses Verfahren ist zweckmäßig, wenn die natürlichen Größen noch die Nullkomponenten enthalten. Oftmals handelt es sich aber nur um die Trennung der symmetrischen Komponenten allein;

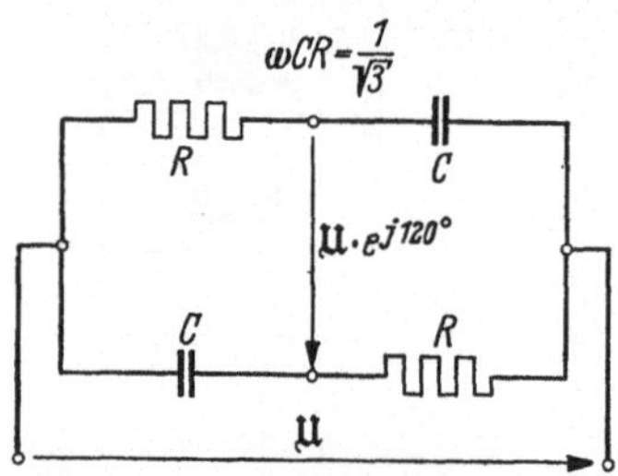

Abb. 280. Brückenschaltung zur Trennung der symmetrischen Komponenten

dabei leisten dann Kunstschaltungen gute Dienste, die die natürlichen Meßgrößen so ändern, daß sie bezüglich ihrer Phase um 120° vorwärts oder zurück gedreht werden, bezüglich ihres Betrages aber ungeändert bleiben. Es gibt eine ganze Reihe von solchen Kunstschaltungen; viele von ihnen stellen Anwendungen der nicht abgleichbaren Wechselstrombrücke dar und eignen sich auch z. B. für die Phaseneinstellung (vgl. Kap. VII). Eine solche aus Kondensatoren und Widerständen bestehende Brückenschaltung zeigt Abb. 280, bei der es unter bestimmten Bedingungen möglich ist, die Phase der Diagonalspannung gegenüber der Brückeneingangsspannung um 120° zu drehen, ohne ihren Betrag zu ändern.

Macht man $R_1 = R_4 = R$ und $C_2 = C_3 = C$, so ist

$$\mathfrak{z}_1 = \mathfrak{z}_4 = R$$

und

$$\mathfrak{z}_2 = \mathfrak{z}_3 = -j \cdot \frac{1}{\omega C}$$

Aus

$$\mathfrak{U}' = \mathfrak{U}\left(\frac{\mathfrak{z}_1}{\mathfrak{z}_1 + \mathfrak{z}_2} - \frac{\mathfrak{z}_3}{\mathfrak{z}_3 + \mathfrak{z}_4}\right)$$

für diese nicht abgleichbare Brücke erhält man den Ansatz

$$\mathfrak{U}' = \mathfrak{U}\,\frac{\omega C R + j}{\omega C R - j} \tag{368}$$

Wenn nun

$$\mathfrak{U}' = \mathfrak{a}\,\mathfrak{U} = \left(-\frac{1}{2} + \frac{\sqrt{3}}{2}\,j\right) \cdot \mathfrak{U}$$

sein soll, so ergibt der Vergleich der reellen und imaginären Teile die Bedingungen

$$-\frac{1}{2} = \frac{\omega^2 C^2 R^2 - 1}{\omega^2 C^2 R^2 + 1}$$

und

$$\frac{\sqrt{3}}{2} = \frac{2\omega C R}{\omega^2 C^2 R^2 + 1}$$

die nur durch eine Lösung erfüllt werden:

$$\boxed{\omega^2 C^2 R^2 = \frac{1}{3}} \tag{369}$$

Man muß also den Widerstand R und die Kapazität C der Schaltung Abb. 280 so bemessen, daß

$$\tan \beta = \frac{1}{\omega C R} = \sqrt{3}$$

wird.

Um die symmetrischen Komponenten eines Drehstromsystemes zu erhalten, müssen derartige Schaltungen auf mindestens zwei Stränge des Drehstromsystemes angewendet werden. In diesem Falle ergeben sich noch verhältnismäßig einfache Additionsschaltungen. Da es aber im allgemeinen drei Komponenten des Drehstromsystemes gibt, muß die dritte Bestimmungsgleichung z. B. durch die Annahme

$$\mathfrak{U}_{RT} + \mathfrak{U}_{TS} + \mathfrak{U}_{SR} = 3\mathfrak{U}_0 = 0$$

hinzugenommen werden. Zur Bestimmung der Spannungskomponenten ist das jederzeit dadurch möglich, daß man die Komponenten des *Spannungsdreiecks* ermittelt, welches kein Nullsystem besitzt, weil ja bei einer Ringschaltung die Summe der Spannungen stets gleich Null ist.

Abb. 281 stellt eine zur Trennung der symmetrischen Komponenten häufig angewendete Kunstschaltung dar. Man erhält mit ihrer Hilfe *beide* symmetrischen Komponenten gleichzeitig aus den natürlichen Größen, und zwar getreu bezüglich Betrag und Phase. Die Bestimmung derselben ist dann z. B. mittels eines Vektormessers möglich. Man verwendet solche Schaltungen aber auch bei symmetrischem Spannungsdreieck zur Bestimmung der Phasenfolge (*Drehfeld-Richtungsanzeiger*). Bei gleichseitigem Spannungsdreieck ist dann die eine von der Schaltung indizierte Spannung gleich Null, die andere, die der mitlaufenden Komponente entspricht, gleich der vollen Dreiecksspannung. Diese Komponente kennzeichnet die Phasenfolge. Zur Spannungsanzeige bedient man sich bei dieser einfachen Anwendung gewöhnlicher Glimmlampen.

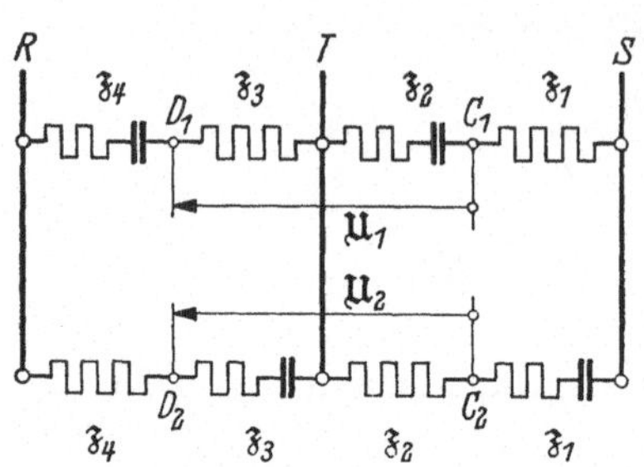
Abb. 281. Vollständige Schaltung der Doppelbrücke zur Anzeige der symmetrischen Komponenten

Die Schaltung dient in erster Linie der Ermittlung der Spannungskomponenten. Will man sie zur Strommessung verwenden, so muß man sie zum Anschluß an Stromwandler anpassen; in diesem Fall ist es günstiger, die Schaltung nicht mit Hilfe von Kondensatoren, sondern von Drosselspulen herzustellen, mit denen man eher die zur Anpassung an Stromwandler notwendigen niederohmigen Bürden herstellen kann.

Zur Nachrechnung der Schaltung Abb. 281 setze man die Bedingung bezüglich der Nullkomponente

$$\Sigma\, \mathfrak{U}_\varDelta = 0$$

in die Bestimmungsgleichung für die mitlaufende Komponente

$$\mathfrak{U}_1 = \frac{1}{3}\left(\mathfrak{U}_{SR} + \mathfrak{a}\,\mathfrak{U}_{TS} + \mathfrak{a}^2\,\mathfrak{U}_{RT}\right)$$

ein. Man erhält

$$\mathfrak{U}_1 = \frac{1}{3}\left[(\mathfrak{a} - 1)\,\mathfrak{U}_{TS} + (\mathfrak{a}^2 - 1)\,\mathfrak{U}_{RT}\right] = \mathfrak{U}_1' + \mathfrak{U}_1''$$

Hieraus folgt

$$\mathfrak{U}_1' = \frac{1 - \mathfrak{a}}{3}\,\mathfrak{U}_{ST}$$

und

$$\mathfrak{U}_1'' = \frac{1 - \mathfrak{a}^2}{3}\,\mathfrak{U}_{TR}$$

Diese Beziehungen stellen Spannungsteilerschaltungen dar, für die

$$\frac{\mathfrak{U}_1'}{\mathfrak{U}_{ST}} = \frac{\mathfrak{z}_2}{\mathfrak{z}_1 + \mathfrak{z}_2} = \frac{1 - \mathfrak{a}}{3}$$

und

$$\frac{\mathfrak{U}_1''}{\mathfrak{U}_{TR}} = \frac{\mathfrak{z}_3}{\mathfrak{z}_3 + \mathfrak{z}_4} = \frac{1 - \mathfrak{a}^2}{3}$$

wird. Löst man unter Anwendung der Beziehungen aus Gl. (363 a—h) nach $\mathfrak{z}_2$ und $\mathfrak{z}_4$ auf, so erhält man

$$\mathfrak{z}_2 = \frac{1}{2}\left(1 - \sqrt{3}\,j\right) \cdot \mathfrak{z}_1$$

bzw.

$$\mathfrak{z}_4 = \frac{1}{2}\left(1 - \sqrt{3}\,j\right) \cdot \mathfrak{z}_3$$

Es ist also

$$\mathfrak{z}_2 : \mathfrak{z}_1 = \mathfrak{z}_4 : \mathfrak{z}_3$$

Bei der Verwirklichung der Schaltung hat man zu beachten, daß negative Wirkwiderstände nicht möglich sind. Alle Schaltungsbestandteile müssen sich als komplexe Zahlen im ersten oder vierten Quadranten darstellen lassen. Macht man

$$\mathfrak{z}_1 = \mathfrak{z}_3 = R$$

so ergeben sich für $\mathfrak{z}_2$ und $\mathfrak{z}_4$ kapazitive Schaltungen:

$$\mathfrak{z}_2 = \mathfrak{z}_4 = \frac{1}{2}\left(1 - \sqrt{3}\,j\right) R$$

oder

$$\mathfrak{z}_2 = \mathfrak{z}_4 = R' - j - \frac{1}{\omega\,C'}$$

wobei $R' = R/2$ und $\dfrac{1}{\omega\,C'} = \dfrac{\sqrt{3}\,R}{2}$ gemacht werden muß. Es ist also

$$\frac{1}{\omega\,C'\,R'} = \sqrt{3} \tag{370}$$

Man findet also dieselbe Bedingung wieder, mit deren Hilfe die 120°-Phasenschwenkschaltung entwickelt wurde (vgl. Gl. (370), S. 353).

Das Diagramm der Schaltung zeigt Abb. 282. Wegen der Verwendung von gemischten Spannungsteilern ist die Schaltung frequenzabhängig.

Dieselbe Schaltung läßt sich auch zur Bestimmung der inversen Komponente verwenden. Unter der Annahme, daß $\mathfrak{U}_{RT} + \mathfrak{U}_{SR} + \mathfrak{U}_{TS} = 0$ ist, ergibt sich aus

$$\mathfrak{U}_2 = \frac{1}{3}\left(\mathfrak{U}_{SR} + \mathfrak{a}^2\,\mathfrak{U}_{TS} + \mathfrak{a}\,\mathfrak{U}_{RT}\right)$$

der Wert

$$\mathfrak{U}_2 = \frac{1}{3}\left[(\mathfrak{a}^2 - 1)\,\mathfrak{U}_{TS} + (\mathfrak{a} - 1)\,\mathfrak{U}_{RT}\right] = \mathfrak{U}_2' + \mathfrak{U}_2''$$

Hieraus folgt

$$\mathfrak{U}_2' = -\frac{1 - \mathfrak{a}^2}{3}\,\mathfrak{U}_{ST}$$

23*

und

$$\mathfrak{U}_2'' = \frac{1-\mathfrak{a}}{3}\,\mathfrak{U}_{TR}$$

Setzt man wieder Spannungsteilerschaltungen an gemäß

$$\mathfrak{U}_2' = \frac{\mathfrak{z}_2}{\mathfrak{z}_1 + \mathfrak{z}_2}\,\mathfrak{U}_{ST}$$

und

$$\mathfrak{U}_2'' = \frac{\mathfrak{z}_3}{\mathfrak{z}_3 + \mathfrak{z}_4}\,\mathfrak{U}_{TR}$$

so ergibt der Vergleich

$$\frac{\mathfrak{z}_2}{\mathfrak{z}_1 + \mathfrak{z}_2} = \frac{1-\mathfrak{a}^2}{3}$$

und

$$\frac{\mathfrak{z}_3}{\mathfrak{z}_3 + \mathfrak{z}_4} = \frac{1-\mathfrak{a}}{3}$$

Man wählt jetzt für $\mathfrak{z}_2$ und $\mathfrak{z}_4$ reine Wirkwiderstände R und erhält dann für $\mathfrak{z}_1$ und $\mathfrak{z}_3$ dieselben Kondensatorenschaltungen wie bei der

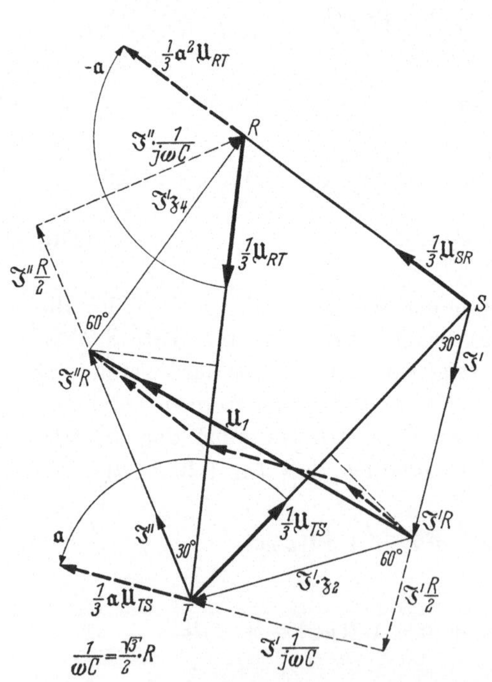

Abb. 282. Diagramm der Schaltung nach Abb. 281 zur Bestimmung der Spannung des mitlaufenden Systemes

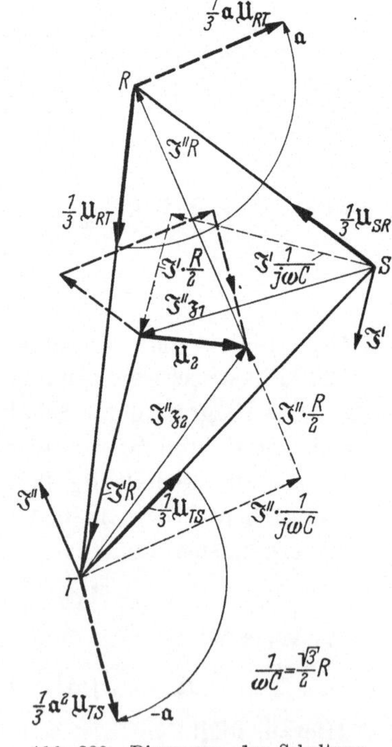

Abb. 283. Diagramm der Schaltung Abb. 281 zur Bestimmung der Größen des gegenläufigen Systemes

Bestimmung der rechtläufigen Komponente für die Zweige 2 und 4:

$$\mathfrak{z}_1 = \mathfrak{z}_3 = \frac{1}{2} R - j \frac{\sqrt{3}}{2} R \qquad\qquad (371)$$

Gegenüber der Schaltung, mit der die mitlaufende Komponente gemessen wird, ist also lediglich die Reihenfolge der komplexen Widerstände zu vertauschen. Abb. 283 zeigt das Diagramm der Schaltung.

6. Geräte zur Symmetrieanzeige von Spannung und Leistung

Neuerdings auf dem Markt erhältliche Präzisionsgeräte zur Symmetrieanzeige arbeiten nach dem Prinzip des Induktionszählers (vgl. Kap. XIII); das Meßwerk ist richtkraftlos, wodurch seine Empfindlichkeit sehr gesteigert werden kann. Nach dem von Brückenschaltungen her

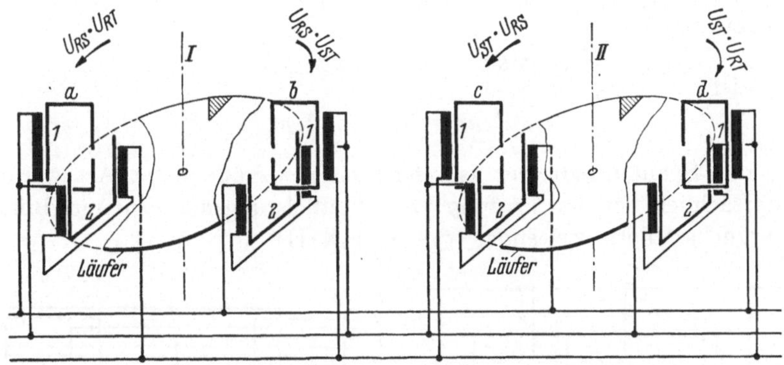

Abb. 284. Schematische Darstellung des Spannungs-Symmetrieanzeigers

bekannten Prinzip ist für ein Nullverfahren die hohe Empfindlichkeit des Nullgerätes Voraussetzung für genaue Messungen. Aus diesem Grunde wird bei Präzisions-Symmetrieanzeigern auch nicht die symmetrische rechtläufige Komponente gemessen, sondern die Abwesenheit der inversen Komponente festgestellt. Man verfügt dann im Prüfkreis über Einstellorgane, mit denen man die Spannungen so beeinflussen kann, daß der Symmetrieanzeiger still steht. Diese mit der Abwesenheit der inversen Komponente gleichbedeutende Tatsache ist für wichtige Anwendungszwecke Voraussetzung einer fehlerfreien Messung.

Der *Spannungs-Symmetrieanzeiger* besitzt nach Abb. 284 zwei voneinander unabhängige Induktionsmeßwerke mit je zwei Triebsystemen (über Wirkungsweise der Induktionsmeßwerke vgl. Kap. XIII). Diese Triebsysteme bestehen aus je einem Kern 1 mit Luftspalt und einem U-förmigen Kern 2. Vor den Polen dieser Kerne befindet sich der frei bewegliche Teil des Meßwerkes in Gestalt einer Aluminiumscheibe. Unter gewissen Voraussetzungen über die Phasenverschiebung wird von den beiden Flüssen der Kerne 1 und 2 ein Triebmoment erzeugt, welches proportional $\Phi_1 \cdot \Phi_2$ ist. Die Flüsse werden von Spulen erregt, die gemäß Abb. 285 an die Dreieckspannungen des Drehstromsystemes gelegt werden. Dabei sind die Spulen so geschaltet, daß im normalen Fall in jedem Meßgerät die beiden Triebsysteme einander entgegenwirken.

Es ist dann

$$\text{für das Meßgerät I:}\quad U_{RS} \cdot U_{RT} - U_{RS}\, U_{ST} = k\, M_{TI}$$

$$\text{für das Meßgerät II:}\quad U_{ST} \cdot U_{RS} - U_{ST}\, U_{RT} = k\, M_{TII}$$

Außer den Meßmomenten der Triebsysteme wirken keine weiteren Kräfte auf die Scheiben. Die Geräte sind sehr empfindlich, d. h. reagieren bereits auf kleinste Unterschiede der Meßmomente; stehen die Scheiben still, so ist einerseits

$$U_{RS} \cdot (U_{RT} - U_{ST}) = 0$$

und andererseits

$$U_{ST} \cdot (U_{RS} - U_{RT}) = 0$$

Dann ist

$$U_{RS} = U_{ST} = U_{RT}$$

und das Spannungsdreieck ist gleichseitig. Geräte dieser Art werden hauptsächlich bei der Prüfung von Blindleistungsmessern und Blindverbrauchszählern verwendet (vgl. Kap. XIII).

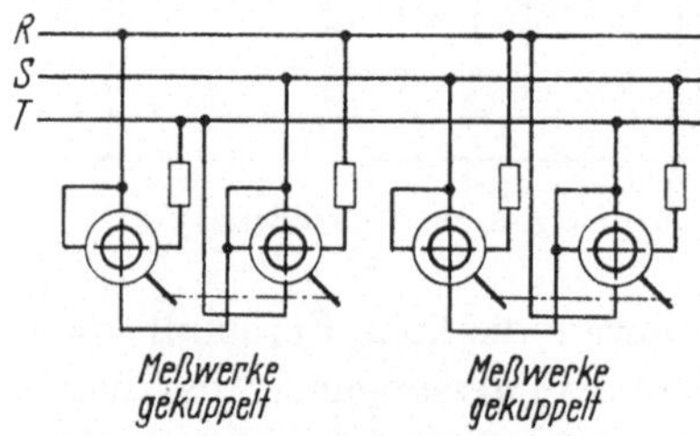

Abb. 285. Schaltung
des Spannungs-Symmetrieanzeigers (SSW)

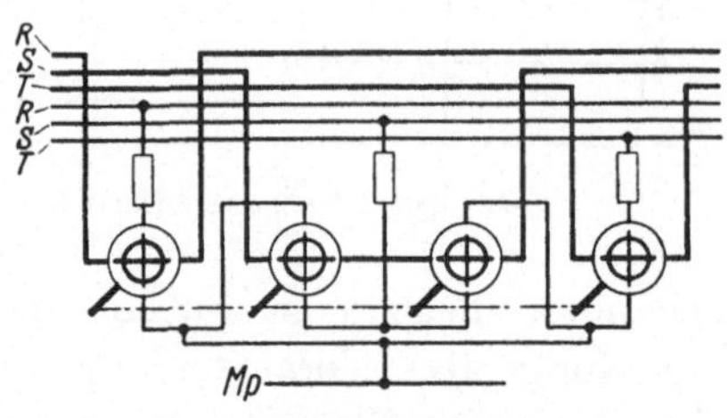

Abb. 286. Schaltung
der Drehstrom-Arbeitswaage (SSW)

Die *Drehstrom-Arbeitswaage* ist ein Gerät zur Feststellung der Symmetrie der Dreiphasen-*Wirkleistungen*. Auch dieses Gerät wird hauptsächlich bei der Zählerprüfung angewendet und ist speziell für die Bedürfnisse der Zählerprüfpraxis entwickelt worden. Sie ist natürlich auch überall dort am Platze, wo man die Schwierigkeiten der Wirkleistungsmessung in Drehstromsystemen mit zwei oder drei Meßwerken umgehen möchte.

Die Schaltung des Gerätes zeigt Abb. 286. Es ähnelt in seiner Wirkungsweise stark dem Spannungs-Symmetrieanzeiger. Die Drehstrom-Arbeitswaage besitzt auch vier Induktionsmeßwerke, die aber zusammen auf *ein* bewegliches System wirken. Im Gegensatz zum Symmetrieanzeiger messen die Triebsysteme jedoch Wirkleistungen.

Das erste Meßwerk mißt N_R, das zweite und dritte $-N_S$ und das vierte N_T. Wenn das richtkraftlos gelagerte bewegliche System still steht, dann ist die Summe der vier Momente, hervorgerufen von den Triebsystemen, gleich Null. Das Gerät wird nun sorgfältig so abgeglichen, daß diese Feststellung auch für die Summe der Leistungen genau erfüllt ist:

$$N_R + N_T + (-2 \cdot N_S) = 0 \tag{372}$$

In jedem Dreiphasensystem ist selbstverständlich

$$N_R + N_S + N_T = N_{ges}$$

Daraus folgt durch Einsetzen des Ausdruckes für $N_R + N_T$ aus der ersten Gleichung:

$$N_{ges} = 3 \cdot N_S \tag{373}$$

Diese Beziehung gilt unabhängig von den Unsymmetrien des Spannungs- und Stromsternes *immer*, wenn die Drehstrom-Arbeitswaage still steht. Dann genügt also die Messung der Leistung mit einem System. Die Verwendung der Arbeitswaage bietet den großen Vorteil, daß die Aufsicht über das Gerät einer Hilfskraft übertragen werden kann, während die Ablesung des Leistungsmessers in S vom Beobachter mit aller Sorgfalt geschieht. Die Hilfskraft bedient dann nur einen kleinen Zusatzsteller od. dgl. nach der Anweisung des Hauptverantwortlichen so, daß die Marke der Arbeitswaage niemals auswandert.

Auch hier wird die *Genauigkeit des Meßverfahrens* gesteigert durch die *Empfindlichkeit des Nullgerätes*.

Die Drehstrom-Arbeitswaage bietet über diesen Anwendungszweck hinaus noch weitere erhebliche Vorteile bei der Messung der *Arbeit*, worüber später zu sprechen sein wird (vgl. Kap. XIII).

7. Die Leistungsmessung im Drehstromsystem

Im Vierleitersystem gilt nach dem im Abschn. 1 und 2 Gesagten:

$$\mathfrak{N} = \mathfrak{N}_R + \mathfrak{N}_S + \mathfrak{N}_T \tag{374}$$

d. h. es sind zur Leistungsbestimmung stets drei Meßwerke oder Einzelmessungen notwendig. Da auf Grund dieser Gleichung auch die Blindkomponente gebildet werden kann, gilt die Regel in gleicher Weise für Messung der Blindleistung; man muß dann anstelle der drei Wirkleistungsmesser drei Blindleistungsmesser mit HUMMEL-Schaltung (vgl. Kap. IX, S. 327) verwenden.

Es wurde bereits festgestellt, daß im Dreileitersystem zwischen den Strömen die Beziehung

$$\mathfrak{J}_R + \mathfrak{J}_S + \mathfrak{J}_T = 0 \tag{375}$$

herrschen muß. Denkt man sich den M_p-Leiter des Systemes, für dessen Belastung Gl. (375) gilt, stromlos, so kann man in Gl. (374) für $\mathfrak{J}_S^*$ den aus Gl. (375) folgenden Ausdruck einsetzen und erhält

$$\frac{1}{2}[\mathfrak{U}_{Mp\,R} \times \mathfrak{J}_R^* \pm \mathfrak{U}_{Mp\,R}^* \times \mathfrak{J}_R] + \frac{1}{2}[\mathfrak{U}_{Mp\,S} \times \mathfrak{J}_S^* \pm \mathfrak{U}_{Mp\,S}^* \times \mathfrak{J}_S] +$$

$$+ \frac{1}{2}[\mathfrak{U}_{Mp\,T} \times \mathfrak{J}_T^* \pm \mathfrak{U}_{Mp\,T}^* \times \mathfrak{J}_T]$$

$$= \frac{1}{2}[(\mathfrak{U}_{Mp\,R} - \mathfrak{U}_{Mp\,S}) \times \mathfrak{J}_R^* \pm (\mathfrak{U}_{Mp\,R} - \mathfrak{U}_{Mp\,S})^* + \mathfrak{J}_R] +$$

$$+ \frac{1}{2}[(\mathfrak{U}_{Mp\,T} - \mathfrak{U}_{Mp\,S}) \times \mathfrak{J}_T^* \pm (\mathfrak{U}_{Mp\,T} - \mathfrak{U}_{Mp\,S})^* \times \mathfrak{J}_T] \qquad (376)$$

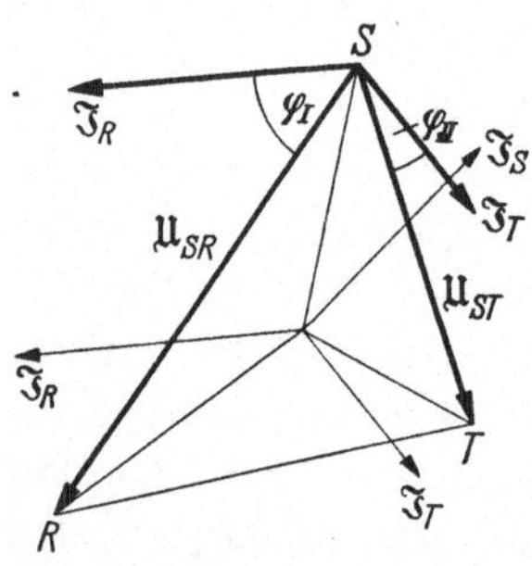

Abb. 287. Diagramm der Zweiwattmeterschaltung im unsymmetrischen Dreileiter-Drehstromsystem (vgl. Abb. 264)

Zunächst ist hieraus die bereits bekannte Tatsache zu entnehmen, daß zur Bestimmung der *gesamten* Leistung im Dreileitersystem *zwei* Meßwerke notwendig, aber auch hinreichend sind. Ferner kann in dieser Weise mit Blindleistungsmessern auch die Blindleistung bestimmt werden. Schließlich ist die erforderliche Summenschaltung der Spannungen sehr einfach:

$$\mathfrak{U}_{Mp\,R} - \mathfrak{U}_{Mp\,S} = \mathfrak{U}_{S\,Mp} + \mathfrak{U}_{Mp\,R} = \mathfrak{U}_{SR}$$

$$\mathfrak{U}_{Mp\,T} - \mathfrak{U}_{Mp\,S} = \mathfrak{U}_{S\,Mp} + \mathfrak{U}_{Mp\,T} = \mathfrak{U}_{ST}$$

Diese nach Aron benannte Schaltung gemäß Abb. 264 mißt in Dreileiternetzen *immer* richtig. Ihr Diagramm ist in Abb. 287 dargestellt.

Dieselbe Überlegung läßt sich anstelle der Ströme auch mit den Spannungen anstellen. Ist in einem Vierleiternetz

$$\mathfrak{U}_{Mp\,R} + \mathfrak{U}_{Mp\,S} + \mathfrak{U}_{Mp\,T} = 0 \qquad (377)$$

d. h. besitzt der Mittelpunktleiter das Potential des Schwerpunkts im Spannungsdreieck (vgl. Abb. 268), so gilt offenbar

$$\frac{1}{2}[\mathfrak{U}_{Mp\,R} \times \mathfrak{J}_R^* \pm \mathfrak{U}_{Mp\,R}^* \times \mathfrak{J}_R] + \frac{1}{2}[\mathfrak{U}_{Mp\,S} \times \mathfrak{J}_S^* \pm \mathfrak{U}_{Mp\,S}^* \times \mathfrak{J}_S] +$$

$$+ \frac{1}{2}[\mathfrak{U}_{Mp\,T} \times \mathfrak{J}_T^* \pm \mathfrak{U}_{Mp\,T}^* \times \mathfrak{J}_T]$$

$$= \frac{1}{2}[\mathfrak{U}_{Mp\,R} \times (\mathfrak{J}_R - \mathfrak{J}_S)^* \pm \mathfrak{U}_{Mp\,R}^* \times (\mathfrak{J}_R - \mathfrak{J}_S)] +$$

$$+ \frac{1}{2}[\mathfrak{U}_{Mp\,T} \times (\mathfrak{J}_T - \mathfrak{J}_S)^* \pm \mathfrak{U}_{Mp\,T}^* \times (\mathfrak{J}_T - \mathfrak{J}_S)] \qquad (378)$$

Überraschenderweise genügen hiernach zwei Meßwerke zur Erfassung der gesamten Leistung des *Vier*leiternetzes! Bei näherer Überlegung ist hierin kein Widerspruch zu dem im Abschn. 1 Gesagten zu erblicken. Gl. (377) besagt, daß die Übertragung zwar einen Nullstrom, aber keine Nullspannung besitzt; das Nullsystem kann also keine Energie führen.

Die Realisierung der in Gl. (378) niedergelegten Forderung ist nicht ganz so einfach wie bei der ARON-Schaltung für Dreileiternetze. Man kann die erforderlichen Stromsummen mit Leistungsmessern bilden, deren feste Spulen aus je zwei gleichen Hälften bestehen. Schickt man durch dieselben i_R und i_S, bzw. i_T und i_S, so wird das erforderliche Leistungsprodukt über die geometrische Addition der Spulenfelder

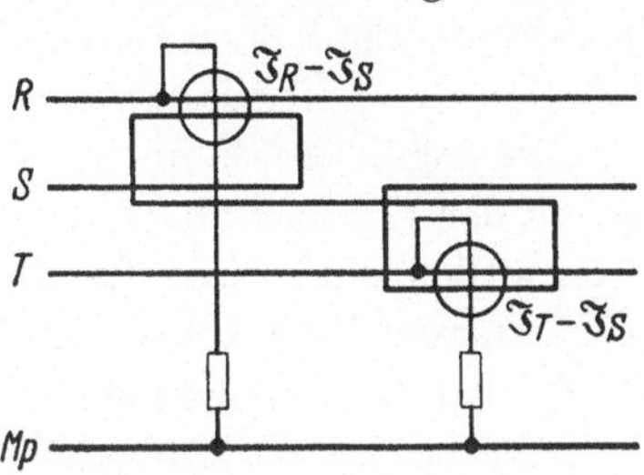

Abb. 288. Schaltung der Leistungsmessung mit 2 anzeigenden Meßwerken im Vierleiternetz bei beliebiger Belastung

gebildet. Abb. 288 zeigt die Schaltung, die in dieser Form häufig bei Leistungsschreibern Verwendung findet. Sie mißt immer richtig, wenn Gl. (377) gilt. Das ist fast immer mit hinreichender Genauigkeit der Fall, wenn man von den Spannungsabfällen des Nullstromes im Mittelpunktleiter absieht, die zwischen Meßstelle und Generatorsternpunkt liegen.

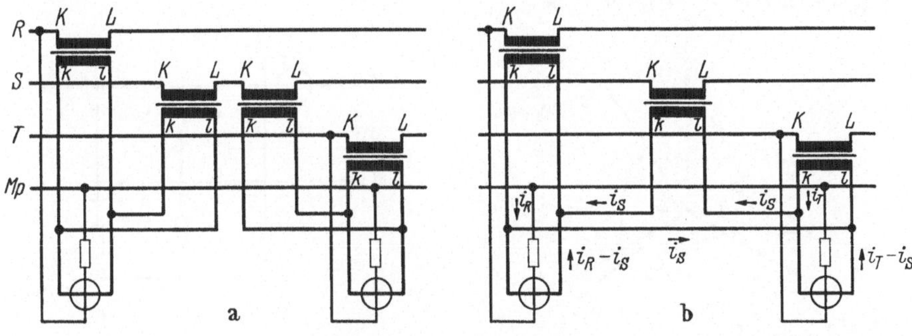

Abb. 289a u. b. Schaltung der Leistungsmessung im Vierleitersystem mit 2 normalen Leistungsmessern und Stromwandlern

a) Verwendung von 4 gleichen Stromwandlern; b) Verwendung von 3 Stromwandlern

Mit Hilfe von Stromwandler-Summenschaltungen ist es möglich, normale Leistungsmesser zu verwenden. Gleichzeitig vermeidet man dann die Gefahren, die durch die unmittelbare Nachbarschaft zweier Leiter verschiedenen Potentiales im Meßgerät gegeben sind. In Abb. 289a ist zunächst die Forderung der Gl. (378) mit 4 Stromwandlern gleichen Übersetzungsverhältnisses erfüllt worden. Es sind für jede Messung die Wandler in R und S bzw. T und S sekundär mit vertauschten

Klemmen zusammenzuschalten und mit den Strompfaden zu verbinden. Dort fließen dann die Ströme $\mathfrak{J}_R - \mathfrak{J}_S$ bzw. $\mathfrak{J}_T - s,\mathfrak{J}$ die nach Gl. (378) zur Leistungsmessung heranzuziehen sind.

Es liegt nahe, einen der in S liegenden zwei Wandler einzusparen; man gelangt dann zur Schaltung nach Abb. 289b. Die Richtungen der Meßströme von k nach l sind eingezeichnet. Ein naheliegender Einwand, daß sich die Sekundärströme auch über die Wicklungen der Nachbarwandler schließen können, ist zwar im Prinzip berechtigt, aber auf Grund der Eigenschaften eines Stromwandlers von geringer Bedeutung. Bekanntlich sind diese Parallelströme sehr klein, da sie zu den eingezeichneten Meßströmen im Verhältnis des Widerstandes der Meßbürde zum Magnetisierungs-Blindwiderstand des Wandlers stehen.

Dagegen ist aus Abb. 289b zu entnehmen, daß der in S liegende Wandler eine doppelt so hohe Bürde zu speisen hat wie die Wandler in R und T.

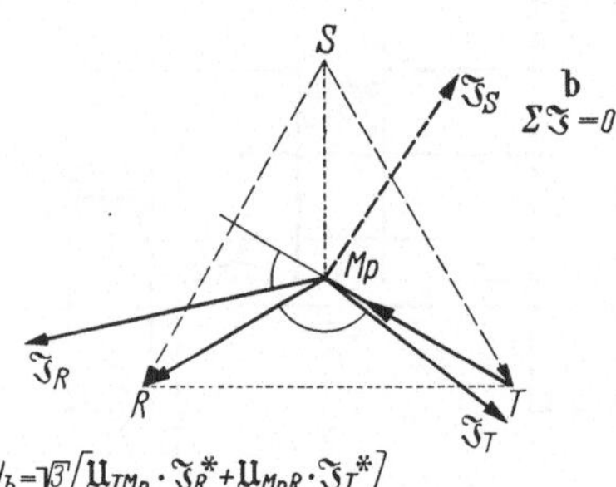

$$N_b = \frac{1}{\sqrt{3}}\left[\mathfrak{U}_{TS}\cdot\mathfrak{J}_R^* + \mathfrak{U}_{RT}\cdot\mathfrak{J}_S^* + \mathfrak{U}_{SR}\cdot\mathfrak{J}_T^*\right]$$

$$N_b = \sqrt{3}\left[\mathfrak{U}_{TMp}\cdot\mathfrak{J}_R^* + \mathfrak{U}_{MpR}\cdot\mathfrak{J}_T^*\right]$$

Abb. 290a u. b. Blindleistungsmessung bei gleichseitigem Spannungsdreieck
a) Vierleitersystem; b) Dreileitersystem

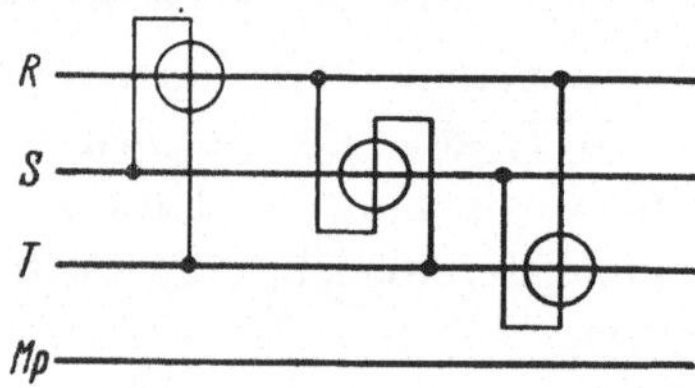

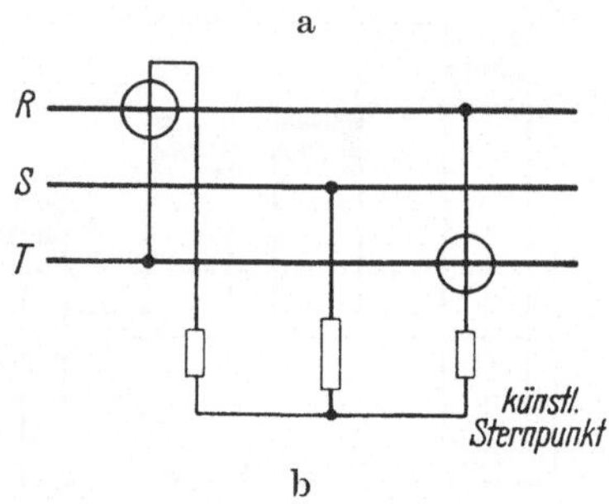

Abb. 291 a u. b. Schaltungen zur Blindleistungsmessung bei symmetrischem Spannungsdreieck (vgl. Abb. 290)
a) Vierleiternetz; b) Dreileiternetz

Gleichgültig, ob es sich um Drei- oder Vierleiternetze handelt, bieten sich bei symmetrischem Spannungs*dreieck* Möglichkeiten zur vereinfachten Blindleistungsmessung. Aus Kap. IX, S. 327 ist bekannt, daß die Bestimmung der Blindleistung mit Wirkleistungsmessern eine Phasenverschiebung von 90° zwischen dem Strom $\mathfrak{J}_U$ der Drehspule und der Spannung $\mathfrak{U}$ erfordert (Kunstschaltung nach HUMMEL, Abb. 248, S. 327). Bildet man den Schwerpunkt des Spannungsdreiecks mittels eines *künstlichen Sternpunktes* (vgl. oben S. 341), so eilen die Schwerpunkts-Leiter-Spannungen den gegenüberliegenden Dreieckspannungen um genau 90° nach, wenn das Spannungs*dreieck* symmetrisch ist. Dabei ist zu beachten, daß die zur Blindleistungsmessung in Vierleiternetzen heranzuziehenden Spannungen um das $\sqrt{3}$fache zu groß sind (Abb. 290a), im Dreileiternetz bei Verwendung der ARON-Schaltung um das $\sqrt{3}$fache zu klein (Abb. 290b). Zweckmäßigerweise berücksichtigt man das bei der Bemessung der Vorwiderstände. Die Schaltungen hierzu zeigt Abb. 291. Es ist zu beachten, daß die Forderung nach Potentialgleichheit zwischen Strom- und Spannungsspule nicht zu erfüllen ist. Deswegen verwendet man bei höheren Spannungen kleine, in das Meßgerät eingebaute Zwischenwandler, mit deren Hilfe der Potentialunterschied zwischen den Spulen vermieden werden kann. Da im Gegensatz zur HUMMEL-Schaltung die Spannungsmeßpfade im wesentlichen nur Ohmsche Widerstände erhalten, sind diese Schaltungen bei weitem nicht so frequenzabhängig. Dafür ergeben sich Phasenfehler bei Unsymmetrie des Spannungsdreiecks.

8. Messungen im symmetrischen und symmetrisch belasteten Drehstromsystem

Dieser spezielle Belastungszustand eines Drei- oder Vierleiternetzes kommt in der Praxis häufiger vor. Besonders im Prüffeld wird bei Abnahmemessungen auf Symmetrie geachtet, um dem Nennbetrieb des Prüflings möglichst nahe zu kommen. Aber auch Abnehmer mit ausschließlich motorischer Last besitzen in guter Annäherung Symmetrie.

Zur Wirk- bzw. Blindleistungsmessung genügte in symmetrischen Drehstromübertragungen an sich ein einsystemiger Wirk- bzw. Blindleistungsmesser. Der letzte kann als Wirkleistungsmesser gebaut sein und mit einer um 90° nacheilenden Spannung betrieben werden, oder man schaltet ihn wie den Wirkleistungsmesser und gibt dem Spannungspfad einen 90°-Abgleich nach Abb. 248. Die Geräte zeigen $\frac{1}{3}$ bzw. $\frac{1}{\sqrt{3}}$ der gesamten symmetrischen Leistung.

Oftmals wird zur Bestimmung der Leistung im symmetrisch betriebenen Drehstromsystem die Zweimattmeter-Schaltung nach ARON angewendet. Einerseits geht man dann sicher, wenigstens die Hauptmeßgröße, die Wirkleistung, auf jeden Fall richtig messen zu können. Andererseits läßt sich erwarten, daß man diese Schaltung bei Symmetrie außer zur Bestimmung der Wirkleistung auch noch zur Ermittlung anderer Werte benutzen kann, da man ja an sich mit *einem* Meßgerät auskäme.

Abb. 292 gibt das Diagramm wieder. Jedes Meßwerk zeigt das Leistungsprodukt des Leiterstromes und der Dreieckspannung unter Berücksichtigung der zwischen den Meßgrößen herrschenden Phasenverschiebung an:

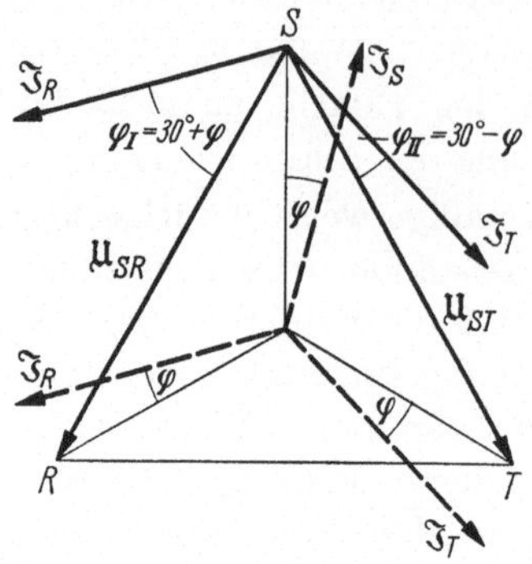

Abb. 292. Diagramm der ARON-Schaltung bei symmetrischen Betrieb

Meßwerk I: $\alpha_I = k \cdot U \cdot J \cdot \cos\varphi_I$

Meßwerk II: $\alpha_{II} = k \cdot U \cdot J \cdot \cos\varphi_{II}$

Die Winkel φ_{I} und φ_{II} ergeben sich aus Abb. 292 zu

$$\varphi_{\text{I}} = 30° + \varphi$$

$$\varphi_{\text{II}} = 30° - \varphi$$

Demnach erhält man

$$\begin{aligned}\alpha_{\text{II}} + \alpha_{\text{I}} &= k \cdot U \cdot J\,[\cos(30° - \varphi) + \cos(30° + \varphi)] \\ &= k \cdot U \cdot J \cdot 2 \cdot \cos 30° \cos\varphi \\ &= k \cdot U \cdot J \cdot \sqrt{3} \cdot \cos\varphi\end{aligned}$$

oder

$$\boxed{\alpha_{\text{II}} + \alpha_{\text{I}} = k \cdot N_w} \qquad (379)$$

Wie zu erwarten war, ergibt die *Summe* der Ausschläge beider Geräte die Wirkleistung.

Bildet man die Differenz

$$\begin{aligned}\alpha_{\text{II}} - \alpha_{\text{I}} &= k \cdot U \cdot J\,[\cos(30° - \varphi) - \cos(30° + \varphi)] \\ &= k \cdot U \cdot J \cdot 2 \sin 30° \sin\varphi \\ &= k \cdot U \cdot J \cdot \sin\varphi\end{aligned}$$

so ergibt sich

$$\boxed{\alpha_{\text{II}} - \alpha_{\text{I}} = \frac{k}{\sqrt{3}} \cdot N_b} \qquad (380)$$

Die Differenz ergibt also den $\frac{1}{\sqrt{3}}$ fachen Wert der Blindleistung. Demnach ist

$$\boxed{\tan\varphi = \frac{N_b}{N_w} = \sqrt{3}\,\frac{\alpha_{\text{II}} - \alpha_{\text{I}}}{\alpha_{\text{II}} + \alpha_{\text{I}}}} \qquad (381)$$

Man beachte, daß es im Gegensatz zur Bestimmung der Blindleistung aus U, J und N_w bei dieser Schaltung möglich ist, eine Aussage über das

Vorzeichen der Blindlast zu machen, ob es sich nämlich um Magnetisierungsbedarf (N_b positiv, $\alpha_{II} > \alpha_I$), oder um Ladungsbedarf (N_b negativ, $\alpha_{II} < \alpha_I$) handelt. Allerdings muß die Phasenfolge bekannt sein, da diese den positiven Drehsinn des Diagrammes festlegt. In bezug auf die Schaltung merke man sich:

Regel: *Geht man von dem Leiter aus, in welchem kein Leistungsmesser liegt, so besitzt bei positiver Blindleistung (Magnetisierungsbedarf) das Wattmeter den größeren Ausschlag, welcher im Leiter mit der nachfolgenden Leiter-Mittelpunkt-Spannung liegt. Dabei hat man sich auf die positive Richtung des Energieflusses vom Generator zum Verbraucher zu beziehen.*

Daraus folgt, daß man umgekehrt bei bekanntem Charakter der Blindlast Rückschlüsse auf die Phasenfolge ziehen kann.

Eigentümlich ist bei der Verwendung der Aron-Schaltung im symmetrischen System ferner, daß auch bei positiver Wirkleistung einer der Ausschläge, α_I oder α_{II}, negativ sein kann, und daß ferner für $\cos\varphi = 1$ weder das eine noch das andere Gerät die maximale Leistung anzeigt. Diese Erscheinung gibt es bei dem Verfahren mit einem Leistungsmesser nicht. Sie kann bei der Aron-Schaltung eine Quelle mancher Irrtümer sein, wenn man sich der Richtigkeit der Schaltung im Protokoll nicht ganz sicher ist. Darauf wurde bereits in Abschn. 2 hingewiesen (S. 338).

Ist bei richtiger, d. h. gleichartiger Schaltung der beiden Geräte $\alpha_{II} + \alpha_I$ negativ, so hat man sich in der Annahme der Lage von Generator und Verbraucher geirrt. In den Fällen, in denen die Lage des Generators — z. B. bei Kuppelstellen — wechseln kann, eignet sich die Schaltung gut zur Messung in allen vier Quadranten. Man kann dann z. B. unter der Annahme schalten, daß Energie von A nach B geliefert wird. Zeigt sich dann, daß $\alpha_{II} + \alpha_I < 0$ ist, so ist eben B der Generator.

In Abb. 293 und Tab. 14 sind die Verhältnisse bei einer Vierquadranten-Messung übersichtlich zusammengestellt. Die gestrichelten Kurven N_I und N_{II} geben die Anzeigen der beiden Leistungsmesser in Prozenten des höchsten Ausschlages eines Gerätes wieder, wenn der Phasenwinkel φ sich zwischen $-180° \cdots 0 \cdots +180°$ ändert. Positive Werte von φ bedeuten Deckung vom Magnetisierungsbedarf, negative Werte Deckung von Ladungsbedarf.

Stark ausgezogen sind die Kurven für $N_w = N_{II} + N_I$ und $N_b = \sqrt{3}\,(N_{II} - N_I)$. Unterhalb dieser Darstellung sind einige Betriebsfälle besonders hervorgehoben worden. Es sind die Diagramme und die Leistungsdreiecke in der $\mathfrak{N}$-Ebene gezeichnet, die zu den in der Kurvendarstellung besonders gekennzeichneten Lastzuständen gehören. Die positive Wirkenergie ist dem Verbraucher zugeordnet worden. Bei a bzw. i handelt es sich also entgegen der durch die Schaltung der Geräte willkürlich festgelegten positiven Richtung um *Lieferung negativer Wirkenergie*, also um einen Generator.

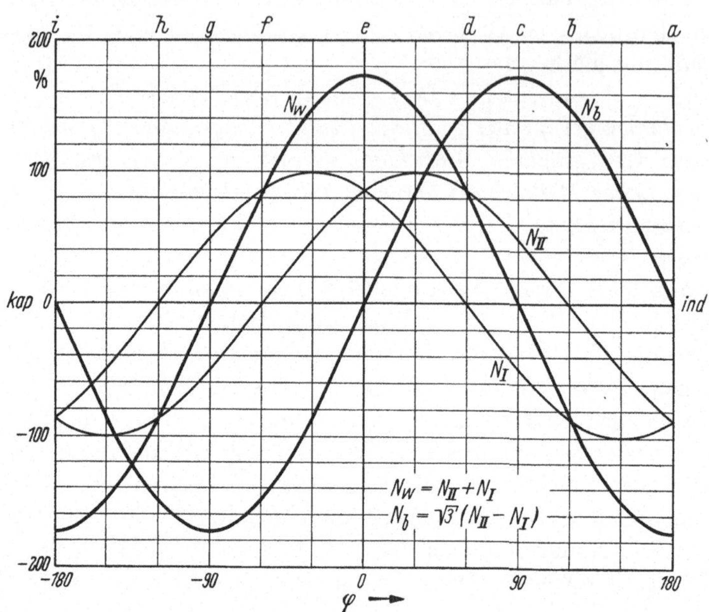

Abb. 293. Abhängigkeit der Anzeige beider Leistungsmesser vom Leistungsfaktor in der Zweiwattmeterschaltung (ARON) bei symmetrischer Belastung

Die Energieübertragung mit symmetrischem Drehstrom unterscheidet sich auch noch aus folgendem Grund von der bei unsymmetrischem Drehstrom oder bei Wechselstrom: Während im letzten Fall die Leistung mit der Zeit schwankt (vgl. Kap. IX, S. 321, Abb. 241), herrschen bei symmetrischem Drehstrom die durch das Liniendiagramm Abb. 294 dargestellten Verhältnisse. Die drei Strangleistungen $N_R(t)$, $N_S(t)$ und $N_T(t)$, die jede für sich natürlich zeitabhängig sind, ergänzen sich in jedem Augenblick zu demselben Wert der Gesamtleistung. Diese pulsiert also nicht mehr. Umgekehrt schwankt im unsymmetrischen Drehstromsystem die Leistung um einen Mittelwert. Nur dieser repräsentiert dann die mit der mitläufigen Komponente übertragene Energie.

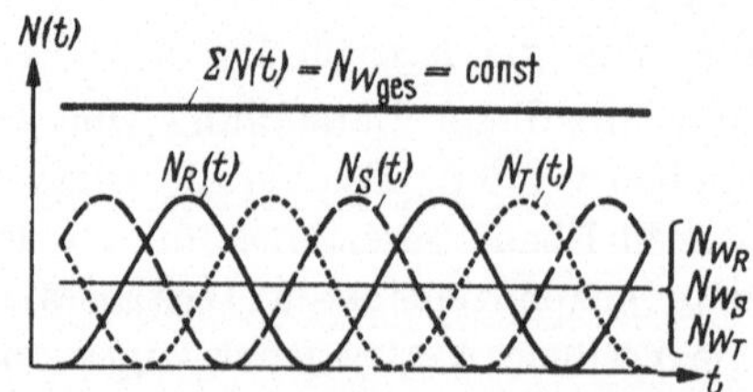

Abb. 294. Liniendiagramm der Phasen- und Gesamtleistungen bei symmetrischer Drehstrombelastung

Tabelle 14. *Leistungsmessung in vier Quadranten mit der Aron-Schaltung*
(vgl. Abb. 293)

	φ	N_{II} %	N_{I} %	N_w %	N_b %	Diagramm	N-Ebene	Last-Charakter
a	$+180°$	$-86,6$	$-86,6$	-173	0	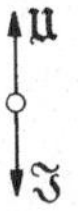	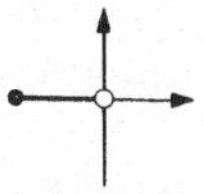	Wirkgenerator
b	$+120°$	$-86,6$	0	$-86,6$	$+150$	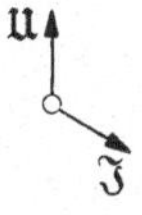	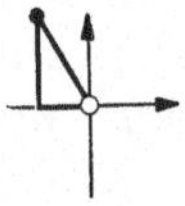	Wirkgenerator mit Magnetisierungsbedarf
c	$+90°$	-50	$+50$	0	$+173$	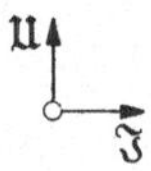		verlustlose Drossel
d	$+60°$	0	$+86,6$	$+86,6$	$+150$	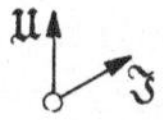	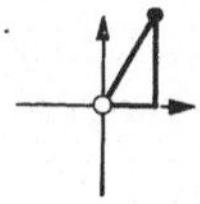	Wirkverbraucher mit Magnetisierungsbedarf
e	$0°$	$+86,6$	$+86,6$	$+173$	0			Wirkverbraucher
f	$-60°$	$+86,6$	0	$86,6$	-150	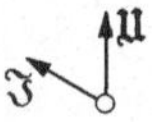		Wirkverbraucher mit Ladungsbedarf
g	$-90°$	$+50$	-50	0	-173	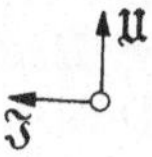	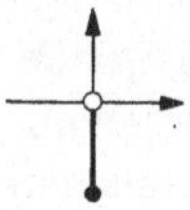	verlustloser Kondensator
h	$-120°$	0	$-86,6$	$-86,6$	-150	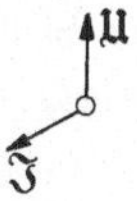	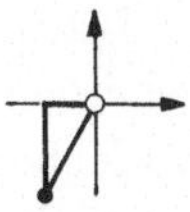	Wirkgenerator mit Ladungsbedarf (Magnetisierungsüberschuß)
i	$-180°$	$-86,7$	$-86,7$	-173	0		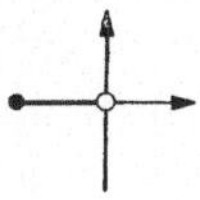	Wirkgenerator

XI. Die Messung beliebiger zeitveränderlicher Vorgänge

Lehrziel: Hilfsmittel zur Beurteilung und Ausmessung rasch und einmalig verlaufender Vorgänge. Theorie der erzwungenen Schwingung. Die Technik des Oszillographierens.

1. Anwendung oszillographischer Meßverfahren

Im Gegensatz zu einfachen harmonischen Schwingungen reichen bei quasistationären Größen mit *verzerrter* Kurvenform Frequenz und Effektivwert keineswegs aus, um den Vorgang vollständig zu beschreiben. Wohl könnte man die Kennwerte aller in der Kurve enthaltenen Harmonischen angeben (harmonische Analyse); doch wäre eine solche Darstellung sehr umständlich. Auch die in Kap. IX, 4 definierten Faktoren wie Scheitelfaktor, Formfaktor, Klirrfaktor usw. geben die Tatsache der Abweichung von der Sinusform nur summarisch wieder. Interessiert man sich für Einzelheiten, bleibt nichts anderes übrig, als den Verlauf des Vorganges zu registrieren. Die hierzu erforderlichen Geräte müssen in der Lage sein, das Liniendiagramm auf einem Bildträger unmittelbar aufzuzeichnen. Sie heißen *Oszillographen* und müssen den u. U. sehr raschen Änderungen des Vorganges folgen können, also praktisch trägheitslos arbeiten.

Eine grundsätzlich anders gestaltete Gruppe von Geräten zur Aufzeichnung zeitveränderlicher Größen wendet man bei quasistationären Vorgängen an, deren Kenngrößen — Effektivwert, Phase oder Frequenz — sich langsam ändern. Dann ist der Zustand innerhalb einer hinreichend kurzen Zeit, mindestens aber während einiger Perioden, immer noch als quasistationär zu bezeichnen. Die überlagerte langsame Änderung kann man als Änderung allein des Effektivwertes, der Phase, der Frequenz usw. auffassen. Man benutzt die von den Anzeigegeräten her bekannten Meßwerke und schreibt die fortlaufend sich ändernden Meßwerte auf einem Diagrammstreifen auf. Die Grenze der Anwendbarbeit dieser *Registriergeräte* oder *Meßwertschreiber* ist durch die Einstellzeit des Meßwerkes gegeben. Diese muß stets groß gegenüber der Periodendauer des technischen Wechselstromes sein und darf im Gegensatz zum Oszillographen nicht so weit herabgesetzt werden, daß das Meßwerk seine Eigenschaft als Integrator der Meßkräfte über eine Periode verliert.

Meßwertschreiber und Oszillograph können sich bei ihrer Anwendung auf quasistationäre Wechselströme niemals überschneiden. Reicht nämlich die durch Massenträgheit und Rückstellkraft gegebene Eigenfrequenz des Meßwerkes in das Gebiet der Betriebsfrequenz hinein, so hat man Resonanzwirkungen zu befürchten, und die Anzeige wird auf jedem Fall, falsch, gleichgültig, ob es sich um einen Meßwertschreiber handelt, dessen Eigenschwingungszeit gegenüber der Periodendauer groß ist, oder um einen Oszillographen, bei dem sie gegenüber der zeitlichen Änderung der Meßgröße klein sein soll. Der Meßwertschreiber wird daher hauptsächlich zur Überwachung von Betriebsgrößen eingesetzt, deren Änderungsgeschwindigkeit klein ist. Der Oszillograph dagegen ist ein typisches Laborgerät und u. a. gut zur Wiedergabe der Kurvenform periodischer Vorgänge geeignet; wegen der hierbei notwendig werdenden hohen Zeitauflösung eignet er sich aber weniger zur dauernden Überwachung von Betriebsgrößen.

Quasistationäre Vorgänge können auch mit Hilfe anderer Meßanordnungen analysiert werden; derartige Einrichtungen sind unter der Bezeichnung Klirranalysator, Oberwellenmeßbrücke usw. bekannt. Auch der Vektormesser (vgl. Kap. IX) eignet sich im Niederfrequenzbereich zur Analyse technischer Wechselströme. Dagegen können einmalig ablaufende Vorgänge, deren Dauer sehr kurz ist, nur mit Hilfe von Oszillographen registriert und beurteilt werden. Bei diesen Anwendungen ist der Oszillograph durch kein anderes Gerät zu ersetzen.

Auf Grund der mit dem Oszillographen durchzuführenden Aufgaben legt man oftmals weniger Wert auf die Erfüllung von Forderungen, die man an ein Meßgerät stellen muß. Dafür strebt man aber einen möglichst umfangreichen *Meßkomfort* an. Die Hauptaufgabe des Oszillographen ist nicht so sehr die exakte Messung, sondern die Veranschaulichung eines verwickelten Vorganges. Erst in neuerer Zeit ist man dazu übergegangen, die Genauigkeit der Anzeige so weit zu erhöhen, daß man den Anschluß an die bei Betriebsmeßgeräten üblichen Toleranzen erreicht.

Wenn sich heute in der Praxis mit dem Begriff *Oszillograph* fast stets die Vorstellung eines Gerätes mit Kathodenstrahlrohr zur Aufnahme quasistationärer Vorgänge verbindet, so verdient diese Meinung zurechtgerückt zu werden. Die Kunst des Oszillographierens setzt dort ein, wo es sich um einmalig ablaufende Vorgänge handelt; für die Aufnahme solcher Vorgänge reicht der normale Bedienungskomfort nicht immer aus.

2. Schreibende Meßgeräte für langsam veränderliche Betriebsgrößen

Bezüglich der Funktion und der prinzipiellen Gestaltung der Meßwerke unterscheiden sich Meßwertschreiber nicht von anzeigenden Schalttafelgeräten. Neu sind nur die Bauelemente, die auf Grund der Forderung nach fortlaufender Aufzeichnung der Betriebsgrößen notwendig werden. Das sind vor allem die mit dem beweglichen Organ verbundenen Schreibvorrichtungen und die zur Aufnahme und Fortbewegung des Diagrammstreifens dienenden Einrichtungen. Es wird im allgemeinen eine Darstellung in rechtwinkligen Koordinaten angestrebt; aus diesem Grund verwendet man z. B. Geradführungen, die

die Drehbewegung der Meßwerkachse in eine geradlinige Bewegung der Zeigerspitze umsetzen sollen (Abb. 295 u. 296).

Der Vorgang wird meistens auf ablaufende Papierbänder aufgezeichnet. Der Streifen wird durch ein Uhrwerk oder einen Synchronmotorantrieb mit gleichbleibender Geschwindigkeit bewegt; in Sonderfällen kann man auch den Transport des Diagrammstreifens von einer

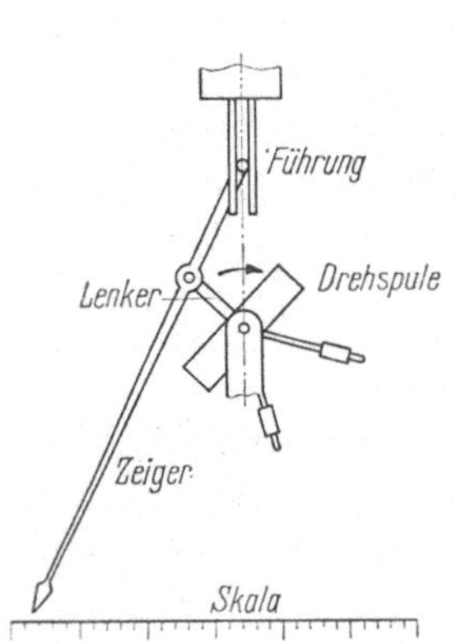

Abb. 295. Ellipsenlenker

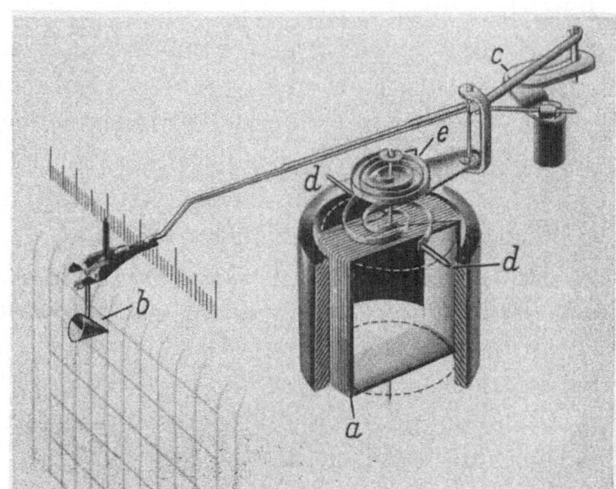

Abb. 296. Eisengeschlossenes Drehspulmeßwerk für ein schreibendes Gerät mit Kulissen-Geradführung der Schreibfeder (H & B)
a Drehspule;   b Schreibfeder;   c Geradführung;   d Stromzuführung;   e Rückstellfeder

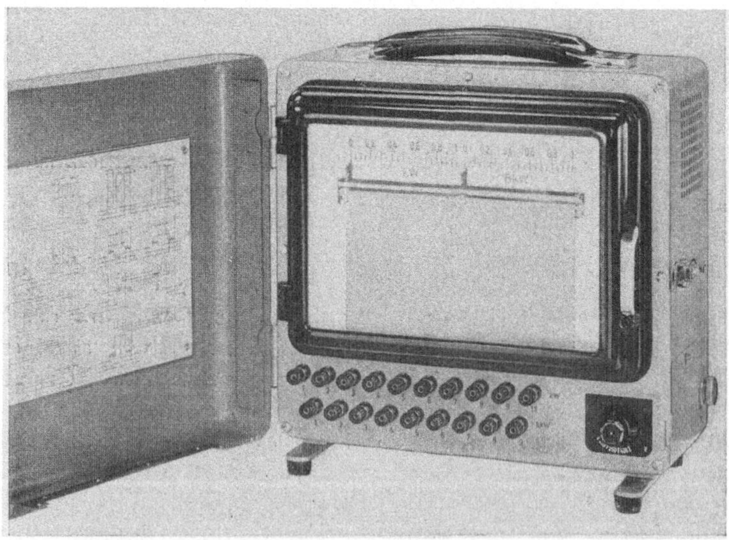

Abb. 297. Tragbarer Wirk- und Blindleistungsschreiber für Drei- und Vierleiter-Drehstrom (S & H)

anderen Größe z. B. vom zurückgelegten Weg eines Fahrzeuges, eines Maschinenteils od. dgl. abhängig machen. Abb. 297 zeigt einen tragbaren Zweifachschreiber, der zwei wattmetrische Meßwerke enthält und den zeitlichen Verlauf von Wirk- und Blindleistung auf einem Diagrammstreifen aufzeichnen kann.

Die meisten Registriergeräte haben Schreibfedern mit Kapillarröhrchen, die ihren Tintenvorrat entweder bei sich führen (Abb. 298) oder aber die Tinte aus einem feststehenden Trog heraussaugen. Zwischen dem Diagrammstreifen und der Feder treten Reibungskräfte auf, die in dieser Größenordnung bei anzeigenden Geräten unbekannt sind. Man benötigt also kräftige Meßwerke, die man auch aus dem Grund braucht, um trotz der großen Massenträgheit der beweglichen Teile erträgliche Einstellzeiten zu erhalten (Abb. 299 a u. b). Schreibende Meßgeräte haben daher einen erheblich größeren Verbrauch als anzeigende Geräte, ihre Genauigkeit entspricht im allgemeinen nur der Klasse 2,5.

Bei Tintenaufzeichnung lassen sich die Reibungskräfte nur in gewissen Grenzen herabdrücken, weil sonst die Sicherheit der Aufzeichnung leidet. Ideale Verhältnisse würden

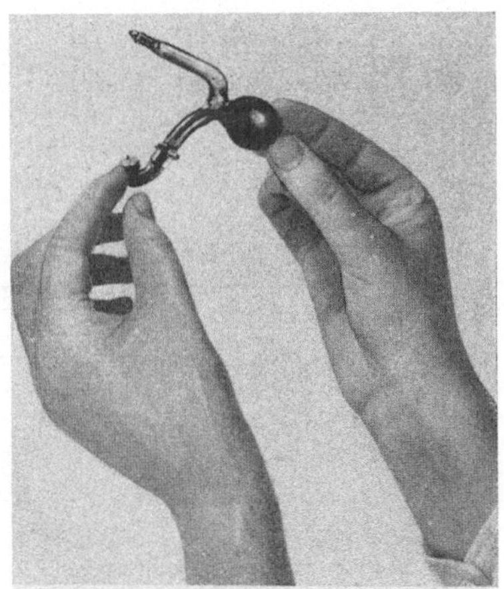

Abb. 298. Kapillarfeder eines Tintenschreibers (Hartmann & Braun)

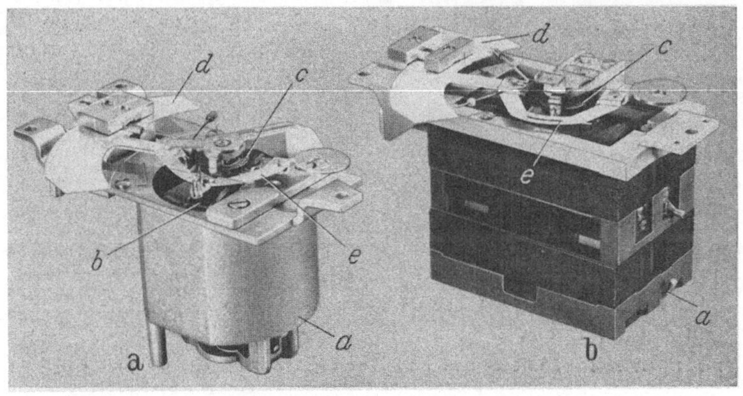

Abb. 299a u. b. Meßwerke für schreibende Geräte (S & H)
a) Drehspulmeßwerk;   b) Elektrodynamisches Meßwerk
a feststehendes Organ (links: Permanentmagnet mit Eisenrückschluß, rechts: Eisenkern mit Erregerspule für Strompfad); *b* Drehspule; *c* Rückstellfeder; *d* Wirbelstrom-Dämpfung; *e* Antrieb für Schreibvorrichtung

24*

herrschen, wenn die Schreibvorrichtung das Papier körperlich überhaupt nicht zu berühren braucht. Die hierfür erforderlichen Hilfseinrichtungen sind aber für fest eingebaute Betriebsgeräte aufwendig und haben bis jetzt noch keine umfangreichere Anwendung gefunden. Der umgekehrte Weg, durch Verwendung von Drehmomenten-Verstärkern bei der Anzeige die Reibungskräfte nahezu wirkungslos zu machen, hat sich für Betriebsmeßgeräte als praktischer erwiesen.

Folgende interessante Lösungen des Reibungsproblemes wurden bei schnellschreibenden Meßinstrumenten angewendet: Es wird rückseitig metallisiertes Papier verwendet und zwischen Zeiger und Papierführung eine hohe Wechselspannung gelegt. Die dauernd überspringenden Fünkchen brennen auf dem Papier eine Spur ein, durch die die metallisierte Rückseite sichtbar wird. Bei einer anderen Konstruktion verwendet man rotes Papier mit einer dünnen Wachsschicht. Mittels einer kleinen Heizvorrichtung am Zeiger wird in die Wachsschicht eine Spur hineingeschmolzen, durch die das rote Papier hindurchscheint.

Der hohe Papierverbrauch ist für alle Registriergeräte besonders dann nachteilig, wenn man betriebliche Vorgänge mit hoher Zeitauflösung verfolgen möchte. In diesem

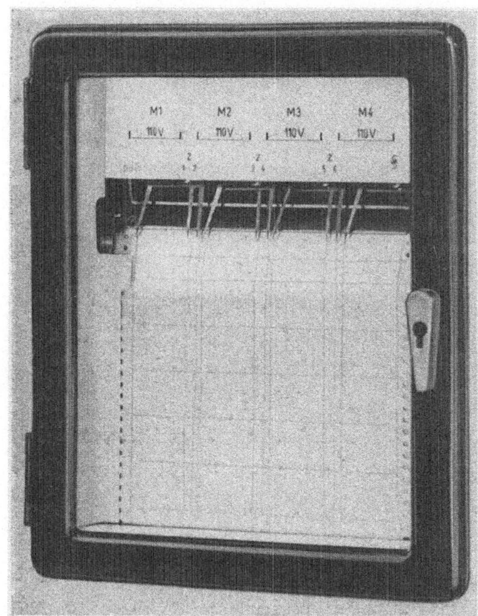

Abb. 300 Störungs-Schnellschreiber mit drei Meßwerken und sechs Zeitmarken-Schreibvorrichtungen (S & H)

Fall wendet man meistens sog. *Störungs-Schnellschreiber* an (Abb. 300). Das sind Registriergeräte, die normalerweise mit geringem Vorschub arbeiten (z. B. 20 mm/h), und die sich im Falle einer Störung automatisch auf einen schnellen Vorschub umschalten (z. B. 20 mm/s). Der Schnellgang ist meistens zeitlich begrenzt und zwar so, daß nach einer gewissen Zeit (im obigen Beispiel nach 24 s) das Gerät wieder langsam weiterläuft. Hierdurch wird erreicht, daß der Schnellgang so viel Papier verbraucht, wie einem Tag entspricht, so daß nach Rückschaltung auf den Langsamgang das Diagramm bei der richtigen Uhrzeit fortgesetzt wird. Bei diesen Aufzeichnungen darf man nicht den Fehler begehen, aus dem Verlauf zu Beginn der Störung ohne Kritik auf eine entsprechende zeitliche Änderung der Meßgrößen zu schließen. Vielmehr ist zu Beginn der Störung das Verhalten des Meßwerkes sehr stark durch den mechanischen Ausgleichvorgang bestimmt, den es auf Grund der Änderung der Meßgröße vollführt. Selbstverständlich versucht man, die Einstellzeit so klein wie möglich zu halten; es sei jedoch nochmals daran erinnert, daß das Meßwerk als Mittelwertbildner eine Einstellzeit braucht, die hinreichend groß gegenüber der Periodendauer der Betriebsgröße sein muß.

Bei dieser praktischen Aufgabe tritt bereits ein Hauptproblem der Oszillographentechnik auf; man möchte u. U. nicht nur den Störungsvorgang selbst möglichst unverzögert aufnehmen, sondern auch etwas über die *Vorgeschichte* der Störung wissen. Diese Forderung erfüllt der Störungsschreiber nur unvollkommen, weil das Gerät einige Zeit benötigt, bis der Schnellgang läuft. Die Vorgeschichte kennt man daher nur aus dem langsam geschriebenen Diagramm bzw. werden interessante Teile der Vorgeschichte in der Übergangszeit mit einer unbekannten Zeitauflösung geschrieben. Diese Schwierigkeit tritt bei allen Oszillographen, auch den höchstwertigen auf, weil die Zeit bis zum Eintritt der Schreibbereitschaft niemals gleich Null sein kann[1].

Man hat versucht, bei Betriebsgeräten dieser Schwierigkeit durch Einbau eines *Speichers* zu begegnen. So wird z. B. der Betriebsvorgang dauernd auf einen mit hoher Geschwindigkeit umlaufenden

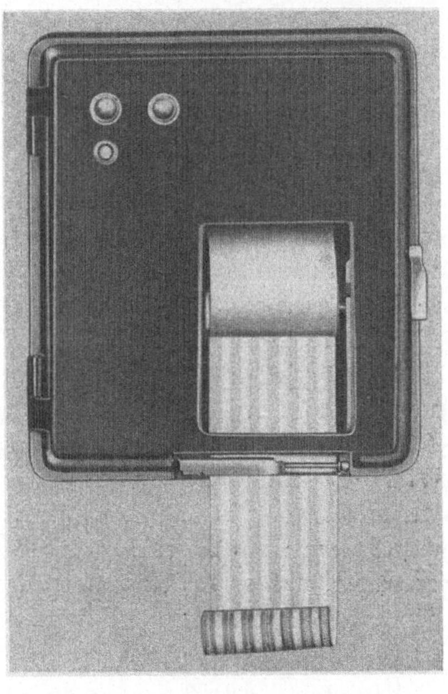

Abb. 301. Vielfach-Störungsschreiber mit gedehnter Aufzeichnung der „Vorgeschichte" (ständige Übertragung der Meßwerte auf eine Druckwalze mit Löschung der Aufzeichnung im Normalfall. — Hartmann & Braun)

den Träger geschrieben. Eine gewisse Strecke hinter der Stelle, an der der Vorgang aufgezeichnet wird, wird die Zwischenaufzeichnung durch eine Vorrichtung wieder gelöscht, so daß die Aufzeichnung an der Schreibstelle immer wieder neu vorgenommen werden kann. Es ist also ständig ein Stück *Vergangenheit* auf dem Diagrammträger vorhanden.

---

[1] Zur Zeit hat man bei hochwertigen Elektronenstrahloszillographen als Zeiten, die man bis zur Schreibbereitschaft hinnehmen muß, 10^{-8} s und weniger erreicht. Aber auch innerhalb dieser kurzen Zeiten können sich Vorgänge abspielen, die für das Studium des Versuchsobjektes entscheidend sind.

Läuft eine Störung auf, so wird die Löschung sofort außer Tätigkeit gesetzt und man hat außer dem gesamten Störungsvorgang noch die Vorgeschichte mit hoher Zeitauflösung aufgezeichnet.

Als Träger eignen sich z. B. berußte Trommeln oder Papier, welches durch eine ständig anliegende Farbwalze mit Druckerschwärze versehen wird. Diese Walze stellt dann gleichzeitig die Löschvorrichtung dar (Abb. 301). Man könnte auch versuchen, dauernd umlaufende Magnetophonbänder vom Vorgang „besprechen" zu lassen, dessen Aufzeichnung man gleich hinterher wieder durch einen Löschkopf beseitigt. Dann müßte man zwecks Auswertung noch die Intensitätsschrift der Tonspur in eine Amplitudenschrift verwandeln, was mittels eines Abtastkopfes ohne weiteres möglich ist.

3. Mehrfach-Registriergeräte

Möchte man auf einem Diagramm mehrere Vorgänge aufzeichnen, so muß man bei Tintenschreibern jedem Meßvorgang ein besonderes Meßwerk zuordnen. Dann ist natürlich die Skalenlänge für jedes Meßwerk eingeengt. Ein Meßfeld mit solchen Vielfachschreibern zeigt Abb. 302.

Um für jeden Meßvorgang die volle Papierbreite ausnutzen zu können, kann man bei gleichartigen Meßgrößen das Meßwerk in kürzeren Zeitintervallen umschalten. So hat man schreibende Meßgeräte für Wirk- und Blindleistung mit *einem* Meßwerk konstruiert, bei denen jede Meßgröße als gestrichelte Linie im Diagramm erscheint. Diese Praxis wendet man auch bei den Elektronenstrahloszillographen an, wo die Tatsache, daß man aus konstruktiven Gründen mehr als ein Meßwerk nur mit erheblichem Aufwand unterbringen kann, zur Anwendung einer ähnlichen Maßnahme zwingt.

Oftmals sind weit mehr als nur zwei Meßvorgänge gleichzeitig zu registrieren. Diese Meßaufgabe tritt z. B. bei der Überwachung von Kesselanlagen auf, wo man an den verschiedenen Stellen den Verlauf der Temperaturen wissen möchte, oder aus ähnlichen Gründen bei der Führung chemischer Prozesse. Meistens handelt es sich dann um Gleichstrom-Meßgrößen, wie z. B. die Spannungen von Thermoelementen, Diagonalspannung von Meßbrücken, die im Ausschlagsverfahren zur Anzeige nichtelektrischer Größen dienen usw. Die Änderungsgeschwindigkeit dieser Meßvorgänge ist klein. Es bietet sich somit die Möglichkeit, mehrere (bis zu 12) Meßwerte nacheinander in zyklischer Reihenfolge durch *ein* Meßwerk aufnehmen zu lassen. Die Einstellungen des Zeigers werden auf das Diagramm durch Druck übertragen; zur Unterscheidung der verschiedenen Meßgrößen benutzt man verschiedenfarbige Druckkissen oder Farbbänder, u. U. auch verschiedene Drucksymbole. Solche Geräte heißen *Mehrfach-Punktschreiber*. Da die Meßgrößen klein sind, müssen empfindliche Meßwerke verwendet werden; eine verhältnismäßig große Einstellzeit läßt sich daher oft nicht vermeiden. Das spannbandgelagerte Meßwerk schwingt während der Druckpausen frei auf den neuen Meßwert ein, ohne daß der Zeiger das

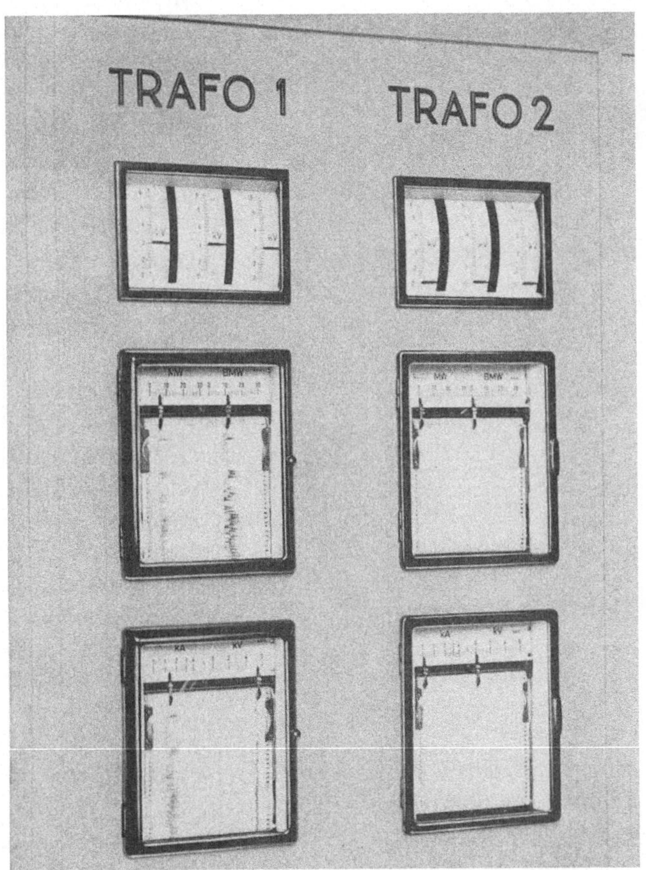

Abb. 302. Meßfeld mit Vielfachschreibern in einem Umspannwerk (AEG)

Papier berührt. Erst im Augenblick der Registrierung wird eine besonders vorbereitete Stelle des Zeigers mittels eines Fallbügels gegen Farbband und Papier gedrückt. Die Tätigkeit des Fallbügels, die Umschaltung der Farbbänder und die Anwahl der Meßstellen besorgt ein kleiner Hilfsmotor. Einen solchen Schreiber zeigt Abb. 303. Der Verlauf der Meßgrößen muß aus der Aneinanderreihung der Meßpunkte entnommen werden.

Das Konstruktionsprinzip gestattet nicht, zeitlich veränderliche Meßgrößen aufzuzeichnen, deren Änderungsgeschwindigkeit keine sichere Interpolation zwischen zwei aufeinanderfolgenden Registrierungen erlaubt. Nimmt man z. B. eine sinusförmig verlaufende Schwankung der Meßgröße an, wobei die Periode einer Schwankung nicht viel größer als die Registrierperiode sein soll, so erfaßt man bei jedem Druck einer Meßgröße eine andere Phase der Schwankung, denn Vorgang und Meßstellenwähler werden ja nicht synchron laufen. Anstelle einer Punktfolge, die sich verläßlich interpolieren läßt, erhält man einen „Sternhimmel", mit dem auf den ersten Blick nichts anzufangen ist. Beträgt z. B. die durch die Einstellzeit des Meßwerkes bedingte Druckfolge 15 s und die Zahl der Meßstellen 6, so kommt jede Meßstelle alle 90 s heran. Eine einigermaßen zuverläßliche Interpolation dürfte innerhalb einer Schwankungsperiode mindestens 12 Meßwerte erfordern, so daß

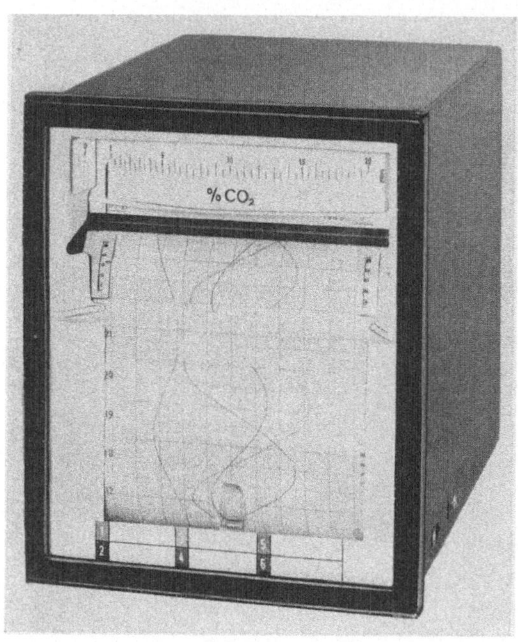

Abb. 303. Sechsfarben-Punktschreiber (S & H)

90 s bei sinusförmigem Verlauf einem Phasenwinkel von 30° entsprechen müßte. Die Periodendauer müßte daher wenigstens 15 bis 20 Minuten betragen, wenn man nicht die Interpolation des Kurvenverlaufes mit Hilfe eines schon bekannten Gesetzes der Schwankung durchführen kann.

An dieser Stelle muß jedoch ausdrücklich darauf hingewiesen werden, daß beim Einsatz solcher Geräte in Versuchsschaltungen auch bei schnellen und unregelmäßigen Änderungen die in der Praxis häufig gestellte Forderung nach der Erfassung der *Spitzenwerte* mittels einer statistischen Auswertung durchaus erfüllt werden kann. Über eine hinreichend lange Registrierzeit erhalten nämlich die vielen, unregelmäßig streuenden Registrierpunkte den Charakter *zufälliger* Ablesungen. Mit Hilfe der für solche zufälligen Meßergebnisse geltenden Gesetzmäßigkeiten läßt sich zumindest die Wahrscheinlichkeit angeben, mit der ein Spitzenwert auftritt (vgl. Kap. II).

Zwecks Verdichtung der Punktfolge könnte man zwar einen Meßvorgang auf mehrere Kontakte des Meßstellenumschalters legen. Damit verzichtet man aber z.T. auf den Vorteil der Registrierung vieler Vorgänge. Man strebt daher eine schnellere Einstellung an. Hierfür sind frei

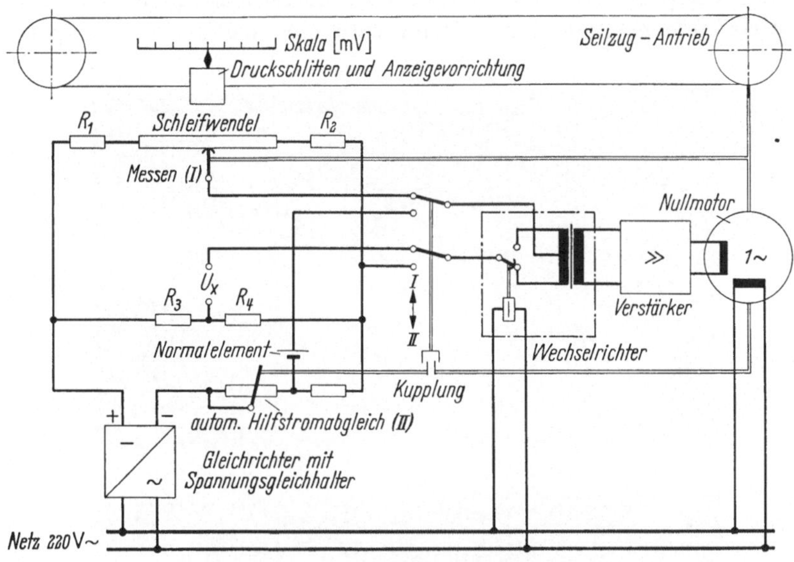

Abb. 304. Schaltung des Kompensationsschreibers

einschwingende empfindliche Drehspulmeßwerke nicht mehr geeignet. Man verwendet neuerdings oft automatisch arbeitende Kompensatoren mit kräftigen Einstellmotoren. Dadurch können erhebliche Vorteile bezüglich Eigenverbrauch (Belastung der Meßstelle), Genauigkeit und Punktfolge erzielt werden. Das hohe Einstellmoment gestattet die Verwendung eines mit ziemlich viel Reibung behafteten Druckschlittens, ferner können trotz der erheblichen Massen des beweglichen Organes große Beschleunigungen erzielt werden, was wiederum der Punktfolge zugute kommt. Geräte dieser Art heißen *Kompensationsschreiber*. Das prinzipielle Schaltbild zeigt Abb. 304.

Ein Zweiphasen-Wechselstrommotor bewegt über eine Untersetzung und einen Seiltrieb einerseits einen kräftigen Druckschlitten, der auf einer Parallelführung läuft (Abb. 305), andererseits dreht er zusammen mit der Seilscheibe eine Scheibe aus Isolierstoff, auf der eine Widerstandswendel untergebracht ist. Auf dieser Wendel schleift ein Kontakt.

Die Spannung des Meßobjektes wird nun gegen einen Spannungsabfall an der Schleifwendel kompensiert; auf dieser gibt es eine Stelle, deren Potentialunterschied gegen einen Bezugspunkt dem Sollwert der Meßgröße entspricht. Befindet sich der Schleifkontakt an dieser Stelle, so herrscht ideale Kompensation, der Spannungsunterschied ist Null. Rechts und links von diesem Sollpunkt herrschen Potentiale, die einer positiven bzw. negativen Differenzspannung entsprechen.

Es werde nun angenommen, daß das bewegliche Organ irgendeine, mit dem Sollpunkt des Schleifers auf der Widerstandswendel nicht übereinstimmende Stellung habe. Dann wird eine positive oder negative

Abb. 305. Meßwerk eines Kompensographen für 12 Meßstellen (H & B)
oben: Antrieb des Druckschlittens mit Anzeigevorrichtung und sechs Farbwalzen; *unten:* Meßpotentiometer (Mitte), Meßstellen-Umschalter (links) und Papiervorschub-Getriebe (rechts)

Differenzspannung gemessen. Diese wird durch eine Zerhackerschaltung in eine Wechselspannung umgewandelt, welche ihre Phase mit dem Vorzeichen der Differenzspannung beim Durchgang durch den Sollpunkt um 180° dreht. Diese Spannung wird verstärkt und der einen Wicklung des Zweiphasenmotors zugeführt. Die andere Wicklung liegt an einer Wechselspannung gleicher Frequenz, deren Phasenlage ständig 90° entspricht. Je nach Phasenlage der Steuerspannung läuft der Motor links oder rechts herum; die Anordnung ist derart, daß bei einer gegebenen Abweichung die Schleifwendel und der Druckschlitten solange bewegt werden, bis der Schleifkontakt auf dem Sollpunkt der Wendel steht. Dann ist die Steuerspannung Null, und der Zweiphasenmotor bleibt stehen. Abweichungen sind durch den Unempfindlichkeitsbereich des elektronischen Reglers bedingt und lassen sich bis auf etwa 0,2% der Skalenlänge herabdrücken. Die Einstellgeschwindigkeit hängt von der Leistungsfähigkeit des Motors und dem Aufwand bei dem Nullspannungsverstärker ab. Der wesentlichste Vorteil ist, daß sehr kleine Gleichspannungen (bis zu einem Vollausschlag bei 1 mV) mit hoher Genauigkeit angezeigt werden können, ohne daß die Meßstelle belastet zu werden braucht. Das Gerät kann selbstverständlich anstatt in einer Kompensationsschaltung auch in Brückenschaltungen verwendet werden. Hierdurch ist es für alle Meßverfahren geeignet, die die Meßgröße über Widerstandsänderungen erfassen können (Temperatur, Gasgehalte usw.).

In letzter Zeit bekannt gewordene Ausführungen haben eine weitere Verdichtung der Punktfolge zum Ziel. Die Umschaltzeit hängt nämlich einerseits von der erreichbaren Geschwindigkeit des Druckschlittens ab, die letzten Endes durch den Aufwand am Gerät bedingt ist. Andererseits muß die Umschaltzeit ausreichen, damit der Druckschlitten den größtmöglichen Skalenunterschied zwischen zwei Meßpunkten zurücklegen kann. Dieser Weg entspricht der Skalenlänge. Betätigt man den Meßstellenumschalter durch einen Synchronmotor, der mit der starren Frequenz des Netzes läuft, so sind die Umschaltzeiten bei kleinen Einstellwegen unnötig lang. Wird dagegen die neue Meßstelle angewählt, während die alte registriert wird, so kann man die Laufzeit des Druckschlittens vom Unterschied der alten und der neuen Anzeige abhängig machen. Die Punktfolge wird dann um so schneller, je dichter die Skalenwerte aufeinanderfolgender Meßgrößen liegen. Durch geschickte Zuordnung der Meßgrößen zu den Meßstellen kann man daher ein erheblich schnelleres Arbeiten des Gerätes erzielen.

Eine interessante Anwendung des Kompensations-Meßwerkes ist der Zwei-Koordinatenschreiber. Dieses Gerät besitzt zwei Meßwerke. Das eine bewegt eine Schreibvorrichtung, das andere steuert den Registrierstreifen proportional der zweiten Meßgröße. Man kann mit diesem Gerät Kennlinien und Kennlinienfelder unmittelbar aufschreiben und sich somit eine u. U. zeitraubende Meß- und Auswertarbeit sparen. In der gleichen Weise arbeitende Geräte verwendet man auch als Empfangseinrichtungen für elektronische Rechenmaschinen (sog. Analogrechnern), welche z. B. zur Lösung schwieriger Differentialgleichungen eingesetzt werden. Entsprechend der Schaltung des Analogrechners wird die Lösung der Aufgabe von der Rechenmaschine mit Hilfe eines Zweikoordinatenschreibers mit hoher Genauigkeit aufgezeichnet.

Abb. 306 zeigt einen solchen Empfänger und als Beispiel die Lösung einer komplizierten Differentialgleichung für gegebene Anfangsbedingungen; die Kurven wurden im Original im Format 250×380 mm² auf Millimeterpapier aufgezeichnet.

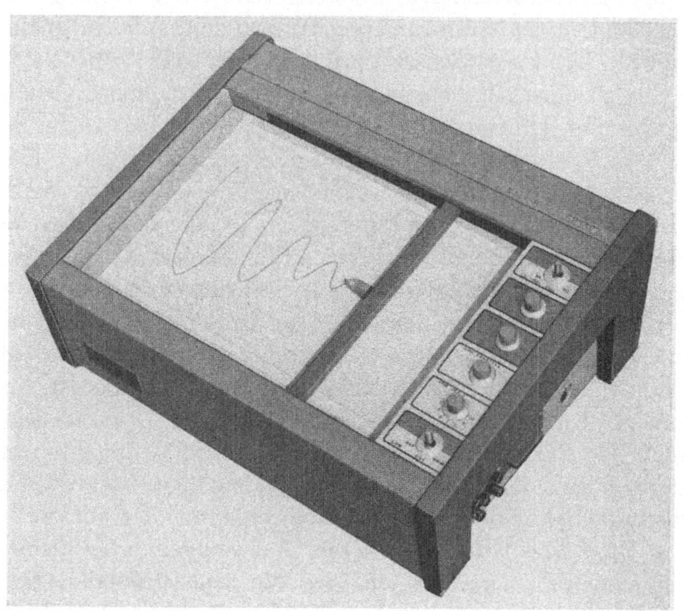

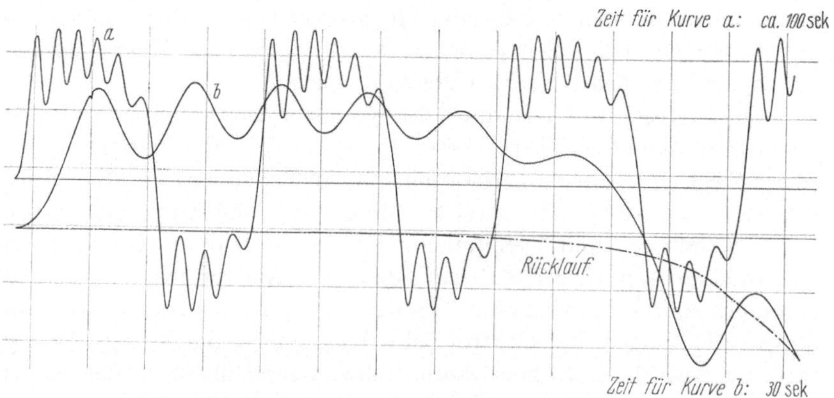

Abb. 306. *oben:* Auswertgerät (Zwei-Koordinatenschreiber) für Analog-Rechenanlagen (Varyplotter; Electronic Associates, Long-Branch, N.Y.-USA);
unten: Aufzeichnung der Lösung einer Differentialgleichung mit dem Zwei-Koordinatenschreiber

4. Theorie der erzwungenen Bewegung am Beispiel eines Schleifenschwingers

Das Meßwerk eines Lichtstrahl-Oszillographen — *Schwinger* oder *Meßschleife* (vgl. a. Abb. 47, S. 96) genannt — ähnelt in seinem Verhalten dem Drehspulmeßwerk, ist aber auf sehr geringe Trägheit des beweglichen Organes gezüchtet. Bei den Ausführungen höchster Eigenfrequenz besteht das bewegliche Organ nur aus einem feinen, haarnadelförmig gebogenen Draht, der in der Mitte ein kleines Spiegelchen trägt, und der im Feld eines permanenten Magneten schwingen kann. Fließt durch den Draht ein Strom, so wird die eine Seite nach vorn, die andere nach hinten abgelenkt und der Spiegel damit gedreht. Die Eigenfrequenz des Meßorganes ist um so größer, je kleiner das Spiegelchen ist, und je stärker der Draht gespannt wird.

Das Meßwerk schwingt in Luft nahezu ungedämpft. Bei gleichbleibender Wechselstromerregung arbeitet es in einem quasistationären Zustand, der durch die Frequenz der Meßgröße bestimmt ist. Um die Amplitude des Ausschlages zu ermitteln, wird der bereits aus Kap. III bekannte Ansatz verwendet, der für das dynamische Verhalten des Schleifenschwingers während der durch die Meßgröße erzwungenen Schwingung gilt:

$$J_m \frac{d^2\alpha}{dt^2} + \varrho \frac{d\alpha}{dt} + D \cdot \alpha = B_L \cdot l \cdot b \cdot \hat{i} \cdot \sin \omega t \qquad (382)$$

Hierin bedeuten:

J_m das (reduzierte) Massenträgheitsmoment des Schwingers
ϱ die Dämpfungskonstante
D das (reduzierte) Richtmoment
B_L die Luftspaltinduktion
l die wirksame Schleifenlänge
b die wirksame Schleifenbreite
$\hat{i}$ die Amplitude des harmonischen Meßstromes
ω die Kreisfrequenz des harmonischen Meßstromes.

Um zu einer übersichtlichen Form der Gleichungen zu gelangen, empfiehlt es sich, die Ausschläge auf die *statische* Amplitude eines Meßvorganges zu beziehen, dessen Frequenz sehr klein ist. Dafür gilt

$$\frac{d^2\alpha}{dt^2} \text{ sehr klein};\qquad \frac{d\alpha}{dt} \text{ sehr klein}$$

und es ergibt sich

$$\alpha_0 = \frac{B_L \cdot l \cdot b}{D} \cdot \hat{i}_0 \cdot \sin \omega t$$

$$= A_0 \cdot \sin \omega t$$

Der Ausschlag A_0 der sehr langsamen Schwingung ist um so größer, je höher die Empfindlichkeit der Meßschleife ist. Wie beim Galvanometer wird die winkelbezogene Empfindlichkeit eingeführt:

$$E_\alpha = \frac{B_L \cdot l \cdot b}{D}$$

Mit der Lichtzeigerlänge L_z ergibt sich hieraus die Empfindlichkeit auf dem Diagrammstreifen

$$E_i = 2 L_z \cdot E_\alpha$$

Jetzt soll die Schwingungsgleichung für den allgemeinen Fall einer Erregung mit beliebiger Frequenz angesetzt werden. Führt man anstelle des Drehwinkels α den Ausschlag y auf dem Registrierstreifen ein, so wird

$$\frac{d^2\alpha}{dt^2} = 2 L_z \cdot \frac{d^2 y}{dt^2} \quad \text{und} \quad \frac{d\alpha}{dt} = 2 L_z \cdot \frac{d y}{dt}$$

Es wird nunmehr

$$\left. \begin{aligned} y_0 &= 2 L_z \cdot \alpha_0 = E_i \cdot \hat{\imath}_0 \cdot \sin \omega\, t \\ &= \hat{y}_0 \sin \omega\, t \end{aligned} \right\} \qquad (383)$$

Setzt man noch zum Studium des Frequenzverhaltens voraus, daß die Amplitude $\hat{\imath} = \hat{\imath}_0$ des erregenden Stromes unabhängig von der Frequenz ist, so ergibt sich schließlich die Schwingungsgleichung

$$J_m \frac{d^2 y}{dt^2} + \varrho \frac{d y}{dt} + D \cdot y = D \cdot E_i \cdot \hat{\imath} \cdot \sin \omega\, t = D \cdot \hat{y}_0 \cdot \sin \omega\, t \qquad (384)$$

Hierin werden wieder die aus Kap. III bekannten dynamischen Größen des schwingungsfähigen, mechanischen Systemes eingesetzt:

$$\frac{D}{J_m} = v_0^2 \qquad \frac{\varrho}{J_m} = 2\beta \qquad (385)$$

v_0 ist die Kreisfrequenz der Eigenschwingung der ungedämpften Schleife; dieser Wert ist nahezu identisch mit der *Eigenfrequenz in Luft*, welche gewöhnlich vom Hersteller angegeben wird.

Die Schwingungsgleichung erhält damit die endgültige Form

$$\boxed{\frac{d^2 y}{dt^2} + 2\beta \frac{d y}{dt} + v_0^2 \cdot y = v_0^2 \cdot \hat{y}_0 \cdot \sin \omega\, t} \qquad (386)$$

Da das Einschwingverhalten nicht untersucht werden soll, kann man sofort den Lösungsansatz

$$y = \hat{y} \cdot \sin (\omega\, t - \varphi) \qquad (387)$$

versuchen. Er stellt sicher die gewünschte partikuläre Lösung der Differentialgleichung dar, weil er für sehr langsame Schwingungen das statische Verhalten des Meßwerkes richtig wiedergibt. Man hat demnach die Identität

$$-\hat{y} - \omega^2 \sin (\omega\, t - \varphi) + 2\beta\, \hat{y}\, \omega \cos (\omega\, t - \varphi) + v_0^2\, \hat{y} \sin (\omega\, t - \varphi) = v_0^2\, \hat{y}_0 \sin \omega\, t$$

durch passende Wahl der Amplitude Y und des Phasenunterschiedes φ der Schwingung gegenüber der Erregung zu befriedigen. Löst man nach $\sin \omega\, t$ und $\cos \omega\, t$ auf und vergleicht die Glieder, so findet man

$$- \hat{y}\, \omega^2 \cos \varphi + 2\beta\, \hat{y}\, \omega \sin \varphi + v_0^2\, \hat{y} \cos \varphi = v_0^2\, \hat{y} \quad \Big\| \quad -\cos \varphi \quad \Big\| \quad \sin \varphi$$

$$\hat{y}\, \omega^2 \sin \varphi + 2\beta\, \hat{y}\, \omega \cos \varphi - v_0^2\, \hat{y} \sin \varphi = 0 \quad \Big\| \quad \sin \varphi \quad \Big\| \quad \cos \varphi$$

Hieraus ergibt sich durch zweimaliges Anwenden der rechts stehenden Multiplikationsvorschriften

$$\left. \begin{aligned} \hat{y}\, \omega^2 - v_0^2\, \hat{y} &= - v_0^2\, \hat{y}_0 \cos \varphi \\ 2\beta\, \hat{y}\, \omega &= v_0^2\, \hat{y}_0 \sin \varphi \end{aligned} \right\} \qquad (388)$$

Es soll zunächst die Amplitude $\hat{y}$ berechnet werden. Sie ergibt sich, indem man die beiden letzten Gleichungen quadriert und addiert:

$$\hat{y}^2 = \hat{y}_0^2\, \frac{v_0^4}{(\omega^2 - v_0^2)^2 + 4\beta^2\, \omega^2}$$

Es empfiehlt sich, diese Gleichung zu *normieren*, d. h. die Größen

$$\frac{\omega}{v_0} = x; \qquad \frac{\hat{y}}{\hat{y}_0} = z; \qquad \frac{2\beta}{v_0} = \varDelta \qquad (389)$$

einzuführen. Es ergibt sich dann schließlich

$$\boxed{\; z = \frac{1}{\sqrt{(1 - x^2)^2 + \varDelta^2 \cdot x^2}} \;} \qquad (390)$$

Diese Gleichung stellt eine sog. *Resonanzkurve* dar. In Abb. 307 ist eine solche unter Annahme einer geringen Dämpfung aufgetragen. Für $x = 1$ erhält man dann sehr große Amplituden, nämlich

$$z_{res} = \frac{1}{\varDelta}$$

Dagegen ist für den Fall sehr langsamer Schwingungen $(x \approx 0)$

$$z \approx z_0 = 1$$

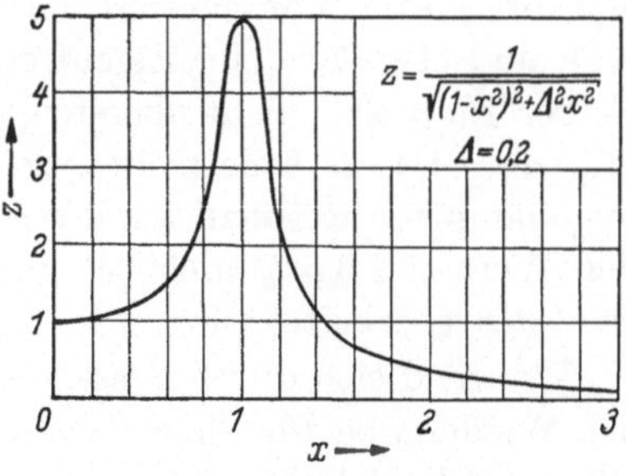

Abb. 307. Normierte Resonanzkurve der erzwungenen Schwingung eines gedämpften Systemes

Berechnet man für $x = 0$ die erste und zweite Ableitung der Resonanzkurve, so findet man für die

1. Ableitung bei $x = 0$: $\left(\dfrac{dz}{dx}\right)_{x=0} = 0$

2. Ableitung für $x = 0$: $\left(\dfrac{d^2 z}{dx^2}\right)_{x=0} = 2 - \varDelta^2$

Der Verlauf der Resonanzkurve ist also bei hinreichend kleinen Frequenzen horizontal. Macht man noch $\Delta = \sqrt{2}$, so verschwindet auch die zweite Ableitung bei kleinen Frequenzen, man erhält also einen zu Anfang sehr gestreckten Kurvenverlauf. In diesem Fall bekommt man für die Erregung mit Resonanz

$$z_{res} = \frac{1}{\sqrt{2}} = 0,7070$$

Dann ergibt sich nach Gl. (385) die Dämpfungsbedingung

$$\beta = \frac{1}{\sqrt{2}} \cdot v_0 \tag{391}$$

die man manchmal (etwas unzutreffend) als *halbaperiodische Dämpfung* bezeichnet. Bei dieser Dämpfung erhält man nach Gl. (389) für eine Erregung mit Eigenfrequenz einen Fehler von

$$\left(\frac{1}{\sqrt{2}} - 1\right) \cdot 100 \approx -30\%$$

der Anzeige.

In der Praxis wird man die Dämpfung etwas schwächer einstellen, um die Achse für $z = 1$ in die Mitte einer Frequenzgang-Kurve zu legen, so daß der zuzulassende Minusfehler erst bei möglichst hohen Frequenzen erreicht wird. In Abb. 308 sind die Fehler der Anzeige in Abhängigkeit von dem Frequenzverhältnis aufgetragen, wobei als Parameter

$$\Delta^2 = \frac{4\beta^2}{v_0^2}$$

gewählt wurde. Man erkennt, daß für $\Delta^2 = 1,6$ in einem Bereich zwischen Null und etwa 70% der Eigenfrequenz des ungedämpften Zustandes der Fehler rund 2% nicht übersteigt. Läßt man 5% Fehler zu und dämpft mit $\Delta^2 = 1,4$, so beherrscht man den Frequenzbereich bis etwa 96% der ungedämpften Resonanz, während für 50% Frequenzbereich der Fehler den Wert von 0,5% nicht überschreitet, wenn mit der Dämpfung von $\Delta^2 = 1,8$ gearbeitet wird.

Während sich durch passende Wahl der Dämpfung Amplitutentreue der Wiedergabe für einen großen Frequenzbereich durchaus erreichen läßt, gilt das leider nicht in demselben Maße für die Phasentreue. Setzt man die beiden Gl. (388) zueinander ins Verhältnis, so erhält man

$$\tan\varphi = \frac{2\beta\,\omega}{v_0^2 - \omega^2}$$

Zähler und Nenner kann man durch v^2 dividieren und dann die Bezeichnungen aus Gl. (389) einsetzen:

$$\tan\varphi = \frac{\Delta \cdot x}{1 - x^2}$$

Es ist also der Phasenverschiebungswinkel im Sinne einer Verzögerung

$$\varphi = \arctan \frac{\Delta \cdot x}{1 - x^2} \tag{392}$$

Man erhält $\varphi = 0$ nur für $x = 0$, d. h. bei der Wiedergabe von Schwingungen sehr niedriger Frequenz. Bei der Frequenz, die der Resonanz

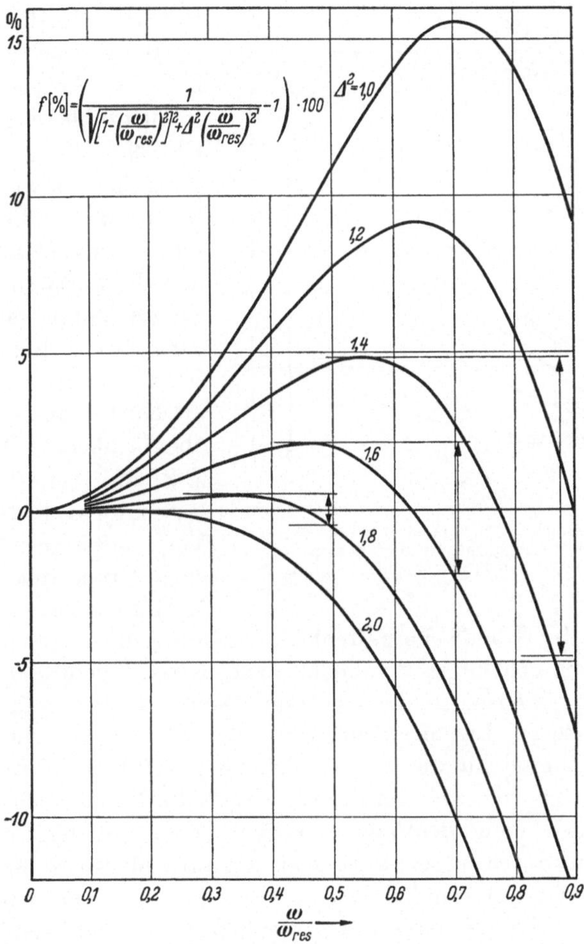

Abb. 308. Anzeigefehler (Amplitudenfehler) bei der Wiedergabe periodischer Vorgänge durch gedämpfte, schwingungsfähige Meßwerke im Lichtstrahl-Oszillographen

im ungedämpften Zustand entspricht, ist $\varphi = 90°$, darüber hinaus wächst φ bis auf den Wert von $180°$ bei sehr hohen Frequenzen. Der Frequenzgang des Phasenwinkels hängt stark von der Dämpfung ab (Abb. 309).

Der Fall der halbaperiodischen Dämpfung $\varDelta = \sqrt{2}$ ist dadurch gekennzeichnet, daß die Phasenverschiebung bis über den Resonanzpunkt hinaus
ungefähr mit der Frequenz des Meßvorganges zunimmt. Stark gedämpfte
Systeme weisen schon bald einen Phasenfehler von etwa 90° auf, der
sich dann auch nicht mehr wesentlich ändert. Schwach gedämpfte
Systeme dagegen sind bis nahezu zum Resonanzpunkt befriedigend

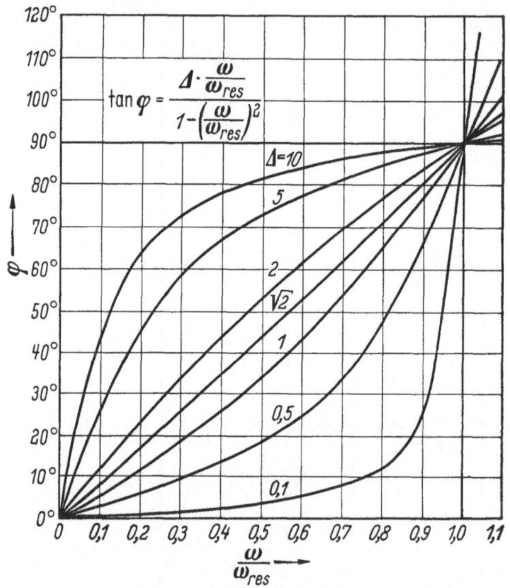

Abb. 309. Anzeigefehler (Phasenfehler) bei der Wiedergabe periodischer Vorgänge mit Schleifenschwingern
in Abhängigkeit von Frequenz und Dämpfung

phasentreu, dann springt
aber die Phasenverschiebung
ziemlich plötzlich auf 180°.

Bei schwacher Dämpfung
ist die Anzeige ziemlich
frequenzabhängig wie aus
Gl. (390) für $\varDelta = 0$ hervorgeht. Man wird also einen
Kompromiß schließen müs-
sen. Es ist auch zu bedenken,
daß die *Form* eines Meßvorganges durch den Phasen-
gang bei weitem nicht so
stark verzerrt wird, wie es
die Kurven aus Abb. 309 bei
oberflächlicher Beurteilung
z. B. für $\varDelta = \sqrt{2}$ vermuten
lassen. In Abb. 310a ist ein
Vorgang dargestellt, der aus
einer Grundwelle und einer
5. Harmonischen mit 50%

Amplitude der Grundwelle besteht. Es werde angenommen, daß zur Aufzeichnung ein Schwinger verwendet wird, dessen Eigenfrequenz in Luft
das 10fache der Grundfrequenz beträgt. Dann verhält sich die Frequenz
der Oberwelle zur Eigenfrequenz wie 1:2, und es ist für die Oberwelle
$x = 0{,}5$. Während für die Grundwelle mit $x = 0{,}1$ die Bewegung sehr
langsam ist, machen sich bei der Oberwelle die Resonanzeigenschaften
des Meßwerks bereits deutlich bemerkbar. Abb. 310b zeigt das bei der
Aufzeichnung durch ein sehr schwach gedämpftes Meßwerk. Man erkennt,
daß bei der Oberwelle ein Fehler von etwa $+33\%$ gemacht wird, dagegen
die Phase zwischen Grund- und Oberwelle fast gar nicht beeinflußt wird.
In Abb. 310c ist die Aufzeichnung eines Meßwerkes dargestellt, welches
halbaperiodisch mit $\varDelta = \sqrt{2}$ gedämpft ist. Die Aufzeichnung der Oberwelle
erfolgt mit einem Fehler von -3%; dieser ist daher ziemlich bedeutungs-
los. Dagegen beträgt nach Abb. 309 $\varphi \approx 44°$. Allerdings ist zu beachten,
daß sich dieser Winkel natürlich auf die Periodendauer der Oberwelle bezieht. Bezüglich der Grundwelle tritt nur eine Verzerrung von etwa 9° ein.

Legt man daher Wert auf gute Wiedergabe einer *Kurvenform*, so wird man schwach gedämpfte Meßwerke bevorzugen, deren Eigenfrequenz sehr viel höher liegt als die Frequenz der Grundwelle des Meßvorganges. Will man dagegen, wie z. B. in der Starkstromtechnik üblich, das Verhalten einer nur wenig von der Sinusform abweichenden Meßgröße studieren, so empfiehlt es sich stärker zu dämpfen, weil man dann bei annähernd amplitudentreuer Aufzeichnung das Meßwerk mit viel höheren Frequenzen betreiben darf. Man kann sich mit einer Verzerrung wie bei der halbaperiodischen Dämpfung gemäß Abb. 310 c noch ohne weiteres abfinden. Es würde sich durchaus lohnen, etwas schwächer zu dämpfen — nach Abb. 308 etwa mit $\Delta = 1,2$ — weil man dann die phasentreue Wiedergabe geringfügig verschlechtert, dagegen den Frequenzbereich für amplitudentreue Wiedergabe erheblich vergrößert.

Leider herrschen gerade bei den Schleifenschwingern hoher Eigenfrequenz nicht die idealisierten Verhältnisse, die der Rechnung zugrunde gelegt wurden. Zur Dämpfung wird meistens Öl verwendet. Abgesehen davon, daß es bei verschiedenen Temperaturen seine Viskosität ändert, läßt sich eine theoretisch geschwindigkeitsproportionale Dämpfung so kleiner, rasch bewegter Meßorgane nur unvollkommen erreichen.

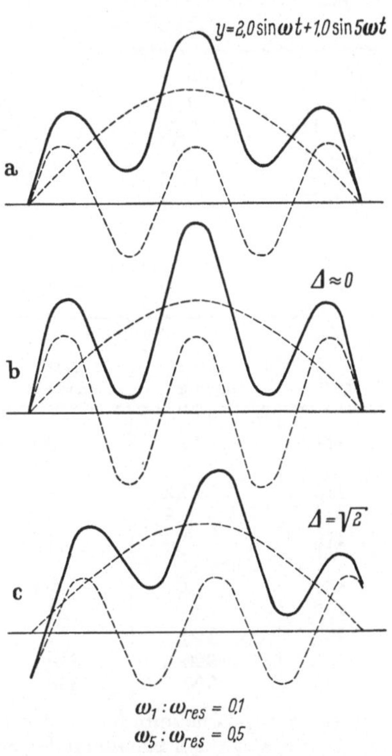

Abb. 310 a—c. Wiedergabe einer nicht-harmonischen Schwingung a) durch ein ungedämpftes Meßwerk b) und ein solches mit halbaperiodischer Dämpfung c)

Je höher die Eigenfrequenz gewählt wird, desto unempfindlicher werden die Schleifenschwinger. Tab. 15 gibt eine Übersicht über die von der Firma Siemens & Halske zu ihrem Hochleistungsoszillographen lieferbaren Schleifenschwinger wieder. Vom Hersteller wird die nutzbare Frequenz zu 35% der Eigenfrequenz in Luft angegeben.

Höhere Empfindlichkeiten erzielt man mit der Anwendung kleiner Drehspulen, sog. *Spulenschwinger* oder *Galvanometerschleifen*. Natürlich kann die Eigenfrequenz nicht so hoch sein wie bei den Schleifenschwingern. Es ist jedoch ohne weiteres möglich, sie für Eigenfrequenzen bis zu etwa 500 Hz zu bauen. Begnügt man sich mit geringeren Frequenzen, so erzielt man empfindlichere Meßwerke. In Tab. 16 sind die von der Firma Hartmann & Braun zu ihrem Lichtpunkt-Linienschreiber gehörenden Schwinger enthalten.

Tabelle 15. *Schleifenschwinger für Lichtstrahl-Oszillograph (S & H) Lichtzeigerlänge 800 mm (Oszillogrand)*

Type	Stromkonstante mA/mm	Empfindlichkeit mm/mA	Höchste Belastung mA	Eigenfrequenz ungedämpft Hz
17 H	20	0,05	200	17000
10 H	3,9	0,26	180	10000
5 H	0,55	1,8	50	5000
3,5 H	0,20	5	20	3500
2,5 H	0,07	14	10	2500
1,3 H	0,02	50	3	1300

Tabelle 16. *Spulenschwinger für Lichtpunktlinienschreiber (H & B) Lichtzeigerlänge 120 mm*

Type Hkkl	Konstanten C_J μA/mm	$C_U{}^*$ mV/mm	Widerstände R_{sp} Ω	$R_a{}^{**}$ Ω	Eigenfrequenz ungedämpft Hz
411	23	0,8	10	25	6,5
412	8	2,6	65	250	6,5
413	2,2	—	330	>5000	5
414	0,8	0,038	8	40	1
415	0,03	1,3	4700	$40 \cdot 10^3$	1
461	4	9,6	970	1400	25
462	25	24	970	—	60
463	150	145	970	—	150
464	320	310	970	—	220
465	600	580	970	—	300

* Spannungskonstante bei vorgeschaltetem Schließungswiderstand (bei 411–415 und 461) bzw. an den Klemmen des Schwingers (bei 462–465, Dämpfung durch Ölfüllung).
** Schließungswiderstand für optimale Dämpfung

Es ist natürlich auch möglich, Schleifenschwinger nach dem elektrodynamischen Prinzip anzufertigen. Man verwendet dann anstelle des permanenten Magneten eine stromdurchflossene feste Spule. Solche Schwinger arbeiten wattmetrisch. Im Gegensatz zu den schweren, trägheitsbehafteten Meßwerken von anzeigenden Leistungsmessern zeichnen wattmetrische Schwinger den augenblicklichen Verlauf der Leistung als Produkt der Augenblickswerte von Strom und Spannung auf. Abb. 241 auf S. 321 gibt Oszillogramme von Strom, Spannung und Leistung bei verschiedenen Phasenverschiebungen wieder. Man erkennt deutlich, daß bei Wechselstrom das Leistungsprodukt ständig um einen Mittelwert pendelt, der im Falle reiner Wirkleistung ($\cos \varphi = 1$) gleich der halben Amplitude, im Falle reiner Blindleistung ($\cos \varphi = 0$) gleich Null ist. Das

Arbeiten mit solchen Schwingern ist vorzüglich geeignet, um dem Anfänger die manchmal vorhandenen Schwierigkeiten beim Verständnis der Leistungsmessung bei Wechselstrom zu erleichtern; diese zu beurteilen ist nicht einfach, wenn es sich nicht mehr um harmonische Vorgänge handelt (vgl. a. Kap. IX).

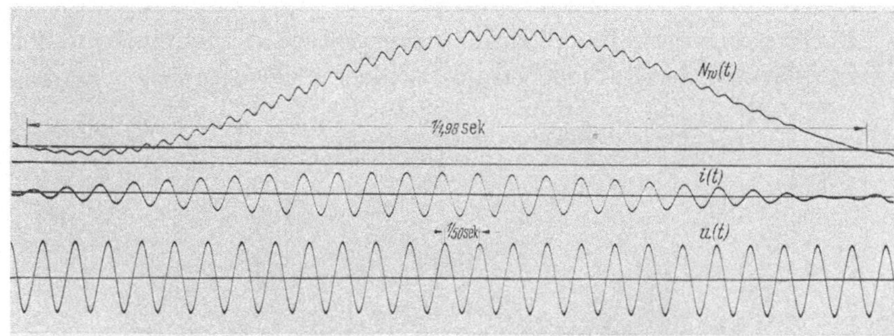

Abb. 311. Oszillogramm einer Leistungspendelung bei starrer Spannung. Aufgenommen mit 2 Schleifenschwingern für $u(t)$ und $i(t)$ und einem wattmetrischen Mittelwert-Schwinger für $N_w(t)$

Es gibt wattmetrische Schleifenschwinger, welche durch ein kleines hantelförmiges Zusatzgewicht, das zusammen mit dem Spiegel quer über die Schleife geklebt ist, mit einem erhöhten Trägheitsmoment versehen sind. Die Eigenschwingungszahl dieser Meßwerke liegt bei etwa 25 Hz. Daher wird die 100 Hz-Periode der Wechselstromleistung stark unterdrückt. Dieser wattmetrische Schwinger arbeitet ebenso wie ein besonders schneller Leistungsmesser. Abb. 311 zeigt das Oszillogramm eines Vorganges, bei welchem der Strom periodisch seinen Effektivwert ändert, und die Wirkleistung dementsprechend schnell schwankt.

5. Der Lichtstrahl-Oszillograph

Schleifen- oder Lichtstrahl-Oszillographen (vgl. die Abb. 312 u. 313) enthalten stets folgende Bauteile:

a) Das Gestell zur Aufnahme der Meßwerke

b) Vorrichtungen zur Aufnahme und zum Antrieb des Papiers

c) Vorrichtungen zur Beleuchtung der Schleifen und Erzeugung des Schreibfleckes auf dem photographischen Registrierpapier

d) Betrachtungseinrichtung mit Vorrichtungen zur Erzeugung eines *stehenden Bildes* bei quasistationären Vorgängen.

Zum weiteren Komfort eines Oszillographen gehören:

e) Einrichtungen zur kurzzeitigen Belichtung

f) Widerstände zum Einstellen der Meßströme

g) Getriebe zur Veränderung des Vorschubes

h) Einrichtungen zur Zeiteichung, Markierung des Oszillogrammes usw.

Hochwertige Geräte besitzen darüber hinaus meist noch

k) Schalteinrichtungen zur Steuerung willkürlich auslösbarer Vorgänge vom Oszillographen oder umgekehrt des Oszillographen vom Vorgang.

Die Wirkungsweise dieser Einrichtungen soll später zusammen mit den entsprechenden des Kathodenstrahl-Oszillographen besprochen werden.

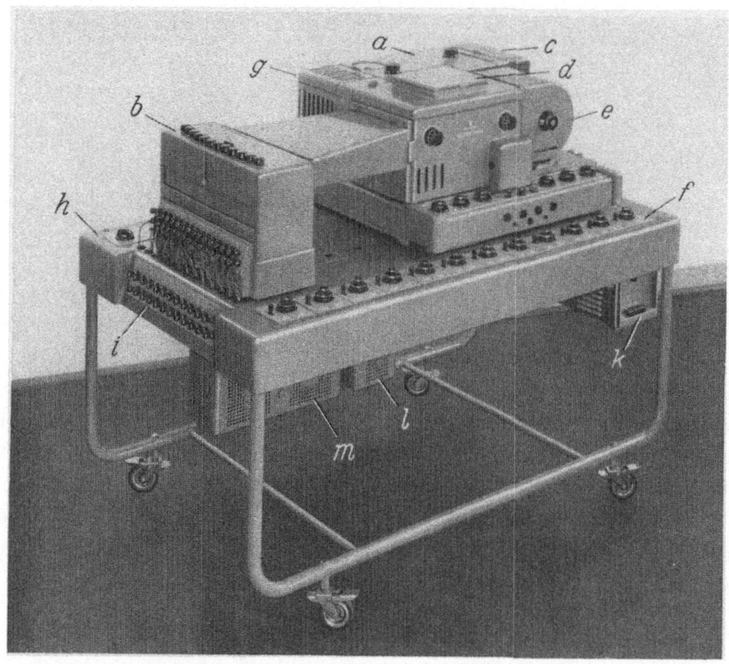

Abb. 312. Hochleistungs-Lichtstrahl-Oszillograph („Oszillogrand") für 12 Meßvorgänge (S & H) *a* Kamerateil mit Motor und Getriebe; *b* Gestell für 12 Schwinger; *c* Steuerwalze für 3 externe Vorgänge; *d* Beobachtungseinrichtung; *e* Trommelkassette für max. 10 m/s; *f* Empfindlichkeits-Steller; *g* Quecksilber-Höchstdrucklampe; *h* fahrbarer Gestellwagen; *i* Anschlüsse für Meßvorgänge; *k* Zeitmarkengeber 1000 Hz und 100 Hz; *l* Netzanschluß-Widerstände; *m* Vorschaltgerät

a) Die Unterbringung der Meßwerke im Traggestell. Das Traggestell enthält je nach Ausführung Einsätze für 4 bis 12 Schleifenschwinger. Es gibt auch Spezialgeräte für sehr viel mehr Meßstellen; die Übersichtlichkeit der Aufzeichnungen leidet aber, wenn das Oszillogramm zu viel Vorgänge enthält. Die Meßwerke müssen in zwei Richtungen verstellt werden können (vgl. Abb. 314). Durch die Seitenverstellung (Drehung der Meßschleife) wird die Lage des Bildpunktes auf dem Diagramm senkrecht zur Ablaufrichtung geändert. Mit der Höhenverstellung (Ankippen) sorgt man dafür, daß das volle Licht in die Verschlußblende fällt. Ferner trägt das Schleifengestell gewöhnlich einstellbare Nullspiegel, die zur Kennzeichnung der Zeitachse oder des *Nullwertes* der Vorgänge verwendet

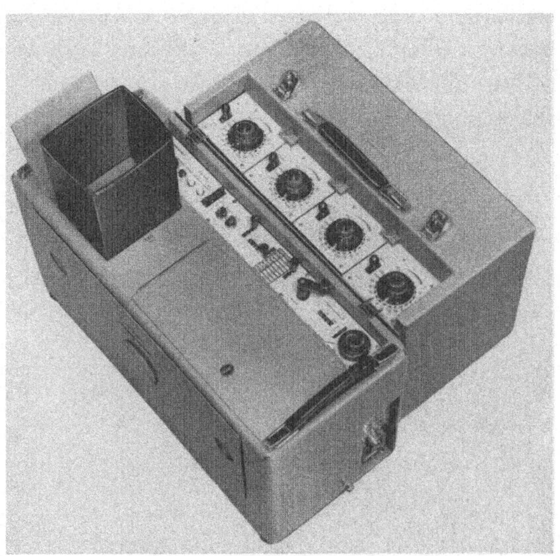

Abb. 313. Kleiner, tragbarer Lichtstrahl-Oszillograph („Oszilloport") für vier Meßstellen (S & H)

werden können. Ferner sind u. U. schwenkbare Blenden vorgesehen, mit denen man einzelne Vorgänge auslöschen kann, ohne in die Optik oder elektrische Schaltung eingreifen zu müssen.

Ein Teil des vom Meßwerkspiegel kommenden Lichtes wird gewöhnlich zwecks Betrachtung des Vorganges auf eine Mattscheibe gelenkt. Hierbei hat der Benutzer darauf zu achten, daß mittels der Höhenverstellung nicht zu viel vom Lichtstrahl der eigentlichen Registrierung entzogen wird. Es ist ärgerlich, wenn man sich die Vorgänge auf dem Betrachtungsschirm sorgfältig eingestellt hat und nach der Entwicklung des Oszillogrammes merkt, daß man einige Aufzeichnungen „nicht drauf hat". Es empfiehlt sich immer, nach jeder Neu-Inbetriebnahme die Ausleuchtung des Belichtungsspaltes nachzuprüfen.

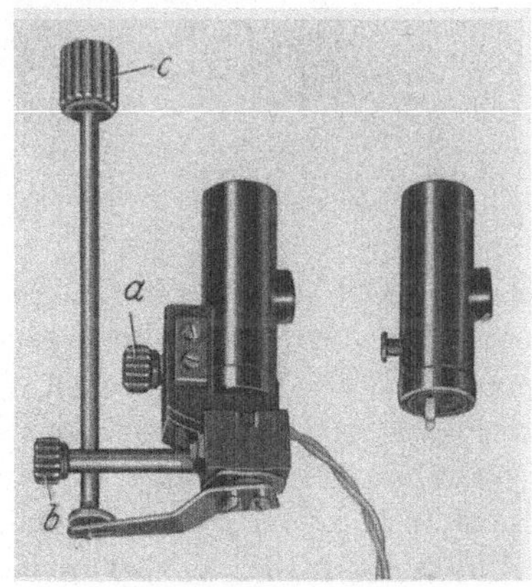

Abb. 314. Schleifensessel für Lichtstrahl-Schwinger *a* Klemmvorrichtung; *b* Höhenverstellung; *c* Seitenverstellung; *rechts:* Schleifenschwinger mit Öldämpfung

b) Registriervorrichtung. Man unterscheidet Trommel- und Ablauf-kassetten (Abb. 315). Bei der Trommelkassette wird ein Papierstreifen gegebener Länge auf eine Trommel gespannt, die von einem Motor in schnelle Umdrehungen versetzt wird. Der Vorteil dieser Registrierung ist die im allgemeinen höhere Zeitauflösung, die Nachteile sind die begrenzte Registrierzeit und die Tatsache, daß die Begrenzung des Oszillogramms durch die Einspannstelle gegeben ist. Es ist daher der unangenehme

Abb. 315. Registriervorrichtung des Lichtstrahl-Oszillographen (Ablaufkassette) für max. 30 m und 2,5 m/s (S & H) *a* Abspulkassette mit Papiervorrat; *b* Aufspulkassette mit Abschneidevorrichtung; *c* Schauzeichen für Papierlauf; *d* Anzeige des Papiervorrats

Fall denkbar, daß ein wichtiger Teil des Vorganges durch die Einspann-stelle „zerschnitten" wird. Trommelaufnahmen werden daher bevorzugt, wenn sich der Vorgang vom Oszillographen her steuern läßt, oder wenn nur quasistationäre Vorgänge zu registrieren sind.

In der Ablaufkassette befindet sich ein größerer Papiervorrat in Be-reitschaft. Das Papier wird mit gleichbleibender Geschwindigkeit am Belichtungsschlitz vorbei in eine Aufspultrommel oder in einen licht-dichten Sack gefördert. Wegen der ziemlich schweren Massen und der erforderlichen kurzen Anfahrzeit ist die mit Ablaufaufnahmen erzielbare Zeitauflösung oftmals nicht so hoch. Es gibt aber auch Geräte, bei denen vor jeder Aufnahme ein längerer Papierstreifen von einer Vorratstrommel abgespult wird. Das bereitgestellte Papier liegt in losen Falten im Meßgerät. Es wird bei der Aufnahme von ständig umlaufenden Walzen gefaßt und in einen Vorratssack „geschossen“. Mit solchen Geräten sind im Ablaufverfahren Zeitauflösungen bis zu $10\ \mathrm{ms^{-1}}$ möglich.

Ablaufaufnahmen wendet man gerne an, wenn der Oszillograph von äußeren Vorgängen ausgelöst werden muß; das Gerät stellt dann bei diesem Gebrauch eine Erweiterung des Störungsschnellschreibers dar.

Zum Antrieb der Trommel oder der Förderwalze dient ein Motor. Man verwendet häufig Doppelmotoren, bestehend aus einem Gleichstrommotor mit weitem Regelbereich und einem Drehstrom-Synchronmotor, der besonders beim Arbeiten mit Wechselstromvorgängen zweckmäßig ist, weil er „stehende“ Bilder auf dem Beobachtungsschirm ergibt.

c) Beleuchtung und Erzeugung des Schreibfleckes. Abb. 316 zeigt schematisch den Strahlengang in einem Lichtstrahl-Oszillographen.

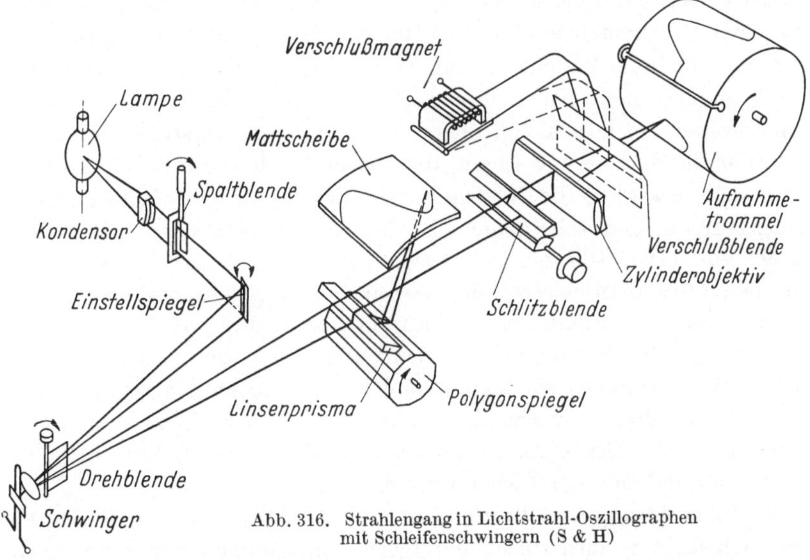

Abb. 316. Strahlengang in Lichtstrahl-Oszillographen mit Schleifenschwingern (S & H)

Vergleicht man ihn mit dem in einem Lichtbildprojektor, so ist festzustellen, daß der sehr feine, einige Zentimeter lange Spalt dem abzubildenden Gegenstand und das linsenförmig geschliffene Fenster am Schwinger der Projektionsoptik entspricht, welche auf dem Bildträger (Trommel) den Spalt abbilden muß. Es würde dort ein heller, scharf begrenzter Strich zu sehen sein, der dem Spalt entspricht. Seine Ausdehnung in Richtung der Bewegung des Papiers wird nun durch eine kurzbrennweitige Zylinderlinse zusammengezogen. Es entsteht somit ein

kleiner leuchtender Fleck, dessen Abmessung in Zeitrichtung der durch
die Zylinderlinse stark verkleinerten Länge des Spaltes entspricht,
senkrecht dazu durch die Abbildung der Spaltbreite mittels der Schleifenoptik gegeben ist. Die Breite des Spaltes und die richtige Wahl der
Brennweite für die Schleifenoptik sind also für die Schärfe der Abbildung entscheidend.

Aufgabe des Kondensors ist, ein scharfes Bild der Lichtquelle selbst
in der Ebene der Schwingungsspiegel zu erzeugen. Dort entsteht dann
ein meist stark vergrößertes Bild der Oberfläche der Lichtquelle. Der
kleine Spiegel wirkt als Blende; es ist demnach sinnlos, eine bessere
Ausleuchtung durch Anwendung einer ausgedehnteren leuchtenden
Fläche versuchen zu wollen, z. B. indem man anstelle einer 15 W-Lampe
für 6 V eine 30 W-Lampe für 12 V verwendet. Entscheidend ist allein
die Leuchtdichte. Man verwendet kurzdrähtige Autoscheinwerfer-
lampen, welche man u. U. überlastet, um die Temperatur und damit
die Leuchtdichte zu erhöhen, Bogenlampen oder, wie zumeist bei neueren
Hochleistungs-Oszillographen, Quecksilber-Höchstdrucklampen. Diese
erzeugen in einem beengten Lichtbogen, der zwischen Wolframspitzen
brennt, sehr hohe Leuchtdichten. Das Arbeiten mit solchen Lampen ist
nicht ungefährlich. Einerseits entsteht in dem kleinen, dickwandigen
Quarzkolben ein Druck von über 100 at, andererseits strahlt die Lampe
ein sehr intensives UV-Licht aus, welches photographisch natürlich
erwünscht ist, aber die Netzhaut schädigt. Diese Quecksilber-Höchstdrucklampen sind sehr teuer und haben nur eine begrenzte Lebens-
dauer von etwa 100 bis 200 Betriebsstunden. Beim Gebrauch dieser
Lampen muß man wissen, daß sie mit einer genau vorgeschriebenen
Stromstärke und Spannung zu betreiben sind, und daß der Lampe ein
Herabregeln der Stromstärke in den Pausen zwischen zwei Aufnahmen
nichts nützt, sondern sie sogar schädigt. Ebenso muß man zu häufiges
Zu- und Abschalten vermeiden: man sollte lieber einen längeren Betrieb mit voller Stromstärke zulassen, da der stärkste Verschleiß entsteht, während sich der Lichtbogen einbrennt.

d) Betrachtungseinrichtung. Ein Teil des durch den Spalt begrenzten Lichtfächers wird durch ein Prisma mit aufgelegter Zylinderlinse
abgelenkt und auf einen Polygonspiegel geworfen, der mit der Aufnahme-
trommel gekuppelt ist. Jede Spiegelfläche dreht sich während eines Umlaufes einmal um ihre Längsachse. Läuft der einfallende Lichtstrahl
vom Spiegel herunter, so wird er von der nächsten Spiegelfläche wieder
zur Ausgangsstelle gelenkt, bei welcher der soeben außer Eingriff gekom-
mene Spiegel seine Ablenkung begann. Ist der vom Schwingerspiegel angezeigte Vorgang quasistationär, so kommt auf diese Weise ein stehendes
Bild zustande, wenn man die Drehzahl des Spiegels mit dem Vorgang
synchronisiert.

e) Belichtung. Da man im Gegensatz zur photographischen Kamera die Belichtungszeit nicht der Helligkeit des Gegenstandes anzupassen braucht, haben Oszillographen manchmal gar keinen Verschluß. Bei Trommelaufnahmen ist aber ein Verschluß von Vorteil, weil man mit ihm vor und nach der Aufnahme das ständig umlaufende Papier vor Belichtung schützt. Man verwendet meistens elektromagnetisch betätigte Verschlüsse, die angesichts der hohen Zeitauflösung in sehr kurzer Zeit öffnen müssen.

f) Stellwiderstände. Eingebaute Stellwiderstände (Abb. 317) gehören nicht unbedingt zum Oszillographen, werden aber oftmals zur Erhöhung

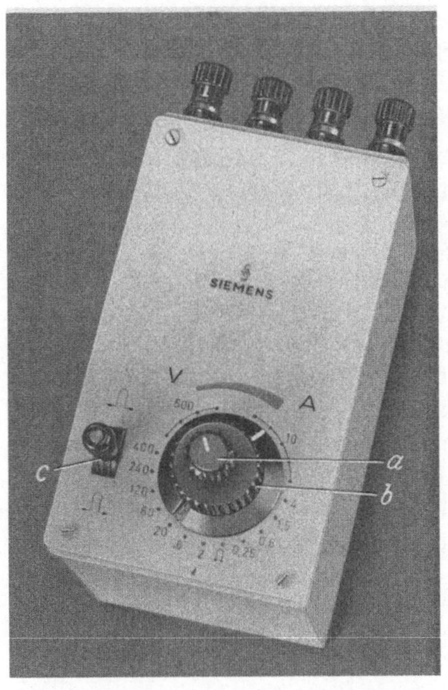

Abb. 317. Universal-Empfindlichkeitssteller
für Schleifenschwinger (S & H)
a Feineinstellung; *b* Bereichs-Wahlschalter;
c Stromwender

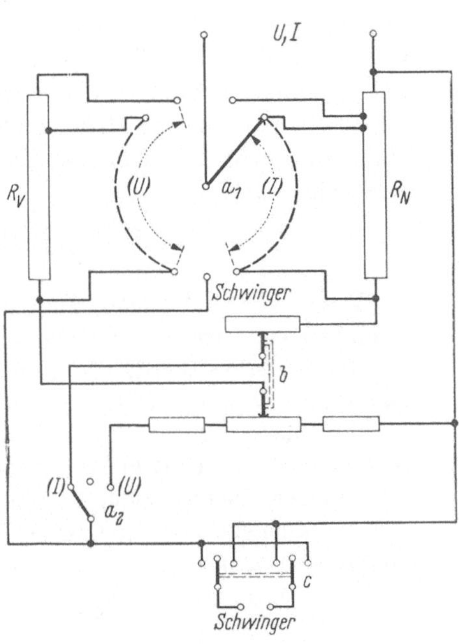

Abb. 318. Schaltung des Universalstellers
für Schleifenschwinger (S & H)

des Meßkomforts beigegeben. Es gibt Steller mit zwei Eingängen für Strom- und Spannungsmessung oder sog. Universalsteller mit nur einem Eingang, bei dem die Umschaltung von Strom- auf Spannungsbereiche mit einem Drehknopf erfolgt. Abb. 318 zeigt die Schaltung eines Universalstellers.

Bei der Handhabung solcher Zusatzgeräte ist immer eine gewisse Vorsicht geboten. Man gewöhne sich daran, den Ausschlag des Schwingers während der Einstellung zu beobachten. Andererseits muß man beachten, daß auch manchmal umgekehrt Schleifenschwinger hoher Eigenfrequenz, die einen ziemlich hohen Verbrauch haben, die feinen Widerstandsstufen des Unsiversalstellers unzulässig beanspruchen können. In diesem Fall wird nicht der Schwinger, sondern der Steller beschädigt.

Der Praktiker sollte sich daran gewöhnen, Steller zur Empfindlichkeitsregelung nur dann zu verwenden, wenn es nicht zu umgehen ist. Es empfiehlt sich, zur oszillographischen Aufnahme von Strömen passende Nebenwiderstände, zur Aufnahme von Spannungen passende Vorwiderstände zu wählen und den Schleifenschwinger unmittelbar anzuschließen. Will man z. B. einen Kurzschlußvorgang oszillographieren, und hat man mit einem Kurzschlußstrom vom 10fachen des Betriebs-Nennstromes zu rechnen, so fließen auf der Sekundärseite des Wandlers 50 A. Man schließe an den Wandler einen Nebenwiderstand 250 A 60 mV an und verwende parallel zum Nebenwiderstand eine Schleife Type 3,5 H, die gemäß Tab. 14 eine Stromempfindlichkeit von 5 mm/mA und einen Widerstand von 2,7 Ohm hat. Der Ausschlag (Scheitelwert—Scheitelwert) wird dann

$$2 \cdot \sqrt{2} \cdot \frac{50}{250} \cdot 60 \cdot \frac{5,0}{2,7} = 63 \text{ mm}$$

Ebenso verwendet man, wenn angängig, für Spannungspfade — insbesondere bei Leistungsschwingern — feste Vorwiderstände. Beim Ausschalten irgendwelcher Betriebsmittel muß man zwar mit höheren Überspannungen rechnen. Diese sind aber meistens von kurzer Dauer, so daß durch sie die Schwinger thermisch nicht gefährdet werden. Man wählt z. B. die Schleife Type 10 H mit 0,26 mm/mA und 0,9 Ohm, die man zur Aufnahme einer Überspannung vom 5fachen des Scheitelwertes der Leiter-Erdspannung einzurichten hat; bei Anschluß an einen Spannungswandler entsprechen dem

$$\sqrt{2}\,\frac{100}{\sqrt{3}} \cdot 5 = 410 \text{ V}$$

Hierfür werden bei 120 mm Ausschlag mit der Schleife 10 H 120/0,26 = 460 mA benötigt. Man verwende daher einen festen Widerstand von etwa 410/0,460 = rd. 1000 Ohm. Die Belastung desselben beträgt bei Nennspannung $\left(\frac{100}{\sqrt{3}}\right)^2 : 1000 = 3,4$ W, der Dauerstrom im Schwinger 58 mA$_{eff}$.

g) Getriebe und Hilfseinrichtung. Die höchste Ablaufgeschwindigkeit, die bei Oszillographen üblicher Ausführung angewendet wird, liegt bei 10 ms^{-1}. Bei Gleichstrommotoren kann man die Geschwindigkeit zu einem Teil mit Widerständen im Anker- bzw. Erregerkreis beeinflussen; meistens schwächt man aber dadurch auch das Durchzugmoment. Insbesondere bei Aufnahmen mit Ablaufkassetten besteht im Augenblick der

Aufnahme die Gefahr, daß die Zeitauflösung zurückgeht, wenn man die Transportvorrichtung auf den laufenden Motor schaltet. Neuere Ausführungen bevorzugen daher eine Getriebeschaltung in Verbindung mit einem Antrieb durch Synchronmotor (Abb. 319).

Die Getrieberäder sollen nicht nur geräuschfrei laufen, sondern es muß auch die Teilung der Räder sehr genau sein, damit keine periodischen Schwankungen der Zeitauflösung vorkommen. Aus diesem Grunde ist bei Planetengetrieben für sehr starke Untersetzungen Vorsicht geboten; bei solchen Getrieben macht sich z. B. eine geringe Exzentrizität der Sonnenräder als periodisch schwankende Umlaufgeschwindigkeit der Planetenräder bemerkbar.

Während Trommelkassetten stets direkt gekuppelt werden, pflegt man bei Ablaufkassetten die Transporteinrichtung für das ablaufende Papier an die laufende Antriebswelle mittels einer magnetischen Kupplung oder einer einrückenden Gummiwalze anzuschalten.

Zur bequemeren Bedienung gehören ferner noch Meldeeinrichtungen, Alarmeinrichtungen usw., sowie oftmals ein Aufnahmezählwerk, dessen Stand

Abb. 319. Umschaltgetriebe eines Hochleistungs-Lichtstrahl-Oszillographen (S & H)   *a* Magnetkupplungen; *b* Schnellkupplung; *c* Schaltwalze mit Verzögerungsausgleich für Verschlußsteuerung; *d* Zeitrelais; *e* Tachometer; *f*, *g* Wellenstümpfe zur Kupplung außerhalb liegender Geräte

photographisch auf das Oszillogramm übertragen wird. Ferner enthält jeder Oszillograph eine Zeitmarkierung in Gestalt eines kleinen, genau auf eine Frequenz abgestimmten Summers od. dgl.

h) Lichtpunkt-Linienschreiber. Bei sorgfältiger Durchführung der Messung und sauberer Behandlung des Oszillogrammes lassen Lichtstrahl-Oszillogramme recht genaue Auswertungen zu. Die Grenze dürfte etwa bei $0{,}5 \cdots 1\%$ liegen. Dafür ist der Aufwand nicht gering und vor allem ist die Behandlung des Oszillogrammes in einer hierzu ausreichenden Vollkommenheit meist nur in gut eingerichteten Laboratorien möglich.

Eine den Belangen des Betriebes entgegenkommende Konstruktion ist der Lichtpunkt-Linienschreiber (Abb. 320). Er enthält Spulenschwinger, die zwar eine geringere Eigenfrequenz, aber dafür eine größere Empfindlichkeit haben. Das Besondere des Gerätes ist, daß es mit einem UV-empfindlichen Spezialpapier arbeitet, welches von diffusem Tageslicht wenig geschwärzt wird. Als Lichtquelle wird wie beim Lichtstrahl-Oszillograph eine Quecksilber-Höchstdrucklampe verwendet. Um die UV-Strahlung der Lampe voll auszunutzen, verzichtet man auf eine komplizierte Optik, sondern bildet den Lichtbogen über kleine Hohlspiegel am Schwinger auf das Papier ab. Da das Gerät sehr handlich ist und Aufzeichnungen ohne photographische Behandlung in einer Dunkelkammer liefert, kann es überall dort eingesetzt werden, wo es auf Wiedergabe sehr schneller Vorgänge nicht so sehr ankommt, und die äußeren Umstände den Einsatz eines tragbaren Oszillographen erschweren. So ist der Einsatz solcher Geräte überall dort vorteilhaft, wo keine Möglichkeit zur Entwicklung des photographischen Registrierpapiers

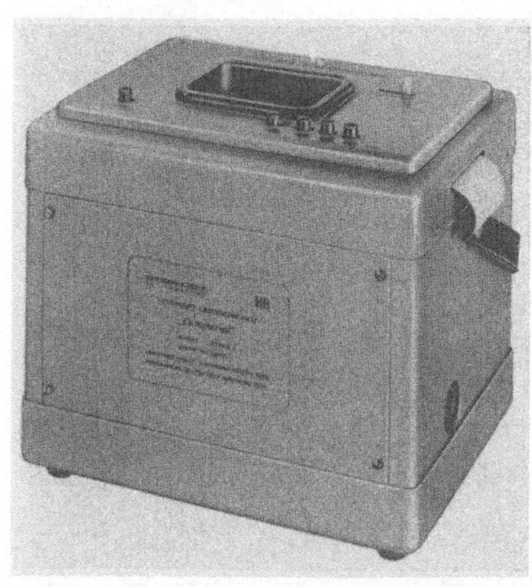

Abb. 320. Lichtpunkt-Linienschreiber (H & B)

besteht, wie z. B. auf Baustellen usw. Da die Schwinger eines Lichtpunkt-Linienschreibers eine verhältnismäßig hohe Empfindlichkeit haben, kann man sie gut als Nullgeräte für Anzeigenmeßbrücken od. dgl. verwenden, wobei man oftmals auf eine Verstärkung der Brückendiagonalspannung verzichten kann.

Von der Größenordnung der hierbei auftretenden Spannungen kann man sich auf Grund folgender Rechnung einen Begriff machen:

Mit einer Dehnungsmeßbrücke soll die dynamische Beanspruchung eines Konstruktionsteiles oszillographisch gemessen werden. Einer Zugspannung von 220 kp cm^{-2} entspricht bei Stahl (Elastizitätsmodul 2,2·10^6 kp cm^{-2}) eine Dehnung von 10^{-4}. Die sich dehnenden Drähtchen aus Konstantan ändern nach Angaben des Herstellers ihren Widerstand etwa um das doppelte der Längenänderung. Verwendet man eine Brückenschaltung, bei der zwei gegenüberliegende Widerstände dem Meßeffekt unterworfen werden, so tritt an den Brückendiagonalen bei Verwendung von 4 gleichen Widerständen eine Spannung von

$$U = U\left(\frac{R+\Delta R}{R+R} - \frac{R-\Delta R}{R+R}\right) = U\cdot\frac{\Delta R}{R}$$

auf, d. h. ebenfalls $2 \cdot 10^{-4}$ der Speisespannung. Betreibt man die Schaltung mit 10 V, so entspricht einer gar nicht so kleinen Belastung von 220 kp cm^{-2} nur ein Meßeffekt von 2 mV! Diesen statisch zu messen, ist kein Problem; wohl aber stellen sich Schwierigkeiten bei der oszillographischen Registrierung schneller veränderlicher Belastungen ein, die die Anwendung möglichst spannungsempfindlicher Meßwerke geraten erscheinen lassen.

6. Der Kathodenstrahl-Oszillograph; Strahlerzeugung und -ablenkung

Der Kathodenstrahl-Oszillograph arbeitet wie ein elektrostatisches Meßwerk. Das bewegliche System ist der Kathodenstrahl selbst, d. h. die Gesamtheit der sich im Vakuum frei bewegenden Elektronen. Die Masse des Elektrons ist äußerst klein (nur der etwa 1800te Teil der Masse

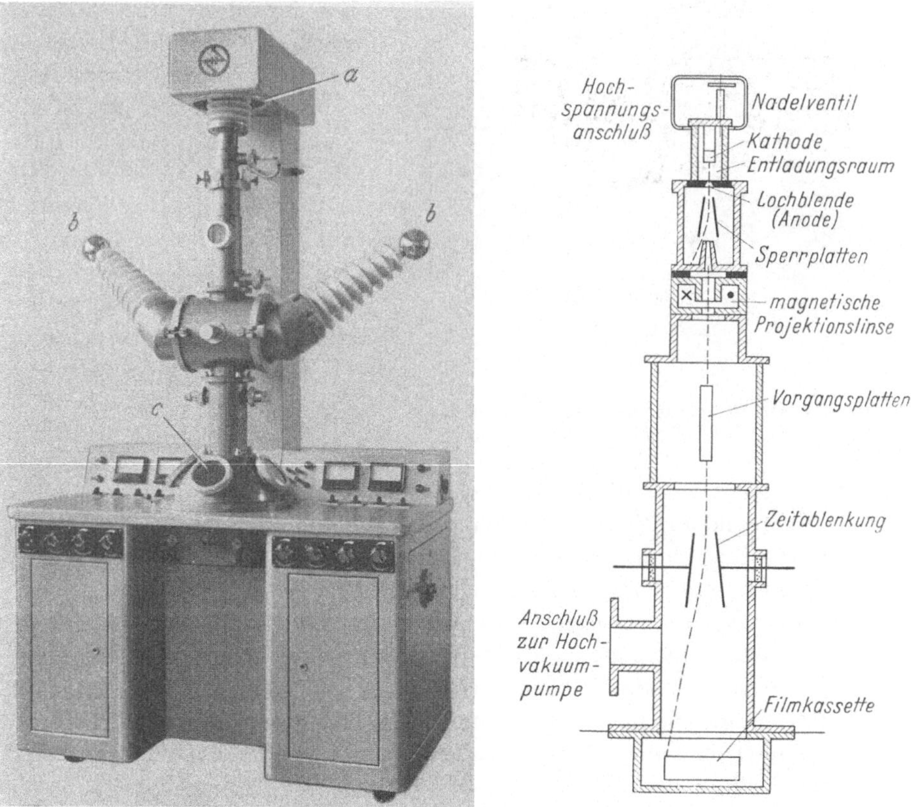

Abb. 321. Hochleistungs-Kathodenstrahl-Oszillograph für 500 kV Ablenkspannung
(Hochspannungsgesellschaft Fischer, Köln-Zollstock)
a Strahl-Erzeugungsanlage; *b* Meßplatten-Zuführung für 500 kV; *c* Beobachtungsfenster

des leichtesten Atomes). Es kann also den Kräften elektrischer oder magnetischer Felder fast unverzögert folgen. Von diesen beiden genannten Möglichkeiten, Elektronen auf ihrem Wege durch die Meßgröße zu beeinflussen, bedient man sich bei Oszillographen heute fast ausschließlich des elektrischen Feldes. Der Kathodenstrahl-Oszillograph ist daher, ebenso wie das elektrostatische Meßwerk, von Hause aus ein spannungsmessendes Gerät.

Man kann die Elektronen unmittelbar auf photographische Schichten wirken lassen, die sie um so intensiver schwärzen, je größer die Geschwindigkeit, d. h. die Energie der Elektronen ist. Man muß dann das Aufnahmematerial in das Innere des Gerätes bringen, welches jedesmal neu zu evakuieren ist, wenn der Aufnahmevorrat ausgewechselt wird. Andererseits gestatten diese Konstruktionen die Herstellung sehr energiereicher Strahlen (100 kV Strahlenerzeugungsspannung und mehr). Man erreicht mit solchen Geräten Schreibgeschwindigkeiten bis zu 50000 km s^{-1}. Abb. 321 zeigt einen nach diesem Prinzip gebauten Hochleistungs-K.O. An Nebeneinrichtungen gehören zu ihm vor allem eine sehr leistungsfähige Hochvakuum-Pumpe und eine Hochspannungs-Gleichrichteranlage.

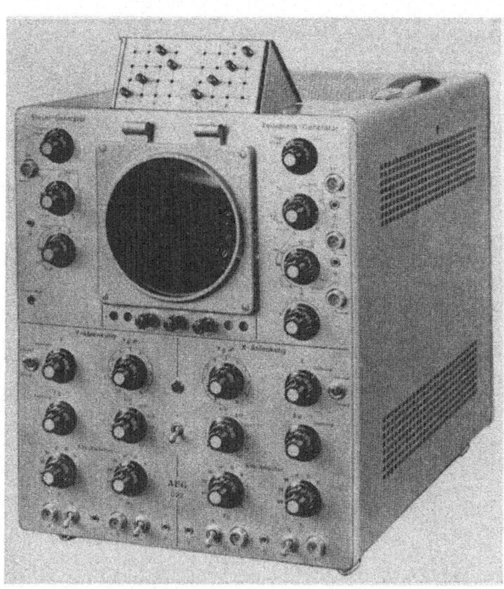

Abb. 322. Achtkanal-Hochleistungs-Oszillograph mit BRAUNschem Rohr (AEG)

Eine andere Bauart verwendet abgeschmolzene Glasröhren ähnlich den Bildröhren von Fernsehgeräten. Alle zur Strahlerzeugung und -ablenkung notwendigen Elektroden liegen im Innern des Rohres. Der erweiterte Teil des Rohres wird durch eine Fläche abgeschlossen, auf welche stark fluoreszierendes Material aufgetragen ist. Der auf diesen *Bildschirm* fallende Kathodenstrahl regt die Schicht zu kräftigem Leuchten an. Die photographische Registrierung geschieht mittels einer gewöhnlichen Kamera. Abb. 322 zeigt einen tragbaren Oszillographen dieser Art.

Die wesentlichen Teile eines Kathodenstrahl-Oszillographen sind:

a) Strahlerzeugung

b) Intensitätssteuerung und Fokussierung

c) Ablenkung in zwei Koordinaten

d) Leuchtschirm und Nachbeschleunigung.

Außerdem gehören zum Oszillographen die zum Betrieb dieser Einrichtungen dienenden Schaltungen, Meßverstärker usw.

Es gibt auch Oszillographenröhren mit zwei Strahlsystemen. Sie haben getrennte Ablenkplatten für zwei verschiedene Vorgänge, aber Zeitablenkung und Bildschirm gemeinsam.

a) Strahlerzeugung. Der Kathodenstrahl besteht aus negativ geladenen Teilchen, den Elektronen. Diese repräsentieren eine *Elementarladung* von $e = -1{,}6 \cdot 10^{-19}$ As und haben die außerordentlich kleine Masse von $m = 9{,}1 \cdot 10^{-29}$ g (die Masse eines Wasserstoffatomes beträgt etwa $1{,}7 \cdot 10^{-24}$ g!). In elektrischen Leitern sind sie in großer Zahl als *freie*, d. h. nicht im Atom gebundene Elektronen vorhanden; ihren Zustand hat man sich dort ähnlich wie bei den Molekülen der Gase als unregelmäßig bewegt vorzustellen. Die Geschwindigkeit der Bewegung hängt von der Temperatur ab. Jedoch können die Elektronen infolge ihrer Ladungen nicht so wie die Gasmoleküle das von ihnen eingenommene Volumen beliebig vergrößern. Würde ein Elektron vermöge seiner kinetischen Energie den Leiter verlassen wollen, so bliebe eine positive Ladung im Leiter übrig, die bestrebt ist, das Elektron wieder heranzuziehen. Erst bei einer hinreichend großen kinetischen Energie gelingt die Loslösung; man bezeichnet diesen Betrag als *Austrittsarbeit* und bezieht sie auf die Elementarladung selbst (*Austritts-potential*). Es besteht dann der Zusammenhang

$$A_0 = e \cdot \varphi_0$$

Das Austrittspotential φ_0 beträgt für Wolfram 4,6 V, für Bariumoxyd dagegen nur etwa 1 V.

Man hat sich also vorzustellen, daß die Oberfläche der Kathode von einer Wolke schnell bewegter Elektronen umgeben ist, die zwischen den

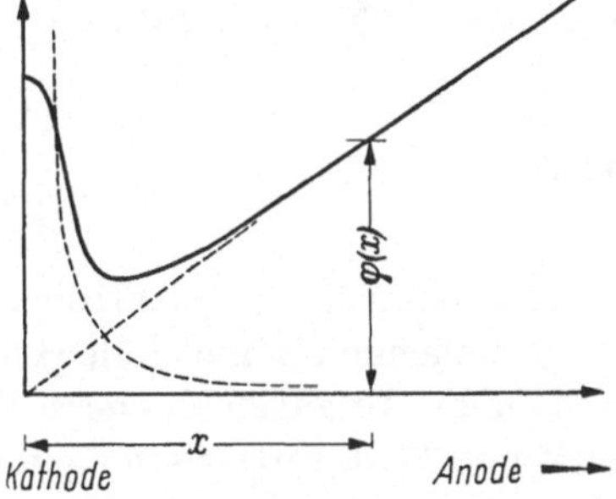

Abb. 323. Zustandekommen des „Potentialwalles" vor einer negativen Elektrode

Metallionen des Kristallgitters hindurchfliegen, zum größten Teil aber durch das innere Feld wieder eingefangen werden. Je höher die Temperatur der Kathode ist, desto mehr werden die Elektronen befähigt, bei Vorhandensein eines äußeren Feldes die Kathode endgültig zu verlassen. Dieses äußere Feld muß bei kalter Metallkathode hoch sein; dagegen ist die Fortführung bei beheizten Kathoden, zumal wenn deren Oberfläche z. B. aus Bariumoxyd besteht, leicht möglich. Die Potentialverteilung zwischen den Elektroden zeigt Abb. 323. Zu dem zwischen Kathode und Anode herrschenden *äußeren* Feld kommt in der Nähe der

Kathode das *innere* Feld, welches die oben geschilderten Kräfte hervorruft, die eine Rückführung der Elektronen anstreben. Dicht vor der Kathode herrscht ein Potentialminimum. Zwischen dieser Stelle und der Kathode sind die Feldkräfte negativ, d. h. zur Kathode zu, gerichtet. Erst jenseits des Minimums herrschen Kräfte, die die Elektronen von der Kathode entfernen. Der hierdurch gekennzeichnete *Potentialwall* muß von den Elektronen auf Grund ihrer Anfangsenergie überwunden werden.

Sind die Elektronen in das äußere Feld eingetreten, so nehmen sie infolge ihrer kleinen Masse rasch hohe Geschwindigkeiten an. Zu überschläglichen Abschätzung werde der Energiesatz in der Form

$$e \cdot U = \frac{m}{2}\, v^2$$

angewendet. Beträgt z. B. $U = 2000$ V, was als normale Kathodenspannung anzusehen ist, so wird

$$v = \sqrt{2\,\frac{e}{m}\cdot U}$$

$$= \sqrt{2 \cdot \frac{1{,}6 \cdot 10^{-19}\ \mathrm{As}}{9{,}1 \cdot 10^{28}\ \mathrm{g}} \cdot 2000\ \mathrm{V}}$$

$$v = \sqrt{704 \cdot 10^9\ \frac{\mathrm{Ws}}{\mathrm{g}}}$$

Da $1\ \mathrm{Ws} = 10^7\ \mathrm{erg} = 10^7\ \mathrm{dyn \cdot cm} = 10^7\ \mathrm{g \cdot cm^2 \cdot s^{-2}}$ sind, ergibt sich

$$v = \sqrt{704 \cdot 10^{16}\ \mathrm{cm^2\ s^{-2}}}$$

oder[1]

$$v = 26\,500\ \mathrm{km\ s^{-1}}$$

Können sich die Elektronen bewegen, ohne daß sie z. B. durch im Wege stehende Gasmoleküle gehindert werden, so laufen sie nach Durchmessen des Anfangsfeldes geradlinig weiter. Quer zur Bewegungsrichtung wirkende Feldkräfte vermögen sie infolge ihrer hohen Geschwindigkeit nur noch wenig zu beeinflussen. Da zur Fokussierung des Strahles und zur Ablenkung durch vorgangs- bzw. zeitproportionale Spannungen eine

---

[1] Streng genommen darf man hierbei nicht den Wert

$$m_0 = 9{,}1 \cdot 10^{-28}\ \mathrm{g}$$

der *Ruhmasse* des Elektrons einsetzen, sondern die hiervon abweichende, von der Geschwindigkeit abhängende relativistische Masse

$$m = \frac{m_0}{\sqrt{1 - \left(\dfrac{v}{c}\right)^2}}$$

die für $v = c$ unendlich wird. Für das obige Beispiel unterscheiden sich m und m_0 um etwa 0,4%.

solche Beeinflussung aber notwendig ist, wählt man die Strahlerzeugungs-
spannung bei Elektronen-Oszillographen nicht zu hoch.

b) Intensitätssteuerung und Fokussierung. Bei den abgeschmolzenen
Kathodenstrahlröhren ist die Kathode von einer topfförmigen Elek-
trode, dem sog. *Wehnelt-Zylinder* umgeben, der in Emissionsrichtung
eine Öffnung hat, durch die die Kathodenstrahlen hindurchtreten können.
Diese Elektrode dient der Intensitätssteuerung. Gibt man dem Wehnelt-
Zylinder ein Potential, das in ausreichendem Maße stärker negativ ist,

als das der Kathode selbst, so
können die Elektronen die Aus-
trittsöffnung nicht erreichen, da
sie gegen ein negatives Feld an-
laufen müssen. Der Oszillograph
ist *dunkelgesteuert* (Abb. 324).

Hinter dem Wehnelt-Zylinder
liegt die Anode, die ebenfalls
meist rohrförmig gestaltet ist. In
der Nähe des Wehnelt-Zylinders
sind die Äquipotentialflächen
nahezu eben und parallel; durch
den Gradienten des Potential-
feldes erhalten die Kathodenstrahlen die erforderliche hohe
Geschwindigkeit. Durch die Abweichungen des Anfangsfeldes
vom homogenen Verlauf einerseits, durch die verschiedenen
Richtungen, unter denen die
Elektronen von der Kathode zum

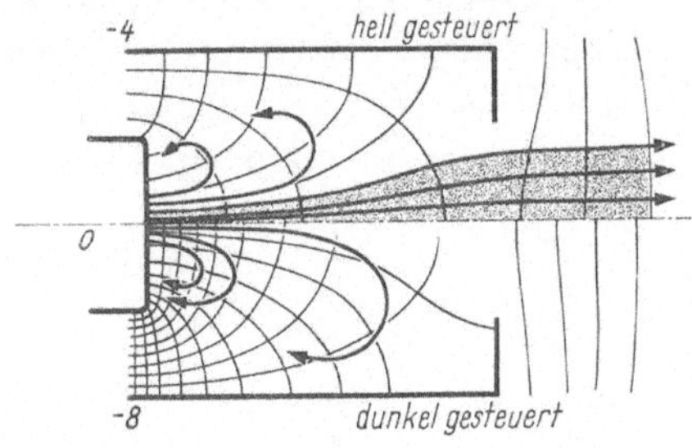

Abb. 324. Dunkelsteuerung einer emittierenden
Kathode (Wehnelt-Zylinder)

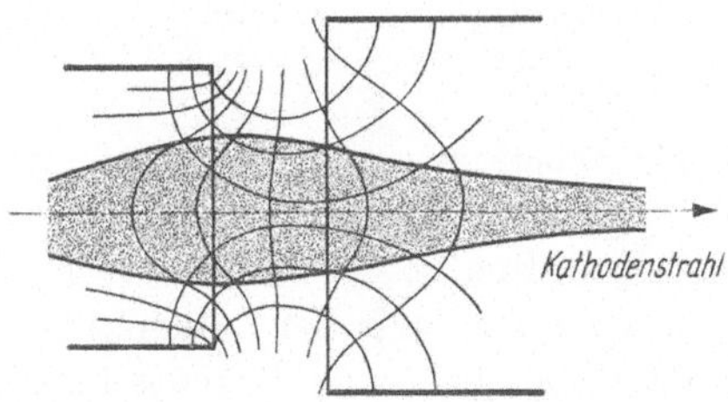

Abb. 325. Elektrostatische Elektronenlinse

Loch im Wehnelt-Zylinder gelangen können, andererseits divergieren
die den Wehnelt-Zylinder verlassenden Elektronen. Sie müssen daher
durch eine *Elektronen-Linse* alle zum selben Bildpunkt des Leucht-
schirmes oder der Photoplatte hingelenkt werden. Das erreicht man
z. B. durch eine Anordnung mehrerer Elektroden, zwischen denen Potentialunterschiede bestehen (Abb. 325). Dadurch entsteht ein rotations-
symmetrisches elektrisches Feld, welches divergierend anlaufende Elektronen ebenso zur Achse hinlenkt, wie Lichtstrahlen durch eine optische
Sammellinse passender Brennweite zu einem Bild vereinigt werden. Die
Stärke des zwischen den Elektroden herrschenden Feldes kann durch
ein Potentiometer eingestellt werden (*Scharfeinstellung*). Im Gegensatz
zu Linsen aus optischen Gläsern kann man daher mit gleichbleibenden
Entfernungen zwischen Bild, Gegenstand und Linse arbeiten, indem
man zur Scharfeinstellung die *Brennweite* ändert.

26*

Bei Hochleistungs-Oszillographen verwendet man als Projektions-linse oftmals magnetische Felder (Abb. 321). In diesen durchlaufen die Elektronen, welche divergierend in das rotationssymmetrische magnetische Feld eintreten, schraubenförmige Bahnen auf Rotationsflächen um die Achse. Sie verlassen dann das Feld konvergierend. Die Wirkung ist bei elektrostatischen und magnetischen Elektronenlinsen dieselbe. Bei den magnetischen Linsen wird jedoch das Bild gegenüber dem Gegenstand gedreht, was beim Oszillographen keine Rolle spielt.

c) Ablenkung. Zur Ablenkung des Elektronenstrahls verwendet man gleichfalls elektrostatische Felder. Es gibt auch Oszillographen mit magnetischer Ablenkung. In diesem Fall oszillographiert man Ströme und nicht die Spannungen. Im Zusammenhang mit rasch verlaufenden Vorgängen interessiert aber fast immer das Spannungsverhalten. Überdies lassen sich zur Ablenkung von Kathodenstrahlen geeignete elektrische Felder mit geringerem Aufwand herstellen als entsprechend genau definierte magnetische Felder.

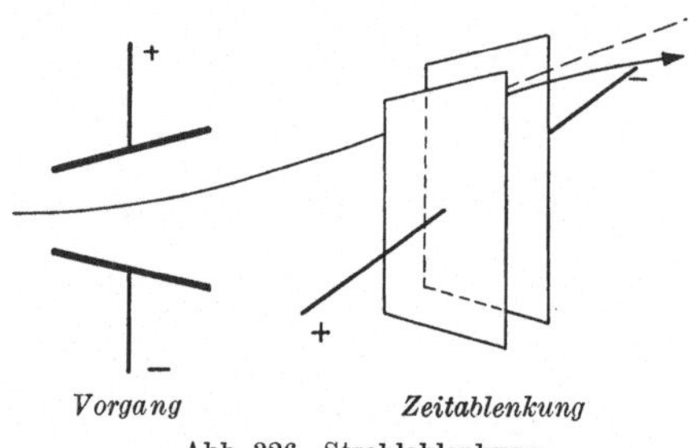

Abb. 326. Strahlablenkung

Jeder Oszillograph besitzt zwei Ablenkungssysteme (Abb. 326). Beide arbeiten gewöhnlich in senkrecht zueinander stehenden Ebenen. Man erhält dann auf dem Leuchtschirm die übliche Darstellung in x, y-Koordinaten. Unter Verwendung elektrischer Drehfelder und rotationssymmetrischer Ablenkplatten sind auch Geräte für Polar-darstellung auf dem Leuchtschirm gebaut worden; ähnliche Geräte verwendet man für Funk-Ortungsmessungen (Radar usw.).

Das näher zur Kathode gelegene y-Plattenpaar wird mit dem Meß-vorgang beaufschlagt, das x-Plattenpaar erhält eine Spannung, deren Verlauf zeitproportional ist; diese führt den Kathodenstrahl in der Meß-zeit mit gleichbleibender Geschwindigkeit von links nach rechts und danach wieder sehr schnell in die Ausgangslage zurück. Während des Rücklaufes wird meistens der Kathodenstrahl durch Einprägen eines negativen Impulses auf den WEHNELT-Zylinder gelöscht.

Um die Spannungsempfindlichkeit der Vorgangsplatten an die Meß-größe anzupassen, verwendet man einstellbare Spannungsteiler bzw. Vorverstärker. An diese Geräte müssen bezüglich Genauigkeit, Phasen-treue usw. sehr hohe Anforderungen gestellt werden, um die Vorteile des Kathodenstrahl-Oszillographen voll ausnutzen zu können.

Für den Meßpraktiker ist wichtig zu wissen, daß durch die Rand-felder der Plattenpaare u. U. Elektronenlinsen gebildet werden, die die Schärfe der Abbildung ungünstig beeinflussen können. Besonders leicht kann das bei unsymmetrischer Potentialverteilung zwischen den Platten und Gehäuse vorkommen. Daher arbeiten viele Oszillographen mit symmetrischen Ablenkspannungen, was wiederum manchmal die Anwendung erschwert, wenn z. B. in Hochspannungsnetzen Spannungen gegen Erde gemessen werden müssen. In solchen Fällen ist es zweckmäßig, die Meßspannung durch einen Eingangsübertrager zu symmetrieren. Dabei muß Wert auf magnetische Abschirmung des Übertragerkernes sowie elektrische Abschirmung beider Wicklungen gelegt werden. Abb. 327 zeigt eine Symmetrierungsschaltung.

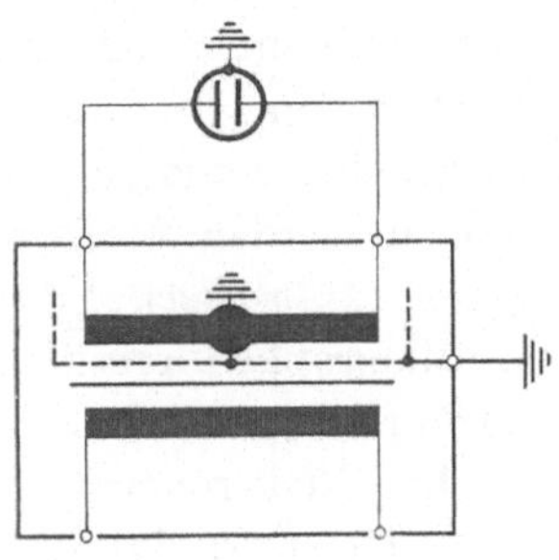

Abb. 327. Symmetrierung durch Übertrager

d) Nachbeschleunigung. Bei abgeschmolzenen Oszillographen gestattet die den Elektronen vom Anfangsfeld an der Kathode mitgeteilte kinetische Energie im allgemeinen nur die Anwendung verhältnismäßig bescheidener Schreibgeschwindigkeiten. Eine Erhöhung der Kathodenspannung setzt die Meßempfindlichkeit herab und führt überdies zu schwierigen Fertigungs- und Betriebsproblemen der Röhre. Man verwendet daher hohe Kathodenspannungen nur bei Hochleistungs-Oszillographen, bei welchen gewöhnlich die Meßspannungen ebenfalls viele kV

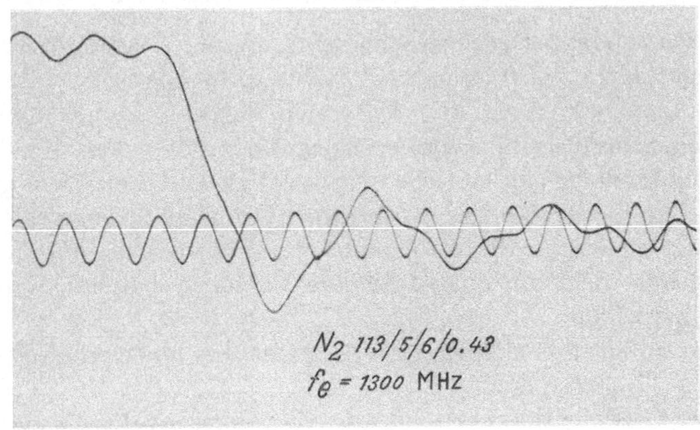

Abb. 328. Oszillogramm eines Funkenüberschlages mit dem Hochleistungs-Oszillograph Abb. 321. Direktschrift im Hochvakuum, einmalige Überschreibung (Hochspannungsgesellschaft Fischer, Köln-Zollstock). Eichfrequenz 1300 MHz, Gesamtdauer der Niederschrift etwa 0,012 μs, maximale Schreibgeschwindigkeit etwa 43000 km/s

betragen. Wie bereits erwähnt, erzielt man bei solchen Geräten hinreichende Schwärzungen trotz sehr kurzzeitiger Beeinflussung der Photoplatte. Abb. 328 zeigt ein Oszillogramm der Spannung an einer

Funkenstrecke während eines Überschlages, welches mit dem in Abb. 321 dargestellten Gerät bei 500 kV Ablenkspannung aufgenommen wurde. Die höchste Schreibgeschwindigkeit des Elektronenstrahles auf der Platte betrug mehr als 40 000 km/s.

Der Oszillograph mit abgeschmolzenem Rohr ist ursprünglich nur zur Aufnahme quasistationärer Vorgänge entwickelt worden; bei solchen kann eine für einmalige Schrift unzulängliche Strahlungsenergie durch das ständige periodische Überschreiben der Schreibspur ausgeglichen werden. Moderne Geräte besitzen jedoch fast immer Einrichtungen zur *einmaligen Ablenkung*. Diese Technik wurde den abgeschmolzenen Oszillographen erstmalig durch Anwendung der Nachbeschleunigung zugänglich gemacht.

Der Elektronenstrahl muß dabei nach Verlassen der Ablenkplatten noch ein Feld durchlaufen, dessen Gradient in Strahlrichtung wirkt. Die Bahn des Elektrons ist hinter dem Ablenksystem natürlich nicht mehr axial. Der radiale Gradient des Nachbeschleunigungsfeldes lenkt jedes schräg einlaufende Elektron zur Achse hin, setzt also die Empfindlichkeit herab. Daher legt man das Nachbeschleunigungsfeld auch unmittelbar vor den Leuchtschirm. Man erreicht das durch Anbringung leitender Beläge auf dem Glaskolben, an welche die Nachbeschleunigungsspannung angelegt wird.

7. Möglichkeiten zur Aufnahme rasch ablaufender Vorgänge

Man verwendet bei oszillographischen Untersuchungen entweder einen stehenden Bildträger (Photoplatte, Leuchtschirm) oder wie bei Registriergeräten einen bewegten Film. Im ersten Fall muß die Zeitablenkung durch den Schreibstrahl selbst erfolgen, im zweiten Fall ist die Zeitauflösung durch die mechanische Geschwindigkeit des Streifens gegeben.

Stehende Bildträger und Aufnahmen mit zeitlich begrenzter Registrierdauer stellen an die Aufnahmetechnik besondere Anforderungen, wenn es sich nicht um quasistationäre Vorgänge handelt. Man unterscheidet zwei Fälle:

a) das aufzunehmende Ereignis gestattet eine rechtzeitige Steuerung des Oszillographen

b) der Oszillograph gestattet die verzögerte Auslösung des aufzunehmenden Ereignisses.

Die Schwierigkeiten liegen darin, den u. U. kurz während Vorgang zeitgerecht zum Start des Schreibstrahles so zu legen, daß der Beginn und ein Stück der *Vorgeschichte* — z. B. der Nullinie — noch sicher erfaßt wird.

Ablaufaufnahmen bieten meist eine größere Sicherheit bezüglich des „Einfangens" des Meßvorganges, so daß man nicht unbedingt elektrische oder mechanische Steuerorgane hoher Präzision benötigt, um das Gerät rechtzeitig zu starten. Schlimmstenfalls muß man mit einem größeren Papierverbrauch rechnen. Verwendet man z. B. die bei Ablaufaufnahmen mit Lichtstrahl-Oszillographen übliche höchste Zeitauflösung von 10 mm/ms, so darf man bei einem Papiervorrat von 30 m sich um nicht mehr als 3 s mit dem Eintritt des aufzunehmenden Ereignisses verschätzen, sonst hat man „den Vorgang nicht drauf". Ein Papierband von 30 m Länge ist in der Dunkelkammer natürlich äußerst unbequem zu verarbeiten. Beim Kathodenstrahl-Oszillographen lassen sich Ablaufkameras infolge des höheren Zeitauflösungsvermögens noch viel schwieriger einsetzen.

Man könnte z. B. den nur von der Vorgangsplatte abgelenkten Strahl, der auf dem Leuchtschirm demnach einen Strich schreibt, mit kontinuierlich laufenden Filmkameras in Mikroschrift aufnehmen. Läßt man eine Filmgeschwindigkeit von 10 m/s zu und verkleinert das Bild 1:20, so erhält man nach Auswahl und Vergrößerung des interessierenden Abschnittes auf Originalgröße eine Zeitauflösung von 20 cm/ms, d. h. 5 μs je mm.

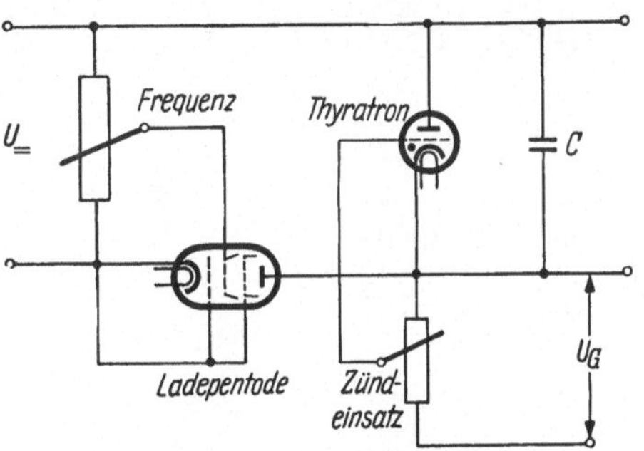

Abb. 329. Kippschwingungs-Generator

Diese Werte reichen für die Vorgänge, die die Anwendung des Elektronenstrahl-Oszillographen erfordern, im allgemeinen noch nicht aus. Es ist daher nicht üblich, bei diesen

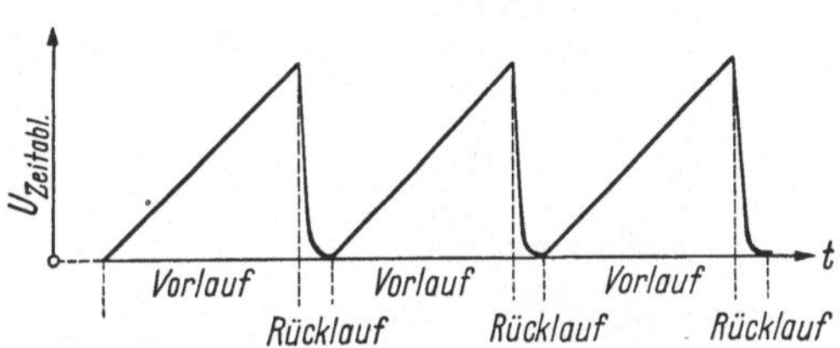

Abb. 330. Zeitlicher Verlauf der Spannung an den Zeitablenkungsplatten (Kippschwingung)

Oszillographen Aufnahmen mit bewegten Registrierstreifen zu machen. Umgekehrt führt die Schwierigkeit, bei Lichtstrahl-Oszillographen die Meßwerke zeitproportional zu bewegen, dahin, Trommel- bzw. Ablaufaufnahmen zu bevorzugen.

In der Oszillographenpraxis kann man die Meßaufgabe bezüglich des zeitlichen Ablaufes der Meßgröße gemäß Tab. 17 in ein Schema einordnen. Je nach der Aufgabe, die zu bearbeiten ist, muß eines der in Tab. 18 erwähnten Zeitablenkverfahren angewendet werden.

Zu der in Tab. 18 unter 1 genannten Aufnahmetechnik ist dem bereits in Abschn. 2 Besprochenen nichts hinzuzufügen. Die unter 2 aufgeführte periodische Zeitablenkung erreicht man beim Lichtstrahl-Oszillographen am einfachsten mit der Trommelkassette; das Oszillogramm wird, wenn erforderlich, mehrfach überschrieben, wobei dann die Trommel mit dem Meßvorgang synchronisiert werden muß.

Tabelle 17. *Anwendungsgebiete des Oszillographen*

Nr.	Vorgang	Oszillogramm	Beispiel
1	unregelmäßig verlaufende Meßgrößen ohne zeitliche Begrenzung		Statistische Meßwertschwankung
2	periodisch verlaufende Meßgrößen		Trapezkurve
3	periodisch verlaufende Meßgrößen mit zeitlich unveränderlichen Details		Rechteckkurve mit Flankenstörungen
4	halbperiodische Meßgrößen mit gesetzmäßig zeitveränderlichen Details		Wechselstrom-Lichtbogenspannung beim Abschaltvorgang
5	einmalig verlaufende Vorgänge mit wenig unterschiedlicher Schreibfleck-Geschwindigkeit		Stoßspannung
6	einmalig verlaufende Vorgänge mit stark unterschiedlicher Schreibfleck-Geschwindigkeit		Stoßspannung mit Funkendurchschlag

Beim Elektronenstrahl-Oszillographen verwendet man zur periodischen Zeitablenkung eine *Kippschaltung*. Ihre Wirkungsweise ist aus dem Schaltungsbeispiel Abb. 329 zu erkennen. Über eine Röhre mit Sättigungscharakter od. dgl. wird ein Kondensator C mit nahezu gleichbleibender Stromstärke aufgeladen. Daher steigt die Spannung linear mit der Zeit an. Nach Erreichen einer fest eingestellten Spannung wird der Kondensator schnell durch ein gasgefülltes, gittergesteuertes Entladungsrohr od. dgl. entladen. Es entsteht dann ein sägezahnähnlicher Verlauf der Spannung (Abb. 330).

Tabelle 18. *Zeitablenkungsverfahren beim Oszillographieren*

Nr.	Aufnahme	Weg-Zeitkurve des Schreibflecks
1	linear zeitlich unbegrenzt	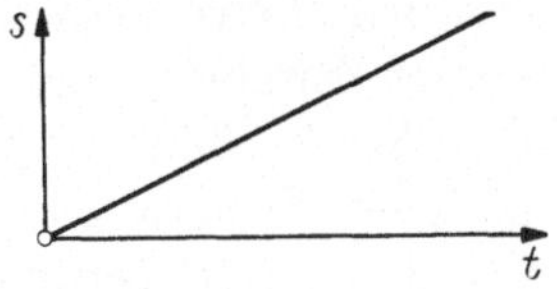
2	linear; periodisch	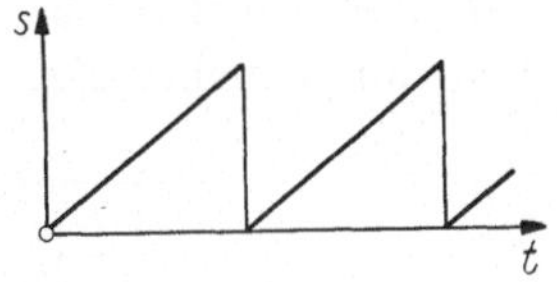
3	linear, periodisch, mit Stillstands-pausen	
4	linear, einmalig, Triggern des Oszillographen (gezielte Aufnahme) t_w: Wartezeit des Vorgangs t_v: Verzögerung des Starts	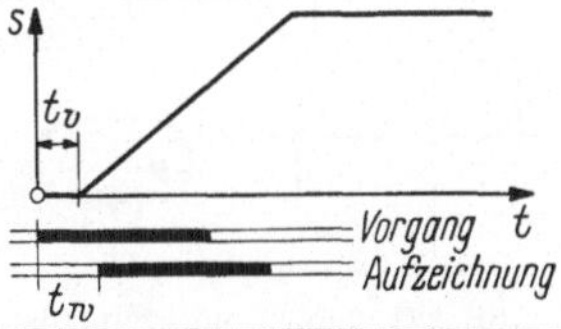
5	linear, einmalig, Triggern des Vorgangs (gesteuerte Aufnahme) t_v: Vorgangsauslösung	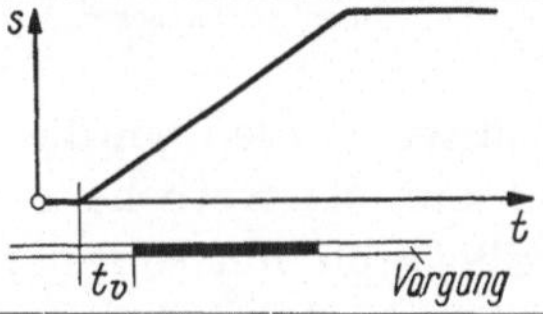
6	nicht linear, einmalig; Zeitauflösung des Anfangs	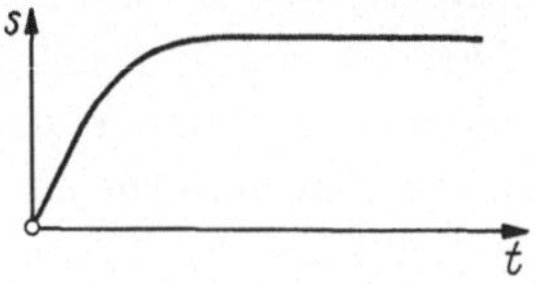
7	nicht linear, einmalig; Zusammendrängung des Anfangs	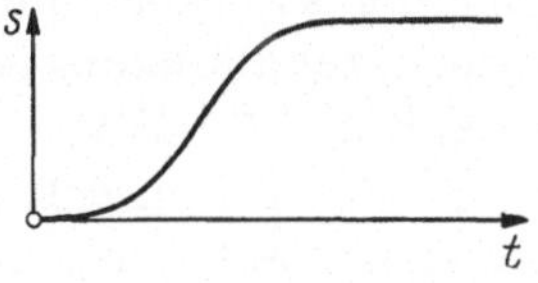
8	periodisch-harmonisch (stehende Bilder Lissajous-Figuren)	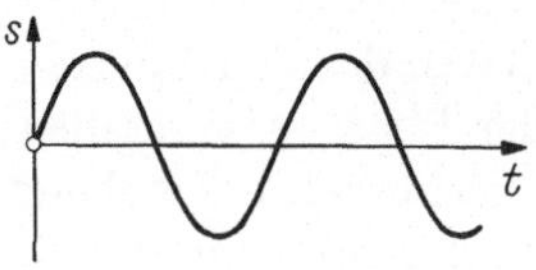

Die Frequenz des Kippvorganges kann man feinstufig durch den Ladestrom und in groben Stufen durch Zu- und Abschalten von Kondensatoren beeinflussen. Oftmals koppelt man das Gitter des Thyratrons lose an den Meßvorgang an. Man kann damit eine strenge Synchronisation der Zeitablenkung mit der Meßgröße und damit ein vollkommen ruhig stehendes Bild des quasistationären Vorganges erzielen. Eine hierfür geeignete Schaltung zeigt Abb. 331.

Um Details im periodischen Ablauf der Meßgröße zu analysieren, kannte man früher nur das Verfahren, Teile des periodischen Vorganges zeitlich durch mehrfaches Überschreiben der zur Verfügung stehenden Registrierlänge aufzulösen. Bei Lichtstrahl-Oszillographen ist die Aufnahmetechnik mit der Trommelkassette ohne weiteres durchzuführen, bei Elektronenstrahl-Oszillographen, indem man die Zeitablenkung mit einem Vielfachen der Meßfrequenz synchronisiert. Es entstehen dann keine „schönen" Bilder, da die uninteressanten Teile des periodischen Vorganges mit derselben hohen Zeitauflösung registriert werden, wie die zu untersuchende Stelle. Derartige Maßnahmen sind nur als Notbehelfe anzusehen. Besonders der Elektronenstrahl-Oszillograph mit seinem hohen Zeitauflösungsvermögen erfordert eine Ergänzung der Aufnahmetechnik.

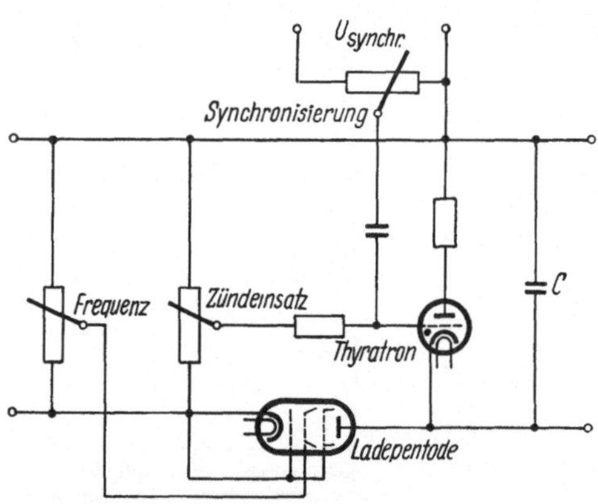

Abb. 331. Synchronisierung der Kippspannung mit dem periodischen Meßvorgang

Diese Forderung soll an einem Beispiel erläutert werden. Es ist die Flankensteilheit einer periodisch verlaufenden Spannung von „rechteckiger" Kurvenform zu überprüfen (Abb. 332 a—d). Ihre Frequenz betrage 100 kHz. Stellt man den Kippkreis z. B. auf 25 kHz ein und synchronisiert, so bekommt man ein stehendes Bild gemäß Abb. 332a. Eine schnellere Zeitablenkung ist ohne weiteres möglich, indem man den Kippkreis z. B. auf 0,1 MHz einstellt und synchronisiert. Es kann sich aber jetzt schon ergeben, daß die interessante Stelle gerade in den Rücklauf des Strahles fällt, der ja dunkelgesteuert ist.

Um dieses zu verhindern, müßte der Kippkreis eine Vorrichtung besitzen, der den Einsatz der Kippschwingung gegenüber der Meßgröße in der Phase zu verstellen gestattet. Mit einer solchen Einrichtung kann mit Sicherheit ein stehendes Bild nach Abb. 332 b erzielt werden. Vergrößert man jetzt die Kippfrequenz auf 0,2 MHz, so ändert sich das

Bild nicht wesentlich; jeder 2. Durchgang des Strahles zeichnet die interessierende Stelle auf, der uninteressante Rücken wird doppelt geschrieben. Wenn der Impuls genau die Länge einer halben Periode hat, kann überdies die absteigende Flanke mit der aufsteigenden Flanke zusammenfallen. Zwar ist die Zeitauflösung doppelt so groß geworden, dürfte aber zu einem genaueren Studium noch nicht ausreichen.

Mit einer Kippfrequenz von 1 MHz am Zeitkreis wird zwar der Vorgang bereits auf das 10fache gedehnt, dafür wird aber die Intensität der häufiger überschriebenen uninteressanten Abschnitte viel stärker als die der interessanten (Abb. 332d). Es treten jetzt bereits phototechnische Schwierigkeiten auf, indem die beiden horizontal verlaufenden Äste das Oszillogramm erheblich überstrahlen. Aufnahmen mit 10 MHz Kippfrequenz wie sie vielleicht nötig wären, um die Flanke eines 100 kHz-Impulses „aufzulösen", sind in dieser Weise praktisch undurchführbar.

Es kommt also darauf an, alle 10^{-5} s den Zeitablenkungsplatten eine zeitproportionale Spannung zuzuführen, die den Strahl in 10^{-7} s von der linken in die rechte Endlage führt. Ferner muß erreicht werden, daß während 99% der Periode von 10^{-5} s der Kathodenstrahl dunkel gesteuert ist, weil sich sonst bei $t = 0$ ein alles überstrahlender Lichtfleck bilden würde. Das ergibt mehrere Forderungen an den Zeitkreis:

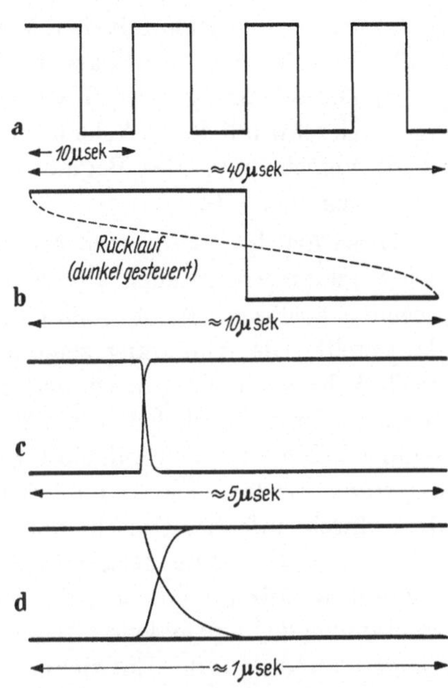

Abb. 332a—d. Zuordnung der Zeitablenkung zum periodischen Vorgang: Auslösen (Triggern) der Zeitkippspannung während des gesamten Vorganges

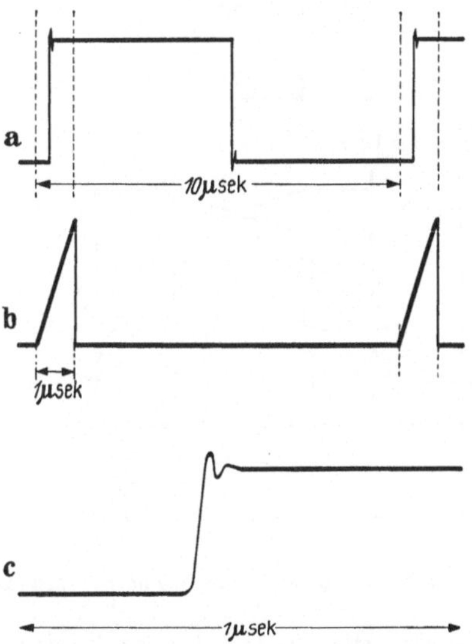

Abb. 333a—c. Zuordnung der Zeitablenkung zum periodischen Vorgang: Auslösen der Zeitkippspannung während eines Teiles des periodischen Vorganges (vgl. Abb. 332a—d)

a) Synchronisation mit dem Vorgang ($T_1 = 10^{-5}$ s)

b) Verschiebung der Phase des Zeitbeginns relativ zum Vorgang

c) Zeitablenkung des Kathodenstrahles mit einer einstellbaren Geschwindigkeit (Ablenkzeit $T_2 \ll T_1$)

d) Verschiebung des Beginns der Zeitablenkung relativ zum Zeitbeginn $t = 0$.

Diese Art der verzögerten Auslösung bezeichnet man mit einem aus der anglo-amerikanischen Praxis stammenden Ausdruck *Triggern* (to trigger = auslösen). In Abb. 333 a—c ist diese Zeitzuordnung schematisch dargestellt. Die Abbildung zeigt auch Oszillogramme eines periodisch wiederkehrenden Vorganges und zwar Abb. 333a den Gesamtablauf (Periode der Wiederkehr) Abb. 333c die *getriggerte* Aufnahme. Der Abschnitt welcher zeitlich aufgelöst werden soll, kann meist schon vorher *angewählt* werden. Die Darstellung im gedehnten Zeitmaßstab erfolgt dann durch einfaches Umschalten.

Die zur Auslösung geeignete Schaltung arbeitet als elektronisches Kipprelais. Für sie hat sich der gleichfalls der amerikanischen Praxis entstammende, lautmalende Ausdruck *flip-flop-Schaltung* eingebürgert. Sie geht auf die aus der Entwicklung des Kathodenstrahl-Oszillographen, die zuerst in Deutschland in den Jahren 1928/29 (ROGOWSKI, MATTHIAS) erfolgte, bekannte Kippschaltung nach GABOR zurück.

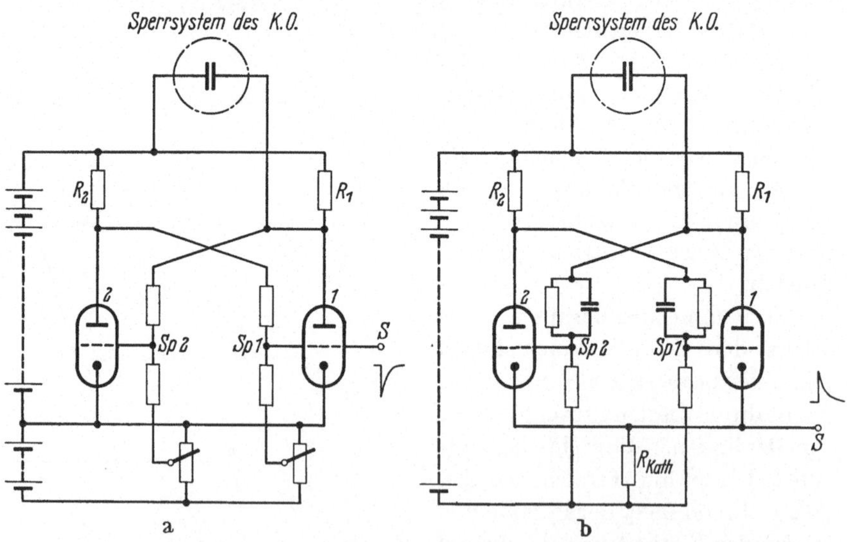

Abb. 334a u. b. Kippschaltung nach GABOR (Multivibrator, flip-flop). a) bistabil; b) monostabil

Die Schaltung ist in Abb. 334a u. b dargestellt; sie wirkt wie folgt: Das Gitter der Röhre *1* ist so gesteuert, daß ein ständiger Anodenstrom fließt, der an dem Widerstand R_1 einen Spannungsabfall hervorruft. Der zwischen der Anode von *1* und der gemeinsamen Minusleitung geschaltete Spannungsteiler *Sp 2* beaufschlagt das Gitter der Röhre *2* mit negativer Spannung, sperrt also die Röhre. Läuft auf das Gitter von *1* ein negativer Impuls hinreichender Höhe auf, so sperrt die Röhre *1*, und der Spannungsabfall an R_1 verschwindet. Damit wird die Röhre *2* geöffnet, und es tritt nunmehr ein Spannungsabfall an seinem Anodenwiderstand R_2 auf, der über einen zweiten Spannungsteiler das Gitter der Röhre *1* ständig auf negativem Potential hält. Der Betrieb ist also von der Röhre *1* auf die Röhre *2* „gekippt". Die Zeitdauer des Umschaltvorganges hängt nur von den Schaltungs-Zeitkonstanten ab, die sich sehr klein halten lassen.

Der Ausgangszustand kann entweder durch eine *RC*-Schaltung oder durch einen zweiten, negativen Impuls auf das Gitter der Röhre *2* hergestellt werden. Die erste Möglichkeit ist weniger aufwendig und entspricht der Praxis besser, welche ja eine weitgehend vom Beginn der Zeitauslösung unabhängige Einstellung der Zeitablenkungsdauer benötigt.

Handelt es sich gemäß Tab. 17 um einmalig ablaufende Vorgänge, so muß entweder das Verfahren 4 oder 5 aus Tab. 18 angewendet werden. Die Schwierigkeiten dieser Aufnahmetechnik sind genau die gleichen, wie bereits in Kap. XI, 2 bei den Registriergeräten besprochen. Läßt sich der Meßvorgang beliebig auslösen (Verfahren 5, Tab. 18), so verwendet man z. B. einen vom elektronischen Kipprelais abgeleiteten Impuls; er muß sich *triggern*, d. h. in eine passende Zeitrelation zum Start des Schreibstrahles in Zeitrichtung bringen

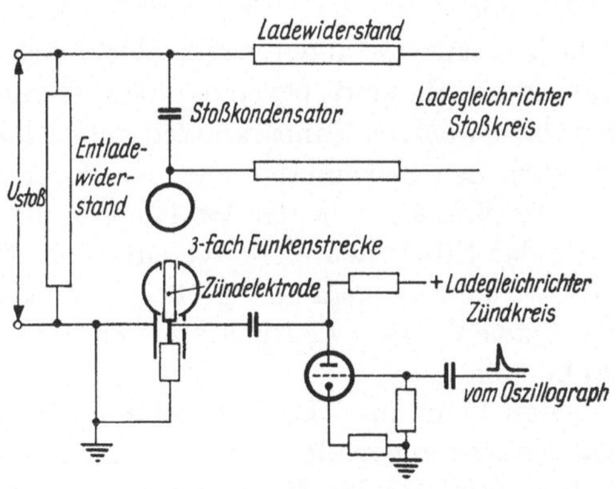

Abb. 335. Auslösen (Triggern) des Vorganges vom Oszillographen (schematisch)

lassen. Abb. 335 zeigt schematisch eine Einrichtung, mit der vom Oszillographen eine Hochspannungs-Meßanlage zeitgerecht „gezündet" werden kann. Der Zeitkreis des Oszillographen wird von Hand einmalig gestartet. Mit einer einstellbaren Verzögerung tritt an dem Gitter ein positiver Impuls von etwa 100 V auf. Dieser wird zur Freigabe der Hochspannungsröhre benutzt, die ihrerseits einen Spannungsstoß zwischen der Zündelektrode und der geerdeten Kugel einer 3fach-Funkenstrecke erzeugt. Der hierdurch stattfindende Überschlag zündet eine Entladung des Hauptkreises und leitet damit den Stoßvorgang ein, welcher dann vom Kathodenstrahl zeitgerecht registriert wird. Man erhält demnach ein Oszillogramm mit einem Stückchen *Nullinie*. Für Verzögerungszeiten zwischen etwa 0,5 und 10μs ist diese Schaltung gut geeignet. Da die Aufbauzeiten der Entladungen in den Funkenstrecken etwas streuen, hat man eine gewisse Unsicherheit beim zeitlichen Einsatz des Meßvorganges in Kauf zu nehmen. Daher können keine beliebig hohen Zeitauflösungen in dieser Schaltung angewendet werden, um z. B. Details von Funkendurchbrüchen in der Front von Meßspannungswellen zu studieren. Gleichfalls ist von der Einstellung großer Zeitverzögerungen mit anschließenden zeitlich hochaufgelösten Oszillogrammen abzuraten, wenn nicht exakt arbeitende Verzögerungsglieder zur Verfügung stehen. Es machen sich dann Streuungen unangenehm bemerkbar, die z. B. durch Änderungen von Kapazität und Widerstand in RC-Schaltungen mit der Temperatur hervorgerufen werden. Es passiert dann leicht, daß die Auslösung des Oszillographen und sein Schreibintervall *zu früh* oder *zu spät* kommen.

Sind die Meßvorgänge nicht willkürlich auszulösen, so muß man sich wie bei den Störungsschnellschreibern bemühen, dem Oszillographen ein *Gedächtnis* zu geben, um den Vorgang unverkürzt, nach Möglichkeit noch mit einem Stück Vorgeschichte aufzeichnen zu können. Die zu überbrückende Zeitdauer richtet sich nach der Trägheit der Schreibbereitschaft einerseits, andererseits aber auch nach der Zeitdauer des Vorganges; z. B. sind bei modernen Oszillographen Verzögerungen bis herab zu wenigen Nanosekunden ausreichend, um auf dem Oszillogramm deutlich den Zeitpunkt $t = 0$ identifizieren zu können.

Für Vorgänge in der Größenordnung von 10^{-5} s Dauer schrumpft aber das Stückchen Vorgeschichte von etwa $t = 5 \cdot 10^{-9}$ s praktisch zu Null zusammen; man muß größere Verzögerungszeiten anwenden; um bei $t = 0$ den Vorgang deutlich von der ereignislosen Vorgeschichte trennen zu können.

Man kann nun die Aufzeichnung des Vorganges um eine der Vorgangsdauer angepaßte Zeit verzögern. Zur Durchführung dieser Maßnahme muß für den Meßvorgang ein „Wartesaal" eingerichtet werden. Hierzu verwendet man sog. Laufzeitketten oder Wanderwellenleitungen. Bei den letzten nutzt man die Tatsache aus, daß die Fortpflanzungsgeschwindigkeit elektromagnetischer Vorgänge auf einer Leitung im allgemeinen von der Lichtgeschwindigkeit im Vakuum verschieden ist. Bei verlustlosen Leitungen ergibt sich

$$\boxed{v = \frac{1}{\sqrt{\mu\varepsilon}} \cdot c} \tag{393}$$

wobei ε die relative Dielektrizitätskonstante und μ die relative Permeabilität des Feldraumes darstellt. Bei Kabeln kann man $\mu = 1$ und $\varepsilon \approx 4$ setzen, so daß die Fortpflanzungsgeschwindigkeit ungefähr die

Hälfte der Lichtgeschwindigkeit im Vakuum, nämlich $v = 150\,000$ km s^{-1} oder 150 m/μs ist.

Zum zweiten wendet man die Tatsache an, daß die Fortpflanzung elektromagnetischer Energie einen Ausbreitungswiderstand erfährt, der mit dem Aufbau des Feldes am Kopf der „Welle" zusammenhängt. Diese jeder Leitung eigentümliche Größe heißt *Wanderwellen-Widerstand*. Er ist nicht etwa wie R_{Cu} von der Länge der Leitung abhängig, sondern hängt vielmehr nur von ihrem Aufbau ab. Er ergibt sich bei verlustlosen Leitungen zu

$$Z = \sqrt{\frac{L_0}{C_0}} \qquad (394)$$

Für ein verlustloses konzentrisches Kabel, in dem die Ströme auf den zueinander zugekehrten Oberflächen von Kabelseele und -mantel fließen, ist die Induktivität

$$L_0 = \frac{\mu_0}{2\pi} \ln \frac{D}{d} \quad H\,\mathrm{cm}^{-1} \qquad (395)$$

Die Kapazität beträgt

$$C_0 = \frac{2\pi\,\varepsilon_0}{\ln \dfrac{D}{d}} \quad F\,\mathrm{cm}^{-1} \qquad (396)$$

Danach wird

$$Z = \sqrt{\frac{\mu_0}{\varepsilon_0}}\; \frac{1}{\sqrt{\varepsilon}}\; \frac{\ln \dfrac{D}{d}}{2\pi} \quad \Omega$$

Hierin ist

$$Z_0 = \sqrt{\frac{\mu_0}{\varepsilon_0}} = \mu_0 \cdot c \quad \Omega \qquad (394\,\mathrm{a})$$

der von der Induktionskonstanten $\mu_0 = 4\,\pi \cdot 10^{-9}\ \Omega$ s/cm[1] abhängige Ausbreitungswiderstand des leeren Raumes

$$Z_0 = 4\pi \cdot 10^{-9} \cdot 3 \cdot 10^{10} = 377\ \Omega$$

Für ein Kabel mit $D = 8$ mm, $d = 1{,}5$ mm und einer mittleren Dielektrizitätskonstante von $\varepsilon = 4$ wird demnach

$$Z = 377 \cdot \frac{1}{2} \cdot \frac{\ln 5{,}33}{2\pi}$$

$$\approx 50\ \Omega$$

Schließt man am Ende zwischen Kabelseele und Kabelmantel einen Verlustwiderstand von der gleichen Größe an, so wird die Energie der vorlaufenden Welle reflexionsfrei in Wärme umgesetzt. Dabei erfolgt

---

[1] vgl. Kap. I, S. 16 Gl. (29).

der zeitliche Ablauf der Spannung am Kabelende genau so wie am Anfang der Leitung, nur daß zwischen dem Auftreten der Spannungen am Anfang und Ende ein von der Länge des Kabels abhängiger Zeitunterschied besteht.

Die Schaltung einer Meßanordnung mit Verzögerungskabel zeigt Abb. 336. Es ist zweierlei zu beachten:

a) das Kabel muß an den Enden mit einem induktionslosen Widerstand $R_2 = Z$ abgeschlossen werden.

b) Der Spannungsteiler, bestehend aus dem Vorwiderstand R_1 und dem Kabel nebst Abschlußwiderstand muß frequenzunabhängig sein.

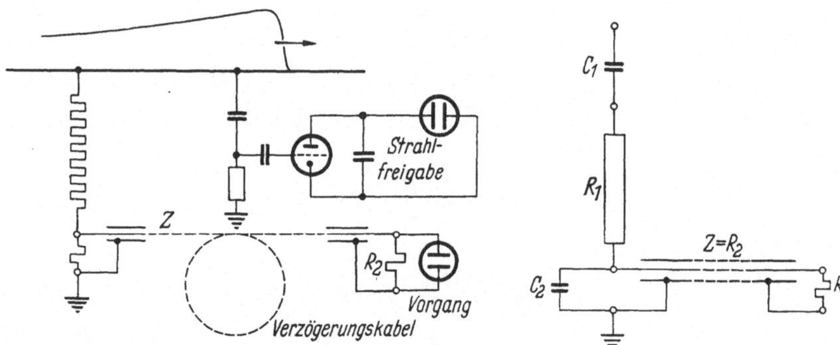

Abb. 336. Auslösen (Triggern) des Oszillographen vom Vorgang: Ausgleich des Startverzuges durch Verzögerungskabel im Meßkreis

Abb. 337. Gemischter Spannungsteiler zur betriebssicheren Trennung der Hochspannung vom Meßkreis

Natürlich darf das Kabel auch nicht den Meßvorgang *verzerren*. Dagegen schadet eine *Dämpfung* des Kabels wenig, da sie nur die Meßempfindlichkeit etwas herabsetzt. Diese Begriffe sind streng auseinander zu halten; z. B. sind gewöhnliche Starkstrom-Hochspannungsleitungen zwar dämpfungsarm, d. h. haben geringe Verluste, dagegen durchaus nicht verzerrungsfrei!

Manchmal möchte man keinen Spannungsteiler aus Verlustwiderständen verwenden; z. B. ist das beim Oszillographieren in Hochspannungsnetzen aus Sicherheitsgründen nicht ratsam. In diesen Fällen wählt man häufig eine gemischt kapazitiv-ohmsche Spannungsteilerschaltung (Abb. 337). Der Eingangskondensator C_1 trennt die gefährliche Netzspannung von der Versuchsschaltung und begrenzt bei Überschlägen in derselben den Fehlerstrom auf die Größe des Ladestromes von C_1. Als Eingangskondensatoren eignen sich z. B. Hochspannungs-Durchführungen mit Meßbelägen, Kopplungskondensatoren für Hochfrequenztelefonie und kapazitive Spannungswandler.

Nachteilig ist, daß der gemischte Spannungsteiler frequenzabhängig ist. Jedoch muß für eine bestimmte Frequenz gemäß Abb. 338 Phasentreue zu erreichen sein.

Bezeichnet man mit

$$\ddot{u} = \frac{\mathfrak{z}_1 + \mathfrak{z}_2}{\mathfrak{z}_2} = 1 + \frac{\mathfrak{z}_1}{\mathfrak{z}_2} \tag{397}$$

das komplexe Spannungsteilerverhältnis, so liegt nahe, dieses Verhältnis mit dem Teilerverhältnis einer phasengetreuen Schaltung zu vergleichen; dieses möge den Wert $\ddot{u}_0$ haben. Dann ergibt sich der komplexe Fehler der Schaltung zu

$$f_r + j\, f_i = \frac{\ddot{u}}{\ddot{u}_0} - 1 \tag{398}$$

Nun ist

$$\mathfrak{z}_1 = R_1 + \frac{1}{j\,\omega\,C_1} = \frac{1}{j\,\omega\,C_1}\,(1 + j\,\omega\,C_1\,R_1)$$

und

$$\mathfrak{z}_2 = \frac{\dfrac{1}{j\,\omega\,C_2}\,R_2}{\dfrac{1}{j\,\omega\,C_2} + R_2} = \frac{1}{j\,\omega\,C_2}\,\frac{1}{1 + \dfrac{1}{j\,\omega\,C_2\,R_2}}$$

also

$$\frac{\mathfrak{z}_1}{\mathfrak{z}_2} = \frac{C_2}{C_1}\,(1 + j\,\omega\,C_1\,R_1)\left(1 + \frac{1}{j\,\omega\,C_2\,R_2}\right)$$

$$= \frac{C_2}{C_1}\left[1 + \frac{C_1\,R_1}{C_2\,R_2} + j\left(\omega\,C_1\,R_1 - \frac{1}{\omega\,C_2\,R_2}\right)\right]$$

Demnach wird

$$f_r + j\, f_i = \frac{1}{\ddot{u}_0}\left[1 + \frac{C_2}{C_1}\left(1 + \frac{C_1\,R_1}{C_2\,R_2}\right) - \ddot{u}_0 + j\,\frac{C_2}{C_1}\left(\omega\,C_1\,R_1 - \frac{1}{\omega\,C_2\,R_2}\right)\right] \tag{399}$$

Hieraus ergibt sich zweierlei:

a) Das Spannungsteilerverhältnis besitzt eine frequenzabhängige imaginäre Fehlerkomponente, die für eine bestimmte Frequenz verschwindet, nämlich wenn

$$\omega\,C_1\,R_1 = \frac{1}{\omega\,C_2\,R_2}$$

wird (Abb. 338).

b) Der reelle Anteil des Fehlers kann durch passende Wahl der Schaltungsgrößen beseitigt werden.

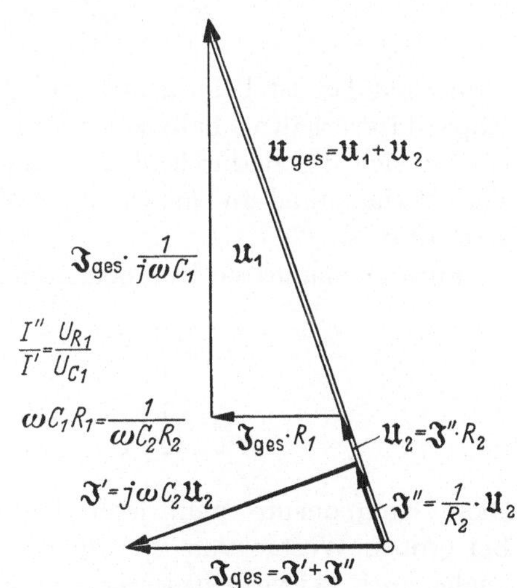

Abb. 338. Diagramm des gemischten Spannungsteilers für $\omega^2 = 1/C_1\,R_1\,C_2\,R_2$

Für den häufig gewählten Sonderfall

$$C_1 R_1 = C_2 R_2$$

sollen die Eigenschaften des Spannungsteilers weiter untersucht werden. Dann wird

$$f_r = \frac{1}{\ddot{u}_0}\left(1 + 2\frac{C_2}{C_1} - \ddot{u}_0\right) \tag{400}$$

und, wenn zur Abkürzung

$$C_1 R_1 = C_2 R_2 = \frac{1}{\omega_0}$$

gesetzt wird

$$f_i = \frac{1}{\ddot{u}_0}\cdot\frac{C_2}{C_1}\left(\frac{\omega}{\omega_0} - \frac{\omega_0}{\omega}\right) \tag{401}$$

Das Kapazitätsverhältnis muß dann so gewählt werden, daß

$$1 + 2\frac{C_2}{C_1} - \ddot{u}_0 = 0$$

wird, d. h.

$$\boxed{\frac{C_2}{C_1} = \frac{1}{2}(\ddot{u}_0 - 1)} \tag{402}$$

Dieses Ergebnis ist überraschend, denn der rein kapazitive Spannungsteiler erfordert für das Übersetzungsverhältnis $\ddot{u}_0$ ein Kapazitätsverhältnis gemäß

$$\ddot{u}_{0C} = 1 + \frac{C_2}{C_1}$$

$$\frac{C_2}{C_1} = \ddot{u}_{0C} - 1 \tag{403}$$

Demgegenüber ist beim gemischten Spannungsteiler $R_1 C_1 = R_2 C_2$ das Kapazitätsverhältnis halb so groß zu machen! Bei näherer Betrachtung erklärt sich das dadurch, daß im Zweig 1 dem Kondensator noch ein Verlustwiderstand in *Reihe*, im Zweig 2 ein entsprechender parallelgeschaltet ist.

Für die imaginären Komponenten des Fehlers ergibt sich dann

$$f_i = \frac{1}{\ddot{u}_0}\cdot\frac{1}{2}(\ddot{u}_0 - 1)\left(\frac{\omega}{\omega_0} - \frac{\omega_0}{\omega}\right)$$

$$f_i = \frac{1}{2}\left(\frac{\omega}{\omega_0} - \frac{\omega_0}{\omega}\right)\left(1 - \frac{1}{\ddot{u}_0}\right) \tag{404}$$

Diese Komponente stellt jetzt den Gesamtfehler der Schaltung dar. Bei großen Werten von $\ddot{u}_0$, wie sie meistens benötigt werden, ist der Fehler auch bei verhältnismäßig geringfügigen Abweichungen des Verhältnisses $\omega:\omega_0$ vom Wert Eins beträchtlich. Ist $\omega + \Delta\omega = \omega_0$, so wird nämlich bei hinreichend kleinen Abweichungen

$$
\begin{aligned}
f_i &= \frac{1}{2}\left(\frac{\omega_0 - \Delta\omega}{\omega_0} - \frac{\omega_0}{\omega_0 - \Delta\omega}\right)\left(1 - \frac{1}{\ddot{u}_0}\right) \\
&= \frac{1}{2}\left(1 - \frac{\Delta\omega}{\omega_0} - \frac{1}{1 - \dfrac{\Delta\omega}{\omega_0}}\right)\left(1 - \frac{1}{\ddot{u}_0}\right). \\
&\approx -\frac{\Delta\omega}{\omega_0}\left(1 - \frac{1}{\ddot{u}_0}\right)
\end{aligned}
\tag{405}
$$

Der Fehler ist der Frequenzabweichung proportional.

Dieser Nachteil ist unvermeidlich, wenn auf die kapazitive Ankopplung aus betrieblichen Gründen nicht verzichtet werden soll, und ein Verzögerungskabel verwendet werden muß. Eine fehlerfreie Messung ist wegen des Wanderwellen-Verhaltens des Meßkabels grundsätzlich nur bei Anwendung eines ohmschen Spannungsteilers möglich. Diese Einschränkung ist bei Anwendung der Schaltung Abb. 336 nach Tab. 18, Nr. 4 zu beachten.

XII. Untersuchungen an anzeigenden Meßinstrumenten

Lehrziel: Wirkungsweise elektrischer Meßinstrumente und ihre Beeinflussung durch Störgrößen. Beurteilung der Meßgeräte nach VDE 0410

1. Aufbau und Klassifizierung von Meßgeräten

Ein Meßgerät enthält nach VDE 0410[1] alles, was zur Erfassung der Meßgröße dient, also auch das gesamte Zubehör, während man im Sinne der Regeln vom anzeigenden Gerät selbst als vom *Meßinstrument* zu sprechen hat. Diese Begriffe werden aber in der Praxis oftmals nicht sehr streng auseinander gehalten.

Der wesentlichste Teil des Meßinstrumentes ist das *Meßwerk*. Es dient der Erzeugung der Anzeige. Im Meßwerk werden physikalische Gesetze wirksam, von denen einige eine beabsichtigte, andere eine unbeabsichtigte und daher störende Wirkung haben. So kann z. B. bei Drehspulgeräten (vgl. Kap. III) das Erdfeld „stören", wenn das Instrument in verschiedenen Lagen zum magnetischen Meridian gebraucht werden soll. Die unerwünschten Störeinflüsse einerseits, die Unvollkommenheiten der Fertigung, Konstruktion usw. andererseits verursachen den Fehler. Dieser darf ein bestimmtes Maß nicht überschreiten. Für die

---

[1] Diesem Kapitel liegt die Fassung der VDE-Vorschrift 0410 vom Jan. 53 zugrunde, nach der noch die meisten, z. Z. im Betrieb befindlichen Instrumente gebaut sind. Dem Leser wird das Studium der neuesten Fassung vom Okt. 59 empfohlen, die in einigen Punkten von der alten Fassung abweicht.

zugelassene Toleranz ist nach VDE 0410 der Begriff der *Klasse* kennzeichnend. Man unterscheidet:

a) Feinmeßgeräte: Klasse 0,1 0,2 0,5

b) Betriebsmeßgeräte: Klasse 1 1,5 2,5 5

wobei die Klassenbezeichnung angibt, um wieviel die Anzeige in Prozenten des Meßbereich-*Endwertes* vom Sollwert abweichen darf.

Grundsätzlich hat man beim Entwurf eines Meßwerkes zunächst zu unterscheiden, ob der Meßwert eine meßwertabhängige Stellung des *beweglichen Organes* oder eine ständige Bewegung desselben verlangt. Im letzten Fall muß es sich um richtkraftlose, „zählende" Meßinstrumente handeln. Obgleich auch Zähler ihren *Meßwert*, nämlich das bestimmte Integral der Meßgröße über der Zeit, anzeigen, sollen sie von solchen mit einem stationären Ausschlag, den *anzeigenden* Meßinstrumenten im engeren Sinn, unterschieden werden. Das vorliegende Kapitel befaßt sich ausschließlich mit anzeigenden Meßinstrumenten; der Zähler wird in Kap. XIII gesondert beschrieben.

Anzeigende Geräte besitzen meistens eine elastische Rückführkraft, welche bewirkt, daß das bewegliche Organ im unerregten Zustand eine eindeutige Ruhelage einnimmt. Hierfür gibt Abb. 339 a ein Beispiel aus der Mechanik: über eine kreiszylindrische Rolle ist ein Band gelegt, an welchem ein Gewicht G wirkt. Das entstehende Drehmoment spannt eine Spiralfeder F solange, bis Gleichgewicht herrscht:

$$D \cdot \alpha = G \cdot r$$

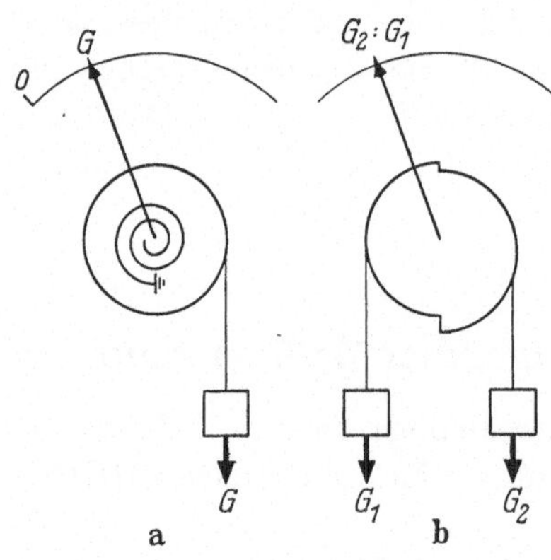

Abb. 339a u. b. Mechanisches Analogon für ein Meßwerk mit Richtkraft a) und für richtkraftlose Quotientenmesser b)

Dann ist der Drehwinkel α ein Maß für das Gewicht. Es handelt sich bei dieser Einrichtung offenbar um das Prinzip der Sackwaage.

Es gibt aber auch Geräte ohne elastische Richtkraft. Das mechanische Prinzip eines solchen veranschaulicht Abb. 339b. Eine zweiteilige, leicht drehbar gelagerte Rolle R besteht zur einen Hälfte aus einem Halbzylinder, auf dem ein Band abrollt, an welchem das Gewicht G_1 hängt. Die zweite Hälfte der Rolle ist nach einer Kurve geformt; das an ihr befestigte Band trägt das Gewicht G_2. Ohne angehängte Gewichte herrscht bei der ausgewuchteten Rolle indifferentes Gleichgewicht. Unter Einwirkung beider Gewichte nimmt das Meßwerk eine stabile

Lage ein, für welche

$$G_1 \cdot r_1 = G_2 \cdot r_2$$

gilt. r_2 ist nun eine Funktion des Drehwinkels α; das Meßwerk zeigt mit

$$G_1 : G_2 = f(\alpha)$$

den *Quotienten* der Meßwerte an. Solche Instrumente heißen daher *Quotientenmesser*. Für sie sind stets zwei Konstruktionsmerkmale kennzeichnend: die Abhängigkeit mindestens einer der beiden Meßmomente

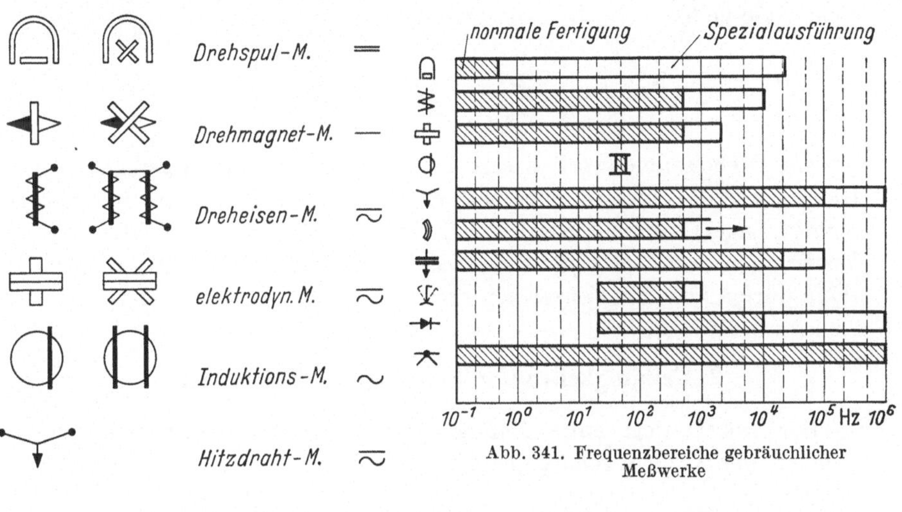

Abb. 341. Frequenzbereiche gebräuchlicher
Meßwerke

Abb. 340. Kennzeichnung und Verwendbarkeit der Meßwerke (VDE)
1. Spalte: Meßwerk mit Richtkraft;
2. Spalte: Meßwerk ohne Richtkraft (Quotienten-Meßwerk); 3. Spalte: Benennung; 4. Spalte: Verwendbarkeit zur Anzeige von Gleichstrom- (—) bzw. Wechselstrom- (~) Größen

nicht nur von der Meßgröße, sondern auch von der Lage des beweglichen Organes und das indifferente Gleichgewicht im unerregten Zustand, d. h. das Fehlen einer mechanischen Richtkraft.

Die Meßinstrumente werden nach der Art ihres Meßwerkes benannt. Eine Übersicht über die gebräuchlichsten Ausführungsarten zeigt Abb. 340. Diese enthält die Benennung nach VDE 0410, ferner das Symbol in der Ausführung als normales Instrument mit elastischer Rückführkraft und als richtkraftloser Quotientenmesser, ferner eine Angabe über die Anwendungsmöglichkeit. Hierbei bedeuten:

=: nur für Gleichstrom geeignet
~: nur für Wechselstrom geeignet
≈: für beide Stromarten geeignet

Unter Gleich- bzw. Wechselstrom ist hierbei allerdings nur die in der

Starkstromtechnik übliche, landläufige Kennzeichnung dieser Stromarten zu verstehen. Eine umfassendere Angabe bezüglich der anwendbaren Frequenzen ist in Abb. 341 enthalten. Der für Drehspulgeräte eingetragene Frequenzbereich kennzeichnet die Anwendbarkeit dieser Meßwerktype als Augenblickswertmesser (Schleifen-Oszillograph) während die anderen Meßwerke als Effektivwertmesser arbeiten.

Auf dem Skalenträger eines Meßinstrumentes sollte neben der Einheit der Meßgröße, Herstellerzeichen usw. noch Meßwerksymbol, Prüfspannungszeichen, Klassenzeichen, Stromartzeichen und Lagezeichen stehen. So gelten z. B. die Aufschriften

für ein Dreheisenmeßwerk Klasse 1,5, welches sich für Messungen bei Gleich- und Wechselstrom eignet, mit 2 kV geprüft ist und in senkrechter Lage gebraucht werden soll. Instrumente, die nicht allen Anforderungen der *Regeln für elektrische Meßgeräte* (VDE 0410) entsprechen, dürfen kein Klassenzeichen erhalten[1].

2. Genauigkeitsanforderungen und Toleranzen

Der Anzeigewert eines Meßinstrumentes unterscheidet sich vom Sollwert der Anzeige gemäß der Definition

$$\text{Falsch} - \text{Richtig} = \text{Fehler}$$

bzw.

$$\text{Anzeige} - \text{Sollwert} = \text{Fehler}$$

Der negative Wert des Fehlers ist die Korrektion:

$$\text{Anzeige} + \text{Korrektion} = \text{Sollwert}$$

Zur Beurteilung eines Meßgerätes dürfen die sog. *subjektiven* Fehler der Ablesung nicht herangezogen werden. Diese sollten stets nur zufälliger Natur sein, anderenfalls man sonst voraussetzen müßte, daß der Benutzer absichtlich oder — z. B. durch Nichtberücksichtigung notwendiger Korrekturen, unzulässige Außerachtlassung von Ablesungsvorschriften — unabsichtlich die Ablesung fälscht. Zufällige Fehler können bei jeder Ablesung vorkommen; sie gehorchen statistischen Gesetzen. Ihr Einfluß auf das Meßergebnis kann abgeschätzt werden (vgl. Kap. II).

Objektive, d. h. in der Konstruktion des Gerätes oder in der Meßschaltung begründete Fehler können zwar auch zufälliger Natur sein.

---

[1] vgl. Fußnote 1 S. 419.

Besonders zu fürchten sind aber die systematischen Fehler, die nicht ohne weiteres erkannt werden können. Denn dann wird man bei einer häufigeren Wiederholung der Messung durch eine u. U. befriedigende Reproduzierbarkeit der Ablesungen verleitet, dem Ergebnis zu trauen, obgleich jede Einzelablesung in gleicher Weise gefälscht sein kann. In der Kunst, systematische Einflüsse zu beurteilen, unterscheidet sich der erfahrene Meßtechniker vom unerfahrenen.

Bei der Prüfung eines Meßgerätes beurteilt man allgemein

a) den Anzeigefehler

und gesondert den Einfluß folgender Störmöglichkeiten, die zu systematischen Fehlern führen können:

b) Gebrauchslage

c) Temperatur

d) Anwärmung

e) Fremdfeld

f) Spannung (z. B. bei Leistungsmessern)

g) Frequenz

h) Leistungsfaktor

i) Unsymmetrie (z. B. bei Drehstrom-Leistungsmessern)

k) Kopplung (bei Vereinigung mehrerer Meßwerke in einem Gerät)

l) Einbau.

Die zulässigen Toleranzen für Fehler und Einflußgrößen sind in Tab. 19 zusammengestellt. Bei einigen Meßinstrumenten entfallen bestimmte Einflußgrößen; so ist z. B. bei Spannungsmessern natürlich der Spannungseinfluß nicht möglich, weil er ja der beabsichtigte Einfluß ist. Er kann dagegen bei Leistungsmessern wichtig werden.

Bei Wechselstromgeräten gelten die Toleranzen für eine Bezugskurvenform der Meßgröße, bei der in jedem Augenblick die Abweichung von der Sinusform nicht mehr als 5% des Grundwellen-Scheitelwertes beträgt. Nur bei Gleichrichtergeräten wird 1% verlangt, weil bei ihnen die Anzeige in hohem Maße formfaktorabhängig ist (vgl. Kap. IX, 3).

Gemäß VDE 0410 dürfen bei der Beurteilung des Anzeigefehlers die durch die einzelnen Einflußgrößen verursachten Abweichungen nicht mit berücksichtigt werden. Der einzelne Einfluß darf dagegen die Anzeige nicht mehr als um den in Tab. 19 angegebenen Wert fälschen, wobei alle anderen Einflüsse als gleichbleibend angenommen werden sollen. Diese Festsetzung geht damit von der Vorstellung aus, daß bei Schwankungen aller Einflußgrößen innerhalb des Bezugsbereiches (z. B. 10 °C bis 30 °C; $\pm$ 5° Lageänderung usw.) deren Wirkung auf die Anzeige mit hoher Wahrscheinlichkeit nicht gleich der *Summe* der Einzeleinflüsse sein wird.

Tabelle 19. *Zulässige Einflußfehler von Meßinstrumenten nach VDE 0410 (Zusammenfassung)*

Nr.	Einflußgröße	Instrumententyp	Klasse							bezogen auf [1] [2]	zu prüfen bei bzw. gilt bei
			0,1	0,2	0,5	1	1,5	2,5	5		
1	Lage	alle Anzeigegeräte, Tinten-schreiber bei halber Füllung	0,2	0,2	0,5	1	1,5	2,5	5	Skalenlänge	allen Skalen-punkten
		Tintenschreiber bei leerer bzw. voller Feder	0,4	0,4	1	2	3	5	10		
2	Temperatur	alle Instrumente außer Gleichr.- u. wärmetechn. Instrumente	0,2	0,2	0,5	1	1,5	2,5	5	Sollwert	allen Skalen-punkten
		Gleichrichterinstrumente	0,2	0,2	0,5	1	1,5	2,5	5	Skalenlänge	
		Wärmetechn. Instr. m. bes. An-gabe hinter dem Klassenzeichen	bel.	bel.	bel.	bel.	bel.	bel.	bel.	Sollwert	
3	Anwärmung	alle Instr. außer Drehspulinstr. u. Leistungsmesser	0,1	0,2	0,5	0,5	0,75	1,25	2,5	Sollwert	Meßbereich-Endwert
4	Fremdfeld	astatische oder geschirmte Instrumente	0,75	0,75	0,75	0,75	0,75	0,75	0,75	wie beim Anzeigefehler	$^2/_3$-Meßbereich-Endwert
		Drehspulinstr. nicht geschirmt	1,5	1,5	1,5	1,5	1,5	1,5	1,5		
		nicht astatisch oder nicht geschirmt	3	3	3	3	6	6	6		
5	Spannung	Leistungsmesser, Instr. ohne mech. Richtkraft	0,2	0,2	0,5	1	1,5	2,5	5	Sollwert	$^2/_3$-Meßbereich-Endwert
6	Leistungs-faktor	Wirk- und Blindleistungsmesser	0,2	0,2	0,5	1	1,5	2,5	5	Meßbereich-Endwert	Null[3]
7	Frequenz	Instr. ohne Ang. der Nennfrequ. bzw. des Nennfrequ.-Bereiches	0,1	0,1	—	—	—	—	—	Sollwert	allen Skalen-punkten
		Instr. mit Angabe des Nenn-frequenzbereiches	0,2	0,2	0,5	1	1,5	2,5	5		
8	Unsym-metrie	Leistungsmesser m. mehreren Meßwerken	0,2	0,2	0,5	1	1,5	2,5	5	Meßbereich-Endwert	$^1/_2$-Meßbereich-Endwert
9	Kopplung	Leistungsmesser m. mehreren Meßwerken	0,4	0,4	1	2	3	5	10	Meßbereich-Endwert	Vollausschlag
10	Einbau	Schalttafelinstrument	0,5	0,5	0,5	0,5	0,5	0,5	0,5	wie beim Anzeigefehler	allen Skalen-punkten

[1] Bezugswerte f. d. Anzeigefehler (bes. Prfg.) vgl. VDE 0416 § 27b   [2] bei Instrumenten ohne mech. Richtkraft grundsätzlich Skalenlänge   [3] bei Instrumenten der Kl. 0,1 bis 0,5 besondere zusätzliche Prüfung nach § 34b, c.

3. Die Dämpfung

Eine betrieblich sehr wichtige Größe des Anzeigegerätes ist die Dämpfung. Sie wird oftmals mit der Reibung verwechselt. Das ist irreführend, denn obgleich z. B. eine mechanische Lagerreibung freie Bewegung des Meßwerkes ebenfalls „dämpfen" kann, bleibt zum Schluß eine Mißweisung übrig. Das Moment der ruhenden Reibung wäre nämlich imstande, eine restliche Rückführkraft der Feder aufzunehmen. Es ist bei einem reibungsbehafteten Meßwerk

$$M_{Feder} - M_{meß} \lesseqgtr M_{Reibung}$$

was besagt, daß um den Sollwert der Anzeige ein Bereich vorhanden ist, innerhalb dessen die Anzeige unsicher ist. Man sagt dann, das Instrument habe einen *Stellungs-* oder Reibungsfehler. Bei einwandfreien Geräten muß dieser Fehler unterhalb der Beobachtungsschwelle liegen. So beurteilt man bei hochwertigen Geräten (Feinmeßgeräten für Gleichstrom, Gleichspannung und Leistung) den Einfluß der Reibung, indem man die Einstellung bei langsamer Änderung der Meßgröße prüft, wobei man sich dem Sollwert einmal von unten, das andere Mal von oben nähert.

Bei der Dämpfung handelt es sich dagegen um ein annähernd geschwindigkeitsproportionales Moment, welches die Anzeige nicht mehr stört, sobald das bewegliche Organ

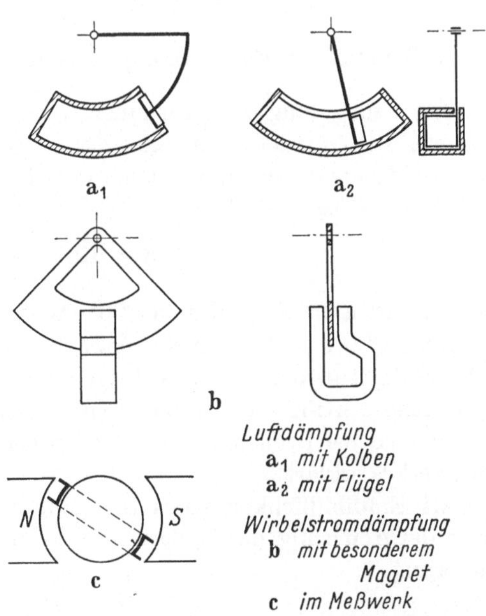

Abb. 342a—c. Ausführungen von Meßwerk-Dämpfungen

still steht. Dagegen hemmt das Dämpfungsmoment jegliche Bewegung. Die wichtige Rolle des Dämpfungsmomentes wurde bereits in Kap. III am Beispiel des Drehspulgalvanometers eingehend besprochen. Damit man von dem Außenwiderstand der Schaltung unabhängig ist, wendet man bei Betriebsmeßgeräten zusätzliche Dämpfungsmaßnahmen an (Abb. 342 a—c). Drehspulgeräte erhalten eine ausreichende Wirbelstromdämpfung bereits dadurch, daß man die Drehspule auf ein geschlossenes Metallrähmchen aufwickelt, in dem bei der Bewegung im

Magnetfeld Wirbelströme induziert werden, die nach dem LENZschen Gesetz die Bewegung hemmen.

Zur Beurteilung der Dämpfung hat man nach VDE 0410 das Instrument vom unbelasteten Zustand auf eine Meßgröße einzuschalten, die $^2/_3$ der Skalenlänge entspricht. Dann darf die erste Überschwingung nicht mehr als 20% der Skalenlänge betragen. Ferner wird gefordert, daß nach einer gewissen Beruhigungszeit, die im allgemeinen bis zu 4 s betragen darf, der Zeiger vom endgültigen Anzeigewert um nicht mehr als 1,5% der Skalenlänge entfernt ist. Ausgenommen von diesen Bestimmungen sind Meßinstrumente, bei denen sich eine Einstellung im Schwingfall nicht herbeiführen läßt (z. B. thermische Meßwerke), oder bei denen man aus anderen Gründen auf eine ausreichende Dämpfung mittels baulicher Sondermaßnahmen verzichten muß (z. B. Galvanometer).

4. Beurteilung nach sonstigen Bau- und Betriebseigenschaften

Zur Beurteilung der mit einem Meßwerk erzielbaren Eigenschaften hat sich die *Gütezahl* nach KEINATH eingebürgert. Auf Grund umfangreicher Untersuchungen an vielen verschiedenen Geräten kam KEINATH auf die empirische Formel

$$K = 10 \cdot \frac{M_{90°}}{G^{1,5}} \tag{406}$$

Hierin bedeuten $M_{90°}$ das bei 90° Ausschlag auftretende Meßmoment in cmp und G das Gewicht des beweglichen Organes in p. Der Exponent 1,5 soll die Tatsache berücksichtigen, daß leichtere Meßwerke trotz entsprechend verringerten Meßmomentes besser sind. Die höchsten Gütezahlen sind bei Drehspulgeräten zu erreichen, was die Beliebtheit dieses Meßwerkes erklärt.

Als Empfindlichkeit eines Instrumentes bezeichnet man den Kehrwert der Änderung der Meßgröße x je mm oder Skalenteil Ausschlagsänderung:

$$E = \frac{d\,y}{d\,x} \tag{407}$$

Ist der Ausschlag y der Meßgröße x proportional, so ist die Empfindlichkeit an jedem Punkt der Skale dieselbe; das erreicht man z. B. weitgehend für Strom und Spannung bei Drehspulgeräten, sowie bei elektrodynamischen Leistungsmessern. Andere Meßwerke besitzen von Hause aus eine dem Meßwert proportionale Empfindlichkeit, wie z. B. alle thermischen Geräte mit ihrem streng quadratischen Skalenverlauf:

$$y = \text{konst} \cdot x^2$$

$$E = \frac{d\,y}{d\,x} = \text{konst} \cdot x$$

Solche Meßgeräte gestatten keine genaue Ablesung kleiner Meßgrößen.

Bei vielen Meßwerken sind durch besondere Formgebung der aktiven Teile, durch spannungsabhängige Vorwiderstände oder ähnliche Maßnahmen fast beliebige Skalenausführungen zu erreichen. In Abb. 343a u. b sind Weicheisengeräte dargestellt, und zwar ein Weicheisen-Spannungsmesser mit einer besonders am Ende stark zusammengedrängten Skale und ein Spannungsmesser, der an einer Stelle der Skale einen sehr auseinandergezogenen Bereich hat. Das erste Instrument ist bei kleinen Spannungen besonders empfindlich und kann durch hohe Spannungen nicht beschädigt werden, das zweite verwendet man als *Sollspannungsmesser*, wenn kleine Spannungsabweichungen von einem Normalwert deutlich angezeigt werden müssen.

Eine wichtige Kenngröße ist der Verbrauch. Während man bei Galvanometern im allgemeinen die Stromempfindlichkeit und den Widerstand des Meßpfades angibt, damit man in Brückenschaltungen für eine optimale Anpassung sorgen kann (vgl. Kap. III u. V), müßte bei Anzeigegeräten stets der Verbrauch angegeben werden. Der „Verbrauch" des Galvanometers ist

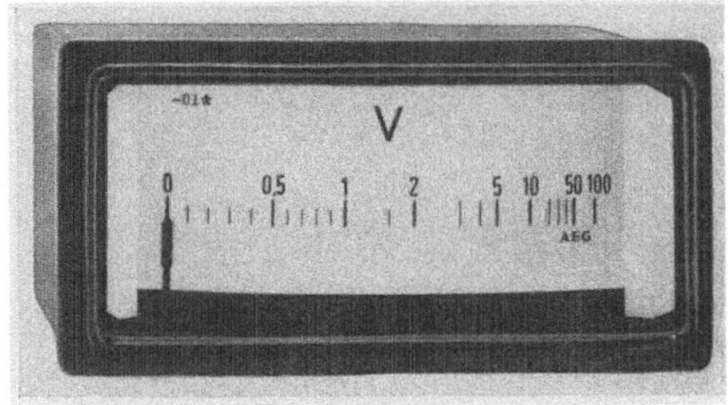

a

b

Abb. 343a u. b. Schalttafelinstrumente mit stark von der Linearität abweichendem Skalenverlauf (AEG)
a) Nullspannungsmesser;   b) Spannungslupe

von untergeordneter Bedeutung, da das Instrument gewöhnlich als Nullgerät verwendet wird. Im Gegensatz hierzu wird bei anzeigenden Geräten die Meßschaltung durch den Eigenverbrauch der Geräte belastet, so daß selbst bei fehlerfreier Anzeige der angezeigte Wert nicht dem theoretischen Betriebswert des untersuchten Objektes zu entsprechen braucht. Ferner wird durch den Verbrauch der Meßpfade bei Strom- und Spannungswandlern die Bürde bestimmt, von welcher wiederum der Fehler dieser Zusatzgeräte abhängt.

Die Gütezahl einerseits, der Verbrauch des Meßwerkes andererseits hängt entscheidend von der Lagerreibung ab. Um diese möglichst klein zu halten, verwendet man bei anzeigenden Geräten oftmals Edelsteinlager. Abb. 344 zeigt zwei Ausführungsarten; das Spitzenlager hat die kleineren Reibungsmomente, das Zapfenlager ist mechanisch höher belastbar. Neuerdings geht man auch bei Schalttafelgeräten immer mehr zur Anwendung der Spannbandlagerung über, bei welchen durch Anwendung der elastischen Lagerung Reibungen so gut wie gar nicht mehr vorkommen können. Dadurch werden Meßwerke mit sehr geringem Eigenverbrauch erzielt, da dann auch die Meßmomente nur klein zu sein brauchen. Abb. 345 zeigt ein spannbandgelagertes Meßwerk.

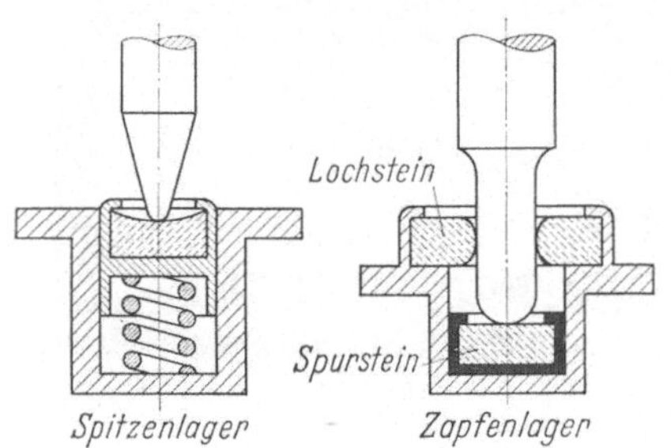

Abb. 344. Lagerungsarten des beweglichen Organes

Abb. 345. Spannbandgelagertes Drehspulmeßwerk (S & H) *a* Drehspule; *b* Magnet; *c* Jochkern; *d* Spannband; *e* Auswucht-Gewichte

Das Problem der Reibung wird besonders bei registrierenden Meßgeräten kritisch. Die betrieblichen Anforderungen, z. B. die fortlaufende Aufzeichnung der Meßwerte auf einen Diagrammstreifen mittels einer Schreibfeder, verlangen robuste Meßwerke. Gegenüber der Lagerreibung sind jetzt die Reibungen in den Gelenken der Schreibgestänge, der Feder auf dem Papier usw. sehr groß. Trotz sehr sorgfältiger Herstellung haben daher Registriergeräte meist einen erheblichen Verbrauch bei bescheidener Klassengenauigkeit (Klasse 2,5).

5. Wirkungsweise gebräuchlicher Meßwerke

a) Das Drehspulmeßwerk. Beim Drehspulmeßwerk wird die Kraft auf stromdurchflossene Leiter im Felde eines permanenten Magneten zur Anzeige verwendet. Die wesentlichsten Bauteile eines Schalttafelgerätes zeigt Abb. 42, S. 92. Dieses Meßwerk bietet vorzügliche Gelegenheit, Eigenschaften von grundsätzlicher Bedeutung zu besprechen; der Leser vergleiche hierzu das in Kap. III über das Galvanometer Gesagte.

Die Güte eines Drehspul-Meßwerkes hängt unmittelbar von dem Energieinhalt des Luftspaltfeldes ab; Erzeuger desselben ist der permanente Magnet. Früher verwendete man hufeisenförmig gebogene Magnete aus Kobaltstahl. Bei modernen Geräten findet man häufig

Spezialwerkstoffe aus *magnetisch hartem* Material (Oerstit usw.), die sich durch eine eigenartig verlaufende Kennlinie mit sehr großer Koerzitivkraft auszeichnen. Die Koerzitivkraft ist eine für den Bau hochwertiger Drehspulgeräte entscheidende Größe; es genügt nämlich nicht allein, einen hohen remanenten Fluß zur Verfügung zu haben, sondern es muß zur Überwindung der magnetischen Widerstände von Luftspalt, Joch usw. eine ausreichende magnetische Spannung vorhanden sein. Zur

Tabelle 20. *Eigenschaften von Dauermagnet-Werkstoffen*

Werkstoff	Koerzitivkraft $_BH_c$ Oe	Remanenz B_r G	Feldstärke im günstigsten Arbeitspunkt H_a Oe	Induktion im günstigsten Arbeitspunkt B_a G	Zusammensetzung in %
Martensitische Stähle					
Cr 030	56	9500	42	6200	Fe, 1C, $<3{,}3$Cr
Cr 035	63	9200	46	6300	Fe, 1C, <5Cr, $<1{,}1$Mn, ($<1{,}1$Si)
Co 040	70	9400	49	6500	Fe, 1C, $<2{,}1$Co, <4Cr, $<0{,}7$W
Co 050	120	8400	75	5300	Fe, 1C, $<6{,}5$Co, $<8{,}5$Cr, $<1{,}3$Mo
Co 060	155	8400	100	5300	Fe, 1C, <11Co, $<8{,}5$Cr, $<1{,}6$Mo
Co 070	180	8400	115	5300	Fe, 1C, <16Co, <9Cr, $<1{,}6$Mo
Co 090	230	8400	150	5300	Fe, 1C, <31Co, $<4{,}7$Cr, $<0{,}4$Mo, $<4{,}8$W
Ausscheidungsgehärtete Stähle					
Al Ni 090 gegossen od. gesintert	260	7400	160	5200	Fe, <12Al, <22Ni
Al Ni 120 gegossen od. gesintert	480	5400	300	3400	Fe, <13Al, $<27{,}5$Ni, (2 bis 5Cu)
Al Ni Co 160 gegossen od. ges.	630	6400	350	4000	Fe, $<11{,}5$Al, $<24{,}5$Ni, <10Co, <4Cu
Al Ni Co 400 (Vorzugsrichtung)	550	10500	400	8000	Fe, <9Al, $<15{,}5$Ni, <24Co, <4Cu
VICALLOY (Vorzugsrichtung)	450	10000	350	8200	Fe, 52Co, 10 bis 13V
Fe Ni Cu 90 (Vorzugsrichtung)	460	4900	290	3100	Fe, 60Cu, 20Ni
Pt Co 380	2650	4530	1500	2500	77Pt, 23Co
Co Ni Cu A	232	6250	159	4270	49Co, 26Ni, 25Cu
Co Ni Cu C	444	5330	288	3450	41Co, 24Ni, 35Cu
Co Ni Cu E	642	3200	369	1840	29Co, 21Ni, 50Cu
Pulvermagnete					
Oxydmagnet	1000	1600	670	900	$44Fe_3O_4$, $30Fe_2O_3$, $26Co_2O_3$

aus „Taschenbuch für Elektromeßtechnik": Siemens und Halske AG.

Anm.: $1\,\mathrm{G} = 10^{-8}\,\mathrm{Vs\,cm^{-2}}$, $1\,\mathrm{Oe} = \dfrac{10}{4\pi}\,\mathrm{A\,cm^{-1}}$

Kennzeichnung des Werkstoffes verwendet man daher das Produkt $B_r \cdot H_c$ in Ws cm^{-3}. Eine Übersicht über die verschiedenen magnetisch harten Baustoffe zeigt Tab. 20. Die guten Eigenschaften gewisser Magnetika lassen sich nur durch besondere technologische Verfahren, wie z. B. Sinterung unter gleichzeitiger Einwirkung eines starken Magnetfeldes, erreichen. Die hiermit verbundenen Schwierigkeiten gestatten oftmals nur die Herstellung einfachster geometrischer Formen (Abb. 346).

Zeichnet man in ein B, H-Koordinatensystem außer dem interessierenden Ast der Magnetisierungsschleife zwischen B_r und H_c die magnetische Kennlinie der Konstruktion als gerade Linie ein, so ergibt sich

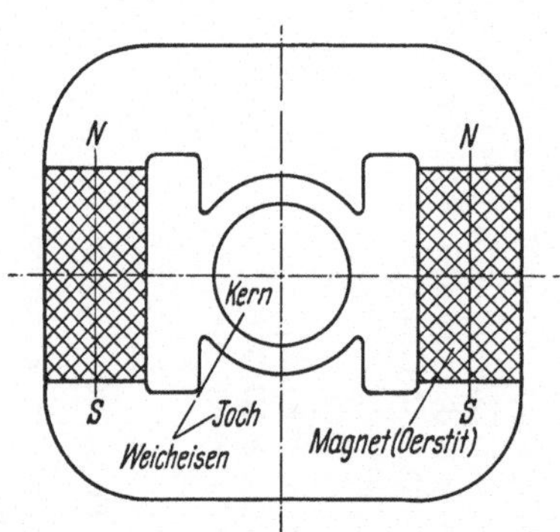

Abb. 346. Magnetjoch mit Oerstit-Magneten

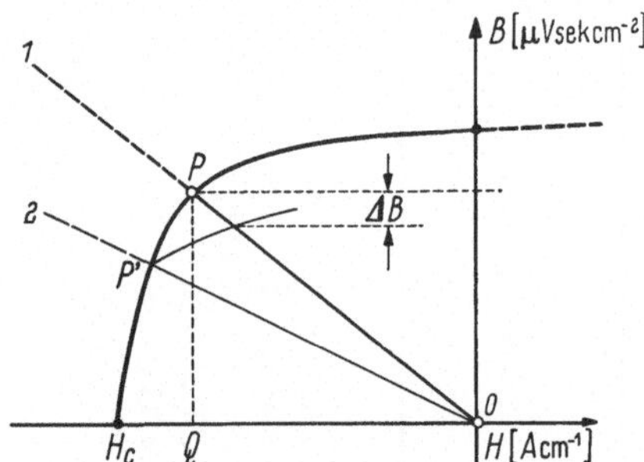

ΔB: Entmagnetisierung nach vorübergehendem Übergang von Kennlinie 1 auf Kennlinie 2

Abb. 347. Entmagnetisierung permanenter Magnete durch unvorsichtige Demontage

ein Schnittpunkt P (Abb. 347). Um möglichst wenig Remanenz zu verlieren, strebt man Magnetisierungsschleifen rechteckigen Charakters an. Die in der gesamten Konstruktion gespeicherte potentielle Energie des magnetischen Feldes kommt dann in dem Dreieck OPQ zum Ausdruck. Natürlich ist der Sitz des größten Teiles dieser Energie im Luftspalt, weil der Anteil am magnetischen Gesamtwiderstand, der auf den Luftspalt entfällt, bei weitem überwiegt. Damit ist auch die große Bedeutung einer breiten Magnetisierungsschleife verständlich, die einen großen Luftspalt gestattet, welcher wiederum die Unterbringung einer großen Spule erlaubt.

Solche Magnetsysteme werden oftmals in fertig zusammengebautem Zustand magnetisiert und dürfen dann nicht mehr verändert werden. Würde man z. B. den Luftspalt nur wenig vergrößern, so käme man mit dem Arbeitspunkt des remanenten Flusses von P nach P'. Dabei ginge der remanente Fluß erheblich zurück. Durch Wiederherstellung des alten Konstruktions-Zustandes wird nun keineswegs der alte Betriebspunkt P erreicht; ein Teil des remanenten Magnetismus ist vernichtet worden. Man kann also hochwertige Magnetsysteme durch Auseinandernehmen geradezu entmagnetisieren.

Eine von der normalen Bauweise abweichende Ausführung eines Drehspulgerätes zeigt Abb. 348. Die beiden Polschuhe des Magneten liegen in einer Ebene und umschließen sich konzentrisch, so daß ein ringförmiger Luftspalt entsteht, in dem das Magnetfeld radial verläuft. Nur eine Seite der Spule liegt im Magnetfeld; die Spule ist exzentrisch an der Drehachse befestigt. Geräte dieser Art lassen einen sehr großen Drehwinkel (etwa 270°) des beweglichen Organes zu, wodurch sich auf beschränktem Raum große Skalen unterbringen lassen.

In der Ausführung als Quotientenmesser heißt das Meßwerk *Kreuzspulgerät* (Abb. 349). Die für einen Quotientenmesser notwendige Inhomogenität wird durch einen ungleichförmigen Luftspalt oder bei gleichbleibendem Luftspalt durch Anwendung eines zylindrischen Kernmagneten bewirkt. Fließen durch die Spulen *1* und *2* gleichgroße Ströme, so muß sich das bewegliche Organ so einstellen, daß sich die beiden Spulen im Luftspalt dort befinden, wo gleiche Feldstärken herrschen. Dabei wird natürlich vorausgesetzt, daß beide Spulen

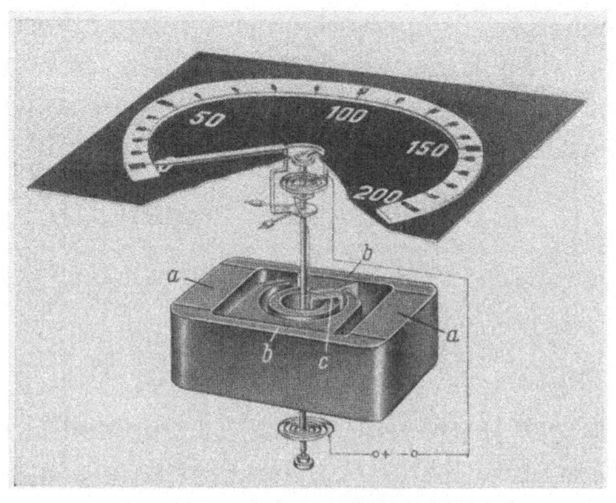

Abb. 348. Drehspulmeßwerk für 250° Skalenumfang (H & B)
a Permanente Magnete; *b* Weicheisenjoche; *c* exzentrisch gelagerte Drehspule

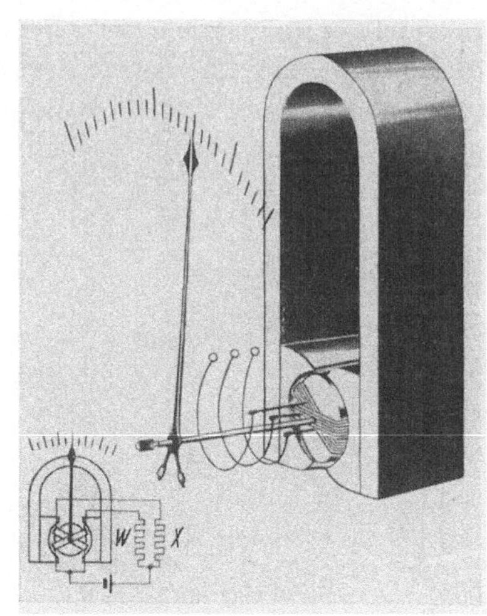

Abb. 349. Kreuzspul-Meßwerk (H & B)

gleich gebaut sind und auch gleiche Windungszahlen haben. Nur dann ist

$$B_1 \cdot J_1 = B_2 \cdot J_2$$

mit $B_1 = B_2$ wegen $J_1 = J_2$

erfüllt.

Das Meßwerk zeigt dann das Verhältnis $J_1 : J_2 = 1$ auf der Skale an.

Ist jedoch z. B. der Strom J_1 größer als der Strom J_2, so überwiegt an der bisher betrachteten Stelle des Feldes das Moment der Spule *1*. Die Stromrichtungen sind nun so gewählt, daß die Spule *1* sich aus dem starken Feld in der Mitte des Luftspaltes herausbewegen will. Das Meßmoment würde also kleiner werden müssen. Dafür gelangt die Spule *2* mit dem kleineren Strom bei der Drehung an Stellen größerer Feldstärke. Das Meßmoment dieser Spule wächst, und es herrscht bei einer bestimmten Stellung α Gleichgewicht:

$$B_1 \cdot J_1 = B_2 \cdot J_2$$

Da nun die Feldstärke im Luftspalt eine gegebene Funktion des Winkels α ist, gilt

$$J_1 : J_2 = \frac{B(\alpha + \chi)}{B(\alpha)} = f(\alpha) \tag{408}$$

Das Instrument ist um so empfindlicher, je weniger $f(\alpha)$ vom Wert Eins abweicht, d. h. je homogener das Luftspaltfeld ist. In einem homogenen Feld kann nur labiles Gleichgewicht für genau $J_1 = J_2$ bestehen; das Meßwerk verhält sich dann wie ein Differentialrelais, welches nur zwei Endlagen für $J_1 \lessgtr J_2$ hat.

Kreuzspulgeräte werden vor allem zur Anzeige eines Verhältnisses $U : J$, d. h. von Widerstandswerten gebraucht. Gegenüber der Brückenschaltung nach WHEATSTONE bietet das Kreuzspulgerät den Vorteil der unmittelbaren Anzeige. Zwar könnte man auch in der Brückenschaltung nach WHEATSTONE aus dem Ausschlag des Nullgerätes auf eine Änderung des Widerstandes gegenüber dem Abgleichswert schließen (vgl. Kap. V), jedoch hängt der Ausschlag des Nullgerätes dann nicht allein von der Widerstandsänderung, sondern auch noch vom Betrag der Speisespannung ab. Von diesem Nachteil sind Messungen mit Kreuzspulgeräten frei.

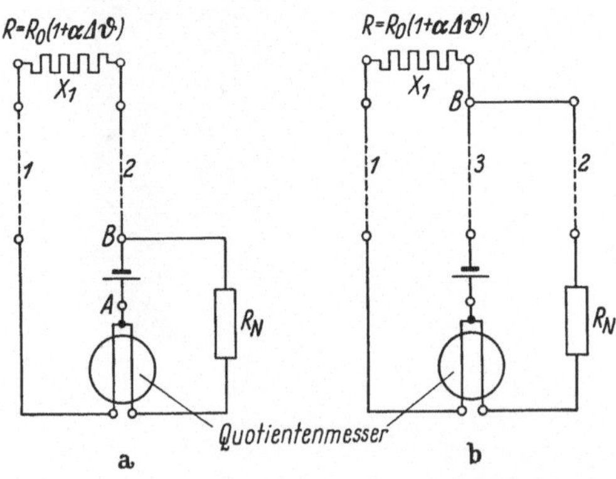

Abb. 350a u. b. Anwendung des Kreuzspul-Meßwerkes bei Widerstandsmessungen (Temperatur-Fernanzeige) a) ohne Kompensation des Temperatureinflusses der Zuleitungen; b) Temperaturkompensation der Zuleitungswiderstände durch Dreileiter-Schaltung

Abb. 350a u. b zeigt als Beispiel die Anwendung des Verfahrens in einer Meßschaltung, die der Temperaturbestimmung dienen soll. Der Temperaturfühler ist ein Nickel- oder Platinwiderstand X_1, der seinen Wert mit der Temperatur stark ändert. Man vergleicht ihn mit einem konstanten Widerstand R_N aus Manganin. Grundsätzlich sind hierbei zwei Schaltungen möglich, die sich bei größeren Entfernungen zwischen Meßstelle und Anzeigegerät verschieden verhalten. Die aufwendigere Schaltung nach Abb. 350b benötigt drei Verbindungsadern, hat aber den Vorteil, daß die Widerstandsänderungen der Zuleitungen infolge von Temperaturschwankungen nicht die Anzeige fälschen können. Man muß nur dafür sorgen, daß die beiden Leitungen *1* und *2* gleich lang sind und gemeinsam verlegt werden, damit Störeinflüsse auf die Zuleitungen im selben Maß wirken. Da bei dem Kreuzspulgerät die Anzeige von der Betriebsspannung unabhängig ist, ist auch der Widerstand der Leitung *3* in dieser Schaltung völlig ohne Einfluß.

b) Das Weicheisen-Meßwerk. Die Wirkung des Systemes beruht auf der abstoßenden Kraft zwischen zwei gleichnamig magnetisierten Eisenstückchen (Abb. 351). Die magnetisierende Spule steht fest, das Meßwerk erhält also eine sehr einfache Konstruktion. Die anzeigende Kraft ist proportional dem Quadrat des Stromes, daher ist das Gerät ein Effektivwertmesser, wenn die Trägheit des beweglichen Organes ausreicht, um den quadratischen Mittelwert der periodisch schwankenden Meßkraft anzuzeigen. Das Meßinstrument ist also für Gleich- und Wechselstrommessungen geeignet. Bei Gleichstrom kann sich die Remanenz der Eisenplättchen unangenehm bemerkbar machen, weswegen man z. B. Weicheisengeräte der Klasse 0,5 für Wechselstrom nur mit der Klasse 1 für Gleichstrom benennt.

Die Dreheisenkonstruktion erlaubt ohne weiteres den Bau von überlastbaren Strommessern. Die Eisenplätt-

Abb. 351. Dreheisen-Meßwerk (H & B)
a Stromspule; *b* beweglicher Meßflügel; *c* feststehender Meßflügel; *d* Rückstellfeder; *e* Dämpferkammer; *f* Nullpunkteinstellung

chen sättigen sich bei hohen Meßströmen, wobei dann die Kräfte nur noch wenig mit der Stromstärke ansteigen. Nach solchen Beanspruchungen bleibt ein u. U. störender remanenter Magnetismus in den Eisenplättchen zurück. Diesen erkennt man, indem man das Gerät bei Gleichstrom mit kommutierter Stromrichtung prüft. Erhält man dabei größere Abweichungen, als sie für die Klassenbezeichnung des Gerätes zulässig sind, so empfiehlt es sich, das Gerät zu entmagnetisieren.

Weicheisen-Quotientenmesser sind ebenfalls gebaut worden und lassen sich z. B. als *Impedanzmesser* verwenden. Sie sind·aber weit weniger empfindlich als Kreuzspulgeräte, welche daher bevorzugt werden, um z. B. in Schutzrelais die Impedanz von Kurzschlußbahnen zu messen. Die dort verwendeten Geräte müssen dann natürlich Trockengleichrichter erhalten, weil Quotientenmesser nach dem Drehspulprinzip bei Wechselstrom nicht arbeiten können.

c) Das elektrodynamische Meßwerk. Die Eigenschaften des elektrodynamischen Meßwerkes sind in der Ausführung als Präzisions-Leistungsmesser bereits ausführlich in Kap. IX besprochen worden.

Elektrodynamische Betriebsmeßgeräte haben fast immer ein eisengeschlossenes Meßwerk (Abb. 352). Es werden häufig 2 oder 3 Meßwerke miteinander gekuppelt, so daß die Rückstellfeder der Summe der von den einzelnen Meßwerten aufgebrachten Momente das Gleichgewicht halten muß. Derartige Geräte dienen der Messung der Gesamtleistung in Drehstrom-Drei- bzw. Vierleiternetzen. Die Geräte sind dann darauf zu prüfen, ob sich die einzelnen Meßwerke gegenseitig beeinflussen (Symmetrieeinfluß).

Als Quotientenmesser wird das elektrodynamische Meßwerk zur Anzeige des Leistungsfaktors verwendet. Das bewegliche Organ ist entweder ähnlich wie beim Kreuzspulgerät aufgebaut und befindet sich im inhomogenen Feld eines Magnetkernes, der vom Meßstrom erregt wird; durch die gekreuzten Spulen fließen

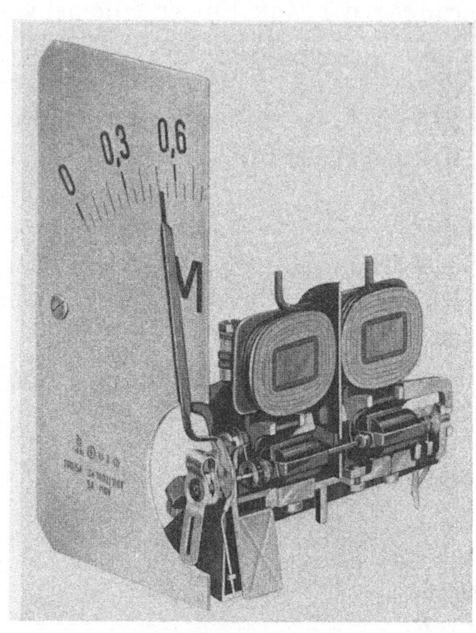

Abb. 352. Meßwerk eines zweisystemigen Leistungsmessers für Dreileiter-Drehstrom (S & H)

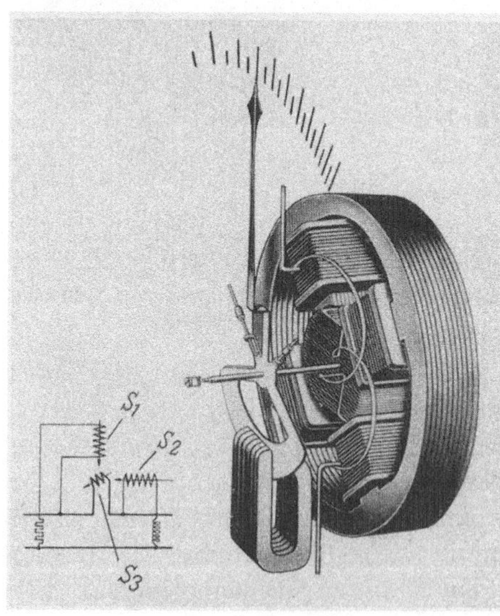

Abb. 353. Meßwerk eines elektrodynamischen Quotientenmessers (Leistungsfaktormesser, H & B)

spannungsproportionale Ströme, von denen der eine mit der Spannung in Phase ist, der andere ihr um 90° nacheilt. Es sind dann gewissermaßen in diesem Meßwerk ein Wirkleistungsmesser und ein Blindleistungsmesser vereinigt. Man kann daher auch zwei getrennte Meßwerke für Wirk- und Blindleistung miteinander kuppeln. In jedem Fall folgt aus der Gleichheit der Momente

$$k_1(\alpha) \cdot U J \cos\varphi = k_2(\alpha)\, U J \sin\varphi$$

$$\tan\varphi = f(\alpha)$$

weil mindestens einer der Faktoren k drehwinkelabhängig sein muß.

Man kann natürlich auch die gekreuzten Spulen auf dem feststehenden Meßwerkteil unterbringen und die Drehspule durch eine dem Meßstrom proportionale Größe beaufschlagen. Schaltung und Aufbau eines solchen Leistungsfaktormessers mit *gekreuzten* Feldern veranschaulicht Abb. 353. Eine der feststehenden Spulen S_1 ist über einen Vorwiderstand an die Spannung des Netzes angeschlossen. Sie erzeugt ein Drehmoment $U \cdot J \cdot \cos\varphi$ mit der beweglichen Spule S_3, die von einem dem Netzstrom J proportionalen Strom durchflossen wird. Das Drehmoment hängt aber auch von der gegenseitigen Lage der Spulen S_1 und S_3 ab; es ist am größten, wenn sich die Spulenachsen rechtwinklig schneiden. Durch geeignete Formgebung des Meßwerkes sorgt man dafür, daß

$$M_1 = k\, U J \cos\varphi \cdot \sin\alpha$$

wird, wobei α der Ausschlagswinkel des Meßwerkes ist.

Die zweite feststehende Spule S_2 wird von einem Strom durchflossen, der der Spannung um 90° nacheilt. Dann gilt wegen der räumlichen Versetzung der Spulen S_1 und S_2 um 90°

$$M_2 = k\, U J \cos(90° - \varphi)\, \sin(90° - \alpha)$$

Da das Meßwerk keine Rückstellkraft besitzt, muß

$$\cos\varphi \cdot \sin\alpha = \cos(90° - \varphi) \cdot \sin(90° - \alpha)$$

oder

$$\tan\varphi = \tan\alpha \tag{409}$$

sein.

Das Meßgerät kann, wenn man den Strom der Drehspule z. B. über Schleifringe zuführt, in allen 4 Quadranten messen (Abb. 255, S. 333). Legt man die Drehspule des beweglichen Organes an die Wechselspannung eines zweiten Netzes, so wird der Phasenunterschied beider Netzspannungen angezeigt. Sind die Spannungen nicht genau synchron, so ändert sich die Phasenlage dauernd, und der Zeiger dreht sich mit einer der Schlupffrequenz proportionalen Geschwindigkeit. Solche Geräte heißen *Synchronoskope* (Abb. 254); man verwendet sie zum Synchronisieren zweier Netze oder Maschinen, da es beim Zusammenschalten derselben nicht nur auf die gleiche Drehgeschwindigkeit, sondern auch auf Übereinstimmung der Phasenlage ankommt.

Abb. 354. Synchronisiereinrichtung für Kraftwerke (S & H)
oben: Doppelspannungsmesser; *mitte:* Doppelfrequenzmesser; *unten:* Synchronoskop

d) Das thermische Meßwerk. In der Form als Hitzdrahtgerät hat das thermische Meßwerk heute nur noch geringe Bedeutung. Die Nachteile sind hoher Verbrauch, schleichende Anzeige, Empfindlichkeit gegen mechanische und thermische Überbeanspruchung; daher ist es für die Praxis wenig geeignet.

Da diesen Nachteilen der Vorteil gegenübersteht, für höhere Frequenzen gut geeignet zu sein, hat sich das thermische Gerät in der Form von Drehspulgeräten mit Thermoumformern einen speziellen Anwendungsbereich erworben. Allerdings ist auch bei Thermoumformern der Verbrauch ziemlich hoch. Thermoumformer sind auch nicht ohne weiteres austauschbar wie Vor- oder Nebenwiderstände. Brennt in einem solchen Umformer der hochbelastete Heizdraht durch, so muß das gesamte Gerät nach Einbau eines anderen Thermoumformers neu geeicht werden. Abb. 355 zeigt einen Hochfrequenz-Strommesser mit besonderem Meßkopf.

Bei Thermoumformern für größere Stromstärken entstehen leicht Anwärmfehler durch unterschiedliche Wärmeübergangswiderstände an

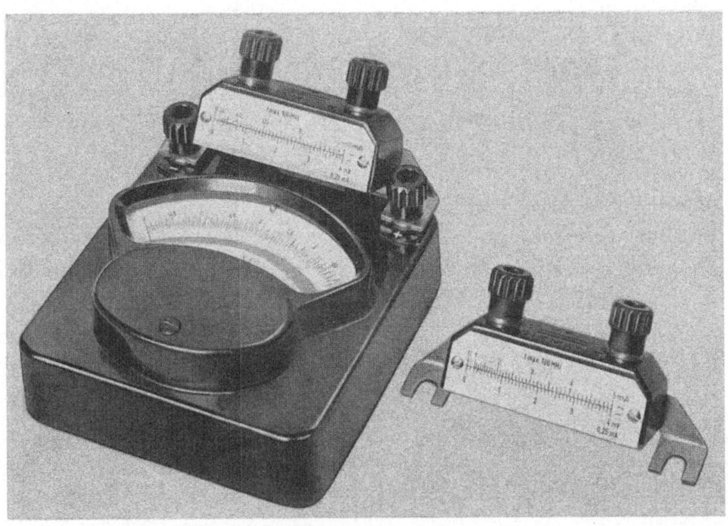

Abb. 355. Hochfrequenz-Strommesser mit Thermoumformer für max. 100 MHz 5 mA (S & H)

Bauteilen, die sich in der Nähe des Heizers befinden und vom Meßstrom mit erwärmt werden. Für kleinere Nennstromstärken schmilzt man die Thermoumformer in Glaskolben ein, die man nachträglich evakuiert, damit eventuelle Konvektionen in der Nähe des Heizers keine Meßfehler verursachen können. Den Aufbau solcher Thermoumformer zeigt schematisch Abb. 356. Bei sehr empfindlichen Umformern führt man einfach die zwei Drähte, die die Thermospannung verursachen sollen, über Kreuz und verlötet sie an der Kreuzungsstelle. Zwei der sich ergebenden Zweige stellen den Heizer dar, die beiden

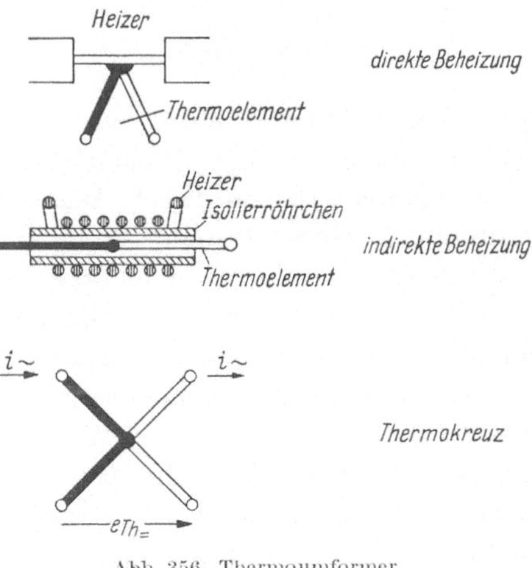

Abb. 356. Thermoumformer

anderen das Thermoelement. Solche Anordnungen nennt man *Thermokreuze*. Bei ihnen ist das Drehspulanzeigegerät vom Meßkreis nicht isoliert.

In einem Thermokreuz muß der zu messende Strom (Heizerstrom) durch die beiden Schenkel des Thermopaares fließen, die nicht zur Messung der Thermospannung dienen. Es macht sich dann in der vom Meßstrom benutzten Hälfte des Thermokreuzes die Umkehrung des Thermoeffektes (PELTIEReffekt) bemerkbar. Der PELTIEReffekt äußert sich in einer Abkühlung der Verbindungsstelle, wenn man durch diese einen Strom in der Richtung des Thermostromes schickt, wie er bei Erwärmung der Lötstelle auftreten würde. Dadurch wird die Temperatur der Verbindungsstelle, also auch die dem Anzeigegerät zugeführte Spannung, etwas von der Richtung des Heizerstromes abhängig. Thermokreuze, die für Wechselstrom Verwendung finden, darf man nur dann mit Gleichstrom „eichen“, wenn die Stromrichtung umgekehrt und als Eichwert der Mittelwert der dabei gemessenen Spannungen am Drehspul-Anzeigegerät verwendet wird.

In neuerer Zeit hat auch das Bimetallmeßwerk für Betriebsmeßgeräte Eingang gefunden. Man verwendet es zur Anzeige eines mittleren Belastungsstromes, wozu es sich seiner großen Wärmeträgheit wegen vorzüglich eignet. Oftmals ist der Mittelwert einer stärker und kurzzeitig schwankenden Betriebsgröße der einzige Wert, für den man sich interessieren muß. So werden Bimetallmeßwerke gerne zur Strommessung bei Transformatoren verwendet, die einige Zeit überlastet werden dürfen. Ferner gebraucht man sie häufig als messendes Organ bei Schutzeinrichtungen. Ein weiterer Vorteil der Bimetallmeßwerke ist ihr geringer Preis und ihr großes Meßmoment.

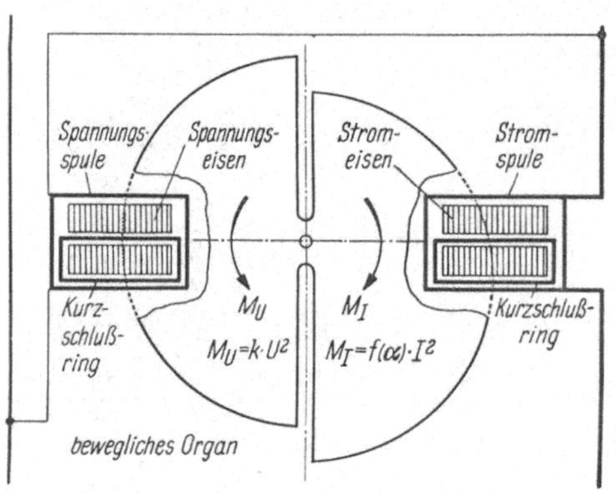

Abb. 357. Induktions-Quotienten-Meßwerk (Impedanzmesser)

e) Das Induktionsmeßwerk. Dieses Meßwerk besitzt als bewegliches Organ eine kurzgeschlossene Strombahn in Gestalt einer Wicklung oder — wie beim Zähler — einer metallischen Scheibe. Von zwei oder mehreren feststehenden Spulen werden Wirbelströme im beweglichen Kurzschlußleiter induziert. Dieser benötigt daher keinerlei Stromzuführungen, was das Induktionsmeßwerk besonders für die Anwendung bei Zählern geeignet macht. Die Wirkungsweise des Meßwerkes wird in Kap. XIII eingehend beschrieben. Als Anzeigegerät tritt das Induktionsmeßwerk hinter den anderen Meßwerken zurück. Es ist überdies nur für Wechselstrom brauchbar.

Auch zur Quotientenmessung ist das Induktionsmeßwerk verwendet worden (Impedanzschutz der AEG, ältere Ausführung Abb. 357). Bei ihm wird ein U^2-abhängiges Drehmoment gegen ein J^2-abhängiges ausgewogen, wobei wiederum durch besondere Formgebung der einen

Scheibenhälfte für die notwendige Drehwinkelabhängigkeit eines der
Momente zu sorgen ist.

f) Das elektrostatische Meßwerk. Während bei den bisher besprochenen
Meßwerken die Wirkungen des elektrischen Stromes zur Anzeige her-
angezogen wurden, nutzt das elektrostatische Meßwerk als einziges die
Kraftwirkung im elektrischen Feld aus. Dieses Meßwerk ist daher von
Hause aus ein Spannungsmesser.

Das bewegliche Organ ist eine Nadel oder eine besonders geformte
Platte, die gegen eine feststehende Elektrode eine Kapazität besitzt.
Bedingung ist, daß sich diese
Kapazität mit dem Aus-
schlag des beweglichen Organes ändern kann, wobei es
allerdings keine Rolle spielt,
ob die Bewegung parallel
oder senkrecht zu der Vor-
zugsrichtung des elektri-
schen Feldes ist. Die Kräfte
im elektrostatischen Feld
sind nämlich stets bestrebt,
die Kapazität des Systemes
zu vergrößern; ihnen stellt
man die elastische Feder-
kraft entgegen.

Da die Kräfte proportio-
nal dem Quadrat der Span-
nung sind und das Meßwerk
überdies träge ist, mißt es den
quadratischen Mittelwert,
d. h. bei Wechselspannung

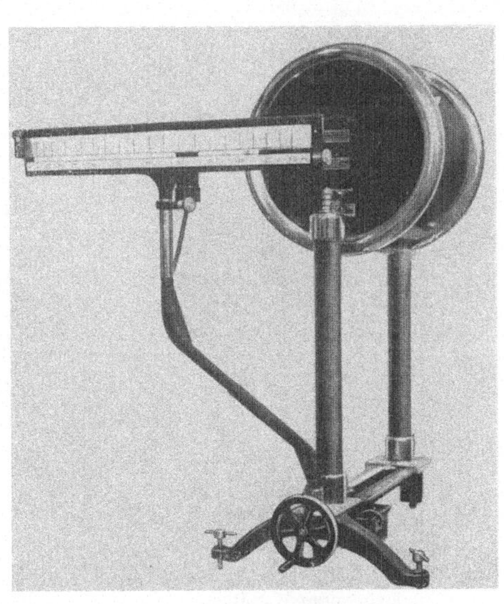

Abb. 358. Hochspannungs-Voltmeter nach STARKE-
SCHRÖDER (Hochspannungsgesellschaft Fischer,
Köln-Zollstock)

den Effektivwert. Es ist natürlich auch für Gleichspannungen verwendbar.

Der besondere Vorteil des elektrostatischen Meßwerkes ist sein sehr
geringer Verbrauch, der bei Gleichspannung überhaupt gleich Null
gesetzt werden kann. Bei höheren Frequenzen wird allerdings die Meßschaltung durch den Ladungsbedarf der Meßanordnung belastet. Bei
sorgfältigem Aufbau ist aber der Wirkverbrauch trotzdem Null.

Das elektrostatische Meßwerk kommt als Betriebsmeßgerät allerdings für normale Fälle nicht in Betracht, da man in Betriebsräumen
kaum die mit der unmittelbaren Verwendung hoher Spannungen verbundenen Gefahren in Kauf nehmen wird. Abb. 358 zeigt eine Ausführung für Hochspannungslaboratorien; Geräte dieser Art sind bis 500 kV
gebaut worden. Bei diesen Geräten bildet ein kleiner Meßflügel in einer
der großflächigen Elektroden die wirksame Kapazität. Bei dem für

höchste Spannungen gebauten Hochspannungs-Effektivwertmesser nach
HUETER werden die elektrostatischen Anziehungskräfte zweier großer
Kugeln gemessen, von denen die
eine an kräftige Zugfedern aufgehängt ist, deren Dehnung unter
dem Einfluß der Kapazitäts-
änderung durch einen sehr langen
Lichtzeiger angezeigt wird.

Empfindlichere Bauarten zeigen die Abb. 359 und 360. Bei
Abb. 359 handelt es sich um ein
sog. *Multizellularvoltmeter*. Das
bewegliche Organ ist ein an einem
dünnen Torsionsband aufgehäng-
ter Satz leichter Nadeln, die in
einen Plattenstapel hineinge-
zogen werden; die Kapazität wird
dadurch vergrößert, daß bei
wachsendem Ausschlag immer
größere Abschnitte der Nadeln
eintauchen. Hier erfolgt die Bewegung nicht in Richtung des
elektrischen Feldes, sondern
senkrecht dazu.

Ein elektrostatisches Meßwerk sehr hoher Empfindlichkeit
und außerordentlich kleiner Kapazität wird durch einen dünnen

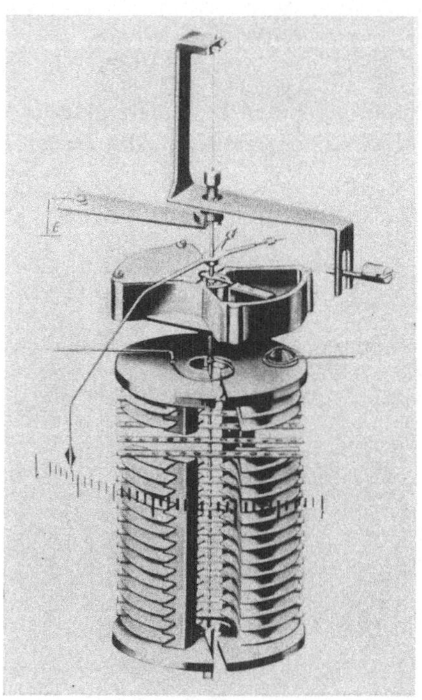

Abb. 359. Elektrostatische Meßwerke (Nadel-Elek-
trometer, H & B)

verspiegelten Quarzfaden im Feld zweier Platten gebildet (Fadenelektro-
meter, Abb. 361). Da der Faden nur sehr wenig Masse besitzt, folgt das
den Feldkräften augenblicklich. Die Ablenkung des Fadens kann man
entweder durch ein kleines Mikroskop betrachten oder über eine Projektionsoptik auf einer Skala abbilden. Mit einem solchen Gerät kann man
in zwei verschiedenen Schaltungen messen; legt man an das feststehende
Plattenpaar eine Hilfsgleichspannung, so ist es sehr empfindlich (sog.
heterostatische Schaltung). Verbindet man den Faden mit einer Platte
und legt eine Spannung an, so arbeitet das Gerät unempfindlicher
(*idiostatische Schaltung*).

Man kann die elektrischen Kräfte mit einer Waage messen. Diese Versuchsanordnung ist zur *absoluten* Messung der Spannung gut geeignet, da
sich die Kapazität des Kondensators aus seinen Abmessungen leicht
berechnen läßt. Diese sog. *Spannungswaage* nach THOMSON besteht aus
einem Kondensator, dessen eine Platte an einem Waagebalken hängt und

Meßwerk zum Zwecke einer genauen Definition des homogenen Feldes von einem *Schutzring* umgeben wird (Abb. 362). Die Kraft ergibt sich aus

$$P = \frac{1}{2}\,\varepsilon_0 \cdot F \cdot \frac{U^2}{a^2} \tag{410}$$

Hierin ist

$$\varepsilon_0 = 8{,}859 \cdot 10^{-14}\ \Omega^{-1}\ \mathrm{cm}^{-1}\ \mathrm{s}$$

die Influenzkonstante, F die wirksame Elektrodenfläche in cm^2 und a der Elektrodenabstand in cm.

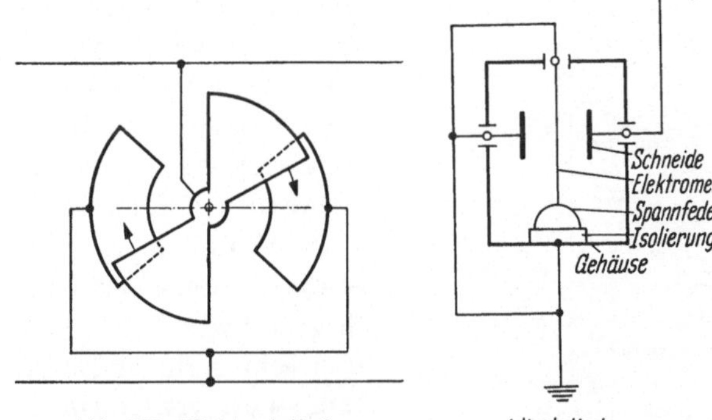

Abb. 360. Elektrostatisches Quadranten-Meßwerk schematisch (Hartmann & Braun)

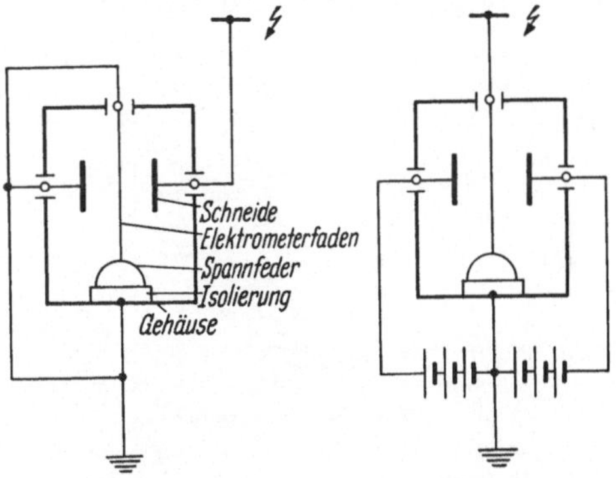

Abb. 361. Schaltungen von Faden-Elektrometern

Die elektrostatischen Kräfte sind klein, aber noch gut meßbar. Eine Spannung von 100 V verursacht an einem Plattenkondensator von 1 dm² Fläche bei einem Plattenabstand von 1 cm die Kraft

$$P = \frac{1}{2} \cdot 8{,}859 \cdot 10^{-14}\ \frac{\mathrm{As}}{\mathrm{Vcm}} \cdot 100\ \mathrm{cm}^2 \cdot \frac{100^2\ \mathrm{V}^2}{12\ \mathrm{cm}^2}$$

$$= 4{,}430 \cdot 10^{-8}\ \frac{\mathrm{Ws}}{\mathrm{cm}}$$

$$= 0{,}443\ \mathrm{dyn}$$

oder

$$P = \frac{0{,}443}{981}\ \frac{\mathrm{dyn}}{\mathrm{cm/s}^2} = 0{,}452 \cdot 10^{-3}\ p$$

Anzeigende elektrostatische Meßwerke werden gewöhnlich für eine höhere Feldstärke ausgelegt, weswegen auch die Sicherheitsbestimmungen nach VDE 0410 für solche Geräte im allgemeinen nicht eingehalten werden können. Geht man

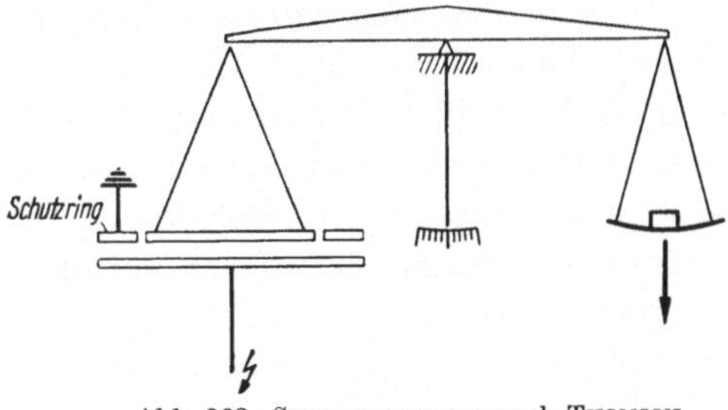

Abb. 362. Spannungswaage nach THOMSON

z. B. bei dem oben gerechneten Beispiel mit 20000 V bis hart an die Durchbruchsfeldstärke der Luft (21,4 kV$_{eff}$/cm) im Normalzustand heran, so ist die Meßkraft bereits 40000 mal so groß, d. h. rd. 18 p je dm², je Quadratmeter also bereits 1,8 kp! Mit Hilfe dieses nicht unbedeutenden Effektes können selbst Bewegungen so schwerer Meßwerke, wie die Kugeln im Hochspannungs-Effektivwertmesser nach HUETER, gemessen werden.

g) Das Vibrationsmeßwerk. In Vibrationsmeßwerken werden bewegliche Organe verwendet, welche in Resonanz mit der zu messenden Frequenz sind. Sie werden daher hauptsächlich als Frequenzmesser (Zungenfrequenzmesser nach HARTMANN-KEMPFF, Abb. 363) verwendet. Eine Reihe von Metallzungen mit etwas unterschiedlichen Eigenschwingungszahlen und sehr geringer Dämpfung wird von einem gemeinsamen Magneten erregt. Dabei macht diejenige Zunge besonders starke Ausschläge, deren Eigenfrequenz mit der Meßgröße übereinstimmt. Man kann sogar Zwischenwerte ganz gut interpolieren, wodurch diese auch als Schalttafelinstrumente gebaute Einrichtungen

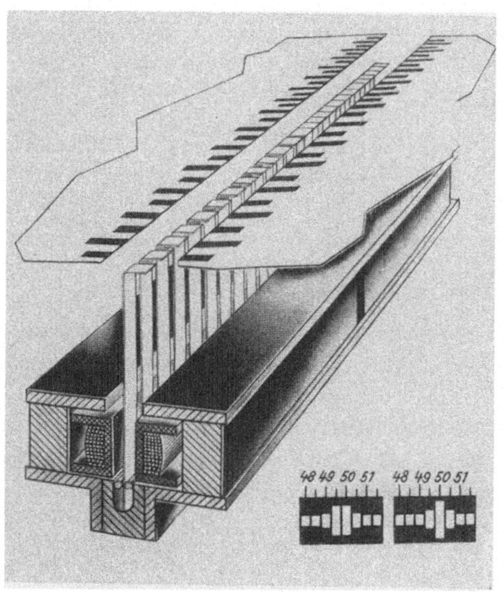

Abb. 363. Zungenfrequenzmesser nach HARTMANN-KEMPFF (H & B)

eine recht gute Genauigkeit erhalten (etwa 0,3%).

Die zweite Anwendung von Vibrationsmeßwerken stellen Nullgeräte hoher Empfindlichkeit für Wechselstrombrücken- und -kompensatoren dar. Solche *Vibrationsgalvanometer* werden gewöhnlich für etwa 50 Hz gebaut. Es sind aber auch Geräte für Verwendung bei 800 Hz gefertigt worden. Bei Vibrationsgalvanometern muß die Eigenfrequenz einstellbar sein, damit sie der Meßfrequenz zwecks Erhöhung der Nullempfindlichkeit genau angepaßt werden kann. Zu diesem Zweck verwendet man meistens eine magnetische Rückführung des beweglichen Organes, welches in gewissen Grenzen durch Erregung mittels Gleichstrom oder durch einstellbare Nebenschlüsse permanenter Magnete verändert werden kann. Hierdurch kann auf Grund der bekannten Beziehung

$$v_0 = \sqrt{\frac{D}{J_m}}$$

die Eigenfrequenz geändert werden. Schaltet man noch vor das Gerät Resonanzvorverstärker, so kann man mit Vibrationsgalvanometern außerordentlich hohe Empfindlichkeiten erreichen. Allerdings ist dann auch größter Wert auf Abschirmung des Verstärkereingangs und des Meßwerkes gegen störende Fremdfelder zu legen.

6. Systematische Fehler

Von den systematischen Fehlern ist bereits bei den einzelnen Meßverfahren gesprochen worden; der folgende Abschnitt beschränkt sich daher auf das für Betriebsmeßgeräte Wichtigste.

a) Temperatureinfluß. Man hat zwischen dem eigentlichen Temperatureinfluß und dem Anwärmfehler zu unterscheiden.

Nach VDE 0410 darf das Meßinstrument den zugelassenen Temperaturfehler im Bereich von $\pm 10\,°$C um die Bezugstemperatur (20 °C) nicht überschreiten. Eine Ausschlagsänderung bei gleichbleibender Meßgröße infolge Schwankung der Temperatur kann folgende Ursachen haben:

a) Es ändert sich der Fluß permanenter Magnete

b) Es ändert sich die Federkonstante

c) Der Widerstand der Meßpfade nimmt zu.

Besonders der dritte Umstand kann zu größeren Fehlern führen.

Schließt man z. B. ein Drehspulinstrument an einen niederohmigen Nebenwiderstand an, um den Strommeßbereich zu erweitern, so wird dem Meßwerk der Spannungsabfall am Nebenwiderstand als Meßgröße zugeführt. Da das Drehspulmeßgerät von Hause aus ein Strommesser ist, geht der Kupferwiderstand des Meßpfades in die Messung ein. Kupfer hat bei 20 °C einen Temperaturbeiwert von 0,004 °C^{-1}, d. h. die Drehspule erhöht ihren Widerstand bei 10° Temperaturzunahme um 4%. Das Meßgerät weist dann einen Minusfehler gleicher Größe auf.

Kann in Reihe mit der Drehspule ein temperaturunabhängiger Vorwiderstand geschaltet werden, so verringert sich der Fehler. Deswegen haben Drehspul-Spannungsmesser auch keinen großen Temperaturfehler. Um z. B. den Temperatureinfluß nicht größer als 0,1% werden zu lassen, müßte ein Manganin- oder Konstantan-Vorwiderstand von mindestens dem 39fachen des Spulenwiderstandes vorgeschaltet werden. Das ist bei höheren Spannungen ohne weiteres möglich; dagegen macht das Messen kleiner Spannungen Schwierigkeiten. Die Nebenwiderstände müßten bei einer solchen Maßnahme einen viel zu hohen Spannungsabfall erhalten, womit der Verbrauch vor allem bei der indirekten Messung von Strömen über Nebenwiderstände unerträglich würde.

Eine gewisse Kompensation des durch die Vergrößerung des Kupferwiderstandes gegebenen Temperatureinflusses erfolgt durch den gegensinnigen Effekt bei der Meßfeder. Das reicht aber nicht aus; so sind kleine Spannungen nur unter Inkaufnahme einer Empfindlichkeitseinbuße mittels temperaturkompensierter Schaltungen zu messen.

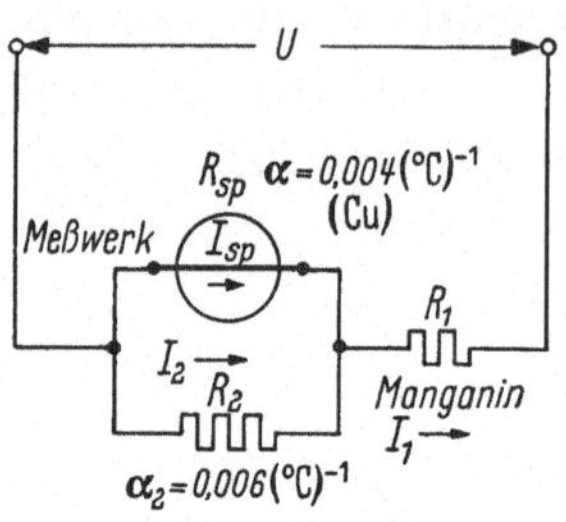

Abb. 364. Temperatur-Kompensation

Als Beispiel ist in Abb. 364 eine sog. *temperaturkorrigierte* Schaltung dargestellt. R_{sp} ist der Kupferwiderstand der Drehspule mit $\alpha_{\mathrm{Cu}} = 0{,}004$, R_2 ein stärker temperaturabhängiger Nebenwiderstand z. B. mit $\alpha_2 = 0{,}006$. R_1 ist ein temperaturunabhängiger Vorwiderstand aus Manganin. Es soll bei gleichbleibender Eingangsspannung U und veränderlicher Temperatur ϑ gemessen werden. Dann gelten die folgenden Beziehungen:

$$R_{sp} = R_{sp_{20}} (1 + \alpha_{\mathrm{Cu}} \cdot \Delta \vartheta)$$

$$R_2 = R_{2_{20}} (1 + \alpha_2 \Delta \vartheta)$$

$$\Delta \vartheta = \vartheta - 20°$$

und

$$U_{sp} = J_{sp} R_{sp} = J_2 R_2$$

$$J_1 = J_{sp} + J_2$$

$$U = U_{sp} + J_1 R_1$$

Hieraus folgt

$$U = J_{sp} \left(R_{sp} + R_1 + R_1 \frac{R_{sp}}{R_2} \right) = J_{sp} \cdot R'$$

Hierin ist

$$R' = \frac{U}{J_{sp}} = R_{sp} + R_1 \left(1 + \frac{R_{sp}}{R_2} \right) \tag{411}$$

das Verhältnis zwischen Eingangsspannung und Spulenstrom; dieses soll temperaturunabhängig sein.

Offenbar muß man das erreichen können. Denn es steigt zwar mit größerer Temperatur der Gesamtwiderstand der Schaltung, aber von dem dann kleiner werdenden Gesamtstrom geht ein größerer Anteil über den Spulenwiderstand R_{sp}, weil der Nebenwiderstand R_2 seinen Widerstand stärker erhöht als die Drehspule. Es ergibt sich

$$R' = R_1 + R_{sp_{20}} + \alpha_{\mathrm{Cu}} \cdot \Delta \vartheta \cdot R_{sp_{20}} + R_1 \frac{R_{sp_{20}}}{R_{2_{20}}} \cdot \frac{1 + \alpha_{\mathrm{Cu}} \Delta \vartheta}{1 + \alpha_2 \Delta \vartheta}$$

oder

$$R' \approx R_1 + R_{sp_{20}} + R_{sp_{20}} \cdot \alpha_{\mathrm{Cu}} \Delta \vartheta + R_1 \frac{R_{sp_{20}}}{R_{2_{20}}} (1 + \alpha_{\mathrm{Cu}} \Delta \vartheta) (1 - \alpha_2 \Delta \vartheta)$$

$$\approx \left(R_1 + R_{sp_{20}} + R_1 \frac{R_{sp_{20}}}{R_{2_{20}}} \right) + \left(\alpha_{\mathrm{Cu}} R_{sp_{20}} - (\alpha_2 - \alpha_{\mathrm{Cu}}) R_1 \frac{R_{sp_{20}}}{R_{2_{20}}} \right) \cdot \Delta \vartheta$$

Damit R' unabhängig von der Temperatur wird, muß

$$\alpha_{Cu} \cdot R_{sp_{20}} = (\alpha_2 - \alpha_{Cu})\,\frac{R_1}{R_{2_{20}}} \cdot R_{sp_{20}}$$

werden. Es ergibt sich

$$\boxed{\frac{R_{2_{20}}}{R_1} = \frac{\alpha_2}{\alpha_{Cu}} - 1} \qquad (412)$$

Für $\alpha_2 = 0{,}006$ und $\alpha_{Cu} = 0{,}004$ muß

$$R_{2_{20}} = \frac{1}{2}\,R_1$$

gemacht werden. Die Temperaturkompensationsschaltung ist also erstaunlicherweise unabhängig vom Widerstand der Drehspule!

Materialien mit $\alpha = 0{,}006$ gibt es (Nickel, Platin). Da die Verwendung von Platin zu teuer ist, Nickel wegen seiner magnetischen Eigenschaften nicht immer eingebaut werden darf, führt man die Temperaturkompensation insbesondere bei Präzisionsgeräten so durch, daß man den Nebenwiderstand aus Kupfer macht und dann vor die Drehspule noch einen besonderen Manganinwiderstand schaltet. Dann erreicht man zwar in der Nebenschaltung nur $\alpha_2 = 0{,}004$, im Spulenzweig aber ebenfalls entsprechend weniger.

Man erkennt, daß sich eine Erhöhung des Verbrauches nicht vermeiden läßt. Die geringste Steigerung ergibt sich auf Grund folgender Rechnung:

Der gesamte Verbrauch beträgt

$$V_{ges} = J_{sp}^2\,R_{sp} + J_2^2\,R_2 + J_1^2\,R_1$$

Setzt man hierin

$$J_2 = J_{sp}\,\frac{R_{sp}}{R_2}$$

und

$$J_1 = J_{sp} + J_2 J_{sp}\left(1 + \frac{R_{sp}}{R_2}\right)$$

ein, so wird

$$V_{ges} = J_{sp}^2\,R_{sp}\left[1 + \frac{R_{sp}}{R_2} + \frac{R_1}{R_{sp}}\left(1 + \frac{R_{sp}}{R_2}\right)\right]$$

Ohne Temperaturkompensation wäre der Verbrauch $J_{sp}^2 \cdot R_{sp}$. Der Ausdruck

$$\gamma = \frac{V_{ges}}{J_{sp}^2\,R_{sp}} = 1 + \frac{R_{sp}}{R_2} + \frac{R_1}{R_{sp}} + \frac{R_1}{R_2} \qquad (413)$$

kennzeichnet also, um wieviel der Verbrauch bei Temperaturkompensation höher ist.

Setzt man nun aus Gl. (412)

$$R_1 = R_2\,\frac{\alpha_{Cu}}{\alpha_2 - \alpha_{Cu}}$$

ein, so erhält man nach einigen Umstellungen

$$\gamma = \frac{\alpha_2}{\alpha_2 - \alpha_{Cu}} + \frac{R_{sp}}{R_2} + \frac{R_2}{R_{sp}} \frac{\alpha_{Cu}}{\alpha_2 - \alpha_{Cu}} \tag{414}$$

In dieser Beziehung kann R_2 so gewählt werden, daß sich bei gegebenem Wert von R_{sp} für γ ein Minimum ergibt. Das ist der Fall, wenn $d\gamma/dR_2 = 0$ ist. Daraus ergibt sich dann

$$0 = -\frac{R_{sp}}{R_2^2} + \frac{1}{R_2} \frac{\alpha_{Cu}}{\alpha_2 - \alpha_{Cu}}$$

oder

$$R_2 = R_{sp} \sqrt{\frac{\alpha_2}{\alpha_{Cu}} - 1} \tag{415}$$

Setzt man diese Bedingung in den Ausdruck für γ ein, so wird

$$\gamma_{min} = 1 + \sqrt{\frac{\alpha_{Cu}}{\alpha_2 - \alpha_{Cu}}} + \left(\sqrt{\frac{\alpha_2 - \alpha_{Cu}}{\alpha_{Cu}}} + 1\right) \frac{\alpha_{Cu}}{\alpha_2 - \alpha_{Cu}}$$

$$= 1 + 2\sqrt{\frac{\alpha_{Cu}}{\alpha_2 - \alpha_{Cu}}} + \frac{\alpha_{Cu}}{\alpha_2 - \alpha_{Cu}}$$

oder

$$\boxed{\gamma_{min} = \left(1 + \sqrt{\frac{\alpha_{Cu}}{\alpha_2 - \alpha_{Cu}}}\right)^2} \tag{416}$$

Im Falle, daß der Nebenwiderstand R_2 aus einem Material mit $\alpha_2 = 0,006$ besteht, muß

$$R_2 = \frac{1}{\sqrt{2}} R_{sp}$$

werden, und der Verbrauch der temperaturfreien Schaltung beträgt das

$$\gamma_{min} = \left(1 + \sqrt{2}\right)^2 = 5,9 \text{fache}$$

der nicht kompensierten Schaltung.

Wegen der auch im günstigen Fall nicht unerheblichen Steigerung des Verbrauches verwendet man zur Temperaturkompensation neuerdings Vorwiderstände mit negativem Temperaturkoeffizienten (sog. Heißleiter, welche aber für Meßzwecke geeignet sein müssen. Sie sind im Handel unter den Firmenbezeichnungen *NTC-Widerstände* (= negative temperature coefficient), *Thernewide* usw. erhältlich (vgl. Kap. VI, 4).

Während der Temperatureinfluß ständig wirkt, bezeichnet man als *Anwärmfehler* die vorübergehende Abweichung des Ausschlages von seinem Endwert, die auf Temperatur-Ausgleichvorgänge innerhalb des Meßgerätes nach dem Einschalten zurückgeht. Dem Anwärmfehler ist bei der Eichung des Gerätes schwer zu begegnen, da man nicht vorhersehen kann, ob beim Gebrauch des Gerätes schon bald nach dem Einschalten abgelesen werden muß, oder ob das Gerät zur Überwachung eines Dauerzustandes eingesetzt ist. Bei guten Geräten sollte der Anwärmfehler daher so klein wie möglich sein. Man kann ihn bei der Prüfung von eisenlosen Geräten mit Drehspulen beurteilen, indem man das Gerät vom kalten Zustand ausgehend an den Hauptpunkten bei steigender Meßgröße prüft, es dann einige Zeit voll belastet und anschließend die Eichung mit fallender Meßgröße an denselben Punkten wiederholt. Die sich ergebenden Differenzen kennzeichnen in gewissem Maße den Anwärmfehler.

b) Der Winkelfehler. Dieser Fehler geht wie der Temperaturfehler auf eine unwillkommene Eigenschaft des Instrumentes zurück. Von Bedeutung ist der Fehler nur bei Leistungsmessern. Bei diesen macht er sich im Gebrauch als Leistungsfaktoreinfluß bemerkbar. In Kap. IX, 8 ist über diesen Fehler und über die Maßnahmen zu seiner Beseitigung ausführlich berichtet worden.

Der Leistungsfaktoreinfluß berechnet sich zu

$$f_\delta^\% = 29{,}1 \cdot 10^{-3} \cdot \delta \cdot \tan\varphi = 29{,}1 \cdot 10^{-3} \cdot \delta \cdot \frac{\sqrt{1-\lambda^2}}{\lambda} \qquad (417)$$

Hierin bedeutet δ den Fehlwinkel, gemessen in Bogenminuten. Besonders bei kleinem Leistungsfaktor λ kann der Fehler sehr groß werden.

c) Der Induktionseinfluß. Schickt man durch den Strompfad eines elektrodynamischen Leistungsmessers einen Wechselstrom, so kann man an den offenen Spannungsklemmen z. B. mit Hilfe eines Vektormessers eine kleine Wechselspannung messen. Es liegt der Verdacht nahe, daß sich beim Anschluß des Spannungspfades diese Spannung über den niederohmigen Netzwiderstand ausgleicht und die Spannungsspule demnach zusätzlich belastet. Es ist zu untersuchen, ob diese Induktionswirkung zwischen Strom- und Spannungsspule einen Einfluß auf die Anzeige ausübt.

Zunächst ist leicht einzusehen, daß die an den offenen Klemmen festgestellte Spannung in ihrer Größe und Phasenlage von der Größe und Phasenlage des Netzstromes abhängt. In der Drehspule wird eine Urspannung

$$\mathfrak{E}_{12} = -j\,\omega\,M \cdot \mathfrak{J}_1 \qquad (418)$$

erzeugt, welche bei angeschlossenem Spannungspfad in der Spule einen Strom $\mathfrak{J}_{sp}''$ hervorruft. Dieser Strom überlagert sich linear dem von der Netzspannung $\mathfrak{U}$ in der Spule erzeugten Strom $\mathfrak{J}_{sp}'$. M ist der Koeffizient der Gegeninduktion zwischen Strom- und Spannungsspule, der gemäß Abb. 365 vom Sinus des Ausschlagwinkels der Drehspule abhängt, gemessen gegen die Mittelachse der Stromspulen.

Es gilt für das vorliegende Problem die Ersatzschaltung Abb. 366a u. b. $\mathfrak{z}_v$ ist der bei einem Wirkleistungsmesser vorwiegend induktionsfreie Vorwiderstand, $\mathfrak{z}_2$ ist der zur Kompensation des Winkelfehlers oder des

Temperatureinflusses erforderliche Nebenwiderstand. Es gilt bei stromlosem Strompfad nach Abb. 366a bezüglich der Wirkung der Netzspannung

$$\mathfrak{U} = \mathfrak{J}_v' \cdot \mathfrak{z}_v + \mathfrak{J}_{sp}' \cdot \mathfrak{z}_{sp}$$

$$\mathfrak{J}_v' = \mathfrak{J}_2' + \mathfrak{J}_{sp}'$$

$$\mathfrak{J}_2' = \mathfrak{J}_{sp}' \cdot \frac{\mathfrak{z}_{sp}}{\mathfrak{z}_2}$$

Daher ist

$$\mathfrak{U} = \mathfrak{J}_{sp}' \left[\left(1 + \frac{\mathfrak{z}_{sp}}{\mathfrak{z}_2}\right)\mathfrak{z}_v + \mathfrak{z}_{sp}\right] = \mathfrak{J}_{sp}' \cdot \mathfrak{z}'$$

mit

$$\mathfrak{z}' = \mathfrak{z}_v + \mathfrak{z}_{sp}\left(1 + \frac{\mathfrak{z}_v}{\mathfrak{z}_2}\right) \tag{419}$$

Diese Ableitung ähnelt sehr der bei der Besprechung der temperaturfreien Schaltung gebrauchten. Sie bezieht sich auf die bereits auf S. 326 in Kap. IX besprochene Phasenfehler-Korrektionsschaltung Abb. 246.

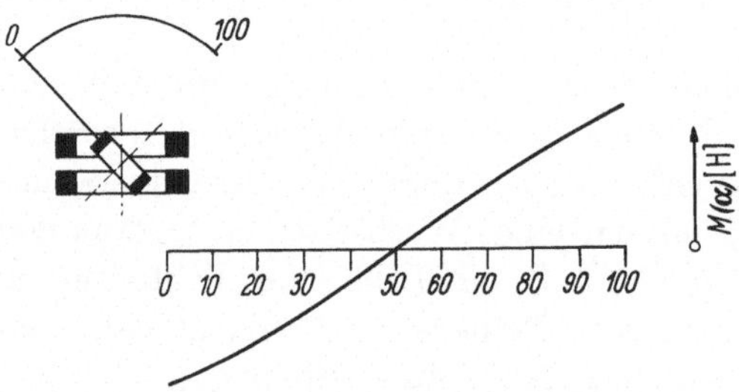

Abb. 365. Koeffizient der Gegeninduktion zwischen den Meßpfaden eines elektrodynamischen Meßwerkes in Abhängigkeit vom Ausschlagwinkel

Durch geeignete Maßnahmen wird man dafür sorgen müssen, daß beim Wirkleistungsmesser die Rechengröße $\mathfrak{z}'$, die den Charakter eines komplexen Widerstandes hat, rein reell, für einen Blindleistungsmesser rein imaginär wird (vgl. Abb. 248, 90°-Kunstschaltung nach HUMMEL).

Die Phasenfehlerkorrektion ist auf jeden Fall frequenzabhängig, d. h. das Verhältnis $\mathfrak{U}:\mathfrak{J}_{sp}'$ ist bei 50 Hz ein anderes als bei der Eichung des Gerätes mit Gleichstrom. Würde die eingangs dieses Abschnittes geschilderte Induktionsspannung die Anzeige ebenfalls beeinflussen, so ließen sich bei

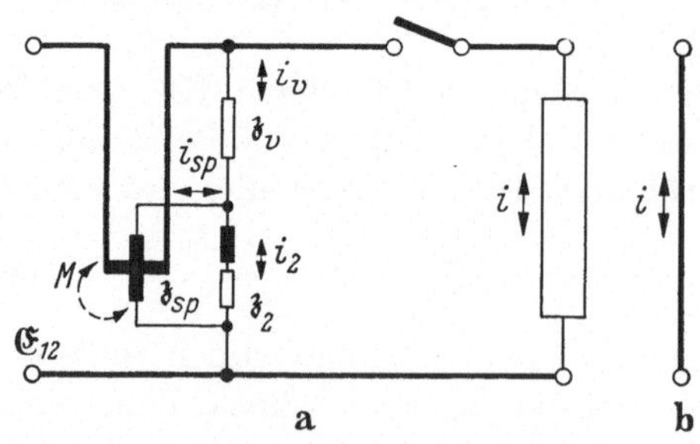

Abb. 366a u. b. Ersatzschaltbild zur Erklärung der gegenseitigen Induktion der Meßpfade
a) Solleistung = Verbraucherleistung; b) Solleistung = 0 (Kurzschluß anstelle des Verbrauchers)

einer Stellung des Meßwerkes u. U. unterschiedliche Phasenfehler erwarten, je nach dem, mit welchem Strom der Ausschlag des Leistungsmessers zustande kommt.

Ersetzt man nach Abb. 366 den Verbraucherwiderstand durch einen Kurzschluß und schickt allein den unveränderten Betriebsstrom durch das Gerät, so gilt

$$\mathfrak{J}_{sp}'' = \frac{\mathfrak{E}_{12}}{\mathfrak{Z}''}$$

hierin ist

$$\mathfrak{Z}'' = \mathfrak{Z}_{sp} + \frac{\mathfrak{Z}_v \,\mathfrak{Z}_2}{\mathfrak{Z}_v + \mathfrak{Z}_2}$$

Durch Umformung dieser Größe erhält man

$$\mathfrak{Z}'' = \frac{1}{1 + \dfrac{\mathfrak{Z}_v}{\mathfrak{Z}_2}} \left[\mathfrak{Z}_v + \mathfrak{Z}_{sp}\left(1 + \frac{\mathfrak{Z}_v}{\mathfrak{Z}_2}\right)\right]$$

$$\mathfrak{Z}'' = \frac{1}{1 + \dfrac{\mathfrak{Z}_v}{\mathfrak{Z}_2}} \cdot \mathfrak{Z}' \tag{420}$$

Im normalen Gebrauch ergibt sich der Gesamtstrom in der Drehspule aus der Überlagerung der beiden durch Gl. (419) und (420) gekennzeichneten Zustände, denn $\mathfrak{J}_{sp}''$ wird durch das Zuschalten des gegen $\mathfrak{Z}_v$ niederohmigen Belastungswiderstandes kaum geändert:

$$\mathfrak{J}_{sp} = \mathfrak{J}_{sp}' + \mathfrak{J}_{sp}'' = \frac{\mathfrak{U}}{\mathfrak{Z}'} + \frac{\mathfrak{E}_{12}}{\mathfrak{Z}''}$$

bzw. unter Berücksichtigung der Gl. (418)

$$\mathfrak{J}_{sp} = \frac{1}{\mathfrak{Z}'}\left[\mathfrak{U} - j\,\omega\, M \left(1 + \frac{\mathfrak{Z}_v}{\mathfrak{Z}_2}\right)\mathfrak{J}_1\right] \tag{421}$$

Zur Beurteilung des Phasenfehlers ist die vereinfachende Annahme erlaubt, daß das Feld $\mathfrak{B}_J$ in der Stromspule keine Phasenverschiebung zum erregenden Strom $\mathfrak{J}_1$ besitzt. Ergibt sich dort ebenfalls ein Fehlwinkel δ_J, so ist nach Kap. IX für den Phasenfehler auf jeden Fall die Differenz $\delta_U - \delta_J$ der Fehlwinkel im Spannungs- und Strompfad maßgebend. Alle Maßnahmen zielen lediglich auf die Beseitigung dieser Differenz hin.

Es sei also $\mathfrak{B}_J$ zu $\mathfrak{J}_1$ proportional und in Phase:

$$\mathfrak{B}_J = k_1 \cdot \mathfrak{J}_1$$

Dann kann man in der aus Kap. IX, 6 bekannten komplexen Schreibweise das Produkt zweier Zeigergrößen unter Einführung der konjugiert komplexen der einen Größe bilden[1].

$$\mathfrak{J}_{sp} \times \mathfrak{B}_J^* = \frac{1}{\mathfrak{Z}'}\left[(\mathfrak{U} \times \mathfrak{B}_J^*) - j\,\omega\, M \left(1 + \frac{\mathfrak{Z}_v}{\mathfrak{Z}_2}\right)(\mathfrak{J}_1 \times \mathfrak{B}_J^*)\right]$$

---

[1] Die exakte Darstellung erfordert die Berechnung des Ausdruckes $\frac{1}{2}\,[\mathfrak{J}_{sp} \times \mathfrak{B}_J^* + \mathfrak{J}_{sp}^* \times \mathfrak{B}_J]$. Man übersieht jedoch sofort, daß die Durchführung der Rechnung mit $\mathfrak{J}_{sp}^* \times \mathfrak{B}_J$ zu denselben Realteilen führt.

Natürlich pulsiert die Meßkraft, und für den Ausschlag ist allein der gleichbleibende Mittelwert des Produktes verantwortlich, der sich nach der Regel der Produktbildung von Zeigergrößen zu

$$M_{Meß} = k_2 \, Re \, (\mathfrak{J}_{sp} \times \mathfrak{B}\mathfrak{j}^*)$$

ergibt. Dieses Meßmoment ist der Anzeige, d. h. dem Istwert der Meßgröße (Wirk- bzw. Blindleistung) proportional.

Es ergibt sich demnach

$$M_{Meß} = k_2 \, Re \left\{ \frac{1}{\mathfrak{z}'} \left[(\mathfrak{U} \times k_1 \, \mathfrak{J}_1^*) - j \, \omega \, M \left(1 + \frac{\mathfrak{z}v}{\mathfrak{z}_2}\right) (\mathfrak{J}_1 \times k_1 \, \mathfrak{J}_1^*) \right] \right\}$$

$$= k_1 \, k_2 \, Re \left\{ \frac{1}{\mathfrak{z}'} \left[(\mathfrak{U} \times \mathfrak{J}_1^*) - j \, \omega \, M \left(1 + \frac{\mathfrak{z}v}{\mathfrak{z}_2}\right) (\mathfrak{J}_1 \times \mathfrak{J}_1^*) \right] \right\}$$

Besäße das Meßwerk keine Gegeninduktion ($M = 0$), so ergäbe sich mit

$$k_1 \, k_2 = k_3$$

für das Meßmoment

$$M_{Meß} = k_3 \, Re \left[\frac{N_{w\,soll} + j \, N_{b\,soll}}{\mathfrak{z}'} \right]$$

Würde man mit Hilfe der Schaltung Abb. 246 zur Phasenfehler-fehler-Korrektion $\mathfrak{z}' = R' + j X'$ reell, d. h. $Jm \, (\mathfrak{z}') = X' = 0$ machen, so ergäbe sich bei fehlender Induktion

$$M_{Meß} = \frac{k_3}{R'} \, Re \left[N_{w\,soll} + j \, N_{b\,soll} \right]$$

$$M_{Meß} = k_4 \cdot N_{w\,soll}$$

Die Anzeige ist der Wirkleistung proportional. Einen Blindleistungs-messer erhält man mit Hilfe der Hummelschaltung, indem $\mathfrak{z}' = R' + j X'$ rein imaginär gemacht wird, d. h. $Re \, (\mathfrak{z}') = R' = 0$:

$$M_{Meß} = \frac{k_3}{X'} \, Re \left[\frac{N_{w\,soll}}{j'} + N_{b\,soll} \right]$$

$$= k_5 \cdot N_{b\,soll}$$

Ist nun die Gegeninduktion M nicht gleich Null, so ist zunächst zu beachten, daß

$$\mathfrak{J}_1 \times \mathfrak{J}_1^* = J_1^2$$

ist. Es wird dann

$$M_{Meß} = k_3 \, Re \left[\frac{N_{w\,soll} + j \, N_{b\,soll} - j \, \omega \, M \left(1 + \frac{\mathfrak{z}v}{\mathfrak{z}_2}\right) \cdot J_1^2}{\mathfrak{z}'} \right]$$

Man erkennt, daß der Ausdruck $j \, \omega \, M \left(1 + \frac{\mathfrak{z}v}{\mathfrak{z}_2}\right) J^2$ im Zähler der rechten Seite auf jeden Fall eine rein imaginäre Zahl wird, wenn die Drehspule keinen Nebenschluß besitzt ($|\mathfrak{z}_2| \to \infty$). Bei einem solchen

Leistungsmesser kann daher die Induktion keinen Einfluß auf die Anzeige haben, da das Störungsglied zum Realteil des Klammerausdrucks auf der rechten Seite nichts beiträgt.

Es ergibt sich aber ein zusätzlicher Induktionseinfluß, wenn die Drehspule zur Durchführung von Abgleichsmaßnahmen (Temperatur- und Phasenfehler) eine Parallelschaltung hat und $\frac{\mathfrak{Z}v}{\mathfrak{Z}_2} = a + b\,j$ nicht rein reell ist. Es ist dann

$$M_{Meß} = k_3\,Re\left[\frac{N_{w_{soll}} + \omega\,M \cdot b \cdot J_1^2}{\mathfrak{Z}'} + j\,\frac{N_{b_{soll}} - \omega\,M(1 + a)J_1^2}{\mathfrak{Z}'}\right]$$

Damit ergibt sich für den Wirkleistungsmesser

$$M_{Meß_{ist}} = \frac{k_3}{R'}\left(N_{w_{soll}} + \omega\,M \cdot b \cdot J_1^2\right) \tag{422}$$

Kompensiert man den Phasenfehler im Spannungspfad nicht wie in Abb. 246 mit Hilfe eines induktiven Parallelzweiges zur Drehspule, sondern durch einen zum Vorwiderstand parallelgeschalteten Kondensator, so ist kein Einfluß der gegenseitigen Induktion zu erwarten, da dann $\mathfrak{Z}_2 = 0$ ist. Bei gleichzeitig durchgeführter Temperaturkompensation mittels eines Widerstandes R_2 aus Kupfer od. dgl. wird dann aber

$$\frac{\mathfrak{Z}v}{\mathfrak{Z}_2} = \frac{R_v + \dfrac{1}{j\,\omega\,C}}{\left(R_v + \dfrac{1}{j\,\omega\,C}\right) \cdot R_2} = \frac{R_v}{R_2}\,\frac{1}{1 + j\,\omega\,C\,R_v}$$

daher

$$b = -\frac{R_v}{R_2} \cdot \omega\,C \cdot R_v$$

und es gibt einen Induktionseinfluß. Bezogen auf den Sollwert der Meßgrößen ergibt er sich zu

$$\frac{N_{w_{ist}} - N_{w_{soll}}}{N_{w_{soll}}} = -\frac{\omega\,M\,b\,J_1^2}{N_{w_{soll}}} = -\frac{\omega^2\,M\,C \cdot \dfrac{R_v}{R_2} \cdot J_1^2\,R_v}{U_1\,J_1\,\cos\varphi} \tag{423}$$

Er ist nicht nur vom Leistungsfaktor, sondern auch von der Belastung abhängig. Entsprechendes gilt bei Anwendung eines Phasenabgleiches mittels der Schaltung Abb. 246.

Den Induktionseinfluß kann man überprüfen, indem man den Strompfad belastet und die Spannungsklemmen des Meßgerätes kurzschließt. Es darf dann kein Ausschlag auftreten.

d) Der Fremdfeldeinfluß. Infolge der Massenträgheit der beweglichen Organe ist jedes Meßwerk unempfindlich gegen magnetische Störfelder, deren Frequenz nicht mit der Frequenz der Meßgröße übereinstimmt. Manchmal merkt man bei geringen Frequenzunterschieden — z. B. im Streufeld noch nicht synchronisierter Maschinen — ein geringes Schwanken der Anzeige, was dann allerdings deutlich auf das Vorhandensein eines Fremdfeldfehlers hinweist. In diesem Falle würde man nach erfolgter Synchronisation einen systematischen Einfluß zu befürchten haben, der dadurch besonders gefährlich wird, daß man ihn nicht ohne weiteres merkt.

Magnetische Gleichfelder stören nur bei Drehspulgeräten. Da sich diese Felder kaum abschirmen lassen, begegnet man ihnen von der Konstruktion her durch Anwendung genügend kräftiger Magnete im Meßwerk. Daher hat man beim Gebrauch von Drehspulgeräten in der Nähe von Leitungen, die starke Ströme führen, Obacht zu geben. Der Fremdfeldeinfluß soll nach VDE 0410 bei 5 Oersted geprüft werden. Die Umrechnung dieser dem Praktiker wenig geläufigen Einheit ergibt mit

$$1 \text{ A cm}^{-1} = \frac{4\pi}{10} \text{ Oersted}$$

eine Feldstärke von 3,98 A·cm^{-1} bzw. eine Flußdichte von

$$B = 3,98 \cdot \text{A cm}^{-1} \cdot 4\pi \cdot 10^{-9} \frac{\text{Vs}}{\text{A cm}}$$
$$= 5 \cdot 10^{-8} \frac{\text{Vs}}{\text{cm}^2}$$

Es ergibt sich dann diese Feldstärke in 1 m Abstand von einem gestreckten Leiter gemäß

$$H = \frac{J}{2\pi r}$$

bereits bei einer Stromstärke von

$$J = 3,98 \cdot 2\pi \cdot 100 = 2500 \text{ A}$$

Selbst ein Vielfaches dieser Stromstärke ist in der Praxis nicht ungewöhnlich; in Anlagen zur Aluminiumelektrolyse arbeitet man mit stationären Stromstärken bis zu etwa 100 kA! Man erkennt, welche Bedeutung die richtige Wahl des Aufstellungsortes haben kann.

Bei elektrodynamischen Geräten stört das Erdfeld allenfalls bei der Eichung mit Gleichstrom am Kompensator. Da Betriebsleistungsmesser stets ein eisengeschlossenes Meßwerk haben, kann auf die Anwendung der von den Feinmeßgeräten her bekannten Maßnahmen (Abschirmung bzw. Astasierung) verzichtet werden.

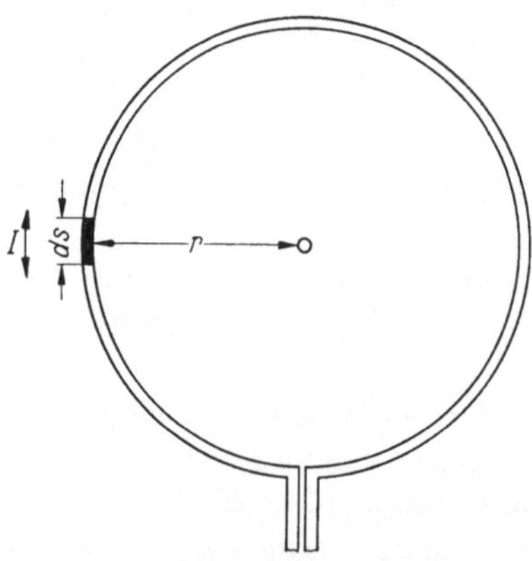

Abb. 367. Zur Berechnung der magnetischen Feldstärke im Mittelpunkt einer Kreisspule

Zur Herstellung des definierten Feldes von 0,05 $\mu\text{Vs}\cdot\text{cm}^{-2}$ dient bei der Prüfung der Geräte eine Kreisspule genügend großen Durchmessers Abb. 367. Im Zentrum derselben ist das Feld nahezu homogen. Durch Verdrehen der Spulenebene zum Instrument kann leicht die Vektorlage des Störfeldes verändert werden. Nach dem Gesetz von BIOT-SAVART kann man sich die in einem Punkte in der Nähe eines Leiters herrschende Feldstärke zusammengesetzt denken aus den Wirkungen aller genügend kleinen Abschnitte des Leiters

$$dH = \frac{1}{4\pi} \frac{J\,ds\sin\alpha}{r^2}$$

Für den Mittelpunkt der Kreisspule gilt in bezug auf jedes Leiterelement $\sin\alpha = 1$. Summiert man die Wirkungen aller Leiterelemente über den gesamten Umfang, so wird

$$H = \frac{1}{4\pi} \frac{J\cdot 2\pi r}{r^2} = \frac{J}{2r} \tag{424}$$

Beträgt z. B. $r = 50$ cm und $J = 400$ A, so ist $H = 4\,\text{A}\cdot\text{cm}^{-1}$, ein Wert, der mit dem Normwert des Fremdfeldes von $H = 3{,}98\,\text{A}\cdot\text{cm}^{-1}$ nach VDE 0410 nahezu übereinstimmt.

7. Die Prüfung gemäß VDE 0410 „Regeln für elektrische Meßgeräte"[1]

Wie gewöhnlich wird auch bei den Prüfungen elektrischer Meßgeräte zwischen Stück- und Typenprüfungen unterschieden. Als Stückprüfung sind Anzeige- und Lagefehler zu untersuchen; die Erfüllung aller anderen Genauigkeitsforderungen braucht nicht bei jedem Stück nachgewiesen zu werden.

Der Anzeigefehler wird angegeben

    a) in Prozent des Meßbereich-Endwertes

    b) in Prozent der Skalenlänge

    c) in Prozent des Sollwertes

Die letzte Definition wird im wesentlichen nur bei Vibrationsmeßwerken zur Anzeige der Frequenz angewendet, da hier natürlich ein Bezug auf den Bereich des gesamten Gerätes sinnlos wäre. Die Prüfung erfolgt durch Messung der Frequenz, die der einzelnen Zunge den höchsten Ausschlag verleiht.

Den Fehler hat man auf die Skalenlänge bei allen Geräten ohne mechanischen Nullpunkt (Quotientenmesser) sowie bei solchen Geräten zu beziehen, deren Skale wie bei Ohmmetern stark vom linearen Verlauf abweicht.

Am häufigsten ist der Anzeigefehler auf den Meßbereich-Endwert zu beziehen. Der Meßbereich ist nicht immer der gesamte bezifferte Bereich

---

[1] vgl. Fußnote 1 S. 419.

der Skale; als Beispiel hierfür seien Weicheisenstrommesser mit Überlastbereich genannt. Beginn und Ende des Meßbereiches ist dann besonders zu kennzeichnen (z. B. durch Punkte über den Skalenstrich). Bei innerhalb des Meßbereiches liegendem Nullpunkt gilt als Bezugsgröße für den Anzeigefehler die Summe beider Endwerte nach rechts und links, absolut genommen.

Bei der Prüfung des Gerätes auf Anzeigefehler hat man für die Innehaltung der in Tab. 21 genannten Umweltbedingungen zu sorgen. Die Tabelle enthält den Bezugswert für die Richtigkeitsprüfung und die Bestimmungen bezüglich Abweichung von der Bezugsgröße, bei denen die Innehaltung der zulässigen Toleranzen nachzuweisen ist.

Tabelle 21

Angaben über Umweltbedingungen bei der Prüfung von Meßgeräten nach VDE 0410

Nr.	Einfluß	VDE 0410	Prüfung	Bereich der Einflußgröße
1	Lage	§ 28	Stück-	$\pm 5°$
2	Dämpfung und Beruhigung	§ 19	Typen-	für $t = 4s$: $\lvert \alpha - \alpha_\infty \rvert \leqq 0{,}015\,\alpha_\infty$ $\alpha_{max} \leqq 1{,}2\,\alpha$
3	Temperatur	§ 29	,,	$\pm 10\ °C$
4	Anwärmung	§ 30	,,	$\alpha_{max\,t\,=\,60min} - \alpha_{max\,t\,=\,15min}$
5	Fremdfeld	§ 31	,,	5 Oersted
6	Spannung[1]	§ 32	,,	Nennspannungsbereich
7	Frequenz	§ 33	,,	Nennfrequenzbereich bzw. $15 \cdots 60\ Hz$[2]
8	Leistungsfaktor[3]	§ 34	,,	$\lvert \alpha - 0 \rvert$ ($\varphi = 90°$ ind. bzw. $0°$)
9	Unsymmetrie	§ 36	,,	$\lvert \alpha_{symm} - \alpha \rvert$ bei gleichem Sollwert u. *einem* abgesch. Meßw.
10	Kopplung	§ 36	,,	$\lvert \alpha_{symm} - \alpha \rvert$ bei Kommutation von U und J in *einem* Meßw.
11	Einbau	§ 37	,,	3 mm Eisenblech

[1] Nur bei Leistungsmessern und Geräten ohne mech. Richtkraft.

[2] Bei Geräten Kl. 0,1 und 0,2 ohne Angabe eines Nennfrequenzbereiches.

[3] Bei Nennspannung und Nennstrom, Geräte Kl. 0,1 bis 0,5 vgl. außerdem VDE 0410 § 33 b, c.

Zur Überprüfung des Anwärmverhaltens ist wie folgt vorzugehen:

1. *Drehspul-Strom- und Spannungsmesser der Kl. 0,1 bis 0,5:*

   a) Einstellung des Nullpunktes

   b) Einschalten und Prüfen bei zunehmender Meßgröße bis zum Meßbereich-Endwert

   c) Betrieb des Gerätes während einer Stunde mit dem Meßbereich-Endwert

   d) Prüfen der unter b) genannten Punkte bei fallender Meßgröße

   e) Feststellung der Nullpunktabweichung

2. *Leistungsmesser der Kl. 0,1 bis 0,5:*

   a) Betrieb des Spannungspfades während einer halben Stunde mit Nennspannung

   b) Einstellen des Nullpunktes

   c) Einschalten des Strompfades und Prüfen bei zunehmender Meßgröße bis zum Meßbereich-Endwert

   d) Betrieb während einer Stunde beim Meßbereich-Endwert

   e) Prüfen der unter c) gemessenen Punkte bei fallender Meßgröße

   f) Feststellung der Nullpunkt-Abweichung

Abweichend von dem unter 1. und 2. Gesagten ist zu messen

3. *bei allen anderen Strom- und Spannungsmessern*
nach einstündiger Vorbelastung mit 80% des Meßbereich-Endwertes

4. *bei Leistungs- und Leistungsfaktormessern der Kl. 1 bis 5*
nach einstündiger Vorbelastung mit 80% des Nennstromes und 100% der Nennspannung.

Austauschbares Zubehör ist nicht mit in die Richtigkeitsprüfung einzubeziehen. Eine Ausnahme wird gemacht, wenn Vor- und Nebenwiderstände *nur* zusammen mit einem Meßinstrument verwendet werden. Dann muß man aber das Zubehör als zum Instrument gehörig kennzeichnen.

Austauschbares Zubehör muß eine Klasse genauer sein als die Meßinstrumente, mit denen zusammen es verwendet werden soll. Die Klassenangaben bzw. Fehlergrenzen (bezogen auf den Nennwert) sind demnach

$$0,05 - 0,1 - 0,2 - 0,5$$

Diese Abweichungen dürfen zwischen 10 °C und 30 °C, bei jeder beliebigen Belastung bis zur Nennlast und ferner bei Nebenwiderständen der Kl. 0,5 nach einstündiger Vorbelastung mit 80% des Nennstromes nicht überschritten werden.

Außer den Untersuchungen der in Tab. 21 genannten Störeinflüsse werden noch folgende Typenprüfungen durchgeführt:

   a) Zweistündige Dauerüberlastung mit dem 1,2fachen des Meßbereich-Endwertes bei der Bezugstemperatur

   b) Stoßüberlastung bei Betriebsgeräten, bestehend aus 9maligem Einschalten während 0,5 s und einmaligem Einschalten während 5 s und zwar bei

Strommessern: 10facher Meßbereich-Endwert

Spannungsmessern: 2facher Meßbereich-Endwert

Leistungsmessern: 10facher Nennstrom bei Nennspannung

Thermische, elektrostatische und schreibende Geräte sind von dieser Prüfung ausgenommen. (Für Präzisionsgeräte gelten abweichende Bedingungen, die den Vorschriften zu entnehmen sind)

c) Arbeitstemperaturprüfung, und zwar Feststellung des einwandfreien Arbeitens zwischen -20 und $+40\,^\circ\mathrm{C}$

d) Rüttelprüfung bei Schalttafelgeräten, und zwar je 20 Minuten bei 50 Hz in drei aufeinander senkrecht stehenden Ebenen, wobei 0,25 mm Amplitude erreicht werden muß

e) Dämpfung: Die erste Überschwingung beim Einschalten mit einem Meßwert, der $^2/_3$ der Skalenlänge entspricht, soll 20% der Skalenlänge nicht überschreiten, ferner darf die Beruhigungszeit, die das Meßinstrument zur Annäherung auf 1,5% an seinen endgültigen Ausschlag braucht, 4 s nicht überschreiten. Ausgenommen sind Instrumente mit einseitiger Bandaufhängung, thermische, elektrostatische und Vibrationsinstrumente, Instrumente mit kleineren Meßbereichen als 60 mV bzw. 1 mA und solche mit größeren Skalenlängen als 150 mm.

Weitere Prüfungen sind schutztechnischer Art und dienen zur Beurteilung der Isolationsfestigkeit, der Kriech- und Luftstrecken usw. Sie sollen an dieser Stelle nicht behandelt werden, da sie nicht zur Beurteilung der Fehler dienen; es sei in diesem Zusammenhang nochmals auf VDE 0410 *Regeln für elektrische Meßgeräte* verwiesen.

XIII. Der Induktionszähler für Wechsel- und Drehstrom

Lehrziel: Theorie des Induktionsmeßwerkes. Die Anwendung im Zähler. Der Zähler als integrierendes Meßgerät. Besonderheit integrierender Meßverfahren. Die besondere Stellung des Zählers als meßtechnische Grundlage zur Abwicklung von Energielieferungsverträgen.

1. Aufbau des Meßwerkes

Der bewegliche Teil eines Induktionsmeßwerkes besteht meistens aus einem massiven, metallischen Leiter, dem man die Form einer Scheibe oder hohlen Trommel gibt, in welcher durch zwei räumlich getrennte und in der Phase verschobene Wechselflüsse Wirbelströme induziert werden. Das Induktionsmeßwerk ähnelt somit in seinem grundsätzlichen Aufbau dem Asynchronmotor mit Kurzschlußläufer. Abb. 368 zeigt einen Wirkverbrauchszähler mit Induktionsmeßwerk.

Die in dem Läufer fließenden Wirbelströme ergeben zusammen mit den Flüssen (*Triebflüssen*) ein Moment. Man kann sich das Zustandekommen desselben auf verschiedene Weise erklären. Die auf den Wechselstromzähler als wichtigsten Repräsentanten dieses Meßwerktyps zugeschnittene Erläuterung benötigt nicht das Eingehen auf die Theorie des Drehfeldes. Zuvor seien jedoch die wichtigsten Bauteile des Zählers, die für das Zustandekommen des Triebmomentes und der Anzeige verantwortlich sind, an Hand der schematischen Abb. 369 erläutert.

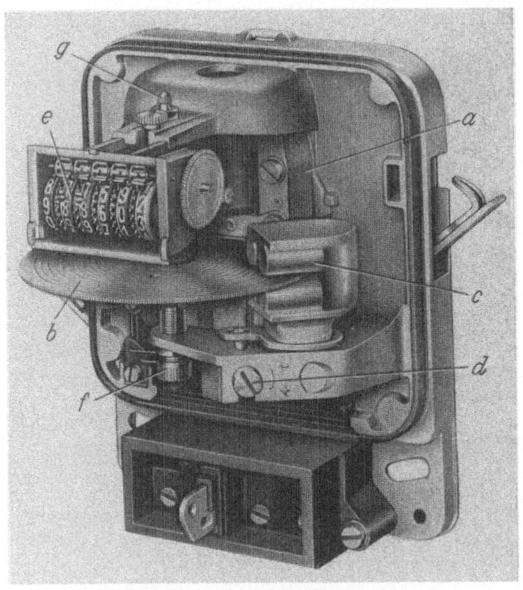

Abb. 368. Wirkverbrauchzähler für Wechselstrom mit Induktionsmeßwerk und 20jähriger Fehlergarantie (sog. Langzeitzähler, SSW)
a Triebsystem (Spannungseisen); *b* Läuferscheibe; *c* Doppelspur-Bremsmagnet; *d* Fehlerkorrektion am Nennlastpunkt; *e* 6stelliges Rollenzählwerk; *f* Unterlager; *g* Oberlager

Ein Zähler üblicher Bauart besitzt einen scheibenförmigen Läufer *1* aus Aluminium. Er bewegt sich im Luftspalt eines Meßwerkes, welches aus zwei Teilen besteht: dem sog. *Spannungseisen 2* und dem *Stromeisen 3*. Die Gestaltung dieser lamellierten Eisenkörper ist bei den einzelnen Fabrikaten verschieden; allen gemeinsam ist, daß der von einer Spannungsspule *4* erzeugte *Spannungstriebfluß* $\varPhi_{UL}$ die Scheibe an einer Stelle, der von der Stromspule *5* erzeugte *Stromtriebfluß* $\varPhi_{JL}$ an einer anderen Stelle parallel zur Achse durchsetzt. Meistens bekommt das Stromeisen zwei Pole, die den Pol des Spannungseisens einschließen.

An einer anderen Stelle steht die Scheibe unter dem Einfluß eines permanenten Magneten *6*, der genau wie beim Dämpferrähmchen des Galvanometers eine geschwindigkeitsproportionale Dämpfung des beweglichen Organes verursacht. Eine Anzeigevorrichtung *7* registriert die

Umdrehungen der Scheibe. Die weiteren, in der Abbildung dargestellten Teile dienen der Einstellung des Zählers auf genauen Gang und werden später besprochen.

Die Schaltung des Zählers ist gleichfalls der Abb. 369 zu entnehmen. Die aus vielen Windungen eines dünnen Drahtes bestehende Spannungsspule liegt an der Netzspannung U, die aus wenigen Windungen eines dicken Drahtes bestehende Stromspule wird vom Verbraucherstrom J durchflossen. Das Meßwerk ist also wie ein Wattmeter geschaltet.

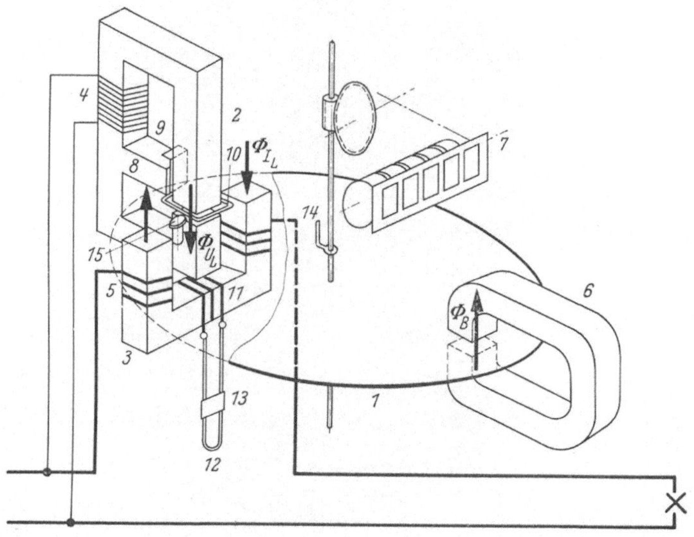

Abb. 369. Meßwerk eines Wechselstrom-Induktionszählers in schematischer Darstellung
1 Läuferscheibe (bewegliches Organ); *2* Spannungstriebkern; *3* Stromtriebkern; *4* Spannungsspule; *5* Stromspule; *6* Bremsmagnet; *7* Zählwerk; *8* Magn. Nebenschluß; *9* Einstellung des magn. Nebenschlusses; *10* Kurzschlußrähmchen zur Belastung des Spannungstriebflusses; *11* Hilfswicklung auf Stromtriebkern zur Belastung des Stromtriebflusses; *12* Manganin-Abgleichschleife; *13* 90°-Einstellung (cos φ-Abgleich); *14* Leerlaufhäkchen; *15* Schwachlast-Einstellung (Spannungs-Leerlauf)

2. Das Zustandekommen des Triebmomentes

In Abb. 370 a—c ist schematisch derjenige Teil der Scheibe dargestellt, der unter den Triebkernen liegt. Die Projektionen derselben sind als Quadrate eingetragen, eingezeichnet sind ferner die Augenblickswerte der Flüsse und Scheibenströme. Ein Kreuz bedeutet, daß der Fluß in die Bildebene eintritt; er werde in dieser Richtung positiv gezählt. Die Flüsse sollen harmonische Funktionen der Zeit sein und zwar sollen gemäß Abb. 370 c der Stromtriebfluß Φ_{JL} dem Spannungstriebfluß Φ_{UL} um genau 90° voreilen.

Gemäß Abb. 370 c werden zwei Zeitpunkte herausgegriffen, für die die Darstellungen Abb. 370 a und 370 b gelten sollen. In dem Zeitpunkt t_a habe der Stromtriebfluß seinen Höchstwert (Abb. 370 a). Die Spulen sollen so gewickelt und angeschlossen sein, daß der Umlaufsinn des Stromes im linken Stromtriebkern und im Spannungskern der gleiche ist, wenn die Ströme im gleichen Sinne fließen.

Nach Abb. 370c ist für $t = t_a$ der Stromtriebfluß Φ_{J_L} positiv und Φ_{U_L} nimmt zu; demnach ist auch $\dfrac{d\Phi_{U_L}}{dt}$ positiv.

Gleichzeitig herrscht im linken Stromeisen ein positiver Fluß. Um die Pole des Stromeisens herum können sich keine Wirbelströme bilden, da für $t = t_a$ die Flußänderung und demnach auch die EMK in der Scheibe gleich Null ist. Dagegen entsteht vor dem Pol des Spannungseisens eine EMK

$$e_{U_2} = -\frac{d\Phi_{U_L}}{dt}$$

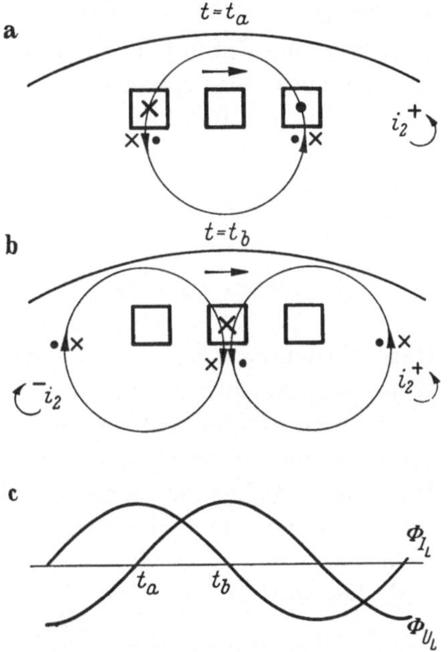

Abb. 370a—c. Entstehung des Triebmomentes in der Läuferscheibe eines Induktions-Meßwerkes (Wirkverbrauch-Wechselstromzähler)

Das negative Vorzeichen steht bekanntlich auf Grund des LENZschen Gesetzes; denn die von der EMK hervorgerufenen Wirbelströme in der Scheibe versuchen den Fluß Φ_{U_L}, der mit der höchsten Änderungsgeschwindigkeit zunimmt, auf seinem Augenblickswert festzuhalten. Dazu gehören Ströme, die links um das Spannungseisen herumfließen. Sie sind stetig über die Scheibe verteilt und sollen durch den eingezeichneten Stromfaden nur versinnbildlicht werden. Die Wirbelströme besitzen einen Teilfluß, der ebenfalls eingezeichnet und so gerichtet ist, daß er im Bereich der Stromeisenpole den dort herrschenden Fluß Φ_{J_L} links verstärkt und rechts abschwächt. Es entsteht daher ein Trieb von links nach rechts infolge des „Querdruckes" des magnetischen Feldes.

Kurze Zeit nach dem Zeitpunkt t_a wird auch die Stelle unter dem Spannungspol magnetisiert. Die Richtung der Magnetisierung ist durch die getroffenen Annahmen bereits festgelegt und in Abb. 370b eingetragen. Da zwischen t_a und t_b der Spannungstriebfluß Φ_{U_L} positiv ist und zunimmt, gelangt man nach einer Viertelperiode mit dem Zeitpunkt t_b zu den in Abb. 370b dargestellten Verhältnissen in der Scheibe. Φ_{J_L} ist jetzt Null und wird negativ, d. h. nimmt noch weiter ab. Es wirken in der Scheibe EMKe, die um die Pole des Stromeisens herum Scheibenströme verursachen; diese suchen den im linken Eisen positiv, im rechten negativ gewesenen Fluß zu stützen. Die Teilflüsse dieser Wirbelströme verstärken beide unter dem Pol des Spannungseisens den dort herrschenden Spannungstriebfluß auf der linken Seite und schwächen ihn rechts; wiederum entsteht ein Trieb von links nach rechts.

Man merke sich die

Regel: *Die Scheibe wandert vom Pol mit dem voreilenden Fluß zum Pol mit dem nacheilenden Fluß.*

Wenn vom Einfluß der Temperatur auf den spezifischen Leitwert des Scheibenmateriales zunächst abgesehen wird, sind die Wirbelströme in der Scheibe den Induktionsspannungen proportional:

$$i_{U_2} = k_{sch_U} \cdot \varkappa \cdot s \cdot e_{U_2} = - k_U \frac{d\Phi_{U_L}}{dt}$$

und

$$i_{J_2} = k_{sch_J} \cdot \varkappa \cdot s \cdot e_{J_2} = - k_J \frac{d\Phi_{J_L}}{dt}$$

Hierin bedeuten k konstruktionsbedingte Konstanten, die die Art und Weise berücksichtigen, wie sich die Scheibenströme ausbreiten. Diese Konstanten werden im allgemeinen für beide Pole verschieden sein, enthalten aber die spezifische Leitfähigkeit $\varkappa$ und die Dicke s der Scheibe. Die Flüsse ergeben zusammen mit diesen Strömen Kräfte, die ihrerseits zusammen mit dem Hebelarm der Angriffsrichtung Momente verursachen.

Daher wird

$$M_{T_U} = - k_{UJ}\Phi_{U_L} \cdot \frac{d\Phi_{J_L}}{dt} \; ; \quad M_{T_J} = - k_{JU}\Phi_{J_L} \cdot \frac{d\Phi_{U_L}}{dt}$$

Untersucht man die Elektrizitätsströmung in der Scheibe näher, so findet man, daß auch bei unterschiedlichen Erregungen der Triebkerne $k_{UJ} = k_{JU}$ ist.

Ändern sich die elektromagnetischen Größen sinusförmig:

$$\Phi_{U_L}(t) = - \sqrt{2}\,\Phi_{U_{L_{eff}}} \cos \omega t; \quad \Phi_{J_L}(t) = \sqrt{2}\,\Phi_{J_{L_{eff}}} \sin \omega t$$

so wird

$$M_{T_U} = 2 \cdot k_{UJ} \cdot \omega \cdot \Phi_{U_{L_{eff}}} \cdot \Phi_{J_{L_{eff}}} \sin^2 \omega t$$

und

$$M_{T_J} = 2 \cdot k_{UJ} \cdot \omega \cdot \Phi_{J_{L_{eff}}} \cdot \Phi_{U_{L_{eff}}} \cos^2 \omega t$$

Somit ist das gesamte Triebmoment

$$M_T = M_{T_U} + M_{T_J} = k_1 \cdot \omega \cdot \Phi_{U_{L_{eff}}} \cdot \Phi_{J_{L_{eff}}} \tag{425}$$

Man erkennt, daß M_T nicht mehr von der Zeit abhängt, sondern bei konstanten Effektivwerten der Flüsse stets gleichbleibend ist. Abb. 371 zeigt den Verlauf der Teilmomente und des gesamten Triebmomentes.

Die Verhältnisse sind dieselben wie im Asynchronmotor, in dem durch das Drehfeld gleichfalls ein konstantes Moment erzeugt wird. In der Tat läßt sich auch die Stelle der Scheibe unter den Triebwerken als Ausschnitt des Läufers eines Induktionsmotors mit sehr großem Läuferdurchmesser auffassen.

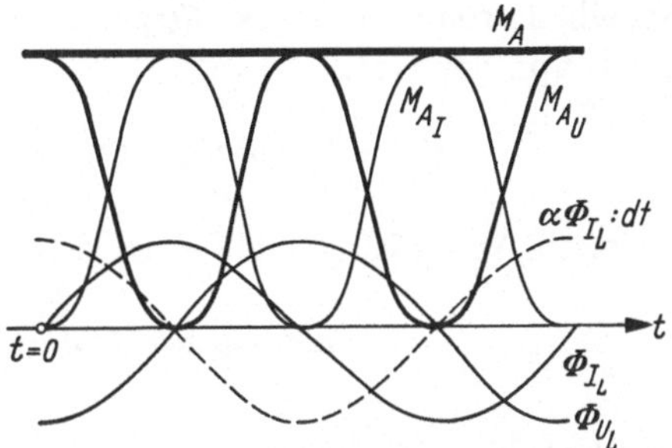

Abb. 371. Teilmomente und Gesamtmoment des Triebsystemes eines Wechselstrom-Induktionszählers

3. Der Induktionszähler mit idealem Meßwerk

Nach dem vorigen Abschnitt kommt im Zähler ein gleichbleibendes Triebmoment zustande, wenn sich Φ_{UL} und Φ_{JL} um 90° in der Phase unterscheiden; nach der dort erwähnten Regel sei es als positiv bezeichnet, wenn der Stromtriebfluß in demjenigen Schenkel des Stromeisens dem Spannungstriebfluß um 90° voreilt, dessen Spule gleichen Wicklungssinn wie die Spannungsspule hat.

Sind dagegen die Flüsse in Phase, so wird gemeinsam von allen Kernen ein räumlich stillstehendes Wechselfeld erzeugt. Diesem entspricht eine gemeinsame Verteilung der Wirbelströme in der Scheibe, welcher aber der zeitlich synchrone Fluß, mit dem zusammen die Ströme ein Moment erzeugen könnten, fehlt. Die Scheibe steht also still.

Man kann nach Abb. 372 jeden Zwischenzustand auf zwei sich überlagernde Komponenten zurückführen, die diesen Grenzfällen entsprechen; mit anderen Worten, einer der Flüsse,

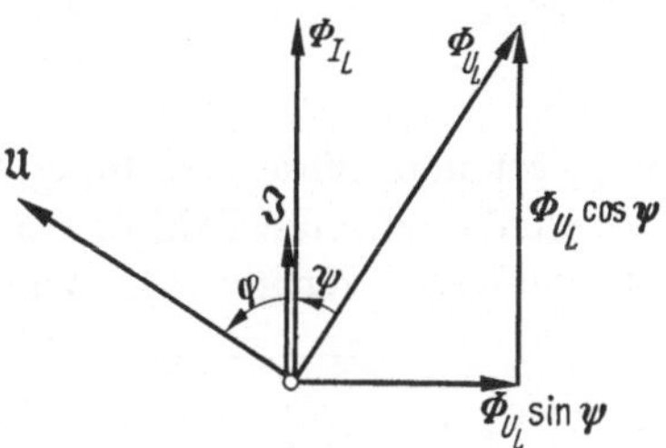

Abb. 372. Komponentenzerlegung der Betriebsgrößen eines Induktionszählers mit idealem Meßwerk

z. B. der Spannungstriebfluß, wird in bezug auf den anderen in Komponenten zerlegt. Eilt Φ_{UL} um ψ nach, so entsteht ein Trieb nur auf Grund der Komponente $\Phi_{UL} \sin \psi$.

Es seien zunächst ideale Verhältnisse im Zähler vorausgesetzt. Dann geht nur der Luftspaltfluß des Spannungseisens durch die Spannungsspule und erzeugt dort eine nacheilende EMK E_{U1}, die von der Netzspannung U überwunden werden muß. Im Diagramm eilt somit die

Netzspannung dem Spannungstriebfluß um 90° vor. Dagegen ist der Luftspaltfluß des Stromeisens in Phase mit dem magnetisierenden Strom J des Verbrauchers. Sieht man zunächst von der Rückwirkung der Scheibenströme ab, so ist $\Phi_{J_L} \sim J$ und $\Phi_{U_L} \sim U$ und es entsteht ein Trieb von der Größe

$$M_T = k_1 \cdot \omega \cdot \Phi_{J_L} \cdot \Phi_{U_L} \cdot \sin\psi = k_2 \cdot U \cdot J \cdot \sin\psi$$

Da nach Abb. 372 $\varphi = 90° - \psi$ ist, ergibt sich

$$M_T = k_2 \cdot U \cdot J \cdot \cos\varphi = k_2 \cdot N_w \tag{426}$$

Das Induktionsmeßwerk mißt in dieser Schaltung Wirkleistungen.

Ohne Einwirkung weiterer Kräfte würde die Scheibe ständig beschleunigt werden. Sofort bei Beginn der Bewegung kommt der Bremsmagnet 6 zur Wirkung, indem dann unter seinen Polen in der Scheibe Wirbelströme erzeugt werden, die proportional der Bewegungsgeschwindigkeit, d. h. der Drehzahl sind. Das von diesen Strömen gemeinsam mit dem Luftspaltfeld des permanenten Magneten verursachte Bremsmoment ist somit

$$M_B = k_3 \cdot \frac{2\pi}{60} \cdot n$$

Die Beschleunigung hört auf, wenn die Momente gleich groß geworden sind:

$$M_B = M_T$$

Dann ist

$$\frac{2\pi}{60} \cdot n = k_4 \cdot N_w \tag{427}$$

Integriert man diese Gleichung, so erhält man links den Drehwinkel α der Scheibe oder die Zahl der zurückgelegten Umdrehungen, rechts die währenddessen verbrauchte Arbeit:

$$\alpha = \int_{t_1}^{t_2} \frac{2\pi}{60}\, n\, dt = k_4 \int_{t_2}^{t_2} N_w\, dt = k_4 \cdot A \tag{428}$$

Das Meßgerät ist in dieser Schaltung ein Wattstundenzähler. Er registriert die verbrauchte Arbeit völlig unabhängig von der Größe der augenblicklichen Leistung.

Besitzt das Gerät dagegen eine elastische Federkraft, welche der Triebkraft entgegenwirkt, so wird die Feder gespannt, bis die Momente gleich werden; dann arbeitet das Meßwerk als anzeigender Wirkleistungsmesser.

4. Die Sonderstellung des Zählers in der Meßtechnik

Als Leistungsmesser hat das Induktionsmeßwerk nur untergeordnete Bedeutung; das Hauptanwendungsgebiet ist der Elektrizitätszähler (Abb. 368). Dieser nimmt unter allen Meßgeräten eine besondere Stellung ein. In seiner Wirkungsweise unterscheidet er sich von den bisher betrachteten Meßgeräten dadurch, daß er ein Integrator ist, bei dem die Meßgröße nicht durch Auswiegen gegen eine Federkraft ermittelt wird, sondern *abgezählt* wird. Der Zählvorgang selbst kann beliebig genau erfolgen; man hat lediglich zu fordern, daß man sich nicht *verzählt*, d. h. hier z. B., daß die Zähnezahlen der Getrieberäder zum Zählwerk stimmen.

Der Zähler wäre also grundsätzlich ein ideales Meßgerät, wenn man sich auf die Konstanz des Proportionalitätsfaktors k_4 verlassen könnte. k_4 hängt nun in gewissem Maße von den Betriebsgrößen des Gerätes selbst, dann aber auch natürlich von irgendwelchen, schwer zu erfassenden, Umwelteinflüssen ab. Der Zähler hat also als Anzeigegerät einen Fehler, weil sein Triebsystem wie jedes andere Meßwerk nicht fehlerfrei messen kann. Nun kann man in ähnlicher Weise wie z. B. beim Drehspulgalvanometer das Meßgerät auf hohe Empfindlichkeit züchten und demgegenüber die Forderung nach hoher Genauigkeit, die für den normalen Induktionszähler zweifellos die wichtigste ist, zurückstellen. Dann kann der Induktionszähler ebenso wie das Galvanometer als Nullgerät in Meßschaltungen zum Vergleich einer Meßgröße mit einer anderen eingesetzt werden, die den Sollwert repräsentiert. Bei dieser Gelegenheit erweist sich die Eigenschaft des Zählers, die Betriebsgröße zu integrieren, als so wesentlich, daß sich hieraus außerordentlich genaue Meß*verfahren* ableiten lassen (vgl. Kap. X).

Als Meßgerät unterliegt der Zähler einer sehr eingehenden Überwachungspflicht, die der Staat direkt oder indirekt ausübt. Der Zähler ist das einzige elektrische Gerät, welches für die Praxis eine ähnliche Bedeutung hat wie z. B. die Waage auf dem Gebiet der mechanischen Messungen. Wie diese wird er im öffentlichen Verkehr zur Verrechnung von Dienstleistungen, d. h. bei der Lieferung elektrischer Energie, gebraucht. Mit der Abwicklung von Stromlieferungsverträgen hat jeder Staatsbürger zu tun. So ist verständlich, daß das *Eichen* des Zählers, d. h. die Feststellung der Abweichungen des Faktors k_4 von seinem Sollwert unter verschiedenen Betriebsbedingungen, einem starken staatshoheitlichen und juristischen Interesse unterliegt. Man kann sagen, daß daher der Zähler wie kein anderes Meßgerät die praktische Feinmeßtechnik gefördert hat. Eine Reihe der empfindlichsten und genauesten Meßverfahren wurde vornehmlich in Hinblick auf die mit der Eichung zusammenhängenden Aufgaben entwickelt.

5. Die Diagramme der Triebkerne

Zur Diskussion der Fehlermöglichkeiten ist es notwendig, die Diagramme der Triebkerne genauer zu betrachten. Abb. 373 zeigt das Meßwerk des Zählers Abb. 368. In ihrer Wirkungsweise ähneln die Kerne belasteten Transformatoren, obgleich bei beiden ursprünglich nur je eine Spule als betriebsnotwendig vorausgesetzt war. Jedoch bietet schon die Scheibe selbst durch die in ihr fließenden Wirbelströme eine Möglichkeit, an der Magnetisierung beider Kerne mitzuwirken. Darüber hinaus tragen die Kerne noch weitere Spulen, welche Ströme führen und sich somit an der gesamten Magnetisierung beteiligen. Derartige Spulen werden zum *Abgleich* des Zählers benötigt; ihre Gestalt ist bei den einzelnen Konstruktionen durchaus verschieden. Manchmal sind es einige Windungen eines lackierten Kupferdrahtes, die unmittelbar auf die Kerne gewikkelt werden, um auf diese Weise die Streuung möglichst klein zu machen, manchmal besitzen diese *Tertiärwicklungen* auch nur die Gestalt von Kurzschlußrähmchen oder Kupferblechen, die irgendwo in das Feld des Spannungseisens eintauchen. Dann bilden die in diesen Teilen fließenden Wirbelströme die Belastung des Hauptflusses.

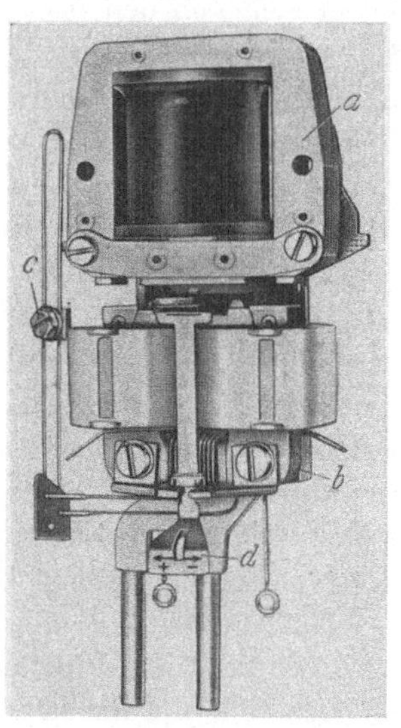

Abb. 373. Triebsystem des Langzeitzählers Abb. 368 (SSW)
a Spannungstriebkern; *b* Stromtriebkern; *c* 90°-Einstellung der Triebflüsse; *d* Fehlerkorrektion bei Schwachlast

a) Das Diagramm des Spannungstriebkernes. In Abb. 374 ist der Kern, der den Spannungstriebfluß $\varPhi_{UL}$ erzeugen soll, noch einmal schematisch dargestellt. Er besitzt zumeist einen ausgeprägten magnetischen Nebenschluß *8* aus Eisen (vgl. a. Abb. 369). Dieser lenkt einen Teil des Kraftflusses der Spannungsspule *4* ab, der dann *nicht* durch den Luftspalt geht. Ein weiterer Teil des Flusses geht ungewollt infolge der Streuung der Spannungsspule verloren. Im Gegensatz zu dem Fluß, der durch den magnetischen Nebenschluß geht, verläuft dieser Spulenstreufluß fast nur in Luft, kann also weitgehend als unbeteiligt an den Eisenverlusten des Triebkernes angesehen werden.

Die magnetische Brücke besitzt einen Luftspalt, in dem manchmal ein kleiner Schieber *9* aus Eisen den magnetischen Widerstand zu ändern gestattet. Ferner sei angenommen, daß auf dem Spannungstriebkern in unmittelbarer Nähe des Luftspaltes eine weitere Wicklung, z. B. in Gestalt des eben erwähnten Kurzschlußrähmchens *10*, liege.

In Abb. 375 ist das für diesen Kern geltende Diagramm aufgezeichnet. Der Einfachheit halber sind alle Zeigergrößen auf die Windungszahl 1 bezogen worden. Bei den Spannungen erhält man die tatsächlich auftretenden Werte durch Multiplikation mit der Windungszahl.

Der Luftspaltfluß Φ_{UL} erzeugt in der Scheibe und im Rähmchen eine EMK E_{U2}, die in beiden als gleich groß angenommen werden darf, da der eigene Streufluß des Rähmchens bzw. der Scheibenströme nur sehr wenig zum gemeinsamen Luftspaltfluß beiträgt. Aus diesem Grunde sind auch die Ströme J_2 in der Scheibe und J_3 im Rähmchen untereinander und mit der EMK nahezu in Phase. Die Summe $J = J_2 + J_3$

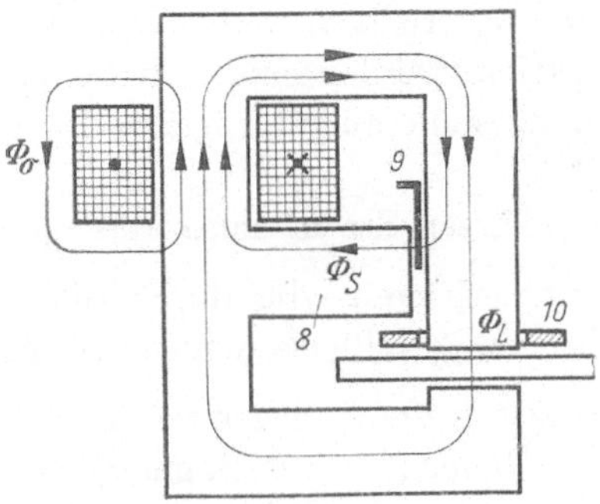

Abb. 374. Spannungs-Triebkern, schematisch
8 magn. Nebenschluß; 9 Einstellung des magn. Nebenschlusses; 10 Kurzschlußrähmchen; Φ_L Luftspaltfluß; Φ_S Hauptstreufluß, einstellbar; Φ_σ Spulenstreufluß

belastet den Luftspaltfluß oder, anders und besser ausgedrückt, sie beteiligt sich an der Durchflutung des Luftspaltflusses.

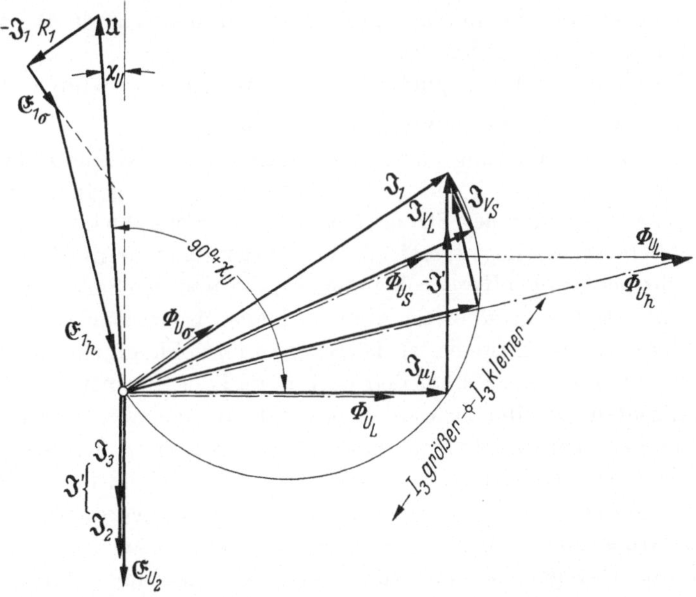

Abb. 375. Diagramm des Spannungseisens eines Wechselstromzählers

Der Magnetisierungsstrom des Luftspaltflusses ist natürlich mit dem Fluß selbst in Phase. Die der geometrischen Summe von $\mathfrak{J}_{\mu L}$ und $-\mathfrak{J}'$

entsprechende Durchflutung ist zur Aufrechterhaltung der Magnetisierung notwendig; hinzu kommt noch ein Anteil $\mathfrak{J}_{VL}$, der den Eisenverlusten des Kraftflusses Φ_{UL} entspricht. Dieser Verluststrom ist der EMK entgegen gerichtet, weil er von dieser bestimmt wird, aber vom Netz her gedeckt werden muß. Alle Ströme zusammen ergeben die von der Spannungsspule aufzubringende Durchflutung, bestimmen also deren Strom $\mathfrak{J}_1$.

Dieser Strom muß aber außerdem die Flußanteile Φ_{Us} und $\Phi_{U\sigma}$ magnetisieren, die durch die Eisen- und Luftstreuwege gehen. $\vec{\Phi}_{U\sigma}$ ist mit $\mathfrak{J}_1$ in Phase, denn da er durch Luft geht, ist er nicht durch Verluste belastet. $\vec{\Phi}_{Us}$ dagegen verursacht im Eisen des Streuweges Verluste und eilt daher $\mathfrak{J}_1$ nach; Magnetisierung und Verluststrom $\mathfrak{J}_{Vs}$ müssen wieder zusammen die Primärdurchflutung ergeben. Die Flüsse Φ_{UL} und Φ_{Us} addieren sich geometrisch zum Hauptfluß des Spannungseisens, dem die Haupt-EMK $\mathfrak{E}_{1h}$ entspricht. Zu dieser Haupt-EMK müssen noch die Streublindspannung des kleinen Luftstreuflusses und ferner der Anteil $-\mathfrak{J}_1 R_1$ einer EMK für den Verlustwiderstand der Primärspule hinzugefügt werden. Die Netzspannung $\mathfrak{U}$ muß der Summe dieser EMKe das Gleichgewicht halten.

Das Diagramm läßt erkennen, daß die Netzspannung um einen Winkel $90° + \chi_U$ gegen den Spannungstriebfluß im Luftspalt voreilt. Der Winkel χ_U kann beeinflußt werden durch

1. Veränderung des magnetischen Nebenschlusses, wodurch Φ_{Us} und damit die Lage von $\vec{\Phi}_{Uh}$ und $\mathfrak{E}_{1h}$ geändert wird,

2. durch Veränderung des Widerstandes des Kupferrähmchens, wodurch $\mathfrak{J}_3$ und damit $\mathfrak{J}$ und gleichfalls Φ_{Uh} und $\mathfrak{E}_{1h}$ geändert werden.

b) Das Diagramm des Stromtriebkernes. Der die Wicklung tragende Teil des Stromeisens liegt zumeist unterhalb der Scheibe (Abb. 373 u. 376). Ihm steht bei einigen Konstruktionen auf der anderen Seite ein Teil des Spannungseisens gegenüber, der dann als magnetischer Rückschluß dient. Bei anderen Konstruktionen ist das Stromeisen vollkommen unabhängig vom Spannungseisen. Das hat den Vorteil, daß der Stromtriebfluß durch keine Eisenteile geleitet zu werden braucht, die schon vom Spannungstriebfluß her beansprucht sein können. Die Streuung der Stromspule ist infolge der aufgelockerten Bauweise meist bedeutend höher als beim Spannungseisen. Sie spielt hier auch nur eine untergeordnete Rolle, da sie nur Größe und Richtung des *Spannungsabfalles* an der Stromspule beeinflußt. Dagegen ist eine Verstärkung der Streuung durch Eisenrückschlüsse, deren magnetischer Widerstand sich mit der Belastung ändert, u. U. sogar erwünscht.

Das Stromeisen besitzt meistens eine Tertiärspule *11* (vgl. Abb. 373 u. 376), die durch einen haarnadelförmig gebogenen Widerstandsdraht *12* belastet ist. Auf diesem ist eine Schelle *13* verschiebbar angeordnet. Dadurch läßt sich der Belastungsstrom in der Tertiärwicklung verändern.

Das Diagramm des Stromeisens ist von dem des Spannungseisens nicht grundsätzlich verschieden, zeigt aber wegen der vom Spannungs-

diagramm abweichenden Größe der einzelnen Zeiger eine etwas abweichende Gestalt (Abb. 377). Um das Diagramm aufzustellen, geht man wieder vom Luftspaltfluß aus. Zu seiner Erzeugung bedarf es einer Magnetisierung, die mit dem Fluß in Phase liegt. Wirkt kein magnetischer Nebenschluß, so ist — abgesehen von den unmittelbar an den Stromspulen ansetzenden Streukraftlinien — der Luftspaltfluß gleich dem Spulenfluß Φ_h. Somit sind die Haupt-EMKe der drei mit Φ_{JL} verketteten Stromkreise — Stromspule, Abgleichwicklung und Scheibe — etwa gleich. Die in Abgleichspule und Scheibe durch die EMK hervorgerufenen Ströme belasten den Primärfluß in gleicher Weise wie die Eisenverluste $\Im_V$. Magnetisierung und Verlustbelastung zusammen bestimmen die Durchflutung, die durch den Primärstrom zur Verfügung gestellt werden muß. Die an der Stromspule abfallende Spannung errechnet sich wieder aus den EMKen der Flüsse und der

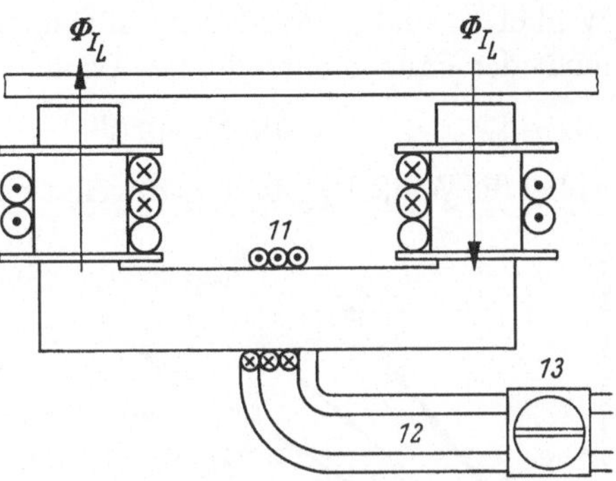

Abb. 376. Stromtriebkern, schematisch
11 Hilfswicklung zur Belastung des Flusses;
12 Manganin-Abgleichschleife;
13 90°-Einstellung (cos φ-Abgleich)

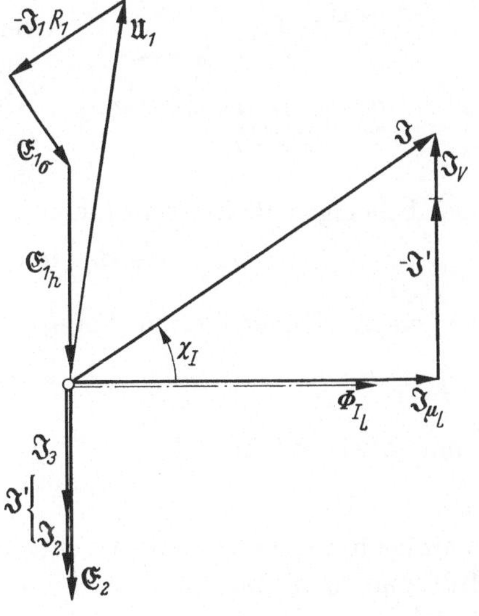

Abb. 377. Diagramm des Stromtriebkernes

Kupferverluste. Zwischen Spulenstrom und Luftspaltfluß entsteht eine Phasenverschiebung χ_J, die sich leicht durch das Regulierorgan *13* beeinflussen läßt, indem man damit den Fluß Φ_{JL} mehr oder weniger stark belastet.

30*

6. Der Abgleich auf cos φ und die hiermit zusammenhängenden Fehler

Aus den Diagrammen für das Spannungs- und das Stromeisen sind Triebflüsse und Meßgrößen in ihrer durch die Netzbelastung gegebenen gegenseitigen Lage in einem Diagramm (Abb. 378) vereinigt worden. Die Winkel χ_U und χ_J werden im allgemeinen verschieden sein; ist das aber nicht der Fall, so entsteht ein Trieb

$$k_1\,\Phi_U\,\Phi_J\sin(90° - \psi) = k_4\,U\,J\,\cos\varphi$$

wobei die Winkel χ_U und χ_J durchaus nicht gleich Null zu sein brauchen.

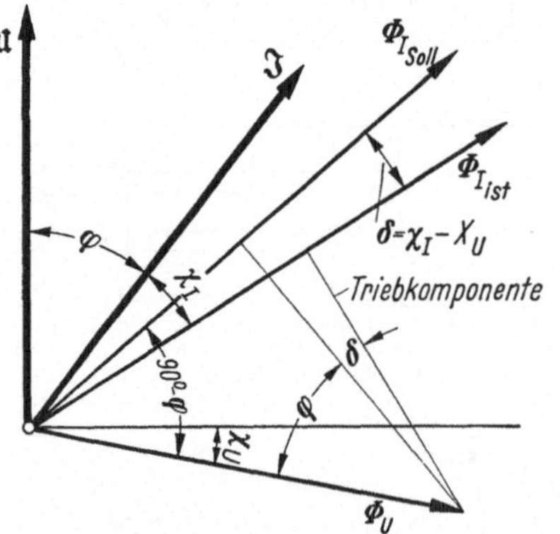

Abb. 378. Gegenseitige Lage der Betriebsgrößen eines Induktionsmeßwerkes mit Fehlwinkel

Die Triebflüsse stehen dann trotzdem aufeinander senkrecht, wenn U und $\Im$ in Phase sind.

Es kommt also nur darauf an, $\chi_U = \chi_J$ zu machen. Man nennt das den *90°-Abgleich* und bedient sich zu diesem Zweck der in Abb. 369 und 376 dargestellten Abgleichorgane *12* und *13*. Bei genauem Abgleich mißt dann der Zähler bei jeder Phasenverschiebung richtig. Liegt dagegen eine Fehleinstellung vor, so ist nach Abb. 378 $\delta = \chi_U - \chi_J$ daran schuld, daß die Triebkomponente von ihrem Sollwert abweicht. Es gilt dann bei einer beliebigen Phasenverschiebung

$$M_{T_{ist}} = k_1\,\Phi_{J_L}\,\Phi_{U_L}\sin(90° - \psi \pm \delta)$$

Der relative Fehler beträgt demnach

$$f_\delta^\% = 100 \cdot \frac{\cos(\varphi \pm \delta) - \cos\varphi}{\cos\varphi}$$

Dann ist wie in Kap. IX

$$f_\delta^\% = 100 \cdot \delta \cdot \tan\varphi \qquad\qquad (429)$$

wenn bei hinreichend kleinen Fehlwinkeln $\delta \approx \sin\delta$ gesetzt werden darf. Mißt man δ in Bogenminuten, so ergibt sich hieraus die bekannte Beziehung

$$f_\delta\% = 0{,}0291 \cdot \delta \cdot \tan\varphi$$

Der Fehler infolge falschen $\cos\varphi$-Abgleiches wird also um so größer, je kleiner der Leistungsfaktor ist. Bei reiner Blindlast müßte der Zähler still stehen; wenn er infolge einer Fehleinstellung dennoch läuft, ist der relative Fehler unendlich groß, weil die Bezugsgröße Null ist.

7. Der Einfluß der Bremsmomente der Triebkerne

Da das Bremsmoment proportional dem Quadrat des Bremsflusses im Luftspalt ist, kommt eine Bremswirkung auch zustande, wenn sich der Bremsfluß harmonisch ändert. Es ist daher zu erwarten, daß neben dem Bremsfluß durch den besonders hierfür vorgesehenen Magneten *6* (Abb. 369) auch Spannungs- und Stromeisen jedes für sich einen Bremsfluß besitzen. Diese verursachen Bremsmomente, welche unabhängig von dem aus der Zusammenarbeit beider Flüsse resultierenden Triebmoment sind.

Es muß also festgestellt werden, daß, wenn auch das Triebmoment proportional der Wirkleistung wäre, die Anzeige trotzdem nicht der verbrauchten Arbeit proportional ist, weil in

$$M_B = k_3 \frac{2\pi}{60}\, n \tag{430}$$

der Bremsfaktor k_3 etwas von den Triebflüssen, also der Belastung des Zählers abhängt. Man versucht diesen Einfluß klein zu machen, indem man starke Bremsmagnete und langsame Läuferdrehzahlen anwendet.

Setzt man vorläufig die Flüsse den Betriebsgrößen proportional, so ist

$$k_3 = k_{3n}\left(1 + b_U \cdot \frac{U^2}{U_n^2} + b_J \cdot \frac{J^2}{J_n^2}\right) \tag{431}$$

$k_{3n} \cdot (1 + b_U + b_J)$ ist dann die Zählerbremskonstante für den Nennlastbetrieb des Zählers. Selbstverständlich kann man durch Verändern des Hebelarmes, an dem der Hauptbremsfluß angreift, den Zähler so einstellen, daß er bei einer Belastung, z. B. der Nennlast, richtig zeigt. Das nennt man dann den *Abgleich auf Nennlast*. Bei allen anderen Spannungen und Belastungsströmen ergeben sich dann Anzeigefehler.

Von den beiden Fehlermöglichkeiten stört der bremsende Einfluß des Spannungseisens weniger, weil sich die Betriebsspannungen niemals weit von der Nennspannung entfernen. Dagegen ist die Stromabhängigkeit sehr unangenehm und beherrscht insbesondere bei hohen Belastungen die Fehlerkurve des Zählers.

Zur Ermittlung dieses Einflusses sei angenommen, daß der Zähler bei Nennspannung und $\cos\varphi = 1$ arbeiten möge, daß also die verschiedene Last nur durch unterschiedliche Ströme bedingt sei. Dann gilt für $J = J_n$:

$$N_{w_n} = k_2 \cdot U_n \cdot J_n = k_{3n}(1 + b_U + b_J) \cdot \frac{2\pi}{60} \cdot n_n$$

Durch Multiplikation mit $J : J_n$ erhält man

$$N_w = k_2 \cdot U_n \cdot J = k_{3n}(1 + b_U + b_J) \cdot \frac{2\pi}{60} \cdot n_n \cdot \frac{J}{J_n}$$

Es ist

$$n_{soll} = n_n \cdot \frac{J}{J_n}$$

die Solldrehzahl des Zählers bei der Belastung mit J. Seine Istdrehzahl ist kleiner, denn es gilt nach dem oben Gesagten für $U = U_n$

$$N_w = k_{3n}\left(1 + b_U + \frac{J^2}{J_n^2}\,b_J\right) \cdot \frac{2\pi}{60} \cdot n_{ist} \tag{432}$$

Hieraus ergibt sich die Proportion

$$\frac{n_{ist}}{n_{soll}} = \frac{1 + b_U + b_J}{1 + b_U + b_J \cdot \dfrac{J^2}{J_n^2}}$$

und der relative Fehler durch Bremswirkung des Stromeisens

$$f_J^\% = 100 \cdot \frac{n_{ist} - n_{soll}}{n_{soll}} = 100\,\frac{b_J \cdot (1 - J^2 : J_n^2)}{1 + b_U + b_J \cdot \dfrac{J^2}{J_n^2}}$$

Im allgemeinen wird bei kleinen Werten von b_J der Nenner nur wenig von Eins unterschieden sein, so daß man schreiben kann:

$$f_J^\% = 100 \cdot b_J \cdot \left(1 - \frac{J^2}{J_n^2}\right) \tag{433}$$

Die Abhängigkeit dieses Fehlers von der Belastung zeigt Abb. 379. Man erkennt, daß bei alleinigem Vorhandensein desselben und bei Abgleich des Zählers auf richtige Nennlast-Anzeige der Zähler unterhalb der Nennlast zuviel, oberhalb derselben zu wenig anzeigt.

Bei Veränderung der Spannung ergibt sich eine ähnliche Abhängigkeit.

Arbeitet der Zähler nicht bei $\cos\varphi = 1$, so muß der Fehler auf eine dem $\cos\varphi$ entsprechend niedrigere Drehzahl bezogen werden.

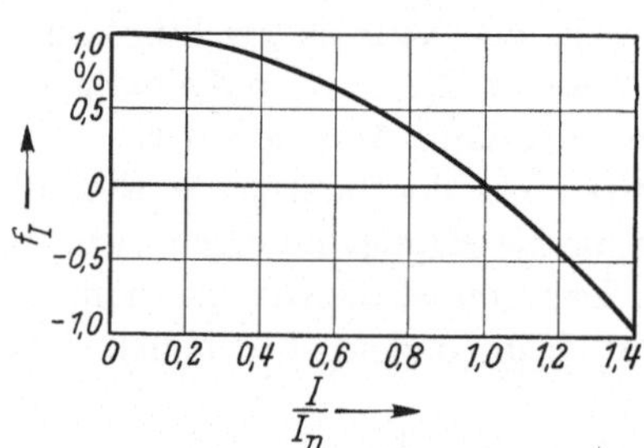

Abb. 379. Der Strombremsfehler; theoretischer Verlauf in Abhängigkeit von der Belastung

Die ganze Fehlerkurve rückt dann nach oben in das positive Gebiet.

Man kann dem Strombremsfehler entgegen arbeiten, indem man in den Triebkern ein magnetisches Streujoch einbaut, dessen Eisenwege stark gesättigt werden (Abb. 380). Bei geringer Belastung ist der Nebenschluß noch nicht gesättigt, besitzt also einen geringen magnetischen Widerstand. Steigt die Belastung, so ändern sich zunächst Luftspalttriebfluß und Streufluß proportional. Das Verhalten des Zählers gleicht in diesem Bereich dem des normalen Zählers ohne Streujoch. Bei weiterer Belastung sättigen sich die Streuwege, wodurch plötzlich der magnetische Widerstand derselben ansteigt; es entfällt dann auf den Luftspaltfluß ein größerer Anteil des Gesamtflusses, der Vortrieb steigt stärker als proportional.

Mit dieser Maßnahme kann man den Strombremsfehler zunächst kompensieren; da aber der Sättigungseinfluß kein quadratisches Ansteigen der Triebkraft bewirken kann, gelingt die Beseitigung des Strombremsfehlers nur zum Teil. Nach Eintritt der Sättigung hat man es gewissermaßen mit einem neuen Zähler zu tun,

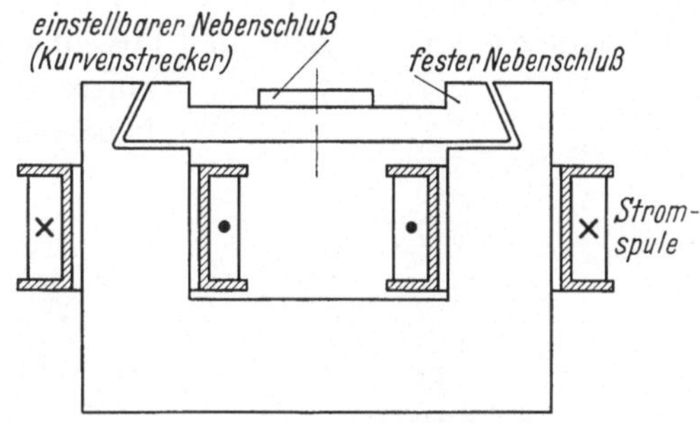

Abb. 380. Stromtriebkern mit Streujoch zur Begradigung der Fehlerkurve beim Großbereichzähler

der natürlich bei sehr starker Belastung ebenfalls einen Strombremsfehler zeigt. So kommt die charakteristische doppelt geschwungene Fehlerkurve moderner Großbereichzähler zustande (Abb. 381).

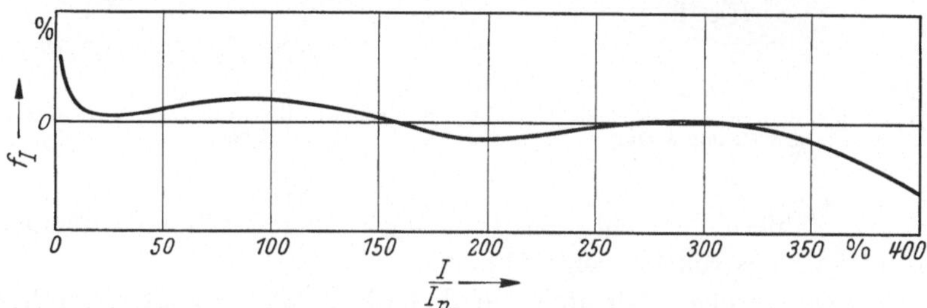

Abb. 381. Schematisierter Verlauf der Fehlerkurve eines Großbereichzählers

8. Der Kleinlastfehler und seine Beseitigung

Der Kleinlastfehler geht auf die Reibung des beweglichen Systemes bzw. auf die Maßnahmen zurück, die zur Beseitigung des Reibungsfehlers vorgesehen werden.

Bei allen Zählern sind die Lager, besonders die Unterlager, welche das ganze Systemgewicht zu tragen haben, sehr wesentliche Bauteile. Die wichtigsten Teile des Unterlagers sind der Lagerstein, ein künstlicher Saphir oder Rubin und die gehärtete Lauffläche der Achse. Bei vielen Konstruktionen wird sie durch eine kleine Stahlkugel dargestellt, welche mechanisch oder magnetisch am Ende der Achse festgehalten ist. Die Unterlager sind meistens gefedert, um Stöße, die die sehr hoch belasteten Lagerstellen beschädigen können, elastisch aufzufangen. Die Lager müssen meist unter einer Spur von Öl laufen[1]. Abb. 382 zeigt die wesentlichsten Teile eines Unterlagers, Abb. 383 Schnittzeichnungen ausgeführter Bauarten.

Das Gewicht des beweglichen Systemes ist zwar nicht sehr groß, die Laufflāche aber so klein, daß Pressungen von mehr als 100 kp mm^{-2} auftreten. Man hat daher bei Sonderbauarten und mancherorts auch bei

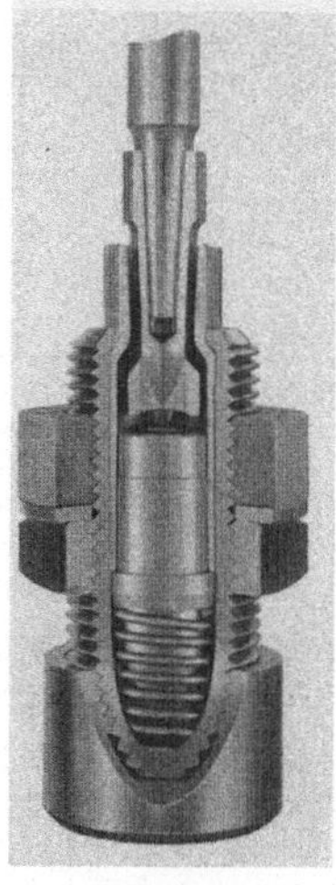

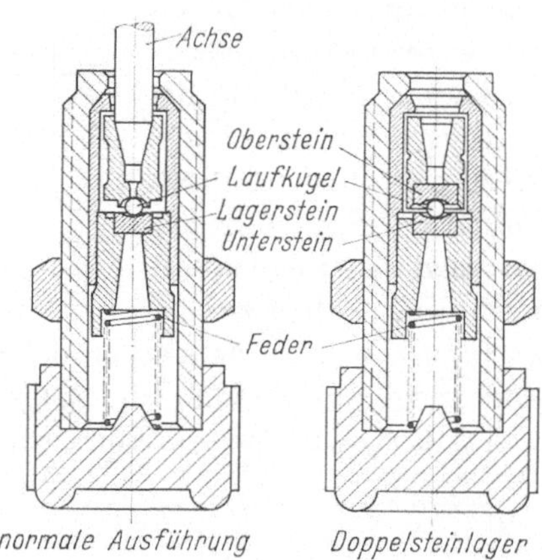

Abb. 382. Unterlager eines Wechselstromzählers (Landis & Gyr)

Abb. 383. Schnitte durch Unterlager verschiedener Bauart

normalen Zählern versucht, das Unterlager magnetisch zu entlasten. Eine solche Konstruktion zeigt Abb. 384.

Das zwar geringe, aber unvermeidliche Reibungsmoment (etwa 0,02 cmp) bewirkt, daß der Zähler bei kleinen Belastungen nicht anläuft, wenn nämlich das Triebmoment noch kleiner ist als das Moment der ruhenden Reibung. Die Reibung hat auch beim Lauf des Zählers im Bereich kleiner Belastungen einen deutlich merkbaren Fehler zur Folge. Da die Reibungs-Bremskraft nahezu gleich bleibt, zeigt der Zähler, bezogen auf den Sollwert seiner Anzeige, einen um so größeren negativen Fehler, je schwächer er belastet ist. Bei stärkeren Belastungen steigt zwar das Reibungsmoment etwas mit der Drehzahl; es tritt dann aber gegenüber dem sehr viel stärkeren Bremsmoment des Magneten zurück.

Die Reibung wird durch eine Hilfskraft im unteren Belastungsbereich wenigstens zum Teil kompensiert. Dieser Hilfstrieb muß last-

---

[1] Bei modernen Ausführungen verzichtet man völlig auf das Öl, da dieses im Lauf der Zeit verharzen und den Reibungsfehler vergrößern kann.

unabhängig sein; man verwendet einen schwachen, spannungsabhängigen Trieb, der bei einem bestimmten Belastungspunkt so eingestellt
wird, daß der Zähler fehlerfrei läuft (*Schwachlastabgleich*). Im allgemeinen
überwiegt dann bei noch kleineren Belastungen der Hilfstrieb, so daß
dann der Zähler einen positiven Fehler hat. Überwindet der Hilfstrieb
auch das Moment der ruhenden Reibung, so hat der Zähler *Spannungsleerlauf*. Um ein langsames Durchlaufen des Zählers mit Sicherheit zu
vermeiden und den Hilfstrieb trotzdem
empfindlich einstellen zu können, bringt
man am beweglichen System ein kleines
Eisenstückchen an (*Leerlaufhäkchen*).
Dieses wird beim Vorbeigehen am Spannungseisen angezogen und benötigt dann
ein örtliches Zusatzmoment, mit welchem
der schwache Spannungsleerlauftrieb
nicht fertig wird. In Abb. 369 ist das
Leerlaufhäkchen bei *14* zu erkennen.
Bei größeren Belastungen verursacht es
keinen Fehler, indem bei der Annäherung des Leerlaufhäkchens an die
Spannungsspule das System etwas beschleunigt, beim Entfernen dafür etwas
verzögert wird. Doch ist besonders bei
schwachen Belastungen die Wirkung des
Häkchens deutlich an der ungleichmäßigen Winkelgeschwindigkeit der Scheibe
bei konstanter Last zu merken.

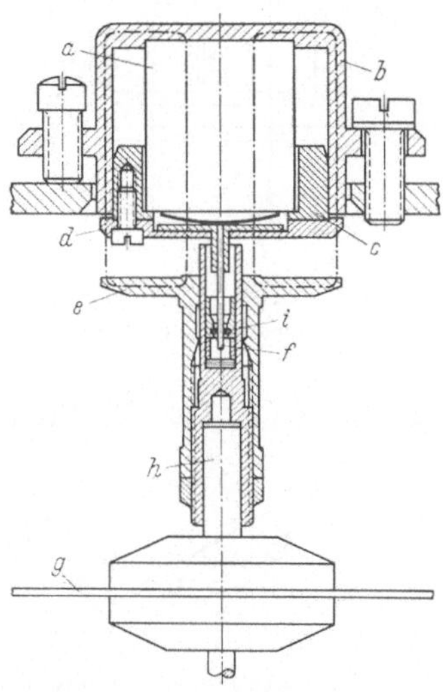

Abb. 384. Oberlager eines Zählers mit
magnetischer Entlastung des Unterlagers *a* Permanent-Magnet; *b* Rückschluß: *c, d* Halter; *e* Anker; *f* Oberlager-Nadel; *g, h* Läufer; *i* Oberlager-
Lochstein

Wegen der Hilfskraft, die quadratisch mit der Spannung zunimmt, ist
der Zähler bei größeren Abweichungen von der Nennspannung im
Ruhezustand nicht mehr im Gleichgewicht. Er kann dann vorwärts
oder rückwärts laufen. Die Elektrizitätswerke schreiben vor, daß diese
Erscheinung bei 20% Abweichung von der Nennspannung noch nicht
eintreten darf.

Eine Hilfskraft kann bereits unabsichtlich durch ungenaues Justieren des Spannungseisens erzeugt werden; diese kann dann auch eine
unerwünschte Richtung haben, so daß sie, wäre sie allein da, den Zähler
in diesem Fall sogar zum Rückwärtslauf veranlassen würde. Zur Beeinflussung ihrer Größe, d. h. zur Einstellung des Spannungsleerlaufes,
dienen Einstellorgane, die den Spannungstriebkern bewußt unsymmetrisch machen oder eine unsymmetrische Verteilung des Flusses herbeiführen sollen (Eisenläppchen *15* in Abb. 369 oder Kurzschlußrähmchen *10*). Diese Einstellorgane wirken wie folgt:

a) Ungleiche Belastung des Flusses. Die Wirkung eines unsymmetrischen Kurzschlußrähmchen vor dem Pol des Spannungseisens zeigt in besonders ausgeprägtem Maße die Anordnung nach Abb. 385, die in dieser Form zwar nicht bei Zählern, aber z. B. bei selbstanlaufenden Uhrenmotoren angewendet wird[1]. Der Pol des Eisens trägt in der Nähe des Luftspaltes einen Längsschlitz, so daß der von der Spule erzeugte Fluß in zwei Teile, Φ_1 und Φ_2, aufgespalten wird. Der eine Flußanteil ist durch ein Kurzschlußrähmchen aus Kupfer belastet. Die in dem Kurzschlußring induzierte EMK hat einen Strom zur Folge, der sich an der Magnetisierung seines Flußanteiles beteiligt. Da der Kupferring keine Streuung besitzt, eilt der in ihm induzierte Strom dem Magnetisierungsstrom des Flußanteiles φ_2 um 90° nach (Abb. 386). Dieser eilt demnach auch dem Magnetisierungsstrom des unbelasteten Flußanteiles φ_1 nach. Da die zeitlich phasenverschobenen Flüsse räumlich an verschiedenen Stellen der Triebscheibe wirken, kommt eine ablenkende Kraft in derselben Weise wie beim Triebsystem des Zählers zustande. Die Scheibe läuft vom unbelasteten Teil des Poles zum Teil mit dem Kurzschlußring. Da beide Teilflüsse dem Quadrat der Spannung proportional sind, wächst der Trieb ebenfalls mit dem Quadrat der Spannungen.

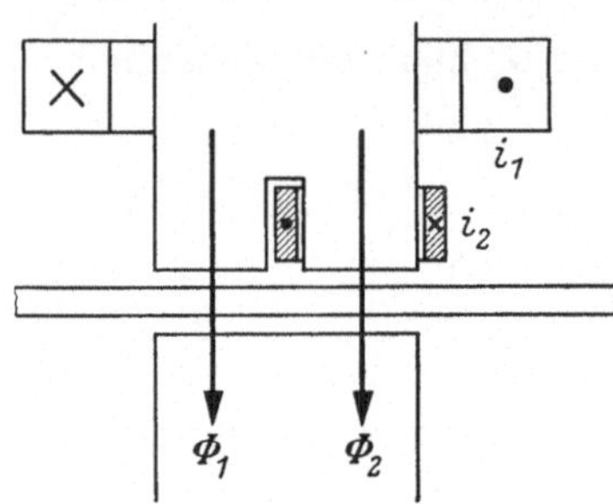

Abb. 385. Entstehung des Triebmomentes beim Spaltpol

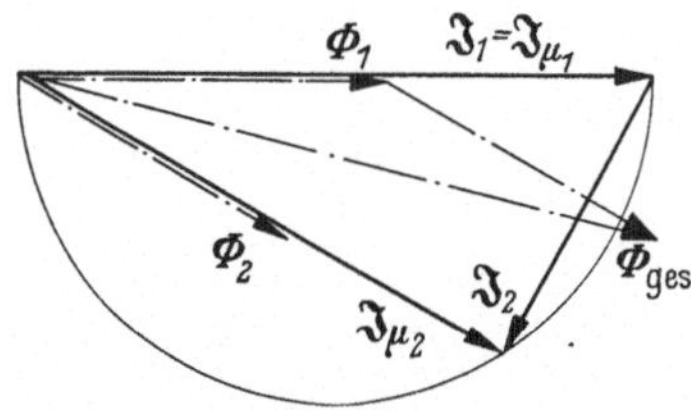

Abb. 386. Diagramm zur Erklärung des Triebmomentes beim Spaltpol (vgl. Abb. 385)

In dieser Weise wirkt in Abb. 369 das kleine, schwenkbare Kupferrähmchen *10* rechts und links vom Pol des Spannungseisens auf einen ungleich großen Teil des Streuflusses. Diese kleine Unsymmetrie reicht oftmals aus, um den Leerlaufbetrieb in der gewünschten Weise zu beeinflussen.

b) Unsymmetrischer Aufbau des Eisenkernes. Die Wirkung einer Unsymmetrie des Kernes soll an Hand von Abb. 387 a—c erläutert werden. Dort ist in der Darstellung *a* angenommen worden, daß der Pol stufenförmig gestaltet ist, so daß der Luftspalt an zwei Stellen des Poles unterschiedliche Dicke hat. Verfolgt man je eine Kraftlinie durch Luftspalt und Eisen, so ist, obgleich sie vom selben Strom in der Primärspule erregt werden, die Dichte des durch den kleineren Luftspalt gehenden Flußanteiles größer, weil der Hauptanteil des magnetischen Widerstandes im

---

[1] Derartige Konstruktionen bezeichnet man als „*Spaltpolmotoren*".

Luftspalt liegt. Der Teil des Eisens in der Nähe des kleineren Luftspaltes ist erheblich stärker belastet. Dann sind auch die Eisenverluste dort höher als vor dem größeren Luftspalt. Es kommt daher gemäß dem Diagramm Abb. 388 wieder zu einer Phasenverschiebung der Flußanteile; der durch den kleineren Luftspalt gehende Anteil eilt wegen der größeren Verluste nach, und es entsteht ein Trieb, der die Scheibe in den enger werdenden Spalt hineinzieht.

Eine keilförmige Form des Luftspaltes (Abb. 387 b), wie sie unabsichtlich durch schlechte Justierung auftreten kann, bewirkt in gleicher Weise einen Leerlauftrieb, ebenso wie das Eisenläppchen *15* in Abb. 369, welches zwecks Justierung drehbar angeordnet ist.

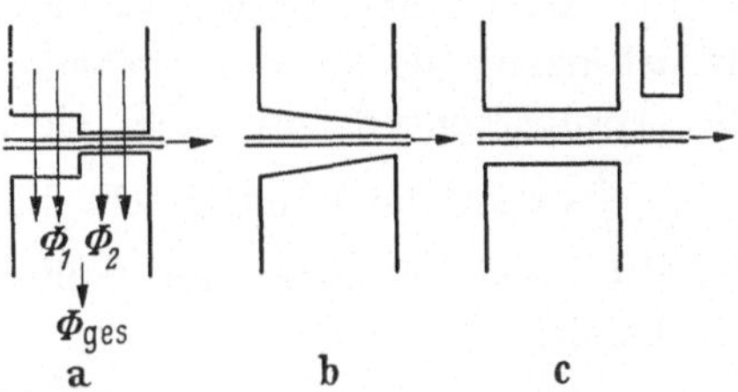

Abb. 387a—c. Unsymmetrie bzw. Ungleichförmigkeit des Luftspaltes bewirkt einen Vortrieb

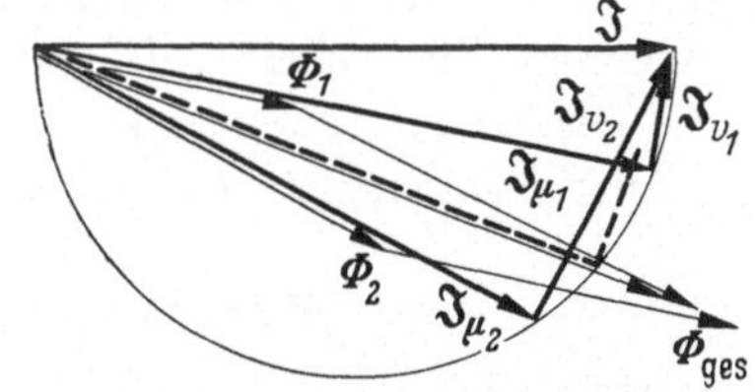

Abb. 388. Diagramm zur Erklärung des Vortriebes bei ungleichförmigem Luftspalt (vgl. Abb. 387)

9. Das Verhalten des Zählers bei schnellen Lastwechseln

Der Zähler stellt dynamisch ein stark gedämpftes System ohne Rückstellkraft dar. Er gleicht unter den Drehspulgeräten in seinem Verhalten sehr dem Flußmesser, so wie man diesen in der Tat auch als Zähler (nämlich als Voltsekundenzähler) auffassen kann (vgl. Kap. III).

Bis die der Belastung entsprechende Drehzahl erreicht ist, muß Beschleunigungsarbeit aufgewendet werden. Diese verursacht einen Minusfehler der Anzeige. Dieser Fehler würde beim Abschalten der Last durch einen ebenso großen Plusfehler aufgehoben werden, wenn die Bremsverhältnisse mit und ohne Last gleich wären. Das ist bei Induktionszählern für Wechselstrom, bei dem das Stromeisen sich an der Bremsung beteiligt, nicht der Fall. Der Induktionszähler wird also länger auslaufen, als es seiner Anlaufverzögerung beim Einschalten der Last entspricht; er hat im Ganzen demnach einen Plusfehler.

Dieses Verhalten ist bei intermittierendem Betrieb von Interesse, bei welchem die Spieldauer kurz ist (Stumpfschweißmaschinen, Walzwerkantriebe). Zur Beurteilung dieser Erscheinung dienen die folgenden Überlegungen:

Die Gleichung für das Bremsmoment kann wie folgt geschrieben werden:

$$M_B = k_{3_n}(1 + \beta_U + \beta_J) \cdot \omega$$

Hierin sind β_U und β_J die relativen Anteile des Spannungs- und Strombremsmomentes am gesamten Bremsmoment, bezogen auf den Eichpunkt bei Nennbetrieb. Bei Abweichung vom Nennbetrieb sind β_U und β_J keine Konstanten, aber nur Funktionen der Spannung bzw. des Belastungsstromes, also unabhängig von der Drehzahl der Scheibe, die sie vorübergehend bis zum Hochlauf auf die Solldrehzahl hat. $\omega = \dfrac{2\pi}{60} \cdot n$ ist die Winkelgeschwindigkeit der Scheibe.

Mit diesen Bezeichnungen muß nach dem Beschleunigungsgesetz der Mechanik

$$M_A - M_B = J_m \cdot \frac{d\omega}{dt}$$

sein, d. h. der Überschuß des Antriebmomentes über das Bremsmoment beschleunigt die Scheibe. Hierin ist J_m das Massenträgheitsmoment der zu beschleunigenden Teile, also im wesentlichen der Scheibe selbst. Das Antriebsmoment M_A entspricht einer Solldrehzahl n_{soll} gemäß

$$M_A = k_{3_n}(1 + \beta_U + \beta_J)\frac{2\pi}{60}\, n_{soll}$$

Man erhält also

$$k_{3_n}(1 + \beta_U + \beta_J)(\omega_{soll} - \omega) = J_m \frac{d\omega}{dt}$$

Diese Differentialgleichung kann leicht integriert werden, indem man sie unter Trennung der Variablen wie folgt umformt

$$-\frac{k_{3_n}}{J_m}(1 + \beta_U + \beta_J)\, dt = \frac{d(\omega_{soll} - \omega)}{\omega_{soll} - \omega}$$

Die Lösung lautet

$$-\frac{k_{3_n}}{J_m}(1 + \beta_U + \beta_J)\, t = \ln(\omega_{soll} - \omega) - \ln K$$

Der Wert der Integrationskonstanten bestimmt sich aus der Forderung, daß für $t = 0$ auch $\omega = 0$ sein soll, zu $K = \omega_{soll}$. Es folgt damit

$$\frac{\omega_{soll} - \omega}{\omega_{soll}} = e^{-\frac{k_{3_n}}{J_m}(1 + \beta_U + \beta_J)t} \tag{434a}$$

Diese Beziehung stellt den relativen Fehler der Drehzahl zu einem beliebigen Zeitpunkt des Hochlaufes dar. Um den relativen Anzeigefehler zu erhalten, muß man diesen Ausdruck zwischen $t = 0$ und $t = \infty$ integrieren:

$$\Delta_1\alpha = \int\limits_0^\infty (\omega_{soll} - \omega)\, dt = \frac{\omega_{soll} \cdot J_m}{k_{3_n}(1 + \beta_U + \beta_J)}$$

Es ergibt sich ein *Minusfehler.*

Für den *Auslauf* gilt

$$M_A = 0$$

$$M_B = k_{3_n}(1 + \beta_U)\, \frac{2\pi}{60}\, n$$

und somit

$$-k_{3_n}(1 + \beta_U)\, \omega = J_m \frac{d\omega}{dt}$$

Hieraus ergibt die Integration unter Beachtung, daß für $t = 0$ auch $\omega = \omega_{soll}$ ist

$$\omega = \omega_{soll}\, e^{-\frac{k_{3n}}{J_m}(1 + \beta_U)t} \tag{434b}$$

und nach der Integration die Größe des Nachlaufes zu

$$\Delta_2 \alpha = \int\limits_0^\infty \omega\, dt = \frac{\omega_{soll}\, J_m}{k_{3n}(1 + \beta_U)}$$

Dieser Nachlauf ergibt den *Plusfehler*. Der Gesamtfehler wird demnach

$$\Delta\alpha = \Delta_2\alpha - \Delta_1\alpha = \frac{J_m}{k_{3_n}}\, \omega_{soll}\left[\frac{1}{1 + \beta_U} - \frac{1}{1 + \beta_U + \beta_J}\right]$$

Dieser Drehwinkel muß im Bogenmaß gemessen werden. Will man die Zahl der Umdrehungen erhalten, so hat man das Ergebnis durch 2π zu dividieren.

Beachtet man, daß

$$\omega_{soll} = \omega_n \cdot \frac{J}{J_n}$$

und

$$M_{A_n} = k_{3_n}(1 + \beta_U + \beta_J) \cdot \omega_n$$

und ferner β_U und β_J verhältnismäßig kleine Größen gegen Eins sind, so ergibt sich aus

$$\Delta\alpha = \Delta_2\alpha - \Delta_1\alpha = \frac{\omega_{soll}\, J_m}{k_{2n}}\, \frac{\beta_J}{(1 + \beta_U)(1 + \beta_J + \beta_U)}$$

in hinreichender Annäherung

$$\Delta z = \frac{\Delta\alpha}{2\pi} = \frac{1}{2\pi}\, \frac{\omega_n^2}{M_{A_n}} \cdot J_m \cdot \frac{J}{J_n} \cdot \beta_J$$

wenn man den Drehwinkel $\Delta\alpha$ in Umdrehungen Δz der Zählerscheibe mißt. Dann ergibt sich der Fehler in kWh ($C_z = Zählerkonstante = $ Zahl der Läuferumdrehungen je kWh):

$$\boxed{\Delta A = \frac{1}{C_z} \cdot \frac{2\pi}{3600} \cdot \frac{n_n^2}{M_{A_n}} \cdot J_m \cdot \frac{J}{J_n} \cdot \beta_J} \tag{435}$$

z ist hier die kleinste bezifferte Einheit (Ableseeinheit).

Der dynamische Fehler wird um so größer, je größer der Anteil des Strombremsmomentes am gesamten Bremsmoment ist (β_J). Er steigt ferner linear mit der Belastung und dem Trägheitsmoment der Scheibe und quadratisch mit der Nenndrehzahl des Zählers. Dagegen ist er um so kleiner, je größer die Zählerkonstante und das Nennmoment sind.

Beispiel:

Belastungsstrom	5,00 A	Konstante C_z	900 U/kWh
Nennstrom	10 A	Trägheitsmoment	$J_m = 550$ gcm^2
Nennleistung	6,6 kW	Nennmoment	$M_n = 15$ cmp
Nenndrehzahl	33 U/min		$= 15 \cdot 981 = 14720$ cm dyn
		rel. Stromdämpfung	$\beta_J = 0,02$

Mit diesen Zahlenwerten ergibt sich nach Gl. (435)

$$\Delta A = \text{ca. } 0{,}8 \cdot 10^{-6} \text{ kWh}$$

Es würde bei diesem Beispiel erst bei fortlaufendem Ein- und Ausschalten der Belastung in sekundlichen Intervallen, also insgesamt 1800 mal je Stunde, zu einer Mißweisung von etwa $1{,}5 \cdot 10^{-3}$ kWh infolge des dynamischen Fehlers kommen. Bezogen auf den Sollverbrauch von $0{,}5 \cdot 220 \cdot 5 \cdot 10^{-3} = 0{,}55$ kWh beträgt der Fehler etwa $3\,^0/_{00}$.

Merkbare Fehler können also entstehen, wenn der Zähler intermittierend belastet ist. Es ist interessant zu untersuchen, welche Einschalt- und Ausschaltzeiten im Sinne der oben abgeleiteten Beziehungen als „unendlich lang" anzusehen sind. Als in der Praxis hinreichende Annäherung sei dafür eine Einschaltdauer t_e angenommen, für welche der Exponent der e-Funktion in Gl. (433) zu -3 wird; der Betrag der e-Funktion wird dann $e^{-3} = 0{,}05$ d. h. nach t_e Sekunden hat sich die Scheibe bis auf 5% dem stationären Betriebszustand genähert. Es ist somit

$$t_e = 3\,\frac{J_m}{k_{3n}}$$

weil β_U und β_J verhältnismäßig klein gegen Eins sind. Mit Hilfe von Gl. (430) erhält man demnach

$$t_e = 3\,\frac{J_m}{M_{A_n}} \cdot \frac{2\pi}{60} \cdot n_n$$

$$t_e = \frac{\pi}{10} \cdot J_m \frac{n_n}{M_{A_n}} \tag{436}$$

Für das obige Beispiel bedeutet das

$$t_e = \frac{\pi}{10} \cdot \frac{550 \cdot 33}{14\,720} \approx 0{,}4 \text{ s}$$

10. Anzeigefehler durch Fremdeinflüsse

Als Fremdeinflüsse kommen u. a. in Frage: a) Temperatureinfluß, b) Fremdfeldeinfluß.

a) Temperatureinfluß. Nach VDE 0418 (Regeln für Elektrizitätszähler) darf die Änderung der Zählerangabe nicht mehr als 1% je 10 °C innerhalb eines Bereiches zwischen −5 °C und 35 °C betragen. Diese Toleranz verringert sich auf die Hälfte bei allen Zählern, die als *temperaturkompensiert* bezeichnet werden.

Zunächst ist der Haupteinfluß der Temperatur in der Widerstandsänderung der metallischen Leiter zu vermuten. Es steigt z. B. der Widerstand der Aluminiumscheibe mit wachsender Temperatur, so daß das Triebmoment des Zählers proportional derselben abnimmt. Im gleichen Maße nimmt aber bei einem als gleichbleibend vorausgesetzten Bremsfluß das Bremsmoment ab, so daß sich die Wirkungen in der Scheibe gerade aufheben. Die Temperaturabhängigkeit des Leitwertes der Scheibe ist also belanglos.

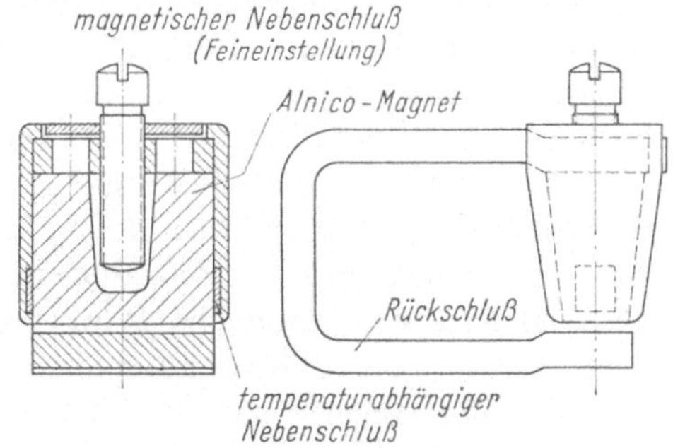

Abb. 389. Alnico-Bremsmagnet mit Temperaturkompensation (AEG)

Dagegen nimmt auch der Fluß des permanenten Magneten mit steigender Temperatur ab, so daß sich hiernach ein Plusfehler ergibt. Andererseits steigen auch die Widerstände der Trieb- und Abgleichspulen. Es stimmt dann der $\cos\varphi$-Abgleich nicht mehr, in erster Linie, weil sich die Belastung des Triebflusses ändert, an dem der 90°-Abgleich mittels der Hilfswicklung vorgenommen wird. Ein Zähler kann also bei verschiedenen Phasenverschiebungen des Laststromes gegen die Netzspannung verschiedene Temperaturfehler haben.

Die Temperaturabhängigkeit des Zählerbremsmagneten kann man dadurch beeinflussen, daß man ihm einen magnetischen Nebenschluß gibt, dessen magnetischer Widerstand mit der Temperatur ansteigt; von dem mit steigender Temperatur zurückgehenden Gesamtfluß wird dann ein größerer Teil über den Luftspalt geleitet. Einen solchen Magneten aus hochwertigem Alnico-Werkstoff (Legierung mit **Aluminium**, **Nickel** und **Cobalt**) zeigt Abb. 389. Teil 5 ist das Plättchen aus temperaturabhängigem magnetischen Material, welches einen Teil des Flusses kurzschließt.

b) Fremdfeldeinfluß. Der Einfluß magnetischer Fremdfelder ist beim Induktionsmeßwerk gering, da es (nahezu) eisengeschlossen ist. Auch das erdmagnetische Feld spielt beim Induktionszähler eine geringe Rolle, da es gegen das Luftspaltfeld des Dauermagneten vernachlässigt werden kann. Zudem verwendet man heute magnetische Werkstoffe hoher Koerzitivkraft. VDE 0418 schreibt höchstzulässige Toleranzen für den Einfluß eines Fremdfeldes gleicher Stromart (1% bei 1,25 Oersted und einer Belastung $0,2 \cdot J_n$) vor.

11. Weitere Einflüsse der Betriebsgrößen

a) Frequenzeinfluß. Der Trieb des Meßwerkes ist nach Abschn. 13.2 proportional dem Produkt $\Phi_{UL} \cdot \Phi_{JL}$. Beim idealen Zähler ist die Netzspannung gleich der EMK im Spannungseisen, demnach der Luftspaltfluß Φ_{UL} bei gleichbleibender Spannung umgekehrt proportional der Frequenz. Das Produkt $\omega \Phi_{UL}$ ist demnach beim idealen Zähler stets konstant, wie zu erwarten war, da der Trieb des Zählers proportional der Leistung ist und diese nichts mit der Frequenz zu tun hat.

In Wirklichkeit bleibt ein Frequenzeinfluß übrig, weil die Aufteilung des gesamten Spannungsflusses in den Luftspaltfluß und den Fluß durch den Nebenschluß von der Belastung des Luftspaltflusses abhängt. Dadurch ändern sich etwas die Winkel im Diagramm des Spannungseisens, ferner auch das Bremsmoment des Spannungstriebflusses. Die Änderung der Anzeige darf lt. VDE 0418 bei 5% Frequenzänderung bei den Betriebspunkten $0,1 \cdot J_n$, $\cos\varphi = 1$ sowie J_n, $\cos\varphi = 1$ nicht mehr als 1%, beim Betriebspunkt J_n, $\cos\varphi = 0,5$ nicht mehr als 2% betragen.

b) Eigenerwärmung. Die Toleranz der vorübergehenden Änderung der Zählerangabe infolge Eigenerwärmung mit dem Grenzstrom und 1,2facher Nennspannung nach 2stündiger Belastung beträgt 1% bei $\cos\varphi = 1$ und 1,5% bei $\cos\varphi = 0,5$.

c) Gegenseitige Beeinflussung der Triebkerne. Bei vielen Bauarten werden Teile der Kerne — z. B. die magnetische Brücke des Spannungseisens — von Flüssen gleichzeitig benutzt, die von der Strom- und der Spannungsspule herrühren. Infolge der Änderung des magnetischen Widerstandes mit der Sättigung kann es daher zu einer Beeinflussung des Diagrammes des Spannungseisens durch die Belastung kommen. Man merkt diesen Fehler bei der Stillstandsmessung des gesamten Triebmomentes, wenn $U \cdot J \cdot \cos\varphi$ konstant bleibt, aber U umgekehrt proportional J geändert wird.

12. Mehrsystemige Zähler und Zähler für Blindverbrauch

a) Mehrphasen-Wirkverbrauchszähler. Mit Hilfe mehrerer Induktionsmeßwerke lassen sich Drehstrom-Drei- und -Vierleiterzähler bauen. Diese Zähler erhalten ein bewegliches System mit zwei oder drei Scheiben auf einer gemeinsamen Achse. Die Schaltung der Meßwerke wird ebenso vorgenommen, wie bei dem 2- bzw. 3-Leistungsmesser-Verfahren für Drehstrom (vgl. Kap. XII). Abb. 390 zeigt einen Drehstrom-Vierleiterzähler.

Wirken bei diesen Zählern auf eine Scheibe zwei Meßwerke, so ergibt sich eine weitere Störungsmöglichkeit: Die Scheibenströme des einen Meßwerkes können mit den Flüssen des anderen Meßwerkes zusammen Störtriebe ergeben (Abb. 391). Hierbei können, wenn sich die Meßwerke diametral gegenüber stehen, die Stromtriebflüsse des einen Meßwerkes mit den durch die Stromtriebflüsse des anderen hervorgerufenen Scheibenströmen nicht zusammenwirken, da sich kein Moment in bezug auf die Drehachse ergibt. Das gleiche gilt für die beiden Spannungseisen, deren gegenseitige Kraft durch die Achse selbst geht. Alle diese Kräfte ergeben höchstens Rüttelbewegungen quer zur Achse. Jedoch ergeben sich Momente durch das wechselseitige Zusammenarbeiten des Spannungstriebflusses des einen Meßwerkes mit den Wirbelströmen der Stromtriebflüsse des anderen Meßwerkes. Der Hebelarm dieser Kräfte ist gleich der Mittenentfernung der Verbindungslinie Spannungskern — Stromkern. Man macht daher diese Entfernung möglichst klein, den Scheibendurchmesser dagegen möglichst groß und stellt die beiden Systeme, die auf eine Scheibe wirken sollen, genau gegenüber.

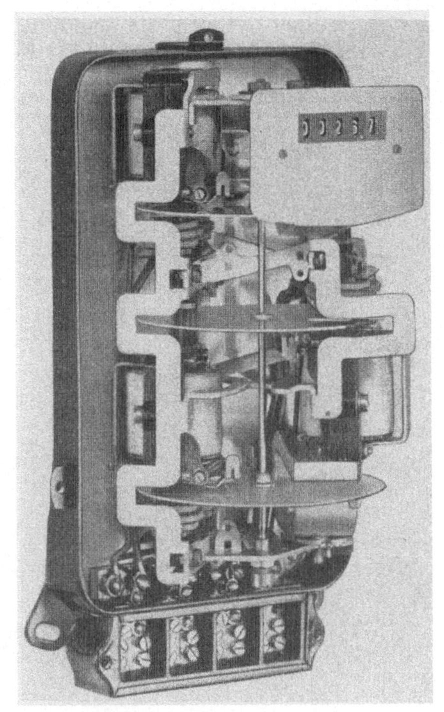

Abb. 390. Drehstrom-Vierleiter-Wirkverbrauch-zähler (Landis & Gyr)

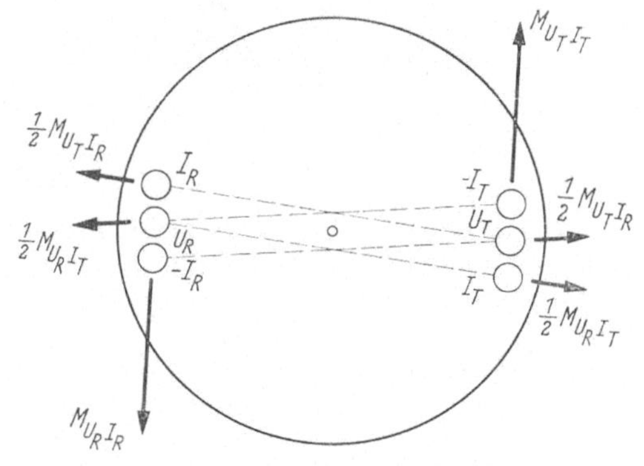

Abb. 391. Entstehung der Wechseltriebe beim zweisystemigen Drehstromzähler

Auf Grund der Konstruktion ergeben sich also zwei Stördrehmomente infolge $\mathfrak{U}_{ST} \times \mathfrak{J}_R^*$ und $\mathfrak{U}_{SR} \times \mathfrak{J}_T^*$ (über die Bedeutung des komplexen

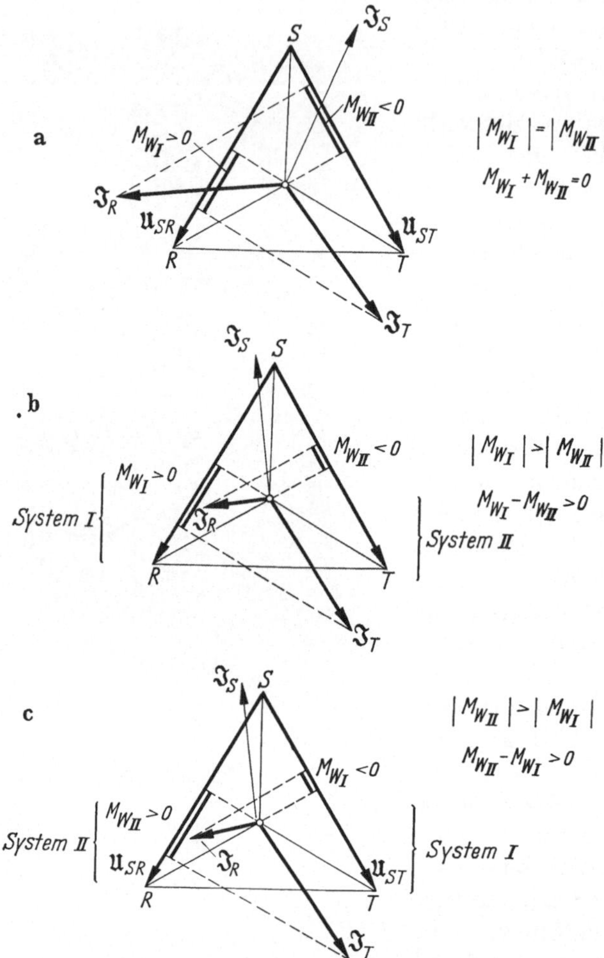

Abb. 392a—c. Diagramme zur Erläuterung der Wechseltriebe beim Drehstromzähler a) Symmetrische Last, kein Wechseltrieb; b) u. c) unsymmetrische Last. Vorzeichen des Wechseltriebes abhängig von Phasenfolge der Anschlüsse

Produktes vgl. Kap. IX und Kap. XII 6 c). Maßgebend für die Größe des gesamten Störmomentes ist der reelle Anteil der Summe[1]

$$\Delta M = k'\, Re\left[(\mathfrak{U}_{ST} \times \mathfrak{J}_R^*) + (\mathfrak{U}_{SR} \times \mathfrak{J}_T^*)\right] \qquad (437)$$

Im Falle symmetrischer Belastung (vgl. Diagramm Abb. 392a) ergibt

---

[1] vgl. Fußnote S. 449.

sich hieraus

$$\Delta M = k'\, U\, J\, [\cos(90° + \varphi) + \cos(90° - \varphi)]$$
$$= k'\, U\, J\, [-\sin\varphi + \sin\varphi] = 0$$

In einem symmetrisch belasteten Zähler heben sich die Strom-Spannungswechseltriebe gegenseitig auf. Dagegen gibt es ein Störmoment bei unsymmetrischer Belastung (Abb. 392b). Vertauscht man die Anschlüsse R und T des Zählers, so hat das gemäß der Theorie der Zweiwattmeterschaltung keinen Einfluß auf das gesamte Meßmoment. Dagegen wirkt das Wechseltriebmoment zwischen J_T und U_{SR}, welches in Abb. 392b positiv und von größerem Absolutbetrag ist als das andere, nicht mehr im *System I* sondern im *System II* (Abb. 392c). Daraus folgt, daß infolge der Strom-Spannungswechseltriebe der Zähler bei unsymmetrischer Belastung einen drehfeldrichtungsabhängigen Fehler aufweisen muß.

Zur Kompensation dieser Störtriebe wendet man ein Gegendrehmoment

$$\Delta M' = -\Delta M$$

an, welches man einfach dadurch erzwingt, daß das Spannungseisen des Systemes R in passender Größe zusätzlich von T und umgekehrt magnetisiert wird. Es ist dann

$$M_{Trieb} = k\, Re\left[\left(\mathfrak{U}_{SR} - \frac{k'}{k}\,\mathfrak{U}_{ST}\right) \times \mathfrak{J}_R^* + \left(\mathfrak{U}_{ST} - \frac{k'}{k}\,\mathfrak{U}_{SR}\right) \times \mathfrak{J}_T^*\right]$$
$$= M_{soll} - \Delta M$$

zu machen. Hierin ist

$$\Delta M' = k'\, Re\,[(-\mathfrak{U}_{ST} \times \mathfrak{J}_R^*) + (-\mathfrak{U}_{SR} \times \mathfrak{J}_T^*)] = -\Delta M$$

Die hierzu erforderliche Schaltung zeigt Abb. 393. Ähnlich verfährt man bei Drehstrom-Vierleiterzählern mit 3 Meßwerken.

Weitere Störmöglichkeiten ergeben sich durch die Streuflüsse des einen Meßwerkes am Einbauort des anderen. Diese Fehler ähneln sehr den Fremdfeldeinflüssen; sie lassen sich durch kompakte Bauweise der Triebsysteme klein halten.

b) Blindverbrauchszähler. Zur Messung von $\int U \cdot I \cdot \sin\varphi \cdot dt$ dienen Zähler, deren Meßwerke genau so geschaltet werden wie die von Blindleistungsmessern. Da derartige Zähler bei $\cos\varphi = 1$ keinen Trieb, dagegen bei $\cos\varphi = 0$ vollen Trieb

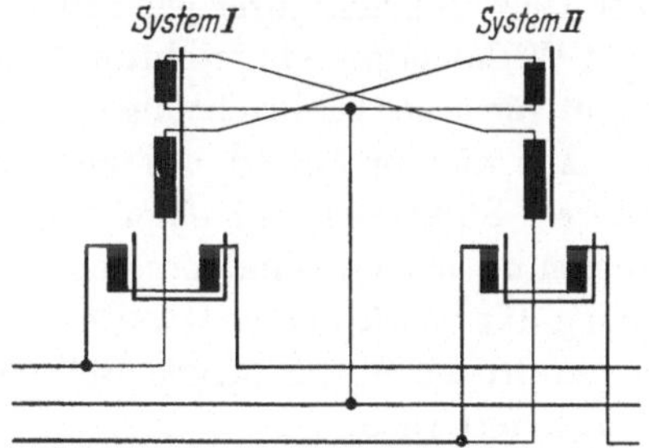

Abb. 393. Kompensation der Wechseltriebe beim Drehstrom-Dreileiterzähler

31*

besitzen müssen, hat man den Triebflüssen nicht eine Phasenverschiebung von 90°, sondern 180° zu geben. Dann ist

$$M_A = k_2\, U\, J \cos(\varphi + 90°) = k_2\, U\, J \sin\varphi \qquad (438)$$

Der Zähler dreht sich bei Phasenverschiebung in verschiedenen Richtungen, je nachdem, ob die Belastung induktiven oder kapazitiven Charakter hat, denn es ist $\sin(-\varphi) = -\sin\varphi$. Es erübrigt sich an dieser Stelle in näheres Eingehen, da derartige Zähler nur Erweiterungen der Anwendungsmöglichkeit des Induktionsmeßwerkes bedeuten.

Die richtige Messung der Blindleistung hängt von der Innehaltung der Bedingung ab, daß der Strom in der Spannungsspule um 90° gegenüber der Schaltung als Wirkleistungszähler verschoben ist. Bei Drehstrom-Blindverbrauchszählern führt man diese Bedingung durchweg dadurch herbei, daß anstelle der „richtigen" Spannung (Sternspannung bei 4-Leiter-, Dreieckspannung bei 3-Leiterzählern) die um 90° nacheilende Spannung der gegenüberliegenden Dreieckseite bzw. Sternstranges genommen wird (vgl. Kap. X). Diese Bedingung gilt genau nur für *den* Fall, daß das Spannungsdreieck gleichseitig ist. Bei Abweichungen von der Gleichseitigkeit haben Blindverbrauchszähler Fehler.

Da kapazitiver und induktiver Verbraucherstrom sich bezüglich des Vorzeichens unterscheiden, wechselt auch das Triebmoment des Blindverbrauchszählers für beide Ströme seine Richtung. Es ist nun nicht erwünscht, daß bei Verbrauchern, deren Verhalten zwischen Magnetisierung und Ladung schwanken kann, der gesamte Blindverbrauch unter Berücksichtigung des Vorzeichens gebildet wird. Für den Energielieferer ist sowohl Magnetisierungsbedarf wie Ladungsbedarf des Verbrauchers gleichbedeutend mit einer stärkeren Belastung des Netzes. In beiden Fällen wird die Bereitschaft der Betriebsmittel zur Durchführung ihrer eigentlichen Aufgabe, nämlich der Übertragung von Wirkenergie, eingeschränkt. Außerdem kann der Induktionszähler nicht für *beide* Drehrichtungen abgeglichen werden.

Aus diesem Grund besitzen Blindverbrauchszähler eine Rücklaufsperre. Stellt sich bei einem Verbraucher die Notwendigkeit zur Verrechnung beider Blindenergien heraus, so verwendet man drei Zähler, einen für Wirk-, einen zweiten mit Rücklaufsperre für positiven und einen dritten für negativen Blindverbrauch, dessen Rücklauf gleichfalls verhindert wird.

Eine andere Form der Energieverrechnung sieht vor, daß der sog. *Scheinverbrauch*, d. h. der Wert

$$A = \int_0^t U \cdot J \cdot dt$$

gezählt wird. Abb. 394 zeigt das interessante Getriebe eines Scheinverbrauchzählers. Dieses besteht aus einer sehr genau geschliffenen Glaskugel, die nach Abb. 395a im wesentlichen auf zwei Schneidenrollen ruht, deren Ebenen senkrecht aufeinander stehen und mit Geschwindigkeiten angetrieben werden, welche proportional der Wirkleistung und der Blindleistung sind. Eine dritte Rolle, die die Kugel gegen Herunterfallen sichert, ist in einem um den Kugelmittelpunkt drehbaren Bügel

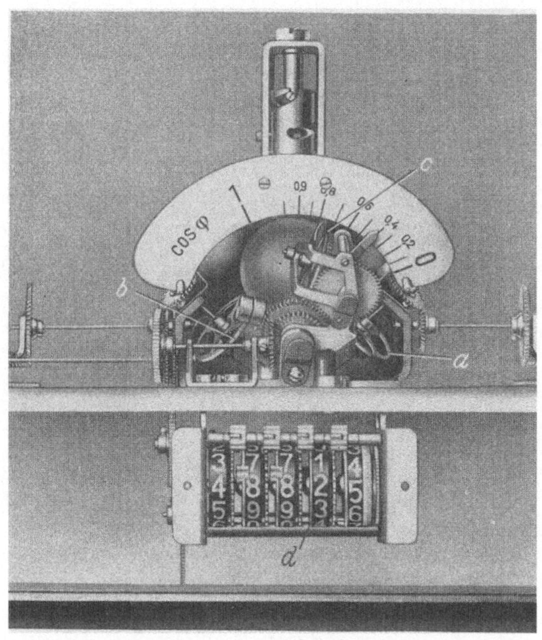

Abb. 394. Kugelgetriebe eines Scheinverbrauch-Tarifgerätes (SSW)
a Wirkverbrauch-Antrieb; *b* Blindverbrauch-Antrieb; *c* Scheinverbrauch-Abnahme;
d Scheinverbrauch-Zählwerk

gelagert. In Abb. 395b sind die Drehrichtungen, wie sie von den Triebwerkrollen erzwungen werden, als Vektoren eingetragen. Sie addieren sich als solche und versetzen die Kugel in Drehung um eine Achse, deren Richtung durch das Verhältnis $N_b : N_w$ festgelegt ist. Die Drehgeschwindigkeit der Kugel ist proportional $\sqrt{N_w^2 + N_b^2}$, d. h. der Scheinleistung. Die Führungsrolle stellt sich ähnlich wie eine Planimeterrolle mit ihrer Meridianebene in Richtung der Rotationsebene der Kugel ein, dreht sich demnach mit einer der Scheinleistung proportionalen Geschwindigkeit. Über ein Getriebe wird der von der Führungsrolle zurückgelegte Weg dem Anzeigewerk zugeführt, welches also den Scheinverbrauch abzulesen gestattet.

Bei diesem Zähler handelt es sich bereits um ein sog. *Tarifgerät*, da es nicht mehr der Verrechnung einer gelieferten Energiemenge dient, sondern bereits die Kosten der Vorhaltung des vom Verbraucher gewünschten Betriebszustandes in bestimmter Weise berücksichtigt. Andere häufiger angewendete Tarifgeräte sind die Maximumzähler, die nicht nur den Verbrauch insgesamt, sondern auch den Verbrauch in

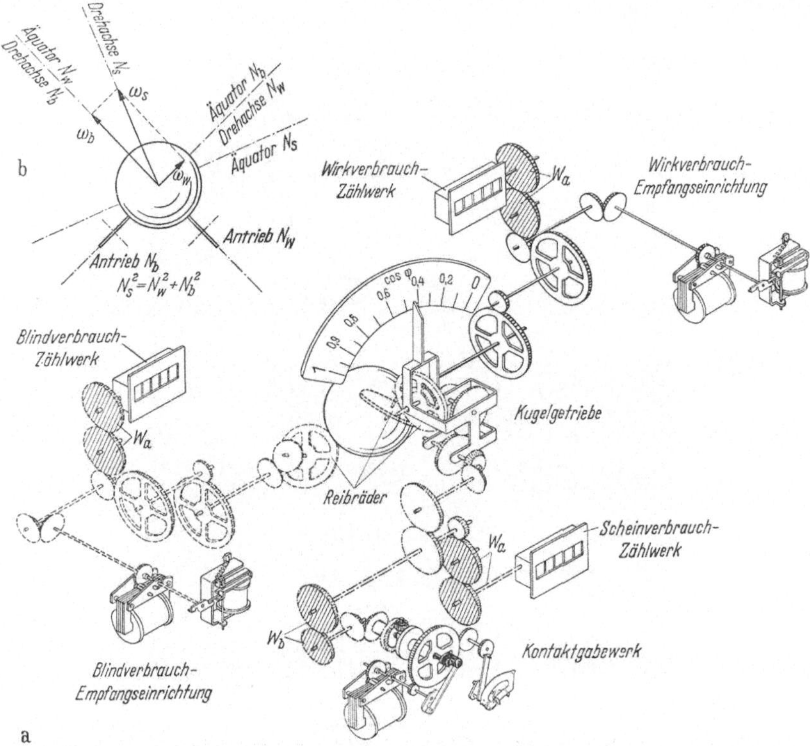

Abb. 395a u. b. Aufbau a) und Wirkungsweise b) des Kugelgetriebes eines KVAh-Zählers (SSW)

einer kurzen Meßperiode — meistens 15 Minuten — anzeigen. Dieser Verbrauch entspricht somit einer mittleren Leistung, wobei aber sehr kurzzeitige Leistungsspitzen, wie sie z. B. beim Anfahren von Motoren zu erwarten sind, nicht mit ihrem Augenblickswert berücksichtigt werden. Der Sinn des Meßgerätes ist, den Verbraucher nicht nur mit den Kosten der wirklich bezogenen Energie zu belasten, sondern auch anteilig mit den festen Kosten für die Anlagen, die für ihn in Betrieb zu halten sind, wenn er eine bestimmte Leistung uneingeschränkt zu jeder Zeit entnehmen will. Durch die Anwendung einer ziemlich beträchtlichen *Spitzengebühr* wird der Verbraucher veranlaßt, seinen Energiebedarf ohne scharfe Spitzen, sondern vielmehr nach Möglichkeit als Grundlast zu beziehen.

Zu den speziellen Einrichtungen zum Zwecke der Energieverrechnung müssen auch die Kontaktgeberzähler gerechnet werden. Sie sind gleichzeitig Beispiele für *digitales Messen* (vgl. Kap. I), lassen sich auch in der Tat für die verschiedensten Aufgaben auf diesem Gebiete als *Verschlüßler* und für Fernmessungen einsetzen. Als Wirk- und Blindverbrauchszähler erhalten sie eine Kontaktgebereinrichtung, die den Läufer des Zählers natürlich mechanisch nicht belasten darf und überdies so eingerichtet sein muß, daß während der Kontaktgabezeit die inzwischen angefallenen Energiewerte der Messung nicht verlorengehen. Abb. 396 zeigt ein solches Geberwerk, welches diesen Anforderungen genügt. Der wesentliche Teil ist ein kleines Differentialgetriebe. Das eine Sonnenrad wird durch das Meßwerk ständig angetrieben, das zweite in entgegen-

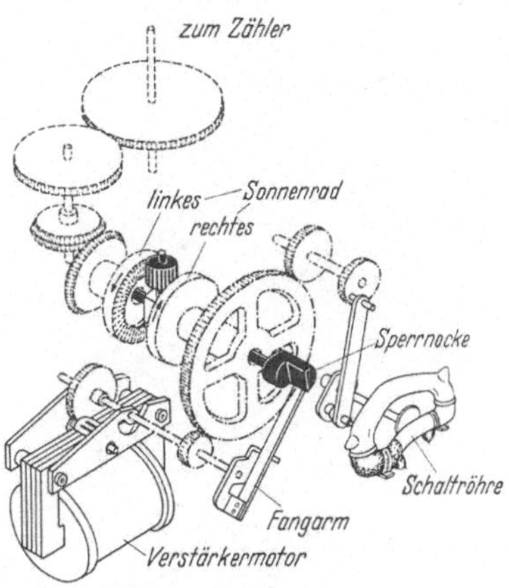

Abb. 396. Geberwerk eines Kontaktgeberzählers (SSW)

gesetzter Richtung durch einen sog. *Verstärkermotor*. Dieser liegt ständig an Spannung, wird aber von einem Fangarm abgebremst. Der Fangarm wird erst freigegeben, wenn das Planetenrad eine bestimmte Stellung

Abb. 397. Ansicht des Geberwerkes eines Kontaktgeberzählers mit Verstärkermotor und Planetengetriebe (SSW) *a* Antrieb vom Läufer des Zählers; *b* Verstärkermotor mit Vorgelege; *c* Welle des Planetenrades mit Nocke; *d* Fangarm, vom Verstärkermotor angetrieben; *e* Quecksilber-Geberkontakt, vom Verstärkermotor angetrieben

angenommen hat. Dann läuft der Nachlaufmotor genau eine Umdrehung und bewegt dabei das Planetenrad um ein entsprechendes Stück zurück. Eine neue Umdrehung des Verstärkermotors erfolgt erst dann, wenn die

Zählerscheibe ein dem Nachlaufwinkel des Sonnenrades entsprechendes Integral des Meßwertes registriert hat. Es wird nun bei jeder Umdrehung des Verstärkermotors ein Impuls gegeben, der einer bestimmten Energiemenge entspricht. Das Meßwerk ist von der Betätigung der verhältnismäßig schweren Kontakteinrichtung völlig entlastet. Auch kann sich

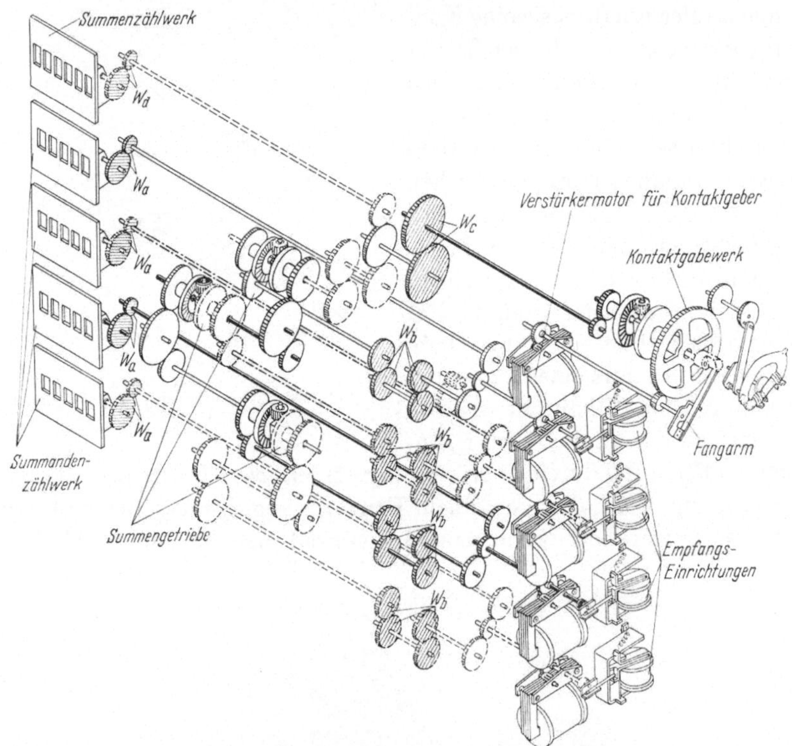

Abb. 398. Getriebe eines Summen-Fernzählwerkes für 4 Summanden mit 4 Impuls-Empfangsrelais und Verstärkermotoren sowie einem Sende-Kontaktgeberwerk für die Summenimpulse (Siemens-Schuckertwerke)

das Sonnenrad des Meßwerks unabhängig von der Kontaktgabezeit kontinuierlich drehen. Abb. 397 zeigt die Ansicht dieser Einrichtung; man erkennt links unten, zum Teil durch die Platine verdeckt, den Motor, vorn die Planetenradwelle mit der Nocke und den Fangarm sowie rechts vorn das Quecksilber-Kontaktwerk. Auf der Empfangsseite brauchen nur die ankommenden Impulse gezählt zu werden. Man verwendet dazu einen ähnlichen Verstärkermotor, der ebenfalls durch eine Sperre abgebremst ist und von jedem Impuls für eine Umdrehung freigegeben wird. Ordnet man mehrere solcher Empfängereinrichtungen an und kuppelt sie über Summiergetriebe (Abb. 398), so ist man in der Lage, Energiebeträge beliebig zu summieren und zu subtrahieren. Da man bei derartigen Einrichtungen von der Lage der Geberzähler im Netz völlig frei ist, verdrängt für die Zwecke der Energieverrechnung diese Art zu summieren in zunehmendem Maße die früher gebräuchlichen Summationsschaltungen über Stromwandler (vgl. Kap. VIII, 12) (vgl. Abb. 208).

XIV. Behandlung zeitlicher und räumlicher Probleme mittels Differentialgleichungen

Lehrziel: Behandlung von Beispielen meßtechnischer Probleme, die auf Differentialgleichungen führen. Das Bilden des Ansatzes am Beispiel der Schwingungsgleichung und der zylindersymmetrischen, zeitveränderlichen Felder. Die Einführung der Anfangs- bzw. Randbedingungen.

1. Die lineare Differentialgleichung zweiter Ordnung mit konstanten Koeffizienten (Schwingungsgleichung)

Die lineare Differentialgleichung (D. G.) zweiter Ordnung mit konstanten Koeffizienten kommt in der Technik häufig vor; sie ist von der Form

$$a_2 \frac{d^2 y}{dt^2} + a_1 \frac{dy}{dt} + a_0 y = f(t) \tag{439}$$

D. Gn. höherer Ordnung, also solche, in denen auch die Ableitungen 3., 4. usw. Ordnung vorkommen, erhält man z. B. beim Studium von Regelproblemen. Sie lassen sich in ähnlicher Weise behandeln wie die D. G. (439). D. Gn. mit nicht konstanten Koeffizienten kommen dort vor, wo es sich um Betriebsmittel mit nichtlinearen Kennlinien handelt. Sie sind erheblich schwieriger zu behandeln, zumal die Abhängigkeit der Koeffizienten von den Variablen y und t meistens nur empirisch bekannt ist. Hierbei bedient man sich mit Erfolg elektronischer Analog-Rechner; die Abb. 306 auf S. 380 zeigt ein Beispiel für die Lösung einer komplizierteren D. G. vom Schema $\frac{d^2 y}{dt^2} + \alpha_0 \sin \omega t \cdot y = f(t)$.

Die D. G. (439) zweiter Ordnung mit konstanten Koeffizienten ergibt sich beim Studium schwingungsfähiger Gebilde. Da sie sich in elementarer Weise behandeln läßt, ist sie vorzüglich geeignet, den Praktiker in die Anwendung von D. Gn. zwecks Beurteilung technisch-physikalischer Betriebsprobleme einzuführen[1].

Man bezeichnet in Gl. (439) die auf der rechten Seite stehende Funktion $f(t)$ als *Störungsfunktion.* Vor Inangriffnahme der allgemeinen Lösung

---

[1] Die nachstehend gebrachte Behandlung entspricht dem im allgemeinen beim Praktiker vorauszusetzenden mathematischen Wissen. Betreffs der exakten, alle singulären Fälle mit umfassenden Behandlung wird auf die mathematischen Lehrbücher verwiesen.

soll der einfachste Sonderfall der D. G. (439) behandelt werden, bei dem keine Störungsfunktion vorhanden ist:

$$a_2 \frac{d^2 y_f}{dt^2} + a_1 \frac{d y_f}{dt} + a_0 y_f = 0 \qquad (440)$$

Man bezeichnet dann den Vorgang $y(t) = y_f(t)$ als *frei* und die zur D. G. (439) gehörende D. G. (440) als *homogene D. G.* Ferner soll zunächst in D. G. (440) $a_1 = 0$ angenommen werden; es fehlt dann das Glied mit der ersten Ableitung und es wird

$$\frac{d^2 y_f}{dt^2} = - \frac{a_0}{a_2} y_f \qquad (441)$$

Zur Lösung dieser D. G., d. h. zur Ermittlung aller Funktionen $y_f(t)$, die die Gl. (441) erfüllen, stützt man sich in der Praxis auf bekannte, elementare Funktionen, deren Ableitungen bekannt sind. Im vorliegenden Fall wird gefordert, daß die zweite Ableitung der Funktion mit umgekehrtem Vorzeichen der Funktion selbst proportional sein soll.

Bekanntlich erfüllt allein die Exponentialfunktion die Bedingung, daß ihre Ableitungen ihr selbst proportional sind:

$$y_f = C \cdot e^{mt}$$
$$y_f' = C \cdot m\, e^{mt}$$
$$y_f'' = C\, m^2\, e^{mt}$$

usw.

Um Gl. (441) zu erfüllen, müßte danach

$$m^2 = - \frac{a_0}{a_2} \qquad (442)$$

sein. Da bei einem technisch-physikalischen Problem die Beiwerte a der D. G. als reell anzunehmen sind, muß

$$m_{\frac{1}{2}} = \pm j \sqrt{\frac{a_0}{a_2}} = \pm j\, \nu_0 \qquad (442\,\mathrm{a})$$

rein imaginär sein. Für m ergeben sich zwei konjugiert komplexe Lösungen. Die allgemeine Lösung der D. G. (441) setzt sich also aus zwei Teillösungen additiv zusammen; sie lautet

$$y_f = C_1 e^{j\nu_0 t} + C_2 e^{-j\nu_0 t} \qquad (443)$$

Es ist bekannt, daß jeder Integration nur bis auf eine Integrationskonstante, die beliebig gewählt werden kann, bestimmt ist. Da die D. G. (441) zwei Integrationen erfordert, muß man im allgemeinen die beiden Konstanten C_1 und C_2 als verschieden annehmen. Gl. (443) ist also die vollständige Lösung der D. G. (441). Berücksichtigt man, daß

$$e^{\pm j\nu_0 t} = \cos \nu_0 t \pm j \sin \nu_0 t$$

ist, so läßt sich Gl. (443) auch wie folgt schreiben:

$$y_f = (C_1 + C_2) \cos \nu_0\, t + j\,(C_1 - C_2) \sin \nu_0\, t \qquad (443\,\mathrm{a})$$

Hieraus ergibt sich zunächst die physikalische Bedeutung der Konstanten

$$\nu_0 = \sqrt{\frac{a_0}{a_2}} \qquad (444)$$

als Kreisfrequenz einer harmonischen Schwingung.

Nach Gl. (443 a) hat es zunächst den Anschein, als ob die Lösung der D. G. (441) auf komplexe Funktionen führte. Das braucht keineswegs der Fall zu sein. Man hat bezüglich der Wahl der Integrationskonstanten C_1 und C_2 alle Freiheit, die Gl. (443 a) den Erfordernissen eines reellen physikalischen Problemes anzupassen. Soll also Gl. (443 a) einen reellen Vorgang beschreiben, so muß

$$y_f = A \cdot \cos \nu_0\, t + B \cdot \sin \nu_0\, t \qquad (443\,\mathrm{b})$$

mit reellen Zahlen A und B gleichfalls eine allgemeine Lösung ergeben. Dazu braucht man nur zu schreiben:

$$A = C_1 + C_2$$
$$B = j\,(C_1 - C_2)$$

bzw. für

$$C_1 = \frac{1}{2}\,(A - j\,B)$$
$$C_2 = \frac{1}{2}\,(A + j\,B)$$

komplexe Zahlen zu wählen.

Man könnte an dieser Stelle einwenden, daß der Ansatz über die Exponentialfunktion unnötig kompliziert sei, da auf Grund der Kenntnis elementarer Funktionen und ihrer Ableitungen der Ansatz nach Gl. (443 b) sowieso nahe gelegen hätte. Der gewählte Weg besitzt aber wegen der Eigenschaften der Exponentialfunktion allgemeine Gültigkeit. Er kann somit sofort auf die kompliziertere D. G. (440) angewendet werden, in der das Glied mit der ersten Ableitung vorkommt; für diese muß dann gelten:

$$C_1\,(a_2\,m_1^2 + a_1\,m_1 + a_0)\,e^{m_1 t} + C_2\,(a_2\,m_2^2 + a_2\,m_2 + a_0)\,e^{m_2 t} = 0$$

Auch bei komplexem Argument kann die Exponentialfunktion niemals dauernd gleich Null sein. Ferner sollen die Spezialfälle $C_1 = 0$ bzw. $C_2 = 0$ ausgeschlossen bleiben. Dann ist für die allgemeine Lösung zu fordern:

$$a_2\,m^2 + a_1\,m + a_0 = 0 \qquad (445)$$

Das ist die zur D. G. (440) gehörende *Hauptgleichung*. Sie gestattet die Berechnung der Konstanten m des Lösungsansatzes. Es ergibt sich

$$m_{\frac{1}{2}} = -\frac{a_1}{2a_2} \pm \sqrt{\left(\frac{a_1}{2a_2}\right)^2 - \frac{a_0}{a_2}} \qquad (446)$$

Es sind nunmehr drei Fälle möglich:

a) Der Radikand der Wurzel in Gl. (446) ist positiv, somit m_1 und m_2 reell. Das ist der Fall für

$$\frac{a_1}{2a_2} > \sqrt{\frac{a_0}{a_2}} \tag{447a}$$

Der Betriebsfall wird also durch zwei reelle Exponentialfunktionen beschrieben. Die Lösung lautet

$$y_f = C_1\, e^{m_1 t} + C_2\, e^{m_2 t}$$

oder

$$\boxed{y_f = (C_1\, e^{\gamma t} + C_2\, e^{-\gamma t})\, e^{-\beta t}} \tag{448}$$

Man spricht in diesem Zusammenhang vom aperiodischen Zustand oder *Kriechfall* (vgl. Kap. III S. 104). Die Koeffizienten haben folgende Bedeutung:

$$m_{\frac{1}{2}} = -\beta \pm \sqrt{\beta^2 - v_0^2} = -\beta \pm \gamma$$

Hierin ist

$$\beta = \frac{a_1}{2a_2} \tag{449}$$

der *Dämpfungsfaktor* und

$$v_0 = \sqrt{\frac{a_0}{a_2}}$$

die bereits aus Gl. (444) bekannte Kreisfrequenz der ungedämpften Schwingung.

b) Der Radikand der Wurzel in Gl. (446) ist negativ. Dann sind wegen des doppelten Vorzeichens der Wurzel m_1 und m_2 konjugiert komplexe Zahlen. Man setzt

$$m_{\frac{1}{2}} = -\beta \pm j\, v$$

Hierin bedeutet

$$v = \sqrt{\frac{a_0}{a_2} - \left(\frac{a_1}{2a_2}\right)^2} \tag{450}$$

wieder die Kreisfrequenz einer Schwingung, weswegen man auch von diesem Betriebsfall als dem periodischen Zustand oder *Schwingfall* spricht. Die Frequenz ist aber kleiner als die des ungedämpften Systemes. Es ist offenbar

$$v = \sqrt{v_0^2 - \beta^2} \tag{450a}$$

und die Lösung der homogenen D. G. (440) lautet jetzt

$$y_f = (C_1\, e^{j v t} + C_2\, e^{-j v t})\, e^{-\beta t} \tag{451}$$

Auf Grund ähnlicher Überlegungen, wie sie bereits bei Gl. (443b) angestellt wurden, kann man auch schreiben

$$y_f = (A \cdot \cos v\, t + B \cdot \sin v\, t) \cdot e^{-\beta t} \tag{451a}$$

c) Der Radikand in der Wurzel von Gl. (446) verschwindet. Dann geht offenbar der Schwingfall in den Kriechfall über. Man nennt diesen Zustand den *aperiodischen Grenzfall*. Es muß

$$\frac{a_1}{2a_2} = \sqrt{\frac{a_0}{a_2}}$$

oder

$$\beta = \nu_0$$

sein, und die Hauptgleichung besitzt eine doppelwertige Wurzel. Die Theorie der D. G. ergibt dann als Lösung[1]:

$$\boxed{y_f = (C_1 + C_2 \cdot t) \cdot e^{-\beta t}} \tag{452}$$

Der aperiodische Grenzfall ist für die Praxis recht wichtig. Zwar interessiert man sich weniger für den Verlauf der Lösung nach Gl. (452), wohl aber für die Grenzbedingung, bei der der Zustand eintritt. Dieser lautet:

$$a_1 = 2\sqrt{a_0 a_2} \tag{453}$$

Die *Dämpfung* mittels der Konstanten a_1 bewirkt erstens ein Abklingen der harmonischen Schwingung in der Weise, daß die Amplituden nach einer Exponentialfunktion abnehmen. Ferner wird die Kreisfrequenz kleiner, die Periodendauer der Schwingungen wird also größer. Mit Vergrößerung der Koeffizienten a_1 ergeben sich schließlich überhaupt keine Schwingungen mehr.

Nach Kenntnis der Lösungen der homogenen D. G. (440) ist es nicht schwer, die allgemeinere D. G. (439) mit Störungsfunktion zu behandeln.

Es sei $y_\infty(t)$ eine *beliebige* Lösung der D. G. (439). Dann muß die Lösung die D. G. erfüllen, es muß also gelten:

$$a_2 \frac{d^2 y_\infty}{dt^2} + a_1 \frac{d y_\infty}{dt} + a_0 y_\infty = f(t)$$

Ist nun $y(t)$ die ganz allgemeine Lösung der D. G., so gilt auch

$$a_2 \frac{d^2 y}{dt^2} + a_1 \frac{d y}{dt} + a_0 y = f(t)$$

Man kann beide D. Gn. subtrahieren und erhält

$$a_2 \frac{d^2}{dt^2}(y - y_\infty) + a_1 \frac{d}{dt}(y - y_\infty) + a_0(y - y_\infty) = 0$$

Das ist eine *homogene* D. G., deren Lösung bereits bekannt ist. Nennt man also

$$y - y_\infty = y_f$$

so muß

$$y(t) = y_f(t) + y_\infty(t) \tag{454}$$

die allgemeine Lösung der D. G. (439) mit Störungsfunktion ergeben.

---

[1] Rothe, R.: Höhere Mathematik, Teil III, 7. Aufl. Stuttgart: Teubner 1957.

Dieses Ergebnis besagt, daß jede lineare D. G. mit Störungsglied eine Lösung hat, die sich aus der Lösung $y_f(t)$ der zugehörigen *homogenen* D. G. und einer *beliebigen (partikulären)* Teillösung additiv zusammensetzt. Bei den praktisch vorkommenden Problemen folgt die partikuläre Lösung aus dem Verhalten des schwingungsfähigen Systemes nach hinreichend langer Zeit ($t \to \infty$). Denn dann ist das *freie* Glied $y_f(t)$ wegen der stets vorhandenen Dämpfung abgeklungen ($e^{-\beta t} \to 0$ für $t \to \infty$) und somit

$$y(t) \to y_\infty(t) \quad \text{für} \quad t \to \infty$$

Folgende Formen einer Störungsfunktion kommen in der Praxis häufiger vor:

a) Die Störungsfunktion ist eine sog. *Sprungfunktion*, d. h. sie hat für $t < 0$ den Wert Null und für $t > 0$ den Wert X. Man schreibt dann manchmal

$$f(t) = X \cdot \mathbf{1}$$

wobei das Zeichen $\mathbf{1}$ die in Abb. 399a dargestellte Funktion symbolisiert.

b) Die Störung verläuft exponentiell, z. B.

$$f(t) = X_0 \cdot e^{-\frac{t}{T}} \cdot \mathbf{1}$$

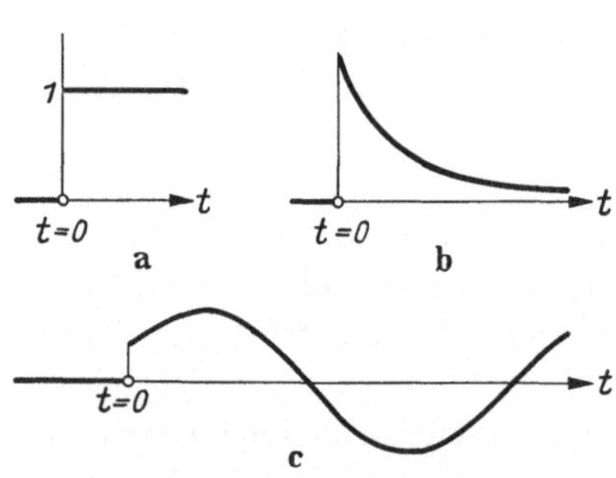

Abb. 399a—c. Störungsfunktionen
a) Sprungfunktion; b) Stoßfunktion;
c) Zuschalten einer Schwingungsfunktion

Hierunter ist zu verstehen, daß zur Zeit $t = 0$ die Störung mit dem Wert X_0 einsetzt und dann mit der Zeitkonstanten T abklingt (Abb. 399b).

c) Die Störung verläuft harmonisch (Abb. 399c). Dieser Fall läßt sich auch wegen

$$\cos \omega\, t = \frac{1}{2}\left(e^{j\omega t} + e^{-j\omega t}\right)$$

und

$$\sin \omega\, t = \frac{1}{2j}\left(e^{j\omega t} - e^{-j\omega t}\right)$$

auf den Fall b) zurückführen.

Der Verlauf des Vorganges ist natürlich in jedem Fall vom Anfangswert der Sprungfunktion abhängig. Man nennt diese zur Berechnung des Verhaltens unbedingt notwendigen Voraussetzungen die *Anfangsbedingungen*. Für sie gilt folgende einleuchtende

Regel: *Man benötigt zur vollständigen Ermittlung der Lösung einer D. G. n^{ter} Ordnung mit Störungsfunktion ebensoviel Angaben über das Verhalten des Systemes zur Zeit $t = 0$, wie die Ordnungszahl der höchsten Ableitung angibt.*

Die hier behandelten D. Gn. zweiter Ordnung benötigen also zwei Anfangsbedingungen. Zum Beispiel müssen bei einem schwingungsfähigen mechanischen Gebilde zwei der drei zeitabhängigen Größen: Lage, Geschwindigkeit und Beschleunigung für $t = 0$ bekannt sein. So ergab sich in Kap. III das Verhalten des Drehspulgerätes beim Einschalten aus den Bedingungen

$$y_{t=0} = 0 \qquad y'_{t=0} = 0$$

beim Ausschalten aus

$$y_{t=0} = Y_0 \qquad y'_{t=0} = 0$$

und beim Betrieb als ballistisches Galvanometer aus

$$y_{t=0} = 0 \qquad y'_{t=0} = Y'_0$$

In der Meßtechnik ist ferner der Fall einer harmonischen Störungsfunktion wichtig. Das Verhalten eines schwingungsfähigen Gebildes (Schleifenschwinger eines Lichtstrahloszillographen) ist auf S. 381 in Kap. XI unter Verzicht auf den Einschwingvorgang ermittelt worden (Gl. [386] und folgende). Zur Ergänzung und Verallgemeinerung des dort Ausgeführten soll nunmehr das Anschwingverhalten untersucht werden, was z. B. für das Verhalten eines Vibrationsmeßwerkes wichtig ist.

Die Schwingungsgleichung wird nach Gl. (386) auf S. 382 in der Form

$$\frac{1}{v_0^2} \frac{d^2 y}{dt^2} + \frac{2\beta}{v_0^2} \frac{dy}{dt} + y = \hat{x} \sin(\omega t + \alpha) \tag{455}$$

angesetzt. Hierin bedeuten

v_0 die Kreisfrequenz der Eigenschwingung des ungedämpften Systemes
β die Dämpfungskonstante
$\hat{x}$ die Amplitude der harmonischen Störungsfunktion
ω ihre Kreisfrequenz
α ihre Phase beim Augenblick des Einschaltens $(t = 0)$

Die partikuläre Lösung ist identisch mit dem Betriebsvorgang nach einer hinreichend langen Zeit, wenn die Anfangsstörung abgeklungen ist. Dann verläuft die Schwingung wie die Störung quasistationär und zwar mit der Frequenz der Störung. Es ist also

$$y_\infty = \hat{y}_\infty \sin(\omega t + \alpha - \varphi) \tag{456}$$

der allgemeine Ansatz der Störungsfunktion. $\hat{y}_\infty$ und α müssen so gewählt werden, daß Gl. (456) die D. G. (455) erfüllt. Zur Ermittlung dieser Werte bildet man

$$y'_\infty = \omega \, \hat{y}_\infty \cos(\omega t + \alpha - \varphi)$$
$$y''_\infty = -\omega^2 \, \hat{y}_\infty \sin(\omega t + \alpha - \varphi)$$

und macht in

$$-\omega^2\,\hat{y}_\infty \sin(\omega t + \alpha - \varphi) + 2\beta\,\omega\,\hat{y}_\infty \cos(\omega t + \alpha - \varphi) +$$
$$+ v_0^2\,\hat{y}_\infty \sin(\omega t + \alpha - \varphi) = \hat{x}\sin(\omega t + \alpha)$$

einen Koeffizientenvergleich der sin- und cos-Glieder. Man erhält wie auf S. 383 Kap. XI zwei Bestimmungsgleichungen für $\hat{y}_\infty$ und α:

$$-\omega^2\,\hat{y}_\infty \cos\varphi + 2\beta\,\omega\,\hat{y}_\infty \sin\varphi + v_0^2\,\hat{y}_\infty \cos\varphi = v_0^2\,\hat{x}$$
$$\omega^2\,\hat{y}_\infty \sin\varphi + 2\beta\,\omega\,\hat{y}_\infty \cos\varphi - v_0^2\,\hat{y}_\infty \sin\varphi = 0$$

Die Lösungen sind mit den Ergebnissen aus Gl. (390) und (392) identisch:

$$\hat{y}_\infty = \frac{v_0^2}{\sqrt{(\omega^2 - v_0^2) + 4\beta^2\,\omega^2}} \cdot \hat{x} \tag{457}$$

$$\tan\varphi = \frac{2\beta\,\omega}{v_0^2 - \omega^2} \tag{458}$$

Dieses Ergebnis ist durch die Lösung der zu Gl. (455) gehörenden homogenen D. G. zu ergänzen; diese lautet:

$$\frac{d^2 y_f}{dt^2} + 2\beta\,\frac{d y_f}{dt} + v_0^2\,y_f = 0 \tag{459}$$

Sie hat die bereits bekannte Lösung

$$y_f = (A \cdot \cos v\,t + B \sin v\,t)\,e^{-\beta t} \tag{451a}$$

Es ist der Schwingfall angenommen worden, d. h. es muß $v_0 > \beta$ oder

$$v = \sqrt{v_0^2 - \beta^2} = \text{reell}$$

sein.

Das *freie* Glied y_f aus Gl. (451a) vermittelt den Übergang aus dem Verhalten des Systemes für $t < 0$ in den quasistationären Zustand $y_\infty(t)$ für $t \to \infty$. Somit ergibt sich als vollständige Lösung:

$$y = (A \cos v\,t + B \sin v\,t) \cdot e^{-\beta t} + \hat{y}_\infty \sin(\omega t + \alpha - \varphi) \tag{460}$$

Hierin sind wieder die Integrationskonstanten A und B so zu bestimmen, daß die *Anfangsbedingungen* erfüllt werden. Befand sich z. B. für $t = 0$ das System in Ruhe, so ist

$$y_{t=0} = 0 \quad \text{und} \quad y'_{t=0} = 0$$

Die erste Bedingung ergibt dann

$$A + \hat{y}_\infty \sin(\alpha - \varphi) = 0 \tag{461a}$$

und die zweite

$$v\,B - \beta\,A + \omega\,\hat{y}_\infty \cos(\alpha - \varphi) = 0 \tag{461b}$$

Offenbar sind zwei Grenzfälle wichtig:

a) Es wird im Nulldurchgang der partikulären Lösung geschaltet; dann ist $\alpha - \varphi = 0$.

b) Es wird im Maximum der partikulären Lösung geschaltet; dann ist $\alpha - \varphi = \dfrac{\pi}{2}$.

Im Fall a) wird $y_\infty(t) = \hat{y}_\infty \cdot \sin \omega\, t$, im zweiten $y_\infty(t) = \hat{y}_\infty \cdot \cos \omega\, t$. Ferner ergibt sich für den Grenzfall a):

$$A = 0 \qquad B = -\frac{\omega}{\nu}\,\hat{y}_\infty$$

und

$$y = \hat{y}_\infty \left(\sin \omega\, t - \frac{\omega}{\nu}\, e^{-\beta t} \sin \nu\, t\right) \tag{462a}$$

Für den Grenzfall b) wird

$$A = -\hat{y}_\infty \qquad B = -\frac{\beta}{\omega}\,\hat{y}_\infty$$

und

$$y = \hat{y}_\infty \left[\cos \omega\, t - \left(\cos \nu\, t - \frac{\beta}{\nu} \sin \nu\, t\right) e^{-\beta t}\right] \tag{462b}$$

Der genaue Verlauf hängt also vom Einschaltaugenblick ab, der durch die Phase α bestimmt wird. Das Problem ist damit grundsätzlich gelöst. Die Ergebnisse eignen sich gut zur zahlenmäßigen Auswertung.

Es sei hier nur auf einen interessanten Spezialfall der Lösung hingewiesen, das man am deutlichsten erkennt, wenn das System nur wenig gedämpft ist ($\beta \approx 0$), und die aufgeschaltete Störung nahezu in Resonanz mit dem schwingungsfähigen System ist ($\omega \approx \nu \approx \nu_0$). Es ergibt sich dann z. B. für den Grenzfall b):

$$y \approx \hat{y}_\infty (\cos \omega\, t - \cos \nu_0\, t)$$

Durch Anwendung des bekannten trigonometrischen Additionssatzes

$$\cos \omega\, t - \cos \nu_0\, t = 2 \sin \frac{\nu_0 + \omega}{2}\, t \cdot \sin \frac{\nu_0 - \omega}{2}\, t$$

erhält man hieraus

$$y = 2 \hat{y}_\infty \sin \frac{\nu_0 - \omega}{2}\, t \cdot \sin \frac{\nu_0 + \omega}{2}\, t$$

Nennt man

$$\Delta \omega = \nu_0 - \omega \tag{463}$$

so wird

$$y = 2 \hat{y}_\infty \sin \frac{\Delta \omega}{2}\, t \cdot \sin \left(\omega + \frac{\Delta \omega}{2}\right) t \tag{464}$$

Während des Überganges ergibt sich eine *Schwebung*. Ist nämlich $\Delta \omega \ll \omega$, so kann man $2 \cdot Y \cdot \sin \dfrac{\Delta \omega}{2}\, t$ als die langsam veränderliche Amplitude einer verhältnismäßig schnellen Schwingung der Frequenz $\omega + \dfrac{\Delta \omega}{2}$ auffassen. Die Amplitude erreicht dabei während des Ausgleiches u. U. fast den doppelten Wert der Amplitude des quasistationären Vorganges nach hinreichend langer Zeit. Abb. 400 zeigt ein Oszillogramm einer solchen Schwebung.

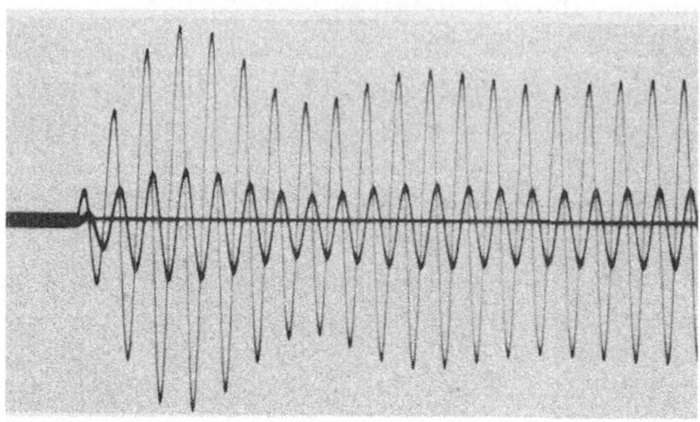

Abb. 400. Einschalten eines Schwingungskreises mit Wechselstrom
(Schwebung zwischen der abklingenden Eigenschwingung und der nahezu in Resonanz
arbeitenden Störgröße)

2. Die Berechnung räumlich zylindersymmetrischer Vorgänge mittels der Besselschen Differentialgleichung (Stromverdrängung)

In gestreckten Leitern mit kreiszylindrischem Querschnitt verläuft das Feld der elektrischen Strömung in Richtung der Leiterachse (vgl. a. Kap. VII). Wenn es sich um Wechselstrom handelt, ist aber die Stromdichte im Leiterquerschnitt nicht überall gleich groß. Es findet dann eine *Stromverdrängung* zur Oberfläche statt, die man *Hauteffekt* nennt und die den wirksamen Widerstand des Leiters erheblich vergrößern kann.

Schneidet man nach Abb. 401 aus dem Inneren des Leiters einen dünnen, koaxialen Zylinder heraus, so ist in ihm überall die elektrische Stromdichte und Feldstärke aus Symmetriegründen gleichgroß. An der Oberfläche des gedachten Zylinders herrscht ein tangential gerichtetes magnetisches Wirbelfeld, welches von den Anteilen des Leiterstromes herrührt, die von dem Zylinder umschlossen werden. $\mathfrak{H}_\varrho$ ist also senkrecht zum Vektor $\mathfrak{E}_\varrho$ der elektrischen Feldstärke und zum Vektor $\mathfrak{s}_\varrho$ der Stromdichte gerichtet.

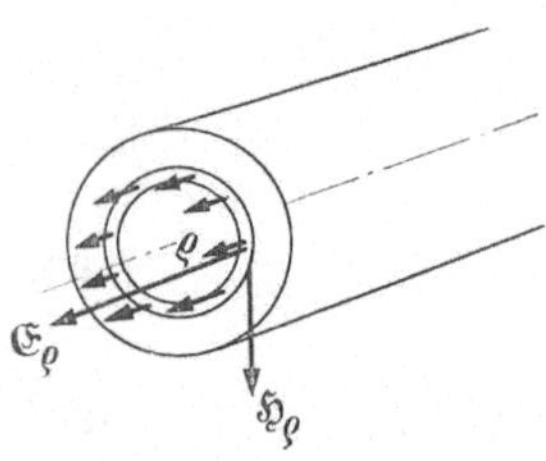

Abb. 401. Zur Berechnung der Stromverdrängung in einem kreiszylindrischen Leiter

In einer Leiterschleife von der Länge L, die von zwei Radien, der Mittellinie des Leiters und einer Mantellinie des gedachten Zylinders begrenzt wird, induziert das magnetische Feld eine Umlaufspannung U. Diese ist gleich der Differenz der auf die Leiterachse und die Mantellinie entfallenden

Spannungsverluste:

$$U = E_0 \cdot L - E_\varrho \cdot L \qquad (465)$$

Die auf die Radien entfallenden Teile des Umlaufes können zur Umlaufspannung nichts beitragen, da die elektrische Feldstärke bei einem unendlich langen Leiter aus Symmetriegründen keine radiale Komponente hat.

Die Durchflutung des koaxialen Zylinders vom Radius ϱ berechnet sich mit Hilfe der Stromdichten im Inneren des Zylinders:

$$\Theta_\varrho = \int\limits_0^\varrho s_\varrho \, dF \qquad (466)$$

Hierin ist

$$dF = 2\pi \varrho \cdot d\varrho$$

Daraus ergibt sich die tangentiale magnetische Feldstärke am Umfang des Zylinders:

$$H_\varrho = \frac{\Theta_\varrho}{2\pi \varrho}$$

und es folgt mit Hilfe der Gl. (466)

$$\varrho \cdot H_\varrho = \int\limits_0^\varrho \varrho \cdot s_\varrho \cdot d\varrho$$

Hierin ersetzt man zweckmäßigerweise die Stromdichte durch die elektrische Feldstärke mit Hilfe des Ohmschen Gesetzes in allgemeiner Fassung

$$s_\varrho = \varkappa \cdot E_\varrho \qquad (467)$$

wodurch man erhält:

$$\varrho \cdot H_\varrho = \varkappa \int\limits_0^\varrho \varrho \cdot E_\varrho \, d\varrho \qquad (468)$$

Differenziert man diese Gleichung partiell nach ϱ, wobei auf der linken Seite die Produktenregel anzuwenden ist, so erhält man[1]:

$$H_\varrho + \varrho \cdot \frac{\partial H_\varrho}{\partial \varrho} = \varkappa \cdot \varrho \cdot E_\varrho \qquad (469)$$

Andererseits ergibt das Induktionsgesetz:

$$U = -\frac{\partial \Phi_\varrho}{\partial t}$$

---

[1] Nach den Regeln der Integralrechnung ergibt sich bei der Differentiation des Integrales einer Funktion nach der laufenden oberen Grenze die Funktion selbst:

$$\frac{d}{dx}\int\limits_a^x f(x)\, dx = \frac{d}{dx}\,[F(x) - F(a)] = \frac{dF(x)}{dx} = f(x)$$

32*

Der in dieser Beziehung vorkommende magnetische Fluß Φ_ϱ füllt wirbelförmig das Innere des Hohlzylinders aus. Es ist

$$\Phi_\varrho = L \cdot \int_0^\varrho \mu_0 \cdot \mu \cdot H_\varrho \cdot d\varrho$$

Man erhält durch Vergleich mit Gl. (465) den Unterschied der achsialen elektrischen Feldstärken an den Stellen $r = 0$ und $r = \varrho$:

$$E_0 - E_\varrho = \mu_0 \mu \cdot \frac{\partial}{\partial t} \int_0^\varrho H_\varrho \, d\varrho$$

Differenziert man diese Gleichung partiell nach ϱ, so ergibt sich, da E_0 vom Radius unabhängig ist:

$$\frac{\partial E_\varrho}{\partial \varrho} = \mu_0 \mu \frac{\partial H_\varrho}{\partial t} \tag{470}$$

Eine der Feldgrößen muß eliminiert werden. Zu diesem Zweck differenziert man Gl. (469) partiell nach t und Gl. (470) partiell nach ϱ:

$$\frac{\partial H_\varrho}{\partial t} + \varrho \frac{\partial^2 H_\varrho}{\partial \varrho \, \partial t} = \varkappa \cdot \varrho \frac{\partial E_\varrho}{\partial t}$$

$$\frac{\partial^2 E_\varrho}{\partial \varrho^2} = \mu_0 \mu \frac{\partial^2 H_\varrho}{\partial t \, \partial \varrho}$$

Unter der Voraussetzung, daß die Reihenfolge der Differentiationen gleichgültig ist, was für stetige Verteilung bezüglich der räumlichen und zeitlichen Koordinate zutrifft, gilt:

$$\frac{\partial^2 H_\varrho}{\partial \varrho \, \partial t} = \frac{\partial^2 H_\varrho}{\partial t \, \partial \varrho}$$

Damit erhält man aus den obigen beiden partiellen D. Gn.

$$\frac{\partial H_\varrho}{\partial t} + \frac{\varrho}{\mu_0 \mu} \frac{\partial^2 E_\varrho}{\partial \varrho^2} = \varkappa \varrho \frac{\partial E_\varrho}{\partial t}$$

Setzt man hierin für $\frac{\partial H_\varrho}{\partial t}$ den Wert aus Gl. (470) ein, so erhält man nach einigen Umstellungen die Ausgangsgleichung des Stromverdrängungsproblemes:

$$\boxed{\frac{\partial^2 E_\varrho}{\partial \varrho^2} + \frac{1}{\varrho} \frac{\partial E_\varrho}{\partial \varrho} = \mu_0 \mu \cdot \varkappa \cdot \frac{\partial E_\varrho}{\partial t}} \tag{471}$$

Partielle D. Gn. dieser Art erhält man auch bei anderen Problemen mit Zylindersymmetrie, wie z. B. den elektromagnetischen Vorgängen in Hohlleitern.

Bei dem hier vorliegenden Problem der Stromverdrängung werde angenommen, daß sich der Betrag des Vektors $\mathfrak{E}_\varrho$ harmonisch ändert. Es ist demnach

$$E_\varrho(t) = \hat{E}_\varrho \cos \omega t$$

Zur Vereinfachung der Rechnung führt man die komplexe Schreibweise ein:

$$\cos \omega t = Re\,[\cos \omega t + j \sin \omega t] = Re\,[e^{j\omega t}]$$

oder

$$E_\varrho(t) = \hat{E}_\varrho \, Re\,[e^{j\omega t}] \qquad (472)$$

Bildet man die räumlichen und zeitlichen partiellen Ableitungen, so erhält man nach Einsetzen in Gl. (471)

$$\frac{d^2 \hat{E}_\varrho}{d\varrho^2} \cdot Re\,[e^{j\omega t}] + \frac{1}{\varrho} \frac{d\hat{E}_\varrho}{d\varrho} \cdot Re\,[e^{j\omega t}] = \mu_0 \mu \cdot \varkappa \cdot \hat{E}_\varrho \cdot j\,\omega \cdot Re\,[e^{j\omega t}]$$

Da nun $Re\,[e^{j\omega t}]$ niemals ständig gleich Null ist, kann man die zeitliche Abhängigkeit durch Kürzen eliminieren und erhält

$$\frac{d^2 \hat{E}_\varrho}{d\varrho^2} + \frac{1}{\varrho} \frac{d\hat{E}_\varrho}{d\varrho} - j\,\omega\,\mu_0\,\mu\,\varkappa\,\hat{E}_\varrho = 0$$

Es empfiehlt sich die Einführung der Abkürzung

$$k = \sqrt{\omega\,\mu_0\,\mu \cdot \varkappa} \qquad (473)$$

und der Substitution

$$\xi = \sqrt{-j} \cdot k \cdot \varrho \qquad (474)$$

Dann wird

$$d\xi = \sqrt{-j} \cdot k \cdot d\varrho$$

$$d\xi^2 = (\sqrt{-j} \cdot k \cdot d\varrho)^2 = -j\,k^2\,d\varrho^2$$

und es ergibt sich mit

$$\frac{d^2 \hat{E}_\varrho}{d\xi^2} + \frac{1}{\xi} \frac{dE_\varrho}{d\xi} + \hat{E}_\varrho = 0 \qquad (475)$$

die Normalform der BESSELschen D. G. Sie beschreibt die räumliche Verteilung der Strömung im kreiszylindrischen Leiter. Die D. G. (475) kann nur durch einen Reihenansatz gelöst werden. Von allen hier in Frage kommenden BESSELschen Funktionen *nullter Ordnung* erfüllt nur die *erster Art* die durch das Problem erhobene Forderung (*Randbedingung*), daß für $\varrho = 0$, d. h. $\xi = 0$ sich endliche Werte für E_ϱ ergeben sollen. Diese Funktion lautet

$$J_0(\xi) = 1 - \frac{\left(\frac{\xi}{2}\right)^2}{1!^2} + \frac{\left(\frac{\xi}{2}\right)^4}{2!^2} - \frac{\left(\frac{\xi}{2}\right)^6}{3!^2} + - \cdots \qquad (476)$$

Der Leser überzeuge sich durch Differenzieren nach x und Einsetzen, daß die Lösung

$$\hat{E}_\varrho = c \cdot J_0(\xi) \qquad (477)$$

die D. G. (475) erfüllt.

Der Verlauf von $J_0(\xi)$ ähnelt einer gedämpften, harmonischen Schwingung, bei der aber die Perioden nicht gleich bleiben. D. G. (475) hat ja auch bis auf die Abhängigkeit des Gliedes mit $\dfrac{d\,\hat{E}_\varrho}{d\,\xi}$ vom Argument ξ etwa dieselbe Form wie die Schwingungsgleichung (440) S. 490.

Den Verlauf der Funktion $J_0(\xi)$ gibt Abb. 402 für reelle Argumente $x = 0\cdots16$ wieder.

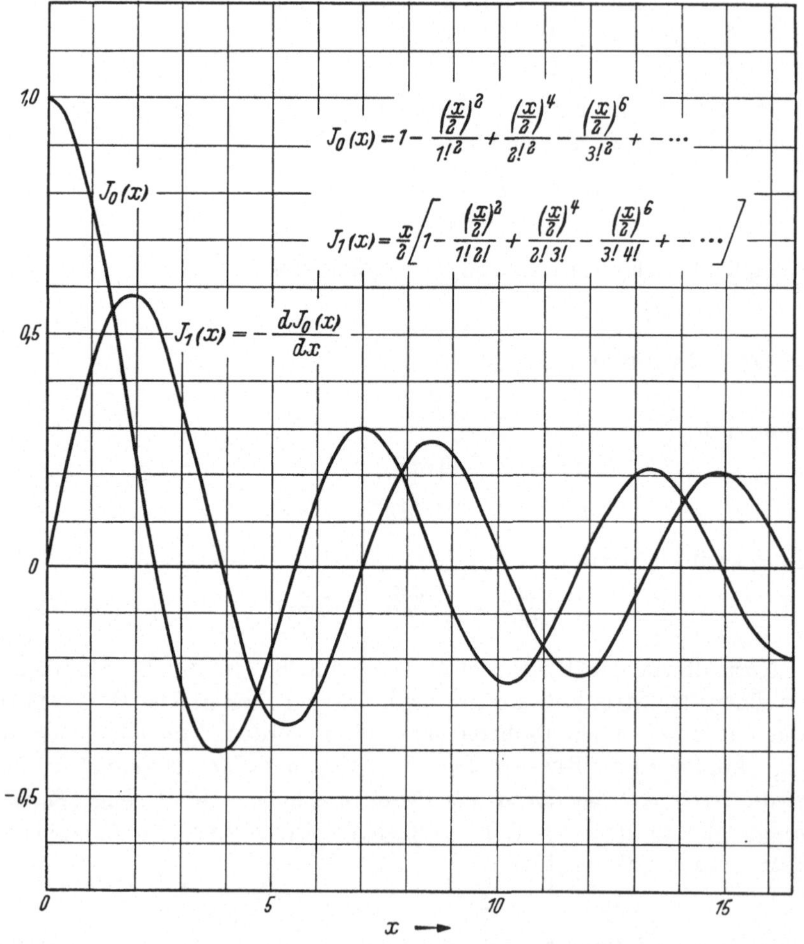

Abb. 402. Besselsche Funktionen erster Art der Ordnung Null und Eins mit reellem Argument

Man interessiert sich bei dem vorliegenden Problem weniger für die Verteilung der elektrischen Feldstärke im Leiter, sondern mehr für eine Konstruktionsgröße, die das Verhalten des Leiters gegenüber Wechselströmen bestimmter Frequenz auf Grund seiner Abmessungen, seines Materiales usw. erklärt. Da sich der Widerstand des Leiters aus dem Verhältnis der elektrischen zur magnetischen Feldstärke berechnen lassen muß, soll zunächst die gleichfalls ortsabhängige Größe $\hat{H}_\varrho$ ermittelt werden.

Auf Grund der bereits bekannten Beziehung

$$\frac{\partial E_\varrho}{\partial \varrho} = \mu_0\, \mu\, \frac{\partial H_\varrho}{\partial t} \tag{470}$$

ergibt sich mit Hilfe der Ansätze

$$E_\varrho = \hat{E}_\varrho \cdot Re\,[e^{j\omega t}] \qquad H_\varrho = \hat{H}_\varrho\, Re\,[e^{j\omega t}]$$

nach Ausführung der partiellen Differentiation und Kürzen durch $Re\,[e^{j\omega t}]$

$$\frac{d\hat{E}_\varrho}{d\varrho} = \mu_0\, \mu \cdot j\, \omega \cdot \hat{H}_\varrho$$

Indem für $\hat{E}_\varrho$ der Ausdruck aus Gl. (477) eingesetzt wird, ergibt sich

$$c \cdot \frac{dJ_0(\xi)}{d\xi} \cdot \frac{d\xi}{d\varrho} = \mu_0\, \mu\, j\, \omega\, \hat{H}_\varrho \tag{478}$$

Nun ist nach Gl. (474)

$$\frac{d\xi}{d\varrho} = k\, \sqrt{-j}$$

und ferner stellt

$$J_1(\xi) = -\frac{dJ_0(\xi)}{d\xi} \tag{479}$$

die BESSELsche Funktion erster Ordnung dar, die für reelle Argumente ebenfalls in Abb. 402 dargestellt ist. Rechnet man $J_1(\xi)$ aus Gl. (476) nach Ausführung der Differentiation aus, so ergibt sich

$$J_1(\xi) = \frac{\xi}{2}\left[1 - \frac{\left(\frac{\xi}{2}\right)^2}{1!\,2!} + \frac{\left(\frac{\xi}{2}\right)^4}{2!\,3!} - \frac{\left(\frac{\xi}{2}\right)^6}{3!\,4!} + - \cdots\right] \tag{480}$$

Unter Anwendung dieser Funktion erhält man aus Gl. (478)

$$-c \cdot J_1(\xi) \cdot k\sqrt{-j} = \mu_0\, \mu\, j\, \omega\, \hat{H}_\varrho$$

bzw.

$$\hat{H}_\varrho = -\frac{c \cdot k \cdot \sqrt{-j}}{j\, \omega \cdot \mu_0\, \mu} \cdot J_1(\xi) \tag{481}$$

Um einen Ausdruck für den Widerstand des Leiters zu bekommen, muß man $\varrho = r$ setzen ($r = $ Leiterradius). Dann ist die Leiterstromstärke $\hat{i}$ gleich der Durchflutung der Grenzkraftlinie an der Oberfläche des Drahtes, und es ist

$$\hat{H}_r = \frac{\hat{i}}{2\pi\, r}$$

Ferner herrscht an der Drahtoberfläche der Spannungsabfall

$$\frac{\hat{u}}{l} = \hat{E}_r$$

Es ist also

$$\frac{\hat{u}}{\hat{i}} = \frac{l}{2\pi\,r}\,\frac{\hat{E}_r}{\hat{H}_r} = \mathfrak{Z}$$

Bedenkt man, daß für den Gleichstromwiderstand

$$R_= = \frac{l}{\varkappa\,\pi\,r^2}$$

gilt, so ist

$$\mathfrak{Z} = \frac{\varkappa\,r}{2} \cdot \frac{\hat{E}_r}{\hat{H}} \cdot R_= \tag{482}$$

Setzt man hierin für $\hat{E}_r$ und $\hat{H}_r$ die Ausdrücke aus den Gln. (477) und (481) ein und berücksichtigt, daß nach Gl. (474) für die Drahtoberfläche

$$x = \sqrt{-j} \cdot k\,r$$

gilt, so wird

$$\mathfrak{Z} = \frac{\varkappa\,r}{2} \cdot \frac{c \cdot J_0(\sqrt{-j} \cdot k\,r)}{-\dfrac{c \cdot k \cdot \sqrt{-j}}{\mu_0\,\mu \cdot j\,\omega} \cdot J_1(\sqrt{-j} \cdot k\,r)} \cdot R_=$$

Zunächst fällt, wie zu erwarten, die Integrationskonstante c der beiden Differentialgleichungen heraus. Nach Umstellung erhält man

$$\mathfrak{Z} = -\frac{j}{\sqrt{-j}} \cdot \frac{1}{k} \cdot \mu_0\,\mu\,\varkappa\,\omega \cdot \frac{r}{2} \cdot \frac{J_0(\sqrt{-j}\,k\,r)}{J_1(\sqrt{-j}\,k\,r)} \cdot R_=$$

Da

$$\frac{-j}{\sqrt{-j}} = \sqrt{-j}$$

und ferner nach Gl. (473) die Abkürzung

$$k = \sqrt{\omega\,\mu_0\,\mu\,\varkappa}$$

ist, so ergibt sich

$$\mathfrak{Z} = \sqrt{-j} \cdot \frac{k\,r}{2} \cdot \frac{J_0(\sqrt{-j}\,k\,r)}{J_1(\sqrt{-j}\,k\,r)} \cdot R_= \tag{483}$$

Bezeichnet man

$$\sqrt{-j}\,\frac{k\,r}{2} \cdot \frac{J_0(\sqrt{-j}\,k\,r)}{J_1(\sqrt{-j}\,k\,r)} = 1 + \mathfrak{f}_s = 1 + f_s + j\,\delta_s \tag{484}$$

so stellt der Ausdruck $1 + \mathfrak{f}_s$ eine komplexe Zahl dar, denn J_0 und J_1 sind für komplexe Argumente komplex, wie auch die Zahl $\sqrt{-j}$ selbst. Der reelle Anteil von Gl. (484) entspricht dem Wechselstrom-Wirkwiderstand, der imaginäre dem Blindwiderstand:

$$\sqrt{-j}\,\frac{k\,r}{2}\cdot\frac{J_0\left(\sqrt{-j}\,k\,r\right)}{J_1\left(\sqrt{-j}\,k\,r\right)}\,R_= = [(1+f_s)+j\,\delta_s]\cdot R_=$$
$$= R_= + f_s\,R_= + j\,\delta_s\,R_=$$
$$= R_\sim + j\,X_\sim = 3$$

Zur zahlenmäßigen Auswertung muß man J_0 und J_1 in Komponenten zerlegen. In den Funktionstafeln von HAYASHI[1] sind sowohl die Komponenten von

$$J_0\left(\sqrt{\pm j}\,k\,r\right)=Z_1(k\,r)\pm j\,Z_2(k\,r) \tag{485}$$

als auch die von

$$J_1\left(\sqrt{\pm j}\,k\,r\right)=\pm\sqrt{\mp j}\left(\frac{dZ_1(k\,r)}{d(k\,r)}\pm j\,\frac{dZ_2(k\,r)}{d(k\,r)}\right)$$
$$=\pm\sqrt{\mp j}\,[Z_1'(k\,r)\pm j\,Z_2'(k\,r)] \tag{486}$$

tabelliert. Im vorigen Fall gelten die unteren Vorzeichen von Gl. (486). Damit wird

$$\sqrt{-j}\,\frac{J_0}{J_1}=\sqrt{-j}\,\frac{Z_1-j\,Z_2}{-(Z_1'+j\,Z_2')\sqrt{j}}$$

Nun ist

$$\frac{\sqrt{-j}}{-\sqrt{j}}=\frac{j\sqrt{-j}}{-j\sqrt{j}}=\frac{\sqrt{-1}\,\sqrt{-j}}{-j\sqrt{j}}=\frac{\sqrt{j}}{-j\sqrt{j}}=j$$

und somit

$$\sqrt{-j}\,\frac{J_0}{J_1}=\frac{Z_2+j\,Z_1}{Z_1'-j\,Z_2'}$$

bzw.

$$1+f_s+j\,\delta_s=\frac{k\,r}{2}\,\frac{Z_2+j\,Z_1}{Z_1'-j\,Z_2'} \tag{487}$$

Setzt man entsprechend Gl. (474)

$$x=k\,r=\sqrt{\omega\,\mu_0\,\mu\,\varkappa\cdot r^2}$$
$$=\sqrt{2\pi\,f\cdot 4\pi\cdot 10^{-9}\cdot\mu\cdot\varkappa\cdot r^2}$$

und beachtet, daß hierin alle Werte im absoluten Maßsystem [cm, g, s, Ω_{abs}] einzusetzen sind, so gilt mit

$$\mu_0=4\pi\cdot 10^{-9}\,\Omega\,\mathrm{s\,cm^{-1}}$$
$$[\varkappa]=\Omega^{-1}\,\mathrm{cm^{-1}}=10^4\,\Omega^{-1}\cdot\mathrm{m}\cdot\mathrm{mm^{-2}}$$
$$[\omega]=\mathrm{s^{-1}}$$
$$q=\pi\,(10r)^2\,\mathrm{mm^2}\quad[r\ \mathrm{in\ cm}]$$

für die Umrechnung des Argumentes

$$x=\sqrt{8\pi\cdot 10^{-7}\cdot f\cdot\mu\cdot\frac{\varkappa}{10^4}\cdot\pi\,(10\,r)^2}$$

---

[1] HAYASHI, K.: Fünfstellige Funktionentafeln. Berlin: Springer 1930.

in einen Ausdruck mit Maßeinheiten, die dem Praktiker geläufig sind, also $[q] = \mathrm{mm}^2$, $[\varkappa] = \Omega^{-1} \cdot \mathrm{m} \cdot \mathrm{mm}^{-2}$ und $[f] = \mathrm{s}^{-1}$:

$$x = 1{,}586 \cdot 10^{-3} \sqrt{f \cdot \mu \cdot \varkappa \cdot q} \tag{488}$$

Mit Hilfe dieses Parameters erhält man schließlich in brauchbarer Form

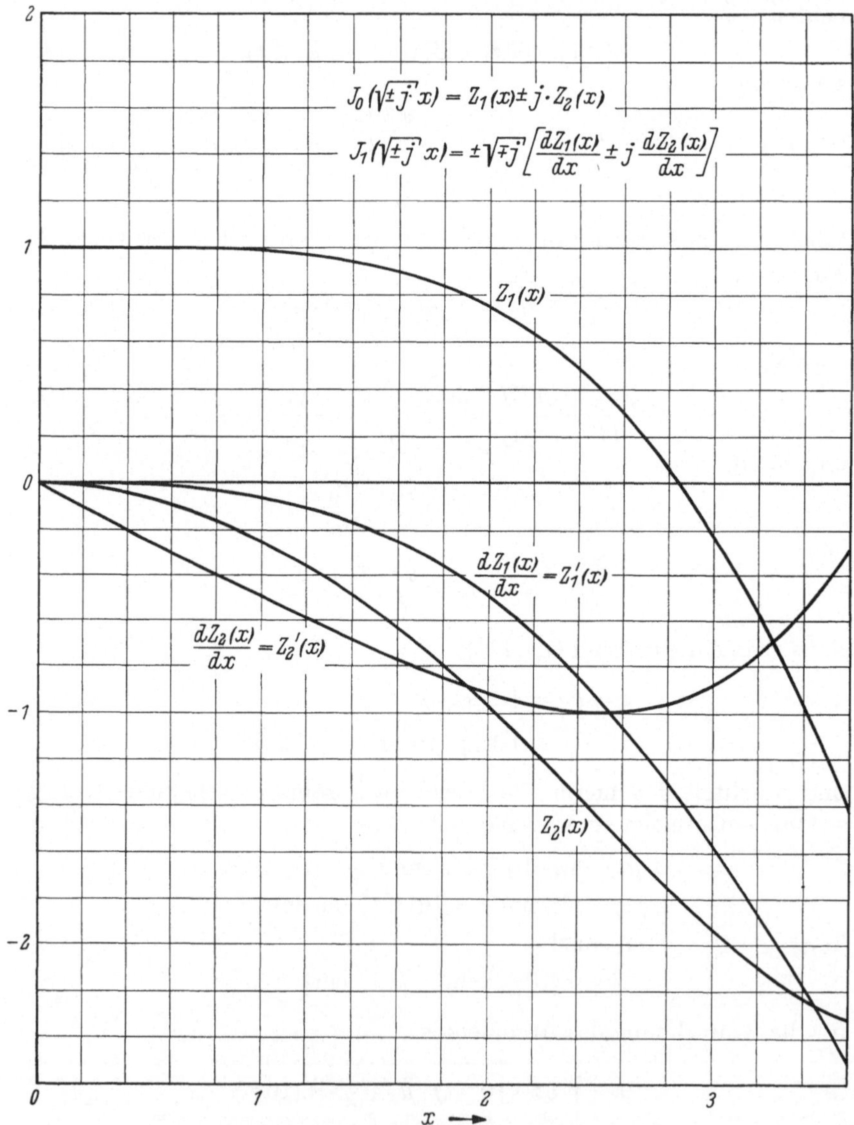

Abb. 403. Besselsche Funktionen nullter und erster Ordnung für komplexes Argument $\sqrt{-j} \cdot x$

dargestellte Beziehungen für den Größen- und Phaseneinfluß der Stromverdrängung:

$$\left.\begin{aligned}
1 + f_s &= \frac{x}{2}\,\frac{Z_2(x)\cdot Z_1'(x) - Z_1(x)\cdot Z_2'(x)}{Z_1'^{\,2}(x) + Z_2'^{\,2}(x)} \\[2mm]
\delta_s &= \frac{x}{2}\,\frac{Z_2(x)\cdot Z_2'(x) + Z_1(x)\cdot Z_1'(x)}{Z_1'^{\,2}(x) + Z_2'^{\,2}(x)}
\end{aligned}\right\} \quad (489\,\mathrm{a,\ b})$$

Hierin bedeuten $Z_1(x)$, $Z_2(x)$, $Z_1'(x)$ und $Z_2'(x)$ die durch die Gln. (485)
und (486) definierten Komponenten der Besselschen Funktionen nullter
und erster Ordnung mit komplexem Argument $\sqrt{-j}\,x$. Auch diese Funktionen sind mit engen Intervallen tabelliert und in Abb. 403 dargestellt.
Die Kurven der Abb. 139, S. 194, Kap. VI zeigen die Auswertung der
Gln. (489a, b) für den Parameter $\sqrt{f\mu\varkappa q}$.

Die für weite Bereiche der Technik nützlichen Besselschen Funktionen werden ebenso wie die ihnen verwandten Kugelfunktionen bei der
mathematischen Ausbildung des In-
genieurs häufig vernachlässigt. Dem
Praktiker kommt es weniger auf die
strenge mathematische Behandlung an,
die natürlich nicht ganz einfach ist,
sondern mehr auf die Handhabung, bei
der sich die Besselschen Funktionen
als überaus nützlich für alle technisch-
physikalischen Probleme erweisen, welche Zylindersymmetrie besitzen. Um
sich in das Wesen der Funktionen einzuführen, sollte sich der Praktiker daher
erst mit der Handhabung vertraut
machen, wofür ausgezeichnete Zahlen-
tafeln zur Verfügung stehen. In diesen

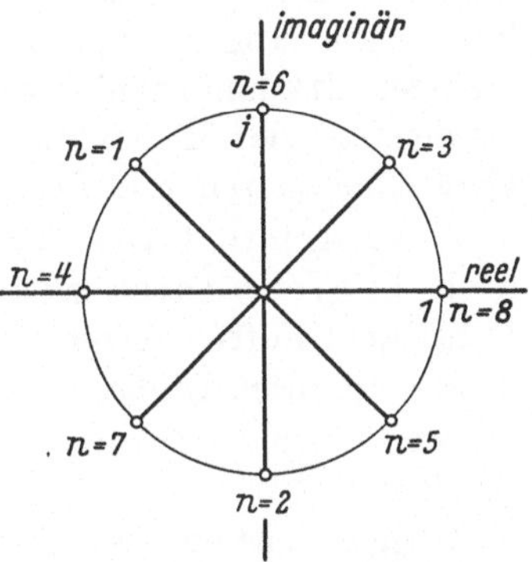

Abb. 404. Zur Theorie der Besselschen
Funktionen: Potenzen $n = 1 \cdots 8$ von
$\sqrt{-j}$

Tafeln findet er auch die Definitionsgleichungen und eine Einführung in
die Rechenregeln. Zum Verständnis derselben reichen die elementaren
Kenntnisse der höheren Mathematik aus. Es kann dem Leser empfohlen
werden, zur Übung die in Abb. 403 dargestellten Z-Funktionen mit Hilfe
der Definitionsgleichungen (485) und (486) aus der Reihendarstellung
der Besselschen Funktionen nullter und erster Ordnung abzuleiten.
Dabei ist es zweckmäßig, sich über das Wesen der häufig vorkommenden Zahl $\sqrt{-j}$ und ihrer Potenzen als *komplexe* Zahl Klarheit zu verschaffen, wofür Abb. 404 einen Fingerzeig geben möge.

B. Ausgewählte Beispiele aus der Praxis

Einführung

Der Teil B enthält Beispiele von durchgeführten Messungen, die entweder nach ihrem pädagogischen Wert ausgewählt wurden, oder an denen typische „Kniffe" bei der Durchführung bzw. Auswertung der Meßergebnisse gezeigt werden können. Die Meßarbeit selbst erforderte bei jeder Aufgabe etwa 2 bis 3 Stunden, in wenigen Fällen — wie bei den magnetischen Messungen — auch etwas mehr. Allerdings ist Voraussetzung hierfür, daß die Messung an sich gut vorbereitet worden ist. Diese vorbereitende Tätigkeit muß von einem erfahrenen Meßtechniker vorgenommen werden.

Es empfiehlt sich vor Inangriffnahme jeder Meßaufgabe, sich über die hauptsächlichsten Eigenschaften der zu untersuchenden Schaltung ein Bild zu machen, oder, wie man sagt, eine *Theorie der Messung* aufzustellen. Diese sollte ihren Niederschlag in einem Protokollentwurf finden. Die abgelesenen Anzeigewerte selbst sollten aber als zahlenmäßiges „Rohmaterial" zunächst in eine Meßkladde aufgenommen werden, aus der die benötigten Werte, u. U. unter Berücksichtigung der Gerätekonstanten und der Korrektionen, in das vorbereitete Protokoll zu übertragen sind. Das Protokoll sollte neben Datum und Uhrzeit auch noch die Werte leicht zugänglicher Meßgrößen wie Raumtemperatur, Luftdruck, Luftfeuchtigkeit usw. enthalten, welche die Messung beeinflussen könnten. In das Protokoll gehört ferner eine kurze Beschreibung des geprüften Gegenstandes sowie eine genaue Darstellung der Meßschaltung.

Oftmals hört man den Rat, daß der Beobachter bei jedem Meßproblem „soviel wie möglich" beobachten soll. Dieser Rat geht offenbar auf die Befürchtung zurück, daß eine Einflußgröße leicht übersehen werden könnte. Gegenüber solchen summarischen Ratschlägen sei man mißtrauisch; oftmals verfahren die Ratgeber bei ihren eigenen Untersuchungen auch nicht danach. Es sollte selbstverständlich sein, daß keine Meßgeräte eingebaut werden, wenn man nicht entschlossen ist, ihre Anzeigen abzulesen und bei der Auswertung zu verwenden. Ausnahmen sind nur sinnvoll, wenn man z. B. bestimmte Betriebswerte einstellen muß, die man nicht zur Auswertung, wohl aber zum Betrieb der Meßschaltung braucht, wie z. B. die Heizströme von Röhren. In diesen Fällen genügt die einmalige Angabe des Ablesewertes im Kopf des Protokolls. Im übrigen gehe man mit Meßgeräten sparsam um. Jedes Meßgerät kann, wie im Teil A an vielen Stellen erläutert, durch sein bloßes Vorhandensein die Fehler der Meßschaltung erhöhen. Außerdem lenkt es den Beobachter von den eigentlich wichtigen Meßaufgaben ab. Daß eine *Überbestimmung* der Messung einer Kontrolle förderlich ist, trifft zwar oftmals zu. Wenn aus solchen Gründen ein Kontrollgerät in die Schaltung hineingenommen wird, so muß es dann auch genau so sorgfältig wie die Hauptgeräte abgelesen werden. Die Ablesungen sind auszuwerten und die Fehler bzw. Widersprüche zu diskutieren. Hierin wird erfahrungsgemäß oftmals gesündigt; zwar ist man gern bereit, „aus Vorsicht" viele und gute Meßgeräte in der Schaltung zu verwenden, wirft aber dann später häufig die Ergebnisse ihrer Ablesungen über Bord, weil „man doch nichts damit anfangen kann", oder liest sie u. U. gar nicht erst ab. Das sollte man sich vorher überlegen; die Meßtechnik hat wie jede ingenieursmäßige Betätigung auch eine wirtschaftliche Seite.

Dagegen ist es oftmals empfehlenswert, bestimmte Einflußgrößen zu ändern, d. h. eine *Meßreihe* aufzulegen. Diese Praxis kostet lediglich für den Messenden etwas mehr Zeit und Geduld. Auch bei den einfachsten, proportionalen Abhängigkeiten sollte man sich daran halten. Diese Art des Messens ist Voraussetzung zur Durchführung einer Fehlerdiskussion (vgl. Kap. II).

Die in diesem Teil enthaltenen Aufgaben sind nur als Beispiele für die Praxis des Messens mit elektrischen Geräten zu werten; sie verfolgen darüber hinaus keinen speziellen Zweck. Auch die zu den Aufgaben gegebenen Erläuterungen sind nur Beispiele. Die angegebenen Wege stellen nicht nur die einzigen Möglichkeiten dar, die zur Lösung des Meßproblemes führen; außerdem sind sie von Fall zu Fall verschieden. Es darf vor allem nicht erwartet werden, daß das Verhalten bestimmter Materialien und Geräte diskutiert wird, soweit es nicht die Messung selbst betrifft. In diesem Zusammenhang muß auf die vielen Spezialwerke verwiesen werden. Die vielfältigen Beziehungen der Meßtechnik zu allen Gebieten macht an dieser Stelle ein gründliches Eingehen auf die Meßergebnisse unmöglich. Die in den Aufgaben enthaltenen Diskussionen der Meßergebnisse beabsichtigen nur die Darlegung bestimmter Auswertungsverfahren. Auch die unter *Theorie der Messung* gebrachten Erläuterungen dienen keineswegs der erschöpfenden Darstellung des physikalischen Verhaltens der Meßobjekte. Vielmehr sollen diese Einführungen nur erläutern, welche Überlegungen der Meßtechniker *vor* Beginn seiner Untersuchungen anzustellen hat, um Meßgeräte zweckmäßig auszuwählen, ein Protokoll zu entwerfen und um schließlich möglichst *wirtschaftlich* messen zu können. Auch die dargestellten Schaltungen sind nur Beispiele, von denen ohne weiteres abgewichen werden kann.

Aufgabe I—01: Vergleich von Normalelementen nach dem Substitutionsverfahren

Übungsziel: Vorteil der gegenseitigen Anschlußmessung bei mehreren gleichartigen Prüflingen. Ausschaltung systematischer Fehler durch Anwendung des Substitutionsprinzipes. Definition des Prüfamt-Hauptnormals. Handhabung des Kaskadenkompensators mit Hilfsstromkreis und der Normalelemente.

Meßschaltung. Zur Messung werden benötigt:

1 Kaskadenkompensator mit Hilfsstromkreis
   Dekadenwiderstände aus Manganin zur Hilfsstrom-Einstellung
1 Hilfs-Normalelement
1 Spiegel-Galvanometer (etwa 10^9 mm/A)
1 Drehspulstrommesser Meßbereich mindestens 0,12 mA für den Hilfsstrom
   Hilfsstrombatterie von 4$\cdots$12 V (Bleisammler)
5 Normalelemente nach WESTON als Prüflinge zur Repräsentation der gesetzlichen Spannungseinheit (Prüfamts-Hauptnormal).

Die zu untersuchenden Normalelemente sind in einem Behälter mit Wärmeausgleich untergebracht und repräsentieren gemeinsam das sog. *Prüfamts-Hauptnormal*. Der gemeinsame Behälter, in welchen die 5 Normalelemente mit ihren Gehäusen eingesetzt werden, besteht aus Kupferblech; er ist bis auf den für die N. E. benötigten Raum mit Paraffin ausgegossen und steht seinerseits wärmeisoliert in einem Holzkasten.

Als *Prüfamts-Hauptnormal* gilt der Mittelwert der für 20 °C beglaubigten Spannungen der 5 N. E. Die zeitliche Konstanz dieses Durchschnittswertes ist viel besser als die der EMK jedes einzelnen N. E., welches erfahrungsgemäß geringfügigen Schwankungen ausgesetzt ist. Nach Kenntnis der Abweichungen eines jeden N. E. vom Durchschnitt kann man mit dem N. E. das höherwertige Prüfamts-Hauptnormal repräsentieren. Ziel der vorliegenden Meßaufgabe ist die Feststellung der Abweichungen vom Durchschnittswert.

Zur Durchführung dieser Aufgabe verwendet man die 5 N. E. nach Abb. 405 an genau derselben Stelle der Meßschaltung. Durch das hierbei angewendete Substitutionsprinzip werden additive Fehler infolge gleichsinnig wirkender Einflüsse ausgeschieden. Solche Fehler sind z. B. Ungenauigkeiten der ersten Stufen des Kaskadenkompensators, geringfügige Fehleinstellungen des Hilfsstromes, Abweichungen vom Normalwert der Temperatur usw. Es entfällt daher auch die Notwendigkeit, bei der Messung die Temperaturkorrektion der N. E. anzubringen, da diese für alle N. E. dieselbe ist.

Bei der Durchführung der Versuches achte man auf möglichst kurze Verbindungsleitungen. Sie sollen frei durch Luft geführt sein, da die Tischfläche Kriechströme führen kann, die auch über eine starkstrommäßig „gute" Isolation in die Schaltung gelangen und dort trotz ihrer Kleinheit stören können. Ferner muß darauf geachtet werden, daß an den Klemmstellen keine Thermospannungen durch unterschiedliche Temperaturen entstehen können. Es ist daher z. B. direkte Sonneneinstrahlung auf Teile der Meßschaltung zu verhindern.

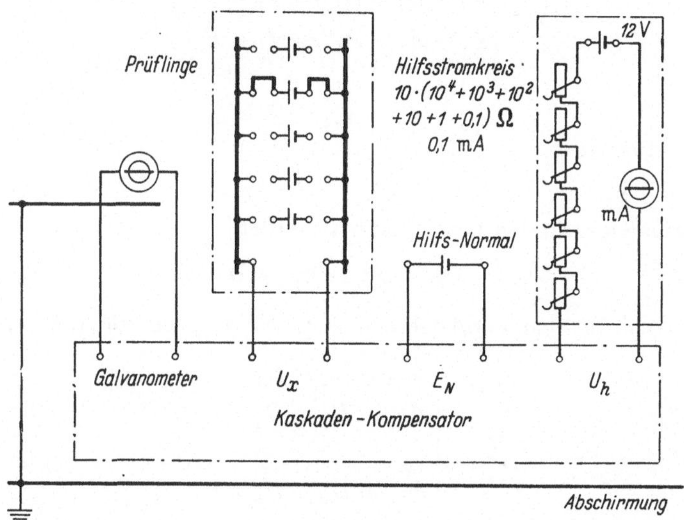

Abb. 405. Substitutionsmessung zum Anschluß von 5 Normalelementen an den Mittelwert (Prüfamts-Hauptnormal)

Theorie der Messung. Laut Voraussetzung ist der Wert des Prüfamts-Hauptnormals

$$E_{h_{20}} = \frac{1}{n} \sum_n S_{p_{20}} = S_{m_{30}}$$

Hierin sind S_p die von der Physikalisch-Technischen Bundesanstalt beglaubigten Sollwerte, die dort aus vergleichenden Messungen mit übergeordneten Normalien erhalten werden. S_m ist der Mittelwert, der bis zur nächsten Beglaubigung der N. E. als unabhängig von Zeit und Ort angenommen wird.

An einem anderen Ort und zu einer anderen Zeit besitzen die *einzelnen* N. E. etwas von den beglaubigten Werten abweichende Werte H_p. Vergleicht man die Werte H_p mit einer beliebigen anderen Größe, z. B. mit einem eingestellten und konstant gehaltenen Hilfsstrom, so erhält man Werte A_p als *Ablesungen* des Vergleichsgerätes (Kaskadenkompensator). Es ist allgemein

$$A_p - H_p = a_p$$

der Fehler der Messung. Bei Anwendung eines Substitutionsverfahrens, d. h. wenn *alle* N. E. an derselben Stelle der Meßschaltung geprüft werden, und unter der Voraussetzung, daß die Vergleichsgröße und alle Störeinflüsse während der Messung konstant bleiben, sind die Abweichungen a_p für alle N. E. gleich[1]. Unterschiede in den Ablesungen A_p können daher nur auf Unterschiede der H_p-Werte zurückgeführt werden.

Bildet man die Differenzen zweier Beobachtungen, so gelten diese auch für die H-Werte:

$$A_1 - A_2 = \Delta_{12} = H_1 - H_2$$
$$A_1 - A_3 = \Delta_{13} = H_1 - H_3$$
$$\cdots \cdots \cdots \cdots \cdots \cdots$$
$$A_p - A_q = \Delta_{pq} = H_p - H_q$$

Es ist natürlich

$$\Delta_{pq} = -\Delta_{qp}$$

Aus formalen Gründen bezeichne man ferner

$$H_p - H_p = \Delta_{pp} = 0$$

Es gilt dann für den Vergleich des N. E. Nr. p gegen alle anderen:

$$\Delta_{p1} = H_p - H_1$$
$$\Delta_{p2} = H_p - H_2$$
$$\cdots \cdots \cdots \cdots$$
$$\Delta_{pp} = H_p - H_p = 0$$
$$\cdots \cdots \cdots \cdots$$
$$\Delta_{pn} = H_p - H_n$$

Die Summation ergibt

$$\Sigma \Delta_{pq} = n \cdot H_p - \Sigma H_q$$

oder

$$\frac{1}{n} \cdot \Sigma \Delta_{pq} = H_p - \frac{1}{n} \cdot \Sigma H_q = \Delta_p$$

Voraussetzungsgemäß soll aber der Mittelwert $\frac{1}{n} \Sigma H_q$ als unveränderlich angesehen werden können. Es ist also

$$H_p = S_m + \frac{1}{n} \Sigma \Delta_{pq}$$

oder bei gleichen Temperaturen in den N. E.

$$H_{p_{20}} = E_{h_{20}} + \Delta_p$$

---

[1] Es ist bei RAPS-Kompensatoren älterer Bauart natürlich dafür zu sorgen, daß durch die Bedienung der letzten Kurbel sich der Hilfsstrom nicht merkbar ändert. Man verwendet zweckmäßigerweise eine Hilfsstrombatterie höherer Spannung als üblich und vergrößert den Ballastwiderstand des Hilfsstromkreises.

Bei dieser Art der Versuchsdurchführung genügt die einmalige Bestimmung der EMK jedes N. E.

Der so errechnete Wert H_p eines jeden N. E. repräsentiert nach jeder Δ_p-Bestimmung das Prüfamt-Hauptnormal. Er gibt mit um so größerer Wahrscheinlichkeit den augenblicklichen Zustand des N. E. wieder, je mehr Elemente an der Messung beteiligt sind. Zeigt bei einer Wiederholungsmessung ein N. E. eine größere Abweichung Δ_p, so beeinflußt diese im Verhältnis $1:(n-1)$ natürlich auch die gleichzeitig gemessenen Δ-Werte aller übrigen N. E. Aus einer solchen Feststellung kann trotzdem auf ein schlechtes Verhalten des Elementes Nr. p geschlossen werden, da das gleichzeitige Auftreten etwa gleich großer Fehler im entgegengesetzten Sinn bei den $n-1$ übrigen N. E. sehr unwahrscheinlich ist.

Meßergebnis und Auswertung. Tab. 22 enthält die Meßergebnisse an den fünf N. E.; im unteren Teil der Aufstellung ist die Auswertung durchgeführt worden.

Tabelle 22

Protokoll über den Anschluß von 5 Normalelementen an das Prüfamt-Hauptnormal

Meßeinrichtung: Kaskadenkompensator nach RAPS
Hilfsstrom–N. E., $E_{20} = 1018,60 \text{ mV}_{abs}$, $\vartheta = 20,5\ °C$
Einstellung des Hilfskompensators: $1018,65 \text{ mV}_{abs}$, Raumtemperatur $21,0\ C°$
Temperatur in den N. E.: $20,5\ °C$

N. E. Inv. Nr.		3102	3103	3104	3105	3106	
$E_{20} - 1018,00$		$0,6_0$	$0,6_0$	$0,6_5$	$0,6_5$	$0,6_5$	mV$_{abs}$
Beglaubigungsdatum		4,52	4,52	3,53	3,53	4.54	
Prüfamt-Hauptnormal				$1,0186_3$			mV$_{abs}$
Ablesung: $A_p - 1018,00$		0,62	0,61	0,68	0,70	0,64	mV$_{abs}$
$\Delta_p\,1$		0	$-0,01$	$+0,06$	$+0,08$	$+0,02$	mV$_{abs}$
$\Delta_p\,2$		$+0,01$	0	$+0,07$	$+0,09$	$+0,03$	mV$_{abs}$
$\Delta_p\,3$	Rechnung	$-0,06$	$-0,07$	0	$+0,02$	$-0,04$	mV$_{abs}$
$\Delta_p\,4$		$-0,08$	$-0,09$	$-0,02$	0	$-0,06$	mV$_{abs}$
$\Delta_p\,5$		$-0,02$	$-0,03$	$+0,04$	$+0,06$	0	mV$_{abs}$
$\Delta_p = \dfrac{1}{5}\,\Sigma\,\Delta_{pq}$		$-0,03_0$	$-0,04_0$	$+0,03_0$	$+0,05_0$	$-0,03_0$	mV$_{abs}$
$E_{h\,20} - 1018,00 + \Delta_p = E_{20\,neu}$		0,60	0,59	0,66	0,68	0,60	mV$_{abs}$
Änderung gegen Beglaubigung		$\pm 0,00$	$-0,01$	$+0,01$	$+0,03$	$-0,05$	mV$_{abs}$

Es ist zu beachten, daß die Prüfscheine der PTB die Werte der Spannungen in der letzten Stelle nur bis auf eine tiefgestellte 5 oder *0* genau angeben; die Definition des Hauptnormals über mehrere gleichzeitig gemessene N. E. erlaubt aber eine Interpolation. Über die Sicherheit der Interpolation kann man nur entscheiden, wenn gleichartige Beobachtungen über einen längeren Zeitraum hinweg angestellt werden. Abb. 19, S. 33, in Teil A, Kap. I zeigt das Ergebnis einer solchen Untersuchung, die über eine längere Zeit in monatlichen Abständen an fünf N. E. durchgeführt wurde. Dabei wurde das geschilderte Meßverfahren angewendet.

Aufgabe I—02: Ermittlung der Temperaturabhängigkeit eines Normalwiderstandes aus Manganin

Übungsziel: Feststellung kleiner systematischer Fehler durch Anwendung eines Differenzen-Meßverfahrens. Interpolation der Meßergebnisse durch eine Ausgleichsparabel.

Meßschaltung. Zur Messung werden benötigt:

2 Normalwiderstände gleichen Nennwertes (0,1 Ohm, 10 A)
4 Manganinwiderstände 1000 Ohm ± 0,5%
2 Doppelkurbelpotentiometer (grob und fein) für den Erstabgleich
1 Leitwert-Dekade $10 \times (10^{-3} + 10^{-4} + 10^{-5})$ S
1 Prüfstrombatterie etwa 12 V
1 Drehspul-Strommesser zur Anzeige des Prüfstromes umschaltbar für 1 bzw. 10 A
1 Satz Stellwiderstände für Prüfstromkreis
1 Galvanometer etwa 10^9 mm/A
1 Thermostat mit Kühlvorlage
1 Petroleumbad mit Heizbad für den Prüfling

Die Feststellung des Temperaturbeiwertes erfolgt nach einem Differenzverfahren. Der Prüfling wird mit einem Normalwiderstand (N. W.) gleicher Größe verglichen, dessen Temperatur konstant gehalten wird. Beide Widerstände werden vom gleichen Prüfstrom durchflossen. Dem Vergleich der Spannungsabfälle dient eine modifizierte Brückenschaltung nach Thomson (Abb. 406). Die Schaltung wird bei der Ausgangstemperatur des Prüflings mittels der Trimmer *Tr* erstmalig abgeglichen. Im Laufe der Messung wird dann die Brücke durch die Leitwertdekaden ins Gleichgewicht gebracht, die entweder dem Prüfling oder dem Normal parallel geschaltet werden.

Die Widerstände der Brückenschaltung brauchen nicht sehr genau zu sein, sie dürfen sich nur nicht während der Messung verändern.

Man beginnt zweckmäßigerweise bei etwa 10 °C am Prüfling. Zu diesem Zweck wird das Petroleumbad des Prüflings mit Eiswasser gekühlt, welches durch den Thermostaten langsam erwärmt wird. Es empfiehlt sich, nur sehr langsam zu heizen, damit das Galvanometer während einer Messung nicht „läuft".

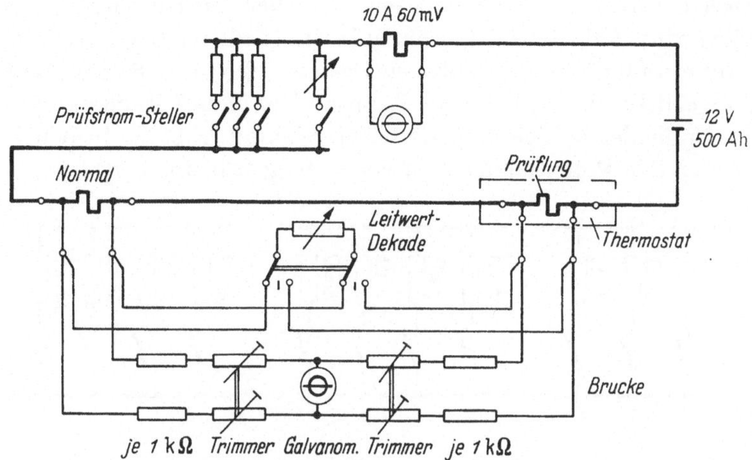

Abb. 406. Bestimmung der Temperaturabhängigkeit eines Normalwiderstandes aus Differenzmessungen mit der THOMSON-Brücke

Abb. 407 zeigt Schaltung und Aufbau des Thermostaten. Die Temperatur am Prüfling wird mittels eines Kontaktthermometers gemessen, welches der Heizstromregelung dient. Die Heizflüssigkeit wird durch eine kleine Pumpe durch das Heizbad des Prüflings gepumpt. Es ist für ständige Bewegung des Petroleums im Zwischenbad zu sorgen.

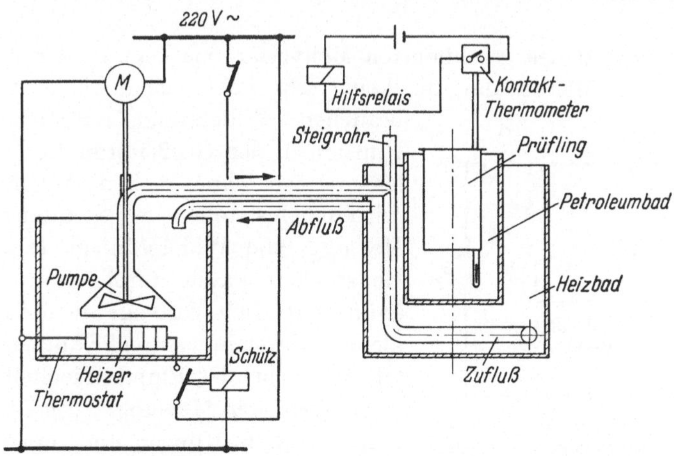

Abb. 407. Wirkungsweise des Heizbades mit Ultra-Thermostat

Erhöht sich der Widerstand des Prüflings mit steigender Temperatur, so kommt die Brückenschaltung aus dem eingestellten Gleichgewicht. Der Differenzwiderstand wird an den Potentialklemmen des

33*

Prüflings ausgeglichen, indem man hochohmige Widerstände parallel-schaltet. Diese Zusatzwiderstände bildet man zweckmäßigerweise als Leitwertdekaden aus, wodurch ein einfacher Aufbau der Schaltung möglich wird (Abb. 408). Die größten Leitwerte dieser Dekaden brauchen nur auf etwa 0,5%, die der zweiten Dekade (10×10^{-4} S) sogar nur auf 5% abgeglichen zu sein. Da die Zusatzwiderstände hochohmig sind, ist auch der Fehler infolge veränderlicher Spannungsabfälle in den Zuleitungen zu den Potentialklemmen von untergeordneter Bedeutung.

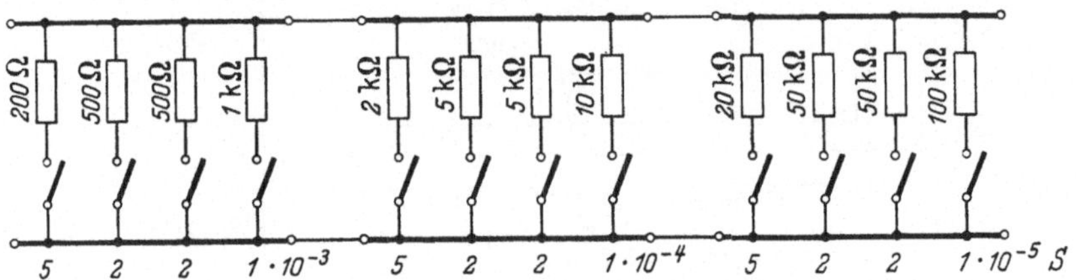

Abb. 408. Schaltung der Leitwertdekaden

Ist der Widerstand des Prüflings größer als im Ausgangszustand, so ergeben die eingestellten Leitwerte, bezogen auf den Leitwert des Prüflings, unmittelbar die Widerstandserhöhung in Bruchteilen des Nennwertes. Sinkt der Widerstand des Prüflings gegenüber dem Ausgangszustand, so wird der Zusatzwiderstand parallel zum Vergleichswiderstand geschaltet und seine Einstellungen mit dem negativen Vorzeichen versehen.

Der Vorteil des geschilderten Meßverfahrens liegt in der Anwendbarkeit von Meßmitteln, die keine sehr hohe Genauigkeit zu haben brauchen. Widerstandsänderungen am Prüfling in der Größenordnung von 10^{-6} lassen sich ohne großen Aufwand unmittelbar feststellen, wogegen die *absolute* Messung von Widerständen mit dieser Genauigkeit kaum durchgeführt werden kann. Natürlich verlangt die Messung so kleiner Abweichungen ein Nullinstrument mit ausreichender Empfindlichkeit.

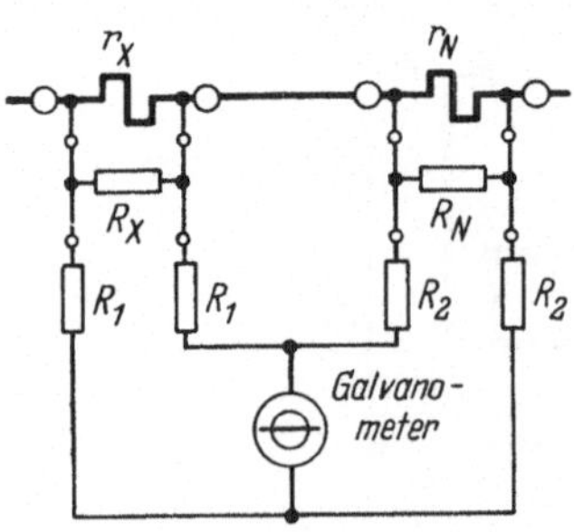

Abb. 409. Zur Theorie der Differenzmessung nach Schaltung Abb. 406

Theorie der Messung. Schaltet man parallel zum Prüfling r_x und zum Normalwiderstand r_N hochohmige Widerstände R_x bzw. R_N, so gilt im Gleichgewichtszustand der Brückenschaltung (vgl. Abb. 409)

$$\frac{r_x \cdot R_x}{r_x + R_x} : \frac{r_N \cdot R_N}{r_N + R_N} = \frac{R_1}{R_2} = \text{konst}$$

Dieses Widerstandsverhältnis bleibt konstant, da der Gleichgewichts-zustand erstmalig bei der Ausgangsmessung ($r_x = r_{x0}$) hergestellt und dann der eigentliche Meßzweig der Brücke nicht mehr geändert wird. Man bezeichnet

$$\frac{r_x}{R_x} = \varrho_x \ll 1 \qquad \frac{r_N}{R_N} = \varrho_N \ll 1$$

Zweckmäßigerweise rechnet man mit den Leitwerten

$$\frac{1}{r_x} = G_x \quad \frac{1}{r_N} = G_N \quad \frac{1}{R_x} = g_x \quad \frac{1}{R_N} = g_N$$

Dann ist auch

$$\varrho_x = \frac{g_x}{G_x} \qquad \varrho_N = \frac{g_N}{G_N}$$

Es gilt dann

$$\frac{r_{x\vartheta}}{r_N} \cdot \frac{1 + \varrho_N}{1 + \varrho_x} = \text{konst} = \frac{r_{x_0}}{r_N}$$

und

$$\frac{r_{x\vartheta}}{r_{x_0}} = \frac{1 + \varrho_x}{1 + \varrho_N} \approx 1 + \varrho_x - \varrho_N$$

Die Widerstandsänderung des Prüflings gegenüber dem Ausgangs-zustand ergibt sich dann einfach zu

$$\frac{\Delta r_x}{r_{x_0}} = \varrho_x - \varrho_N$$

Man erkennt, daß die zum Prüfling parallelgeschalteten Widerstände einer positiven, die zum Vergleichswiderstand parallelgeschalteten einer negativen Widerstandsänderung entsprechen.

Meßergebnis. Die unmittelbar gemessenen Werte sind in Tab. 23 ent-halten. Die Nennleitwerte des Prüflings und des Normals betrugen 10 S.

Tabelle 23
Protokoll über die Messung des Temperaturverhaltens eines Normalwiderstandes aus Manganin

Temperatur am Prüfling	12,8	19,2	23,0	30,0	35,2	42,0	45,2	50,0	°C
$g_N = \dfrac{1}{R_N}$	0,95	0,04	0,00	0,00	0,00	0,12	0,40	0,87	mS
$g_x = \dfrac{1}{R_x}$	0,00	0,00	0,34	0,55	0,40	0,00	0,00	0,00	mS

Auswertung. Der Verlauf des Widerstandes in Abhängigkeit von der Temperatur läßt sich sehr angenähert als Parabel wiedergeben

$$\varrho = \frac{r}{r_{20}} - 1 = \alpha\,(\vartheta - 20°) + \beta\,(\vartheta - 20°)^2$$

Zum Ausgleich der gemessenen Wertepaare (ϱ, ϑ) verlegt man nach Kap. II, S. 87 den Koordinatenanfang in den Schwerpunkt der gemessenen Werte mit Hilfe der Transformationen

$$\xi = \vartheta - \frac{1}{n} \Sigma \vartheta \qquad \eta = \varrho - \frac{1}{n} \Sigma \varrho$$

$$= \vartheta - \vartheta_S \qquad\qquad = \varrho - \varrho_S$$

Es muß dann eine Funktion

$$\eta = a_0 + a_1 \xi + a_2 \xi^2$$

so bestimmt werden, daß die Summe der Quadrate der in η-Richtung gemessenen Unterschiede zwischen Meßpunkten und Parabel ein Minimum wird. Hierbei wird sich auch für a_0 ein von Null verschiedener Wert ergeben, da man nicht erwarten kann, daß die Ausgleichsparabel den Istwert des Widerstandes bei 20 °C genau wiedergibt.

Wie in Kap. II, S. 88 erwähnt, müssen zwecks Durchführung der Ausgleichsrechnung die Ausdrücke

$$A = \Sigma\, \xi^2 \quad B = \Sigma\, \xi^3 \quad C = \Sigma\, \xi^4 \quad D = \Sigma\, \xi\,\eta \quad E = \Sigma\, \xi^2\,\eta$$

gebildet werden. Die Bestimmungsstücke der Parabel ergeben sich dann zu

$$a_2 = \frac{A \cdot E - B \cdot D}{A \cdot C - B^2 - \dfrac{1}{n} A^3}$$

$$a_1 = \frac{D}{A} - a_2 \frac{B}{A}$$

$$a_0 = - a_2 \cdot \frac{1}{n} A$$

Um zu der eingangs angeschriebenen Interpolationsformel zu kommen, substituiert man durch Parallelverschiebung in Richtung der Temperaturachse bis zum Wert $\vartheta = 20$ °C:

$$\xi = (\vartheta - 20) - (\vartheta_S - 20)$$

$$= (\vartheta - 20) - \left[\frac{1}{n} \Sigma\, \vartheta - 20\right]$$

Durch Einsetzen in die Formel für η und Koeffizientenvergleich erhält man

$$\eta = a_0 + a_1\,[(\vartheta - 20) - (\vartheta_S - 20)] + a_2\,[(\vartheta - 20) - (\vartheta_S - 20)]^2$$

oder

$$\eta = a_0 - a_1\,(\vartheta_S - 20) + a_2\,(\vartheta_S - 20)^2 +$$
$$+ [a_1 - 2a_2\,(\vartheta_S - 20)]\,(\vartheta - 20) + a_2\,(\vartheta - 20)^2$$

und daher

$$\alpha = a_1 - 2a_2\,(\vartheta_S - 20)$$
$$\beta = a_2$$

Durch Differentiation der Interpolationsformel erhält man eine Beziehung für die Widerstandsänderung

$$\frac{d\varrho}{d\vartheta} = \alpha + 2\beta\,(\vartheta - 20)$$

Die optimale Arbeitstemperatur des N. W. ist offenbar diejenige, in deren Nähe er seinen Widerstandswert nur wenig ändert, d. h. wenn

$$\alpha + 2\beta\,(\vartheta_{opt} - 20) = 0$$

ist. Hieraus findet man

$$\vartheta_{opt} = 20 - \frac{\alpha}{2\beta}$$

Es ist erstrebenswert, diesen Temperaturbereich den normalen Arbeitsbedingungen (15 °C$\cdots$30 °C) anzupassen, wobei die Eigenerwärmung durch die Strombelastung zu berücksichtigen ist. Man erreicht das durch geeignete Vorbehandlung (*Alterung*) der N. W.

Die Auswertung beginnt mit der Berechnung der Schwerpunktskoordinaten und der Ermittlung der Festwerte A bis E für die Ausgleichsparabel. Diese Rechnung ist in Tab. 24 durchgeführt worden

Tabelle 24

Ermittlung der Bestimmungsstücke für die Ausgleichsparabel zu den Meßwerten der

ϑ	$10^6\varrho$	ξ	$10^6\eta$	ξ^2	ξ^3	ξ^4	$10^6\xi\eta$	$10^6\xi^2\eta$
12,8	-95	$-19,4$	$-81,4$	376	-7300	141700	1578	-30600
19,2	$-\ 4$	$-13,0$	9,6	169	-2200	28600	$-\ 125$	1620
23,0	$+34$	$-\ 9,2$	47,6	85	$-\ 780$	7200	438	4050
30,0	$+55$	$-\ 2,2$	68,6	5	$-\ 10$	0	$-\ 151$	330
35,2	$+40$	3,0	53,6	9	30	100	161	480
42,0	-12	9,8	1,6	96	940	9200	16	150
45,2	-40	13,0	$-26,4$	169	2200	28600	$-\ 343$	$-\ 4460$
50,0	-87	17,8	$-73,4$	317	5640	100400	-1307	-23240
257,4	-109	0	0	1226	-1480	315800	$-\ 609$	-51670

Nach Tab. 24 ergeben sich die Kennwerte der Ausgleichsparabel:

$$\varrho s = -13,6 \cdot 10^{-6}$$

$$\vartheta_S = 32,2\ °C$$

$$A = 1226$$

$$B = -1480$$

$$C = 315\,800$$

$$D = -609 \cdot 10^{-6}$$

$$E = -0,05167$$

Mit Hilfe dieser Werte wird die Ausgleichsparabel in Tab. 25 berechnet:

Tabelle 25. *Bestimmung der Koeffizienten a_0, a_1 und a_2 der Ausgleichsparabel*

Nr.	Rechnung	Zeichen	Ergebnis
1	$A \cdot E$	F	$-\ 63{,}4$
2	$B \cdot D$	G	$0{,}901$
3	$F-G$	H	$-\ 64{,}3$
4	$A \cdot C$	J	$387 \quad \cdot 10^6$
5	B^2	K	$2 \quad \cdot 10^6$
6	$\dfrac{1}{n}\,A^3$	L	$231 \quad \cdot 10^6$
7	$J-K-L$	M	$154 \quad \cdot 10^6$
8	$H:M$	a_2	$-\ 0{,}418 \cdot 10^{-6}$
9	$D:A$	N	$-\ 0{,}497 \cdot 10^{-6}$
10	$a_2 \cdot \dfrac{B}{A}$	P	$0{,}505 \cdot 10^{-6}$
11	$N-P$	a_1	$-\ 1{,}002 \cdot 10^{-6}$
12	$-\,a_2 \cdot \dfrac{1}{n}\,A$	a_0	$64{,}0 \quad \cdot 10^{-6}$
13	$\vartheta_S - 20$	Q	$12{,}2$
14	$a_1 - 2\,a_2\,Q$	α	$9{,}20 \quad \cdot 10^{-6}$
15	a_2	β	$-\ 0{,}42 \quad \cdot 10^{-6}$
16	$-\dfrac{\alpha}{2\beta} + 20$	ϑ_{opt}	$31{,}0$
17	$a_0 - a_1\,Q + a_2\,Q^2$	η_{20}	$14{,}2 \quad \cdot 10^{-6}$
18	$\eta_{20} + \varrho_S$	ϱ_{20}	$0{,}6 \quad \cdot 10^{-6}$

Hieraus ergibt sich die Interpolationsformel

$$\frac{r}{r_{20}} - 1 = [0{,}6 + 9{,}20\,(\vartheta - 20) - 0{,}418\,(\vartheta - 20)^2] \cdot 10^{-6}$$

Die Abweichung des konstanten Gliedes vom Wert Null läßt sich auf Grund der Ausgleichsrechnung erwarten. Sie muß als Korrektion des für 20 °C geltenden Beglaubigungswertes gewertet werden. Da dieser aber nicht auf Bruchteile von 10^{-6} genau bekannt ist, hat die Berücksichtigung von a_0 nicht viel Sinn.

Abb. 410 zeigt die Meßwerte mit der Ausgleichsparabel. Zum Vergleich sind der Verlauf des Widerstandes eingezeichnet, wie er sich nach der von der PTB angegebenen Interpolationsformel ergeben würde und zwei Grenzkurven, die nach Angaben des Herstellers (Isabellenhütte) für den Werkstoff Manganin gelten.

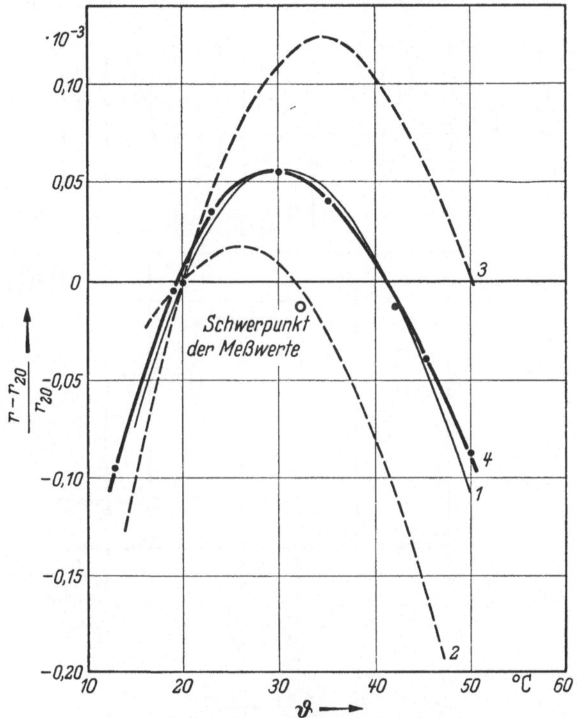

Abb. 410. Temperaturabhängigkeit eines Normalwiderstandes 0,1 Ω, 10 A
Kurve 1: nach Interpolationsformel der PTB für den Prüfling;
Kurven 2 und 3: Grenzkurven nach Angabe der Isabellen-Hütte;
Kurve 4: Meßwerte nach Tab. 24 mit Ausgleichsparabel

Aufgabe II—01: Kontrolle eines Kollektivs gleichartiger Prüfgegenstände

Übungsziel: Rechnerische Behandlung von Meßergebnissen. Ermittlung der Häufigkeitsverteilung im Kollektiv unter Verzicht auf genaue Einzelmessungen. Auswertung der Meßergebnisse mit Hilfe des Wahrscheinlichkeit-Netzpapiers.

Meßschaltung. Zur Messung werden benötigt:

1 Prüfeinrichtung zum Vergleich gleichartiger Widerstände, bestehend aus einer Brückenschaltung nach WHEATSTONE für einen maximalen Bereich von ± 5,5 (0,55)%, verwendbar für eine Einteilung jedes Meßbereiches in 11 bzw. 33 Klassen gleicher Breite
1 Präzisions-Dekadenwiderstand als Bezugsnormal für das Kollektiv
3 Kollektive zu je 100 Stück gleichartiger Widerstände von etwa 100 Ohm

Das Prüfgerät besitzt außer den zur erstmaligen Justierung notwendigen Einstellorganen einen Bereichswähler für 5,5% bzw. 0,55% maximaler Abweichung vom Durchschnittswert nach beiden Seiten, einen Doppelkurbel-Umschalter zur Anwahl einer der elf *Klassen*, in die

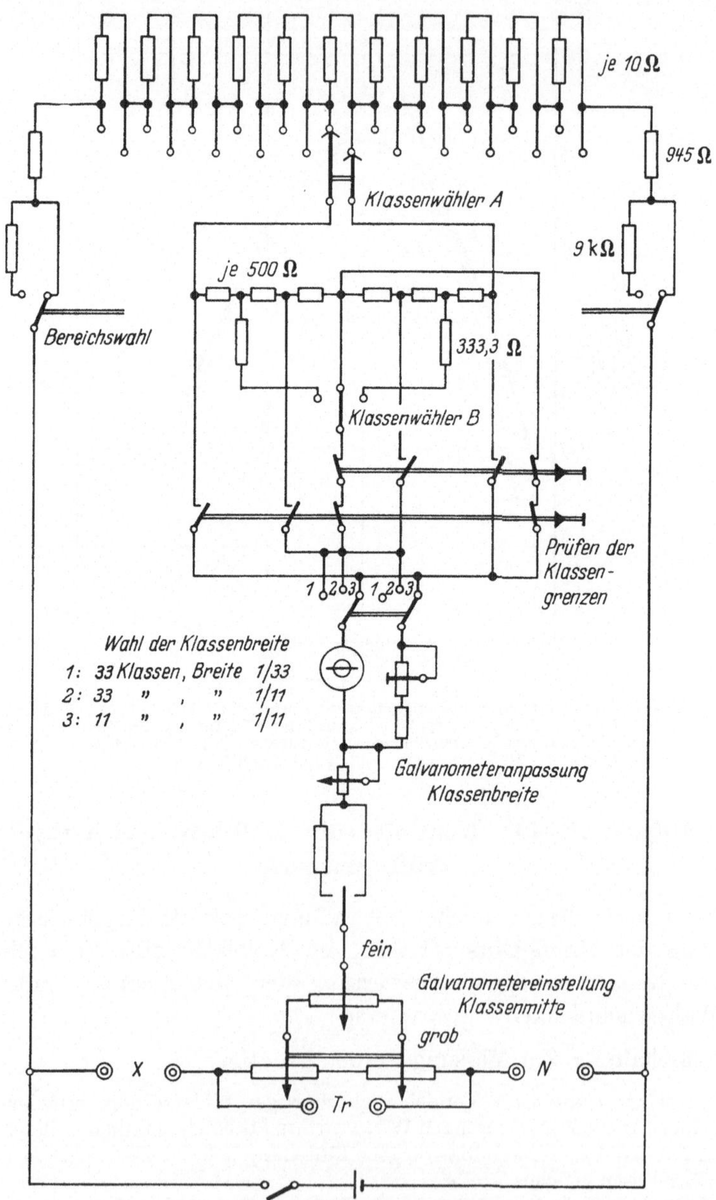

Abb. 411. Schaltung zur Bestimmung der Klassenzugehörigkeit von Widerstandswerten gleichartiger Prüflinge (EP 2, Hamburg)

der Meßbereich unterteilt ist, einen Umschalter zur feineren Unterteilung jeder Klasse in 3 Unterklassen, sowie ein Zeigergalvanometer mit Nullmarke und 3 farbig angelegten Skalenbereichen (*zu klein*, *richtig* und *zu groß*). Die Schaltung des zur Messung benutzten Gerätes zeigt Abb. 411.

Steht der Klassenwähler A, wie gezeichnet, in Mittelstellung, so ist das Spannungsteilerverhältnis des oberen Brückenzweiges 1:1. Mit A kann man nach links und rechts je 5 weitere Widerstände anwählen. Man erhält dann, bezogen auf die Mitten dieser Zusatzwiderstände, Brückenverhältnisse zwischen 950:1050 und 1050:950 (bei Stellung des Bereichswählers auf 5,5%) bzw. 9950:10050 und 10050:9950 (bei Stellung des Bereichswählers auf 0,55%). Will man nur 11 Klassen verwenden, so wird mittels eines hinreichend hochohmigen Spannungsteilers, welcher zwischen die Kurbeln des Anzapfschalters geschaltet ist, das Potential der Klassenmitten hergestellt. Man kann aber auch mittels des Klassenwählers B den Meßbereich dieses Spannungsteilers in drei weitere Klassen unterteilen; es stehen dann insgesamt 33 Klassen zur Verfügung. Die Zusatzwiderstände von 333,3 Ohm sind erforderlich, damit in jeder Stellung des Klassenwählers B der Galvanometerkreis den gleichen Innenwiderstand besitzt.

Nach Betätigen der Prüftasten kann der Anzeigebereich des Galvanometers auf die gewählte Klassenbreite mittels des Stellwiderstandes *Galvanometeranpassung Klassenbreite* genau eingestellt werden. Eine zweistufige Potentiometer-Kaskadenschaltung dient der Justierung der Klassenmitte. Wenn erforderlich, kann der Innenwiderstand dieses Trimmers durch Parallelschalten niederohmiger Widerstände bei Tr verringert werden.

Die Prüflinge bzw. der Repräsentant des Durchschnitts werden zwischen die Klemmen bei X und N geschaltet.

Durchführung der Messung. Man legt zwischen die Klemmen bei N einen Widerstand, dessen Größe etwa dem Durchschnittswert der Prüflinge entspricht. Der Klassenwähler A steht ganz links, Klassenwähler B auf Mitte. Nun legt man zwischen die Klemmen bei X den Präzisions-Dekadenwiderstand, den man auf einen Wert einstellt, welcher der Mitte derjenigen Klasse entspricht, die an der unteren Grenze des Kollektivs liegen soll. Im allgemeinen sind das 995/1005tel bzw. 95/105tel je nach Wahl des Meßbereiches. Nun wird das Galvanometer mittels der Trimmerpotentiometer bei Tr auf die Mitte der untersten Klasse abgeglichen. Dann betätigt man nacheinander die Prüftasten für die untere und obere Klassengrenze und sorgt durch Veränderung des Empfindlichkeitsstellers *Galvanometeranpassung Klassenbreite*, daß der Zeiger des Galvanometers zwischen den auf der Skale verzeichneten Klassengrenzen spielt. Das Prüfgerät ist jetzt zur Messung vorbereitet.

Zur Klassifizierung des Kollektivs ersetzt man bei X den Dekaden-widerstand durch die Prüflinge. Man braucht nunmehr die Brücken-schaltung mittels der Klassenwähler A und B nur soweit abzugleichen, bis der Zeiger des Galvanometers auf dem mittleren Skalenbereich (*richtig*) einspielt. Diese Art der Messung erlaubt die rasche Überprüfung auch eines größeren Kollektivs.

Die Zahl der Klassen sollte etwa gleich der Quadratwurzel aus der Zahl der untersuchten Prüflinge sein. Bei voller Ausnutzung des Meß-bereiches braucht daher die kleinere Klassenbreite (entsprechend 33 Klassen) nur zur Untersuchung eines Kollektivs von rd. 1000 Stück gewählt zu werden. Für das vorliegende Kollektiv von 100 Stück kommt man allein mit den 11 Klassen des Wählers A aus. Der Wähler B ist dann abgeschaltet.

Meßergebnis. Man vermerkt die Lage eines jeden Prüflings sofort in einer *Strichliste*. Diese soll auch Angaben über den Umfang des Kollek-tivs, der Art und der Kennzeichnung der Prüflinge, sowie u. U. Angaben über die Probenziehung enthalten, wenn nämlich das Kollektiv ein grö-ßeres repräsentieren soll. Letztes kommt z. B. bei Abnahmen, Garantie-untersuchungen usw. vor.

Die drei Kollektive gleichartiger Widerstände wurden mit I, II und III bezeichnet. Man erhielt die in Tab. 26 dargestellten Strichlisten.

Zur Justierung des Meßgerätes ist zu sagen, daß der Durchschnitts-wert der Prüflinge 100 Ohm betragen sollte; Werte unter 95 Ohm und über 105 Ohm waren nicht zu erwarten, bzw. sollten als Ausschuß gelten. Der Prüfbereich füllt demnach die 11 Klassen zwischen 95% und 105% im Bereich 1 gerade aus. Demnach wurde das Gerät in der Klasse 0 auf 95,00 Ohm abgeglichen, wobei als Repräsentant des Durchschnittes ein Widerstand $R_N = 100,7$ Ohm benutzt wurde.

Tabelle 26. *Strichlisten über drei Kollektive von Manganinwiderständen auf Porzellan-röllchen* 16 $\varnothing \times$ 12 mm

Kollektiv			I	II	III
Stückzahl			100	100	100
Kennzeichnung			grün	blau	rot
0	95,00	94,51– 95,50			
1	96,00	95,51– 96,50		||	|
2	97,00	96,51– 97,50	|	‖‖‖/ ||	‖‖‖/
3	98,00	97,51– 98,50	‖‖‖/	‖‖‖/ ‖‖‖/ ‖‖‖/	‖‖‖/ ‖‖‖/
4	99,00	98,51– 99,50	‖‖‖/ ‖‖‖/ ||||	‖‖‖/ ‖‖‖/ ‖‖‖/ ‖‖‖/ ||||	‖‖‖/ ‖‖‖/ |||
5	100,00	99,51–100,50	‖‖‖/ ‖‖‖/ ‖‖‖/ ‖‖‖/ ||||	‖‖‖/	‖‖‖/ ‖‖‖/ ‖‖‖/ |
6	101,00	100,51–101,50	‖‖‖/ ‖‖‖/ ‖‖‖/ ‖‖‖/ ‖‖‖/ ||	||||	‖‖‖/ ‖‖‖/ ‖‖‖/ ‖‖‖/
7	102,00	101,51–102,50	‖‖‖/ ‖‖‖/ ‖‖‖/ ||||	‖‖‖/ ‖‖‖/ ‖‖‖/ ‖‖‖/ |||	‖‖‖/ ‖‖‖/ ‖‖‖/ ‖‖‖/
8	103,00	102,51–103,50	‖‖‖/ |||	‖‖‖/ ‖‖‖/ ||||	‖‖‖/ ‖‖‖/ ||
9	104,00	103,51–104,50	||	‖‖‖/	‖‖‖/
10	105,00	104,51–105,50		|	

Aus einer oberflächlichen Betrachtung der Strichlisten folgt bereits, daß wohl die Kollektive I und III sich nach einer Gaußschen Fehlerverteilungskurve zusammensetzen könnten, keinesfalls aber das Kollektiv II. Es fehlen gerade die Werte in der Nähe des Durchschnitts, die am häufigsten sein sollten. Zur genaueren Analyse des Kollektivs II wird der Schalter *Wahl der Klassenbreite* auf Stellung 2 geschaltet. Dadurch ist bei gleicher Klassenbreite der Klassenwähler B zusätzlich wirksam; der durch A angewählte Bereich kann um $\pm\,{}^{1}/_{3}$ der Klassen-

Tabelle 27
*Strichliste des Kollektivs II aus Tab. 26 mit um $\pm\,{}^{1}/_{3}$
der Klassenbreite verschobenen Klassenmitten*

Kollektiv				II
Stückzahl				100
Kennzeichnung				blau
4	2	99,00	98,51– 99,50	卌 卌 卌 卌 IIII
4	3	99,33	98,84– 99,83	卌 卌 卌 卌
5	1	99,67	99,17–100,16	卌 IIII
5	2	100,00	99,51–100,50	卌
5	3	100,33	99,84–100,83	III
6	1	100,67	100,17–101,16	III
6	2	101,00	100,51–101,50	IIII
6	3	101,33	100,84–101,83	卌 III
7	1	101,67	101,17–102,16	卌 卌 卌 IIII
7	2	102,00	101,51–102,50	卌 卌 卌 卌 III

Tabelle 28. *Auswertung der Kollektive I und II*

Kollektiv				I		II	
Stückzahl				100		100	
Klassenwähler A B	Klassenmitte Ω	Klassengrenzen von — bis Ω		grün		blau	
				Klassenprozent	Summenprozent	Klassenprozent	Summenprozent
0 : 2	95,00	94,51– 95,50		0	0	0	0
1 : 2	96,00	95,51– 96,50		0	0	2	2
2 : 2	97,00	96,51– 97,50		1	1	7	9
3 : 2	98,00	97,51– 98,50		5	6	15	24
4 : 2	99,00	98,51– 99,50		14	20	24	48
4 : 3	99,33	98,84– 99,83		—	—	(20)	—
5 : 1	99,67	99,17–100,16		—	—	(9)	—
5 : 2	100,00	99,51–100,50		24	44	5	53
5 : 3	100,33	99,84–100,83		—	—	(3)	—
6 : 1	100,67	100,17–101,16		—	—	(3)	—
6 : 2	101,00	100,51–101,50		27	71	4	57
6 : 3	101,33	100,84–101,83		—	—	(8)	—
7 : 1	101,67	101,17–102,16		—	—	(19)	—
7 : 2	102,00	101,51–102,50		19	90	23	80
8 : 2	103,00	102,51–103,50		8	98	14	94
9 : 2	104,00	103,51–104,50		2	100	5	99
10 : 2	105,00	104,51–105,50		0	100	1	100

breite verschoben werden, dagegen bleibt die eingestellte Klassenbreite erhalten. Es ergab sich im interessierenden Bereich des Kollektivs II die in Tab. 27 dargestellte Strichliste.

Die durchgeführte Interpolation gestattet die Schlußfolgerung, daß sich in der Lücke des Kollektivs II ein Teilkollektiv überlagert, welches durch *negative Stückzahlen* erklärt werden kann. Mit anderen Worten, aus einem Urkollektiv II sind anscheinend die *besten* Exemplare aussortiert worden.

Auswertung. Zur Auswertung bildet man zunächst den prozentualen Anteil jeder Klasse am Gesamtkollektiv. Im vorliegenden Fall können die Stückzahlen gleich als Prozentwerte verwendet werden, da das Kollektiv aus 100 Individuen besteht. Sodann werden die in jeder Klasse gemessenen Stückzahlen zu einer Summe aufaddiert, die bis zur oberen Grenze der betreffenden Klasse reicht; dieser Wert heißt *Merkmalsgrenzwert*. Tab. 28 zeigt diese Auswertung am Beispiel der Kollektive I und II.

Trägt man die Klassenprozente in Abhängigkeit vom Merkmalswert der Klassenmitten im Wahrscheinlichkeitsnetz mit linearer Merkmalsteilung (Schleicher und Schüll Nr. 298 1/2) auf, so ergeben nach Abb. 412 die Werte

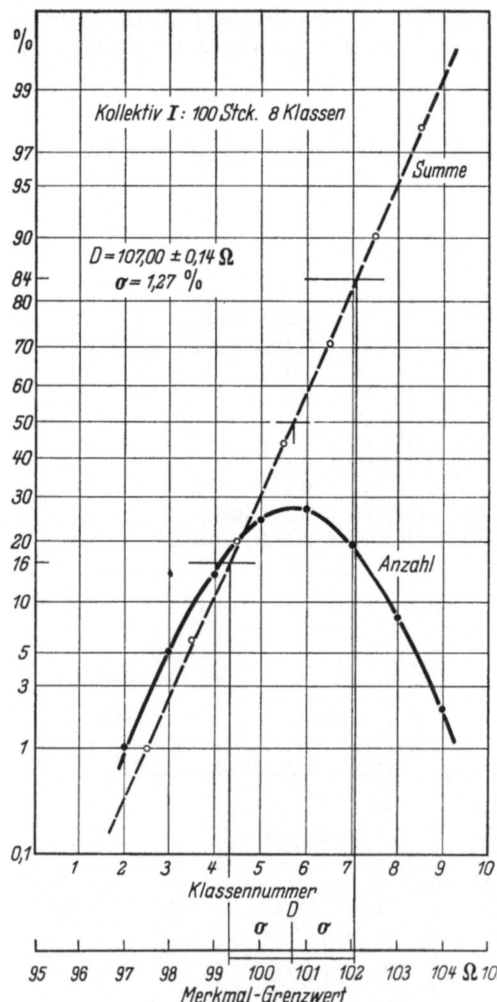

Abb. 412. Ergebnis einer Messung mit der Einrichtung nach Abb. 411: Natürliche Verteilung der Meßwerte (Gaußsche Verteilung); Kollektiv I

des Kollektivs I in guter Annäherung eine Parabel. Die Summenprozente stellen sich dann als gerade Linie dar. Aus der Summengeraden liest man für 50% Wahrscheinlichkeit den Durchschnittswert des Kollektivs ab. Der σ-Wert ergibt sich mit Hilfe der für 16% bzw. 84% geltenden Merkmalswerte. Die Ergebnisse der Untersuchung am Kollektiv I lauten auf Grund der Auswertung der Abb. 412:

$$D = 100{,}70 \pm 0{,}14 \text{ Ohm}$$

$$\sigma = 1{,}27^0/_{00}\,.$$

Würde es sich um ein willkürlich herausgewähltes Teilkollektiv einer größeren Lieferung handeln, so bestünden keine Bedenken gegen die Abnahme der gesamten Lieferung[1].

Beim Kollektiv II findet man, daß die Werte der Klassen 1 bis 4 sowie 7 bis 10 zwar gut auf einer Parabel liegen (vgl. Abb. 413), daß aber, wie bereits festgestellt wurde, um den Durchschnittswert herum die Parabel eine Lücke aufweist. In dieser Lücke liegen die völlig unzureichenden

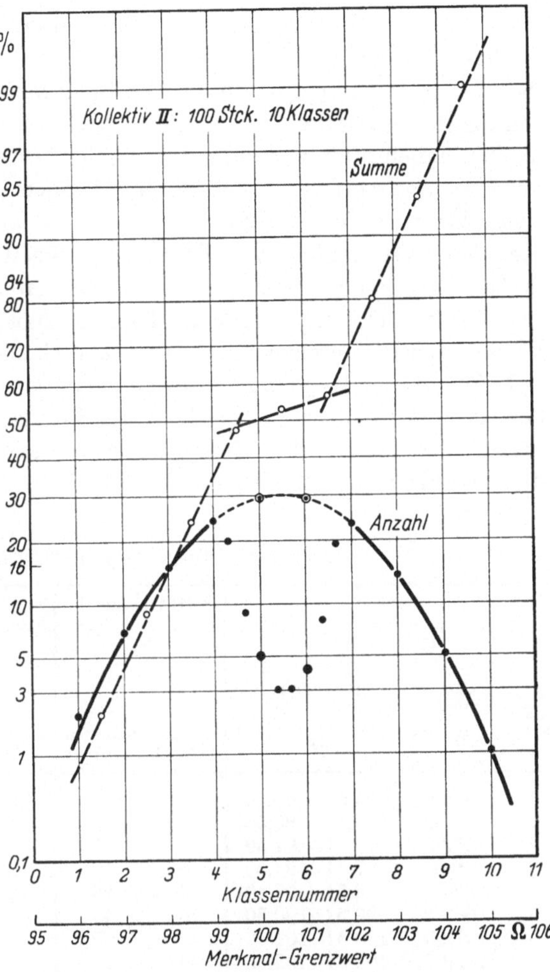

Abb. 413. Ergebnis einer Messung mit der Einrichtung nach Abb. 411: Aussortiertes Kollektiv II. Interpolation durch Verschiebung der Merkmal-Grenzen

Stückzahlen der Klassen 5 und 6 von 5 bzw. 4%. Auf Grund der Darstellung im Wahrscheinlichkeitsnetz läßt sich sagen, daß das Kollektiv II einem solchen mit Gaußscher Verteilung entsprechen würde,

---

[1] Es ist zu bemerken, daß aus pädagogischen und übungstechnischen Gründen das Kollektiv von 100 Individuen gemäß einer Gaußverteilung aussortiert worden ist. Im allgemeinen reichen 100 Individuen noch nicht aus, um bis zu 1% bzw. 99% Summenwahrscheinlichkeit die Gaußverteilung zu erfüllen. Man begnügt sich daher in der Praxis mit einer Interpolation zwischen den Werten 5% und 95%. Zur Beurteilung eines natürlichen Kollektivs zwischen 1% und 99% benötigt man erheblich größere Kollektive (etwa 500 bis 1000 Stück).

wenn für Klasse 5 und 6 die Klassenprozent-Werte 29% interpoliert werden. Von den dann zu erwartenden 58 Stück enthält das Kollektiv aber nur 9. Daher kann mit großer Sicherheit vermutet werden, daß sich die Gaußverteilung über ein Kollektiv von $100 + 58 - 9 = 149$ Stück ergeben haben muß, von dem etwa $^1/_3$ der besten Individuen aussortiert wurden. Zwar erfüllt das Kollektiv II auch die *Abnahme*-Bedingung (keine Werte unter 95 Ohm bzw. über 105 Ohm), es hat aber gegenüber dem ursprünglichen Kollektiv eine Wertminderung erfahren.

Die Auswertung des Kollektivs III ist von anderem Standpunkt aus interessant. Zunächst wurde in Tab. 29 so wie bisher verfahren. Die Klassenprozente ergeben im Wahrscheinlichkeitsnetz keine Parabel (vgl. Abb. 414), die Summenprozente eine geschwungene Linie. Solche Verteilungskurven ergeben sich in der Praxis recht häufig; sie deuten darauf hin, daß das Kollektiv aus zwei oder mehr Teilkollektiven besteht, welche sich nach Herkunft und Verhalten eindeutig unterscheiden.

Tabelle 29. *Auswertung des Kollektivs III*

Kollektiv			III (Gesamt)		III A		III B	
Prozentzahl			100		40		60	
Klassenwähler A	Klassenmitte Ω	Klassengrenzen von — bis Ω	Klassenprozent	Summenprozent	Klassenanteil	$\dfrac{100}{40}x$ Summenprozent	Klassenanteil	$\dfrac{100}{60}x$ Summenprozent
0	95,00	94,51— 95,50	0	0	0	0	0	0
1	96,00	95,51— 96,50	1	1	1	2,5	0	0
2	97,00	96,51— 97,50	5	6	5	15	0	0
3	98,00	97,51— 98,50	10	16	10	40	0	0
4	99,00	98,51— 99,50	13	29	12	70	1	1,7
5	100,00	99,51—100,50	16	45	8	90	8	15
6	101,00	100,51—101,50	20	65	3	97,5	17	43,3
7	102,00	101,51—102,50	20	85	1	100	19	75
8	103,00	102,51—103,50	12	97	0	100	12	95
9	104,00	103,51—104,50	3	100	0	100	3	100
10	105,00	104,51—105,50	0	100	0	100	0	100
Anteil am Kollektiv %			100		40		60	

Beide Seitenäste der Kurve für die Klassenprozente versucht man durch je eine Parabel zu interpolieren. Als Bedingung ist zu beachten, daß die Summe der Klassenanteile die festgestellten Klassenprozente ergeben muß. Da sich am linken und rechten Ast der Gesamtkurve die *gegenüber*liegenden Teilkollektive fast gar nicht beteiligen, ist eine Aufteilung auf zwei Teilkollektive oftmals ausreichend. Durch Summierung der Klassenanteile ergeben sich die Anteile am Gesamtkollektiv (vgl. Tab. 29). Nachdem man diese Anteile wieder auf 100% umgerechnet hat, kann überprüft werden, ob auch die Teilkollektive der Gaußschen Verteilung gehorchen. Das Ergebnis lautet hier:

Kollektiv III A: 40% $D = \;\;98{,}92 \pm 1{,}25$ Ohm, $\sigma = 1{,}09\%$
Kollektiv III B: 60% $D = 101{,}70 \pm 1{,}10$ Ohm, $\sigma = 1{,}08\%$

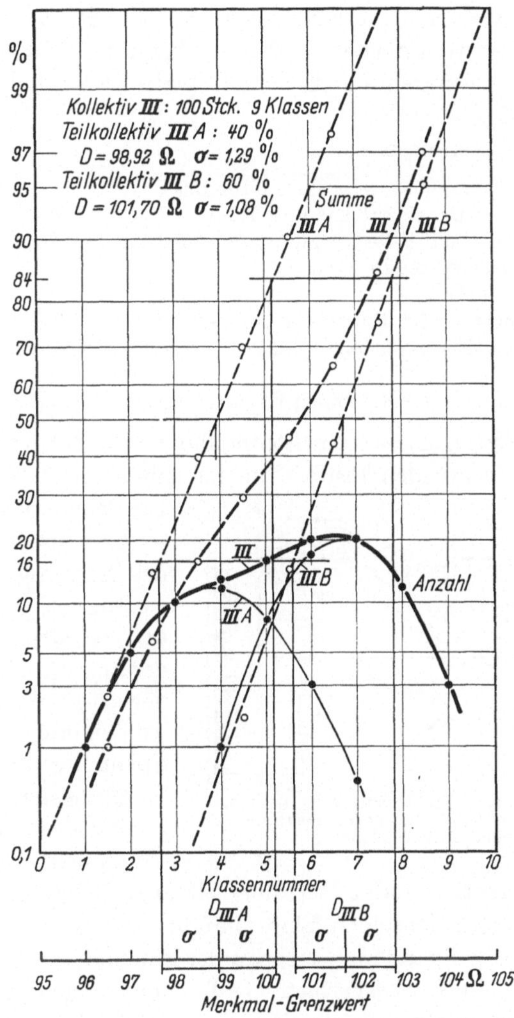

Abb. 414. Ergebnis einer Messung mit der Einrichtung nach Abb. 411: Mischkollektiv III, bestehend aus 2 Teilkollektiven mit Gaußscher Verteilung

Aufgabe II—02: Abhängigkeit der Leerlaufverluste in einem Transformator-Eisenkern von der Frequenz

Übungsziel: Handhabung eines Leistungsmessers mit Selbstkorrektion zur Messung sehr kleiner Wirkleistungen. — Rechnerische

Behandlung von Meßergebnissen durch Aufstellen von Faustformeln. Trennung der Einflußgrößen durch Anwendung linearisierender Darstellungen im Koordinatennetz.

Meßschaltung. Meßaufgabe ist die Bestimmung der Eisenverluste eines Kleinumspanners. Es läßt sich erwarten, daß die Verluste sehr klein sein werden, u. U. erheblich kleiner als der Verbrauch eines Meßpfades im Leistungsmesser. Daher soll bei der Bestimmung der Verluste ein Leistungsmesser mit Eigenkorrektion verwendet werden (vgl. Kap. IX, S. 332).

Zur Messung werden benötigt:

1 Weicheisen-Spannungsmesser Kl. 0,5 für 150 V
1 Weicheisen-Strommesser Kl. 0,5 für 1,2 A
1 Leistungsmesser mit Selbstkorrektion Kl. 0,5/1 120 V, 0,75 A
1 Zungenfrequenzmesser $15 \cdots 60$ Hz
1 dsgl. $40 \cdots 120$ Hz
1 Frequenzumformer für Frequenzen $30 \cdots 120$ Hz
1 Transformator-Eisenkern mit 2 bifilar gewickelten Prüfwicklungen gleicher Windungszahl
Stellwiderstände für die Maschinenerregungen (Frequenz und Spannung).

Um den Leistungsmesser im Strompfad voll auszunutzen, versieht man die magnetisierenden Prüfwicklungen mit soviel Windungen, daß zur Magnetisierung etwas weniger als der Nennstrom des Leistungsmessers notwendig ist. Abb. 415 zeigt die Schaltung der Meßgeräte. Damit die Eisenverluste allein gemessen werden können, wird der Spannungspfad des Leistungsmessers von einer zweiten Wicklung gleicher Windungszahl betrieben,

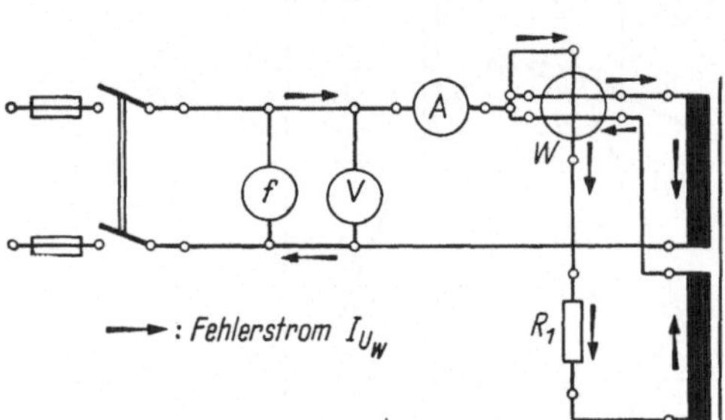

Abb. 415. Schaltung des selbstkorrigierenden Leistungsmessers bei der Messung der Netto-Eisenverluste des Kernes eines Kleinumspanners

die mit der magnetisierenden Wicklung bifilar aufgebracht wird, damit sie möglichst genau denselben Fluß umfaßt. Die in der Spannungswicklung induzierte Spannung ist genau der Flußänderung proportional. Dadurch werden die Kupferverluste des Leerlaufstromes in der Magnetisierungswicklung nicht mitgemessen.

Der Eigenverbrauch des Spannungspfades wird durch die Selbstkorrektionsschaltung kompensiert. Bei dem Anschluß der Kompensationswicklung ist die Phasenverschiebung von 180° zwischen den Strömen in der Primär- und Sekundärwicklung zu beachten. Eine falsche Polung macht sich sofort durch eine viel größere Anzeige des Wattmeters bemerkbar. Damit der Spannungsverlust durch den Meßstrom des Spannungspfades in der Sekundärwicklung vernachlässigt werden kann, müssen die Prüfwicklungen niederohmig und eng mit dem Kraftfluß im Eisenkern verkettet sein.

Während der Messung wird die Betriebsfrequenz geändert; zweckmäßigerweise beginnt man bei den höheren Frequenzen. Um die Flußbelastung des Kernes nicht zu ändern, muß die Spannung proportional der Frequenz geändert werden. Es ist daher bei den höheren Frequenzen darauf zu achten, daß der Spannungspfad nicht überlastet wird. Fährt man den Versuch von einem Maschinensatz aus, so braucht die Erregung des Synchrongenerators kaum nachgestellt zu werden, da sich dann im ganzen Prüfkreis die Spannungen proportional mit der Frequenz ändern. Man braucht nicht zu befürchten, daß sich ein Übertragungsglied unzulässig hoch sättigt.

Es wäre falsch zu versuchen, den Magnetisierungszustand des Prüflings mit Hilfe des Strommessers konstant zu halten. Zwar bleibt der Magnetisierungsanteil des Stromes konstant, aber der Verlustanteil, insbesondere der durch den Spannungsmeßpfad verursachte Wirkstrom, ändert sich mit der Spannung, also indirekt auch mit der Frequenz.

Meßergebnis. Tab. 30 zeigt die Ergebnisse der Messungen an einem aus Blechen Form EI 77 in Schachtelbauweise aufgebauten Kern von einem effektiven Eisenquerschnitt von 4,28 cm². Die Tabelle enthält die für verschiedene Spannungen und Frequenzen gemessenen Eisenverluste. Die Anzeigen des Strommessers wurden aus den oben genannten Gründen nicht niedergeschrieben; sie dienten lediglich der Überwachung des Strompfades vom Leistungsmesser.

Tabelle 30. *Verluste eines Eisenkernes bei veränderlicher Frequenz und Induktion* Blechschnitt Type EI 77, effektiver Eisenquerschnitt $Q_{eff} = 4{,}28$ cm². Zahl der magnetisierenden Windungen $w = 557$, Eisenvolumen $V = 50{,}6$ cm³, Blechdicke $s = 0{,}5$ mm

Vers. Nr.	U V	f Hz	N W	J mA	Vers. Nr.	U V	f Hz	N W	J mA
	$U:f = 1{,}00$					$U:f = 1{,}60$			
1	31,0	31,0	0,28	44,8	9	49,6	31,0	0,65	178
2	40,0	40,0	0,41	47,8	10	64,0	40,0	0,92	183
3	50,0	50,0	0,55	50,5	11	80,0	50,0	1,28	186
4	60,0	60,0	0,72	53,6	12	96,0	60,0	1,65	192
5	70,0	70,0	0,88	58,5	13	112,0	70,0	2,08	198
6	80,0	80,0	1,09	61,7	14	128,0	80,0	2,54	196
7	90,0	90,0	1,30	65,5	15	144,0	90,0	3,07	200
8	100,0	100,0	1,55	70,0	16	160,0	100,0	3,62	203

$$B_{max} = \frac{10^6}{4{,}44 \cdot 557 \cdot 4{,}28} \cdot \frac{U}{f} = 94{,}7 \frac{U}{f}$$

$B_{max} = 94{,}7\ \mu\text{Vs/cm}^2$	$B_{max} = 151{,}5\ \mu\text{Vs/cm}^2$

34*

Wegen

$$U = 4{,}44 \cdot f \cdot w \cdot Q_{eff} \cdot B_{\max}$$

kann aus dem Verhältnis $U : f$ mit Hilfe der bekannten Größen Q_{eff} und w die maximale Induktion berechnet werden. Die für den untersuchten Kern geltende Beziehung

$$B_{\max} = \frac{10^6}{4{,}44 \cdot w \cdot Q_{eff}} \cdot \frac{U}{f} \quad \frac{\mu \mathrm{Vs}}{\mathrm{cm}^2}$$

wurde der weiteren Auswertung zugrunde gelegt. Sie lautet hier

$$B_{\max} = 94{,}7 \cdot \frac{U}{f}$$

Auswertung. Nach der von STEINMETZ angegebenen empirischen Formel sind die spezifischen Eisenverluste

$$N_{spez} = \frac{N_{\mathrm{Fe}}}{V} = a \cdot \frac{f}{100} \left(\frac{B_{\max}}{100}\right)^{1,6} + b \cdot s^2 \cdot \left(\frac{f}{100}\right)^2 \left(\frac{B_{\max}}{100}\right)^2$$

Hierin bedeuten

N_{spez} den spezifischen Verlust in $\mathrm{W/dm^3}$
N_{Fe} die gemessenen Eisenverluste in W
V das Volumen des Eisenkernes in $\mathrm{dm^3}$
f die Frequenz in Hz
$B_{\max}$ die maximale Induktion in $\mu\,\mathrm{Vs/cm^2}$
s die Blechdicke in mm

Das erste Glied der Gleichung stellt den der Frequenz proportionalen Hystereseverlust dar, das zweite den Wirbelstromverlust, der von dem Quadrat der Frequenz abhängt.

Zur Auswertung soll hier die STEINMETZsche Formel durch den Ansatz

$$x = \frac{f}{100} \qquad y = \frac{N_{\mathrm{Fe}}}{x}$$

linearisiert werden. Man erhält dann

$$y = A + B \cdot x$$

Hierin ist

$$A = a \cdot V \cdot \left(\frac{B_{\max}}{100}\right)^{1,6}$$

und

$$B = b \cdot V \cdot s^2 \cdot \left(\frac{B_{\max}}{100}\right)^2$$

Die Beiwerte A und B können entweder einer graphischen Darstellung der Meßergebnisse in einem linear geteilten Koordinatennetz entnommen werden, oder besser aber etwas zeitraubender durch Berechnung der *wahrscheinlichsten Ausgleichsgeraden*.

Zu diesem Zweck wurden zunächst die Meßwerte von Tab. 30 auf die x, y-Werte umgerechnet (Tab. 31). Dann wird gemäß Tab. 32 die Ausgleichsrechnung von Kap. II, S. 74 durch Berechnen der quadratischen Abweichungen vorbereitet. Zu diesem Zweck sind die x, y-Werte auf Schwerpunktkoordinaten zu transformieren.

Tabelle 31. *Ausgangswerte für die Interpolation* $y = \dfrac{100\,N}{f}$ *in Abhängigkeit von*

$$x = \frac{f}{100} \quad \text{für die Induktionen}$$

$$B_{max} = \frac{10^6}{44,4 \cdot w \cdot Q_{eff}} \cdot \frac{U}{f} \quad \text{der Tab. 30}$$

Vers. Nr.	y	x	Vers. Nr.	y	x
$B_{max} = 94{,}7\,\dfrac{\mu\,\mathrm{Vs}}{\mathrm{cm}^2}$			$B_{max} = 151{,}5\,\dfrac{\mu\,\mathrm{Vs}}{\mathrm{cm}^2}$		
1	0,90	0,310	9	2,10	0,310
2	1,02	0,400	10	2,30	0,400
3	1,10	0,500	11	2,56	0,500
4	1,20	0,600	12	2,75	0,600
5	1,26	0,700	13	2,98	0,700
6	1,36	0,800	14	3,18	0,800
7	1,45	0,900	15	3,41	0,900
8	1,55	1,000	16	3,62	1,000
Σ	9,84	5,210	Σ	22,90	5,210

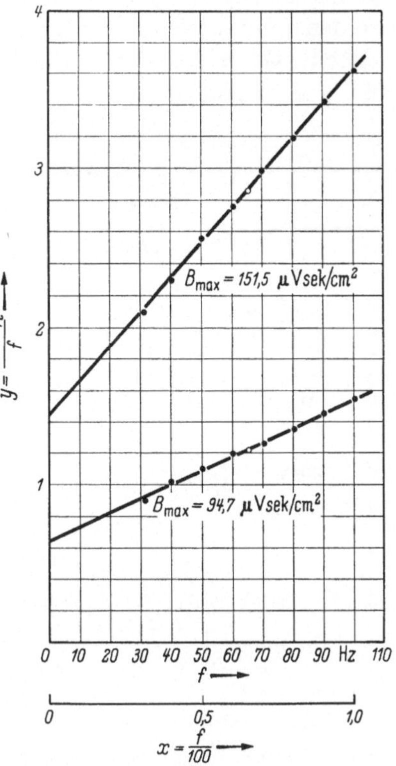

Abb. 416. Eisenverluste in einem Trafokern bei gleichbleibender Induktion und veränderter Frequenz

Tabelle 32. *Transformation der Werte* $\{y;\,x\}$ *in* $\{\eta;\,\xi\}$ *mit Hilfe der Schwerpunktkoordinaten. — Ermittlung der quadratischen Abweichungen* η^2, ξ^2, $\eta\xi$

Vers. Nr.	η	ξ	η^2 $\times 10^{-3}$	$\eta\xi$ $\times 10^{-3}$	ξ^2 $\times 10^{-3}$	Vers. Nr.	η	ξ	η^2 $\times 10^{-3}$	$\eta\xi$ $\times 10^{-3}$	ξ^2 $\times 10^{-3}$
$B_{max} = 94{,}7\,\dfrac{\mu\,\mathrm{Vs}}{\mathrm{cm}^2}$		$y_s = 1{,}23$	$x_s = 0{,}651$			$B_{max} = 151{,}5\,\dfrac{\mu\,\mathrm{Vs}}{\mathrm{cm}^2}$		$y_s = 2{,}86$	$x_s = 0{,}651$		
1	−0,33	−0,341	109	113	116	9	−0,76	−0,341	577	259	116
2	−0,21	−0,251	44	53	63	10	−0,56	−0,251	314	141	63
3	−0,13	−0,151	17	20	23	11	−0,30	−0,151	90	45	23
4	−0,03	−0,051	1	2	3	12	−0,11	−0,051	12	6	3
5	0,03	0,049	1	2	2	13	0,12	0,049	14	6	2
6	0,13	0,149	17	19	22	14	0,32	0,149	102	48	22
7	0,22	0,249	48	55	62	15	0,55	0,249	302	137	62
8	0,32	0,349	102	112	122	16	0,76	0,349	577	265	122
Σ	0	0	339	376	413	Σ	0	0	1988	907	413

Tab. 33 gibt dann im ersten Abschnitt die Ausgleichsrechnung wieder; die beiden Ausgleichsgeraden sind in die graphische Darstellung Abb. 416 mit aufgenommen worden. Im zweiten Teil von Tab. 33 werden dann die Koeffizienten a und b der STEINMETZschen Formel ermittelt. Es ergibt sich befriedigende Übereinstimmung der Beiwerte für beide Induktionen.

Tabelle 33. *Ausgleichsrechnung und Ermittlung der Beiwerte*

Nr.	Rechnung	Bezeichnung	Ergebnis	
			Meßreihe 1	Meßreihe 2
1	$\dfrac{10^6}{4,44 \cdot w \cdot Q_{eff}} \cdot \dfrac{U}{f}$	$B_{\max}$	94,7	151,5
2	$\sum \xi^2$ aus Tab. 32	$[\xi\,\xi]$	0,413	0,413
3	$\sum \eta^2$ aus Tab. 32	$[\eta\,\eta]$	0,339	1,988
4	$\sum \xi\eta$ aus Tab. 32	$[\xi\,\eta]$	0,376	0,907
5	$[\eta\,\eta] - [\xi\,\xi]$	α_2	$-0,074$	1,575
6	$([\eta\,\eta] - [\xi\,\xi])^2 + 4[\xi\,\eta]^2$	α^2	0,570	5,77
7	$\sqrt{\alpha_1{}^2}$	α_1	0,755	2,40
8	$\tan\varphi = \dfrac{\alpha_2 + \alpha_1}{2\,[\xi\,\eta]}$	B	0,905	2,19
9	$\arctan B$	φ	$42°\,10'$	$65°\,26'$
10		$\sin^2\varphi$	0,451	0,826
11		$\cos^2\varphi$	0,549	0,173
12		$\sin\varphi\,\cos\varphi$	0,497	0,378
13	$[\xi\,\xi]\sin^2\varphi + [\eta\,\eta]\cos^2\varphi - 2[\xi\,\eta]\sin\varphi\,\cos\varphi$	$[v\,v]$	≈ 0	≈ 0
14	Streuung $\sqrt{\dfrac{[v\,v]}{n-2}}$	σ	≈ 0	≈ 0
15	$y_s - B \cdot x_s$	A	0,64	1,43
16	$(B_{\max}/100)^{1,6}$	—	0,918	1,945
17	$(B_{\max}/100)^2$	—	0,897	2,30
18	$10^3\,\text{A/V} \cdot \left(\dfrac{B_{\max}}{100}\right)^{1,6}$	a	13,8	14,5
19	$10^3\,\text{B/V} \cdot \text{s}^2 \cdot \left(\dfrac{B_{\max}}{100}\right)^2$	b	79,7	75,1

Aufgabe II—03: Bestimmung der Kennwerte eines Heißleiter-Widerstandes

Übungsziel: Linearisieren einer exponentiellen Abhängigkeit. Rechnerische Behandlung des Meßergebnisses durch Ausgleich mittels einer Geraden. Ableitung der Bestimmungsstücke der empirischen Funktion.

Meßschaltung. NTC-Widerstände, Thernewide oder ähnliche, mit anderen Firmennamen bezeichnete Widerstände besitzen eine starke negative Temperaturabhängigkeit und werden für mannigfache Zwecke, z. B. zur Messung von Temperaturen benutzt. Das Widerstandsmaterial ist dann z. B. in Form einer kleinen Perle am Ende einer Fühlsonde angebracht; der Widerstand der Perle kann mit einer Handmeßbrücke bestimmt werden, wobei darauf geachtet werden muß, daß der Brücken-meßstrom die Perle nicht unzulässig erwärmt (vgl. a. Abb. 115, S. 170).

Zur Messung werden benötigt:

1 Temperatur-Meßsonde mit NTC-Widerstand
1 Handmeßbrücke in WHEATSTONE-Schaltung (Einknopf-Meßbrücke)
1 heizbares Wasserbad
1 Thermometer 1/10 °C je Teilstrich max. 100 °C

Die Temperatur des Wasserbades darf nur langsam geändert werden. Die Heizflüssigkeit ist dabei zu bewegen. Um gleiche Temperaturen am Prüfling und am Thermometer sicherzustellen, empfiehlt es sich, beide zusammenzubinden. Die bequeme Bedienung der Einknopfbrücke erlaubt, die Meßanordnung im Temperaturbad mit einer Hand zu bewegen, während die andere die Brücke abgleicht.

Meßergebnis. Die Meßergebnisse sind in Tab. 34 zusammengestellt. Die abgelesenen Temperaturen wurden auf die absolute Temperatur-skala umgerechnet:

$$T = \vartheta + 273$$

Vom Hersteller der NTC-Widerstände wird als In-terpolationsformel angege-ben:

$$R = a \cdot e^{b/T}$$

a und b sind Kennwerte des Werkstoffes, die für einen größeren Tempera-turbereich konstant sein sollen. Logarithmiert man diese Gleichung, so ist

$$\ln R = \ln a + b/T$$

Es dürfte sich demnach empfehlen, die Kenn-linie des NTC-Widerstan-des durch die Substitution

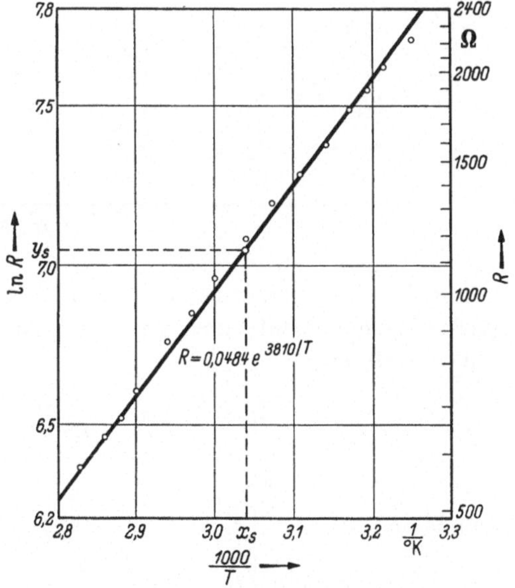

Abb. 417. Eichkurve eines Heißleiter-Widerstandes zur Temperaturbestimmung (Messung mit Hand-meßbrücke)

$$y = \ln R = 2{,}31 \cdot \lg R$$

$$x = 1/T$$

zu linearisieren. Es ist dann

$$y = A + b \cdot x$$

mit

$$A = \ln a = 2{,}31 \cdot \lg a$$

Die Berechnung der y- und der x-Werte ist in Tab. 34 gleichfalls durchgeführt worden.

Abb. 417 zeigt die Abhängigkeit $y = \ln R$ als Funktion des Wertes $x = 1/T$; die Punkte bilden angenähert eine Gerade.

Auswertung. Es soll diejenige Gerade ermittelt werden, welche die Meßwerte der Tab. 34 am besten ausgleicht (vgl. Kap. II, S. 74). Zu

Tabelle 34. *Temperaturabhängigkeit eines NTC-Widerstandes*

$\vartheta\,°C$	$T\,°K$	$R\,\Omega$	$x = \dfrac{1}{T} \cdot 10^3$	$\lg R$	$\ln R$
80,5	353,5	580	2,83	2,763	6,36
76,7	349,7	640	2,86	2,806	6,46
74,3	347,3	680	2,88	2,832	6,52
71,3	344,3	740	2,90	2,869	6,60
67,2	3402,	860	2,94	2,934	6,76
63,3	336,3	940	2,97	2,973	6,85
60,5	333,5	1050	3,00	3,021	6,96
56,6	329,6	1200	3,04	3,079	7,08
52,3	325,3	1340	3,07	3,127	7,20
48,5	321,5	1450	3,11	3,161	7,28
45,8	318,8	1600	3,14	3,204	7,38
42,5	315,5	1780	3,17	3,250	7,49
40,0	313,0	1900	3,19	3,279	7,55
38,0	311,0	2025	3,21	3,307	7,62
35,0	308,0	2240	3,25	3,350	7,71
—	—	—	45,56	—	105,82

diesem Zweck transformiert man, wie bei Aufgabe II-02, die Werte $(y;\,x)$ durch Parallelverschiebung in die Schwerpunktskoordinaten. Der Schwerpunkt ergibt sich aus

$$y_s = \frac{1}{n}\,\Sigma\,y = \frac{1}{15}\cdot 105{,}82 = 7{,}05$$

$$x_s = \frac{1}{n}\,\Sigma\,x = \frac{1}{15}\cdot 45{,}56 = 3{,}04$$

Man bilde

$$\eta = y - y_s$$

$$\xi = x - x_s$$

und ermittelt die Ausdrücke ξ^2, η^2 sowie $\xi\,\eta$, ferner die Summen dieser Ausdrücke $[\xi\,\xi] = \Sigma\,\xi^2$, $[\eta\,\eta] = \Sigma\,\eta^2$ und $[\xi\,\eta] = \Sigma\,\xi\,\eta$. Diese Rechnung ist in Tab. 35 durchgeführt worden.

Wie in Kap. II auf S. 76 ausgeführt wurde, ist zunächst

$$\alpha_1 = \sqrt{([\xi\,\xi] - [\eta\,\eta])^2 + 4\,[\xi\,\eta]^2}$$

und

$$\alpha_2 = [\eta\,\eta] - [\xi\,\xi]$$

Tabelle 35. *Transformation der Werte $\{y; x\}$ in $\{\eta; \xi\}$ mit Hilfe der Schwerpunkt-koordinaten. — Ermittlung der quadratischen Abweichungen η^2, ξ^2, $\eta\xi$*

η	ξ	η^2	ξ^2	$\eta\xi$
−0,69	−0,21	0,476	0,0441	0,145
−0,59	−0,18	0,348	0,0324	0,016
−0,53	−0,16	0,281	0,0256	0,085
−0,45	−0,14	0,202	0,0196	0,063
−0,29	−0,10	0,084	0,0100	0,029
−0,20	−0,07	0,040	0,0049	0,014
−0,09	−0,04	0,008	0,0016	0,004
0,03	0,00	0,001	0,0000	0,000
0,15	0,03	0,022	0,0009	0,005
0,23	0,07	0,053	0,0049	0,016
0,33	0,10	0,109	0,0100	0,033
0,44	0,13	0,194	0,0169	0,057
0,50	0,15	0,250	0,0225	0,075
0,57	0,17	0,325	0,0289	0,097
0,66	0,21	0,436	0,0441	0,139
0	0	2,839	0,2664	0,868

zu berechnen. Dann ergibt sich die Steigung der durch den Schwerpunkt gehenden Ausgleichsgeraden zu

$$b = \frac{\alpha_2 + \alpha_1}{2\,[\xi\,\eta]}$$

Für den Abschnitt auf der Ordinatenachse erhält man

$$A = y_s - b \cdot x_s$$

Vor Anwendung dieser Formeln auf die Ergebnisse der Rechnungen in Tab. 35 sind die Maßstäbe der η-Achse und der ξ-Achse zu beachten. Diese sind 10 bzw. 25, d. h. 1 Einh. $\triangleq 0,1 \cdot \ln R$ bzw. 1 Einh. $\triangleq 0,04 \cdot \dfrac{1000}{T}$. Die Werte für $[\eta\,\eta]$, $[\xi\,\xi]$ und $[\xi\,\eta]$ sind daher mit $10^2 = 100$, $25^2 = 625$ und $10 \cdot 25 = 250$ zu multiplizieren, ehe man sie in die Formeln einsetzt. Es ergibt sich dann

$$\alpha_1 = \sqrt{(166,6 - 282,9)^2 + 4 \cdot 217,0^2} = 448,1$$
$$\alpha_2 = 282,9 - 166,6 \qquad\qquad\quad = 116,3$$
$$\alpha_1 + \alpha_2 = \qquad\qquad\qquad\qquad\quad = 574,4$$

und demnach mit den Maßstäben der Abb. 417

$$b' = \frac{574,4}{2 \cdot 217,0} = 1,324$$

Hiernach läßt sich die Ausgleichsgerade eintragen. Sie schneidet die

Ordinatenachse bei

$$A = \ln a = y_8 - b' \cdot x_8$$

$$= 7{,}05 - 1{,}324 \cdot \frac{1/10}{1/25}$$

$$= -\,3{,}03$$

Hieraus ergibt sich der eine Kennwert des NTC-Widerstandes:

$$\lg a = 0{,}434 \ln a = -\,1{,}315$$

$$= 8{,}685 - 10$$

$$a = 0{,}0484 \ \text{Ohm}$$

Der Kennwert b ergibt sich aus der Steigung b' der Ausgleichsgeraden in Abb. 417 unter Berücksichtigung der Maßstäbe

$$b = 1{,}324 \cdot \frac{1/10}{1/25} \cdot 1000$$

bzw.

$$b = 3810 \ {}^{\circ}\text{K}$$

Aus den Messungen folgt daher die Interpolationsformel für den untersuchten NTC-Widerstand zu

$$R = 0{,}0484 \cdot e^{3810/T}$$

Hierin ist T die Temperatur in ${}^{\circ}\text{K}$.

Aufgabe III—01: Ermittlung der Eigenschaften eines Hängeband-Galvanometers

Übungsziel: Handhabung eines empfindlichen Drehspulgerätes. Berücksichtigung der Thermospannungen an den Kontaktstellen. Ausgleich einer Meßreihe bei Änderung einer Einflußgröße in gleichen Intervallen. Gebrauch des Galvanometers im Schwingfall für ballistische Messungen und im Kriechfall als Flußmesser.

Meßschaltung. Zur Durchführung der Versuche werden benötigt:

1 Hängebandgalvanometer als Prüfling mit objektiver Spiegelablesung
1 Drehspul-Milliamperemeter (3 und 30 mA)
   Einzel-Kurbeldekaden aus Manganin 10×10 Ohm bis 10×10^4 Ohm
   Festwiderstände (Normalwiderstände) aus Manganin 0,01 Ohm bis 10 Ohm
   Stellwiderstände zum Einstellen des Prüfstromes
1 Stoppuhr (1/10 s)
1 Normalkondensator $0{,}1 \ \mu\text{F}$
1 Normal der Gegeninduktion 0,01 H
1 Akkumulatorbatterie $4 \cdots 6$ V

Zunächst werden Empfindlichkeit und Innenwiderstand des Galvanometers ermittelt. Man verfährt dabei zweckmäßigerweise nach Abb. 418.

Mit Hilfe eines Stromteilers von bekanntem, aber einstellbaren Verhältnis ändert man den Strom i_{sp} in der Drehspule. Zu diesem Zweck schaltet man vor das Galvanometer Kurbel-Dekadenwiderstände, welche man z. B in 10 Stufen gleichen Intervalles von Null bis zu einem Höchstwert verstellt. Als Höchstwert des Widerstandes wählt man etwa den doppelten Wert des vermuteten Spulenwiderstandes. Bei dem zu untersuchenden Instrument war dieser rund 100 Ohm, so daß für R_2 Werte von 0, 20, 40 · · · 200 Ohm gewählt wurden. Die Prüfstromstärke wurde mit Hilfe der Stellwiderstände bei $R_2 = 0$ auf den höchst zulässigen Wert eingestellt.

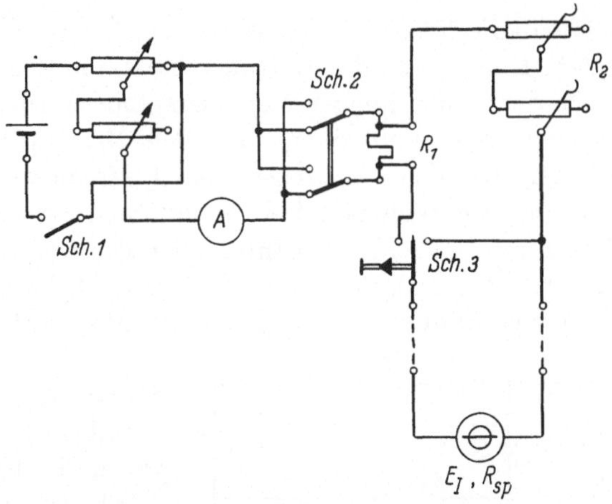

Abb. 418. Bestimmung der Empfindlichkeit und des Innenwiderstandes eines Galvanometers

Infolge der hohen Stromempfindlichkeit des Galvanometers und der niedrigen Widerstände im Meßkreis ist die Schaltung auf Thermospannungen empfindlich. Der Versuchsaufbau muß vor ungleichen Wärmeeinstrahlungen (z. B. durch Sonne, Zentralheizung) geschützt werden. Ob Thermospannungen vorhanden sind, prüft man am besten, indem bei geöffnetem Schalter $S\,1$ der Schalter $S\,3$ geschlossen wird. Schlägt dann das Galvanometer aus, so sind Thermospannungen die Ursache. Man eliminiert dieselben, indem man die Messung bei kommutierter Stromrichtung wiederholt. Es ergibt sich dann auf Grund der beiden Ablesungen y_1 und y_2 nach rechts bzw. nach links

$$y = \frac{|\,y_1\,| + |\,y_2\,|}{2}$$

$$\Delta y = \frac{|\,y_1\,| - |\,y_2\,|}{2}$$

Im Wert y sind konstante Einflüsse nicht mehr vorhanden, der Nullpunktfehler Δy schließt die Thermospannungen, Justierungsfehler der Skale usw. ein.

Eine weitere Folge der niedrigen Widerstände im Galvanometerkreis ist, daß das Gerät im aperiodisch gedämpften Zustand arbeitet. Man lasse sich daher Zeit, bis das Gerät den Endausschlag erreicht hat. Es muß davor gewarnt werden, die Einstellzeit dadurch verkürzen zu wollen, daß man vorübergehend stärkere Ströme über die Drehspule leitet. Zwar bewegt sich der ·Lichtzeiger dann schneller (Theorie des Flußmessers!), die Drehspule, insbesondere die empfindlichen Stromzuführungsbändchen, sind aber dabei thermisch gefährdet, ohne daß man das bei den relativ langsam verlaufenden Ausschlagsänderungen sofort merkt.

Im Anschluß an die Messungen bei statischem Betrieb bestimmt man die dynamischen Konstanten des Galvanometers aus Schwingungsversuchen. Anstelle der niederohmigen Vorwiderstände werden jetzt hochohmige verwendet; man muß dann auch den Nebenwiderstand entsprechend erhöhen, um den Lichtzeiger vom Endpunkt der Skale aus starten zu können. Den Widerstand R_2 ändert man zwischen 10^5 Ohm und 3000 Ohm in etwa gleichgroßen Intervallen des reziproken Wertes. $R_2 \to \infty$ wird durch Öffnen des Schalters $S\,3$ verwirklicht; das Meßwerk ist dann allein durch die Luftreibung gedämpft. Man liest während des Schwingens auf beiden Seiten der Skale die Amplituden der Ausschläge ab und bestimmt die Zeitdauer einer vollen Schwingung.

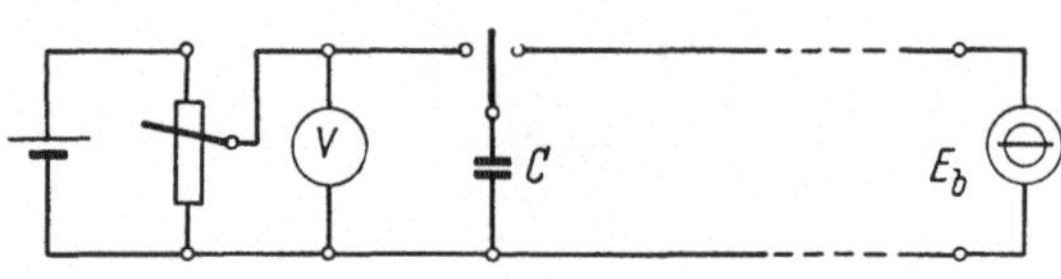

Abb. 419. Ermittlung der ballistischen Konstanten eines Galvanometers

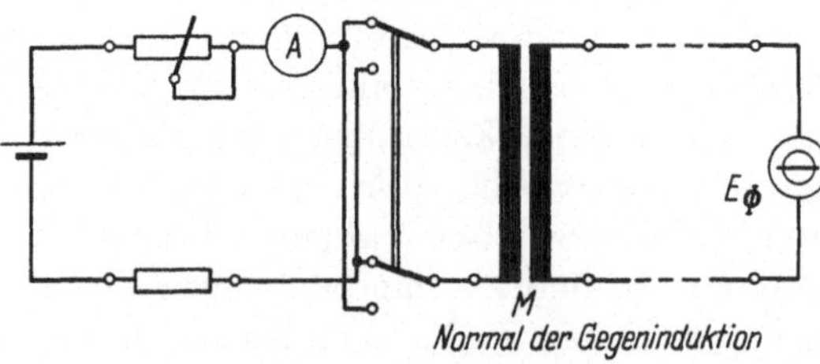

Abb. 420. Ermittlung der Flußkonstanten eines Kriechgalvanometers

Bei einem empfindlichen Galvanometer ist die Richtkraft klein und das Massenträgheitsmoment der Drehspule verhältnismäßig groß. Ein solches Gerät besitzt dann eine lange Schwingungsdauer und eignet sich daher gut für ballistische Messungen. Man verwendet zur „Eichung" im ballistischen Betrieb die Schaltung Abb. 419. Ein Kondensator bekannter Kapazität wird aufgeladen und dann über das Galvanometer entladen. Aus der bekannten Ladungsmenge und den Kennwerten des Ausschwingvorganges lassen sich Dämpfung und Kreisfrequenz der Schwingung gleichfalls bestimmen.

Zur Eichung als Kriechgalvanometer schaltet man das Gerät nach Abb. 420. Kommutiert man den Strom in der Primärwicklung des

Normals der Gegeninduktion, so verursacht die Flußänderung in der Sekundärwicklung eine „Spannungsmenge" $\int e \cdot dt$, welche am Galvanometer eine Ausschlagsänderung herbeiführt. Damit die Dämpfungsbedingung für das Kriechgalvanometer erfüllt wird, muß der Kupferwiderstand von M gegenüber R_{sp} klein sein.

Bei diesen Untersuchungen wird das Galvanometer im Ausschlagsverfahren verwendet. Es muß daher gegebenenfalls der Tangens auf den Bogen reduziert werden, wenn die Ablesevorrichtung keine kreisförmig gebogene Skale besitzt.

Meßergebnis. Die Tab. 36 und 37 enthalten die Ablesungen bei statischem bzw. dynamischem Betrieb des Galvanometers:

Tabelle 36. *Ermittlung des Innenwiderstandes und der Empfindlichkeit eines Galvanometers aus einem statischen Versuch*

Prüfstromstärke $i_l = 3{,}00$ mA, Nebenwiderstand $R_1 = 0{,}01$ Ohm, Lichtzeigerlänge $L_z = 1500$ mm

k	Einstellung Nr											
	1	2	3	4	5	6	7	8	9	10	11	
R_z	0	20	40	60	80	100	120	140	160	180	200	Ω
y_1 (links)	198	160	132	116	102	90	83	75	68	63	57	mm
y_2 (rechts)	208	168	145	124	110	96	89	81	73	69	64	mm

Die Messung der Werte von Tab. 36 erfordert insbesondere bei kleinen Werten von R_2 ziemlich viel Zeit, da man den Endausschlag des stark aperiodisch gedämpften Galvanometers abwarten muß.

Tabelle 37

Ermittlung der dynamischen Größen eines Galvanometers aus Schwingungsversuchen

R_2	A_0		A_1		A_2		A_3		A_4		A_5		A_6	
Ω	mm	s	mm	s	mm	s	mm	s	mm	s	mm	s	mm	s
∞	202	0,0	130	—	85	10,0	55	—	36	20,0	23	—	15	—
100 000	202	0,0	123	—	77	10,0	48	—	30	20,4	18,5	—	11,5	—
20 000	202	0,0	109	—	58	10,5	31	—	16,5	21,0	9	—	—	—
10 000	202	0,0	86	—	37	10,5	16	—	7	21,0	3	—	—	—
5000	202	0,0	48	—	16,5	11,0	5	—	—	—	—	—	—	—
3000	202	0,0	34	—	5	11,5	—	—	—	—	—	—	—	—

Bei den kleinen Werten von R_2 in Tab. 37 wird die Bestimmung der Schwingungszeit unsicher, weil dann das Gerät in der Nähe des aperiodischen Grenzfalls arbeitet.

Bei der Bestimmung der ballistischen Konstanten und der Flußmesserkonstanten in den Schaltungen nach Abb. 419 und 420 ergaben sich folgende Werte.

Tabelle 38. *Verwendung des Galvanometers bei ballistischem Betrieb und als Fluß-messer (Kriech-Galvanometer)*

a) ballistisches Galvanometer:			
Kapazität des Kondensators	C	0,01	μF
Ladespannung	U	4,00	V
Stand der Lichtmarke			
vor dem Start	y_0	4,2	mm
beim ersten Maximum	y_1	121,8	mm
Halbschwingungszeit	T	5,0	s
b) Kriech-Galvanometer			
Koeffizient der Gegeninduktion	M	0,01	H
kommutierter Primärstrom	J	30,0	mA
Stand der Lichtmarke			
vor dem Start	y_0	2,1	mm
nach Flußänderung	y_1	98,1	mm

Auswertung. a) *Auswertung der statischen Versuche* (vgl. Tab. 1). Der Strom im Galvanometer ist sehr angenähert umgekehrt proportional dem Widerstand des Nebenschlusses:

$$i_{sp} = i_1 \frac{R_1}{R_1 + R_2 + R_{sp}} \approx i_1 \frac{R_1}{R_2 + R_{sp}}$$

Ferner ist

$$y_{korr} = E_i \cdot i_{sp}$$

Hierin ist E_i die skalenbezogene Stromempfindlichkeit des Galvanometers in mm/A und y_{korr} der vom Tangens auf den Bogen umgerechnete Ausschlag. Substituiert man

$$\eta = \frac{1}{y_{korr}} \qquad \xi = R_2$$

so ergibt sich

$$\eta = m\,(\xi + \xi_0)$$

Hierin bedeuten

$$m = \frac{1}{E_i \cdot i_1 \cdot R_1}$$

$$\xi_0 = R_1 + R_{sp} \approx R_{sp}$$

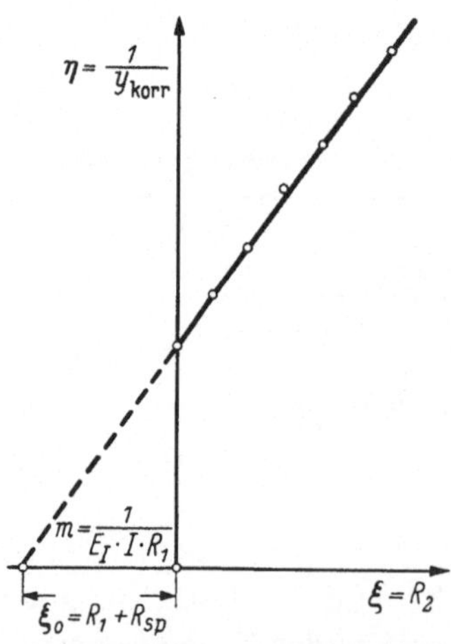

Abb. 421. Graphische Ermittlung des Galvanometer-Spulenwiderstandes

Zur Auswertung dieser Beziehungen in bezug auf m und ξ_0 kann man eine graphische Darstellung nach Abb. 421 wählen. Der Abszissenabschnitt ergibt den Spulenwiderstand des Galvanometers, d. h. denjenigen hypothetischen „negativen" Widerstand R_2, den man vor die Spule schalten müßte, um den Gesamtwiderstand Null, d. h. einen unendlich großen Ausschlag

Tabelle 39. *Auswertung des statischen Versuches*

k	Einstellung Nr											Ω
	1	2	3	4	5	6	7	8	9	10	11	
R_2	0	20	40	60	80	100	120	140	160	180	200	
y_{mittl}	203,0	164,0	138,5	120,0	106,0	93,0	86,0	78,0	70,5	66,0	60,5	mm
Korrektion	1,2	0,8	0,4	0,4	0,2	0,2	0,2	0,1	0,0	0,0	0,0	mm
$y_{korr} = y_{mittl}$-Korrektion	202,8	163,2	138,1	119,6	105,8	92,8	85,8	77,9	70,5	66,0	60,5	mm
$10^3 \eta = 1/y_{korr} \cdot 10^3$	4,93	6,13	7,24	8,36	9,45	10,78	11,65	12,85	14,19	15,15	16,53	mm^{-1}
$2k - 1 - n$	−10	− 8	− 6	− 4	− 2	0	2	4	6	8	10	—
$(2k - 1 - n)\,\eta \cdot 10^3$	−49,3	−49,0	−43,4	−33,4	−18,9	0	23,3	51,4	85,1	121,2	165,3	mm^{-1}
$2(n+1) - 3k$	21	18	15	12	9	6	3	0	−3	− 6	− 9	—
$(2(n+1) - 3k)\,\eta \cdot 10^3$	103,5	110,3	108,4	100,3	85,1	64,6	35,0	0	42,5	−90,9	−148,9	—

($\eta = 0$!) zu erhalten. Die Steigung m ergibt die Empfindlichkeit.

Die graphische Auswertung ist insbesondere bei der Bestimmung des Achsenabschnittes unbefriedigend. Da es sich um eine lineare Funktion handelt, wird besser das in Kap. II, S. 80 beschriebene Interpolationsverfahren angewendet. Da hier die Einflußgröße R_2 in gleichgroßen Intervallen geändert wurde, kann die Interpolationsformel von S. 83 unmittelbar angewendet werden. Zu diesem Zweck „normiert" man die Einteilung der ξ-Achse durch die Substitution

$$\xi^* = \frac{\xi}{\Delta R_2}$$

ΔR_2 ist das gleichbleibende Intervall, um welches der Vorwiderstand R_2 geändert wird. Es ergibt sich dann

$$\eta = m \, \Delta R_2 \cdot \xi^* + m \, \xi_0$$

Nennt man zur Abkürzung

$$m \, \Delta R_2 = \mu$$
$$m \, \xi_0 = b$$

so kann man nunmehr die Formeln auf S. 83 unmittelbar anwenden:

$$\mu = \frac{6}{n(n^2 - 1)} \sum_{k=1}^{n} (2k - 1 - n)\,\eta_k \tag{99}$$

$$b = \frac{2}{n(n+1)} \sum_{k=1}^{n} [2(n+1) - 3k]\,\eta_k \tag{100}$$

Die Größe ξ^* nimmt die Werte ganzer Zahlen von Null bis $n - 1$ an. n ist die Zahl der Einstellungen, k ein laufender Index.

Nach diesem Interpolationsverfahren sind die Werte der Tab. 39 berechnet worden. Die ersten Zeilen enthalten die auf Grund der Ablesungen von Tab. 1 gemittelten Meßwerte, die Korrektionen des Tangens auf den Bogen sowie die hieraus berechneten Werte für η. Die nächsten Zeilen enthalten die zur Interpolation erforderlichen Zahlenfaktoren gemäß Gl. (99) und (100). Mit Hilfe der Summenwerte

$$A = \sum_1^{11} (2\,k - 1 - n) \cdot \eta_k = 0{,}2523 \text{ mm}^{-1}$$

$$B = \sum_1^{11} [2\,(n+1) - 3\,k]\,\eta_k = 0{,}3249 \text{ mm}^{-1}$$

ergeben sich

$$\mu = \frac{6}{n\,(n^2 - 1)}\,A = \frac{6 \cdot 0{,}2523}{11 \cdot 120} = 1148 \cdot 10^{-6} \text{ mm}^{-1}$$

$$b = \frac{2}{n\,(n+1)}\,B = \frac{2 \cdot 0{,}3249}{11 \cdot 12} = 4920 \cdot 10^{-6} \text{ mm}^{-1}$$

$$m = \frac{\mu}{\Delta R_2} \cdot \frac{1148 \cdot 10^{-6} \text{ mm}^{-1}}{20} \frac{\text{mm}^{-1}}{\Omega} = 57{,}4 \cdot 10^{-6} \text{ mm}^{-1}\,\Omega^{-1}$$

und hieraus sowie aus den Betriebsgrößen der Meßschaltung die statischen Kenngrößen des Galvanometers:

$$E_i = \frac{1}{m \cdot i_1\,R_1} = \frac{10^{-6}}{57{,}4 \cdot 3{,}00 \cdot 10^{-3} \cdot 0{,}01} = 0{,}581 \cdot 10^9 \text{ mm/A}$$

$$R_{sp} = \xi_0 = \frac{b \cdot \Delta R_2}{\mu} = \frac{b}{m}$$

$$= \frac{4920 \cdot 10^{-6}}{57{,}4 \cdot 10^{-6}} = 85{,}7\ \Omega$$

Seine winkelbezogene Empfindlichkeit ergibt sich hieraus mit Hilfe der Lichtzeigerlänge aus

$$E_{i_\alpha} = \frac{E_i}{2\,L_z}$$

Es ist

$$E_{i_\alpha} = \frac{0{,}581 \cdot 10^{-9}}{2 \cdot 1500} = 0{,}194 \cdot 10^6 \text{ A}^{-1}$$

b) *Auswertung der dynamischen Versuche* (vgl. Tab. 37). Bei einer periodisch gedämpften Bewegung sind die Verhältnisse der Schwingungsamplituden konstant (vgl. Abb. 422). Bildet man für jede Meßreihe der Tab. 37

$$k = \frac{|A_0| + |A_1|}{|A_1| + |A_2|} = \frac{|A_1| + |A_2|}{|A_2| + |A_3|} = \cdots$$

so erhält man die Werte, die in Tab. 40 in der ersten Zeile eingetragen worden sind. Mit Hilfe der gemessenen Halbschwingungsdauer ergeben sich aus

$$\Delta = \ln k = \beta \cdot \frac{T}{2}$$

die Werte für β in Tab. 40.

Die Schwingungsdauer ist nach Tab. 40 nahezu unabhängig von der Dämpfung. Erst bei kleinen Widerständen R_2 wird T etwas größer. Nach der Theorie (vgl. Kap. III) muß stets

$$\nu_0 = \sqrt{\nu^2 + \beta^2}$$

sein. Hierin ist ν_0 die Eigenfrequenz des ungedämpft schwingenden Systemes. Meßtechnisch wird dieser Wert bei offen schwingender Drehspule sehr angenähert erreicht, obgleich das Galvanometer dann immer noch durch die Luftreibung gedämpft ist.

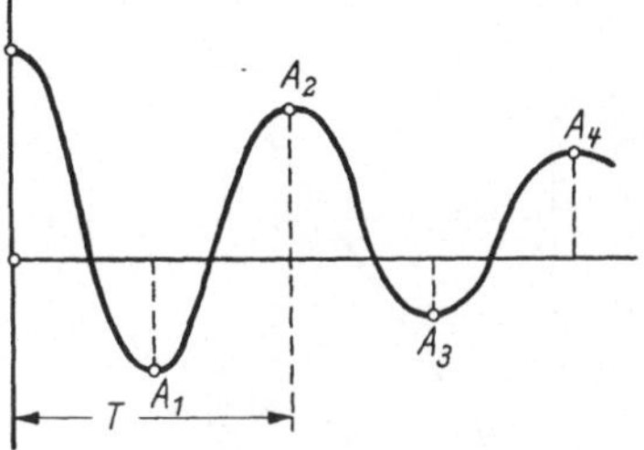

Abb. 422. Zeitlicher Verlauf des Ausschlages eines schwach gedämpften Galvanometers

Zur Ermittlung der das dynamische Verhalten bestimmenden Baugrößen stellt man die in Tab. 40 berechneten Werte von β als Funktion des Wertes

$$\gamma = \frac{1}{R_2 + R_{sp}}$$

dar. Es ist dann nach Kap. III, Gl. (132)

$$\beta = (\tfrac{1}{2}\, \nu_0^2\, E_{i_\alpha}^2 \cdot D) \cdot \gamma + \beta_L$$

Hierin bedeutet E_{i_α} die *winkel*bezogene Stromempfindlichkeit des Galvanometers und D die Federkonstante der Bandaufhängung. Rechnet man durchweg mit elektrischen Maßeinheiten, so ergibt sich D in Ws.

Tabelle 40. *Auswertung des dynamischen Versuches*

R_2	$k\Omega$	∞	100	20	10	5	3
$\gamma = 1/(R_2 + R_{sp})$	μS	0	10,0	49,8	99,2	196,7	324,0
$k = \dfrac{\lvert A_p\rvert + \lvert A_{p+1}\rvert}{\lvert A_{p+1}\rvert + \lvert A_{p+2}\rvert}$ (mittl.)	—	1,54	1,60	1,87	2,32	3,52	6,05
$\Delta = \ln k$	—	0,432	0,471	0,627	0,843	1,260	1,800
$\dfrac{T}{2}$	s	5,00	5,10	5,20	5,25	5,50	5,75
$\beta = \Delta : \dfrac{T}{2}$	s^{-1}	0,086	0,092	0,121	0,160	0,229	0,313

Die Abhängigkeit $\beta = \beta\,(\gamma)$ nach Tab. 40 ist in Abb. 423 aufgetragen. Es ergibt sich eine gerade Linie; auf den Ausgleich der Meßwerte wurde verzichtet, da bezüglich des Auswertungsverfahrens sich hieraus nichts Neues gegenüber der Auswertung der statischen Versuche ergeben hätte.

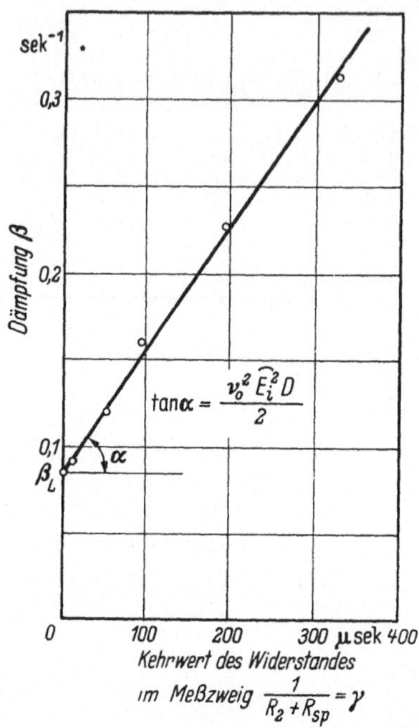

Abb. 423. Graphische Ermittlung der dynamischen Größen eines Galvanometers

Der Achsenabschnitt für $\gamma = 0$ ($R_2 \to \infty$) ergibt den Faktor der Luftdämpfung

$$\beta_L = 0,086\,s^{-1}$$

Die Steigung der Geraden ergibt sich zu

$$m = \frac{\Delta\beta}{\Delta\gamma} = 705\,\Omega\,s^{-1}$$

Hieraus kann man die Federkonstante berechnen. Aus Tab. 40 wird für $R_2 \to \infty$ die Kreisfrequenz der ungedämpften Schwingung hinreichend genau bestimmt

$$v_L \approx v_0 = \frac{2\pi}{T_0} = \frac{2\pi}{10,0} = 0,628\,s^{-1}$$

Die winkelbezogene Stromempfindlichkeit ist aus dem statischen Versuch bekannt

$$E_{i_\alpha} = 0,194 \cdot 10^6\,\mathrm{A^{-1}}$$

Damit ergibt sich

$$D = \frac{m}{\frac{1}{2}\,v_0^2\,E_{i_\alpha}^2}$$

$$= \frac{2 \cdot 705 \cdot 10^{-12}}{0,628^2 \cdot 0,194^2}\,\frac{\Omega\,s^{-1}}{s^{-2}\,\mathrm{A^{-2}}} = 0,0951 \cdot 10^{-6}\,\mathrm{W\,s}$$

Mit Hilfe der Federkonstanten ergibt sich ferner

$$J_m = \frac{D}{v_0^2}$$

$$= \frac{0,0951}{0,628^2}\,\frac{\mathrm{W\,s}}{s^{-2}} = 0,241 \cdot 10^{-6}\,\mathrm{W\,s^3}$$

Zur Beurteilung dieser Größe beachte man, daß $1\,\mathrm{W} \cdot \mathrm{s^3} = 1\,\mathrm{kg} \cdot \mathrm{m^2}$ die „praktische" physikalische Einheit des Massenträgheitsmomentes ist. Das bewegliche Organ des Galvanometers besitzt daher ein Massenträgheitsmoment von

$$J_m = 2,41\,\mathrm{gcm^2}$$

Es läßt sich auch die für die Verwendung als Flußmesser wichtige Proportionalitätskonstante zwischen Strom und Meßmoment angeben.

Diese „dynamische Konstante" ergibt sich nach Kap. III S. 99 zu

$$w \cdot \Phi_L = C_{dyn} = D \cdot E_{i_\alpha}$$

$$= 0{,}0951 \cdot 10^{-6}\,\mathrm{Ws} \cdot 0{,}194 \cdot 10^6\,\mathrm{A}^{-1} = 0{,}0185\,\mathrm{Vs}$$

Sie ist identisch mit der Flußmesserkonstanten. Die skalenbezogene Flußmesserkonstante des Galvanometers ergibt sich mit Hilfe der Lichtzeigerlänge

$$C_\Phi = \frac{C_{dyn}}{2\,L_z}$$

$$= \frac{0{,}0185}{2 \cdot 1500} = 6{,}18 \cdot 10^{-6}\,\frac{\mathrm{Vs}}{\mathrm{mm}}$$

Schließlich erhält man den Wert des Schließungswiderstandes für den aperiodischen Grenzzustand aus

$$R_{ap} = \tfrac{1}{2}\,v_0^2\,E_{i_\alpha}^2\,D\,\frac{1}{v_0 - \beta_L} - R_{sp}$$

Es ergibt sich hierfür der Wert

$$R_{ap} = \frac{705}{0{,}628 - 0{,}086} - 86 = 1214\,\Omega$$

Für den Kurzschluß des Galvanometers ($R_2 = 0$, Flußmesserbetrieb) ergibt sich der Dämpfungsfaktor aus

$$\beta_\varkappa = \tfrac{1}{2}\,v_0^2\,E_{i_\alpha}\,D\,\frac{1}{R_{sp}} + \beta_L$$

zu

$$\beta_\varkappa = \frac{705}{85{,}7} + 0{,}086 = 8{,}31\,\mathrm{s}^{-1}$$

  c) *Auswertung der ballistischen Messung und der Flußmessereichung* (vgl. Tab. 38). Nach Gl. (138) S. 111 ist die ballistische Empfindlichkeit des Galvanometers

$$E_Q = v_0\,E_i \cdot \frac{v_0}{\nu} \cdot e^{-\frac{\pi}{2}\frac{\beta}{\nu}}$$

Mit den oben festgestellten Zahlenwerten ist

$$E_Q = 0{,}628 \cdot 0{,}581 \cdot 10^9 \cdot e^{-\frac{\pi}{2}\frac{0{,}086}{0{,}628}}$$

$$= 0{,}294 \cdot 10^9\,\frac{\mathrm{mm}}{\mathrm{As}}$$

Die unmittelbare ballistische Eichung hatte nach Tab. 38 ergeben:

$$E_Q = \frac{121{,}8 - 4{,}2}{400 \cdot 0100 \cdot 10^{-6}} = 0{,}294 \cdot 10^9\,\frac{\mathrm{mm}}{\mathrm{As}}$$

Diese Werte stimmen überein.

35*

Für die Eichung als Flußmesser (Kriech-Galvanometer) ergibt sich zunächst aus der Theorie des streuungslosen Übertragers (Normal der Gegeninduktion)

$$\Delta \Phi_2 = 2\, M \cdot J_1$$

Hierin ist J_1 der Strom in der Primärwicklung, der von einem positiven auf einen gleich großen negativen Wert kommutiert wird. Nach Tab. 38 ergab sich dafür eine Ausschlagsänderung am Galvanometer von

$$\Delta y = 98,1 - 2,8 = 95,3 \text{ mm}$$

die einer Flußänderung von

$$\Delta \Phi = 2 \cdot 0,01 \cdot 30,0 \cdot 10^{-3} = 0,6 \cdot 10^{-3}\ \text{Vs}$$

entsprach. Hieraus ergibt sich die Flußmesserkonstante des Galvanometers zu

$$C_\Phi = \frac{0,6 \cdot 10^{-3}}{95,3} = 6,30 \cdot 10^{-6}\ \frac{\text{Vs}}{\text{mm}}$$

in befriedigender Übereinstimmung mit dem aus den dynamischen Größen abgeleiteten Wert.

Aufgabe III—02: Ermittlung der magnetischen Kennlinie eines Ringbandkernes mittels eines Flußmessers

Übungsziel. Handhabung eines richtkraftlosen Zeigerflußmessers. Aufnahme der statischen Kennlinie eines hochpermeablen Werkstoffes (Mu-Metall).

Meßschaltung. Zur Messung werden benötigt:

1 Zeigerflußmesser
Strommesser Kl. 0,5 für mehrere Meßbereiche (3 mA bis 750 mA)
Einstellwiderstände
Prüfstromsteller (stufenweise schaltbare Leitwert-Dekaden)
Normal der Gegeninduktion 0,01 H
Schiebewiderstände und Wechselstrom-Milliamperemeter zum Entmagnetisieren
Zusatzgerät zur Rückführung des Zeigers vom Flußmesser

Messungen mit dem Flußmesser erfordern wegen der Richtkraftlosigkeit dieses Instrumentes die Beachtung besonderer Hinweise. Der Flußmesser hat keine feste Nullage; er arbeitet als „Voltsekunden-Zähler", hat aber im Gegensatz zum Motorzähler einen begrenzten Anzeigebereich. Häufiger vorkommende Fehler durch falschen Gebrauch haben meistens folgende Ursachen:

1. Die Klemmen des Gerätes sind nicht niederohmig genug verbunden, das Meßwerk ist daher nicht ausreichend gedämpft. Wie es die Theorie (vgl. S. 111) verlangt, soll der Meßkraft allein von der Dämpfungskraft

das Gleichgewicht gehalten werden. Solange die Bewegung des Systemes anhält, übernimmt beim Flußmesser das Dämpfungsmoment gegenüber dem Meßmoment dieselbe Rolle, wie beim stationär anzeigenden Meßgerät die Meßfeder. Das Dämpfungsmoment muß daher so groß sein, daß ihm gegenüber alle anderen Störmomente (Lagerreibung, Richtmoment der weichen Stromzuführungsbändchen) zu vernachlässigen sind.

Bei manchen Flußmessern läßt sich im stromlosen Zustand ein langsames Bewegen des Zeigers in Richtung auf einen bevorzugten Punkt der Skale beobachten. Daran sind oftmals die restlichen Rückführungsmomente schuld, die man wegen der Stromzuführungsbänder in Kauf nehmen muß, oder das Meßwerk ist nicht genau ausgewuchtet und hat dann einen Lageeinfluß. Dieser Fehler kann manchmal durch geringes Schiefstellen des Meßgerätes beseitigt werden. Auch empfiehlt es sich dann, die Flußänderung einigermaßen rasch herbeizuführen sowie unmittelbar vor und nach der Änderung abzulesen.

2. Steht der Zeiger des Flußmessers in der Nähe einer der beiden Skalenenden, und bewirkt die Flußänderung eine Bewegung auf das Ende der Skale zu, so treten, wenn die Flußänderungen groß genug sind, Prellungen des beweglichen Organes am Anschlag auf. Da dann der Zeiger elastisch reflektiert wird, ist die neue Anzeige um etwa den doppelten Betrag des alten Abstandes vom Skalenende falsch; außerdem zählt er in entgegengesetzter Richtung. Den Fehler erkennt man nicht immer, wenn die Änderung der Zeigerstellung sowieso ruckartig erfolgt, wie es z. B. beim Kommutieren der Fall ist.

3. Bei Untersuchungen von Eisenkernen führen versehentlich vorgenommene falsche Schalthandlungen zu unkontrollierbaren Fehlern im Endergebnis, auch wenn sie alsbald berichtigt werden. Die ursprünglichen Eigenschaften des Eisens lassen sich nämlich nach Beseitigung des Fehlers nicht wieder herstellen, wenn der Prüfling eine zusätzliche Magnetisierung erfahren hat. Meistens ergibt sich dann eine unsymmetrische Magnetisierungskurve.

4. Aus dem gleichen Grund müssen bei allen statischen Messungen an Eisenkernen die Meßpunkte monoton ansteigend oder abfallend eingestellt werden. Schiebewiderstände sind zum Einstellen ungeeignet, weil ihre Schleifkontakte insbesondere bei niedrigen Ohmwerten des Stellwiderstandes zu unsicher sind. Das Zu- und Abschalten fester, parallelgeschalteter Widerstände über prellfreie Kontakte ist besser.

Zur dynamischen Eichung des Flußmessers verwendet man die Schaltung Abb. 424. Man stellt z. B. einen Primärstrom von 0,500 A im Normal der Gegeninduktion ein und kommutiert dann diesen Strom. Es muß dann am Flußmesser eine Ausschlagsänderung beobachtet werden entsprechend

$$\Delta \Phi_2 = 2 \cdot M \cdot J_1$$

Nach der Eichung des Flußmessers empfiehlt es sich, die Meßschaltung nach Abb. 425 aufzubauen und ihre ordnungsgemäße Funktion auszuprobieren, ehe man den Prüfling entmagnetisiert hat. Dabei wird man oftmals eine eigenartige Erscheinung feststellen: Nach einer plötzlichen Änderung der Magnetisierung vollführt die Spule des Flußmessers gedämpfte Schwingungen um ihren neuen Gleichgewichtszustand herum. Die Frequenz der Schwingungen wird höher, wenn sich der Eisenkern sättigt. Die Erscheinung erklärt sich dadurch, daß das trägheitsbehaftete Meßwerk im Luftspaltfeld zusammen mit der sehr hohen Induktivität des Eisenkernes elektromechanische Schwingungen vollführt ähnlich wie

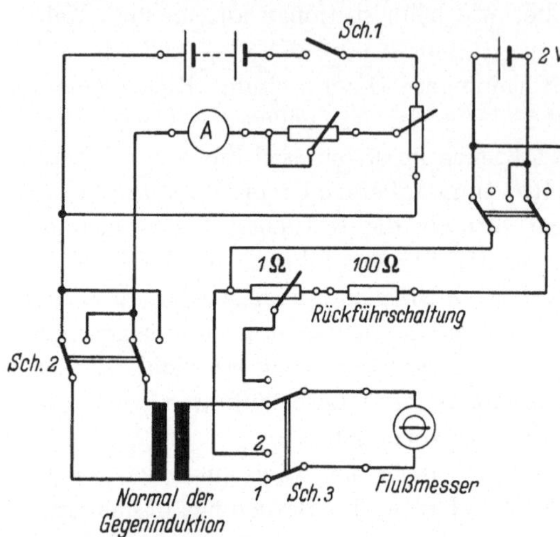

Abb. 424. Eichung des Flußmessers

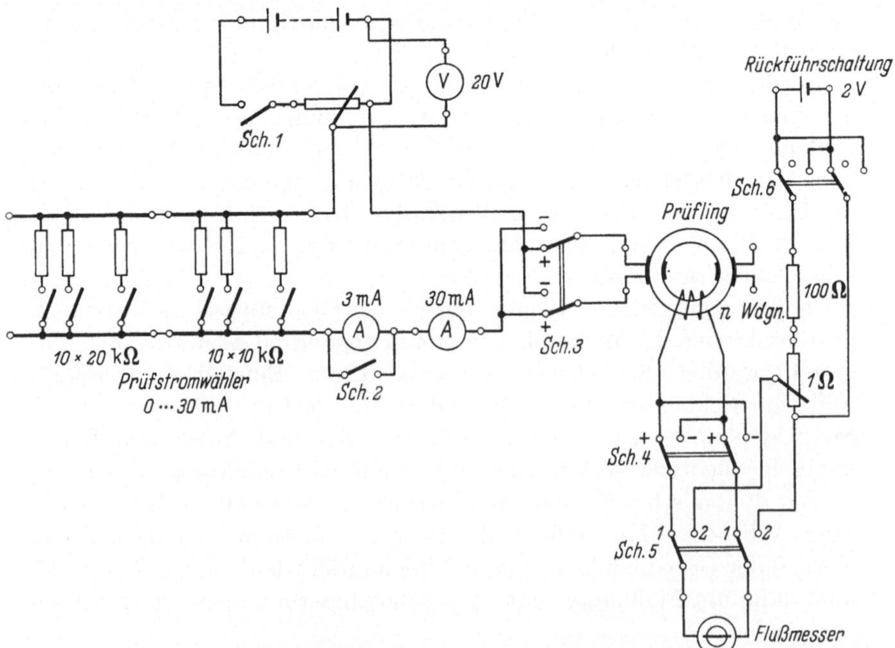

Abb. 425. Meßschaltung zur statischen Ermittlung der Magnetisierungskurve mit dem Flußmesser

eine auf eine Induktivität arbeitende, fremderregte Kollektormaschine[1]. Man muß natürlich das Abklingen dieser Schwingungen abwarten, ehe man die Ausschlagsänderung feststellt.

Vor der eigentlichen Messung muß man den Prüfling sorgfältig mit Wechselstrom entmagnetisieren. Ringbandkerne aus Mu-Metall werden bereits bei sehr kleinen Durchflutungen stark magnetisiert, so daß man den Entmagnetisierungsstrom stetig bis auf sehr kleine Werte herabregeln muß. Zur Entmagnetisierung verwendet man eine Schaltung nach Abb. 426. Es wird erst der Widerstand R_1, dann der Widerstand R_4 vergrößert, schließlich der Spannungsteiler R_2 auf Null gestellt. Bei schlecht durchgeführter Entmagnetisierung mißt man unsymmetrische Hysteresisschleifen.

Der entmagnetisierte Prüfling wird nun in der Meßschaltung Abb. 425 mit Gleichstrom in Stufen magnetisiert. Es sind grundsätzlich zwei Meßverfahren möglich:

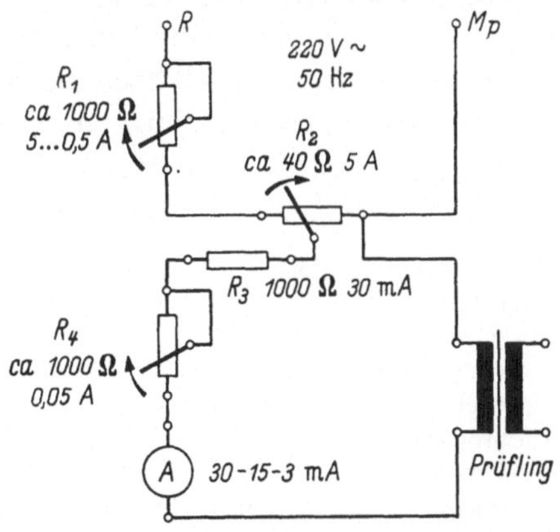

Abb. 426. Entmagnetisierung des Prüflings

1. Aufnahme der Kennlinie mit stufenweise geänderter Magnetisierung in steigender und fallender Richtung. Dieses Verfahren liefert die vollständige Hysteresisschleife, ist aber dafür recht zeitraubend. Man stellt eine Spannung von etwa 10 V ein und magnetisiert durch Zuschalten des ersten 20 kOhm-Widerstandes. Danach holt man den Zeiger des Flußmessers mit Hilfe der Rückführungschaltung wieder an den Anfang der Skale und erhöht die Magnetisierung durch Zuschalten erst der 20 kOhm-Widerstände, dann der 10 kOhm-Widerstände. Wenn nötig, wiederholt man die Rückführungen. Die gemessenen Ausschlagsdifferenzen werden zu den vorhergegangenen addiert.

Man erhält in dieser Weise:

a) 1. Aufwärtsmessung (Neukurve, Meßreihe 1)

b) Erste Abwärtsmessung (Meßreihe 2). Der letzte Meßpunkt, der Remanenzwert, wird durch Abschalten von *Sch 1* erreicht. Danach wird *Sch 3* kommutiert zum Anschluß

c) der zweiten Aufwärtsmessung (Meßreihe 3) mit vertauschter Stromrichtung. Man magnetisiert wieder so hoch wie möglich und schließt dann

---

[1] Aus dem Betriebsverhalten fremderregter Gleichstrommotoren ist bekannt, daß man solche Maschinen in Schwingkreisen zusammen mit Induktivitäten geradezu als „Kondensatoren" sehr hoher Kapazität verwenden kann (vgl. R. RÜDENBERG: Elektrische Schaltvorgänge, 4. Aufl. Springer, Berlin/Göttingen/Heidelberg: 1953).

d) die zweite Abwärtsmessung (Meßreihe 4) an. Wieder ergibt sich zuletzt der Remanenzwert durch Abschalten von *Sch 1*, danach wird wieder *Sch 3* kommutiert

e) zur dritten Aufwärtsmessung (Meßreihe 5). Der Endpunkt ergibt wieder den Endpunkt der 1. Meßreihe.

2. Aufnahme der Kommutierungskurve. Dieses Verfahren ist einfacher als das unter *1.* geschilderte. Es liefert aber nur die „Kommutierungskurve", d. h. die Verbindungslinie der Spitzen aller Hysteresisschleifen.

Da sich gegenüber dem Verfahren *1.* die doppelten Flußänderungen ergeben, empfiehlt sich, die Prüfschaltung mit kleinerer Spannung zu betreiben. Dann wird mit dem Schalter *Sch 3* der Prüfstrom von der „—"-Stellung in die „+"-Stellung und zurück kommutiert. Die Prüfstromstärken werden stufenweise bis zu einem Höchstwert verändert.

Meßergebnis.

Eichung des Flußmessers

Normal der Gegeninduktion	$M = 0\ 01\ \mathrm{H}$
eingestellter Strom	$J_1 = 0{,}500\ \mathrm{A}$
Ausschlag am Flußmesser	
vor der Stromänderung	$\alpha_0 = 12{,}8\ \mathrm{Skt}$
nach der Stromänderung	$\alpha_1 = 79{,}7\ \mathrm{Skt}$
Flußänderung Sollwert	$\Delta\Phi = 0{,}01\ \mathrm{Vs}$
	$= 10^6\ \mathrm{Maxwell}$
Flußmesserkonstante 1 Skt	$= 15000\ \mathrm{Maxwell}$
Flußänderung Istwert	$15000 \cdot (79{,}7 - 12{,}8) = 1{,}004 \cdot 10^6\ \mathrm{Maxwell}$

Das Meßgerät zeigt innerhalb seiner Garantie richtig.

Entmagnetisieren

Effektivwert des Wechselstromes 50 Hz zu Beginn	$31{,}6\ \mathrm{mA}$
Effektivwert des Wechselstromes 50 Hz am Ende	$< 0{,}1\ \mathrm{mA}$

Der Bandringkern besaß folgende Konstruktionsdaten:

Bandringkern aus Mu-Metall

Abmessung innen/außen $\times$ Kernbreite	$50/100\ \mathrm{mm} \times 20\ \mathrm{mm}$
Blech	$0{,}1\ \mathrm{mm}$ Mu-Metall
Effektive Eisenlänge	$23{,}6\ \mathrm{cm}$
Effektiver Eisenquerschnitt	$4{,}15\ \mathrm{cm}^2$
2 Prüfwicklungen bifilar, je	$190\ \mathrm{Wdgn}$

Zur Magnetisierung wurde die eine Wicklung benutzt, der Flußmesser wurde an die zweite Wicklung angeschlossen.

Die Ergebnisse der Messungen zur Aufnahme der Hysterese sind in Tab. 41 enthalten.

Auswertung. Mit den Konstruktionsdaten des Kernes ergibt sich:

1. magnetisierende Feldstärke:

$$H = \frac{w \cdot J}{l_{\mathrm{Fe}}} = \frac{190}{23{,}6} \cdot J = 8{,}05\, J\, \frac{\mathrm{A}}{\mathrm{cm}}$$

Tabelle 41

Statische Bestimmung der Hysteresiskurve an einem Mu-Metall-Bandringkern (Auszug)

Meßreihe 1					Meßreihe 2					Meßreihe 3				
J mA	ΔJ mA	α Skt	$\Delta\alpha$ Skt	$\Sigma\Delta x$ Skt	J mA	ΔJ mA	α Skt	$\Delta\alpha$ Skt	$\Sigma\Delta\alpha$ Skt	J mA	ΔJ mA	α Skt	$\Delta\alpha$ Skt	$\Sigma\Delta\alpha$ Skt
Neukurve					fallend					steigend				
0,0				0,0	8,0				316,5	0,0				203,3
	0,5	5,7	8,0			−0,5	101,4	−4,8			−0,5	61,0	−17,3	
		13,7					96,6					43,7		
0,5				8,0	7,5				311,7	−0,5				186,0
	0,5	11,4	15,2			−0,5	96,0	−4,8			−0,5	42,1	−24,5	
		26,6					91,2					17,6		
1,0				23,2	7,0				306,9	−1,0				161,5
	0,5	21,0	20,5			−0,5	90,2	−4,8			−0,5	109,8	−44,7	
		41,5					85,4					65,1		
1,5				43,7	6,5				302,1	−1,5				116,8
	0,5	40,8	38,3			−0,5	84,3	−4,8			−0,5	129,5	−123,8	
		79,1					79,5					5,7		
2,0				82,0	6,0				297,3	−2,0				−7,0
	0,5	14,6	63,2			−0,5	78,1	−5,1			−0,5	123,6	−107,8	
		77,8					73,0					15,8		
2,5				145,2	5,5				292,2	−2,5				−114,8
	0,5	11,4	46,1			−0,5	70,4	−5,1			−0,5	125,4	−62,6	
		57,5					65,3					62,8		
3,0				191,3	5,0				287,1	−3,0				−177,4
	0,5	10,6	31,5			−0,5	64,3	−5,3			−0,5	126,1	−39,4	
		42,1					59,0					86,7		
3,5				222,8	4,5				281,8	−3,5				−216,8
	0,5	40,3	21,3			−0,5	57,6	−5,6			−0,5	85,2	−24,8	
		61,6					52,0					60,4		
4,0				244,1	4,0				276,2	−4,0				−241,6
	0,5	59,8	17,0			−0,5	50,7	−6,1			−0,5	59,3	−18,6	
		76,8					44,6					40,7		
4,5				261,1	3,5				270,1	−4,5				−260,2
	0,5	74,0	13,6			−0,5	43,1	−6,7			−0,5	39,2	−13,3	
		87,6					36,4					25,9		
5,0				274,7	3,0				263,4	−5,0				−273,5
	0,5	85,0	10,6			−0,5	35,2	−7,2			−0,5	24,9	−10,9	
		95,6					28,0					14,0		
5,5				285,3	2,5				256,2	−5,5				−284,4
	0,5	12,1	8,5			−0,5	27,0	−8,0			−0,5	102,5	−8,5	
		20,6					19,0					94,0		
6,0				293,8	2,0				248,2	−6,0				−292,9
	0,5	20,0	6,7			−0,5	19,0	−9,0			−0,5	92,1	−7,2	
		26,7					10,0					84,9		
6,5				300,5	1,5				239,2	−6,5				−300,1
	0,5	24,3	5,9			−0,5	102,8	−10,1			−0,5	80,5	−6,1	
		30,2					92,7					74,4		
7,0				306,4	1,0				229,1	−7,0				−306,2
	0,5	30,1	5,3			−0,5	91,5	−11,7			−0,5	73,2	−5,3	
		35,4					79,8					67,9		
7,5				311,7	0,5				217,4	−7,5				−311,5
	0,5	32,4	4,8			−0,5	76,5	−14,4			−0,5	66,5	−4,8	
		37,2					62,4					61,7		
8,0				316,5	0,0				203,3	−8,0				−316,3

2. Fluß im Eisenkern:

$$\Phi = \frac{1}{w}\cdot C_\Phi \cdot \alpha = \frac{15000\cdot 10^{-8}\,\alpha}{190} = 0,789\cdot 10^{-6}\,\alpha\ \mathrm{Vs}$$

3. Induktion im Eisen:

$$B = \frac{\Phi}{F_{Fe}} = \frac{0,789\cdot 10^{-6}}{4,15}\,\alpha = 0,190\cdot 10^{-6}\,\alpha\ \frac{\mathrm{Vs}}{\mathrm{cm}^2}$$

4. Permeabilität:

Die Permeabilität kann auf zwei verschiedene Weisen definiert werden. Entweder bildet man sie auf Grund des Verhältnisses $dB : dH$

(Differential der Induktion) oder mit Hilfe der im Eisen herrschenden Induktion bzw. Feldstärke.

a) Differentielle Permeabilität[1]:

$$\mu_d = \frac{1}{\mu_0} \cdot \frac{dB}{dH} = \frac{C_\Phi \, l_{\mathrm{Fe}}}{\mu_0 \, w^2 \, J_{\mathrm{Fe}}} \cdot \frac{\Delta\alpha}{\Delta J} = 1879 \cdot \frac{\Delta\alpha}{\Delta J}$$

b) Permeabilität:

$$\mu = 1879 \cdot \frac{\alpha(J)}{J}$$

In den Abb. 427 bis 429 sind die Meßergebnisse auf Grund dieser Beziehungen umgerechnet und in kartesischen Koordinaten aufgetragen

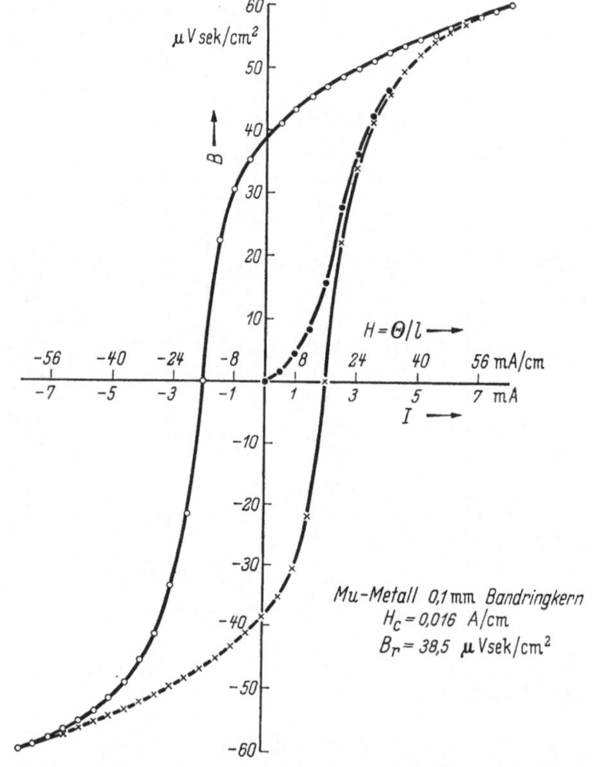

Abb. 427. Hysteresekurve und Neukurve eines Mu-Metall-Bandringkernes

worden. Die Permeabilitätskurve stellt man gewöhnlich in logarithmisch geteiltem Koordinatennetz dar.

Es fallen besonders die hohen Spitzenwerte der differentiellen Permeabilität auf[1]. Aus der Magnetisierungskurve sind deutlich die

---

[1] Über die Mehrdeutigkeit der differentiellen Permeabilität vgl. die Fußnote auf S. 269.

kennzeichnenden Eigenschaften des Mu-Metalls zu entnehmen: Sehr kleine Koerzitivkraft (die Wicklungen besitzen einen Nennstrom von 5 A, dem entspricht eine Nenndurchflutung von $5 \cdot 190 = 950$ A, die Koerzitivkraft ist etwa 0,04% hiervon!), sehr steile Änderung der Induktion $\left(\dfrac{dB}{dH} \cdot \dfrac{1}{\mu_0} = \text{etwa } 550\,000!\right)$, Sättigung bei etwa $60 \dfrac{\mu\,\mathrm{Vs}}{\mathrm{cm}^2}$ (entsprechend 6000 Gauß).

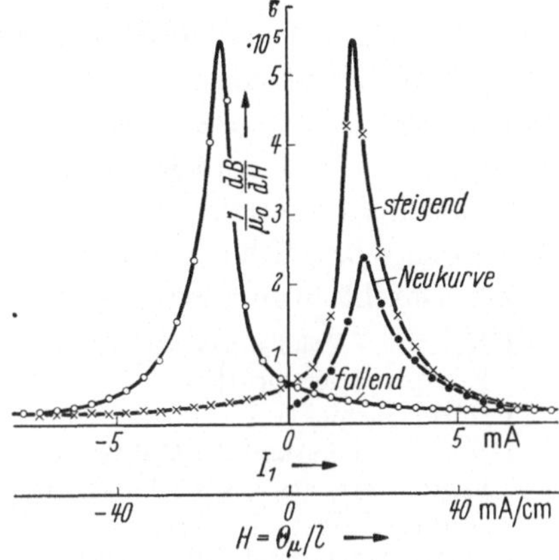

Abb. 428. Auswertung der Meßergebnisse von Abb. 428

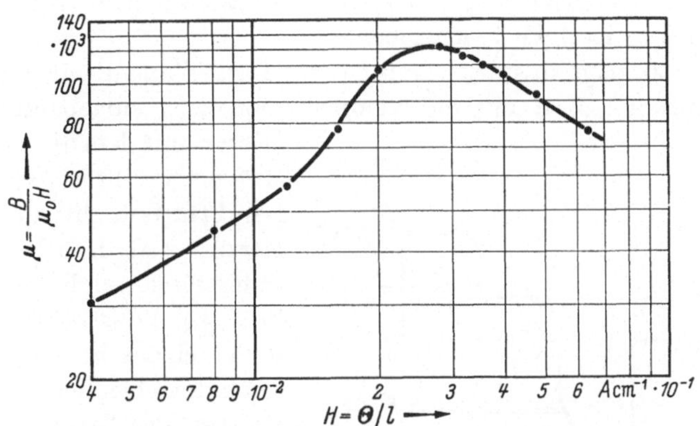

Abb. 429. Permeabilität eines Mu-Metall-Bandringkernes

Aufgabe IV—01: Richtigkeitsprüfung eines Weicheisen-Präzisionsstrommessers am Kaskadenkompensator

Übungsziel: Handhabung eines Kompensationsprüftisches für Gleichstrom unter Beschränkung auf den Stromprüfkreis. Verhalten eines Weicheisen-Meßwerkes bei Gleichstrom. Gebrauch der Normalien für Spannung und Widerstand.

Meßschaltung. Kompensationsschaltungen gestatten bei Verwendung hochwertiger Normalien und eines hinreichend empfindlichen Vergleichsgerätes, Meßwerte sehr genau zu bestimmen. Unter Einsatz normaler, handelsüblicher Prüfmittel kann man unter Wahrung entsprechender Vorsichtsmaßnahmen die Meßfehler auf etwa 10^{-5} herabdrücken. Derartig hochwertige Messungen verlangen allerdings einen sorgfältig durchdachten Versuchsaufbau; es empfiehlt sich daher, zur

Durchführung solcher Aufgaben fertig installierte Prüftische zu verwenden, bei denen von seiten des Herstellers alle Maßnahmen gegen unerwünschte Effekte wie z. B. Kriechströme getroffen sind. Derartige Meßtische versieht man mit einem gewissen „Meßkomfort", so daß sie sich vorteilhaft auch für die Anwendungen gebrauchen lassen, bei denen es nicht so sehr auf höchste Meßgenauigkeit ankommt.

Zur Durchführung der Aufgabe werden benötigt:

1 Kaskaden-Präzisionskompensator mit Hilfsstromkreis, eingebaut in einen Kompensationsprüftisch
1 Normalelement
1 Normalwiderstand 0,1 Ohm$_{abs}$ 10 A
1 Prüfbatterie etwa 8 bis 12 V, Kapazität etwa 500 Ah bei einstündiger Entladung
1 Spiegelgalvanometer (eingebaut in Prüftisch)
Hochstrom-Stellwiderstände zur groben Anpassung der Stromstärke.

Aufbau und Schaltungen der Kompensationsmeßeinrichtungen sind ausführlich in Kap. IV beschrieben.

Abb. 430 zeigt in stark vereinfachter Darstellung die anzuwendende Prüfschaltung. A ist ein im Kompensationstisch eingebauter Strommesser, mit dem die Prüfströme grob eingestellt werden können. Der Prüftisch enthält auch die hierzu erforderlichen Stellwiderstände; u. U. ist in den Prüfstromkreis noch ein Grobsteller einzuschleifen, um sich den unterschiedlichen Spannungen der Prüfbatterie anpassen zu können.

Der Prüfling wird mit dem Normalwiderstand in Reihe zwischen die Drehpunkte eines Kommutierungsschalters gelegt, mit dem die Stromrichtung im Prüfling umgekehrt werden kann. Ein zweiter Kommutierungsschalter sorgt dafür, daß der Kompensator immer die richtige Polarität erhält. Es wäre zwar einfacher, den Normalwiderstand *nicht* mitzukommutieren; es würden sich dann aber etwaige Thermospannungen an den Klemmen des Normalwiderstandes bei der Kompensationsmessung als systematischer Fehler äußern, den zu berücksichtigen man dann nicht in der Lage ist.

Der im Prüftisch eingebaute Hilfsstromkreis wird von einer Bleiakkumulatorenbatterie gespeist; diese sollte nicht im frisch geladenen

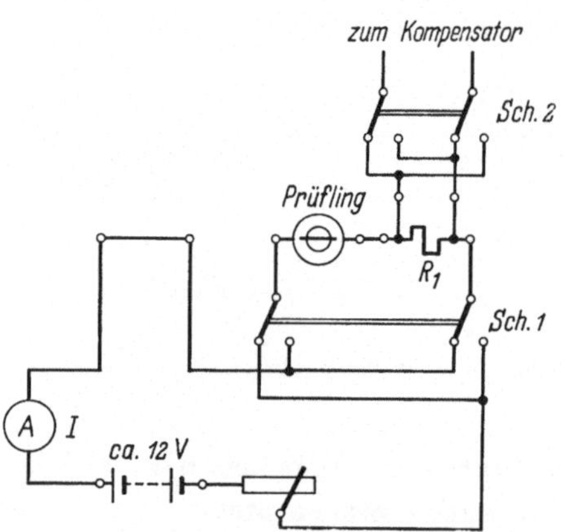

Abb. 430. Vereinfachte Prüfschaltung zur Ermittlung der Fehler eines Weicheisen-Präzisionsstrommessers mit dem Kaskadenkompensator für Gleichstrom

Zustand verwendet werden, weil sonst der Hilfsstrom nicht „steht". Aus dem gleichen Grund muß man den Hilfsstromkreis mindestens $^1/_2$ Stunde vor Beginn der Messung einschalten. Es empfiehlt sich, bei regelmäßigem Gebrauch des Prüftisches den Hilfsstromkreis überhaupt nicht abzuschalten; die Stromentnahme von 0,1 mA ist für die Hilfsstrombatterie sowieso sehr gering.

Ferner empfiehlt sich ebenfalls die Vorwärmung der Prüfkreise mindestens $^1/_2$ Stunde vor Beginn der Messung. Will man den Prüfling vom kalten Zustand ausgehend untersuchen, so schließt man ihn an die Prüfklemmen an, seinen Strompfad aber kurz.

Grundsätzlich soll man vor und nach jeder Ablesung des Kaskadenkompensators den Hilfsstrom kontrollieren. Eine Messung gilt erst dann als einwandfrei, wenn sie zwischen zwei gleichen Einstellungen des Hilfsstromes liegt.

Man lasse auf dem Meßtisch keine überflüssigen Gegenstände, insbesondere nicht solche aus Eisen, liegen. Auch soll der Prüftisch so aufgestellt werden, daß er von örtlichen magnetischen Feldern — z. B. von starken, in der Nähe vorbeifließenden Gleichströmen — nicht betroffen wird. Es ist sonst mit einer Beeinflussung der Prüflinge zu rechnen. Wechselstromfelder stören dagegen bei der Gleichstrommessung im allgemeinen nicht.

Bei Raumtemperaturen über 25 °C sollte man keine Kompensationsmessungen mehr machen, weil die von der PTB angegebene Temperaturkorrektion für die Normalelemente nur bis 25 °C reicht. Entsprechend der im N. E. gemessenen Temperatur und dem für 20 °C angegebenen Istwert der EMK ist der Hilfsstromkompensator vor Beginn der Messung einzustellen. Man vergesse nicht, von Zeit zu Zeit die Temperatur zu kontrollieren und gegebenenfalls die Hilfsstromkompensator-Einstellung zu berichtigen. Beim Normalwiderstand achte man darauf, daß er für dieselben Maßeinheiten wie der Kompensator benannt ist. Verwendet man in Ohm$_{int}$ benannte N. W. an einem für Volt$_{abs}$ geeichten Kompensator, so entstehen systematische Fehler von 0,05%.

Für die Handhabung der Normalelemente gelten die in Kap. IV, S. 125 erwähnten Vorsichtsmaßnahmen. Auch kurzzeitige Belastungen in der Größenordnung von 10^{-5} bis 10^{-6} A schädigen das Element. Da das N. E. stets mit dem Galvanometer in Reihe liegt, hat man im sachgemäßen Betrieb des Nullzweiges eine ausreichende Sicherung gegen Überlastungen des N. E.

Bei der Prüfung eines Präzisionsstrommessers kann man sich auf den Stromprüfkreis des Kompensationstisches beschränken. Dagegen muß man für die Vorbereitung am Prüfling selbst besondere Vorkehrungen treffen, weil man im Gegensatz zu eisenlosen elektrodynamischen Meßwerken beim Weicheisenmeßwerk mit einem Unterschied zwischen dem Gebrauch bei Wechselstrom und Gleichstrom rechnen muß. Man kann entweder bei positiver und negativer Stromrichtung mit steigender und fallender Stromstärke arbeiten und erhält dann ähnlich wie bei der Aufgabe III—02 eine Vorstellung von dem Hysteresefehler des Meßwerkes. Oder man prüft mit steigenden Strömen, wobei man jeden Prüfpunkt sofort kommutiert. Man erhält dann zwar eine Nachbildung des Verhaltens bei Wechselstrom, also eine brauchbare Eichkurve, aber keinen Aufschluß über den Hystereseeinfluß. Einen etwaigen Wirbelstromfehler erfaßt man durch die Eichung mit Gleichstrom sowieso nicht.

Bei der Durchführung der Messung geht man wie folgt vor:

1. Prüfling mit Wechselstrom entmagnetisieren. Stromstärke beginnend mit $1,2 \cdot J_n$ stufenlos bis Null herunterstellen.
2. Nullstellung nachjustieren, Prüfling anschließen.
3. Hauptpunkte am Prüfling bei der Aufwärtsmessung von unten, bei der Abwärtsmessung von oben her einstellen; die Ströme dürfen stets nur in einer Richtung verändert werden. Man stellt zunächst noch nicht den genauen Wert ein. Dann wird der Hilfsstrom kontrolliert und nötigenfalls nachgestellt. Erst jetzt wird der genaue Wert am Prüfling mit Hilfe einer Lupe eingestellt.
4. Folgende Meßreihen werden durchgeführt:
   a) 1. Aufwärtsmessung am kalten Prüfling (Neukurve, Meßreihe 1).
   b) Nennlaststrom nach Beendigung der Meßreihe 30 min stehen lassen (Vorwärmung des Prüflings).
   c) 1. Abwärtsmessung am vorgewärmten Prüfling (Meßreihe 2).
   d) Bis Null heruntergehen, Prüfling abschalten, Nullpunkt kontrollieren, Prüfstromkreis kommutieren.
   e) 2. Aufwärtsmessung bei umgekehrter Stromrichtung (3. Meßreihe).
   f) Nach Erreichen des Nennlastpunktes 30 min vorwärmen; anschließend 2. Abwärtsmessung durchführen (4. Meßreihe).
   g) Nullpunktkontrolle und Kommutieren wie unter d).
   h) 3. Aufwärtsmessung mit der ursprünglichen Stromrichtung (5. Meßreihe).
   i) Prüfling abschalten und Nullpunkt kontrollieren.

Bei der Messung darf man sich mit der sicheren Einstellung der ersten vier Kurbeln des Kaskadenkompensators begnügen, da der Prüfling um mehr als eine Größenordnung weniger genau ist als der Kompensator. Die letzte Kurbel beeinflußt das Meßergebnis nur im Sinne der Aufrundung der letzten Stelle.

Meßergebnis. Die Tab. 42 enthält das Meßprotokoll. Die Stellung der 5. Kurbel des Kaskadenkompensators braucht nur zur Abrundung der

Tabelle 42

Prüfung eines Präzisions-Weicheisen-Strommessers am Kaskadenkompensator

Komp.-Prüftisch mit N. E. $E_{20} = 1,0186_0$ V_{abs}, N.W. $R_{ist} = 0,10000$ Ohm_{abs}, 10 A, Raum-Temp. *21,4* °C, Temp. N. E. *20.8* °C, Einstellwert des Hilfsstromkomp. 1,01865 V_{abs}, Weicheisen-Strommesser $J_n = 6$ A Kl. 0,2, Fabr. AEG

Einstellung	Meßreihe 1 Ablesungen y_1 (steigend) V_{abs}	Meßreihe 2 Ablesungen y_2 (fallend) V_{abs}	Meßreihe 3 Ablesungen y_3 (steigend) V_{abs}	Meßreihe 4 Ablesungen y_4 (fallend) V_{abs}	Meßreihe 5 Ablesungen y_5 (steigend) V_{abs}
A	Beginn	Ende	Beginn	Ende	Beginn
0,50	0,4967	0,4934	0,4932	0,4912	0,4956
1,00	0,9975	0,9946	0,9966	0,9924	0,9953
1,50	1,5021	1,4997	1,4997	1,4980	1,5005
2,00	1,9973	1,9940	1,9957	1,9933	1,9970
2,50	2,4964	2,4938	2,4935	2,4910	2,4955
3,00	2,9981	2,9970	2,9950	2,9934	2,9968
3,50	3,5003	3,4976	3,4966	3,4955	3,4993
4,00	4,0013	3,9983	3,9985	3,9968	4,0006
4,50	4,5002	4,4967	4,4955	4,4929	4,4983
5,00	4,9981	4,9974	4,9935	4,9916	4,9980
5,50	5,5045	5,5044	5,4995	5,4992	5,5025
6,00	6,0074	6,0068	6,0024	6,0030	6,0051
	Ende	Beginn	Ende	Beginn	Ende

Kompensator-Konstante $C_k = 1$ Nullpunkt-Schlußkontrolle: $\pm 0,0$

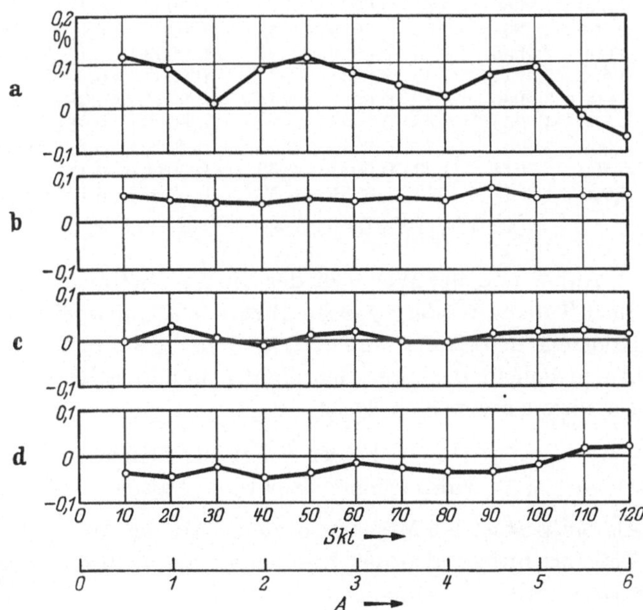

Abb. 431 a—d Meßergebnisse an einem Präzisionsstrommesser Kl. 0,2 für Wechselstrom

a) Anzeigefehler nach Anwärmung; b) Anwärmeffekt; c) Hysterese-Effekt; d) Remanenz-Effekt, vgl. Tab. 43

vorletzten Stelle benutzt werden. Diese Genauigkeit reicht zur Beurteilung eines Prüflings der Klasse 0,2 völlig aus, bei dem mit einer Unsicherheit der Anzeige von $0{,}002 \cdot 6 = 0{,}012$ A gerechnet werden muß. Diese Unsicherheit bedeutet bei dem Nennwert 0,1 Ohm des Normalwiderstandes 0,0012 V, also etwa 1 Einheit der *dritten* Kurbel.

Auswertung. Die Fehler eines anzeigenden Meßinstrumentes werden in Prozenten des Skalenendwertes angegeben.

Als *Sollwert* der Anzeige bei Wechselstrom wird der zu jedem Einstellwert gehörende Mittelwert der Meßreihen 2 bis 5 angesehen. Der Unterschied dieses Mittelwertes zu den Ergebnissen der Meßreihe 1 kann auf Anwärmeffekte zurückgeführt werden, da vor Beginn der Meßreihe 1 das Meßwerk noch kalt war. Die Unterschiede der Meßreihen 2 und 3 bzw. 4 und 5 deuten auf Hystereseeinflüsse, die Unterschiede zwischen Meßreihe 2 und 3 einerseits, 4 und 5 andererseits auf Remanenz im Meßwerk hin. Die diesbezügliche Auswertung der Meßergebnisse enthält Tab. 43. Die Ergebnisse sind in Abb. 431 a—d graphisch dargestellt.

Tabelle 43. *Auswertung der Meßergebnisse am Weicheisen-Präzisionsstrommesser*

Einstellung	Mittelwert $y_2 \cdots y_5$ / y_{soll}		Anwärmung $y_1 - y_{soll}$		Hysterese $\dfrac{y_2 + y_3}{2} - \dfrac{y_4 + y_5}{2}$		Remanenz $\dfrac{y_2 + y_4}{2} - \dfrac{y_3 + y_5}{2}$		Sollwert
A_{abs}	V_{abs}	$^0/_{00}$	V_{abs}	$^0/_{00}$	V_{abs}	$^0/_{00}$	V_{abs}	$^0/_{00}$	A_{abs}
0,500	0,4933	1,12	0,0034	0,57	−0,0001	−0,02	−0,0021	−0,35	0,493
1,000	0,9947	0,83	0,0028	0,47	0,0018	0,30	−0,0025	−0,42	0,995
1,500	1,4995	0,08	0,0026	0,43	0,0005	0,08	−0,0013	−0,22	1,500
2,000	1,9950	0,83	0,0023	0,38	−0,0008	−0,13	−0,0027	−0,45	1,995
2,500	2,4935	1,08	0,0029	0,48	0,0005	0,08	−0,0021	−0,35	2,494
3,000	2,9955	0,75	0,0026	0,43	0,0009	0,15	−0,0007	−0,12	2,996
3,500	3,4972	0,47	0,0031	0,52	−0,0003	−0,05	−0,0015	−0,25	3,497
4,000	3,9986	0,22	0,0027	0,45	−0,0005	−0,08	−0,0019	−0,32	3,999
4,500	4,4959	0,68	0,0043	0,72	0,0005	0,08	−0,0021	−0,35	4,496
5,000	4,9951	0,82	0,0030	0,50	0,0007	0,12	−0,0012	−0,20	4,995
5,500	5,5014	−0,23	0,0031	0,52	0,0011	0,18	0,0008	+0,13	5,501
6,000	6,0043	−0,72	0,0031	0,52	0,0006	0,10	0,0011	0,18	6,004

alle $^0/_{00}$-Werte bezogen auf $y_n = 0{,}6000 \; V_{abs}$

Auf Grund der Werte in der Spalte „Sollwert" von Tab. 43 wurde die in Tab. 44 wiedergegebene „Prüfkarte" entworfen. Sie enthält in der Kopfzeile den Skalenwert („Hauptwert"), auf den sich die Angaben beziehen sollen, darunter den Fehler und die Korrektion. Gemäß den Definitionen von Kap. II ist

$$\text{Fehler} = \text{Falsch} - \text{Richtig}$$
$$\text{Korrektion} = \text{Richtig} - \text{Falsch} = -\text{Fehler}$$

Als *Sollwert* ist bei Messungen dieser Art die Angabe der höherwertigen Meßeinrichtung, also des Kompensators, anzusehen. Die Zeile *Korrektion* interessiert denjenigen, der das Meßgerät zu genauen Messungen unmittelbar verwenden will. Soll das Gerät in einer Prüfschaltung als Zwischennormal verwendet werden, so muß man die Angaben der letzten Zeile *Einstellung auf Sollwert* beachten.

Tabelle 44. *Prüfkarte für den Weicheisen-Präzisionsstrommesser Kl. 0,2 AEG*

Skalenwert	10	20	30	40	50	60	70	80	90	100	101	120
Fehler	0,13	0,10	0,01	0,10	0,13	0,09	0,06	0,03	0,08	0,10	−0,03	−0,09
Korrektion	−0,1	−0,1	0,0	−0,1	−0,1	−0,1	−0,05	0,0	−0,1	−0,1	0,0	0,1
Einstellung auf Sollwert	9,9	19,9	30,0	39,9	49,9	59,9	69,95	80,0	89,9	99,9	110,0	120,1

Alle Werte in Skalenteilen   120 Skt ~ 6 A

Aufgabe IV—02: Präzisionsvergleich der Anzeige eines Leistungsmessers Kl. 0,1 am Gleichlastpunkt mit einer am Gleichstromkompensator gemessenen Leistung

Übungsziel: Handhabung eines Meßtisches mit Kaskadenkompensator unter Berücksichtigung der in der Schaltung wirkenden systematischen Einflüsse.

Meßschaltung. Der bei Aufgabe IV—01 verwendete Kompensationsmeßtisch soll jetzt mit allen vom Hersteller vorgesehenen Hilfseinrichtungen zur alternierenden Messung von Spannungen und Strömen verwendet werden.

Mit ein und demselben Kompensator können Spannungen und Ströme nicht gleichzeitig bestimmt werden. Aus diesem Grund enthält der Prüftisch noch einen sog. *Spannungs-Meßkompensator*, mit dem man ganzzahlige Spannungswerte am Prüfling einstellen kann; dabei bleibt dann der Hauptkompensator für die Strommessung frei. Unter Umständen gibt man aber dem Spannungsmeßkompensator eine geringere Genauigkeit, da er nur bei der Eichung von Leistungsmessern angewendet zu werden braucht, wobei die Meßgenauigkeit des Hauptkompensators sowieso nicht voll ausgenutzt werden kann.

Erstrebt man eine besonders genaue Eichung eines höchstwertigen Leistungsmessers, so empfiehlt es sich, anstelle des Spannungsmeßkompensators den Hauptkompensator selbst zur Spannungsmessung heranzuziehen. Man verfährt dann nach der Schaltung Abb. 432, die die Prüfkreise in vereinfachter Darstellung wiedergibt.

Zur Messung werden benötigt:

1 Kompensations-Meßtisch für Gleichstrom, enthaltend
   1 Kaskadenkompensator mit Hilfsstromkompensator und Hilfsstrom-Stellwiderständen
   1 Normal-Spannungsteiler 1:10, 1:100, 1:1000
   1 Hilfsstrombatterie
   1 Normalelement

1 Spiegelgalvanometer
Stellwiderstände für den Strom- und den Spannungsprüfkreis
1 Spannungsmesser
1 Strommesser
1 Prüfstrombatterie etwa 6···12 V 500 Ah (einstündige Entladung)
1 Prüfbatterie etwa 150 V 15 Ah bzw.
1 Hochkonstant-Netzanschlußgerät
2 Normalwiderstände 0,1 Ohm 10 A
1 Präzisions-Leistungsmesser mit eisenlosem, elektrodynamischen Meßwerk
für 5 A 150 V Kl. 0,1 als Prüfling
1 Ablesemikroskop

Der Prüfling ist ein Leistungsmesser höchster Genauigkeit, der bei Wechselstrommessungen als Normal verwendet werden soll. Dabei wird er im *Gleichlastverfahren* eingesetzt, d. h. die Nennwerte 5 A und 120 V werden über sog. *Promillewandler* den Nennwerten des Prüfkreises angepaßt. Bei den verschiedenen Nennströmen und Nennspannungen des Prüfkreises bekommt dann der Leistungsmesser stets dieselben Ströme und Spannungen von 5 A und 120 V. Sein Ausschlag beträgt dann bei $\cos\varphi = 1$ immer 120 Skt; dieser Punkt (*Gleichlastpunkt*) soll besonders genau „geeicht" werden.

Bei der Eichung des Leistungsmessers am Gleichstromkompensator muß mit systematischen Fehlern gerechnet werden. Man kann diese in zwei Gruppen unterteilen.

1. Fehler, die durch Abweichungen der Widerstandswerte vom Nennwert bzw. vom Sollwert gegeben sind
2. Fehler, die in systematischer Weise durch äußere Einflüsse hervorgerufen werden.

Es sollen beide Fehlermöglichkeiten an Hand eines konkreten Beispieles erläutert werden.

1. Fehler durch Abweichungen der Widerstandswerte vom Sollwert. Solche Abweichungen sind zu suchen bei

a) den Widerständen des Kaskadenkompensators und des Hilfsstromkompensators selbst
b) dem Spannungsteiler zur Anpassung an höhere Spannungen als 1,1 V
c) den Normalwiderständen
d) dem Hilfsstromkompensator infolge seiner zu groben Stufung.

Über die Abweichungen der Widerstände des Kompensators und des Hilfsstromkompensators gibt der Beglaubigungsschein der PTB Auskunft. Die dort angegebenen tatsächlichen Werte der Spannung berücksichtigen die Abweichungen der Widerstände des Hilfsstromkompensators vom Sollwert; das ist ohne weiteres möglich, da der Einstellteil des Hilfsstromkompensators gegen den Grundwiderstand von 10100 Ohm bzw. 1010 Ohm stark zurücktritt. Auch über den Spannungsteiler und die Normalwiderstände liegen von der PTB beglaubigte Werte vor.

Dagegen müssen die Fehler infolge der nicht ausreichenden Stufung des Hilfsstromkompensators von Fall zu Fall besonders berechnet werden.

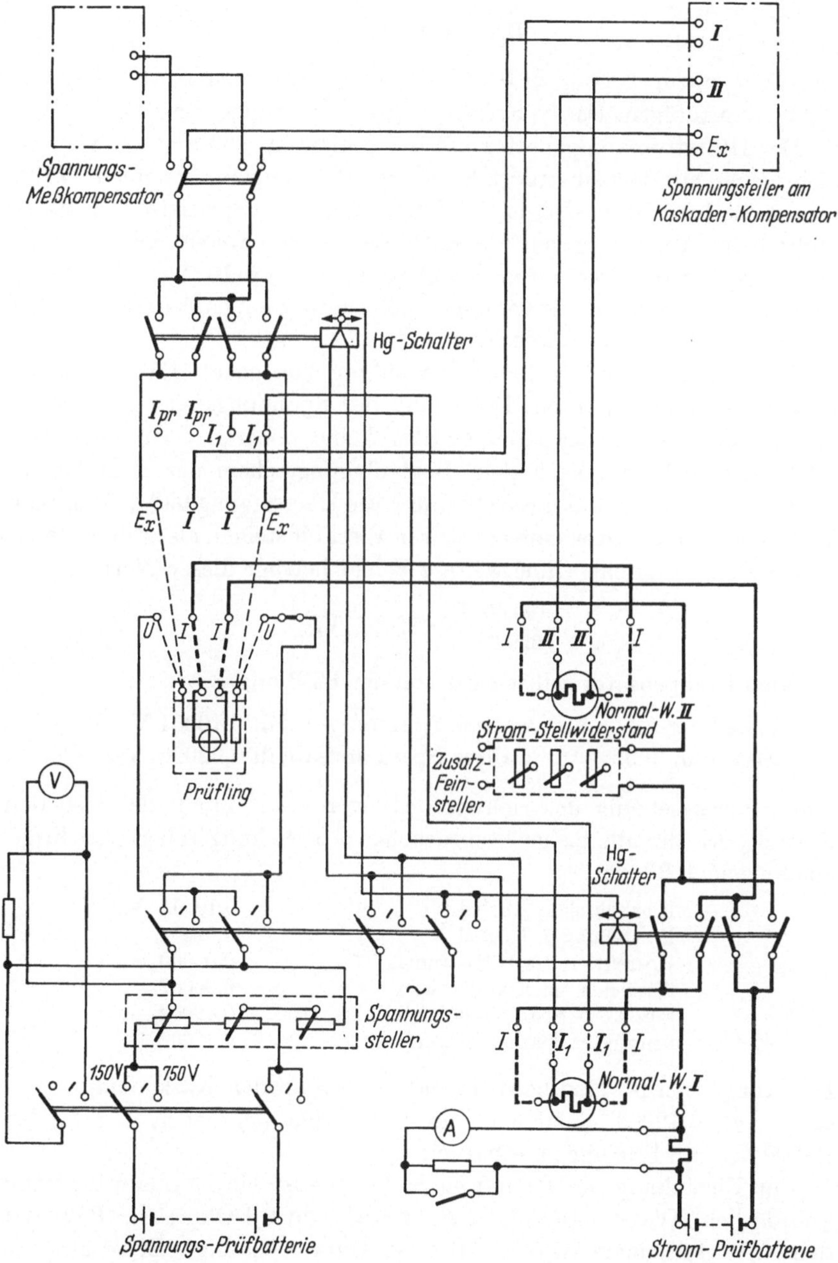

Abb. 432. Prinzipschaltbild eines Prüftisches mit Präzisions-Kaskaden-Kompensatoren (S & H)

36*

Es wurde z. B. eines der N. E. aus dem Prüfamts-Hauptnormal verwendet (vgl. Aufgabe I–01). Es besaß auf Grund der letzten Vergleichsmessung eine EMK bei 20 °C von

$$E_{20} = 1{,}0185_8 \text{ V}_{abs}$$

Die Temperatur betrug 21,0 °C; demnach war eine Korrektion von $-0{,}0_4$ V anzufügen. Das N. E. hatte also eine Spannung von $1{,}0185_4$ V$_{abs}$.

Der Hilfsstromkompensator hat die Stufen 1,01860 und 1,01850, die nicht genau mit dem zu fordernden Wert 1,01854 übereinstimmen. Wählt man z. B. 1,01860, so ist der Widerstand des Kompensators etwas zu groß; beim Abgleich gegen die EMK des N. E. entsteht ein etwas zu kleiner Hilfsstrom. Der Unterschied beträgt hier $-6 \cdot 10^{-5}$ bzw. $-0{,}06^0/_{00}$ Dann werden auch alle Spannungen am Hauptkompensator um $0{,}06^0/_{00}$ kleiner, als die Kurbeln anzeigen.

Die Messung muß mit der Einstellung von genau 120,00 V$_{abs}$ am Prüfling begonnen werden. Dazu muß der Spannungsteiler auf 1:1000 gestellt werden, da der Kompensator keine höheren Spannungen als 1,1 V messen kann. Nach dem Beglaubigungsschein der PTB besitzt der Spannungsteiler auf dieser Stellung die Übersetzung 999,8. Man muß daher am Kompensator einen größeren Wert einstellen, als er dem Nennwert 120 V entspricht. Ohne weitere Fehler betrüge dieser Wert

$$\frac{120{,}00}{999{,}8} = 0{,}12002_4 \text{ V}_{abs}$$

Für den Kompensator selbst wird von der PTB angegeben:

Einstellung 0,1   wahrer Spannungsabfall 0,10001 V$_{abs}$
Einstellung 0,02   wahrer Spannungsabfall $0{,}02000_1$ V$_{abs}$

unter Voraussetzung des richtigen Hilfsstromes. Man findet also den Einstellwert, der alle bisher besprochenen Abweichungen berücksichtigt, aus folgender Bilanz:

Einstellung 1. Kurbel	$0{,}10001$ V$_{abs}$
Einstellung 2. Kurbel	$0{,}02000_1$,,
Korrektion des Hilfsstromes	$0{,}00000_6$,,
Ausgleich am Kompensator	$0{,}00002$,,
tats. korr. Spannungsabfall	$0{,}12002_5$,,
benötigter Spannungsabfall	$0{,}12002_4$,,

Die Korrektion ist also befriedigend. Man muß den Kaskadenkompensator auf 0,12002 einstellen, um unter den gegebenen Umständen 120,00 V$_{abs}$ am Prüfling zu erhalten.

Zur Einstellung des Prüfstrom-Sollwertes ist ein Normalwiderstand erforderlich. Dieser habe einen Nennwert von 0,1 Ohm; die PTB hat den N. W. mit einem Wert von 0,10002 Ohm beglaubigt. Er ist also um $2 \cdot 10^{-5}$ Ohm gegenüber seinem Nennwert zu groß, das sind $0{,}2^0/_{00}$.

Rechnet man mit dem Nennwert, so werden die auf Grund der gemessenen Spannungsabfälle bestimmten Ströme zu groß. Umgekehrt muß man für den *richtigen* Strom einen größeren Spannungsabfall erhalten.

Will man also genau 5 A_{abs} haben, so muß man am Kompensator eine um 0,02% größere Spannung einstellen, also 0,50010 V_{abs}. Wie bei der Einstellung der Spannung benötigt man aber wegen des fehlerhaften Hilfsstromes eine Korrektion. Da der Hilfsstrom um $0,06^0/_{00}$ zu klein ist, muß der eingestellte Wert abermals um 0,006% erhöht werden, d. s. 0,00003 V. Der Wert 0,50013 V_{abs} wäre die *richtige* Einstellung, wenn die Widerstände stimmten. Die PTB gibt an:

Einstellung 0,5 wahrer Spannungsabfall 0,50003 V_{abs}
Einstellung 0,0001 wahrer Spannungsabfall 0,00010 V_{abs}

Es ist danach die Einstellung 0,50010 zu wählen; sie gibt unter den genannten Voraussetzungen den genauen Wert des Prüfstromes von 5,0000 A_{abs}.

Allgemein gilt folgendes: Es sei

1. der Fehler bei der *Benennung* der Kompensatorwiderstände

$$\varkappa = \frac{\text{beglaubigter Wert} - \text{benannter Wert}}{R_{y\,nenn}}$$

2. der Fehler bei der *Benennung* des Widerstandes R_{II}

$$\varrho = \frac{\text{beglaubigter Wert} - \text{benannter Wert}}{R_{II\,nenn}}$$

3. der durch Fehleinstellung im Hilfsstromkompensator hervorgerufene Fehler

$$\varepsilon = \frac{\text{beglaubigter Wert der Einstellung} - 10^4\,E_\vartheta}{10^4\,E_\vartheta}$$

Es ist zu beachten, daß der von der PTB festgestellte Wert zwar gesetzlich als *richtig* gelten muß. Umgekehrt kann man aber auch von ihm als von einem *falschen* Wert reden, wenn man vom Nennwert des Widerstandes, also gewissermaßen vom Standpunkt des *Herstellers* ausgeht.

Es ist nun wie folgt zu korrigieren:

1. $\varkappa > 0$: R_x ist größer als der abgelesene Wert. Der aus den Nennwerten berechnete Prüfstrom ist zu klein. Die zur Ablesung hinzuzufügende Korrektur ist positiv.

2. $\varrho > 0$: R_{II} ist größer als sein Nennwert. Der aus den Nennwerten berechnete Prüfstrom ist zu groß. Die zur Ablesung hinzuzufügende Korrektion ist negativ.

3. $\varepsilon > 0$: R_{HK} ist aus einem der oben genannten Gründe zu groß. Der Hilfsstrom ist zu klein. Die Einstellung von R_x ist zu groß. Die zur Einstellung hinzuzufügende Korrektion ist negativ.

Berücksichtigt k die gesamten Abweichungen, so muß gelten:

$$1 + k = (1 + \varkappa)\,(1 - \varrho)\,(1 - \varepsilon)$$
$$k \approx \varkappa - \varrho - \varepsilon$$

Es ist nun unterschiedlich zu verfahren, je nachdem, ob man einen genauen Nennwert des Prüfstromes einstellen will oder einen Prüfstrom auf Grund der Ablesungen am Kompensator zu berechnen hat. Der erste Fall ist der im obigen Zahlenbeispiel angenommene. Bezeichnet J den Strom im Prüfkreis und J' den Strom, den man am Kompensator unter Berücksichtigung des Nennwertes der Gerätekonstanten feststellt, so ist

$$\text{beim Messen eines Stromes} \qquad J = J' \cdot (1 + k)$$
$$\text{beim Einstellen eines Stromes} \qquad J' = J \cdot (1 - k)$$

Im Zahlenbeispiel war $\varkappa = \dfrac{3}{50\,000}$, $\varrho = \dfrac{2}{10\,000}$ und $\varepsilon = \dfrac{6}{100\,000}$. Hieraus ergibt sich

$$k = \frac{6}{100\,000} - \frac{20}{100\,000} - \frac{6}{100\,000} = -\frac{2}{10\,000}$$

Der Einstellwert beträgt demnach für einen Prüfstrom von $J = 5{,}0000$ A

$$J' = 0{,}50000 \left[1 - \left(-\frac{2}{10\,000}\right)\right] = 0{,}50010$$

in Übereinstimmung mit dem bereits oben festgestellten Einstellwert.

2. Fehler durch äußere systematische Einflüsse. Bei der Eichung sind folgende störende Einflüsse zu beachten:

a) der Einfluß des Erdfeldes auf den Prüfling bei der Gleichstromeichung,

b) Thermospannungen im Kompensationskreis für die Normalwiderstände infolge unterschiedlicher Erwärmung an den Kontaktstellen.

Man pflegt daher sowohl den Prüfling als auch den zur Sollstrom-Messung dienenden Normalwiderstand zu kommutieren. Die beiden Störeinflüsse wirken dann einmal mit, das andere Mal gegen die Meßgröße und können auf diese Weise durch Mittelwertbildung eliminiert werden.

Durch das Kommutieren ergibt sich aber ein weiterer systematischer Einfluß. Infolge der unvermeidlichen Längenunterschiede der Verbindungsleitungen am Kommutator ist der Widerstand im Stromprüfkreis in Vorwärts- und Rückwärtsrichtung des Stromes nicht genau gleich. Zur Abschätzung des Fehlers dient folgende Überlegung: Bei einem Kompensator für 10 A, dessen Stromprüfbatterie 6 V Spannung hat, beträgt der Widerstand des Prüfkreises 0,6 Ohm. Ein Längenunterschied der mit 4 mm² installierten Leitung in der Größenordnung von nur 1 cm am Kommutator ergibt eine Widerstandsänderung von

$$\frac{0{,}01}{56 \cdot 4} = 0{,}000045 \text{ Ohm}$$

d. s. $7,5 \cdot 10^{-5}$ des Gesamtwiderstandes. Hierbei sind Unterschiede der Kontaktübergangswiderstände noch nicht berücksichtigt. In diesem Fall muß bereits mit Unterschieden der Kompensationsmessung in der Größenordnung von 8 Einheiten der letzten Kurbel gerechnet werden.

Man kann die drei genannten Störeinflüsse wie folgt trennen: Der Sollstrom wird an zwei Normalwiderständen gemessen, von denen der eine mit dem Prüfling zusammen kommutiert wird und der genauen Bestimmung des Sollwertes dient; der andere N. W. wird nicht mit kommutiert und dient dazu, nach der Kommutierung denselben Wert des Prüfstromes einzustellen. Dann muß man von dem üblicherweise angewendeten Verfahren abweichen, nach der Kommutierung den *Sollstrom* wieder mit dem *Prüfling* einzustellen. Vielmehr wird der Prüfling bei kommutiertem Meßfeld und bei genau gleichem Prüfstrom wegen des Erdfeldeinflusses eine geringfügige Abweichung von dem vorigen Ausschlag zeigen. Auch der am kommutierten N. W. gemessene Wert braucht mit dem vorigen nicht genau übereinzustimmen; etwaige Abweichungen gehen zu Lasten der Thermospannungen. Das hierzu erforderliche Meßverfahren sieht folgende Einzelmessungen vor:

1. Sollwert der Prüfspannung am Prüfling mit Hilfe des Kompensators genau einstellen;

2. Prüfpunkt am Prüfling mit Hilfe des Stromstellers möglichst genau einstellen (Vorwärtsrichtung);

3. Messung des Stromes am Normalwiderstand II;

4. Messung des Stromes am Normalwiderstand I;

5. Kommutieren und Nachstellen des Prüfstromes mit der von Messung 4 her bekannten Einstellung des Kompensators. Es fließt dann in Rückwärtsrichtung genau derselbe Prüfstrom, da der N. W. I in der Schaltung nicht geändert wurde, und eventuelle Thermospannungen in derselben Weise wirken;

6. Wiederholung der Messung 3 am N. W. II. Der Mittelwert der Ablesungen am Kompensator ergibt den Sollwert des Prüfstromes, der Unterschied der Ablesungen den doppelten Wert der störenden Thermospannung;

7. Prüfpunkt am Prüfling mit dem Stromstell-Widerstand sorgfältig nachstellen. Die hierzu erforderliche Änderung des Sollstromes gegenüber der Messung 6 ergibt den doppelten Wert des Erdfeldeinflusses;

8. Spannung am Prüfling in Rückwärtsrichtung nachmessen. Der Sollwert der Prüfspannung ergibt sich dann als Mittelwert der Messungen 1 und 8. Erhebliche Unterschiede lassen es möglich erscheinen, daß der Isolationszustand bzw. die Abschirmung des Meßkreises nicht in Ordnung ist.

Bei den Messungen darf natürlich die räumliche Lage des Prüflings nicht verändert werden. Auch sollen sich keine Gegenstände, insbesondere solche aus Eisen, in der Nähe des Prüflings befinden. Vor Beginn der Messung müssen Prüfling und Prüfschaltung hinreichend lange vorgewärmt werden. Für die Handhabung des Kompensators gelten die bereits bekannten Regeln (vgl. Aufgabe IV—01). Nach Beendigung der Messung soll der Spannungsteiler auf *1100 V* gestellt werden, damit er u. U. beim nächsten Gebrauch des Kompensators nicht versehentlich gefährdet wird.

Messungen. Abb. 433 zeigt in schematischer Darstellung die beiden angewendeten Meßschaltungen vor und nach der Kommutierung des

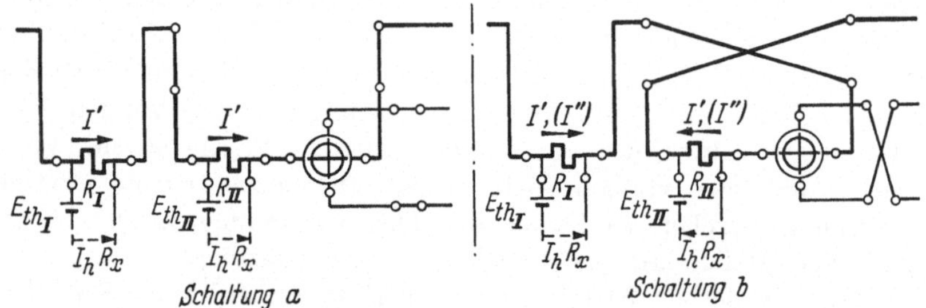

Abb. 433. Prüfung eines Leistungsmessers am Kaskadenkompensator für Gleichstrom

Prüfstromes und der Prüfspannung. In der *Schaltung a* wird zweimal gemessen (an R_I und R_{II}), in der *Schaltung b* wird nach dem oben Gesagten zunächst an R_I der alte Wert wieder hergestellt und dann zweimal an R_{II} gemessen. Die Meßergebnisse von 4 Einzeluntersuchungen enthält die Tab. 45.

Auswertung. Nach Abb. 433 wird gemessen

1. Messung (Schaltung a): $\alpha = 240{,}0_0$ Skt, $\quad J_h \cdot R_{x_1} = J' R_{II} + E_{thII}$
2. Messung (Schaltung a): $\alpha = 240{,}0_0$ Skt, $\quad J_h \cdot R_{x_2} = J' R_I + E_{thI}$
3. Messung (Schaltung b): $\alpha = 240{,}0_0$ Skt, $\quad J_h \cdot R_{x_2} = J' R_I + E_{thI}$
4. Messung (Schaltung b): $\alpha = 240{,}0_0$ Skt, $\quad J_h \cdot R_{x_4} = J' R_{II} - E_{thII}$
5. Messung (Schaltung b): $\alpha = 240{,}0_0$ Skt, $\quad J_h \cdot R_{x_5} = J'' R_{II} - E_{thII}$

Aus Messung 1 und 4 ergibt sich:

$$J' = \frac{J_h}{R_{II}} \frac{R_{x_1} + R_{x_4}}{2}$$

Aus Messung 4 und 5:

$$J'' = \frac{J_h}{R_{II}} (R_{x_5} - R_{x_4}) + J' = \frac{J_h}{J_{II}} \left(R_{x_5} - R_{x_4} + \frac{R_{x_1} + R_{x_4}}{2} \right)$$

$$= \frac{J_h}{R_{II}} \frac{2 R_{x_5} - R_{x_4} + R_{x_1}}{2}$$

Tabelle 45

Präzisionsbestimmung des Fehlers eines Leistungsmessers Klasse 0,1 am Gleichlastpunkt

Prüfling: Leistungsmesser Kl. 0,1 $J_n = 5\,A$ $U_n = 150\,V$ 300 Skt

Normalien: Kompensationsmeßtisch mit Präzisions-Kaskadenkompensator und
Präzisions-Spannungsteiler

Normalelement $E_{20} = 1{,}0186_3\ V_{abs}$
Normalwiderstand $R_{II} = 0{,}10002\,\Omega_{abs}$ 10 A
Normalwiderstand $R_{I_n} = 0{,}1\,\Omega$ 10 A

	Messung	1	2	3	4	
1	Temperatur im N. E.	21,0	21,1	21,1	21,3	°C
2	EMK $E_\vartheta - 1010$	8,59	8,59	8,58	8,58	mV$_{abs}$
3	Hilfsstrom-Komp. (Einstellung)	8,65	8,65	8,65	8,65	mV$_{abs}$
4	Einstellung $U_{soll} - 120{,}00$	0,02	0,02	0,02	0,02	mV$_{abs}$
5	Einstellung Prüfling	240,0	240,0	240,0	240,0	Skt
6	Sollstrom-Einst. (Nennwert): U_{x_n}	500,00	500,00	500,00	500,00	mV$_{abs}$
7	Komp.-Korr. $\varkappa$	+0,06	+0,06	+0,06	+0,06	⁰/₀₀
8	NW-Korr. ϱ	+0,20	+0,20	+0,20	+0,20	⁰/₀₀
9	NE-Korr. ε	+0,06	+0,06	+0,07	+0,07	⁰/₀₀
10	Gesamt-Korr. $k = \varkappa - \varrho - \varepsilon$	−0,20	−0,20	−0,19	−0,19	⁰/₀₀
11	Gesamt-Korr. k (bez. auf 500)	−0,10	−0,10	−0,10	−0,10	mV$_{abs}$
12	Messung 1: $U_{x_1} - U_{x_n} = \Delta U_1$	0,25	0,29	0,23	0,26	mV$_{abs}$
13	Messung 4: $U_{x_4} - U_{x_n} = \Delta U_4$	0,09	0,11	0,08	0,10	mV$_{abs}$
14	Messung 5: $U_{x_5} - U_{x_n} = \Delta U_5$	−0,35	−0,28	−0,37	−0,32	mV$_{abs}$
15	$E_{th\,II} = \frac{1}{2}(\Delta U_1 - \Delta U_4)$	0,08	0,09	0,07	0,08	mV$_{abs}$
16	Erdfeldeinfluß $\frac{1}{2}(\Delta U_4 - \Delta U_5)$	0,22	0,20	0,22	0,21	mV$_{abs}$
	Mittelwert		0,21			mV$_{abs}$
	„ bez. auf 500 mV		0,4₂			⁰/₀₀
17	Korrektion der Kompensatorablesung $\frac{1}{2}(\Delta U_1 + \Delta U_5)$	−0,05	0,00	0,07	−0,03	mV$_{abs}$
		$+ k =$	−0,10	−0,10	−0,10	−0,10	mV$_{abs}$
		$U_{x\,soll} - 500{,}00$	−0,15	−0,10	−0,17	−0,13	mV$_{abs}$
	Mittelwert		−0,14			mV$_{abs}$
	Mittelwert bez. auf 500 mV		−0,2₈			⁰/₀₀
18	Skalenfehler		+0,3			⁰/₀₀
	„ bez. auf 240 Skt		+0,07			Skt
	Einstellwert für Gleichlastpunkt		239,9₃			Skt

Der Anzeige $240{,}0_0$ Skt entspricht der Prüfstrom

$$J_{Pr} = \frac{J' + J''}{2} = \frac{1}{2}\,\frac{J_h}{R_{II}}\cdot\frac{R_{x_1} + R_{x_4} + 2\,R_{x_5} - R_{x_4} + R_{x_1}}{2}$$

$$J_{Pr} = \frac{J_h}{R_{II}}\,\frac{R_{x_1} + R_{x_5}}{2}$$

Für die Fehlerbestimmung selbst genügt also das allgemein in der Praxis angewendete Verfahren, sich auf die Messungen 1 und 5 zu beschränken. Danach braucht nur am Widerstand R_{II} in beiden Stromrichtungen gemessen zu werden, wobei in beiden Fällen der Prüfling sorgfältig auf den Eichpunkt eingestellt werden muß. Die Einstellungen am Kompensator werden gemittelt; der Mittelwert stellt den Istwert des Prüfstromes dar.

Unzulässig ist lediglich, den Unterschied $R_{x_5} - R_{x_1}$ als Einfluß des Erdfeldes auf den Prüfling zu deuten. Dieser ergibt sich vielmehr aus dem Unterschied der Messungen 4 und 5.

Aufgabe V—01: Bestimmung der Empfindlichkeit einer Brückenschaltung nach Wheatstone mit Bezugsspannungsteiler konstanten Widerstandes

Übungsziel: Beurteilung der Schaltungsempfindlichkeit in Zusammenhang mit der Genauigkeit bei Brückenmessungen. Optimale Anpassung zwischen Brücke und Galvanometer.

Meßschaltung. Es werden benötigt:

1 Präzisions-Stöpselmeßbrücke mit 5 Dekaden
2 empfindliche Lichtmarkengalvanometer verschiedenen Innenwiderstandes
1 Satz feinstufig einstellbare Dekadenwiderstände (von $10\cdot10^{-2}$ bis $10\cdot10^{6}$ Ohm)
1 Spannungsquelle (4 V) mit feinstufig einstellbarem Spannungsteiler
1 Spannungsmesser 6 V

Die Meßschaltung zeigt Abb. 434. In Abb. 435 sind die Dekadenwiderstände dargestellt, die in Kaskade geschaltet werden können und der feinstufigen Einstellung beliebiger Meßwiderstände von 1 Ohm bis 10^{7} Ohm dienen.

Die zu untersuchende Brücke zählt zu den in der Praxis weit verbreiteten Meßschaltungen, die zum unmittelbaren Anschluß an eine Spannungsquelle von einigen Volt und niedrigem Innenwiderstand konstruiert sind.

Beim Gebrauch der Stöpselbrücke ist zu beachten, daß kleinere Widerstände als $1000{,}0$ Ohm nicht eingestellt werden sollen; man würde durch Fortlassen der obersten Dekade erheblich an Genauigkeit einbüßen. Die Anpassung der Widerstandsschaltung an Prüflinge außerhalb des Bereiches von 10^{3} bis 10^{4} Ohm muß mit dem Spannungteiler erfolgen. Dieser ist mit Hilfe eines weiteren Stöpsels in dekadischen Stufen von 10^{-3} bis 10^3 verstellbar, wobei der Summenwiderstand $R_3 + R_4$ bei der zu untersuchenden Brücke stets 1000 Ohm beträgt.

Es ist bei dieser Schaltung nicht zu vermeiden, daß die Messung sehr hochohmiger Widerstände nicht mit derselben Genauigkeit durchzuführen ist, wie etwa bei Widerständen in der Größenordnung des Widerstandes $R_3 + R_4$ des Spannungsteilers. Bei einem hochohmigen Widerstand R_x liegt an ihm fast die gesamte Spannung. Der Prüfstrom durch den R_x-Zweig wird um so kleiner, je größer R_x wird. Größere Prüfströme lassen sich nur durch Anwendung höherer Batteriespannungen erzielen, die aber der Spannungsteiler $R_3 + R_4$ nicht verträgt.

Für die Genauigkeit der Messung ist auch die Wahl des Brückeninstrumentes entscheidend. Es gibt Galvanometer etwa derselben Preisklasse mit ganz unterschiedlichen Eigenschaften. Im all-

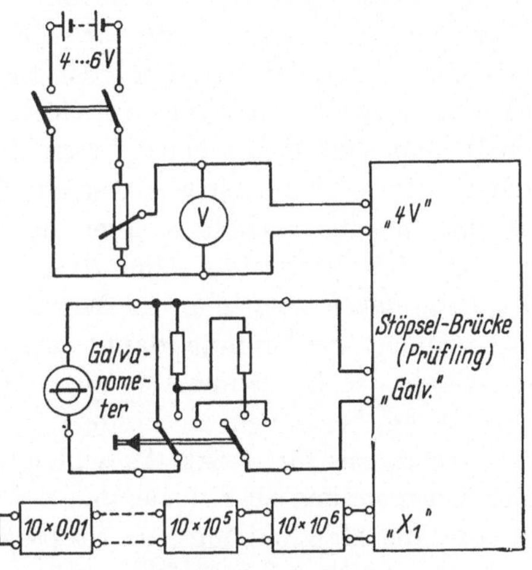

Abb. 434. Schaltung zur Untersuchung einer Stöpsel-Meßbrücke

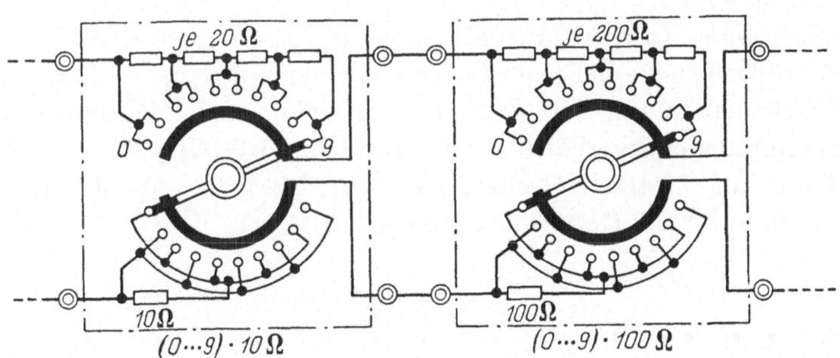

Abb. 435. Präzisions-Prüfdekaden

gemeinen wird der Innenwiderstand R_G der Spule um so größer, je größer die Stromempfindlichkeit wird; aus Kap. V ist bekannt, daß das Ideal, ein Galvanometer mit sehr hoher Stromempfindlichkeit und kleinem Innenwiderstand zu konstruieren, nur angenähert erreicht werden kann.

Für die Untersuchung der vorhandenen Meßbrücke stehen zwei Lichtmarken-Tischgeräte zur Verfügung, eines mit hohem Innenwiderstand und großer Stromempfindlichkeit, ein zweites mit geringem Innenwiderstand und kleinerer Stromempfindlichkeit; man pflegt Geräte der zweiten Art oftmals als *spannungsempfindlich* zu bezeichnen. Man muß sich natürlich darüber klar sein, daß man nur gleichwertige Geräte miteinander vergleichen kann; die Verwendung eines Gerätes mit kleinerem Innenwiderstand, aber gleicher Stromempfindlichkeit kommt der Forderung nach einem teureren Galvanometer gleich.

Die Messung wird so durchgeführt, daß zunächst R_2 auf einen runden Wert eingestellt wird. Dann wird die Brückenschaltung mit R_1 in das Gleichgewicht gebracht; ein genauer Abgleich ist nicht erforderlich, es muß aber der Ausschlag des Galvanometers abgelesen werden. Verstellt man jetzt R_2 um einen festen Betrag, z. B. um 0,01%, so kommt die Schaltung in derselben Weise aus dem Gleichgewicht, als wenn man R_1 um dasselbe Verhältnis, aber im entgegengesetzten Sinn verändern würde. Man beobachtet eine Ausschlagsänderung am Galvanometer. Als *Genauigkeit* kann nun der Wert definiert werden, um den R_2 (bzw. R_1) geändert werden muß, damit eine Ausschlagsänderung von 1 mm an der Skale des Galvanometers zu beobachten ist. Um den Einfluß der Anpassung beurteilen zu können, sind die Ablesungen auf gleichen Meßverbrauch für 1 Skt Ausschlag des Galvanometers und gleiche Brückenspannung zu reduzieren.

Für die Handhabung von Stöpselmeßbrücken hoher Präzision beachte man, daß man die Stöpsel nicht lose herumliegen lassen soll, weil die Genauigkeit der Meßeinrichtung von der Güte der Kontakte weitgehend abhängt.

Meßergebnis. Tab. 46 und 47 zeigen die Ergebnisse der Messungen an der Stöpselbrücke bei Gebrauch zweier verschiedener Galvanometer. Die Brückenspannung betrug in beiden Fällen 4 V. Verändert wurde das Spannungsteilerverhältnis von 10^{-3} bis 10^3. Geprüft wurde an der oberen und unteren Grenze, sowie in der Mitte des Meßbereiches (1000,0 Ohm, 5000,0 Ohm und 9000,0 Ohm).

Tabelle 46

Untersuchung einer Präzisions-Stöpselmeßbrücke mit Vergleichsspannungsteiler konstanten Widerstandes ($R_3 + R_4 = 1000\ Ohm$) und stromempfindlichem Galvanometer

$E = 4{,}00\ \text{V}$ $E_i = 0{,}25 \cdot 10^9\ \text{mm/A}$ $R_G = 750\ \text{Ohm}$ $N_0 = 12{,}0 \cdot 10^{-15}\ \text{W}$ bei $a = 1$ Skt

R_2		Spannungsteilerverhältnis n						
Ω		10^{-3}	10^{-2}	10^{-1}	1	10	10^2	10^3
1000,0	$\Delta R_2\ \Omega$	10,0	1,0	0,1	0,1	0,1	0,1	0,1
	$\Delta \alpha$ Skt	13,3	12,9	9,9	33,3	52,2	56,6	57,1
5000,0	$\Delta R_2\ \Omega$	50,0	5,0	0,5	0,5	0,5	0,5	0,5
	$\Delta \alpha$ Skt	13,3	12,2	7,1	14,3	16,9	17,3	17,4
9000,0	$\Delta R_2\ \Omega$	90,0	9,0	0,9	0,9	0,9	0,9	0,9
	$\Delta \alpha$ Skt	13,2	11,7	5,5	9,1	10,1	10,2	10,3

Tabelle 47. *Untersuchung einer Präzisions-Stöpselmeßbrücke mit Vergleichsspannungs-teiler konstanten Widerstandes ($R_3 + R_4 = 1000{,}0$ Ohm) und spannungsempfindlichem Galvanometer*

$E = 4{,}00$ V $E_i = 66{,}7 \cdot 10^6$ mm/A $R_G = 70$ Ohm $N_0 = 15{,}7 \cdot 10^{-15}$ W bei $\alpha = 1$ Skt

R_2 Ω		Spannungsteilerverhältnis n						
		10^{-3}	10^{-2}	10^{-1}	1	10	10^2	10^3
1000,0	$\Delta R_2\,\Omega$	10,0	1,0	0,1	0,1	0,1	0,5	0,1
	$\Delta \alpha$ Skt	37,1	29,5	10,0	16,3	22,9	24,7	25,0
5000,0	$\Delta R_2\,\Omega$	50,0	5,0	0,5	0,5	0,5	0,5	0,5
	$\Delta \alpha$ Skt	35,1	20,5	4,0	4,7	5,2	5,3	5,3
9000,0	$\Delta R_2\,\Omega$	90,0	9,0	0,9	0,9	0,9	0,9	0,9
	$\Delta \alpha$ Skt	33,4	15,7	2,5	2,8	2,9	2,9	2,9

Als Nullgeräte wurden Lichtmarkengalvanometer verschiedener Stromempfindlichkeit benutzt, deren Meßverbrauch für 1 Skt Ausschlag etwa gleich war.

Auswertung. Nach Abb. 436 ist auf Grund ähnlicher Überlegungen wie in Kap. V:

$$u_{CD} = E\left(\frac{R_{x\,ist}}{R_x + R_2} - \frac{R_3}{R_3 + R_4}\right)$$

Es empfiehlt sich, die Widerstände der Schaltung auf den Konstruktionswiderstand $R_3 + R_4 = R = 1000{,}0$ Ohm zu beziehen; zunächst ist

$$R_2 = \varrho \cdot R$$

ϱ kann hier von 1,0000 bis 9,9999 geändert werden. Ferner sei

$$\frac{R_3}{R_4} = n$$

und

$$\frac{R_G}{R} = g$$

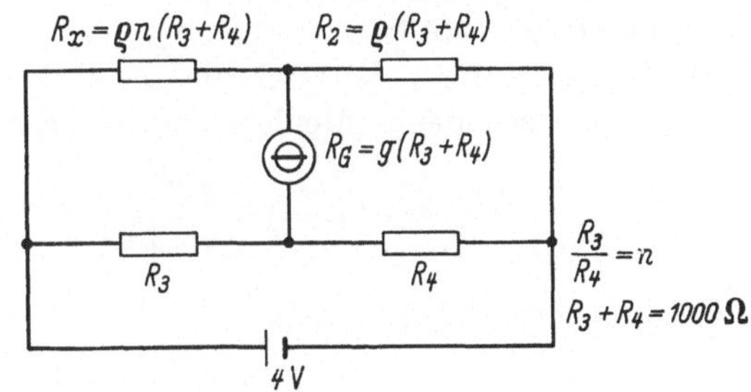

Abb. 436. Zur Theorie der Bestimmung der Brückenempfindlichkeit

Hiermit wird dann

$$\frac{R_3}{R_4} + 1 = \frac{R}{R_4} = n + 1$$

$$R_4 = R\,\frac{1}{1 + n}$$

und daher auch

$$R_3 = R\,\frac{n}{1 + n}$$

$$R_{x\,soll} = n\,R_2 = n\,\varrho \cdot R$$

Bei der Anwendung der Brücke kann man setzen

$$R_{x\,ist} = (1 + \xi)\,R_{x\,soll}$$

Hierin ist ξ *der* Fehler bei der Bestimmung von R_x, der vereinbarungsgemäß zu einem Ausschlag von 1 mm an der Skale des Gerätes führen soll. Setzt man das alles in die Ausgangsgleichung ein, so findet man nach einigen Umformungen

$$u_{CD} = \xi E \, \frac{n}{1 + n}$$

Nun ergibt sich der Strom im Galvanometerzweig beim Innenwiderstand Null der Batterie zu

$$i_G = \frac{u_{CD}}{R_G + \dfrac{R_x R_2}{R_x + R_2} + \dfrac{R_3 R_4}{R_3 + R_4}}$$

Hieraus erhält man nach Einsetzen der Werte für u_{CD} und für die Widerstände

$$i_G = \frac{\xi E}{R} \, \frac{1}{\dfrac{1 + n}{n} \, g + \varrho + \dfrac{1}{1 + n}}$$

In dieser Form besagt das Ergebnis, daß man die größten Ströme im Galvanometerzweig erhält, wenn n sehr groß, sowie g und ϱ sehr klein werden. Diese Forderung ist identisch mit der nach einem möglichst niederohmigen Galvanometer und einem möglichst hohen Spannungsteilerverhältnis ($n = 10^3$), Forderungen, die eigentlich nichts Neues ergeben (vgl. S. 143).

Berechnet man dagegen die im Galvanometer für den Ausschlag 1 mm aufzuwendende Meßleistung, so erhält man

$$i_G^2 \cdot R_G = \xi^2 \cdot \frac{\xi E}{R} \, \frac{g}{\left(\dfrac{1 + n}{n} \, g + \varrho + \dfrac{1}{1 + n}\right)^2}$$

Es kann jetzt der Ausdruck

$$\frac{\left(\dfrac{1 + n}{n} \, g + \varrho + \dfrac{1}{1 + n}\right)^2}{g} = y$$

auf ein Minimum untersucht werden. Differenziert man nach g und setzt die erste Ableitung gleich Null, so findet man

$$\frac{dy}{dg} = \left(\frac{1 + n}{n}\right)^2 - \frac{1}{g_{opt}^2} \left(\varrho + \frac{1}{1 + n}\right)^2 = 0$$

Es ergibt sich jetzt ein günstiger Widerstand des Galvanometers von

$$g_{opt} = \frac{\varrho + \dfrac{1}{1 + n}}{1 + \dfrac{1}{n}}$$

Setzt man diesen optimalen Widerstand ein, so wird

$$i_G^2 \cdot R_G = \xi_{opt}^2 \cdot \frac{E^2}{R} \cdot \frac{\varrho + \dfrac{1}{1+n}}{1 + \dfrac{1}{n}} \cdot \frac{1}{4\left(\varrho + \dfrac{1}{1+n}\right)^2}$$

Sind i_G der Strom, der auf der Skale 1 mm Ausschlag hervorruft und

$$N_G = i_G^2 \cdot R_G$$

die hierfür erforderliche Meßleistung, so kann man mit $\dfrac{E^2}{R} = N_{Br}$ schreiben

$$N_G = \xi_{opt}^2 \cdot N_{Br} \cdot \frac{1}{4} \frac{1}{\varrho + \dfrac{1+\varrho}{n}}$$

Hieraus ergibt sich die bei jedem Brückenverhältnis n und jeder Einstellung bei optimaler Anpassung des Brückengerätes erzielbare Genauigkeit

$$\xi_{opt} = 2 \sqrt{\varrho + \frac{1+\varrho}{n}} \cdot \sqrt{\frac{N_G}{N_{Br}}}$$

Die optimalen Bedingungen lassen sich für jedes n mit *einem* Galvanometer natürlich nur für ein Wertepaar $\{n'; \varrho'\}$ herstellen. Bei allen anderen Einstellungen kann dann die optimale Empfindlichkeit nicht erreicht werden.

Es soll z. B. mit der untersuchten Brücke eine höchste Genauigkeit von 10^{-5} bei der Bestimmung von Widerständen in der Größenordnung von 50000 Ohm erzielt werden. Dabei soll die Brücke mit 4 V betrieben werden; die Brückenleistung beträgt

$$N_{Br} = \frac{4^2}{1000} = 16 \cdot 10^{-3}\,\text{W}$$

Für das Galvanometer ist ein Innenwiderstand von

$$g = \frac{5 + \dfrac{1}{2}}{2} = 2{,}75$$

erforderlich; denn es ist bezogen auf $R = 1000{,}0$ Ohm und das bei der Bestimmung von 50000 Ω-Widerständen erforderlich werdende Brückenverhältnis $n = 1$ ist der Stöpselwiderstand $R_2 = 5000$ Ohm $= 5 \cdot R$. Man muß den Galvanometerwiderstand zu $2{,}75 \cdot 1000 = 2750$ Ohm wählen.

Die zur Messung erforderliche Galvanometerleistung ergibt sich zu

$$(10^{-5})^2 = 4\,(5+6) \cdot \frac{N_G}{16 \cdot 10^{-3}}$$

$$N_G = 0{,}364 \cdot 10^{-13}\,\text{W}$$

Es ist also eine Galvanometer-Stromkonstante von

$$i_G = \sqrt{\frac{0{,}364 \cdot 10^{-13}}{2750}} = 0{,}36 \cdot 10^{-8}\,\text{A}$$

für einen Skt Ausschlag zu wählen.

Mit diesem Galvanometer soll jetzt ein Widerstand von 50 Ohm bestimmt werden. Es ist dann $n = 0{,}01$ und $\varrho = 5$ zu stöpseln. Es ergäbe sich jetzt für das optimal angepaßte Galvanometer:

$$g = \frac{5 + \dfrac{1}{1{,}01}}{1 + 100} = 0{,}0594$$

d. h. ein Meßgerät mit 59,4 Ohm Spulenwiderstand. Es müßte für eine Genauigkeit von $\xi = 10^{-5}$ eine Meßleistung von

$$N_G = 16 \cdot 10^{-3} \cdot 10^{-10} \cdot \frac{1}{4 \cdot \left(5 + \dfrac{6}{0{,}01}\right)}$$
$$= 0{,}66 \cdot 10^{-11}\,\text{W}$$

bei einem Ausschlag von einem Skalenteil bzw. eine Stromkonstante von

$$i_G = \sqrt{\frac{0{,}66 \cdot 10^{-11}}{59{,}4}} = 0{,}33 \cdot 10^{-6}\,\text{A}$$

haben.

Das ursprünglich vorhandene, für eine Messung von $R_x = 5000$ Ohm optimal angepaßte Gerät besitzt dagegen einen Widerstand von 2750 Ohm und eine Stromkonstante von $i_G = 0{,}38 \cdot 10^{-8}$ A je Skt. Damit ergibt sich aus

$$i_G = \frac{\xi\,E}{R}\,\frac{1}{\dfrac{1+n}{n}\,g + \varrho + \dfrac{1}{1+n}}$$

$$\xi = \frac{0{,}38 \cdot 10^{-8} \cdot 1000}{4{,}0} \left(\frac{1{,}01}{0{,}01} \cdot 2{,}75 + 5 + \frac{1}{1{,}01}\right)$$

$$= 27 \cdot 10^{-5}$$

Trotz des kleineren Verbrauches des höherohmigen Galvanometers sinkt die erreichbare Genauigkeit erheblich.

Um mit Hilfe dieser Rechnungen die Meßschaltungen beurteilen zu können wird zunächst ausgerechnet, welchen Widerstand $R_G = g \cdot R$ ein optimal ausgesuchtes Galvanometer haben müßte, dessen Meßleistung bei 1 Skt Ausschlag $12{,}0 \cdot 10^{-15}$ bzw. $15{,}7 \cdot 10^{-15}$ W beträgt. Durch Anwendung der oben abgeleiteten Beziehung

$$g_{opt} = \frac{\varrho + \dfrac{1}{1+n}}{1 + \dfrac{1}{n}}$$

ergeben sich die Werte der Tab. 48. Rechnet man mit diesen Zahlen weiter, so ergibt sich die optimale Meßunsicherheit der Schaltung (Fehler je Skalenteil Ausschlag am Galvanometer). Diese Werte sind für zwei Leistungen N_G berechnet worden, die dem Meßverbrauch der beiden Galvanometer für 1 Skt Ausschlag entsprechen; Tab. 49 enthält die Ergebnisse der Rechnung.

Aus der Tabelle ist zu erkennen, daß bei hohen Werten n des Spannungsteilers beide Geräte etwa gleichwertig sind; durchweg führt die Verwendung des Gerätes mit kleinerem Meßverbrauch zu etwas besseren Messungen. Der Unterschied wird erst bei den kleinsten Werten von n etwas deutlicher.

Bei kleinem Verhältnis n kann man auf jeden Fall nur eine erheblich kleinere Genauigkeit erzielen, selbst bei optimaler Wahl des Brückengerätes. Von $n = 10^{-3}$ bis $n = 10^3$ schwanken die optimalen Genauigkeiten im Bereich $1:45$ (bei $\varrho = 1$) und $1:33$ (bei $\varrho = 9$).

Tabelle 48
Optimaler Galvanometerwiderstand

n	$g_{opt} = \dfrac{\varrho + \dfrac{1}{1+n}}{1 + \dfrac{1}{n}}$		
	$\varrho = 1$	$\varrho = 5$	$\varrho = 9$
10^{-3}	0,00200	0,00600	0,00900
10^{-2}	0,0198	0,0594	0,0990
10^{-1}	0,174	0,536	0,826
1	0,750	2,25	4,75
10	0,991	4,62	8,26
10^2	1,000	4,96	8,92
10^3	1,000	5,00	9,00

alle Werte bezogen auf $R_3 + R_4 = 1000\ \Omega$

Tabelle 49
Meßunsicherheit bei optimal angepaßtem Galvanometer-Innenwiderstand nach Tab. 48

$$\xi_{opt} = 2\sqrt{\varrho + \frac{1 + \varrho}{n}}\ \sqrt{\frac{N_G}{N_{Br}}}$$

n und ϱ bezogen auf $R_3 + R_4 = 1000\,\Omega$ $\qquad N_{Br} = 16 \cdot 10^{-3}$ W
alle Werte $\times\ 10^{-6}$!

n	Galvanometer 1 $N_G = 12{,}0 \cdot 10^{-15}$ W			Galvanometer 2 $N_G = 15{,}7 \cdot 10^{-15}$ W		
	$\varrho = 1$	$\varrho = 5$	$\varrho = 9$	$\varrho = 1$	$\varrho = 5$	$\varrho = 9$
10^{-3}	77,5	134	173	88,5	153	198
10^{-2}	24,6	42,6	55,0	28,1	48,7	62,8
10^{-1}	7,95	13,9	18,1	9,08	16,0	21,7
1	2,99	5,74	7,55	3,42	6,57	8,63
10	1,90	4,10	5,47	2,17	4,68	6,25
10^2	1,75	3,90	5,22	2,00	4,45	6,09
10^3	1,73	3,87	5,19	1,98	4,43	5,94

Nun kann man im allgemeinen für eine Brückenmeßrichtung nicht für jeden Meßbereich ein besonderes Galvanometer vorsehen. Um über die Anpassung ein Urteil abgeben zu können, wurden die Werte der Tab. 49 für optimale Anpassung ins Verhältnis gesetzt zu den tatsächlich gemessenen Unsicherheiten, die man auf Grund der Meßwerte in Tab. 46 und Tab. 47 aus

$$\xi = \frac{\Delta R_2 \cdot R_2}{\Delta \alpha}$$

erhält. Es ergibt sich dann eine Art „Wirkungsgrad" der Schaltung. Tab. 50 enthält diese Schlußergebnisse.

Tabelle 50. *Wirkungsgrade der Schaltung bei Verwendung zweier verschiedener Galvanometer etwa gleicher Meßleistung*

g, n und ϱ bezogen auf $R_3 + R_4 = 1000\,\Omega$. Alle Werte $\dfrac{\xi_{opt}}{\xi}$ in Prozenten

n	Galvanometer 1 $N_G = 12{,}0 \cdot 10^{-15}$ W, $g = 0{,}750$			Galvanometer 2 $N_G = 15{,}7 \cdot 10^{-15}$ W, $g = 0{,}070$		
	$\varrho = 1$	$\varrho = 5$	$\varrho = 9$	$\varrho = 1$	$\varrho = 5$	$\varrho = 9$
10^{-3}	10,3	17,7	22,9	32,8	53,6	66,2
10^{-2}	31,7	52,0	64,4	83,0	100,0	98,6
10^{-1}	78,7	98,7	99,6	90,8	64,0	54,3
1	99,5	82,0	68,7	55,7	31,8	23,4
10	99,2	68,3	55,3	49,7	24,3	18,1
10^2	99,1	67,4	53,3	49,6	23,6	17,7
10^3	98,7	67,3	53,3	49,5	23,5	17,3

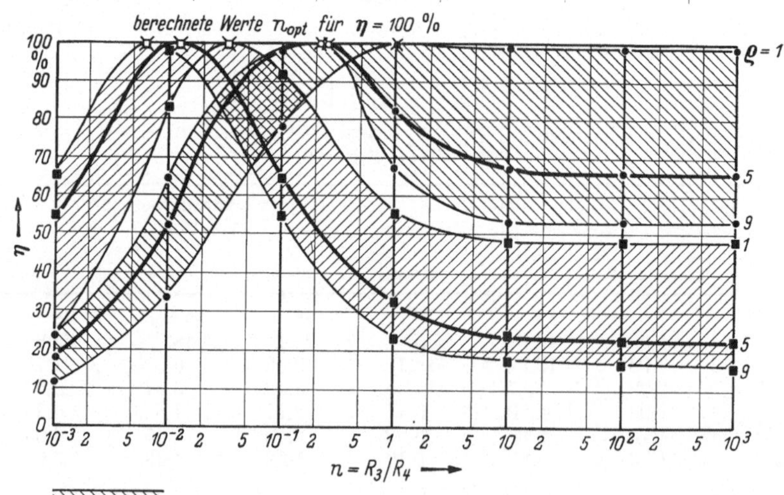

Abb. 437. Wirkungsgrad einer Brückenschaltung bei Abweichung von der optimalen Galvanometer-Anpassung

Danach zeigt sich, daß bei hohen Brückenverhältnissen n das hochohmige (stromempfindliche) Galvanometer zu besseren Meßergebnissen führt. Man kann es für Widerstände R_x zwischen 500 und 1000 Ohm als *angepaßt* bezeichnen ($\varrho\, n = 0,5 \cdots 1$). Dagegen ist das niederohmige Galvanometer zwischen den Widerstandswerten von 50 bis 100 Ohm gut angepaßt ($\varrho \cdot n = 0,05 \cdots 0,1$). Bei diesen Widerständen muß man Einbußen an Meßsicherheit in Kauf nehmen, wenn man das stromempfindliche Gerät benutzt. Bei sehr kleinen Widerständen R_x ist das niederohmige Galvanometer dem hochohmigen etwa 3fach überlegen.

Die Ergebnisse der Untersuchung stellt Abb. 437 in halblogarithmisch geteiltem Koordinatennetz dar.

Aufgabe V—02: Bestimmung eines Gleichstromwiderstandes im Bereich 100 bis 10000 Ohm aus mehreren Messungen durch Vergleich mit einem Präzisions-Dekadenwiderstand

Übungsziel: Anwendung des Vertauschungsverfahrens zur Eliminierung der Fehler des Vergleichs-Spannungsteilers.

Meßschaltung. Zur Messung werden benötigt:

1 Manganin-Widerstand als Prüfling
1 Präzisions-Dekadenwiderstand als Vergleichsnormal
1 tragbares Lichtmarken-Galvanometer
5 etwa gleichgroße Manganinwiderstände zur Bildung des Vergleichsspannungsteilers
1 Akkumulatorenbatterie 4 V

Die Meßschaltung zeigt Abb. 438 a u. b. In jedem Aufbau werden zwei Messungen bei vertauschten Widerständen R_3 und R_4 gemacht.

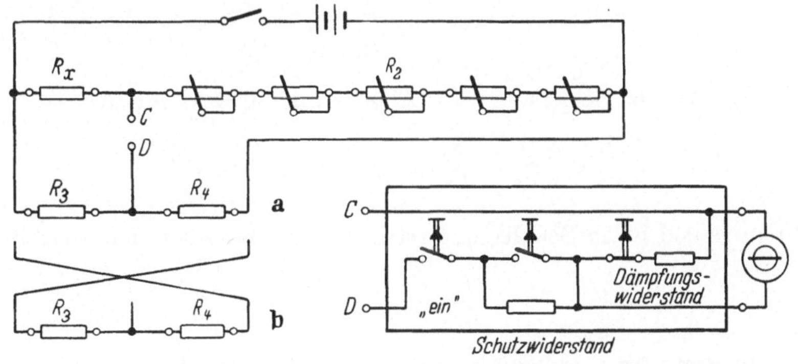

Abb. 438. a u. b Widerstandsmessung durch Vergleich mit *einem* bekannten Präzisionswiderstand

Handelsübliche Meßbrücken besitzen einen einstellbaren Präzisions-Dekadenwiderstand und einen Präzisions-Vergleichsspannungsteiler.

37*

Genaue Widerstandsmessungen sind aber auch durchführbar, wenn allein ein Präzisions-Dekadenwiderstand zur Verfügung steht. Als Vergleichs-spannungsteiler können weniger genaue Widerstände verwendet werden; die Abweichung vom Nennwert des Teilerverhältnisses läßt sich durch Vertauschen der Anschlüsse des Vergleichs-Spannungsteilers eliminieren (Schaltung *a* bzw. *b*).

Meßergebnisse. Die Ergebnisse der Messungen enthält Tab. 51. Mit 5 Widerständen können 10 verschiedene Kombinationen des Vergleichs-Spannungsteilers hergestellt werden; sie müßten alle denselben Wert für R_x ergeben.

Tabelle 51. *Messung eines unbekannten Widerstandes in der Wheatstone-Schaltung bei unbekanntem Spannungsverteiler-Verhältnis nach dem Vertauschungsverfahren*

| R_x | | R_3 | | R_4 | | R_2 | |
| | | | | | | Messung *a* Ω | Messung *b* Ω |
Nr.	Inv. Nr	Nr.	Inv. Nr	Nr.	Inv. Nr		
1	7048	2	7013	3	7014	505,4	499,9
1	7048	2	7013	4	7015	499,6	505,6
1	7048	2	7013	5	7052	1006,1	250,8
1	7048	2	7013	6	7053	990,0	254,7
1	7048	3	7014	4	7015	496,8	508,2
1	7048	3	7014	5	7052	1001,1	252,2
1	7048	3	7014	6	7053	984,3	256,4
1	7048	4	7015	5	7052	1013,2	249,3
1	7048	4	7015	6	7053	996,4	253,3
1	7048	5	7052	6	7053	494,4	510,8

Man erhält Werte für die unbekannten Teilerverhältnisse und Widerstände auf Grund folgender Überlegungen:

Es sei das Teilerverhältnis

$$\lambda = \frac{R_3}{R_4}$$

Dann gilt für die Schaltung *a* bei Abgleich der Brücke mit R_2:

$$\frac{R_x}{R_{2a}} = \frac{R_3}{R_4} = \lambda$$

Entsprechend ist in Schaltung *b* nach dem Vertauschen der Anschlüsse

$$\frac{R_x}{R_{2b}} = \frac{R_4}{R_3} = \frac{1}{\lambda}$$

Multipliziert man beide Gleichungen, so ist stets unabhängig von λ

$$\frac{R_x^2}{R_{2a} \cdot R_{2b}} = 1$$

oder

$$R_x = \sqrt{R_{2a} \cdot R_{2b}}$$

Durch Division der Ausgangsgleichungen erhält man das genaue Teilerverhältnis

$$\lambda = \sqrt{\frac{R_{2b}}{R_{2a}}}$$

Auswertung. Die Aufgabe bietet Gelegenheit, das Rechnen mit Näherungswerten zu üben. Zur Berechnung des Verhältnisses λ und des Widerstandes R_x reicht im allgemeinen der Rechenschieber nicht mehr aus. Bei dem Genauigkeitsgrad, den Brückenmessungen üblicherweise gestatten, müßte man 4- oder gar 5stellige Logarithmentafeln verwenden.

Häufig wird der Fall eintreten, daß das Spannungsteilerverhältnis in seinem genauen Wert zwar unbekannt ist, aber in der Nähe eines „glatten" Wertes liegt. Das geht auch z. B. aus den Meßwerten der Tab. 51 hervor. Die Werte für R_2 liegen in der Nähe mittlerer Werte, die man bei den obigen Messungen zu etwa 250 Ohm, 500 Ohm und 1000 Ohm annehmen darf.

So ergibt sich für die erste Untersuchung mit Hilfe der Widerstände 7013 und 7014

$$\lambda^2 = \frac{R_{2b}}{R_{2a}} = \frac{499,9}{505,4} = \frac{500,0 - 0,1}{500,0 + 5,4} = \frac{500,0}{500,0} \cdot \frac{1 - \dfrac{0,1}{500}}{1 + \dfrac{5,4}{500}}$$

und

$$R_x^2 = R_{2a} \cdot R_{2b} = 499,9 \cdot 504,4 = 500,0^2 \left(1 - \frac{0,1}{500}\right)\left(1 + \frac{5,4}{500}\right)$$

Nennt man die relativen Abweichungen der R_2-Werte vom nächstliegenden glatten Wert R_{2n}

$$\varrho a = \frac{\Delta R_{2a}}{R_{2a_n}} = \frac{R_{2a} - R_{2a_n}}{R_{2a_n}}$$

$$\varrho b = \frac{\Delta R_{2b}}{R_{2b_n}} = \frac{R_{2b} - R_{2b_n}}{R_{2b_n}}$$

so kann man allgemein schreiben

$$R_{2a} = R_{2a_n} (1 + \varrho a)$$

$$R_{2b} = R_{2b_n} (1 + \varrho b)$$

Damit wird dann

$$R_x = R_{x_n} \sqrt{(1 + \varrho a)(1 + \varrho b)}$$

$$\lambda = \lambda_n \sqrt{\frac{1 + \varrho b}{1 + \varrho a}}$$

hierin bedeuten

$$R_{x_n} = \sqrt{R_{2a_n} \cdot R_{2b_n}}$$

$$\lambda_n = \sqrt{\frac{R_{2b_n}}{R_{2a_n}}}$$

Mit Hilfe der aus Kap. II bekannten Näherungsrechnung ergibt sich für kleine Werte von ϱ_a und ϱ_b

$$R_x \approx R_{x_n}\left(1 + \frac{\varrho_b + \varrho_a}{2}\right)$$

$$\lambda \approx \lambda_n\left(1 + \frac{\varrho_b - \varrho_a}{2}\right)$$

Diese Näherungsrechnung wurde auf die Meßwerte von Tab. 51 angewendet. Die Rechnung zeigt Tab. 52.

Tabelle 52. *Auswertung der Meßergebnisse von Tab. 51. Fehlerrechnung*

Gruppierung		R_{2a_n}	R_{2b_n}	ϱ_{2a}	ϱ_{2b}	$\dfrac{\varrho_{2b} - \varrho_{2a}}{2}$	$\lambda = \sqrt{\dfrac{R_{2b}}{R_{2a}}}$	$\dfrac{\varrho_{2b} + \varrho_{2a}}{2}$	Fehlerrechnung	
a	b	Ω	Ω	$^0/_{00}$	$^0/_{00}$	$^0/_{00}$		$^0/_{00}$	δ_ϱ $^0/_{00}$	δ_ϱ^2
2 3	3 2	500	500	10,8	−0,2	−5,5	0,9945	5,3	0,32	0,1024
2 4	4 2	500	500	−0,8	11,2	6,0	1,0060	5,2	0,22	0,0484
2 5	5 2	1000	250	6,1	3,2	−1,5	0,4992	4,7	−0,28	0,0784
2 6	6 2	1000	250	−10,0	18,8	14,4	0,5072	4,4	−0,58	0,3364
3 4	4 3	500	500	−6,4	16,4	11,4	1,0114	5,0	0,02	0,0004
3 5	5 3	1000	250	1,1	8,8	3,8	0,5020	5,0	0,02	0,0004
3 6	6 3	1000	250	−15,7	25,6	20,6	0,5104	5,0	0,02	0,0004
4 5	5 4	1000	250	13,2	−2,8	−8,0	0,4960	5,2	0,22	0,0484
4 6	6 4	1000	250	−3,6	13,2	8,4	0,5042	4,8	−0,18	0,0324
5 6	6 5	500	500	−11,2	21,6	16,4	1,0164	5,2	0,22	0,0484
− −	− −	−	−	−	−	−	Summe	49,8	0	0,6960

Für jede Gruppierung ergibt sich der Nennwert des unbekannten Widerstandes zu

$$R_{x_n} = \sqrt{500,0 \cdot 500,0} = \sqrt{250,0 \cdot 1000,0} = 500,0$$

Den Messungen lagen Gruppierungen mit zwei verschiedenen Teilerverhältnissen zugrunde. Die Werte betrugen etwa 0,5 und 1,0 mit Abweichungen bis zu etwa 2%.

Die drittletzte Spalte ergibt die prozentuale Abweichung des Mittelwertes aller R_x-Bestimmungen vom Nennwert 500,0 Ohm; man kann diesen Wert als „Pegel" bezeichnen, er ist identisch mit dem Durchschnittswert (Istwert). In den beiden letzten Spalten ist die Fehlerrechnung durchgeführt worden. Aus der Summe der Fehlerquadrate ergibt sich die Streuung der Messung

$$\sigma = \sqrt{\frac{0,6960}{10-1}} = 0,28\ ^0/_{00}$$

Die Unsicherheit des Durchschnittswertes ist nach Kap. II das $1/\sqrt{n}$-fache der Streuung. Da 10 Messungen vorliegen, ist schließlich

$$R_x = 500,0\left(1 - \frac{0,0498}{10} \pm \frac{0,00028}{\sqrt{10}}\right)$$

$$= 502,2_9\,\Omega \pm 0,0_9\ ^0/_{00}$$

Man könnte nunmehr auch die Widerstandswerte des Vergleichs-spannungsteilers ermitteln. Diese Rechnung bietet jedoch keine wesentlichen Erkenntnisse und soll daher übergangen werden.

Aufgabe V - 03: Messung der statischen und dynamischen Beanspruchung in Bauteilen einer Druckgußmaschine mit Hilfe von Widerstands-Dehnungsgebern

Übungsziel: Verständnis der Wirkungsweise einer aus Widerstands-gebern geschalteten Dehnungs-Meßbrücke. Kritische Beurteilung häufig vorkommender Fehlereinflüsse.

Meßschaltung. An einer Druckgußmaschine für 400 Mp sollten die in den 4 Holmen auftretenden Kräfte a) statisch bei geschlossener Form und b) dynamisch beim Einschießen des flüssigen Metalles gemessen werden. Abb. 439 zeigt in schematischer Darstellung die Anordnung der Meßstellen.

Meßaufgaben dieser Art sind typisch für die Anwendung sog. „Deh-nungs-Meßbrücken". Sie beruhen auf der Theorie der nicht abgeglichenen WHEATSTONEschen Brücke (vgl. Teil A, S. 135). Man setzt eine solche Meßbrücke nach Abb. 440 aus sog. „Dehnungs-Meßstreifen" zusammen. Diese Dehnungsgeber besitzen einen feinen, mäanderförmig gelegten Konstantandraht, der in einer Kunststoffolie oder zwischen zwei dünnen Papierschichten eingebettet ist. Wird der Geber in Längsrichtung gedehnt, so steigt der Widerstand des Drahtes. Gegenüber Querdehnungen ist der Geber unempfindlich. Bei Stauchung vermindert sich der Wider-stand; entgegen einer naheliegenden, aber unzutreffenden Vermutung weichen dabei die Drähte seitlich nicht aus, da es sich stets um kleine Längenänderungen handelt, und überdies die fest eingearbeiteten Drähte gut „geführt" sind.

Innerhalb des zulässigen Meßbereiches erhält man zwischen Widerstandsänderung und Dehnung einen linearen Zusammenhang[1]

$$\frac{\varDelta R}{R} = k \cdot \frac{\varDelta l}{l}$$

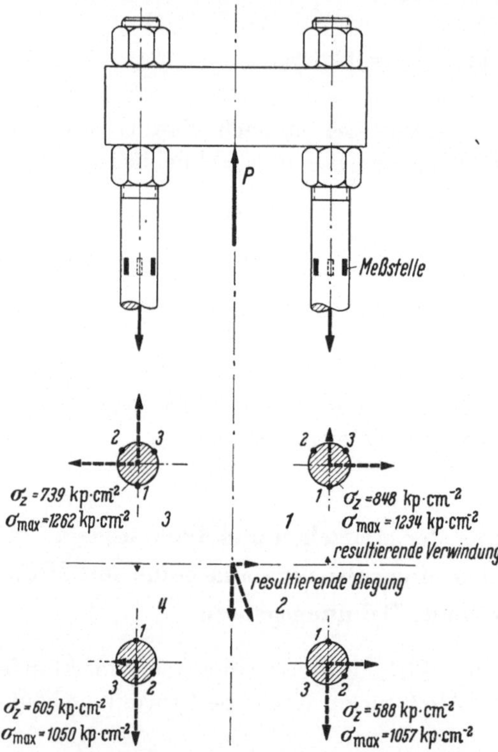

Abb. 439. Messung der mechanischen Beanspruchnng mittels Widerstands-Dehnungsgeber an einer Druckguß-Maschine (Erläuterung zur Darstellung der Meßergebnisse vgl. S. 591)

Der Faktor k liegt meist zwischen 1,9 und 2,1. Man kauft die Dehnungsgeber in sortierten Packungen mit etwa gleichen k-Faktoren.

Der Faktor $k = 2$ ist nicht, wie eine oberflächliche Betrachtung ergeben könnte, auf eine vermeintliche Volumenkonstanz des Drahtes bei der Dehnung zurückzuführen. Vielmehr gilt nach dem POISSONschen Gesetz folgende Beziehung zwischen Querkontraktion dD eines Drahtes und der Längenänderung:

$$\frac{dD}{D} = -\frac{1}{m}\frac{dl}{l}$$

Bei den Metallen streut m zwischen den Werten 4 und 2,5; für Stahl rechnet man im Maschinenbau mit $m = \dfrac{10}{3}$ wegen

$$R = \varrho \cdot \frac{l}{\frac{\pi}{4}D^2}$$

ist

$$\frac{dR}{R} = \frac{d\varrho}{\varrho} + \frac{dl}{l} - 2\frac{dD}{D}$$

und nach dem POISSONschen Gesetz

$$\frac{dR}{R} = \frac{d\varrho}{\varrho} + \left(1 + \frac{2}{m}\right)\frac{dl}{l}$$

$$= \frac{d\varrho}{\varrho} + (1{,}5 \cdots 1{,}8)\frac{dl}{l}$$

---

[1] In befriedigender Weise verhält sich Konstantan linear; der thermoelektrisch günstigere Werkstoff Manganin ist als Dehnungsgeber ungeeignet.

Da k zwischen den Werten 1,9 und 2,1 liegt, trägt die Änderung $d\varrho$ des spezifischen Widerstandes erheblich zur Widerstandsänderung bei.

Bei der Ermittlung der Zug- und Druckbeanspruchung ist zu beachten, daß in jedem Fall nur die örtlichen Dehnungen richtig gemessen werden können. Der Rückschluß auf die Spannungen setzt voraus, daß der theoretische Zusammenhang zwischen dem im allgemeinen dreiachsigen Spannungszustand und der Formänderung bekannt ist. Man kann bei Messungen in der Nähe der Kraft-Einleitungsstelle nicht immer mit dem HOOKEschen Gesetz rechnen. Dieses gilt für Gleichachsigkeit von Zugspannung und Dehnung im Proportionalitätsbereich des Materiales. Unter diesen Voraussetzungen ist

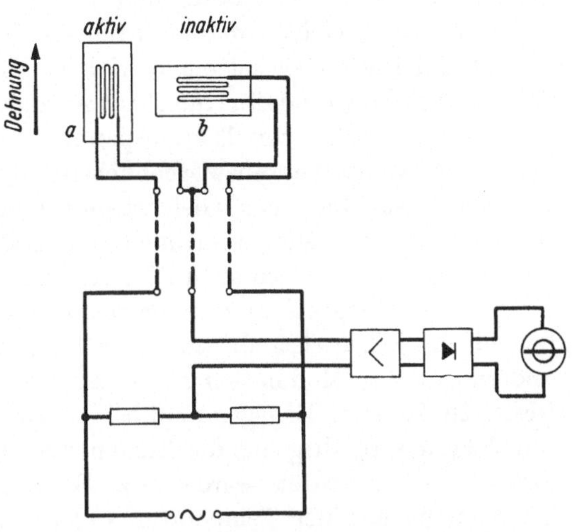

Abb. 440. Dehnungs-Meßbrücke, Prinzipschaltbild
a aktiver Dehnungsgeber; b inaktiver Temperatur-Kompensationsstreifen

$$\frac{\Delta l}{l} = \frac{\sigma}{E}$$

Hierin ist E das Elastizitätsmaß ($E = 2{,}1 \cdot 10^6$ kp/cm² bei Stahl).

Es ergeben sich bei der Anwendung des Meßverfahrens stets sehr kleine Widerstandsänderungen. Bei einer für gewöhnlichen Stahl nicht unerheblichen Beanspruchung von $\sigma = 1000$ kp/cm² erhält man z. B.

$$\frac{\Delta R}{R} \approx 2\,\frac{\Delta l}{l} = 2 \cdot \frac{1000}{2{,}1 \cdot 10^6} \approx 0{,}001$$

Man muß daher schon die auf S. 137 in Teil A erläuterte Eigenschaft der Brücke als „Schaltungsverstärker" voll ausnutzen, um Widerstandsänderungen von 10^{-5} bis 10^{-3} zuverlässig anzeigen zu können. Häufig verwendet man die Brücke im Ausschlagsverfahren. Dann kommt es nicht nur auf die *Empfindlichkeit* der Meßeinrichtung an, sondern das zur Anzeige verwendete, in Dehnungswerten „geeichte" Gerät muß außerdem hinreichend *genau* sein.

Wegen der stets notwendig werdenden Verstärkung der Brücken-Diagonalspannung betreibt man die Schaltung gern mit Wechselstrom. Die üblichen Trägerfrequenzen für die als Modulation in Erscheinung tretenden Meßwerte liegen zwischen 400 Hz und 50 kHz. Die Diagonalspannung wird verstärkt, gleichgerichtet und einem anzeigenden Gerät zugeführt. Ist dieses in Dehnungswerten geeicht, so repräsentiert die Anzeige nur dann einwandfrei den Wert $\frac{\Delta R}{R}$, d. h. den Sollwert $\frac{\Delta l}{l}$, wenn der Phasenabgleich der Wechselstrombrücke genau stimmt. Es müssen daher z. B. die Schaltungskapazitäten genau abgeglichen werden, oder die gesamte Versuchsschaltung muß durch eine bekannte Widerstandsänderung „eingeeicht" werden (Substitutions-Verfahren, vgl. Teil A S. 130). Eine mit Gleichstrom betriebene Dehnungsmeßbrücke ist von diesem Nachteil frei; dafür unterliegt sie anderen Störungseinflüssen wie z. B. dem Auftreten von Thermospannungen. Ferner benötigen genaue Gleichstromverstärker einen erheblichen Aufwand und sind daher teuer. Trotz der Nachteile der Gleichstromverstärkung empfiehlt sich die Gleichstromversorgung, wenn nicht nur statische Messungen gemacht werden müssen, sondern auch schnelle Änderungen der Meßgrößen mit Lichtstrahloszillographen zu registrieren sind. Es wären dann u. U. bei Betrieb mit Wechselstrom sehr hohe Trägerfrequenzen zu wählen, um Änderungen der Modulation mit einer Frequenz von einigen kHz erfassen zu können. Dagegen muß bei der Anwendung von Gleichstromverstärkern sorgfältig auf die Eingangsisolation und die Stabilität der Verstärkung geachtet werden; z. B. darf sich der Verstärkungsfaktor nicht mit der Temperatur ändern. Auch empfiehlt sich, den Verstärker mit eingebauten, potentialfrei geschalteten Batterien zu betreiben.

Beim Messen mit Dehnungsgebern in Brückenschaltung treten die meisten Schwierigkeiten in Zusammenhang mit unzureichender Isolation, mit Temperatureinflüssen und mit einer unsachgemäßen Herrichtung der Klebestelle auf.

a) *Isolation.* Übliche Widerstandswerte der Dehnungsgeber sind 120 Ω und 600 Ω. Sollen Werte vom 10^{-5} fachen des Nennwertes angezeigt werden, so darf sich der parallelgeschaltete Isolationswiderstand nicht soviel ändern, daß hierdurch ein Meßeffekt vorgetäuscht wird. Änderungen des Isolationsleitwertes von 10^{-9} S dürften als unbedenklich bezeichnet werden; sie entsprechen dem

$$10^{-9} : \frac{1}{600} = 0{,}6 \cdot 10^{-6} \text{ fachen}$$

des Nenn-Leitwertes eines 600 Ω-Gebers. Solche kleinen zulässigen Schwankungen einer Isolation setzen aber auch gute Isolation an sich voraus; Isolationswiderstände von weniger als 100 MΩ je Geber sind daher bedenklich. Die gute Isolation muß auch unter den meist rauhen Betriebsbedingungen des untersuchten Objektes aufrecht erhalten bleiben. Man erreicht das z. B. durch Verwendung von Gummikappen, die über den Geber geklebt werden und in ihrem Inneren eine mit Silicagel oder einem anderen Trocknungsmittel gefüllte Tasche enthalten. Bequemer ist die Verwendung eines feuchtigkeitsdichten Spezialkittes[1], mit dem die Geber aufgeklebt werden. Entscheidend für die Verwendbarkeit einer Meßstelle ist stets das Ergebnis einer Isolationsmessung am fertiggeschalteten Geber.

b) Temperatur. Der Längen-Ausdehnungskoeffizient von Stahl beträgt $1{,}2 \cdot 10^{-5}$ °C^{-1}. Allein aus diesem Grund ruft eine Temperaturänderung von 10 °C eine Widerstandsänderung hervor, die eine Zugspannung von

$$10 \cdot 1{,}2 \cdot 10^{-5} \cdot 2{,}1 \cdot 10^6 \approx 250 \ \text{kp/cm}^2$$

vortäuscht. Dieser Effekt ist unzulässig groß. Man macht ihn durch Verwendung eines zweiten Meßstreifens unwirksam. Dieser wird so auf das Werkstück geklebt, daß auf ihn dieselbe Temperaturdehnung wirkt, er aber von der elastischen Dehnung nicht — oder wie z. B. im Falle einer Biegebeanspruchung — in genau entgegengesetztem Sinn beeinflußt wird. Beide Meßstreifen, der „aktive" Dehnungsgeber und der „inaktive" Kompensationsstreifen, bilden den einen Spannungsteiler der Brückenschaltung. Durch die Wärmedehnung kann dann keine Störung des Brücken-Gleichgewichtes hervorgerufen werden.

c) Herrichten der Klebestelle. Die Klebeschicht muß die sehr kleinen Längenänderungen des Werkstückes auf den Geber mit dem darin eingebetteten Meßdraht übertragen. Bei einer Meßlänge von 2 cm handelt es sich um 10^{-3} mm und weniger. Der Klebekitt muß auf absolut sauberer Werkstück-Oberfläche möglichst dünn und homogen aufgetragen werden. Luftbläschen in der Klebschicht führen zu Meßfehlern, weil

Tabelle 53. *Messung statischer Beanspruchungen mittels Widerstandsgeber an einer Druckgußmaschine*

Holm	Meßstelle	Dehnung ε $^0/_{00}$	Beanspruchung σ kp $\cdot$ cm^{-2}	Zugspannung σ_2 kp $\cdot$ cm^{-2}
1	1	0,490	1029	
	2	0,501	1052	848
	3	0,220	462	
2	1	0,467	980	
	2	0,080	168	588
	3	0,292	611	
3	1	0,520	1092	
	2	0,109	229	739
	3	0,427	897	
4	1	0,494	1038	
	2	0,338	481	605
	3	0,141	296	

---

[1] Zum Beispiel: X 57 der Firma Hottinger u. a.

dann Teile des Gebers nicht gedehnt werden, und weil die Gasreste bei Temperaturänderungen ein „Arbeiten" des Gebers verursachen. Bei manchen Kitten ist eine Wärmebehandlung der Klebestelle zweckmäßig; man verwendet dann Infrarot-Lampen o. dgl. Andere Kitte bestehen aus einem selbst aushärtenden Kunstharz, bei dem eine Wärmebehandlung

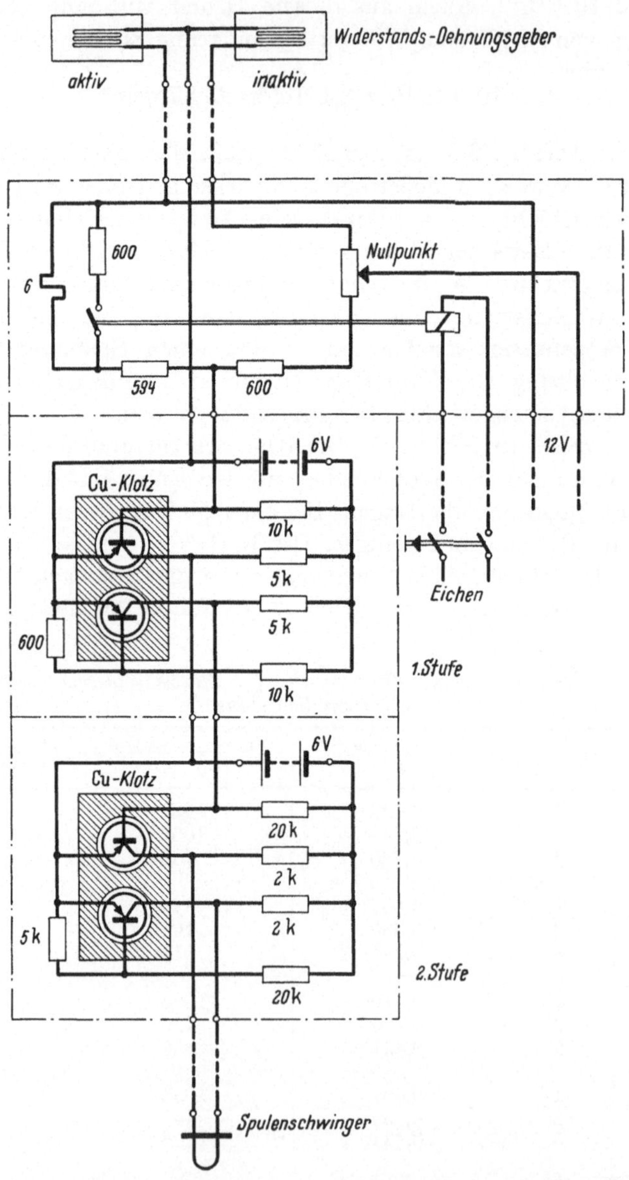

Abb. 441. Registrierung schnell veränderlicher Dehnungen mit der Gleichstrom-Dehnungs-Meßbrücke unter Zwischenschaltung eines zweistufigen Transistor-Verstärkers

unnötig ist. In jedem Fall müssen die Klebevorschriften des Herstellers genau beachtet werden.

Meßergebnisse. An jeden der vier Holme wurden in 20 cm Entfernung vom Querhaupt je 3 aktive Dehnungsgeber, gleichmäßig am Umfang verteilt, angebracht. Verwendet wurden Geber von $600\,\Omega$ in kunststoffgetränktem Papier (Hersteller: Hottinger). Tab. 53 enthält die Ergebnisse der statischen Messungen mit dem direkt anzeigenden Brückengerät GM 5536 von Philips.

Beim Schließen der Form übernehmen die 4 Holme ungleiche Anteile der Zugkraft; das ist eine Folge der statisch unbestimmten Konstruktion und der etwas ungleichen Einstellung der Holme. In jedem Holm tritt außerdem eine Biegebeanspruchung auf, weil das Querhaupt nicht als „unendlich starr" anzusehen ist, und die ungleich vorgespannten Holme bei Belastung des Querhauptes ein Biegemoment erfahren.

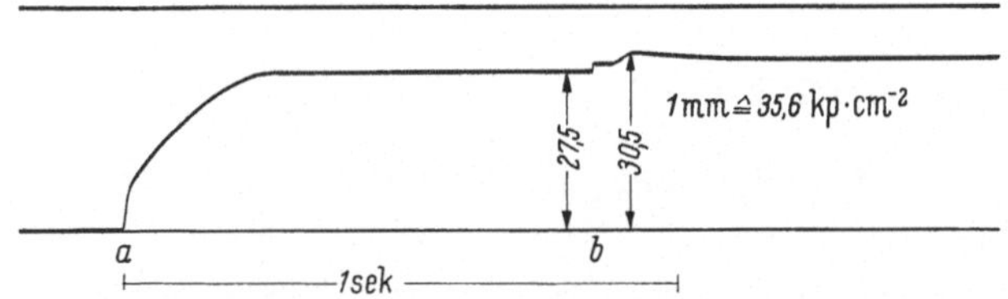

Abb. 442. Messung dynamischer Kräfte mit der gleichstromgespeisten Dehnungs-Meßbrücke und Galvanometer-Schwinger (Lichtpunkt-Linienschreiber)
a Schließen der Form; *b* Einschießen des flüssigen Metalles

An einer der Meßstellen wurde ferner die dynamische Beanspruchung während des Betriebes der Maschine gemessen. Die Schaltung des verwendeten Gleichstrom-Transistor-Verstärkers zeigt Abb. 441. Der Vorgang wurde mit einem Lichtpunkt-Linienschreiber (Hartmann & Braun) unter Verwendung eines Drehspul-Schwingers auf UV-empfindliches Papier aufgezeichnet (Abb. 442).

Bei *a* wird die Form geschlossen; die Kraft steigt erst schnell, dann langsamer auf den endgültigen Schließdruck. Bei *b* wird das flüssige Metall unter hohem Druck eingespritzt. Die Kraft wächst plötzlich. Beim Erstarren des Metalles findet eine weitere Drucksteigerung statt, die zum Schluß etwa 11% der vorher vorhandenen Schließkraft beträgt.

Auswertung des statischen Versuches. Setzt man bei der Untersuchung die Gültigkeit des HOOKEschen Gesetzes an den Meßstellen voraus, so muß sich am Umfang jedes Holmes eine nach einem Sinusgesetz verteilte Zugbeanspruchung der äußeren Fasern des kreisrunden Querschnittes ergeben. Dieses Gesetz ist eine Folge der linearen Überlagerung von Zug- und Biegespannungen. Die Zugspannung ergibt sich als Mittelwert aus den Meßwerten der 3 am Umfang gleichmäßig verteilten

Meßstellen; die überlagerte Biegespannung folgt aus den Ergebnissen zweier Meßstellen unter Berücksichtigung des Mittelwertes.

Es ist

$$\sigma_1 = \sigma_z + \sigma_{B_{max}} \cdot \sin\alpha$$

$$\sigma_2 = \sigma_z + \sigma_{B_{max}} \cdot \sin(\alpha + 120°)$$

$$\sigma_3 = \sigma_z + \sigma_{B_{max}} \cdot \sin(\alpha + 240°)$$

und

$$\sigma_z = \frac{1}{3}(\sigma_1 + \sigma_2 + \sigma_3)$$

Hieraus folgt

$$\sigma_1 - \sigma_2 = \sigma_{B_{max}}[\sin(\alpha + 120°) - \sin\alpha]$$

$$\sigma_1 - \sigma_3 = \sigma_{B_{max}}[\sin(\alpha + 240°) - \sin\alpha]$$

und nach Auflösen mittels der Additionstheoreme der Trigonometrie

$$\sigma_1 - \sigma_2 = \sigma_{B_{max}}\left(\frac{1}{2}\sqrt{3}\cos\alpha - \frac{3}{2}\sin\alpha\right)$$

$$\sigma_1 - \sigma_3 = \sigma_{B_{max}}\left(-\frac{1}{2}\sqrt{3}\cos\alpha - \frac{3}{2}\sin\alpha\right)$$

Hiernach ist

$$2\sigma_1 - \sigma_2 - \sigma_3 = -3\sigma_{B_{max}}\sin\alpha$$

bzw.

$$\sigma_{B_{max}}\sin\alpha = \sigma_z - \sigma_1$$

und

$$-\sigma_2 + \sigma_3 = \sigma_{B_{max}} \cdot \sqrt{3}\cos\alpha$$

bzw.

$$\sigma_{B_{max}}\cos\alpha = \frac{1}{\sqrt{3}}(\sigma_3 - \sigma_2)$$

Die größten und kleinsten Beanspruchungen des Materiales können hiernach berechnet werden. Es ist

$$\sigma_{B_{max}} = \sqrt{(\sigma_z - \sigma_1)^2 + \frac{1}{3}(\sigma_3 - \sigma_2)^2}$$

und damit

$$\sigma_{max} = \sigma_z + \sigma_{B_{max}}$$

$$\sigma_{min} = \sigma_z - \sigma_{B_{max}}$$

Nach diesen Beziehungen sind die Meßergebnisse der Tab. 53 ausgewertet worden. Es ergaben sich die in Tab. 54 enthaltenen Zugbeanspruchungen und Komponenten der Biegebeanspruchungen. In Abb. 439 sind die Biegekomponenten durch Pfeile dargestellt, wie sie Kraftvektoren haben müßten, welche in der betreffenden Faser eine den

Werten der Tab. 54 entsprechende Biegespannung hervorrufen würden. Addiert man die Komponenten unter Berücksichtigung des Vorzeichens, so ergibt sich, daß das resultierende Drehmoment, welches auf das Querhaupt wirkt, praktisch verschwindet; dagegen ist ein nicht unerhebliches Gesamt-Biegemoment vorhanden. Dieses Moment wäre ebenfalls nicht vorhanden, wenn die Holme gleiche Belastungen aufnehmen würden.

Tabelle 54. *Verteilung der Spannungen in den vier Holmen einer Druckgußmaschine nach den Meßwerten von Tab. 53*

Holm	1	2	3	4	Σ	—
σ_1	1029	980	1092	1038	—	$kp \cdot cm^{-2}$
σ_2	1052	168	229	481	—	,,
σ_3	462	611	897	296	—	,,
σ_z	848	588	739	605	—	,,
$\sigma_2 - \sigma_1$	− 181	− 392	− 353	− 433	—	$kp \cdot cm^{-2}$
$\dfrac{1}{\sqrt{3}}(\sigma_3 - \sigma_2)$	− 340	256	386	107	—	,,
Drehung ↰	181	256	386	433	1256	—
Drehung ↲	340	392	353	107	1192	—
Res. ↰	− 159	− 136	33	326	64	—
Biegung ↓	− 181	+ 392	− 353	433	291	—
Biegung →	340	256	− 386	− 107	103	—
$\sigma_{B\,max}$	386	469	523	445	—	$kp \cdot cm^{-2}$
σ_{min}	462	119	216	160	—	$kp \cdot cm^{-2}$
σ_{max}	1234	1057	1262	1050	—	$kp \cdot cm^{-2}$

Aufgabe VI - 01: Bestimmung eines ebenen Potentialfeldes mittels Sondenmessung im Modell

Übungsziel: Anwendung der Modellgesetze bei der Abbildung ebener Potentialfelder auf Strömungsfelder in Oberflächen oder Elektrolyten.

Meßschaltung. Die Aufgabenstellung verlangte zu ermitteln, in welcher Weise „vagabundierende" Ströme auf die Eisenkonstruktion eines schwer zugänglichen Wasserbauwerkes zufließen. Das Bauwerk bestand aus 4 Reihen quadratischer Stützpfeiler, welche vor einer das Ufer des Flusses begrenzenden, eisernen Spundwand in das Flußbett gerammt waren. Es sollte angenommen werden, daß die Ströme von der Flußseite her kommen, und daß in einiger Entfernung vom Bauwerk ein homogenes Strömungsfeld herrscht. Es war vor allem zu klären, in welcher Weise eine elektrische Verbindung der Stützpfeiler das Strömungsfeld beeinflussen kann.

Auf Grund der Aufgabenstellung lag die Abbildung der Verhältnisse in der Wirklichkeit auf ein ebenes Strömungsfeld in einem Modell nahe. Selbstredend müssen bei der Abbildung überall gleiche räumliche Maßstäbe angewendet werden. Anstelle eines elektrolytischen Troges (vgl. Abb. 116, S. 171) wurde leitfähiges Papier verwendet, wie man es z. B. im Wandlerbau und bei der Kabelherstellung zur Potentialsteuerung benötigt. Die Auffangelektroden wurden mit Leitsilber[1] auf das Papier gezeichnet. Die Versuchsanordnung zeigt Abb. 443. Gegenüber dem elektrolytischen Trog hat diese Anordnung die Vorteile, daß 1. das unangenehme

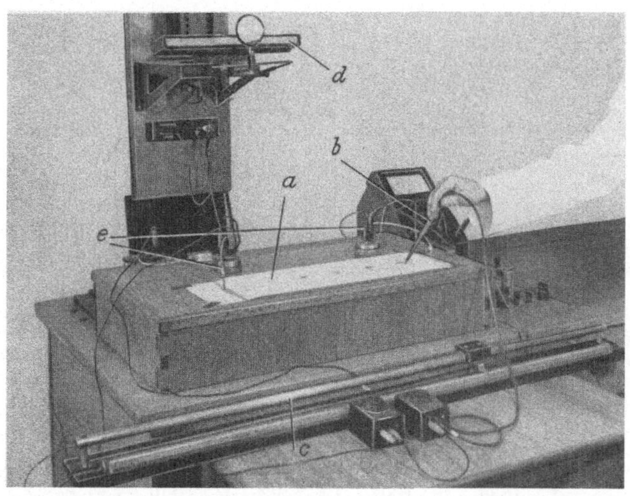

Abb. 443. Versuchsanordnung zur Abbildung von Potentialfeldern auf Strömungsfelder in Leitfähigkeits-Papier: *a* Papier (leitend); *b* Meßsonde (Bleistift o. dgl.); *c* Einstell-Potentiometer (Schleifwendel); *d* Galvanometer-Skale; *e* Stromzuführungen

Arbeiten mit Flüssigkeiten in der Nähe empfindlicher, elektrischer Meßeinrichtungen vermieden werden kann, 2. man keine Polarisationseffekte befürchten muß und demnach Gleichstrom-Brückenverfahren anwenden kann, und 3. man mit der Sonde sofort die Äquipotentiallinien einzeichnen kann. Als Sonde wurde ein Kugelschreiber mit isolierendem Halter verwendet.

Wie auf S. 171 in Kap. VI besprochen, ist die Anwendbarkeit des Verfahrens nicht auf elektrische Strömungen beschränkt. Voraussetzung beim Ersatz des elektrolytischen Troges durch leitfähiges Papier ist nur, daß es sich bei dem gegebenen Problem um ein ebenes Potentialfeld handelt. Man kann auch das Prinzip der Messung im inversen Feldmodell

---

[1] Hersteller: Deutsche Gold- und Silberscheideanstalt (Degussa), Hanau.

nach MERZ[1] anwenden, um beim gegebenen Problem den Verlauf der Feldlinien unmittelbar zu erhalten.

Zur Messung wurden verwendet:

1 Schleifwendel 1000 Ω
1 Spannungsquelle 12 V
1 Galvanometer Hartmann & Braun, $E_i = 1,4 \cdot 10^8 \dfrac{\text{mm}}{\text{A}}$, $R_{sp} = 125\,\Omega$ mit Ablesevorrichtung
1 Galvanometer-Schutzwiderstand $10 \cdot 10000 + 10 \cdot 1000\,\Omega$
2 Zuleitungselektroden, hochisoliert
1 Meßsonde

Es empfiehlt sich, das leitfähige Papier über eine Schreibfläche aus Plexiglas zu spannen, damit der parallelgeschaltete Oberflächenwiderstand der Unterlage gegenüber dem des Papiers vernachlässigt werden kann. Das Papier besaß etwa $100\,\Omega$ Widerstand, bezogen auf ein Quadrat beliebiger Kantenlänge. Die Verwendung sehr niederohmigen Papieres empfiehlt sich nicht, weil der Querwiderstand der Leitsilber-Elektroden gegenüber dem Papierwiderstand klein sein muß.

Die Schaltung entspricht einer normalen WHEATSTONEschen Brücke

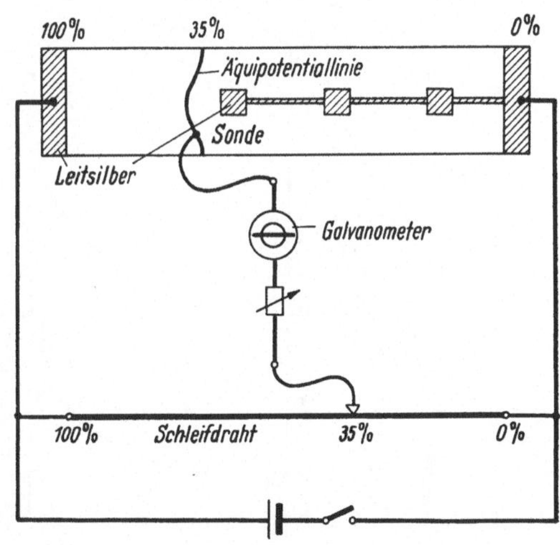

Abb. 444. Schaltung für das Feldmodell Abb. 443

(Abb. 444). Am Schleifdraht stellt man das gewünschte Potential ein. Man gleicht die Brückenschaltung dadurch ab, daß man mit der Sonde auf dem Papier Punkte aufsucht, bei welchen das Galvanometer nicht ausschlägt. Bei starkem Potentialgefälle ergibt sich natürlich eine sehr empfindliche, in den „Zwickeln" des Feldes dagegen eine unempfindliche Einstellung.

Es empfiehlt sich stets, in einem Vorversuch zu prüfen, ob der Oberflächenwiderstand des Papieres längs und quer zur Bahn homogen ist, und ob die Polarität keinen Einfluß hat.

Meßergebnisse. Abb. 445 zeigt das Ergebnis dreier Messungen. Die mit I bis IV bezeichneten Pfeiler stellen ein „Feld" der Pfahlreihen dar. Der Strom kommt von der mit 100% bezeichneten Elektrode. Die Strömung ist symmetrisch zu den Mittellinien der Pfahlreihen.

---

[1] Vgl. S. 175.

Das links eingezeichnete Feldbild ergab sich bei niederohmiger Verbindung der 4 Pfähle. Zu diesem Zweck wurden die Leitsilber-Elektroden

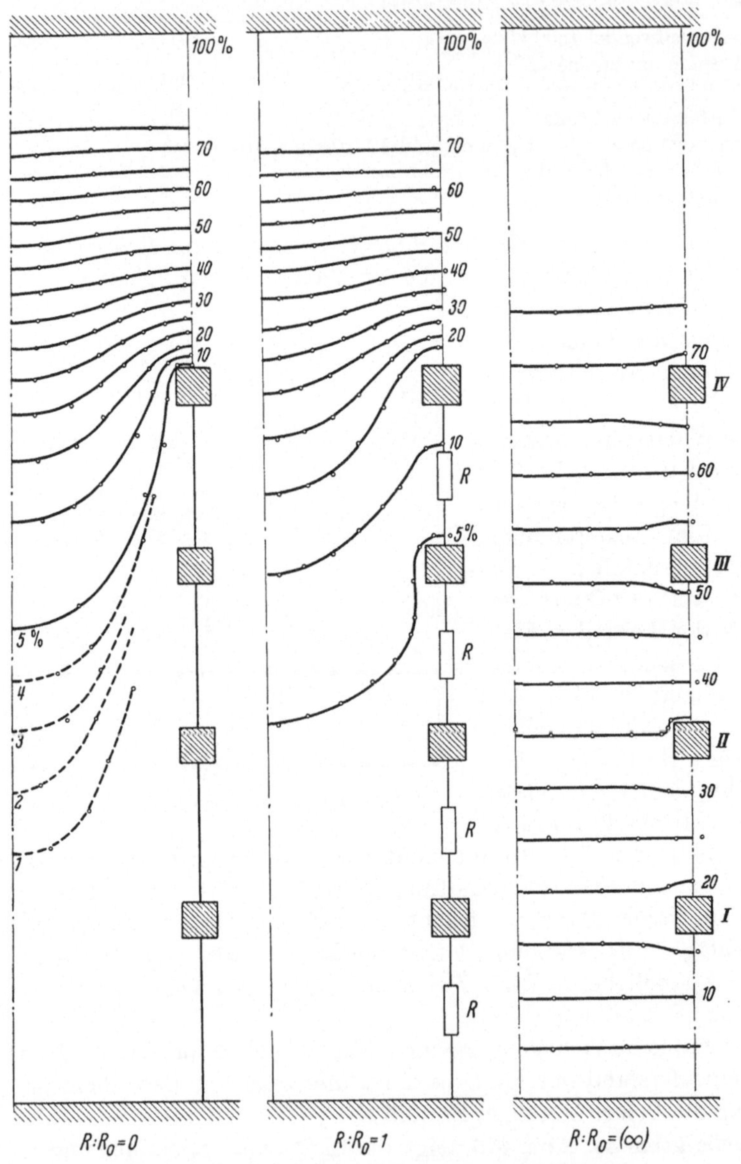

Abb. 445. Potentialfelder ebener elektrischer Strömungen (Modellversuch vgl. Abb. 443)
R_0 Oberflächenwiderstand eines Quadrates beliebiger Kantenlänge

einfach durch leitende Striche miteinander verbunden. Man erkennt, daß vor dem vordersten Pfahl eine sehr hohe Stromdichte herrscht, und daß in die Rückseite des vordersten Pfahles und in die gesamte Oberfläche der 3 hinteren Pfähle praktisch kein Strom eintreten kann.

In dem rechts eingezeichneten Feldbild haben die Pfähle außer durch das Wasser selbst keine sonstige elektrische Verbindung. Sie beeinflussen daher das homogene Strömungsfeld nur sehr wenig.

Im mittleren Feldbild sind die Pfähle durch Widerstände miteinander verbunden worden, wie sie etwa dem Oberflächenwiderstand eines Quadrates entsprechen. Das hat eine „Steuerung“ des Feldverlaufes zur Folge.

Anmerkung: Das gleiche Verfahren läßt sich auf das Studium der Wirksamkeit von Mehrfach-Erdern, des Durchgriffes eines elektrischen Feldes durch die Maschen eines Schirmgitters o. dgl. anwenden.

Aufgabe VIII—01: Untersuchung einer Summenschaltung mit Stromwandlern

Übungsziel: Geometrische Addition von Strömen durch Parallelschalten der Sekundärwicklungen von Stromwandlern. Anpassung mittels Zwischenwandler (Summenwandler). Fehler der Schaltung. Anteil des Summenwandlers an der Bürde der Hauptwandler.

Meßschaltung. Die Meßaufgabe gliedert sich in die Veranschaulichung der Wirkungsweise einer Summenschaltung und in eine Untersuchung der bei einer solchen auftretenden, zusätzlichen Fehler.

Zum Studium einer Summenschaltung mit Stromwandlern ist ein Versuchsaufbau gemäß Abb. 446 gut geeignet. Für ihn benötigt man:

3 Stelltransformatoren 220/0···220 V etwa 500 VA in Sparschaltung
3 Stromtransformatoren 220/2,2/1,1 V, 0,5/50/100 A
1 Stromwandler 100/5 A Kl. 0,5 etwa 30 VA
2 dsgl. 50/5 A
3 Zwischenwandler zur Anpassung und zur Summenbildung, primärseitig umschaltbar 20 und 10/5 A
4 Strommesser 5 A
4 Meßwiderstände 6 A 0,1 Ω zum Anschluß des AEG-Vektormessers
1 AEG-Vektormesser zur Aufnahme des Stromdiagrammes

Der Stelltransformator $Tr\,1$ wird nach Abb. 446a—c zwischen S und Mp des Drehstromnetzes geschaltet, die beiden anderen Stelltransformatoren können zwischen einen beliebigen Leiter und Mp gelegt werden. Dadurch kann man Phasenverschiebungen von etwa 60° bzw. 120° zusätzlich zu einer beliebig wählbaren Größenverstellung der Stromkomponenten hervorrufen.

Der Meßkreis I liegt in einem 100 A-Abzweig, die Meßkreise II und III liegen in Abzweigen für 50 A. Dementsprechend sind für die Hauptstromwandler $W\,1$, $W\,2$ und $W\,3$ die Übersetzungsverhältnisse 100/5 bzw.

38*

50/5 gewählt worden. Die Meßgeräte *A* 1 bis *A* 3 zeigen je 5 A an, wenn auf den Primärseiten der Wandler der Nennstrom fließt.

Man kann die Sekundärwicklungen der Wandler nicht ohne weiteres zusammenschalten; die Summenanzeige wäre dann nicht eindeutig. Wäre z. B. *Tr 1* abgeschaltet und die Meßkreise II und III voll belastet, so flössen bei Phasengleichheit der Ströme im Summenzweig $5 + 5 = 10$ A,

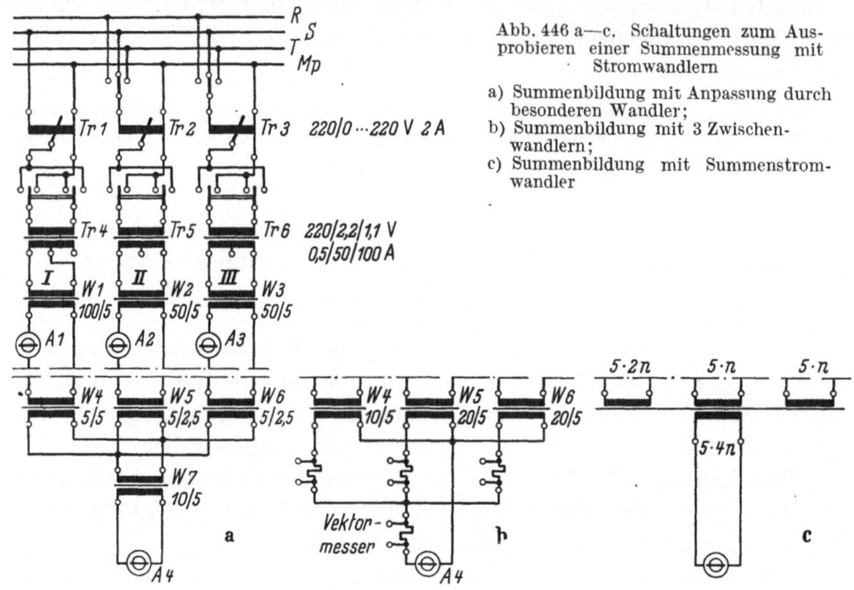

Abb. 446 a—c. Schaltungen zum Ausprobieren einer Summenmessung mit Stromwandlern

a) Summenbildung mit Anpassung durch besonderen Wandler;
b) Summenbildung mit 3 Zwischenwandlern;
c) Summenbildung mit Summenstromwandler

welche primärseitig $50 + 50 = 100$ A repräsentieren. Wären andererseits I und III in Betrieb und *Tr 2* abgeschaltet, so würde sich der Summenstrom von 10 A bei $100 + 50 = 150$ A ergeben. Es muß also das Übersetzungsverhältnis jedes Wandlers berücksichtigt werden. In Abb. 446 a geschieht das mit Hilfe der Zwischenwandler *W 4* bis *W 6*. Die Sekundärströme der Wandler *W 2* und *W 3* werden entsprechend dem Gewicht ihres Nennübersetzungsverhältnisses gegenüber dem des Wandlers *W 1* herabtransformiert. Bei voller Auslastung aller drei Meßkreise durch phasengleiche Ströme fließen nunmehr in der Summenschaltung 10 A, welche die primäre Stromsumme von $100 + 50 + 50 = 200$ A richtig wiedergeben. Um genormte Strommesser anschließen zu können, setzt man mit Hilfe des Summenstromwandlers *W 7* den Summenstrom von 10 A nochmals auf 5 A herab. Die Angaben des im Sekundärkreis von *W 7* liegenden Meßgerätes sind mit dem Nennübersetzungsverhältnis der ganzen Anlage, also $200/5 = 40$ zu multiplizieren.

Es zeigt sich, daß man den Wandler *W 7* einsparen kann, wenn man die Übersetzungsverhältnisse von *W 4* bis *W 6* verdoppelt (Schaltung Abb. 446 b). In dieser Schaltung fließt in *A 4* ein Strom von 5 A, wenn die

Stromsumme primärseitig 200 A beträgt. Die Sekundärwicklungen von
W 4 bis *W 6* sind parallelgeschaltet; es wird also in den drei Eisenkernen
derselbe Fluß erzwungen. Man könnte sich daher die Eisenkerne und
die Sekundärwicklungen
vereinigt denken. So ge-
langt man zu den in der
Praxis üblichen Sum-
menwandlern (Schal-
tung Abb. 446c), bei
denen auf *einen* Eisen-
kern die Sekundärwick-
lung mit ihren Nenn-
amperewindungen bei
5 A einerseits, die drei
Primärwicklungen an-
dererseits wirken. Die
Summe der Primär-
durchflutungen ist gleich
der Durchflutung der Se-
kundärwicklung. Ferner
stehen die Primärdurch-
flutungen zueinander im
selben Verhältnis wie
die Nennübersetzungs-
verhältnisse der Haupt-
wandler. Da alle Se-
kundär-Nennströme der
Hauptwandler 5 A be-
tragen, muß die Anpas-
sung mit der Windungs-
zahl erfolgen. In Schal-
tung Abb. 446b kommt
das deutlich dadurch
zum Ausdruck, daß von
den drei gleichen Wand-
lern *W 4* bis *W 6* der
Wandler *W 4* primär-
seitig mit 10/5 A die
doppelte Windungszahl
aufweist wie die beiden
anderen mit 20/5 A.

Wegen der Parallel-
schaltung der Sekundär-

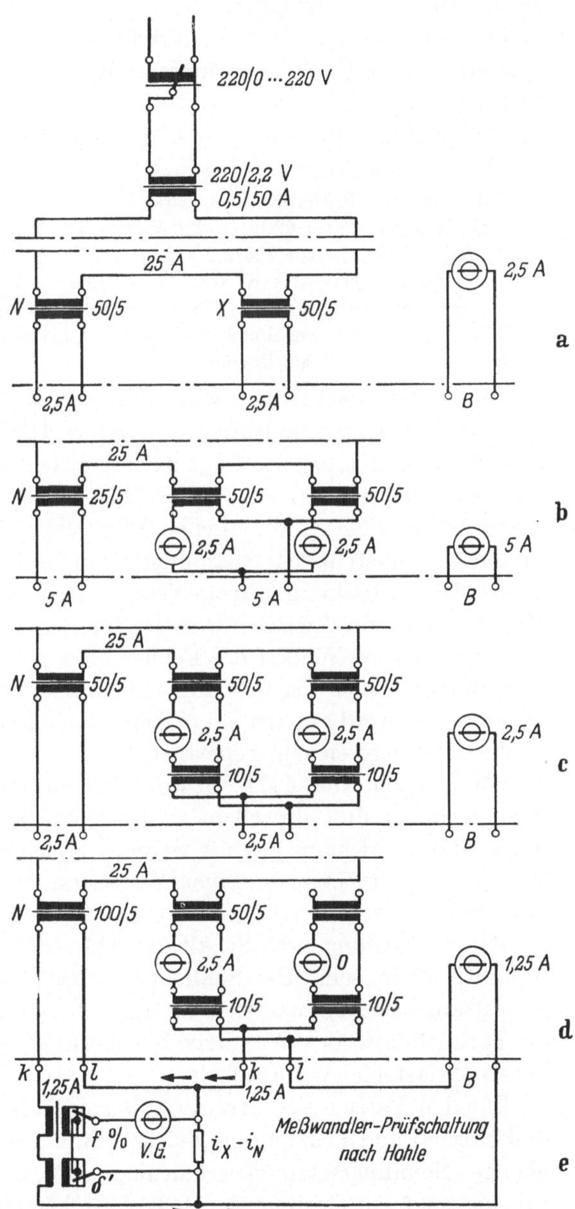

Abb. 447 a—e. Prüfen einer Summenschaltung
aus Stromwandlern mit der Meßeinrichtung nach Hohle

seiten hat die Summenschaltung mit Stromwandlern einen erhöhten Magnetisierungsbedarf, auch wenn nur einer der Hauptwandler primärseitig erregt wird. Außerdem wird durch den Summenwandler die Bürde eines jeden Hauptwandlers erhöht; hierbei wirken nicht nur innere und äußere Bürden des Sekundärkreises, sondern auch die primären Streuungen und Wicklungswiderstände als Bürden für die Hauptwandler (vgl. Kap. VII).

Zur Nachprüfung der durch die Schaltung bedingten Fehler verwendet man die Prüfschaltungen Abb. 447 a—e. Hierfür werden benötigt:

1 Meßwandler-Prüfeinrichtung nach HOHLE
1 Stelltransformator 220/0···220 V etwa 500 VA in Sparschaltung
1 Stromtransformator 220/2,2 V 0,5/50 A
2 Stromwandler 50/5 A Kl. 0,5 als Prüflinge
2 Summenwandler 10/5 A   (Präzisionswandler Kl. 0,1)
1 Normalwandler umschaltbar 100/50/25/10 A auf 5 A
3 Strommesser 5 A als Bürden

Die Summenschaltung wird mit einem Normalwandler gleichen Nennübersetzungsverhältnisses verglichen. Die Messung in der Schaltung Abb. 447 e nach HOHLE erfolgt nach dem Differenzverfahren durch Vergleich der Sekundärströme (vgl. S. 297). Der Ausschlag des am Differenzzweig arbeitenden empfindlichen Vibrationsgalvanometers kann durch Zuschalten einstellbarer Spannungen auf Null gebracht werden, die von der Sollgröße (Sekundärstrom des Normalwandlers) abgeleitet werden. Hierzu dient ein Zwischenwandler für den Betrag und ein Lufttransformator für den Winkel des Fehlers. Die genauere Wirkungsweise der Meßeinrichtung ist den Abb. 216—218 auf S. 297 ff. zu entnehmen.

Zunächst werden nach Schaltung Abb. 447 a Fehler und Fehlwinkel beider Prüflinge einzeln gemessen. Dann untersucht man die Summenschaltung nach Abb. 447 b, in welcher kein Summenwandler verwendet wird. Den Einfluß desselben erhält man nach Schaltung Abb. 447 c. Nach Abb. 447 d kann geprüft werden, welche Fehler durch das rückwärtige Magnetisieren des einen Wandlers, der primär unerregt bleibt, entstehen.

Bei der Messung nach Schaltung Abb. 447 d muß der Wandler II an K und L offen sein. Bei Schließung über den niederohmigen Versorgungstransformator würde sich auch bei $J_{1_{II}} = 0$ dieser Widerstand als Parallelbürde des Wandlers I bemerkbar machen und einen erheblichen Minusfehler verursachen.

Für den Betrieb der Stromwandlerprüfeinrichtung ist zu beachten, daß Normal und Prüfling im gleichen Sinn geschaltet werden und auch gleiche Nennübersetzungsverhältnisse haben müssen. Bei Fehlschaltungen zeigt ein Grobmeßgerät die bestehende Unstimmigkeit an; man achte daher beim Inbetriebnehmen zunächst auf dieses Gerät, ehe man das empfindliche Vibrationsgalvanometer zuschaltet. Der Abgleich erfolgt durch wechselweises Bedienen der beiden Kompensatoren für $f\%$ und δ', wobei nacheinander das Vibrationsgalvanometer empfindlicher zu stellen ist.

Meßergebnisse. Abb. 448 zeigt ein mit der Betriebsschaltung Abb. 446 b aufgenommenes Diagramm. Das Diagramm ist auf den Strom im Kreis I bezogen. Zu diesem Zweck stellt man den Meßkopf des Vektormessers zunächst auf 90° und richtet das Meßgerät so ein, daß der Ausschlag

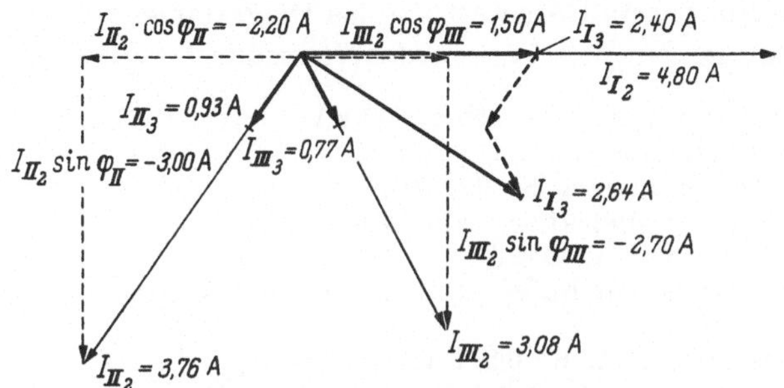

Abb. 448. Diagramm einer Summenmessung mit Stromwandlern, aufgenommen mit dem AEG-Vektormesser

für den Spannungsabfall von J_I am Nebenwiderstand Null wird (Vorsicht! Meßwerk nicht durch Wahl zu großer Empfindlichkeit überlasten!). Dann zeigt der Vektormesser bei Stellung des Meßkopfes auf 0° den vollen Strom J_I an. Schaltet man nun auf die anderen Meßstellen über, so werden die Komponenten $J_{II} \cdot \cos\varphi_{II}$ bzw. $J_{III} \cdot \cos\varphi_{III}$ angezeigt. φ_{II} bzw. φ_{III} sind die Phasenverschiebungen der Ströme in II und III gegen den Strom in I. Die sin-Komponenten erhält man durch Zurückstellen des Meßkopfes um 90°. Bei gleichsinnigem Anschluß findet man bei Drehung im Uhrzeigersinn positive Werte, wenn der Strom der Bezugsgröße *voreilt*.

Auswertung. Die in der Prüfschaltung Abb. 447 gemessenen Fehler enthält die Tab. 55.

Tabelle 55. *Fehlermessungen an Summenschaltungen mit Stromwandlern*

Schaltung Abb.	Prüfling Nr.	Bürde	J_1 A	J_2 A	$f\%$	δ'
1a	I 50/5 A		25	2,5	0,220	7,6
1a	II 50/5 A	in jedem	25	2,5	0,230	7,0
1b	I u. II parallel	Strom-	2×25	5,0	0,080	15,0
1c	I u. II über Ia u. IIa parallel	kreis sek. 1,25 Ω	2×25	2,5	0,224	14,7
1d	I u. II über Ia u. IIa parallel, II primärs. offen		1×25	1,25	0,197	16,0

J_1: Belastung des Primär-Stromkreises J_2: sekundärer Meßstrom

Aufgabe IX - 01: Messung der Kurvenform, des Effektivwertes und der Grundwelle eines stark verzerrten Wechselstromes mit dem AEG-Vektormesser

Übungsziel: Gebrauch des Vektormessers als integrierendes Meßgerät in Differenzierschaltungen zur Bestimmung von Augenblickswerten. Eliminierung bestimmter Oberwellen. Darstellung des Kurvenverlaufes in Polarkoordinaten und Auswertung des Diagrammes.

Meßschaltung. Zur Messung wurden verwendet:

1 Stelltransformator 220/0 ⋯ 250 V, 500 VA
1 Stromtransformator 220/11 V, 0,5/10 A
1 Weicheisen-Strommesser Kl. 0,5, 60/300 mA
1 Normal der Gegeninduktion 1 A, 0,01 H
1 Nebenwiderstand 3 A, 60 mV
1 Kleinoszillograph mit Kathodenstrahlrohr und Y-Verstärker
1 AEG-Vektormesser II
1 Stromwandler 50/1 A, Kl. 0,2, 5 VA als Prüfling

Abb. 449 zeigt die Versuchsschaltung. Der Prüfling besitzt einen Ringbandkern aus hochpermeablem Werkstoff. Mit dem Vektormesser wurde der Strom einmal direkt über die Klemmen ,,J'' gemessen, zum zweiten über die Klemmen ,,U'' unter Zwischenschaltung eines Lufttransformators mit genau bekanntem Koeffizienten der Gegeninduktion. Der Kathodenstrahloszillograph diente lediglich zur qualitativen Beurteilung des Kurvenverlaufes.

Theorie der Messung. Der Vektormesser ist ein Drehspulgerät mit einstellbarem, mechanischem Gleichrichter (vgl. Abb. 232, S. 309). Das Gerät wird hauptsächlich zur Bestimmung des Effektivwertes und der Phasenlage von Wechselstromgrößen verwendet. Zwar könnte man dasselbe auch mit Hilfe normaler Effektivwertmesser für Strom und Spannung in Verbindung mit einem Leistungsmesser erreichen. Die letztgenannten Geräte messen sogar bei verzerrtem Kurvenverlauf den Effektivwert der Meßgrößen richtig. Jedoch wird dann das Zeichnen eines Diagrammes durch die Tatsache erschwert bzw. in besonderen Fällen unmöglich gemacht, daß alle Zeigerdiagramme nur für sinusförmig verlaufende Größen, und nicht für die Effektivwerte verzerrter Ströme und Spannungen gelten. In solchen Fällen ist der Vektormesser als bequem zu handhabendes Gerät unentbehrlich, da man mit seiner Hilfe Oberwellen in einem für die Zeichnung des Diagrammes ausreichenden Maße ausschalten kann.

Eine zweite, wichtige Anwendung nutzt die Massenträgheit des Drehspulmeßwerkes aus, welches Mittelwerte der periodisch veränderlichen Meßgröße anzeigen, d. h. die Meßgröße ,,integrieren'' kann (vgl. S. 313). Der Vektormesser bietet die Möglichkeit, dieses Integral über beliebige

Abschnitte der periodisch verlaufenden Funktion zu bilden. Auf Grund dieser Eigenschaft kann der Vektormesser zusammen mit einer Schaltung, in der das Differential der Meßgröße gebildet wird, Augenblickswerte des Kurvenverlaufes messen, wobei allerdings vorauszusetzen ist, daß der Vorgang „symmetrisch" zur Zeitachse verläuft. Das ist bei Problemen der Starkstromtechnik aber fast immer der Fall. In dieser Anwendung kann der Vektormesser andere Meßgeräte wie z. B. Scheitelwertmesser und Oszillograph, ersetzen[1]. Oftmals ist er diesen Geräten an Genauigkeit überlegen.

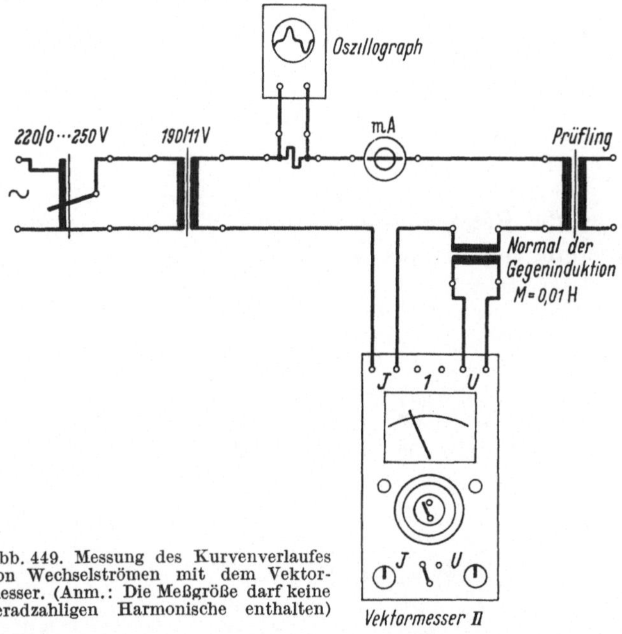

Abb. 449. Messung des Kurvenverlaufes von Wechselströmen mit dem Vektormesser. (Anm.: Die Meßgröße darf keine geradzahligen Harmonische enthalten)

Andererseits ist die Anzeige des Vektormessers wie bei jedem Gleichrichtergerät formfaktorabhängig, da die Skale des Gerätes in Effektivwerten einer sinusförmig verlaufenden Meßgröße „geeicht" ist.

1. Messung der Kurvenform eines Magnetisierungsstromes. Für das gemäß Abb. 449 geschaltete Normal der Gegeninduktion gilt

$$e_2 = -M \cdot \frac{di_1}{dt}$$

Es darf vorausgesetzt werden, daß das GI-Normal ideale Kopplung zwischen beiden Spulen besitzt; dann gibt es keine Streuung, und die Spannung an den „U"-Klemmen des Vektormessers ist nur um den

---

[1] Über den Einfluß von Einsattelungen im Kurvenverlauf auf die Genauigkeit der Anzeige von Scheitelwertmessern vgl. S. 315.

Spannungsabfall im Innenwiderstand der Sekundärspule vermindert:

$$u_2 = \frac{R_{instr}}{R_{sp} + R_{instr}}\, e_2$$

Hierin bedeuten R_{instr} den Gesamtwiderstand des Spannungsmeßpfades einschl. Vorwiderstand und R_{sp} den Ohmschen Widerstand der Sekundärspule des GI-Normals.

Der Ausschlag α des Vektormessers ist von der Einstellung ωt des Meßkopfes abhängig. Da die Skale mit einer sinusförmigen Spannung „geeicht" worden ist, gilt beim Anlegen einer nicht sinusförmigen Spannung u_2

$$\frac{1}{T} \int\limits_{t-\frac{T}{4}}^{t+\frac{T}{4}} u_2\, dt = k_U \cdot \alpha \cdot \frac{\sqrt{2}}{\pi}$$

Hierin ist k_U die Gerätekonstante in mV/Skt. Hat u_2 sinusförmigen Verlauf, so ergibt sich hieraus

$$\hat{u}_2 \cdot \frac{1}{\omega T} \cdot \int\limits_{\omega T-\frac{\pi}{2}}^{\omega t+\frac{\pi}{2}} \cos \omega t \cdot d\,(\omega t) = k_U \cdot \alpha\, \frac{\sqrt{2}}{\pi}$$

und wegen $\omega T = 2\,\pi$ gilt für $\omega t = 0$; $\alpha = \alpha_0$

$$\hat{u}_2 = k_U \cdot \alpha_0 \cdot \sqrt{2}$$

oder

$$k_U \cdot \alpha_0 = \text{,,}U_{2eff}\text{``} = \frac{\hat{u}_2}{\sqrt{2}}$$

Mit „$U_{2\,eff}$" ist hierbei der Eichwert der Sinusspannung gemeint, der bei derselben Einstellung des Vektormessers den gleichen Ausschlag verursachen würde.

Im vorliegenden Fall gilt

$$u_2 = -M \cdot \frac{R_{instr}}{R_{sp} + R_{instr}} \cdot \frac{d\,i_1}{d\,t}$$

Hieraus ergibt sich

$$-\frac{1}{T} \cdot M \cdot \frac{R_{instr}}{R_{sp} + R_{instr}} \cdot \int\limits_{t-\frac{T}{4}}^{t+\frac{T}{4}} \frac{d\,i_1}{d\,t} \cdot d\,t = k_U\, \alpha\, \frac{\sqrt{2}}{\pi}$$

$$\frac{\omega M}{2} \cdot \frac{R_{instr}}{R_{sp} + R_{instr}} \cdot \left| i_1(t) \right|_{t+\frac{T}{4}}^{t-\frac{T}{4}} = k_U \cdot \alpha \cdot \sqrt{2}$$

Bei symmetrisch zur Zeitachse verlaufenden Meßgrößen gilt nach Abb. 234 S. 311

$$i_1\left(t + \frac{T}{4}\right) = -i_1\left(t - \frac{T}{4}\right)$$

Es ergibt sich damit

$$i_1\left(t - \frac{T}{4}\right) = \frac{\sqrt{2}}{\omega M}\cdot\left(1 + \frac{R_{sp}}{R_{instr}}\right)\cdot k_U\cdot\alpha$$

d. h. bei der Einstellung ωt wird der um $\dfrac{T}{4}$ oder $\dfrac{\pi}{2}$ zurückliegende Augenblickswert der Meßgröße angezeigt.

2. Messung des Grundwellen-Anteiles. Zur Messung des Grundwellengehaltes führt man die Meßgröße dem Vektormesser unmittelbar zu (im vorliegenden Fall Anschluß an „J"). Da aber hier der Formfaktor erheblich von dem für die Eichung geltenden Wert von 1,1107 abweicht, kommt eine unmittelbare Verwertung der Anzeige nicht in Frage.

Um Oberwellen auszuschalten, bietet der Vektormesser zwei Möglichkeiten:

a) Beseitigung des Einflusses der Oberwelle durch passende Wahl der Schließzeit (vgl. S. 309); auf diesem sehr bequemen Wege läßt sich allerdings nur *eine* Oberwelle eliminieren.

b) Ersatz der Ablesung bei der Einstellung ωt des Meßkopfes durch zwei symmetrisch liegende Ablesungen $\omega t \pm \dfrac{1}{n}\cdot 90°$ und Bildung des Mittelwertes. Dieses Verfahren läßt sich wiederholen; so muß man zur Beseitigung von zwei Harmonischen vier Messungen, von drei Harmonischen acht Messungen usw. machen.

Im vorliegenden Fall empfiehlt es sich, die 7. Harmonische durch Einstellen einer dem Winkel $180° - 2\beta = 154,3°$ entsprechenden Kontaktschließzeit nach dem Verfahren a) zu eliminieren. Der genannte Wert stellt genau 6/7 einer Halbwelle der Grundschwingung dar. An der Mittelwertbildung des Drehspulmeßwerkes ist also die 7. Harmonische mit drei positiven und drei negativen Halbwellen beteiligt, d. h. ihr Einfluß fällt vollständig heraus. Allerdings wird auch bei der Grundwelle nicht der der vollen Halbschwingung entsprechende Wert angezeigt, sondern nur ein mit einem Faktor $\xi < 1$ verminderter Anteil. Es ist

$$\xi_{1_{154,3}} = \int\limits_{-\frac{6}{7}\cdot\frac{\pi}{2}}^{+\frac{6}{7}\cdot\frac{\pi}{2}} \cos\omega t\cdot d(\omega t) \quad : \quad \int\limits_{-\frac{\pi}{2}}^{+\frac{\pi}{2}} \cos\omega t\cdot d(\omega t)$$

$$= \frac{2\sin 77,14°}{2} = 0,975$$

Zur Beseitigung der 3. und 5. Harmonischen wurde das unter b) genannte Verfahren (*Vierpunktmessung*) angewendet. Bei beliebiger Einstellung der Kontaktzeit auf $180° - 2\beta$ integriert der Vektormesser zwischen $\omega t - 90° + \beta$ und $\omega t + 90° - \beta$, wenn der Meßkopf auf ωt eingestellt ist. An Stelle bei ωt wird bei den Einstellungen $\omega t \pm 30°$ gemessen und der Mittelwert der Ablesungen $\alpha_{+30°}$ und $\alpha_{-30°}$ gebildet. Dann erhält man einen Grundwellenfaktor

$$\xi_{1_{30°}} = \frac{1}{2}\left[\int\limits_{\omega t + \beta - 60°}^{\omega t - \beta + 120°} \cos\omega t \cdot d(\omega t) + \int\limits_{\omega t + \beta - 120°}^{\omega t - \beta + 60°} \cos\omega t \cdot d(\omega t)\right] : \left[\int\limits_{\omega t + \beta - 90°}^{\omega t - \beta + 90°} \cos\omega t \cdot d(\omega t)\right] =$$

$$\frac{1}{2}\frac{\sin(\omega t - \beta + 120°) - \sin(\omega t + \beta - 60°) + \sin(\omega t - \beta + 60°) - \sin(\omega t + \beta - 120°)}{\sin(\omega t - \beta + 90°) - \sin(\omega t + \beta - 90°)}$$

Hieraus ergibt sich nach Anwendung der Additionstheoreme

$$\xi_{1_{30°}} = \frac{1}{2}\frac{4\cos\beta\cos 30°\cos\omega t}{2\cos\beta\cos\omega t}$$

$$= \cos 30°$$

Bezüglich der 3. Harmonischen wird die Rechnung mit $3\,\omega t$ als Funktionsargument wiederholt. Es ergibt sich

$$\xi_{3_{30°}} = \cos 3 \cdot 30° = \cos 90° = 0$$

d. h. die 3. Harmonische, und zugleich mit ihr die 9., 15. usw. fallen heraus.

Die 5. Harmonische beseitigt man dadurch, daß jede der beiden Messungen $\omega t \pm 30°$ nochmals durch zwei um $\pm 18°$ verschobene Ablesungen ersetzt wird. Es ergibt sich dann

$$\xi_{1_{18°}} = \cos 18°$$

und wiederum

$$\xi_{5_{18°}} = \cos 5 \cdot 18° = \cos 90° = 0$$

Unter Anwendung aller dieser Maßnahmen ergibt sich für jeden Bezugswert ωt der Meßkopfeinstellung ein von den 3., 5., 7. und 9. Harmonischen befreiter Meßwert. Er enthält neben der Grundwelle nur noch Teile der 11. und 13. Harmonischen:

$$\alpha^{IV} = \frac{1}{0{,}975} \cdot \frac{1}{\cos 30°} \cdot \frac{1}{\cos 18°} \cdot \frac{\alpha_{-48°} + \alpha_{-12°} + \alpha_{12°} + \alpha_{48°}}{4} \approx \alpha_{50\,\text{Hz}}$$

Wegen der Eichung des Gerätes in Effektivwerten eines sinusförmigen Stromes ist

$$i^{IV} = k_J \cdot \sqrt{2} \cdot \alpha^{IV}$$

Hierin bedeutet k_J die Gerätekonstante in mA/Skt. Bezeichnet man mit

$$\Sigma^{IV}(\alpha) = \alpha_{-48°} + \alpha_{-12°} + \alpha_{12°} + \alpha_{48°}$$

die Summe der für den Bezugswert ωt geltenden Ablesungen der Vierpunktmessung, so ist schließlich

$$i^{\mathrm{IV}} = 0{,}440 \cdot k_J \cdot \textstyle\sum^{\mathrm{IV}}(\alpha)$$

Durchführung der Messung. Der Vektormesser ist ein wertvolles Gerät, das durch Unachtsamkeit leicht beschädigt werden kann. Er kann wie ein Leistungsmesser durch Überlastung zerstört werden, ohne daß das eingebaute Meßwerk den Gefahrenzustand durch ein übermäßig starkes Drehmoment zur Kenntnis des Beobachters bringt. Man muß beim Überschalten von einem größeren auf einen kleineren Meßbereich sich durch Drehen des Meßkopfes davon überzeugen, daß an *keiner* Stelle der Ausschlag unzulässig groß wird. Vor allem sollte die Regel beachtet werden, nach dem Gebrauch Meßartwähler und Empfindlichkeitssteller auf die größten Meßbereiche sowie auf „Spannung" zu stellen. Ebenso sollte man sich *vor* Einschalten des Gerätes in den Versuch davon überzeugen, daß die Bedienungsschalter auf diesen Einstellungen stehen. Man vermeide auch, die Meßgrößen bei stillstehendem Gleichrichter auf das Gerät zu schalten; das Gerät kann, wenn der Kontakt zufälligerweise geschlossen ist, nichts anzeigen und dabei doch durch Überlastung zerstört werden.

Im übrigen sollte man streng die Bedienungsanleitung beachten, solange man das Gerät noch nicht genau kennt.

Meßergebnis. Das Ergebnis der Messungen an dem Stromwandler zeigt Tab. 56. Der Bezugswert ωt der Einstellungen wurde zwischen

Tabelle 56. *Messung der Kurvenform und des Grundwellenanteils eines verzerrten Wechselstromes mit dem AEG-Vektormesser in der Differenzierschaltung und nach der Vierpunktmethode*

| ωt | α | $i_1\!\left(t-\dfrac{T}{4}\right)$ | ωt | | | | α_{-48} | α_{-12} | α_{12} | α_{48} | $\sum^{\mathrm{IV}}(\alpha)$ | i_1^{IV} |
| | | | -48 | -12 | $+12$ | $+48$ | | | | | | |
°	Skt	mA	°	°	°	°	Skt	Skt	Skt	Skt	Skt	mA
-90	-6	$-3{,}5$	42	78	-78	-42	-35	-42	-43	-39	-159	$-35{,}0$
-80	-5	$-3{,}0$	52	88	-68	-32	-38	-42	-43	-35	-158	$-34{,}8$
-70	-2	$-1{,}2$	62	-82	-58	-22	-39	-42	-43	-26	-150	$-33{,}1$
-60	3	$1{,}8$	72	-72	-48	-12	-42	-42	-42	-15	-141	$-31{,}1$
-50	13	$7{,}7$	82	-62	-38	-2	-42	-43	-39	-3	-127	$-28{,}0$
-40	29	$17{,}1$	-88	-52	-28	8	-43	-42	-31	9	-107	$-23{,}6$
-30	52	$30{,}7$	-78	-42	-18	18	-43	-39	-22	19	-85	$-18{,}7$
-20	79	$46{,}6$	-68	-32	-8	28	-43	-35	-10	27	-61	$-13{,}4$
-10	106	$62{,}5$	-58	-22	2	38	-42	-26	2	32	-34	$-7{,}5$
0	103	$60{,}8$	-48	-12	12	48	-42	-15	13	37	-7	$-1{,}5$
10	70	$41{,}3$	-38	-2	22	58	-39	-3	25	39	22	$4{,}9$
20	41	$24{,}3$	-28	8	32	68	-31	9	31	39	48	$10{,}6$
30	25	$14{,}8$	-18	18	42	78	-22	19	35	40	72	$15{,}9$
40	17	$10{,}0$	-8	28	52	88	-10	27	38	42	97	$21{,}4$
50	12	$7{,}1$	2	38	62	-82	2	32	39	42	115	$25{,}3$
60	9	$5{,}3$	12	48	72	-72	13	37	42	42	134	$29{,}5$
70	8	$4{,}7$	22	58	82	-62	25	39	42	43	149	$32{,}8$
80	6	$3{,}5$	32	68	-88	-52	31	39	43	42	155	$34{,}2$

— 90° und + 90° von 10° zu 10° geändert. Die Vierpunktmessung erforderte, wie sich aus der Tabelle ergibt, nicht 72, sondern nur 36 Ablesungen, da jede Ablesung bei der Summenbildung zweimal berücksichtigt werden kann.

Bei der Augenblickswertmessung wurde der Bereich 150 mV mit $k_U = 1$ mV/Skt gewählt. Ferner war gegeben:

$$\omega = 314 \text{ s}^{-1}$$
$$M = 0{,}01 \ \Omega \text{ s}$$
$$R_{sp} = 7{,}0 \ \Omega$$
$$R_{instr} = 22{,}5 \ \Omega$$

Hieraus ergab sich

$$i_1\left(t - \frac{T}{4}\right) = 0{,}590 \cdot \alpha \ \text{ mA}$$

Die Vierpunktmessung wurde im 50 mA-Bereich vorgenommen ($k_J = 0{,}5$ mA/Skt). Demnach war

$$i_1^{IV} = 0{,}220 \cdot \Sigma^{IV}(\alpha) \ \text{ mA}$$

Auswertung. Abb. 450 zeigt die Darstellung der in Tab. 56 enthaltenen Werte für i_1 und i_1^{IV}. Die Abweichung vom sinusförmigen Verlauf ist erheblich.

Stellt man die Meßergebnisse in Polarkoordinaten dar (Abb. 451), so erhält man geschlossene Kurven. Im Falle der Vierpunktmessung ergibt die Kurve für i_1^{IV} annähernd einen Kreis. Die Abweichungen von der genauen Kreisform, die für sinusförmigen Verlauf gilt, sind auf die restlichen Oberwellen zurückzuführen.

Die im Polardiagramm von jeder Kurve umschlossene Fläche ergibt sich zu

$$F = \int\limits_0^\pi dF = \int\limits_0^\pi \frac{1}{2} \, i(\omega t) \cdot i(\omega t) \, d(\omega t) \cdot \frac{1}{2} \int\limits_0^\pi i^2(\omega t) \cdot d(\omega t)$$

Nun ist bekanntlich

$$J_{\text{eff}} = \sqrt{\frac{1}{\pi} \int\limits_0^\pi i^2(\omega t) \cdot d(\omega t)}$$

als Effektivwert definiert. Man erhält also allgemein

$$J_{\text{eff}} = \sqrt{\frac{2}{\pi} \cdot F}$$

Im Falle des harmonischen Verlaufes $i = \hat{\imath} \cos \omega t$ ergibt sich in der Polardarstellung aus dem hierfür geltenden Kreis

$$F = \frac{\pi}{4} \, \hat{\imath}^2$$

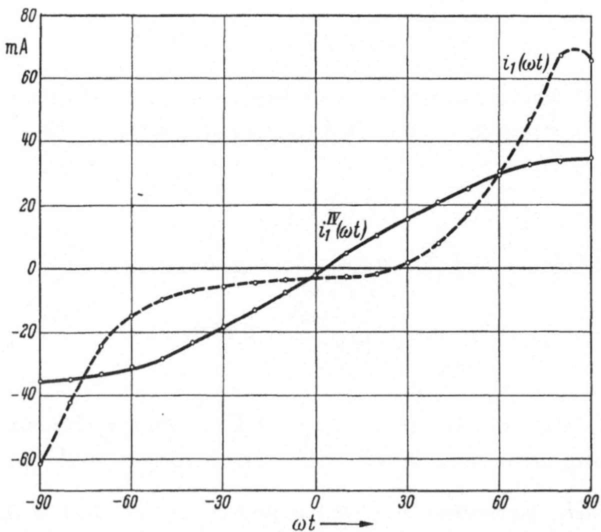

Abb. 450. Ergebnis der Messung an einem Transformator mit hochgesättigtem Eisenkern

$i_1(\omega t)$ Stromverlauf-Messung mit dem Vektormesser über ein Normal der Gegeninduktion;

$i_1^{IV}(\omega t)$ Vierpunktmessung; Kontaktschließdauer 154,3°, Eliminierung aller Oberwellen bis zur 9. Harmonischen

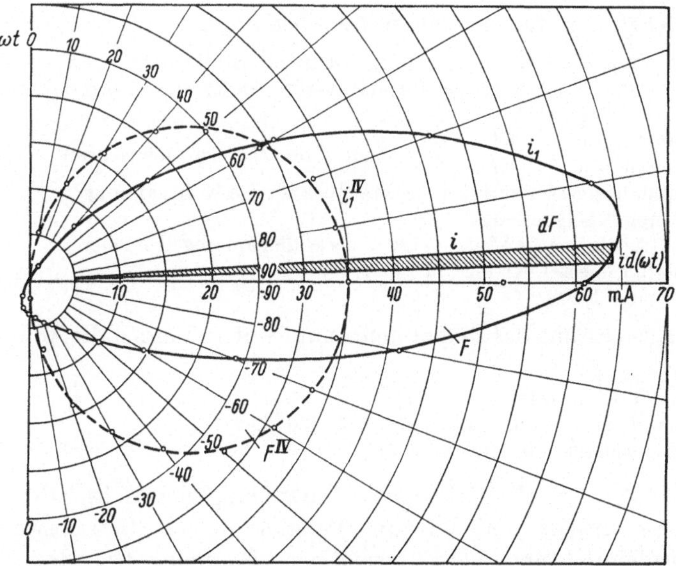

Abb. 451. Darstellung der Meßergebnisse aus Abb. 450 in Polarkoordinaten
(i_1 bzw. i_1^{IV} vgl. Abb. 450)

und damit die bekannte Beziehung

$$J_{\text{eff}} = \frac{1}{\sqrt{2}}\,\hat{\imath}$$

Aus Abb. 451 kann sofort der Grundwellengehalt des Stromes durch Ausplanimetrieren der beiden Flächen gefunden werden. Es ist

$$g = \sqrt{\frac{F^{\text{IV}}}{F}}$$

Für das durchgemessene Zahlenbeispiel ergab sich

$$g = \sqrt{\frac{38{,}5\ \text{cm}^2}{49{,}8\ \text{cm}^2}} = 0{,}878$$

Aufgabe X—01: Leistungsmessung in Drehstromsystemen in einer Prüfschaltung mit beliebig einstellbaren Strömen und Spannungen

Übungsziel: Verhalten von Schaltungen mit 2 und 3 Leistungsmessern für Wirk- und Blindleistung bei verschiedenen Betriebszuständen. Einfluß der Phasenfolge auf die Anzeige der Geräte und die Summe der angezeigten Werte. Einfluß der Stromunsymmetrie im Drei- und Vierleiternetz. Einfluß der Unsymmetrie im Spannungsdreieck und Spannungsstern. Schaltung und Prüfung eines Meßsatzes für Wirk- und Blindverbrauch im Dreileiternetz.

Meßschaltung. Zur Messung werden benötigt:

1 Drehstrom-Zählerprüfeinrichtung mit freiem Stationsnullpunkt
1 Drehstrom-Dreileiterzähler für Wirkverbrauch 3×100 V, 5 A
1 dgl. für Blindverbrauch
3 Spannungsmesser Kl. 1 ⎫
3 Strommesser   Kl. 1 ⎭ eingebaut in der Zählerprüfeinrichtung
1 Spannungsmesser geringen Verbrauches für die Nullspannung
1 Sternpunkt-Spannungsteiler
1 Stelltransformator $220/2 \cdots 220$ V als Nullspannungseinsteller
3 Leistungsmesser Kl. 0,2, 75/150 V, 5 A
1 Stoppuhr 1/10 s

Zur Ausmessung des Diagrammes empfiehlt sich ferner die Anwendung von

1 AEG-Vektormesser
1 Vorwiderstand zum Vektormesser für 100 V
3 Nebenwiderstände für 5 A, 60 mV

Abb. 452 zeigt eine prinzipielle Darstellung der Meßschaltung. Die Abbildung enthält nur die zum ·Verständnis der Betriebsweise der Zählerprüfeinrichtung (ZPE) wichtigen Bauteile. Die drei Blöcke „3 -Wattmeter-Meßschaltung“, „Prüfling 1: Wirkverbrauchzähler‘ und „Prüfling 2: Blindverbrauchzähler für positiven Blindstrom“ sind mit

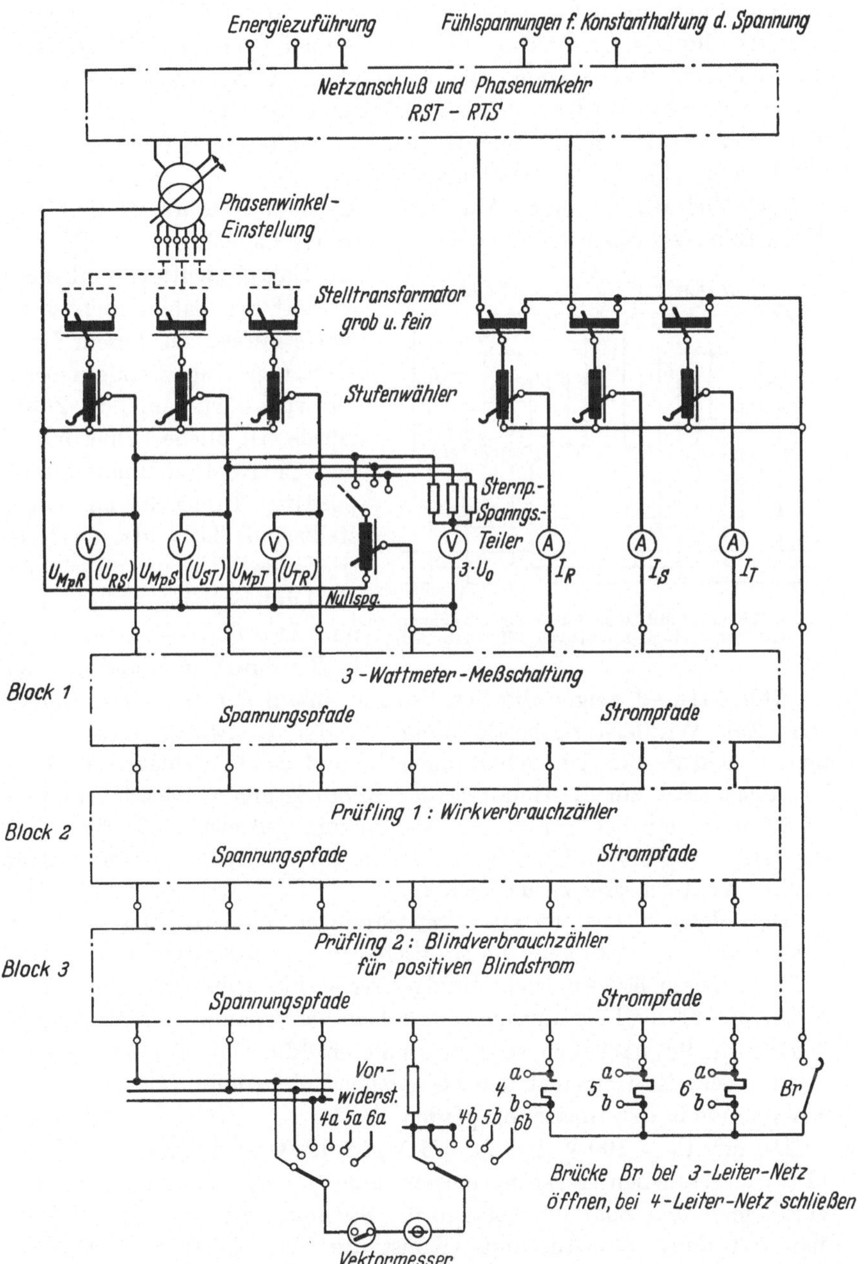

Abb. 452. Versuchsschaltung zum Vergleich von Leistungsmeßverfahren. — Prinzipschaltbild einer Drehstrom-Zählerprüfeinrichtung

den Strommeßpfaden in Reihe, mit den Spannungsmeßpfaden parallel zu schalten und mit den entsprechenden Klemmen der ZPE zu verbinden. Den Abschluß der Schaltung bilden die zum Betrieb des Vektormessers notwendigen Widerstände. Die Verwendung außenliegender Vor- und Nebenwiderstände ist empfehlenswert, weil dann das Anzeigegerät über den Meßkontakt und einen 6-Stellen-Umschalter in gefahrloser Weise direkt angeschlossen werden kann.

Der Meßsatz ist gemäß Abb. 453 zunächst für Verbrauch und positiven Blindverbrauch (Magnetisierungsbedarf) zu schalten. Sollte sich die Energierichtung umkehren, so darf der Zähler nicht rückwärts laufen. Zu diesem Zweck besitzt er eine Rücklaufsperre. Ein rückwärts laufender Zähler würde erhebliche Fehler haben, da seine Abgleichorgane nur für positive Drehrichtung eingestellt sind. Tritt also ein rücktreibendes Moment auf, so bleibt die Läuferscheibe stehen; man muß dann die Anschlüsse sowohl in R als auch in T umtauschen.

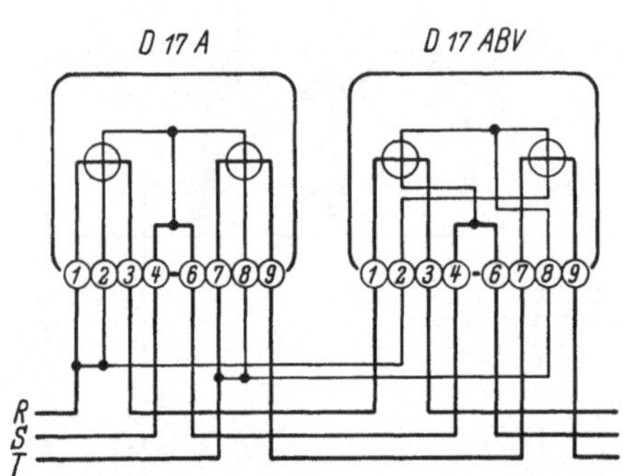

Abb 453. Meßsatz mit Drehstrom-Dreileiter-Zählern für Wirkverbrauch und positiven Blindverbrauch

Abb. 454a—d zeigen die Schaltungen, mit denen gemessen werden soll. Zur Wirkleistungsbestimmung ist die Dreiwattmeterschaltung immer richtig. Bei den Schaltungen b) und d), in welchen die Wirkleistungsmesser zur Bestimmung der Blindleistung verwendet werden, erhält man nur bei Symmetrie des Spannungsdreiecks richtige Meßergebnisse (vgl. Kap. IX); bei schiefem Spannungsdreieck muß man auf den Vektormesser zurückgreifen.

Der Meßsatz besteht aus zweisystemigen Zählern. Der Wirkverbrauchzähler arbeitet nach der Aronschaltung, der Blindverbrauchzähler besitzt inneren 60°-Abgleich. Infolgedessen sind seine Spannungspfade nicht wie bei der Leistungsmesserschaltung an Spannungen anzuschließen, die um 90° nacheilen, sondern an die um 120° nacheilenden Dreieckspannungen. Man erreicht den 60°-Abgleich der Meßwerke durch Vorwiderstände in den Spannungspfaden.

Da mit $U_n = 100$ V und $J_n = 5$ A geprüft wird, können die für die ZPE vorgesehenen Leistungsmesser unmittelbar verwendet werden. Führt man den Spannungspfaden die Spannung $U_n/\sqrt{3}$ zu, so arbeitet man mit dem 75-V-Anschluß (Konstante $C_N = 2{,}5$ W/Skt), bei den Schaltungen mit U_n verwendet man die 150-V-Anzapfung (Konstante $C_N = 5$ W/Skt).

Baut man zur Messung die zur ZPE gehörenden Wattmeter aus, so müssen die von den Promille-Stromwandlern herkommenden Leitungen geschlossen werden. Zur Bedienung der ZPE verfährt man wie folgt: Strom- und Spannungssteller werden bis zum linken Anschlag gedreht. Nach Einschalten der Station lassen sich die Ströme am besten bei Verwendung der ZPE in Vierleiterschaltung einstellen; zu diesem Zweck ist

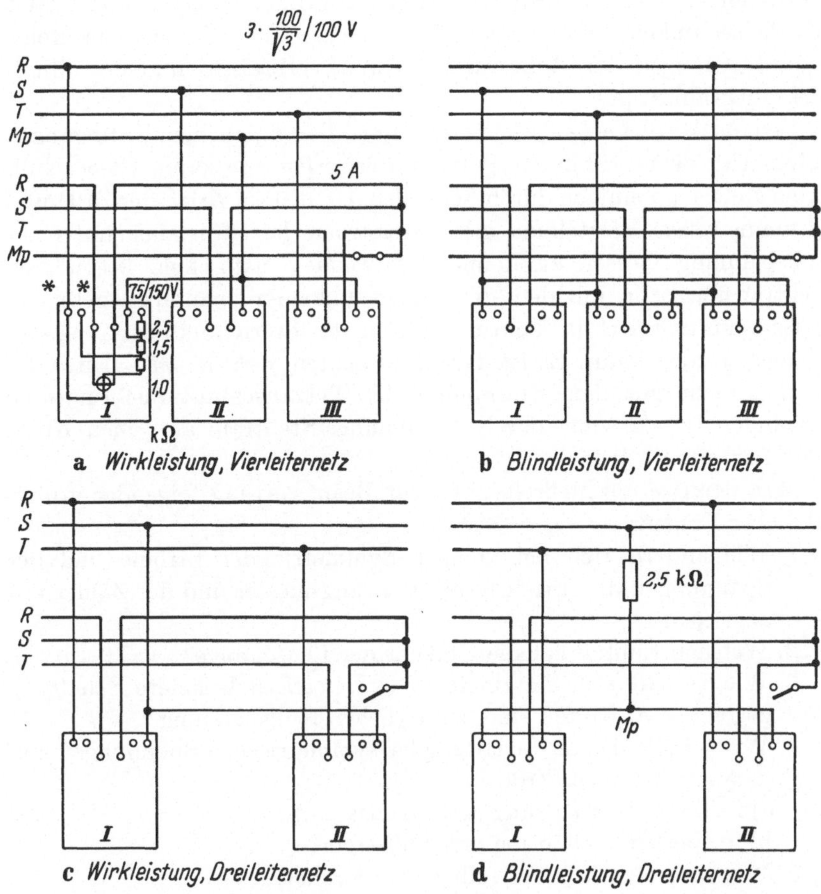

a Wirkleistung, Vierleiternetz   b Blindleistung, Vierleiternetz

c Wirkleistung, Dreileiternetz   d Blindleistung, Dreileiternetz

Abb. 454 a—d. Leistungsmesserschaltungen im Prüfkreis der Zählerprüfeinrichtung

die Brücke *Br* zu schließen. Anderenfalls beeinflußt *ein* Stromsteller die Ströme in allen drei Leitern. Aus ähnlichen Gründen empfiehlt es sich, zunächst die Spannungsmesser des Meßkopfes auf „Stern" zu schalten und mit den Spannungs-Stelltransformatoren $100/\sqrt{3}$ V zwischen den Leitern und *Mp* einzustellen. Anschließend schaltet man auf „Dreieck" und korrigiert die Einstellungen.

Die Messungen beginnt man bei symmetrischem Spannungsdreieck und symmetrischer Belastung im Dreileitersystem. Mit dem Phasensteller werden verschiedene Leistungsfaktoren innerhalb der vier Quadranten des Belastungsdiagrammes eingestellt. Die Angaben der Leistungsmesser und der Zähler werden verglichen, wobei man an den Zählern soviel Umdrehungen beobachten sollte, daß eine Mindeststoppzeit von 50 s entsprechend den Eichanweisungen der PTB innegehalten wird.

Bei einer der Einstellungen mit Wirk- und Blindlast prüfe man mittels des Phasenumkehrschalters der ZPE, welchen Einfluß die Phasenfolge auf die Anzeigen der Meßgeräte, des Wirkverbrauch- und des Blindverbrauchzählers hat.

Sodann wird die Meßschaltung unter allen möglichen Bedingungen untersucht, denen sie in der Praxis unterworfen sein kann. Einen Nullstrom stellt man einfach durch Schließen der Brücke Br an der ZPE und unsymmetrische Einstellung der Leiterströme her. Um auch mit einer Nullspannung messen zu können, verwendet man einen besonderen Stelltransformator, mit dem der Bezugspunkt der Spannungsmeßpfade im Spannungsdreieck in Richtung einer Leiter-Sternpunktspannung verschoben werden kann. Es ist darauf zu achten, daß der Mp-Leiter der Station nicht mit dem Sternpunkt der Netzanschlußtransformatoren verbunden ist, da sonst der Nullspannungs-Stelltrafo auf einen Kurzschluß arbeiten würde.

Man benutze die Meßschaltung zur Beantwortung folgender grundsätzlicher Fragen:

1. Wie ändern sich bei völliger Symmetrie der Ströme und der Spannungen die Anzeigen der Leistungsmesser und der Zähler mit dem $\cos \varphi$?
2. Welchen Einfluß hat die Umkehr der Phasenfolge?
3. Wie verhält sich die zunächst symmetrisch belastete Schaltung gegen das Auftreten einer zusätzlichen Nullspannung?
4. Wie verhält sich die Schaltung bei symmetrischen Spannungen und unsymmetrischen Strömen
   a) in Dreileiterschaltung (kein Nullstrom);
   b) in Vierleiterschaltung mit Nullstrom?
5. Wie verhalten sich bei völliger Unsymmetrie
   a) die Schaltung zur Messung der Wirkleistung?
   b) die Schaltung zur Messung der Blindleistung?
6. Wie kann man die Blindleistung im Falle völliger Unsymmetrie richtig messen?

Der Vektormesser wird wie folgt verwendet: Man stellt den Meßkopf zunächst so ein, daß an der Raststellung für $\varphi = 0°$ das Maximum der Spannung U_{LMp} gemessen wird. Dabei beachte man, daß die Einstellung $U = 0$ bei $\varphi = \pm 90°$ genauer wird. Nach Umschalten auf den Leiterstrom wird dann in der Stellung $0°$ die Komponente $J \cdot \cos \varphi$ abgelesen. Auf der *linken* Seite des Meßkopfes sollen dann die *positiven* Komponenten $J \cdot \sin\varphi$ liegen (die Drehung des Meßkopfes entspricht der Drehung der Zeitachse, nicht des Diagrammes!).

Meßergebnisse. Tab. 57 enthält die Ergebnisse der Messungen mit der Aronschaltung bei völliger Symmetrie im Strom- und Spannungskreis. Die Messungen 1 bis 12 wurden bei „richtiger" Phasenfolge durchgeführt; bei der Messung 13 wurden dieselben Betriebsgrößen wie bei Messung 2 eingestellt und dann die Phasenfolge umgedreht.

Bei den Zählern gelten die stark umrahmten Werte für die „richtige" (positive) Drehrichtung. Bei den mit einer schwachen Doppellinie eingerahmten Werten lief der Zähler gegen die Rücklaufsperre und mußte daher in R und T umgepolt werden.

Tabelle 57

Prüfung eines Meßsatzes für Dreileiter-Drehstrom nach der Zwei-Wattmeter-Methode (Schaltung Abb. 454) bei Symmetrie und verschiedenen Leistungsfaktoren

Wirkverbrauchzähler 3×100 V   5 A   2400 U/kWh
Blindverbrauchzähler 3×100 V   5 A   2400 U/kVArh   für   positiven Blindstrom

Versuch Nr.	U_Δ V	J A	φ °	N_I Skt	N_III Skt	c_N Wirk W/Skt	c_N Blind W/Skt	Wirkverbrauch z Umdr.	Wirkverbrauch t s	Blindverbrauch z Umdr.	Blindverbrauch t s
\multicolumn{12}{c}{Phasenfolge R–S–T}
1	100	5,00	± 0	86,6	86,6	5	$5\sqrt{3}$	30	52,0	30	∞
2	100	5,00	30	50,1	100,0	5	$5\sqrt{3}$	30	60,0	30	104,1
3	100	5,00	60	0,0	86,6	5	$5\sqrt{3}$	30	104,1	30	60,0
4	100	5,00	90	$-50,0$	50,1	5	$5\sqrt{3}$	30	∞	30	52,0
5	100	5,00	120	$-86,7$	0,2	5	$5\sqrt{3}$	30	104,0	30	60,0
6	100	5,00	150	$-100,0$	$-50,0$	5	$5\sqrt{3}$	30	60,0	30	103,9
7	100	5,00	± 180	$-86,7$	$-86,6$	5	$5\sqrt{3}$	30	52,0	30	∞
8	100	5,00	-150	$-50,0$	$-100,1$	5	$5\sqrt{3}$	30	60,0	30	104,0
9	100	5,00	-120	0,0	$-86,7$	5	$5\sqrt{3}$	30	104,1	30	60,0
10	100	5,00	-90	50,1	$-50,0$	5	$5\sqrt{3}$	30	∞	30	52,0
11	100	5,00	-60	86,7	$-0,1$	5	$5\sqrt{3}$	30	104,0	30	60,0
12	100	5,00	-30	100,0	49,9	5	$5\sqrt{3}$	30	60,0	30	104,1
\multicolumn{12}{c}{Phasenfolge R–T–S}
13	100	5,00	30	100,0	50,1	5	$5\sqrt{3}$	30	60,0	30	104,0

Die Meßergebnisse bei unsymmetrischem Betrieb sind in Tab. 58a bzw. 58b enthalten. Es wurde jetzt die Dreiwattmeterschaltung zum

Tabelle 58a. *Prüfung eines Meßsatzes für Dreileiter-Drehstrom nach der Drei-Wattmeter-Methode bei Unsymmetrie*

Versuch Nr.	U_Δ			U_{LMp}			J			N_w Schaltung Abb. 454a $C_N = 2{,}5$ W/Skt			N_b Schaltung Abb. 454b $C_N = 5$ W/Skt			Wirk-verbrauch		Blind-verbrauch	
	RS	ST	TR	R	S	T	R	S	T	I	II	III	I	II	III	z Umdr.	t	z Umdr.	t
	V	V	V	V	V	V	A	A	A	Skt	Skt	Skt	Skt	Skt	Skt		s		s
14	100	100	100	57,7	57,7	57,7	5,77	4,46	3,63	127,1	79,7	83,2	34,9	56,1	10,0	30	62,0	15	76,8
15	100	100	100	67,5	40,3	67,7	5,80	4,47	3,65	135,2	55,7	97,4	35,0	56,2	9,9	30	62,1	15	67,7
16	100	100	100	57,7	57,7	57,7	5,57	3,70	2,00	123,4	81,3	43,9	33,8	21,8	11,8	30	78,8	15	61,0
17	84,0	106,7	92,5	47,0	56,2	60,4	5,50	2,68	4,34	98,4	45,6	100,8	48,4	21,8	−7,2	30	73,9	10	90,9

Tabelle 58 b
*Vergleich der Messungen im Versuch 17
(Tabelle 58a) mit den Angaben des Vektormessers*

Versuch Nr.	U_{LMp}	J_L	$J_L \cdot \cos\varphi$	$J_L \cdot \sin\varphi$[1]
	V	A	A	A
17	46,8	5,51	5,23	−1,73
	55,9	2,69	2,03	−1,77
	60,0	4,35	4,18	1,20

[1] Negative Werte entsprechen Nacheilung (positiver Blindverbrauch)

Vergleich der Angaben des Meßsatzes herangezogen. Es wurden eingestellt:

Versuch 14. Dreileitersystem, symmetrisches Spannungsdreieck, symmetrischer Spannungsstern, unsymmetrische Belastung;

Versuch 15. Dreileitersystem, symmetrisches Spannungsdreieck, unsymmetrischer Spannungsstern (Nullspannung), unsymmetrische Belastung ohne Nullstrom;

Versuch 16. Vierleitersystem, symmetrisches Spannungsdreieck, symmetrischer Spannungsstern, unsymmetrische Belastung mit Nullstrom;

Versuch 17. Dreileitersystem, alle Spannungen und Ströme unsymmetrisch, kein Nullstrom, keine Nullspannung.

Bei dem letzten Versuch wurden die Stromkomponenten in Bezug auf die Strangspannungen mit dem Vektormesser bestimmt (Tab. 58b).

Auswertung. Zur Auswertung der Messungen 1 bis 13 nach Tab. 57 beachte man, daß bei symmetrischen Spannungen und Strömen die Aronschaltung gestattet, die gesamte Wirk- und Blindleistung zu ermitteln. Bei bekannter Phasenfolge ergibt sich auch das Vorzeichen der Blindleistung. Es ist

$$N_w = N_{III} + N_I$$

und

$$N_b = \sqrt{3} \cdot (N_{III} - N_I)$$

Der Faktor $\sqrt{3}$ ist bei der Auswertung in der Wattmeterkonstanten berücksichtigt worden. Die Ergebnisse der Rechnung sind in Tab. 57 enthalten. Wie zu erwarten war, ergibt sich Übereinstimmung zwischen der Meßschaltung und den gleichfalls für Dreileiter-Drehstrom eingerichteten Zählern.

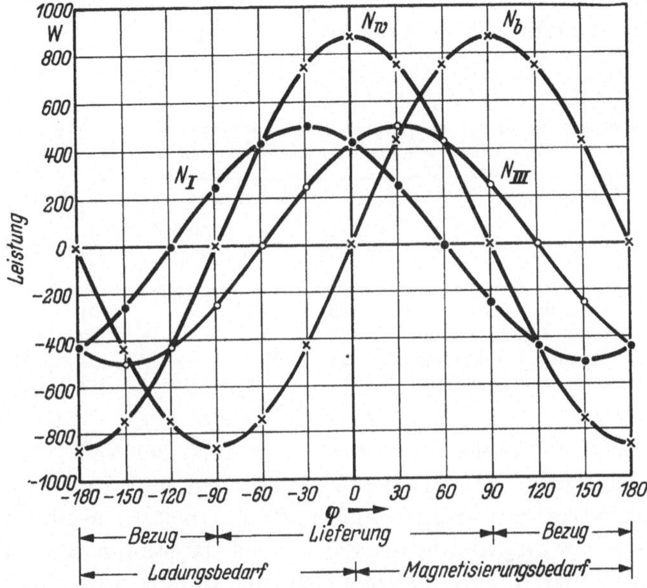

Abb. 455. Anzeige der Leistungsmesser in Aronschaltung innerhalb der vier Quadranten

Abb. 455 zeigt die Ergebnisse der Tab. 59 in graphischer Darstellung. Die unabhängige Variable ist der durch alle vier Quadranten laufende Winkel φ.

Tabelle 59. *Leistungsmessung im symmetrischen Dreileiter-System*

Versuch Nr.	φ	Angaben des Leistungsmessers				Zähler	
		I	III	N_w	N_b	N_w	N_b
	°	W	W	W	W	W	W
1	± 0	433	433	866	0	865	0
2	30	250	500	752	433	750	432
3	60	0	433	433	750	432	750
4	90	-250	250	0	866	0	865
5	120	-434	1	-433	751	-433	750
6	150	-500	-250	-750	433	-750	433
7	± 180	-434	-433	-867	0	-865	0
8	-150	-250	-501	-751	-434	-750	-433
9	-120	0	-434	-434	-751	-432	-750
10	-90	250	-250	0	-867	0	-865
11	-60	434	0	434	-752	433	-751
12	-30	500	250	750	-434	750	-433

Die Ergebnisse der Versuche 14 bis 17 bei Unsymmetrie enthält Tab. 60. Unter „3-Wattmeter-Schaltung" sind die Gesamtleistungen der nach Abb. 454a bzw. 454b geschalteten drei Leistungsmesser eingetragen. Die Ergebnisse lassen erkennen, daß die Messung der Wirkleistungen mit den Zählern nur beim Versuch 16 (Vierleiterschaltung) falsch sind. Dieses Ergebnis ließ sich erwarten, da nach der Theorie die Aronschaltung stets richtig mißt, wenn es sich um ein Dreileiternetz handelt.

Tabelle 60. *Leistungsmessung im unsymmetrischen Drehstromsystem. Vergleich der Ergebnisse verschiedener Meßverfahren*

Versuch Nr.	Leiterzahl	Betriebszustand			Wirkleistung			Blindleistung		
		U_Δ	U_{LMp}	J_L	3-Wattm.-schaltung W	Zähler W	Vektor-messer W	3-Wattm.-schaltung VAr	Zähler VAr	Vektor-messer VAr
14	3	symm.	symm.	unsymm.	725	725	—	291	293	—
15	3	symm.	unsymm.	unsymm.	723	725	—	292	293	—
16	4	symm.	symm.	unsymm.	621	571	—	194	369	—
17	3	unsymm.	unsymm.	unsymm.	611	609	612	182	165	107

Bezüglich der Blindleistung erhält man auch bei dem Versuch 17 erhebliche Unterschiede. Aus den Versuchen 14 und 15 geht hervor, daß der Blindverbrauchzähler einwandfrei arbeitet, wenn nur das Spannungs*dreieck* gleichseitig ist. Bei Versuch 17 stimmt diese Voraussetzung der Dreiwattmeterschaltung bezüglich Blindleistung nicht mehr. Richtige Ergebnisse lassen sich nur durch Ausmessen der drei Wechselstromsysteme mit dem Vektormesser erhalten.

Daß eine Null*spannung* die Blindleistungsmessung nicht beeinflussen kann, geht übrigens schon aus der Schaltung Abb. 454b hervor. Der Sternpunktleiter wird zur Messung gar nicht benötigt. Wenn mit der Symmetrie des Spannungsdreiecks die Voraussetzung der 90°-Verschiebung erfüllt ist, ist die Messung der *gesamten* Blindleistung immer richtig.

Auf Grund der Angaben des Vektormessers wurde für den Versuch 17 ein Diagramm des Betriebszustandes entworfen (vgl. Abb. 456). Die stark ausgezogenen Strecken stellen maßstäblich die Stromkomponenten dar, mit denen die Zähler arbeiten. Dabei ist beim Blindverbrauchzähler seine 60°-Schaltung zu beachten: er ist nicht auf die Strangspannungen abgeglichen, die den bei der Wirkverbrauchsmessung benötigten Dreieckspannungen gegenüberliegen, sondern auf die in der Phase folgenden Dreieckspannungen, die bei *symmetrischem* Spannungsdreieck um 120° nacheilen. Zur Darstellung der richtigen Komponenten für die Blindverbrauchsmessung müssen daher die Spannungen $T-S$ und $T-R$ um 30° nach vorn gedreht werden. Diese Winkel sind in Abb. 456 durch starke Kreisbögen gekennzeichnet.

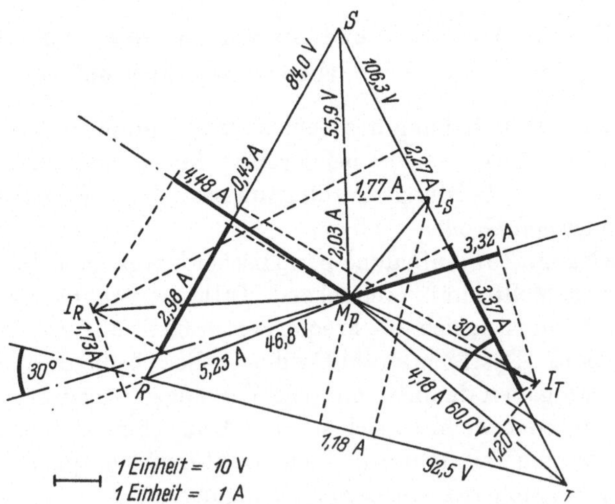

Abb. 456. Diagramm für Versuch 17 nach Tab. 58b (Ausmessung mit dem Vektormesser)

Anmerkung: Die Leistung und die Anzeige des Zählers hängen miteinander wie folgt zusammen:

Bedeuten

C_z die Konstante des Zählers in Umdr./kWh
N die Meßgröße (Wirk- bzw. Blindleistung) in W bzw. VAr
t die Stoppzeit in s
z die Zahl der beobachteten Umläufe der Scheibe

so ist

$$N \cdot t = \frac{z}{C_z} \cdot 1000 \cdot 3500 \text{ Ws}$$

$$N = \frac{3\,600\,000}{C_z} \cdot \frac{z}{t}$$

Auswertung von Versuch 17 nach Abb. 456.
Wirkleistung (Vektormesser):

5,23 A · 46,8 V + 2,03 A · 55,9 V + 4,18 A · 60,0 V
= 245 + 114 + 251 = **610 W**

Wirkleistung (Zähler in Aronschaltung):

2,98 A · 84,0 V + 3,37 A · 106,3 V = 250 + 358 = **608 W**

Blindleistung (Vektormesser):

1,73 A · 46,8 V + 1,77 A · 55,9 V + (− 1,20 A) · 60,0 V
= 81 + 99 − 72 = **108 VAr**

Blindleistung (3 Leistungsmesser mit „*fremder*" Spannung):

$$\frac{1}{\sqrt{3}}\,[2{,}27 \text{ A}\cdot106{,}3 \text{ V} + 1{,}18 \text{ A}\cdot92{,}5 \text{ V} + (−0{,}43 \text{ A})\cdot84{,}0 \text{ V}] = \frac{242 + 109 − 36}{\sqrt{3}}$$

$$= \mathbf{182\ VAr}$$

Blindleistung (Aronzähler mit 60°-Schaltung):

4,48 A · 106,3 V − 3,32 A · 92,5 V = 476 − 307 = **169 VAr**

Aufgabe XI—01: Aufnahme und Auswertung quasistationärer Vorgänge mittels des Lichtstrahl-Oszillographen

Übungsziel: Handhabung des Schleifenoszillographen und des wattmetrischen Schleifenschwingers bei der Aufnahme periodischer Vorgänge. Auswertung eines Leistungs-Oszillogrammes; die *„Wirkleistung"* bei nichtharmonischen Größen.

Meßschaltung. Zur Aufnahme periodischer Vorgänge benutzt man in der modernen Meßtechnik weitgehend Kathodenstrahl-Oszillographen, bei denen man hinsichtlich der Frequenz sich nicht auf wenige kHz beschränken muß. Des Lichtstrahl-Oszillographen bedient man sich bei solchen Meßaufgaben dann, wenn viele Vorgänge gleichzeitig registriert werden sollen, oder wenn es sich um die Aufzeichnung von Leistungen handelt. Im letzten Fall steht beim Lichtstrahl-Oszillographen der elektrodynamische Leistungsschwinger zur Verfügung.

Zur Durchführung der vorliegenden Aufgabe wurden verwendet:

1 Lichtstrahl-Schleifenoszillograph für mindestens drei Meßstellen außer der Zeitmarkierung
2 Drehspul-Schleifenschwinger für Strom und Spannung
1 elektrodynamischer Schleifenschwinger (Leistungsschleife)
1 Weicheisen-Spannungsmesser
1 Weicheisen-Strommesser
1 elektrodynamischer Leistungsmesser
1 Vielfachmeßgerät als Strommesser zur Überwachung des Schleifenstromes des wattmetrischen Schwingers
1 fester Nebenwiderstand 100 mV zum Anschluß der Stromschleife
1 Vorwiderstand 3500 Ohm 60 mA zum Anschluß des Spannungspfades vom wattmetrischen Schwinger an 220 V
1 Empfindlichkeitssteller für die Spannungsschleife

ferner als Meßobjekte:

1 hochgesättigter Umspanner etwa $5\cdots10$ kVA, 1 ~, primär 220 V
2 Stelltransformatoren in Sparschaltung etwa 500 VA, $220/0\cdots220$ V
2 Stromtransformatoren 220/11 V, 0,5/10 A
1 Drehstromtransformator (Phasenstelltransformator) zum Anschluß an 380 V, 3 ~

a) Allgemeine Hinweise. Für den Anschluß, die Inbetriebsetzung und den Gebrauch des Oszillographen und der normalen Drehspulschwinger gelten die Gebrauchsanweisungen und Betriebsanleitungen der Herstellerfirmen, deren strikte Beachtung empfohlen wird, um eine Beschädigung der sehr wertvollen Meßapparatur zu vermeiden. Mit Oszillographen zu arbeiten, ist insofern schwieriger, als die Geräte mit einem hohen Bedienungskomfort versehen sind, um sie vielseitig verwendbar zu machen. Sie sind daher recht kompliziert im Aufbau. Es empfiehlt sich, wenn man zum ersten Mal mit einem Lichtstrahl-Oszillographen zu arbeiten hat, sich auf die Funktion des Gerätes an Hand einfacher Versuchsaufgaben einzuüben.

Für die Verwendung wattmetrischer Schwinger gelten besondere Gesichtspunkte. Läßt man bei ihrem Gebrauch außer Acht, daß eine Anzeige erst durch Zusammenwirken von Strom- und Spannungspfad erfolgen kann, so sind diese Geräte wegen ihrer Empfindlichkeit in noch weit höherem Maße gefährdet als Leistungsmesser. Beim Durchprüfen der Meßschaltung beginne man daher stets beim Strompfad, weil die feststehende Stromspule des Leistungsschwingers nicht so leicht überlastet werden kann.

Der wattmetrische Schwinger muß im Strompfad stets voll ausgelastet sein, damit man nicht in die Versuchung kommt, zu geringe Ausschläge durch Nachstellung im Spannungspfad auszugleichen, was unweigerlich eine Gefährdung des Schwingers mit sich brächte. Der Strompfad ist für etwa 6 A bemessen. Weichen die Meßströme von diesem Wert erheblich ab, muß der Anschluß über Stromwandler erfolgen. Dabei beachte man die Bürde des Strompfades. Durch die Wahl zu leistungsschwacher Wandler entstehen leicht Verzerrungen.

Man gewöhne sich ferner daran, Leistungsschwinger im Spannungspfad nur über feste Widerstände (zweckmäßigerweise unter Einschaltung eines kleinen Strommessers für etwa 60 mA) anzuschließen. Diese Widerstände sind für die höchste Dauerspannung zu bemessen, mit der im Versuch zu rechnen ist.

Die Aufzeichnung des Leistungsschwingers läßt sich nur dann auswerten, wenn die Nullage des Schwingers bekannt ist. Da die Nullagen auf dem Beobachtungsschirm nie so genau eingestellt werden können, wie es zur Auswertung erforderlich ist, und sie überdies stets von der Nullage auf dem Registrierpapier abweichen können, ist es im allgemeinen zwecklos, die Nullstellung durch Mitschreiben einer auf der Mattscheibe genau eingestellten Nullinie kennzeichnen zu wollen. Die geringen, aber immer vorhandenen Nullfehler der Optik fälschen dann die Auswertung. Man zeichnet die Nullinie des wattmetrischen Schwingers in zwei kurzen „Nulloszillogrammen" vor und nach dem Versuch besonders auf. Die Nullinien der übrigen harmonischen Größen sind meistens einfach zu finden, da bei starkstromtechnischen Problemen die Kurven nur ungeradzahlige Harmonische enthalten, also zur Nullinie symmetrisch liegen.

Man achte auf gute Ausleuchtung der kleinen Schleifenspiegel. Es ist lästig, wenn einige Vorgänge gegenüber anderen weit überbelichtet sind. Entwickelt man dann in Hinblick auf die lichtschwächsten Aufzeichnungen, so kommen die überbelichteten Aufzeichnungen zu kräftig und werden dann schlecht auswertbar. Man muß die Ausleuchtung unmittelbar auf dem Papier oder zumindest kurz vor der Zylinderlinse prüfen; eine gute Ausleuchtung des auf der Mattscheibe sichtbaren Bildes ist in keiner Weise maßgebend. Es ist sinnlos, bei schlecht ausgeleuchteten

Spiegeln zu versuchen, durch breitere Spalte mehr Licht auf das Registrierpapier zu bringen; bekanntlich bestimmt die Breite des Spaltes die Ausdehnung des Lichtfleckes senkrecht zur Ablaufrichtung, das Oszillogramm wird daher nur breiter, aber nicht kräftiger.

Zur Entwicklung sollte ein möglichst kontrastreich arbeitender Papierentwickler genommen werden (z. B. Metol-Hydrochinon in Verdünnung 1:1). Bei langen Oszillogrammen entstehen leicht Entwicklungsfehler, weil beim raschen Arbeiten zuviel von der Entwicklerflüssigkeit in das Fixierbad verschleppt wird. Es empfiehlt sich, das Zwischenbad nicht zu knapp zu bemessen und mit einem Schuß Eisessig anzusäuern, wodurch die Entwicklung sofort unterbrochen wird. Das Fixierbad sollte mit saurem Rapid-Fixiersalz angesetzt werden und gleichfalls sehr reichlich bemessen sein, damit auch längere Oszillogramme ohne ständige Bewegung gut durchfixieren. Man warte auch das vollständige Verschwinden der gelben Färbung ab, weil nicht beseitigte Reste des Bromsilbers bei hellem Licht schnell nachdunkeln, wodurch wertvolle Details der Aufzeichnung verlorengehen können.

b) Besondere Hinweise zu den Schaltungen. Zuerst werden Strom, Spannung und Leistung des leerlaufenden Umspanners oszillographiert.

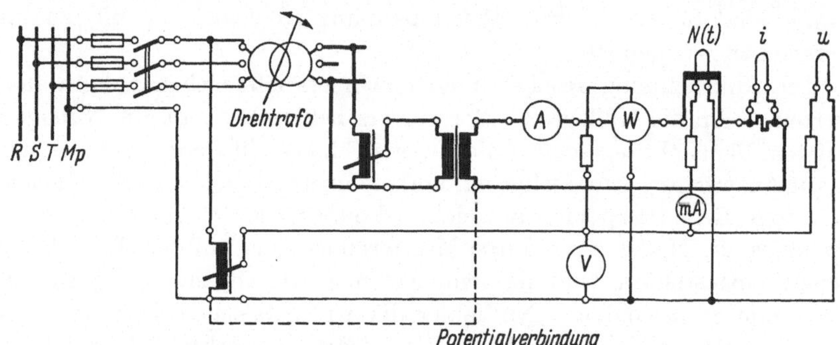

Abb. 457. Prüfschaltung zur oszillographischen Messung von Spannung, Strom und Augenblicks-Leistung

Dabei liest man die Betriebsgrößen an den in der Schaltung arbeitenden Meßgeräten ab. Dann werden die gleichen Größen in der Prüfschaltung Abb. 457 bei getrennter Einspeisung der Meßpfade aufgenommen, wobei die Meßgrößen zunächst alle harmonisch verlaufen. Man stellt mit den Stelltransformatoren die genauen Werte von Spannung und Strom, dann mit dem Phasenstelltransformator den genauen Wert der Wirkleistung ein, die man aus dem Versuch mit dem Prüfling erhalten hatte. Beide Oszillogramme werden bezüglich der Wirkleistung ausgewertet und müssen denselben Wert ergeben, obwohl der Verlauf der Leistungskurve beim Prüfling von dem Verlauf in der Eichschaltung abweicht. Es empfiehlt sich ferner, noch einige Oszillogramme bei unterschied-

lichem Leistungsfaktor aufzunehmen, da die Auswertung von Leistungs-
aufzeichnungen in vorzüglicher Weise an die Begriffe Wirkleistung, Verschiebungsblindleistung, Verzerrungsblindleistung usw. bei Wechselstrom heranführt.

Meßergebnis. Abb. 458 a u. b zeigt zwei Oszillogramme mit denselben
Betriebswerten für die Effektivwerte von Spannung und Strom sowie für

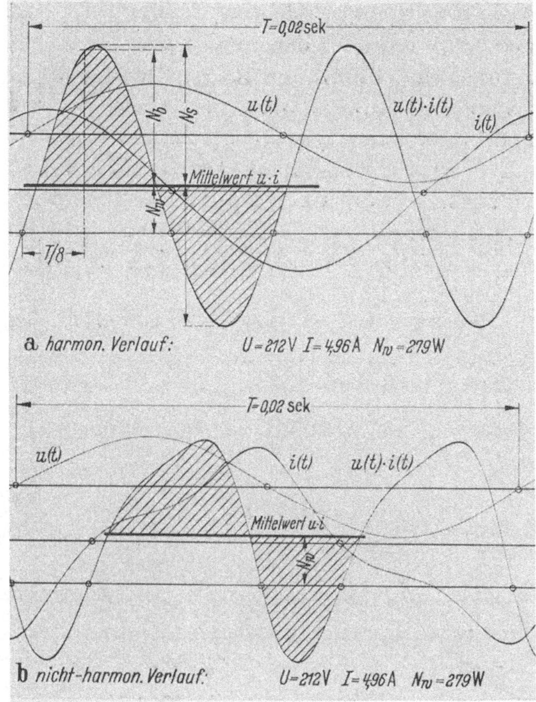

Abb. 458 a u. b. Oszillogramme von Spannung, Strom und Leistung

die Wirkleistung. Beim Oszillogramm b) handelt es sich um den Prüfling
(leerlaufender Umspanner), bei dem Strom und Leistung von dem harmonischen Verlauf stark abweichen. Das Oszillogramm a) wurde mit
der Prüfschaltung Abb. 457 erhalten.

Auswertung. Nach Einzeichnen der Nullinie in das Oszillogramm der
Leistungsschleife erhält man im allgemeinen für jede Periode zwei Abschnitte, in denen die Leistung positiv und zwei andere, in denen sie
negativ ist. Bei Wechselstrom wird nur ein Teil der Energie in einer
Richtung übertragen. Ein anderer Teil pendelt zwischen Erzeuger und
Verbraucher ständig hin und her. Der erste Teil entspricht dem Mittelwert der Leistungsaufzeichnung über eine Periode (Wirkleistung). Man

erhält diesen Anteil durch Ausplanimetrieren der Fläche und Division durch die Periodenlänge:

$$N_w = \frac{1}{T} \int_0^T u\,(t) \cdot i\,(t)\,dt$$

Alles, was von diesem Mittelwert abweicht, gehört zur „*Blindleistung*", die zum Aufbau der magnetischen und elektrischen Felder erforderlich ist, im Mittelwert über eine Periode aber Null ergibt.

Verlaufen die Betriebsgrößen harmonisch wie bei Abb. 458a, so kann man die Werte für Wirk-, Blind- und Gesamtleistung dem Oszillogramm unmittelbar entnehmen. Es ist

$$u\,(t) \cdot i\,(t) = \sqrt{2}\,U \cdot \sin \omega t \cdot \sqrt{2} \cdot J \cdot \sin (\omega t - \varphi)$$

Mit Hilfe von

$$\sin \alpha \sin \beta = \tfrac{1}{2}\,[\cos (\alpha - \beta) - \cos (\alpha + \beta)]$$

ergibt sich

$$U \cdot J \cdot \cos \varphi - u\,(t) \cdot i\,(t) = U \cdot J \cdot \cos (2\,\omega\,t - \varphi)$$

Danach erhält man gemäß Abb. 459

1. die Wirkleistung als Abstand der Mittellinie $u\,(t) \cdot i\,(t)$ von der Nullinie: $N_w = U \cdot J \cdot \cos \varphi$;

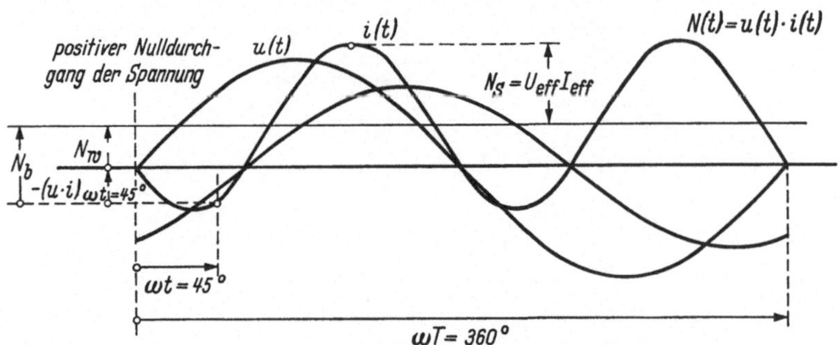

Abb. 459. Ermittlung der Wirk- und Blindleistung aus den Oszillogrammen sinusförmiger Betriebsgrößen

2. die Gesamtleistung (Scheinleistung) $U \cdot J$ als Scheitelwert des Leistungsoszillogrammes bezogen auf die Mittellinie von $u\,(t) \cdot i\,(t)$;

3. die Blindleistung (Verschiebungsblindleistung), indem der Wert von $u\,(t) \cdot i\,(t)$ bei $\omega t = 45°$ mit negativem Vorzeichen zum Mittelwert N_w hinzugefügt wird. $t = 0$ ist der Nulldurchgang der *Spannung*. Aus der obigen Rechnung ergibt sich nämlich für $t = 45°$:

$$U\,J \cos \varphi + [- u\,(t) \cdot i\,(t)]_{\omega t\, =\, 45°} = U\,J \cos (2 \cdot 45° - \varphi) = U\,J \sin \varphi$$

Sind Spannung oder Strom oder beide nicht mehr harmonisch, so behält die Definition der Wirkleistung als Mittelwert über eine Periode ihre Gültigkeit. Das Ausplanimetrieren der Originaloszillogramme der Abb. 459 ergab die in Tab. 61 enthaltenen Werte. Das Oszillogramm

Tabelle 61. *Auswertung der Oszillogramme Abb. 458*

		Rechnung	Oszillogramm		M. E.
			Abb. 458a	Abb. 458b	
Ablesung der Oszillogramme	A	$[u\,(t)\cdot i\,(t)]_{max}$	6,67	—	cm
	B	$\int_0^{T/2} u\,(t)\,i\,(t)\,dt$ (Planimeter)	15,1	15,5	cm²
	C	Periodenlänge T	17,9	17,8	cm
	D_1	Mittelwert $[u\cdot i]:B/(C/2)$	1,69	1,74	cm
	D_2	Mittelwert $[u\cdot i]$ geom. Konstr.	1,69	—	cm
	E	$[-u\,(t)\,i\,(t)]_{t\,=\,T/4}$	$-6{,}49$	—	cm
	F	$D+E$ (Blindleistung)	$-4{,}80$	—	cm
Ablesung der Meßinstrumente	G	U	212	212	V
	H	J	4,96	4,96	A
	K	$N_s = U\cdot J$	1052	1052	VA
	L	N_w	279	279	W
	M	$N_b = \sqrt{(U\cdot J)^2 - N_w^2}$	-1015	1015	VAr
	N	$\cos\varphi$ bzw. λ	0,265	0,265	—
	P	$m_N = N_s/[u\,(t)\cdot i\,(t)]_{max}$ (Maßstab)	158	—	$\dfrac{W}{cm}$
Vergleich	Q	$m_N\cdot$Mittelwert $(u\cdot i)$	267	275	W
	R	$\cos\varphi = D:A$	0,254	—	

Abb. 458a kann zur Auswertung des Leistungsmaßstabes m_N sowohl über die Scheinleistung $U\cdot J$ als auch über die Wirkleistung N_w herangezogen werden. Gewählt wurde die erste Art der Auswertung (Zeile P). Ferner kann der Mittelwert der Leistung aus einer geometrischen Konstruktion (Mittelwert der Extremwerte und Vergleich mit der Nulllinie des Leistungsoszillogrammes) oder über die Ausplanimetrierung der Fläche gewonnen werden (Zeilen D_2 bzw. D_1). Die erste Art der Mittelwertbestimmung ist bei sinusförmigem Verlauf von u und i zuverlässiger, da sie von der Zeitauswertung (ungleichförmiger Lauf des Papiers!) unabhängig ist. Sie versagt auch nicht bei eng geschriebenem Oszillogramm (langsamer Papiertransport). Allerdings kann sie zu völlig falschen Werten für N_w führen, wenn Strom oder Spannung bzw. beide nicht mehr harmonisch verlaufen. Das erkennt man aus Oszillogramm Abb. 458b sehr gut. Die Auswertung solcher Oszillogramme bezüglich Wirkleistung erfordert unbedingt, daß die Leistungskurve ausplanimetriert werden kann.

Aufgabe XIII—01: Bestimmung der Fehlerkurve an Wirkverbrauchzählern für Wechselstrom

Übungsziel: Studium des Induktionsmeßwerkes. Wirkung der Abgleichorgane des Zählers. Verhalten verschiedener Bauarten im Überlastbereich. „*Leistungslose*" Zählerprüfung nach dem Zeit-Leistungs-Läuferverfahren.

Meßschaltung. Zur Messung werden benötigt:

1 Wechselstrom- (bzw. Drehstrom-) Zählerprüfeinrichtung mit eingebauten Präzisionswattmetern Kl. 0,2
3 Wechselstromzähler 220 V, 10 A verschiedener Typen mit unterschiedlichem Überlastungsbereich
1 Wechselstromzähler, unplombiert, zum Einstellen der Abgleichorgane
1 Stoppuhr $^1/_{10}$ s

Abb. 460 zeigt eine Drehstrom-Zählerprüfeinrichtung für 5 Drehstrom- bzw. 11 Wechselstromzähler. Die in ihr enthaltenen Bedienungselemente sind im Prinzipschaltbild Abb. 461 dargestellt. Die Einstellung der Spannungs- und Strombereiche erfolgt zusammen mit der

Abb. 460. Einrichtung zur Prüfung von Wechselstrom- und Drehstromzählern (EP 2, Hamburg)
a Strom-Bereichswähler max. 100 A: *b* Spannungs-Bereichswähler; *c* Wattmeter-Box; *d* Instrumenten-Kopf; *e* Strom-Steller; *f* Spannungs-Steller; *g* Phasen-Steller; *h* Zusatzeinrichtung zum Prüfen mit Gleichlastzählern; *i* Drehstrom-Arbeitswaage; *k* Wechselstrom-Gleichlast-Eichzähler; *l* Stoppeinrichtung; *V* Vergleichszähler; *Pr* Prüflinge (Wechselstromzähler)

Wahl der entsprechenden Übersetzungsverhältnisse an den Stufenwandlern, so daß bei den Nennwerten der Bereiche die auf der Sekundärseite liegenden Meßgeräte stets mit 5 A und 120 V betrieben werden („*Gleichlastverfahren*"). Bei Abweichungen vom Nennpunkt kann natürlich das Gleichlastverfahren nicht angewendet werden.

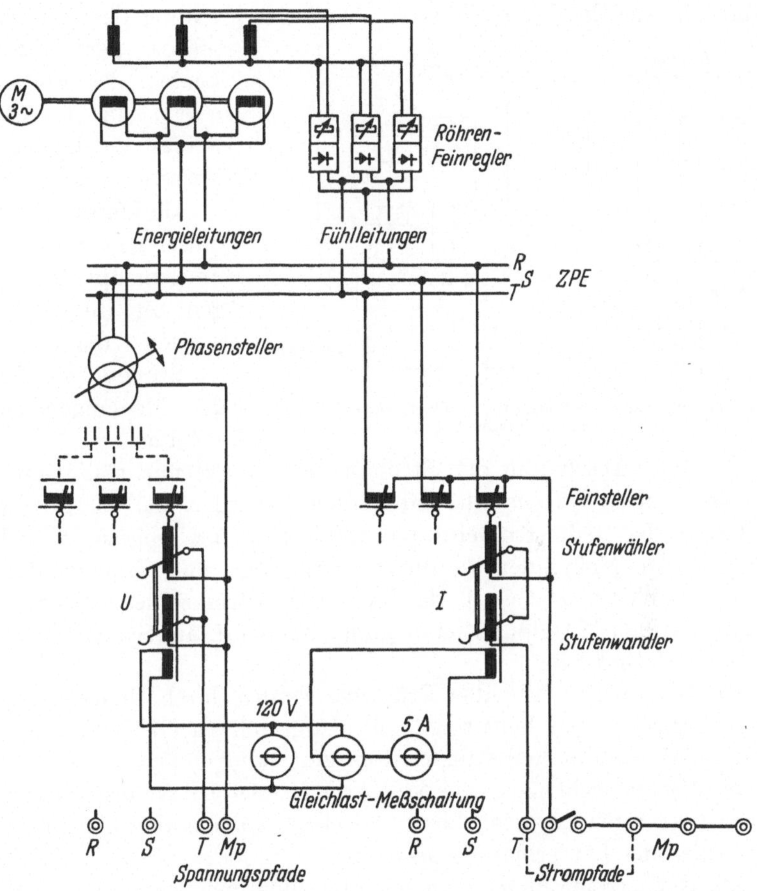

Abb. 461. Prinzipschaltbild der Prüfeinrichtung Abb. 460

Die ZPE wird von einem oberwellenarmen Maschinensatz gespeist, dessen Spannung über elektronische Regler unmittelbar von den Anschlußklemmen an der ZPE beeinflußt wird. Dadurch werden alle Spannungsschwankungen einschließlich etwa schwankender Spannungsabfälle bis auf weniger als 0,1% ausgeglichen. Der Röhrenregler muß daher über besondere Fühlleitungen mit der ZPE verbunden werden. Der Maschinensatz besteht aus einem selbstanlaufenden Synchronmotor und drei starr miteinander gekuppelten Einphasengeneratoren, deren Spannungen über je einen Regler gesteuert werden. Die drei Maschinenwicklungen sind in Dreieck geschaltet.

Die Zähler sind gemäß Abb. 462 geschaltet. Die Brücke *Br* wird zum Zwecke der leistungslosen Prüfung geöffnet, Strom- bzw. Spannungspfad werden getrennt betrieben. Bei Verwendung des Zählers am Einbauort ist die Brücke geschlossen. Die Verlustleistung des Spannungspfades geht also zu Lasten des Energielieferers, die des Strompfades zu Lasten des Verbrauchers.

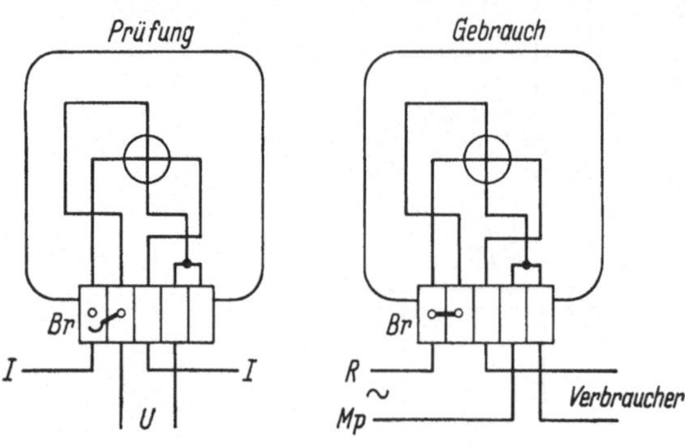

Abb. 462. Schaltung von Wechselstromzählern bei der Prüfung und im Gebrauch

Alle Messungen sollen mit vorgewärmten Spannungsmeßpfaden erfolgen. Zu diesem Zweck werden diese bereits $^1/_2$ Stunde vor Beginn der Messungen eingeschaltet.

Zu- und Abschalten der Stromprüfkreise soll mit völlig auf Null herabgeregelter Stromstärke stattfinden. Werden im Gleichlastprüfverfahren die Meßinstrumente auf 120 V bzw. 5 A eingestellt, so herrschen in den Meßpfaden die durch Spannungs- und Stromwähler eingestellten Werte. Dabei ist, da der Wechselstromzähler zwischen eine Phase und den Mittelpunktleiter geschaltet wird, am Spannungswähler „380 V" einzustellen.

Die Spannungspfade aller Prüflinge werden durch Umlegen des mit „1 ~" bezeichneten Schalters am Prüfgestell parallelgeschaltet. Die Strompfade sind in Reihe zu schalten und zweckmäßigerweise zwischen *R* und *Mp* anzuschließen. Die Zähler dürfen sich bei Nennspannung und offenen Strompfaden nicht dauernd drehen, können aber bis zum Sichtbarwerden der Läufermarke vorlaufen.

Als Nennströme findet man bei allen modernen Zählern zwei Werte angegeben, z. B. „10 (40) A". Der nicht eingeklammerte Wert ist als der eigentliche Nennstrom anzusehen, auf den sich die Genauigkeitsforderungen der überwachenden Behörden beziehen. Der eingeklammerte Wert ist der Überlastbereich, innerhalb dessen der Zähler noch verwendet werden darf, ohne daß seine Fehler unzulässig groß werden. Für den Überlastbereich gelten dabei dieselben strengen Forderungen. Zähler dieser Art heißen „*Großbereichzähler*"; sie werden in Hinblick auf die zu erwartende Entwicklung der Energiewirtschaft bei Neuinstallationen fast ausschließlich verwendet.

Die zu untersuchenden Prüflinge besitzen verschiedene Überlastbereiche. Ihr Fehlerverhalten soll mit dem eines älteren Zählers ohne Überlastbereich verglichen werden.

Ferner soll das Verhalten der Zähler im Schwachlastbereich geprüft werden.

Meßergebnisse. Der Fehler des Zählers ist der Unterschied zwischen seiner Anzeige und dem Sollwert, der aus einer Leistungs-Zeitmessung gefunden wird. Es gilt allgemein

$$N_w\,(\mathrm{W})\cdot t\,(s) = \frac{z\,(\mathrm{Umdr.})}{C_z\,(\mathrm{Umdr./kWh})}\cdot 3\,600\,000\left(\frac{\mathrm{Ws}}{\mathrm{kWh}}\right)$$

Hierin bedeuten

$\quad z\quad$ die Zahl der abgestoppten Läuferumdrehungen
$\quad C_z\quad$ die auf dem Leistungsschild vermerkte Konstante
$\quad t\quad$ die Beobachtungszeit
$\quad N_w\quad$ die Wirkleistung $(N_w = U\cdot J\cdot\cos\varphi)$

Auf Grund der Ablesungen an dem in der ZPE eingebauten Leistungsmesser ergibt sich somit für z Umläufe die „*Sollzeit*"

$$t_{soll} = \frac{3\,600\,000\cdot z}{C_z\cdot N_{w\,soll}}$$

Das Leistungsmeßwerk des Zählers hat einen Fehler; es mißt den Wert $N_{w\,ist}$, d. h. es wird nicht die Sollzeit, sondern die „*Istzeit*"

$$t_{ist} = \frac{3\,600\,000\,z}{C_z\cdot N_{w\,ist}}$$

gemessen. Der Fehler ist

$$f = \frac{N_{w\,ist} - N_{w\,soll}}{N_{w\,soll}} = \frac{\dfrac{1}{t_{ist}} - \dfrac{1}{t_{soll}}}{\dfrac{1}{t_{soll}}} = \frac{t_{soll} - t_{ist}}{t_{ist}}$$

$$\approx \frac{t_{soll} - t_{ist}}{t_{soll}}$$

Man geht bei der Prüfung so vor, daß man sich zunächst die Sollzeit auf Grund der Leistungsschildangaben, der gewählten Umdrehungszahl und der einzustellenden Leistung ausrechnet. Es ist unbedingt erforderlich, die Sollzeit genauer zu bestimmen, als es mit einem Rechenschieber möglich ist; die zu erwartenden Fehler liegen in der Größenordnung weniger Promille. Die Zahl z der Läuferumdrehungen wählt man so, daß die Stoppzeit etwa 100 s beträgt. Sie darf laut „*Eichanweisung XV*" der Physikalisch-Technischen Bundesanstalt (PTB) nicht kleiner als 50 s gewählt werden, wenn eine Stoppuhr mit einem Sprung von $^1/_{10}$ s zur Verfügung steht.

40*

Bei der Beobachtung der Läuferscheibe achte man darauf, daß keine Ablesefehler durch Parallaxe entstehen; man muß während der Beobachtung den Kopf möglichst ruhig halten, Parallaxefehler entstehen besonders leicht, wenn die Zählerscheibe langsam läuft.

Es müssen immer ganze Umläufe der Zählerscheibe beobachtet werden, weil sich infolge des Einflusses des Leerlaufhäkchens die Winkelgeschwindigkeit während eines Umlaufes ändert.

Bei der Einstellung des Zählers sind die Wirkungsweisen der verschiedenen Abgleichsorgane und die Einstellanweisung der Firma zu

Abb. 463. Einstellorgane am Wechselstromzähler (Type W 204, SSW)
links: Kleinlasteinstellung; mitte: Bremsmagnet mit Feineinstellung; rechts: 90°-Abgleich

beachten. Im allgemeinen beginnt man damit, die Phasenverschiebung zwischen den Triebflüssen des Spannungs- und des Stromeisens so einzustellen, daß der Zähler bei $U = U_n$, $J = J_n$ und $\cos\varphi = 0$ nicht läuft (sog. „$\cos\varphi$-Abgleich", vgl. Abb. 463 rechts). Dann stellt man bei $\cos\varphi = 1$ den Nennlastpunkt mit Hilfe des Bremsmagneten ein, sodann den „*Schwachlast-Abgleich*" und den Spannungsleerlauf. Handelt es sich um einen Großbereichzähler, so kann noch der „*Kurvenstrecker*" (magnetischer Nebenschluß des Stromeisens) eingestellt werden. Zum Schluß kontrolliert man noch einmal den Nennlastpunkt und hilft gegebenenfalls mit der Bremsmagneteinstellung nach.

Der Spannungsvortrieb muß laut Eichanweisung so eingestellt werden, daß der Zähler unbelastet und bei einer Abweichung von 10% der Spannung vom Nennwert nicht durchläuft. Ferner sieht die Eichvorschrift noch eine Kontrolle bei halber Nennlast und $\cos\varphi = 0{,}5$ vor.

Tab. 62 enthält die Meßergebnisse bei $\cos\varphi = 1$ für verschiedene Lastpunkte. Die in der Spalte „*Lastpunkt*" stark umrahmten Werte wurden unter Anwendung des Gleichlastverfahrens eingestellt; hierbei ergaben

Tabelle 62

Richtigkeits-Prüfung von Wechselstromzählern nach dem Zeit-Leistungs-Läuferverfahren

Prüfling 1: SSW Type W 9 10 (20) A 220 V
Prüfling 2: SSW Type W 12 10 (30) A 220 V
Prüfling 3: SSW Type W 13 10 (40) A 220 V

Leistungsmesser H & B 5 A, 150 V, Kl. 0,2   Stoppuhr $^1/_{10}$ s

Lastpunkt J / $\frac{J_n}{\%}$	Einst. Strom A	Einst. Wattm Skt	Prüfling 1 220 V 10(20) A 1500 $\frac{U}{kWh}$				Prüfling 2 220 V 10(30) A 1200 $\frac{U}{kWh}$				Prüfling 3 220 V 10(40) A 600 $\frac{U}{kWh}$			
			z	t_{soll}	t_{ist}	F %	z	t_{soll}	t_{ist}	F %	z	t_{soll}	t_{ist}	F %
0,5	0,25	22,0	1	218,2	212,8	+2,5	1	272,8	273,7	−0,3	1	545,4	508,5	+7,3
1	0,25	44,0	2	218,2	206,8	+5,5	2	272,8	264,1	+3,3	1	272,7	257,2	+6,0
2	0,25	88,0	4	218,2	210,7	+3,5	4	272,8	267,3	+2,0	2	272,7	263,4	+3,5
5	0,5	110,0	5	109,1	106,2	+2,7	5	136,4	135,3	+0,7	5	272,7	269,4	+1,2
10	1,0	110,0	10	109,1	108,3	+0,7	10	136,4	137,1	−0,5	5	136,4	135,9	+0,4
15	2,0	82,5	15	109,1	109,2	−0,1	15	136,4	137,2	−0,6	7	126,1	127,2	−0,9
20	2,0	110,0	20	109,1	109,3	−0,2	20	136,4	137,5	−0,8	10	136,4	136,4	0
50	5,0	110,4	50	109,1	108,9	+0,2	50	136,4	136,8	−0,3	20	109,1	109,4	−0,3
100	10,0	110,0	100	109,1	109,0	+0,1	100	136,4	136,6	−0,1	40	109,1	108,8	+0,3
150	20,0	82,5	75	54,6	54,8	−0,4	75	68,2	68,1	+0,1	30	54,6	54,3	+0,6
200	20,0	110,0	100	54,6	55,5	−1,7	100	68,2	67,9	+0,4	40	54,6	54,2	+0,7
250	25,0	110,0	—	—	—	—	125	68,2	68,0	+0,3	50	54,6	54,6	0
300	40,0	82,5	150	54,6	60,7	−10,4	150	68,2	69,1	−1,3	60	54,6	55,1	−0,9
350	40,0	96,3	—	—	—	—	—	—	—	—	70	54,6	55,2	−1,1
400	40,0	110,0	200	54,6	69,9	−21,9	200	68,2	74,3	−8,2	80	54,6	55,1	−0,9
500	50,0	110,0	—	—	—	—	250	68,2	83,3	−18,1	100	54,6	55,8	−2,2
600	100,0	66,0	—	—	—	—	300	68,2	95,7	−28,8	120	54,6	58,5	−6,7
700	100,0	77,0	—	—	—	—	—	—	—	—	140	54,6	61,1	−10,6
800	100,0	88,0	—	—	—	—	—	—	—	—	160	54,6	66,4	−17,8

sich stets 120 Skt Sollausschlag am Wattmeter. Der erste Teil der Messungen dient der Beurteilung im Schwachlastbereich.

Auswertung. Die beobachteten Zeiten ergeben zusammen mit der Sollzeit den Fehler. Die Ergebnisse sind gleich in Tab. 62 eingetragen worden. Abb. 464 zeigt die Fehler im Bereich kleiner Lasten, Abb. 465 im Normallast- bzw. Überlastbereich.

Man erkennt, daß bei sehr kleinen Lasten der Fehler des Zählers positiv ist. Dieses Verhalten ergibt sich aus der Wirkungsweise des Spannungsvortriebes, der den Reibungsfehler kompensieren soll. Im

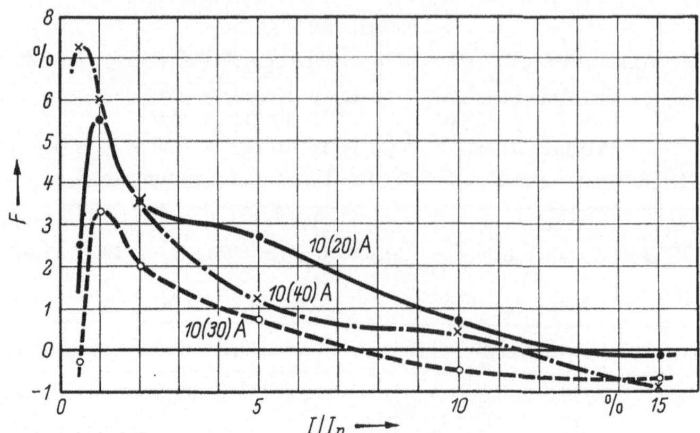

Abb. 464. Fehlerkurven von Zählern im Kleinlastbereich

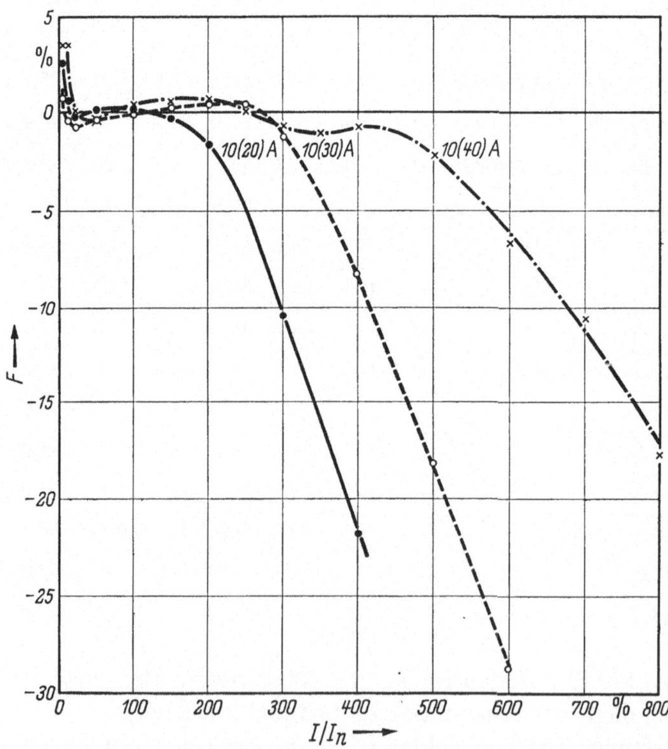

Abb. 465. Fehlerkurven von Zählern mit verschiedenen Überlast-Bereichen

Bereich starker Lasten verursacht der Strom einen zusätzlichen Bremsfehler, wodurch die Fehlerkurve ins Negative abkippt. Beim Großbereichzähler 10(40) A tritt dieses Verhalten erst bei vier- bis fünffachem Nennstrom auf (vgl. S. 469 ff.).

Literaturverzeichnis

A. Bücher

Die in Klammern gesetzten römischen Ziffern bedeuten die Kapitelnummern des vorliegenden Buches. Die angegebene Literatur ist zum weiteren Studium der dort behandelten Themen zu empfehlen. Literaturangaben ohne Kapitelnummern betreffen allgemeinere Darstellungen.

BAUER, R.: Die Meßwandler, Berlin/Göttingen/Heidelberg: Springer 1953. (*Kap. VIII*).

BEETZ, W., A. SCHROHE u. K. FORGER: Elektrizitätszähler und Meßwandler, Karlsruhe: Braun 1959. (*Kap. VIII, XIII*).

BETZ, A.: Konforme Abbildungen, Berlin/Göttingen/Heidelberg: Springer 1948. (*Kap. VI, VIII*).

BRION, G., u. V. VIEWEG: Starkstrommeßtechnik, Berlin: Springer 1933.

BUCHHOLZ, H.: Elektrische und magnetische Potentialfelder, Berlin/Göttingen/Heidelberg: Springer 1957. (*Kap. VI*).

CORNELIUS, P.: Kurze Zusammenfassung der Elektrizitätslehre, Berlin/Göttingen/Heidelberg: Springer 1951. (*Kap. I*).

CZECH, J.: Oszillographen-Meßtechnik, Berlin: Verlag Radio-, Photo-, Kinotechnik 1959. (*Kap. XI*).

GROSSMANN, W.: Grundzüge der Ausgleichsrechnung nach der Methode der kleinsten Quadrate nebst Anwendungen in der Geodäsie, Berlin/Göttingen/Heidelberg: Springer 1953. (*Kap. II*).

HOCHRAINER, A.: Symmetrische Komponenten in Drehstromsystemen, Berlin/Göttingen/Heidelberg: Springer 1957. (*Kap. X*).

KOPPELMANN, F.: Wechselstrommeßtechnik unter besonderer Berücksichtigung des mechanischen Präzisionsgleichrichters, Berlin/Göttingen/Heidelberg: Springer 1956. (*Kap. IX*).

KÜPFMÜLLER, K.: Einführung in die theoretische Elektrotechnik, 6. Aufl., Berlin/Göttingen/Heidelberg: Springer 1959.

NÜRNBERG, W.: Die Prüfung elektrischer Maschinen und die Untersuchung ihrer magnetischen Felder, 4. Aufl., Berlin/Göttingen/Heidelberg: Springer 1959. (*Kap. II, IX, X*).

PALM, A.: Elektrische Meßgeräte und Meßeinrichtungen, 3. Aufl., Berlin/Göttingen/Heidelberg: Springer 1948. (*Kap. III, IV, V, XII*).

— Registrierinstrumente, 2. Aufl., Berlin/Göttingen/Heidelberg: Springer 1958 (*Kap. XI, XII*).

PFLIER, P.: Elektrische Meßgeräte und Meßverfahren, 2. Aufl., Berlin/Göttingen/ Heidelberg: Springer 1957.

— Elektrische Messung mechanischer Größen, 4. Aufl., Berlin/Göttingen/Heidelberg: Springer 1956. (*Kap. V, Teil B*).

Physikalisch-Technische Bundesanstalt: Eichanweisung, Allgemeine Vorschriften und besondere Vorschriften XV. PTB, Braunschweig. (*Kap. I, III, VIII, XIII*).

v. SANDEN, H.: Praktische Mathematik, 4. Aufl., Stuttgart: Teubner 1956. (*Kap. II*).

SCHMIEDEL, K.: Die Prüfung der Elektrizitätszähler, 4. Aufl., Berlin/Göttingen/ Heidelberg: Springer 1954. (*Kap. XIII*).

STRIEGEL, R.: Die Ausmessung von elektrischen Feldern, Karlsruhe: Braun 1949. (*Kap. VI*).

WIRK, A.: Niederfrequenz- und Mittelfrequenz-Meßtechnik für das Nachrichtengebiet, Monographien der elektrischen Nachrichtentechnik Bd. 20, Stuttgart: Hirzel 1956. (*Kap. VII*).

B. Zeitschriften

Archiv für technisches Messen, München: R. Oldenbourg.

Zeitschrift für Instrumentenkunde, Braunschweig: F. Vieweg & Sohn.

Die vorgenannten Zeitschriften befassen sich speziell mit den Fortschritten des Meßwesens und sind für ein zusammenhängendes Studium der Meßgeräte und Verfahren zu empfehlen. Daneben finden sich Aufsätze über spezielle Probleme in fast allen Fachzeitschriften.

Namen- und Sachverzeichnis

Die kursiven Seitenzahlen weisen auf die Aufgaben des Teiles B hin. Seitenzahlen mit einem Stern betreffen Tabellen und Abbildungen allgemeinen Inhaltes